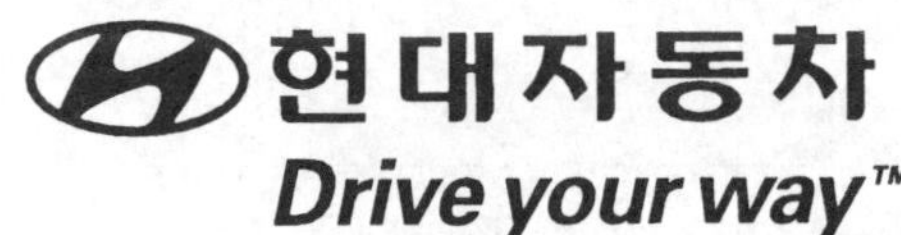

i30

정비지침서
보 충 판

본 정비지침서는 폐사의 오랫 동안 축적된 기술과 신기술 그리고, 노력으로 만들어진 "i30" 에 대한 정확하고 신속한 정비를 수행하는데 도움이 될 수 있도록 만들어진 것으로 정비 기술자가 읽고 이해하기 쉽도록 각 장치의 구조와 정비과정에 따르는 도안과 더불어 탈거 및 장착, 분해 조립 방법, 고장 진단법등 여러 정비관련 내용들을 기술하고 있습니다.
폐사차량에 대한 소비자의 만족을 위해서는 적절한 정비 작업의 제공이 필수적입니다. 따라서 정비 기술자들이 본 정비지침서를 충분히 이해하고 필요시 신속한 참고 자료가 될 수 있도록 사용하여 주시길 바랍니다.
본 정비지침서를 이용하시는 동안 내용상의 오류, 오기가 발견되거나 의문사항이 있을 때는 서슴치 마시고 폐사로 연락하여 주시기 바랍니다.
본 정비지침서에 수록된 모든 내용은 발간 시점 당시에 적용된 사양을 기준으로 제작되었으므로, 기술이 진보함에 따라 설계변경이 있을 경우 정비통신 및 사양변경 통신으로 통보되고 있사오니 이점에 대해서는 양지하시기 바랍니다.
저희 현대자동차는 보다 완벽한 차량 생산 및 정비기술의 진보 향상에 연구 노력하고 있습니다.
본 정비지침서가 귀하께 보다 많은 도움이 되길 바랍니다.

* 본 책자에 수록된 내용은 폐사의 설계변경에 따라 사전통보 없이 변경될 수도 있습니다.

* 본 정비지침서 (2008 i30) 에 수록되지 않은 내용은 이전에 발간된 정비지침서를 참조하시기 바랍니다 (각 정비지침서별 상세 수록 내역 : GI-25 페이지 참조).

※ 폐사에서 지정하는 순정품(엔진오일, 변속기오일 등)을 사용하지 않거나 불량연료를 사용했을 경우에는 차량에 치명적인 손상을 줄 수 있습니다.

2007년 11월 22일
현대자동차주식회사
디지털써비스컨텐츠팀

목 차

중요 안전 사항

적절한 정비 방법과 정확한 정비 과정이 작업자의 인적안전 뿐만 아니라 모든 차량의 정상적인 작동을 위해 필수적이다.
이 정비 매뉴얼은 효율적인 정비 방법과 과정을 위한 일반적인 지시사항을 제공한다.

작업자의 기술 뿐만 아니라, 차량 정비를 위한 방법, 기술, 도구, 부품이 다양하다.
이 매뉴얼은 이러한 다양한 사항에 대해 모두 예측하거나 각각에 대한 충고, 경고 등을 할 수 없다.
따라서 이 매뉴얼에서 제공되는 지시사항을 준수하지 않는 사람들이 선택한 방법, 도구 부품이 인적 재해나 차량에 이상을 야기시키지 않도록 유의해야 할 것이다.

참고, 주의 및 경고

참고 : 특정한 절차에 부가적인 정보를 제공한다.

주의 : 인적 재해 또는 차량에 손상을 입힐 수 있는 실수를 방지하기 위해 제공된다.

경고 : 부주의로 인해 인적 재해를 야기 시킬 수 있는 부분에 특히 주의를 준다.

참고, 주의 및 경고

다음 항목은 차량 작업 시 따라야 하는 몇몇의 일반적인 경고를 포함한다.

■ 눈을 보호하기 위해 항상 보호 안경을 착용하시오.

■ 차체 아래에서 작업할 경우 반드시 안전 스탠드를 사용하시오.

■ 절차과정에서 요구하지 않는 한 이그니션 스위치를 항상 OFF 위치에 두시오.

■ 차량 작업시 주차 브레이크를 당겨 놓으시오. 만약 자동변속기 장착 차량일 경우, 특정한 작동사항이 지시되지 않는 한 PARK에 두시오.

■ 차량의 급작스런 움직임에 대비하여 타이어의 앞, 뒤 쪽에 받침대를 사용하시오.

■ 탄화, 일산화탄소의 위험을 피하기 위해 엔진은 통풍이 잘 되는 곳에서만 작동시키시오

■ 엔진이 작동 할 때, 작동 부품에서 작업자와 작업자의 옷을 멀리하시오.
특히 드라이브 벨트의 경우 주의하시오.

■ 심한 화상을 방지하기 위해 라디에이터, 배기 매니폴드, 테일 파이프, 촉매 컨버터, 머플러와 같은 뜨거운 금속 부품에 접촉하지 마시오.

■ 차량 작업 시 금연하시오.

■ 작업 전 항상 반지, 시계, 보석류를 제거하고, 작업에 방해되는 옷차림을 피하시오.

■ 후드 아래에서 작업 시, 손 또는 다른 물체를 라디에이터 팬 블레이드에 닿게하지 마시오
쿨링 팬 장착 차량일 경우, 이그니션 스위치가 OFF 위치에 있더라도 팬이 작동될 수 있으므로 엔진 룸 밑에서 작업 할 시에는 반드시 라디에이터 전기 모터를 분리하시오.

일반사항

일반사항

식별 번호 위치

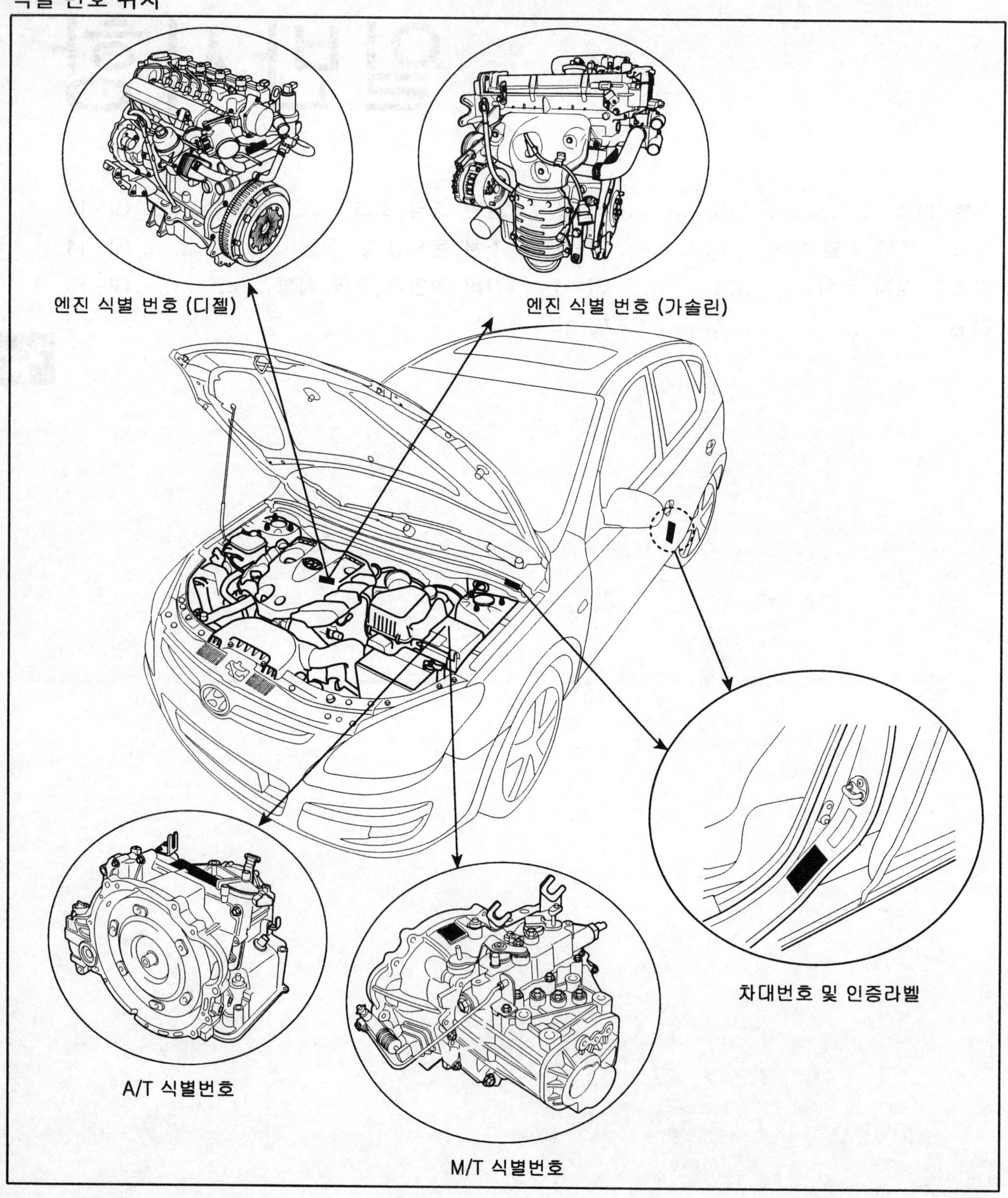

SFDGI8001D

식별 번호 설명

차대번호

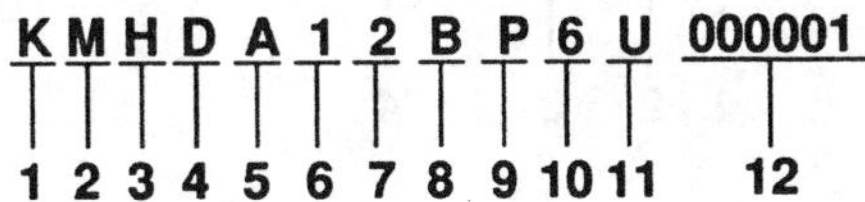

SFDGI8004D

1. 국가
- K : 한국 (KOREA)

2. 제작사
- M : 현대자동차 (주)

3. 차량 구분
- H : 승용차

4. 차종
- D : FD

5. 세부차종 및 등급
- A : 스탠다드(L)
- B : 디럭스(GL)
- C : 슈퍼디럭스(GLS)

6. 보디 타입
- 5 : 세단 5도어

7. 안전장치
- 0 : None
- 1 : 액티브 밸트 (운전석 + 조수석)
- 2 : 패시브 밸트 (운전석 + 조수석)

8. 엔진 형식
- D : 1.6 DOHC
- E : 2.0 DOHC
- T : 1.6 TCI

9. 기타사항
- P : LHD(왼쪽 운전석)
- R : RHD(오른쪽 운전석)

10. 모델연도
- 7 : 2007, 8 : 2008, 9 : 2009

11. 생산공장
- U : 울산

12. 생산일련번호
- 000001 ~ 999999

페인트 코드

	칼라코드	칼라명	내수
1	7F	순백색	o
2	2R	컨티넨탈 실버	o
3	9A	스틸 그레이	o
4	9D	문라이트 블루	o
5	2X	청남색	o
6	9F	스톤블랙	o
7	KF	골드 메탈릭	o
8	ND	엠버 레드	o
9	QU	샴페인 실버	o

엔진 식별 번호

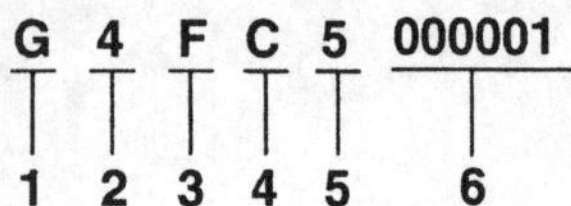

SHDGI6003L

1 : 사용연료
- G = 가솔린
- D = 디젤

2 : 실린더 수
- 4 = 4 사이클 4 실린더
- 6 = 4 사이클 6 실린더

3~4 : 엔진 개발 순서
- FC = γ-엔진, 1592cc (가솔린)
- FB = U-엔진, 1582cc (디젤)
- GC = β-엔진, 1975cc (가솔린)

5 : 제작년도
- 6 = 2006, 7 = 2007, 8 = 2008, 9 = 2009

6 - 11 : 생산일련번호
- 000001 ~ 999999

수동변속기 식별번호

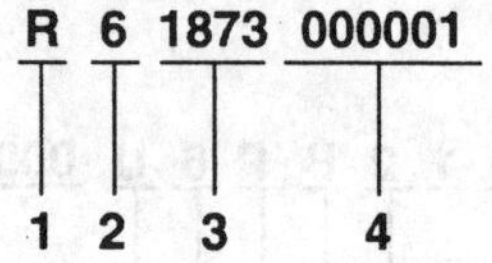

KANF004A

1 : 기종
- R = M5CF1
- P =M5CF2
- S = M5CF3

2 : 생산년도
- 5 = 2005
- 6 = 2006
- 7 = 2007
- 8 = 2008

3 : 감속비
- 1873(잇수) = 4.056
- 1767(잇수) = 3.941
- 1667(잇수) = 4.188

4 : 생산 일련번호
- 000001 ~ 999999

자동변속기 식별번호

SHDGI6004L

1 : 기종
- A = A4CF1
- B = A4CF2

2 : 생산년도
- 5 = 2005
- 6 = 2006
- 7 = 2007
- 8 = 2008

3 : 감속비
- A = 4.375
- B = 3.532

4 : 세분류
- AD : γ-1.6
- JD : U-1.6

5 : 예비

6 : 생산 일련 번호
- 000001 ~ 999999

경고/주의 라벨 위치

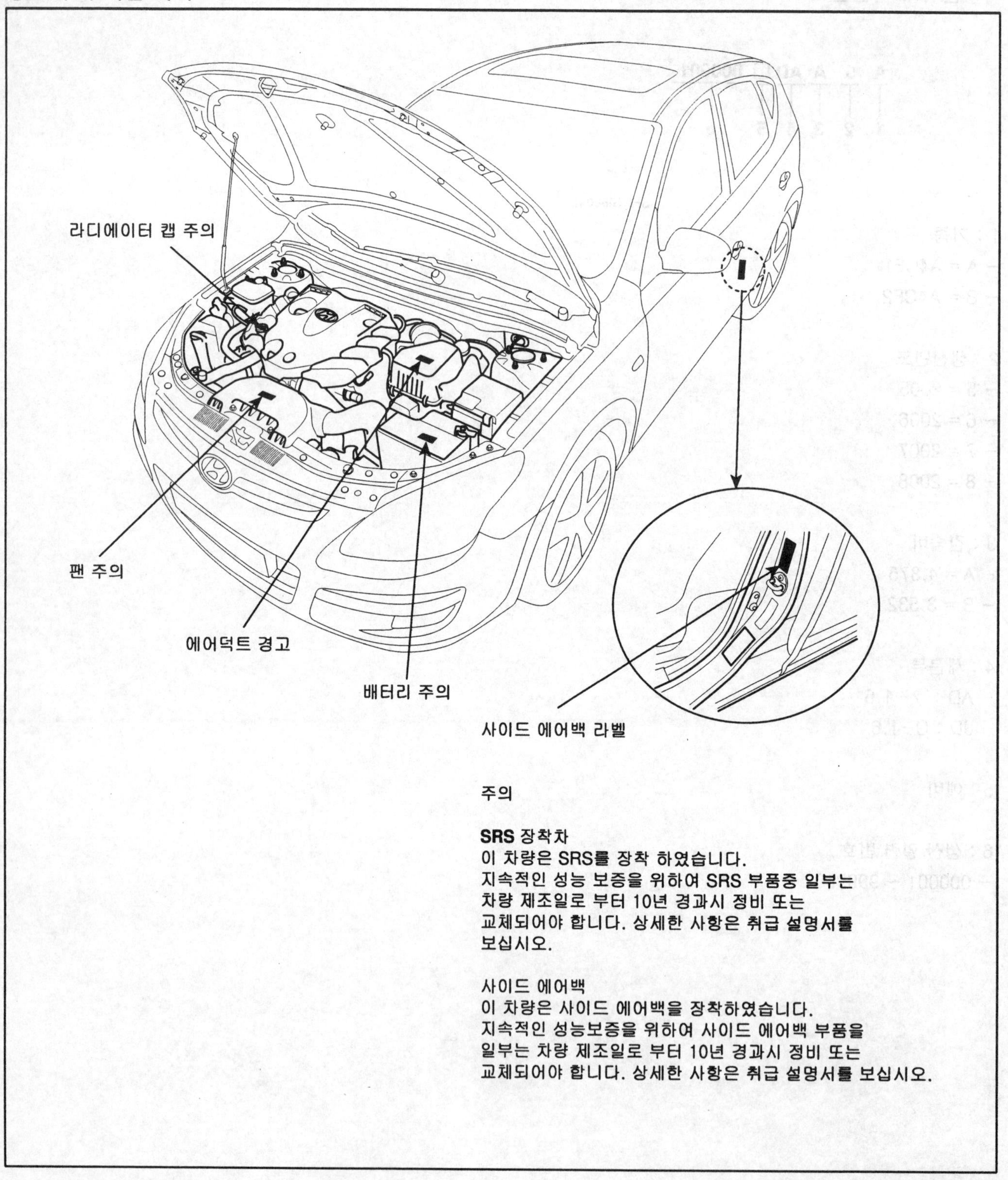

주의

SRS 장착차
이 차량은 SRS를 장착 하였습니다.
지속적인 성능 보증을 위하여 SRS 부품중 일부는 차량 제조일로 부터 10년 경과시 정비 또는 교체되어야 합니다. 상세한 사항은 취급 설명서를 보십시오.

사이드 에어백
이 차량은 사이드 에어백을 장착하였습니다.
지속적인 성능보증을 위하여 사이드 에어백 부품을 일부는 차량 제조일로 부터 10년 경과시 정비 또는 교체되어야 합니다. 상세한 사항은 취급 설명서를 보십시오.

SFDGI8002D

에어백 경고/주의 라벨

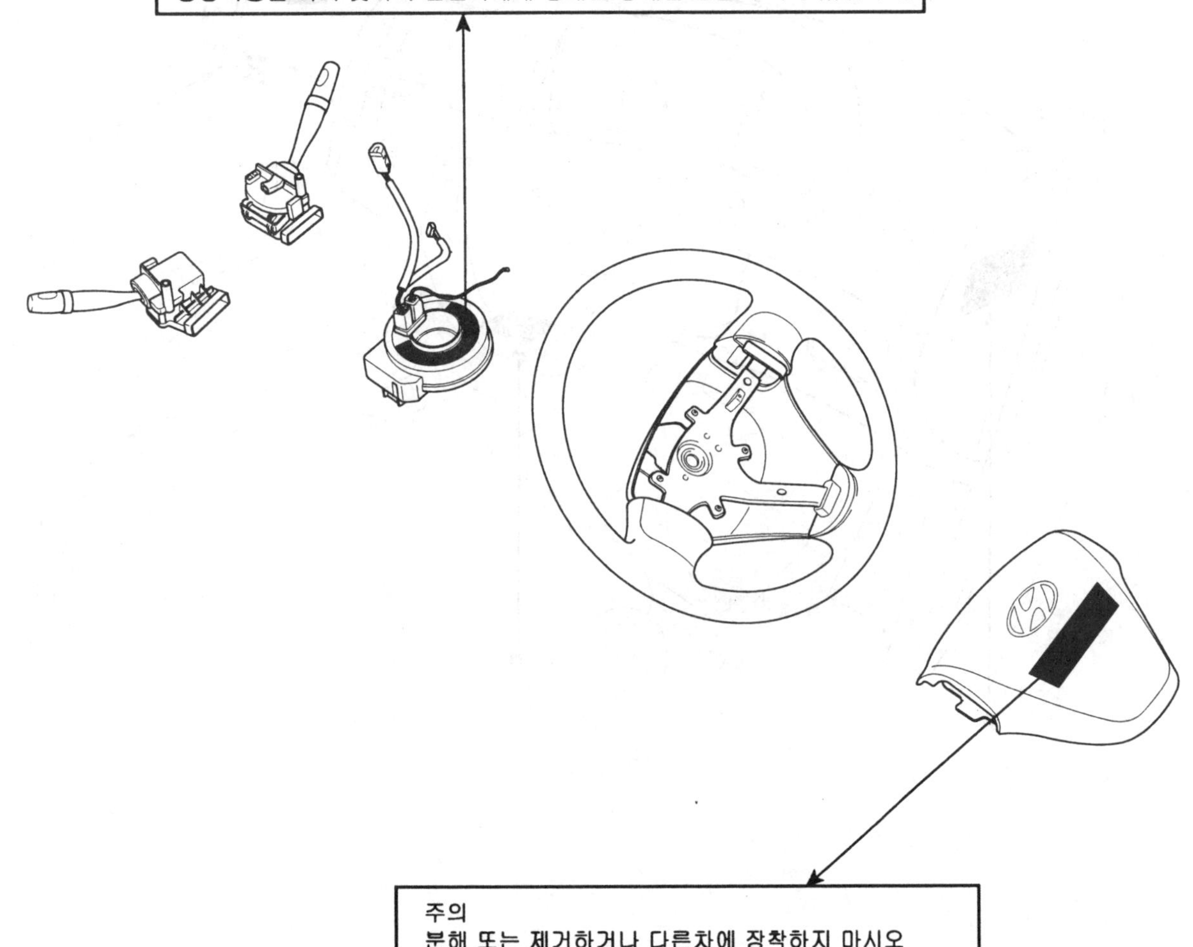

KANF007A

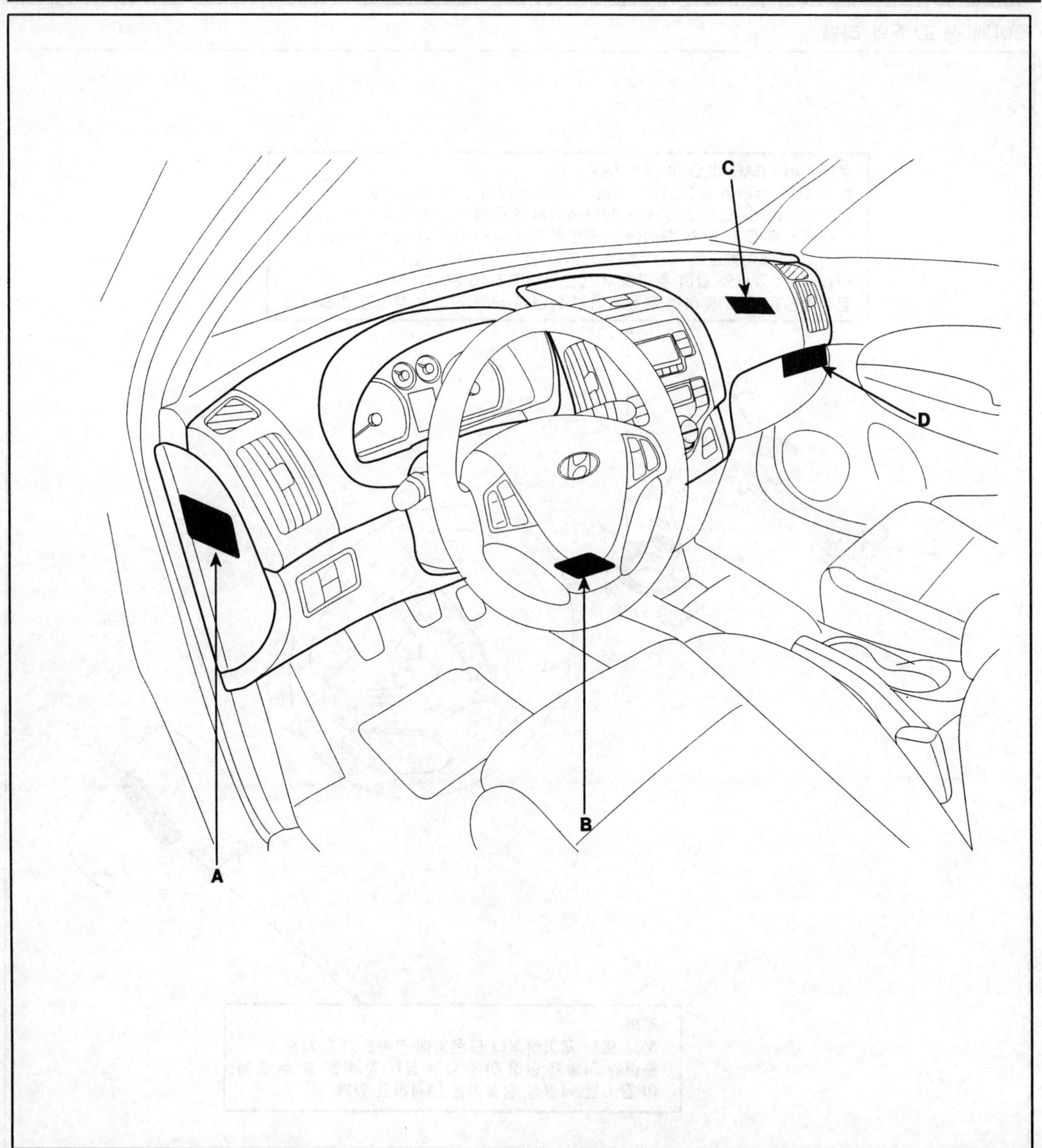

SFDGI8003L

경고/주의 레벨

A : 주의
이 차량에는 앞좌석 양측에 사이드 에어백이 장착되어 있습니다.

- 현대 자동차에서 허용되는 시트카바 이외의 시트 카바를 사용하면 성능감소나 예상치 않은 상해를 일으킬수 있으므로 다른 시트 카바를 사용하지 마십시오.
- 사이드 에어백 부위 또는 사이드 에어백과 탑승자 사이에 어떠한 물건도 두지 마십시오.
- 시트 측면에 무리한 힘을 가하지 마십시오.
- 상세한 사항은 취급 설명서를 보십시오.

B : 주의
AIRBAG CONTROL UNIT
이 장치를 떼어내기 전에 커넥터를 분리시키시오.
안내 책자의 지침에 따라서만 이 장치를 조립하십시오.

C. 주의
분해 또는 제거하거나 다른차에 장착하지 마시오.
오작동과 신체적 상해의 위험이 있음.
훈련된 기술자만이 이장치를 장착 및 분해 할수 있음.
이 장치는 폭발성 점화기를 내장하고 있음.

D. 에어백 주의 사항

- 시동을 건 후 계기판에 위치한 SRS 램프가 6회 정도 작동 후 꺼지면 에어백은 정상입니다.
- 그러나 다음과 같은 상황이 발생하면 반드시 정비를 받으셔야 합니다.
  1. 시동 후에도 SRS 램프에 불이 들어오지 않을 경우
  2. 운전중에 SRS 램프가 깜빡이거나 계속 불이 들어와 있는 경우
  3. 에어백이 작동되어 부풀었을 경우
- 에어백이 작동중에 어린이에게 심한 상해를 입힐 수 있으므로 어린이는 반드시 뒷자석에 위치한 어린이용 좌석을 이용하여 주십시오. 뒷좌석에 위치한 어린이용 좌석을 이용하여 주십시오. 뒷좌석이 어린이에게는 더욱 안전합니다.
- 상기 지시 사항을 준수하지 않으면 운전자 및 탑승객에게 상해를 입힐 수 있으니 주의 바랍니다.
- 에어백에 관하여 좀 더 자세한 사항을 알고 싶으면 취급 설명서의 SRS 란을 참조 하시기 바랍니다.

배터리 주의 라벨 개요

KAQF500A

배터리 보관방법

취급 및 보관	배터리는 27°C 이하의 건조하고 습하지 않은 장소에 직사광선을 피해 보관하시기 바랍니다. 배터리는 산성용액의 유출을 막기 위해 밀봉되어 있습니다. 그러나 배터리 취급 시 벽면 통풍구를 통한 용액유출이 있을 수 있으므로 45도 이상 기울이는 행위는 금하시기 바랍니다.배터리를 항상 바르게 세워서 보관하시고 배터리 윗면에 용액이나 다른 물체를 적재하지 마십시오. 배터리에 케이블을 연결 할 때 망치와 같은 공구를 사용하는 것은 매우 위험합니다.
차량에 장착된 배터리	장시간 차량을 보관할 경우, 자연 방전을 방지하기 위해 정션박스의 배터리 퓨즈를 반드시 탈거하시기 바랍니다. 또한, 배터리 퓨즈를 장착한 상태로 차량보관을 하였다면 1개월 안에 배터리 충전을 위한 차량 구동을 하시기 바랍니다. 배터리 퓨즈를 제거한 상태이더라도 최소 3개월 안에 배터리 충전을 위한 차량 구동을 하시기 바랍니다.

리프트 지지 위치

1. 리프트 블록을 지지점에 맞게 놓는다.
2. 호이스트를 조금 들어 올려 차량이 확실하게 지지 되었는지 차체를 흔들어 본다.
3. 호이스트를 완전히 들어 올려서 차량이 단단히 지지가 되었는지 다시 한번 확인한다.

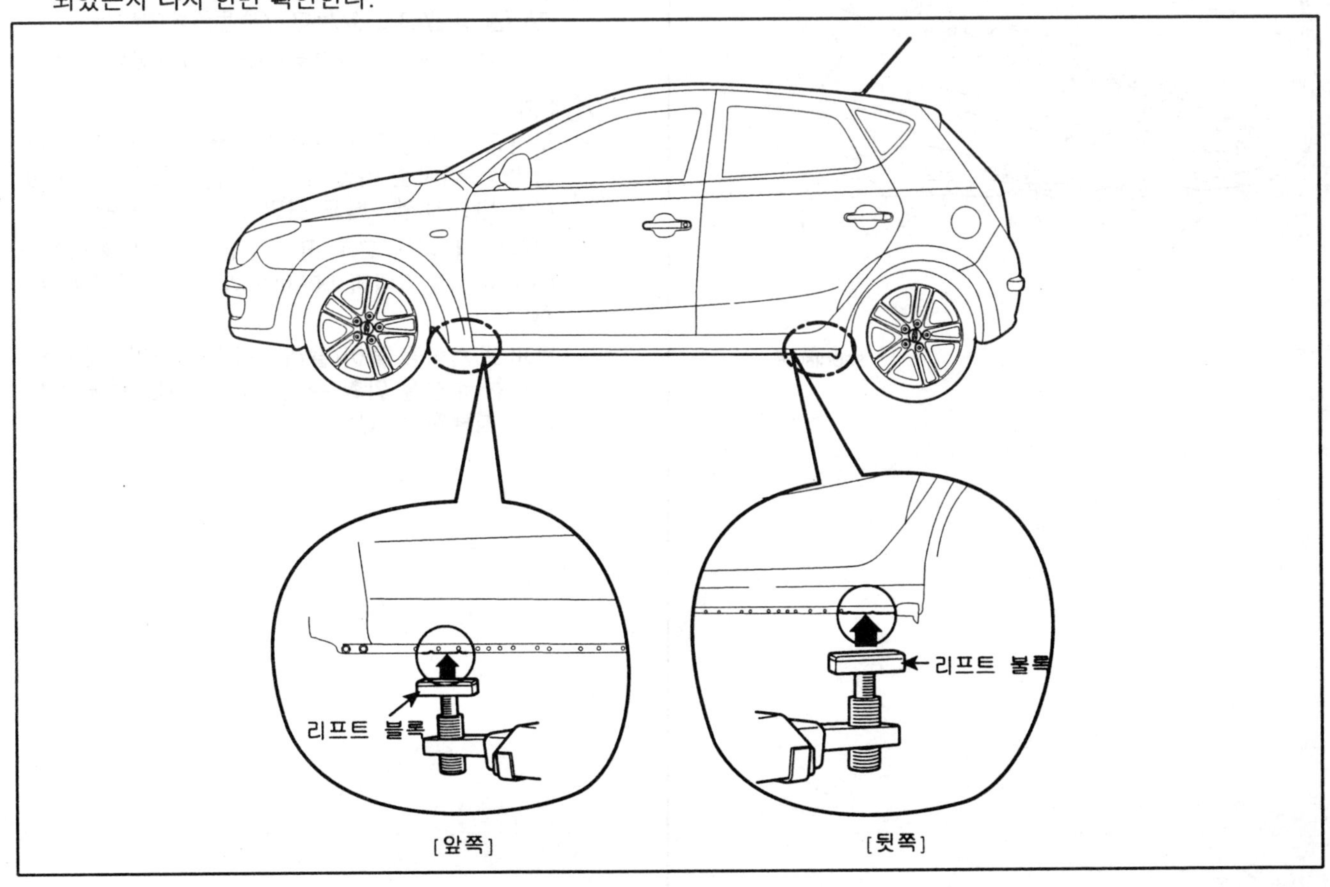

SFDGI8003D

견인

차량의 견인이 필요시에는 전문 견인 업체에 요청한다.

로프나 체인을 이용하여 다른 차의 뒤에서 차량을 견인하는 것은 매우 위험하다.

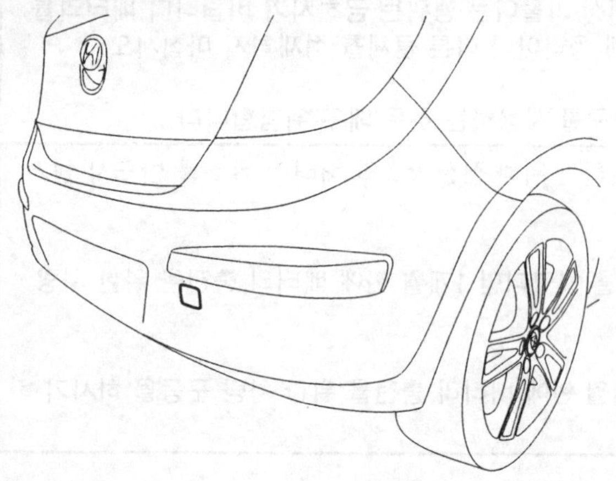

SFDGI8005L

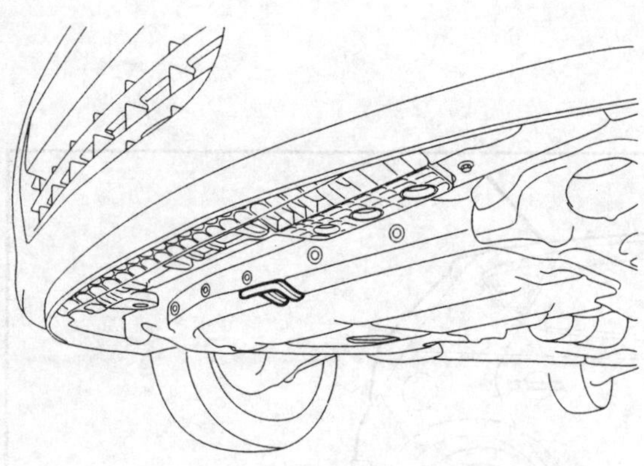

SFDGI8006L

견인 방법

차량의 견인방법에는 세가지가 있다

- **벳-베드 견인**

  차량을 견인 트럭 뒤에 실어서 견인하는 방법이다. 차량 견인의 가장 안전하고 좋은 방법이다.

- **휠 리프트 견인**

  견인 트럭의 주축을 차량의 앞이나 뒷바퀴를 들어 올리고 반대쪽 바퀴는 바닥에 닿게하거나 보조 장비를 이용하여 견인하는 방법이다.

- **슬링 타입 견인**

  견인 트럭의 후크가 달린 체인을 이용하여 견인하는 방법이다. 후크를 프레임이나 서스펜션에 걸고 체인을 이용하여 차량을 들어 올려 견인하는 방법이다.

  이런 방법의 견인은 차량의 서스펜션과 차체가 심하게 손상될 수 있으므로 이러한 방법으로 견인을 해서는 안된다.

참고

차량 손상시에는 반드시 벳-베드 견인이나 휠 리프트 견인 방법으로 견인을 하고 네 바퀴가 땅에 닿게 한채 견인을 할 때는 다음 사항을 따른다.

- *주차 브레이크를 푼다.*
- *기어를 중립으로 놓는다. (수동변속기)*
- *기어 변속 레버를 N으로 놓는다. (자동변속기)*

주의

- **부적절한 견인 준비는 변속기를 손상 시킨다. 기어 변속 레버를 바꿀 수 없거나, 시동을 걸 수 없다면 반드시 벳-베드 견인 방법을 이용한다.**
- **차량이 네 바퀴 모두 땅에 닿은 채 견인 할때는 30km이내의 거리와 50km/h의 속도를 유지해야 한다.**
- **범퍼로 차량을 들어 올리거나 견인하면, 차량에 심각한 손상을 입힐 수 있으며 범퍼는 차량의 무게를 지탱할 수 없다.**

일반 조임 토크

볼트 직경 (mm)	피치 (mm)	조임 토크 (kg.m)	
		헤드 표식 4	헤드 표식 7
M5	0.8	0.3 ~ 0.4	0.5 ~ 0.6
M6	1.0	0.5 ~ 0.6	0.9 ~ 1.1
M8	1.25	1.2 ~ 1.5	2.0 ~ 2.5
M10	1.25	2.5 ~ 3.0	4.0 ~ 5.0
M12	1.25	3.5 ~ 4.5	6 ~ 8
M14	1.5	7.5 ~ 8.5	12 ~ 14
M16	1.5	11 ~ 13	18 ~ 21
M18	1.5	16 ~ 18	26 ~ 30
M20	1.5	22 ~ 25	36 ~ 42
M22	1.5	29 ~ 33	48 ~ 55
M24	1.5	37 ~ 42	61 ~ 70

참고

1. *표에 표시되어 있는 토크는 다음과 같은 조건일 때의 규정치이다.*
   - *볼트와 너트는 강철봉이며 아연도금이 되어 있는 것.*
   - *아연 도금된 와셔가 삽입되어 있다.*
   - *볼트, 너트, 와셔는 건조한 상태이다.*
1. *표의 토크는 다음과 같은 조건일때는 적용되지 않는다 .*
   - *스프링 와셔, 톱니와셔 등이 삽입되었을 때.*
   - *플라스틱 부품이 고정되었을 때.*
   - *나사부 표면에 오일이 도포되었을 때.*
1. *다음과 같은 조건일 때는 표에 나타난 토크를 다음과 같이 낮추면 규정치가 된다.*
   - *스프링와셔를 사용할 때 : 85%*
   - *나사부의 표면에 오일이 도포되었을 때 : 85%*

추천 윤활유 및 유량

윤활유 종류

항 목		규정 오일
엔진 오일	가솔린 1.6	API SJ or ABOVE 5W-20 (SJ/SL급 이상/GF-3)
	가솔린 2.0	API SJ / SL 이상 or SAE 5W-20
	디젤 1.6	API CH-4 이상 or ACEA B4 (CPF 장착 : C3)
변속기	수동	SAE 75W/85 (API GL - 4)
	자동	다이아몬드 ATF SP-III, SK ATF SP-III
브레이크		DOT 3,4 혹은 상당품
냉각 계통		알루미늄 전용 부동액
트랜스 액슬 연결부, 주차 브레이크 케이블, 후드 록크 및 후크, 도어 래치, 시트 조정장치		다목적 그리스 NIGL 등급 #2

윤활유의 용량

항 목		1.6 (G4FC)	2.0 (D4GC)	1.6 (D4FB)
엔진 오일	오일 팬	3.0	3.7	4.8
	전체	3.7	4.1	5.7
	교환 용량 (오일 필터 포함)	3.3	4.0	5.3
냉각수		5.8	6.5 ~ 6.6	6.7
수동 변속기	M5CF1	1.9	-	-
	M5CF2	-	2.0	-
	M5CF3	-	-	2.0
자동 변속기	A4CF1	6.8	-	-
	A4CF2	-	6.6	6.6

단위 : ℓ

⚠주의

폐사에서 지정하는 순정품(엔진 오일, 변속기 오일 등)을 사용하지 않거나 불량연료를 사용 했을 경우에는 차량에 치명적인 손상을 줄 수 있습니다.

엔진 오일 등급 (1.6가솔린)

추천 ILSAC 등급 : GF-3급

추천 API 등급 : SJ또는 SL급 이상

추천 SAE 점도 등급

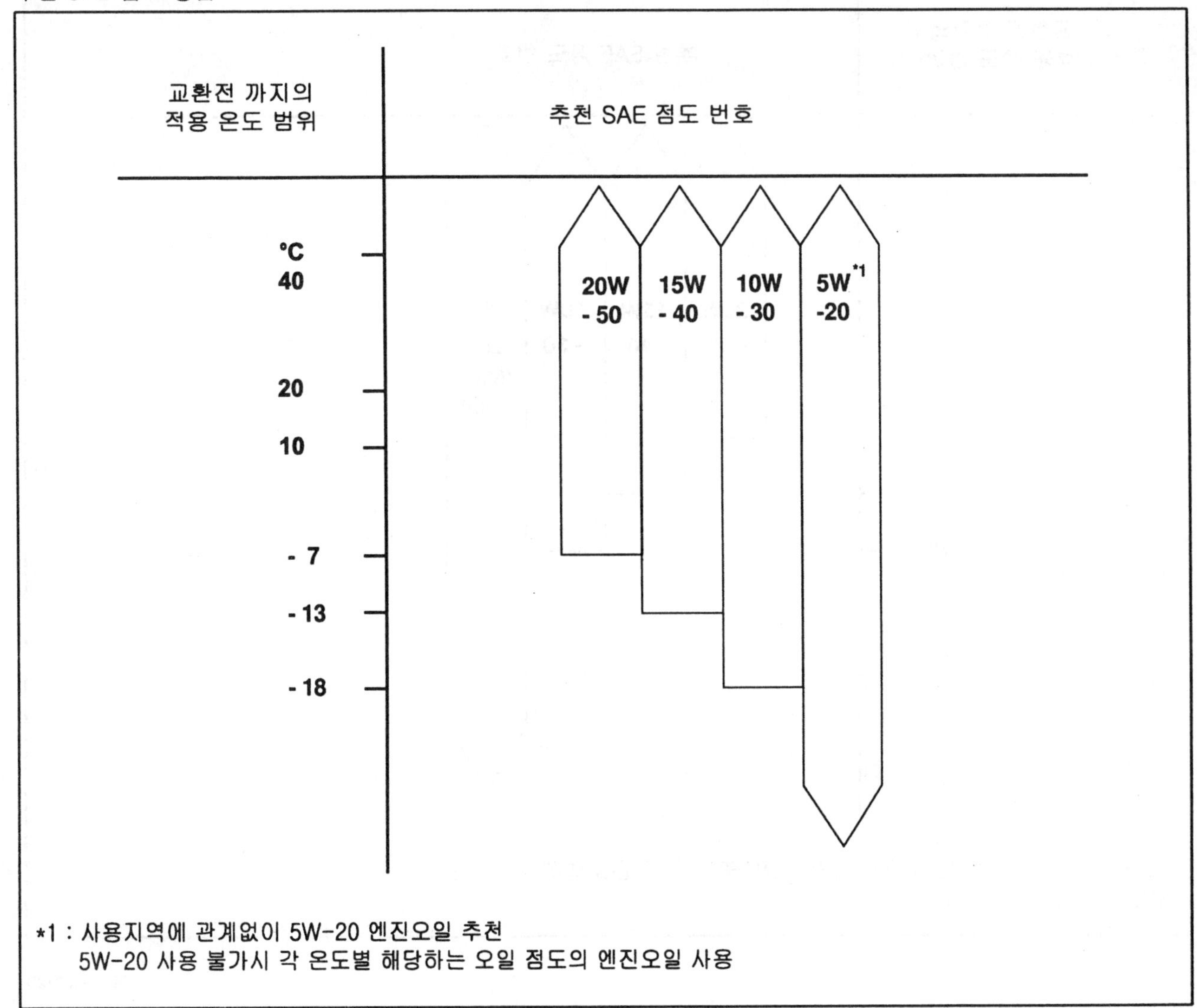

AC8F002A

참고

모든 작동조건에서 최대한 성능과 최대의 보호를 위해 반드시 다음과 같은 윤활유를 선택한다.

1. *API등급 분류의 요구사항을 만족해야 한다.*
2. *주위에 온도 범위에서 적절한 SAE 등급 번호를 가져야 한다.*
3. *용기에 SAE등급 번호와 API등급 분류가 표시되지 않은 윤활유는 사용하지 않는다.*

엔진오일 등급 (2.0가솔린)

추천 API 등급 : SJ 또는 SL급 이상

추천 SAE점도 등급

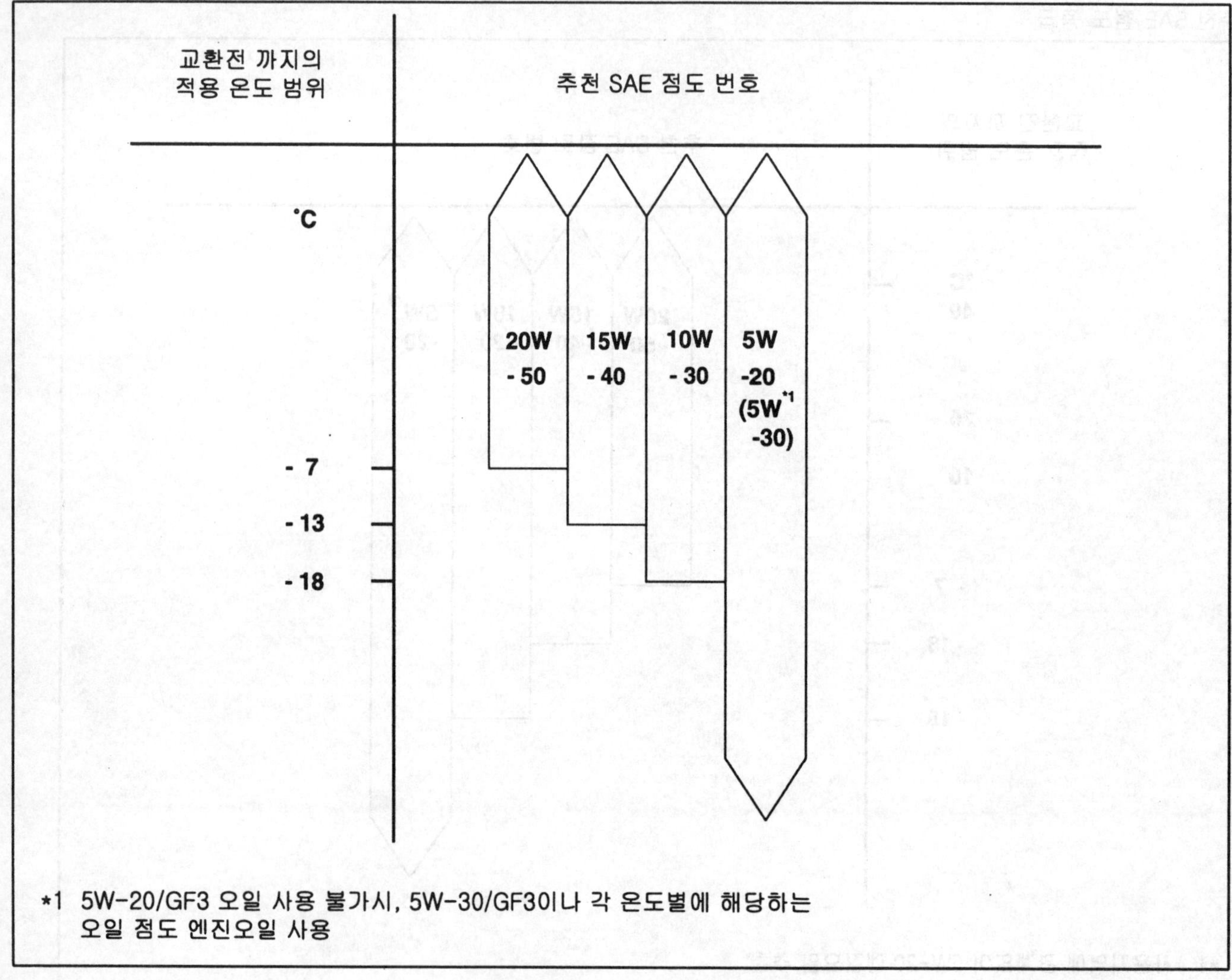

SHDM16212D

참고

모든 작동조건에서 최대한 성능과 최대의 보호를 위해 반드시 다음과 같은 윤활유를 선택한다.

1. *API등급 분류의 요구사항을 만족해야 한다.*
2. *주위에 온도 범위에서 적절한 SAE 등급 번호를 가져야 한다.*
3. *용기에 SAE등급 번호와 API등급 분류가 표시되지 않은 윤활유는 사용하지 않는다.*

엔진 오일 등급 (1.6디젤)

추천 API 등급 : CH-4급 이상

추천 ACEA 등급 : B4급 이상

추천 SAE 점도 등급

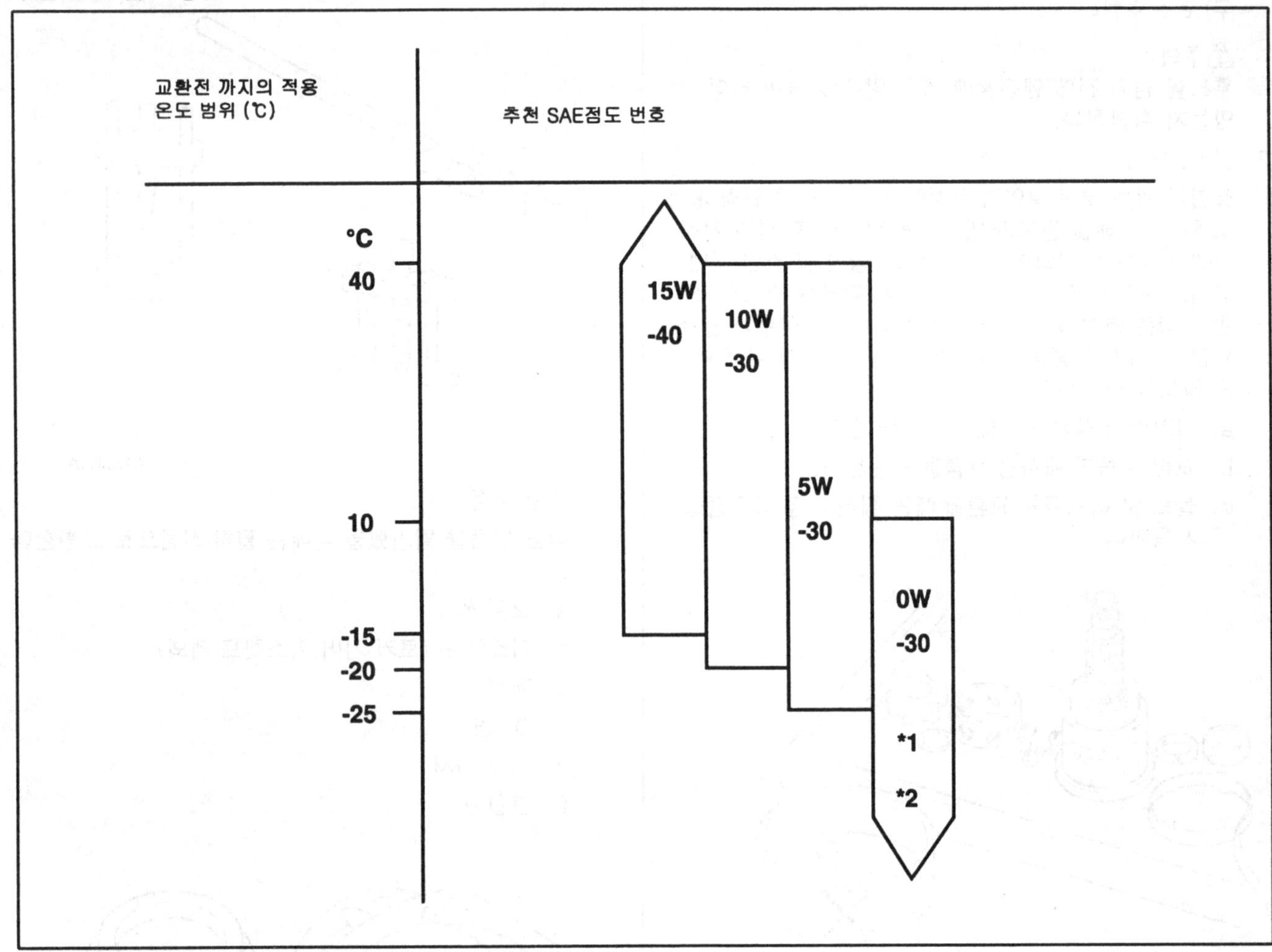

*1 주행 조건 및 기후 상태에 따라 한정된다.
계속적인 고속운전을 하는 차량은 제외된다.

참고

모든 엔진은 최상의 성능과 최대효과를 위해서 다음과 같은 윤활유를 선택해야 한다.

1. *API 등급 분류의 요구 사항을 만족해야 한다.*
2. *주위에 온도 범위에서 적절한 SAE 등급 번호를 가져야 한다.*
3. *용기에 SAE 등급 번호와 API등급 분류가 표시되지 않은 윤활유는 사용하지 않는다.*

정비 작업시 주의 사항

1. 차량의 보호

도장면 및 내장 부품들이 오손, 손상되지 않도록 작업 커버(시트 커버) 및 테프(공구등에 의해 손상되는 경우)로 보호한다.

⚠주의

후드를 닫기 전에 엔진룸에 공구 및 부품들이 남아 있는지 확인한다.

2. 탈거, 분해

결함이 있는 부분 확인과 동시에 고장 원인을 규명하고 탈거, 분해할 필요가 있는지를 파악한 후 정비 지침서의 순서대로 작업한다. 오조립의 방지 및 조립 작업 용이화를 위해 펀치 마크 또는 일치 마크를 기능상, 외관상 나쁜 영향이 없는 부분에 한다. 부품 갯수가 많은 부분 및 유사 부품등을 분해할 때는 조립시에 혼돈되지 않도록 정리한다.

a. 탈거한 부품은 순서대로 잘 정리한다.

b. 교환 부품과 재사용 부품을 구분한다.

c. 볼트 및 너트류를 교환할 때는 필히 지정 규격품을 사용한다.

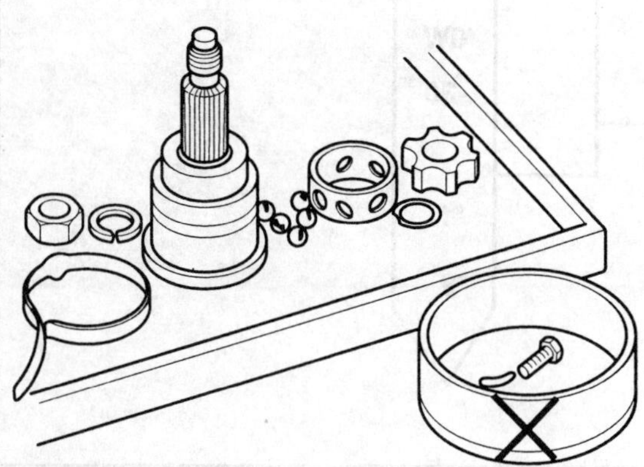

AAIE013A

3. 특수공구

다른 공구로 대응하여 작업을 실시하면 부품이 파손, 손상 될 수 있으므로 특수공구의 사용을 지시하는 작업에는 필히 특수공구를 사용한다.

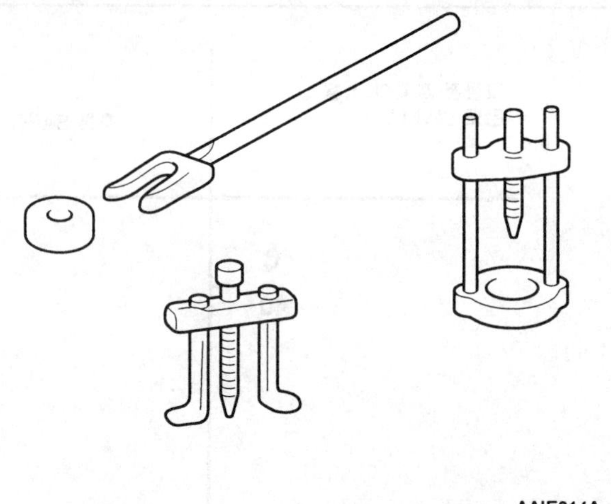

AAIE014A

4. 교환 부품

다음 부품을 탈거했을 때에는 필히 신품으로 교환한다.

a. 오일 씰

b. 가스켓 (로커 커버 가스켓 제외)

c. 패킹

d. O-링

e. 록크 와셔

f. 분할 핀

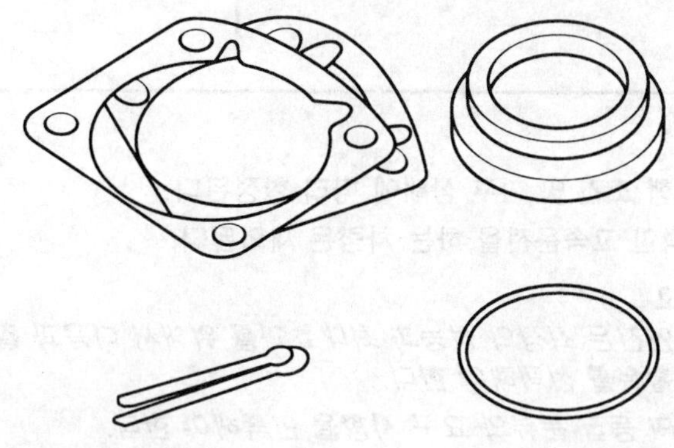

AAIE015A

5. 부품
   a. 부품을 교환 할 때는 필히 기아 순정 부품을 사용한다.
   b. 보수용 부품에는 세트, 키트 부품을 갖추고 있으므로 세트, 키트 부품의 사용을 권한다.
   c. 보수용 부품으로서 공급되는 부품은 부품의 통일화 등을 위해 차량에 조립되어 있는 부품의 차이가 있을 수 있으므로 부품 카다로그를 잘 확인한 정비 작업을 실시한다.

순정부품

검사필증 (부착상태)

MOBIS MC
IS MOBIS I
BIS MOBIS
IOBIS MOB

검사필증 (탈착상태)

KARF808A

6. 차량 세척
   고압 세척 장비나 스팀 장비를 사용하여 차량을 세척하는 경우에는 모든 플라스틱 부품과 개방부품들 (도어, 트렁크 등)로 부터 최소한 300mm 가량의 거리를 두고 스프레이 호스를 사용한다.

   참고
   - *분사입력 : 40kg/cm² 이하*
   - *분사온도 : 82°*
   - *집중분사 시간 : 30초 이내*

7. 전기 계통
   전기계통의 부품 교환, 수리 작업을 하는 경우는 쇼트에 의한 소손을 방지하기 위해 사전에 배터리 (−)단자를 분리한다.

⚠주의
배터리 단자를 탈착하는 경우는 꼭 점화 스위치 및 점등 스위치를 끄고 나서 실시한다. (반도체 부품이 파손되는 수가 있다.)

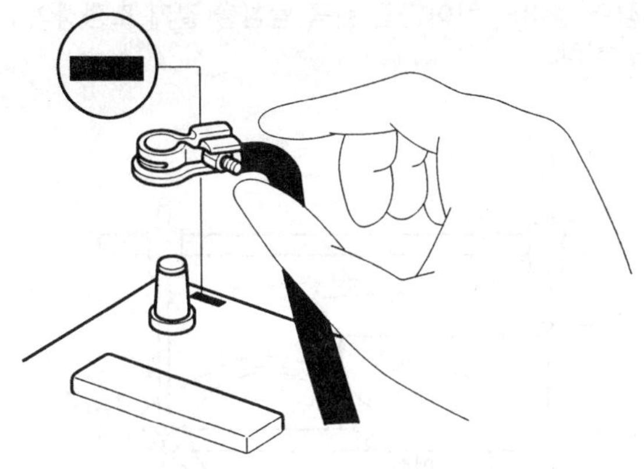

AAIE017A

8. 고무 부품 및 부품(Tube)는 가솔린 및 오일에 접촉하지 않도록 주의한다.

AAIE018A

차체 치수 측정

1. 기본적으로, 본 메뉴얼의 모든 측정은 트랙킹 게이지를 사용하였다.
2. 측정 테이프를 사용할 때에는 테이프의 늘어남, 꼬임 또는 접힘 등이 없는지 확인한다.

예측 치수

1. 이 치수는 측정점들을 기준면에 대하여 투사하여 측정한 것이며 차체 개조시 사용되는 참조치이다.
2. 트랙킹 게이지의 탐침의 길이를 조정할 수 있으며 두 측정면 높이의 차이만큼 한쪽 탐침을 길게 조정하여 측정하라.

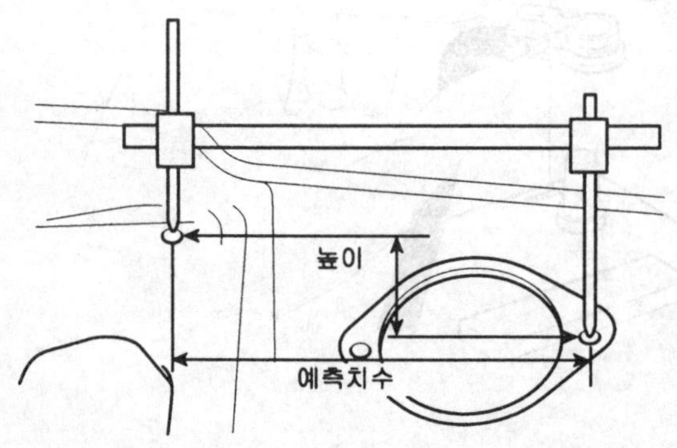

AAIE019A

실제 측정 치수

1. 이 치수는 두 측정점 사이의 실제적인 직선 거리이고 트랙킹 게이지의 측정 치수보다 우선적으로 사용해야 할 참조 치수이다.
2. 게이지의 양쪽 탐침을 동일한 길이 (A=A')로 조정한 후 측정하라.

⚠주의

측정기와 탐침 자체에 유격이 없도록 확인한다.

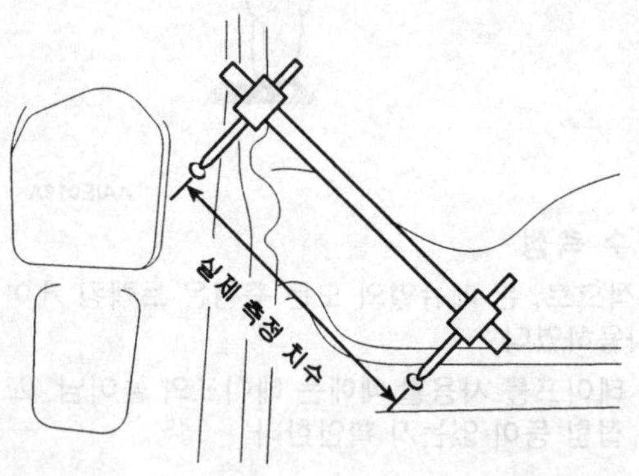

AAIE020A

측정점

측정은 반드시 구멍의 중심에서 하여야 한다.

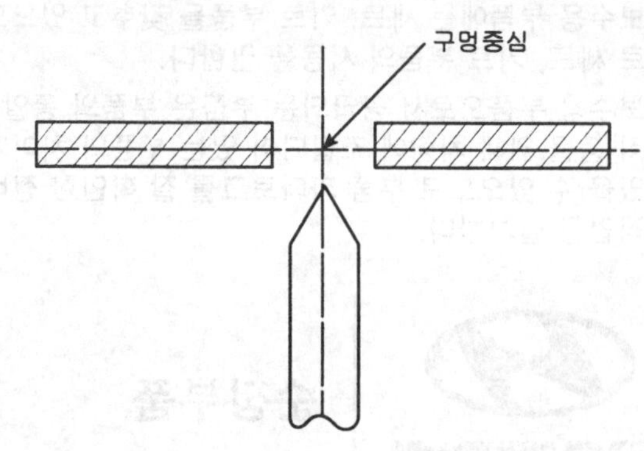

AAIE021A

케이블과 와이어링류의 점검

1. 터미널이 견고한지 확인한다.
2. 터미널과 와이어링에 배터리 전해액 등으로 인한 부식이 없는지 확인한다.
3. 터미널과 와이어링에 개회로 또는 그 가능성이 있는 부분이 있는지 확인한다.
4. 와이어링의 절연과 피복에 손상, 갈라짐 및 품질 저하가 있는지 확인한다.
5. 터미널의 단자가 다른 금속 부분과 접촉하는지 확인한다.
   (차체 또는 다른 부품)
6. 접지 부분의 볼트와 차체 간에 완전하게 접촉이 되어 있는지 확인한다.

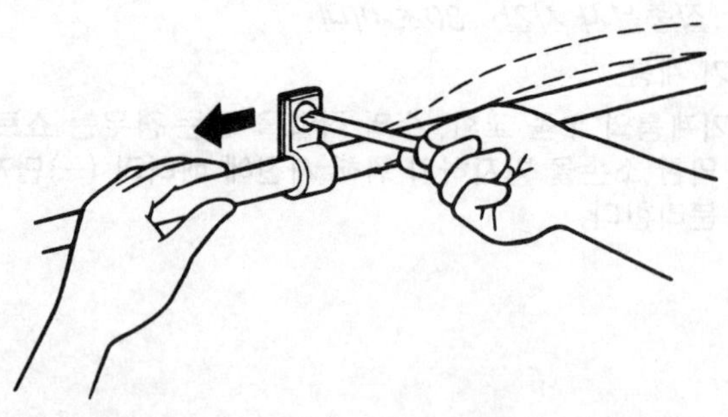

AAIE022A

7. 와이어링이 잘못된 부분이 있는지 확인한다.
8. 와이어링이 차체의 날카로운 모서리나 뜨거운 부품 (배기 매니폴드, 파이프 등)과 접촉되지 않도록 고정되어 있는지 확인한다.
9. 와이어링 팬 풀리, 팬 벨트 및 다른 회전체와 충분한 간격을 두고 고정되어 있는지 확인한다.
10. 와이어링과 엔진 등과 같은 진동 부품, 차체 등 고정부품과의 사이에 적당한 진동 여유가 있는지 확인한다.

퓨즈의 점검

칼날 모양(BLADE TYPE)의 퓨즈에는 퓨즈 자체를 빼지 않고도 퓨즈를 확인할 수 있는 점검용 접점이 있다. 점검용 램프의 한 쪽 접점과 퓨즈의 한 쪽을 연결하고 (한 반에 하나씩) 한 쪽 접점을 접지 시켰을때 점등되면 퓨즈는 양호한 것이다. (퓨즈 회로에 전기가 통하도록 시동 스위치의 위치를 적절히 선택한다.)

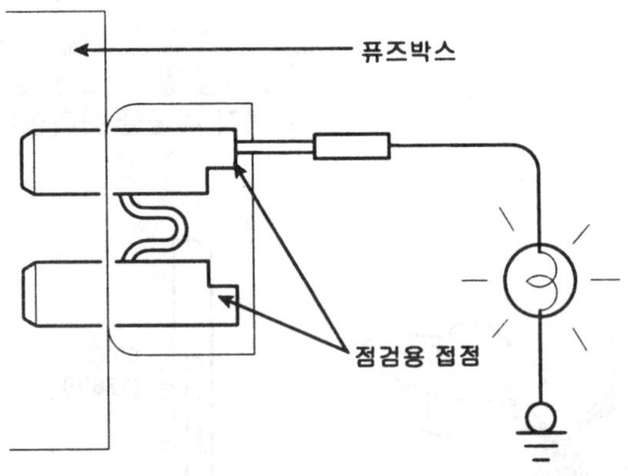

AAIE023A

전기 시스템의 점검

1. 전기 시스템을 점검하기 전에 반드시 시동 스위치를 끄고 배터리의 접지 케이블 (–)를 분리한다.

   ⚠주의
   MFI 또는 ELC 시스템의 점검 중에 배터리 케이블을 분리하면 컴퓨터에 기억되어 있는 고장 코드는 지워진다. 따라서 배터리 케이블을 분리 하기 전에 고장 코드를 읽어야 한다.

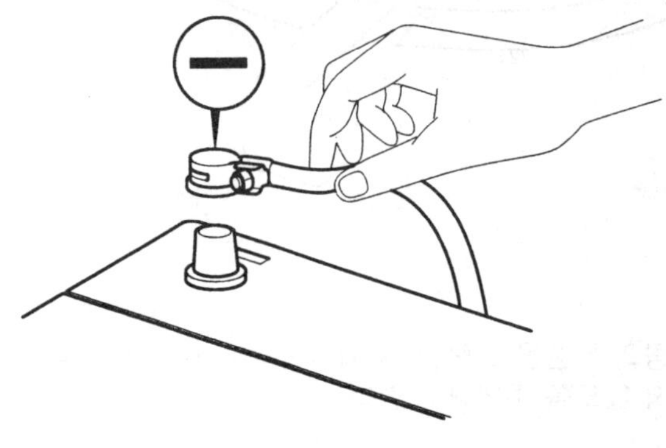

AAIE024A

2. 와이어링이 늘어나지 않도록 하니스를 클램프로 고정한다.

   그러나 엔진을 통과하거나 차량이 다른 진동 부위를 지나가는 와이어링 뭉치는 엔진 진동으로 인해 와이어링이 다른 주변 부품과 접촉하지 않도록 어느 정도 느슨하게 클램프로 고정한다.

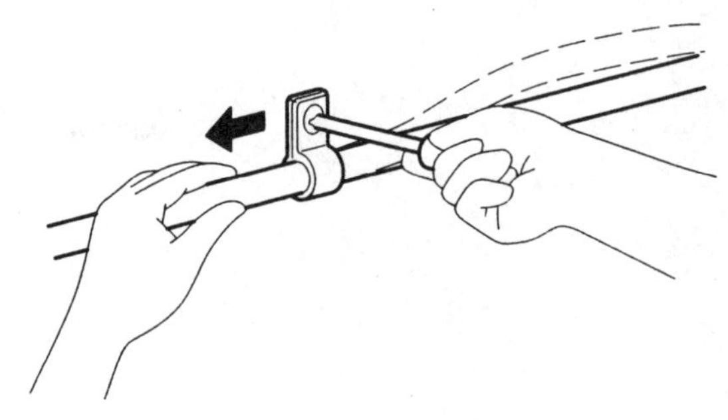

AAIE025A

3. 만약 와이어링의 어느 부분이라도 부품의 모서리 또는 끝단부와 간섭이 되면 손상되지 않도록 그 부분을 테이프 등으로 감아 보호한다.

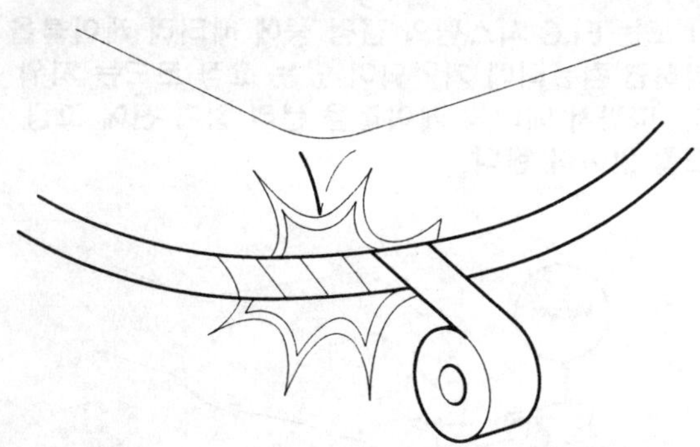

AAIE026A

4. 차량의 부품을 조립할 때 와이어링이 씹히거나 손상을 입지 않도록 주의해야 한다.

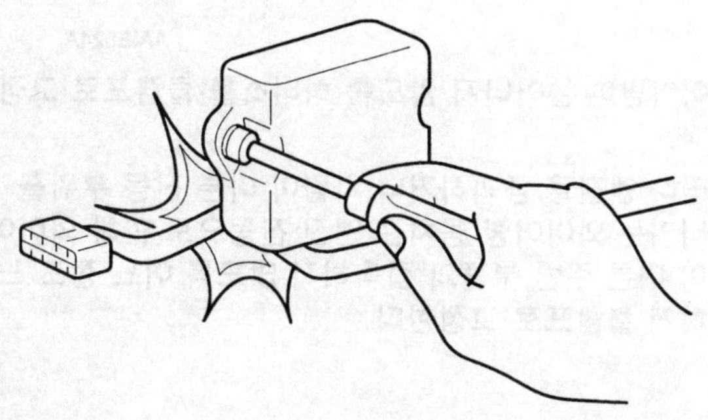

AAIE027A

5. 릴레이, 센서, 전기 부품을 던지거나 강한 충격을 받게 하면 안된다.

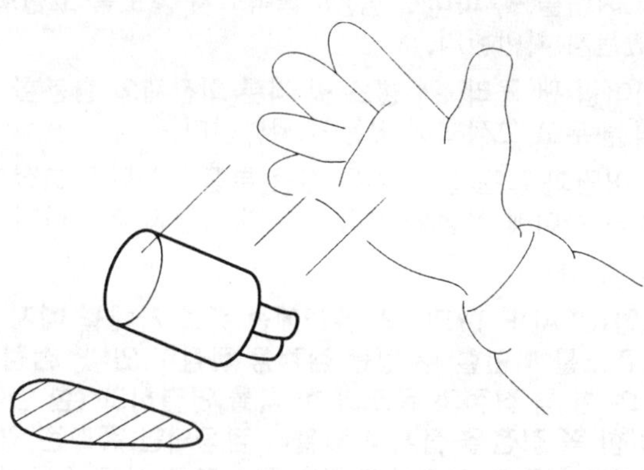

AAIE028A

6. 컴퓨터나 릴레이 등에 쓰이는 전자 부품은 열에 의해서 손상되기 쉽다. 온도가 80°C 이상 될 수 있는 점검 작업을 하여야 할 경우 사전에 전자 제품을 분리한다.

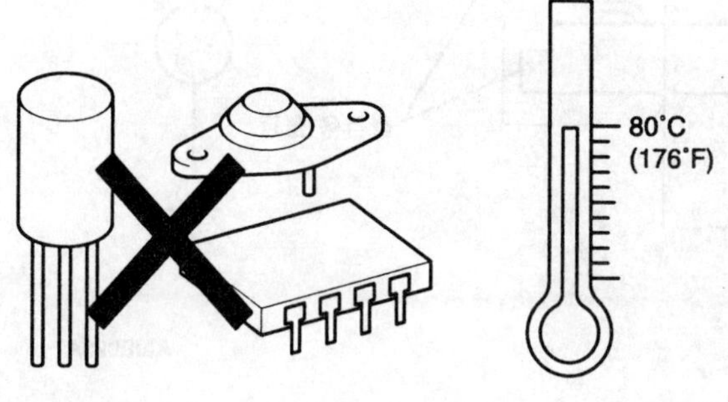

AAIE029A

7. 느슨한 커넥터의 접속은 고장의 원인이 되므로 커넥터가 확실하게 연결되었는지 확인하여야 한다.

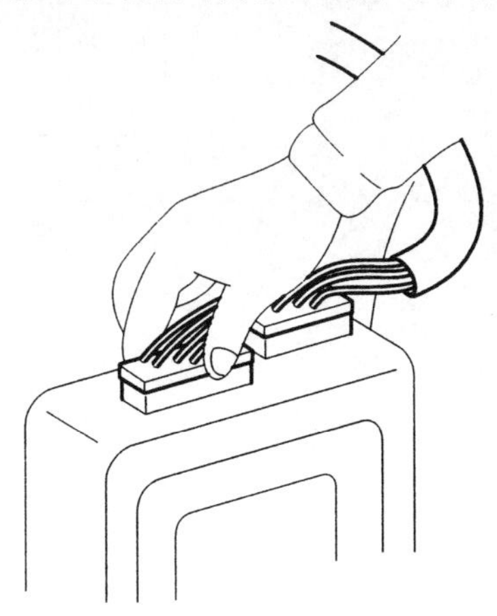

AAIE030A

8. 커넥터를 뺄때 반드시 커넥터 몸체를 잡고 빼어야 한다.

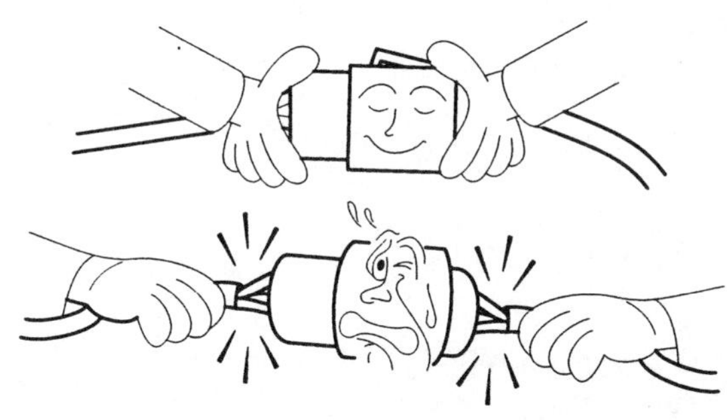

AAIE031A

9. 잠금 장치가 있는 컨넥터를 분리시킬 때는 그림의 화살표 방향으로 누르면서 탈거한다.

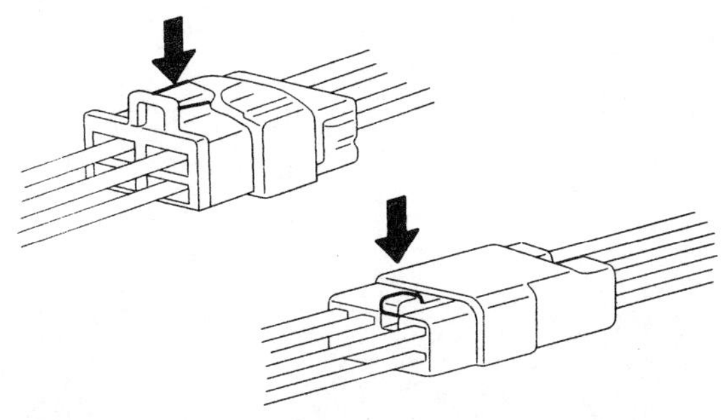

AAIE032A

10.잠금장치가 있는 컨넥터는 "딱" 소리가 날때 까지 밀어 넣어서 끼운다.

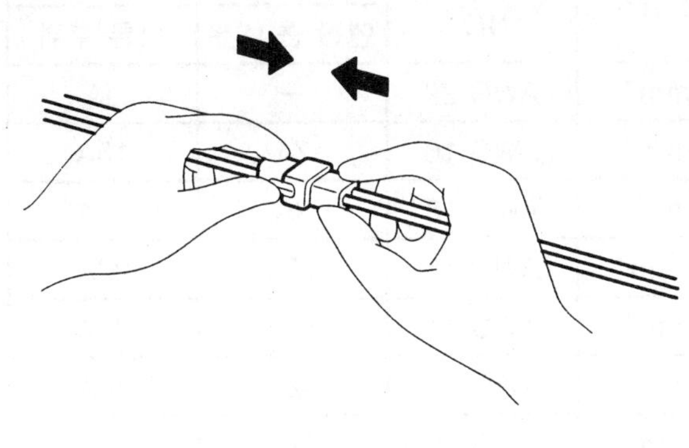

AAIE033A

11.회로 테스터로 컨넥터 단자의 통전 또는 전압 점검을 할 때에는 탐침을 하니스쪽에서 밀어 넣는다. 만약 컨넥터가 밀폐형이면 와이어링의 절연을 상하지 않도록 주의하면서 단자에 탐침이 닿을 때까지 고무 피복의 구멍으로 탐침을 밀어 넣는다.

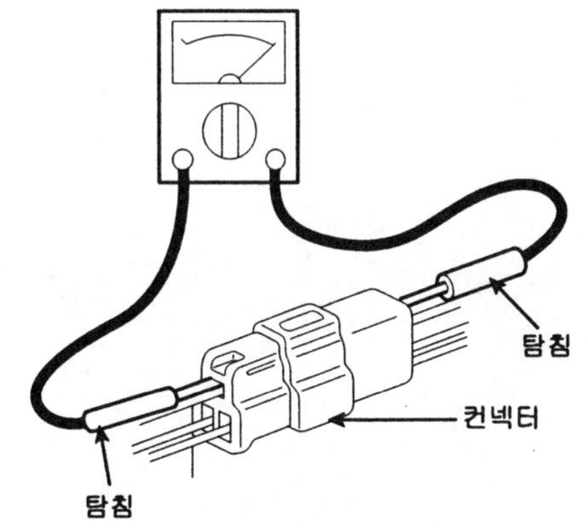

AAIE034A

12.장치의 전류 부하를 고려하여 와이어링의 과부하를 피할 수 있는 적절한 와이어링 종류를 결정한다.

추천 규격	SAE 규격 NO.	허용 전류	
		엔진 룸 내부	다른 부위
0.3mm²	AWG 22	–	5A
0.5mm²	AWG 10	7A	13A
0.85mm²	AWG 18	9A	17A
1.25mm²	AWG 16	12A	22A
2.0mm²	AWG 14	16A	30A
3.0mm²	AWG 12	32A	40A
5.0mm²	AWG 10	31A	54A

정비지침서 안내

* 2008 i30 정비지침서에 수록되어 있지 않는 내용은 해당 정비지침서에서 내용을 참고하시기 바랍니다.
* 각 정비지침서에는 다음과 같은 내용이 수록되어 있습니다.

항 목	구 분	정비지침서		
		2008모델 (신규)		2008모델 (보충판)
발간번호	BOOK	A2LS-KO76A1	A2LS-KO76A2	A2LS-KO7NB
	CD	A2LC-KO76A		A2LC-KO7NB
일반사항	GI	●	-	●
엔진	EM	G4FC 가솔린 1.6	-	G4GC 가솔린 2.0
	EMA	D4FB 디젤 1.6	-	-
엔진 전장	EE	G4FC 가솔린 1.6	-	G4GC 가솔린 2.0
	EEA	D4FB 디젤 1.6	-	-
배출가스 제어 장치	EC	G4FC 가솔린 1.6	-	G4GC 가솔린 2.0
연료장치	FL	G4FC 가솔린 1.6	-	G4GC 가솔린 2.0
	FLA	D4FB 디젤 1.6	-	-
클러치 시스템	CH	-	●	●
수동변속기	MT	-	M5CF1	M5CF2
		-	M5CF3	-
자동변속기	AT	-	A4CF1	A4CF2
		-	A4CF2	-
드라이브 샤프트 및 액슬	DS	-	●	-
서스펜션 시스템	SS	-	●	-
조향계통	ST	-	●	-
에어백시스템	RT	-	●	-
브레이크 시스템	BR	-	●	-
바디(내장 및 외장)	BD	-	●	-
바디 전장	BE	-	●	-
히터 및 에어컨 장치	HA	-	●	-
전장회로도	BOOK	A2LE-KO76A		A2LS-KO7NB
	CD	A2LC-KO76A		A2LC-KO7NB
오버홀 (정비지침서)	M5CF1	BOOK : MTMS-KO54B, CD : A2LC-KO7NB		
	M5CF2	BOOK : MTMS-KO54C, CD : A2LC-KO7NB		
	M5CF3	BOOK : MTMS-KO62F, CD : A2HC-KO65A		
	A4CF1	BOOK : ATMS-KO62E, CD : A2HC-KO65A		
	A4CF2	BOOK : ATMS-KO54D, CD : A2HC-KO65A		

'●' 표기는 년도별 정비지침서(또는 CD)에 해당그룹의 내용이 기재된 것을 의미합니다.

SFDGI8005D

엔진 (G4GC - 가솔린 2.0)

일반사항

제원

항 목		제 원	한계값
일반사항			
형식		직렬, DOHC	
실린더 수		4	
실린더 내경		82mm	
실린더 행정		93.5mm	
배기량		1,975cc	
압축비		10.1 : 1	
점화순서		1 – 3 – 4 – 2	
밸브 타이밍			
흡기밸브	열림 (ATDC)	ATDC 11° ~ BTDC 29°	
	닫힘 (ABDC)	ABDC 59° ~ ABDC 19°	
배기 밸브	열림 (BBDC)	42°	
	닫힘 (ATDC)	6°	
밸브			
밸브 길이	흡기	114.34mm	
	배기	116.8mm	
스템 외경	흡기	5.965 ~ 5.980mm	
	배기	5.950 ~ 5.965mm	
페이스 각		45° ~ 45°30'	
밸브 헤드 두께(마진)	흡기	1.6 ± 0.15mm	0.8mm
	배기	1.8 ± 0.15mm	0.0mm
밸브 스템과 밸브 가이드 간극	흡기	0.020 ~ 0.050mm	0.10mm
	배기	0.035 ~ 0.065mm	0.13mm
밸브 가이드			
길이	흡기	45.8 ~ 46.2mm	
	배기	52.8 ~ 53.2mm	
밸브 시트			
시트 접촉 폭	흡기	1.1 ~ 1.5mm	
	배기	1.3 ~ 1.7mm	
밸브 스프링			
자유 길이		48.86mm	
부하		18.8 ± 0.9kg/39.0mm 41.0 ± 1.5kg/30.5mm	

항 목		제 원	한계값
직각도		1.5° 이하	
밸브 간극			
냉간시 (20°C)	흡기	0.20mm	0.17~0.23mm
	배기	0.28mm	0.25~0.31mm
온간시 (80°C) (참고용)	흡기	0.29mm	
	배기	0.34mm	
실린더 헤드			
개스킷 표면의 편평도		최대 0.03mm	
매니폴드 장착면의 편평도		최대 0.15mm	
밸브 시트 홀의 오버사이즈 치수			
흡기	0.3mm O.S	33.300 ~ 33.325mm	
	0.6mm O.S	33.600 ~ 33.625mm	
배기	0.3mm O.S	28.800 ~ 28.821mm	
	0.6mm O.S	29.100 ~ 29.121mm	
밸브 가이드 홀의 오버사이즈 치수			
흡 · 배기	0.05mm	11.05 ~ 11.068mm	
	0.25mm	11.25 ~ 11.268mm	
	0.50mm	11.50 ~ 11.518mm	
실린더 블록			
실린더 보어		82.00 ~ 82.03mm	
실린더 보어의 원형도		0.01mm 이하	
피스톤			
피스톤 외경		81.970 ~ 82.000mm	
실린더와 피스톤의 간극		0.020 ~ 0.040mm	
링 홈 넓이			
No.1 링 홈		1.23 ~ 1.25mm	
No.2 링홈		1.22 ~ 1.24mm	
오일 링 홈		2.01 ~ 2.03mm	
피스톤 링			
사이드 간극			
No.1 링		0.04 ~ 0.08mm	0.1mm
No.2 링		0.03 ~ 0.07mm	0.1mm
오일 링		0.06 ~ 0.15mm	0.2mm
엔드 갭			
No.1 링		0.20 ~ 0.35mm	1mm

항 목		제 원	한계값
No.2 링		0.37 ~ 0.52mm	1mm
오일 링		0.20 ~ 0.60mm	1mm
오버사이즈		0.25, 0.50mm	
피스톤 핀			
피스톤 핀 외경		20.001 ~ 20.006mm	
피스톤 핀 홀 내경		20.016 ~ 20.021mm	
피스톤 핀 홀 간극		0.010 ~ 0.020mm	
커넥팅 로드 소단부 내경		19.974 ~ 19.985mm	
피스톤 핀 압입 하중		350 ~ 1350kg	
커넥팅 로드			
커넥팅 로드 대단부 내경		48.000 ~ 48.018mm	
커넥팅 로드 베어링 오일 간극		0.024 ~ 0.042mm	
사이드 간극		0.10 ~ 0.25mm	0.4mm
커넥팅 로드 베어링 언더사이즈		0.25mm	
캠샤프트			
캠 높이	흡기	44.618mm	
	배기	44.518mm	
저널 외경		28mm	
베어링 오일 간극		0.02 ~ 0.061mm	
엔드 플레이		0.1 ~ 0.2mm	
크랭크샤프트			
메인 저널 외경		56.942 ~ 56.962mm	
핀 저널 외경		44.946 ~ 44.966mm	
메인 베어링 오일 간극		0.028 ~ 0.046mm	0.1mm
엔드 플레이		0.06 ~ 0.260mm	
핀 언더사이즈			
0.25mm		44.725 ~ 44.740mm	
저널 언더사이즈			
0.25mm		56.727 ~ 56.742mm	
플라이 휠			
런 아웃		0.1mm	0.13mm
오일 펌프			
사이드 간극			
인너 로터		0.04 ~ 0.085mm	
아웃터 로터		0.04 ~ 0.09mm	

항 목	제 원	한계값
바디 간극	0.120 ~ 0.185mm	
프런트 케이스 팁 간극	0.025 ~ 0.069mm	
릴리프 밸브 개변 압력	5 ± 0.5kg/cm²	
릴리프 스프링		
자유길이	43.8mm	
부하	3.7 ± 0.4kg/40.1mm	
엔진 오일		
오일 용량 (전체)	4.1L	
오일 용량 (오일 팬)	3.7L	
교환 용량 (필터 포함)	4.0L	
오일 등급	API SJ / SL 이상 or SAE 5W-20	
오일 압력(1500rpm)	2.5kg/cm² (90 ~ 110°C)	
냉각 장치		
냉각 방식	쿨링 팬을 이용한 강제 순환식	
냉각수 용량	6.5 ~ 6.6L	
서머스탯		
형식	왁스 팰릿식	
개변 온도	82 ± 1.5°C	
폐변 오도	77°C	
전개 온도	95°C 에서 8mm 이상	
라디에이터 캡		
고압 밸브 개방 압력	0.95 ~ 1.25 kg/cm²	
진공 밸브 개방 압력	최대 0.07kg/cm²	
수온 센서		
형식	써미스터(Thermister) 식	
저항		
20°C	2.45 ± 0.14kΩ	
80°C	0.3222kΩ	

체결토크

항 목	수 량	체결 토크
		kgf.m
실린더 블록		
엔진 서포트 (프런트) 브라켓 볼트	3	3.5 ~ 5.0
엔진 서포트 (리어) 브라켓 볼트	2	4.0 ~ 5.0
엔진 서포트 브라켓 스테이 플레이트 볼트	1	4.3 ~ 5.5
엔진 마운팅		
엔진 마운팅 브라켓과 차체 장착 볼트	3	5.0 ~ 6.5
엔진 마운팅 인슐레이터와 엔진 마운팅 서포트 브라켓 장착 너트	1	6.5 ~ 8.5
엔진 마운팅 서포트 브라켓과 엔진 서포트 브라켓 장착 볼트	2	5.0 ~ 6.5
엔진 마운팅 서포트 브라켓과 엔진 서포트 브라켓 장착 너트	1	5.0 ~ 6.5
트랜스 액슬 마운팅 브라켓과 차체 장착 볼트	4	5.0 ~ 6.5
트랜스 액슬 마운팅 인슐레이터와 트랜스 액슬 서포트 브라켓 장착 볼트	2	9.0 ~ 11.0
프런트 롤 스토퍼 브라켓과 서브 프레임 장착 볼트	3	5.0 ~ 6.5
프런트 롤 스토퍼 인슐레이터와 프런트 롤 스토퍼 서포트 브라켓 장착볼트 및 너트	1	5.0 ~ 6.5
리어 롤 스토퍼 브라켓과 서브 프레임 장착 볼트	2	5.0 ~ 6.5
리어 롤 스토퍼 인슐레이터와 리어 롤 스토퍼 서포트 브라켓 장착 볼트 및 너트	1	5.0 ~ 6.5
메인 무빙 시스템		
커넥팅 로드 캡 너트	8	5.0 ~ 5.3
크랭크샤프트 메인 베어링 캡 볼트	10	2.8 ~ 3.2 + 60° ~ 64°
플라이 휠 볼트(M/T)	6	12.0 ~ 13.0
드라이브 플레이트 볼트(A/T)	6	12.0 ~ 13.0
타이밍 벨트		
타이밍 벨트 어퍼 커버 볼트	4	0.8 ~ 1.0
타이밍 벨트 로어 커버 볼트	5	0.8 ~ 1.0
타이밍 벨트 언더 커버 볼트	3	1.0 ~ 1.2
크랭크샤프트 풀리 볼트	1	16.0 ~ 17.0
캠샤프트 스프로킷 볼트	1	10.0 ~ 12.0
타이밍 벨트 오토 텐셔너 볼트	1	2.3 ~ 2.9
타이밍 벨트 아이들러 볼트	1	4.3 ~ 5.5
실린더 헤드		
엔진 커버 볼트	5	0.4 ~ 0.6

항 목	수 량	체결 토크
		kgf.m
실린더 헤드 커버 볼트	12	0.8 ~ 1.0
캠샤프트 베어링 캡 볼트	22	1.4 ~ 1.5
배기 캠샤프트와 CVVT 어셈블리 장착 볼트	1	6.6 ~ 7.8
타이밍 체인 오토텐셔너 볼트	2	0.8 ~ 1.0
오일 컨트롤 밸브(OCV) 볼트	1	1.0 ~ 1.2
오일 컨트롤 밸브(OCV) 필터	1	4.1 ~ 5.1
실린더 헤드 볼트 (10 × 99)	8	2.3 ~ 2.7 + 60° ~ 65° + 60° ~ 65°
실린더 헤드 볼트 (12 × 151)	2	2.8 ~ 3.2 + 60° ~ 65° + 60° ~ 65°
냉각 시스템		
워터 펌프 풀리 볼트	4	0.8 ~ 1.0
워터 펌프 볼트(8 × 20)	1	2.0 ~ 2.4
워터 펌프 볼트(8 × 35)	2	2.0 ~ 2.4
워터 펌프와 알터네이터 브레이스 장착 볼트 (8 × 45)	2	2.0 ~ 2.7
알터네이터 브레이스와 실린더 블록 장착볼트	1	3.0 ~ 4.2
서머스탯 하우징 볼트	1	1.5 ~ 2.0
서머스탯 하우징 너트	1	1.5 ~ 2.0
냉각 수온 센서	1	2.0 ~ 4.0
냉각수 인렛 피팅 너트	2	1.5 ~ 2.0
윤활 시스템		
오일 필터	1	1.2 ~ 1.6
프런트 케이스 볼트 (8 × 20)	4	1.9 ~ 2.4
프런트 케이스 볼트 (8 × 25)	1	1.9 ~ 2.4
프런트 케이스 볼트 (8 × 38)	1	1.9 ~ 2.4
프런트 케이스 볼트 (8 × 45)	2	1.9 ~ 2.4
오일 팬 볼트 (6 × 16)	15	1.0 ~ 1.2
오일 팬 볼트 (6 × 50)	2	1.0 ~ 1.2
오일 팬 볼트 (6 × 118)	2	1.0 ~ 1.2
오일 팬과 트랜스 액슬 장착 볼트	3	4.3 ~ 5.5
오일 팬 드레인 플러그	1	4.0 ~ 4.5
오일 스크린 볼트	2	1.5 ~ 2.2
오일 압력 스위치	1	1.5 ~ 2.2
흡기 및 배기 시스템		
흡기 매니폴드와 실린더 헤드 체결 너트	9	1.6 ~ 2.3
흡기 매니폴드 스테이 볼트	4	1.8 ~ 2.5

항 목	수 량	체결 토크
		kgf.m
배기 매니폴드와 실린더 헤드 체결 너트	9	4.3 ~ 5.5
배기 매니폴드와 산소센서 체결	1	5.0 ~ 6.0
배기 매니폴드 히트 커버와 배기 매니폴드 체결볼트	4	1.7 ~ 2.2
에어덕트 장착 볼트	1	0.8 ~ 1.0
에어클리너 로어 커버 장착 볼트	3	0.8 ~ 1.0
스로틀 바디와 서지 탱크 체결 너트	4	1.9 ~ 2.4
배기 매니폴드와 프런트 머플러 체결 너트	2	4.0 ~ 6.0
프런트 머플러 고정 클립 볼트	1	3.0 ~ 4.0
프런트 머플러 센터 머플러 체결너트	2	4.0 ~ 6.0
센터 머플러와 메인 머플러 체결 너트	2	4.0 ~ 6.0

압축 압력 점검

참고

출력 부족, 과도한 엔진 오일 소모 또는 연비가 불량한 경우 압축 압력을 측정한다.

1. 엔진을 시동하여 냉각수온이 80~95°C 가 되도록 가동시킨 후 정지한다.
2. 점화 코일 커넥터 및 스파크 플러그 케이블을 분리한다.

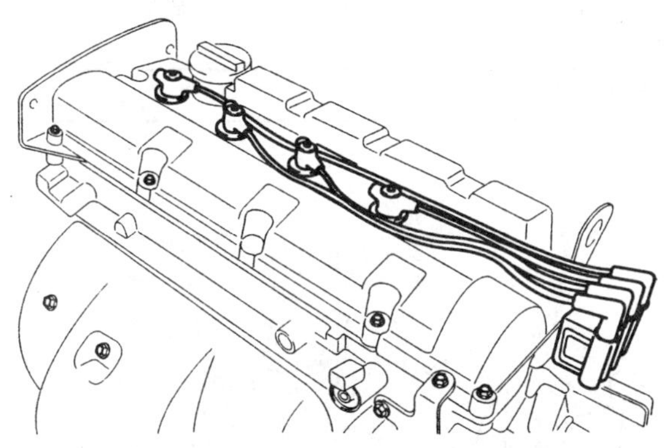

SHDM16300D

3. 플러그 렌치(16mm)를 이용하여 4개의 점화 플러그를 모두 탈거한다.
4. 실린더의 압축압력을 측정한다.
   1) 점화 플러그 홀에 압력게이지를 설치한다.

ECKD001X

   2) 스로틀 밸브를 완전히 개방 시킨다.
   3) 스로틀 밸브 전개 상태에서 엔진을 크랭킹 시키면서 압축압력을 측정한다.

   참고

   엔진이 250rpm이상으로 회전할 수 있도록 완충전된 배터리를 사용한다.

   4) 각 실린더에 대하여 (1)항부터 (3)항까지의 과정을 반복하여 측정한다.

   참고

   이 작업은 가급적 짧은 시간 내에 실시해야만 한다.

압축 압력

규정치 : 14.5kg/cm²

한계값 : 13kg/cm²

각 실린더간 압력차 : 1.0kg/cm² 이하

   5) 하나 또는 그 이상의 실린더의 압축압력이 규정치 이하라면 해당 실린더 점화 플러그 홀을 통해 소량의 엔진 오일을 넣고 (1)항부터 (3)항까지의 과정을 반복하여 재측정 한다.
      - 엔진 오일의 첨가로 압축 압력이 상승한 경우 피스톤 링 또는 실린더 벽이 마모 및 손상 되었을 수 있다.
      - 압축 압력이 상승하지 않는 경우 밸브의 고착, 불량한 밸브 접촉 또는 개스킷 불량일 수 있다.

5. 점화 플러그를 다시 장착한다.
6. 점화 코일 커넥터 및 스파크 플러그 케이블을 연결한다.

타이밍 벨트 장력 조정

1. 엔진 커버를 탈거한다.
2. 우측 앞 바퀴를 탈거한다.
3. 타이밍 벨트 어퍼 커버 볼트를 풀고 어퍼 커버(A)를 탈거한다.

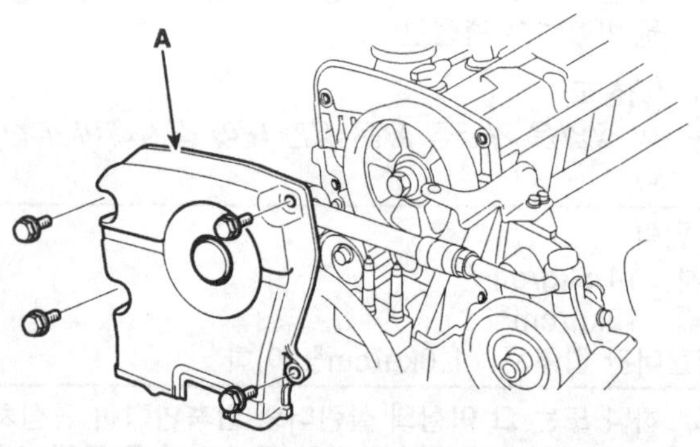

SEDM17201L

4. 아래와 같이 어저스터의 홈에 육각 렌치를 끼우고, 반시계 방향으로 회전시켜 암의 지시계(A)가 베이스에 새겨진 홈 중심에 위치하도록 한다.

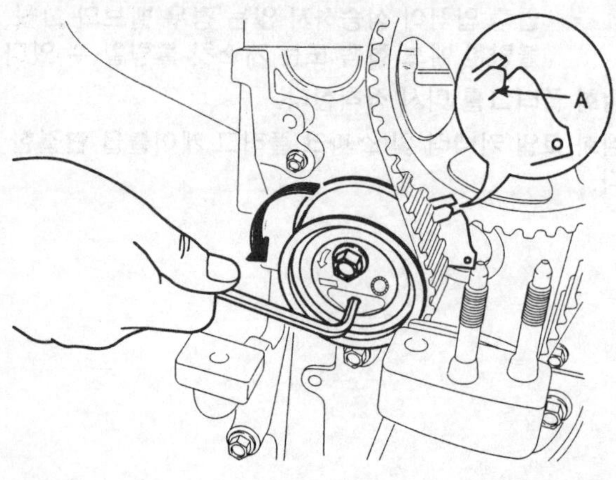

SHDEM7002N

⚠주의

반대로 회전시킬 경우, 오토 텐셔너가 정상적인 기능을 못하게 되므로 주의한다.

5. 암의 지시계가 움직이지 않도록 고정한 상태에서 텐셔너 고정 볼트를 체결한다.

체결 토크 : 2.3 ~ 2.9kgf.m

6. 크랭크샤프트를 시계방향으로 2회전 시켜, 오토 텐셔너의 암 지시계가 베이스 홈 중심에 위치하는지 확인한다.
7. 암 지시계가 홈 중심을 벗어날 경우, 볼트를 풀고 위 과정을 반복한다.
8. 타이밍 벨트 어퍼 커버(A)를 장착하고 볼트를 체결한다.

체결 토크 : 0.8 ~ 1.0kgf.m

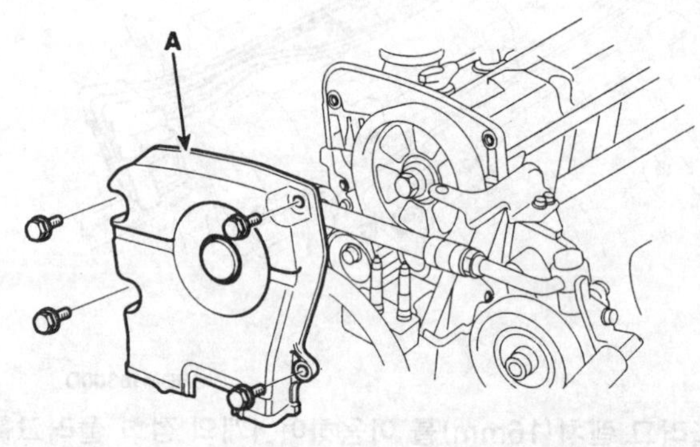

SEDM17201L

9. 우측 앞 바퀴를 장착한다.

체결 토크 : 9 ~ 11kgf.m

10. 엔진 커버를 장착한다.

체결 토크 : 0.8 ~ 1.2kgf.m

밸브간극 점검 및 조정

MLA (MECHANICAL LASH ADJUSTER)
기계식 밸브간극 조정장치

참고

엔진이 식어있고 (냉각수온 20°C ± 5°C) 실린더 헤드가 실린더 블록에 장착되어 있는 상태에서 밸브간극을 점검하고 조정해야 한다.

1. 엔진 커버를 탈거한다.
2. 타이밍 벨트 어퍼 커버(A)를 탈거한다.

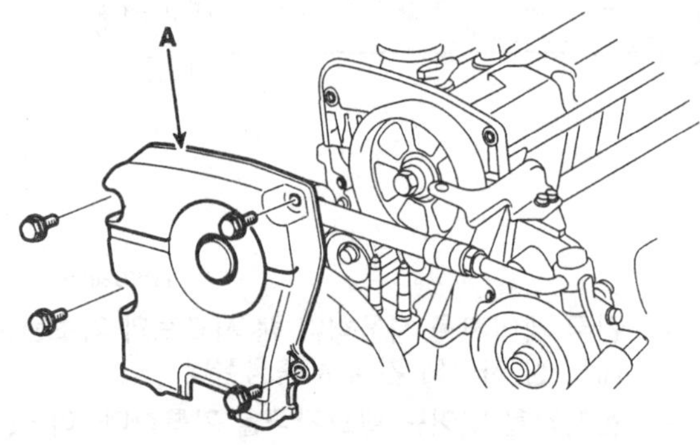

SEDM17201L

3. 실린더 헤드 커버를 탈거한다.
   1) 스파크 플러그 케이블을 분리한다. 이때, 케이블을 무리한 힘으로 잡아당기지 않는다.

   참고

   케이블을 무리하게 잡아당기거나 구부릴 경우 안쪽의 도선이 손상될 수 있다.

   2) PCV(포지티브 크랭크 케이스 벤틸레이션) 호스(A)와 브리더 호스(B)를 실린더 헤드 커버에서 분리한다.
   3) 엑셀레이터 케이블(C)을 실린더 헤드 커버에서 분리한다.

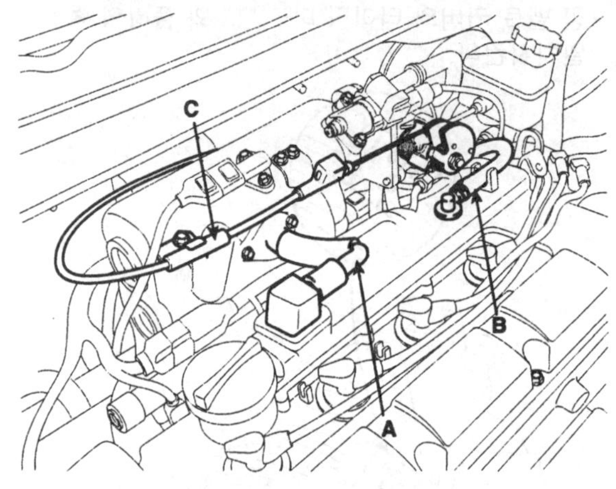

SFDM38015D

   4) 실린더 헤드 커버 장착볼트(B)를 푼 후 커버(A)와 개스킷을 탈거한다.

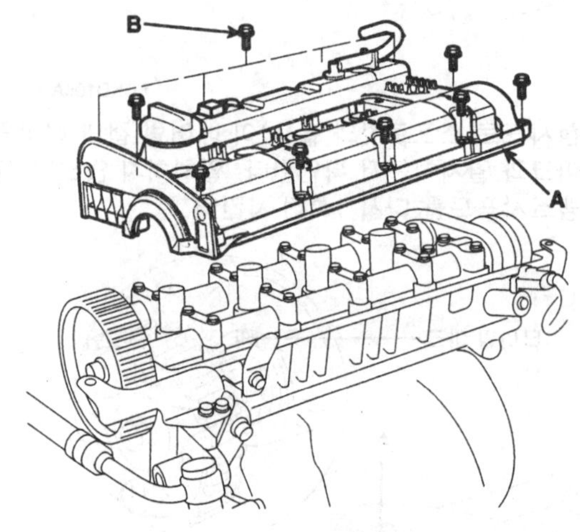

SHDEM7004N

4. 1번 실린더의 피스톤을 압축 상사점에 위치하게 한다.
    1) 크랭크샤프트 풀리를 시계방향으로 회전시켜 타이밍 벨트 커버의 타이밍 마크 "T" 와 풀리의 홈을 일치시킨다.

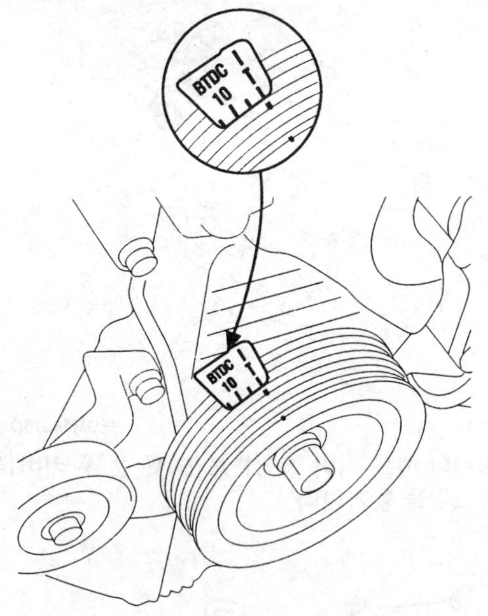

ECKD106A

    2) 캠샤프트 스프로킷의 홀(A)이 베어링 캡의 타이밍 마크와 일치하는지 확인한다. 일치하지 않으면 크랭크샤프트를 다시 1회전 시킨다.

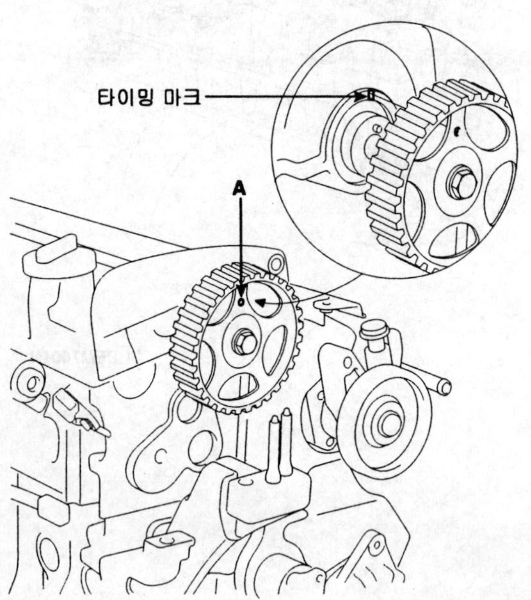

ACGE080A

5. 밸브간극을 점검한다.
    1) 1번 실린더의 피스톤이 압축 상사점에 위치할 경우 밸브간극을 측정할 수 있는 밸브는 그림과 같다.

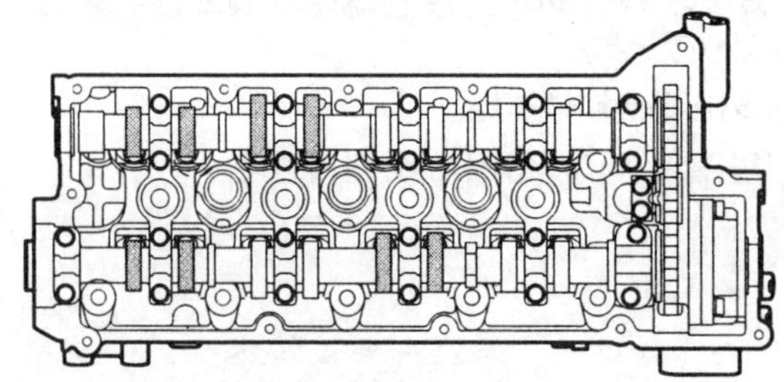

EDKD888B

- 간극 게이지를 사용하여 캠 샤프트의 기초원과 태핏 심 사이의 간극을 측정한다.
- 한계값을 벗어난 밸브간극을 기록한다. 이 값은 나중에 필요한 심을 선정하는데 필요하다.

밸브간극 (냉간시 (20°C ± 5°C))
기준값
흡기 : 0.20mm
배기 : 0.28mm
한계값
흡기 : 0.17 ~ 0.23mm
배기 : 0.25 ~ 0.31mm
밸브간극 온간시 (80°C) – 참고용
기준값
흡기 : 0.29mm
배기 : 0.34mm

---

    2) 크랭크샤프트 풀리를 시계방향으로 1회전 (360°) 시켜 타이밍 벨트 커버의 타이밍 마크 " T " 와 풀리의 홈을 일치시킨다.

3) 4번 실린더의 피스톤이 압축 상사점에 위치할 경우 밸브간극을 측정할 수 있는 밸브는 그림과 같다. (1)번 항목 참고)

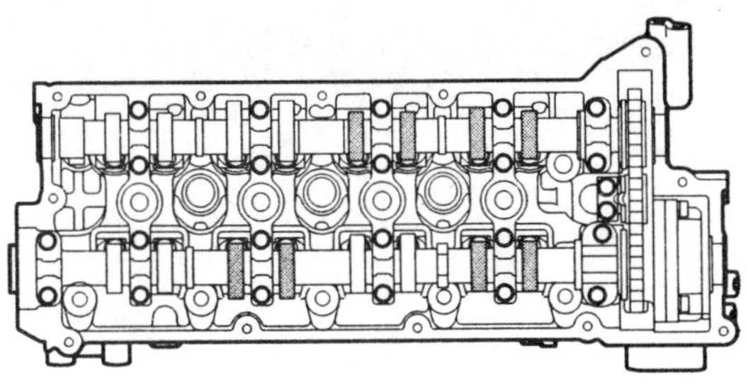

EDKD888C

6. 흡기 및 배기 밸브의 간극을 조정한다.

1) 조정할 밸브의 캠샤프트에 있는 캠 로브가 위로 향하도록 크랭크샤프트를 돌린다.

2) 특수공구 (09220-2D000)를 이용하여 밸브 리프터를 아래로 누르고 캠샤프트와 밸브 리프터 사이에 스토퍼를 장착한다.

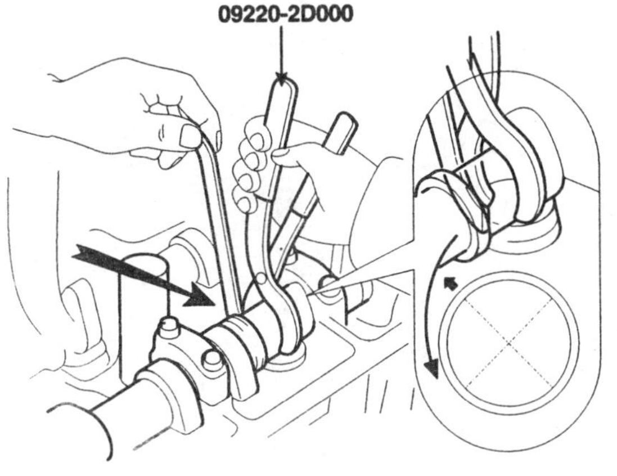

EDKB889B

3) 작은 스크류 드라이버(A)와 자석(B)을 이용하여 조정심을 탈거한다.

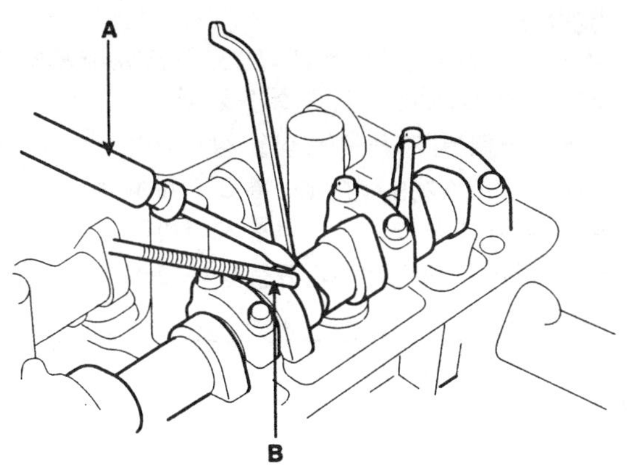

EDKB889C

4) 마이크로 미터를 사용하여 분리된 조정심의 두께를 측정한다.

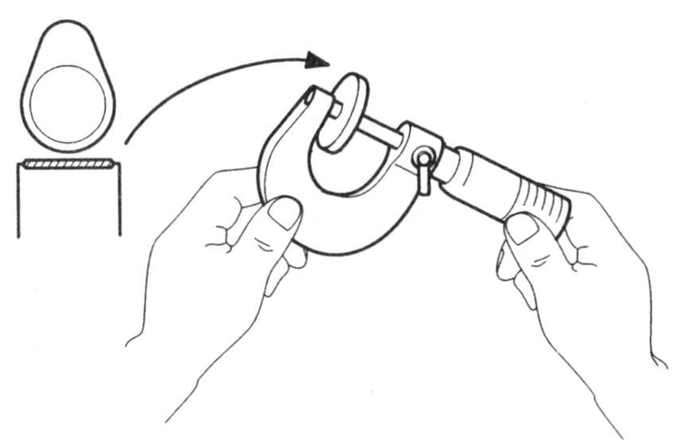

EDKB889D

5) 밸브간극이 규정값 내에 오도록 새로운 심의 두께를 계산한다.

밸브간극 (냉간시 (20°C ± 5°C))
T : 분리된 심의 두께
A : 측정된 밸브 간극
N : 새로운 심의 두께

흡기 : N = T + [A – 0.20mm]
배기 : N = T + [A – 0.28mm]

6) 계산된 심의 두께와 가능한 가까운 두께의 새로운 심을 선택한다. (조정심 선택 표 참고)

참고

심의 두께는 0.04 mm 간격으로 2.00mm에서 2.76mm까지 20개의 사이즈가 있다.

7) 밸브리프터 위에 새로운 심을 장착한다.

8) 특수공구 (09220-2D000)를 이용하여 밸브 리프터를 아래로 누르고 스토퍼를 제거한다.

9) 밸브 간극을 재측정하여 규정값 내에 오는지 확인한다.

밸브간극 (냉간시 (20°C))

기준값

흡기 : 0.20mm

배기 : 0.28mm

한계값 (간극 조정 후)

흡기 : 0.17 ~ 0.23mm

배기 : 0.25 ~ 0.31mm

조정 심 선택 차트 (배기)

측정간극 mm (in) \ 장착된 심 두께 mm (in)		2.00(0.0787)	2.02(0.0795)	2.04(0.0803)	2.06(0.0811)	2.08(0.0819)	2.10(0.0827)	2.11(0.0831)	2.12(0.0835)	2.13(0.0839)	2.14(0.0843)	2.15(0.0846)	2.16(0.0850)	2.17(0.0854)	2.18(0.0858)	2.19(0.0862)	2.20(0.0866)	2.21(0.0870)	2.22(0.0874)	2.23(0.0878)	2.24(0.0882)	2.25(0.0886)	2.26(0.0890)	2.27(0.0894)	2.28(0.0898)	2.29(0.0902)	2.30(0.0906)	2.31(0.0909)	2.32(0.0913)	2.33(0.0917)	2.34(0.0921)	2.35(0.0925)	2.36(0.0929)	2.37(0.0933)	2.38(0.0937)	2.39(0.0941)	2.40(0.0945)	2.41(0.0949)	2.42(0.0953)	2.43(0.0957)	2.44(0.0961)	2.45(0.0965)	2.46(0.0969)	2.47(0.0972)	2.48(0.0976)	2.49(0.0980)	2.50(0.0984)	2.51(0.0988)	2.52(0.0992)	2.53(0.0996)	2.54(0.1000)	2.56(0.1008)	2.58(0.1016)	2.60(0.1024)	2.62(0.1031)	2.64(0.1039)	2.66(0.1047)	2.68(0.1055)	2.70(0.1063)	2.72(0.1071)	2.74(0.1079)	2.76(0.1087)
0.000-0.020	(0.0000-0.0008)																					1	1	1	1	1	2	2	2	2	3	3	3	3	4	4	4	4	5	5	5	5	6	6	6	6	7	7	7	7	8	8	9	9	10	10	11	11	12	12	13	13
0.021-0.040	(0.0008-0.0016)																			1	1	1	1	2	2	2	2	3	3	3	3	4	4	4	4	5	5	5	5	6	6	6	6	7	7	7	7	8	8	8	8	9	9	10	10	11	11	12	12	13	13	14
0.041-0.060	(0.0016-0.0024)																	1	1	1	1	2	2	2	2	3	3	3	3	4	4	4	4	5	5	5	5	6	6	6	6	7	7	7	7	8	8	8	8	9	9	9	10	10	11	11	12	12	13	13	14	14
0.061-0.080	(0.0024-0.0031)															1	1	1	1	2	2	2	2	3	3	3	3	4	4	4	4	5	5	5	5	6	6	6	6	7	7	7	7	8	8	8	8	9	9	9	9	10	10	11	11	12	12	13	13	14	14	15
0.081-0.100	(0.0032-0.0039)													1	1	1	1	2	2	2	2	3	3	3	3	4	4	4	4	5	5	5	5	6	6	6	6	7	7	7	7	8	8	8	8	9	9	9	9	10	10	10	11	11	12	12	13	13	14	14	15	15
0.101-0.120	(0.0040-0.0047)											1	1	1	1	2	2	2	2	3	3	3	3	4	4	4	4	5	5	5	5	6	6	6	6	7	7	7	7	8	8	8	8	9	9	9	9	10	10	10	10	11	11	12	12	13	13	14	14	15	15	16
0.121-0.140	(0.0048-0.0055)									1	1	1	1	2	2	2	2	3	3	3	3	4	4	4	4	5	5	5	5	6	6	6	6	7	7	7	7	8	8	8	8	9	9	9	9	10	10	10	10	11	11	11	12	12	13	13	14	14	15	15	16	16
0.141-0.160	(0.0056-0.0063)							1	1	1	1	2	2	2	2	3	3	3	3	4	4	4	4	5	5	5	5	6	6	6	6	7	7	7	7	8	8	8	8	9	9	9	9	10	10	10	10	11	11	11	11	12	12	13	13	14	14	15	15	16	16	17
0.161-0.180	(0.0063-0.0071)						1	1	1	2	2	2	2	3	3	3	3	4	4	4	4	5	5	5	5	6	6	6	6	7	7	7	7	8	8	8	8	9	9	9	9	10	10	10	10	11	11	11	11	12	12	12	13	13	14	14	15	15	16	16	17	17
0.181-0.199	(0.0071-0.0078)					1	1	1	2	2	2	2	3	3	3	3	4	4	4	4	5	5	5	5	6	6	6	6	7	7	7	7	8	8	8	8	9	9	9	9	10	10	10	10	11	11	11	11	12	12	12	13	13	14	14	15	15	16	16	17	17	18
0.200-0.360	(0.0079-0.0142)																																																													
0.361-0.380	(0.0142-0.0150)	3	4	4	5	5	6	6	6	7	7	7	7	8	8	8	8	9	9	9	9	10	10	10	10	11	11	11	11	12	12	12	12	13	13	13	13	14	14	14	14	15	15	15	15	16	16	16	16	17	17	17	18	18	19	19	20	20				
0.381-0.400	(0.0150-0.0157)	4	4	5	5	6	6	7	7	7	7	8	8	8	8	9	9	9	9	10	10	10	10	11	11	11	11	12	12	12	12	13	13	13	13	14	14	14	14	15	15	15	15	16	16	16	16	17	17	17	17	18	18	19	19	20	20					
0.401-0.420	(0.0158-0.0165)	4	5	5	6	6	7	7	7	8	8	8	8	9	9	9	9	10	10	10	10	11	11	11	11	12	12	12	12	13	13	13	13	14	14	14	14	15	15	15	15	16	16	16	16	17	17	17	17	18	18	18	19	19	20	20						
0.421-0.440	(0.0166-0.0173)	5	5	6	6	7	7	8	8	8	8	9	9	9	9	10	10	10	10	11	11	11	11	12	12	12	12	13	13	13	13	14	14	14	14	15	15	15	15	16	16	16	16	17	17	17	17	18	18	18	18	19	19	20	20							
0.441-0.460	(0.0174-0.0181)	5	6	6	7	7	8	8	8	9	9	9	9	10	10	10	10	11	11	11	11	12	12	12	12	13	13	13	13	14	14	14	14	15	15	15	15	16	16	16	16	17	17	17	17	18	18	18	18	19	19	19	20	20								
0.461-0.480	(0.0181-0.0189)	6	6	7	7	8	8	9	9	9	9	10	10	10	10	11	11	11	11	12	12	12	12	13	13	13	13	14	14	14	14	15	15	15	15	16	16	16	16	17	17	17	17	18	18	18	18	19	19	19	19	20	20									
0.481-0.500	(0.0189-0.0197)	6	7	7	8	8	9	9	9	10	10	10	10	11	11	11	11	12	12	12	12	13	13	13	13	14	14	14	14	15	15	15	15	16	16	16	16	17	17	17	17	18	18	18	18	19	19	19	19	20	20	20										
0.501-0.520	(0.0197-0.0205)	7	7	8	8	9	9	10	10	10	10	11	11	11	11	12	12	12	12	13	13	13	13	14	14	14	14	15	15	15	15	16	16	16	16	17	17	17	17	18	18	18	18	19	19	19	19	20	20	20	20											
0.521-0.540	(0.0205-0.0213)	7	8	8	9	9	10	10	10	11	11	11	11	12	12	12	12	13	13	13	13	14	14	14	14	15	15	15	15	16	16	16	16	17	17	17	17	18	18	18	18	19	19	19	19	20	20	20	20													
0.541-0.560	(0.0213-0.0220)	8	8	9	9	10	10	11	11	11	11	12	12	12	12	13	13	13	13	14	14	14	14	15	15	15	15	16	16	16	16	17	17	17	17	18	18	18	18	19	19	19	19	20	20	20	20															
0.561-0.580	(0.0221-0.0228)	8	9	9	10	10	11	11	11	12	12	12	12	13	13	13	13	14	14	14	14	15	15	15	15	16	16	16	16	17	17	17	17	18	18	18	18	19	19	19	19	20	20	20	20																	
0.581-0.600	(0.0229-0.0236)	9	9	10	10	11	11	12	12	12	12	13	13	13	13	14	14	14	14	15	15	15	15	16	16	16	16	17	17	17	17	18	18	18	18	19	19	19	19	20	20	20	20																			
0.601-0.620	(0.0237-0.0244)	9	10	10	11	11	12	12	12	13	13	13	13	14	14	14	14	15	15	15	15	16	16	16	16	17	17	17	17	18	18	18	18	19	19	19	19	20	20	20	20																					
0.621-0.640	(0.0244-0.0252)	10	10	11	11	12	12	13	13	13	13	14	14	14	14	15	15	15	15	16	16	16	16	17	17	17	17	18	18	18	18	19	19	19	19	20	20	20	20																							
0.641-0.660	(0.0252-0.0260)	10	11	11	12	12	13	13	13	14	14	14	14	15	15	15	15	16	16	16	16	17	17	17	17	18	18	18	18	19	19	19	19	20	20	20	20																									
0.661-0.680	(0.0260-0.0268)	11	11	12	12	13	13	14	14	14	14	15	15	15	15	16	16	16	16	17	17	17	17	18	18	18	18	19	19	19	19	20	20	20	20																											
0.681-0.700	(0.0268-0.0276)	11	12	12	13	13	14	14	14	15	15	15	15	16	16	16	16	17	17	17	17	18	18	18	18	19	19	19	19	20	20	20	20																													
0.701-0.720	(0.0276-0.0283)	12	12	13	13	14	14	15	15	15	15	16	16	16	16	17	17	17	17	18	18	18	18	19	19	19	19	20	20	20	20																															
0.721-0.740	(0.0284-0.0291)	12	13	13	14	14	15	15	15	16	16	16	16	17	17	17	17	18	18	18	18	19	19	19	19	20	20	20	20																																	
0.741-0.760	(0.0292-0.0299)	13	13	14	14	15	15	16	16	16	16	17	17	17	17	18	18	18	18	19	19	19	19	20	20	20	20																																			
0.761-0.780	(0.0300-0.0307)	13	14	14	15	15	16	16	16	17	17	17	17	18	18	18	18	19	19	19	19	20	20	20	20																																					
0.781-0.800	(0.0307-0.0315)	14	14	15	15	16	16	17	17	17	17	18	18	18	18	19	19	19	19	20	20	20	20																																							
0.801-0.820	(0.0315-0.0323)	14	15	15	16	16	17	17	17	18	18	18	18	19	19	19	19	20	20	20	20																																									
0.821-0.840	(0.0323-0.0331)	15	15	16	16	17	17	18	18	18	18	19	19	19	19	20	20	20	20																																											
0.841-0.860	(0.0331-0.0339)	15	16	16	17	17	18	18	18	19	19	19	19	20	20	20	20																																													
0.861-0.880	(0.0339-0.0346)	16	16	17	17	18	18	19	19	19	19	20	20	20	20																																															
0.881-0.900	(0.0347-0.0354)	16	17	17	18	18	19	19	19	20	20	20	20																																																	
0.901-0.920	(0.0355-0.0362)	17	17	18	18	19	19	20	20	20	20																																																			
0.921-0.940	(0.0363-0.0370)	17	18	18	19	19	20	20	20																																																					
0.941-0.960	(0.0370-0.0378)	18	18	19	19	20	20																																																							
0.961-0.980	(0.0378-0.0386)	18	19	19	20	20																																																								
0.981-1.000	(0.0386-0.0394)	19	19	20	20																																																									
1.001-1.020	(0.0394-0.0402)	19	20	20																																																										
1.021-1.040	(0.0402-0.0409)	20	20																																																											
1.041-1.060	(0.0410-0.0417)	20																																																												

배기 밸브 간극 (냉간시) :
0.28 mm (기준치), 0.20–0.38mm (한계치)

예 : 2.24mm 심이 장착되어 있고 측정 간극이 0.450 mm 이면 차트를 이용하여 새로운 No.11심으로 교환한다.

새로운 심 두께 mm (in.)

심No.	두 께		심No.	두 께	
1	2.00	(0.0787)	11	2.40	(0.0945)
2	2.04	(0.0803)	12	2.44	(0.0961)
3	2.08	(0.0819)	13	2.48	(0.0976)
4	2.12	(0.0835)	14	2.52	(0.0992)
5	2.16	(0.0850)	15	2.56	(0.1008)
6	2.20	(0.0866)	16	2.60	(0.1024)
7	2.24	(0.0882)	17	2.64	(0.1039)
8	2.28	(0.0898)	18	2.68	(0.1055)
9	2.32	(0.0913)	19	2.72	(0.1071)
10	2.36	(0.0929)	20	2.76	(0.1087)

힌트 : 새로운 심 표면에는 두께(mm)가 표시되어 있다.

AC1C027B

조정 심 선택 차트(흡기)

측정간극 mm	(in.) \ 장착된 심 두께 mm (in.)	2.00 (0.0787)	2.02 (0.0795)	2.04 (0.0803)	2.06 (0.0811)	2.08 (0.0819)	2.10 (0.0827)	2.11 (0.0831)	2.12 (0.0835)	2.13 (0.0839)	2.14 (0.0843)	2.15 (0.0846)	2.16 (0.0850)	2.17 (0.0854)	2.18 (0.0858)	2.19 (0.0862)	2.20 (0.0866)	2.21 (0.0870)	2.22 (0.0874)	2.23 (0.0878)	2.24 (0.0882)	2.25 (0.0886)	2.26 (0.0890)	2.27 (0.0894)	2.28 (0.0898)	2.29 (0.0902)	2.30 (0.0906)	2.31 (0.0909)	2.32 (0.0913)	2.33 (0.0917)	2.34 (0.0921)	2.35 (0.0925)	2.36 (0.0929)	2.37 (0.0933)
0.000 - 0.020	(0.0000 - 0.0008)													1	1	1	1	1	2	2	2	2	3	3	3	3	4	4	4	4	5	5	5	5
0.021 - 0.040	(0.0008 - 0.0016)											1	1	1	1	2	2	2	2	3	3	3	3	4	4	4	4	5	5	5	5	6	6	6
0.041 - 0.060	(0.0016 - 0.0024)									1	1	1	1	2	2	2	2	3	3	3	3	4	4	4	4	5	5	5	5	6	6	6	6	7
0.061 - 0.080	(0.0024 - 0.0031)							1	1	1	1	2	2	2	2	3	3	3	3	4	4	4	4	5	5	5	5	6	6	6	6	7	7	7
0.081 - 0.100	(0.0032 - 0.0039)						1	1	1	2	2	2	2	3	3	3	3	4	4	4	4	5	5	5	5	6	6	6	6	7	7	7	7	8
0.101 - 0.119	(0.0040 - 0.0047)					1	1	1	2	2	2	2	3	3	3	3	4	4	4	4	5	5	5	5	6	6	6	6	7	7	7	7	8	8
0.120 - 0.280	(0.0047 - 0.0110)																																	
0.281 - 0.300	(0.0111 - 0.0118)	3	4	4	5	5	6	6	6	7	7	7	7	8	8	8	8	9	9	9	9	10	10	10	10	11	11	11	11	12	12	12	12	13
0.301 - 0.320	(0.0119 - 0.0126)	4	4	5	5	6	6	7	7	7	7	8	8	8	8	9	9	9	9	10	10	10	10	11	11	11	11	12	12	12	12	13	13	13
0.321 - 0.340	(0.0126 - 0.0134)	4	5	5	6	6	7	7	7	8	8	8	8	9	9	9	9	10	10	10	10	11	11	11	11	12	12	12	12	13	13	13	13	14
0.341 - 0.360	(0.0134 - 0.0142)	5	5	6	6	7	7	8	8	8	8	9	9	9	9	10	10	10	10	11	11	11	11	12	12	12	12	13	13	13	13	14	14	14
0.361 - 0.380	(0.0142 - 0.0150)	5	6	6	7	7	8	8	8	9	9	9	9	10	10	10	10	11	11	11	11	12	12	12	12	13	13	13	13	14	14	14	14	15
0.381 - 0.400	(0.0150 - 0.0157)	6	6	7	7	8	8	9	9	9	9	10	10	10	10	11	11	11	11	12	12	12	12	13	13	13	13	14	14	14	14	15	15	15
0.401 - 0.420	(0.0158 - 0.0165)	6	7	7	8	8	9	9	9	10	10	10	10	11	11	11	11	12	12	12	12	13	13	13	13	14	14	14	14	15	15	15	15	16
0.421 - 0.440	(0.0166 - 0.0173)	7	7	8	8	9	9	10	10	10	10	11	11	11	11	12	12	12	12	13	13	13	13	14	14	14	14	15	15	15	15	16	16	16
0.441 - 0.460	(0.0174 - 0.0181)	7	8	8	9	9	10	10	10	11	11	11	11	12	12	12	12	13	13	13	13	14	14	14	14	15	15	15	15	16	16	16	16	17
0.461 - 0.480	(0.0181 - 0.0189)	8	8	9	9	10	10	11	11	11	11	12	12	12	12	13	13	13	13	14	14	14	14	15	15	15	15	16	16	16	16	17	17	17
0.481 - 0.500	(0.0189 - 0.0197)	8	9	9	10	10	11	11	11	12	12	12	12	13	13	13	13	14	14	14	14	15	15	15	15	16	16	16	16	17	17	17	17	18
0.501 - 0.520	(0.0197 - 0.0205)	9	9	10	10	11	11	12	12	12	12	13	13	13	13	14	14	14	14	15	15	15	15	16	16	16	16	17	17	17	17	18	18	18
0.521 - 0.540	(0.0205 - 0.0213)	9	10	10	11	11	12	12	12	13	13	13	13	14	14	14	14	15	15	15	15	16	16	16	16	17	17	17	17	18	18	18	18	19
0.541 - 0.560	(0.0213 - 0.0220)	10	10	11	11	12	12	13	13	13	13	14	14	14	14	15	15	15	15	16	16	16	16	17	17	17	17	18	18	18	18	19	19	19
0.561 - 0.580	(0.0221 - 0.0228)	10	11	11	12	12	13	13	13	14	14	14	14	15	15	15	15	16	16	16	16	17	17	17	17	18	18	18	18	19	19	19	19	20
0.581 - 0.600	(0.0229 - 0.0236)	11	11	12	12	13	13	14	14	14	14	15	15	15	15	16	16	16	16	17	17	17	17	18	18	18	18	19	19	19	19	20	20	20
0.601 - 0.620	(0.0237 - 0.0244)	11	12	12	13	13	14	14	14	15	15	15	15	16	16	16	16	17	17	17	17	18	18	18	18	19	19	19	19	20	20	20	20	
0.621 - 0.640	(0.0244 - 0.0252)	12	12	13	13	14	14	15	15	15	15	16	16	16	16	17	17	17	17	18	18	18	18	19	19	19	19	20	20	20	20			
0.641 - 0.660	(0.0252 - 0.0260)	12	13	13	14	14	15	15	15	16	16	16	16	17	17	17	17	18	18	18	18	19	19	19	19	20	20	20	20					
0.661 - 0.680	(0.0260 - 0.0268)	13	13	14	14	15	15	16	16	16	16	17	17	17	17	18	18	18	18	19	19	19	19	20	20	20	20							
0.681 - 0.700	(0.0268 - 0.0276)	13	14	14	15	15	16	16	16	17	17	17	17	18	18	18	18	19	19	19	19	20	20	20	20									
0.701 - 0.720	(0.0276 - 0.0283)	14	14	15	15	16	16	17	17	17	17	18	18	18	18	19	19	19	19	20	20	20	20											
0.721 - 0.740	(0.0284 - 0.0291)	14	15	15	16	16	17	17	17	18	18	18	18	19	19	19	19	20	20	20	20													
0.741 - 0.760	(0.0292 - 0.0299)	15	15	16	16	17	17	18	18	18	18	19	19	19	19	20	20	20	20															
0.761 - 0.780	(0.0300 - 0.0307)	15	16	16	17	17	18	18	18	19	19	19	19	20	20	20	20																	
0.781 - 0.800	(0.0307 - 0.0315)	16	16	17	17	18	18	19	19	19	19	20	20	20	20																			
0.801 - 0.820	(0.0315 - 0.0323)	16	17	17	18	18	19	19	19	20	20	20	20																					
0.821 - 0.840	(0.0323 - 0.0331)	17	17	18	18	19	19	20	20	20	20																							
0.841 - 0.860	(0.0331 - 0.0339)	17	18	18	19	19	20	20	20																									
0.861 - 0.880	(0.0339 - 0.0346)	18	18	19	19	20	20																											
0.881 - 0.900	(0.0347 - 0.0354)	18	19	19	20	20																												
0.901 - 0.920	(0.0355 - 0.0362)	19	19	20	20																													
0.921 - 0.940	(0.0363 - 0.0370)	19	20	20																														
0.941 - 0.960	(0.0370 - 0.0378)	20	20																															
0.961 - 0.980	(0.0378 - 0.0386)	20																																

측정간극 mm	(in.) \ 장착된 심 두께 mm (in.)	2.38 (0.0937)	2.39 (0.0941)	2.40 (0.0945)	2.41 (0.0949)	2.42 (0.0953)	2.43 (0.0957)	2.44 (0.0961)	2.45 (0.0965)	2.46 (0.0969)	2.47 (0.0972)	2.48 (0.0976)	2.49 (0.0980)	2.50 (0.0984)	2.51 (0.0988)	2.52 (0.0992)	2.53 (0.0996)	2.54 (0.1000)	2.56 (0.1008)	2.58 (0.1016)	2.6 (0.1024)	2.62 (0.1031)	2.64 (0.1039)	2.66 (0.1047)	2.68 (0.1055)	2.70 (0.1063)	2.72 (0.1071)	2.74 (0.1079)	2.76 (0.1087)
0.000 - 0.020	(0.0000 - 0.0008)	6	6	6	6	7	7	7	7	8	8	8	8	9	9	9	9	10	10	11	11	12	12	13	13	14	14	15	15
0.021 - 0.040	(0.0008 - 0.0016)	6	7	7	7	7	8	8	8	8	9	9	9	9	10	10	10	10	11	11	12	12	13	13	14	14	15	15	16
0.041 - 0.060	(0.0016 - 0.0024)	7	7	7	8	8	8	8	9	9	9	9	10	10	10	10	11	11	11	12	12	13	13	14	14	15	15	16	16
0.061 - 0.080	(0.0024 - 0.0031)	7	8	8	8	8	9	9	9	9	10	10	10	10	11	11	11	11	12	12	13	13	14	14	15	15	16	16	17
0.081 - 0.100	(0.0032 - 0.0039)	8	8	8	9	9	9	9	10	10	10	10	11	11	11	11	12	12	12	13	13	14	14	15	15	16	16	17	17
0.101 - 0.119	(0.0040 - 0.0047)	8	8	9	9	9	9	10	10	10	10	11	11	11	11	12	12	12	13	13	14	14	15	15	16	16	17	17	18
0.120 - 0.280	(0.0047 - 0.0110)																												
0.281 - 0.300	(0.0111 - 0.0118)	13	13	13	14	14	14	14	15	15	15	15	16	16	16	16	17	17	17	18	18	19	19	20	20				
0.301 - 0.320	(0.0119 - 0.0126)	13	14	14	14	14	15	15	15	15	16	16	16	16	17	17	17	17	18	18	19	19	20	20					
0.321 - 0.340	(0.0126 - 0.0134)	14	14	14	15	15	15	15	16	16	16	16	17	17	17	17	18	18	18	19	19	20	20						
0.341 - 0.360	(0.0134 - 0.0142)	14	15	15	15	15	16	16	16	16	17	17	17	17	18	18	18	18	19	19	20	20							
0.361 - 0.380	(0.0142 - 0.0150)	15	15	15	16	16	16	16	17	17	17	17	18	18	18	18	19	19	19	20	20								
0.381 - 0.400	(0.0150 - 0.0157)	15	16	16	16	16	17	17	17	17	18	18	18	18	19	19	19	19	20	20									
0.401 - 0.420	(0.0158 - 0.0165)	16	16	16	17	17	17	17	18	18	18	18	19	19	19	19	20	20	20										
0.421 - 0.440	(0.0166 - 0.0173)	16	17	17	17	17	18	18	18	18	19	19	19	19	20	20	20	20											
0.441 - 0.460	(0.0174 - 0.0181)	17	17	17	18	18	18	18	19	19	19	19	20	20	20	20													
0.461 - 0.480	(0.0181 - 0.0189)	17	18	18	18	18	19	19	19	19	20	20	20	20															
0.481 - 0.500	(0.0189 - 0.0197)	18	18	18	19	19	19	19	20	20	20	20																	
0.501 - 0.520	(0.0197 - 0.0205)	18	19	19	19	19	20	20	20	20																			
0.521 - 0.540	(0.0205 - 0.0213)	19	19	19	20	20	20	20																					
0.541 - 0.560	(0.0213 - 0.0220)	19	20	20	20	20																							
0.561 - 0.580	(0.0221 - 0.0228)	20	20	20																									
0.581 - 0.600	(0.0229 - 0.0236)	20																											

흡기 밸브 간극 (냉간시) :
0.20 mm (기준치), 0.12–0.28mm (한계치)

예 : 2.24mm 심이 장착되어 있고 측정
간극이 0.450 mm 이면 차트를 이용하여
새로운 No.13심으로 교환한다.

새로운 심 두께 mm (in.)

심No.	두 께		심No.	두 께	
1	2.00	(0.0787)	11	2.40	(0.0945)
2	2.04	(0.0803)	12	2.44	(0.0961)
3	2.08	(0.0819)	13	2.48	(0.0976)
4	2.12	(0.0835)	14	2.52	(0.0992)
5	2.16	(0.0850)	15	2.56	(0.1008)
6	2.20	(0.0866)	16	2.60	(0.1024)
7	2.24	(0.0882)	17	2.64	(0.1039)
8	2.28	(0.0898)	18	2.68	(0.1055)
9	2.32	(0.0913)	19	2.72	(0.1071)
10	2.36	(0.0929)	20	2.76	(0.1087)

힌트 : 새로운 심 표면에는 두께(mm)가
표시되어 있다.

AC1C027A

고장 진단

현 상	가능한 원인	정 비
비정상적인 엔진 내부 소음(저음)과 엔진의 실화	플라이 휠의 부적절한 장착	플라이 휠 정비 또는 필요한 경우 교환
	피스톤 링의 마모 (오일 소모가 엔진실화의 원인이 될 수도 있다)	압축 압력 점검 정비 또는 필요한 경우 교환
	크랭크샤프트 스러스트 베어링의 마모	필요한 경우 크랭크샤프트와 베어링 교환
비정상적인 밸브 계통 소음과 엔진의 실화	밸브 고착 (밸브 스템에 카본이 누적되어 밸브가 정확히 닫히지 않을 수 있다.)	정비 또는 필요한 경우 교환
	타이밍 체인의 과도한 마모 또는 타이밍 체인 정렬 불량	필요한 경우 타이밍 체인과 스프로킷 교환
	캠샤프트 로브의 마모	캠샤프트와 밸브 리프터 교환
냉각수 소모와 엔진의 실화	• 실린더 헤드 개스킷과 결함 및 균열 또는 실린더 헤드 및 블록 냉각계통의 손상 • 냉각수 소모는 엔진 오버히트의 원인이 될 수도 있다.	• 실린더 헤드 및 블록 냉각수 통로의 손상 점검 또는 실린더 헤드 개스킷의 결함 점검 • 정비 또는 필요한 경우 교환
과다한 엔진 오일 소모와 엔진의 실화	밸브, 밸브 가이드, 밸브 스템 씰의 마모	정비 또는 필요한 경우 교환
	피스톤 링의 마모 (오일 소모가 엔진 실화의 원인이 될 수도 있다.)	압축 압력 점검 정비 또는 필요한 경우 교환
시동시 몇초간의 소음	부적절한 오일의 점도	적절한 오일 교환
	크랭크샤프트 스러스트 베어링의 마모	크랭크샤프트 스러스트 베어링의 점검 정비 또는 필요한 경우 교환
엔진 회전수와는 무관한 엔진 소음(고음)	낮은 오일 압력	정비 또는 필요한 경우 교환
	밸브 스프링의 파손	밸브 스프링 교환
	밸브 리프터의 마모 또는 오염	밸브 리프터 교환
	타이밍 체인의 늘어남 또는 파손 및 스프로킷 톱니의 손상	타이밍 체인과 스프로킷 교환
	타이밍 체인 텐셔너의 마모	필요한 경우 타이밍 체인 텐셔너 교환
	캠샤프트 로브의 마모	캠샤프트 로브 점검 필요한 경우 캠샤프트와 밸브 리프터 교환
	밸브 가이드 또는 스템의 마모	밸브와 밸브 가이드 점검 정비 또는 필요한 경우 교환
	밸브 고착 (밸브 스템 또는 시트에 누적된 카본은 밸브가 닫히는 것을 방해할 수 있다.)	밸브와 밸브 가이드 점검 정비 또는 필요한 경우 교환

현 상	가능한 원인	정 비
엔진 회전수와 무관한 엔진의 소음(저음)	낮은 오일 압력	정비 또는 필요한 경우 손상된 부품 교환
	플라이 휠의 손상 또는 헐거움	플라이 휠의 점검 또는 교환
	오일 팬, 오일 펌프 스크린 접촉부 손상	오일 팬 점검 오일 펌프 스크린 점검 정비 또는 필요한 경우 교환
	오일 펌프 스크린의 헐거움, 손상 또는 막힘	오일 펌프 스크린 점검 정비 또는 필요한 경우 교환
	피스톤과 실린더 사이의 과도한 간극	피스톤과 실린더 내경 점검 필요한 경우 교환
	과도한 피스톤 핀 간극	피스톤, 피스톤 핀, 커넥팅 로드 점검 정비 또는 필요한 경우 교환
	과도한 커넥팅 로드 베어링	아래 항목들을 점검 또는 필요한 경우 교환 • 커넥팅 로드 베어링 • 커넥팅 로드 • 크랭크샤프트 • 크랭크샤프트 저널
	과도한 크랭크샤프트 베어링 간극	아래 항목들을 점검 또는 필요한 경우 교환 • 크랭크샤프트 베어링 • 크랭크샤프트 저널
	피스톤, 피스톤 핀, 커넥팅 로드의 부적절한 장착	피스톤 핀과 커넥팅 로드의 올바른 장착 여부 점검 필요한 경우 정비
부하시 엔진 소음	낮은 오일 압력	정비 또는 필요한 경우 교환
	과도한 커넥팅 로드 베어링 간극	아래 항목들을 점검 또는 필요한 경우 교환 • 커넥팅 로드 베어링 • 커넥팅 로드 • 크랭크샤프트
	과도한 크랭크샤프트 베어링 간극	아래 항목들을 점검 또는 필요한 경우 교환 • 크랭크샤프트 베어링 • 크랭크샤프트 저널 • 실린더 블록

현 상	가능한 원인	정 비
엔진이 크랭킹 되지 않음 (크랭크샤프트가 회전하지 않는 경우)	실린더 내의 유체 유입 • 실린더 내에 냉각수/부동액 유입 • 오일 유입 • 과다한 연료 유입	점화 플러그를 분리하고 유체를 점검 헤드 개스킷의 파손 여부 점검 실린더 헤드 및 블록의 균열 점검 인젝터 고착, 연료 압력 조절기의 누설 점검
	타이밍 체인, 타이밍 체인 스프로킷의 파손	타이밍 체인과 타이밍 기어의 점검 정비 또는 필요한 경우 교환
	실린더 내에 이물질 유입 • 밸브의 파손 • 피스톤 재료 • 기타 이물질 유입	손상된 부분과 이물질 유입여부 점검 정비 또는 필요한 경우 교환
	크랭크샤프트 또는 커넥팅 로드 베어링의 고착	크랭크샤프트와 커넥팅 로드 베어링 점검 정비 또는 필요한 경우 교환
	커넥팅 로드의 휨 또는 파손	커넥팅 로드 점검 정비 또는 필요한 경우 교환
	크랭크샤프트의 파손	크랭크샤프트 점검 정비 또는 필요한 교환

특수공구

공구 (품번 및 품명)	형상	용도
크랭크샤프트 프런트 오일 씰 인스톨러 (09214-33000)	EDKA010A	프런트 오일 씰의 장착
밸브 간극 조정 공구 세트 (09220-2D000)	플라이어 스톱퍼 ACGE078A	태핏심의 분리 및 장착
캠샤프트 오일 씰 인스톨러 (09221-21000)	EDDA005B	캠샤프트 오일 씰의 장착
밸브 가이드 리무버 (09221-3F100 (A)) 밸브 가이드 인스톨러 (09221-3F100 (B))	(A) (B) ACGE079A	밸브 가이드의 분리 및 장착
밸브 스템 오일 씰 인스톨러 (09222-22001)	ECKA010A	밸브 스템 오일 씰의 장착

공구 (품번 및 품명)	형상	용도
밸브 스프링 컴프레서 (09222-28000) 밸브 스프링 컴프레서 어댑터 (09222-28100)	EDDA005C	흡기/배기 밸브 장착 및 분리
크랭크샤프트 리어 오일 씰 인스톨러 (09231-21000)	EDDA005F	엔진 리어 오일 씰의 장착 크랭크샤프트 리어 오일씰의 장착

엔진 및 트랜스액슬 어셈블리

엔진 마운팅

구성부품

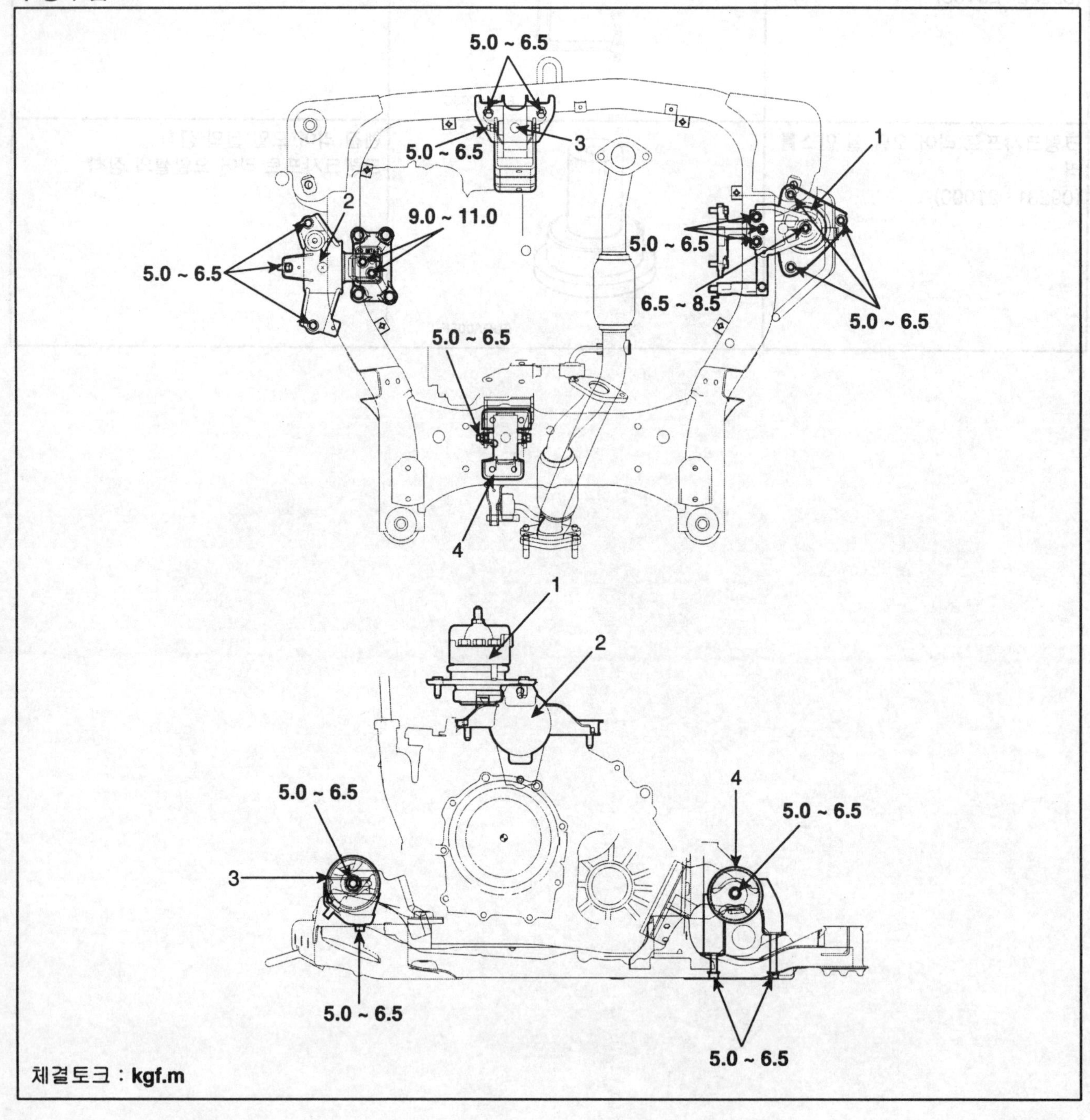

SFDM38001D

1. 엔진 마운팅 브라켓
2. 트랜스 액슬 마운팅 브라켓
3. 프런트 롤 스토퍼
4. 리어 롤 스토퍼

엔진 및 트랜스액슬 어셈블리

탈거

⚠주의
- 차체 도장부의 손상을 방지하기 위해 펜더커버를 사용한다.
- 커넥터가 손상되지 않도록 주의하여 분리한다.

📖참고
- *와이어링 커넥터 및 호스의 잘못된 연결을 방지하기 위해 표시를 해둔다.*

1. 배터리 터미널(A)을 분리후 배터리(B)를 탈거한다.

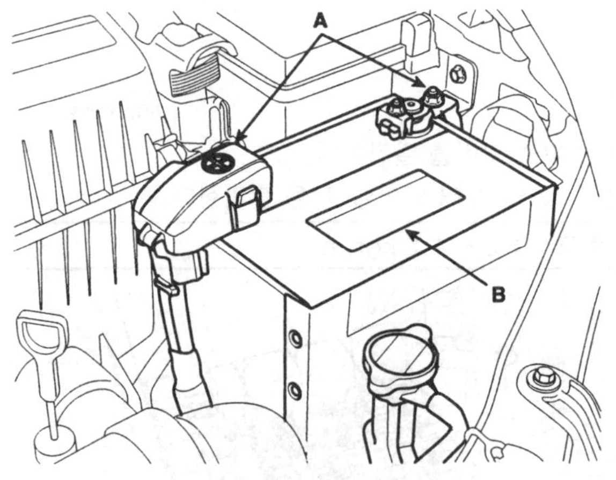

SHDM16004L

2. 엔진커버를 탈거한다.
3. 에어 덕트(A)를 탈거한다.

체결 토크 : 0.8 ~ 1.1 kgf.m

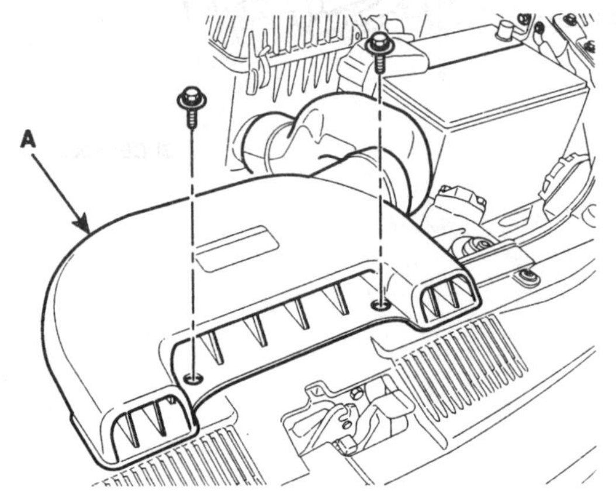

SFDM38001L

4. 배출을 원활하게 하기 위해 라디에이터 캡을 열어둔다
.
5. 라디에이터 드레인 플러그(A)를 풀어 냉각수를 배출시킨다.

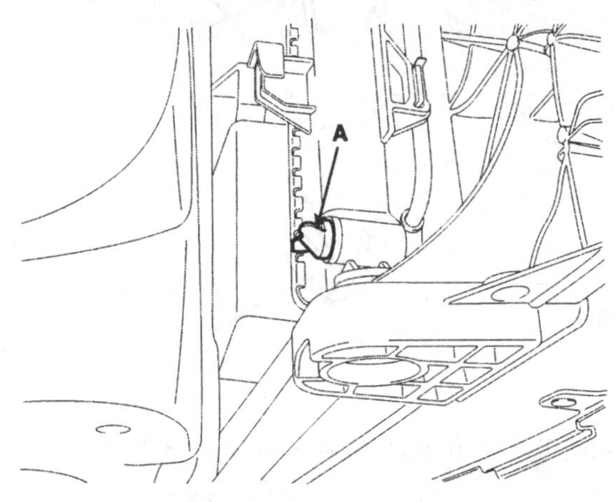

SEDM17003L

6. 에어 클리너 어셈블리를 탈거한다.
   1) PCM 커넥터(A)를 분리한다.
   2) 인테이크 호스(B)를 분리한다.
   3) 에어 클리너 어셈블리(C)를 탈거한다.

체결 토크 :
호스 클램프 : 0.3 ~ 0.5 kgf.m
장착 볼트 : 0.8 ~ 1.1 kgf.m

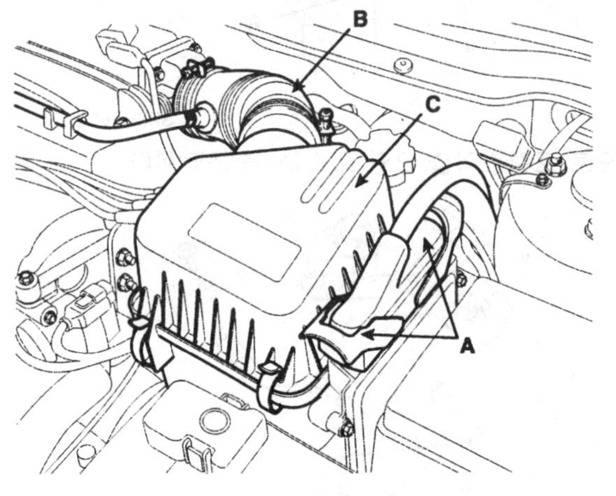

SEDM17004L

7. 배터리 트레이(A)와 프런트 커넥터(B)를 탈거한다.

체결 토크 : 0.9 ~ 1.4 kgf.m

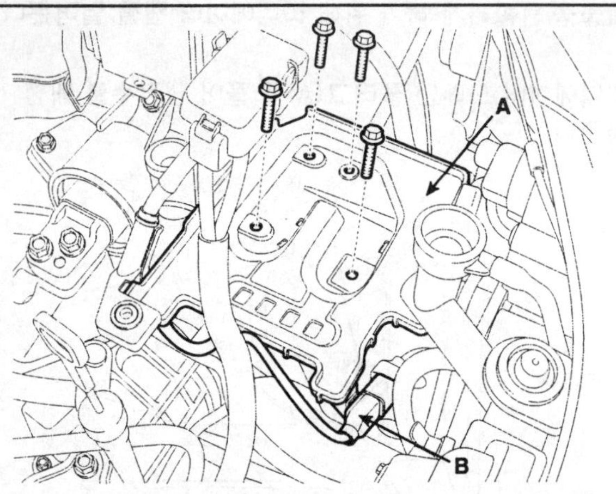

SEDM17005L

8. 라디에이터 어퍼 호스(A)와 로어 호스(B)를 분리한다.

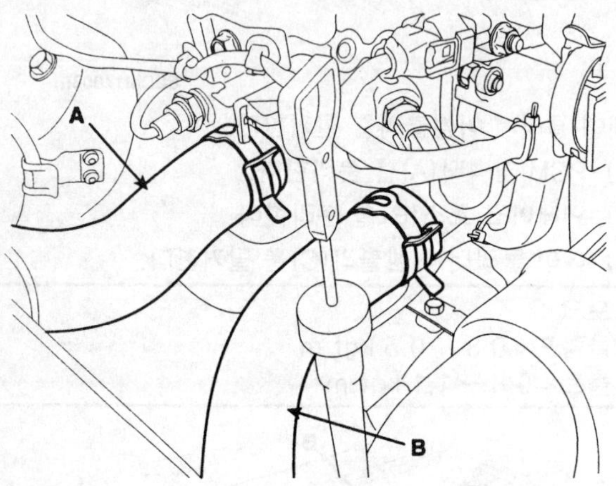

SHDM16006L

9. 오토 트랜스액슬 오일 호스(A)를 분리한다.

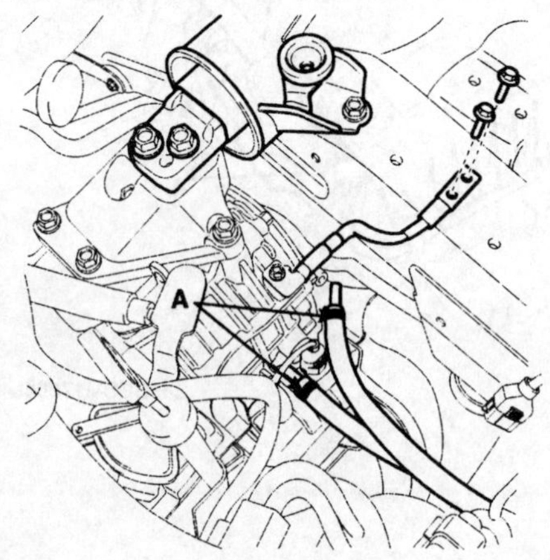

SEDM17006L

10.히터 호스(A)를 분리한다.

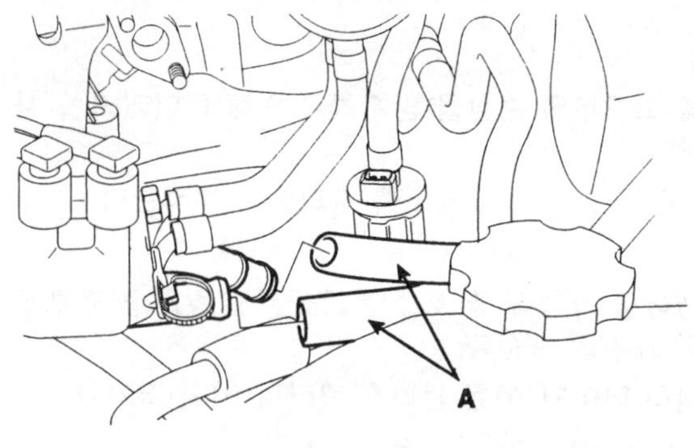

ECKD202A

11.정션 박스 커버를 탈거한다.

12.퓨즈 박스로부터 터미널(A)을 분리한다.

체결 토크 : 1.0 ~ 1.2 kgf.m

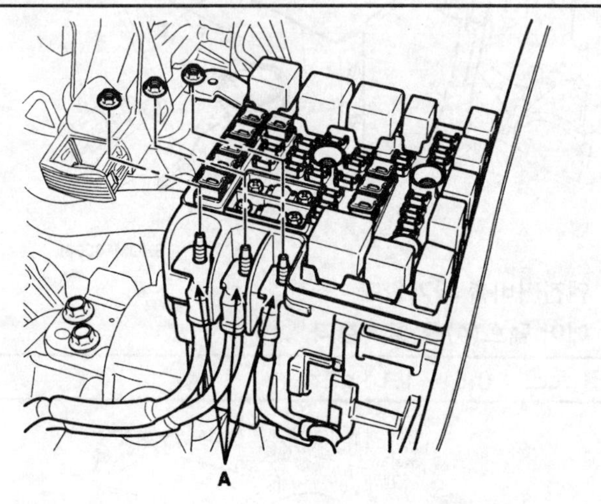

SHDEM6006D

13.릴레이 및 퓨즈 박스 어셈블리를 탈거한다.

체결 토크 : 1.0 ~ 1.2 kgf.m

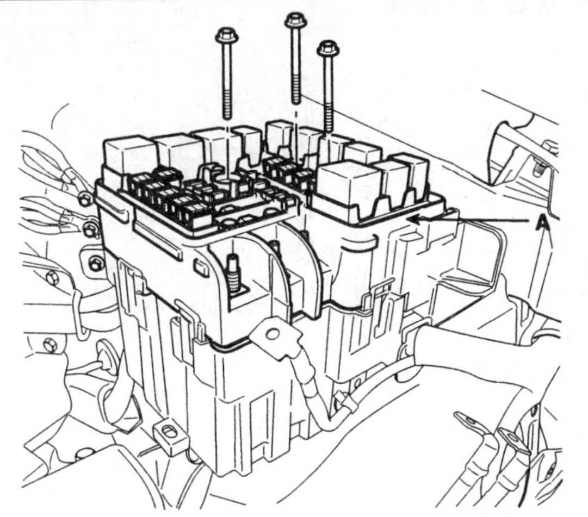

SFDM38013L

14.커넥터 와이어링(A)와 엔진 와이어링(B)를 분리한다.

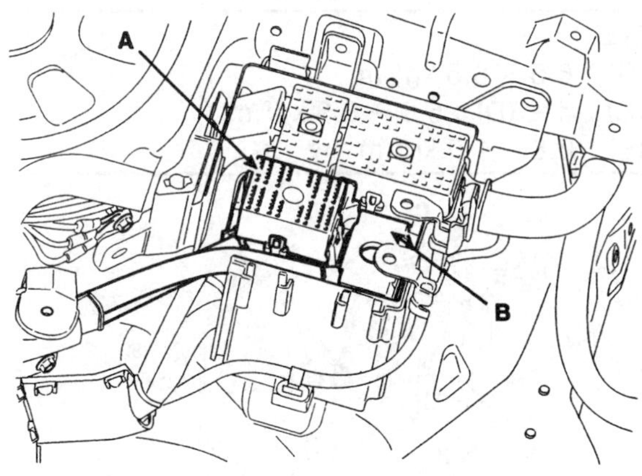

SHDEM6066D

15.엔진 측 접지(A)와 트랜스 액슬 측 접지(B)를 분리한다.

체결 토크 : 1.0 ~ 1.2 kgf.m

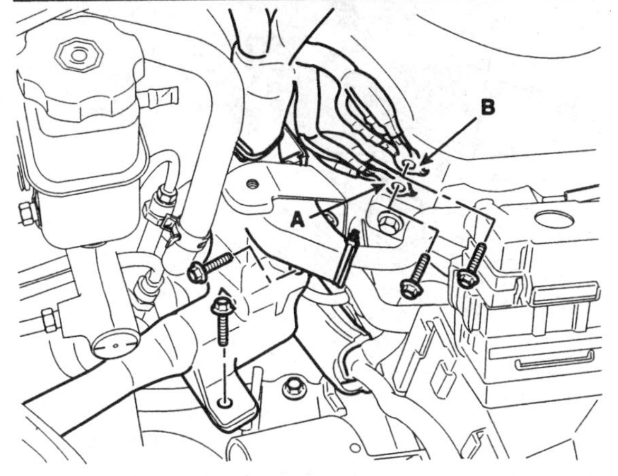

SFDEM8008L

16.딜리버리 파이프에 연결된 연료 호스 (A)와 브레이크 부스터 진공 호스(B)를 분리한다.

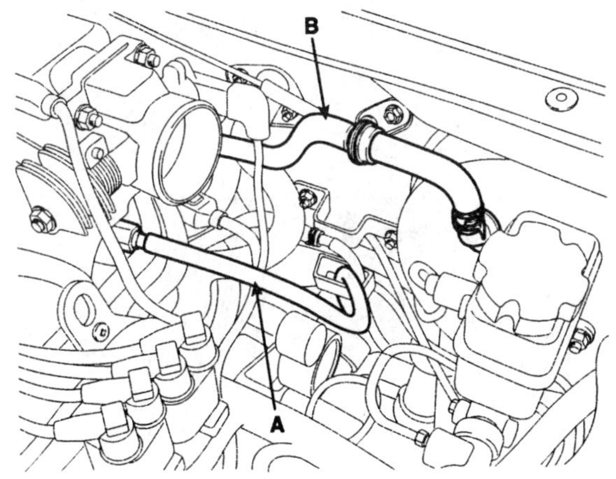

SEDM17007L

17.실린더 헤드로부터 악셀 케이블 (A)을 분리한다.

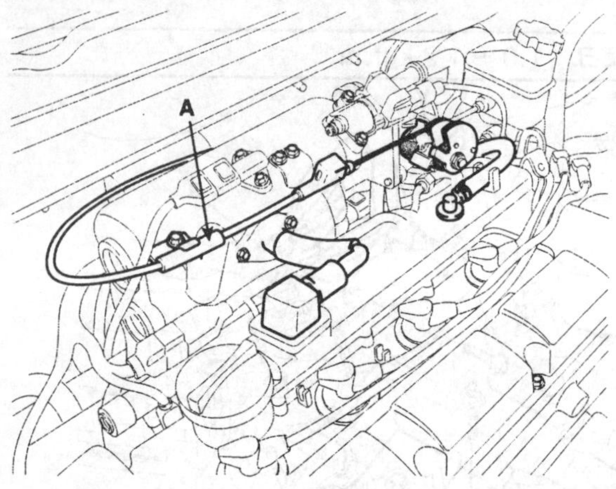

SFDM38002D

18.트랜스 액슬 와이어와 컨트롤 케이블을 탈거한다. (MT / AT 그룹 참조)

19.고압 및 저압 파이프를 탈거한다. (HA 그룹 참조)

20.스티어링 U－조인트 마운팅 볼트(A)를 탈거한다.

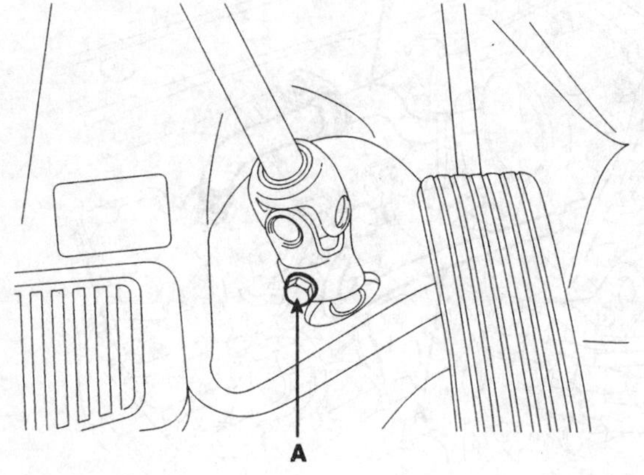

ECKD616A

21.엔진 및 트랜스 액슬 어셈블리를 지지할수 있도록 엔진 서포트 픽스쳐와 어댑터 (09200－38001, 09200－1C000)를 장착한다.

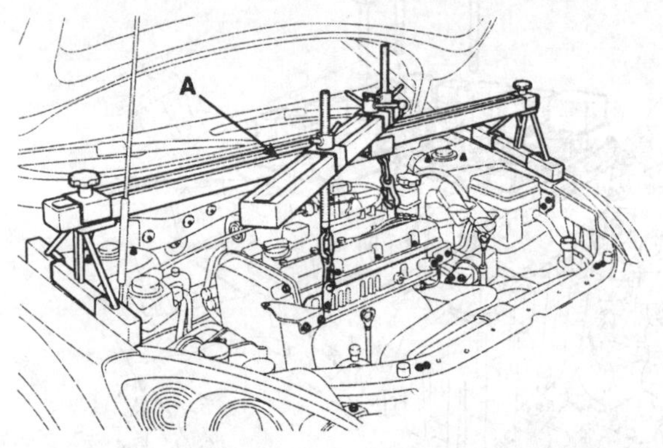

SFDM18001L

22.장착 볼트(B,C) 와 너트(D) 및 접지 케이블(F)을 탈거한 후 엔진 마운팅 브라켓(A)을 탈거한다.

체결 토크 :
볼트 (B) : 6.5 ~ 8.5 kgf.m
볼트 (C), 너트 (D) : 5.0 ~ 6.5 kgf.m
볼트 (E) : 0.8 ~ 1.0 kgf.m

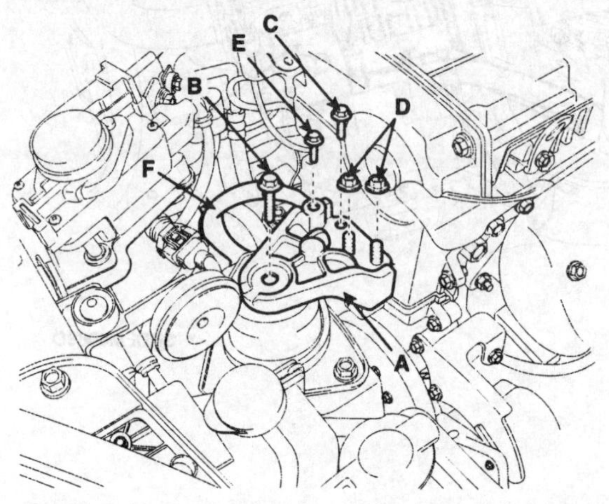

SFDM18004L

23.트랜스 액슬 마운팅 브라켓(A)과 접지 케이블(B)을 탈거한다.

체결 토크 :
A : 9.0 ~ 11.0 kgf.m
B : 1.0 ~ 1.5 kgf.m

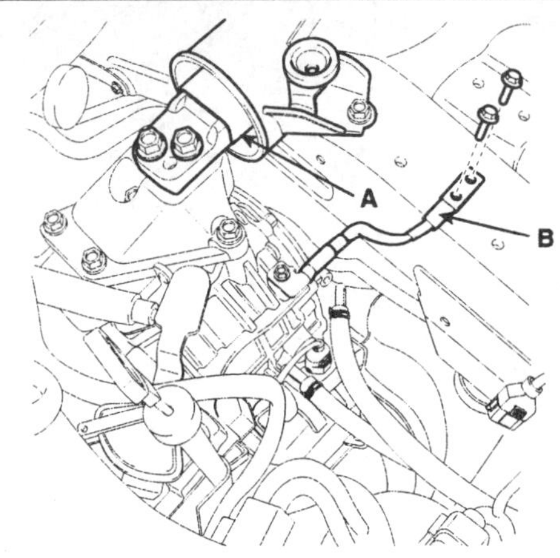

SEDM17110L

24.프런트 타이어를 탈거한다.

25.로어 암과 프런트 액슬로부터 마운팅 볼트를 탈거한 후 스태빌라이저 바 링크를 분리한다.

26.리어 산소 센서 커넥터(B)를 분리한 후 프런트 머플러(A)를 탈거한다.

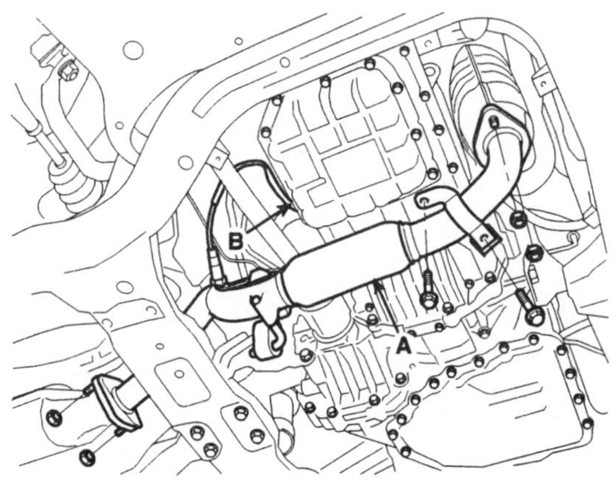

SFDM18002L

27.서브 프레임 볼트(A)을 탈거한다.

체결 토크 : 5.0 ~ 6.5 kgf.m

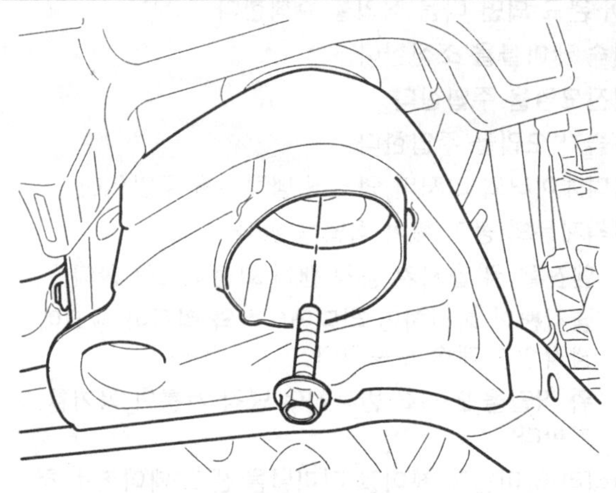

SFDEM8009L

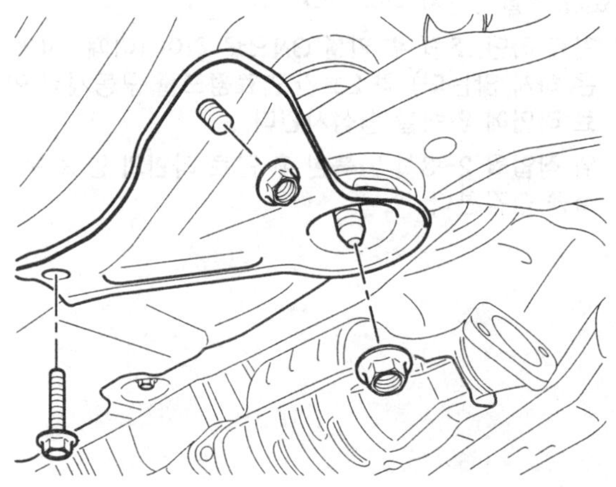

SHDEM6019D

28.엔진 서포트 픽스쳐와 어댑터 (09200-38001, 09200-1C000)를 탈거한다.

29.차량을 위로 들어 올려서 엔진 및 트랜스 액슬 어셈블리를 차상에서 탈거한다.

⚠주의

엔진 및 트랜스액슬 어셈블리 분리시 기타 주변장치에 손상이 가지 않도록 주의한다.

장착

장착은 탈거의 역순으로 진행한다.

장착이 완료 되면 다음 작업을 수행한다.

- 변속 케이블을 조정한다.
- 엔진오일을 주입한다.
- 변속기 오일을 주입한다.
- 라디에이터와 리저버 탱크에 냉각수를 주입한다.
- 냉각계통의 공기 빼기 작업을 한다.
  - 엔진을 웜 업시켜 냉각 팬이 회전하도록 한다.
  - 냉각팬이 회전하면 라디에이터와 리저버 탱크에 냉각수를 계속 보충한다.
  - 위 작업을 2~3회 반복하여 냉각 계통의 공기를 제거한다.
- 배터리 터미널과 케이블 터미널을 샌드 페이퍼로 청소한 후 조립하고 부식 방지를 위해 그리스를 도포한다.
- 연료가 누설되는지 점검한다.
  - 연료 라인 조립 후 키를 ON으로 하여 (이때, 시동은 하지 않는다) 약 2초간 연료펌프를 구동시켜 연료 라인에 압력을 형성시킨다.
  - 위 작업을 2~3회 반복한 후 연료 라인의 연료 누설을 점검한다.

타이밍 시스템

타이밍 벨트

구성부품

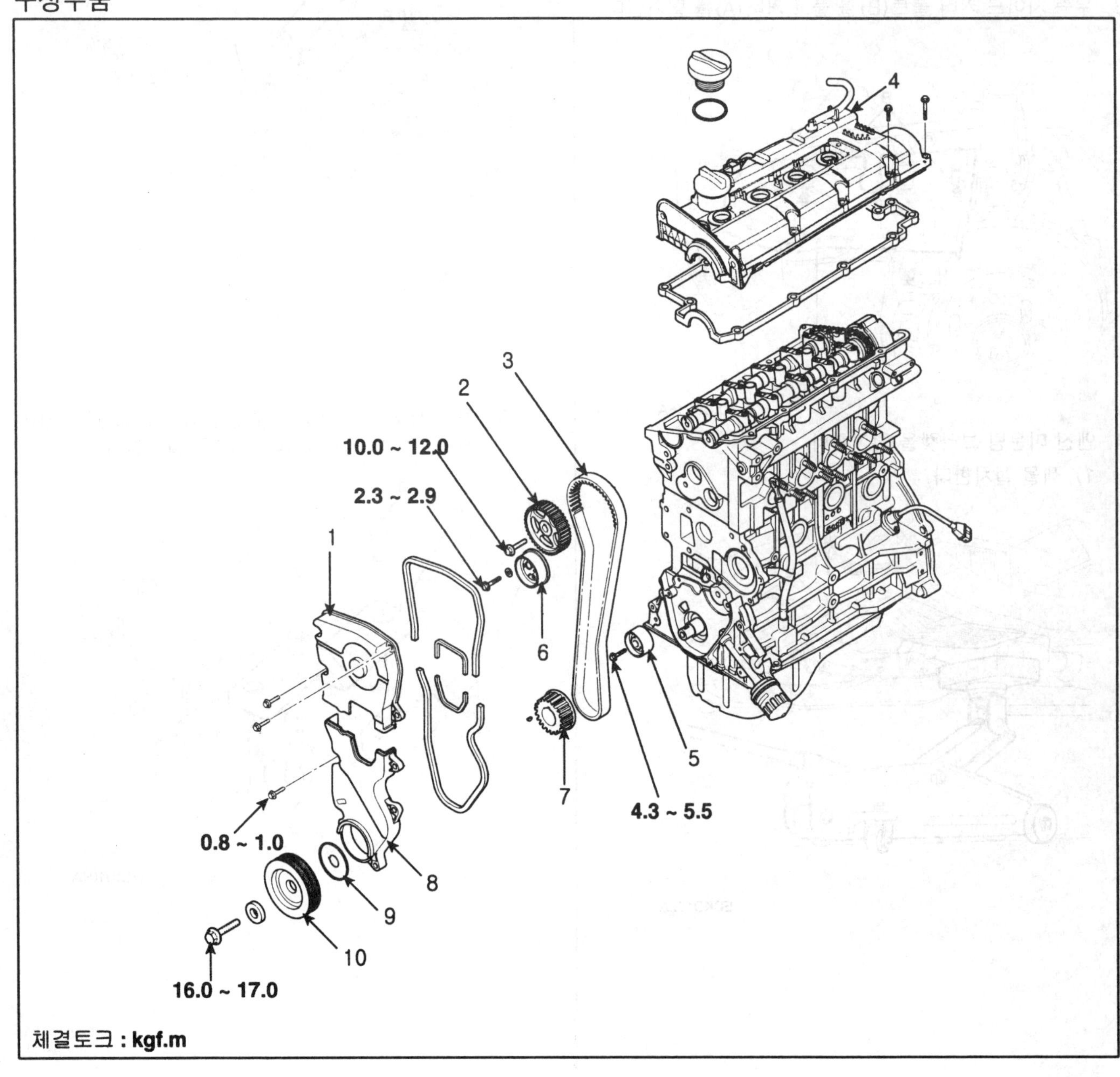

SFDM38003D

1. 타이밍 벨트 어퍼 커버
2. 캠샤프트 스프로킷
3. 타이밍 벨트
4. 실린더 헤드 커버
5. 아이들러
6. 텐셔너
7. 크랭크샤프트 스프로킷
8. 타이밍 벨트 로어 커버
9. 플랜지
10. 크랭크샤프트 풀리

탈거

이 작업에서는 엔진 탈거가 필요하지 않다.

1. 엔진 커버를 탈거한다.
2. 우측 앞 바퀴를 탈거한다.
3. 우측 사이드 커버 볼트(B)를 풀고 커버(A)를 탈거한다

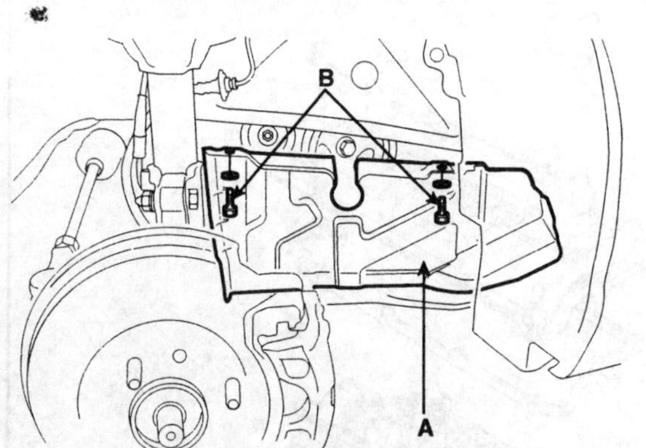

KXDSE16A

4. 엔진 마운팅 브라켓을 탈거한다.
   1) 잭을 설치한다.

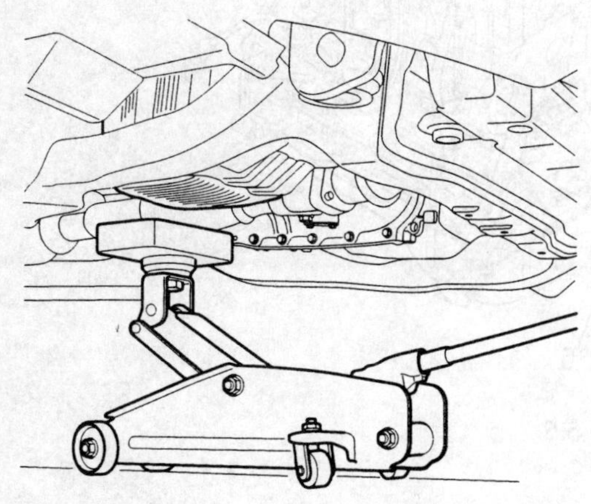

ECKD102A

   2) 엔진 마운팅 고정볼트(B, C) 및 너트(D)를 풀고 엔진 마운팅 브라켓(A)과 접지 케이블(F)을 탈거한다.

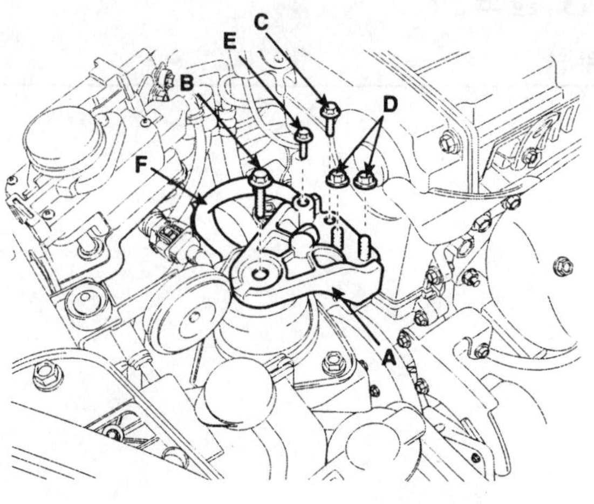

SFDM18004L

   3) 엔진 서포트 브라켓 스테이 플레이트 고정볼트(B)를 푼 후 스테이 플레이트(A)를 탈거한다.

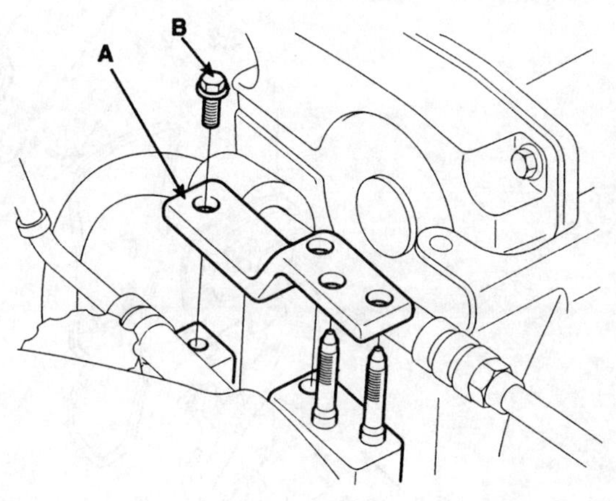

ECKD104A

5. 워터 펌프 풀리 볼트를 느슨하게 한다.

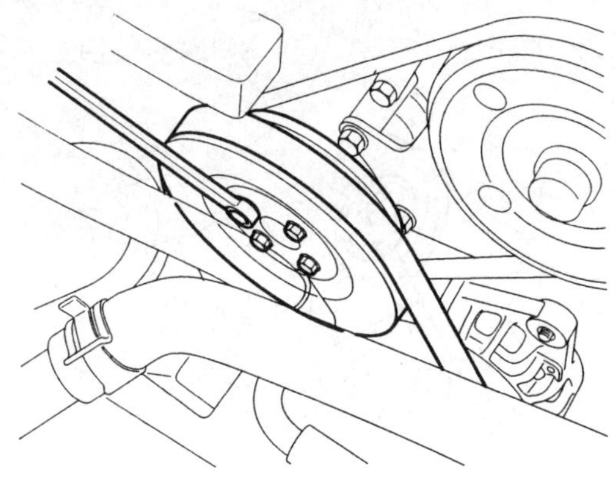

ECKD104B

6. 알터네이터 구동벨트를 탈거한다.
7. 에어컨 컴프레셔 구동벨트를 탈거한다.
8. 파워 스티어링 펌프 구동벨트를 탈거한다.
9. 워터 펌프 풀리를 탈거한다.
10. 타이밍 벨트 어퍼 커버 볼트를 풀고 커버(A)를 탈거한다.

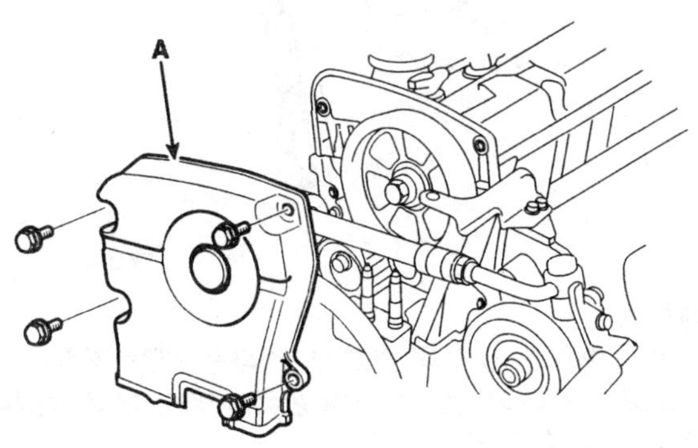

SEDM17201L

11. 크랭크샤프트 풀리를 시계방향으로 회전시켜 타이밍 벨트 커버의 타이밍 마크 "T" 와 풀리의 홈을 일치시킨다.

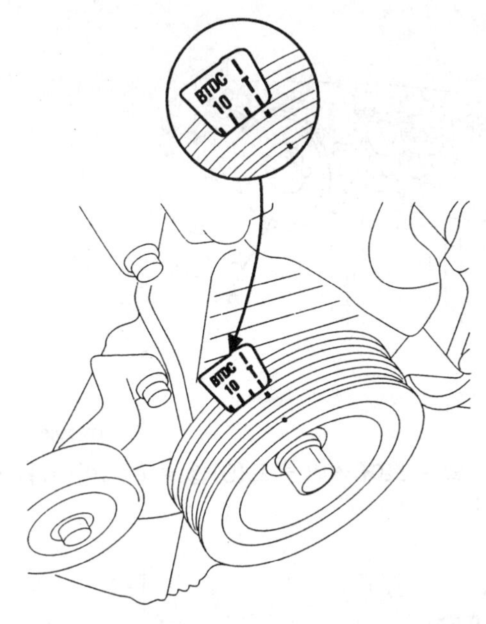

ECKD106A

12. 크랭크샤프트 풀리 볼트(B)를 풀고 풀리(A)를 탈거한다.

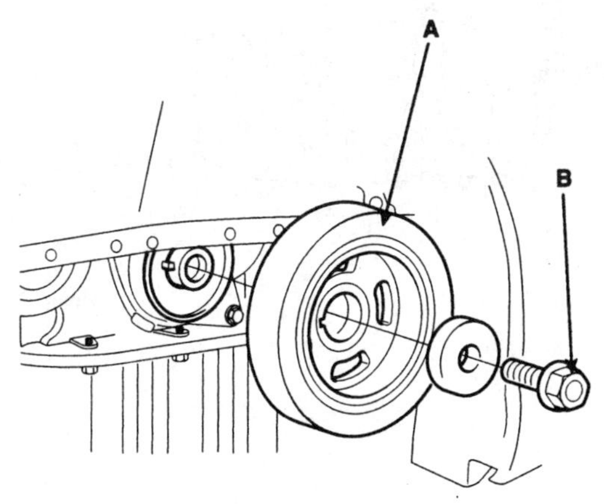

ECKD107A

13.크랭크샤프트 플랜지 (A)를 탈거한다.

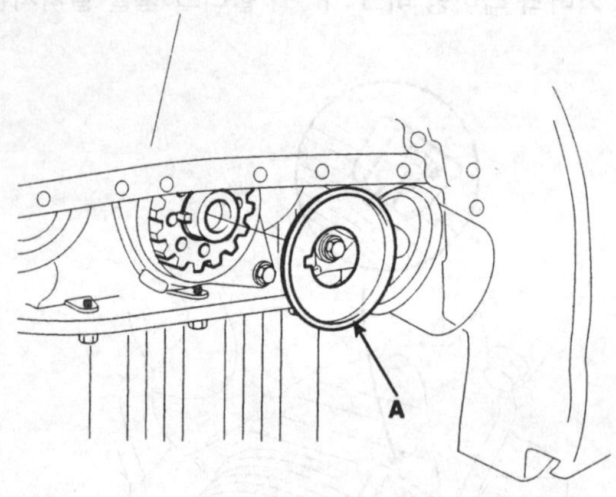

ECKD108A

14.타이밍 벨트 로어 커버 볼트(B)를 풀고 커버(A)를 탈거한다.

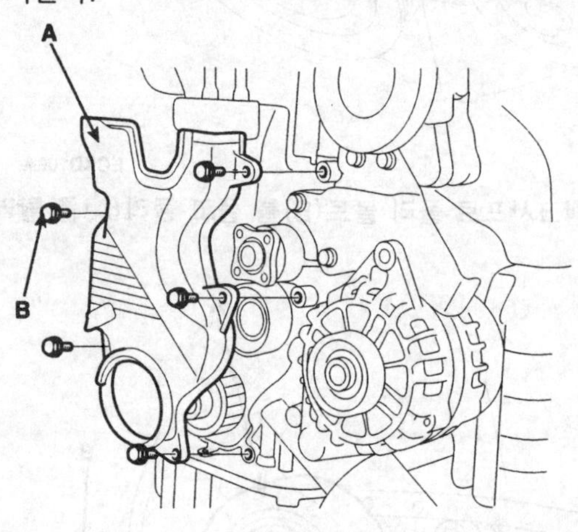

ECKD108B

15.타이밍 벨트 텐셔너(A)와 타이밍 벨트(B)를 탈거한다.

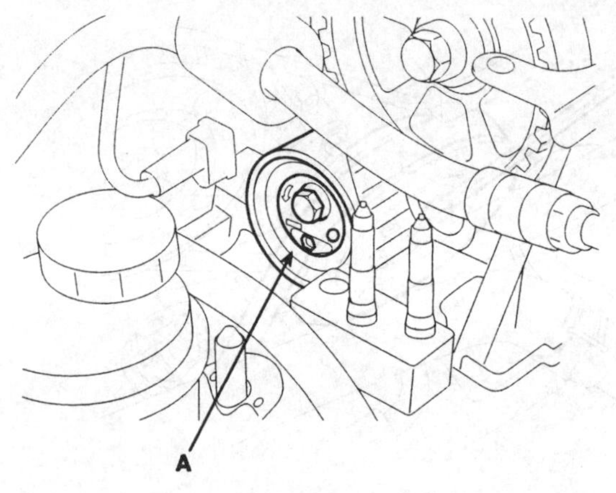

SHDM16316L

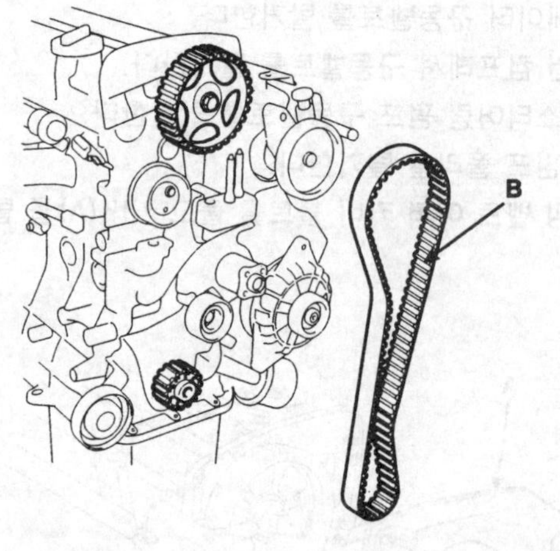

ECKD109B

참고

타이밍 벨트를 재사용 하고자 할 때는 회전 방향을 화살표로 표시하여 재장착시에 본래 장착방향과 동일하게 장착할 수 있도록 한다.

16.타이밍 벨트 아이들러 볼트(B)를 풀고 아이들러(A)를 탈거한다.

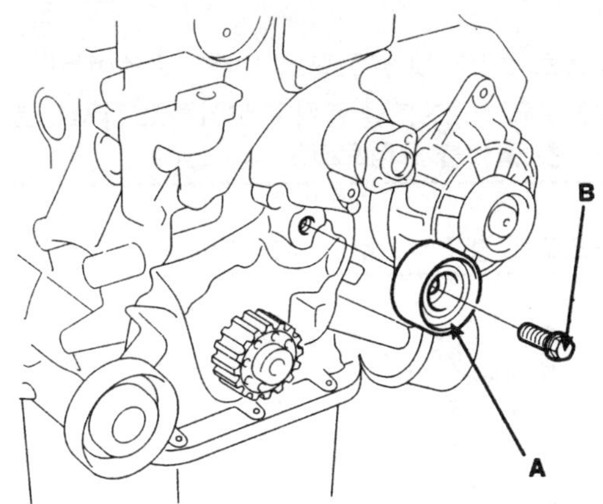

ECKD109C

17.크랭크샤프트 스프로킷(A)을 탈거한다.

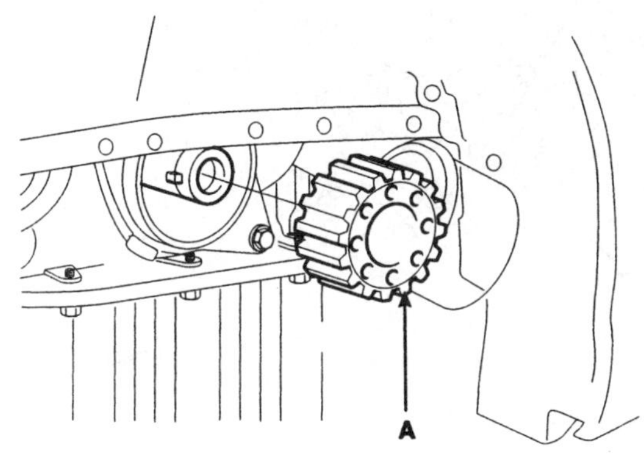

ECKD110A

18.실린더 헤드 커버를 탈거한다.

1) 스파크 플러그 케이블을 분리한다. 이때 케이블을 무리한 힘으로 잡아당기지 않는다.

참고

케이블을 무리하게 잡아당기거나 구부릴 경우 안쪽의 도선이 손상될 수 있다.

2) PCV(포지티브 크랭크 케이스 벤틸레이션) 호스(A)와 브리더호스(B)를 실린더 헤드 커버에서 분리한다.

3) 악셀 케이블(C)을 실린더 헤드 커버에서 분리한다.

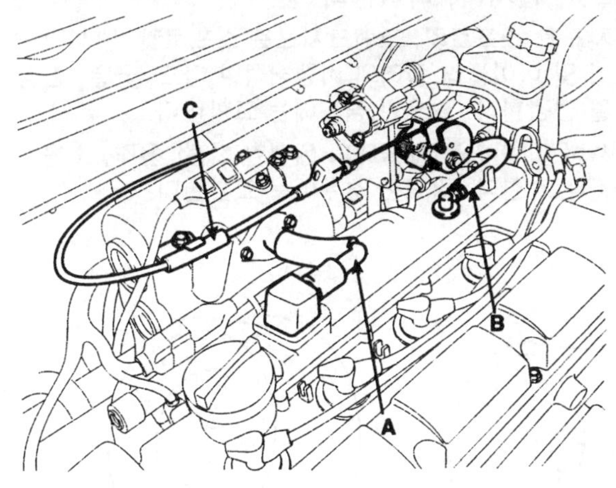

SFDM38015D

4) 실린더 헤드 커버 볼트를 풀고 헤드 커버를 탈거한다.

19.캠샤프트 스프로킷을 탈거한다.

렌치를 캠샤프트의 (A)부분에 고정하고 렌치(B)를 이용하여 캠샤프트 스프로킷 볼트를 풀어 스프로킷을 탈거한다.

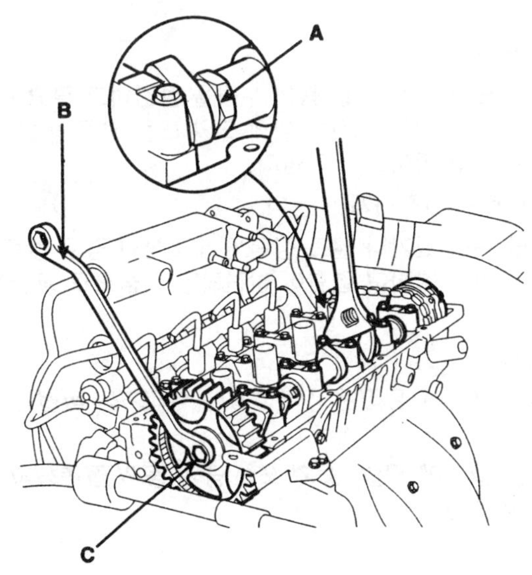

ECKD114A

주의

렌치 사용시 실린더 헤드와 밸브 리프터가 손상되지 않도록 주의한다.

점검

스프로킷, 텐셔너, 아이들러

1. 캠샤프트 스프로킷, 크랭크샤프트 스프로킷, 텐셔너 풀리 및 아이들러 풀리의 비정상적인 마모, 균열, 손상 등을 점검한다. 필요한 경우에는 교환한다.
2. 텐셔너 및 아이들러 풀리의 원활한 회전, 유격, 소음 등을 점검한다. 필요한 경우에는 교환한다.

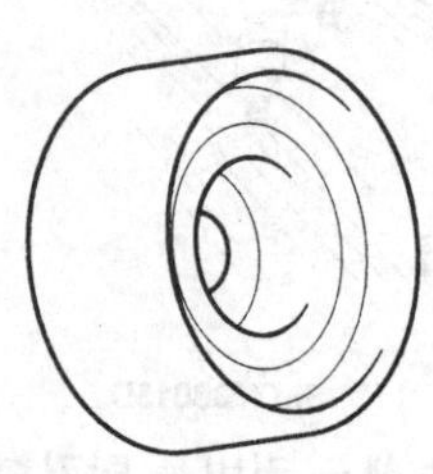
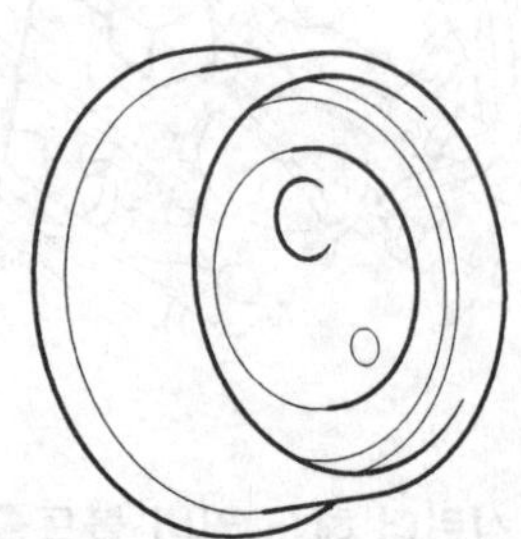

ECKD115A

3. 베어링에서 그리스가 새면 텐셔너 및 아이들러를 교환한다.

타이밍 벨트

1. 벨트에 오일 또는 오물 등의 누적을 점검하고 필요한 경우에는 교환한다. 적은 양의 오일 또는 오물 등은 마른 헝겊이나 종이로 닦아낸다.

   솔벤트로는 세척하지 않는다.
2. 엔진을 분해 했거나 벨트 장력을 재조정한 경우 벨트를 자세히 관찰하여 결함이 발견되면 신품으로 교환한다.

참고

타이밍 벨트를 뒤집은 상태에서 구부리거나 비틀지 않는다.

타이밍 벨트에 오일, 물기 또는 증기 등이 접촉되지 않도록 한다.

장착

1. 캠샤프트 스프로킷을 장착하고 볼트를 규정토크로 체결한다.
   1) 캠샤프트 스프로킷 볼트를 일시적으로 조여둔다.
   2) 캠샤프트의 (A)부분을 렌치로 고정하고 캠샤프트 스프로킷 볼트를 규정토크로 체결한다.

체결 토크
캠샤프트 스프로킷 볼트 : 10.0 ~ 12.0kgf.m

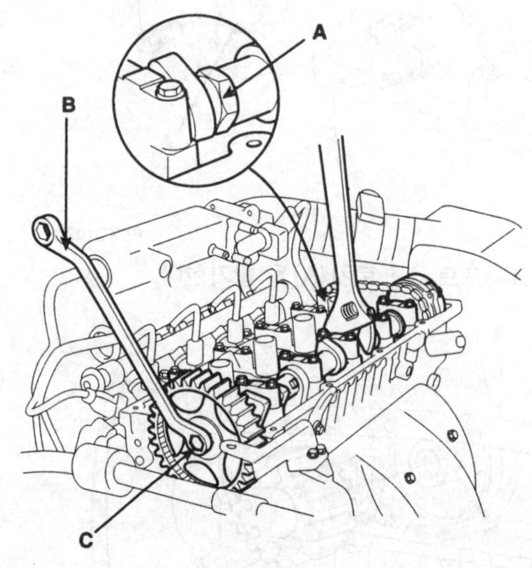

ECKD114A

2. 실린더 헤드 커버를 장착한다.

1) 실린더 헤드 커버(A)를 장착하고 볼트(B)를 체결한다.

체결 토크 : 0.8 ~ 1.0kgf.m

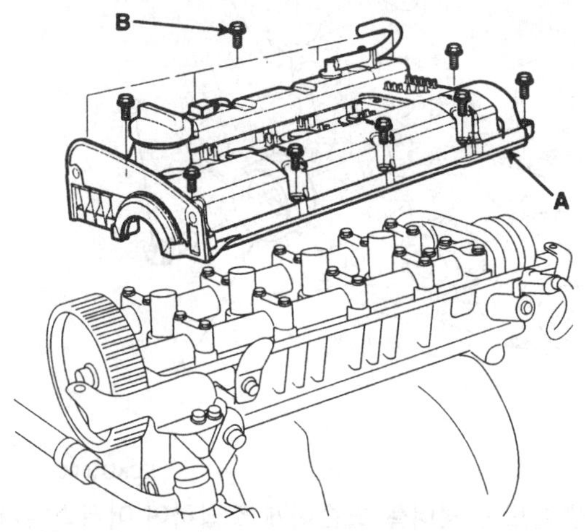

SHDEM7004N

2) PCV(포지티브 크랭크 케이스 벤틸레이션) 호스(A)와 브리더 호스(B)를 실린더 헤드 커버에 장착한다.

3) 악셀 케이블(C)을 실린더 헤드 커버에 장착한다.

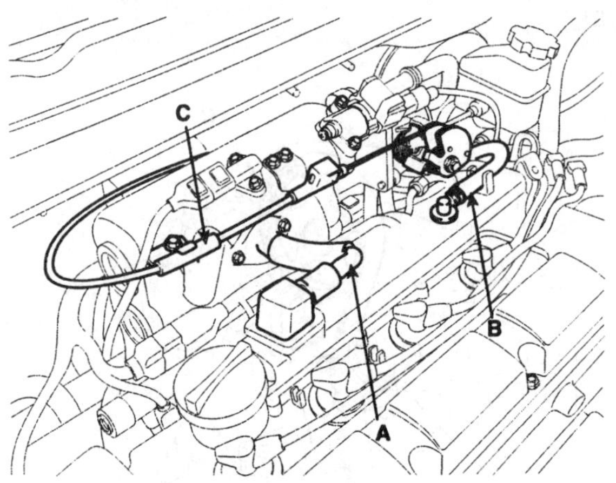

SFDM38015D

4) 스파크 플러그 케이블을 장착한다.

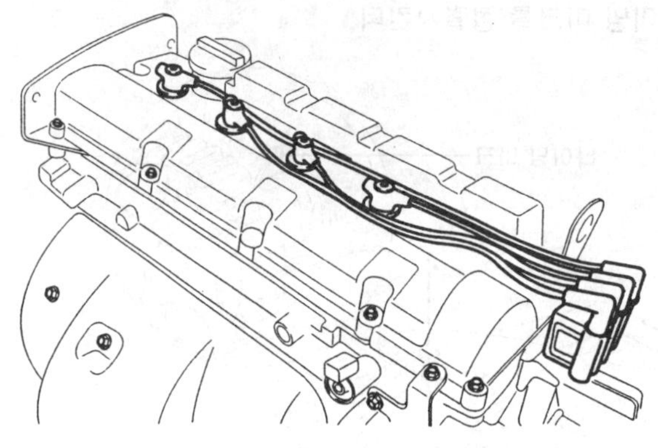
SHDM16300D

3. 크랭크샤프트 스프로킷(A)을 장착한다.

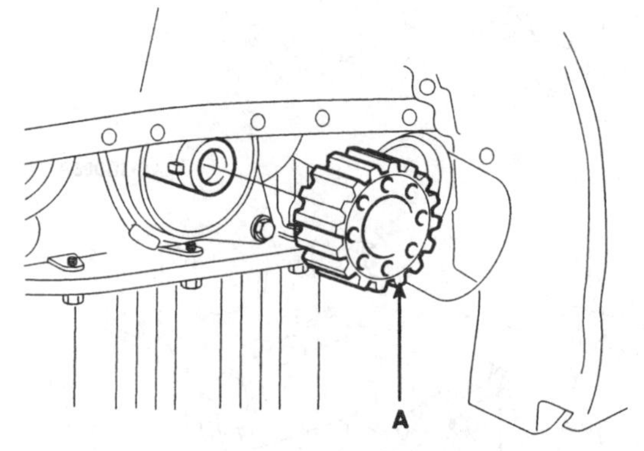

ECKD110A

4. 1번 실린더의 피스톤이 압축 상사점에 위치하도록 캠샤프트 스프로킷(A)과 크랭크샤프트 스프로킷(B)의 타이밍 마크를 정렬시킨다.

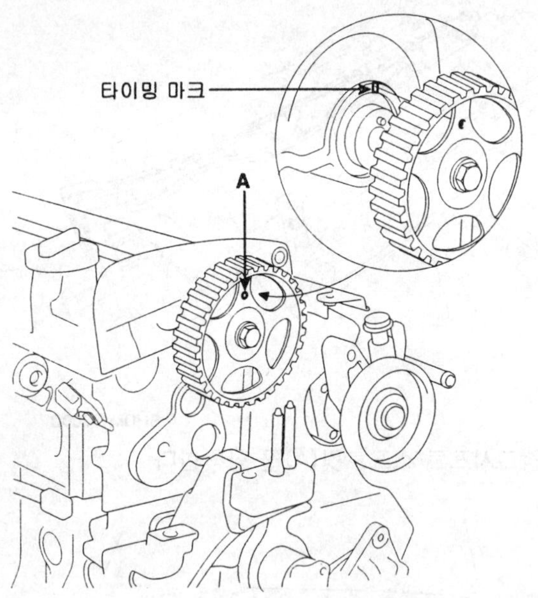

ACGE080A

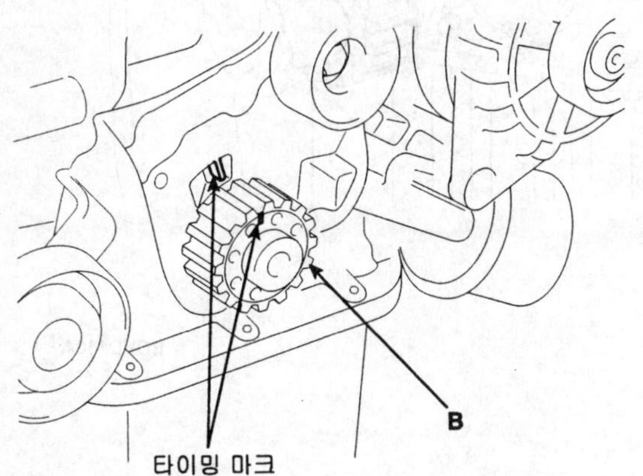

ACGE081A

5. 아이들러 풀리(A)를 장착하고 볼트(B)를 규정 토크로 체결한다.

체결 토크

아이들러 풀리 볼트 : 4.3 ~ 5.5kgf.m

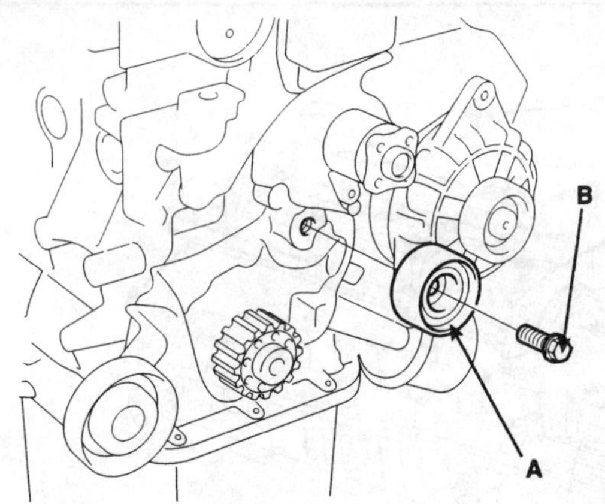

ECKD109C

6. 타이밍 벨트 텐셔너를 느슨하게 조립하여 어저스터가 원할히 회전할 수 있도록 한다. 이때 베이스 스토퍼가 실린더 헤드의 씰링캡에 걸쳐지도록 한다.
7. 다음 순서에 따라 느슨한 곳이 없도록 타이밍 벨트를 장착한다.

   크랭크샤프트 스프로킷(A) → 아이들러 풀리(B) → 캠샤프트 스프로킷(C) → 타이밍 벨트 텐셔너(D).

   (단, 타이밍 벨트 장착 후, 오토텐셔너를 후조립해도 된다.)

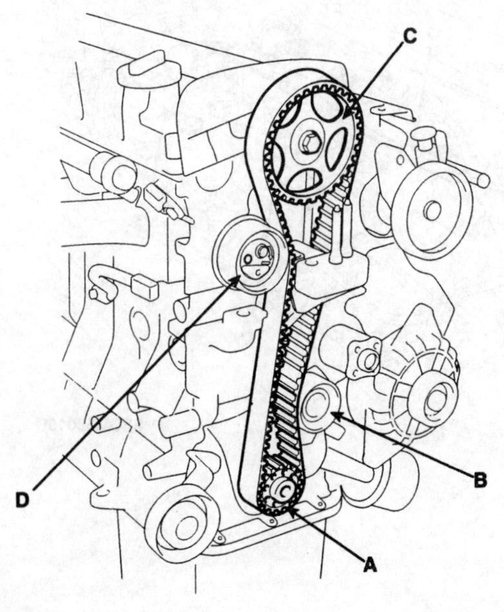

SHDM16302D

8. 각 스프로킷의 타이밍마크가 정위치에 있는지 확인한다.
9. 텐셔너 암을 고정하고 있는 핀을 제거한다.
10. 아래와 같이 어저스터의 홈에 육각 렌치를 끼우고, 반시계 방향으로 회전시켜 암의 지시계(A)가 베이스에 새겨진 홈 중심에 위치하도록 한다.

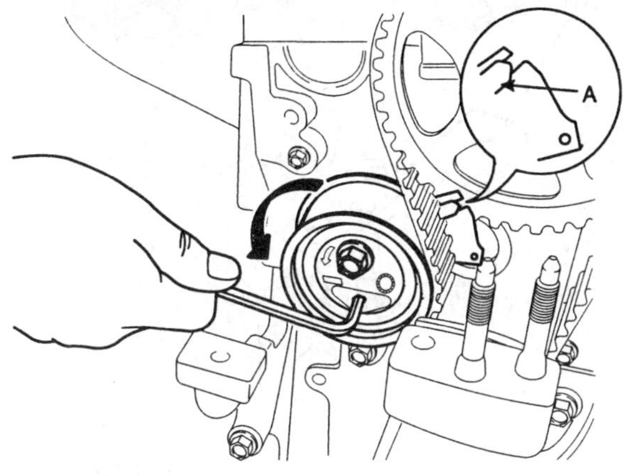

SHDEM7002N

⚠주의
반대로 회전시킬 경우, 오토 텐셔너가 정상적인 기능을 못하게 되므로 주의한다.

11. 암의 지시계가 움직이지 않도록 고정한 상태에서 텐셔너 고정 볼트를 체결한다.

체결토크 : 2.3 ~ 2.9kgf.m

12. 크랭크샤프트를 시계방향으로 2회전 시켜, 오토 텐셔너의 암 지시계가 베이스 홈 중심에 위치하는지 확인한다.
13. 암 지시계가 홈 중심을 벗어날 경우, 볼트를 풀고 위 과정을 반복한다.
14. 타이밍 벨트 로어 커버를 장착한다.

체결 토크 : 0.8 ~ 1.0kgf.m

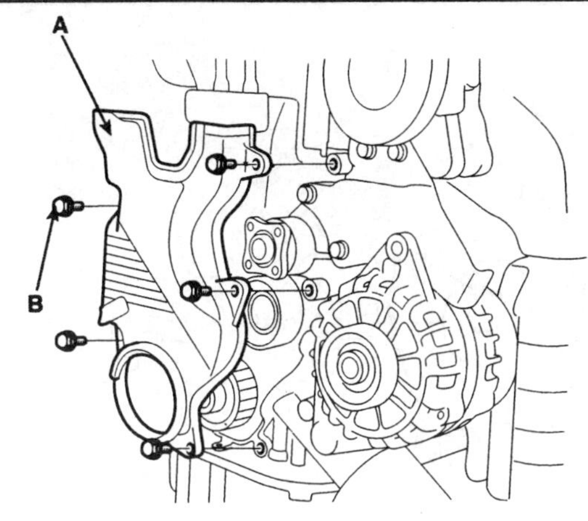

ECKD108B

15. 크랭크샤프트 풀리(A)를 플랜지와 함께 장착하고 볼트(B)를 체결한다.

크랭크샤프트 키와 풀리의 홈을 잘 맞추어 장착한다.

체결 토크
크랭크샤프트 풀리 볼트 : 16.0 ~ 17.0kgf.m

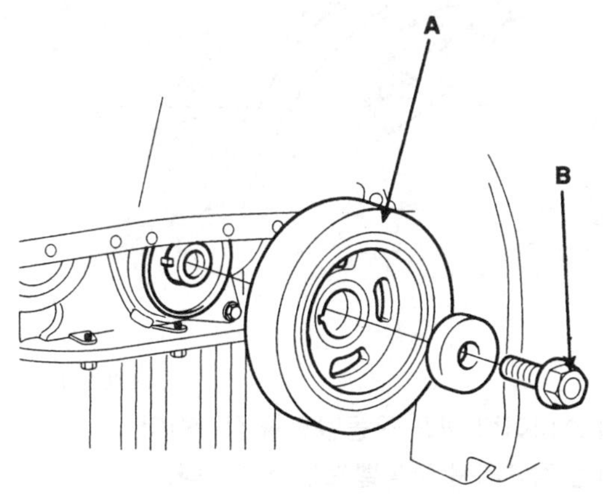

ECKD107A

16.타이밍 벨트 어퍼커버(A)를 장착한다.

체결 토크 : 0.8 ~ 1.0kgf.m

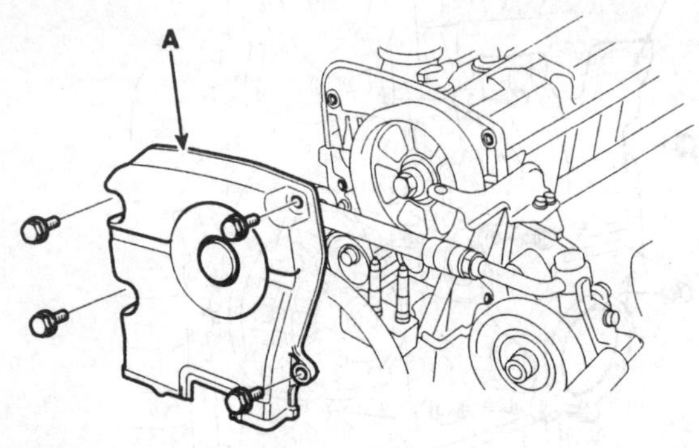

SEDM17201L

17.워터 펌프 풀리를 장착한다.

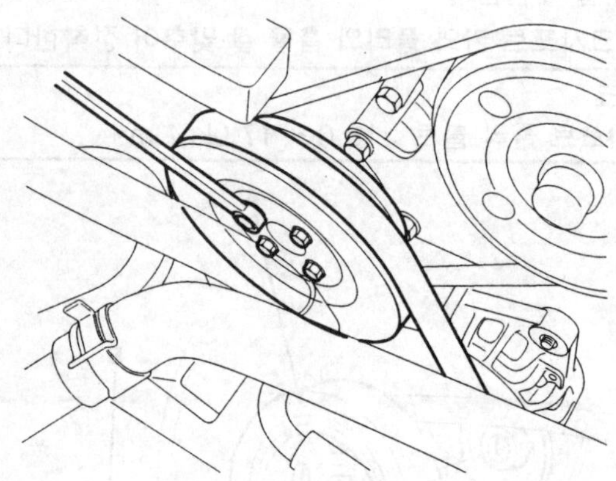

ECKD104B

18.파워 스티어링 펌프 구동벨트를 장착한다.

19.에어컨 컴프레셔 구동벨트를 장착한다.

20.알터네이터 구동벨트를 장착 한다.

21.워터 펌프 풀리 고정볼트를 체결한다.

22.엔진 마운팅 브라켓을 장착한다.

1) 엔진 서포트 브라켓 스테이 플레이트(A)를 장착하고 볼트(B)를 체결한다.

체결 토크 : 4.3 ~ 5.5kgf.m

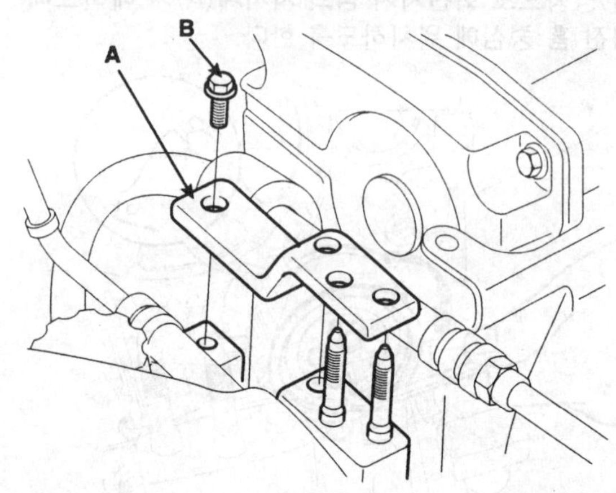

ECKD104A

2) 엔진 마운팅 고정볼트(B, C) 및 너트(D)를 이용하여 엔진 마운팅 브라켓(A)과 접지 케이블 (F)을 장착한다.

체결 토크

볼트(B) : 6.5 ~ 8.5kgf.m

볼트(C), 너트(D) : 5.0 ~ 6.5kgf.m

볼트(E) : 0.8 ~ 1.0kgf.m

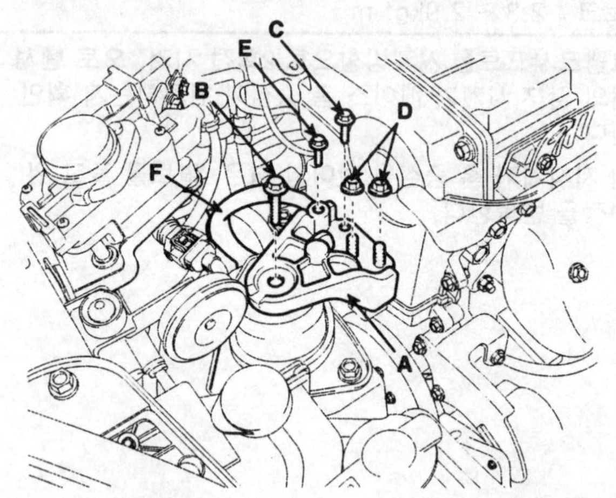

SFDM18004L

23.우측 사이드 커버(A)를 장착하고 볼트(B)를체결한다.

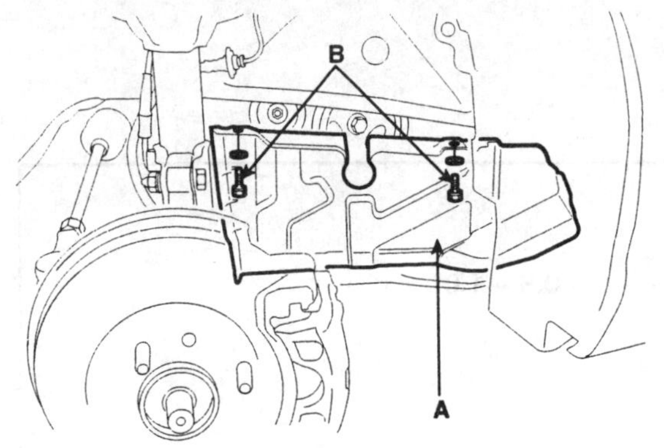

KXDSE16A

24.우측 앞 바퀴를 장착한다.

체결 토크 : 9 ~ 10kgf.m

25.엔진 커버를 장착한다.

실린더 헤드 어셈블리

실린더 헤드

구성부품

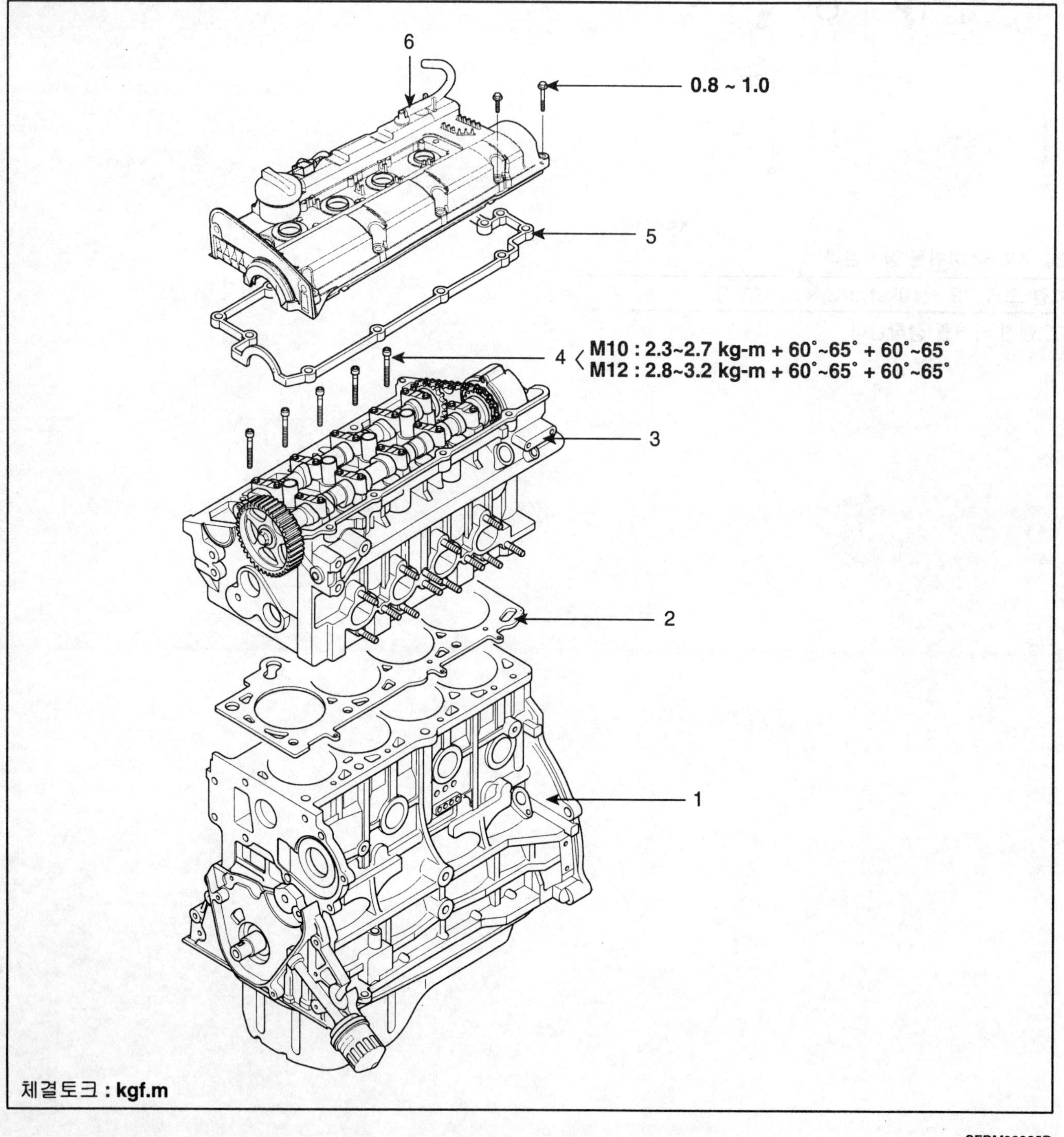

SFDM38005D

1. 실린더 블록
2. 실린더 헤드 개스킷
3. 실린더 헤드
4. 실린더 헤드 볼트
5. 실린더 헤드 커버 개스킷
6. 실린더 헤드 커버

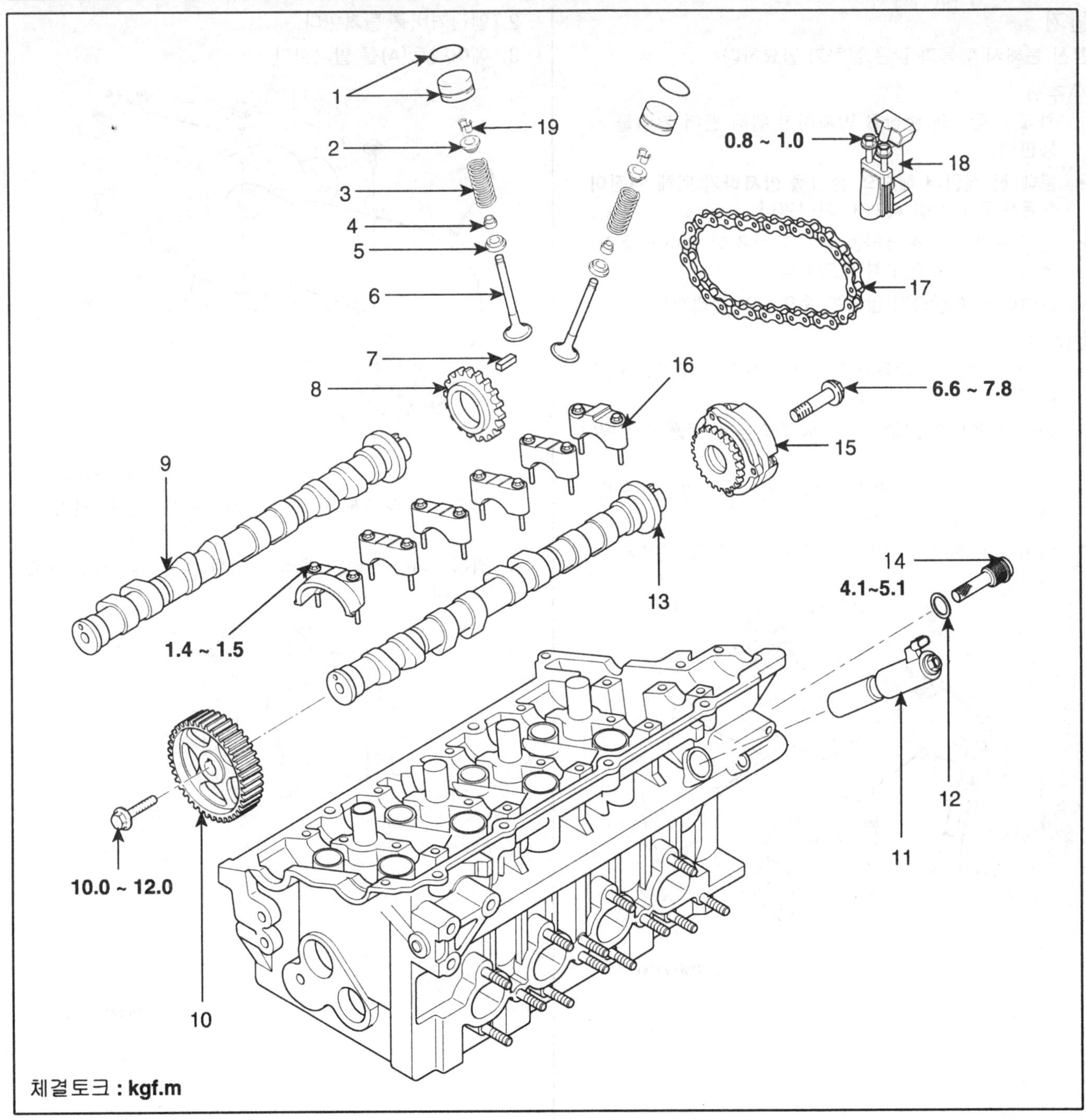

SFDM38006D

1. MLA (기계식 밸브간극 조정장치)
2. 리테이너
3. 밸브 스프링
4. 스템 씰
5. 스프링 시트
6. 밸브
7. 키
8. 체인 스프로킷
9. 흡기 캠샤프트
10. 캠샤프트 스프로킷
11. OCV (오일 컨트롤 밸브)
12. 와셔
13. 배기 캠샤프트
14. OCV (오일 컨트롤 밸브)필터
15. CVVT (가변 밸브 타이밍기구) 어셈블리
16. 캠샤프트 베어링 캡
17. 타이밍 체인
18. 오토 텐셔너
19. 리테이너 록

탈거

엔진 분해시 다음과 같은 절차가 필요하다.

⚠주의

- **차체 도장부의 손상을 방지하기 위해 펜더 커버를 사용한다.**
- **분해 전 실린더 헤드의 손상을 방지하기 위해 엔진이 상온으로 냉각될 때까지 기다린다.**
- **메탈 개스킷을 취급하는 경우 개스킷이 접히거나 표면이 손상되지 않도록 주의한다.**
- **커넥터가 손상되지 않도록 주의하여 분리한다.**

참고

- *배선 및 호스의 잘못된 연결을 방지하기 위해 표시를 해 둔다.*
- *실린더 헤드를 분해하기 전에 타이밍 벨트를 점검한다.*
- *크랭크샤프트를 회전시켜 1번 실린더의 피스톤을 압축 상사점에 위치시킨다.*

1. 터미널(A)를 분리한 다음, 배터리(B)를 탈거한다.

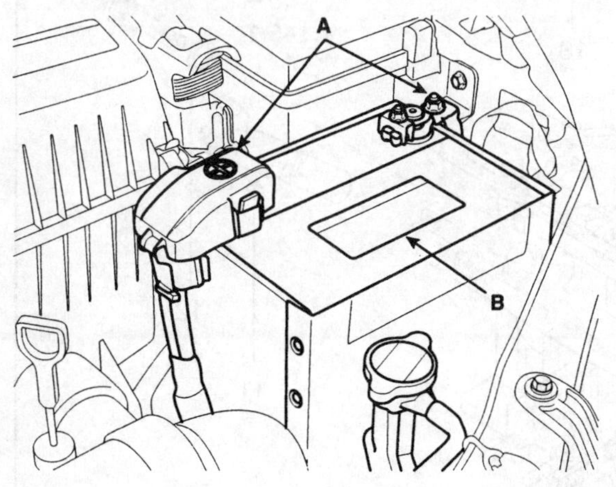

SHDM16004L

2. 엔진커버를 탈거한다.
3. 에어덕트(A)를 탈거한다.

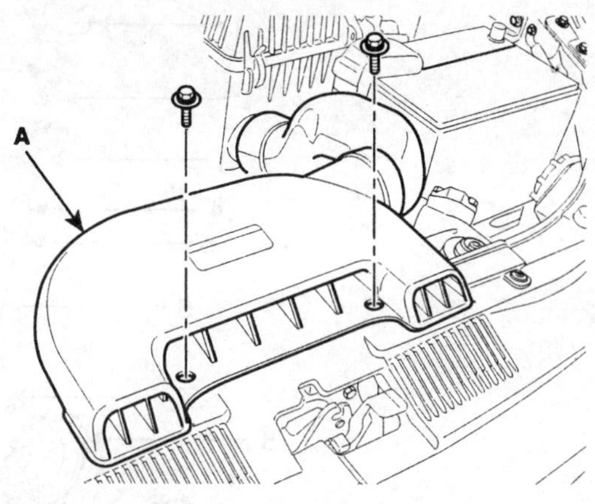

SFDM38001L

4. 배출을 원활하게 하기 위해 라디에이터 캡을 열어둔다.
5. 라디에이터 드레인 플러그(A)를 푼 후 냉각수를 배출시킨다.

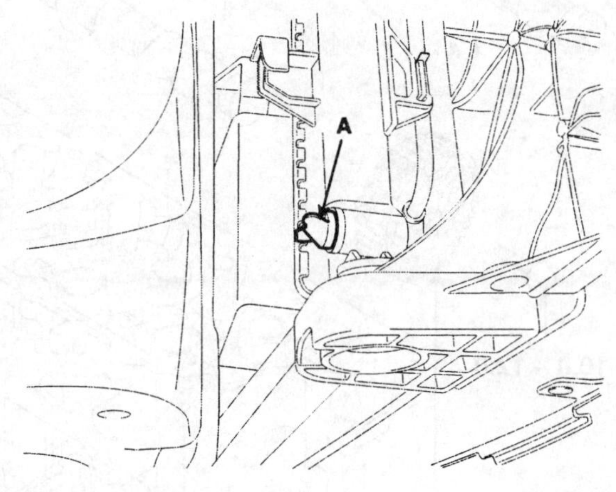

SEDM17003L

6. 흡기 에어호스 및 에어 클리너 어셈블리를 탈거한다.

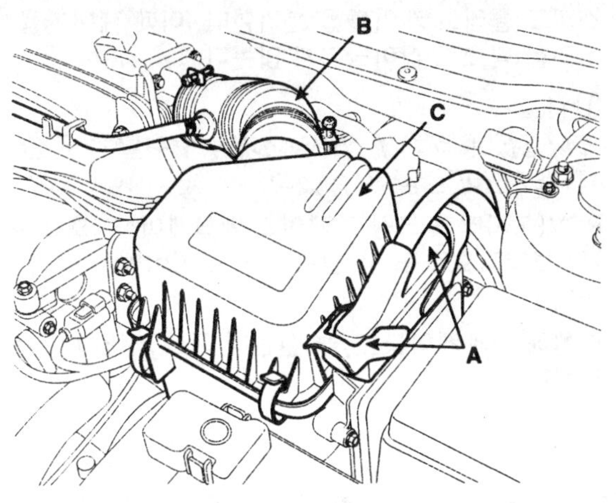

SEDM17004L

1) PCM 커넥터(A)들을 분리한다.
2) 흡기 에어호스(B)와 에어 클리너 어셈블리(C)를 탈거한다.

7. 라디에이터 어퍼 호스(A)와 로어 호스(B)를 분리한다.

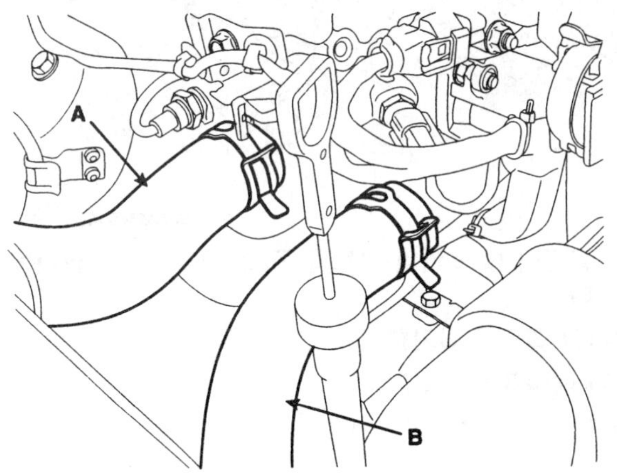

SHDM16006L

8. 히터 호스(A)를 분리한다.

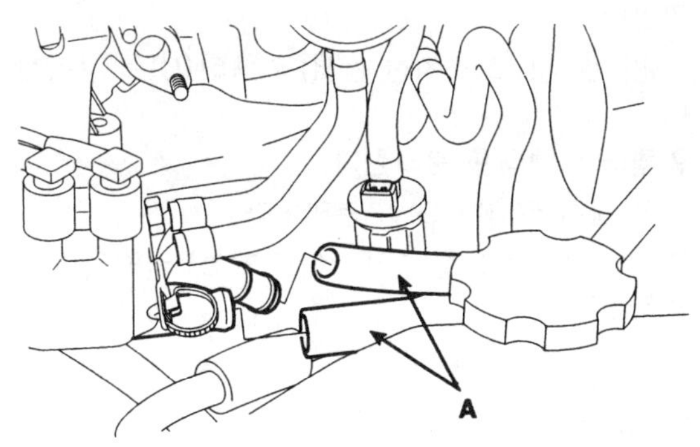

ECKD202A

9. 실린더 헤드와 흡기 매니폴드로부터 배선 커넥터와 클램프를 분리한다.
   1) OCV(오일 컨트롤 밸브) 커넥터(A)를 분리한다.
   2) 오일 온도 센서 커넥터(B)를 분리한다.
   3) ECT(냉각수 온도) 센서 커넥터(C)를 분리한다.
   4) 점화 코일 커넥터(D)를 분리한다.

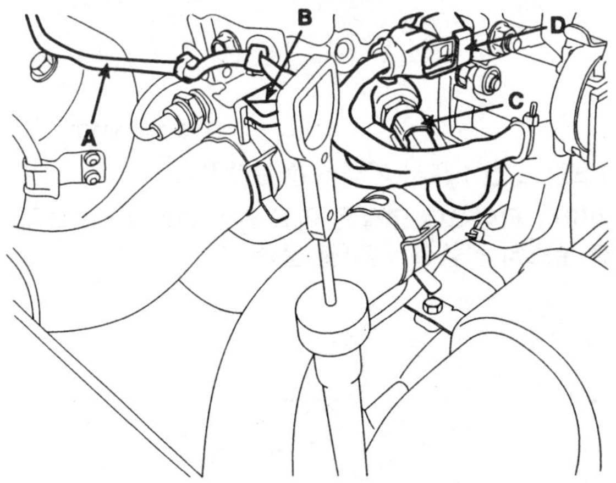

SHDM16317L

5) TPS(스로틀 포지션 센서) 커넥터(A)를 분리한다.
6) ISA (아이들 스피드 액츄에이터) 커넥터(B)를 분리한다.
7) CMP(캠샤프트 포지션 센서) 커넥터(C)를 분리한다.
8) 인젝터 커넥터를 분리한다.
9) 노크 센서 커넥터(D)를 분리한다.
10) PCSV(퍼지 컨트롤 솔레노이드 밸브) 커넥터(E)를 분리한다.

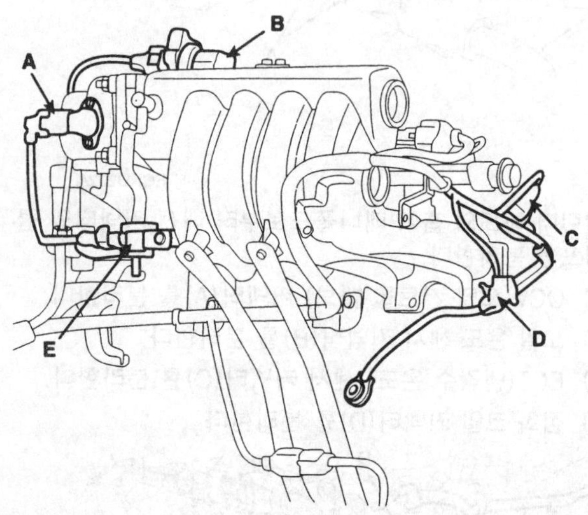

SHDM16007L

11) 프런트 산소센서 커넥터를 분리한다.

10. 딜리버리 파이프에 연결된 연료 인렛 호스(A)와 브레이크 부스터 진공호스(B)를 분리한다.

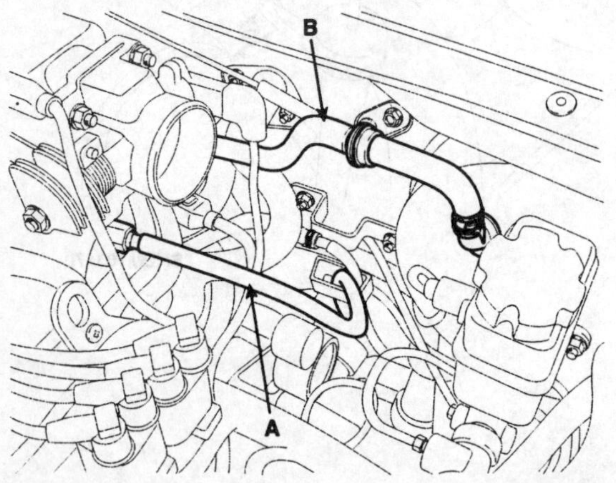

SEDM17007L

11. 실린더 헤드 커버를 탈거한다.

1) 스파크 플러그 케이블을 분리한다. 이때 케이블을 무리한 힘으로 잡아당기지 않는다.

참고

케이블을 무리하게 잡아당기거나 구부릴 경우 안쪽의 도선이 손상될 수 있다.

2) PCV(포지티브 크랭크 케이스 벤틸레이션) 호스(A)와 브리더호스(B)를 실린더 헤드 커버에서 분리한다.
3) 엑셀레이터 케이블(C)을 실린더 헤드 커버에서 분리한다.

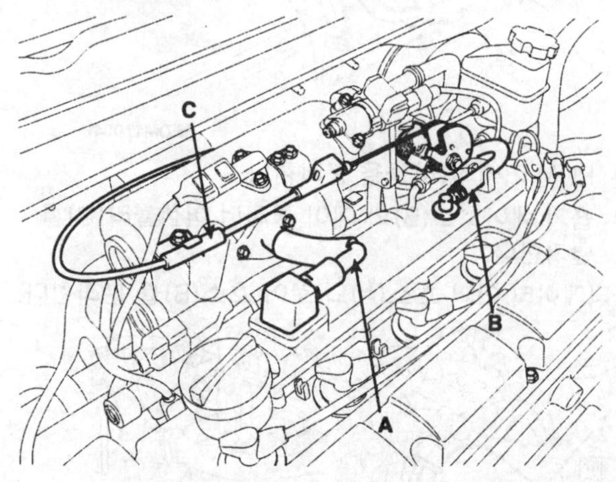

SFDM38015D

4) 실린더 헤드 커버 볼트를 풀고 헤드 커버를 탈거한다.

12. 타이밍 벨트를 탈거한다.

13. 배기 매니폴드를 탈거한다.

14. 흡기 매니폴드를 탈거한다.

15.캠샤프트 스프로킷을 탈거한다.

렌치를 캠샤프트의 (A) 부분에 고정하고 렌치(B)를 이용하여 캠샤프트 스프로킷 볼트를 풀어 스프로킷을 탈거한다.

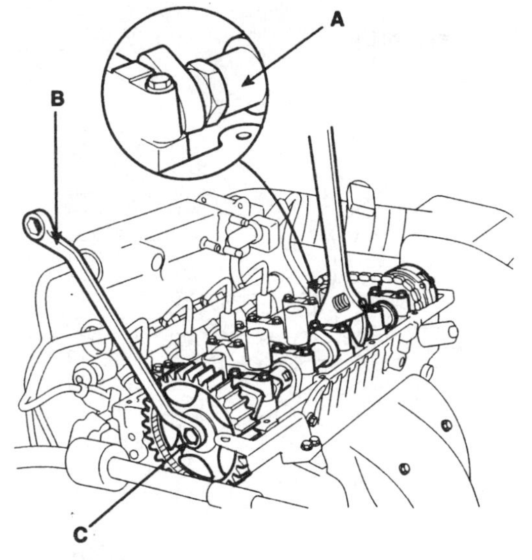

ECKD114A

⚠주의

렌치 사용시 실린더 헤드와 밸브 리프터가 손상되지 않도록 주의한다.

16.타이밍 체인 오토 텐셔너 (A)를 스토퍼 핀(B)으로 고정한 후 탈거한다.

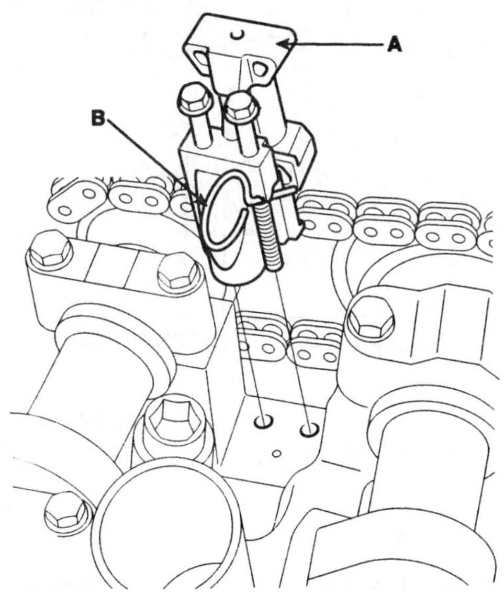

ECKD212A

17.캠샤프트 베어링 캡 (A)와 캠샤프트(B)를 탈거한다.

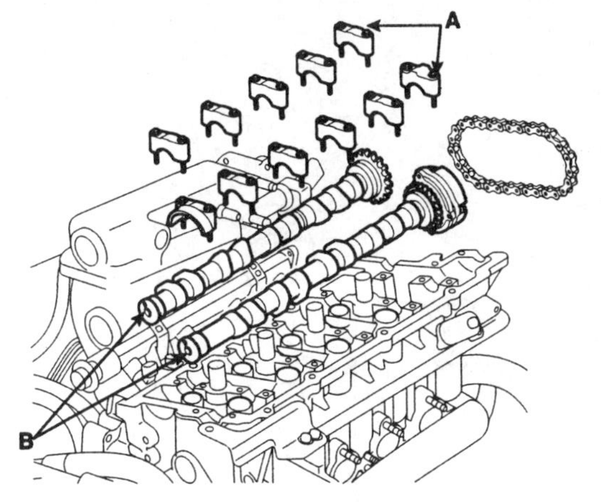

ECKD213A

18.OCV(오일 컨트롤 밸브)(A)를 탈거한다.

ECKD214A

19.OCV(오일 컨트롤 밸브) 필터(A)를 탈거한다.

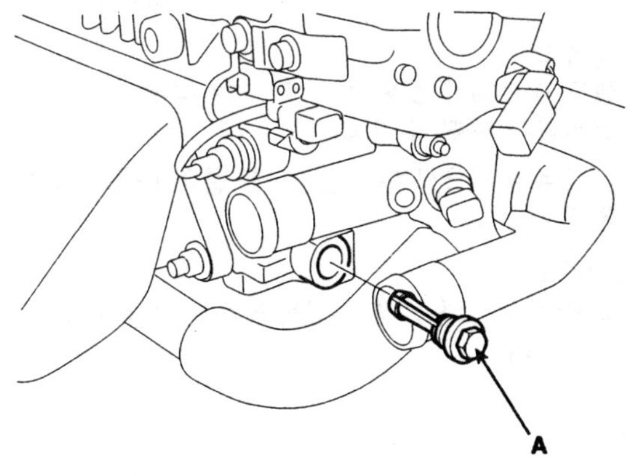

ECKD215A

20.워터 파이프(B)로부터 워터호스(A)를 탈거한다.

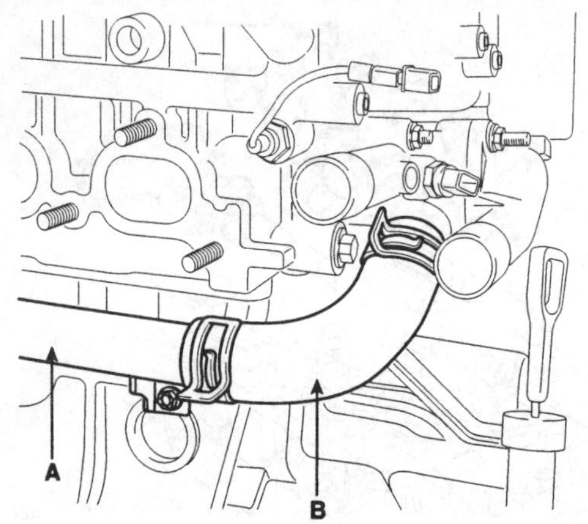

ACGE009A

21.실린더 헤드 볼트를 풀고 실린더 헤드를 탈거한다.

1) 8mm와 10mm 육각 렌치를 사용하여 아래 그림의 순서에 따라 2~3회 나누어 헤드 볼트를 탈거한다.

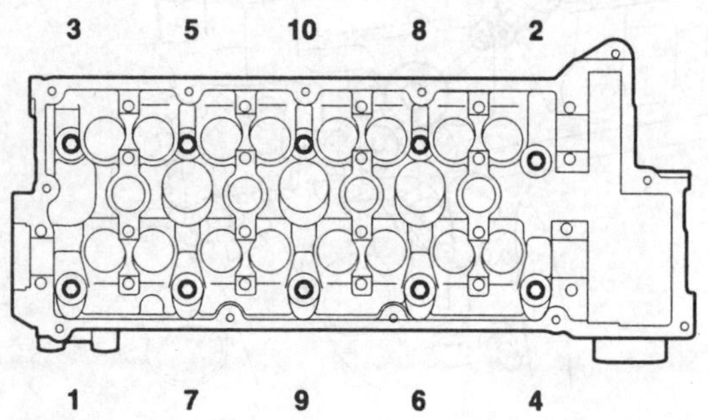

ECKD216A

⚠주의

헤드 볼트를 잘못된 순서로 푸는 경우 헤드가 뒤틀리거나 깨질 수 있다.

2) 실린더 블록으로부터 실린더를 들어 나무블록 위에 올려 둔다.

⚠주의

실린더 헤드와 블록의 접촉면이 손상되지 않도록 주의한다.

분해

📖참고

MLA(기계식 밸브간극 조정장치), 밸브, 밸브 스프링의 분리시 원래의 위치에 재장착 될 수 있도록 각 부품의 위치를 확인한다.

1. MLA(A)를 탈거한다.

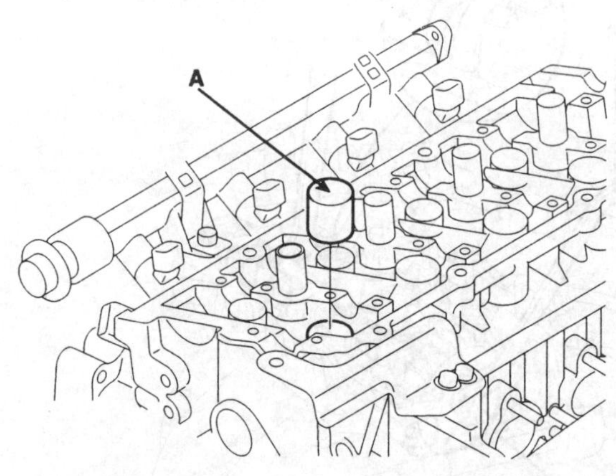

ECKD217A

2. 밸브를 탈거한다.

1) 특수공구(09222-28000, 09222-28100)을 사용하여 밸브 스프링을 압축하고 밸브 스프링 리테이너 록을 탈거한다.

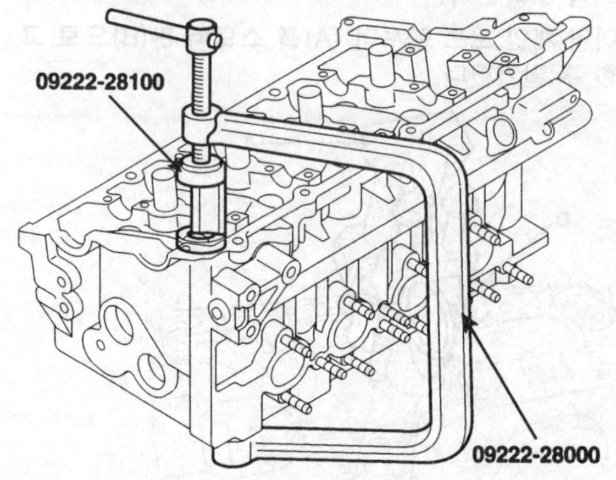

ECKD218A

2) 스프링 리테이너를 탈거한다.

3) 밸브 스프링을 탈거한다.

4) 밸브를 탈거한다.

5) 플라이어를 사용하여 스템 오일 씰을 탈거한다.

6) 자석을 이용하여 스프링 시트를 탈거한다.

점검

실린더 헤드

1. 정밀한 직각자와 간극 게이지를 이용하여 실린더 블록과 매니폴드가 접촉하는 면의 편평도를 측정한다.

실린더 헤드 개스킷 면의 편평도
규정값 : 0.03mm 이하
한계값 : 0.05mm
매니폴드 장착 면의 편평도
규정값 : 0.15mm 이하
한계값 : 0.30mm

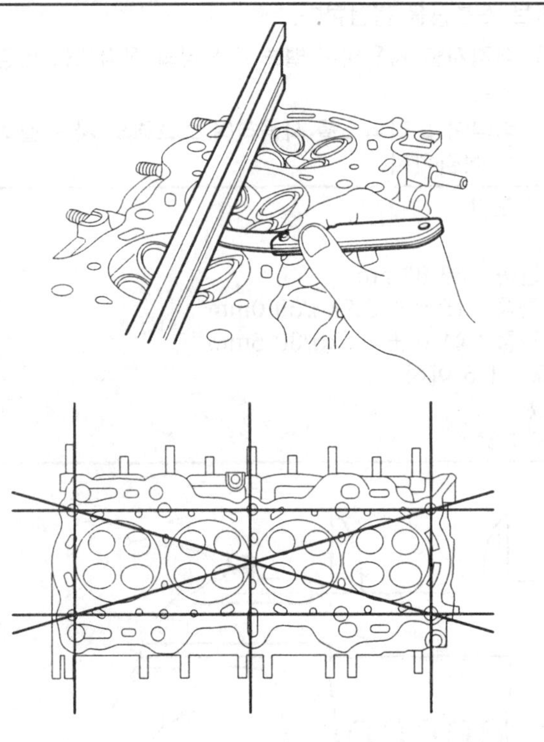

ECKD001H

1. 균열상태를 점검한다.

연소실, 흡기 포트, 배기 포트, 실린더 블록과 접촉하는 면에 균열이 있는지 점검하고 균열이 있을 경우 헤드를 교환한다.

밸브와 밸브 스프링

1. 밸브 스템과 밸브 가이드를 점검한다.
   1) 캘리퍼 게이지를 사용하여 밸브 가이드의 내경을 측정한다.

밸브 가이드 내경 : 6.000 ~ 6.015mm

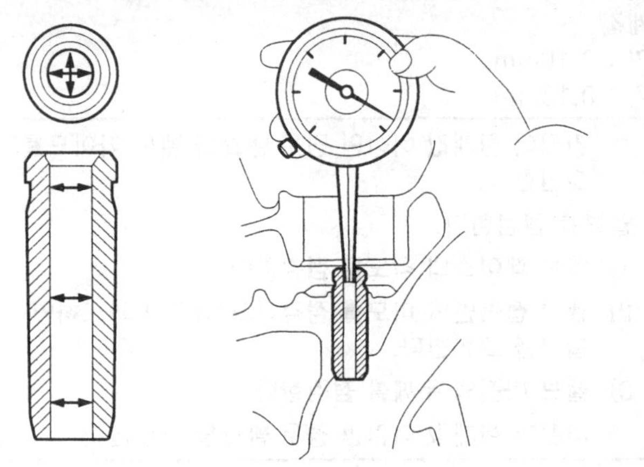

ECKD219A

   2) 마이크로 미터를 사용하여 밸브 스템의 외경을 측정한다.

밸브스템 외경
흡기 : 5.965 ~ 5.980mm
배기 : 5.950 ~ 5.965mm

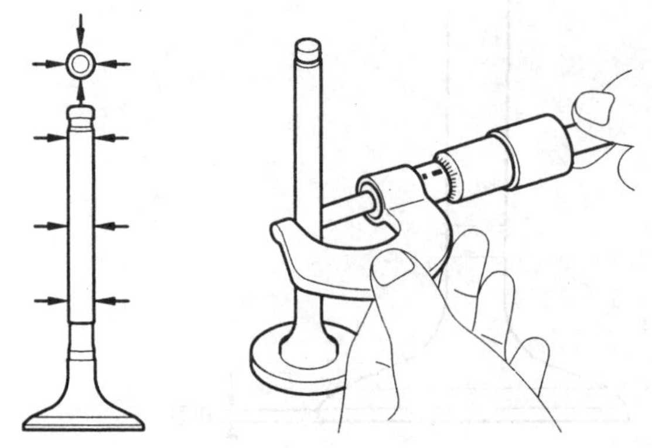

ECKD220A

3) 밸브 가이드 내경의 측정값과 스템 외경의 측정값의 차로 밸브 가이드와 스템간의 간극을 계산한다.

밸브 가이드와 밸브 스템의 간극
규정값
흡기 : 0.020 ~ 0.050mm
배기 : 0.035 ~ 0.065mm
한계값
흡기 : 0.10mm
배기 : 0.13mm

간극이 한계값 이상인 경우 밸브와 밸브 가이드를 교환한다.

2. 밸브를 점검한다.

1) 밸브 페이스의 각도를 점검한다.

2) 밸브 접촉면의 마모를 점검하고 마모가 과도하면 밸브를 교환한다.

3) 밸브 마진의 두께를 점검한다.

마진이 한계값 미만인 경우 밸브를 교환한다.

밸브 마진
규정값
흡기 : 1.6mm
배기 : 1.8mm
한계값
흡기 : 1.45mm
배기 : 1.65mm

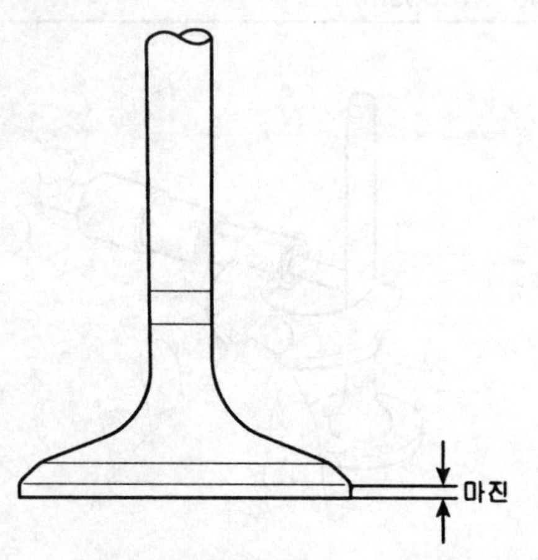

KCKD221A

4) 밸브 스템 팁의 마모를 점검하고 마모가 과도하면 밸브를 교환한다.

3. 밸브 시트를 점검한다.

1) 밸브 시트의 과열 흔적이나 밸브 페이스 접촉상태를 점검하고 필요한 경우 교환한다.

2) 시트를 수정하기 전에 밸브 가이드의 마모를 점검하고 가이드가 마모 된 경우 가이드를 먼저 교환한 후 시트를 수정한다.

3) 밸브 시트의 수정은 밸브 시트 그라인더 또는 커터를 사용하여 수정하고 밸브 시트 접촉 폭은 규정치 내에 있어야하며 밸브 페이스 중앙에 위치해야 한다.

4. 밸브 스프링을 점검한다.

1) 직각자를 사용하여 밸브 스프링의 직각도를 점검한다.

2) 버니어 캘리퍼스를 사용하여 스프링의 자유 길이를 점검한다.

밸브 스프링
규정값
자유 길이 : 48.86mm
장착 하중 : 18.8 ± 0.9kg/39.0mm
압축 하중 : 41.0 ± 1.5kg/30.5mm
직각도 : 1.5°이하
한계값
직각도 : 3°

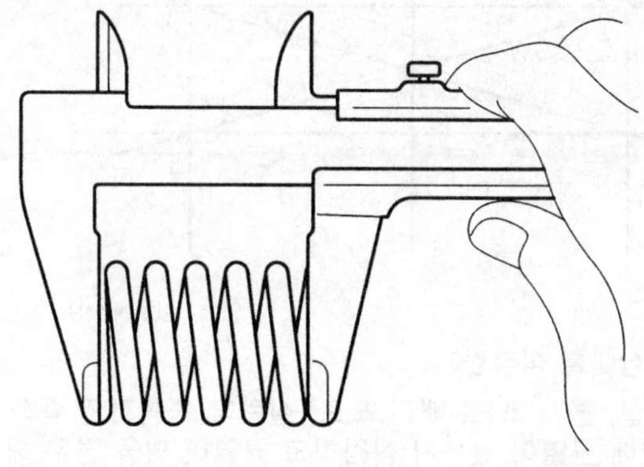

ECKD222A

스프링의 장착하중 및 압축하중이 규정값을 초과하면 스프링을 교환한다.

캠샤프트

1. 캠 로브를 점검한다.

   마이크로 미터를 사용하여 캠 로브의 높이를 측정한다 .

캠 높이
흡기 : 44.518 ~ 44.718mm
배기 : 44.418 ~ 44.618mm

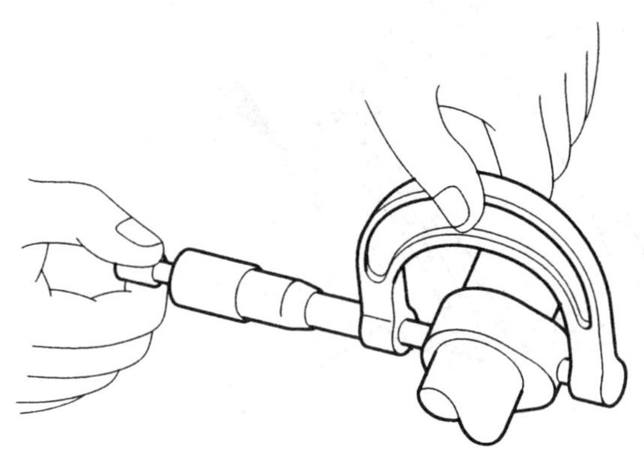

ECKD223A

   캠 로브의 높이가 한계값 미만인 경우 캠 샤프트를 교환한다.

2. 캠 샤프트 저널의 간극을 점검한다.
   1) 캠샤프트 저널과 베어링 캡을 깨끗이 청소한다.
   2) 실린더 헤드 위에 캠샤프트를 위치시킨다.
   3) 캠샤프트의 각 저널마다 플라스틱 게이지를 놓아 둔다.

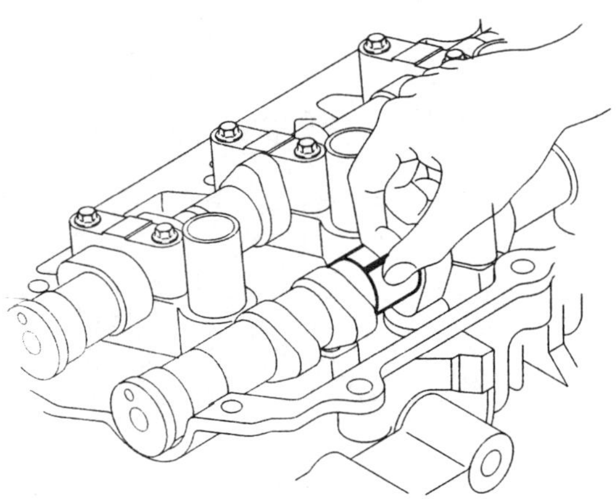

ECKD224A

   4) 베어링 캡을 장착하고 볼트를 규정토크로 체결한다.

   ⚠주의
   캠 샤프트를 회전시키지 않는다.

   5) 베어링 캡을 분리한다.
   6) 플라스틱 게이지의 폭이 가장 넓은 부분을 측정한다.

베어링 오일 간극
규정값 : 0.020 ~ 0.061mm
한계값 : 0.1mm

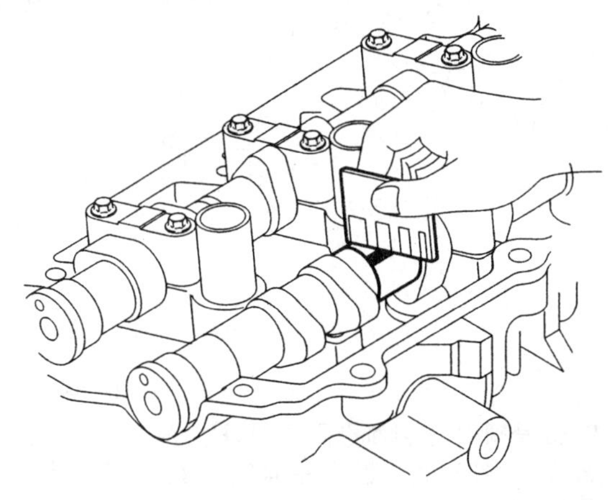

ECKD225A

   오일 간극이 한계값을 초과하는 경우 캠샤프트를 교환한다. 필요한 경우 베어링 캡과 실린더 헤드를 교환한다.

   7) 플라스틱 게이지를 완전히 제거한다.
   8) 캠샤프트를 탈거한다.

3. 캠샤프트의 엔드 플레이를 점검한다.
   1) 캠샤프트를 장착한다.
   2) 다이얼 게이지를 사용하여 캠샤프트를 축방향으로 움직이면서 엔드플레이를 측정한다.

캠샤프트 엔드 플레이
규정값 : 0.1 ~ 0.15mm

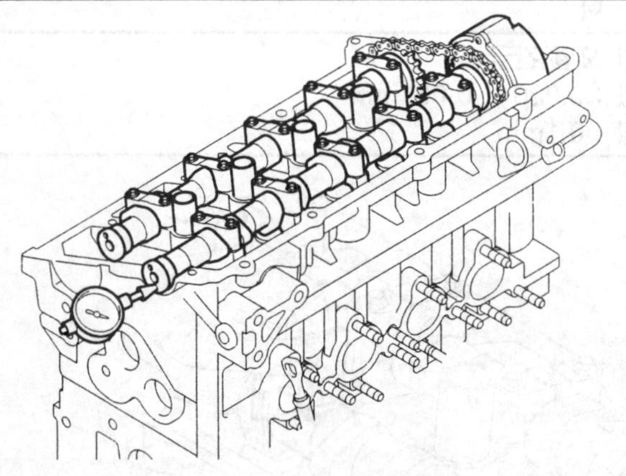

ECKD226A

엔드 플레이가 한계값을 초과하는 경우 캠샤프트를 교환한다. 필요한 경우 베어링 캡과 실린더 헤드를 교환한다.

   3) 캠샤프트를 탈거한다.

CVVT (가변 밸브 타이밍 기구) 어셈블리

1. CVVT (가변 밸브 타이밍 기구) 어셈블리를 점검한다.
   1) CVVT 어셈블리가 회전하지 않는지 점검한다.
      회전하지 않는 것이 정상이다.
   2) 그림에서 화살표가 가르키는 한 개의 구멍을 제외한 나머지 구멍을 비닐테이프로 막는다.

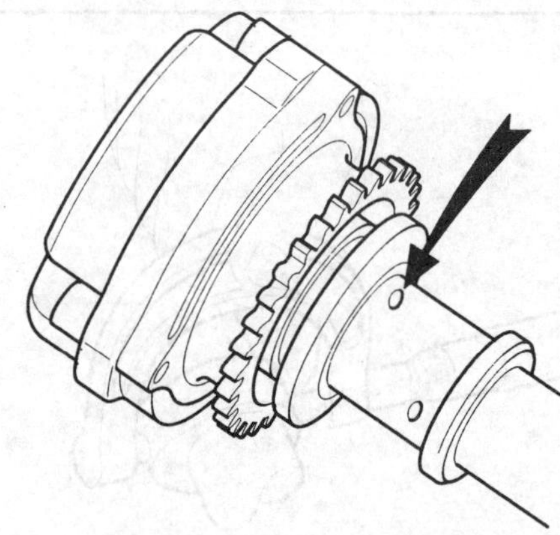

EDKD270B

   3) 에어 건을 이용하여 캠샤프트의 개방시킨 구멍으로 약 1kg/cm² 의 압력을 가한다.
      이 작업을 통해 최대 지각상태에서의 록 핀을 해제할 수 있다.

참고
오일이 비산될 수 있으므로 헝겊 등으로 감싼다.

4) 록 핀이 해제된 후에는 손으로 CVVT 어셈블리를 진각방향으로 회전시킬수가 있다.

- 공기의 압력이 가해지면 CVVT 어셈블리가 회전될 수 있다.
- 또한, 공기의 압력을 가할 때 누설이 많게 되면 록핀이 해제되지 않을 수 있다.

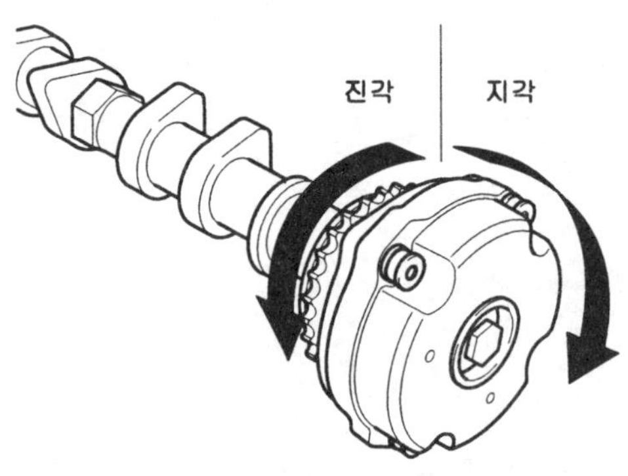

ACGE010A

5) 최대 지각상태에서 록 핀이 잠기는 위치를 제외하고, CVVT 어셈블리를 앞 · 뒤로 움직여 본다. 원활하게 움직이는지 확인하고 이동구간을 점검한다.

이동구간 : 20° (최지각 위치에서 최진각 위치 까지)

6) CVVT 어셈블리를 돌려 최대 지각상태에서 록 핀이 잠기도록 한다.

교환

밸브 가이드

1. 특수공구 (09221－3F100A)를 이용하여 실린더 헤드의 아래방향으로 밸브 가이드를 탈거한다.

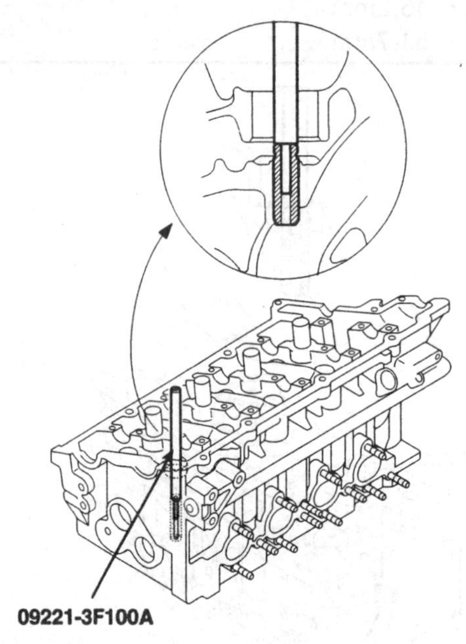

ECKD900A

2. 새로 장착될 오버사이즈 밸브 가이드에 맞추어 밸브 가이드 홀을 재가공한다.

3. 특수공구 (09221-3F100A/B)를 이용하여 실린더 헤드 위쪽으로 밸브 가이드를 장착한다. 흡기 및 배기 밸브 가이드의 길이가 다 것에 주의한다.

밸브 가이드 길이
흡기 : 45.8 ~ 46.2mm
배기 : 54.3 ~ 54.7mm

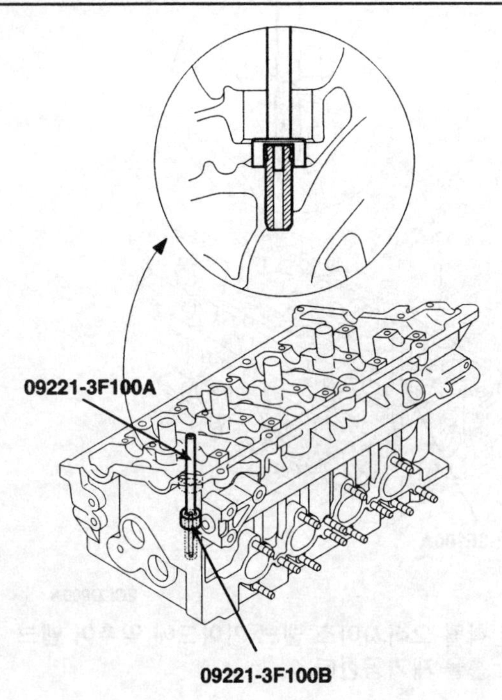

ECKD900B

4. 밸브 가이드를 장착한 후에 새로운 밸브를 삽입하여 밸브 스템과 밸브 가이드의 간극이 적당한지 확인한다.
5. 밸브 가이드 교환 후에는 밸브가 정확하게 밸브 시트에 안착되는지 확인한다. 필요한 경우 밸브 시트를 재가공한다.

밸브 가이드 오버사이즈

항목	오버 사이즈(mm)	사이즈 마크	실린더 헤드 홀 직경(mm)	밸브 가이드 외경 (mm)	밸브 가이드 돌출높이 (mm)
밸브 가이드	STD	–	11.000 ~ 11.018	11.040 ~ 00.050	14.000
	0.05 OS	5	11.050 ~ 11.068	11.090 ~ 11.100	
	0.25 OS	25	11.250 ~ 11.268	11.290 ~ 11.300	
	0.50 OS	50	11.500 ~ 11.518	11.540 ~ 11.550	

조립

📖참고
- *조립전에 각 부품을 깨끗이 세척한다.*
- *부품을 장착하기 전에 미끌림부와 회전부에 신품의 엔진오일을 도포한다.*
- *오일 씰을 신품으로 교환한다.*

1. 밸브를 장착한다.
   1) 스프링 시트를 장착한다.
   2) 특수공구 (09222-22001)을 이용하여 신품 오일 씰을 장착한다.

   📖참고
   구품의 밸브 스템 오일 씰을 재사용하지 않는다.
   오일 씰이 부정확하게 장착되면 밸브 가이드를 통해 오일 누유가 발생될 수 있으므로 주의한다.

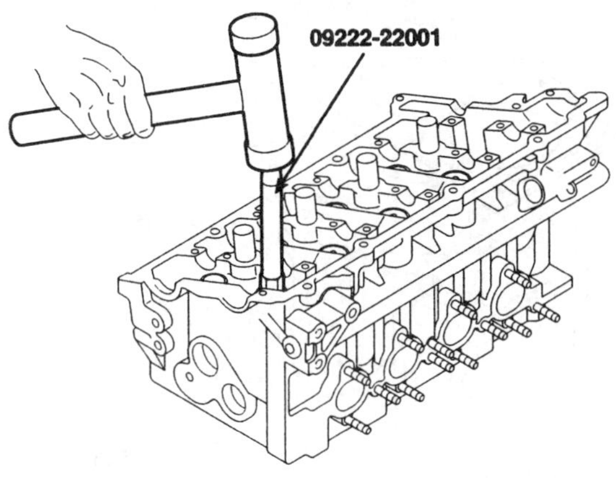

ECKD229A

   3) 밸브와 밸브 스프링 및 스프링 리테이너를 장착한다.

   📖참고
   밸브 스프링을 장착할 때 에나멜이 코팅된 쪽이 밸브 스프링 리테이너 쪽으로 향하도록 한다.

   4) 특수공구(09222-28000, 09222-28100)를 이용하여 스프링을 압축하고 리테이너 록을 장착한다.
   밸브 스프링 압축기의 압축을 해제하기 전에 리테이너 록이 정확하게 자리 잡았는지 확인한다.

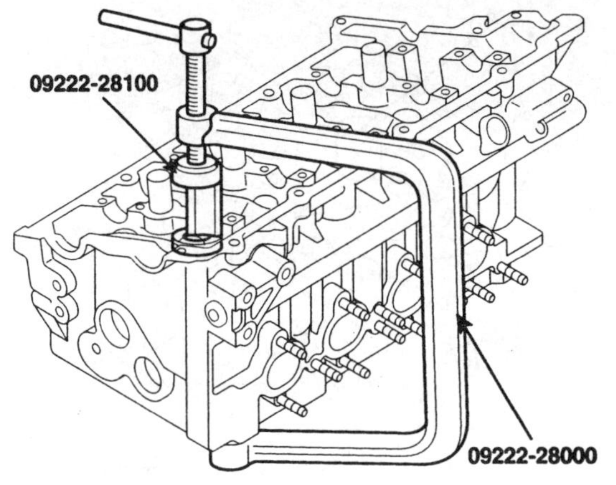

ECKD218A

   5) 밸브와 리테이너 록이 정확하게 자리를 잡도록 망치의 나무 손잡이 부분을 이용해서 각 밸브 스템의 끝을 2~3회 가볍게 두드린다.

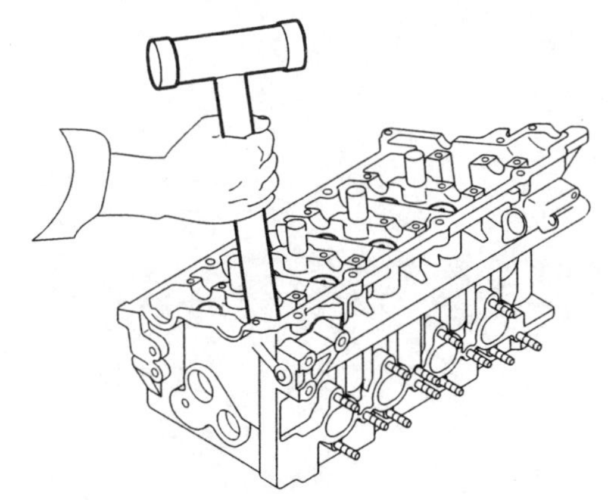
ECKD230A

2. MLA(기계식 밸브간극 조정장치)를 장착한다.
   손으로 MLA가 부드럽게 회전하는지 확인한다.

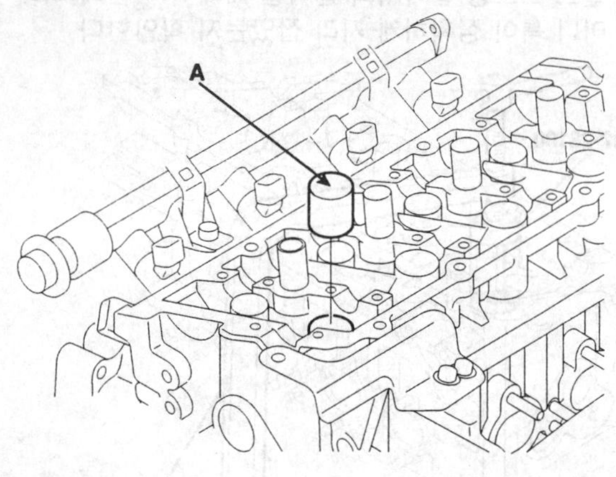

ECKD217A

장착

📖참고

- *조립될 모든 부품을 깨끗이 청소한다.*
- *실린더 헤드 개스킷과 매니폴드 개스킷은 항상 신품을 사용한다.*
- *실린더 헤드 개스킷은 메탈 개스킷 이므로 휘어지지 않도록 주의한다.*
- *크랭크샤프트를 회전시켜 1번 실린더의 피스톤이 압축 상사점에 오도록 한다.*

1. 실린더 블록 위에 실린더 헤드 개스킷(A)를 장착한다.

   📖참고
   개스킷의 장착방향이 바뀌지 않도록 주의한다.

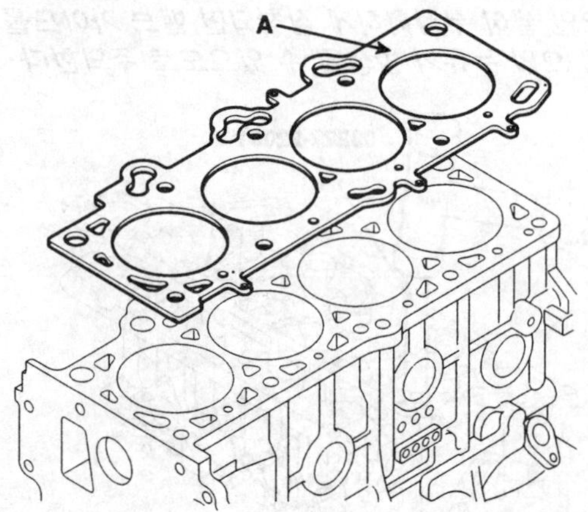

ECKD231A

2. 헤드 개스킷이 손상되지 않도록 실린더 헤드를 조심스럽게 올려 놓는다.

3. 실린더 헤드 볼트를 장착한다.
   1) 실린더 헤드 볼트의 머리부 아래쪽과 나사산부에 소량의 엔진오일을 도포한다.
   2) 육각렌치(8mm, 10mm)를 이용하여 평와셔와 함께 실린더 헤드 볼트를 여러 번에 걸쳐 체결한다. 아래 그림의 체결순서에 따라 체결한다.

체결 토크
M10 : 2.3 ~ 2.7kgf.m + 60° ~ 65° + 60° ~ 65°
M12 : 2.8 ~ 3.2kgf.m + .60° ~ 65° + 60° ~ 65°

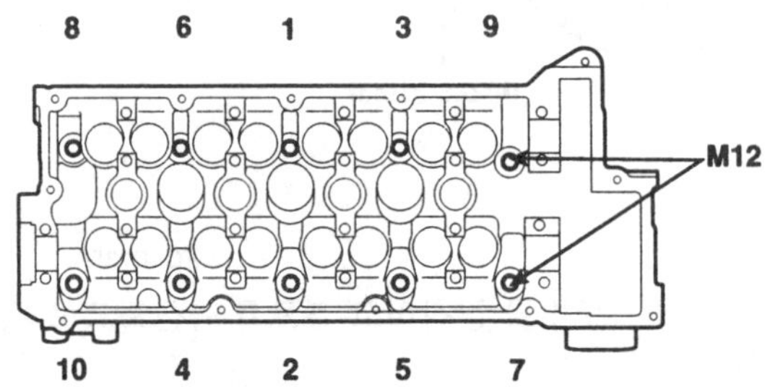

ECKD232A

4. OCV(오일 컨트롤 밸브) 필터(A)를 장착한다.

체결토크 : 4.1 ~ 5.1kgf.m

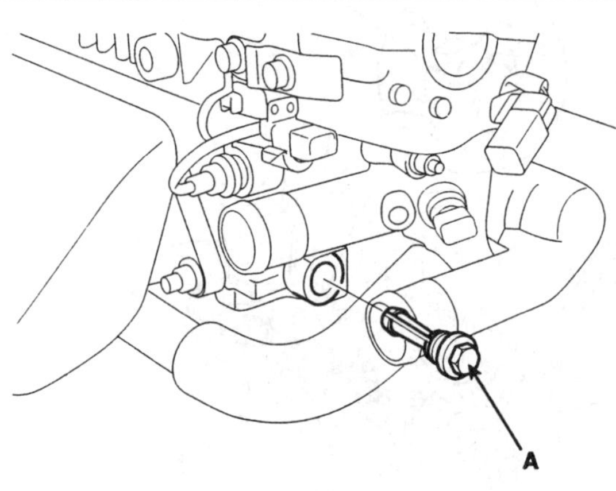

ECKD215A

참고
- *OCV(오일 컨트롤 밸브) 필터를 교환할 때는 항상 신품의 개스킷을 사용한다.*
- *OCV(오일 컨트롤 밸브) 필터를 깨끗하게 유지한다.*

5. OCV(오일 컨트롤 밸브) (A)를 장착한다.

체결토크 : 1.0 ~ 1.2kgf.m

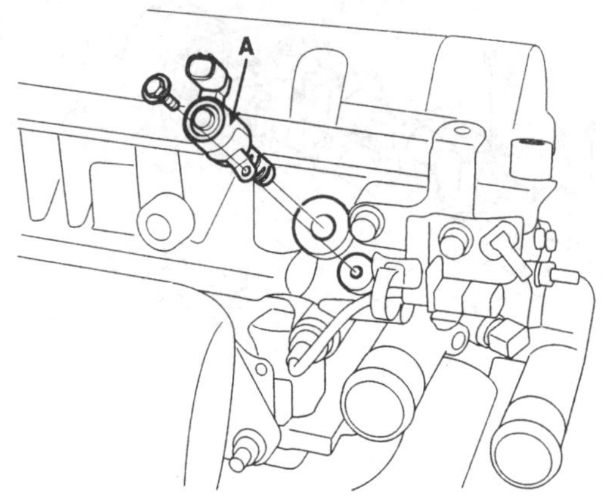

ECKD214A

⚠주의
- **OCV(오일 컨트롤 밸브)를 떨어뜨렸다면 재사용하지 않는다.**
- **OCV(오일 컨트롤 밸브)를 깨끗하게 유지한다.**
- **정비하는 동안 OCV(오일 컨트롤 밸브) 슬리브를 잡지 않도록 한다.**
- **OCV(오일 컨트롤 밸브)를 엔진에 장착하고 난후 엔진을 이동하기 위해서 OCV(오일 컨트롤 밸브)를 잡지 않도록 한다.**

6. 캠샤프트를 장착한다.
   1) 흡기 및 배기 캠샤프트 스프로킷과 타이밍 체인을 아래 그림과 같이 정렬시킨다.

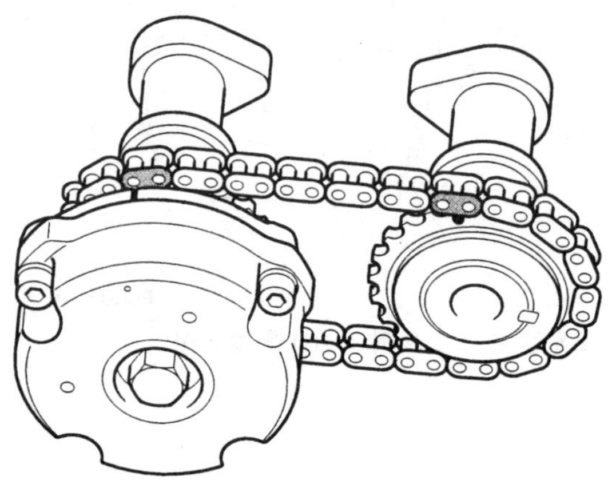

ECKD233A

2) 캠샤프트(A)와 베어링 캡(B)을 장착한다.

체결 토크 : 1.4 ~ 1.5kgf.m

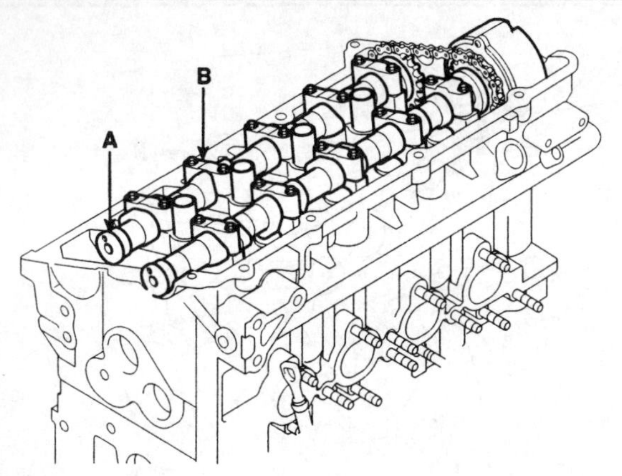

ECKD234A

3) 타이밍 체인 오토텐셔너 (A)를 장착한다.

체결 토크 : 0.8 ~ 1.0kgf.m

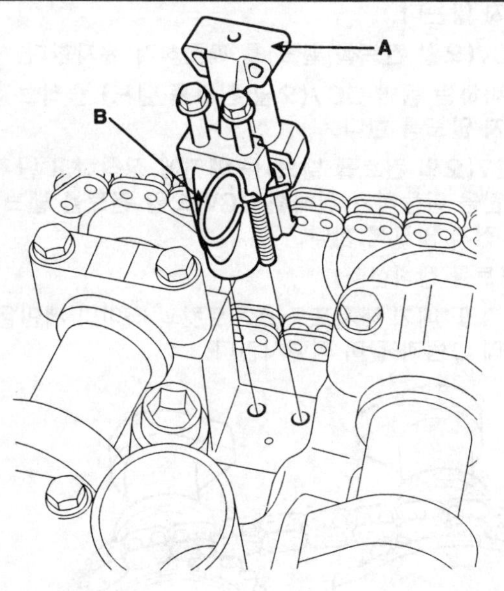

ECKD212A

4) 오토텐셔너 스토퍼 핀(B)를 탈거한다.

7. 밸브 간극을 확인 및 조정한다.

8. 특수공구 (09221-21000)를 사용하여 캠샤프트 베어링 오일 씰을 장착한다.

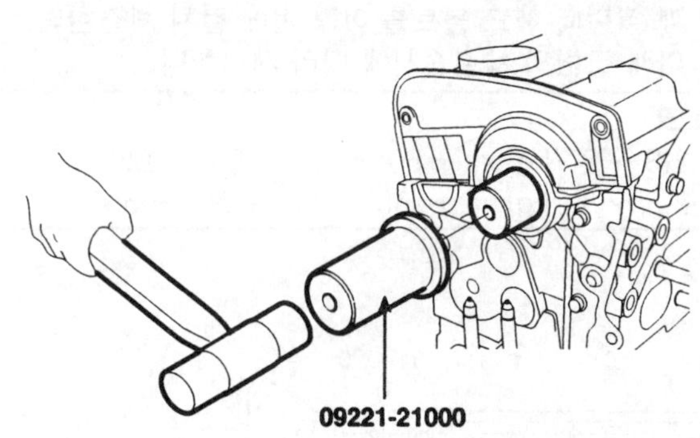

ECKD235A

9. 캠샤프트 스프로킷을 장착하고 볼트를 규정토크로 체결한다.

1) 캠샤프트 스프로킷 볼트를 일시적으로 조여둔다.

2) 캠샤프트의 (A) 부분을 렌치로 고정하고 캠샤프트 스프로킷 볼트를 규정토크로 체결한다.

체결토크
캠샤프트 스프로킷 볼트 : 10.0 ~ 12.0kgf.m

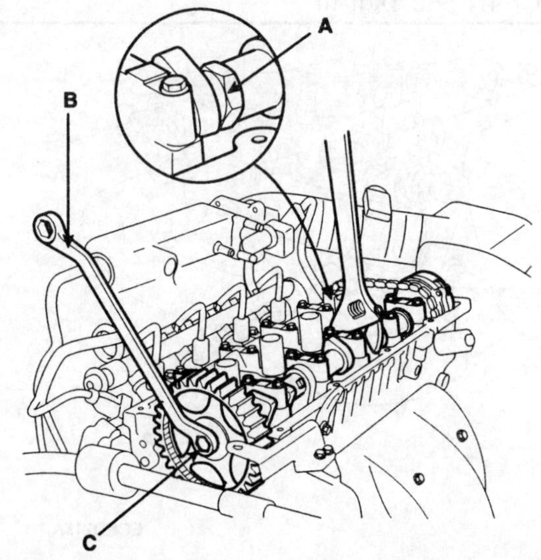

ECKD114A

10.타이밍 벨트를 장착한다. (타이밍 시스템 참조)

11.실린더 헤드 커버를 장착한다.

1) 실린더 헤드 커버 개스킷(A)을 실린더 헤드 커버 홈(B)에 장착한다.

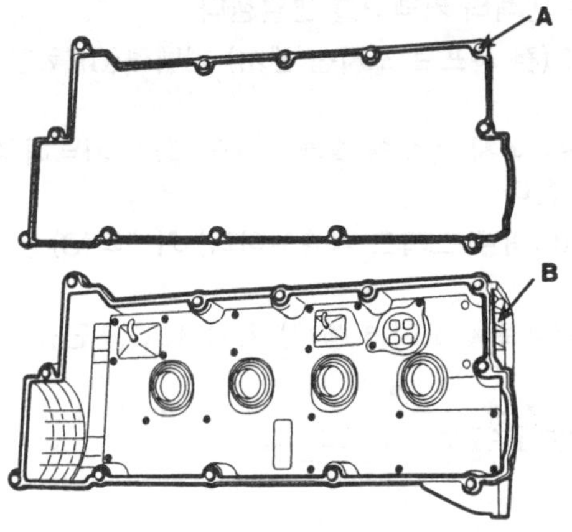

SHDM16318L

참고

- *실린더 헤드 커버 개스킷을 장착하기 전에 실린더 헤드 커버와 커버 홈을 깨끗이 청소한다.*
- *개스킷을 장착할 때 실린더 헤드 커버 모서리 부분의 홈과 개스킷 사이에 틈새가 없도록 한다.*

2) 아래 그림에 표시된 부분에 액상 개스킷을 도포한다.

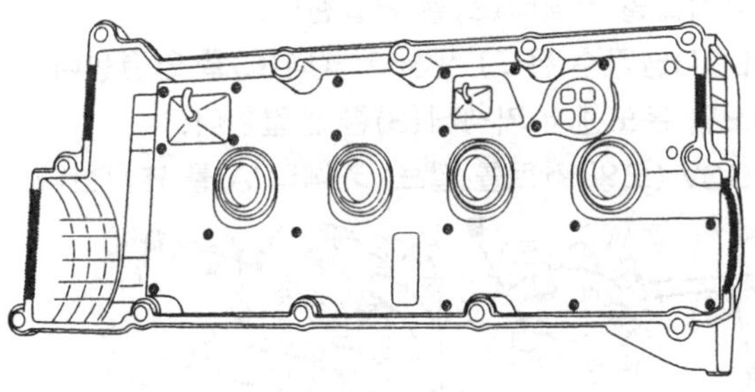

SHDM16319L

참고

- *액상 개스킷은 loctite No. 5999를 사용한다.*
- *액상 개스킷을 도포하기 전에 개스킷 접촉 부분이 청결하고 마른 상태인지 확인한다.*
- *개스킷을 조립한 후에는 최소 30분 정도 기다린후 엔진 오일을 주입한다.*

3) 실린더 헤드 커버(A)를 장착하고 커버 볼트(B)를 여러 번에 나누어 균등하게 체결 한다.

체결 토크 : 0.8 ~ 1.0kgf.m

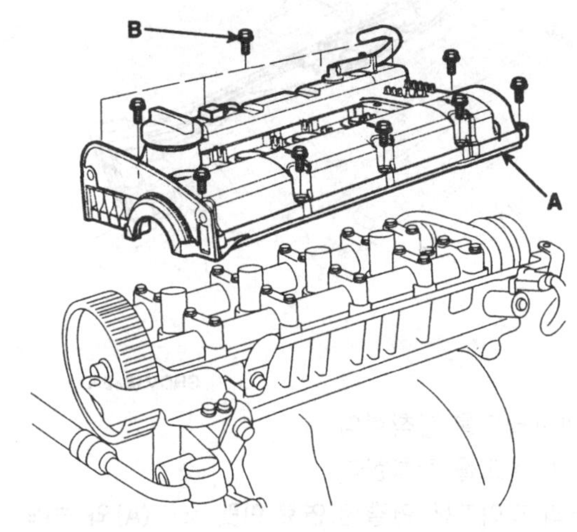

SHDEM7004N

4) PCV (포지티브 크랭크 케이스 벤틸레이션) 호스(A)와 브리더호스 (B)를 실린더 헤드 커버에 장착한다.

5) 악셀 케이블(C)을 실린더 헤드 커버에 장착한다.

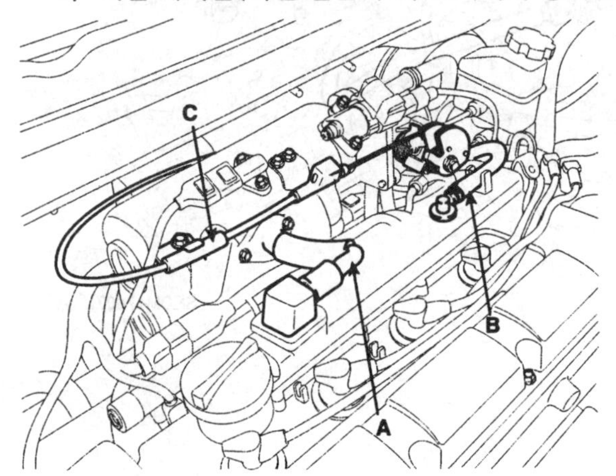

SFDM38015D

6) 스파크 플러그 케이블을 장착한다.

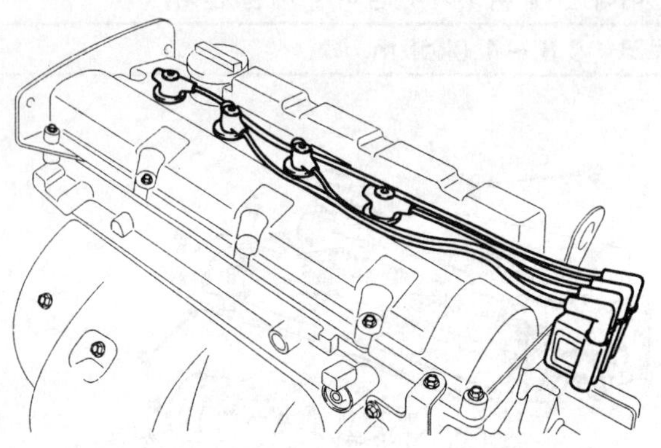

SHDM16300D

12.흡기 매니폴드를 장착한다.

13.배기 매니폴드를 장착한다.

14.딜리버리 파이프에 연결된 연료 인렛 호스(A)와 브레이크 부스터 호스(B)를 장착한다.

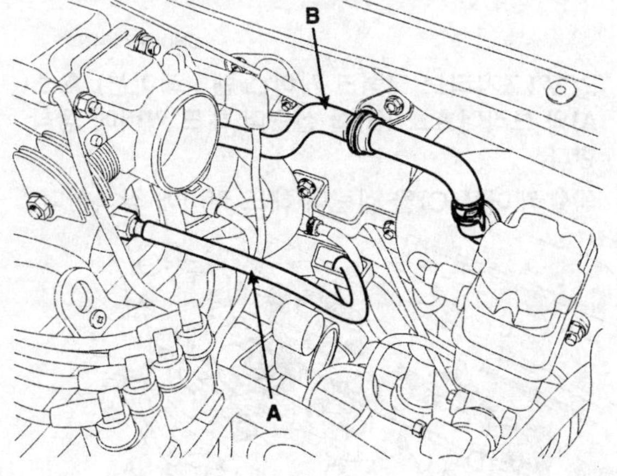

SEDM17007L

15.실린더 헤드와 흡기 매니폴드에 배선 커넥터와 클램프를 연결한다.

1) 프런트 산소센서 커넥터를 연결한다.

2) 노크 센서 커넥터(D)를 연결한다.

3) 연료 인젝터 커넥터를 연결한다.

4) CMP(캠 샤프트 포지션 센서) 커넥터(C)를 연결한다.

5) PCSV(퍼지 컨트롤 솔레노이드 밸브) 커넥터(A)를 연결한다.

6) ISA(아이들 스피드 액츄에이터) 커넥터(B)를 연결한다.

7) TPS(스로틀 포지션 센서) 커넥터(A)를 연결한다.

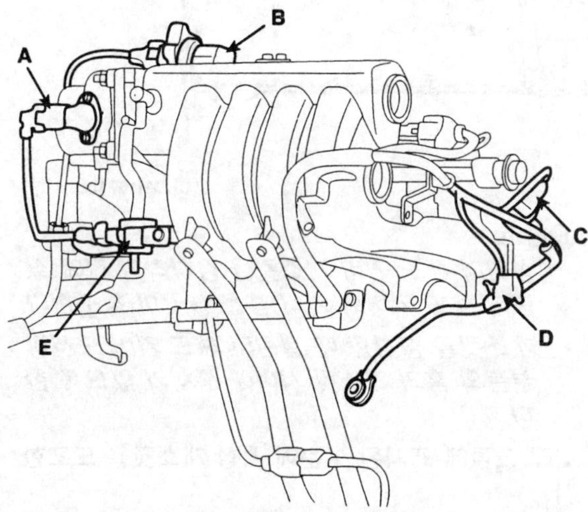

SHDM16007L

8) 점화코일 커넥터(D)를 연결한다.

9) ECT(냉각수 온도) 센서 커넥터(C)를 연결한다.

10) 오일 온도센서 커넥터(B)를 연결한다.

11) OCV (오일 컨트롤 밸브) 커넥터(A)를 연결한다.

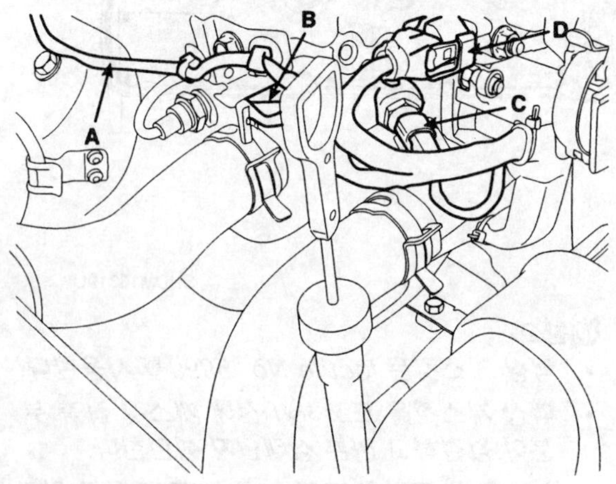

SHDM16317L

16.히터 호스(A)를 연결한다.

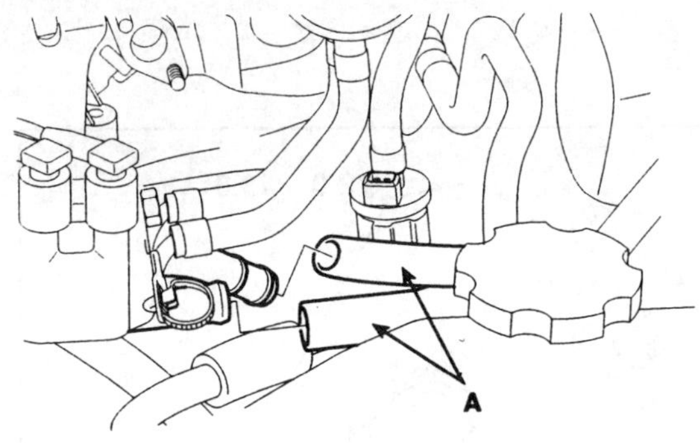

ECKD202A

17.라디에이터 어퍼 호스(A)와 로어 호스(B)를 연결한다.

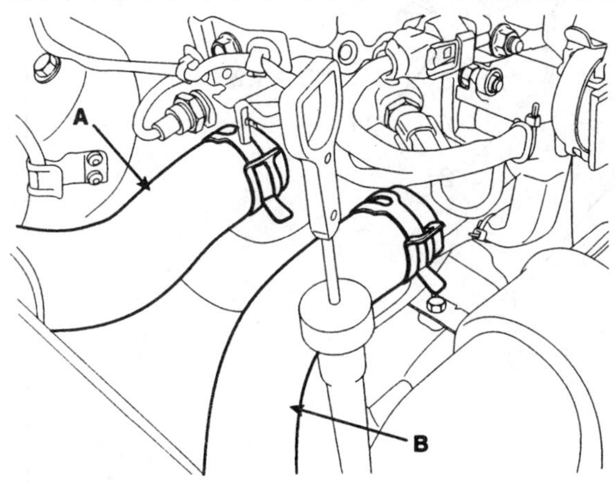

SHDM16006L

18.흡기 에어 호스 및 에어 클리너 어셈블리를 장착한다.

19.엔진 커버를 장착한다.

20.배터리 터미널을 연결한다.

21.냉각수를 주입한다.

22.엔진을 시동하여 누수를 점검한다.

23.냉각수 및 엔진 오일의 수준을 재점검 한다.

실린더 블록

실린더 블록

구성부품

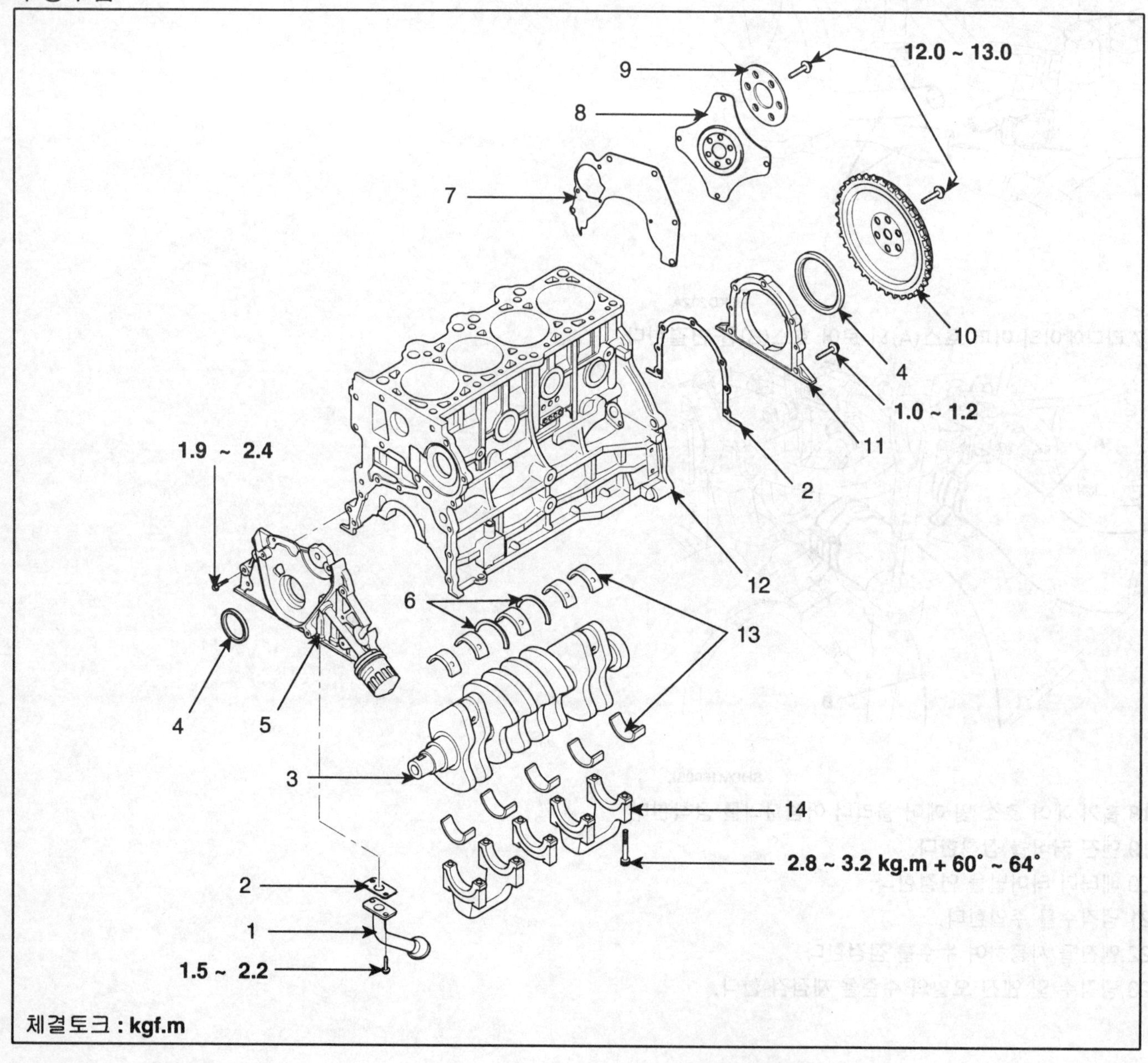

SFDM38007D

1. 오일 스크린
2. 개스킷
3. 크랭크샤프트
4. 오일 씰
5. 프런트 케이스
6. 스러스트 베어링
7. 리어 플레이트
8. 드라이브 플레이트
9. 어댑터 플레이트
10. 플라이 휠
11. 리어 오일 씰 케이스
12. 실린더 블록
13. 메인 베어링
14. 메인 베어링 캡

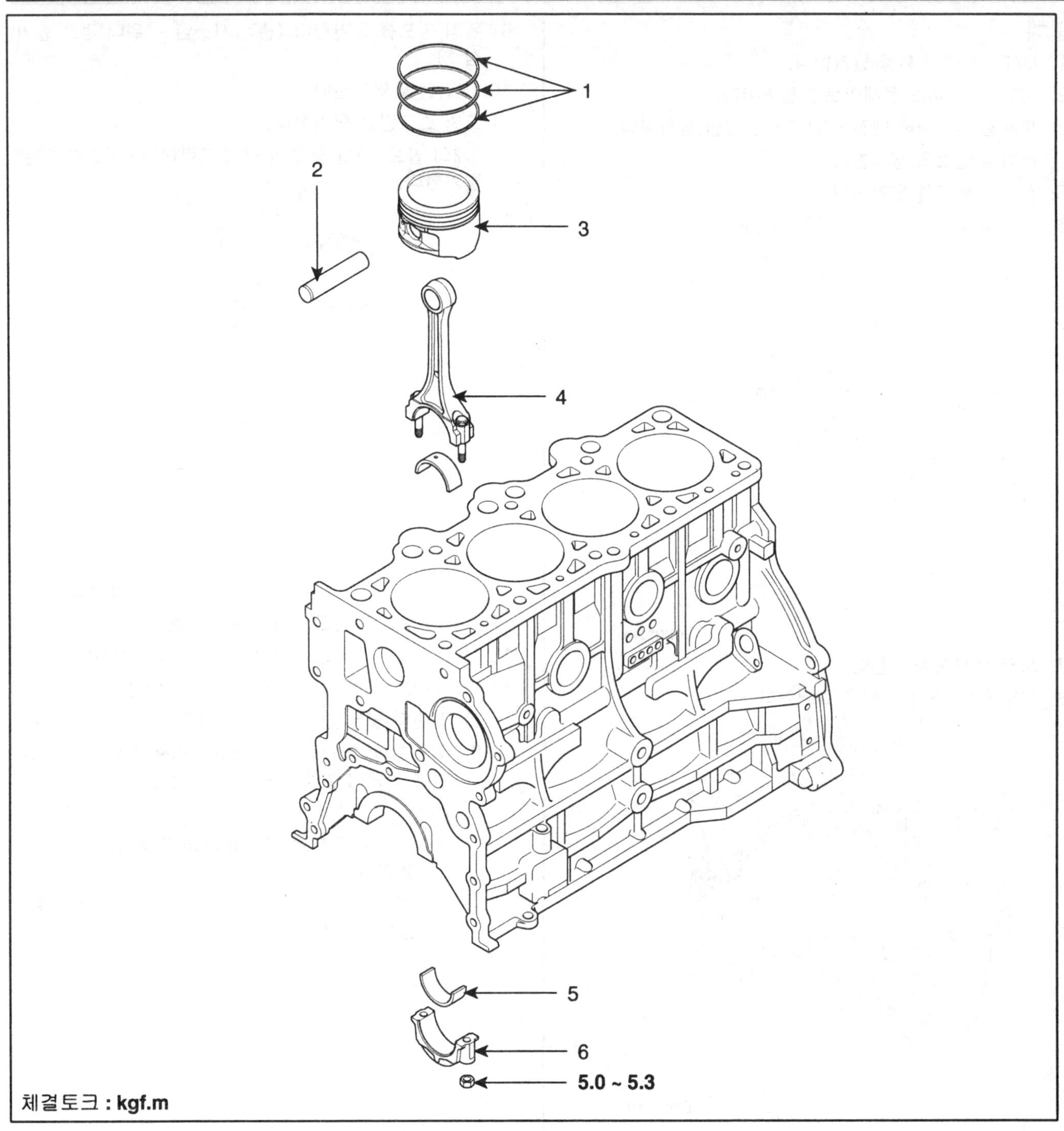

SFDM38008D

1. 피스톤 링
2. 피스톤 핀
3. 피스톤
4. 커넥팅 로드
5. 커넥팅 로드 베어링
6. 커넥팅 로드 베어링 캡

분해

1. M/T : 플라이 휠을 탈거한다.
2. A/T : 드라이브 플레이트를 탈거한다.
3. 분해를 하기위해 엔진 스탠드에 엔진을 설치한다.
4. 타이밍 벨트를 탈거한다.
5. 실린더 헤드를 탈거한다.
6. 오일 레벨 게이지 튜브(A)를 탈거한다.

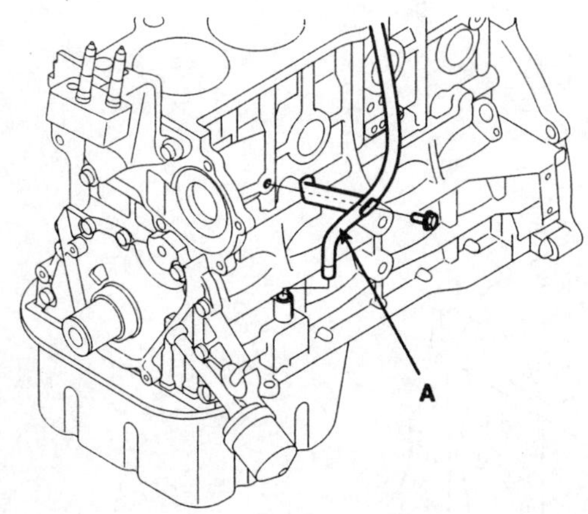

ECKD301A

7. 노크 센서를 탈거한다.
8. 오일 압력 스위치(A)를 탈거한다.

ECKD303A

9. 워터 펌프를 탈거한다.(냉각 시스템 – 워터 펌프 탈거 참조)
10. 오일 팬을 탈거한다.
11. 오일 스크린을 탈거한다.

    2개의 볼트(C)를 풀고 오일 스크린(A)과 개스킷(B)을 탈거한다.

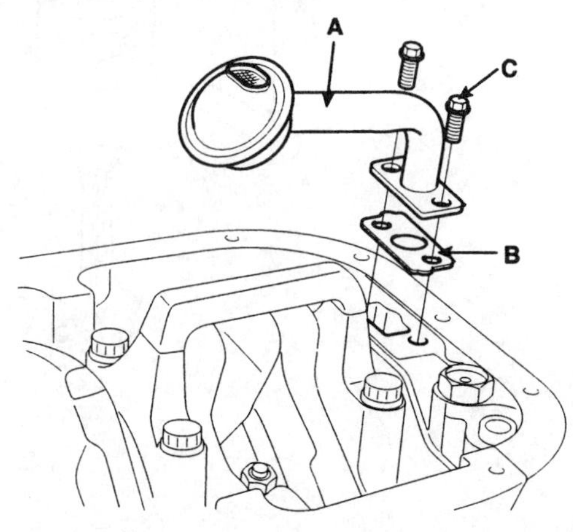

ECKD305A

12. 커넥팅 로드의 엔드 플레이를 점검한다.
13. 커넥팅 로드 베어링 캡의 오일 간극을 측정한다.
14. 피스톤 및 커넥팅 로드 어셈블리를 탈거한다.
    1) 실린더 윗부분의 카본을 제거한다.
    2) 피스톤 및 커넥팅 로드 어셈블리를 상부 베어링과 함께 실린더 블록 위쪽으로 밀어 낸다.

참고

- *커넥팅 로드와 캡에 베어링이 조립된 상태로 놓아 둔다.*
- *피스톤 및 커넥팅 로드 어셈블리를 순서대로 정렬해 둔다.*

15.프런트 케이스를 탈거한다.

16.리어 오일 씰 케이스를 탈거한다.

5개의 볼트(B)를 풀고 리어 오일 씰 케이스(A)를 탈거한다.

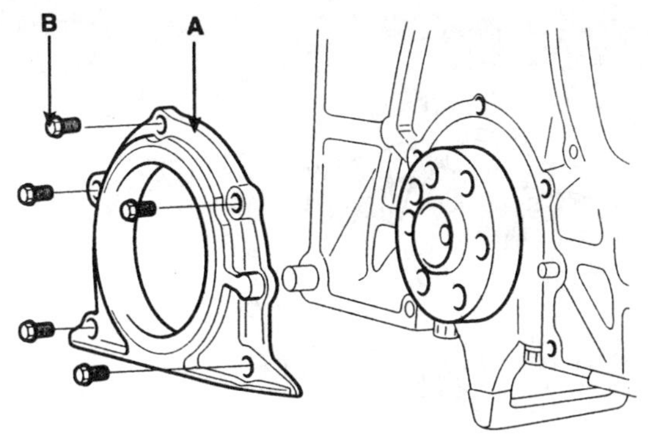

ECKD306A

17.크랭크샤프트 베어링 캡을 탈거하고 오일 간극을 점검한다.

18.크랭크샤프트 엔드 플레이를 점검한다.

19.엔진 블록에서 크랭크샤프트를 들어낸다. 이때, 저널이 손상되지 않도록 주의한다.

참고

메인 베어링과 스러스트 베어링을 순서대로 정렬해 둔다.

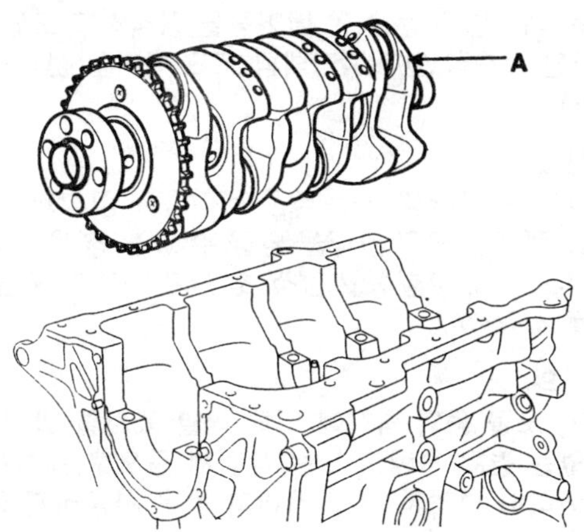

ECKD307A

20.피스톤과 피스톤 핀의 유격을 점검한다.

피스톤을 앞 뒤로 움직여 피스톤 핀과 유격이 느껴지면 피스톤과 피스톤 핀을 교환한다.

21.피스톤 링을 탈거한다.

1) 피스톤 링 익스펜더를 사용하여 2개의 압축 링을 분리한다.

2) 손으로 2개의 사이드 레일과 오일 링을 탈거한다.

참고

피스톤 링은 순서대로 정렬해둔다.

22.피스톤과 커넥팅 로드를 분리한다.

프레스를 이용하여 피스톤과 피스톤 핀을 분리한다. (압입 하중 350 ~ 1350kg)

점검

커넥팅 로드와 크랭크샤프트

1. 커넥팅 로드의 사이드 간극을 점검한다.

   간극 게이지를 사용하여 커넥팅 로드 대단부의 사이드 간극을 측정한다.

사이드 간극
규정값 : 0.1 ~ 0.25mm
한계값 : 0.4.mm

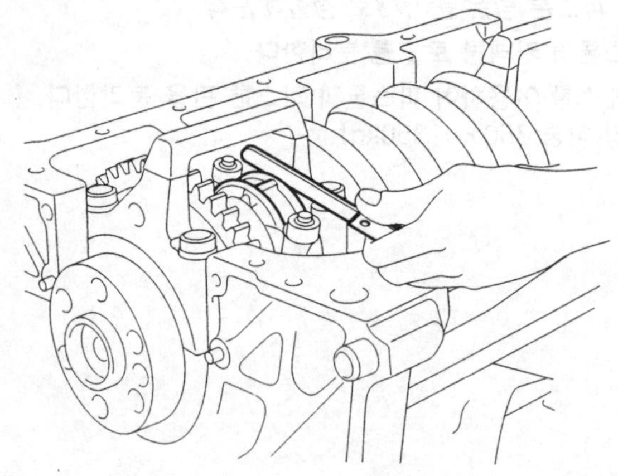

ECKD308A

- 사이드 간극이 한계값을 벗어난 경우 커넥팅 로드를 교환한다.
- 커넥팅 로드 교환 후에도 한계값을 벗어난 경우 크랭크샤프트를 교환한다.

2. 커넥팅 로드 베어링의 오일 간극을 점검한다.
   1) 조립을 정확히 하기위해 커넥팅 로드와 커넥팅 로드 캡의 일치마크를 확인한다.
   2) 2개의 커넥팅 로드 캡 너트를 푼다.
   3) 커넥팅 로드 캡과 하부 베어링을 탈거한다.
   4) 크랭크샤프트 핀 저널과 베어링을 청소한다.
   5) 플라스틱 게이지를 축방향으로 놓는다.
   6) 하부 베어링과 커넥팅 로드 캡을 다시 장착하고 너트를 규정 토크로 체결한다.

체결 토크 : 5.0 ~ 5.3kgf.m

참고
크랭크샤프트를 회전시키지 않는다.

   7) 커넥팅 로드 캡을 다시 탈거한다.
   8) 플라스틱 게이지의 폭이 가장 넓은 부분을 측정한다.

규정값 : 0.024 ~ 0.042mm

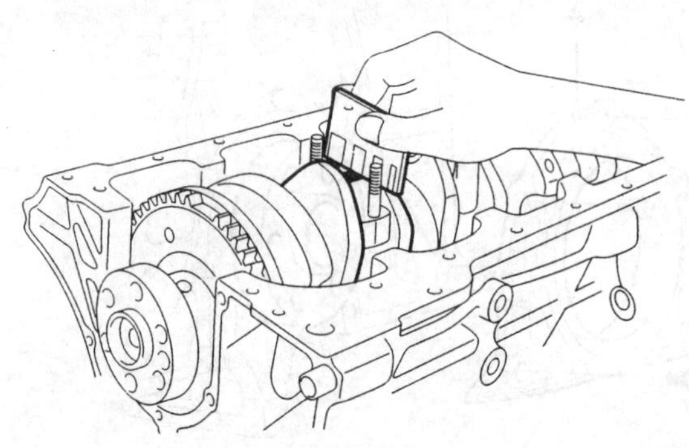

ECKD309A

   9) 플라스틱 게이지의 측정값이 규정값을 벗어나는 경우 식별 색상이 같은 신품 베어링으로 교체하고 오일간극을 재측정 한다. (커넥팅 로드 베어링 선택표 참조)

⚠주의
베어링이나 캡을 가공하여 간극을 조정하지 않는다.

   10) 재측정 값이 여전히 규정값을 벗어나는 경우 한단계 큰 베어링 또는 작은 베어링을 장착하고 오일 간극을 재측정 한다. (커넥팅 로드 베어링 선택표 참조)

참고
한단계 큰 베어링 또는 작은 베어링을 장착한 후에도 적절한 오일 간극을 얻을 수 없는 경우 크랭크 샤프트를 교환하고 점검 첫 단계부터 다시 점검을 시작한다.

⚠주의
먼지, 오물 등의 축척에 의해 식별 표시를 알아볼 수 없는 경우 솔벤트 또는 세정제 등으로 세척하고 와이어 브러시, 스크레이퍼 등은 사용하지 않는다.

커넥팅 로드 분류 마크 위치

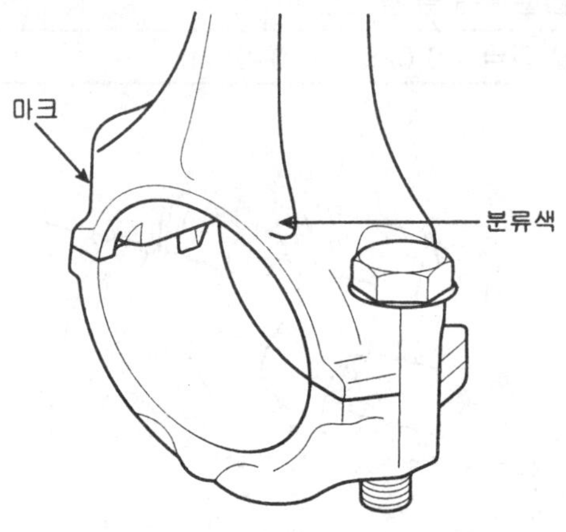

ACGE062A

커넥팅 로드 분류표

분류마크	분류색	대단부 내경
A	흰색	48.000 ~ 48.006mm
B	무색	48.006 ~ 48.012mm
C	황색	48.012 ~ 48.018mm

크랭크사프트 핀 저널 분류 마크 위치

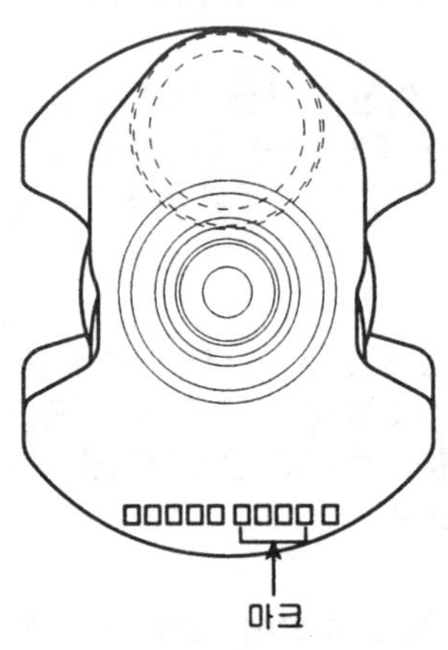

ACGE063A

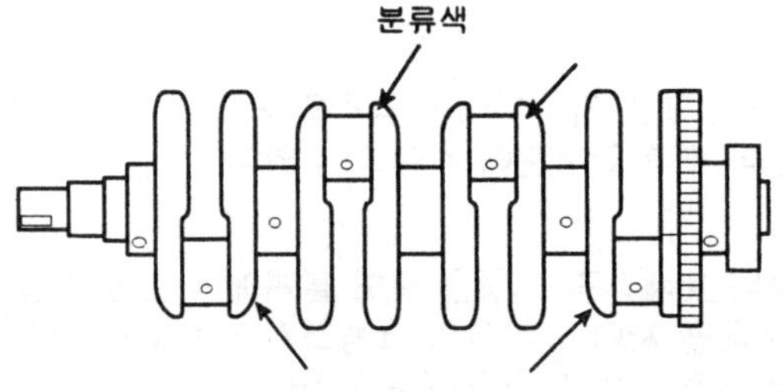

ACGE064A

크랭크샤프트 핀 저널 분류표

분류마크	분류색	핀 저널 외경
I	황색	44.960 ~ 44.966mm
II	무색	44.954 ~ 44.960mm
III	흰색	44.948 ~ 44.954mm

커넥팅 로드 분류 마크 위치

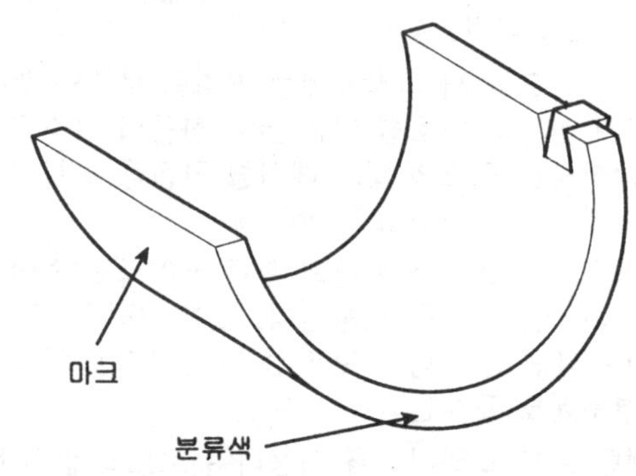

ACGE088A

커넥팅 로드 베어링 분류표

분류마크	분류색	베어링 두께
AA	청색	1.514 ~ 1.517mm
A	흑색	1.511 ~ 1.514mm
B	무색	1.508 ~ 1.511mm
C	녹색	1.505 ~ 1.508mm
D	황색	1.502 ~ 1.505mm

11) 아래의 베어링 선택표를 이용하여 적당한 커넥팅 로드 베어링을 선택한다.

커넥팅 로드 베어링 선택표

커넥팅 로드 베어링		커넥팅 로드 분류마크		
		A(흰색)	B(무색)	C(황색)
크랭크샤프트 핀 저널 분류 마크	1(황색)	D(황색)	C(녹색)	B(무색)
	2(무색)	C(녹색)	B(무색)	A(흑색)
	3(흰색)	B(무색)	A(흑색)	AA(청색)

3. 커넥팅 로드를 점검한다.
   1) 커넥팅 로드를 재 장착시에는 커넥팅 로드와 캡에 각인된 실린더 번호를 확인한다. 신품의 커넥팅 로드 장착시는 로드와 캡의 베어링 고정용 노치가 같은 방향으로 장착되도록 한다.
   2) 커넥팅 로드 스러스트 면의 한쪽 끝이라도 손상된 경우 커넥팅 로드를 교환한다. 또한 커넥팅 로드 소단부 내면의 단층 마모 또는 내면이 지나치게 거친 경우에도 교환한다.
   3) 커넥팅 로드 얼라이너를 사용하여 로드의 휨과 비틀림을 측정하고 측정값이 한계값에 가까운 경우 프레스를 이용하여 로드를 수정한다. 휨 및 비틀림이 과도한 경우 커넥팅 로드를 교환한다.

커넥팅 로드의 휨량 : 0.05mm/100mm
커넥팅 로드의 비틀림 : 0.1mm/100mm

4. 크랭크샤프트 베어링의 오일 간극을 측정한다.
   1) 메인 저널 베어링 오일 간극을 측정하기 위해 베어링과 캡을 탈거한다.
   2) 헝겊 등을 이용하여 각 메인 저널과 베어링을 청소한다.
   3) 플라스틱 게이지를 각 저널에 축방향으로 놓는다.
   4) 베어링과 베어링 캡을 다시 장착하고 규정토크로 체결한다.

체결 토크 : 2.8 ~ 3.2kgf.m + 60° ~ 64°

참고
크랭크샤프트를 회전시키지 않는다.

   5) 베어링 캡을 분리하고 플라스틱 게이지의 폭이 가장 넓은 부분을 측정한다.

베어링 오일 간극 : 0.028 ~ 0.046mm

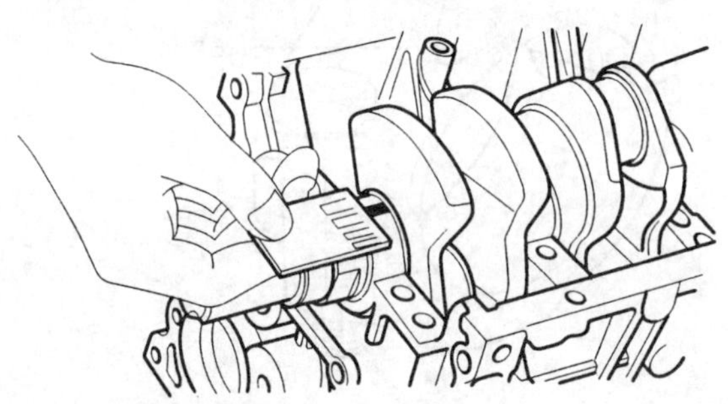

ECKD001I

   6) 플라스틱 게이지의 측정값이 규정값을 벗어나는 경우 식별 색상이 같은 신품 베어링으로 교환하고 오일간극을 재측정 한다. (크랭크샤프트 베어링 선택표 참조)

⚠주의
베어링이나 캡을 가공하여 간극을 조정하지 않는다.

   7) 재측정 값이 여전히 규정값을 벗어나는 경우 한단계 큰 베어링 또는 작은 베어링을 장착하고 오일간극을 재측정 한다. (크랭크샤프트 베어링 선택표 참조)

참고
한단계 큰 베어링 또는 작은 베어링을 장착한 후에도 적절한 오일 간극을 얻을 수 없는 경우 크랭크 샤프트를 교환하고 점검 첫 단계부터 다시 점검을 시작한다.

⚠주의
먼지, 오물 등의 축척에 의해 식별 표시를 알아볼 수 없는 경우 솔벤트 또는 세정제 등으로 세척하고 와이어 브러시, 스크레이퍼 등은 사용하지 않는다.

크랭크샤프트 보어 내경 분류 마크 위치

5개의 메인 저널보어의 각각의 사이즈 마크가 실린더 블록 끝부분에 각인되어 있다.

올바른 베어링 선택을 위해 블록에 각인된 저널보어 내경 사이즈 마크와 크랭크샤프트에 각인된 저널 외경 사이즈 마크를 사용한다.

실린더 블록 저널 보어 분류 마크 위치

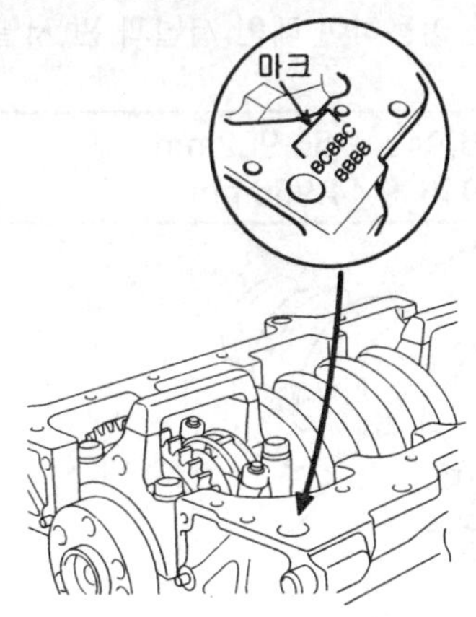

ACGE090A

실린더 블록 저널 보어 분류표

분류마크	실린더 블록 저널 보어 내경
A	59.000 ~ 59.006mm
B	59.006 ~ 59.012mm
C	59.012 ~ 59.018mm

크랭크샤프트 메인 저널 분류 마크 위치

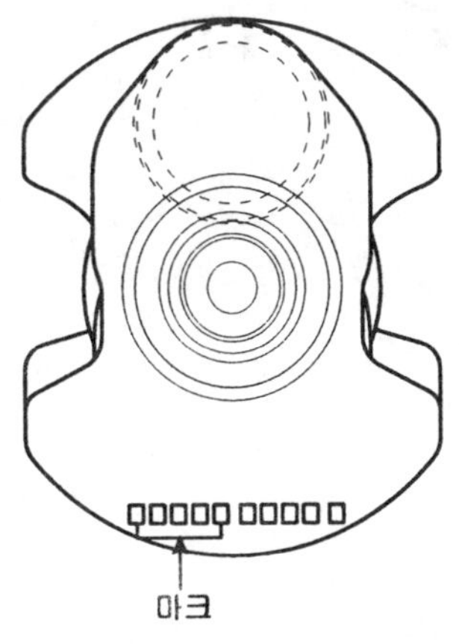

ACGE084A

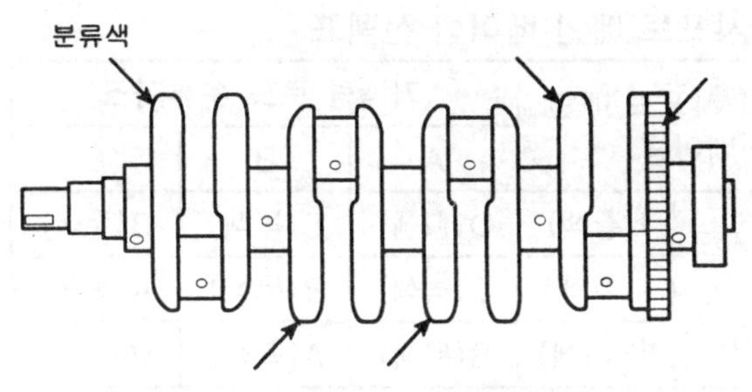

ACGE065A

크랭크샤프트 메인 저널 분류표

분류마크	분류색	메인 저널 외경
I	황색	54.956 ~ 54.962mm
II	무색	54.950 ~ 54.956mm
III	흰색	54.944 ~ 54.950mm

크랭크샤프트 베어링 분류 마크 위치

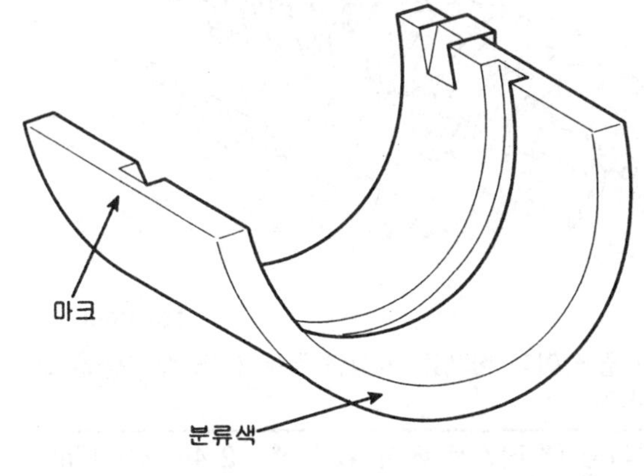

ACGE085A

크랭크샤프트 베어링 분류표

분류마크	분류색	베어링 두께
AA	청색	2.014 ~ 2.017mm
A	흑색	2.011 ~ 2.014mm
B	무색	2.008 ~ 2.011mm
C	녹색	2.005 ~ 2.008mm
D	황색	2.002 ~ 2.005mm

8) 아래의 베어링 선택표를 이용하여 적당한 크랭크 샤프트 메인 베어링을 선택한다.

크랭크샤프트 메인 베어링 선택표

크랭크 샤프트 메인 베어링		커넥팅 로드 분류마크		
		A	B	C
크랭크샤프트 핀 저널 분류 마크	I(황색)	D(황색)	C(녹색)	B(무색)
	II(무색)	C(녹색)	B(무색)	A(흑색)
	III(흰색)	B(무색)	A(흑색)	AA(청색)

5. 크랭크샤프트의 엔드플레이를 측정한다.

다이얼 게이지를 사용하여 크랭크샤프트를 앞 뒤로 움직이면서 축방향 유격을 점검한다.

크랭크샤프트 엔드 플레이
규정값 : 0.06 ~ 0.26mm
한계값 : 0.30mm

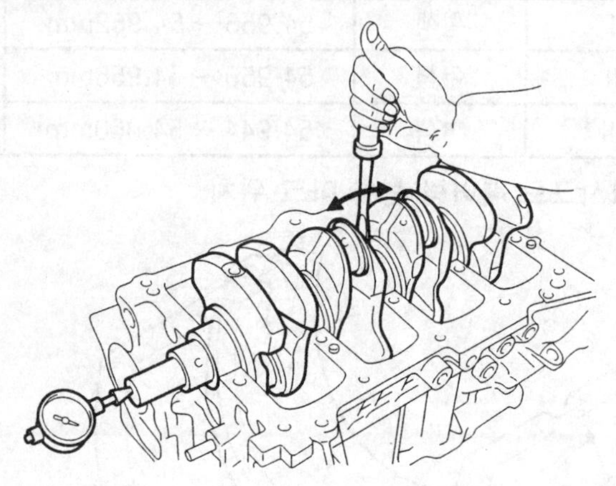

ECKD001B

엔드 플레이가 한계값 이상인 경우 센터 베어링을 교환한다.

센터 베어링 (스러스트 베어링) 두께 : 2.44 ~ 2.47mm

6. 크랭크샤프트의 메인 저널과 핀 저널을 점검한다.

마이크로 미터를 이용하여 메인 저널과 핀 저널의 외경을 측정한다.

메인 저널 외경 : 56.942 ~ 56.962mm
핀 저널 외경 : 44.946 ~ 44.966mm

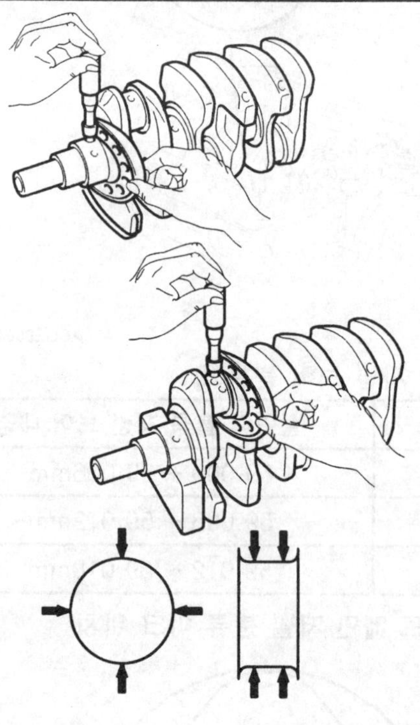

ECKD001E

실린더 블록

1. 스크레이퍼를 사용하여 실린더 블록 윗면에 개스킷 조각들을 제거한다.
2. 부드러운 브러시와 솔벤트를 사용하여 실린더 블록을 깨끗이 청소한다.
3. 실린더 블록 윗면의 편평도를 측정한다.
   정밀한 직각자와 간극 게이지를 이용하여 실린더 헤드 개스킷과 접촉하는 면의 편평도를 측정한다.

실린더 블록 개스킷 면의 편평도
규정값 : 0.05mm 이하

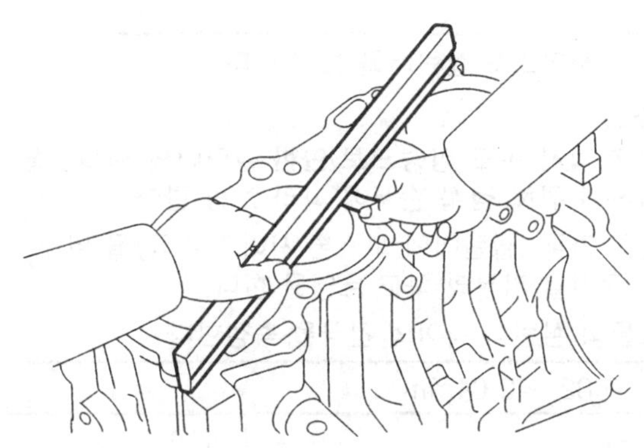

ECKD001L

4. 육안으로 실린더 보어 내면의 긁힘 등을 점검하고 눈에 띄는 긁힘이 발견된 경우 실린더 블록을 교환한다.
5. 실린더 보어 게이지를 사용하여 축방향과 축직각 방향으로 실린더 보어 내경을 측정한다.

규정값 : 82.00 ~ 82.03mm

ECKD318A

6. 실린더 블록 바닥면의 실린더 보어 사이즈 마크를 확인한다.

ACGE091A

실린더 보어 사이즈 분류표

분류 마크	실린더 보어 내경
A	82.00 ~ 82.01mm
B	82.01 ~ 82.02mm
C	82.02 ~ 82.03mm

7. 피스톤 윗면의 피스톤 외경 사이즈 마크(A)를 확인한다.

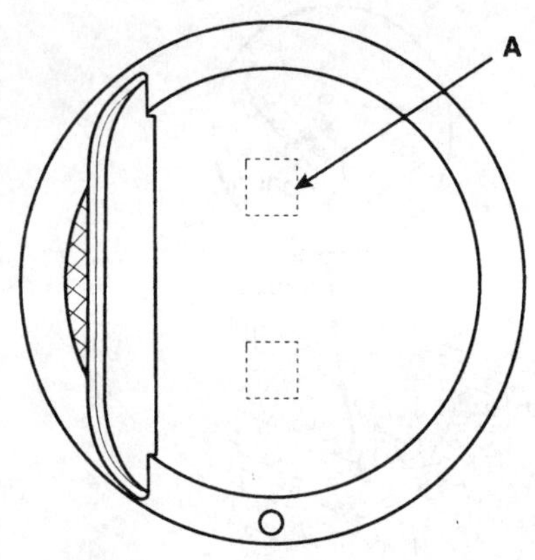

SHDM16321L

피스톤 외경 사이즈 분류표

분류 마크	피스톤 외경
A	81.97 ~ 81.98mm
없음	81.98 ~ 81.99mm
C	81.99 ~ 82.00mm

8. 실린더 내경 사이즈와 알맞은 피스톤을 선택한다.

실린더와 피스톤의 간극 : 0.02 ~ 0.04 mm

실린더 보링

1. 보어 사이즈 피스톤은 가장 큰 실린더 내경을 기준으로 적용한다.

   참고
   피스톤의 사이즈는 피스톤 윗 부분에 표시되어 있다.

2. 이전 장착된 피스톤의 외경을 측정한다.
3. 외경의 측정값에 따라 새로운 보어 사이즈를 계산한다.

새로운 보어 사이즈 = 피스톤 외경 측정값 + 0.02 ~ 0.04 mm (피스톤과 실린더 사이의 간극) − 0.01mm (호닝 여분)

4. 계산된 사이즈로 실린더를 보링 한다.

   주의
   호닝 작업시 온도 상승으로 인한 실린더의 뒤틀림을 방지하기 위해 점화 순서에 따라 보링 한다.

5. 적절한 간극 (실린더와 피스톤 사이의 간극)을 위해 보링 작업을 마무리 하고 호닝을 한다.
6. 피스톤과 실린더 사이의 간극을 측정한다.

규정값 : 0.02 ~ 0.04mm

   참고
   모든 실린더를 같은 오버 사이즈로 보링 한다.

피스톤과 피스톤 링

1. 피스톤을 청소한다.
   1) 스크레이퍼를 사용하여 피스톤 윗부분의 카본을 제거한다.
   2) 깨진 링 등을 이용하여 피스톤 링 홈을 청소한다.
   3) 솔벤트와 브러시를 사용하여 피스톤을 깨끗이 마무리 한다.

   참고

   와이어 브러시는 사용하지 않는다.

2. 피스톤 외경은 피스톤 상부로부터 47mm 아래 부분에서 측정한 값을 기준으로 한다.

규정값 : 81.97 ~ 82.00mm

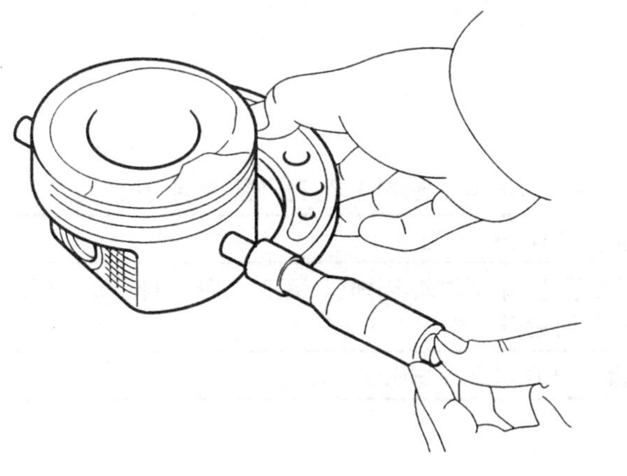

ECKD001D

3. 실린더 보어 내경과 피스톤 외경의 차이로 간극을 계산한다.

피스톤과 실린더 사이의 간극 : 0.02 ~ 0.04 mm

---

4. 피스톤 링의 사이드 간극을 점검한다.
   간극 게이지를 사용하여 피스톤 링 홈과 피스톤 링 사이의 간극을 측정한다.

피스톤 링 사이드 간극
No.1 링 : 0.04 ~ 0.08mm
No.2 링 : 0.03 ~ 0.07mm
오일 링 : 0.06 ~ 0.15mm
한계값
No.1 링 : 0.1mm
No.2 링 : 0.1mm
오일 링 : 0.2mm

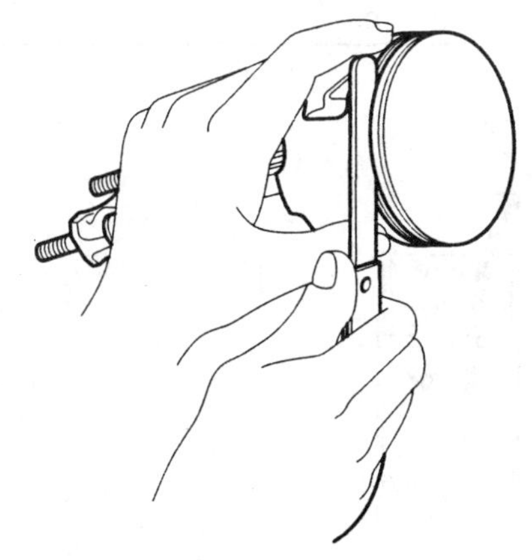

ECKD001G

간극이 한계값을 초과하는 경우 피스톤을 교환한다.

5. 피스톤 링의 엔드 갭을 점검한다.

피스톤 링의 엔드 갭을 측정하기 위해 실린더에 피스톤 링을 삽입한다. 이 때 링이 실린더 벽과 올바른 각도로 위치할 수 있도록 피스톤으로 링을 부드럽게 밀어 넣는다. 간극 게이지를 이용하여 엔드 갭을 측정하고 한계값을 초과하는 경우 피스톤 링을 교환한다. 엔드 갭이 지나치게 큰 경우 실린더 보어 내경을 측정하고 정비 한계값을 초과할 경우 실린더 보어를 보링한다. (실린더 블록 – 실린더 보링 참조)

피스톤 링 엔드 갭

규정값

No.1 링 : 0.20 ~ 0.35mm

No.2 링 : 0.37 ~ 0.52mm

오일 링 : 0.20 ~ 0.60mm

한계값

No.1, 2, 오일링 : 1.0 mm

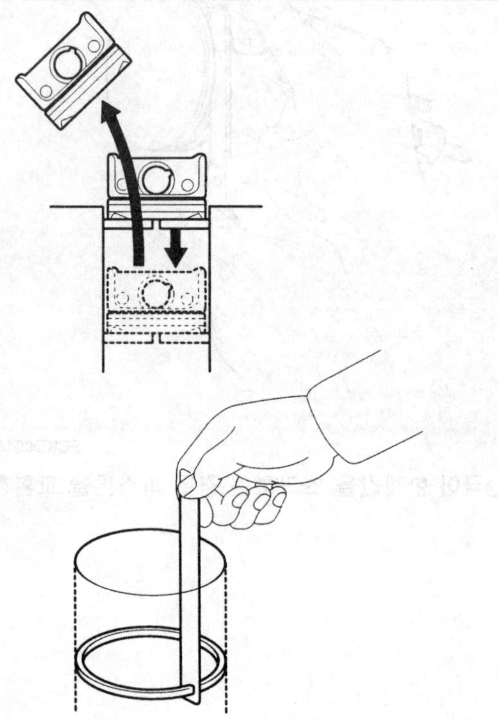

ECKD001K

피스톤 핀

1. 피스톤 핀의 외경을 측정한다.

규정값 : 20.001 ~ 20.006mm

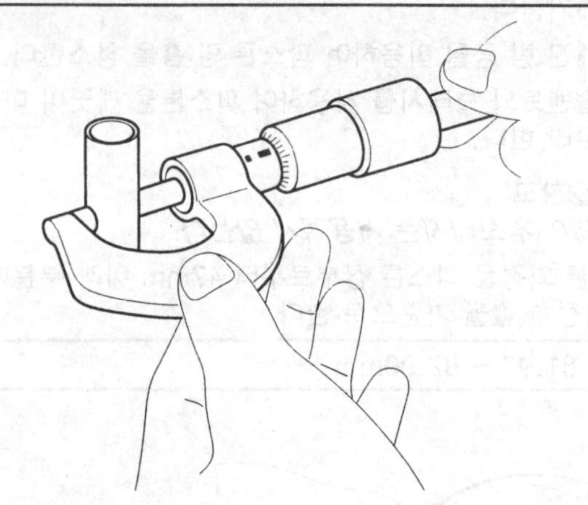

ECKD001Z

2. 피스톤 핀과 피스톤 사이의 간극을 측정한다.

규정값 : 0.01 ~ 0.02mm

3. 피스톤 핀의 외경과 커넥팅 로드 소단부 내경의 간극을 점검한다.

규정값 : – 0.032 ~ –0.016mm

오일 압력 스위치

1. 저항계를 이용하여 터미널과 몸체 사이의 통전을 점검한다. 통전이 안되는 경우 스위치를 교환한다.

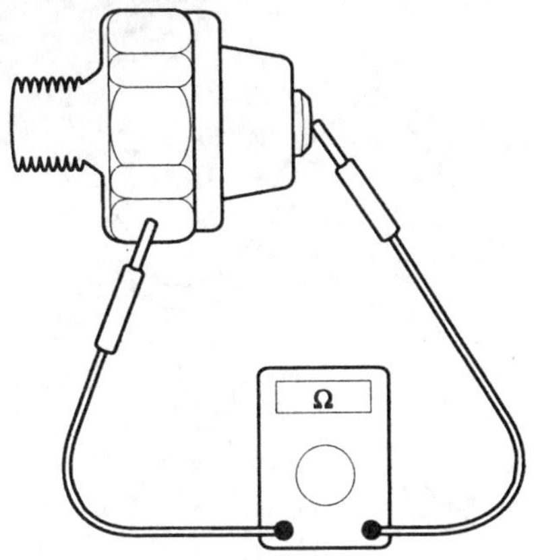

ECKD001W

2. 가는 막대 등으로 오일 홀 안쪽을 누르고 터미널과 몸체 사이의 통전을 점검한다. 누른 상태에서 통전 되는 경우 스위치를 교환한다.

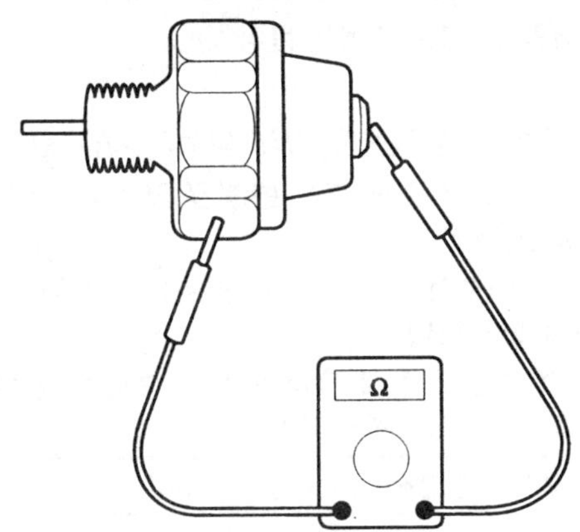

ECKD001Y

3. 오일 홀을 통해 0.5kg/cm² 의 부압을 가했을 때 통전되지 않으면 스위치는 정상 작동하는 것이다. 공기의 누설을 점검하고 누설이 있는 경우 다이어프램이 파손된 것 이므로 스위치를 교환한다.

조립

참고

- *조립전에 각 부품을 깨끗이 세척한다.*
- *부품을 장착하기 전에 미끌림부와 회전부에 신품의 엔진오일을 도포한다.*
- *모든 개스킷, O-링 및 오일 씰을 신품으로 교환한다.*

1. 피스톤과 커넥팅 로드를 조립한다.
   1) 프레스를 사용하여 조립한다.
   2) 피스톤의 프런트 마크와 커넥팅 로드의 프런트 마크가 타이밍 벨트쪽으로 향하도록 한다.

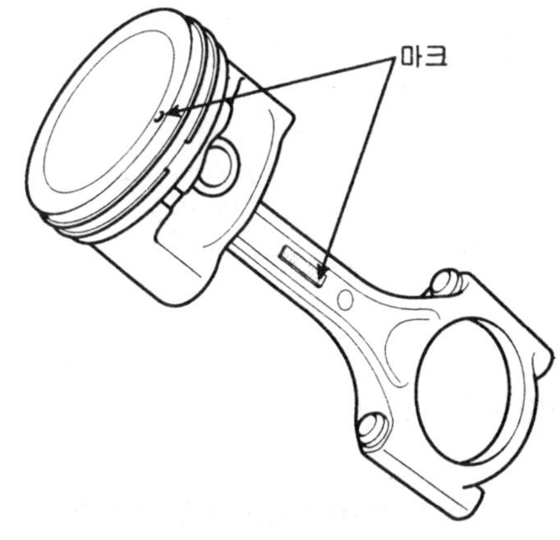

ACGE086A

2. 피스톤 링을 장착한다.
   1) 오일 링 익스펜더와 2개의 사이드 레일을 손으로 장착한다.
   2) 피스톤의 각인표시가 위쪽으로 향하도록 한후 피스톤 링 익스펜더를 사용하여 2개의 압축 링을 장착한다.
   3) 각 피스톤 링의 끝부분이 아래 그림과 같이 장착되도록 한다.

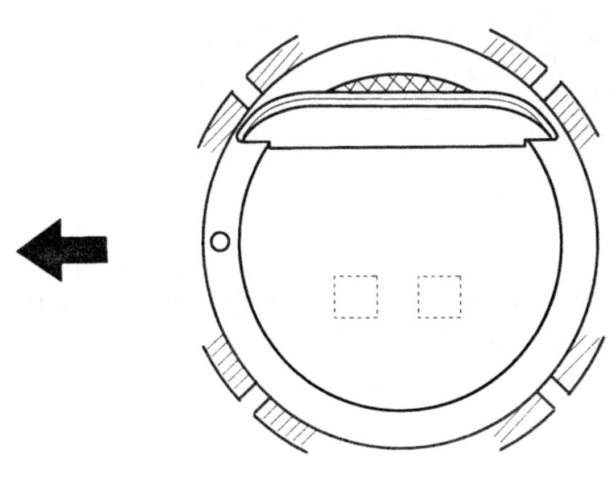

ECKD321A

3. 커넥팅 로드 베어링을 장착한다.
   1) 커넥팅 로드 및 베어링 캡(B)의 홈과 베어링(A)의 돌출부가 일치되도록 한다.
   2) 커넥팅 로드 및 베어링 캡(B)에 베어링을 장착한다.

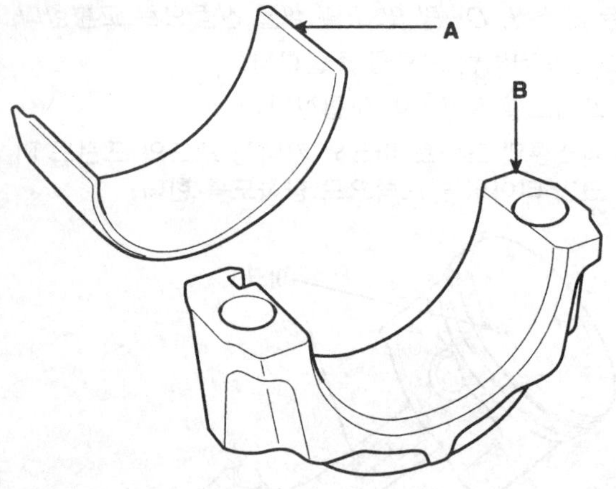

ECKD322A

4. 메인 베어링을 장착한다.

참고
No.1,2,4,5번 상부 베어링에는 오일 홈이 있고 하부 베어링에는 오일 홈이 없다.

   1) 실린더 블록의 홈과 베어링의 돌출부가 일치되도록 하여 5개의 상부 베어링(A)을 장착한다.

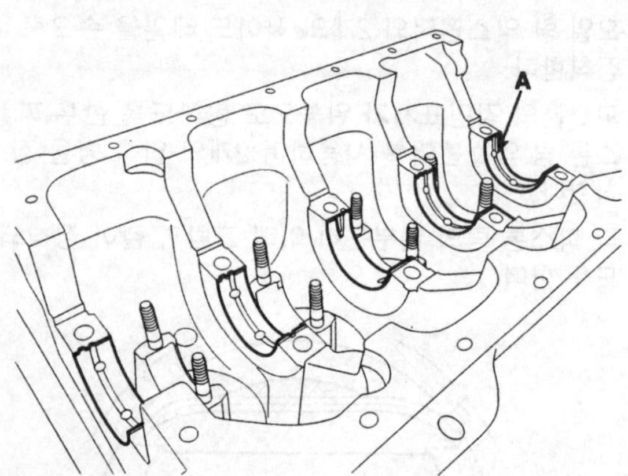

ECKD323A

   2) 메인 베어링 캡의 홈과 베어링의 돌출부가 일치되도록 하여 5개의 하부 베어링을 장착한다.

5. 스러스트 베어링을 장착한다.
   오일 홈이 있는 부분을 바깥쪽을 향하도록 하여2개의 스러스트 베어링을 실린더 블록 3번 저널 부 아래에 장착한다.

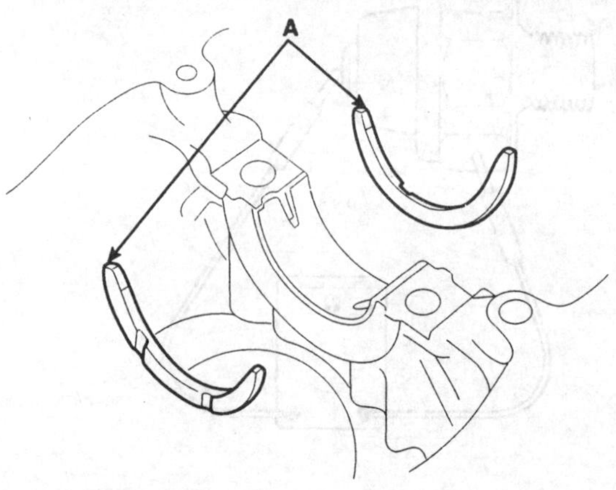

ECKD324A

6. 실린더 블록에 크랭크샤프트를 장착한다.
7. 실린더 블록에 메인 베어링 캡을 장착한다.
8. 메인 베어링 캡 볼트를 체결한다.

참고
메인 베어링 캡 볼트는 몇 차례 나누어 체결 한다.
베어링 캡 볼트가 손상 또는 변형된 경우 베어링 캡 볼트를 교환한다.

   1) 메인 베어링 캡 볼트의 나사산 부분에 소량의 엔진 오일을 도포한다.
   2) 10개의 볼트를 아래 그림과 같은 순서로 몇 차례 나누어 균등하게 체결 한다.

체결 토크 : 2.8 ~ 3.2kgf.m + 60° ~ 64°

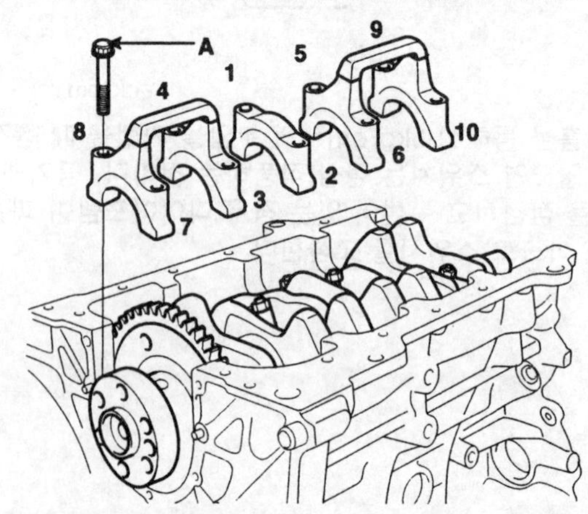

ECHE200A

   3) 크랭크샤프트가 부드럽게 회전하는지 점검한다.

9. 크랭크샤프트의 엔드 플레이를 점검한다.

10. 피스톤과 커넥팅 로드 어셈블리를 장착한다.

참고

피스톤을 장착하기 전에 피스톤 링 홈과 실린더 내면에 소량의 오일을 도포한다.

1) 커넥팅 로드 베어링 캡을 탈거하고 커넥팅 로드 볼트 나사산 부위에 적절한 길이의 고무 호스를 끼워 둔다.
2) 피스톤 링이 안전하게 자리를 잡도록 확인하면서 피스톤 링 압축기를 설치한다. 실린더 안에 피스톤을 넣고 망치의 나무 손잡이 부분을 이용하여 가볍게 두드려 피스톤을 삽입한다.
3) 피스톤 링 부분이 실린더 안으로 들어가면 일단 삽입을 멈춘 후 피스톤을 완전히 삽입하기 전에 저널과 커넥팅 로드의 정렬 상태를 재 확인 한다.
4) 커넥팅 로드 볼트 부분의 고무 호스를 탈거하고 소량의 오일을 도포한다. 커넥팅 로드 캡을 장착하고 너트를 규정 토크로 체결한다.

체결 토크 : 5.0 ~ 5.3kgf.m

참고

피스톤 링이 실린더 안으로 삽입되기 전에 피스톤 링이 팽창되는 것을 방지하기 위해 피스톤 링 압축기를 아래로 누르면서 피스톤을 삽입한다.

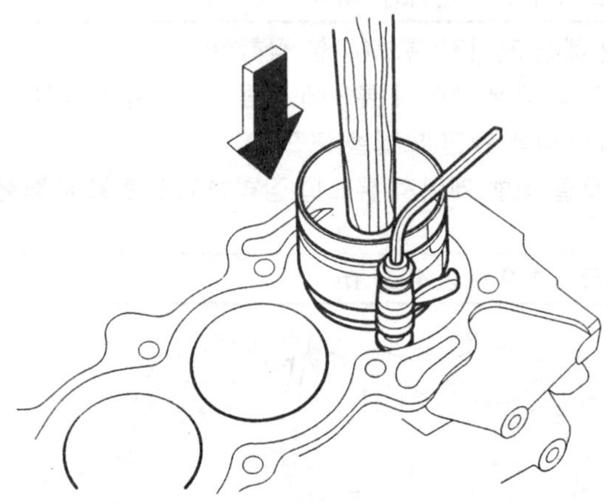

ECKD001F

11. 신품 개스킷과 리어 오일 씰 케이스(A)를 장착하고 케이스 볼트(B) 5개를 체결한다.

체결 토크 : 1.0 ~1.2kgf.m

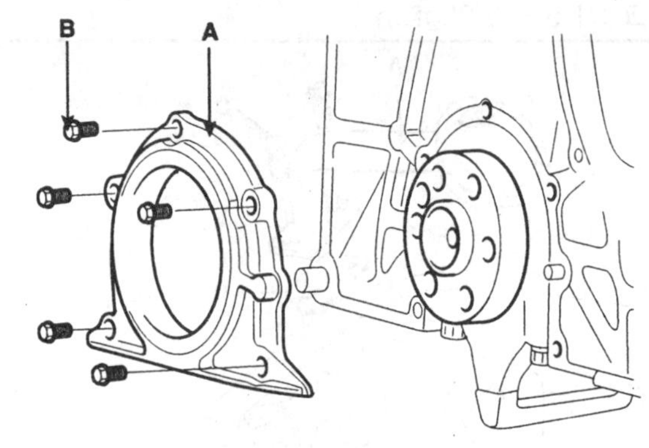

ECKD306A

참고

접촉면이 청결하고 마른 상태인지 확인한다.

12. 리어 오일 씰을 설치한다.

1) 신품 오일 씰 가장자리에 엔진 오일을 도포한다.
2) 특수공구(09231-21000)와 망치를 사용하여 리어 오일 씰을 오일 씰 리테이너의 끝면의 높이와 같아질 때까지 가볍게 두드린다.

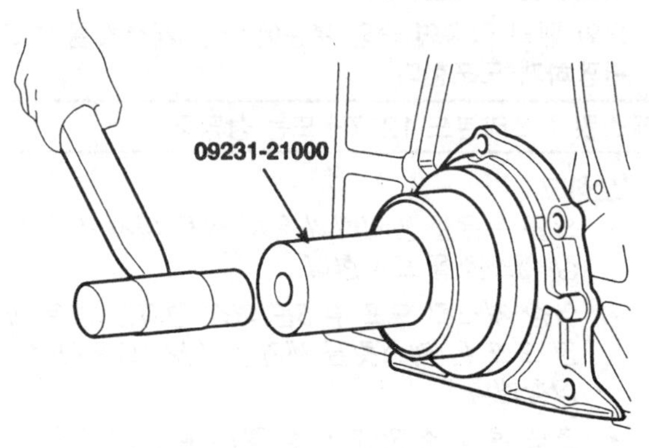

ECKD326A

13.프런트 케이스를 장착한다.

14.오일 스크린을 장착한다.

신품 개스킷(B)과 오일 스크린(A)을 장착하고 2개의 볼트(C)를 체결한다.

체결 토크 : 1.5 ~ 2.2kgf.m

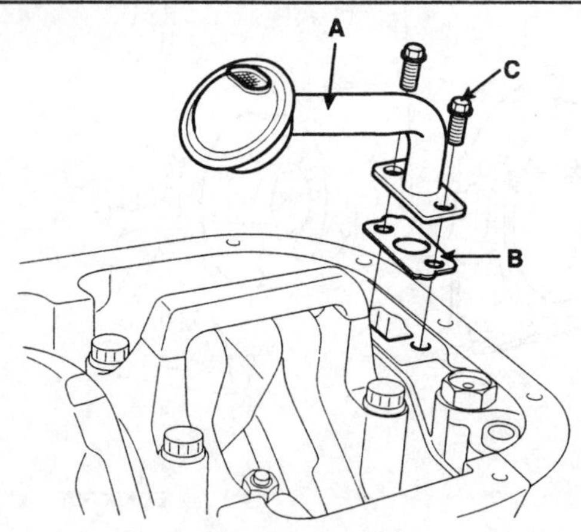

ECKD305A

15.오일 팬을 장착한다.

1) 면도 칼과 스크레이퍼를 이용하여 오일 팬의 접촉 면으로 부터 개스킷 조각을 제거한다.

참고

접촉면이 청결하고 마른 상태인지 확인 후 액상 개스킷을 도포한다.

2) 오일 팬의 접촉면 중앙 부분에 액상 개스킷을 넓고 편평하게 도포한다.

액상 개스킷 : 쓰리본드 1217H 또는 상당품

참고

- *오일 누유를 방지하기 위해 볼트 나사부에 액상 개스킷을 도포한다*
- *액상 개스킷 도포 후 5분 이상 경과한 경우 이전 도포 된 개스킷을 제거 후 다시 도포하여 장착한다.*
- *조립 후 최소 30분 이상 경과 후 엔진 오일을 주입한다.*

3) 오일 팬을 장착하고 오일 팬 볼트는 몇 차례 나누어 균등하게 체결한다.

체결 토크 : 1.0 ~ 1.2kgf.m

16.워터 펌프를 장착한다. (냉각 시스템 - 워터 펌프 장착 참조)

17.오일 압력 스위치를 장착 한다.

1) 스위치의 2번째에서 3번째까지 나사산 부분에 접착제(쓰리 본드 2310/2350)를 도포한다.

2) 오일 압력 스위치(A)를 장착한다.

체결 토크 : 1.5 ~ 2.2kgf.m

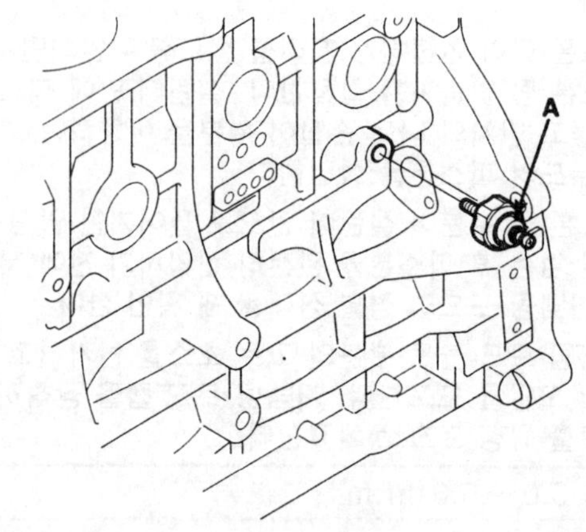

ECKD303A

18.노크 센서를 장착한다.

체결 토크 : 1.7 ~ 2.7kgf.m

19.오일 레벨 게이지 튜브(A)를 장착한다.

1) 오일 레벨 게이지 튜브에 신품 O-링을 장착한다.

2) O-링에 엔진 오일을 도포한다.

3) 오일 레벨 게이지 튜브를 장착하고 볼트를 체결한다.

체결 토크 : 1.9 ~ 2.4kgf.m

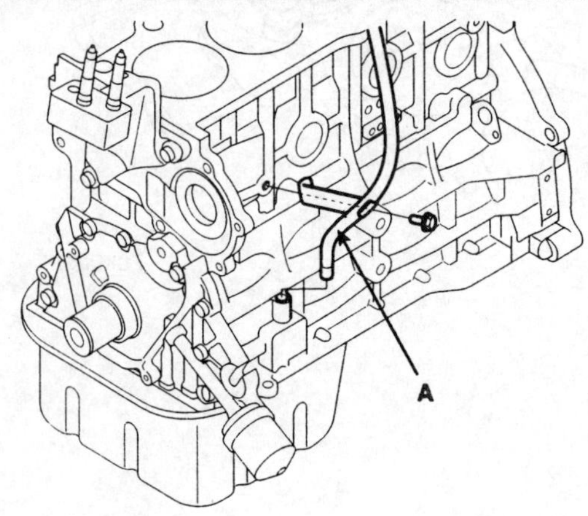

ECKD301A

20.실린더 헤드를 장착한다.

21.타이밍 벨트를 장착한다.

22.엔진 스탠드를 탈거한다.

23.A/T 드라이브 플레이트(A)를 어댑터 플레이트(B)와 함께 장착한다.

체결 토크 : 12.0 ~ 13.0kgf.m

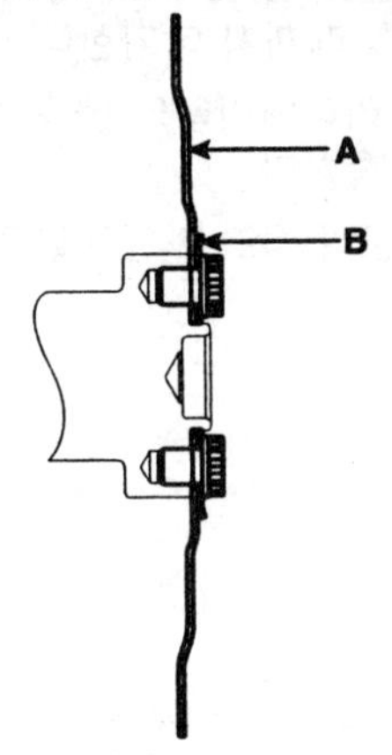

ACGE018A

24.M/T 플라이 휠을 장착한다.

체결 토크 : 12.0 ~ 13.0kgf.m

냉각 시스템

냉각수

엔진 냉각수 교환 및 공기 빼기

⚠주의

냉각수 주입 시 릴레이 박스의 덮개를 반드시 덮는다. 전기 부품 및 도장부에 쏟지 않도록 주의하고 쏟았을 경우 즉시 닦아낸다.

1. 라디에이터 캡(A)을 연다.

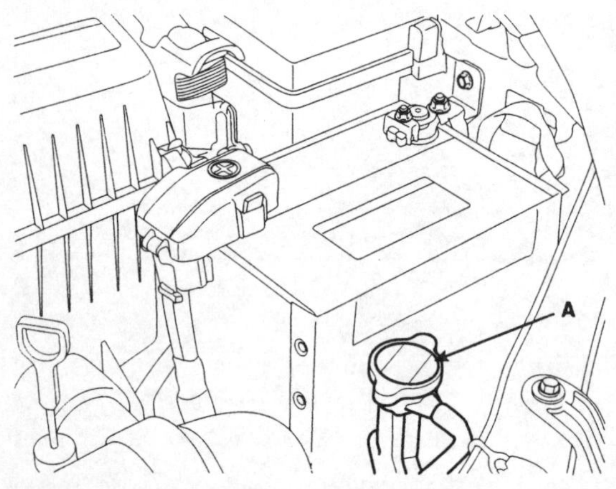

SHDM16322L

2. 드레인 플러그를 풀고 냉각수 배출시킨다.
3. 냉각수 배출이 끝나면 드레인 플러그를 조인다.
4. 리저브 탱크를 분리해 냉각수를 쏟아내고 다시 장착한다. 리저버 탱크에 MAX눈금의 절반 정도까지 물을 주입하고 나머지 절반은 부동액을 주입한다.
5. 부동액과 물을 4:6으로 혼합해서 사용한다.

   참고
   - *순정품의 부동액/냉각수를 사용한다.*
   - *부식방식을 위해서 냉각수의 농도를 최소 40%로 유지해야 한다. 냉각수의 농도가 40% 미만인 경우 부식 또는 동결에 위험이 있을 수 있다.*
   - *냉각수의 농도가 60%이상인 경우 냉각 효과를 감소시킬 수 있으므로 권장하지 않는다.*

   ⚠주의
   - **서로 다른 상표의 부동액/냉각수를 혼합하여 사용하지 않는다.**
   - **추가적으로 녹방지제를 첨가하여 사용하지 않는다.**

6. 냉각수 라디에이터 필러 목부분까지 주입하고 캡을 헐겁게 잠궈둔다.
7. 엔진을 시동하고 엔진이 웜 업 되어 라디에이터 팬이 최소 2회 이상 회전할 때까지 대기한다.
8. 엔진을 정지시킨다. 라디에이터의 냉각수 수준을 점검하고 필요한 경우 보충한다.
9. 라디에이터 캡을 완전히 잠그고 엔진을 작동시킨 후 누수를 점검한다.

라디에이터

점검

라디에이터 캡 점검

1. 라디에이터 캡을 분리한 뒤 씰 부분에 냉각수를 도포하고 압력 테스터를 설치한다.

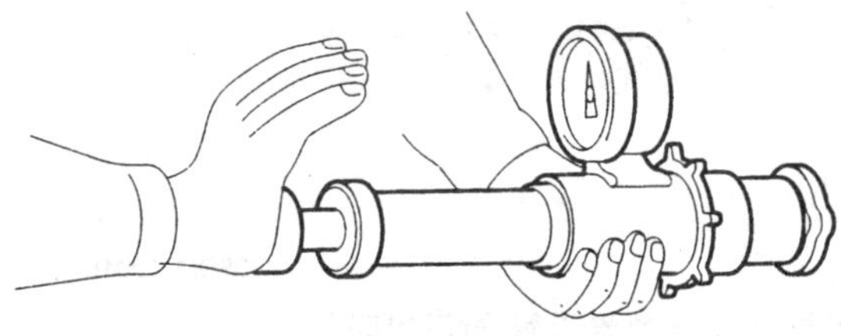

ECKD501X

2. 0.95 ~ 1.25kg/cm² 정도로 압력을 가한다.
3. 압력이 유지되는지 확인한다.
4. 압력이 하강하는 경우 캡을 교환한다.

라디에이터 누수 테스터

1. 엔진이 완전히 식을때 까지 기다린 후 라디에이터 캡을 조심스럽게 개방한다. 라디에이터에 냉각수를 채우고 압력 테스터를 장착한다.
2. 압력 테스터의 압력을 0.25 ~ 1.25kg/cm² 정도 까지 상승시킨다.

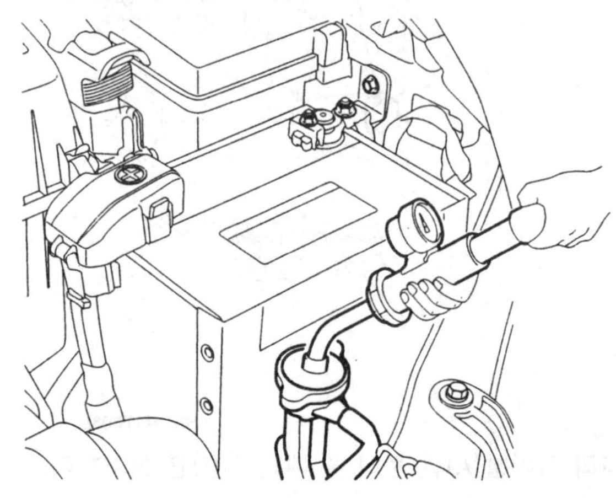

SHDM16323L

3. 냉각수의 누수 및 압력 하강 유무를 점검한다.
4. 압력 테스터를 탈거하고 라디에이터 캡을 장착한다.

참고

냉각수 내에 엔진오일의 유입 또는 엔진 오일 내에 냉각수가 유입되었는지 점검한다.

탈거

1. 냉각수 배출을 원활하게 하기 위해 라디에이터 캡을 열어둔다.
2. 라디에이터 드레인 플러그(A)를 풀어 냉각수를 배출시킨다.

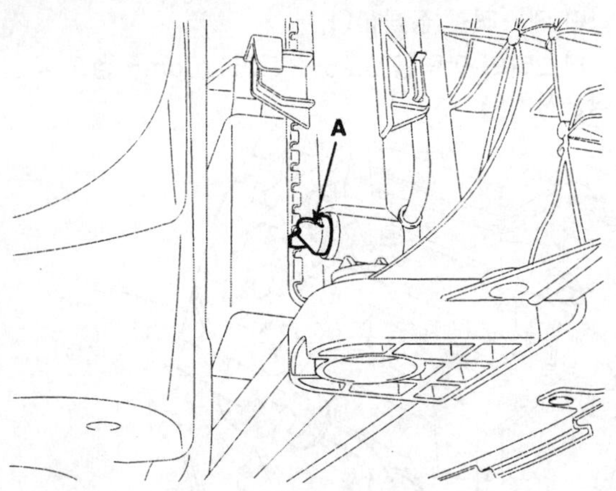

SEDM17003L

3. 배터리 터미널(A)을 분리 후 배터리(B)를 탈거한다.

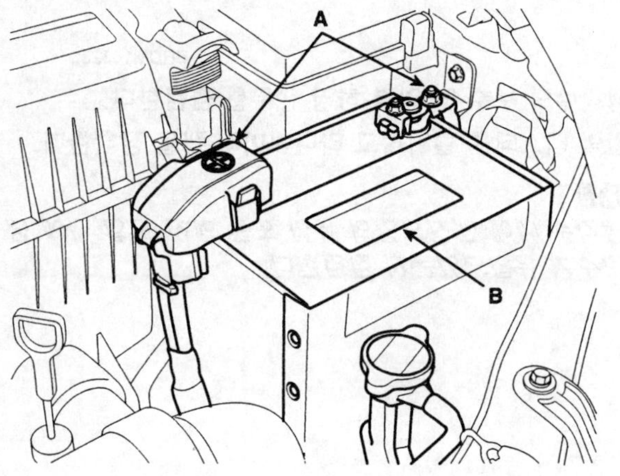

SHDM16004L

4. 에어덕트(A)를 탈거한다.

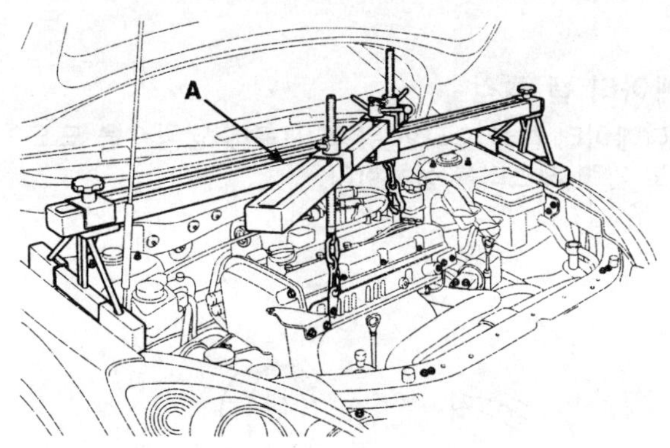

SFDM18001L

5. 에어클리너 어셈블리를 탈거한다.
   1) PCM 커넥터(A)를 분리한다.
   2) 인테이크 호스(B)를 분리한다.
   3) 에어클리너 어셈블리(C)를 탈거한다.

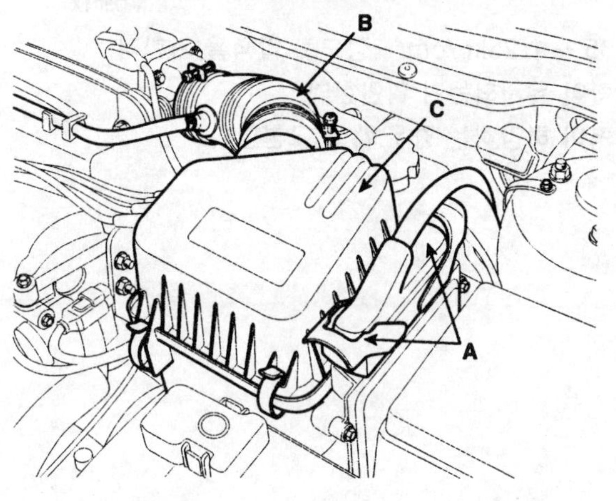

SEDM17004L

6. 라디에이터 어퍼호스(A)와 로어호스(B)를 분리한다.

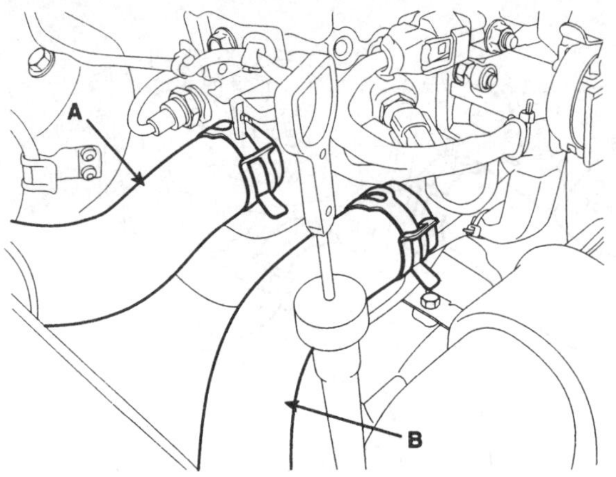

SHDM16006L

7. 오토 트랜스액슬 오일 호스(A)를 분리한다.

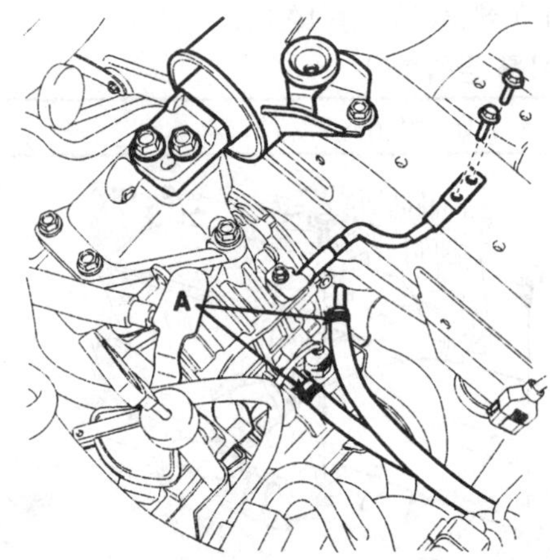

SEDM17006L

8. 쿨링 팬 모터 커넥터(A)를 분리한 후, 라디에이터 마운팅 브라켓(B)을 탈거한다.

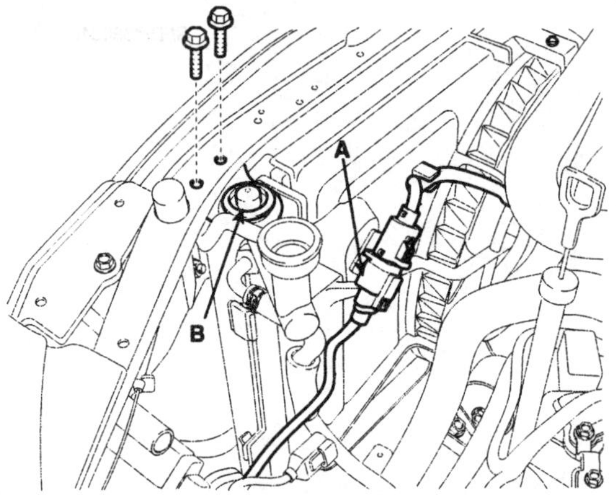

SEDM17011L

9. 쿨링 팬 모터 어셈블리(A)를 탈거한다.

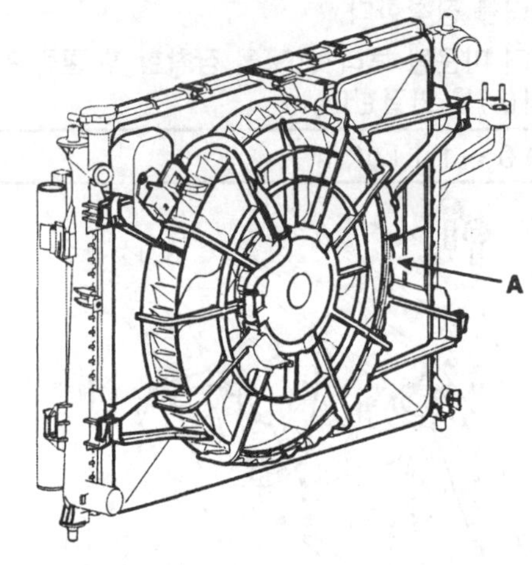

SEDM17400L

10.컨덴서 고정 브라켓(A)을 뒤로 당기면서 라디에이터 어셈블리를 탈거한다.

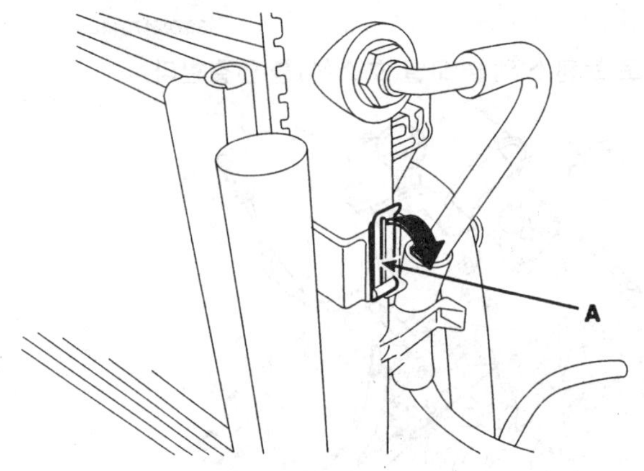

SHDEM6103D

장착

1. 라디에이터를 장착한다.
2. 라디에이터 마운팅 브라켓(B)을 장착한 후 쿨링 팬 모터 커넥터(A)를 연결한다.

체결토크 : 0.9 ~ 1.1 kgf.m

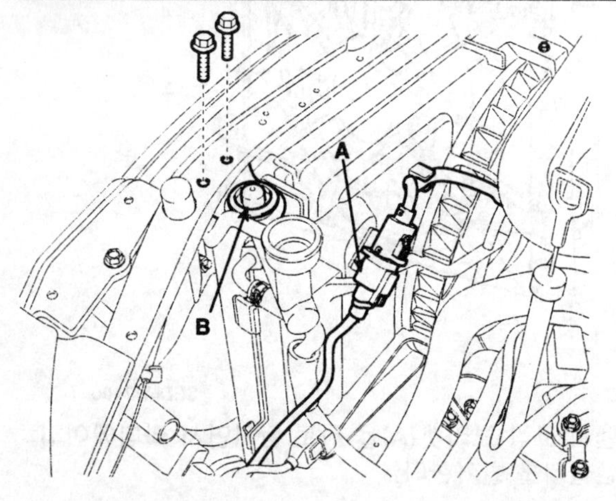

SEDM17011L

3. 오토 트랜스 액슬 오일 호스(A)를 연결한다.

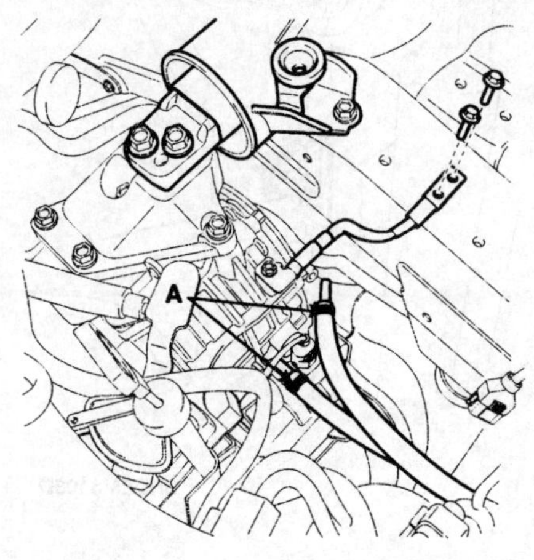

SEDM17006L

4. 라디에이터 어퍼 호스(A)와 로어 호스(B)를 연결한다.

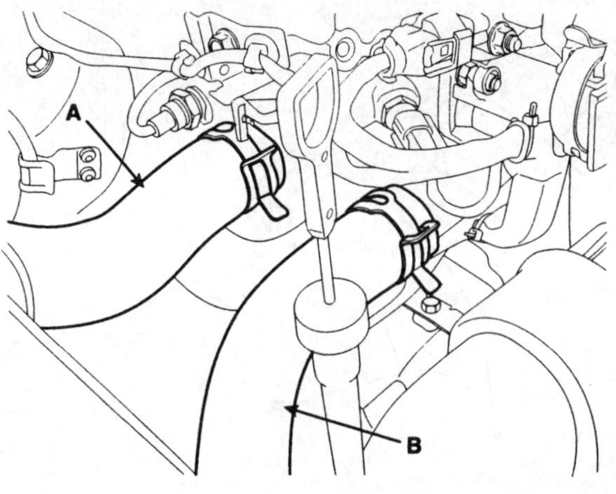

SHDM16006L

5. 에어 클리너 어셈블리를 장착한다.
6. 에어 덕트(A)를 장착한다.

체결토크 : 0.8 ~ 1.0 kgf.m

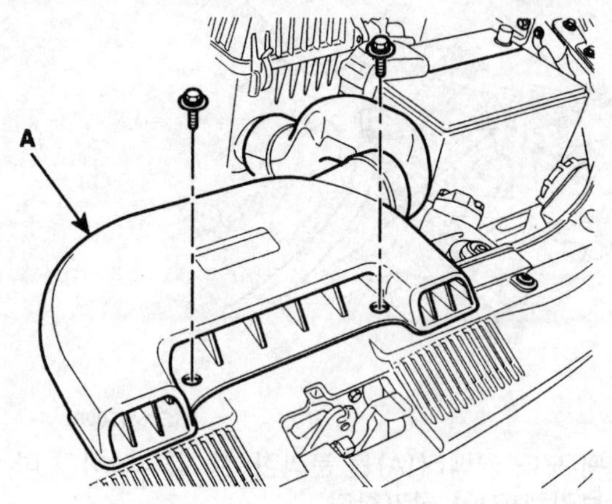

SFDM38001L

7. 배터리(B)를 장착한 후, 배터리 터미널(A)을 연결한다
.

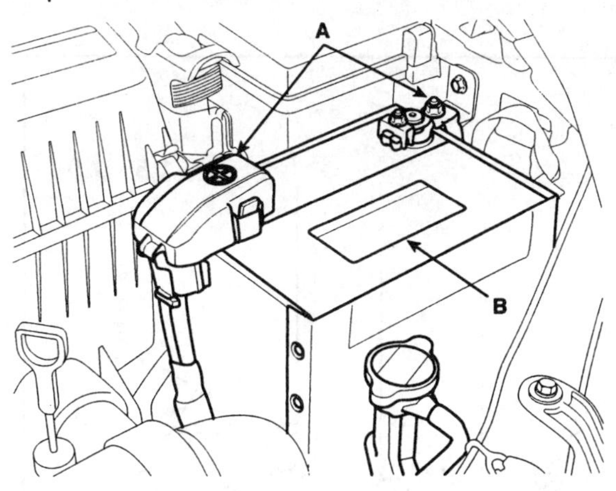

SHDM16004L

8. 냉각수를 주입한다.
9. 엔진을 시동하고 누수를 점검한다.

워터 펌프

구성부품

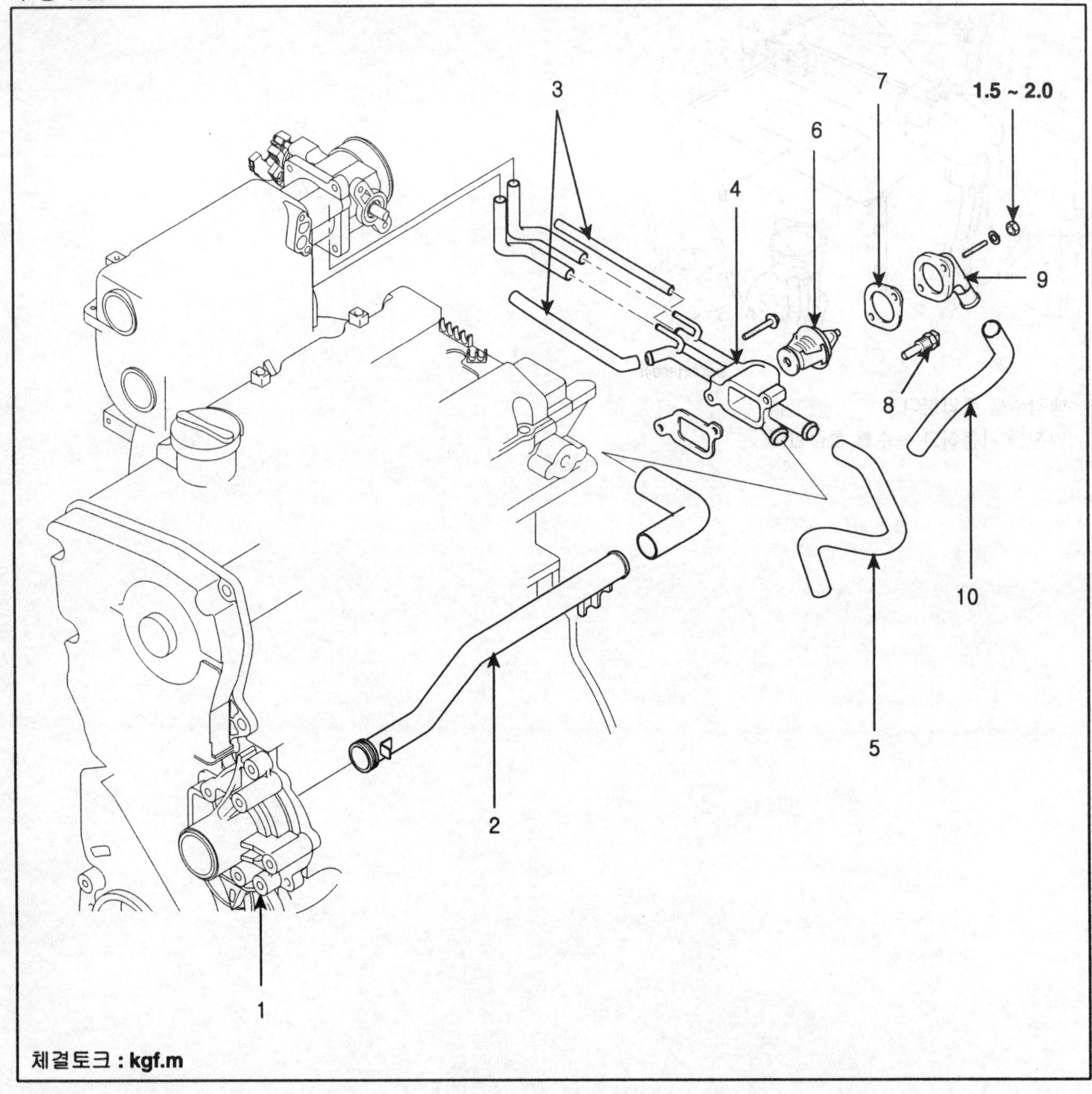

SFDM38009D

1. 냉각수 펌프
2. 냉각수 인렛 파이프
3. 히터호스
4. 서머스탯 하우징
5. 라디에이터 어퍼 호스
6. 서머스탯
7. 개스킷
8. 냉각수온 센서
9. 냉각수 인렛 피팅
10. 라디에이터 로어 호스

탈거

1. 냉각수를 배출 시킨다.

   경고
   엔진이 고온일 때 라디에이터 내부의 냉각수는 고온, 고압의 상태이며 이 때 라디에이터 캡을 개방할 경우 고온의 냉각수가 분출될 수 있으므로 엔진이 충분히 냉각된 상태일 때 개방한다.

2. 구동 벨트를 탈거한다.
3. 타이밍 벨트를 탈거한다.
4. 타이밍 벨트 아이들러를 탈거한다.
5. 워터 펌프를 탈거한다.
   1) 고정볼트(C)를 풀어 알터네이터 브레이스(A)를 탈거한다.
   2) 고정볼트(D)를 풀어 워터 펌프(B)와 개스킷을 탈거한다.

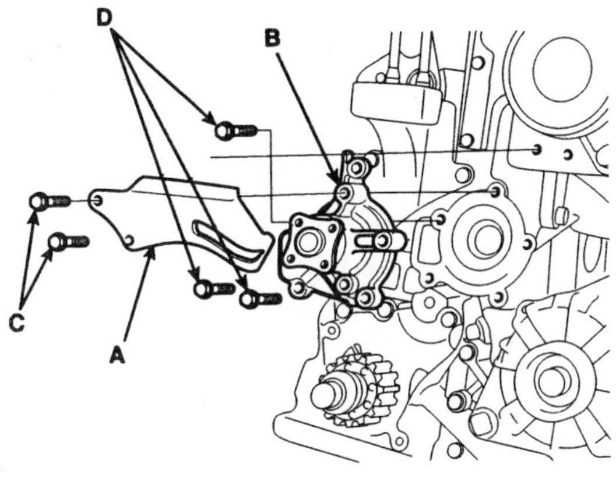

SFDM18003L

점검

1. 각 부분의 균열, 파손 및 마모 등을 점검하고 필요한 경우 교환한다.
2. 베어링의 파손, 비정상적인 소음 및 원활하지 못한 회전 등을 점검하고 필요한 경우 교환한다.

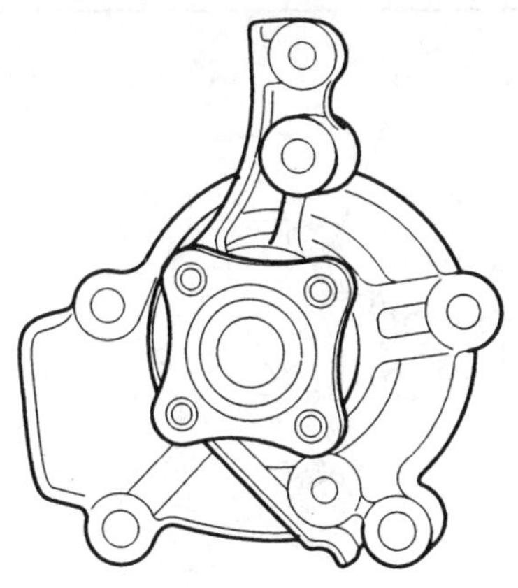

ECKD503A

3. 냉각수의 누수를 점검한다. 워터 펌프 브리드 홀로부터 누수가 발견되면 씰에 결함이 있는 것이므로 워터 펌프 어셈블리를 교환한다.

   참고
   브리드 홀에 소량의 냉각수가 스며나오는 것은 정상이다.

장착

1. 워터 펌프를 장착한다.

   1) 신품 개스킷과 워터 펌프(B)를 장착하고 3개의 볼트(D)를 체결한다.

체결 토크 : 1.2 ~ 1.5kgf.m

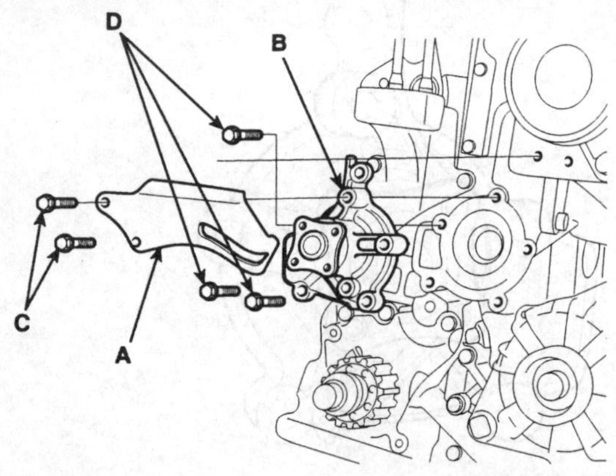

SFDM18003L

   2) 알터네이터 브레이스(A)를 장착하고 2개의 볼트(C)를 체결한다.

체결 토크 : 2.0 ~ 2.7kgf.m

2. 타이밍 벨트 아이들러를 장착한다.
3. 타이밍 벨트를 장착한다.
4. 워터펌프 풀리를 장착한다.
5. 구동 벨트를 장착한다.
6. 워터 펌프 풀리 고정볼트를 체결한다.

체결 토크 : 0.8 ~ 1.0kgf.m

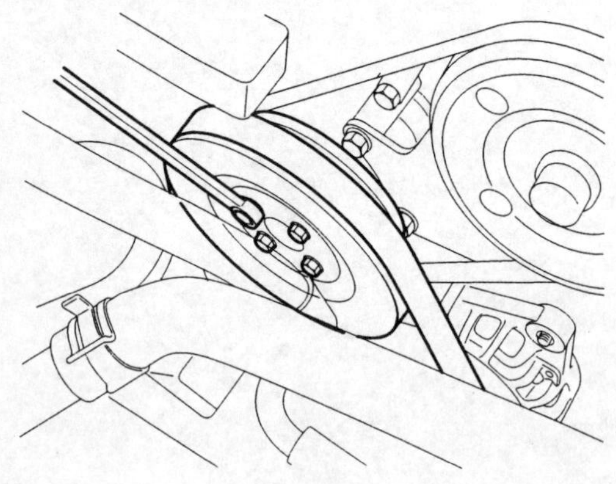

ECKD104B

7. 냉각수를 주입한다.
8. 엔진을 시동하고 누수를 점검한다.
9. 엔진 냉각수 수준을 재 확인 한다.

서머스탯

탈거

참고

서머스탯 단품 자체를 분해하는 경우 냉각성능을 저하시키는 등의 역효과를 야기시킬 수 있으므로 분해하지 않는다.

1. 냉각수 수준이 서머스탯 장착부분 이하까지 오도록 냉각수를 배출시킨다.
2. 냉각수 인렛 피팅(A)과 개스킷, 서머스탯을 탈거한다.

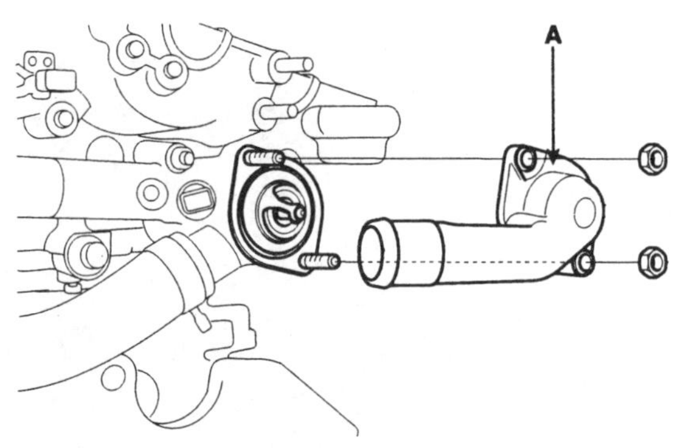

ECKD501B

점검

1. 서머스탯을 물에 담그고 물을 서서히 가열한다.

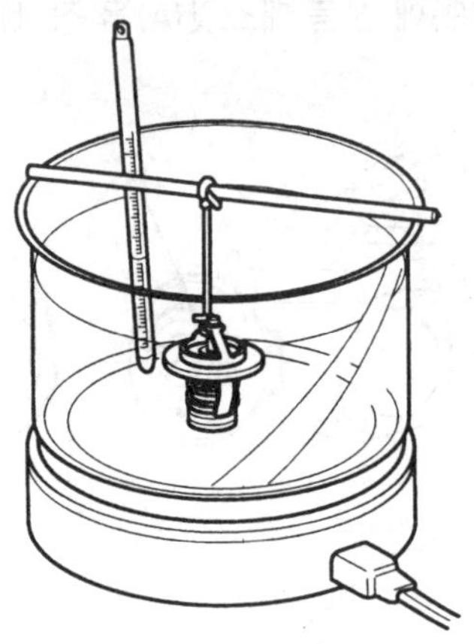

ECKD503B

2. 밸브의 개방온도를 점검한다.

밸브 개변 온도 : 82°C
밸브 전개 온도 : 95°C

밸브 개변 온도가 사양과 다른 경우 서머스탯을 교환한다.

3. 밸브의 양정을 점검한다.

전개 양정 : 8mm 이상 (95°C)

밸브의 양정이 사양과 다른경우 서머스탯을 교환한다.

장착

1. 서머스탯을 서머스탯 하우징에 장착한다.
   1) 서머스탯(B)의 지글 밸브가 위쪽을 향하도록 장착한다.
   2) 서머스탯(B)에 신품 개스킷(A)을 장착한다.

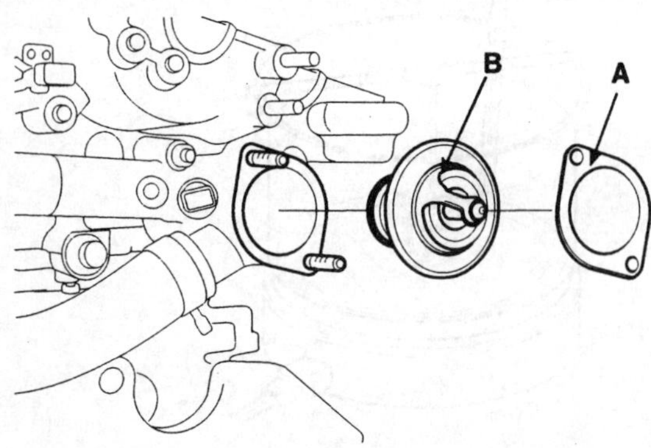

ECKD510A

2. 냉각수 인렛 피팅(A)을 장착한다.

체결 토크 : 1.5 ~ 2.0 kgf.m

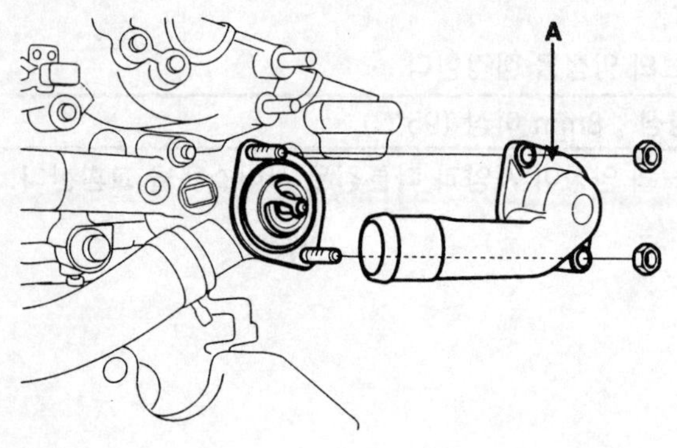

ECKD501B

3. 냉각수를 주입한다.
4. 엔진을 시동하고 누수를 점검한다.

윤활 시스템

엔진 오일

엔진 오일과 필터 교환

⚠주의

- **오일이 장기적이고 반복적으로 피부에 접촉하는 경우 피부 지방성분의 파괴, 피부의 건조, 염증 등을 유발 시킬 수 있으며 또한 오일 내부의 유해 물질이 피부 암을 유발 시킬 수도 있다.**
- **오일과 피부의 접촉 빈도를 가능한 최소로 하며 보호용 피복 및 장갑 등을 착용한다. 피부에 묻은 오일은 물과 비누 또는 핸드 클리너 등을 사용하여 깨끗이 세척하고 가솔린, 시너 솔벤트 등을 사용하지 않는다 .**
- **환경 보호를 위해 폐유는 반드시 지정된 곳에서 적절히 처리해야만 한다.**

1. 엔진 오일을 배출 시킨다.
   1) 오일 필러 캡을 개방한다.
   2) 드레인 플러그를 분리하고 오일을 배출 시킨다.
2. 오일 필터를 교환한다.
   1) 오일 필터를 탈거한다.
   2) 필터 장착면을 청소하고 점검한다.
   3) 신품 오일 필터와 구품의 부품 번호가 일치하는지 확인한다.
   4) 신품 오일 필터의 개스킷에 깨끗한 엔진 오일을 도포한다.
   5) 필터 개스킷과 필터 장착면이 접촉 될 때까지 가볍게 조인다.
   6) 추가적으로 3/4(4분의 3) 회전시켜 완전히 조인다 .
3. 엔진 오일을 주입한다.
   1) 오일 드레인 플러그와 신품 개스킷을 장착한다.

체결토크 : 4.0 ~ 5.0kgf.m

   2) 신품 엔진 오일을 주입한다.

오일 용량
전체 : 4.1L
오일 팬 : 3.7L
교환 용량(필터포함) : 4.0L
오일 등급 : API SJ / SL 이상 or SAE 5W-20

   3) 오일 필러 캡을 장착한다.
4. 엔진을 시동하여 누유를 점검한다.
5. 엔진 오일 수준을 재 점검한다.

엔진 오일 등급

추천 API 등급 : SJ 또는 SL급 이상

추천 SAE점도 등급

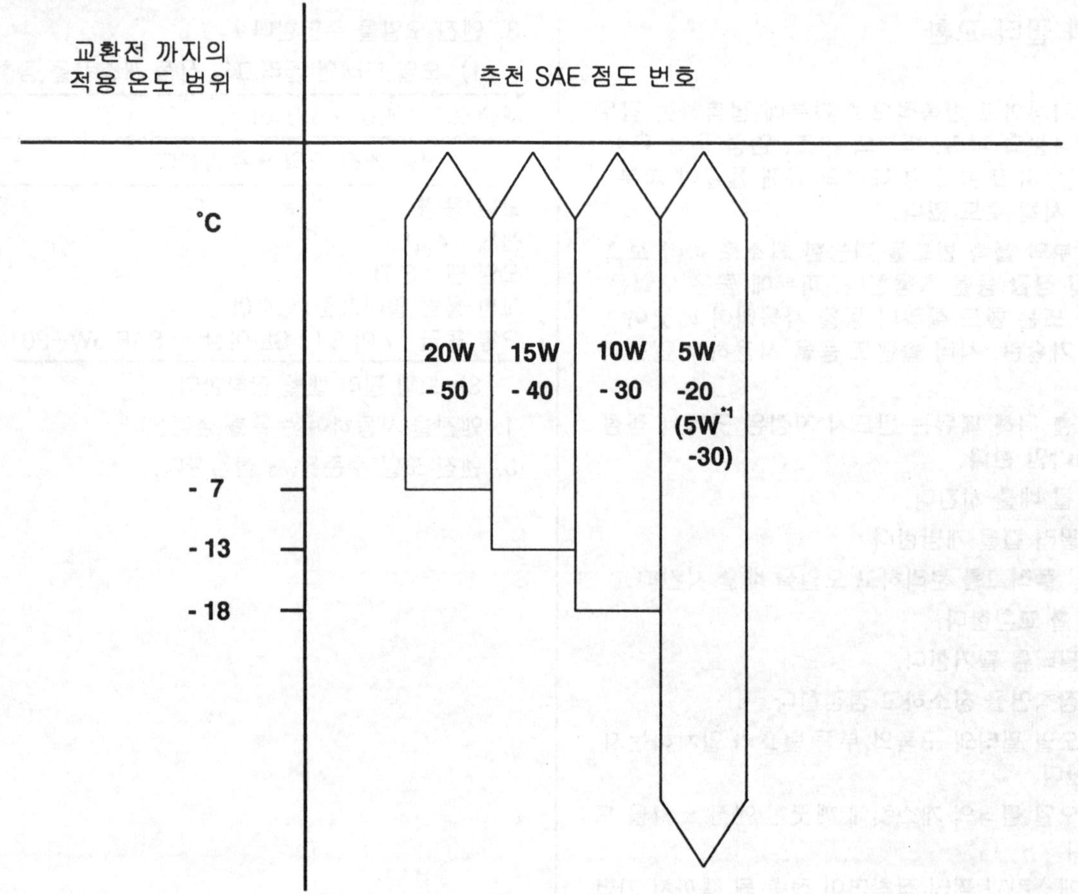

*1 5W-20/GF3 오일 사용 불가시, 5W-30/GF3이나 각 온도별에 해당하는 오일 점도 엔진오일 사용

SHDM16212D

참고

모든 작동조건에서 최대한 성능과 최대의 보호를 위해 반드시 다음과 같은 윤활유를 선택한다.

1. *API등급 분류의 요구사항을 만족해야 한다.*
2. *주위에 온도 범위에서 적절한 SAE 등급 번호를 가져야 한다.*
3. *용기에 SAE등급 번호와 API등급 분류가 표시되지 않은 윤활유는 사용하지 않는다.*

점검

1. 엔진 오일의 상태를 점검한다.

   오일의 변색, 수분의 유입 여부, 점도 저하 등을 점검한다.

   오일의 질이 눈에 뛰게 불량한 경우 오일을 교환한다.
2. 엔진 오일량을 점검한다.

   엔진 웜 업 이후 엔진을 정지하고 약 5분이 지난 뒤 엔진 오일량이 게이지의 "F"와 "L" 사이에 위치 하는지 확인한다.

   "L"보다 낮은 경우 누유를 점검하고 "F"까지 오일을 보충한다.

   참고

   "F"표시 이상으로 엔진 오일을 주입하지 않는다.

오일 펌프

구성부품

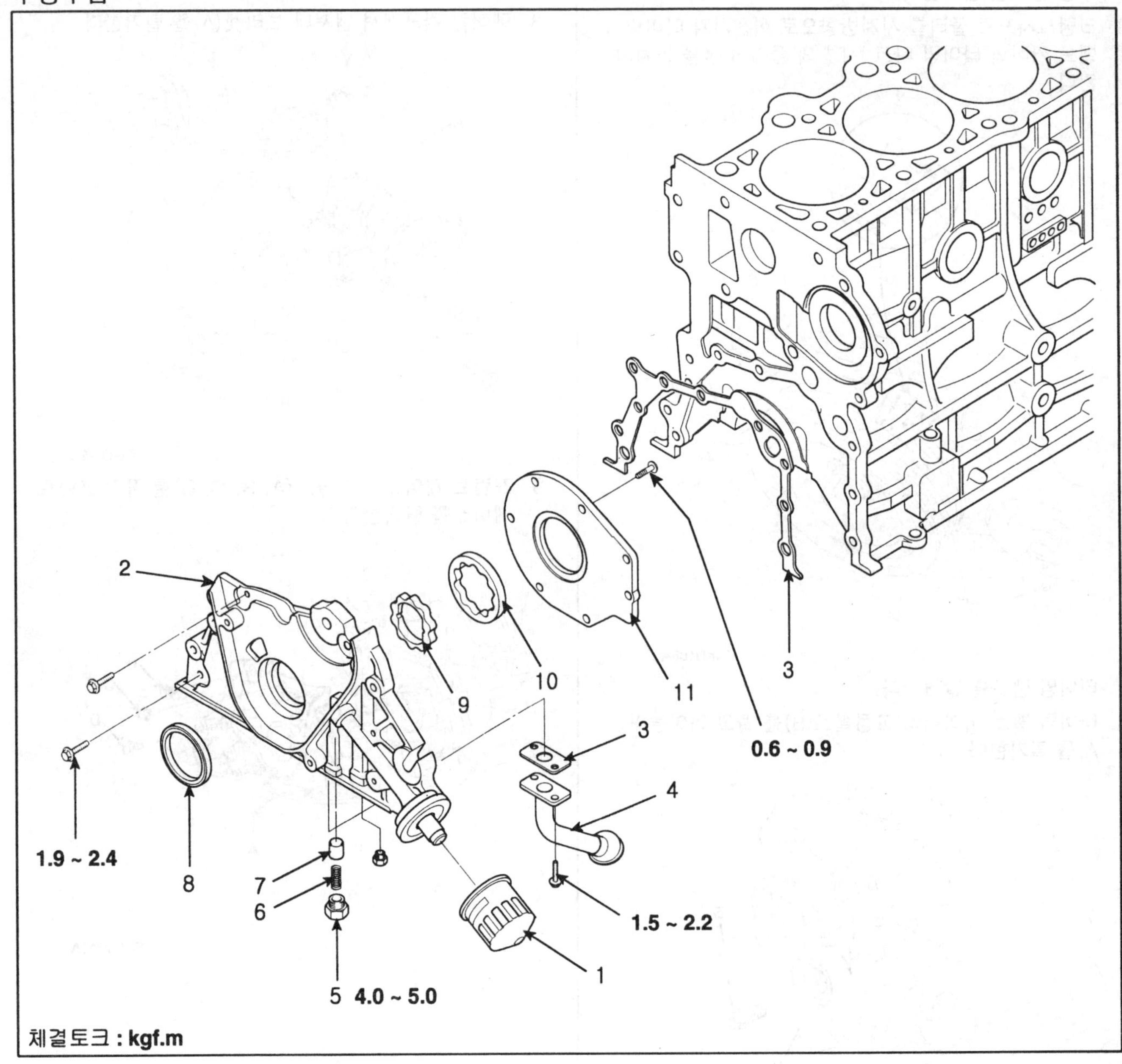

SFDM38010D

1. 오일 필터
2. 프런트 케이스
3. 개스킷
4. 오일 스크린
5. 플러그
6. 릴리프 스프링
7. 릴리프 플런저
8. 오일 씰
9. 인너 로터
10. 아웃터 로터
11. 펌프 커버

탈거

1. 엔진 오일을 배출 시킨다.
2. 구동 벨트를 탈거한다.
3. 크랭크샤프트 풀리를 시계방향으로 회전시켜 타이밍 벨트 커버의 타이밍 마크 " T " 와 풀리의 홈을 일치시킨다.

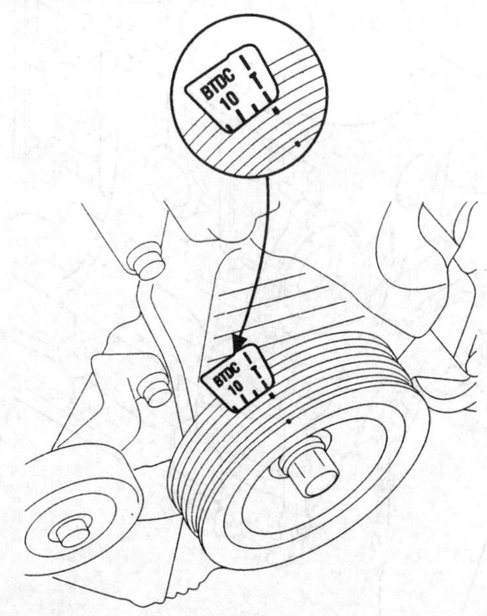

ECKD106A

4. 타이밍 벨트를 탈거한다.
5. 타이밍 벨트 아이들러 고정볼트(B)를 풀고 아이들러(A)를 탈거한다.

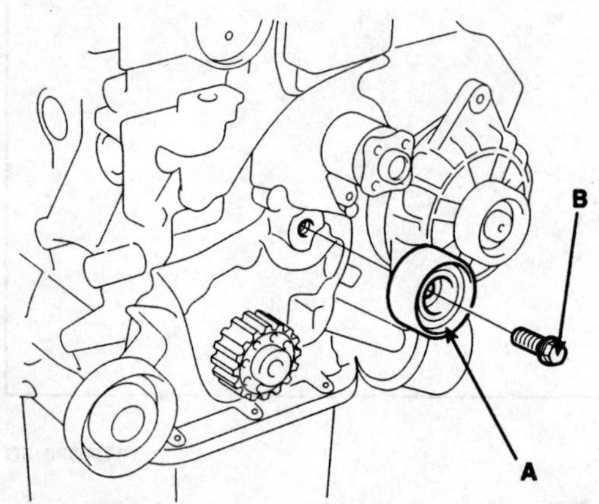

ECKD109C

6. 오일 팬과 오일 스크린을 탈거한다.
7. 알터네이터를 탈거한다. (그룹 EE - 알터네이터 참조)
8. 에어컨 컴프레셔 텐셔너 브라켓(A)을 탈거한다.

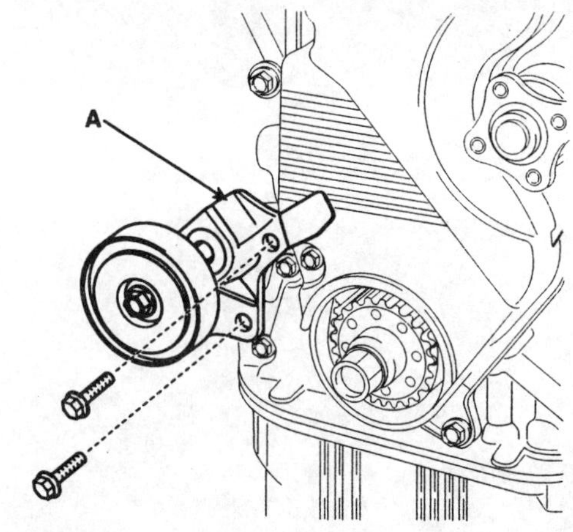

ACGE029A

9. 프런트 케이스 고정볼트(A, B, C, D)를 풀고 프런트 케이스를 탈거한다.

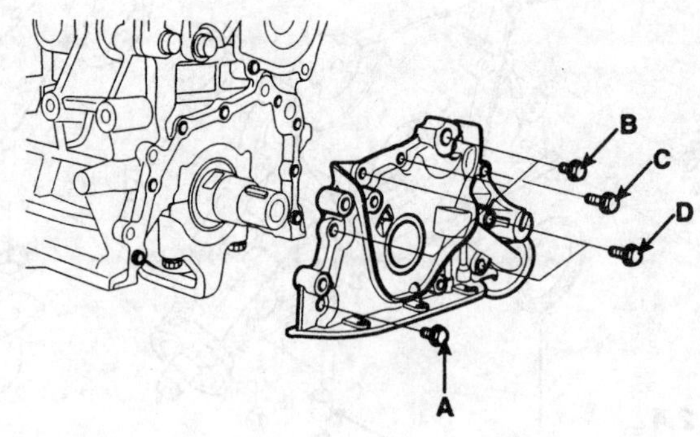

ECKD411A

1) 오일 펌프 하우징 스크류(B)를 풀어 하우징과 커버(A)를 탈거한다.

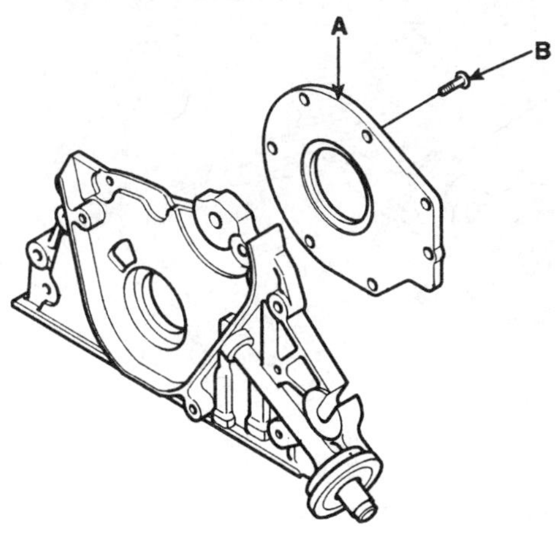

ECKD401A

2) 오일 펌프에서 내측 로터(A)와 외측 로터(B)를 탈거한다.

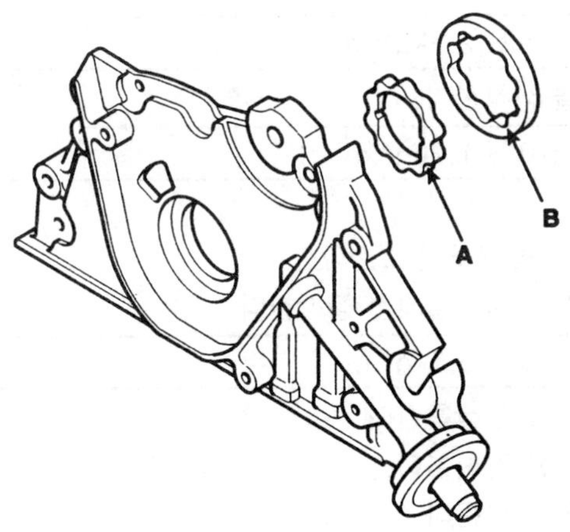

ECKD402A

장착

1. 오일 펌프를 조립한다.
   1) 로터의 마크가 있는 면이 커버 쪽으로 향하도록 하여 프런트 케이스에 내측 로터와 외측로터를 장착한다.
   2) 오일 펌프 커버(A)를 프런트 케이스에 장착하고 스크류(B)를 체결한다.

체결 토크 : 0.6 ~ 0.9kgf.m

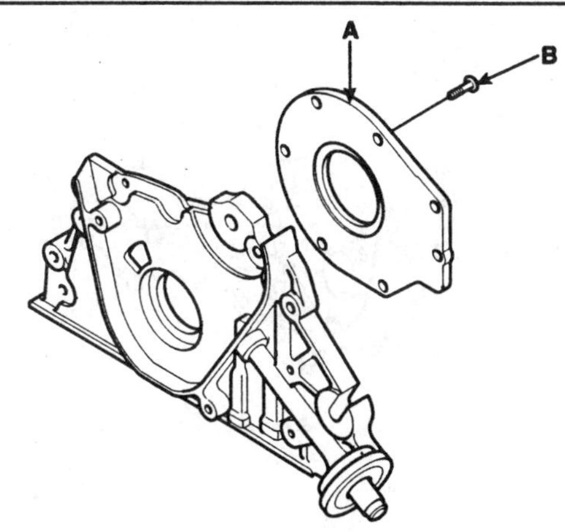

ECKD401A

2. 오일 펌프가 원활히 회전하는지 점검한다.

3. 오일 펌프를 실린더 블록에 장착한다.
   1) 신품의 프런트 케이스 개스킷을 실린더 블록에 설치한다.
   2) 오일 펌프 오일 씰 가장자리에 엔진오일을 도포하고 크랭크샤프트 위에 오일 펌프를 장착한다.
   3) 오일 펌프 장착 시 크랭크샤프트 주변의 그리스를 청소하고 오일 펌프 오일 씰 가장자리 부분의 뒤틀림이 없는지 확인한다.

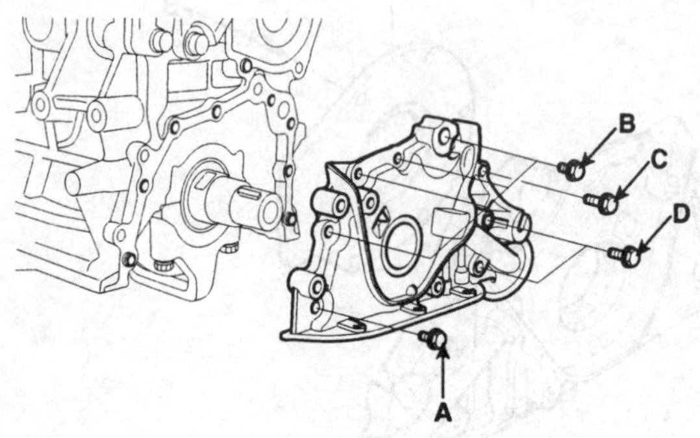

ECKD411A

볼트 길이
(A) : 25mm, (B) : 30mm,
(C) : 38mm, (D) : 45mm
체결 토크 : 1.9 ~ 2.4kgf.m

4. 프런트 오일 씰 가장자리에 오일을 얇게 도포한다.
5. 특수공구(09214-33000)를 사용하여 프런트 케이스 오일 씰을 장착한다.

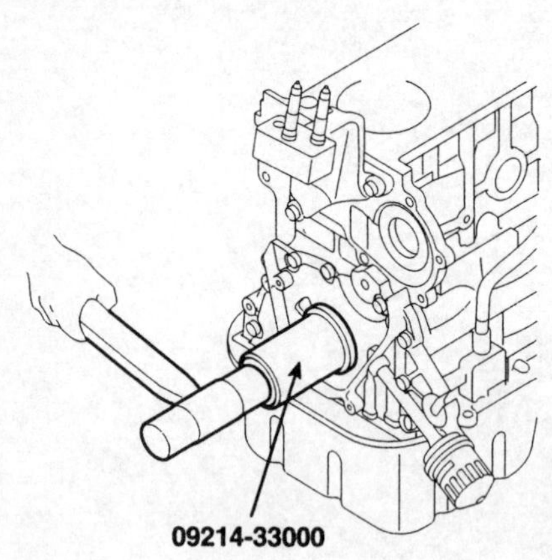

ECHE200B

6. 에어컨 컴프레셔 텐셔너 브라켓(A)을 장착한다.

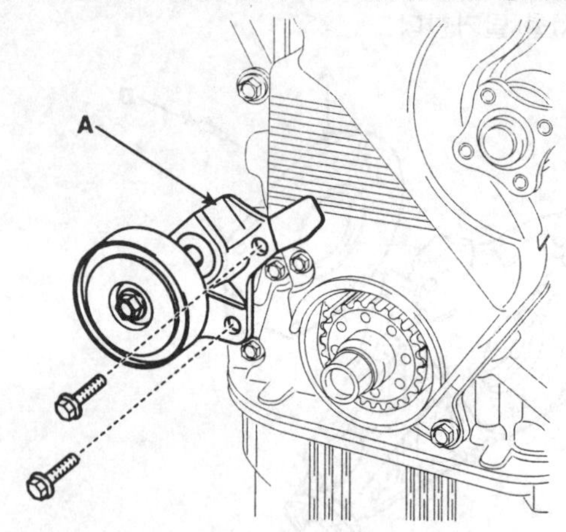

ACGE029A

7. 알터네이터를 장착한다. (그룹 EE - 알터네이터 참조)
8. 오일 스크린을 장착한다.

체결 토크 : 1.5 ~ 2.2kgf.m

9. 오일 팬을 장착한다.

체결 토크 : 1.0 ~ 1.2kgf.m

참고
오일 팬 장착면을 청소한다.

10. 타이밍 벨트 아이들러를 장착한다.

체결 토크 : 4.3 ~ 5.5kgf.m

11. 타이밍 벨트를 장착한다.
12. 구동 벨트를 장착한다.
13. 엔진 오일을 채운다.

분해

릴리프 플런저

1. 릴리프 플런저를 탈거한다.

   플러그(A)와 스프링(B), 릴리프 플런저(C)를 탈거한다.

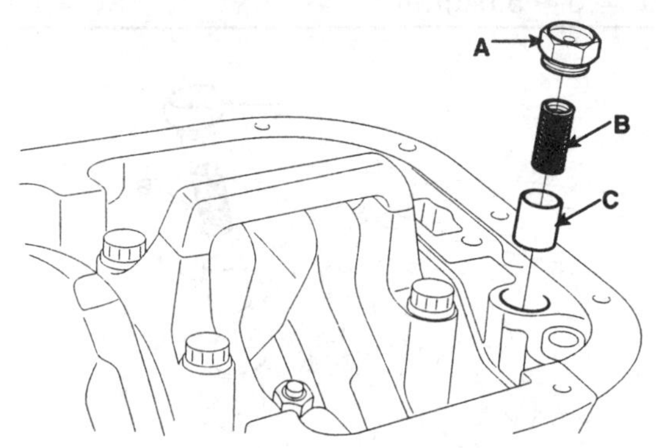

ECKD403A

점검

1. 릴리프 플런저를 점검한다.

   플런저에 엔진 오일을 도포하고 플런저 홀에 넣었을 때 부드럽게 들어가는지 점검하고 불량한 경우 플런저를 교환한다. 필요한 경우 프런트 케이스를 교환한다.

2. 릴리프 밸브 스프링을 점검한다.

   릴리프 밸브 스프링의 변형 또는 파손을 점검한다.

규정값
자유 길이 : 43.8mm
부하 : 3.7 ± 0.4kg/40.1mm

3. 로터의 사이드 간극을 점검한다.

   간극 게이지와 정밀한 직각자를 사용하여 로터와 직각자 사이의 간극을 측정한다.

사이드 간극	외측 로터	0.04 ~ 0.09mm
	내측 로터	0.04 ~ 0.085mm

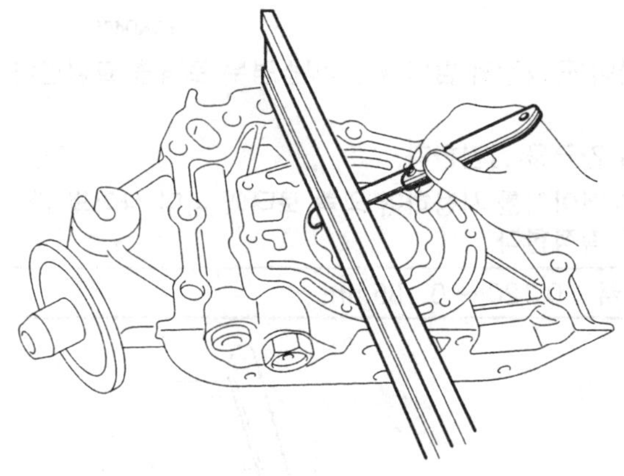

ECKD404A

측정값이 규정값의 범위를 벗어난 경우 로터를 교환하고 필요한 경우 프런트 케이스를 교환한다.

4. 로터의 팁 간극을 점검한다.

간극 게이지를 사용하여 외측 로터 끝부분과 내측 로터 끝부분 사이의 팁 간극을 측정한다.

팁간극 : 0.025 ~ 0.069mm

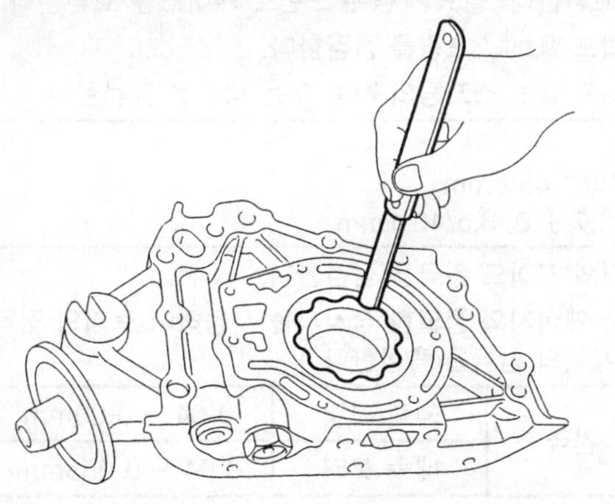

ECKD405A

간극이 규정값의 범위를 벗어난 경우 로터를 교환한다.

5. 바디 간극을 점검한다.

간극 게이지를 사용하여 외측 로터와 바디 사이의 간극을 측정한다.

바디 간극 : 0.120 ~ 0.185mm

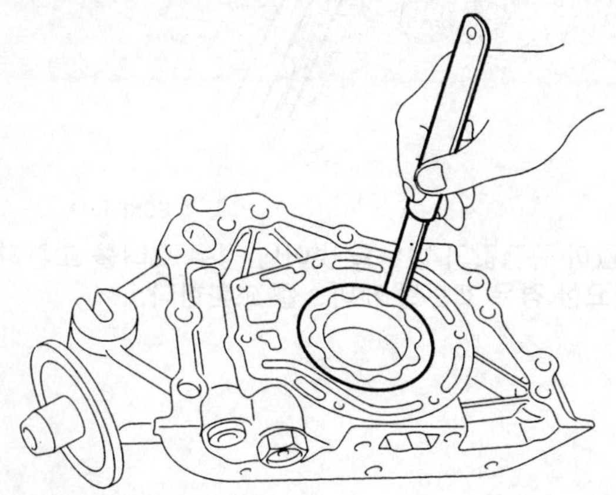

ECKD406A

바디 간극이 규정값의 범위를 벗어난 경우 로터를 교환하고 필요한 경우 프런트 케이스를 교환한다.

조립

릴리프 플런저

1. 릴리프 플런저를 장착한다.

릴리프 플런저(C)와 스프링(B)을 프런트 케이스 홀에 삽입하고 플러그(A)를 장착한다.

체결 토크: 4.0 ~ 5.0kgf.m

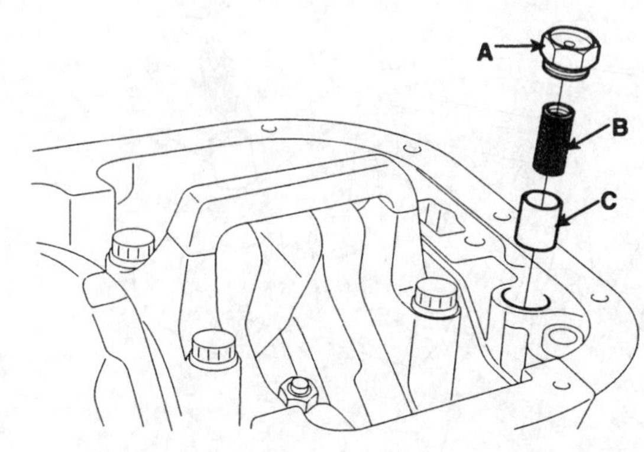

ECKD403A

오일 팬

탈거

1. 엔진오일을 배출 시킨다.
2. 리어 산소센서 커넥터(A)를 분리한다.

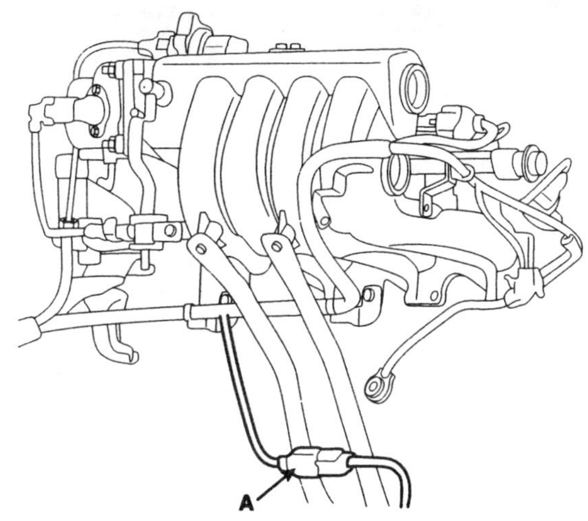

SHDM16320L

3. 프런트 머플러(A)를 탈거한다.

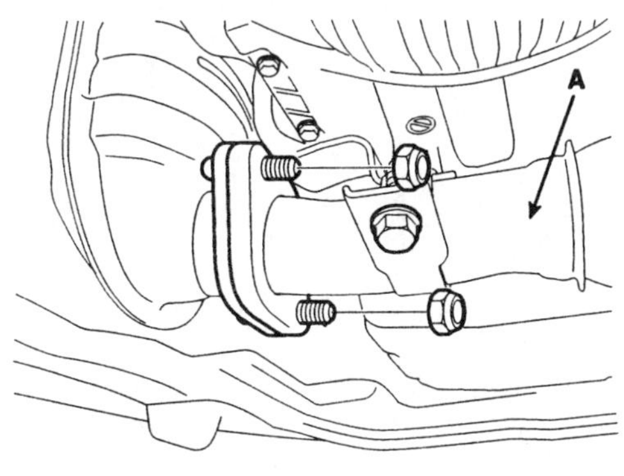

ECKD615A

4. 프런트 머플러 고정 브라켓을 탈거한다.
5. 오일 팬을 탈거한다.

장착

1. 오일 팬을 장착한다.
   1) 면도 칼과 스크레이퍼를 이용하여 오일 팬 접촉면의 개스킷 조각을 제거한다.

   참고

   접촉 면이 청결하고 마른 상태인지 확인 후 액상 개스킷을 도포한다.

   2) 오일 팬의 접촉면 중앙 부분에 액상 개스킷을 넓고 편평하게 도포한다.

액상 개스킷 : 록타이트 5900 또는 상당품

   참고

   - *오일 누유를 방지하기 위해 볼트 나사부에 액상 개스킷을 도포한다*
   - *액상 개스킷 도포 후 5분 이상 경과한 경우 이전 도포 된 개스킷을 제거 후 다시 도포하여 장착한다.*
   - *조립 후 최소 30분 이상 경과후 엔진 오일을 주입한다.*

   3) 오일 팬을 장착하고 오일 팬 볼트는 몇 차례 나누어 균등하게 체결한다.

체결 토크 : 1.0 ~ 1.2kgf.m

2. 프런트 머플러 고정 브라켓(A)을 장착한다.

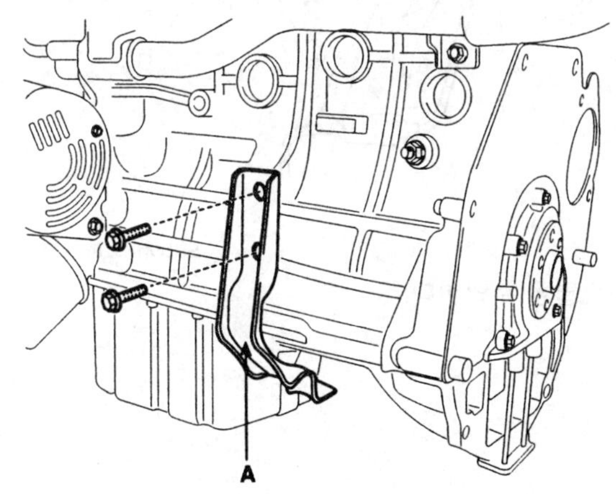

ACGE027A

3. 프런트 머플러(A)를 장착한다.

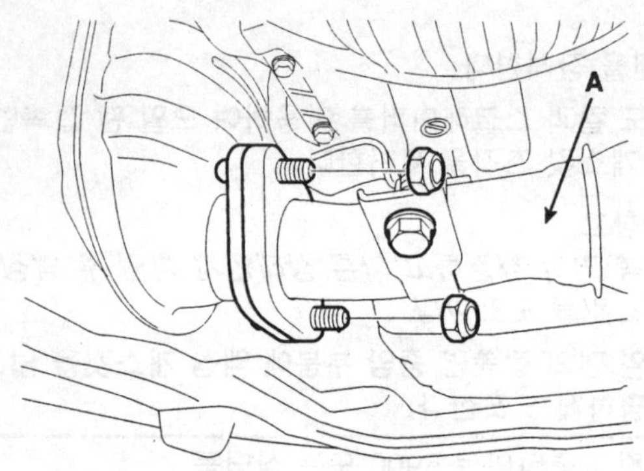

ECKD615A

4. 리어 산소센서 커넥터(A)를 장착한다.

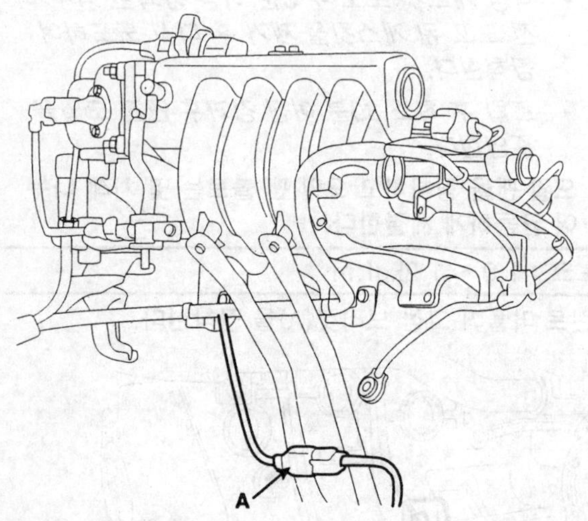

SHDM16320L

5. 엔진오일을 주입한다.

흡기 및 배기 시스템

흡기 매니폴드

구성부품

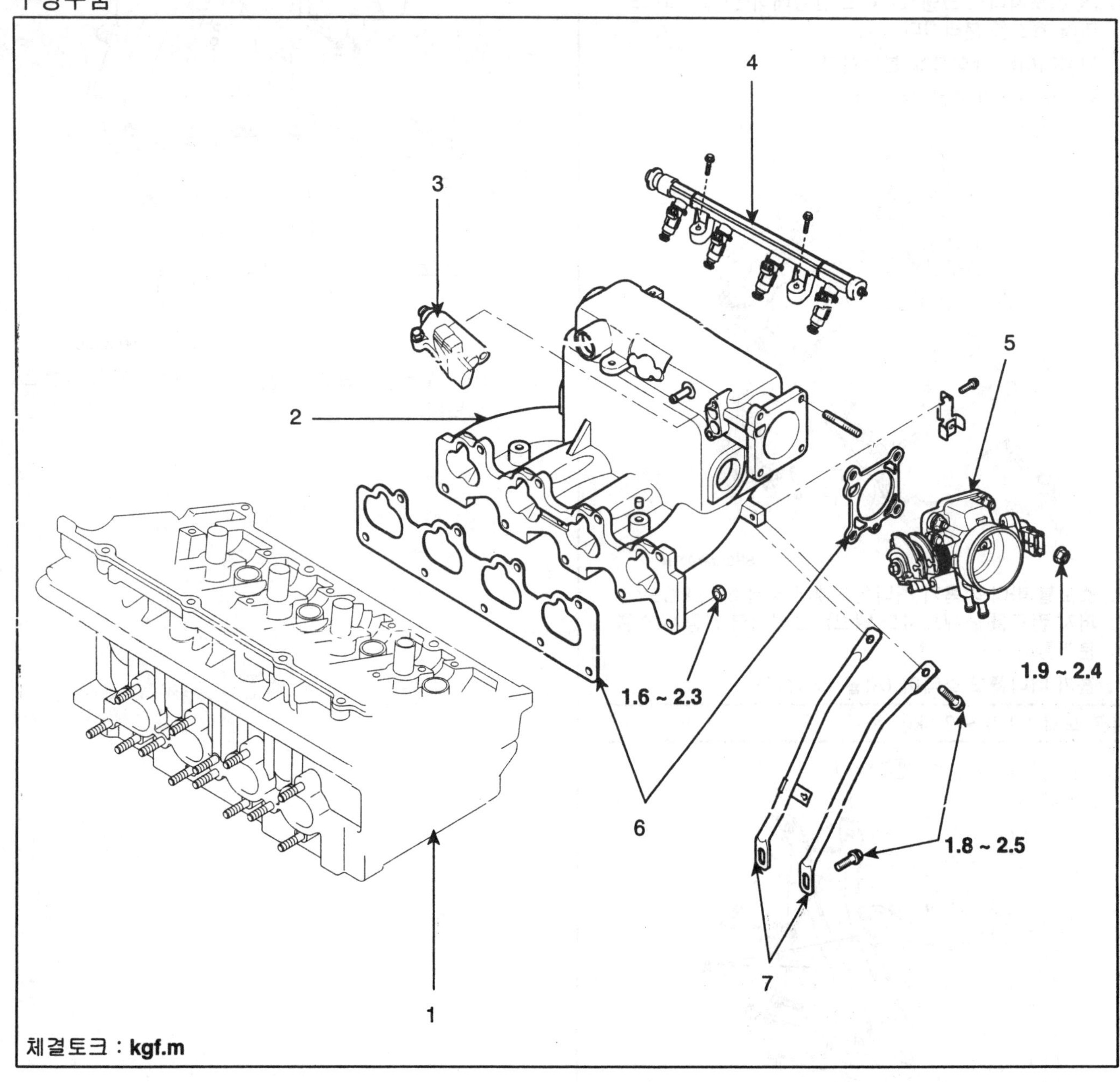

SFDM38011D

1. 실린더 헤드
2. 흡기 매니폴드
3. I.S.A (아이들러 스피드 액츄에이터)
4. 딜리버리 파이프 어셈블리
5. 스로틀 바디
6. 개스킷
7. 흡기 매니폴드 스테이

탈거

1. 엔진커버를 탈거한다.
2. TPS (스로틀 포지션 센서) 커넥터와 ISA (아이들 스피드 액츄에이터) 커넥터를 분리한다.
3. PCV(포지티브 크랭크케이스 벤틸레이션) 호스와 브리더 호스를 분리한다.
4. 악셀레이터 케이블을 분리한다.
5. 딜리버리 파이프를 탈거한다.

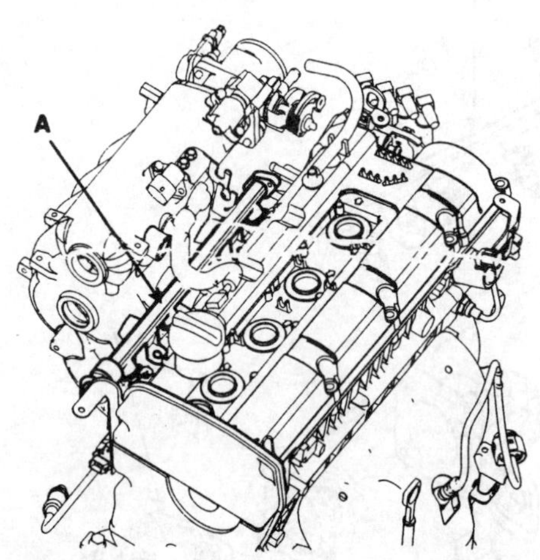

SHDEM7007N

6. 스로틀 바디와 흡기 매니폴드에서 히터호스, PCSV (퍼지 컨트롤 솔레노이드 밸브), 브레이크 진공 호스를 분리한다.
7. 흡기 매니폴드 스테이 (A)를 탈거한다.

체결 토크 : 1.8 ~ 2.5kgf.m

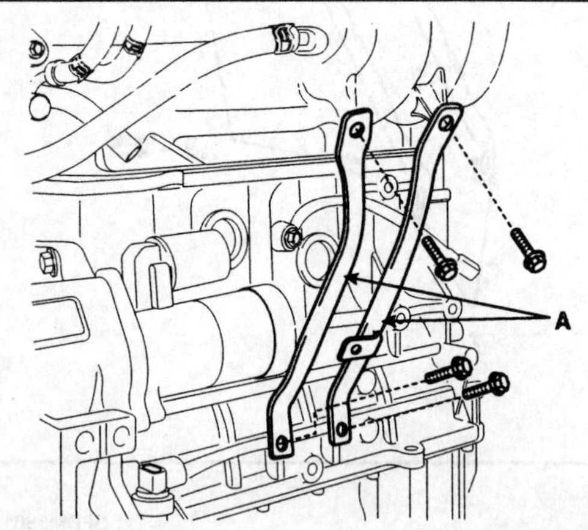

ACGE032A

8. 흡기 매니폴드(A)를 탈거한다.

체결 토크 : 1.6 ~ 2.3kgf.m

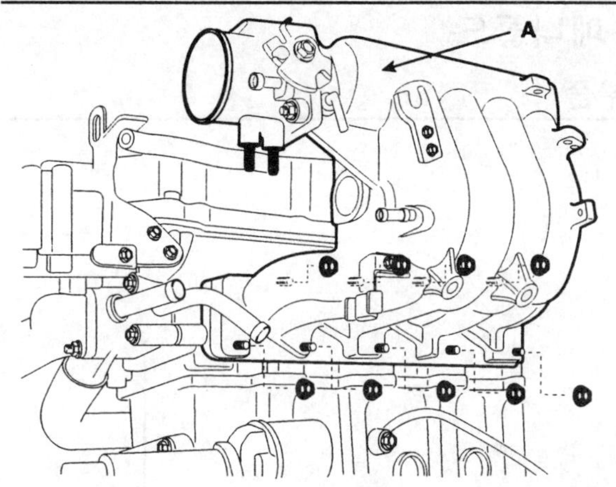

SHDM16215D

9. 장착할 때는 신품의 개스킷을 사용하여 탈거의 역순으로 행한다.

배기 매니폴드

구성부품

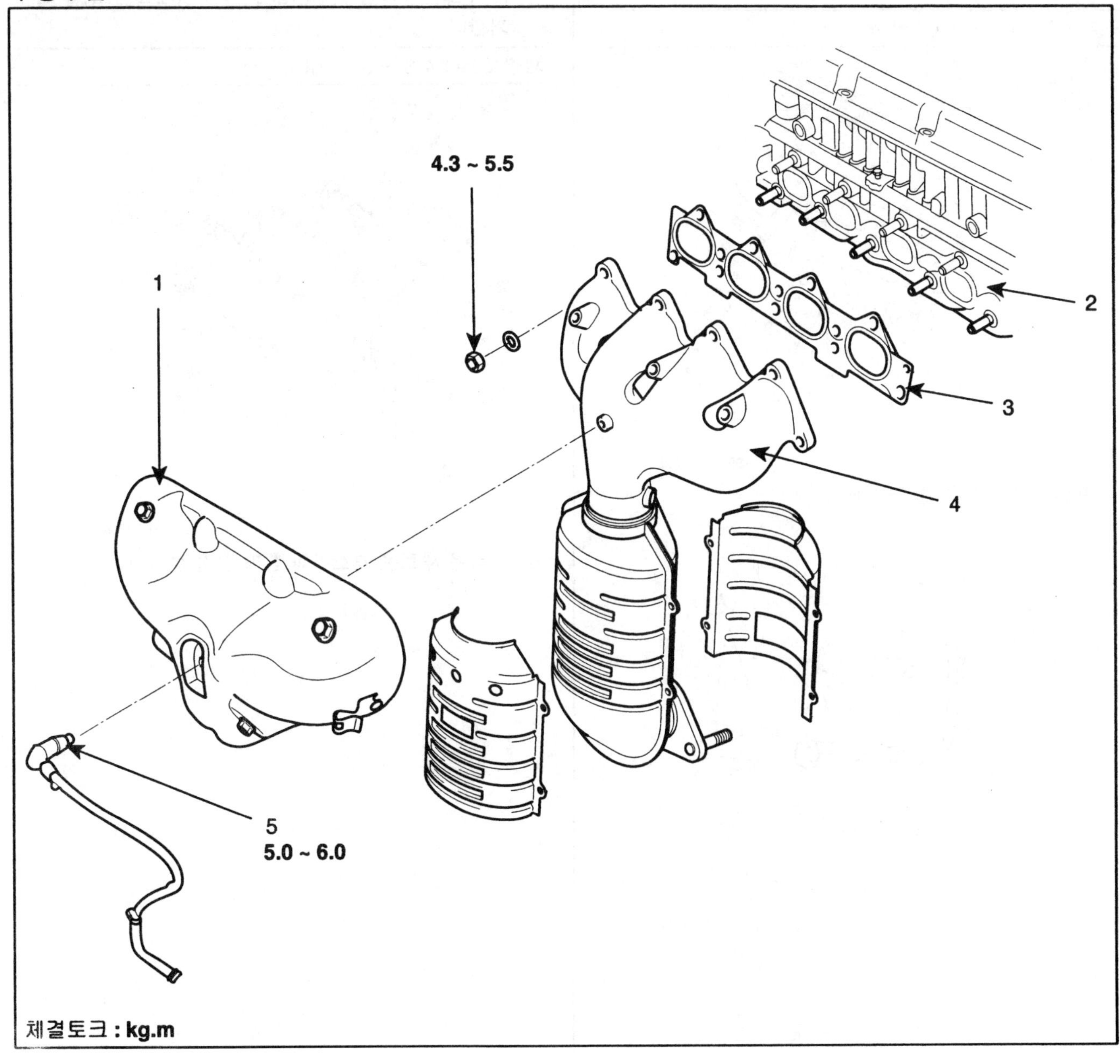

SFDM38012D

1. 히트 프로텍터
2. 실린더 헤드
3. 개스킷
4. 배기 매니폴드
5. 프런트 산소 센서

탈거

1. 엔진커버를 탈거한다.
2. 프런트 산소센서 커넥터(B)를 분리한다.

체결토크 : 4.0 ~ 6.0 kgf.m

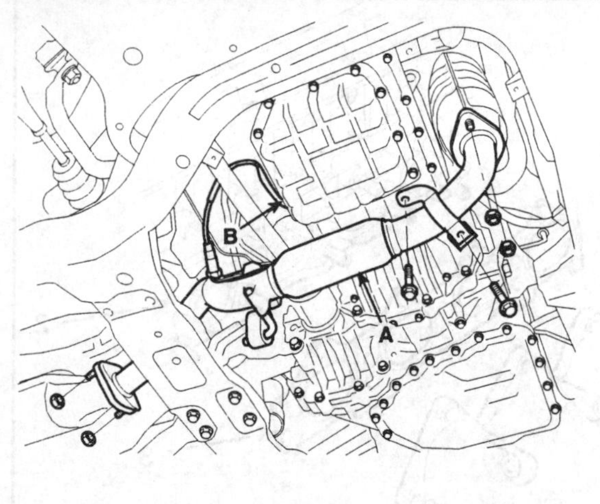

SFDM18002L

3. 프런트 머플러(A)를 탈거한다.

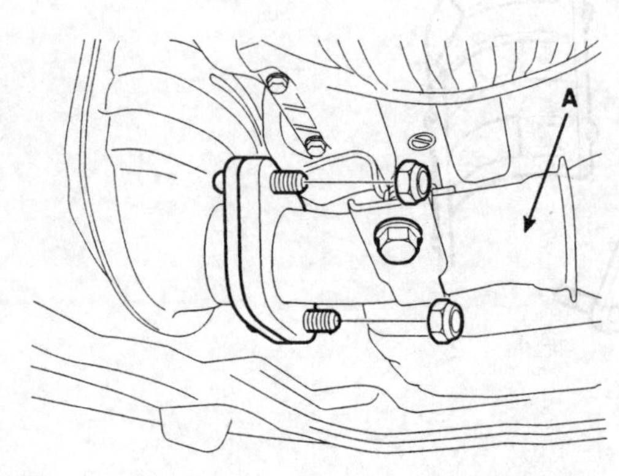

ECKD615A

4. 히트 프로텍터를 탈거한다.

체결토크 : 1.7 ~ 2.2 kgf.m

5. 배기 매니폴드와 카탈리틱 컨버터 어셈블리(A)를 탈거한다.

체결토크 : 4.3 ~ 5.5 kgf.m

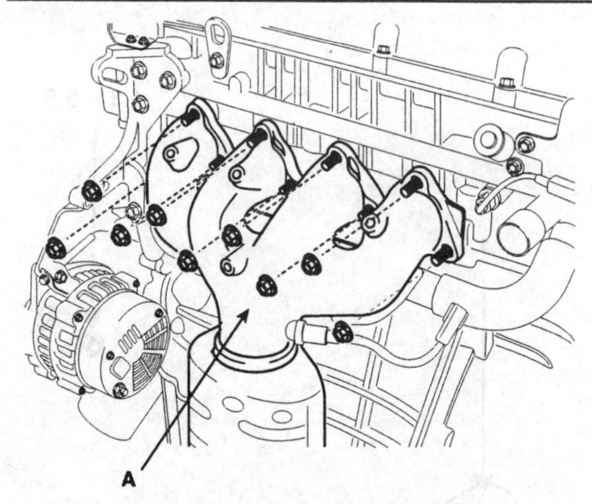

SHDM16216D

6. 장착은 새로운 개스킷과 함께 탈거 절차의 역순으로 행한다.

머플러

탈거

1. 프런트 산소 센서 커넥터(B)를 분리한다.
2. 프런트 머플러(A)를 탈거한다.

체결토크 : 4.0 ~ 6.0 kgf.m

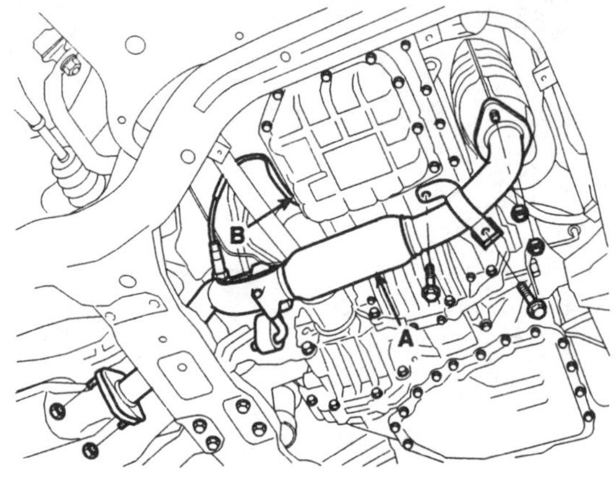

SFDM18002L

3. 센터 머플러(A)와 메인 머플러(B)를 탈거한다.

체결토크 : 4.0 ~ 6.0 kgf.m

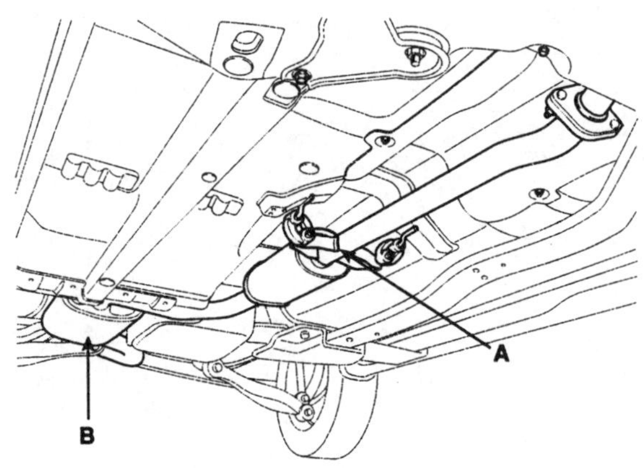

SEDM17012L

엔진 전장 (G4GC - 가솔린 2.0)

일반사항

제원

점화 시스템

항 목		제 원
점화 코일	1차 코일 저항	0.58 ± 10% (Ω)
	2차 코일 저항	8.8 ± 15% (kΩ)
점화 플러그	NGK	BKR5ES-11
	CHAMPION	RC10YC4
	플러그 갭	1.0 ~ 1.1 mm

시동 시스템

항목			제 원
스타터	출 력		12 V, 1.2 kW
	피니언 잇수		8
	무부하 특성	터미널 전압	11V
		최대전류	90A
		최저속도	2,800 rpm

충전 시스템

항 목		제 원
알터네이터	정격 출력	13.5 V , 90A
	모터 속도	1,000 ~ 18,000 rpm
	전압 레귤레이터 형식	IC 레귤레이터 내장형
	온도 보상	-7 ± 3 mV / °C
배터리	형식	48-23 GL
	냉간 시동 전류 (-18 °C)	550 A
	보존 용량	92 분
	비중 (20 °C)	1.280 ± 0.01

⚠주의

- 냉간 시동 전류 (Cold cranking ampere) : 특정온도에서 7.2V 이상의 터미널 전압을 유지하며 30초간 배터리가 공급할 수 있는 전류
- 보존용량 (Reserve capacity) : 26.7 °C 의 온도에서 최소 터미널 전압 10.5 V를 유지하면서 배터리가 25A를 공급할 수 있는 총 시간

참고

- 배터리 형식 표시법 : □□-□□ □ □ (① ② ③ ④)

①: 5시간 용량
②: 배터리 길이
③: 배터리 폭
④: 단자 위치

SFDE18100D

체결토크

항목	체결토크 (kgf · m)
점화 코일 마운팅	1.9 ~ 2.7
스타터 터미널 마운팅	1.0 ~ 1.2
스타터 마운팅	4.3 ~ 5.5
알터네이터 마운팅 A	2.0 ~ 2.5
알터네이터 마운팅 B	2.0 ~ 2.5

고장진단

점화 시스템

현 상	가능한 원인	조 치
시동이 걸리지 않거나 어렵다. (크랭킹은 됨)	점화 스위치 불량	점화 스위치 교환
	점화 코일 불량	점화 코일 교환
	파워 트랜지스터 불량	ECU 점검 (파워 트랜지스터 계통)
	점화 플러그 불량	점화 플러그 교환
	와이어링 커넥터의 이탈 또는 파손	와이어링 수리 또는 교환
	점화 플러그 불량	점화 플러그 교환
아이들이 불안정하거나 엔진이 정지한다.	와이어링 불량	와이어링 수리 또는 교환
	점화 코일 불량	점화 코일 교환
	점화 플러그 케이블 불량	점화 플러그 케이블 점검
엔진의 부조 또는 가속 불량	점화 플러그 불량	점화 플러그 교환
	와이어링 불량	와이어링 수리 또는 교환
연비가 낮다.	점화 플러그 불량	점화 플러그 교환

충전 시스템

현 상	가능한 원인	조 치
점화 스위치 ON 위치에서 충전 경고등이 점등되지 않는다.	퓨즈가 끊어짐	퓨즈 교환
	전구가 끊어짐	전구 교환
	와이어링 연결부가 풀림	느슨해진 연결부를 재조임
	L-S 단자 역접속	와이어링 점검 및 교환, 전압 레귤레이터 교환
엔진의 시동을 걸었을때도 충전 경고등이 소등되지 않는다. (배터리를 자주 충전시켜야 한다.)	구동 벨트가 느슨하거나 마모됨	구동벨트의 장력 조정 또는 교환
	퓨즈가 끊어짐	퓨즈 교환
	퓨저블 링크가 끊어짐	퓨저블 링크 교환
	전압 레귤레이터 혹은 알터네이터 결함	알터네이터 교환
	와이어링 결함	와이어링 수리 또는 교환
	배터리 케이블의 부식, 마모	수리 혹은 배터리 케이블 교환
과충전 되다.	전압 레귤레이터 결함 (충전 경고등 점등됨)	전압 레귤레이터 교환
	전압 감지 와이어링의 결함	와이어링 교환
배터리가 방전된다.	구동 벨트가 느슨하거나 마모됨	구동 벨트의 장력 조정 또는 교환
	와이어링 접속부의 느슨해짐 혹은 회로의 단락	느슨해진 연결부를 재조임 또는 와이어링의 수리
	퓨저블 링크가 끊어짐	퓨저블 링크 교환
	접지 불량	수리
	전압 레귤레이터 결함 (충전 경고등 점등됨)	알터네이터 점검
	배터리 수명이 다됨	배터리 교환

시동 시스템

현 상	가능한 원인	조 치
크랭킹이 되지 않는다.	배터리 충전전압이 낮다.	충전 혹은 배터리 교환
	배터리 케이블의 느슨해짐, 부식 또는 마모	수리 혹은 케이블의 교환
	인히비터 스위치의 결함 (A/T 차량)	조정 혹은 스위치의 교환
	퓨저블 링크의 단락	퓨저블 링크의 교환
	스타터의 결함	교환
	점화 스위치의 결함	교환
크랭킹이 느리다.	배터리 충전압이 낮다.	충전 혹은 배터리 교환
	배터리 케이블의 느슨해짐, 부식 또는 마모	수리 혹은 케이블의 교환
	스타터의 결함	교환
스타터가 계속 회전한다.	스타터의 결함	교환
	점화 스위치의 결함	교환
스타터는 회전하나 엔진은 크랭킹 되지 않는다.	와이어링의 단락	수리 또는 교환
	피니언 기어 이빨의 마모 및 부러졌거나 모터의 결함	교환
	링 기어의 이빨의 마모 및 부러졌음	플라이 휠 기어 혹은 토크 컨버너 교환

점화시스템

개요

1. 점화스위치가 'ON' 되면 배터리 전압이 점화코일의 1차 코일에 적용된다.
2. 크랭크 포지션 센서 휠이 회전함에 따라 점화신호가 ECU내 파워 트랜지스터에서 활성화되어 점화코일 1차 전류를 접지 또는 단절을 반복시킨다.
3. 이 작동은 점화코일의 2차 코일에 고압을 형성하게 하고 점화코일로부터 2차 코일에 유도된 전류는 점화 플러그를 통해 접지되고 각 실린더는 점화되는 것이다.

점화시기 점검

1. 점검 조건

   냉각수 온도 : 80~90°C (정상 가온 상태)

   램프,냉각 팬 및 모든 악세사리 : OFF

   트랜스액슬 : 중립 (자동변속기 N)

   주차 브레이크 : ON
2. 점화시기는 ECU 자체내에 설정된 DATA 값에 의해 고정된 값이므로 외부 조정이 불가능하다. 1차적으로 점화시기 제어를 판단하게하는 각종 센서값이 올바르게 입력되어 있는가를 확인해야 한다.

   점화시기 제어에 영향을 주는 ECU 입력요소
   - 냉각수온 (WTS)
   - 인히비터 스위치 (A/T)
   - 산소 센서
   - 맵 센서 (엔진부하)
   - 크랭크 샤프트 포지션 센서
   - 스로틀 포지션 센서
   - 흡기온 센서
   - 에어컨 스위치
   - 노크 센서
3. 엔진 회전수를 증가 시키면서 실제 점화시기가 변동되는가를 확인한다.

점화 코일

점검

저항 측정

1. **1차 코일 저항 측정**

   점화 코일의 1번 터미널과 2번 터미널 사이의 저항을 측정한다.

1차 코일 저항 : 0.58 ± 10% (Ω)

2. **2차 코일 저항 측정**

   1번과 4번 실린더의 고압 터미널 사이의 저항을 측정한다. 그리고 2번과 3번 실린더의 고압 터미널 사이의 저항을 측정한다.

2차 코일 저항 : 8.8 ± 15% (kΩ)

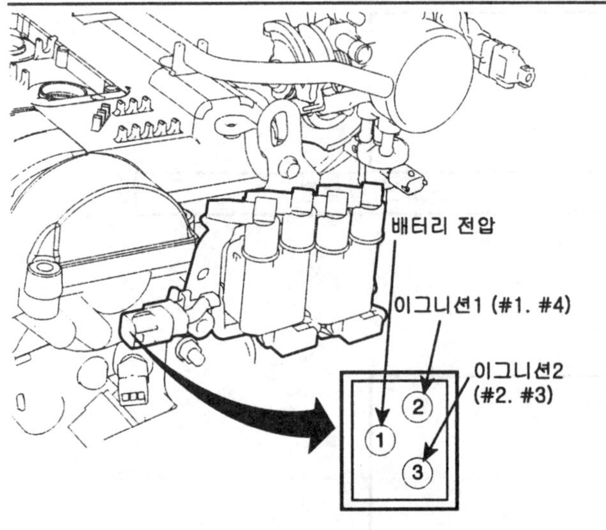

SHDEA6100D

⚠주의

2차 코일 저항을 측정할때 점화 코일의 컨넥터를 탈거후 작업해야 한다.

스파크 시험

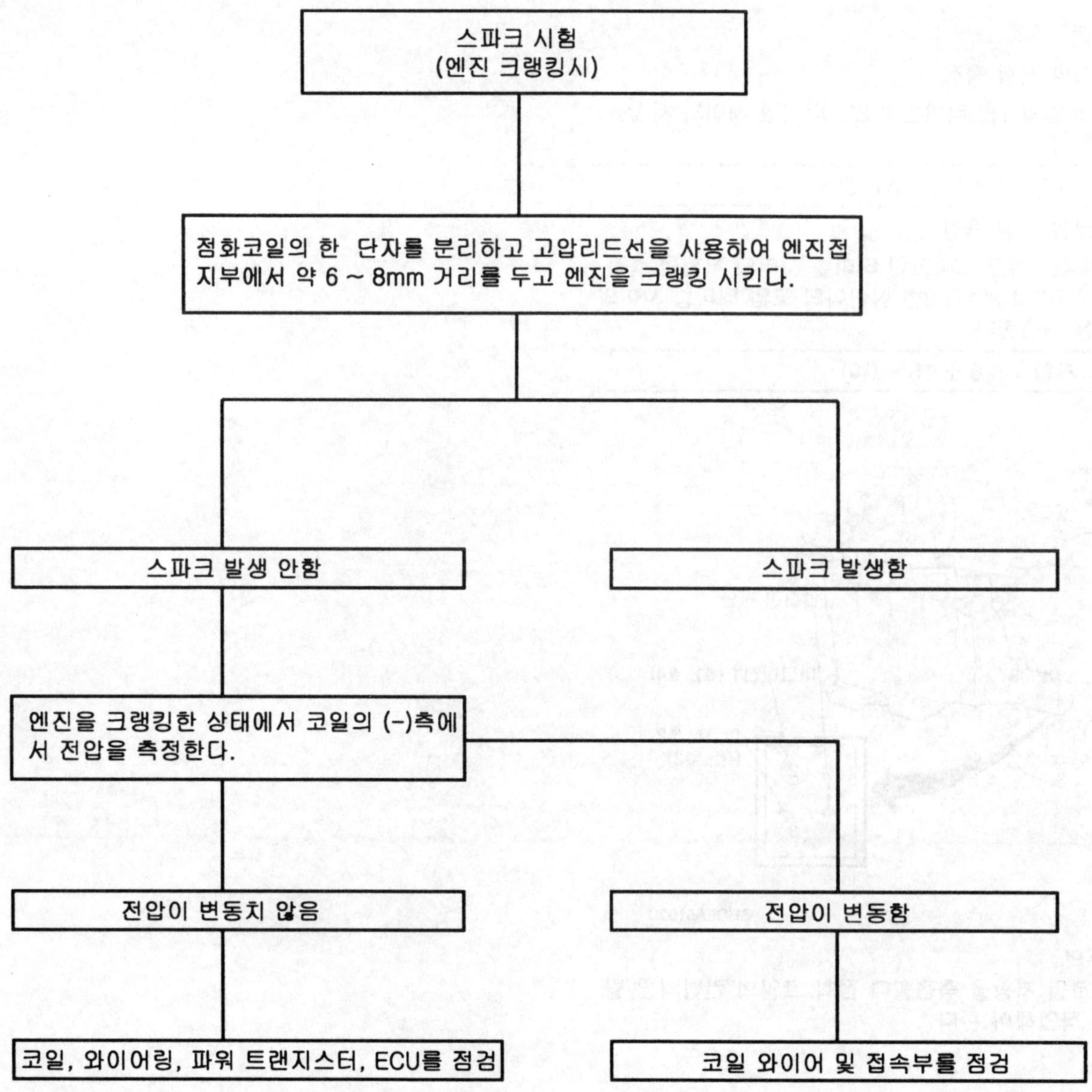

KBMB017A

점화 플러그

점검

스파크 시험

1. 점화플러그를 탈거한 후 점화플러그 케이블에 연결한다.
2. 점화플러그 외측 전극을 접지시키고 엔진을 크랭킹 시킨다.
3. 대기중에는 방전 간극이 작기 때문에 단지 작은 불꽃만이 생성된다. 그리고 점화플러그가 양호하면 스파크는 방출 간극 (전극사이)에서 발생하며, 점화플러그가 불량하면 절연이 파괴되기 때문에 스파크가 발생치 않는다.

간극 점검

1. 점화플러그에서 점화플러그 케이블을 분리한다.

⚠주의
점화플러그 케이블 분리시 케이블을 잡으면 손상될 수 있으므로 점화 플러그 케이블 부트를 잡고 당겨야 한다.

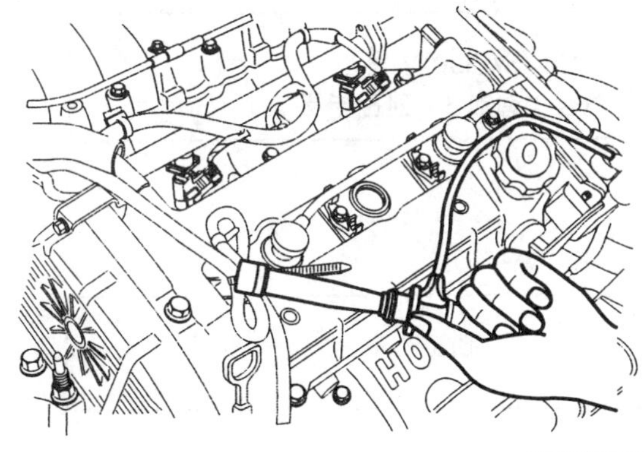

SHDEA6018D

2. 점화플러그 렌치를 사용해서 실린더 헤드로부터 점화플러그를 탈거한다.
3. 점화플러그의 다음 사항을 점검한다.
   1) 인슐레이터의 파손
   2) 전극의 마모
   3) 카본의 퇴적
   4) 가스켓의 손상 혹은 파손
   5) 플러그 간극에 있는 자기애자의 상태

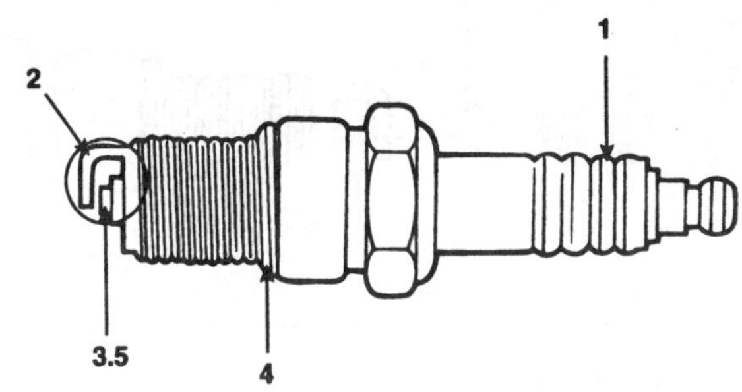

SHDEA6009L

4. 와이어 간극 게이지를 사용하여 플러그 간극을 점검하고 필요시 조정한다.

표준치 : 1.0 ~ 1.1 mm

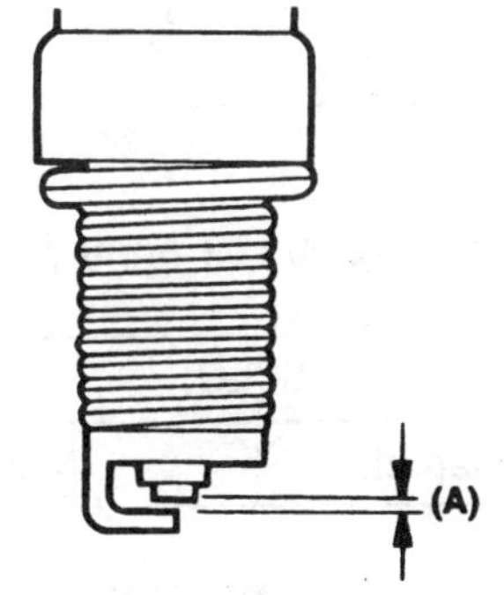

EBKD002L

5. 점화플러그를 장착하고 규정토크로 조인다. 만일 너무 과도하게 조이면 실린더 헤드의 나사부위가 손상을 입게 된다.

점화플러그 : 2 – 3 kgf · m

점화 플러그의 분석

엔진상태는 전극 접점부를 점검함으로써 알 수 있다.

상 태	접점부가 검다	접점부가 희다
원 인	• 연료의 혼합농도가 농후함 • 흡입공기가 적다	• 연료의 혼합농도가 엷음 • 점화시기가 빠르다 • 점화플러그 체결 토크의 부족

저항측정

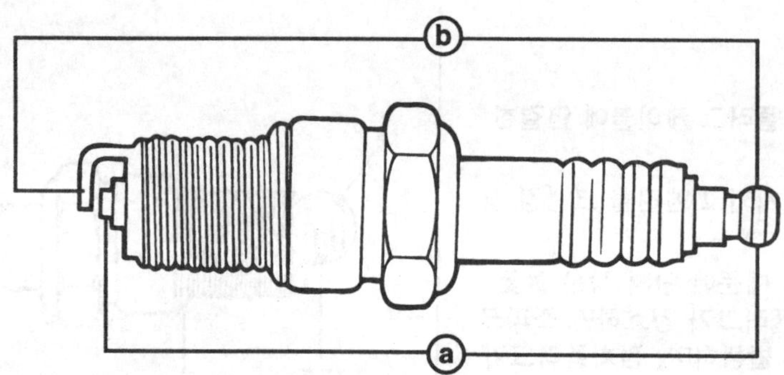

1). Spark Plug 단선/단락 저항 측정-ⓐ

구분	SPEC		조치	비고
	Champion	NGK		
정상	∞		–	–
불량	NOT∞		신품 교환	· 원인 : S/Plug內 단선 · 현상 : 실화 → 엔진부조

2) 절연 저항 측정 (500V ~ 1,000V 전압계 사용)-ⓑ

구분	SPEC		조치	비고
	Champion	NGK		
정상	50 MΩ 이상		–	–
불량	50 MΩ 이하		신품 교환	· 원인 : 발화부 카본오손 또는 절연체 크랙 · 현상 : 엔진부조

SHDEA6014D

충전시스템

개요

충전장치는 배터리, 레귤레이터가 내장된 알터네이터와 충전경고등 및 와이어를 포함한다.

알터네이터는 6개의 다이오드 (3개의 (+)다이오드, 3개의 (−)다이오드)가 내장되어 있어 AC전류가 DC전류로 정류되어 알터네이터의 "B" 단자에는 DC전류가 발생된다. 알터네이터에서 발생되는 충전전압은 배터리 전압 감지장치에 의해 조정된다.

알터네이터는 로터(A), 스테이터(B), 정류기(C), 브러시(D), 베어링(E), V리브드 풀리(F) 커버로 구성되어 있으며 브러시 홀더에는 전자 전압 레귤레이터(G)가 내장되어 있다.

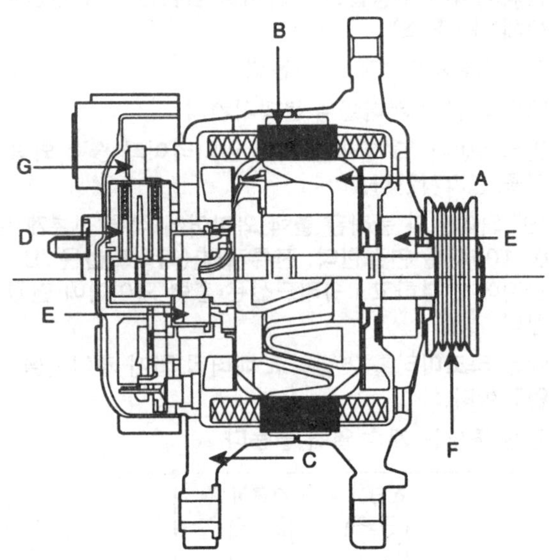

SHDEA6001D

점검

전압강하 시험

이 시험은 알터네이터 "B" 터미널과 배터리 (+)터미널 사이의 와이어링 상태가 양호한가를 점검할때 실시한다.

1. 준비
   1) 점화 스위치를 "OFF" 시킨다.
   2) 배터리 접지 케이블을 분리시킨다.
   3) 알터네이터 출력선을 알터네이터의 "B" 단자로부터 분리시킨다.
   4) 직류 전류계 (0−100A)를 "B" 터미널과 분리한 출력선 사이에 연결하고 (−)리드선은 분리된 출력선에 연결한다.

      ⚠주의
      클램프 타입 전류계를 사용하면 하니스를 분리시키지 않고서도 전류를 측정할수 있다.

   5) 알터네이터 "B" 터미널과 배터리(+) 터미널 사이에 디지탈 전압계를 연결한다. 전압계의 (+) 리드선을 "B" 터미널에 연결하고 (−) 리드선은 배터리 (−) 터미널에 연결한다.
   6) 배터리 접지 케이블을 연결한다.
   7) 후드는 개방시킨 채로 놓아둔다.
2. 시험
   1) 시동을 건다.
   2) 헤드라이트 (Head light)를 켰다 껐다하면서 전류계의 눈금이 20A를 가르키도록 엔진속도를 조정하고 그때의 전압을 측정한다.

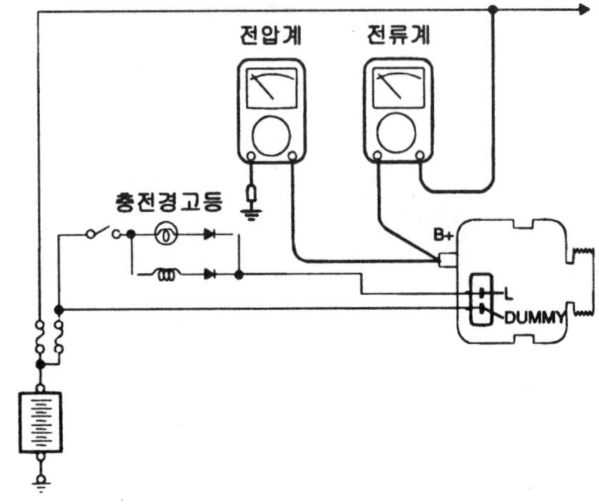

KBBC220C

3. 결과

1) 전압이 표준치를 나타내면 정상이다.

시험전압 : 최대 0.2V

2) 만일 전압계의 측정치가 표준치보다 크면 와이어링이 불량일 경우가 있으므로 이런 경우에는 알터네이터 "B" 터미널과 퓨저블링크, 알터네이터와 배터리 (+) 터미널 사이의 와이어링을 점검한다.
3) 또한 재시험을 하기전에 연결부의 풀림, 과열로 인한 하니스의 변색등을 점검하여 수리한다.
4) 시험을 완료한 후에 엔진속도를 공회전 상태로 조정하고 라이트와 점화스위치를 "OFF" 시킨다.
5) 배터리 접지 케이블을 분리시킨다.
6) 시험을 위해 연결했던 전류계와 전압계를 분리시킨다.
7) 알터네이터 출력 리드선을 알터네이터 "B" 터미널에 연결한다.
8) 배터리 접지 케이블을 연결한다.

⚠주의

알터네이터의 접지가 불안할 경우 B+ 단자와 접지간에 전압이 발생할 수 있으므로 완전한 접지가 되도록 주의한다.

출력전류 시험

이 시험은 알터네이터의 출력전류가 정격전류와 일치하는가를 확인할 때 작업한다.

1. 준비

1) 시험에 앞서 다음사항을 점검하여 필요시에는 수리해야 한다.
2) 차량에 장착된 배터리가 정상 상태인가를 확인한다.

⚠주의

출력전류를 측정할때는 약간 방전된 배터리를 사용해야 한다. 완전히 충전된 배터리를 사용하면 부하가 불충분하기 때문에 정확한 시험을 하기가 어렵다.

3) 알터네이터 구동벨트의 장력을 점검한다. ("엔진본체" 편 참조)
4) 점화스위치를 "OFF" 시킨다.
5) 배터리 접지 케이블을 분리시킨다.
6) 알터네이터 "B" 터미널에서 알터네이터 출력 와이어를 분리시킨다.
7) "B" 터미널과 분리된 출력 와이어에 직류 전류계 (0−100A)를 연결한다. 전류계의 (+)리드선은 "B" 단자에 연결하고 (−)리드선은 출력 와이어에 연결한다.
8) 엔진 타코미터를 연결하고 배터리 접지 케이블을 연결한다.
9) 엔진 후드는 계속 열어 놓는다.

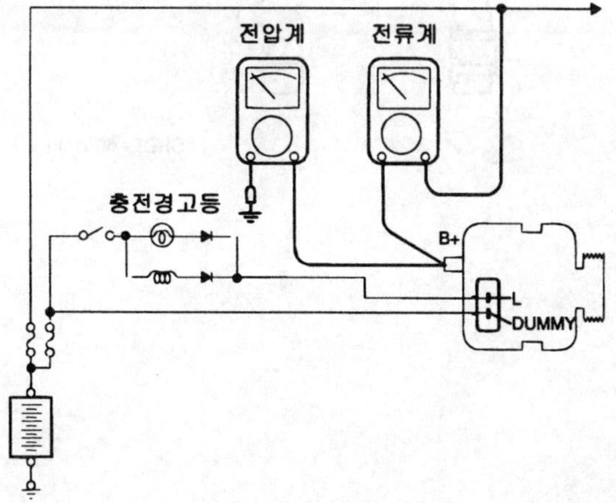

2. 시험

1) 전압계가 배터리 전압과 동일한 전압을 가르키는지 확인한다. 만일 전압계가 0V를 가르키면 알터네이터 "B" 터미널과 배터리 (−)터미널 사이의 와이어가 단락되었거나, 퓨저블 링크가 끊겼거나 접지가 불량한 것으로 판단한다.

2) 엔진의 시동을 건 후 헤드라이트 스위치를 "ON" 시킨다.

3) 헤드라이트를 "상향"에 놓고 히터 블로워 스위치를 "HIGH"에 놓고서 급속히 엔진속도를 2,500 rpm 으로 증가시키며 전류계에 나타나는 최대 출력 전류값을 측정한다.

참고
엔진을 시동한 후 충전전류가 급격히 떨어지므로 이 시험을 빠르게 측정해야만 정확한 최대 전류값을 구할 수 있다.

3. 결과

1) 전류계의 측정치는 한계치보다 높아야 한다. 만일 알터네이터 출력 와이어는 정상인데 전류가 낮다면 차량에서 알터네이터를 탈거하여 점검한다.

출력전류 : 45A

주의

- **정격 출력 전류값은 알터네이터 바디에 있는 명판에 표시되어 있다.**
- **출력 전류는 알터네이터 자체의 전기부하 및 온도에 따라 변하므로 시험시 차량의 전기적인 부하가 작다면 정격출력 전류를 구할 수 없다. 이런 경우 헤드라이트를 켜서 배터리의 방전을 유도하거나 다른 차량의 라이트를 사용하여 전기부하를 증가시킨다.**

  알터네이터 자체의 온도나 그 주위의 온도가 너무 높으면 정격 출력전류를 구할 수 없으므로 재시험을 시도하기전에 온도를 낮추어야 한다.

2) 출력 전류 시험을 완료한 후에 엔진 속도를 공회전 속도로 낮추고 점화스위치를 "OFF" 시킨다.

3) 배터리 접지 케이블을 분리시킨다.

4) 전류계, 전압계, 엔진 타코미터를 탈거한다.

5) 알터네이터 출력 와이어를 알터네이터 "B" 터미널에 연결한다.

6) 배터리 접지 케이블을 연결한다.

조정전압

1. 준비

1) 시험에 앞서 다음을 점검하여 필요시에는 조정 혹은 수리한다.
   - 차량에 장착된 배터리가 완전히 충전되었는지를 확인한다. ("배터리"편 참조)
   - 알터네이터 구동벨트의 장력을 점검한다. ("엔진계통"을 참고한다)

2) 점화 스위치를 "OFF" 시킨다.

3) 배터리 접지 케이블을 분리시킨다.

4) 디지탈 전압계를 알터네이터의 "B+" 와 접지 사이에 연결한다. 전압계의 (+)리드선은 특수공구 하니스 커넥터를 사용하여"B+" 연결한다. 전압계의 (−)리드선은 적정한 접지 또는 배터리 (−)단자에 연결한다.

5) 알터네이터 "B" 터미널에서 알터네이터 출력 와이어를 분리시킨다.

6) "B" 터미널과 분리된 출력 와이어 사이에 직류 전류계(0 − 100A)를 직렬로 연결하고 전류계의 (−) 리드선은 분리된 출력 와이어에 연결한다.

7) 엔진 타코미터를 장착하고 배터리 접지 케이블을 연결한다.

2. 시험

1) 점화 스위치를 "ON" 시키고 전압계가 표준치를 가르키는가를 확인한다.

   만일 측정치가 0V 이면 알터네이터 "B" 터미널과 배터리 (+)터미널 사이의 와이어가 단선되었거나 퓨저블 링크가 소손된 것이다.

2) 엔진의 시동을 걸고 모든 라이트와 부장품은 "ON" 상태로 둔다.

3) 엔진속도를 2500 rpm으로 증가시키면서 알터네이터 출력 전류가 10A 이하로 떨어질때 전압계를 읽는다.

4) 엔진속도를 아이들 상태에 두고 외부에서 인가된 부하 (각종 전기장치)는 "OFF" 시킨다.

5) 여기에서 과도한 부하를 순간적으로 인가한다. (부하전류 15A 이상)

6) 과도한 부하를 인가하기전의 전압계를 읽고 부하가 인가된후 전압이 부하 인가전 전압과 거의 동일하게 되었을때까지의 시간을 측정한다

3. 결과

1) 전압계의 측정치가 일치하면 전압 레귤레이터는 정상적으로 작동하는 것이며, 만일 측정치가 표준치를 초과하면 전압 레귤레이터나 알터네이터가 결함이 있는 것이다.
2) 과도한 부하 인가후 전압이 부하이전 전압과 거의 동일하게 되기까지의 소요시간이 4-10초가 되면 정상적으로 작동하는 것이다.
3) 시험을 마친 후 엔진속도를 공회전으로 조정하고 점화스위치를 "OFF" 시킨다.
4) 배터리 접지 케이블을 분리시킨다.
5) 전압계와 전류계, 엔진 타코미터를 탈거한다.
6) 알터네이터 출력 와이어를 알터네이터 "B" 터미널에 연결한다.
7) 배터리 접지 케이블을 연결한다.

⚠주의
알터네이터의 접지가 불안할 경우 B+ 단자와 접지간에 전압이 발생할 수 있으므로 완전한 접지가 되도록 주의한다.

알터네이터

부품위치

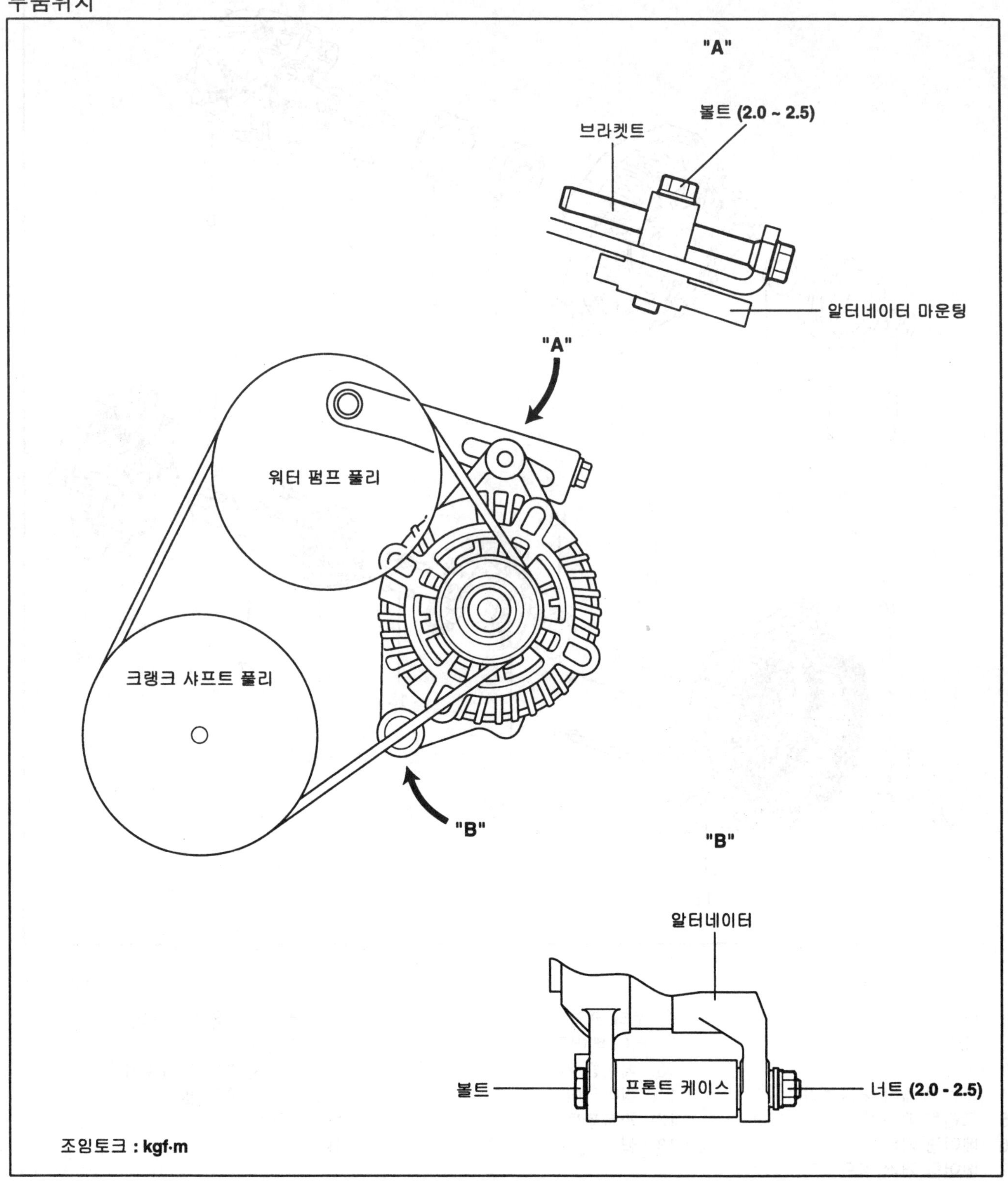

SFDEE8900D

구성부품

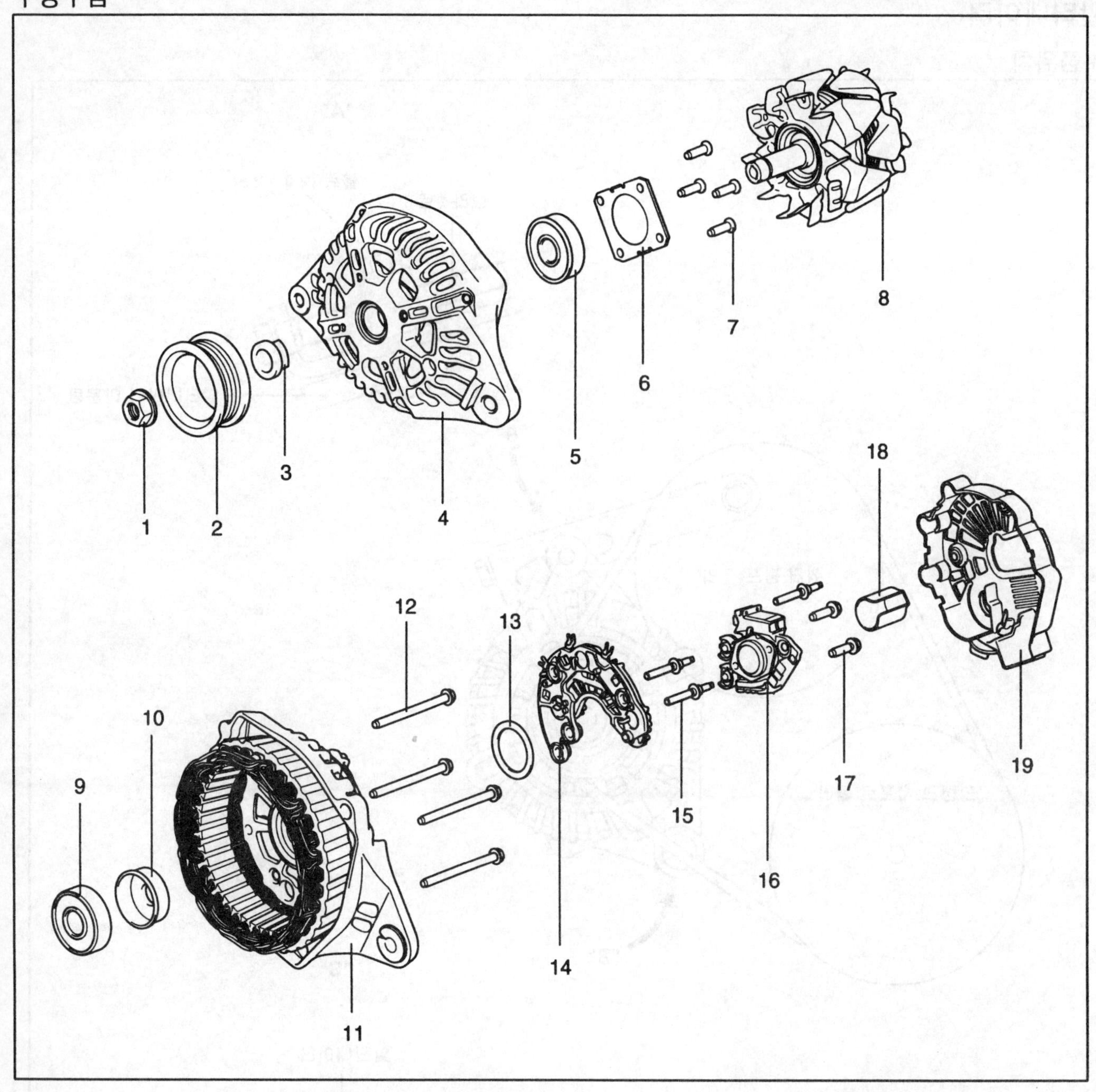

1. 너트
2. 풀리
3. 부시
4. 프런트 커버 어셈블리
5. 프런트 베어링
6. 베어링 커버
7. 베어링 커버 볼트
8. 로터 코일
9. 리어 베어링
10. 베어링 커버
11. 리어커버
12. 관통볼트
13. 씰
14. 렉티파이어 어셈블리
15. 스터드 볼트
16. 브러시 홀더 어셈블리
17. 브러시 홀더 볼트
18. 슬립링 가이드
19. 커버

회로도

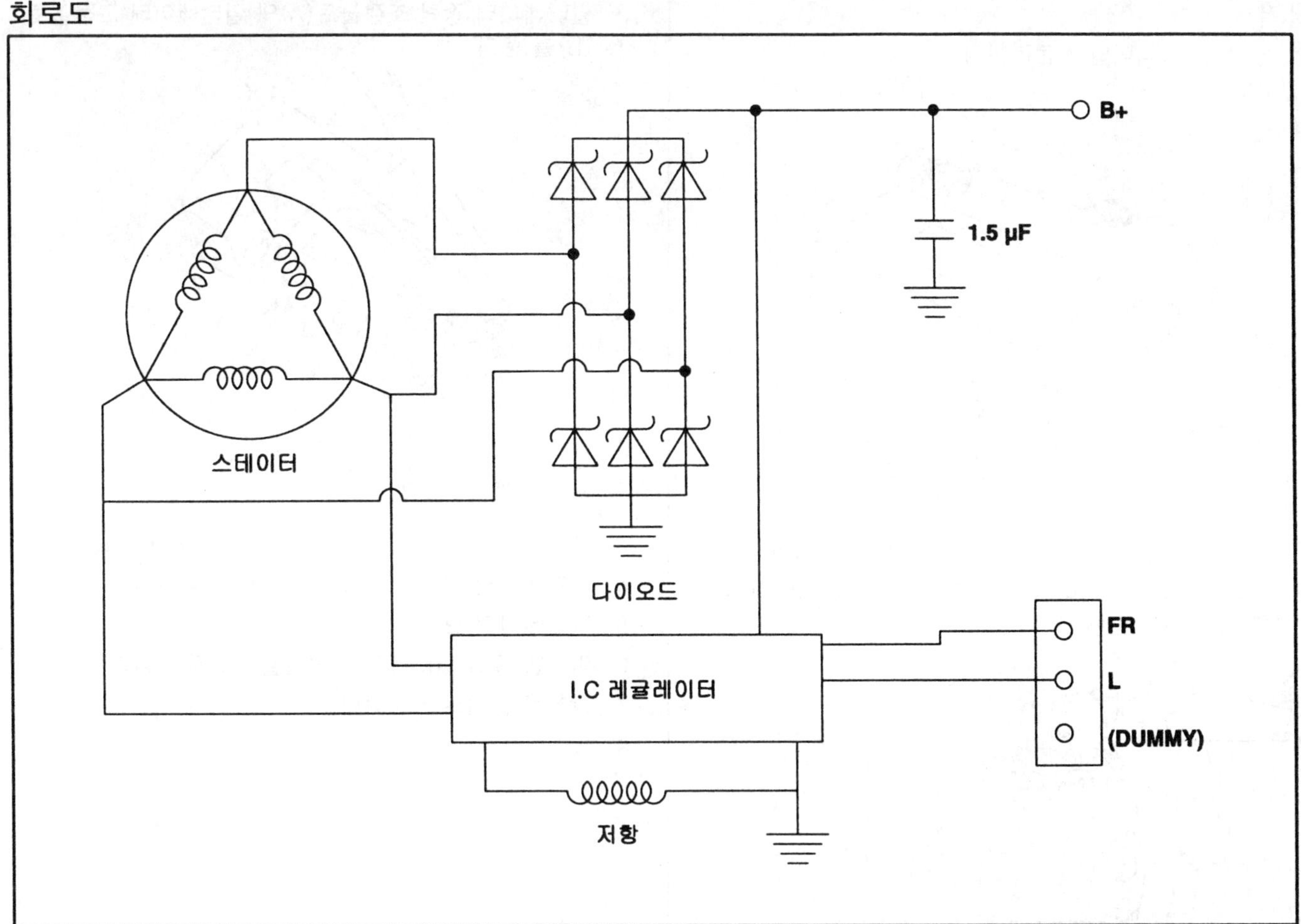

SHDEA6003D

탈거

1. 배터리 (A)터미널을 분리한다.

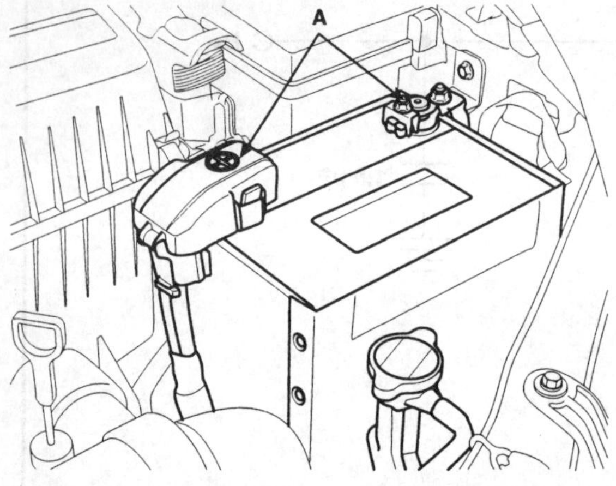

SHDM16004L

2. 알터네이터 "B" 터미널 와이어를 분리하고 커넥터(A)를 분리한다. 클립(B)도 푼다.

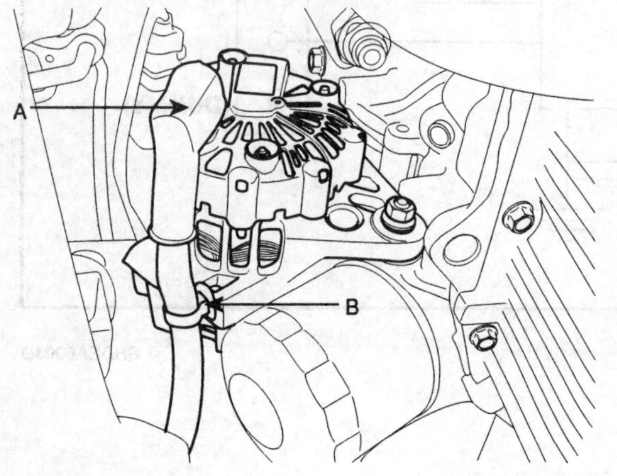

SHDE16002L

3. 알터네이터 장력 조절볼트(A)와 알터네이터 고정볼트(B)를 푼다.

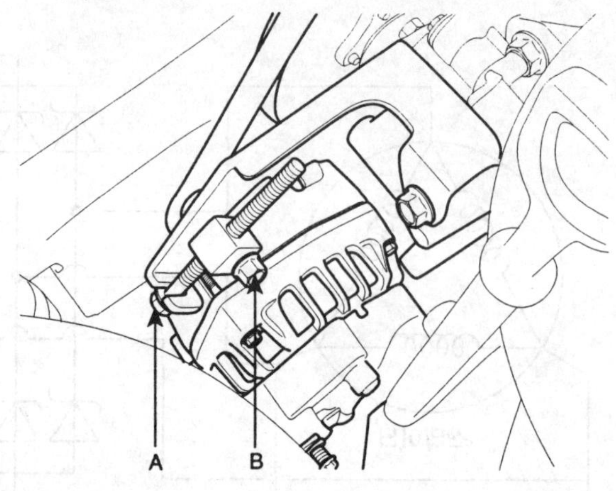

SHDE16003L

4. 알터네이터 안쪽으로 밀어서 벨트를 탈거한다.
5. 알터네이터 브라켓을 탈거한다.
6. 마운팅 풀고 알터네이터 어셈블리를 탈거한다.
7. 장착은 탈거의 역순이다.

분해

1. 마운팅 너트(B)들을 탈거한 후, 스크류 드라이버 등을 사용하여 알터네이터 커버(A)를 탈거한다.

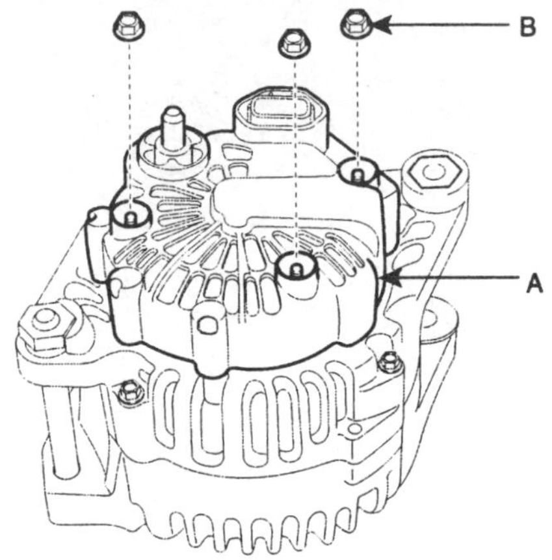

SUNE16001D

2. 3개의 고정 볼트(A)를 풀고 브러시 홀더 어셈블리(B)를 분리한다.

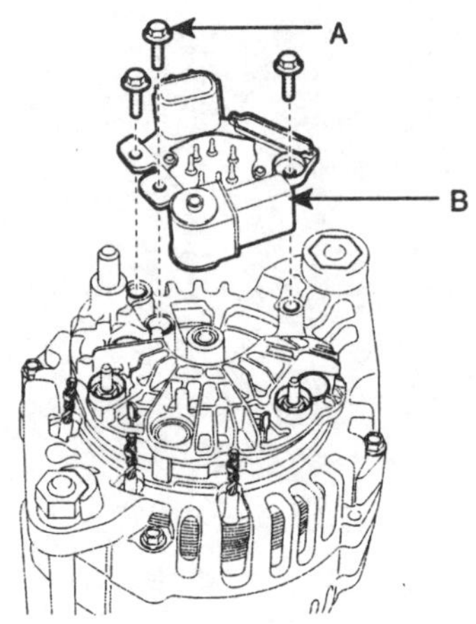

SUNE16002D

3. 슬립링 가이드(A)를 탈거한다.

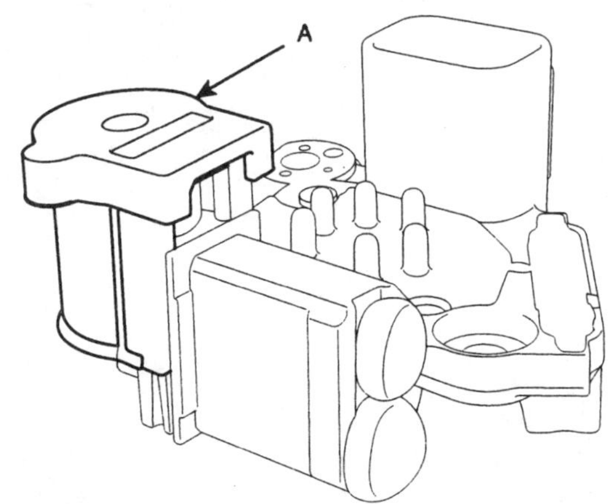

SHDEA6006L

4. 너트, 풀리 및 스페이서를 탈거한다.

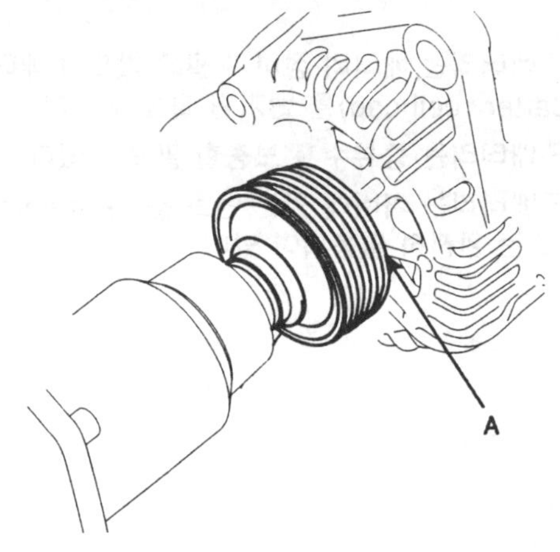

SUNEE6004D

5. 관통볼트 4개를 푼다.

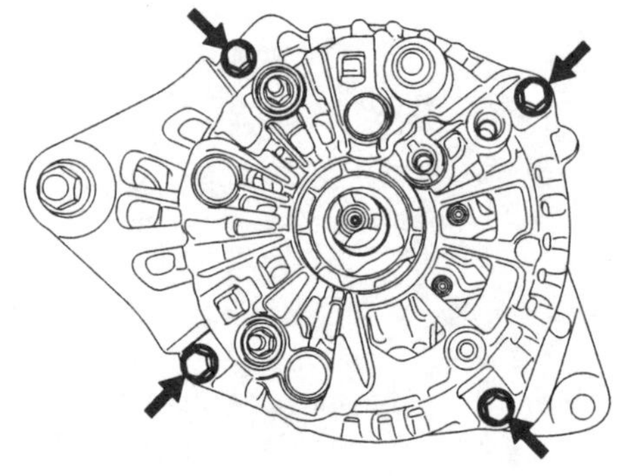

SHDEA6006D

6. 로터와 커버를 분리한다.

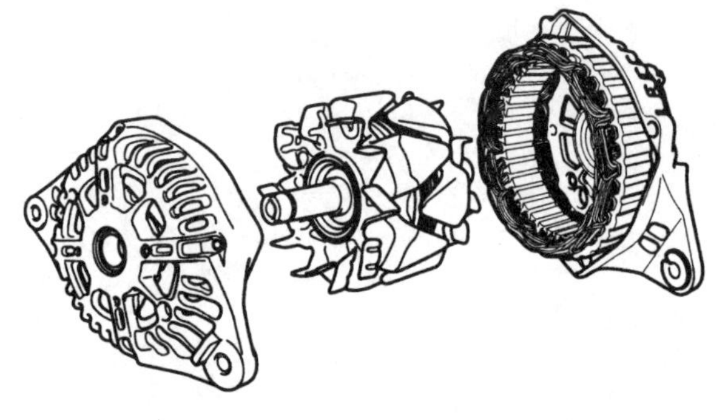

SHDEA6007D

배터리

개요

1. CMF 배터리는 배터리 정비가 필요 없으며 배터리 셀 캡(Battery cell cap)을 탈거할 필요가 없다.
2. CMF 배터리는 증류수를 보충할 필요가 없다.
3. CMF 배터리는 커버에 있는 벤트 홀(Vent hole)을 제외하고는 완전히 밀봉되어 있다.

점검

배터리 검사 절차

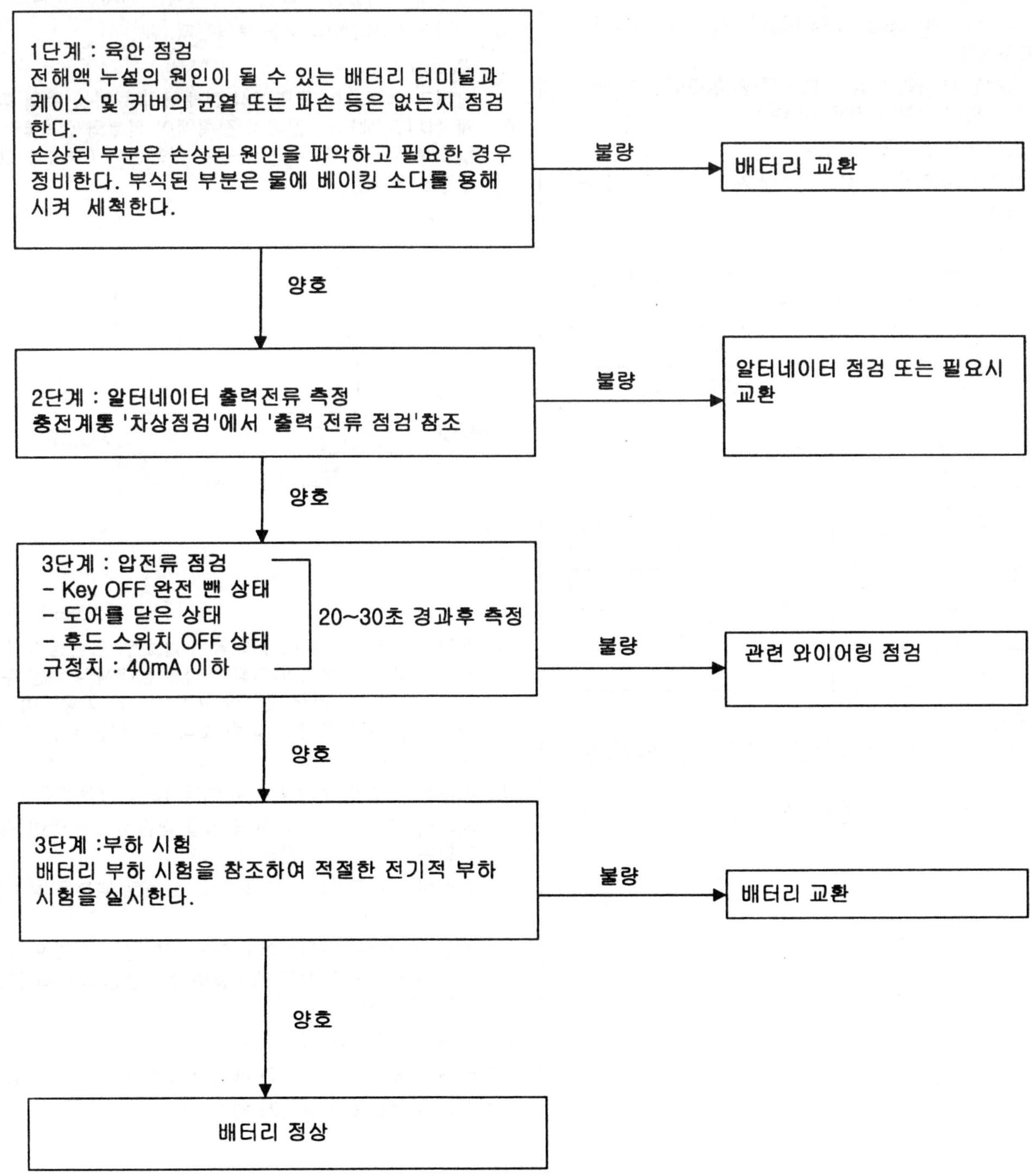

SMGEE6506D

부하 시험

1. CMF 배터리의 완벽한 부하 시험을 위해 단계별로 아래의 절차를 수행한다.
2. 부하 시험기 클램프를 각 터미널에 연결하고 다음과 같이 진행한다.
   1) 충전된 배터리의 경우 15초 동안 300A의 부하를 적용하여 잔류 전압을 제거한다.
   2) 전압계를 연결하고 300A의 부하를 적용한다.
   3) 15초간 부하를 적용한 후 전압계가 나타내는 값을 읽는다.
   4) 부하를 제거한다.
   5) 전압계가 나타내는 값과 표의 값을 비교하고 측정 전압값이 표의 값 미만인 경우 배터리를 교환한다.

전압	온도
9.6V	20°C 이상
9.5V	16°C
9.4V	10°C
9.3V	4°C
9.1V	–1°C
8.9V	–7°C
8.7V	–12°C
8.5V	–18°C

참고

- *전압이 표에 나타난 값 미만인 경우 배터리를 교환한다.*
- *전압이 표에 나타난 값 이상인 경우 배터리는 정상이다.*

세척

1. 점화 스위치와 모든 액세서리를 "OFF" 한다.
2. 배터리 케이블을 분리한다. (–)측을 먼저 분리한다.
3. 차량으로부터 배터리를 분리한다.

⚠주의
배터리 케이스에 균열이나 전해액의 누설을 주의 깊게 살피고 배터리 분리시 전해액이 피부와 접촉하지 않도록 두터운 고무 장갑 등을 착용한다.(가정용 고무장갑 제외)

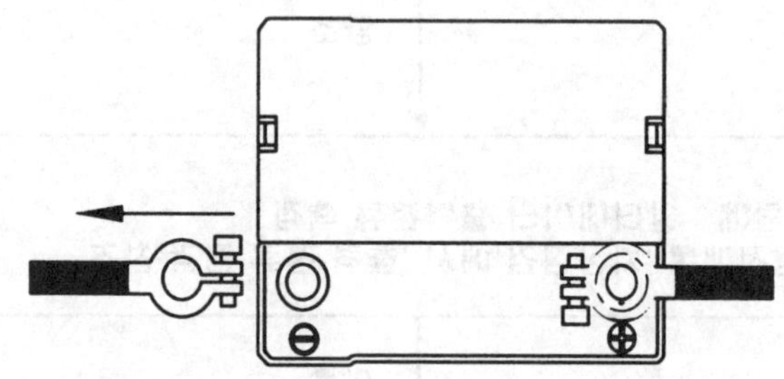

EBJD008B

4. 배터리 트레이 부분에 전해액 누설로 인한 손상이 발견되면 따뜻한 물에 베이킹 소다를 용해시켜 손상 부분을 세척한다. 먼저 뻣뻣한 브러시 등을 이용하여 손상 부분을 문지른 후 베이킹 소다 수용액을 적신 천으로 닦아낸다.
5. 배터리 상부를 베이킹 소다 수용액으로 세척한다.
6. 배터리 케이스 및 커버에 균열을 점검하고 균열이 발견되면 배터리를 교환해야 한다.
7. 적절한 도구를 이용하여 배터리 포스트 부분을 청소한다.
8. 적절한 도구를 이용하여 배터리 터미널 클램프 안쪽 면을 청소하고 손상된 케이블이나 파손된 터미널 클램프는 교환한다.
9. 배터리를 차량에 장착한다.
10. 배터리 케이블 터미널과 배터리 포스트를 연결한다.
11. 터미널 너트를 견고하게 체결한다.

12.체결 후 모든 접촉 부분에 광물질 그리스를 도포한다.

⚠주의

배터리 충전시 각각의 셀에서는 폭발성의 가스가 형성되므로 배터리 충전시 또는 충전 직후에 배터리 주변에서 담배 등을 피우지 않는다. 배터리 충전 중 회로를 개방 시키지 않는다. 회로 개방시 스파크가 발생하므로 주변의 인화성 물질 등과 가까이 하지 않는다.

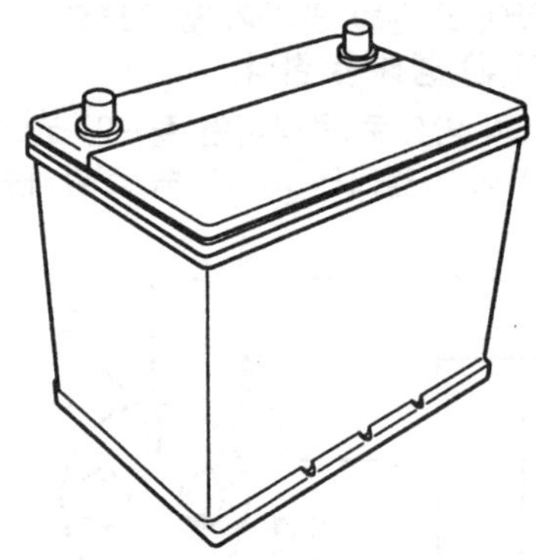

EBJD008A

시동시스템

개요

시동장치는 배터리, 스타터, 솔레노이드 스위치, 점화 스위치, 인히비터 스위치(A/T만 장착), 접속 와이어, 배터리 케이블을 포함한다.

점화키를 "S" 위치로 돌렸을때 스타터의 솔레노이드 코일에 전류가 흘러 솔레노이드 플런저와 클러치 시프트 레버가 작동하면서 클러치 피니언이 링기어에 맞물려 크랭킹 된다.

점검

마그네틱 스위치의 풀-인 (PULL IN) 시험

1. 솔레노이드의 M터미널에서 와이어를 분리시킨다.
2. S터미널과 스타터 사이에 12V 배터리를 연결한다.
3. M터미널 와이어를 M 터미널에 붙였다 뗀다

⚠주의
이시험은 코일이 소손될 염려가 있으므로 가능한한 빨리 (10초 이내) 행해야 한다.

4. 오버런닝 클러치 밖으로 움직이면 풀-인 코일은 양호한 것이며 움직이지 않으면 마그네틱 스위치를 교환한다.

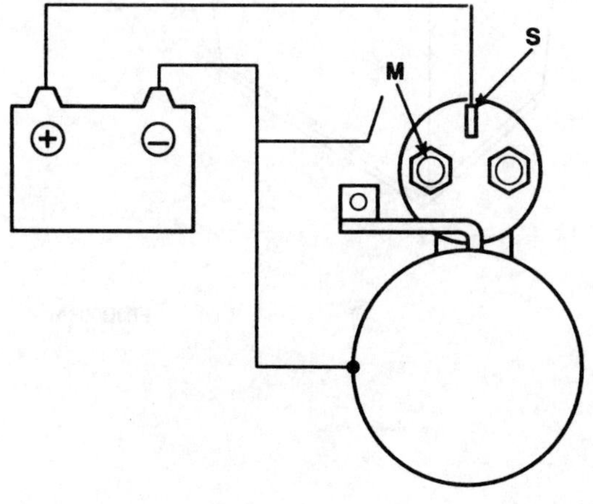

마그네틱 스위치의 홀드-인 (HOLD IN) 시험

1. S 터미널과 바디 사이에 12V 배터리를 연결한다.
2. M 터미널에서 커넥터를 분리시킨다.

⚠주의
이 시험은 코일이 소손될 염려가 있으므로 가능한 한 빨리 (10초 이내) 행해야 한다.

3. 오버런닝 클러치가 바깥쪽에 있으면 모든것이 정상이지만 피니언이 안으로 움직이면 회로가 개방된 것이며 이때는 마그네틱 스위치를 교환한다.

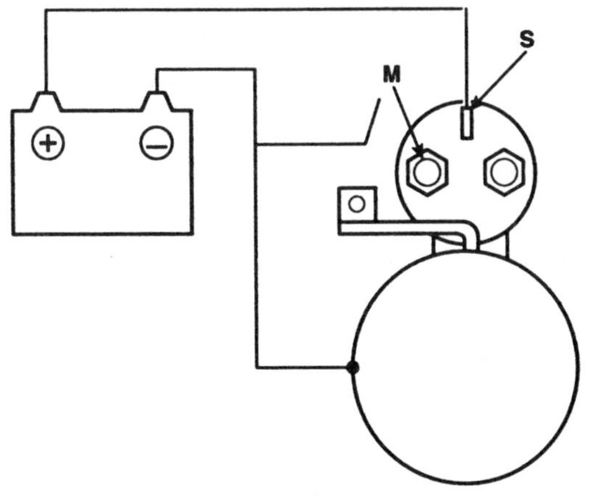

KBSE203E

성능시험 (무부하)

1. 스타터를 바이스에 가볍게 물리고 그림과 같이 스타터에 충전된 12V 배터리를 연결한다.
2. 그림과 같이 전류계 (100A 용량) 및 카본 파일 레오스타터를 연결한다.
3. 스타터에 전압계 (15V 용량)를 연결한다.

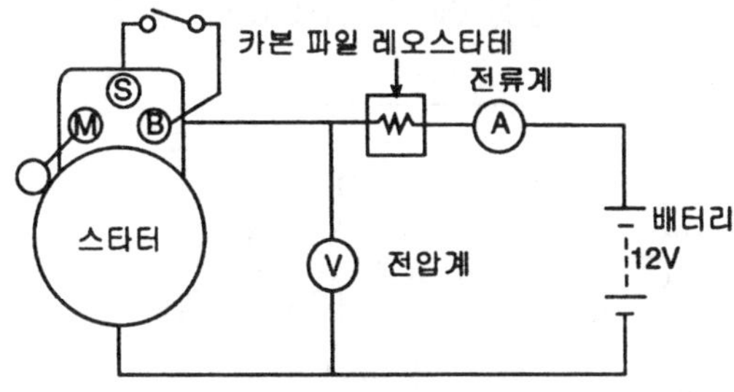

SHDEA6015D

4. 카본 파일을 "OFF" 위치까지 회전 시킨다.
5. 배터리 (-) 포스트에서 스타터 바디까지 배터리 케이블을 연결한다.
6. 전압계상 배터리 전압을 11V 까지 조정한다.
7. 최대전류가 규정치내에 있는지 확인하고 스타터가 부드럽게 회전하는지 점검한다.

속도 : 최소 2,800 rpm
전류 : 최대 90A

솔레노이드 복원 시험

1. S 터미널과 바디 사이에 12V 배터리를 연결한다.

⚠주의
이 시험은 코일이 소손될 염려가 있으므로 가능한 한 빨리 (10초 이내) 행해야 한다.

2. S 터미널에 전원이 인가되었을때 오버런닝 클러치가 앞으로 이동하고, S 터미널의 전원을 떼었을때 오버런닝 클러치가 본래 위치로 빨리 복원하면 모든것이 정상이지만 그렇지 않을 경우는 솔레노이드를 교환해야 한다.

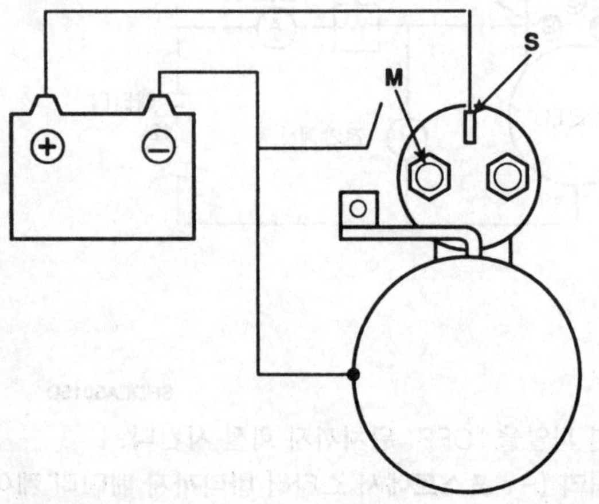

KBSE203E

스타터

구성부품

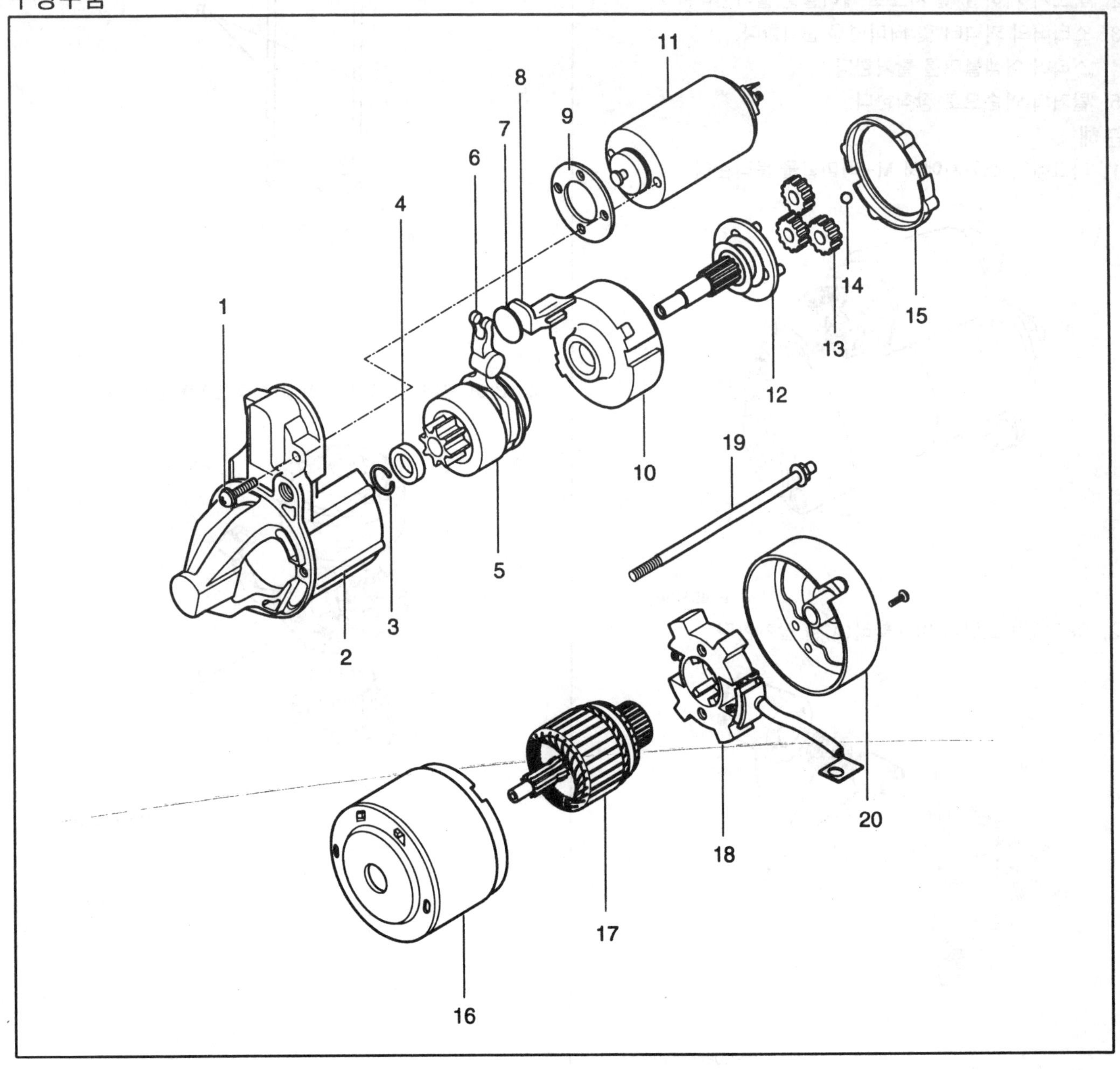

1. 스크류	6. 레버	11. 마그네틱 스위치	16. 요크 어셈블리
2. 프런트 브라켓	7. 플레이트	12. 유성 기어 홀더	17. 아마츄어
3. 스톱링	8. 패킹 B	13. 유성 기어	18. 브러시 홀더
4. 스토퍼	9. 심	14. 볼	19. 관통 볼트
5. 오버런닝 클러치	10. 인터널 기어	15. 패킹A	20. 리어 브라켓

탈거

1. 배터리 접지 케이블을 탈거한다.
2. 속도계 케이블 및 시프트 케이블을 탈거한다.
3. 스타터의 커넥터 및 터미널을 분리한다.
4. 스타터 어셈블리를 탈거한다.
5. 탈거의 역순으로 장착한다.

분해

1. 마그네틱 스위치에서 M-터미널을 분리한다.

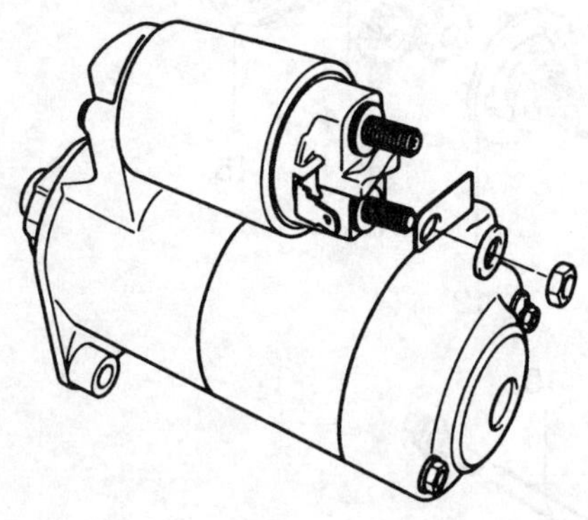

EBBD320A

2. 마그네틱 스위치 어셈블리(A)를 탈거한다.

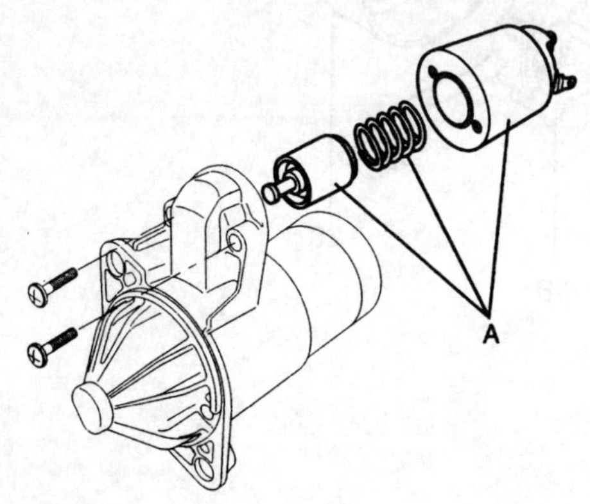

SHDEA6019D

3. 브러시 홀더 고장 스크류(A)와 관통 볼트(B)를 푼다.

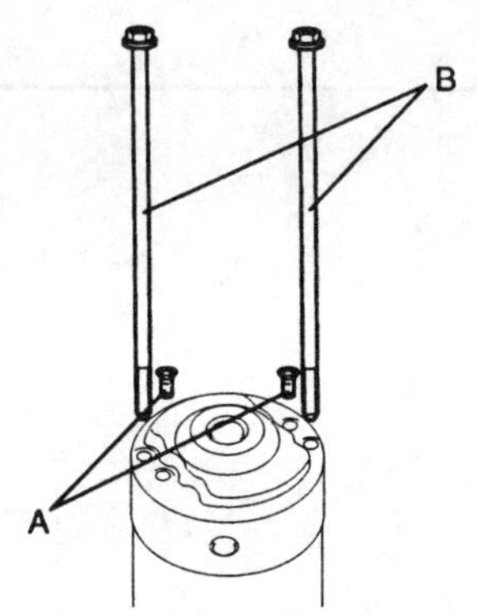

SHDEA6020D

4. 리어 브라켓(A)과 브러시 홀더(B)를 분리한다.

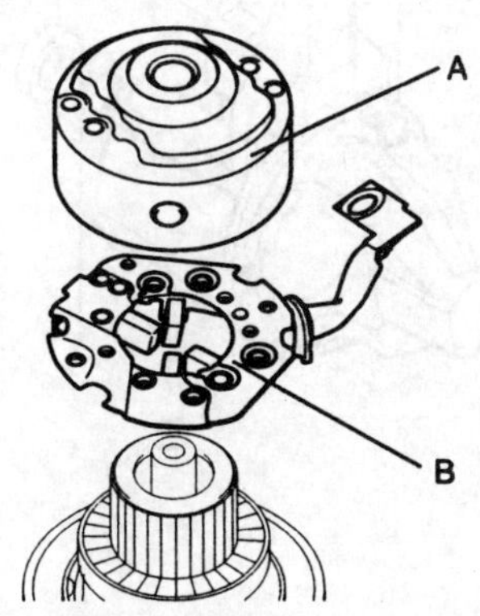

SHDEA6021D

5. 요크(A)와 아마츄어(B)를 분리한다.

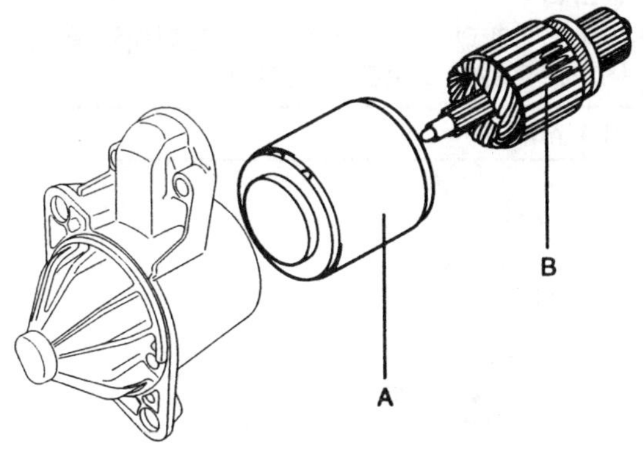

SHDEA6022D

6. 레버 플레이트(A)와 패킹(B)을 분리한다.

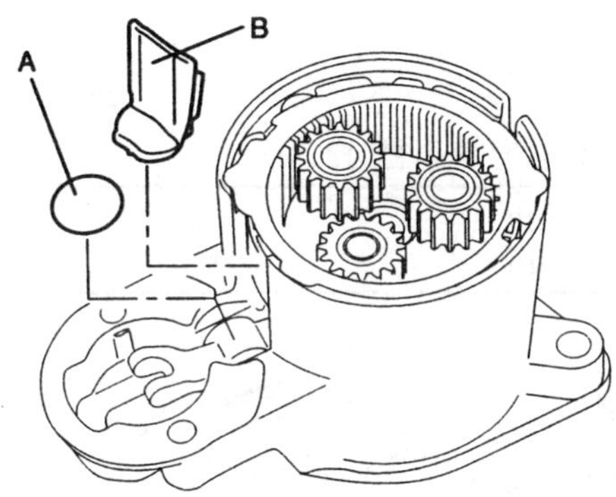

SHDEA6023D

7. 유성 기어 3개(A)를 분리한다.

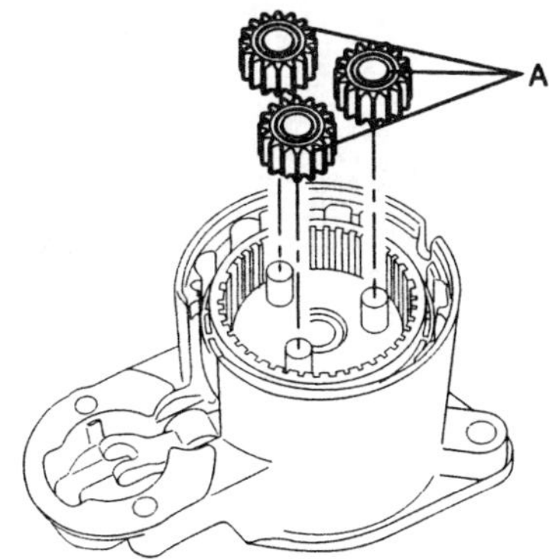

SHDEA6024D

8. 유성 기어 샤프트 어셈블리(A)와 레버(B)를 분리한다.

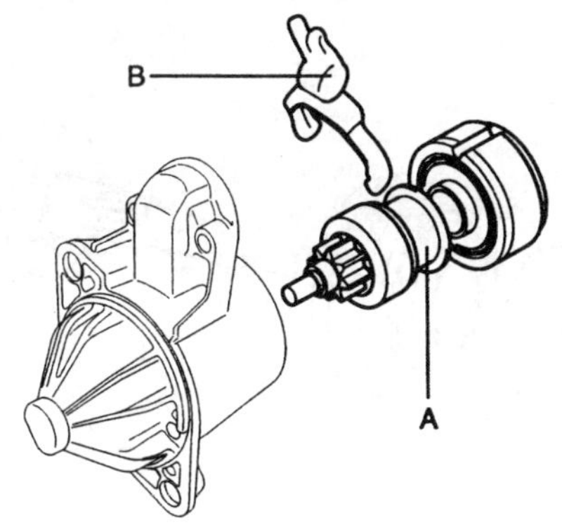

SHDEA6025D

9. 소켓(A)을 이용하여 스톱링(B)을 피니언 기어 쪽으로 누른다.

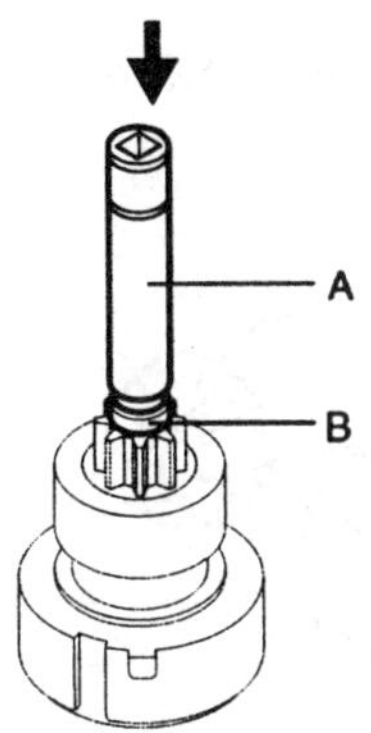

SHDEA6026D

10. 스토퍼 플라이어(A)를 사용하여 스토퍼(B)를 분리한다.

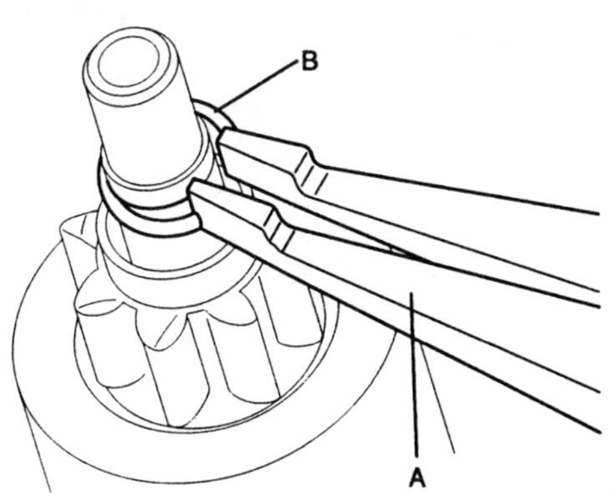

SHDEA6027D

11. 스톱링(A), 오버 런닝 클러치(B), 인터널 기어(C), 유성 기어 홀더(D)를 분리한다.

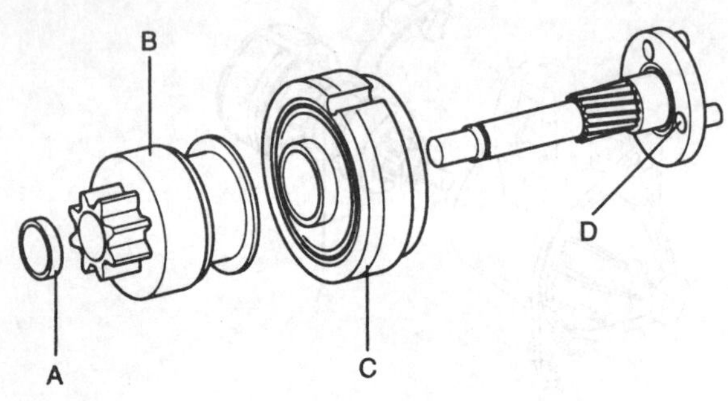

SHDEA6028D

12. 조립을 분해의 역순이다.

📖참고

적당한 공구를 사용하여 스토퍼 위로 스톱링을 잡아 당긴다.

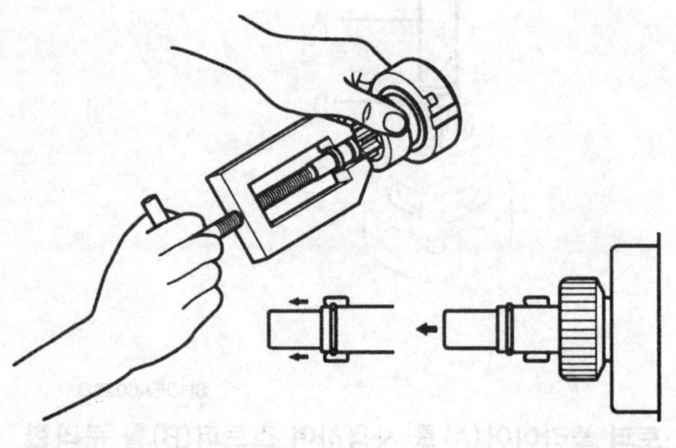

KFW2043A

점검

아마츄어 점검

1. 아마츄어를 두개의 "V" 블록에 놓은 후 다이얼 인디케이터를 사용하여 마모를 점검한다.

한계치 : 0.1 mm

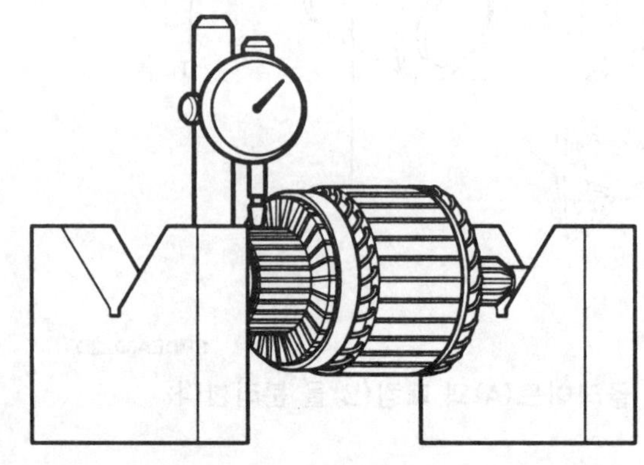

KFW2033A

2. 아마츄어 외경을 측정한다.

표준치 : 28.4 mm
한계치 : 27.4 mm

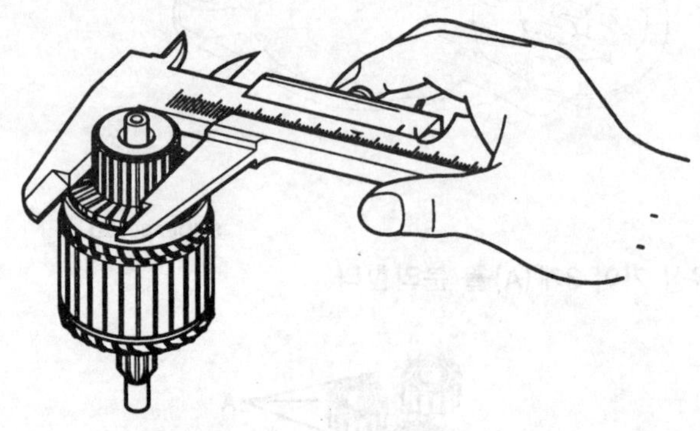

KFW2034A

3. 세그먼트 사이의 언더 컷 깊이를 점검한다.

언더 컷
표준치 : 0.5 ~ 1 mm
한계치 : 0.2 mm

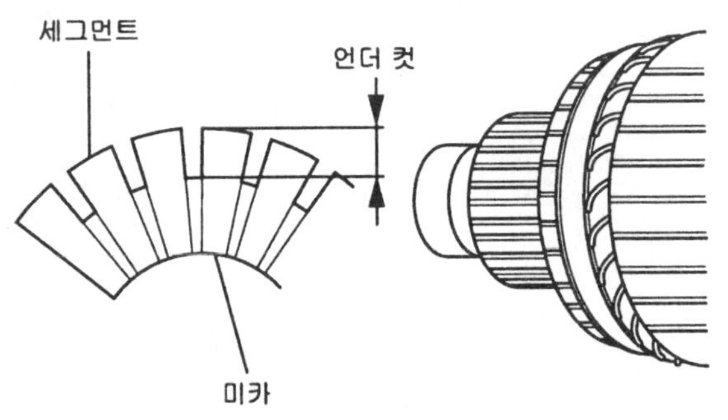

KAKD091A

브러시 홀더

1. (+) 브러시 홀더 (A)와 (−) 브러시 홀더 (B)사이에 통전 상태를 점검한다. 통전이 안되는 경우 브러시 홀더 어셈블리를 교환한다.

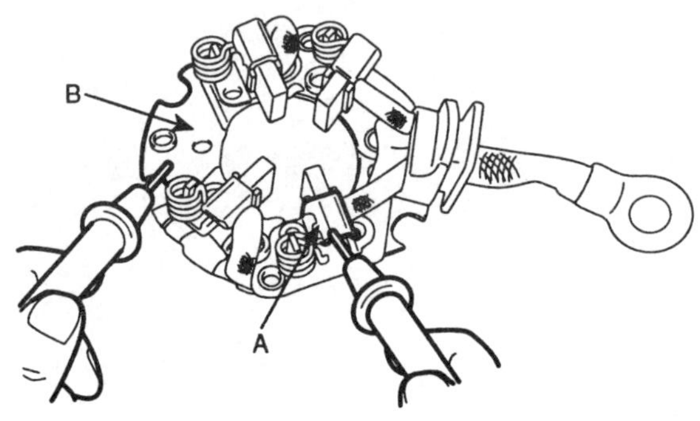

SFDEE8901D

오버 런닝 클러치

1. 클러치 하우징을 잡고 피니언을 회전 시킨다. 구동 피니언은 한쪽 방향으로만 부드럽게 회전하고 반대 방향으로는 회전하지 않아야 한다. 이와 다르면 오버 런닝 클러치 어셈블리를 교환한다.
2. 피니언의 마모 및 흠집을 점검한 후 피니언에 마모 혹은 흠집이 생겼으면 오버 런닝 클러치 어셈블리를 교환하고, 피니언이 손상된 경우에는 링 기어의 마모 및 흠집 여부를 점검한다.

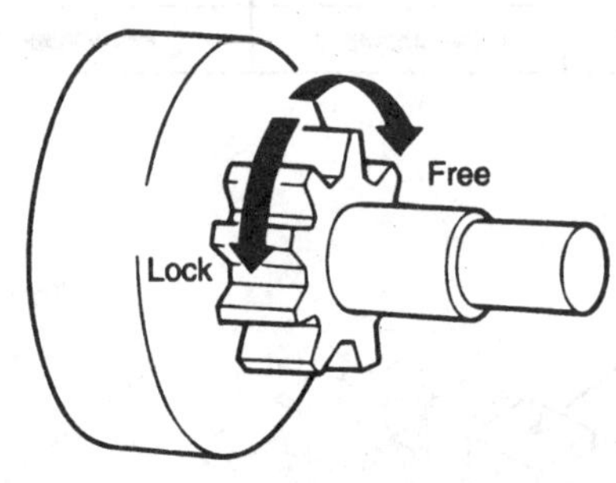

EBDA065H

프런트 및 리어 브라켓 부싱

부싱의 마모 및 흠집을 점검한 후 마모 및 흠집이 발견되면 프런트 브라켓 어셈블리 및 리어 브라켓 어셈블리를 교환한다.

세척

1. 솔벤트에 부품을 담궈놓으면 요크, 계자 코일(fied coil)어셈블리 혹은 아마츄어의 절연부에 손상이 생길수 있으므로 이들 부품은 깨끗한 걸레로 세척해야 한다.
2. 솔벤트로 드라이브 유니트를 세척시 완전히 담그지 말아야 한다.
3. 드라이브 유니트는 솔벤트를 묻힌 브러시로 닦은 후 걸레로 세척해야 한다.

스타터 릴레이

점검

스타터 릴레이를 탈거하여 터미널 간의 통전을 점검하여 규정과 일치하지 않으면 릴레이를 교환한다.

조건 \ 터미널	85	86	87	30
전원 차단	○─	─○		
전원 공급	○─	─○	○─	─○

KBB0390A

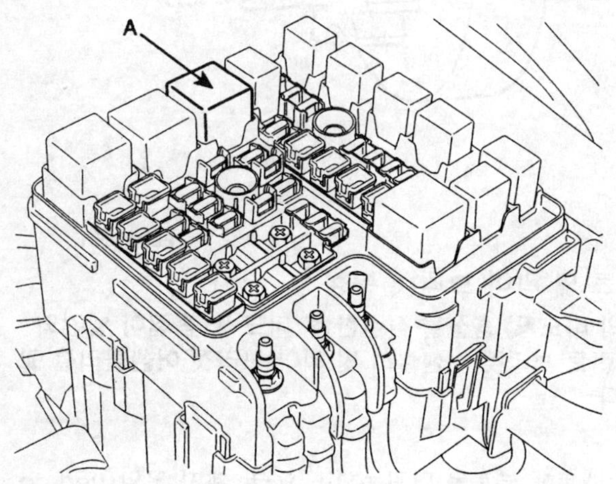

SHDE26001D

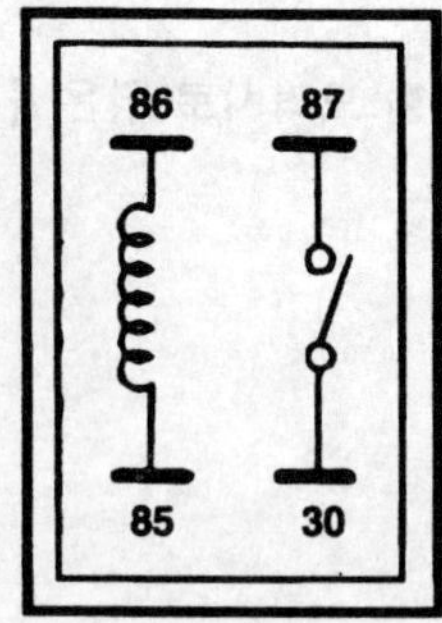

SHDEA6011L

배출가스 제어 장치 (G4GC - 가솔린 2.0)

일반사항

개요

배출가스 제어장치는 다음의 3가지 주요계통으로 이루어져 있다.

- 크랭크 케이스 배출가스 제어장치 : 크랭크 케이스 배출가스 제어장치는 블로 바이가스가 대기중으로 방출되는 것을 방지하는 장치로서 크랭크 케이스 내의 블로 바이가스를 흡기 매니폴드로 다시 보내 연소시키는 밀폐식 크랭크 케이스 통풍방식을 채택하고 있다.
- 배기가스 제어장치: 배기가스 제어장치는 머플러를 통해 배출되는 유해가스를 감소시키는 역할을 하며 공기연료 조정 유니트, 3원 촉매장치로 구성되어 있다.
- 증발가스 제어장치: 연료 탱크내의 증발가스(HC)는 캐니스터에 모이는데 엔진의 적당한 조건이 이루어지면 ECM은 PCSV를 열어 캐니스터에 포집된 증발가스를 엔진으로 도입시켜 연소시킨다. 이렇게 함으로써 증발가스가 대기중으로 방출되는 것을 막는다.

제원

퍼지 컨트롤 솔레노이드 밸브 (PCSV)

항목	규정값
코일 저항 (Ω)	14.0 ~ 18.0 Ω(20℃)

연료 탱크 압력 센서 (FTPS)

▷ 형식 : 피에조 - 저항 압력 센서 (Piezo - Resistive Pressure Sensor) 형식

▷ 제원

압력 (kPa)	출력 전압 (V)
-6.67	0.5
0	2.5
+6.67	4.5

캐니스터 클로즈 밸브 (CCV)

항목	규정값
코일 저항 (Ω)	15.5 ~ 18.5 Ω(20℃)

체결 토크

항 목	규 정 치 (kgf · m)
PCV 밸브	0.8 ~ 1.2

고장진단

현 상	가 능 한 원 인	정 비
엔진의 시동이 걸리지 않거나 시동을 걸기가 힘들다.	진공호스가 빠지거나 손상됨	수리 혹은 교환
시동 걸기가 힘들다.	퍼지 컨트롤 솔레노이드 밸브의 작동이 불량함	수리 혹은 교환
공회전이 불규칙하거나 엔진이 갑자기 정지한다.	진공호스가 빠지거나 작동이 불량함	수리 혹은 교환
	PCV 밸브의 작동이 불량함	교환
공회전시 불규칙하다.	퍼지 컨트롤 장치의 작동이 불량함	장치를 점검 : 만일 문제가 있으면 구성 부품을 차례로 점검
오일의 소모량이 과도하다.	포지티브 크랭크 통풍 라인이 막힘	포지티브 크랭크 케이스 통풍 라인을 점검

부품 위치

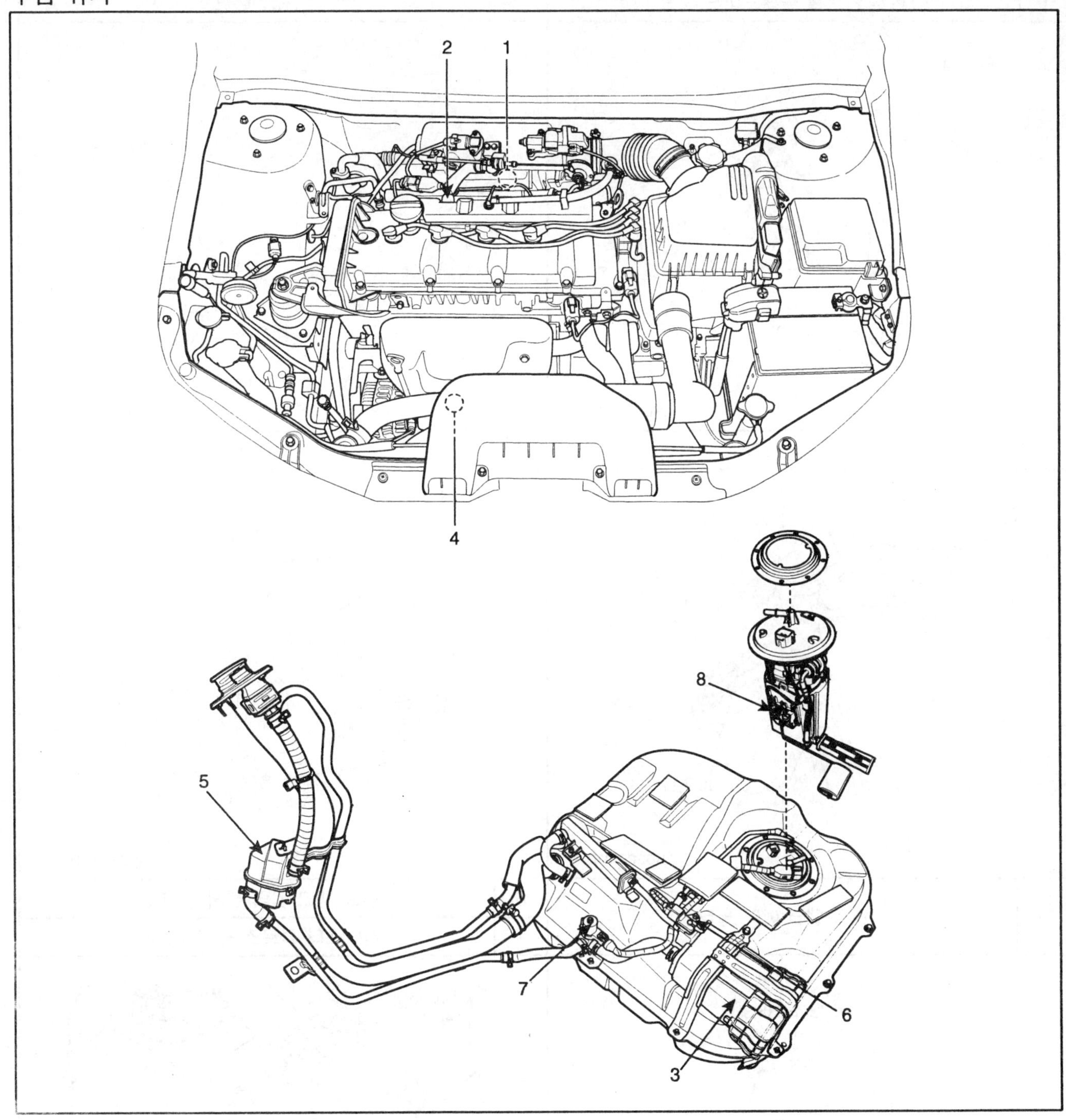

SFDEC8200D

1. 퍼지 컨트롤 솔레노이드 밸브 (PCSV)
2. PCV 밸브
3. 캐니스터
4. 촉매
5. 연료 탱크 에어 필터
6. 연료 탱크 압력 센서 (FTPS)
7. 캐니스터 클로즈 밸브 (CCV)
8. 연료 레벨 센서 (FLS)

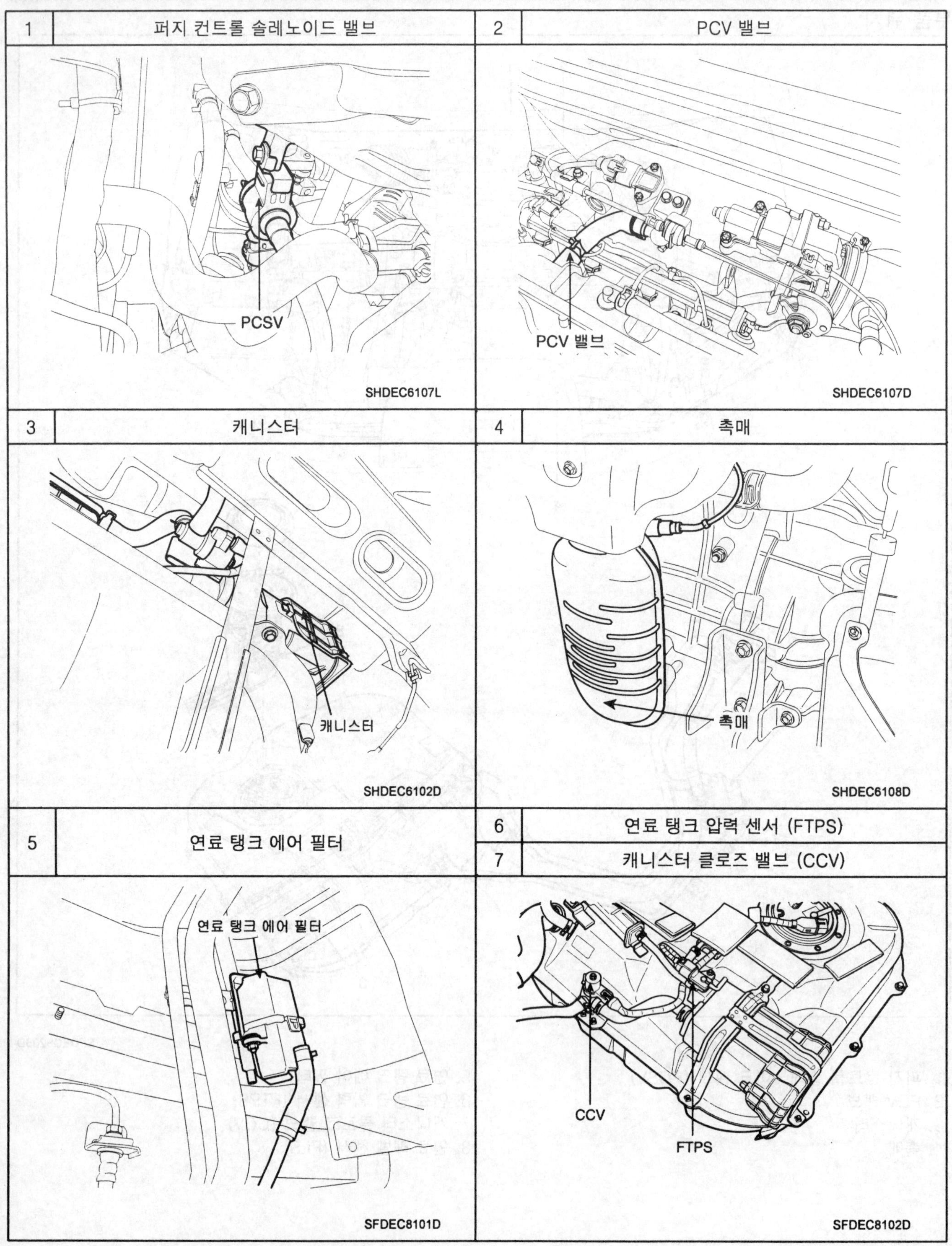
1
퍼지 컨트롤 솔레노이드 밸브
PCSV
SHDEC6107L
2
PCV 밸브
PCV 밸브
SHDEC6107D
3
캐니스터
캐니스터
SHDEC6102D
4
촉매
촉매
SHDEC6108D
5
연료 탱크 에어 필터
연료 탱크 에어 필터
SFDEC8101D
6
연료 탱크 압력 센서 (FTPS)
7
캐니스터 클로즈 밸브 (CCV)
CCV
FTPS
SFDEC8102D

8	연료 레벨 센서 (FLS)		
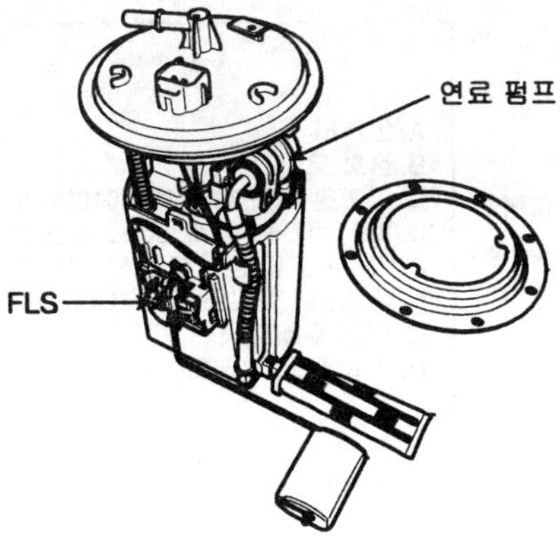	연료 펌프 FLS SFDEC8103D		

배출가스 제어장치 계통도

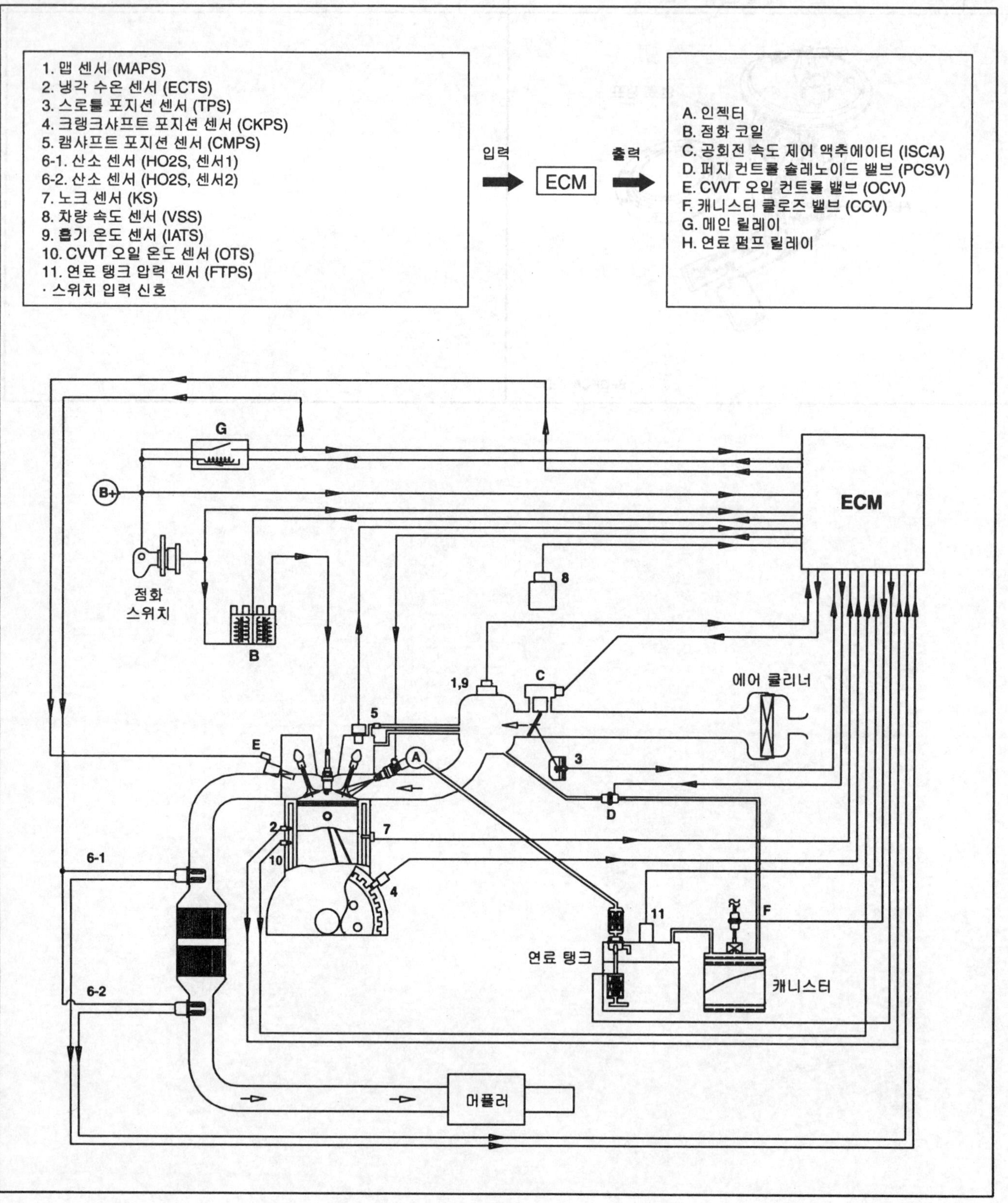

SFDEC8201D

크랭크케이스 배출가스 제어 시스템

작동 구성도

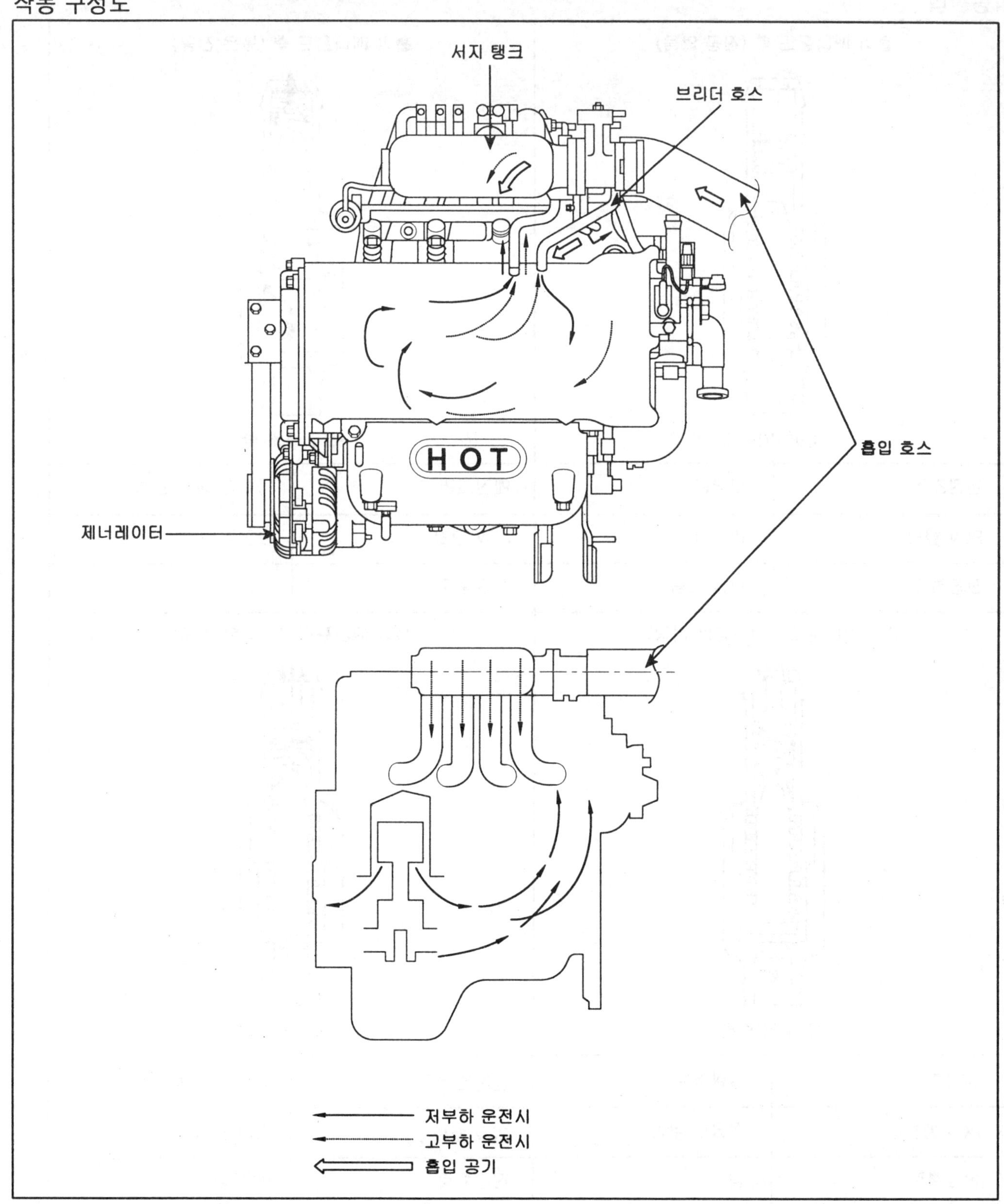

SFDEC8202D

PCV 밸브

작동원리

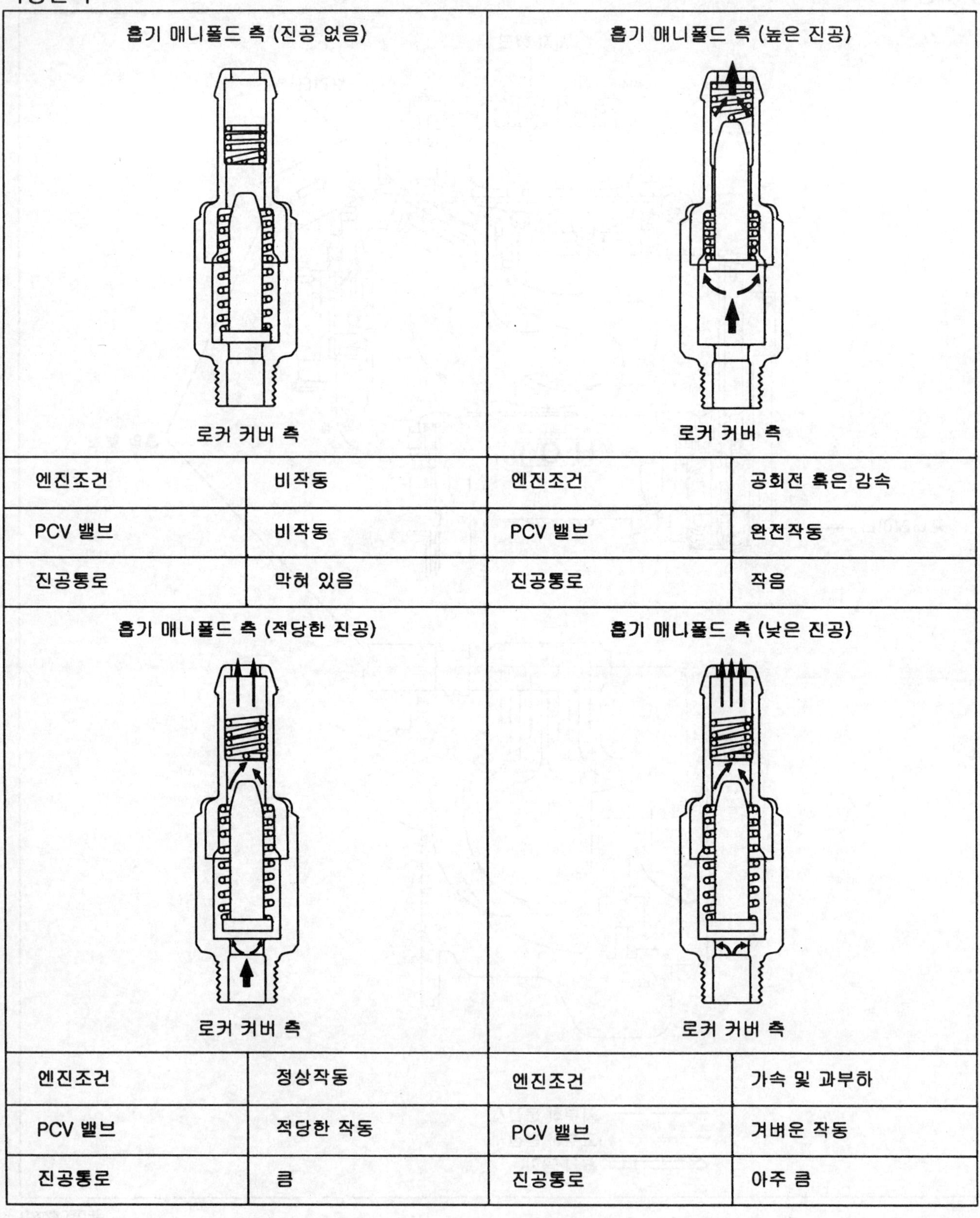

엔진조건	비작동	엔진조건	공회전 혹은 감속
PCV 밸브	비작동	PCV 밸브	완전작동
진공통로	막혀 있음	진공통로	작음

엔진조건	정상작동	엔진조건	가속 및 과부하
PCV 밸브	적당한 작동	PCV 밸브	겨벼운 작동
진공통로	큼	진공통로	아주 큼

AEGE001A

탈거

1. 진공 호스(A)를 분리한 후, PCV 밸브(B)를 탈거한다.

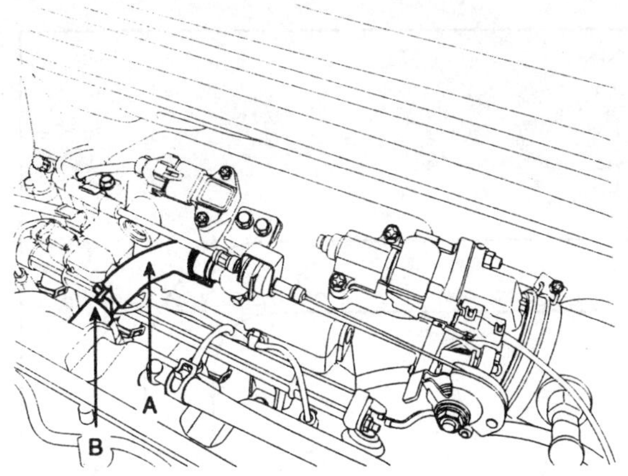

SFDEC8203D

점검

1. PCV 밸브를 탈거한다.
2. 얇은 막대(A)를 PCV 밸브(B)의 나사산쪽에서 집어 넣어 플런저가 움직이는가를 확인한다.
3. 플런저가 움직이지 않으면 PCV 밸브가 막힌 것이므로 깨끗이 청소하거나 교환한다.

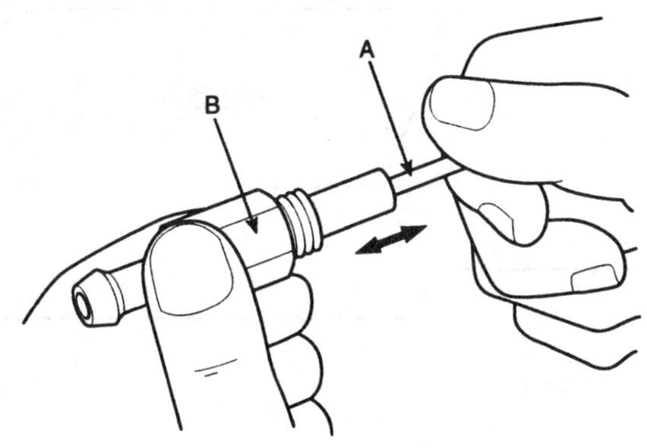

EEDA010B

장착

PCV 밸브를 장착하고 진공 호스를 연결한다.

조임 토크: 0.8 ~ 1.2kgf.m

증발가스 제어 시스템

작동 구성도

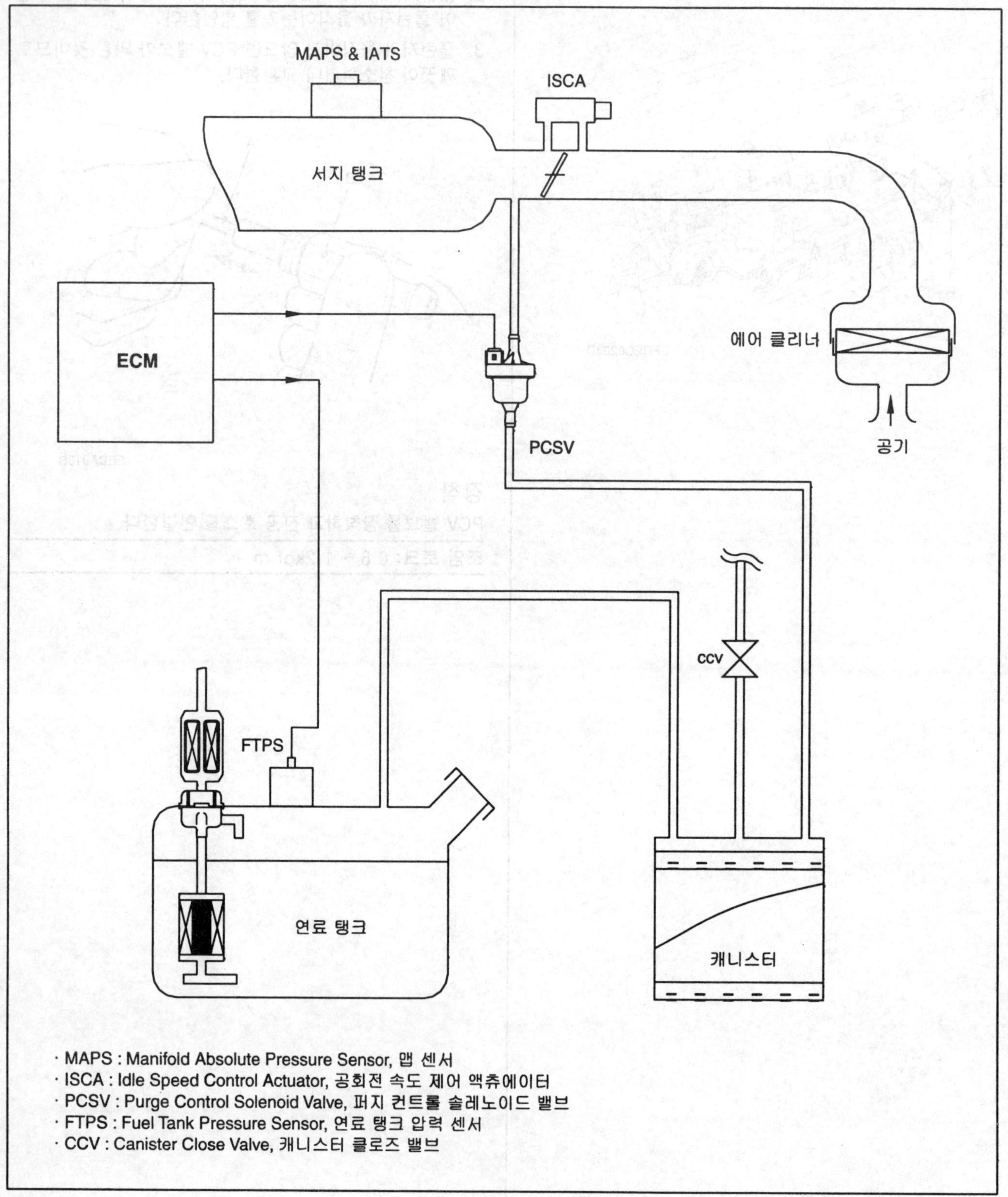

SFDEC8106D

점검

[시스템 점검]

1. 스로틀 보디에서 진공호스를 분리시키고 핸드 진공펌프를 연결한다.
2. 호스가 분리된 곳의 니플은 플러그로 막는다.
3. 핸드 진공 펌프로 진공을 가하면서 아래 항목을 점검한다.

엔진 냉간시 (엔진 냉각수온 〈 60°)

엔진상태	진 공	결 과
공 회 전	0.5kg/cm²	진공이 유지됨
3,000rpm		

엔진 웜업시 (엔진 냉각수온 〉 80°C)

엔진상태	진 공	결 과
공회전	0.5kg/cm²	진공이 유지됨
엔진이 시동되어 3000rpm이된 3분 이내	진공을 가함	진공이 해체됨
엔진이 시동되어 3,000rpm이된 3분이 지난후	0.5kg/cm²	진공이 순간적으로 유지되다가 곧 해체됨

[퍼지 컨트롤 솔레노이드 밸브 점검]

참고

진공호스를 분리시킬 때 식별표시를 해두어 원래 위치에 장착하기 용이하게 한다.

1. 퍼지 컨트롤 솔레노이드 밸브(PCSV)에서 진공호스를 분리시킨다.
2. 밸브 커넥터를 분리한다.
3. 핸드 진공펌프를 진공호스가 연결되었던 니플에 연결하고, 진공을 가한다.
4. 퍼지 컨트롤 솔레노이드 밸브 (PCSV) 전원단에 배터리 전원단(+)을 연결하고, 밸브 제어 단자에 배터리 (−) 단자를 연결하였을 때 (밸브 작동)와 연결하지 않았을 때 (밸브 비작동)의 진공 상태를 점검한다.

배터리 전압	정 상 상 태
공급 했을때	진공이 해제됨(밸브 열림)
공급치 않았을때	진공이 유지됨(밸브 닫힘)

5. 퍼지 컨트롤 솔레노이드 밸브 (PCSV) 단자 사이의 저항을 측정한다.

기준값: 14.0 ~ 18.0Ω (20°C)

캐니스터

탈거

1. 연료 탱크를 탈거한다 (그룹FL의 "연료 탱크" 참조)
.
2. 연료 탱크 압력 센서 커넥터 (A)와 캐니스터 클로즈 밸브 커넥터 (B)를 분리한다.

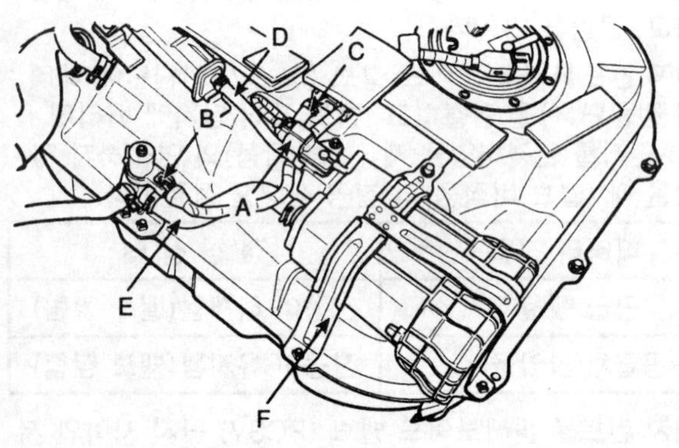

SFDEC8107D

3. 진공 호스 (C,D,E)를 캐니스터로부터 분리한다.
4. 캐니스터 장착 밴드 (F)를 탈거하고, 캐니스터를 연료 탱크로부터 탈거한다.

점검

1. 연료 증발 라인의 연결부 풀림, 과도한 휨 및 손상으로 점검한다.
2. 캐니스터의 변형, 균열, 연료 누설을 점검한다.

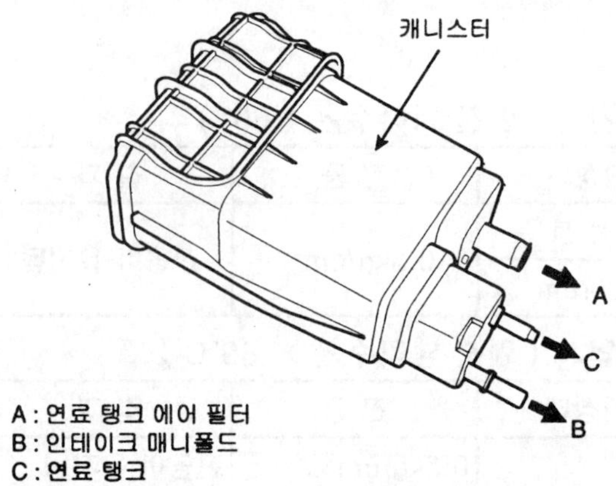

SFDEC8108D

장착

1. 탈거 절차의 역순으로 캐니스터를 장착한다.

연료 주입구 마개

작동 원리

연료 주입구 마개에는 진공 해지 밸브가 있어, 연료 증발 가스가 대기중으로 빠져나가는 것을 막을 수 있다.

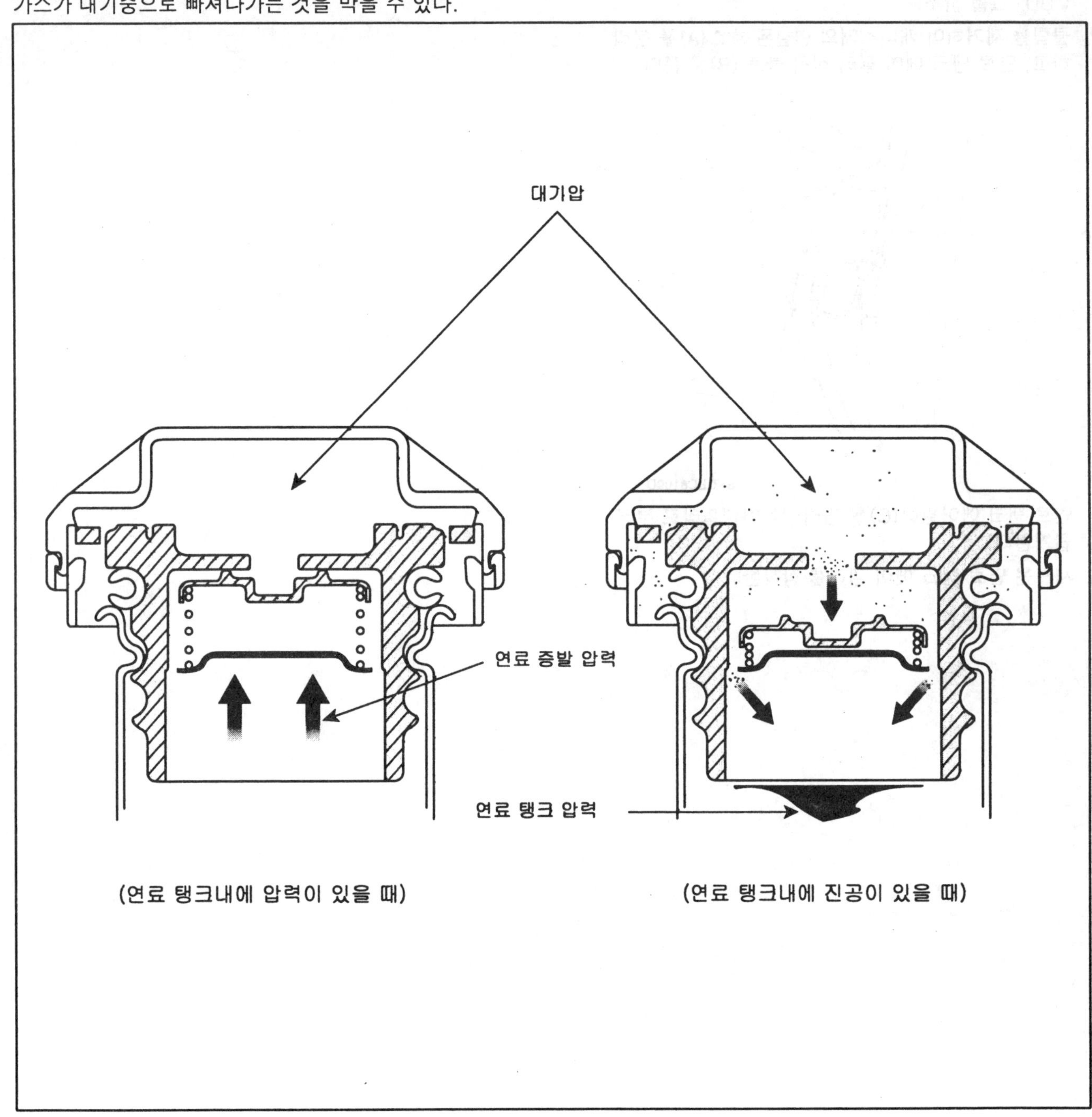

연료 탱크 에어 필터

교환

1. 뒷쪽 좌측 휠 하우스를 탈거한다.
   ("BD" 그룹 참조)
2. 클립을 제거하여 캐니스터와 연결된 호스(A)를 분리하고, 연료 탱크 에어 필터 장착 볼트 (B)를 푼다.

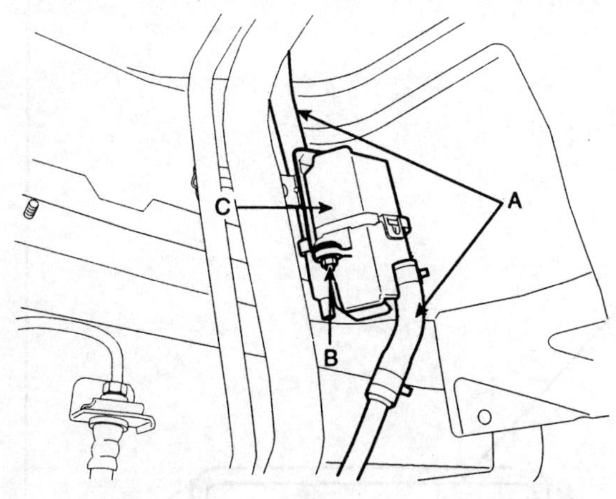

3. 연료 탱크 에어필터(C)를 필러-넥 어셈블리로 부터 탈거한다.
4. 새로운 연료 탱크 에어 필터를 장착한다.

배기가스 제어 시스템

개요

MPI 장치는 산소센서의 신호를 사용하여 매니폴드에 장착되 있는 각 실린더의 인젝터를 작동시키고 제어하여 정확히 공기/연료 비율을 조정하여 배기가스를 감소 시키는 장치이다. 이 장치는 삼원촉매가 최적으로 작용할 수 있게 혼합비를 조절한다. 삼원촉매는 HC, CO, NOx등의 유해가스를 인체에 무해한 가스로 변환 시켜주는 역할을 한다. MPI장치의 작동모드는 다음과 같이 2가지 유형이 있다.

1. 개방회로 (Open Loop)

   공기/연료 비율이 ECM에 입력되 있는 정보에 의해 제어된다.

2. 폐쇄 회로(Closed Loop)

   산소센서에서 보내진 정보를 기초로 하여 ECM이 공기/연료 비율을 변화시킨다.

촉매

개요

3원촉매 변환장치는 모노리스식(monolithic type)이며 공기-연료 피드백(feed back) 컨트롤과 함께 작동하여 CO와 HC를 산화시키고 NOx를 감소시키는 역할을 한다.

기능

3원촉매 변환장치는 이론 공연비점 부근에서 효과적으로 CO, HC, NOx를 감소시킨다. 산소센서는 공기-연료비율을 피드백시켜 이론 공기-연료 혼합비율로 조절하여 촉매 변환장치는 배기가스의 산화 및 환원작용을 촉진시켜 가스가 대기로 방출되기 전에 정화시킨다.

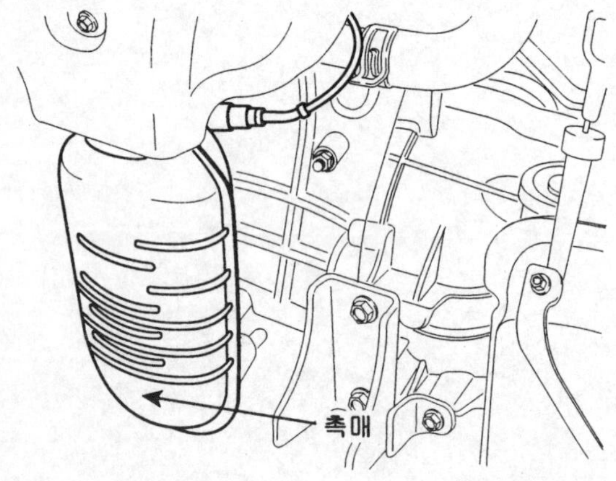

SFDEC8204D

⚠주의

- 촉매가 장착된 차량은 반드시 휘발발유만을 사용하여야 한다. 만일 유연 및 유사 휘발유를 사용하면 촉매가 손상된다.
- 차량을 정상적으로 사용하면 촉매 변환장치는 정비를 할 필요가 없으나 엔진을 적절히 작동치 않으면 촉매 변환장치가 과열되어 손상될 수 있다.
- 파워 밸런스(Power balance)측정시 측정시간을 최대한 짧게 해야 하며 수동 파워 밸런스를 되도록 실시하지 않는다.

CVVT 시스템

개요

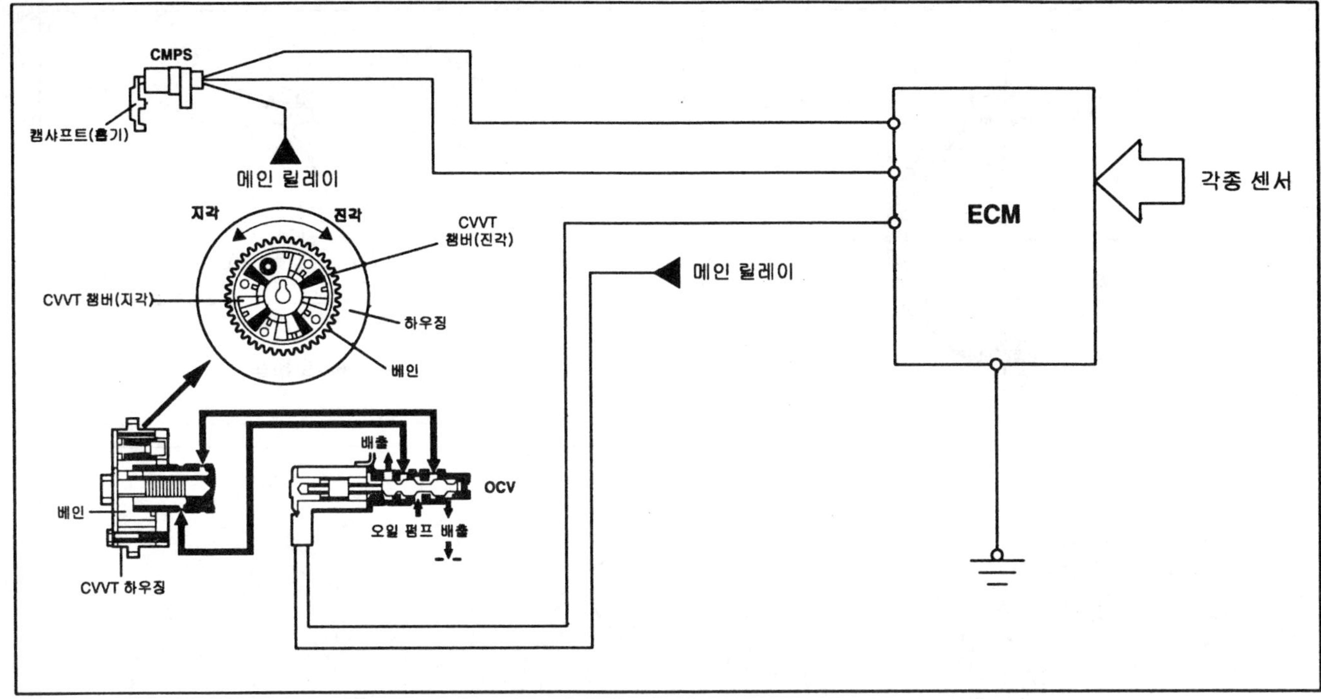

AELG001N

CVVT(Continuously Variable Valve Timing) 시스템은 흡기 캠샤프트에 장착되어 있으며, 흡기 밸브개폐시기를 엔진 회전수에 따라 최적으로 제어하여 엔진 성능을 향상시킨다.

이 때 CVVT 시스템은 밸브 오버랩 (Valve Over-lap) 최적 제어를 통하여 EGR (Exhaust Gas Recirculation) 효과를 발생시키며, 이는 엔진 회전수, 차량 속도 및 엔진 부하에 관계없이 전 운전 모드에서의 연료 효율성 향상과 NOx 배출량 저감 효과를 가져온다.

그리고 이 흡기 밸브의 상태 (진각/중립/지각)는 오일 압력에 의해서 연속적으로 변한다.

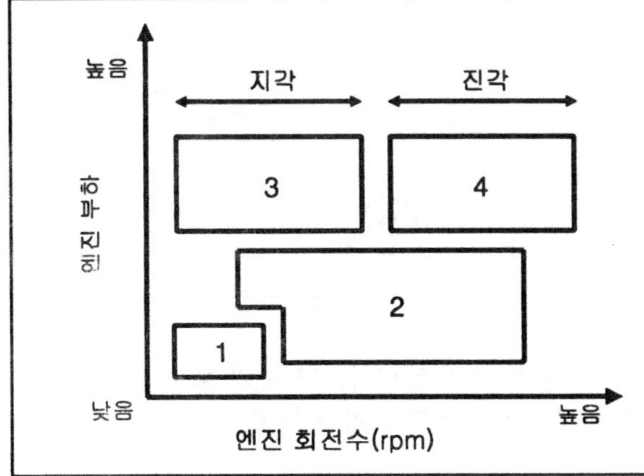

운전 조건	흡기 밸브 시기	효과
저부하(1)	지각	연소 안정
부분 부하(2)	진각	연비 향상 및 배기가스 저감
고부하/저 rpm(3)	진각	토크 향상
고부하/고 rpm(4)	지각	출력 향상

AEIE001Q

작동원리

- CVVT 시스템은 엔진 작동 조건에 따라 흡기 밸브 개폐 시기를 연속적으로 변화시킨다.
- 흡기 밸브 개폐 시기는 엔진 출력이 최대가 되도록 최적화된다.
- 캠샤프트는 EGR 효과 발생과 펌프 손실 저감을 위해 진각된다. 이 때 흡기 밸브는 흡기 포트로 유입되는 공기/연료 혼합기 량을 저감시키고 변경 효과를 향상시

키기 위해 빠르게 닫힌다.

- 공회전 상태에서의 진각량을 줄이고, 연소를 안정화하며 엔진 속도를 낮춘다.
- 고장이 발생하면 CVVT 시스템 제어는 비활성화되며, 흡기 밸브 개폐 시기는 완전히 지각된 상태로 고정된다.

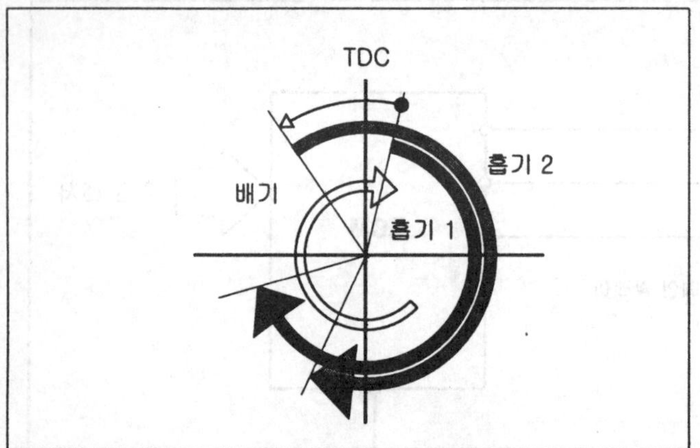

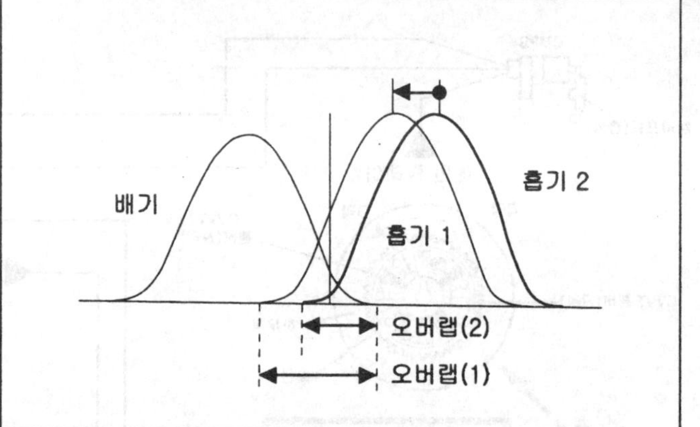

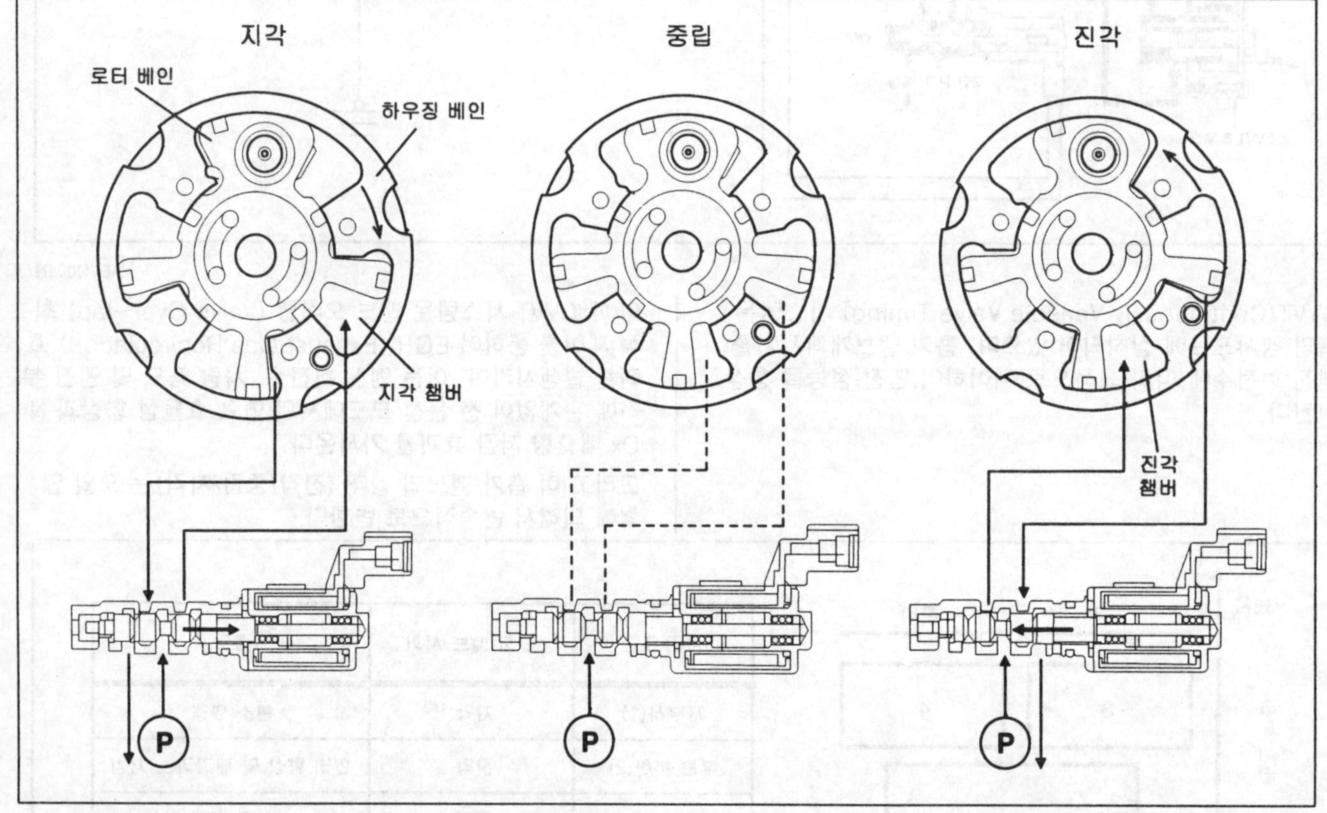

AEJF014R

1. 이 그림은 로터 베인에 대한 상태적인 작동 구조를 보여준다.
2. CVVT 시스템이 특정 제어각에 고정되어 있다면, 이 상태를 유지하기 위하여 오일 펌프에서의 유출량만큼 오일을 재충전한다.

이 때의 OCV (Oil Control Valve)의 순환 경로는 아래와 같다.

오일 펌프 → 진각 오일 챔버 (진각 오일 챔버 입구가 점진적으로 열림) → 배출쪽이 거의 닫힘

엔진 작동상태 (엔진 회전수, 오일 온도, 오일 압력)에 따라서 각 위치에서의 약간의 차이점은 있을 수 있다.

연료 장치 (G4GC - 가솔린 2.0)

일반사항

엔진 제어 시스템

고장진단

연료 공급 장치

일반사항

제원

연료 공급 시스템

항목	제원	
연료 탱크	용량	53 ℓ
연료 필터 (연료 펌프에 내장됨)	형식	고압력식
연료 압력 레귤레이터(연료 펌프에 내장됨)	조정 압력	3.45 ~ 3.55kgf/㎠
연료 펌프	형식	탱크 내장 전기식
	구동	전기 모터
연료 공급 방식	형식	리턴리스(Returnless) 형식

센서

맵 센서 (MAPS)

▷ 형식: 피에조-저항 압력 센서 (Piezo-Resistive Pressure Sensor) 형식

▷ 제원

압력 (kPa)	출력 전압 (V)
20.0	0.79
46.7	1.84
101.32	4.0

흡기 온도 센서 (IATS)

▷ 형식: 써미스터 (Thermistor) 형식

▷ 제원

온도 (℃)	저항 (㏀)
-40	40.93 ~ 48.35
-30	23.43 ~ 27.34
-20	13.89 ~ 16.03
-10	8.50 ~ 9.71
0	5.38 ~ 6.09
10	3.48 ~ 3.90
20	2.31 ~ 2.57
25	1.90 ~ 2.10
30	1.56 ~ 1.74
40	1.08 ~ 1.21
60	0.54 ~ 0.62
80	0.29 ~ 0.34

냉각 수온 센서 (ECTS)

▷ 형식: 써미스터 (Thermistor) 형식

▷ 제원

온도 (℃)	저항 (㏀)
-40	48.14
-20	14.13 ~ 16.83
0	5.79
20	2.31 ~ 2.59
40	1.15
60	0.59
80	0.32

스로틀 포지션 센서 (TPS)

▷ 형식: 가변 저항 형식

▷ 제원

스로틀 개도	출력 전압 (V)
C.T	0.25 ~ 0.9V
W.O.T	최소 4.0V

항목	규정값
센서 저항 (㏀)	1.6 ~ 2.4

산소 센서 (HO2S)

▷ 형식: 지르코니아 (ZrO2) 형식

▷ 제원

공연비 (A/F)	출력 전압 (V)
농후	0.6 ~ 1.0
희박	0 ~ 0.4

항 목	규정값
히터 저항 (Ω)	약 9.0 (20°C)

캠샤프트 포지션 센서 (CMPS)

▷ 형식: 홀 이펙트 (Hall Effect) 형식

크랭크샤프트 포지션 센서 (CKPS)

▷ 형식: 홀 이펙트 (Hall Effect) 형식

노크 센서 (KS)

▷ 형식: 피에조-전기 (Piezo-electricity) 형식

▷ 제원

항목	규정값
정전 용량 (pF)	950 ~ 1,350
저항(MΩ)	4.87

CVVT 오일 온도 센서 (OTS)

▷ 형식: 써미스터 (Thermistor) 형식

▷ 제원

온도 (℃)	저항 (kΩ)
-40	52.15
-20	16.52
0	6.0
20	2.45
40	1.11
60	0.54
80	0.29

연료 탱크 압력 센서 (FTPS)

▷ 형식: 피에조-저항 압력 센서 (Piezo-Resistive Pressure Sensor) 형식

▷ 제원

압력 (kPa)	출력 전압 (V)
-6.67	0.5
0	2.5
+6.67	4.5

액추에이터

인젝터

▷ 개수: 4

▷ 제원

항목	규정값
코일 저항 (Ω)	13.8 ~ 15.2 (20℃)

아이들 스피드 컨트롤 액추에이터 (ISCA)

▷ 형식: 이중 코일 형식

▷ 제원

항목	규정값
닫힘 코일 저항 (Ω)	14.6 ~ 16.2 (20℃)
열림 코일 저항 (Ω)	11.1 ~ 12.7 (20℃)

듀티 (%)	공기 유량 (㎥/h)
15	0.8 ~ 1.8
35	6.3 ~ 10.3
70	35.5 ~ 45.0
96	49.0 ~ 59.0

퍼지 컨트롤 솔레노이드 밸브 (PCSV)

▷ 제원

항목	규정값
코일 저항 (Ω)	14.0 ~ 18.0 (20℃)

CVVT 오일 컨트롤 밸브 (OCV)

▷ 제원

항목	규정값
코일 저항 (Ω)	6.9 ~ 7.9 (20℃)

점화 코일

▷ 형식: 스틱 (Stick) 형식

▷ 제원

항목	규정값
1차 코일 저항 (Ω)	0.58Ω±10% (20℃)
2차 코일 저항 (kΩ)	8.8㏀±15% (20℃)

캐니스터 클로즈 밸브 (CCV)

▷ 제원

항목	규정값
코일 저항 (Ω)	15.5 ~ 18.5 (20℃)

검사 기준

<table>
<tr><td>점화 시기</td><td colspan="3">BTDC 5° ± 10°</td></tr>
<tr><td rowspan="4">공회전 속도</td><td rowspan="2">A/CON OFF</td><td>중립,N,P-단</td><td rowspan="4">660 ± 100 rpm</td></tr>
<tr><td>D-단</td></tr>
<tr><td rowspan="2">A/CON ON</td><td>중립,N,P-단</td></tr>
<tr><td>D-단</td></tr>
</table>

체결 토크

엔진 제어 시스템

항목	Kgf · m	N · m	lbf · ft
ECM 장착 볼트	1.0 ~ 1.2	9.8 ~ 11.8	7.2 ~ 8.7
맵 센서 장착 볼트	0.8 ~ 1.2	7.8 ~ 11.8	5.8 ~ 8.7
냉각 수온 센서 장착	2.0 ~ 4.0	19.6 ~ 39.2	14.5 ~ 28.9
스로틀 포지션 센서 장착 스크류	0.15 ~ 0.25	1.5 ~ 2.5	1.1 ~ 1.8
크랭크샤프트 포지션 센서 장착 볼트	1.0 ~ 1.2	9.8 ~ 11.8	7.2 ~ 8.7
캠샤프트 포지션 센서 장착 볼트	1.0 ~ 1.2	9.8 ~ 11.8	7.2 ~ 8.7
노크 센서 장착 볼트	1.7 ~ 2.7	16.7 ~ 26.5	12.3 ~ 19.5
산소 센서 (뱅크 1 / 센서 1) 장착	4.0 ~ 5.0	39.2 ~ 49.1	28.9 ~ 36.2
산소 센서 (뱅크 1 / 센서 2) 장착	4.0 ~ 5.0	39.2 ~ 49.1	28.9 ~ 36.2
CVVT 오일 온도 센서 장착	2.0 ~ 4.0	19.6 ~ 39.2	14.5 ~ 28.9
아이들 스피드 컨트롤 액추에이터 장착 스크류	0.8 ~ 1.2	7.8 ~ 11.8	5.8 ~ 8.7
퍼지 컨트롤 솔레노이드 밸브 브래킷 장착 볼트	0.8 ~ 1.2	7.8 ~ 11.8	5.8 ~ 8.7
CVVT 오일 컨트롤 밸브 장착 볼트	1.0 ~ 1.2	9.8 ~ 11.8	7.2 ~ 8.7
점화 코일 어셈블리 장착 볼트/너트	1.9 ~ 2.7	18.6 ~ 26.5	13.7 ~ 19.5
스로틀 바디 장착 너트	1.9 ~ 2.4	18.6 ~ 23.5	13.7 ~ 17.4

연료 공급 시스템

항목	Kgf · m	N · m	lbf · ft
연료 펌프 장착 볼트	0.2 ~ 0.3	2.0 ~ 2.9	1.4 ~ 2.2
딜리버리 파이프 장착 볼트	1.9 ~ 2.4	18.6 ~ 23.5	13.7 ~ 17.4

특수공구

공구 (품번 및 품명)	형상	용도
09353-24100 연료압력 게이지 및 호스		연료 압력 측정
09353-38000 연료압력 게이지 어댑터		딜리버리 파이브와 연료 공급 호스 연결
09353-24000 연료압력 게이티 커넥터		연료압력 게이지 및 호스(09353-24100)과 연료 압력 게이지 어댑터(09353-38000) 연결

기본 고장진단 가이드

1	**차량 입고**
2	**문제 분석**
	고객에게 문제 발생시의 주변 환경 및 차량 상태에 대하여 문의한다 ("문제 분석 쉬트" 작성).
3	**증상 확인 후, 고장 코드 (DTC) 확인**
	자기 진단 커넥터 (DLC)에 진단 장비를 연결한다. 고장 코드를 확인한다. 참고 고장 코드를 삭제할 경우는 단계 5를 참조한다.
4	**시스템 및 부품에 대한 점검 절차 선택**
	"증상별 고장 진단"을 활용하여, 적합한 점검 절차를 선택한다.
5	**고장 코드 삭제**
	경고 고장 코드를 삭제하기 전에, 반드시 "문제 분석 쉬트"의 4. MIL/DTC 항목을 작성한다.
6	**차량 육안 검사**
	고장 부위를 정확하게 파악했다면, 단계 11로 이동한다. 그렇지 않으면 다음 단계로 이동한다.
7	**고장 코드에 대한 증상 재현**
	고객의 진술을 바탕으로 고장의 증상과 발생 조건을 재현한다. 고장 코드가 발생하면, 고장코드(DTC)별 고장 진단 절차에 따라 차량 문제 발생 조건을 재현한다.
8	**고장의 증상 확인**
	고장 코드가 발생하지 않으면, 단계 9로 이동한다. 고장 코드가 발생하면, 단계 11로 이동한다.
9	**증상 재현**
	고객의 진술을 바탕으로 차량 문제 발생 조건을 재현한다.
10	**고장 코드 체크**
	고장 코드가 발생하지 않으면, "간헐적인 문제 점검 절차"를 수행한다. 고장 코드가 발생하면, 단계 11로 이동한다.
11	**고장 코드(DTC)별 고장 진단 절차 수행**
12	**차량 상태를 조정하거나 수리한다.**
13	**확인 테스트**
14	**종료**

AZ8E1001

문제 분석 쉬트

1. 차량 정보

VIN No.		변속기	□ 수동 □ 자동 □ CVT □ 기타
생산 일자		구동 방식	□ 2WD (FF) □ 2WD (FR) □ 4WD
주행 거리	____________ (km/mile)	CPF (디젤 엔진)	□ CPF 장착 □ CPF 비장착

2. 증상

□ 시동 불능	□ 엔진 크랭킹 안됨 □ 불완전 연소 □ 초기 연소 안됨
□ 시동 어려움	□ 엔진 크랭킹 느림 □ 기타 ____________
□ 공회전 불량	□ 엔진 부조 발생 □ 공회전 불규칙 □ 공회전 불안정 (최고: ______ rpm, 최저: ______rpm) □ 기타 ____________
□ 엔진 멈춤	□ 시동 직후 멈춤 □ 엑셀 페달 밟은 직후 멈춤 □ 엑셀 페달 뗀 후 멈춤 □ 에어컨 ON시 멈춤 □ N → D단 변속 시 멈춤 □ 기타 ____________
□ 기타	□ 주행 불량 (덜컥거림) □ 노킹 발생 □ 연비 저하 □ 역화 (Back fire) □ 후폭발 (After Burn) □ 기타 ____________

3. 주변 환경

문제 발생 주기	□ 일정 □ 가끔 (____________) □ 1회 □ 기타 ____________
기후	□ 맑음 □ 흐림 □ 비 □ 눈 □ 기타 ____________
기온	약 ______ ℃
장소	□ 고속도로 □ 교외 □ 도심 □ 언덕(오르막) □ 언덕(내리막) □ 비포장도로□ 기타 ____________
엔진 온도	□ 냉간 □ 난기 □ 난기후 □ 온도에 무관
엔진 작동 상태	□ 시동 □ 지연 후 시동 (____ 분) □ 공회전 □ 레이싱 (차량정지상태) □ 주행중 □ 정속주행중 □ 가속중 □ 감속중 □ 에어컨 스위치 ON/OFF □ 기타 ____________

4. **MIL/DTC**

경고등 (MIL)	□ ON □ 가끔 깜빡임 □ OFF
DTC	□ DTC (____________)
Freeze Frame 데이타	

5. **ECM/PCM** 정보

ECM/PCM 부품 번호	
ROM ID	

SFDFL8100D

기본 고장 진단

저항 점검 조건

차량 운전 후 고온에서 측정된 저항값은 낮게 또는 높게 나올 수 있다. 그러므로 모든 저항은 실온 (20℃)에서 측정해야 한다 (특정 온도를 명기한 경우는 해당 온도에서 측정).

참고

실온(20℃)에 대한 저항값 이외의 다른 온도에 대한 저항값은 단순 참고치입니다.

간헐적인 문제 점검 절차

고장 진단에 있어 가장 어려운 경우는 간헐적으로 발생한 문제이다. 예를 들어 차량 냉간 시에 발생한 문제는 난기 시에는 발생하지 않는다. 이 경우 차량 고장 시의 주변 환경과 조건들을 기록하여, 재현하는 것이 중요하다.

1. 고장 코드(DTC)를 삭제한다.
2. 커넥터의 연결 상태 및 각 단자의 결합 상태, 배선과의 연결 상태, 굽힘, 파손 또는 오염에 대하여 점검한다. 그리고 항상 커넥터의 고정 상태도 점검한다.

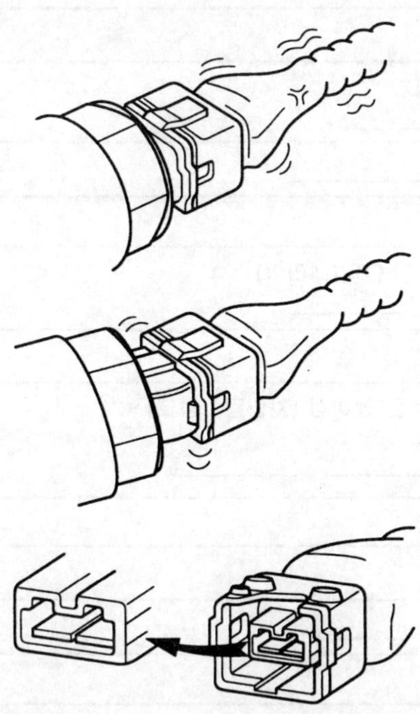

BFGE321A

3. 와이어링 하니스를 상하좌우로 살짝 흔든다.
4. 결함이 있는 부품은 수리 또는 교환한다.
5. 진단 장비를 이용하여, 문제가 해결되었는지 점검한다
.

- 재현 (I) – 진동
  1. 센서와 액츄에이터: 센서, 액츄에이터 또는 릴레이를 손으로 흔든다.

     경고

     심한 진동은 센서, 액츄에이터 또는 릴레이에 손상을 줄 수 있으니, 삼가한다.
  2. 커넥터와 와이어링 하니스: 커넥터 또는 와이어링 하니스를 상하좌우로 흔든다.

- 재현 (II) – 온도 (열)
  1. 헤어 드라이 등으로 해당 부품에 열을 가한다.

     경고

     - **무리한 가열은 부품을 손상할 수 있으니 주의할 것.**
     - **PCM에 직접적으로 열을 가하지 말 것.**

- 재현 (III) – 수분 (물)
  1. 비오는 날이나 습기가 많은 날을 재현할 시에는 차량 주변에 물을 뿌려준다.

     경고

     - **엔진 구성 부품이나, 전기 부품 등 수분에 민감한 부분에는 직접적으로 물을 뿌리지 말 것.**

- 재현 (IV) – 전기적인 부하
  1. 전기를 사용하는 부품 (오디오, 냉각팬, 램프 등)을 작동시킨다.

커넥터 점검 절차

1. 커넥터 취급 방법

a. 커넥터 분리시, 커넥터를 당겨서 분리하고 와이어링 하니스를 당기지 않는다.

BFGE015F

b. 락(Lock)이 부착된 커넥터 분리시, 락킹 레버 (Locking Lever)를 누르거나 당긴다.

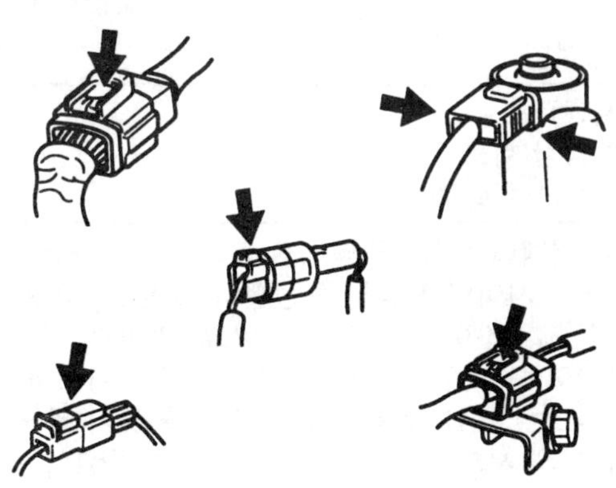

BFGE015G

c. 커넥터 연결 시, 장착음 ("딸깍")이 들리는지 확인한다.

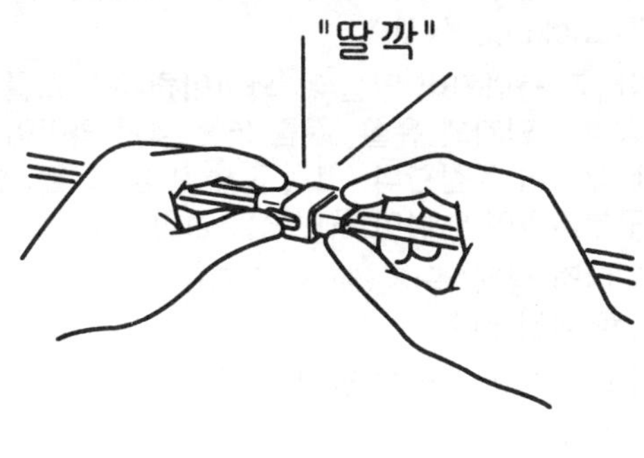

AFBE015H

d. 통전 상태 점검이나 전압 측정시, 항상 테스터 프루브를 와이어링 하니스측에 삽입한다.

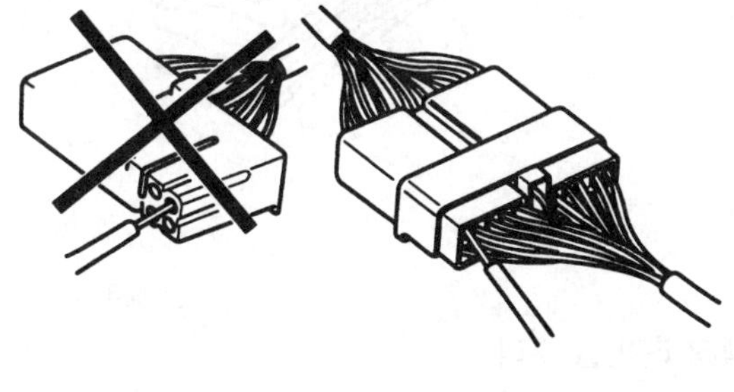

BFGE015I

e. 방수 처리된 커넥터의 경우는 와이어링 하니스측이 아닌, 커넥터 터미널측을 이용한다.

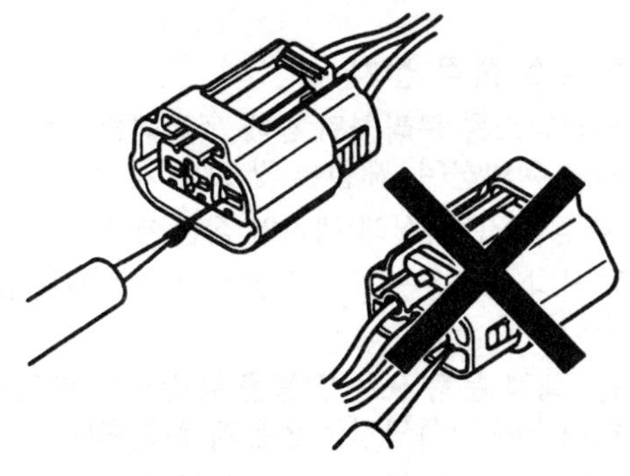

BFGE015J

📖참고
테스트 중, 커넥터 단자가 손상되지 않도록 주의한다.

2. 커넥터 점검 포인터
   a. 커넥터가 연결되어 있을때: 커넥터의 연결 상태 및 락킹(Locking) 상태
   b. 커넥터가 분리되어 있을때: 와이어링 하니스를 살짝 당겨서 단자의 유실, 주름 또는 내부 와이어 손상에 대하여 점검한다. 그리고 녹 발생, 오염, 변형 및 구부러짐에 대하여 육안으로 점검한다.
   c. 단자 체결 상태: 단자(凹)와 단자(凸) 사이의 체결 상태를 점검한다.
   d. 각각의 배선을 적당한 힘으로 당겨서, 연결 상태를 점검한다.

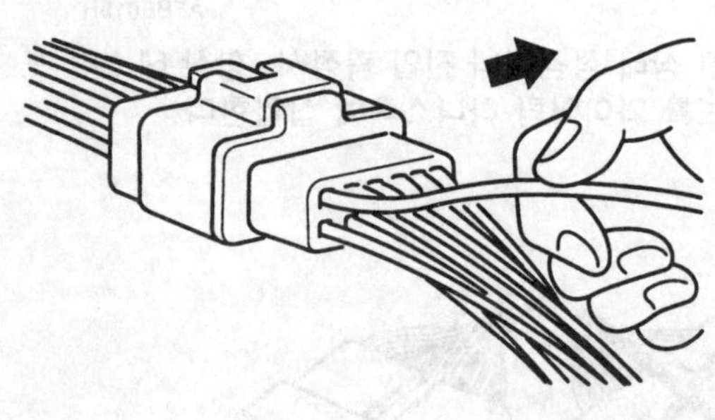

BFGE015K

3. 커넥터 터미널 수리
   a. 커넥터 터미널의 연결 부위를 에어건이나 샵타월로 세척한다

   ⚠주의
   커넥터 터미널에 사포를 이용할 경우 손상될 수 있으니 주의한다.

   b. 커넥터간의 체결력이 부족할 경우는 터미널(凹)을 수리 또는 교체한다.

와이어링 하니스 점검 절차

1. 와이어링 하니스를 분리하기 전에 와이어링 하니스의 장착 위치를 확인하여, 재설치 및 교환 시 활용한다.
2. 꼬임, 늘어짐, 느슨해짐에 대하여 점검한다.
3. 와이어링 하니스의 온도가 비정상적으로 높지는 않은지 점검한다.
4. 회전 운동, 왕복 운동 또는 진동을 유발하는 부분이 와이어링 하니스와 간섭되지는 않은지 점검한다.
5. 와이어링 하니스와 단품의 연결상태를 점검한다.
6. 와이어링 하니스의 피복의 상태를 점검한다.

전기적인 회로 점검 절차

● 단선 회로

1. 단선 회로 점검 방법
   - 통전 점검법
   - 전압 점검법

   단선 회로 발생 부분은[그림1] 통전 점검법(2번) 또는 전압 점검법(3번)으로 고장 부위를 찾을 수 있다.

그림 1

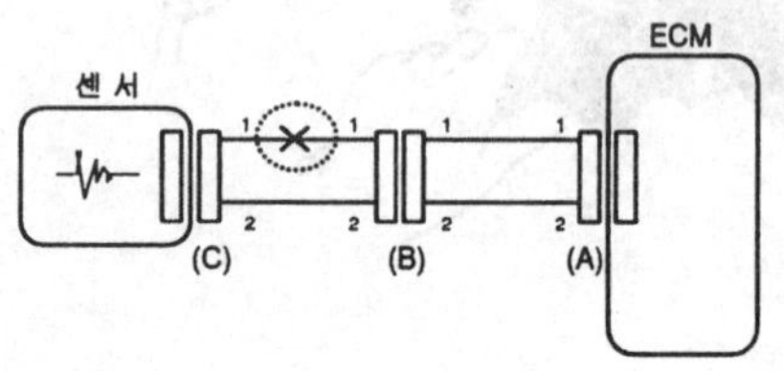

AFBE501A

2. 통전 점검법

기준값 (저항):
1Ω 이하: 정상 회로
1MΩ 이상: 단선 회로

   a. (A) 커넥터와 (C) 커넥터를 분리하고, 커넥터 (A)와 (C) 사이의 저항을 측정한다 [그림2]; 라인1의 측정 저항값이 "1MΩ 이상"이고, 라인2의 측정 저항값이 "1Ω 이하"라면, 라인1이 단선 회로이다 (라인2는 정상). 정확한 단선 부위를 찾기 위해서 라인1의 서브 라인을 점검한다 (다음 단계).

그림 2

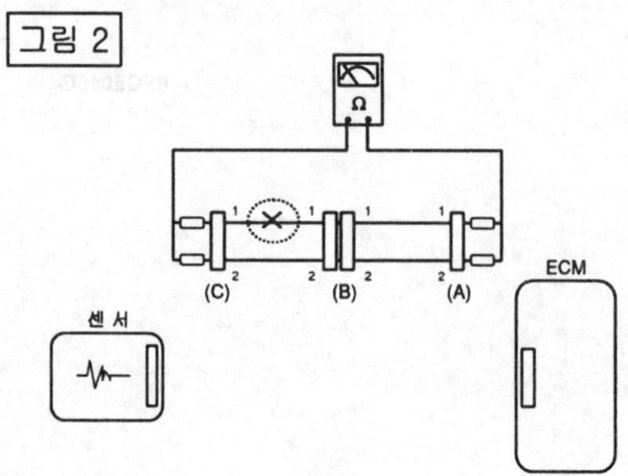

AFBE501B

b. (B) 커넥터를 분리하고, 커넥터 (C)와 (B1), 커넥터 (B2)와 (A) 사이의 저항을 측정한다 [그림3]; (C)와 (B1) 사이의 측정 저항값이 "1MΩ 이상"이고, (B2)와 (A) 사이의 측정 저항값이 "1Ω 이하"라면, 커넥터 (C)의 1번 단자와 커넥터 (B1)의 1번 단자 사이가 단선 회로이다.

그림 3

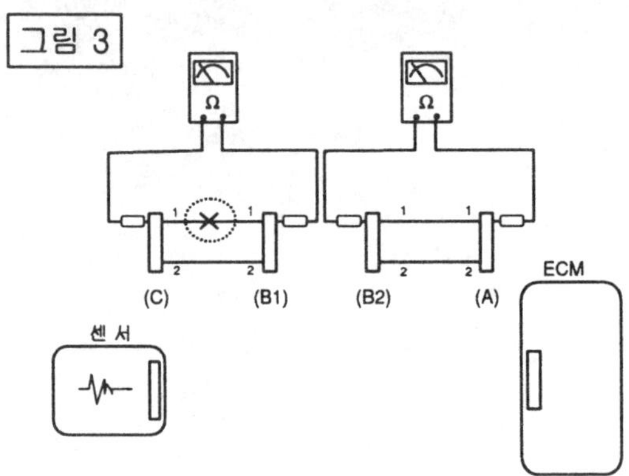

AFBE501C

3. 전압 점검법

a. 모든 커넥터가 연결된 상태에서, 각 커넥터 (A), (B), (C) 커넥터의 1번 단자와 샤시 접지 사이의 전압을 측정한다 [그림4]; 측정 전압이 각각 5V, 5V, 0V라면, (C)와 (B) 사이의 회로가 단선 회로이다.

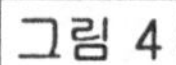

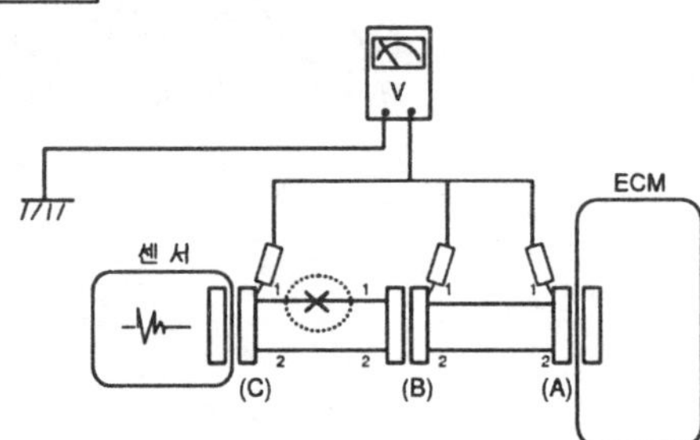

AFBE501D

● 단락 회로

1. 단락(접지) 회로 점검 방법
   - 접지와의 통전 점검법

   단락(접지) 회로 발생 부분은[그림5] 접지와의 통전 점검법(2번)으로 고장 부위를 찾을 수 있다.

그림 5

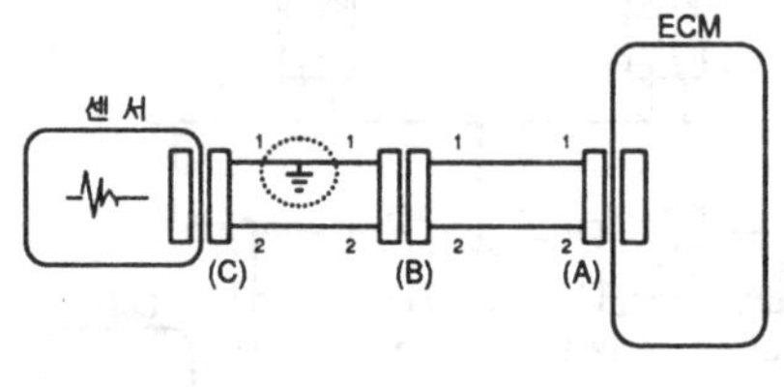

AFBE501E

2. 접지와의 통전 점검법

기준값 (저항):
1Ω 이하: 단락(접지) 회로
1MΩ 이상: 정상 회로

a. (A) 커넥터와 (C) 커넥터를 분리하고, 커넥터 (A)와 접지 사이의 저항을 측정한다 [그림6]; 라인1의 측정 저항값이 "1Ω 이하"이고, 라인2의 측정 저항값이 "1MΩ 이상"라면, 라인1이 단락 회로이다 (라인2는 정상). 정확한 단락 부위를 찾기 위해서 라인1의 서브 라인을 점검한다 (다음 단계).

그림 6

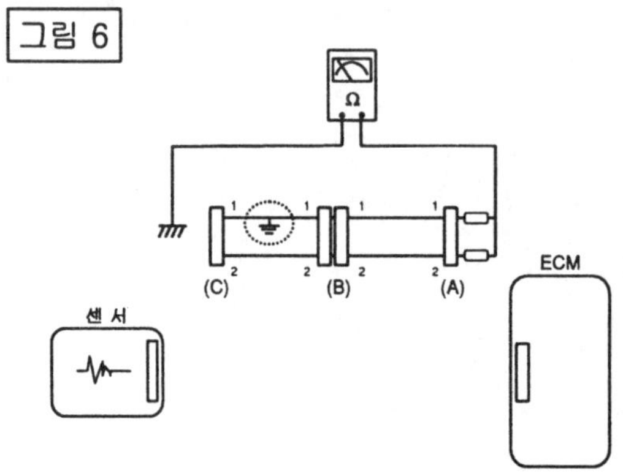

AFBE501F

b. (B) 커넥터를 분리하고, 커넥터 (A)와 샤시 접지, 커넥터 (B1)과 샤시 접지 사이의 저항을 측정한다 [그림7]; 커넥터 (B1)과 샤시 접지 사이의 측정 저항값이 "1Ω 이하"이고 커넥터 (A)와 샤시 접지 사이의 측정 저항값이 "1MΩ 이상"이라면, 커넥터 (B1)의 1번 단자와 커넥터 (C)의 1번 단자 사이가 단락(접지) 회로이다.

그림 7

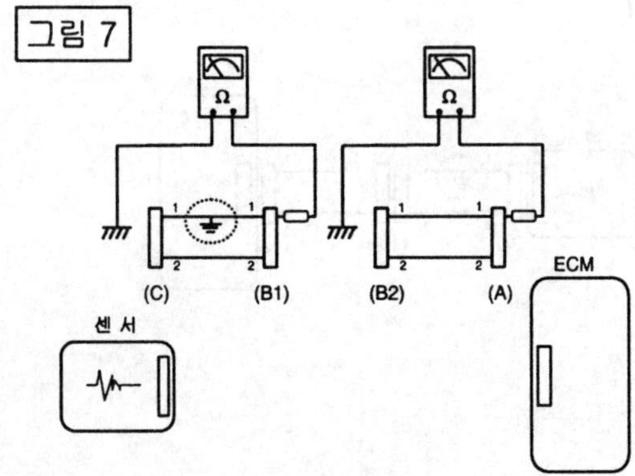

AFBE501G

증상별 고장진단

주요 증상	점검 절차	비고
시동 불능 (엔진 크랭킹 안됨)	1. 배터리 점검 (그룹 "EE" 참조) 2. 스타터 점검 (그룹 "EE" 참조) 3. 인히비터 스위치	
시동 불능 (불완전 연소)	1. 배터리 점검 (그룹 "EE" 참조) 2. 연료 압력 점검 ("연료 공급 장치"편 참조) 3. 점화 회로 점검 (그룹 "EE" 참조) 4. 이모빌라이저 (Immobilizer) 점검 (이모빌라이저 램프 ON시)	• 고장코드 (DTC) • 압축 압력 낮음 • 흡기 누설 • 타이밍 벨트 불량 • 연료 오염
시동 어려움	1. 배터리 점검 (그룹 "EE" 참조) 2. 연료 압력 점검 ("연료 공급 장치"편 참조) 3. 냉각 수온 센서 및 회로 점검 (고장코드 확인) 4. 점화 회로 점검 (그룹 "EE" 참조)	• 고장코드 (DTC) • 압축 압력 낮음 • 흡기 누설 • 연료 오염 • 점화 스파크 미약
공회전 불량 (엔진 부조, 공회전 불규칙, 공회전 불안정)	1. 연료 압력 점검 ("연료 공급 장치"편 참조) 2. 인젝터 점검 3. 연료량 장기 학습치 (Long-Term Fuel Trim) 및 단기 학습치 (Short-Term Fuel Trim) 점검 4. 공회전 속도 제어 시스템 점검 (고장코드 확인) 5. 스로틀 바디 점검 및 테스트 6. 냉각 수온 센서 및 회로 점검 (고장코드 확인)	• 고장코드 (DTC) • 압축 압력 낮음 • 흡기 누설 • 연료 오염 • 점화 스파크 미약
엔진 멈춤	1. 배터리 점검 (그룹 "EE" 참조) 2. 연료 압력 점검 ("연료 공급 장치"편 참조) 3. 공회전 속도 제어 시스템 점검 (고장코드 확인) 4. 점화 회로 점검 (그룹 "EE" 참조) 5. 크랭크샤프트 포지션 센서 및 회로 (고장코드 확인)	• 고장코드 (DTC) • 흡기 누설 • 연료 오염 • 점화 스파크 미약
주행 불량 (덜컥거림)	1. 연료 압력 점검 ("연료 공급 장치"편 참조) 2. 스로틀 바디 점검 및 테스트 3. 점화 회로 점검 (그룹 "EE" 참조) 4. 냉각 수온 센서 및 회로 점검 (고장코드 확인) 5. 배기 시스템 테스트 (그룹 "EM" 참조) 6. 연료량 장기 학습치 (Long-Term Fuel Trim) 및 단기 학습치 (Short-Term Fuel Trim) 점검	• 고장코드 (DTC) • 압축 압력 낮음 • 흡기 누설 • 연료 오염 • 점화 스파크 미약
노킹 발생	1. 연료 압력 점검 ("연료 공급 장치"편 참조) 2. 냉각수 점검 (그룹 "EM" 참조) 3. 라디에이터 및 냉각팬 점검 (그룹 "EM" 참조) 4. 점화 플러그 점검 (그룹 "EE" 참조)	• 고장코드 (DTC) • 연료 오염
연비 저하	1. 운전자의 주행 패턴 체크 • 에어컨이나 리어 열선을 항시 ON하는가? • 타이어압이 정상인가? • 차량에 과도한 짐이 실려있는지는 않은가? • 가속을 많이 하거나, 자주 하지는 않은가? 1. 연료 압력 점검 ("연료 공급 장치"편 참조) 2. 인젝터 점검 3. 배기 시스템 테스트 (그룹 "EM" 참조) 4. 냉각 수온 센서 및 회로 점검 (고장코드 확인)	• 고장코드 (DTC) • 압축 압력 낮음 • 흡기 누설 • 연료 오염 • 점화 스파크 미약

엔진 제어 시스템

개요

가솔린 엔진 제어 시스템의 구성 부품 (센서류, 액추에이터류, ECM, 인젝터 등)이 정상적으로 작동하지 않을 경우, 다양한 엔진 작동 조건에 알맞은 연료량을 공급할 수 없게되어 다음과 같은 고장이 발생한다.

1. 엔진 시동이 어렵거나, 전혀 시동이 걸리지 않는다.
2. 공회전이 불안정한다.
3. 엔진 주행능력이 불량하다.

만일 이와 같은 고장이 발견되면, 일단 자기 진단과 엔진 기본 점검 (점화 장치, 부적당한 엔진 조정 등)을 시행한 후에 다용도 테스터 또는 디지털 멀티미터를 이용하여 엔진 제어 장치의 구성 부품을 점검한다.

⚠주의

- 부품의 분리 또는 장착을 위해 배터리 (-) 단자를 분리할 시에는 자기 진단 코드(DTC)를 먼저 읽는다.
- 배터리 단자를 분리하기에 앞서, 점화 스위치를 OFF 한다. 그리고 엔진 작동 중 혹은 점화 스위치 ON 상태에서는 배터리를 분리하거나 연결하지 않는다. 만약 그렇지 않을 경우, PCM 내부의 반도체가 손상되어, 차량이 비정상적으로 작동할 수 있다.

자기 진단

ECM은 엔진 제어 장치 구성 요소 (센서 및 액추에이터)와 항상 또는 특정 시점에 신호를 주고 받는다. 만약 비정상적인 신호가 특정 시간 이상 발생하면 ECM은 고장이 발생한 것으로 판단하고, 고장코드를 메모리에 기억시킨 후, 고장 신호를 자기 진단 출력 단자에 보낸다. 이 고장코드는 배터리에 의해 직접 백업되어 점화 스위치를 OFF시키더라도 고장진단 결과는 지워지지 않지만, 배터리 단자 혹은 ECM 커넥터를 분리하면 지워진다.

⚠주의

점화 스위치 ON 상태에서 센서 또는 액추에이터 커넥터를 분리하면, 고장 코드 (DTC)가 기억되는데, 이런 경우 배터리의 (-)단자를 15초 이상 분리시키면 고장진단 기억이 지워진다.

자기 진단 점검 절차

⚠주의

- 배터리 전압이 낮으면 자기 진단 기능이 저하되어, 고장이 발견되지 않을 수 있으므로 점검하기 전에 배터리의 전압 및 기타 상태를 점검해야 한다.
- 배터리 혹은 PCM커넥터를 분리시키면 고장 항목이 지워지므로 고장 진단 결과를 완전히 읽기전에는 배터리를 분리시키지 않는다.
- 점검 및 수리를 완료한 후에는 진단 장비를 이용하여 고장코드를 소거하는 방법이 가장 바람직하며, 배터리 (-) 단자를 15초 이상 분리시킨 후 재연결하여 고장코드가 지워졌는지 확인한다 (이때 점화스위치는 필히 OFF할 것).

점검 절차 (진단 장비 사용)

1. 점화 스위치를 OFF한다.
2. 진단 장비를 자기 진단 커넥터 (DLC:Data Link Connector)에 연결한다.
3. 점화 스위치를 ON한다.
4. 진단 장비를 사용하여 자기 진단 코드를 점검한다.
5. 고장 코드 (DTC)에 대한 고장 진단 절차에 준하여 고장 부위를 수리한다.
6. 고장 코드 (DTC)를 삭제한다.
7. 진단 장비를 분리한다.

📖참고

고장코드 삭제 시에는 가급적 진단 장비를 사용해야 한다. 그리고 배터리 단자를 분리하는 방법으로도 고장 코드 (DTC) 삭제가 가능하나, 이 경우 PCM 내부의 학습 데이터도 동시에 삭제됩니다.

부품 위치

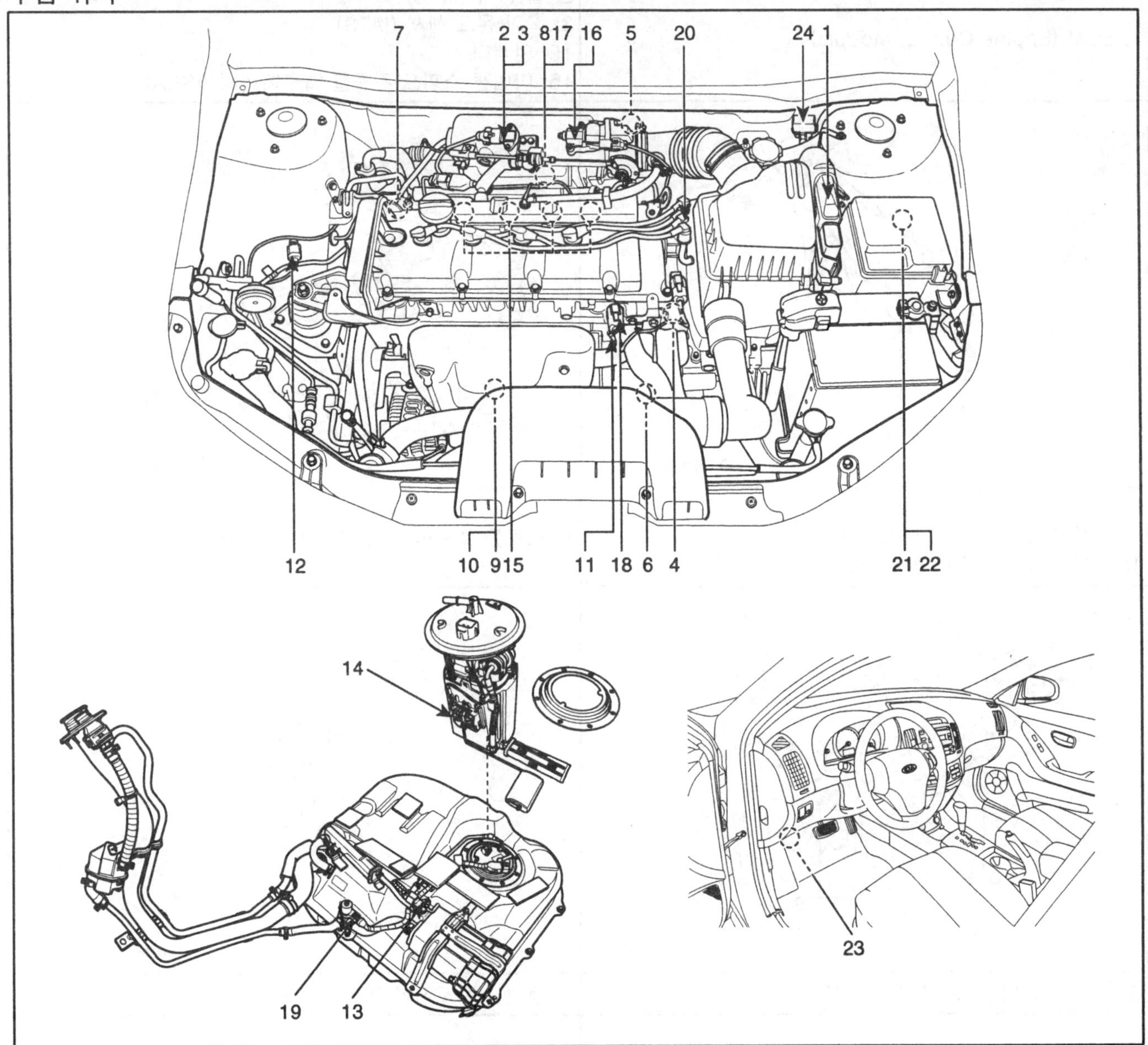

SFDF28100D

1. ECM (Engine Control Module)
2. 맵 센서 (MPS)
3. 흡기 온도 센서 (IATS)
4. 냉각 수온 센서 (ECTS)
5. 스로틀 포지션 센서 (TPS)
6. 크랭크샤프트 포지션 센서 (CKPS)
7. 캠샤프트 포지션 센서 (CMPS)
8. 노크 센서 (KS)
9. 산소 센서 (HO2S) [뱅크 1/ 센서 1]
10. 산소 센서 (HO2S) [뱅크 1/ 센서 2]
11. CVVT 오일 온도 센서 (OTS)
12. 에어컨 프레셔 트랜스듀서 (APT)
13. 연료 탱크 압력 센서 (FTPS)
14. 연료 레벨 센서 (FLS)
15. 인젝터
16. 아이들 스피드 컨트롤 액추에이터 (ISCA)
17. 퍼지 컨트롤 솔레노이드 밸브 (PCSV)
18. CVVT 오일 컨트롤 밸브 (OCV)
19. 캐니스터 클로즈 밸브 (CCV)
20. 점화 코일
21. 메인 릴레이
22. 연료 펌프 릴레이
23. 자기 진단 커넥터 (DLC)
24. 다기능 체크 커넥터

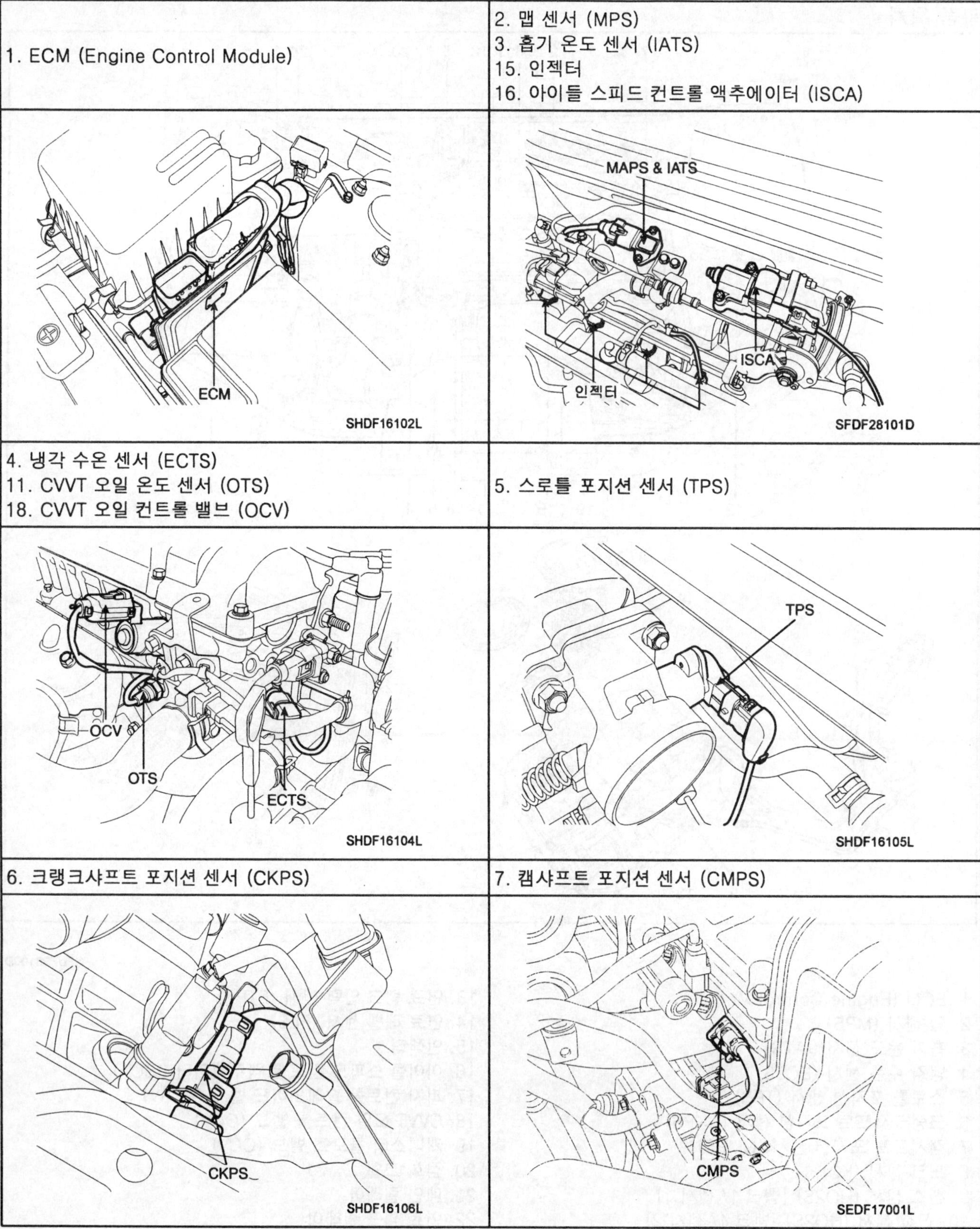
1. ECM (Engine Control Module)
ECM
SHDF16102L
2. 맵 센서 (MPS)
3. 흡기 온도 센서 (IATS)
15. 인젝터
16. 아이들 스피드 컨트롤 액추에이터 (ISCA)
MAPS & IATS
ISCA
인젝터
SFDF28101D
4. 냉각 수온 센서 (ECTS)
11. CVVT 오일 온도 센서 (OTS)
18. CVVT 오일 컨트롤 밸브 (OCV)
OCV
OTS
ECTS
SHDF16104L
5. 스로틀 포지션 센서 (TPS)
TPS
SHDF16105L
6. 크랭크샤프트 포지션 센서 (CKPS)
CKPS
SHDF16106L
7. 캠샤프트 포지션 센서 (CMPS)
CMPS
SEDF17001L

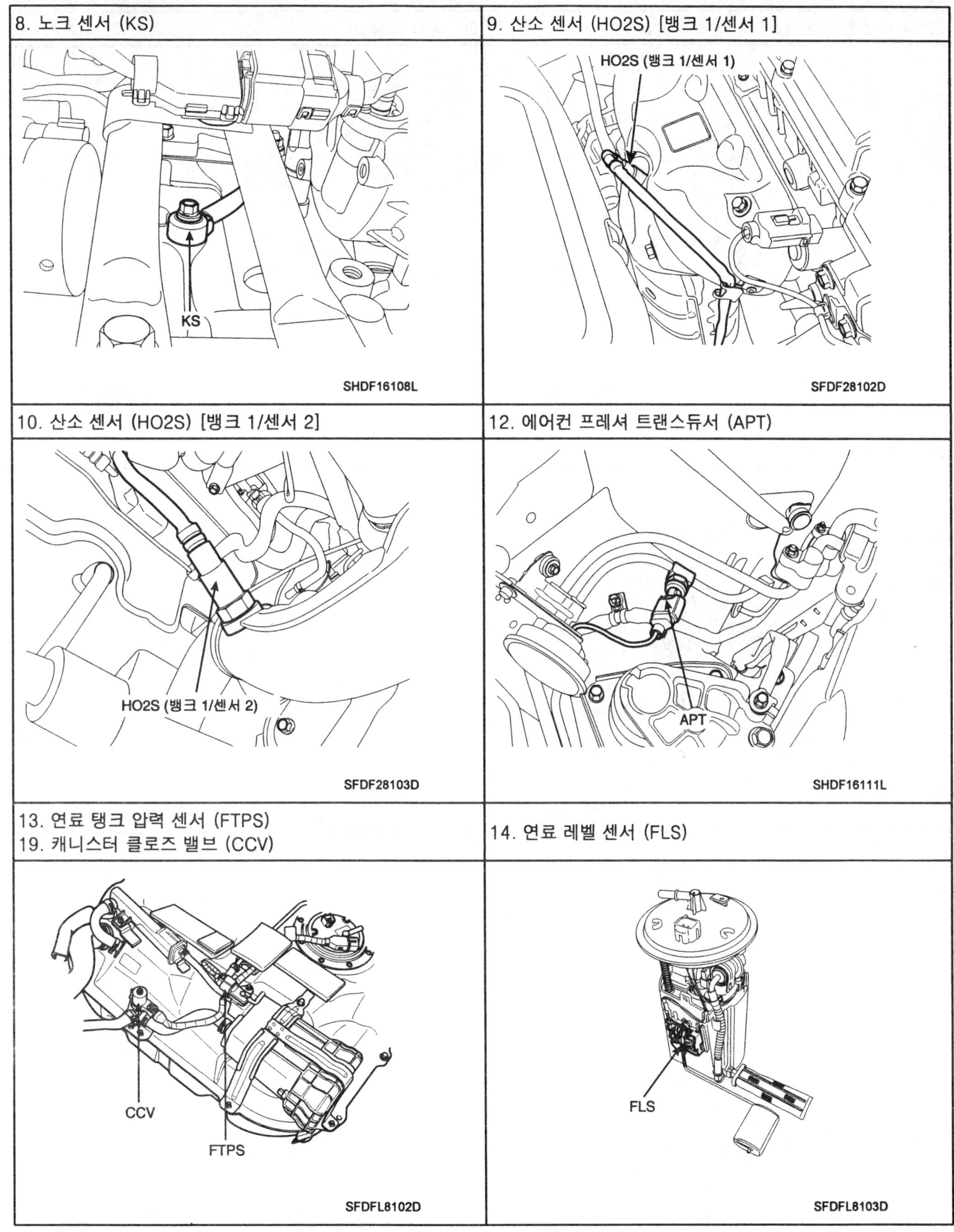

8. 노크 센서 (KS)
KS
SHDF16108L
9. 산소 센서 (HO2S) [뱅크 1/센서 1]
HO2S (뱅크 1/센서 1)
SFDF28102D
10. 산소 센서 (HO2S) [뱅크 1/센서 2]
HO2S (뱅크 1/센서 2)
SFDF28103D
12. 에어컨 프레셔 트랜스듀서 (APT)
APT
SHDF16111L
13. 연료 탱크 압력 센서 (FTPS)
19. 캐니스터 클로즈 밸브 (CCV)
CCV
FTPS
SFDFL8102D
14. 연료 레벨 센서 (FLS)
FLS
SFDFL8103D

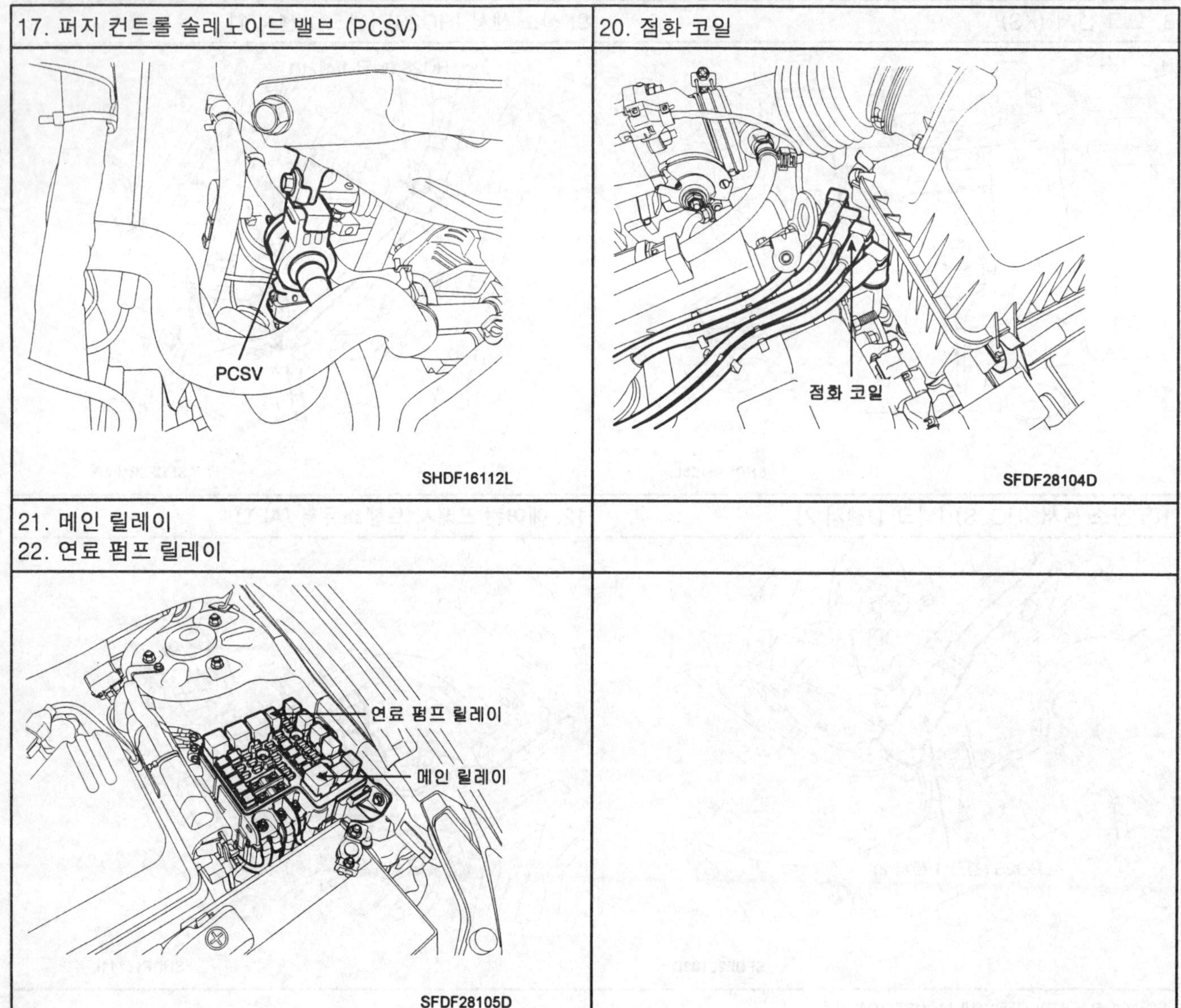
17. 퍼지 컨트롤 솔레노이드 밸브 (PCSV)
PCSV
SHDF16112L
20. 점화 코일
점화 코일
SFDF28104D
21. 메인 릴레이
22. 연료 펌프 릴레이
연료 펌프 릴레이
메인 릴레이
SFDF28105D

엔진 컨트롤 모듈 (ECM)

ECM 단자

ECM 커넥터

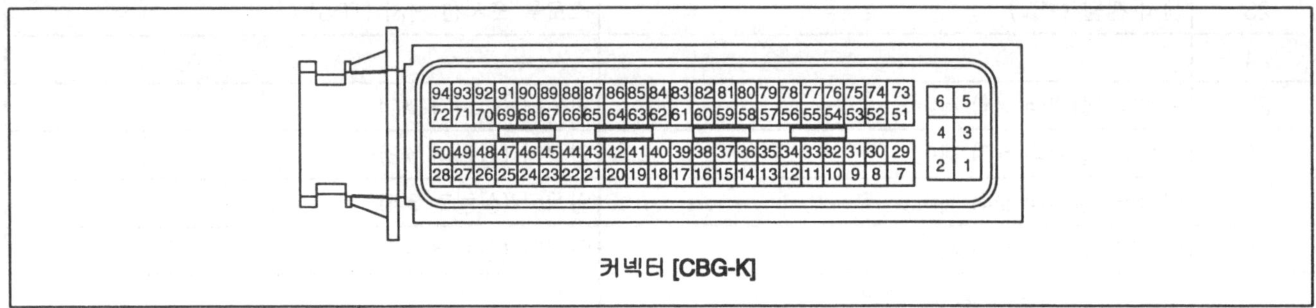

SFDF28106D

ECM 단자 기능

커넥터 [CBG-K]

단자	신호명	연결 부위
1	파워 접지	샤시 접지
2	배터리 전원	점화 스위치
3	파워 접지	샤시 접지
4	배터리 전원	메인 릴레이
5	ECM 접지	샤시 접지
6	배터리 전원	배터리
7	점화 코일 (실린더 #1,4) 제어 [이모빌라이저 미장착]	점화 코일 (실린더 #1,4)
	점화 코일 (실린더 #2,3) 제어 [이모빌라이저 장착]	점화 코일 (실린더 #2,3)
8	쉴드	점화 코일
9	센서 접지	맵 센서 (MAPS)
10	맵 센서 신호 입력	맵 센서 (MAPS)
11	-	
12	접지	이모빌라이저 컨트롤 모듈
13	에어컨 프레셔 트랜스듀서 신호 입력	에어컨 프레셔 트랜스듀서 (APT)
14	센서 접지	냉각 수온 센서 (ECTS)
15	냉각 수온 센서 신호 입력	냉각 수온 센서 (ECTS)
16	센서 접지	산소 센서 (센서 1)
17	산소 센서 (센서 1) 신호 입력	산소 센서 (센서 1)
18	흡기 온도 센서 신호 입력	흡기 온도 센서 (IATS)
19	-	
20	-	

단자	신호명	연결 부위
21	센서 접지	노크 센서 (KS)
22	노크 센서 신호 입력	노크 센서 (KS)
23	센서 전원 (+5V)	스로틀 포지션 센서 (TPS)
24	–	
25	인젝터 (실린더 #1) 제어	인젝터 (실린더 #1)
26	인젝터 (실린더 #3) 제어	인젝터 (실린더 #3)
27	인젝터 (실린더 #4) 제어	인젝터 (실린더 #4)
28	인젝터 (실린더 #2) 제어	인젝터 (실린더 #2)
29	점화 코일 (실린더 #2,3) 제어 [이모빌라이저 미장착]	점화 코일 (실린더 #2,3)
	점화 토일 (실린더 #1,4) 제어 [이모빌라이저 장착]	점화 코일 (실린더 #1,4)
30	–	
31	–	
32	–	
33	연료 탱크 압력 센서 신호 입력	연료 탱크 압력 센서 (FTPS)
34	센서 접지	연료 탱크 압력 센서 (FTPS)
35	–	
36	–	
37	센서 접지	CVVT 오일 온도 센서 (OTS)
38	산소 센서 (센서 2) 신호 입력	산소 센서 (센서 2)
39	센서 접지	산소 센서 (센서 2)
40	CVVT 오일 온도 센서 신호 입력	CVVT 오일 온도 센서 (OTS)
41	스로틀 포지션 센서 신호 입력	스로틀 포지션 센서 (TPS)
42	센서 접지	스로틀 포지션 센서 (TPS)
43	–	
44	–	
45	–	
46	–	
47	센서 전원 (+5V)	에어컨 프레셔 트랜스듀서 (APT)
48	센서 전원 (+5V)	맵 센서 (MAPS), 연료 탱크 압력 센서 (FTPS)
49	–	
50	–	
51	–	
52	–	
53	차량 속도 신호 입력 [ABS/VDC 장착 차량]	ABS/VDC 컨트롤 모듈

단자	신호명	연결 부위
54	–	
55	휠 속도 센서 [A] 신호 입력 [ABS/VDC 비장착 차량]	휠 속도 센서 (WSS)
56	휠 속도 센서 [B] 신호 입력 [ABS/VDC 비장착 차량]	휠 속도 센서 (WSS)
57	센서 접지	에어컨 프레셔 트랜스듀서 (APT)
58	–	
59	–	
60	A/C 스위치 "ON" 신호 입력	A/C 스위치
61	–	
62	A/C 온도 스위치 신호 입력	A/C 온도 스위치
63	연료 소모 신호 출력	트립 컴퓨터
64	메인 릴레이 제어	메인 릴레이
65	냉각팬 릴레이 [로우] 제어	냉각팬 릴레이 [로우]
66	CVVT 오일 컨트롤 밸브 제어	CVVT 오일 컨트롤 밸브 (OCV)
67	퍼지 컨트롤 솔레노이드 밸브 제어	퍼지 컨트롤 솔레노이드 밸브 (PCSV)
68	–	
69	이모빌라이저 경고등 제어	이모빌라이저 경고등
70	연료 펌프 릴레이 제어	연료 펌프 릴레이
71	–	
72	–	
73	배터리 전원	메인 릴레이
74	알터네이터 부하 신호 입력	알터네이터
75	이모빌라이저 통신 라인	이모빌라이저 컨트롤 모듈
76	자기 진단 라인 (K–라인)	자기 진단 커넥터 (DLC), 다기능 체크 커넥터
77	CAN [하이]	기타 컨트롤 모듈
78	CAN [로우]	기타 컨트롤 모듈
79	센서 접지	캠샤프트 포지션 센서 (CMPS)
80	캠샤프트 포지션 센서 신호 입력	캠샤프트 포지션 센서 (CMPS)
81	센서 접지	크랭크샤프트 포지션 센서 (CKPS)
82	크랭크샤프트 포지션 센서 신호 입력	크랭크샤프트 포지션 센서 (CKPS)
83	–	
84	–	
85	–	
86	엔진 속도 신호 출력	클러스터 (타코미터)
87	A/C 컴프레서 릴레이 제어	A/C 컴프레서 릴레이
88	냉각팬 릴레이 [하이] 제어	냉각팬 릴레이 [하이]

단자	신호명	연결 부위
89	아이들 스피드 컨트롤 액츄에이터 [열림] 제어	아이들 스피드 컨트롤 액츄에이터 (ISCA)
90	아이들 스피드 컨트롤 액츄에이터 [닫힘] 제어	아이들 스피드 컨트롤 액츄에이터 (ISCA)
91	캐니스터 클로즈 밸브 제어	캐니스터 클로즈 밸브 (CCV)
92	엔진 경고등 (MIL) 제어	클러스터 (엔진 경고등)
93	산소 센서 (센서 1) 히터 제어	산소 센서 (센서 1)
94	산소 센서 (센서 2) 히터 제어	산소 센서 (센서 2)

ECM 단자 입/출력 신호

커넥터 [CBG-K]

단자	신호명	조건	형식	레벨	측정치
1	파워 접지	공회전	DC 전압	최대 50mV	
2	배터리 전원	IG OFF	DC 전압	최대 1.0V	1.18mV
		IG ON		배터리 전압	12.7V
3	파워 접지	공회전	DC 전압	최대 50mV	-4.37mV
4	배터리 전원	IG OFF	DC 전압	최대 1.0V	-5.1mV
		IG ON		배터리 전압	12.3V
5	ECM 접지	공회전	DC 전압	최대 50mV	10.1mV
6	배터리 전원	항시	DC 전압	배터리 전압	12.2V
7	점화 코일 (실린더 #1,4) 제어 [이모빌라이저 미장착]	공회전	펄스	1차 전압: 300 ~ 400V	372V
	점화 코일 (실린더 #2,3) 제어 [이모빌라이저 장착]			ON 전압: 최대 2.0V	1.6V
8	쉴드	공회전	DC 전압	최대 50mV	18.3mV
9	센서 접지	공회전	DC 전압	최대 50mV	18.7mV
10	맵 센서 신호 입력	IG ON	DC 전압	3.9 ~ 4.1V	4.09V
		공회전		0.8 ~ 1.6V	1.44V
11	–				
12	접지	공회전	DC 전압	최대 50mV	
13	에어컨 프레셔 트랜스듀서 신호 입력	공회전	DC 전압	0.4 ~ 4.6V	A/C OFF:1.18V A/C ON:1.48V
14	센서 접지	공회전	DC 전압	최대 50mV	13.0mV
15	냉각 수온 센서 신호 입력	공회전	DC 전압	0.5 ~ 4.5V	1.84V
16	센서 접지	공회전	DC 전압	최대 50mV	
17	산소 센서 (센서 1) 신호 입력	엔진 구동중	아날로그	농후: 0.6 ~ 1.0V	
				희박: 최대 0.4V	
18	흡기 온도 센서 신호 입력	공회전	아날로그	0 ~ 5.0V	3.63V

단자	신호명	조건	형식	레벨	측정치
19	–				
20	–				
21	센서 접지	공회전	DC 전압	최대 50mV	
22	노크 센서 신호 입력	노킹 발생시	불규칙 주파수		
		정상			
23	센서 전원 (+5V)	IG OFF	DC 전압	최대 0.5V	0V
		IG ON		4.9 ~ 5.1V	5.03V
24	–				
25	인젝터 (실린더 #1) 제어	공회전	DC 전압	하이: 배터리 전압	14.4V
				로우: 최대 1.0V	280mV
				Vpeak: 최대 80V	48.8V
26	인젝터 (실린더 #3) 제어	공회전	DC 전압	하이: 배터리 전압	14.2V
				로우: 최대 1.0V	240mV
				Vpeak: 최대 80V	49.0V
27	인젝터 (실린더 #4) 제어	공회전	DC 전압	하이: 배터리 전압	14.4V
				로우: 최대 1.0V	280mV
				Vpeak: 최대 80V	48.8V
28	인젝터 (실린더 #2) 제어	공회전	DC 전압	하이: 배터리 전압	14.2V
				로우: 최대 1.0V	240mV
				Vpeak: 최대 80V	49.0V
29	점화 코일 (실린더 #1,4) 제어 [이모빌라이저 미장착]	공회전	펄스	1차 전압: 300 ~ 400V	376V
	점화 코일 (실린더 #2,3) 제어 [이모빌라이저 장착]			ON 전압: 최대 2.0V	1.36V
30	–				
31	–				
32	–				
33	연료 탱크 압력 센서 신호 입력	공회전	DC 전압	0.4 ~ 4.6V	A/T : 2.58V M/T : 1.5V
34	센서 접지	공회전	DC 전압	최대 50mV	16.1mV
35	–				
36	–				
37	센서 접지	공회전	DC 전압	최대 50mV	17.3mV
38	산소 센서 (센서 2) 신호 입력	엔진 구동중	아날로그	농후: 0.6 ~ 1.0V	640mV
				희박: 최대 0.4V	22mV
39	센서 접지	공회전	DC 전압	최대 50mV	3.14mV

단자	신호명	조건	형식	레벨	측정치
40	CVVT 오일 온도 센서 신호 입력	공회전	아날로그	0.5 ~ 4.5V	950mV
41	스로틀 포지션 센서 신호 입력	C.T	아날로그	0.25 ~ 0.9V	307mV
		W.O.T		최소 4.0V	4.28V
42	센서 접지	공회전	DC 전압	최대 50mV	13.6mV
43	-				
44	-				
45	-				
46	-				
47	센서 전원 (+5V)	IG OFF	DC 전압	최대 0.5V	2.61mV
		IG ON		4.9 ~ 5.1V	5.04V
48	센서 전원 (+5V)	IG OFF	DC 전압	최대 0.5V	3.16mV
		IG ON		4.9 ~ 5.1V	5.06V
49	-				
50	-				
51	-				
52	-				
53	차량 속도 신호 입력 [ABS/VDC 장착 차량]	주행중	펄스	하이: 최소 4.5V	13.0V
				로우: 최대 0.5V	-200mV
54	-				
55	휠 속도 센서 [A] 신호 입력 [ABS/VDC 비장착 차량]	주행중 (30km/h)	SINE 파형	15Hz: 최소 0.13Vp_p	
				1,000Hz: 최소 0.2Vp_p	
				Overall: 최대 250Vp_p	
56	휠 속도 센서 [B] 신호 입력 [ABS/VDC 비장착 차량]	주행중 (30km/h)	SINE 파형	15Hz: 최소 0.13Vp_p	
				1,000Hz: 최소 0.2Vp_p	
				Overall: 최대 250Vp_p	
57	센서 접지	공회전	DC 전압	최대 50mV	10mV
58	-				
59	-				
60	A/C 스위치 "ON" 신호 입력	A/C S/W OFF	DC 전압	최대 1.0V	0mV
		A/C S/W ON		배터리 전압	12.8V
61	-				

단자	신호명	조건	형식	레벨	측정치
62	A/C 온도 스위치 신호 입력	A/C S/W OFF	DC 전압	최대 1.0V	0mV
		A/C S/W ON		배터리 전압	12.8V
63	연료 소모 신호 출력	공회전	펄스	하이: 배터리 전압	13.8V
				로우: 최대 0.5V	0.1V
64	메인 릴레이 제어	릴레이 OFF	DC 전압	배터리 전압	12.9V
		릴레이 ON		최대 1.0V	0.88V
65	냉각팬 릴레이 [로우] 제어	릴레이 OFF	DC 전압	배터리 전압	12.9V
		릴레이 ON		최대 1.0V	30mV
66	CVVT 오일 컨트롤 밸브 제어	공회전	펄스	배터리 전압	14.8V
				최대 1.0V	100mV
67	퍼지 컨트롤 솔레노이드 밸브 제어	작동 비작동	펄스	하이: 배터리 전압	14.2V
				로우: 최대 1.0V	100mV
68	–				
69	이모빌라이저 경고등 제어	램프 OFF	DC 전압	배터리 전압	
		램프 ON		최대 2.0V	
70	연료 펌프 릴레이 제어	릴레이 OFF	DC 전압	배터리 전압	13V
		릴레이 ON		최대 1.0V	100mV
71	–				
72	–				
73	배터리 전원	IG OFF	DC 전압	최대 1.0V	−5.1mV
		IG ON		배터리 전압	12.3V
74	알터네이터 부하 신호 입력	공회전	펄스	하이: 배터리 전압	14V
				로우: 최대 1.5V	10mV
75	이모빌라이저 통신 라인	IG ON 후 통신시	펄스	하이: 최소 8.5V	
				로우: 최대 3.5V	
76	자기 진단 라인 (K−라인)	송신중	펄스	하이: 최소 Vbatt × 80%	12.2V
				로우: 최대 Vbatt × 20%	260mV
		수신중		하이: 최소 Vbatt × 70%	12.2V
				로우: 최대 Vbatt × 30%	860mV
77	CAN [하이]	RECESSIVE	펄스	2.0 ~ 3.0V	2.55V
		DOMINANT		2.75 ~ 4.5V	3.57V

단자	신호명	조건	형식	레벨	측정치
78	CAN [로우]	RECESSIVE	펄스	2.0 ~ 3.0V	2.55V
		DOMINANT		0.5 ~ 2.25V	1.44V
79	센서 접지	공회전	DC 전압	최대 50mV	10mV
80	캠샤프트 포지션 센서 신호 입력	공회전	펄스	하이: Vcc	5.0V
				로우: 최대 0.5V	0.2V
81	센서 접지	공회전	DC 전압	최대 50mV	10mV
82	크랭크샤프트 포지션 센서 신호 입력	공회전	펄스	하이: Vcc	5.0V
				로우: 최대 0.5V	40mV
83	-				
84	-				
85	-				
86	엔진 속도 신호 출력	공회전	펄스	하이: 배터리 전압	14.0V
				로우: 최대 0.5V	100mV
				주파수: 20 ~ 26Hz	21.8Hz
87	A/C 컴프레서 릴레이 제어	릴레이 OFF	DC 전압	배터리 전압	14.1V
		릴레이 ON		최대 1.0V	0.1V
88	냉각팬 릴레이 [하이] 제어	릴레이 OFF	DC 전압	배터리 전압	14.1V
		릴레이 ON		최대 1.0V	320mV
89	아이들 스피드 컨트롤 액츄에이터 [열림] 제어	공회전	펄스	하이: 배터리 전압	14.6V
				로우: 최대 1.0V	192mV
90	아이들 스피드 컨트롤 액츄에이터 [닫힘] 제어	공회전	펄스	하이: 배터리 전압	14.9V
				로우: 최대 1.0V	248mV
91	캐니스터 클로즈 밸브 제어	작동 비작동	펄스	하이: 배터리 전압	14.0V
				로우: 최대 1.0V	170mV
92	엔진 경고등 (MIL) 제어	램프 OFF	DC 전압	배터리 전압	13V
		램프 ON		최대 1.0V	50mV
93	산소 센서 (센서 1) 히터 제어	엔진 작동중	펄스	하이: 배터리 전압	14V
				로우: 최대 1.0V	0.3V
94	산소 센서 (센서 2) 히터 제어	엔진 작동중	펄스	하이: 배터리 전압	14V
				로우: 최대 1.0V	0.3V

회로도

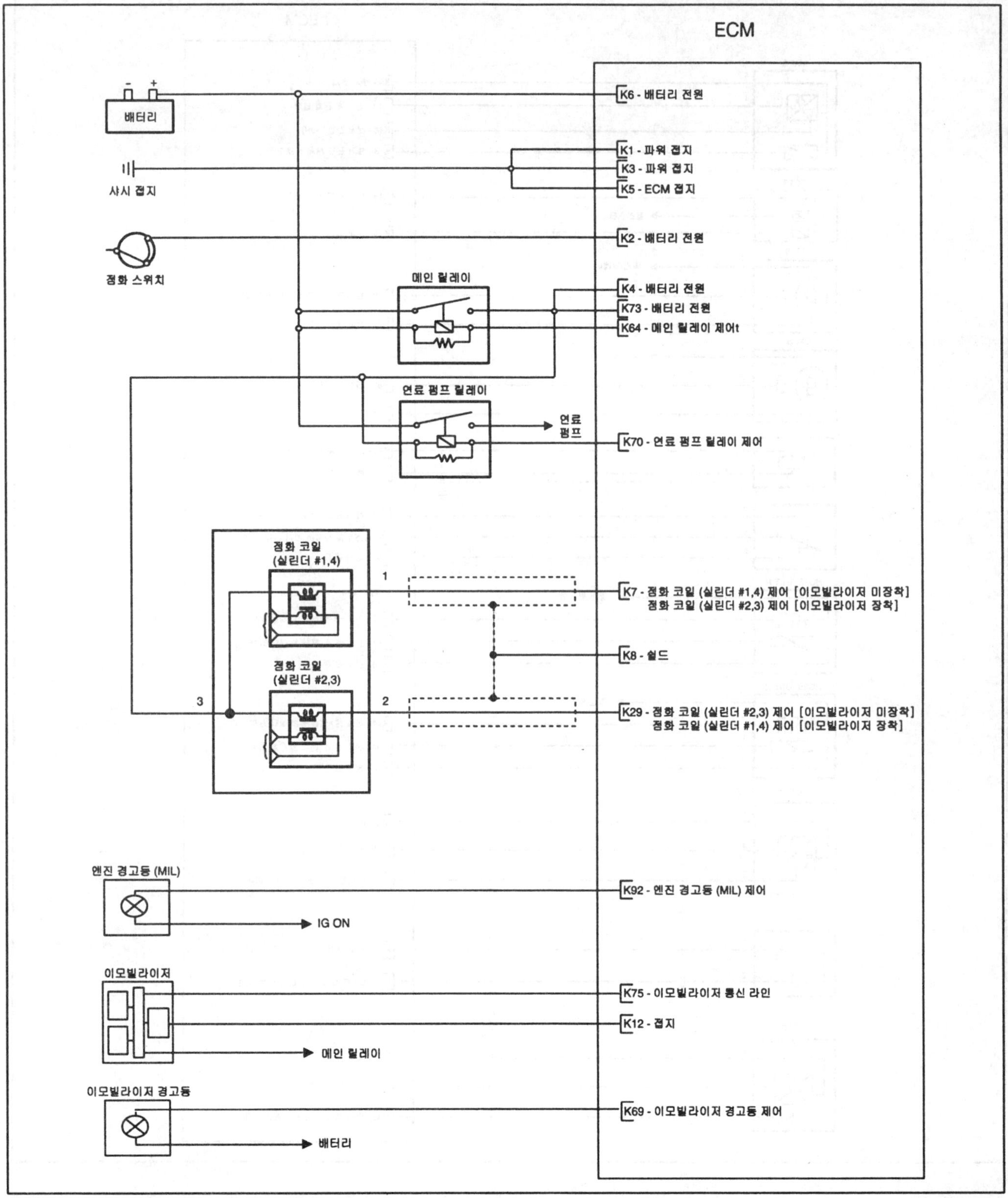

ECM

- +
배터리

K6 - 배터리 전원

K1 - 파워 접지
K3 - 파워 접지
K5 - ECM 접지

샤시 접지

K2 - 배터리 전원

점화 스위치

메인 릴레이

K4 - 배터리 전원
K73 - 배터리 전원
K64 - 메인 릴레이 제어t

연료 펌프 릴레이

연료 펌프

K70 - 연료 펌프 릴레이 제어

점화 코일 (실린더 #1,4)

1

K7 - 점화 코일 (실린더 #1,4) 제어 [이모빌라이저 미장착]
점화 코일 (실린더 #2,3) 제어 [이모빌라이저 장착]

K8 - 쉴드

점화 코일 (실린더 #2,3)

3

2

K29 - 점화 코일 (실린더 #2,3) 제어 [이모빌라이저 미장착]
점화 코일 (실린더 #1,4) 제어 [이모빌라이저 장착]

엔진 경고등 (MIL)

K92 - 엔진 경고등 (MIL) 제어

IG ON

이모빌라이저

K75 - 이모빌라이저 통신 라인

K12 - 접지

메인 릴레이

이모빌라이저 경고등

K69 - 이모빌라이저 경고등 제어

배터리

SFDF28107D

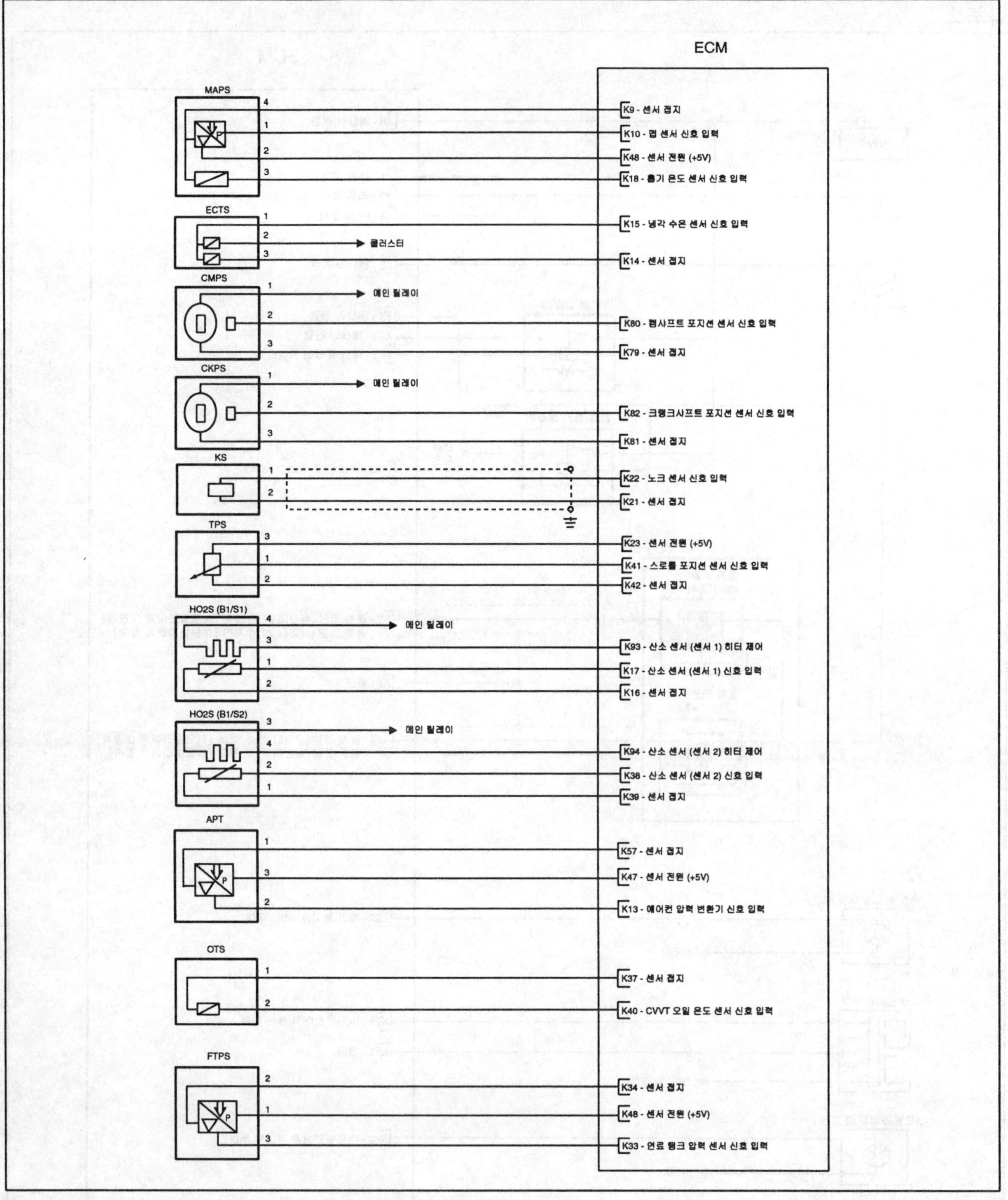
ECM
MAPS
4
1
2
3
K9 - 센서 접지
K10 - 맵 센서 신호 입력
K48 - 센서 전원 (+5V)
K18 - 흡기 온도 센서 신호 입력
ECTS
1
2
3
클러스터
K15 - 냉각 수온 센서 신호 입력
K14 - 센서 접지
CMPS
1
2
3
메인 릴레이
K80 - 캠샤프트 포지션 센서 신호 입력
K79 - 센서 접지
CKPS
1
2
3
메인 릴레이
K82 - 크랭크샤프트 포지션 센서 신호 입력
K81 - 센서 접지
KS
1
2
K22 - 노크 센서 신호 입력
K21 - 센서 접지
TPS
3
1
2
K23 - 센서 전원 (+5V)
K41 - 스로틀 포지션 센서 신호 입력
K42 - 센서 접지
HO2S (B1/S1)
4
3
1
2
메인 릴레이
K93 - 산소 센서 (센서 1) 히터 제어
K17 - 산소 센서 (센서 1) 신호 입력
K16 - 센서 접지
HO2S (B1/S2)
3
4
2
1
메인 릴레이
K94 - 산소 센서 (센서 2) 히터 제어
K38 - 산소 센서 (센서 2) 신호 입력
K39 - 센서 접지
APT
1
3
2
K57 - 센서 접지
K47 - 센서 전원 (+5V)
K13 - 에어컨 압력 변환기 신호 입력
OTS
1
2
K37 - 센서 접지
K40 - CVVT 오일 온도 센서 신호 입력
FTPS
2
1
3
K34 - 센서 접지
K48 - 센서 전원 (+5V)
K33 - 연료 탱크 압력 센서 신호 입력

SFDF28108D

ECM

부품	핀	연결
인젝터 #1	2	K25 - 인젝터 (실린더 #1) 제어
인젝터 #1	1	메인 릴레이
인젝터 #2	1	K28 - 인젝터 (실린더 #2) 제어
인젝터 #2	2	메인 릴레이
인젝터 #3	2	K26 - 인젝터 (실린더 #3) 제어
인젝터 #3	1	메인 릴레이
인젝터 #4	1	K27 - 인젝터 (실린더 #4) 제어
인젝터 #4	2	메인 릴레이
ISCA	1	K89 - 공회전 속도 제어 액츄에이터 [열림] 제어
ISCA	2	메인 릴레이
ISCA	3	K90 - 공회전 속도 제어 액츄에이터 [닫힘] 제어
PCSV	2	K67 - 퍼지 컨트롤 솔레노이드 밸브 제어
PCSV	1	메인 릴레이
OCV	1	K66 - CVVT 오일 컨트롤 밸브 제어
OCV	2	메인 릴레이
CCV	6	K91 - 캐니스터 클로즈 밸브 제어
CCV	5	메인 릴레이

SFDF28110D

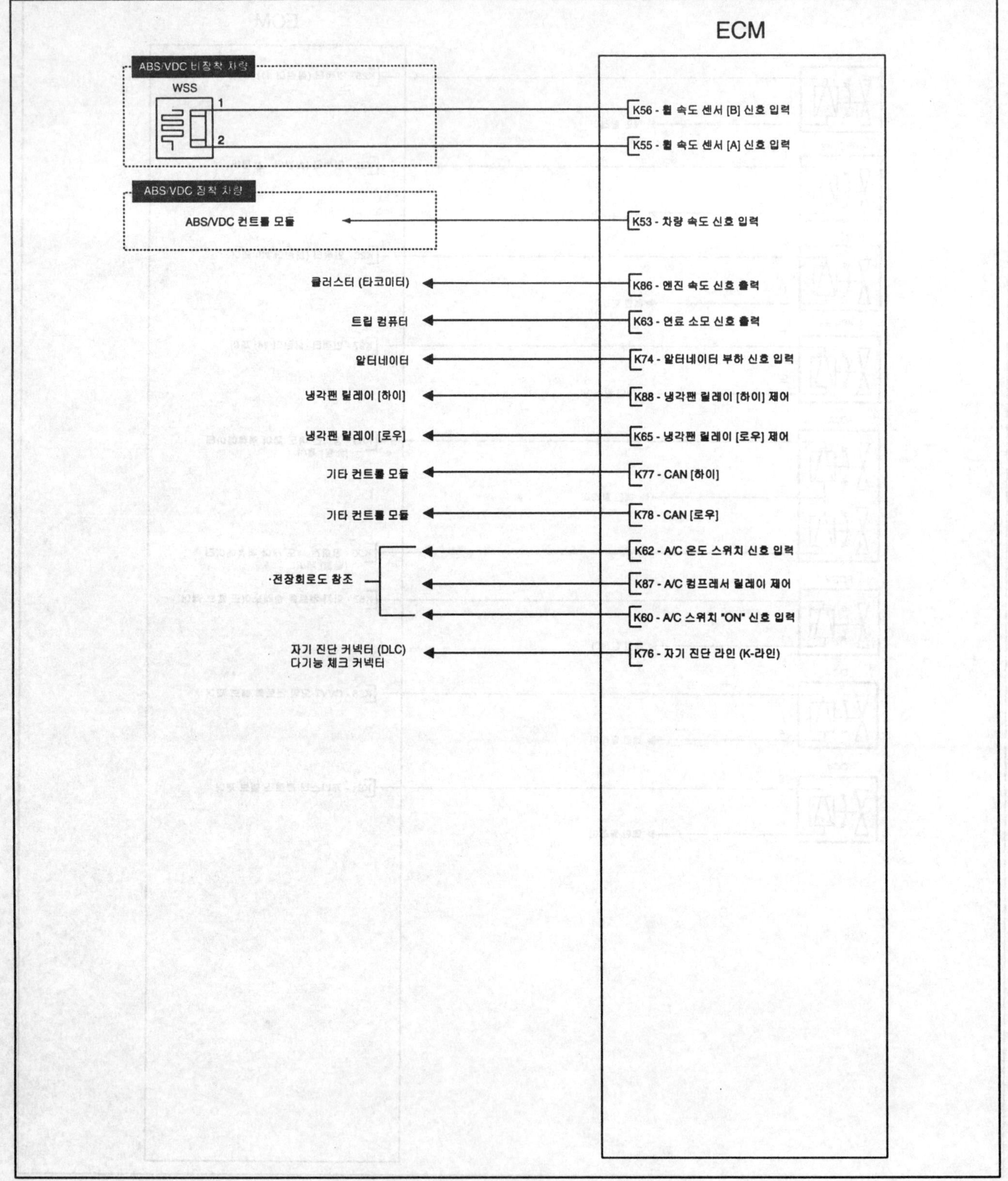
ECM
ABS/VDC 비장착 차량
WSS
1
2
K56 - 휠 속도 센서 [B] 신호 입력
K55 - 휠 속도 센서 [A] 신호 입력
ABS/VDC 장착 차량
ABS/VDC 컨트롤 모듈
K53 - 차량 속도 신호 입력
클러스터 (타코미터)
K86 - 엔진 속도 신호 출력
트립 컴퓨터
K63 - 연료 소모 신호 출력
알터네이터
K74 - 알터네이터 부하 신호 입력
냉각팬 릴레이 [하이]
K88 - 냉각팬 릴레이 [하이] 제어
냉각팬 릴레이 [로우]
K65 - 냉각팬 릴레이 [로우] 제어
기타 컨트롤 모듈
K77 - CAN [하이]
기타 컨트롤 모듈
K78 - CAN [로우]
·전장회로도 참조
K62 - A/C 온도 스위치 신호 입력
K87 - A/C 컴프레서 릴레이 제어
K60 - A/C 스위치 "ON" 신호 입력
자기 진단 커넥터 (DLC)
다기능 체크 커넥터
K76 - 자기 진단 라인 (K-라인)
SFDF28111D

ECM 점검 절차

1. ECM 접지 회로 점검 : ECM과 샤시 접지 사이의 저항을 측정한다 (샤시 접지와 연결되는 단자를 점검하되, 하니스 커넥터의 뒤편을 ECM측 점검 포인터로 한다).

기준값 (저항) : 1Ω 이하

2. ECM 커넥터 점검 : ECM커넥터를 분리하고, ECM측과 하니스측 커넥터의 접지 단자에 대하여 구부러짐, 체결압에 대하여 육안으로 점검한다.
3. 단계 1과 2에서 문제가 발생되지 않으면 ECM 자체 결함인 경우이다. 이때는 ECM을 정상품으로 교환하여, 차량 상태를 점감한 후, 차량이 정상적으로 작동한다면, ECM을 교환한다.
4. ECM 재점검 : 3단계에서 고장으로 판정된 ECM을 다른 차량(정상 작동하는)에 장착한 후, 그 차량의 작동 상태를 체크한다. 만약 그 차량이 정상적으로 작동한다면, 이는 간헐적인 고장이다 ("간헐적인 문제 점검 절차" 참조).

교환

1. 점화 스위치 OFF한다.
2. 배터리(-) 케이블을 분리한다.
3. ECM 커넥터(A)를 분리한다.

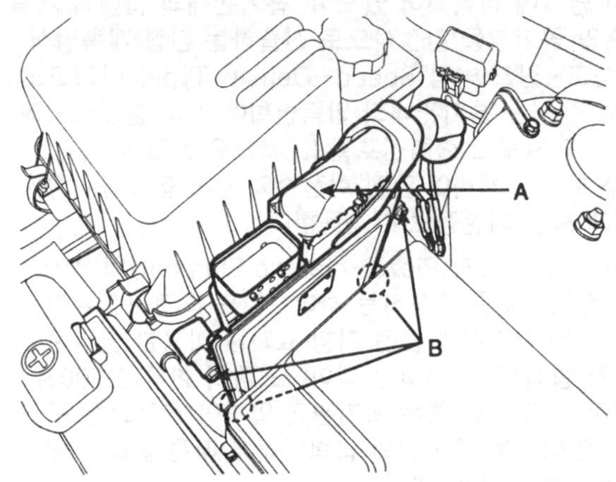

4. ECM 장착 볼트 (B)를 풀고, ECM을 에어 클리너로부터 탈거한다.
5. 신품 ECM을 장착한다.

ECM 장착 볼트 : 1.0 ~ 1.2kgf · m

맵 센서 (MAPS)

개요

맵 센서 (MAPS: Manifold Absolute Pressure Sensor)는 써지 탱크에 장착되어 있으며, 흡기관내의 압력을 계측하여 흡입 공기량을 간접적으로 산출하는 간접 계측방식이며, 속도-밀도 방식(Speed-Density Type) 이라고도 한다. 맵 센서는 흡기관내의 압력변화에 따라 절대압력에 비례하는 아날로그 출력신호를 ECM으로 전달하고, ECM은 이 신호를 이용하여 엔진 회전수와 함께 흡입공기량을 산출하게 되는 기본정보로 사용한다.

맵 센서는 압전 소자(Piezo-electric Element)와 압전 소자의 출력신호를 증폭하는 하이브리드 IC로구성된다. 압전 소자는 반도체의 압전 저항 효과를 이용한 실리콘 다이어프램 형식이며, 실리콘 다이어프램의 한쪽은 100% 진공실이고 다른 한 쪽은 흡기관의 압력이 작용되는 구조로 되어 있다. 즉, 흡기관의 압력변화에 따른 실리콘 변화에 따라 출력을 얻게된다.

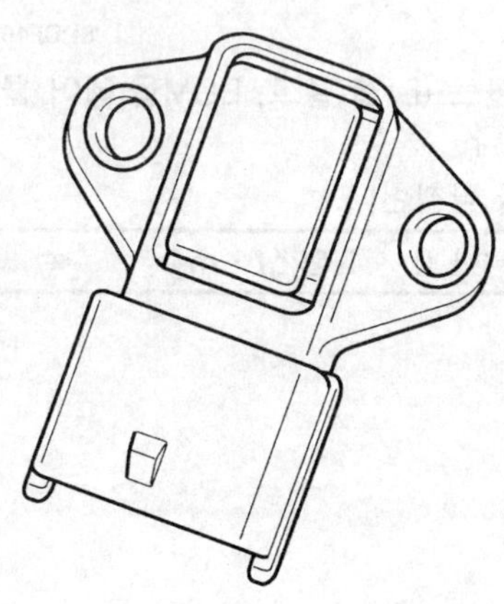

SFDF28112D

제원

압력 (kPa)	출력 전압 (V)
20.0	0.79
46.66	1.84
101.32	4.0

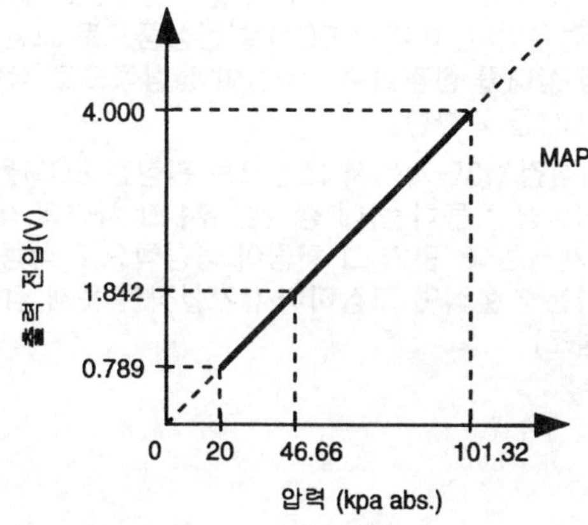

SFDF28113D

회로도

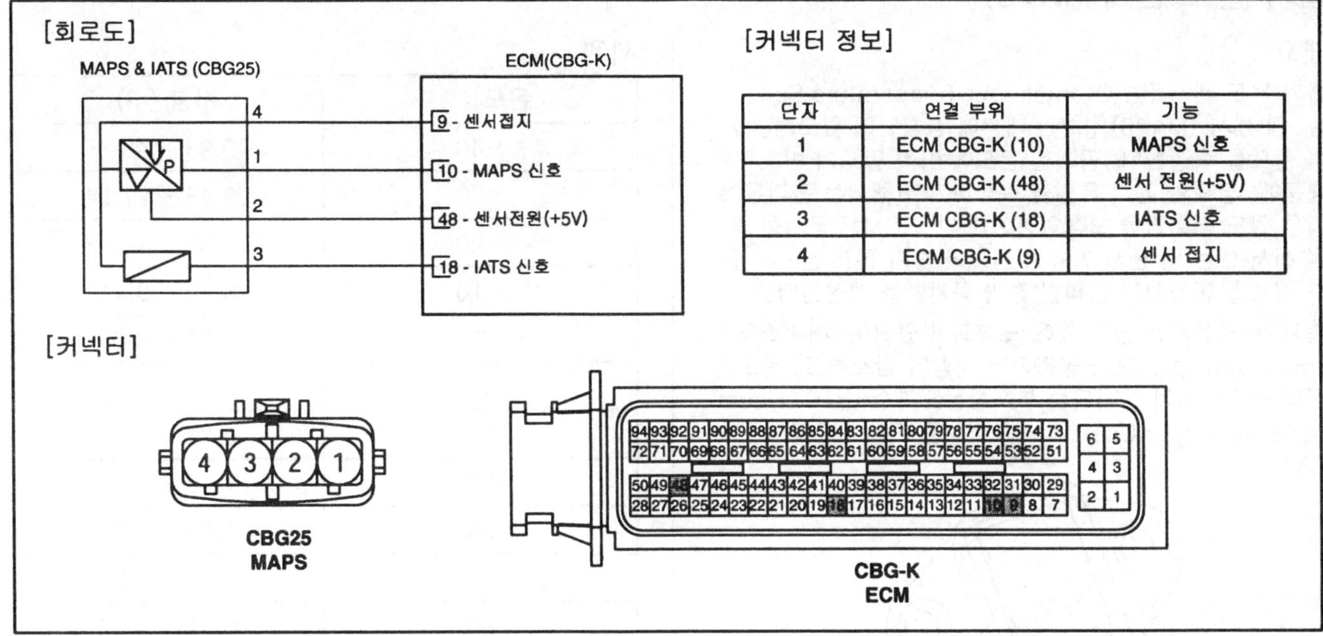

단자	연결 부위	기능
1	ECM CBG-K (10)	MAPS 신호
2	ECM CBG-K (48)	센서 전원(+5V)
3	ECM CBG-K (18)	IATS 신호
4	ECM CBG-K (9)	센서 접지

SFDF28114D

점검

1. 진단 장비를 자기 진단 커넥터 (DLC)에 연결한다.
2. 공회전 상태와 IG ON 상태에서의 맵 센서 전압을 측정한다.

조건	출력 전압 (V)
IG ON	3.9 ~ 4.1
공회전	0.8 ~ 1.6

흡기 온도 센서 (IATS)

개요

흡기 온도 센서 (IATS: Intake Air Temperature Sensor)는 맵 센서 (MAPS) [M/T] 내부에 장착되어 있으며, 흡기 온도를 측정한다. 공기는 온도에 따라 밀도가 변화하기 때문에, 정확한 공기 유량을 측정하기 위해서는 흡기온에 따른 밀도 변화량을 보정하여야 한다. ECM은 공기량 측정 센서 또는 맵 센서의 유량 정보와 흡기 온도 센서의 온도 정보를 이용하여 정확한 흡입 공기량을 계산한다.

흡기 온도 센서는 공기 중에 노출되어 있으며, 써미스터 (Thermistor)는 온도가 올라가면 저항이 감소하고, 온도가 내려가면 저항이 증가되는 부저항온도계수 (NTC: Negative Temperature Coefficient) 특성을 가지고 있다.

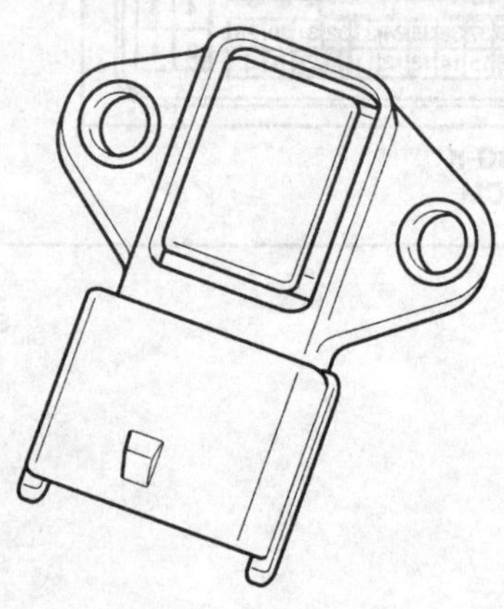

SFDF28112D

제원

온도 (℃)	저항 (kΩ)
-40	40.93 ~ 48.35
-30	23.43 ~ 27.34
-20	13.89 ~ 16.03
-10	8.50 ~ 9.71
0	5.38 ~ 6.09
10	3.48 ~ 3.90
20	2.31 ~ 2.57
25	1.90 ~ 2.10
30	1.56 ~ 1.74
40	1.08 ~ 1.21
60	0.54 ~ 0.62
80	0.29 ~ 0.34

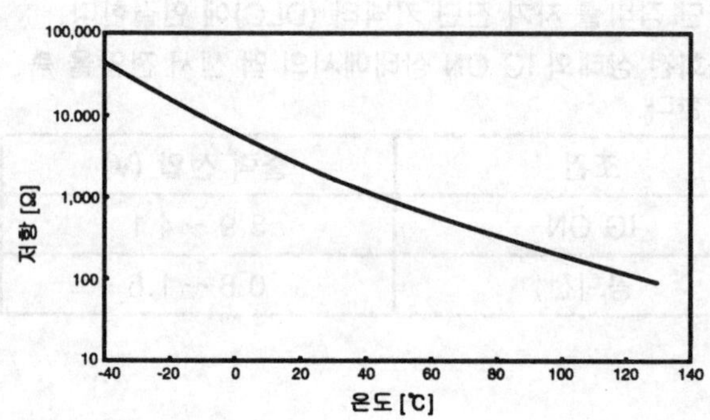

SFDF28115D

회로도

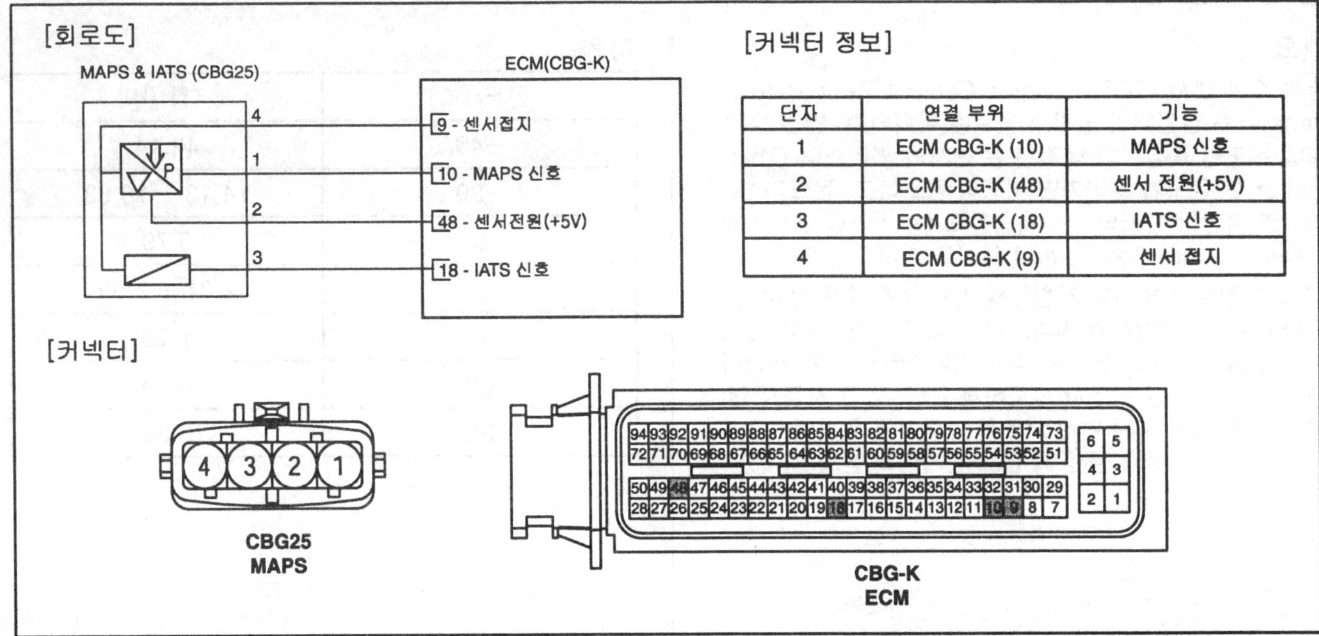

단자	연결 부위	기능
1	ECM CBG-K (10)	MAPS 신호
2	ECM CBG-K (48)	센서 전원(+5V)
3	ECM CBG-K (18)	IATS 신호
4	ECM CBG-K (9)	센서 접지

SFDF28114D

점검

1. 점화 스위치를 OFF 시킨다.
2. 흡기 온도 센서 커넥터를 분리한다.
3. 센서 단자 3과 4 사이의 저항을 측정한다.
4. 제원값을 참조하여 저항이 제원값과 상이한지 확인한다.

규정값 : "제원" 참조

냉각 수온 센서 (ECTS)

개요

냉각 수온 센서 (ECTS: Engine Coolant Temperature Sensor)는 실린더의 냉각수 통로에 위치하며, 엔진 냉각수의 온도를 측정한다.냉각 수온 센서의 써미스터 (Thermistor)는 온도가 올라가면 저항이 감소하고, 온도가 내려가면 저항이 증가되는 부저항온도계수 (NTC: Negative Temperature Coefficient) 특성을 가지고 있다.

ECM의 전원은 하나의 저항체를 거쳐 냉각 수온 센서에 공급되며, 그 저항체와 써미스터는 직렬로 연결되어 있다. 따라서 냉각 수온의 변화에 따라 써미스터의 전기 저항이 변화하면 출력 신호 또한 변화하게 된다. 냉간 시동시 엔진의 시동 꺼짐 혹은 엔진 부조를 방지하기 위하여 ECM은 냉각 수온의 정보를 통해 연료 분사량과 점화 시기를 보정한다.

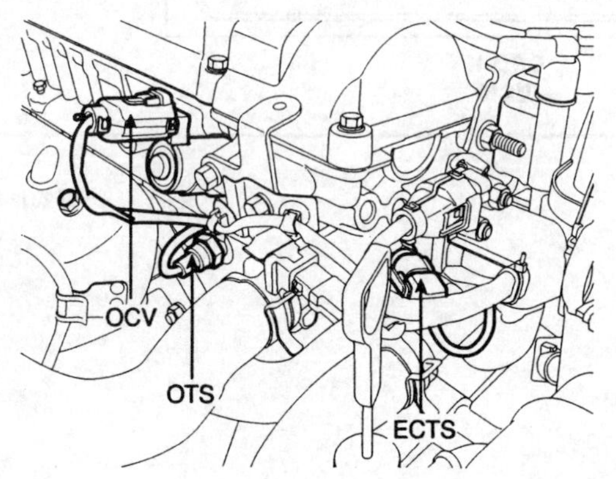

SHDF16104L

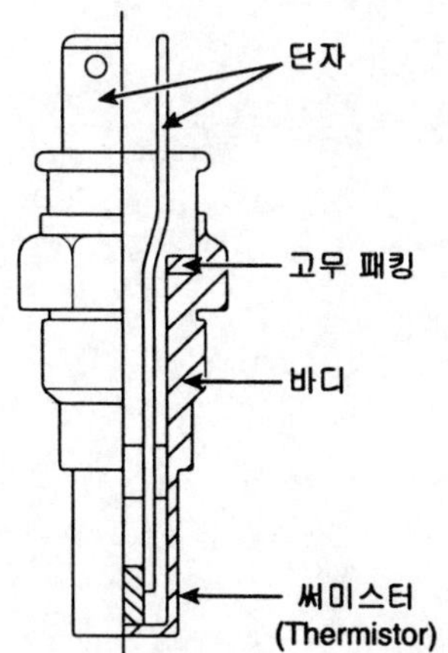

SHDF16118D

제원

온도 (℃)	저항 (kΩ)
-40	48.14
-20	14.13 ~ 16.83
0	5.79
20	2.31 ~ 2.59
40	1.15
60	0.59
80	0.32

회로도

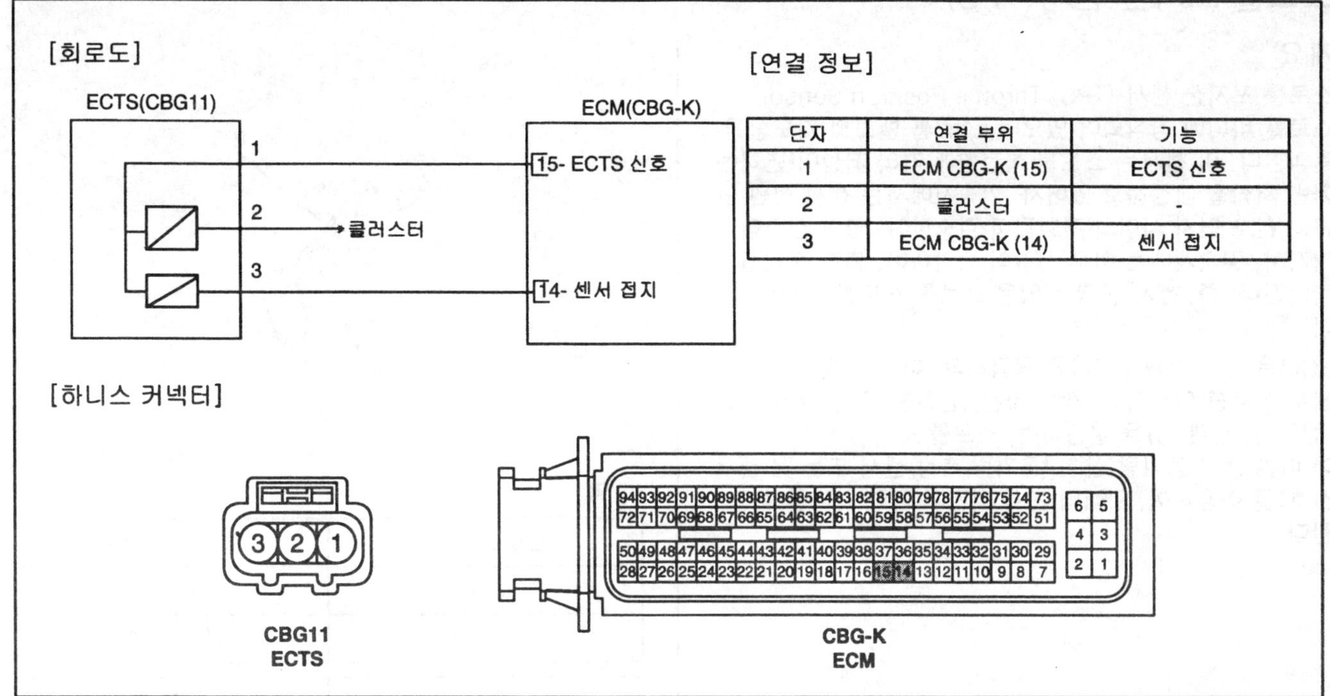

단자	연결 부위	기능
1	ECM CBG-K (15)	ECTS 신호
2	클러스터	-
3	ECM CBG-K (14)	센서 접지

SFDF28116D

점검

1. 점화 스위치를 OFF 시킨다.
2. 냉각 수온 센서 커넥터를 분리한다.
3. 냉각 수온 센서를 탈거한다.
4. 엔진 냉각수 안에 센서의 써미스터를 담근 후에 냉각 수온 센서 신호 단자와 센서 접지 단자 사이의 저항을 측정한다.
5. 제원을 참조하여 측정된 저항이 제원과 상이한지 확인한다.

규정값 : "제원" 참조

스로틀 포지션 센서(TPS)

개요

스로틀 포지션 센서 (TPS: Throttle Position Sensor)는 스로틀 바디에 장착되어 있으며, 스로틀 밸브의 개도량을 측정한다. 이 센서는 스로틀 회전량에 따라 저항이 변하는 가변 저항을 내장하고 있어서, 가속시에서는 센서 전원 단자와 신호 단자 사이의 저항값이 감소하여, 출력 전압이 커지며, 감속시에는 이 저항값이 증가하여, 출력 전압을 작아진다. 즉, 센서 출력 전압은 스로틀 개도량에 비례한다.

ECM은 센서 전원 (+5V)를 공급하며, 이 스로틀 포지션 센서 신호를 이용하여, 작동 조건 (공회전, 부분 부하, 가속/감속, 전개 등)을 결정하며, 스로틀 포지션 센서 신호에 따른 흡입 공기량 신호 (공기량 측정 센서 또는 맵 센서 신호)를 이용하여, 인젝터 분사 시간과 점화 시기를 조정한다.

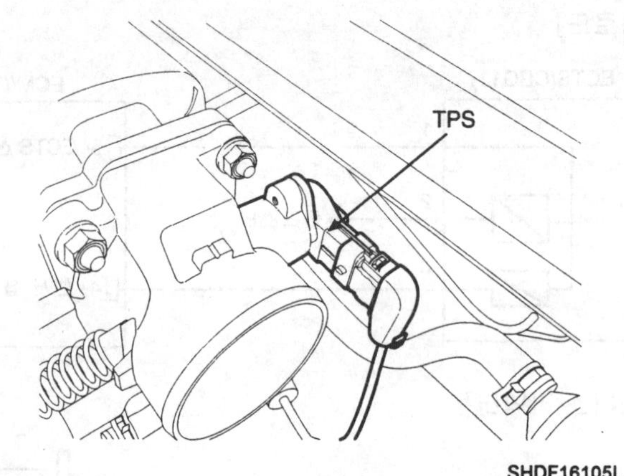

SHDF16105L

제원

스로틀 개도	출력 전압 (V)
C.T	0.25 ~ 0.9V
W.O.T	최소 4.0V

항목	규정값
센서 저항 (kΩ)	1.6 ~ 2.4

회로도

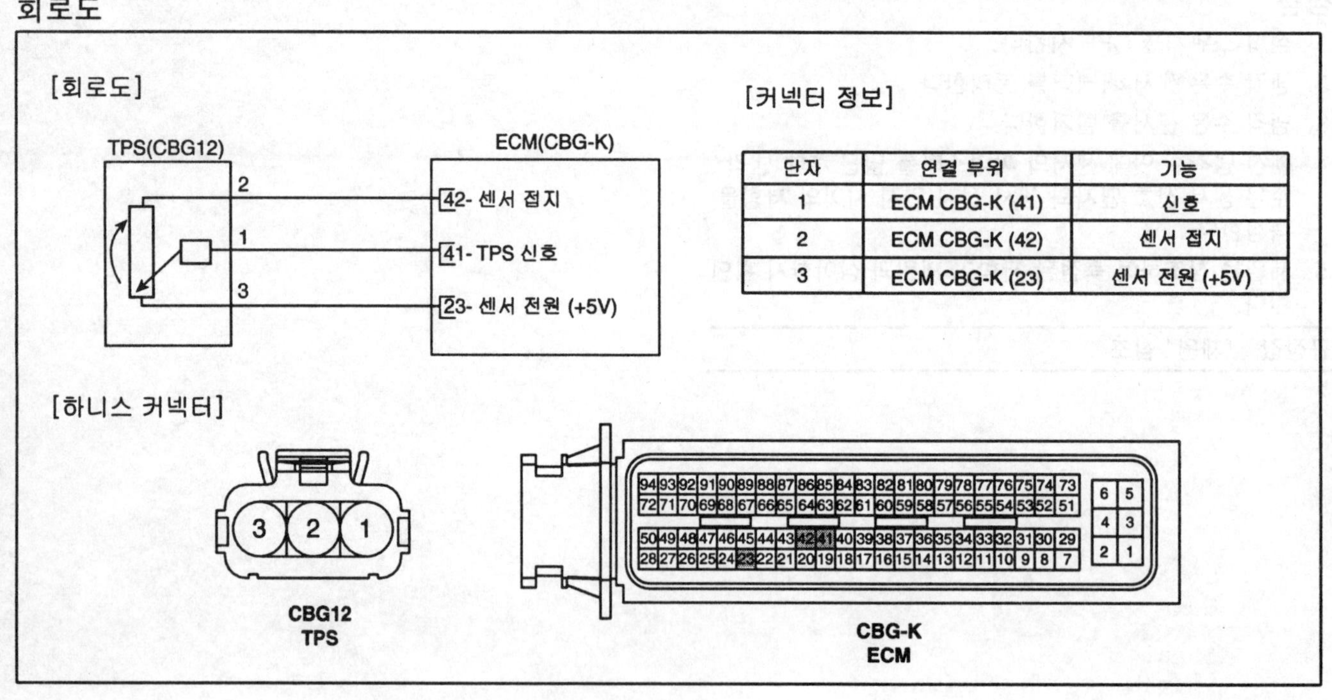

[커넥터 정보]

단자	연결 부위	기능
1	ECM CBG-K (41)	신호
2	ECM CBG-K (42)	센서 접지
3	ECM CBG-K (23)	센서 전원 (+5V)

SFDF28117D

점검

1. 진단 장비를 자기 진단 커넥터 (DLC)에 연결한다.
2. 엔진 구동 후, 스로틀 전폐 (C.T) 상태와 전개 (W.O.T) 상태에서의 센서 출력 전압을 측정한다.

규정값 : "제원" 참조

3. 점화 스위치를 OFF하고, 진단 장비를 자기 진단 커넥터 (DLC)로부터 분리한다.
4. 센서 커넥터를 분리하고, 센서 단자 2와 3 사이의 저항을 측정한다.

규정값 : "제원" 참조

크랭크샤프트 포지션 센서 (CKPS)

개요

크랭크샤프트 포지션 센서 (CKPS: Crankshaft Position Sensor)는 엔진 회전수를 검출하는 센서이다. 엔진 회전수는 전자 제어 엔진에 있어 가장 중요한 변수이며, 엔진 회전수 신호가 ECM으로 입력이 되지 않으면, 연료 공급이 되지 않고 메인 릴레이가 작동하지 않는다 (운행 불가).

크랭크샤프트 포지션 센서는 변속기 하우징에 장착되어 있으며, 타겟-휠 (Target-Wheel)에 의해 현재의 피스톤 위치를 감지한다. 타겟-휠은 크랭크 각(CA: Crank Angle) 360도에 58개의 슬롯과 2개의 빈 슬롯으로 구성되어 있다.

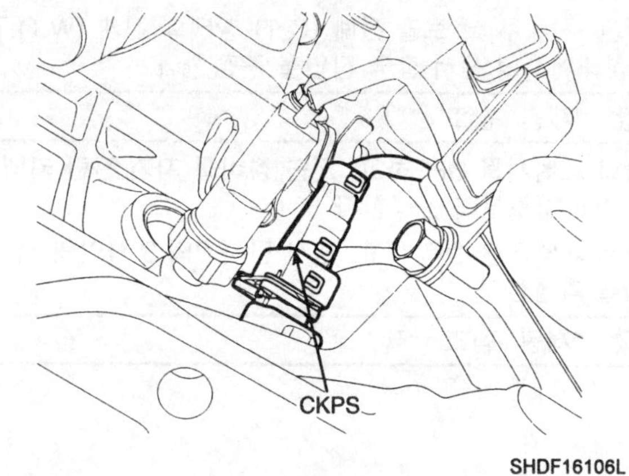

SHDF16106L

파형

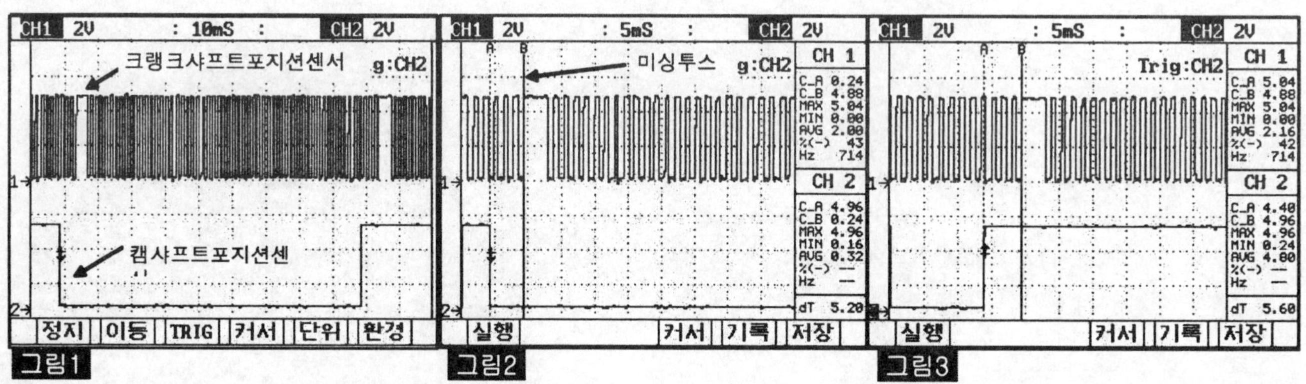

SFDF28118D

그림 1) 캠신호의 1/2 주기동안 크랭크신호는 미싱투스 포함 60개의 돌기 신호가 표출 됨. 각 신호의 잡음, 개수 틀림 및 위치 상이등을 점검 한다.

그림 2,3) 캠신호 하강(상승) 신호와 미싱투스 사이에는 3~5개의 크랭크 샤프트 돌기 신호가 표출 되어야 함.

회로도

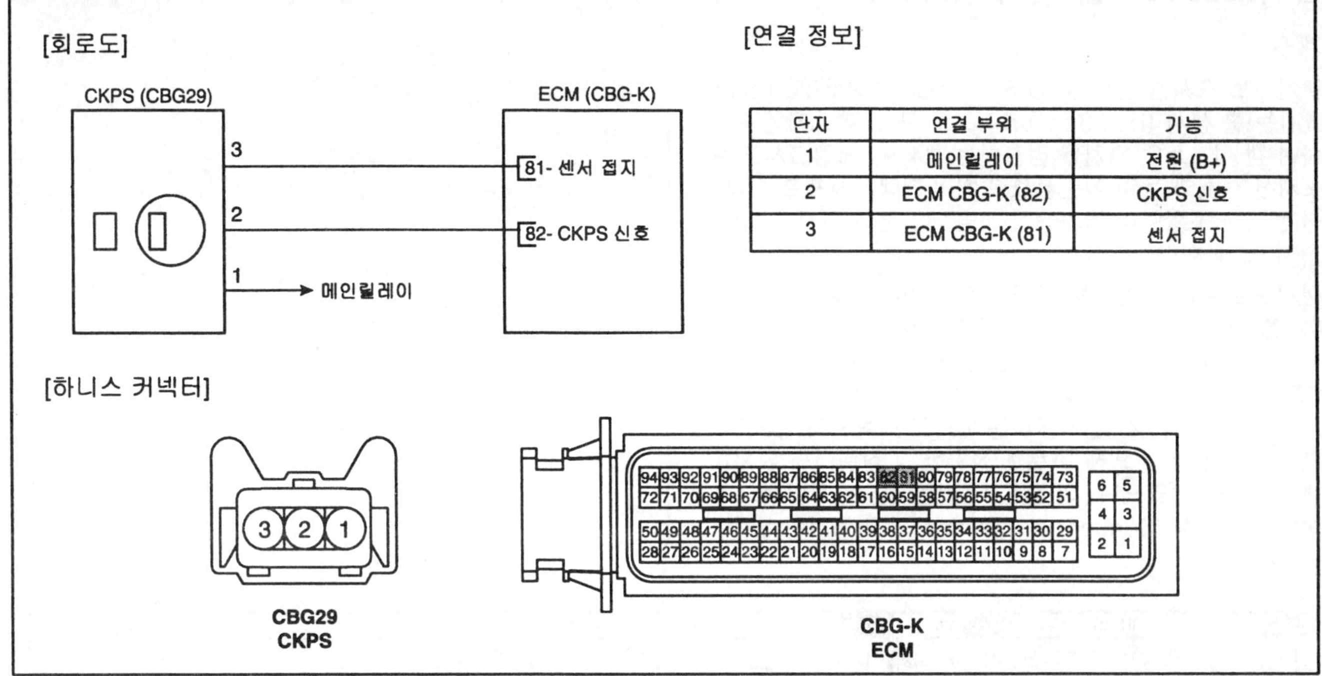

SFDF28119D

점검

1. 진단 장비를 이용하여, 캠샤프트 포지션 센서와 크랭크 샤프트 포지션 센서와 파형을 점검한다.

규정값 : "파형" 참조

캠샤프트 포지션 센서 (CMPS)

개요

캠샤프트 포지션 센서 (CMPS: Camshaft Position Sensor)는 홀 센서 (Hall Sensor)라고도 하며, 홀소자를 이용하여 캠 샤프트의 위치를 검출하는 센서로, 크랭크샤프트 포지션 센서와 동일 기준점으로 하여 크랭크샤프트 포지션 센서에서 확인이 불가능한 개별 피스톤의 위치를 확인할 수 있게 한다.

캠샤프트 포지션 센서는 엔진 헤드 커버에 장착되어 있으며, 캠 샤프트 또는 캠 기어에 기준 위치에 잡고 센서에 의해 이를 감지한다. 이 센서에는 홀 피펙트 (Hall Effect) IC가 내장되어 있으며, 이 IC에 전류가 흐르는 상태에서 자계를 인가하면 전압이 변하는 원리로 작동된다. 캠샤프트 포지션 센서에 의해 비로소 정확한 각 실린더의 위치(행정)을 알 수 있으며, 이 경우 각 실린더별로 독립적으로 순차 연료분사 (Sequential Injection)가 가능하게 된다.

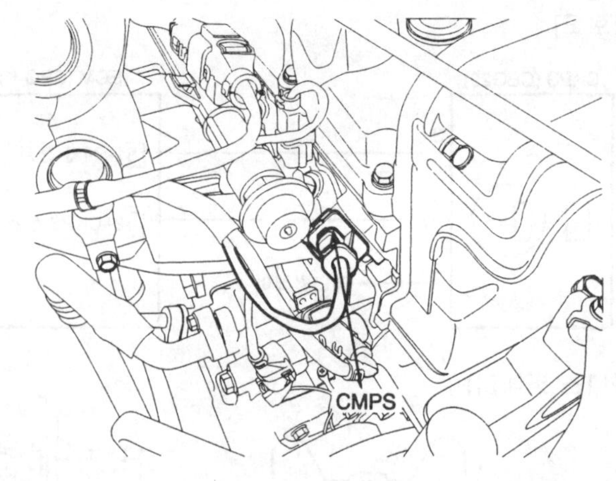

SHDF16107L

파형

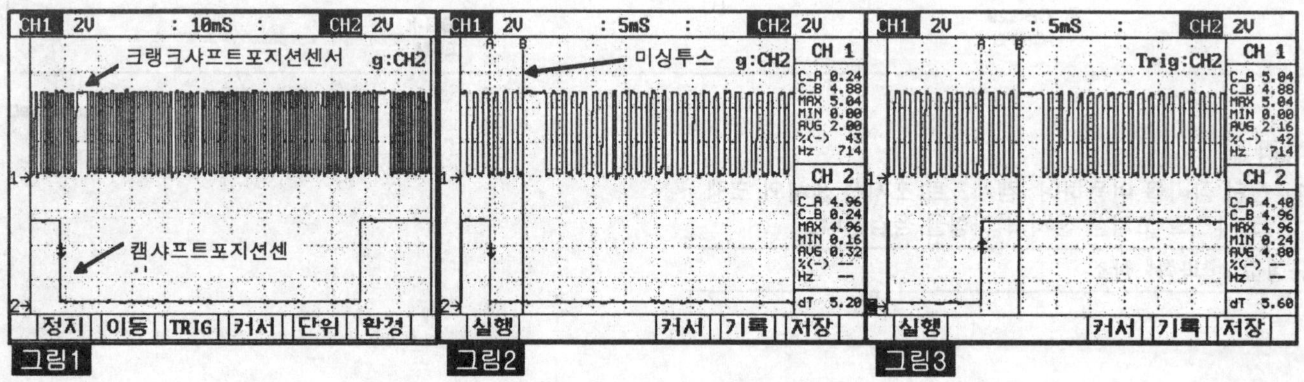

그림1 그림2 그림3

SFDF28118D

그림 1) 캠신호의 1/2 주기동안 크랭크신호는 미싱투스 포함 60개의 돌기 신호가 표출 됨. 각 신호의 잡음, 개수 틀림 및 위치 상이등을 점검 한다.

그림 2,3) 캠신호 하강(상승) 신호와 미싱투스 사이에는 3~5개의 크랭크 샤프트 돌기 신호가 표출 되어야 함.

회로도

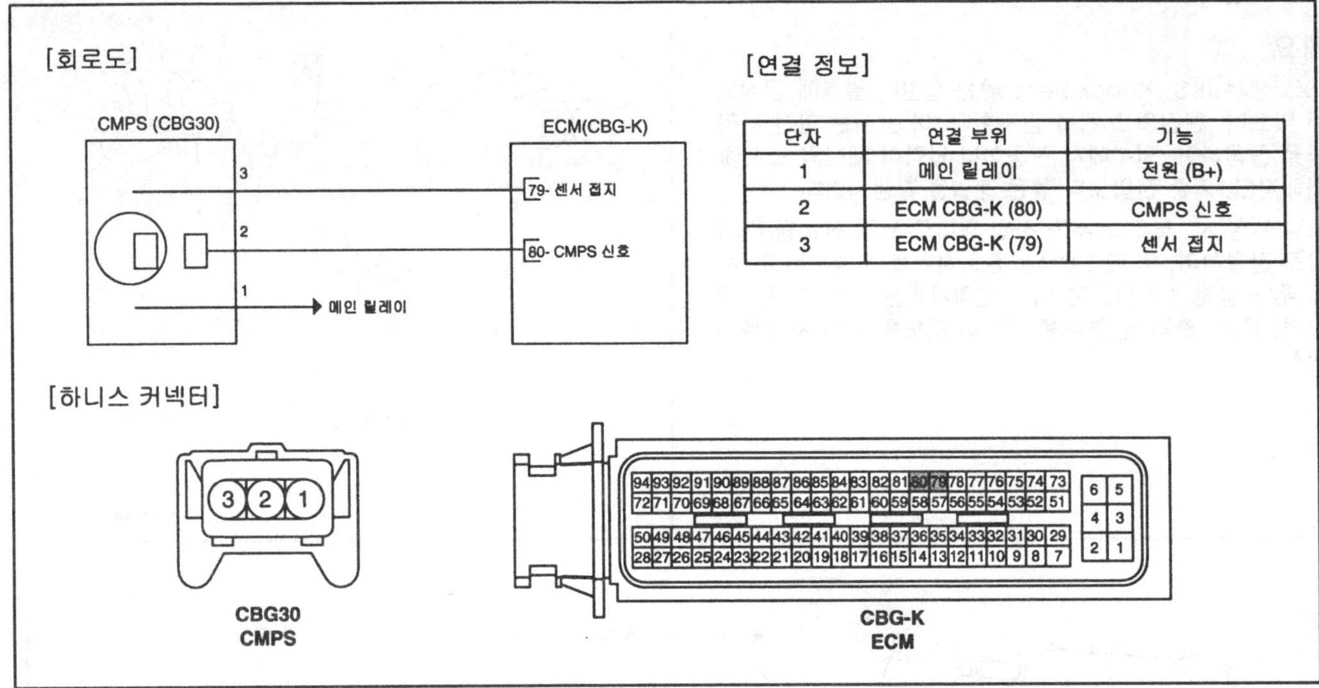

단자	연결 부위	기능
1	메인 릴레이	전원 (B+)
2	ECM CBG-K (80)	CMPS 신호
3	ECM CBG-K (79)	센서 접지

SFDF28120D

점검

1. 진단 장비를 이용하여, 캠샤프트 포지션 센서와 크랭크 샤프트 포지션 센서의 파형을 점검한다.

규정값 : "파형" 참조

노크 센서 (KS)

개요

노크 센서 (KS: Knock Sensor)는 실린더 블록에 장착되어 있으며, 엔진의 노킹을 감지한다. 이 센서는 압전 세라믹을 응용하여, 외부에서 진동이나 압력이 세라믹 소자에 가해지면, 기준 전압보다 높은 전압을 발생시킨다.

노킹 발생 시, 노크 센서가 전압 형태로 노킹 신호를 ECM으로 전달하며, 이 때 ECM은 점화시기를 지각시키고, 지각 후 노킹발생이 없으면 다시 진각시키는 연속 제어를 통하여, 토크, 출력 및 연비를 최적이 되도록 점화 시기를 제어한다.

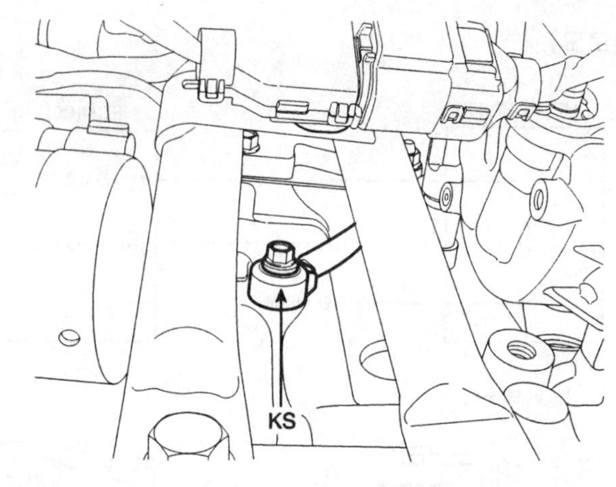

SHDF16108L

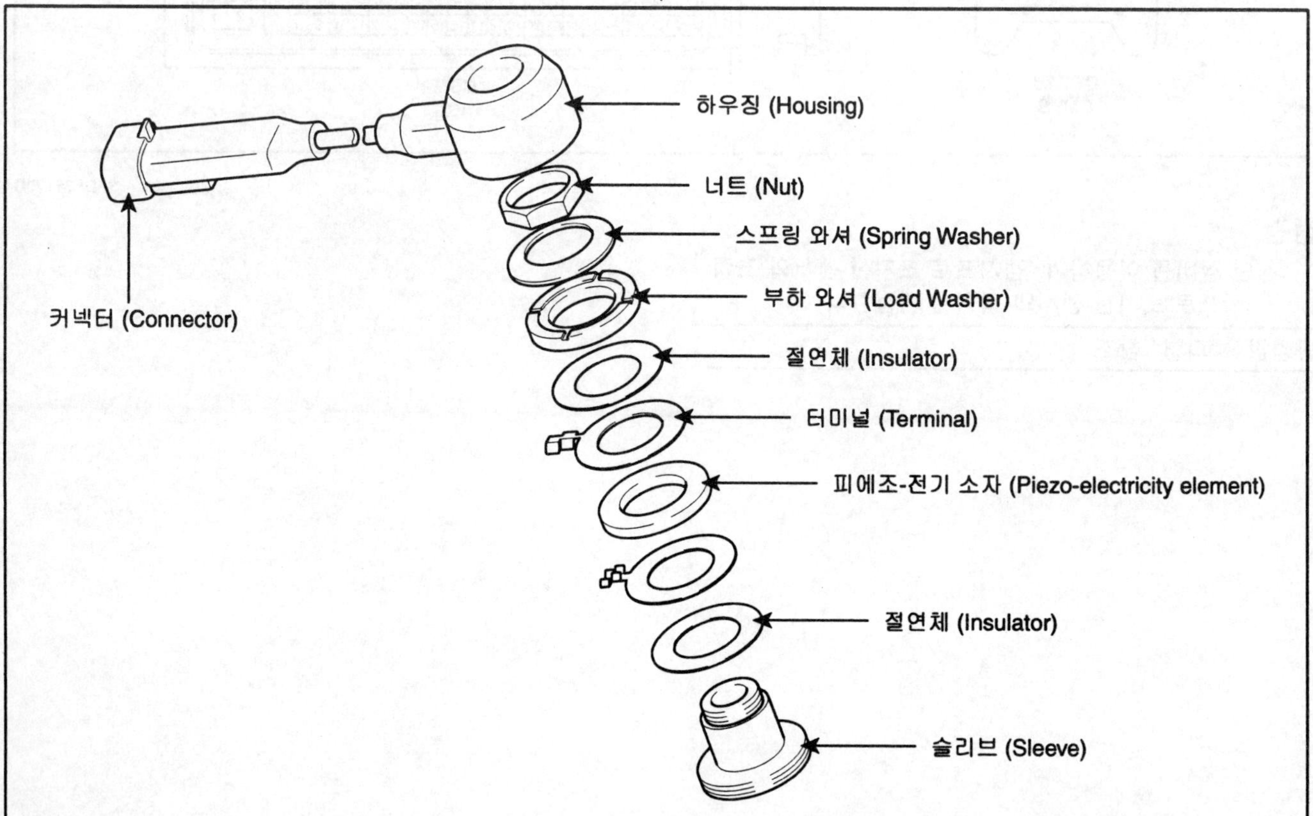

하우징 (Housing)
너트 (Nut)
스프링 와셔 (Spring Washer)
부하 와셔 (Load Washer)
커넥터 (Connector)
절연체 (Insulator)
터미널 (Terminal)
피에조-전기 소자 (Piezo-electricity element)
절연체 (Insulator)
슬리브 (Sleeve)

KFCF102U

제원

항목	규정값
정전 용량 (pF)	950 ~ 1,350
저항(MΩ)	4.87

회로도

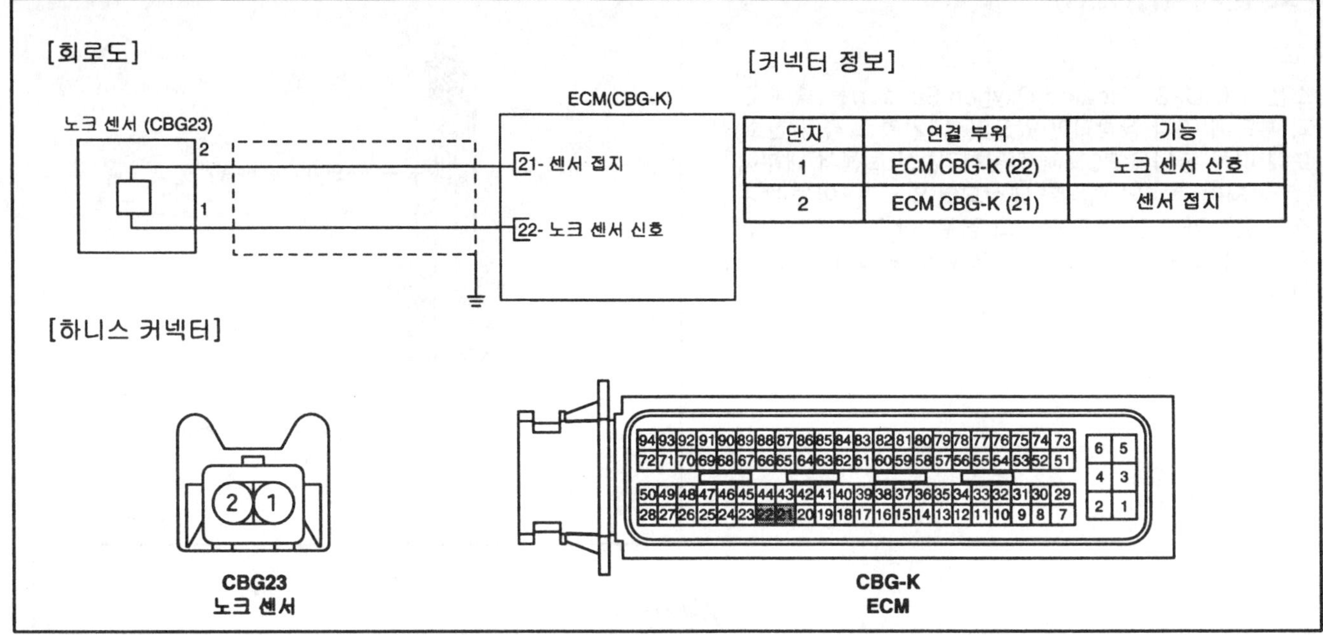

단자	연결 부위	기능
1	ECM CBG-K (22)	노크 센서 신호
2	ECM CBG-K (21)	센서 접지

SFDF28121D

파형

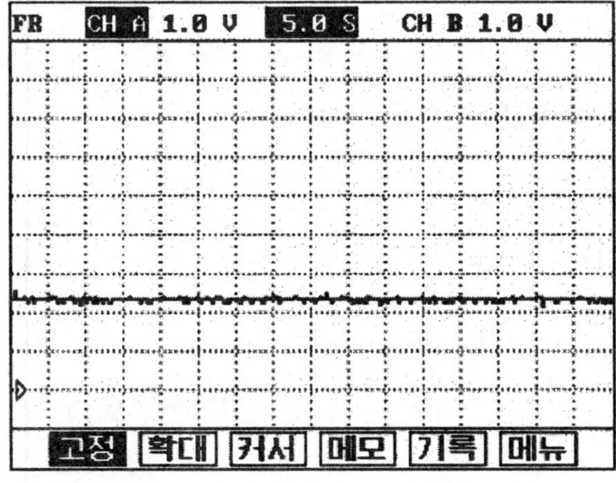

SFDF28122D

IATS 신호는 신호의 급변없이 일정하게 지속된다.

엔진 워밍업 후에 ECTS 신호는 변화가 있는 반면 IATS 신호는 급격한 변화가 나타나지 않는다.

산소 센서 (HO2S)

개요

산소센서 (HO2S : Heated Oxygen Sensor)는 촉매 전단과 후단에 각각 장착되어 있으며, 배기가스 속의 산소 농도에 따른 전압을 PCM에 전달한다. 산소 센서 내부에는 듀티 제어 형식의 히터가 내장되어 있으며, 이는 배기가스의 온도가 일정 온도 이하의 경우, 산소 센서가 정상적으로 작동하도록 센서 탑 부분의 온도를 일정 온도로 유지하는 역할을 한다.

단자 (Terminal)
센싱 소자
(Sensing Element)

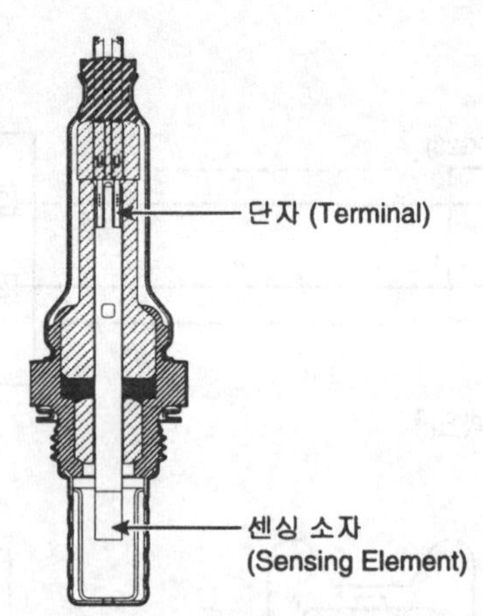

KFCF1024

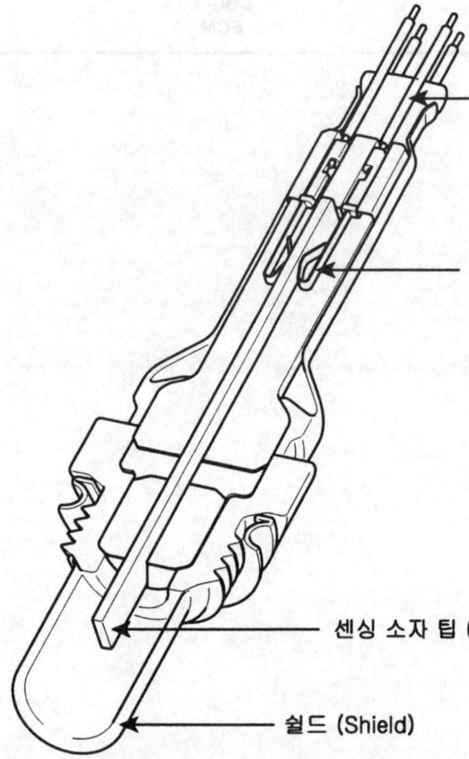

케이블 (Cable)
터미널 인터페이스 (Terminal Interface)
센싱 소자 팁 (Element Tip)
쉴드 (Shield)

KFCF102R

제원

공연비 (A/F)	출력 전압 (V)
농후	0.6 ~ 1.0
희박	0 ~ 0.4

항목	규정값
히터 저항 (Ω)	약 9.0 (20°C)

회로도

[회로도]

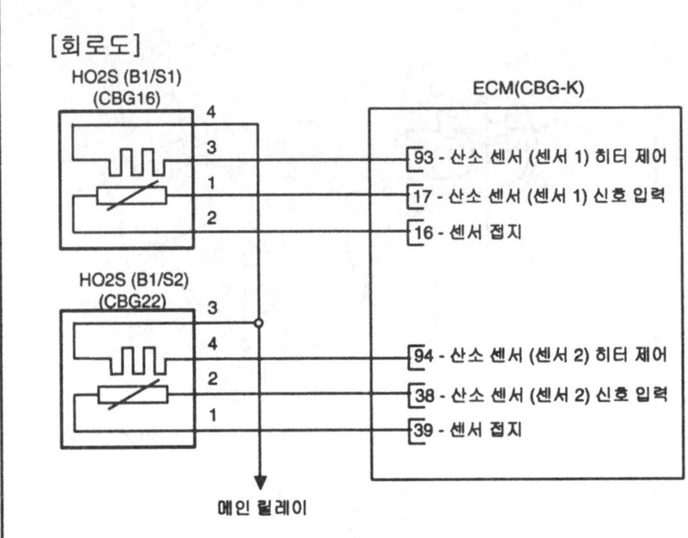

[커넥터 정보]

HO2S (B1/S1)

단자	연결 부위	기능
1	ECM CBG-K (17)	HO2S (B1/S1) 신호
2	ECM CBG-K (16)	센서 접지
3	ECM CBG-K (93)	히터 제어
4	메인 릴레이	히터 전원 (B+)

HO2S (B1/S2)

단자	연결 부위	기능
1	ECM CBG-K (39)	센서 접지
2	ECM CBG-K (38)	HO2S (B1/S2) 신호
3	메인 릴레이	히터 전원 (B+)
4	ECM CBG-K (94)	히터 제어

[하니스 커넥터]

CBG16
HO2S (B1/S1)

CBG22
HOS2 (B1/S2)

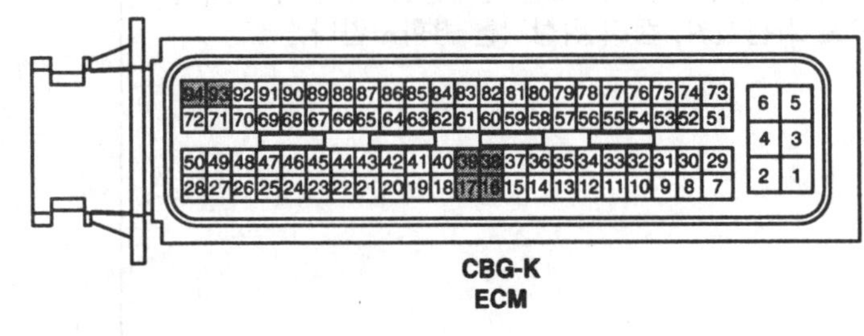

CBG-K
ECM

SFDF28123D

점검

1. 점화 스위치를 OFF 시킨다.
2. 산소 센서 커넥터를 분리한다.
3. 산소 센서 단자 3과 4 사이의 저항을 측정한다.
4. 제원을 참조하여 측정된 저항이 제원과 상이한지 확인한다.

규정값 : "제원" 참조

CVVT 오일 온도 센서 (OTS)

개요

CVVT (Continuous Variable Valve Timing) 시스템은 ECM의 신호를 받아 강제적으로 캠샤프트를 회전시켜 밸브 오버랩 (Overlap)을 제어함으로서, 엔진 내부의 EGR(Exhaust Gas Recirculation) 량을 필요에 따라 조절하는 장치이다. 이 시스템은 엔진 오일 압력에 의하여 작동되며, 배기 가스 저감 (NOx, HC), 연비 향상, 공회전 안정성 향상, 저속 토크 향상 및 고속 출력 향상의 효과가 있다.

이 시스템은 ECM의 PWM (Pulse Width Modulation) 신호를 받아 엔진 오일의 경로를 바꿔 캠 페이저 (Cam Phaser)로 오일을 공급 또는 유출시키는 CVVT 오일 컨트롤 밸브 (OCV: Oil Control Valve), 엔진 오일의 온도를 측정하는 CVVT 오일 온도 센서(OTS: Oil Temperature Sensor) 및 엔진 오일의 유압으로 캠샤프트의 위상을 변경시키는 캠 페이저 (Cam Phaser)로 구성되어 있다.

CVVT 오일 컨트롤 밸브로 부터 전달된 오일은 캠 페이저 내의 캠축과 연결된 로터를 회전시켜 캠축을 엔진의 회전방향(흡기 진각/배기 지각) 또는 반대방향(흡기 지각/배기 진각)으로 회전시켜, 캠의 위상각을 변화시킨다.

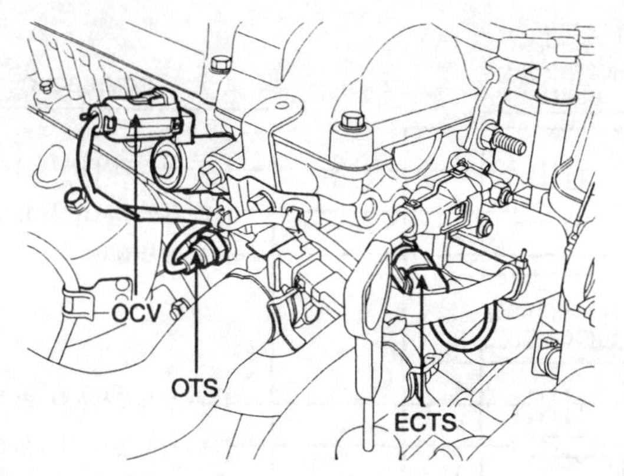

SHDF16104L

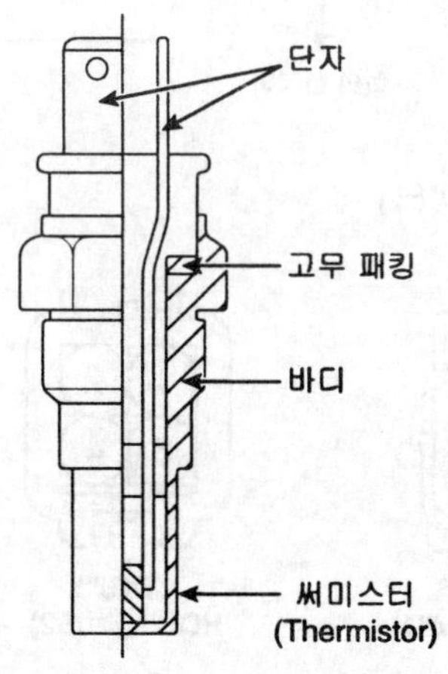

SHDF16118D

제원

온도 (°C)	저항 (kΩ)
-40	52.15
-20	16.52
0	6.0
20	2.45
40	1.11
60	0.54
80	0.29

회로도

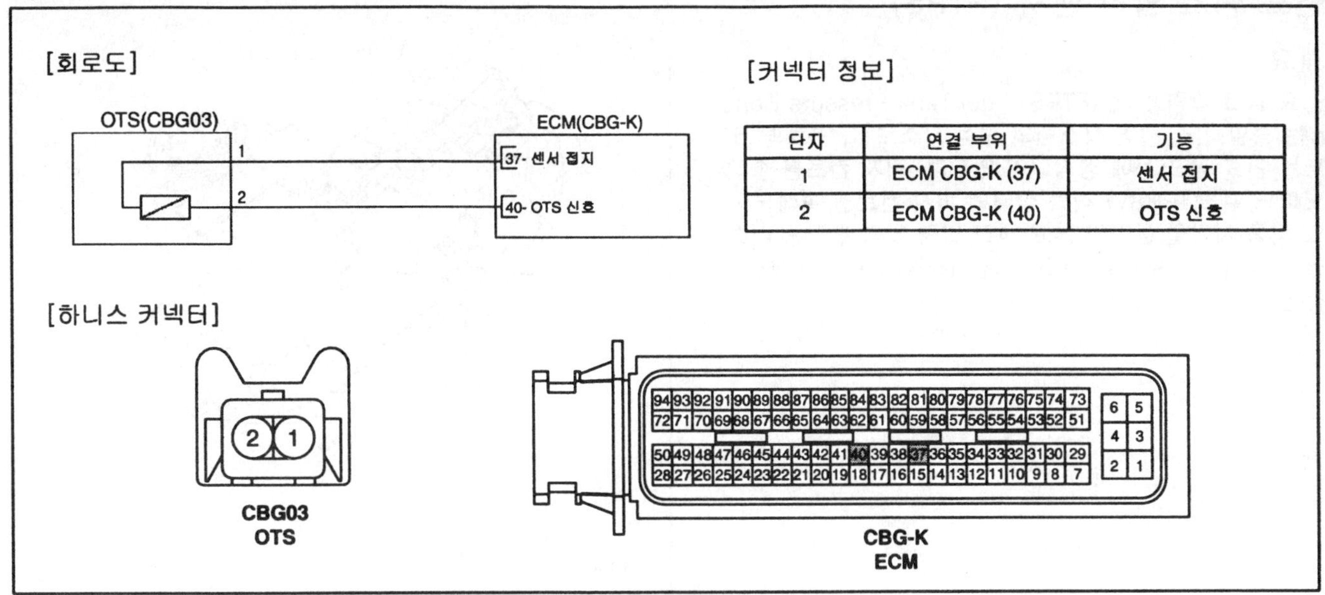

단자	연결 부위	기능
1	ECM CBG-K (37)	센서 접지
2	ECM CBG-K (40)	OTS 신호

SFDF28124D

점검

1. 점화 스위치를 OFF 시킨다.
2. CVVT 오일 온도 센서 커넥터를 분리한다.
3. CVVT 오일 온도 센서를 탈거한다.
4. 엔진 냉각수 안에 센서의 써미스터를 담근 후에 CVVT 오일 온도 센서 신호 단자와 센서 접지 단자 사이의 저항을 측정한다.
5. 제원을 참조하여 측정된 저항이 제원과 상이한지 확인한다.

규정값 : "제원" 참조

연료 탱크 압력 센서 (FTPS)

개요

연료 탱크 압력 센서 (FTPS: Fuel Tank Pressure Sensor)는 증발 가스 제어 시스템의 구성 요소로서, 연료 탱크 또는 연료 펌프 등에 장착되어 있으며, 퍼지 컨트롤 솔레노이드 밸브 (PCSV) 작동 상태와 퍼지 컨트롤 솔레노이드 작동 사이클 동안의 연료 탱크 압력 압력과 진공 레벨을 모니터링하여 증발 가스 제어 시스템의 누기 여부를 점검한다.

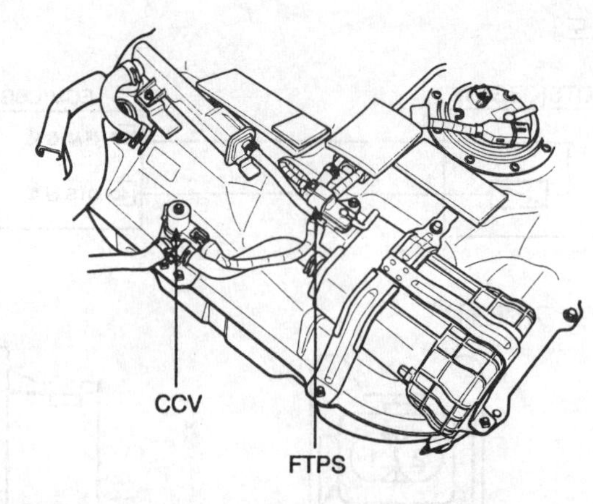

SFDFL8102D

제원

압력 (kPa)	출력 전압 (V)
−6.67	0.5
0	2.5
+6.67	4.5

회로도

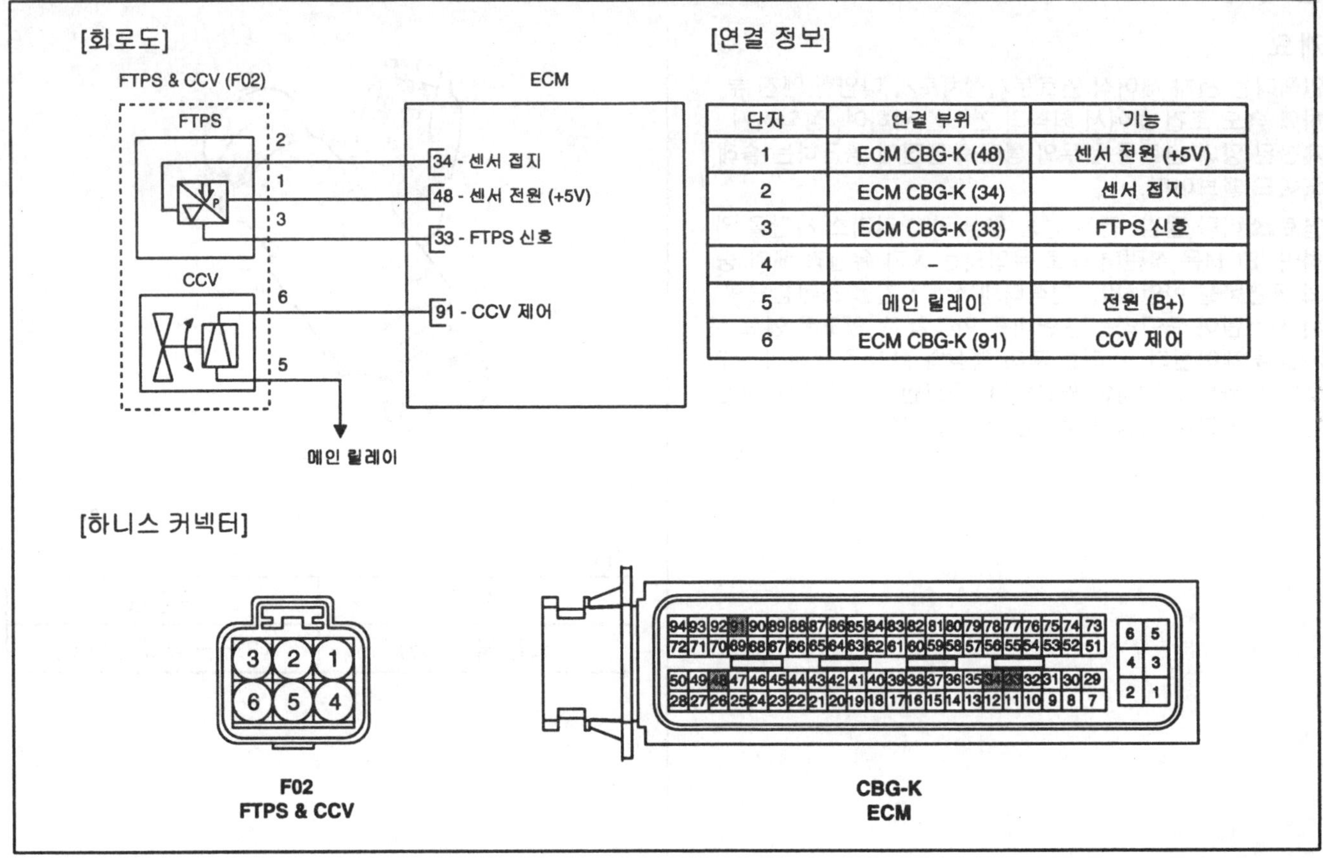

단자	연결 부위	기능
1	ECM CBG-K (48)	센서 전원 (+5V)
2	ECM CBG-K (34)	센서 접지
3	ECM CBG-K (33)	FTPS 신호
4	–	
5	메인 릴레이	전원 (B+)
6	ECM CBG-K (91)	CCV 제어

SFDF28125D

점검

1. 진단 장비를 자기 진단 커넥터 (DLC)에 연결한다.
2. 공회전 상태에서의 연료 탱크 압력 센서 전압을 측정 한다.

조건	출력 전압 (V)
공회전	약 2.5V

인젝터

개요

인젝터는 전자 제어식 연료분사장치로서 다양한 엔진 부하와 속도 조건 하에서 최적의 연소를 위하여, 정확하게 계산된 양의 연료를 분무의 형태로 엔진에 공급하는 솔레노이드 밸브이다.

연료 소비량 절감, 엔진 성능 향상 및 배기가스 저감을 위하여, ECM은 실린더 내로 유입되는 공기 유량과 배기 중의 공연비를 반영하여, 인젝터의 작동시간을 조절함으로써 시스템이 요구하는 공연비를 만족할 수 있도록 연료 분사량을 제어한다. 이러한 제어 특성의 향상을 위하여는 인젝터의 빠른 응답성이 필요하며, 완전한 연소를 위하여는 인젝터의 분무 특성이 중요한 역할을 한다.

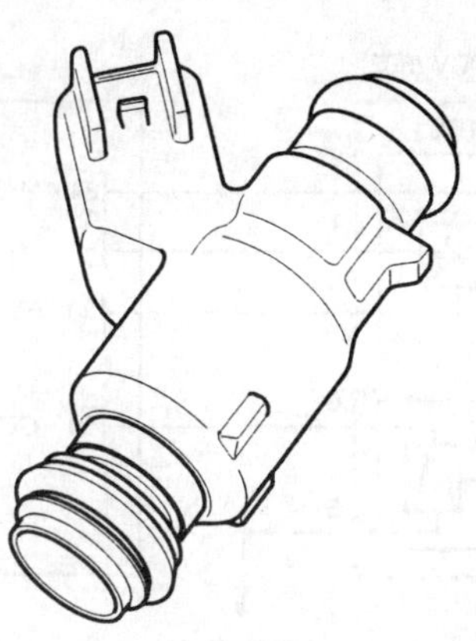

KFCF1026

제원

항목	규정값
코일 저항 (Ω)	13.8 ~ 15.2 (20°C)

회로도

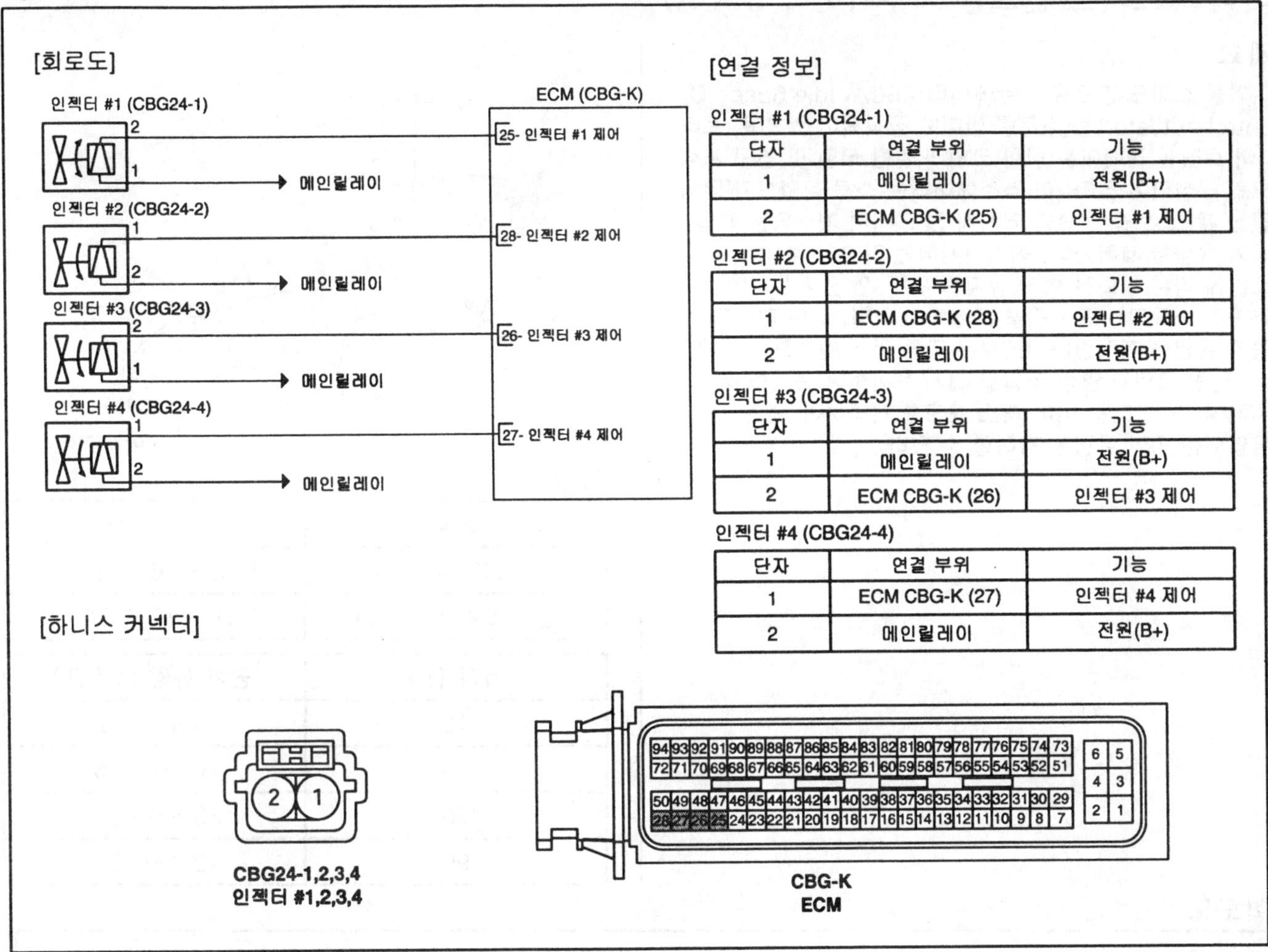

[연결 정보]

인젝터 #1 (CBG24-1)

단자	연결 부위	기능
1	메인릴레이	전원(B+)
2	ECM CBG-K (25)	인젝터 #1 제어

인젝터 #2 (CBG24-2)

단자	연결 부위	기능
1	ECM CBG-K (28)	인젝터 #2 제어
2	메인릴레이	전원(B+)

인젝터 #3 (CBG24-3)

단자	연결 부위	기능
1	메인릴레이	전원(B+)
2	ECM CBG-K (26)	인젝터 #3 제어

인젝터 #4 (CBG24-4)

단자	연결 부위	기능
1	ECM CBG-K (27)	인젝터 #4 제어
2	메인릴레이	전원(B+)

SFDF28126D

점검

1. 점화 스위치를 OFF 시킨다.
2. 인젝터 커넥터를 분리한다.
3. 인젝터 단자 1과 2 사이의 저항을 측정한다.
4. 제원을 참조하여 측정된 저항이 제원과 상이한지 확인한다.

규정값: "제원" 참조

아이들 스피드 컨트롤 액추에이터 (ISCA)

개요

아이들 스피드 컨트롤 액추에이터 (ISCA: Idle Speed Control Actuator)는 스로틀 바디에 장착되어 있으며, 로터, 이 로터를 움직이는 닫힘 코일과 열림 코일 및 영구 자석으로 구성되어 있다. 이 액추에이터는 스로틀 밸브가 닫혀 있을 때, 스로틀 밸브를 거치지 않고 바이 패스되는 흡입 공기 유량을 제어한다. 공회전시에는 다양한 엔진 부하와 조건에 따른 공회전 속도 유지를 위해, 엔진 시동시에는 추가로 소요되는 흡기량을 조절하기 위형, 바이 패스되는 공기 유량을 제어한다. ECM은 각종 센서 신호를 기준으로, 닫힘 코일과 열림 코일을 접지 제어하여 로터를 작동시키며, 이 로터는 바이 패스 통로를 개폐하여, 엔진으로 유입되는 공기 유량을 제어할 수 있다.

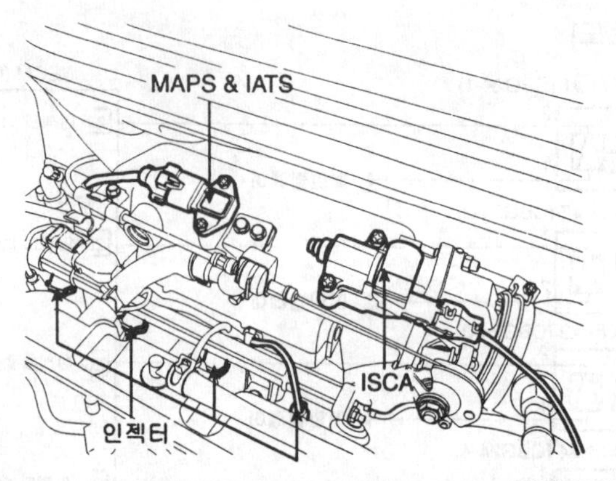

SFDF28101D

제원

항목	규정값
닫힘 코일 저항 (Ω)	14.6 ~ 16.2 (20°C)
열림 코일 저항 (Ω)	11.1 ~ 12.7 (20°C)

듀티 (%)	공기 유량 (m^3 /h)
15	0.8 ~ 1.8
35	6.3 ~ 10.3
70	35.5 ~ 45.0
96	49.0 ~ 59.0

회로도

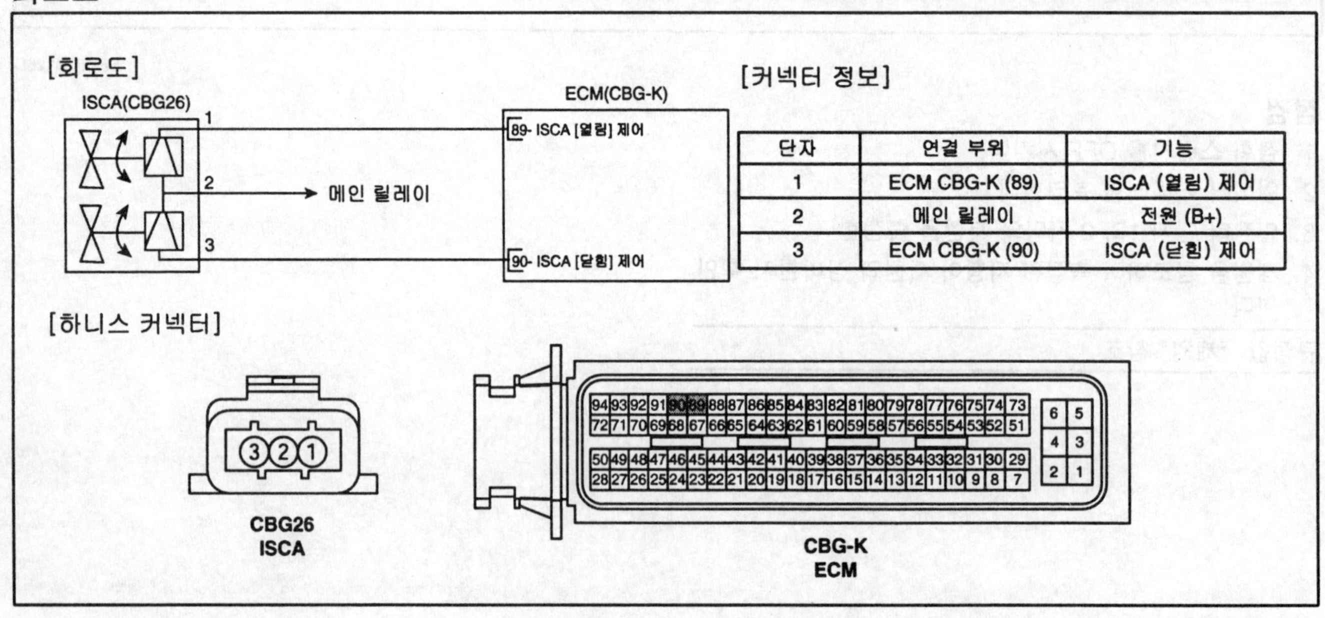

[커넥터 정보]

단자	연결 부위	기능
1	ECM CBG-K (89)	ISCA (열림) 제어
2	메인 릴레이	전원 (B+)
3	ECM CBG-K (90)	ISCA (닫힘) 제어

SFDF28127D

점검

1. 점화 스위치를 OFF 시킨다.
2. 아이들 스피트 컨트롤 액추에이터 커넥터를 분리한다.
3. 아이들 스피트 컨트롤 액추에이터 단자 2와 1 사이의 저항을 측정한다 [열림 코일].
4. 아이들 스피트 컨트롤 액추에이터 단자 2와 3 사이의 저항을 측정한다 [닫힘 코일].
5. 제원을 참조하여 측정된 저항이 제원과 상이한지 확인한다.

규정값: "제원" 참조

퍼지 컨트롤 솔레노이드 밸브 (PCVS)

개요

퍼지 컨트롤 솔레노이드 밸브 (PCSV: Purge Control Solenoid Valve)는 캐니스터와 흡기 라인을 연결하는 통로를 제어한다. 밸브는 전자석 원리를 이용하여, 코일에 전류가 인가될 경우 전자석이 되며, 자력에 의해 밸브를 열고 닫으면서 유량을 조절한다. 캐니스터에 저장된 연료 증발 가스는 퍼지 컨트롤 솔레노이드 밸브가 열릴 때 연소실로 공급되며, 퍼지 컨트롤 솔레노이드 밸브는 ECM에 의해 제어된다.

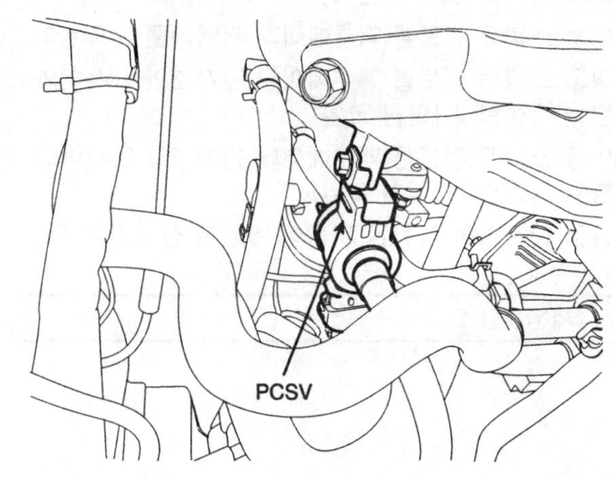

SHDF16112L

제원

항목	규정값
코일 저항 (Ω)	14.0 ~ 18.0 (20°C)

회로도

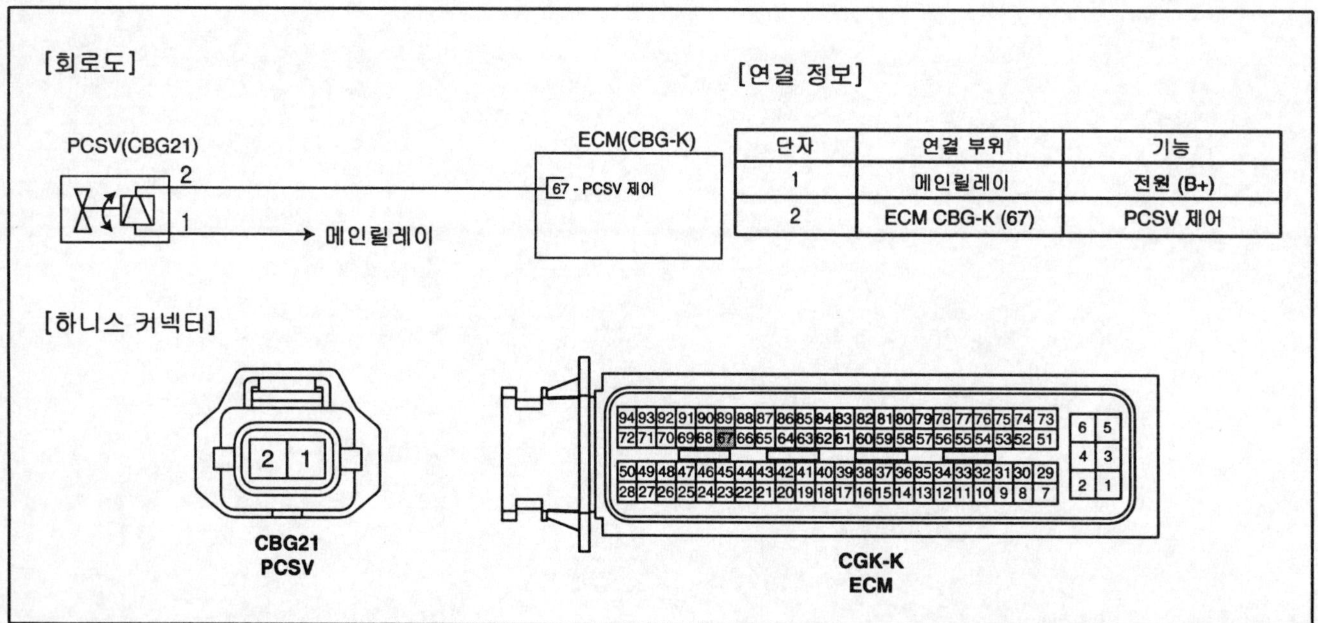

단자	연결 부위	기능
1	메인릴레이	전원 (B+)
2	ECM CBG-K (67)	PCSV 제어

SFDF28128D

점검

1. 점화 스위치를 OFF 시킨다.
2. 퍼지 컨트롤 솔레노이드 밸브 커넥터를 분리한다.
3. 퍼지 컨트롤 솔레노이드 밸브 단자 1과 2 사이의 저항을 측정한다.
4. 제원을 참조하여 측정된 저항이 제원과 상이한지 확인한다.

규정값: "제원" 참조

CVVT 오일 컨트롤 밸브 (OCV)

개요

CVVT (Continuous Variable Timing) 시스템은 ECM의 신호를 받아 강제적으로 캠샤프트를 회전시켜 밸브 오버랩(Overlap)을 제어함으로서, 엔진 내부의 EGR(Exhaust Gas Recirculation)량을 필요에 따라 조절하는 장치이다. 이 시스템은 엔진 오일 압력에 의하여 작동되며, 배기 가스 저감 (NOx, HC), 연비 향상, 공회전 안정성 향상, 저속 토크 향상 및 고속 출력 향상의 효과가 있다.

이 시스템은 ECM의 PWM(Pulse Width Modulation) 신호를 받아 엔진 오일의 경로를 바꿔 캠 페이저(Cam Phaser)로 오일을 공급 또는 유출시키는 CVVT 오일 컨트롤 밸브(OCV: Oil Control Valve), 엔진 오일의 온도를 측정하는 CVVT 오일 온도 센서(OTS: Oil Temperature Sensor) 및 엔진 오일의 유압으로 캠샤프트의 위상을 변경시키는 캠 페이저(Cam Phaser)로 구성되어 있다.

CVVT 오일 컨트롤 밸브로 부터 전달된 오일은 캠 페이저 내의 캠축과 연결된 로터를 회전시켜 캠축을 엔진의 회전방향(흡기 진각/배기 지각) 또는 반대방향(흡기 지각/배기 진각)으로 회전시켜, 캠의 위사각을 변화시킨다.

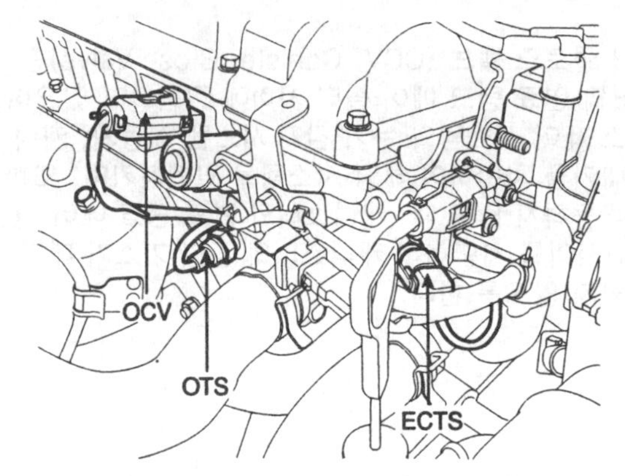

SHDF16104L

제원

항목	규정값
코일 저항 (Ω)	6.9 ~ 7.9 (20°C)

회로도

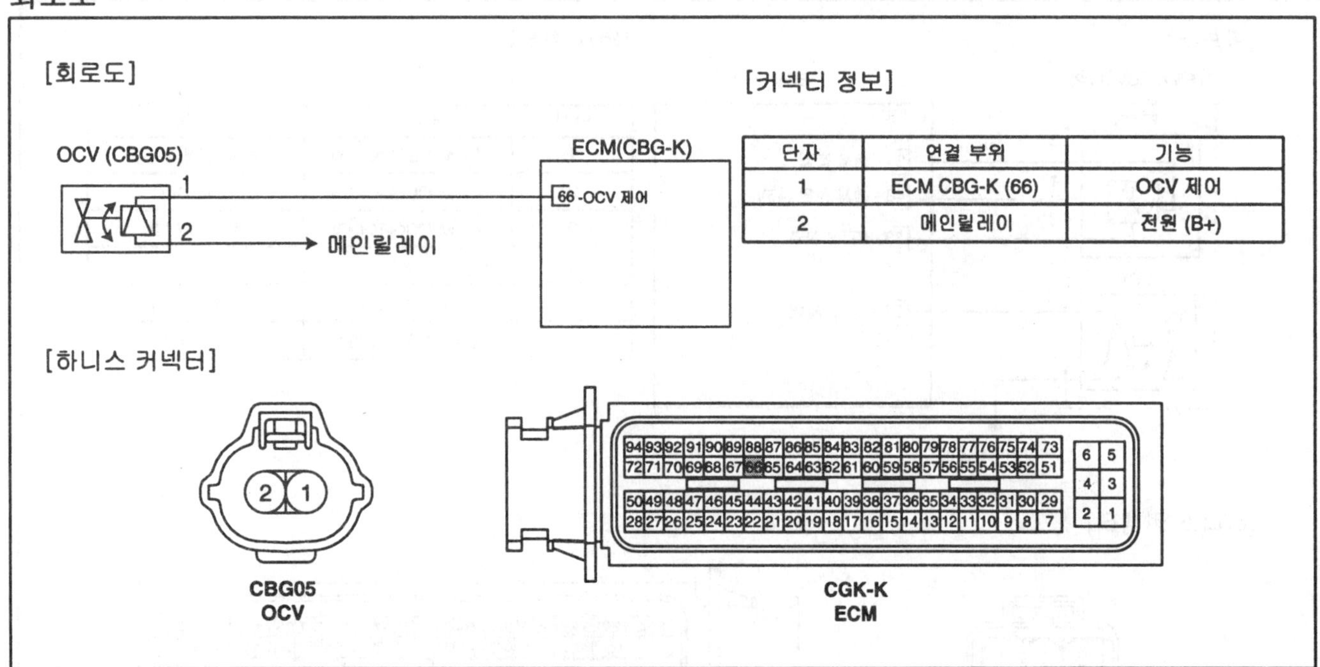

단자	연결 부위	기능
1	ECM CBG-K (66)	OCV 제어
2	메인릴레이	전원 (B+)

SFDF28129D

점검

1. 점화 스위치를 OFF 시킨다.
2. CVVT 오일 컨트롤 밸브 커넥터를 분리한다.
3. CVVT 오일 컨트롤 밸브 단자 1과 2 사이의 저항을 측정한다.
4. 제원을 참조하여 측정된 저항이 제원과 상이한지 확인한다.

규정값: "제원" 참조

캐니스터 클로즈 밸브 (CCV)

개요

캐니스터 클로즈 밸브 (CCV: Canister Close Valve)는 캐니스터와 연료 탱크 에어 필터 사이에 장착되어 있으며, 증발 가스 제어 시스템의 누기 감지 시스템 작동시, 캐니스터와 대기를 차단하여 해당 시스템을 밀폐시키며, 또한 차량이 작동하지 않을 때, 캐니스터와 연료 탱크 에어 필터 (대기)사이를 차단하여 캐니스터의 증발 가스가 대기로 장출되지 않도록 한다.

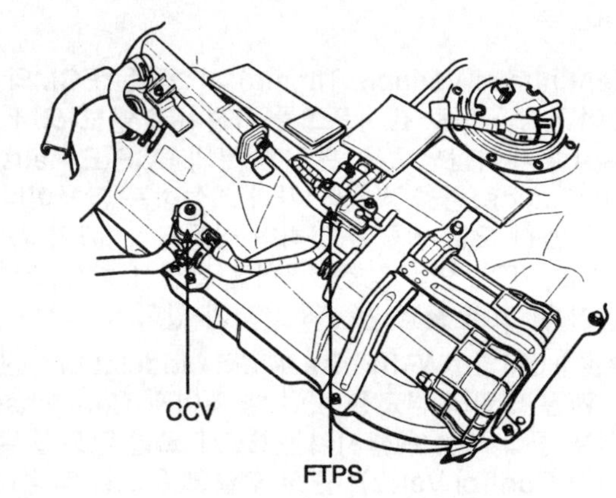

SFDFL8102D

제원

항목	규정값
코일 저항 (Ω)	15.5 ~ 18.5 (20°C)

회로도

[회로도]

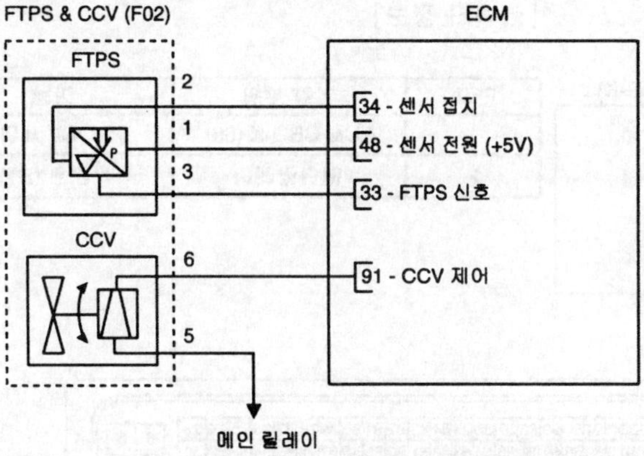

FTPS & CCV (F02)
FTPS
CCV
ECM
34 - 센서 접지
48 - 센서 전원 (+5V)
33 - FTPS 신호
91 - CCV 제어
메인 릴레이

[연결 정보]

단자	연결 부위	기능
1	ECM CBG-K (48)	센서 전원 (+5V)
2	ECM CBG-K (34)	센서 접지
3	ECM CBG-K (33)	FTPS 신호
4	–	
5	메인 릴레이	전원 (B+)
6	ECM CBG-K (91)	CCV 제어

[하니스 커넥터]

F02
FTPS & CCV

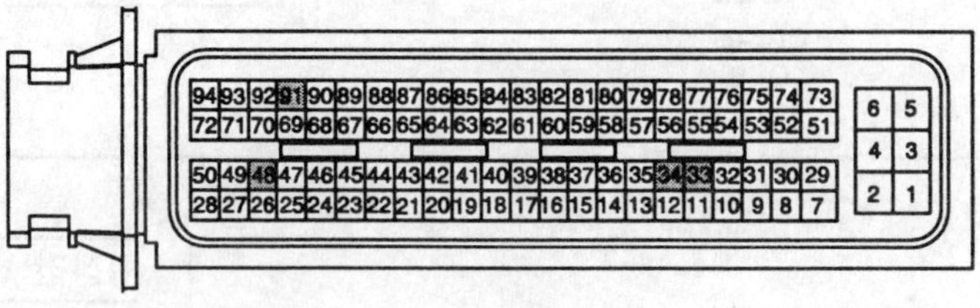

CBG-K
ECM

SFDF28125D

점검

1. 점화 스위치를 OFF 시킨다.
2. 캐니스터 클로즈 밸브 커넥터를 분리한다.
3. 캐니스터 클로즈 밸브 단자 1과 2 사이의 저항을 측정한다.
4. 제원을 참조하여 측정된 저항이 제원과 상이한지 확인한다.

규정값: "제원" 참조

자기 진단 고장 코드 (DTC)

DTC	고장 내용	경고등
P0011	"A" 캠샤프트 위치 과다 진각 또는 성능이상 (뱅크1)	●
P0016	크랭크샤프트 및 캠샤프트 위치 상호 연관성 이상 (뱅크1 / 센서1)	●
P0030	산소 센서 히터 제어 회로 이상 (뱅크1 / 센서1)	●
P0031	산소 센서 히터 회로 – 제어값 낮음 (뱅크1 / 센서1)	●
P0032	산소 센서 히터 회로 – 제어값 높음 (뱅크1 / 센서1)	●
P0036	산소 센서 히터 제어 회로 이상 (뱅크1 / 센서2)	●
P0037	산소 센서 히터 회로 – 제어값 낮음 (뱅크1 / 센서2)	●
P0038	산소 센서 히터 회로 – 제어값 높음 (뱅크1 / 센서2)	●
P0076	흡기 밸브 제어 솔레노이드 회로 – 제어값 낮음 (뱅크1)	●
P0077	흡기 밸브 제어 솔레노이드 회로 – 제어값 높음 (뱅크2)	●
P0106	흡기압(MAP)/대기압센서 회로 – 작동범위/성능이상	●
P0107	흡기압(MAP)/대기압센서 회로 – 신호값 낮음	●
P0108	흡기압(MAP)/대기압센서 회로 – 신호값 높음	●
P0111	흡기 온도 센서 (IATS) 회로 – 작동범취/성능이상	●
P0112	흡기 온도 센서 (IATS) 회로 이상 – 입력값 낮음	●
P0113	흡기 온도 센서 (IATS) 회로 – 신호값 높음	●
P0116	냉각 수온 센서 (ECTS) 회로 – 작동범위/성능이상	●
P0117	냉각 수온 센서 (ECTS) 회로 – 신호값 낮음	●
P0118	냉각 수온 센서 (ECTS) 회로 – 신호값 높음	●
P0121	스로틀/악셀 페달 위치 센서 (TPS/APS) "A" 회로 – 작동범위/성능이상	●
P0122	스로틀/악셀 페달 위치 센서 (TPS/APS) "A" 회로 – 신호값 낮음	●
P0123	스로틀/악셀 페달 위치 센서 (TPS/APS) "A" 회로 – 신호값 높음	●
P0125	냉각수 온도 미달에 의한 공연비보정 이상	●
P0128	써모스탯 작동 이상	●
P0130	산소 센서 회로 이상 (뱅크1 / 센서1)	●
P0131	산소 센서 회로 – 신호값 낮음 (뱅크1 / 센서1)	●
P0132	산소 센서 회로 – 신호값 높음 (뱅크1 / 센서1)	●
P0133	산소 센서 회로 – 응답성 느림 (뱅크1 / 센서1)	●
P0134	산소 센서 회로 – 활성화 안됨 (뱅크1 / 센서1)	●
P0136	산소 센서 회로 이상 (뱅크1 / 센서2)	●
P0137	산소 센서 회로 – 신호값 낮음 (뱅크1 / 센서2)	●
P0138	산소 센서 회로 – 신호값 높음 (뱅크1 / 센서2)	●
P0139	산소 센서 회로 – 응답성 느림 (뱅크1 / 센서2)	●
P0140	산소 센서 회로 – 활성화 안됨 (뱅크1 / 센서2)	●

DTC	고장 내용	경고등
P0170	연료 학습 제어 이상 (뱅크1)	●
P0171	연료 학습 제어 - 혼합비 희박 (뱅크1)	●
P0172	연료 학습 제어 - 혼합비 농후 (뱅크1)	●
P0196	엔진 오일 온도 센서 (OTS) - 작동범위/성능이상	●
P0197	엔진 오일 온도 센서 (OTS) - 신호값 낮음	●
P0198	엔진 오일 온도 센서 (OTS) - 신호값 높음	●
P0230	연료펌프 1차 회로 이상	▲
P0261	실린더 1번 인젝터 회로 - 제어값 낮음	●
P0262	실린더 1번 인젝터 회로 - 제어값 높음	●
P0264	실린더 2번 인젝터 회로 - 제어값 낮음	●
P0265	실린더 2번 인젝터 회로 - 제어값 높음	●
P0267	실린더 3번 인젝터 회로 - 제어값 낮음	●
P0268	실린더 3번 인젝터 회로 - 제어값 높음	●
P0270	실린더 4번 인젝터 회로 - 제어값 낮음	●
P0271	실린더 4번 인젝터 회로 - 제어값 높음	●
P0300	임의의 실린더 실화 발생	●
P0301	실린더 1번 실화 감지	●
P0302	실린더 2번 실화 감지	●
P0303	실린더 3번 실화 감지	●
P0304	실린더 4번 실화 감지	●
P0315	크랭크 포지션 센서 이상	▲
P0325	노크 센서 (KS) #1 회로 이상 (뱅크1)	▲
P0335	크랭크샤프트 포지션 센서 (CKPS) 회로 이상	▲
P0340	캠샤프트 포지션 센서 (CMPS) "A" 회로 이상 (뱅크1)	▲
P0420	촉매(UCC) - 정화 능력 저하 (뱅크1)	●
P0441	증발 가스 제어 시스템 - 퍼지흐름 비정상	●
P0442	증발 가스 제어 시스템 - 소량 누설 발생	●
P0444	증발 가스 제어 시스템 - 퍼지 컨트롤 솔레노이드 밸브 (PCSV) 회로 제어값 단선	●
P0445	증발 가스 제어 시스템 - 퍼지 컨트롤 솔레노이드 밸브 (PCSV) 회로 제어값 단락	●
P0447	증발 가스 제어 시스템 - 캐니스터 클로즈 밸브 (CCV) 회로 제어값 단선	●
P0448	증발 가스 제어 시스템 - 캐니스터 클로즈 밸브 (CCV) 회로 제어값 단락	●
P0449	증발 가스 제어 시스템 - 캐니스터 클로즈 밸브 (CCV) 회로 이상	●
P0451	증발 가스 제어 시스템 - 연료 탱크 압력 센서 (FTPS) 회로 작동범위/성능이상	●
P0452	증발 가스 제어 시스템 - 연료 탱크 압력 센서 (FTPS) 회로 신호값 낮음	●
P0453	증발 가스 제어 시스템 - 연료 탱크 압력 센서 (FTPS) 회로 신호값 높음	●

DTC	고장 내용	경고등
P0455	증발 가스 제어 시스템 - 대량 누설 발생	●
P0501	차속 센서 (VSS) "A" - 작동범위/성능이상	●
P0506	공회전 제어 시스템 - 목표값 보다 RPM 낮음	●
P0507	공회전 제어 시스템 - 목표값 보다 RPM 높음	●
P0560	시스템 전원 이상	▲
P0562	시스템 전원 낮음	●
P0563	시스템 전원 높음	●
P0605	ROM 이상	●
P0625	알터네이터 필드(F) 단자 회로 - 신호값 낮음	▲
P0626	알터네이터 필드(F) 단자 회로 - 신호값 높음	▲
P0650	엔진 경고등 (MIL) 회로 이상	▲
P0700	TCM으로 부터 MIL 점등 요청	●
P1505	아이들 스피드 액츄에이터 #1 회로 - 제어값 낮음	●
P1506	아이들 스피드 액츄에이터 #1 회로 - 제어값 높음	●
P1507	아이들 스피드 액츄에이터 #2 회로 - 제어값 낮음	●
P1508	아이들 스피드 액츄에이터 #2 회로 - 제어값 높음	●
U0001	CAN 통신 회로 - CAN BUS OFF	▲
U0101	CAN 통신 회로 - TCU 응답 지연	▲

참고

● *경고등 ON*

▲ *경고등 OFF*

P0011 "A" 캠샤프트 위치 과다 진각 또는 성능이상(뱅크1)

부품 위치

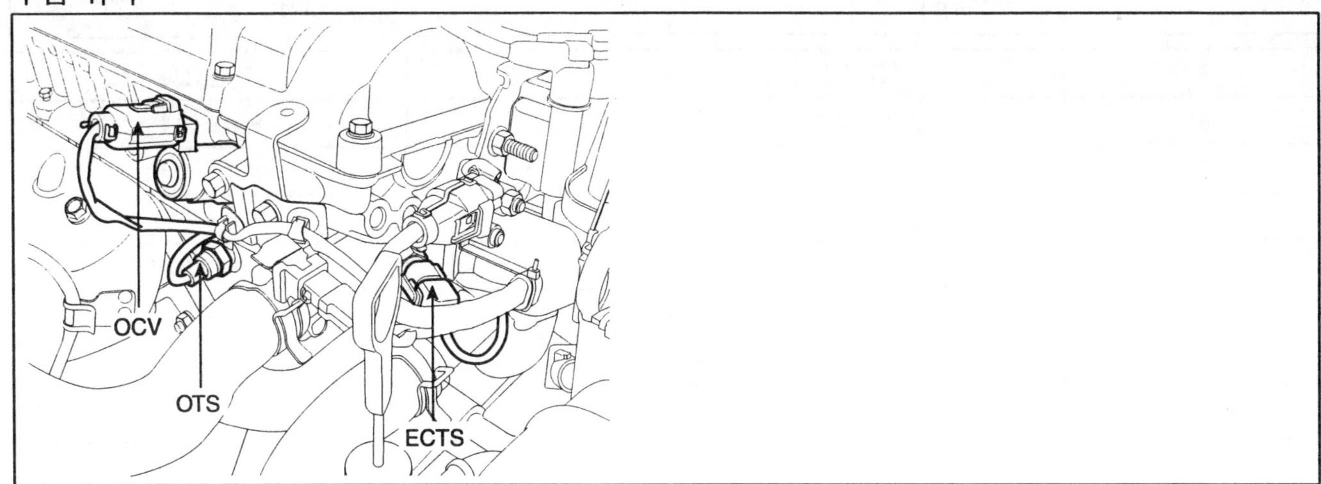

SFDF28202D

기능 및 역할

연속 가변 밸브 타이밍(Continuously Variable Valve Timing;CVVT)장치란 최적의 밸브오버랩을 통해 엔진 손실을 감소시켜 성능 및 연비를 증가시키는 시스템을 말한다. 엔진의 배기 캠축은 CVVT의 부싱 및 로터와 일체로 작동되며 CVVT의 하우징 및 스프로켓은 타이밍체인으로 흡기 캠샤프트와 연결된다. 결국 ECM은 CVVT의 진각실/지각실에 공급되는 오일량을 조절 함으로서 흡기와 배기캠의 위상차를 제어하여 밸브오버랩을 최적화 시킨다. CVVT의 적용으로 인해 흡기밸브 제어 솔레노이드(또는 오일 컨트롤 밸브),필터 및 오일 온도센서가 신규 장착되었다.

고장 코드 설명

ECM은 흡기측 CVVT를 제어 했으나 캠위치 변화속도가 늦을 경우 P0011을 표출한다.

ECM은 흡기측 CVVT를 제어 했으나 캠위치의 변화가 없을 경우 P0011을 표출한다.

고장판정 조건

항목	판정 조건	고장예상 원인
검출 방법	• 캠샤프트 위치의 계산값과 실제값과의 편차를 점검	• 오일 누유 • 오일 펌프 • 흡기 밸브 제어 솔레노이드
검출 조건	• 관련 고장 없슴 • 11V < 배터리 전압 < 16V • CVVT 제어 : 가능 • 위치 유지 학습기능 비작동 • 본 드라이빙 사이클동안 캠샤프트 위치는 5회 이상 이동 • 캠샤프트의 목표 위치는 1.125°CRK 이동량 보다 작으며 안정적이다. • 600rpm < 엔진 회전수 < 5000rpm • 20℃ < 엔진 오일 온도 < 100℃	
판정값	• 실제 캠 위치값과 목표값의 차이 적산값 > 150°CRK/초	
검출 시간	• 캠의 편차에 따라 약 38~300초	
페일 세이프	• CVVT 제어 미작동	

제원

흡기 밸브 제어 솔레노이드	정상값
절연 저항 (Ω)	50 MΩ 이상

온도(℃)	저항(Ω)	온도(℃)	저항(Ω)
0	6.2 ~ 7.4	60	8.0 ~ 9.2
10	6.5 ~ 7.7	70	8.3 ~ 9.5
20	6.8 ~ 8.0	80	8.6 ~ 9.8
30	7.1 ~ 8.3	90	8.9 ~ 10.1
40	7.4 ~ 8.6	100	9.2 ~ 10.4
50	7.7 ~ 8.9		

표준회로도

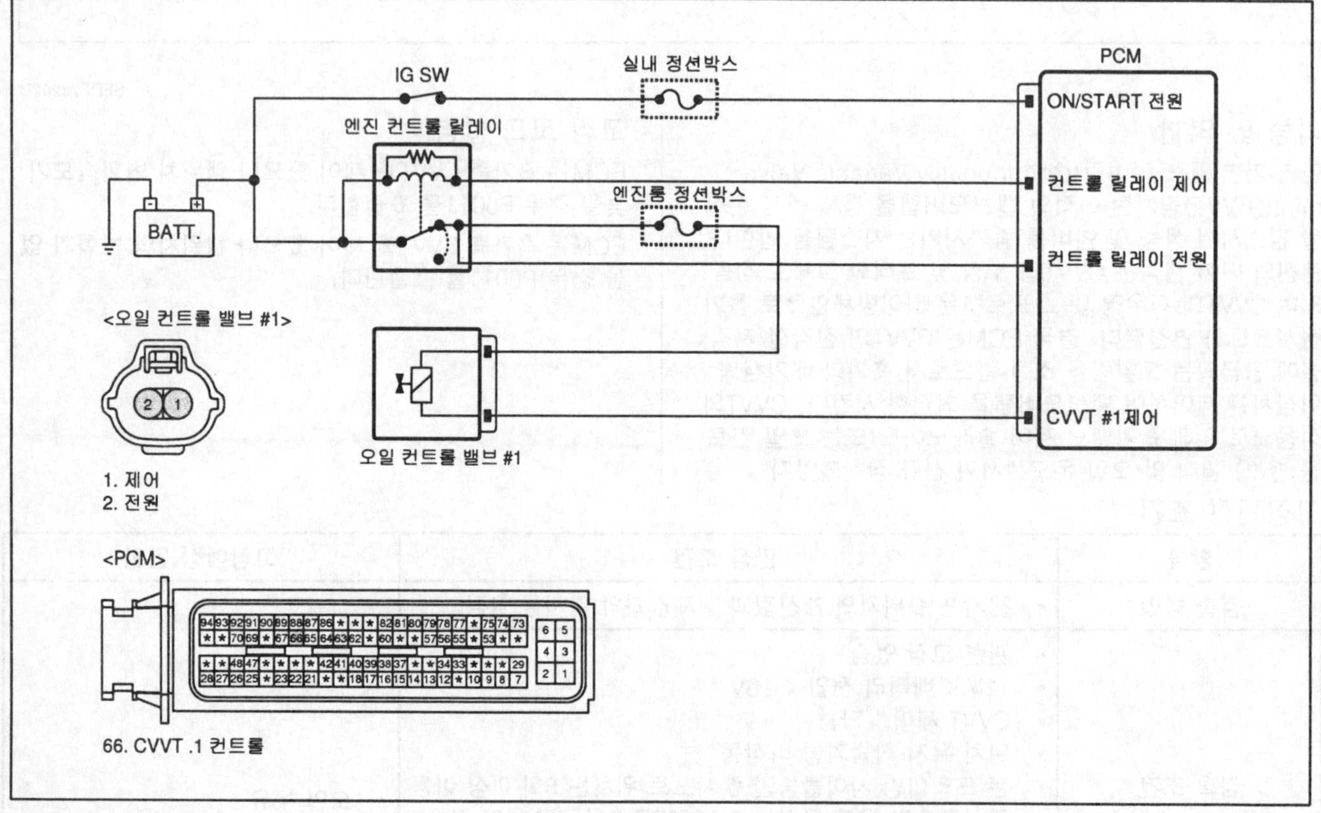

SFDF28500D

스캔툴 데이터 분석

1. 자기진단 컨넥터에 GDS를 연결한다.
2. 워밍업이 완료 되었는지 확인후 다음 항목들을 점검한다.

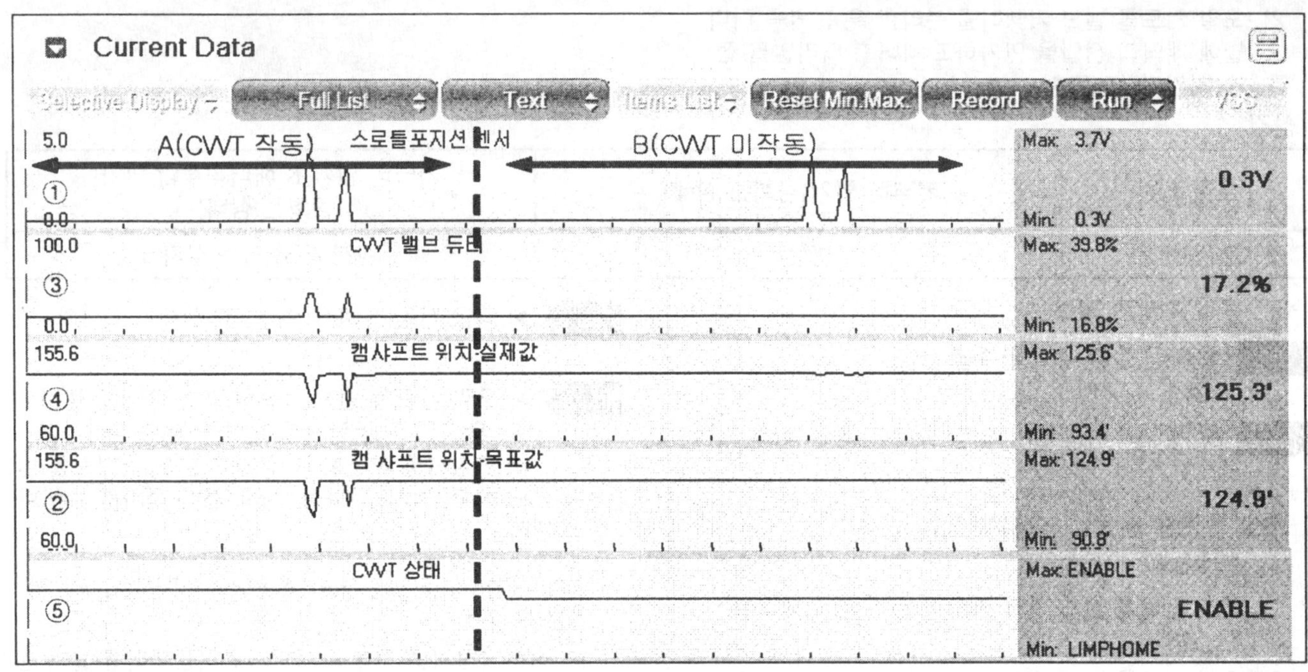

SFDF28701D

3. 데이터 분석
   ▶ A 구간 : CVVT 정상 작동 구간.
   ▶ B 구간 : 림프홈 모드진입 구간(CVVT 미작동).
   ▶ A 구간 CVVT 작동 특성
   : 엑셀페달(①) 작동 → 엔진회전수 변화 → 캠샤프트 위치 목표값(②) 변화 → CVVT밸브 듀티제어(③) 변화. → 흡입캠측 현재 위치값(④)이 변함.
   ▶ B 구간의 CVVT 작동 특성
   : CVVT 림프홈 모드진입(⑤)으로 엑셀페달(①)을 작동하여도 CVVT밸브 듀티제어(③) 변화가 없음.
4. 센서 출력값의 변화 경향이 양호한가?

예 ▶ 고장진단 조건표를 참조해서 센서 출력값을 다시 점검 한후 다음 점검 절차를 실시한다.

아니오 ▶ 점검 및 수리 내에 "커넥터 및 터미널 점검" 과정을 실시한다.

컨넥터 및 터미널 점검

1. 고장의 주요원인은 배선손상 및 연결상태의 불량에 있으므로 커넥터 접촉불량 및 터미널의 부식 또는 변형 등을 전체적으로 점검한다.
2. 문제가 발견 되었는가?

예 ▶ 수리 또는 교환한 후 "고장 수리 확인" 절차를 수행한다.

아니오 ▶ 다음 점검 절차를 수행한다.

단품 점검

■ OCV#1과 필터 점검

1. 오일 컨트롤 밸브의 저항 측정
   1) 점화스위치 "OFF"
   2) 오일 컨트롤 밸브 커넥터를 분리한다.
   3) 오일 컨트롤 밸브의 단품측 커넥터 전원선과 제어선간 저항을 측정한다.(단품측)

정상값 : 약 6.8~8.0Ω (20℃)

   4) 측정값이 정상인가?

예 ▶ 다음 점검 절차를 수행 한다.

아니오 ▶ 오일 컨트롤 밸브를 교환 한 후, "고장 수리 확인" 절차를 수행한다.

2. 오일 컨트롤 밸브 #1 작동 점검
   1) 엔진 시동후 공회전 상태를 유지 한다.

2) 오일 컨트롤 밸브 커넥터를 분리한 후 전원측 터미널에 배터리 전압을 인가하고 제어측 터미널을 접지 시킨다.(단품측)

정상값

점검 조건	커넥터 탈거(공회전 상태)	커넥터 탈거 & 배터리전압 인가 (공회전 상태)
엔진상태	정상	엔진 부조 또는 정지

3) 문제가 발견 되었는가?

예 ▶ 다음 점검 절차를 수행 한다.

아니오 ▶ "CVVT 어셈블리" 점검 과정을 수행 한다.

3. 오일 컨트롤 밸브#1 및 필터 점검

1) 점화스위치 "OFF"

2) 오일 컨트롤 밸브 필터 막힘 또는 오염에 대하여 점검한다.

3) 오일 컨트롤 밸브 탈거후 오일 컨트롤 밸브 내의 스풀 컬럼 오염 여부등을 육안으로 점검한다.

4) 문제가 발견 되었는가?

예 ▶ 필요에 따라 청소 또는 교환을 한후 "고장 수리 확인 절차"를 수행한다.

아니오 ▶ 다음 점검 절차를 수행 한다.

5) 밸브 커넥터를 분리한 상태에서 전원선에 배터리 전압을 인가하고 제어선을 접지 시킨다.(단품측)

6) 배터리 전압을 인가할때 "딸깍"하는 작동음이 들리는지 확인한다.

7) 상기 과정을 4~5회 반복 한다.

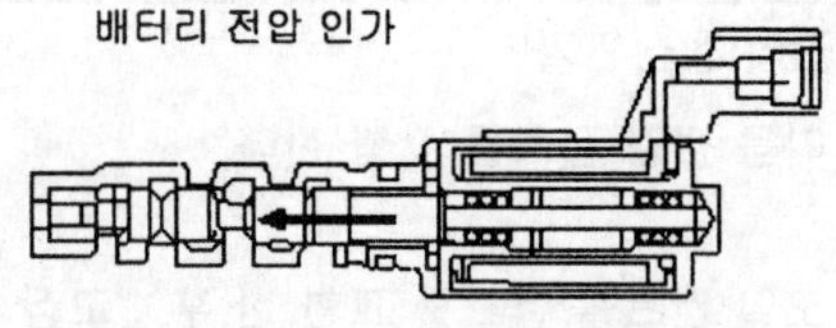

KFRE011

8) 오일 컨트롤 밸브 작동이 정상 인가?

예 ▶ 다음 점검 절차를 수행 한다.

아니오 ▶ 오일 컨트롤 밸브의 오염 또는 손상을 점검 후, 새로운 오일 컨트롤 밸브를 임시 장착하여 차량 상태를 확인한 후 정상이면 오일 컨트롤 밸브를 교환하고, "고장 수리 확인" 절차를 수행한다.

4. CVVT(Continuously Variable Valve Timing)#1 어셈블리 점검

1) 정비지침서를 참조하여 CVVT 어셈블리를 탈거 한다.

2) CVVT 어셈블리가 회전 하지 않음을 확인한다.

3) 아래 그림을 참조하여 진각홀 중 한 개의 구멍(B)을 제외한 나머지 모든 오일 구멍을 비닐테이프등으로 막는다.

참고

CVVT 어셈블리와 가장 가까운 부분의 홀이 진각측 임.

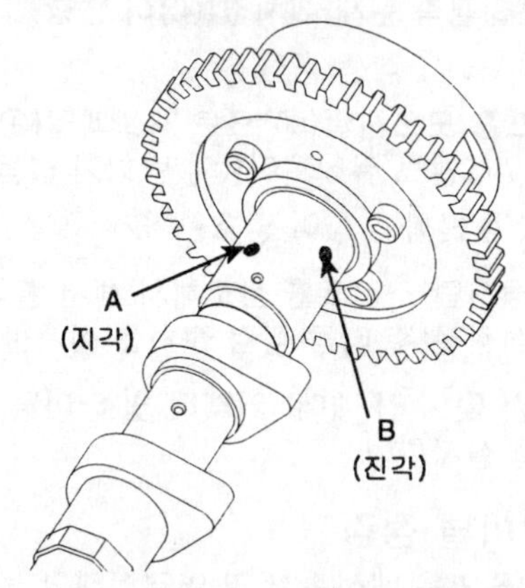

AFLG371A

4) 최대 지각지점에서 CVVT 어셈블리를 고정시키고 있는 고정 핀을 해제하기 위하여 에어건을으로 오일 구멍(A)에 약 1.5kg/㎠ 정도의 압축 공기를 분사한다.

참고

압축 공기가 유입되면서 오일이 분출할 수 있으니 헝겊등으로 작업부위를 감쌀것.

5) 압축공기를 분사하여 고정핀을 해제시킨 후, 아래 그림을 참조하여 CVVT어셈블리를 진각 방향으로 서서히 회전 시킨다.

최지각위치에서 최진각위치까지 약 20° 정도 걸리는 느낌 없이 원활하게 회전 하는지 점검한다.

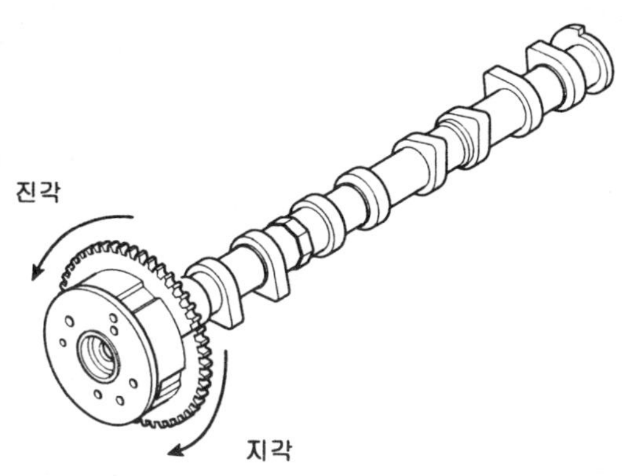

AFLG372A

6) 작동을 점검한 후 압축압력을 해제하고 최초의 최지각위치로 복귀시켜 CVVT 어셈블리를 고정 시킨다.

7) CVVT 어셈블리 작동이 정상인가?

예 ▶ 전기장치는 수 많은 하네스와 컨넥터로 구성되며, 그로 인해 전기적 장치들은 타시스템과의 간섭, 또는 기계적/화학적 손상에 의해 고장현상을 일으킬수 있다. 그러므로 단품과 ECM간의 관련된 회로의 전체적인 커넥터와 배선의 느슨함, 접촉불량, 구부러짐, 부식, 오염, 변형 또는 손상을 점검한 후, "수리 결과 확인" 절차 과정을 수행한다.

아니오 ▶ CVVT 어셈블리를 교환하고 "고장 수리 확인" 절차를 수행 한다.

고장 수리 확인

"고장 코드 확인" 절차를 재수행하여 고장이 정확히 수리되었는지 확인한다

1. GDS의 "자기진단"기능중 DTC Status 기능을 선택한다.

   ⚠주의

   고장코드를 소거하지 말 것(상세정보도 함께 소거 됨)

2. "고장 진단 완료 유무" 항목이 "진단 완료"인지 확인한다.

   참고

   미완료일경우 일반정보의 검출조건에서 지시하는대로 차량을 주행하여 완료 시킨다.

3. "고장 유형"항목의 결과값이 "과거 고장" 인가?

예 ▶ 시스템 정상. 고장코드를 소거한다.

아니오 ▶ 적절한 수리절차를 재수행한다.

P0016 크랭크샤프트 및 캠샤프트 위치 상호 연관성 이상(뱅크1 센서1)

부품 위치

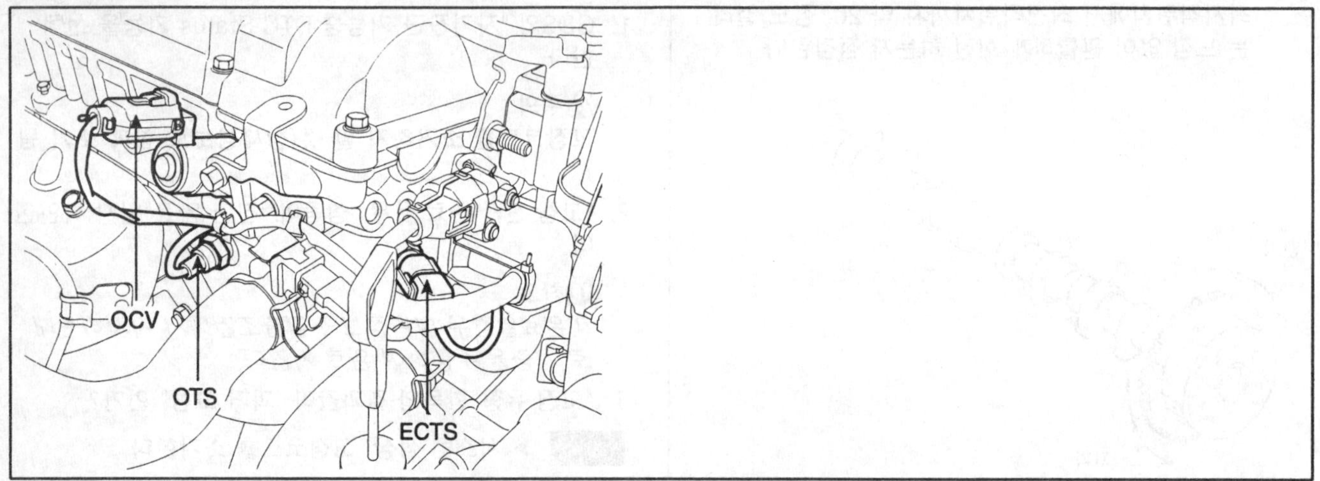

SFDF28202D

기능 및 역할

연속 가변 밸브 타이밍(Continuously Variable Valve Timing;CVVT)장치란 최적의 밸브오버랩을 통해 엔진 손실을 감소시켜 성능 및 연비를 증가시키는 시스템을 말한다. 엔진의 배기 캠축은 CVVT의 부싱 및 로터와 일체로 작동되며 CVVT의 하우징 및 스프로켓은 타이밍체인으로 흡기 캠샤프트와 연결된다. 결국 ECM은 CVVT의 진각실/지각실에 공급되는 오일량을 조절 함으로서 흡기와 배기캠의 위상차를 제어하여 밸브오버랩을 최적화 시킨다. CVVT의 적용으로 인해 흡기밸브 제어 솔레노이드(또는 오일 컨트롤 밸브),필터 및 오일 온도센서가 신규 장착되었다.

고장 코드 설명

ECM은 CVVT를 제어하여 캠 위치가 최대 지각 상태일때와 계산되어진최대 지각값과 차이가 있을 경우 P0016을 표출한다.

고장판정 조건

항목	판정 조건	고장예상 원인
검출 방법	• 캠샤프트 위치의 계산값과 실제값과의 편차를 점검	• 오일 누유 • 오일 펌프 • 흡기 밸브 제어 솔레노이드
검출 조건	• 관련 고장 없슴 • 11V < 배터리 전압 < 16V • CVVT 제어 : 가능 • 위치 유지 학습기능 비작동 • 본 드라이빙 사이클동안 캠샤프트 위치는 5회 이상 이동 • 캠샤프트의 목표 위치는 1.125°CRK 이동량 보다 작으며 안정적이다. • 600rpm < 엔진 회전수 < 5000rpm • 20℃ < 엔진 오일 온도 < 100℃	
판정값	• 실제 캠 위치값과 목표값의 차이 적산값 > 150°CRK/초	
검출 시간	• 캠의 편차에 따라 약 38~300초	
페일 세이프	• CVVT 제어 미작동	

제원

흡기 밸브 제어 솔레노이드	정상값
절연 저항 (Ω)	50 MΩ 이상

온도(℃)	저항(Ω)	온도(℃)	저항(Ω)
0	6.2 ~ 7.4	60	8.0 ~ 9.2
10	6.5 ~ 7.7	70	8.3 ~ 9.5
20	6.8 ~ 8.0	80	8.6 ~ 9.8
30	7.1 ~ 8.3	90	8.9 ~ 10.1
40	7.4 ~ 8.6	100	9.2 ~ 10.4
50	7.7 ~ 8.9		

표준회로도

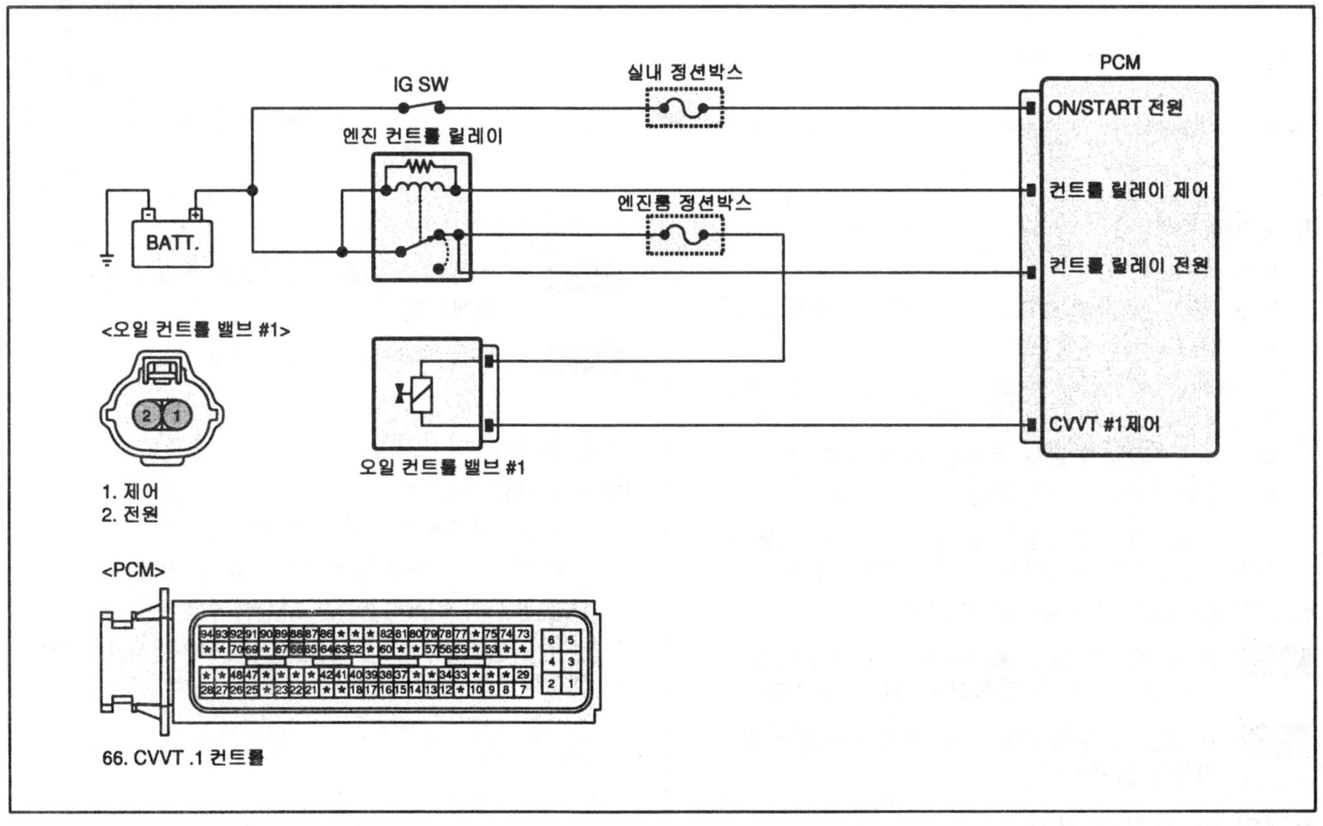

SFDF28500D

스캔툴 데이터 분석

1. 자기진단 컨넥터에 GDS를 연결한다.
2. 워밍업이 완료 되었는지 확인후 다음 항목들을 점검한다.

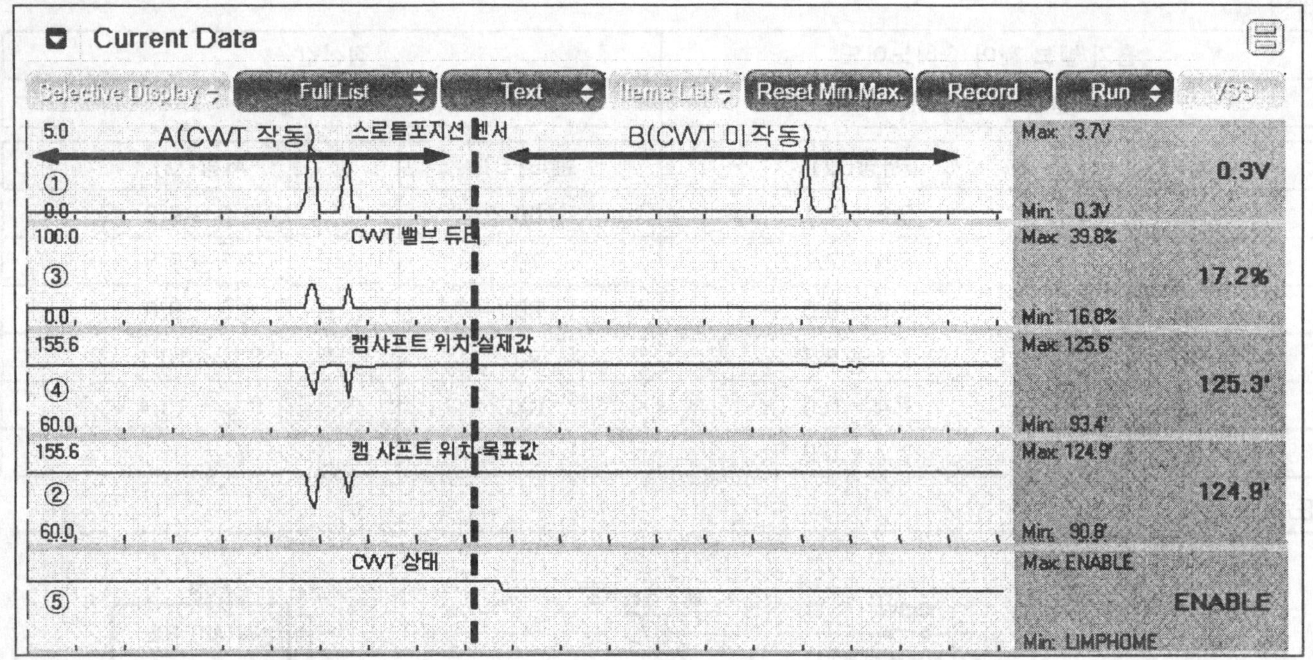

SFDF28701D

3. 데이터 분석
   - ▶ A 구간 : CVVT 정상 작동 구간.
   - ▶ B 구간 : 림프홈 모드진입 구간(CVVT 미작동).
   - ▶ A 구간 CVVT 작동 특성

   : 엑셀페달(①) 작동 → 엔진회전수 변화 → 캠샤프트 위치 목표값(②) 변화 → CVVT밸브 듀티제어(③) 변화. → 흡입캠측 현재 위치값(④)이 변함.
   - ▶ B 구간의 CVVT 작동 특성

   : CVVT 림프홈 모드진입(⑤)으로 엑셀페달(①)을 작동하여도 CVVT밸브 듀티제어(③) 변화가 없음.
4. 센서 출력값의 변화 경향이 양호한가?

예 ▶ 고장진단 조건표를 참조해서 센서 출력값을 다시 점검 한후 다음 점검 절차를 실시한다.

아니오 ▶ 점검 및 수리 내에 "커넥터 및 터미널 점검" 과정을 실시한다.

컨넥터 및 터미널 점검

1. 고장의 주요원인은 배선손상 및 연결상태의 불량에 있으므로 커넥터 접촉불량 및 터미널의 부식 또는 변형 등을 전체적으로 점검한다.
2. 문제가 발견 되었는가?

예 ▶ 수리 또는 교환한 후 "고장 수리 확인" 절차를 수행한다.

아니오 ▶ 다음 점검 절차를 수행한다.

단품 점검

타이밍 점검

1. 오실로스코프를 아래와 같이 연결한다:

   채널 A (+): CKPS 신호선 터미널, (−): 접지

   채널 B (+): CMPS#1 신호선 터미널, (−): 접지
2. 엔진 시동 후, CKP 센서 신호와 CMP 센서#1 파형이 정상적으로 출력되는지 점검한다.

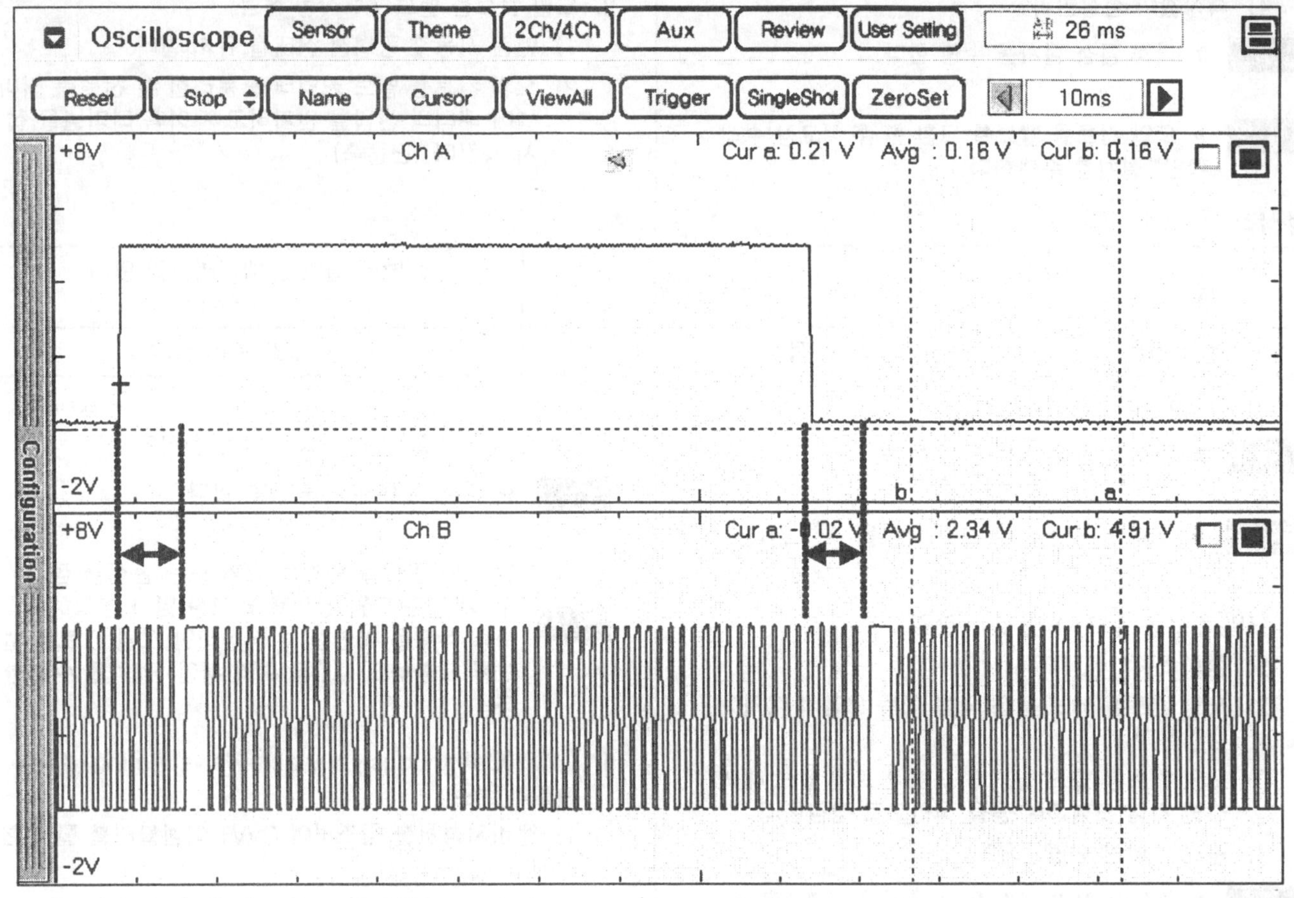

SFDF28606D

① 캠신호의 1/2 주기동안 크랭크신호는 미싱투스 포함 60개의 돌기 신호가 표출 됨. 각 신호의 잡음, 개수 틀림 및 위치 상이등을 점검 한다.

② 캠신호 하강(상승) 신호와 미싱투스 사이에는 3~5개의 크랭크 샤프트 돌기 신호가 표출 되어야 함

3. 파형이 정상적으로 출력되는가?

예 ▶ 다음 점검 절차를 수행 한다.

아니오 ▶ 아래 사항을 참고하여 엔진 타이밍 시스템을 점검한다 .

- 크랭크 샤프트 또는 캠 샤프트 센서를 분리한 후 에어갭 확인
- 타이밍 벨트의 올바른 장착
- 캠샤프트 타이밍 체인의 정렬

필요에 따라 재조정 및 수리 후, "고장 수리 확인" 절차를 수행한다.

OCV#1과 필터 점검

1. 오일 컨트롤 밸브의 저항 측정
   1) 점화스위치 "OFF"
   2) 오일 컨트롤 밸브 커넥터를 분리한다.
   3) 오일 컨트롤 밸브의 단품측 커넥터 전원선과 제어선간 저항을 측정한다.(단품측)

정상값 : 약 6.8~8.0Ω (20℃)

4) 측정값이 정상인가?

예 ▶ 다음 점검 절차를 수행 한다.

아니오 ▶ 오일 컨트롤 밸브를 교환 한 후, "고장 수리 확인" 절차를 수행한다.

2. 오일 컨트롤 밸브 #1 작동 점검

1) 엔진 시동후 공회전 상태를 유지 한다.

2) 오일 컨트롤 밸브 커넥터를 분리한 후 전원측 터미널에 배터리 전압을 인가하고 제어측 터미널을 접지 시킨다.(단품측)

정상값

점검 조건	커넥터 탈거(공회전 상태)	커넥터 탈거 & 배터리전압 인가 (공회전 상태)
엔진상태	정상	엔진 부조 또는 정지

KFRE011

3) 문제가 발견 되었는가?

예 ▶ 다음 점검 절차를 수행 한다.

아니오 ▶ "CVVT 어셈블리" 점검 과정을 수행 한다.

3. 오일 컨트롤 밸브#1 및 필터 점검

1) 점화스위치 "OFF"

2) 오일 컨트롤 밸브 필터 막힘 또는 오염에 대하여 점검한다.

3) 오일 컨트롤 밸브 탈거후 오일 컨트롤 밸브 내의 스풀 컬럼 오염 여부등을 육안으로 점검한다.

4) 문제가 발견 되었는가?

예 ▶ 필요에 따라 청소 또는 교환을 한후 "고장 수리 확인 절차"를 수행한다.

아니오 ▶ 다음 점검 절차를 수행 한다.

5) 밸브 커넥터를 분리한 상태에서 전원선에 배터리 전압을 인가하고 제어선을 접지 시킨다.(단품측)

6) 배터리 전압을 인가할때 "딸깍"하는 작동음이 들리는지 확인한다.

7) 상기 과정을 4~5회 반복 한다.

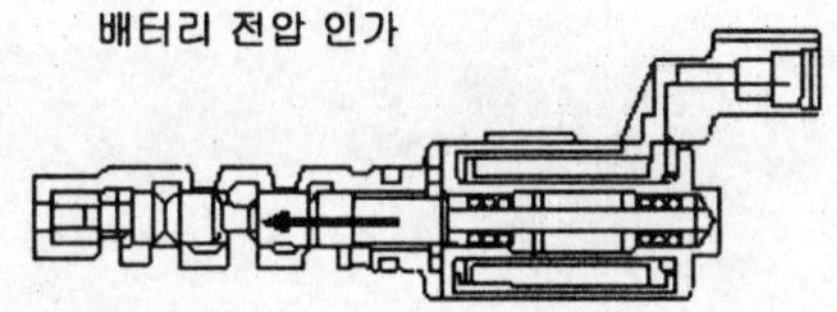

8) 오일 컨트롤 밸브 작동이 정상 인가?

예 ▶ 다음 점검 절차를 수행 한다.

아니오 ▶ 오일 컨트롤 밸브의 오염 또는 손상을 점검 후, 새로운 오일 컨트롤 밸브를 임시 장착하여 차량 상태를 확인한 후 정상이면 오일 컨트롤 밸브를 교환하고, "고장 수리 확인" 절차를 수행한다.

4. CVVT(Continuously Variable Valve Timing)#1 어셈블리 점검

1) 정비지침서를 참조하여 CVVT 어셈블리를 탈거 한다.

2) CVVT 어셈블리가 회전 하지 않음을 확인한다.

3) 아래 그림을 참조하여 진각홀 중 한 개의 구멍(B)을 제외한 나머지 모든 오일 구멍을 비닐테이프등으로 막는다.

참고
CVVT 어셈블리와 가장 가까운 부분의 홀이 진각 측 임.

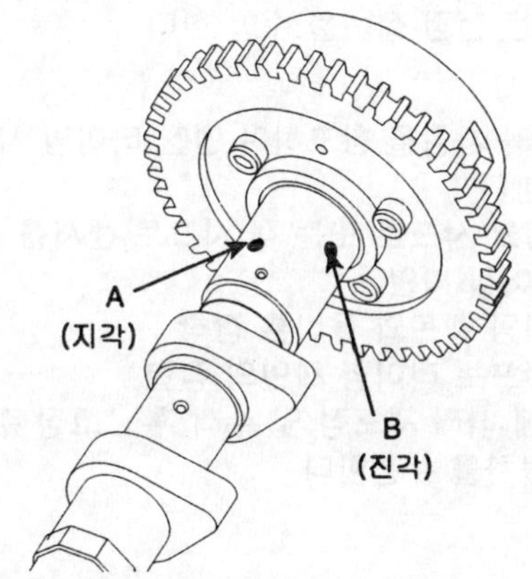

AFLG371A

4) 최대 지각지점에서 CVVT 어셈블리를 고정시키고 있는 고정 핀을 해제하기 위하여 에어건을으로 오

일 구멍(A)에 약 1.5kg/㎠ 정도의 압축 공기를 분사한다.

참고
압축 공기가 유입되면서 오일이 분출할 수 있으니 헝겊등으로 작업부위를 감쌀것.

5) 압축공기를 분사하여 고정핀을 해제시킨 후, 아래 그림을 참조하여 CVVT어셈블리를 진각 방향으로 서서히 회전 시킨다.

   최지각위치에서 최진각위치까지 약 20° 정도 걸리는 느낌 없이 원활하게 회전 하는지 점검한다.

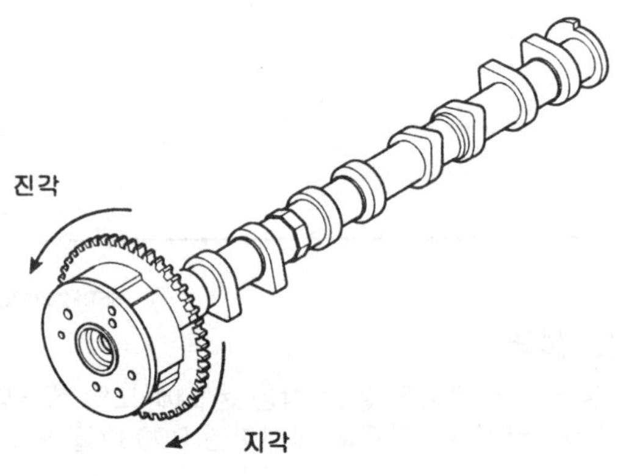

AFLG372A

6) 작동을 점검한 후 압축압력을 해제하고 최초의 최지각위치로 복귀시켜 CVVT 어셈블리를 고정 시킨다.
7) CVVT 어셈블리 작동이 정상인가?

예 ▶ 전기장치는 수 많은 하네스와 컨넥터로 구성되며, 그로 인해 전기적 장치들은 타시스템과의 간섭, 또는 기계적/화학적 손상에 의해 고장현상을 일으킬수 있다. 그러므로 단품과 ECM간의 관련된 회로의 전체적인 커넥터와 배선의 느슨함, 접촉불량, 구부러짐, 부식, 오염, 변형 또는 손상을 점검한 후, "수리 결과 확인" 절차 과정을 수행한다.

아니오 ▶ CVVT 어셈블리를 교환하고 "고장 수리 확인" 절차를 수행 한다.

고장 수리 확인

"고장 코드 확인" 절차를 재수행하여 고장이 정확히 수리되었는지 확인한다

1. GDS의 "자기진단"기능중 DTC Status 기능을 선택한다.

   주의
   고장코드를 소거하지 말 것(상세정보도 함께 소거 됨)

2. "고장 진단 완료 유무" 항목이 "진단 완료"인지 확인한다.

   참고
   미완료일경우 일반정보의 검출조건에서 지시하는대로 차량을 주행하여 완료 시킨다.

3. "고장 유형"항목의 결과값이 "과거 고장" 인가?

예 ▶ 시스템 정상. 고장코드를 소거한다.

아니오 ▶ 적절한 수리절차를 재수행한다.

P0030 산소센서 히터 제어회로 이상 (뱅크1 센서1)

부품 위치

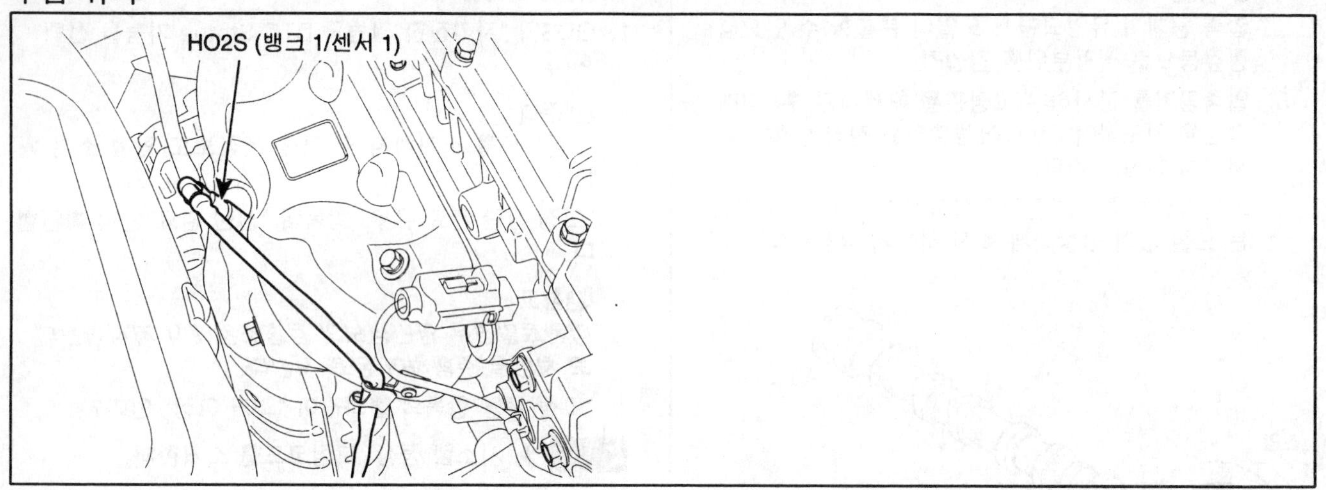

SFDF28207D

기능 및 역할

산소센서(HO2S)의 정상작동 온도는 350~850℃이다. HO2S 히터는 연료 컨트롤이 활성화 될 때까지 시간을 크게 감소시킨다. ECM은 히터를 통해 전류를 조절하여 PWM 제어회로를 제공한다. 히터 열선이 차가워지면 저항값은 낮아지고 전류값은 높아진다. 이와 반대의 경우에는 열선의 온도는 올라가고 전류는 점차적으로 떨어진다.

고장 코드 설명

ECM은 시동후 산소센서가 정상 작동 온도에 도달 했을때 산소센서 히터 저항값이 기준값 이상이면 P0030을 표출한다.

고장판정 조건

항목	판정 조건	고장예상 원인
검출 방법	• 단품의 저항 측정을 통해 산소 센서 온도를 계산	• 관련 퓨즈의 파손 및 분실 • 제어선 단선 또는 단락 • 전원선 단선 또는 단락 • 커넥터 접촉 저항 • 산소 센서
검출 조건	• 센서 완전 예열 상태 • 엔진 시동 후 시간 경과: 240 초 • 11V<배터리 전압<16V • 1%<히터 전원<99% • 배기 가스 온도 계산값 <580℃ • 관련된 에러 없음	
판정값	• 산소 센서 단품 저항 >1100 Ohm	
검출 시간	• 5분	
페일 세이프	• 증발가스 제어 밸브는 최소 작동모드로 제어	

제원

온도(℃)	히터 저항(Ω)
20 ~ 24	9.0

표준회로도

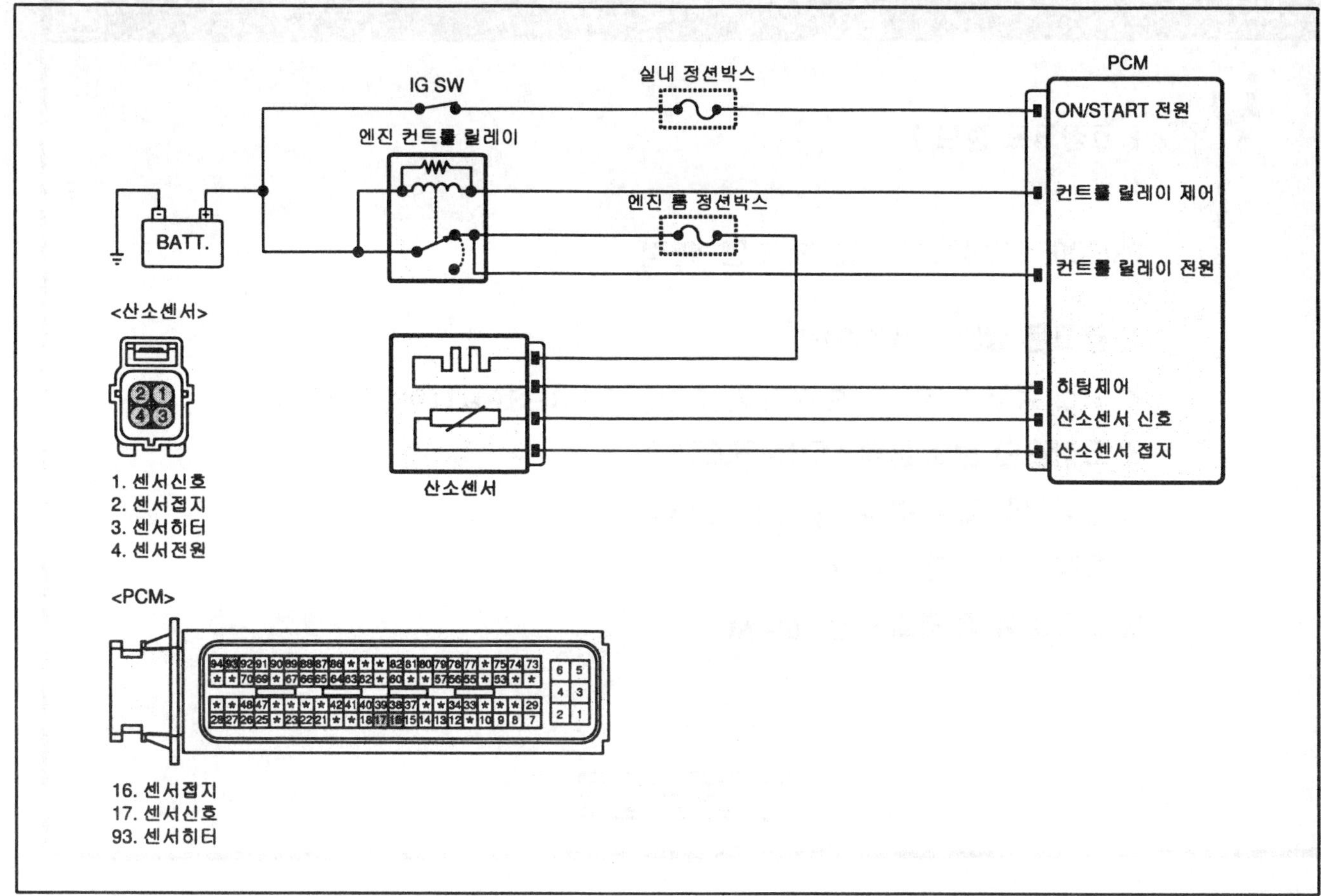

SFDF28529D

고장코드 확인

참고

인젝터, 산소 센서, 냉각 수온 센서, 스로틀 포지션 센서 및 흡입 공기량 센서와 연관된 고장코드가 저장되어 있으면, 저장되어 있는 코드와 관련된 모든 수리절차를 완료한 이후에 본 진단 절차를 수행한다.

1. GDS의 "고장코드"기능을 선택 한다.
2. 화면 중앙에있는 DTC Status 기능을 선택 한다.
3. "고장 진단 완료 유무" 항목이 COMPLETED(진단 완료)인지 확인한다.

   참고

   미완료일경우 일반정보의 검출조건에서 지시하는대로 차량을 주행하여 진단을 완료 시킨다

4. "고장 유형"항목의 결과값이 "과거 고장" 인가?

GDS

[고장코드 정보]

P0000 고장코드 및 코드명 출력

1. 경고등 상태 : OFF/ON
2. 고장 유형 : HISTORY(과거고장) / PRESENT(현재고장)
3. 고장진단 완료 유무 : COMPLETED
4. 동일고장 발생 횟수 : 횟수가 기록
5. 고장발생 후 경과시간 : 00 M
6. 고장소거 후 경과시간 : 00 M

확인

SFDF28702D

참고

- *과거 고장 : 이전에 발행한 고장임. 현재는 정상.*
- *현재 고장 : 현재 고장이 발생되어 있는 상태임.*

예 ▶ GDS에서 표출되는 "동일 고장 발생 횟수"를 참고하여 아래 지시 사항을 수행 한다.
- "동일고장 발생 횟수"가 1회 이하 : 현재 차량의 상태는 정상이므로 "고장 수리 확인" 절차를 수행한다.
- "동일고장 발생 횟수"가 2회 이상 : 배선등의 접촉불량으로 인한 간헐적 고장 가능성이 의심됨. 다음 점검 절차를 수행한다.

아니오 ▶ 다음 점검 절차를 수행한다.

컨넥터 및 터미널 점검

1. 고장의 주요원인은 배선손상 및 연결상태의 불량에 있으므로 커넥터 접촉불량 및 터미널의 부식 또는 변형 등을 전체적으로 점검한다.
2. 문제가 발견 되었는가?

예 ▶ 수리 또는 교환한 후 "고장 수리 확인" 절차를 수행한다.

아니오 ▶ 다음 점검 절차를 수행한다.

전원선 점검

■ 전원선 단선 점검

1. IG KEY OFF 한다.
2. 산소센서 커넥터를 탈거한다.
3. IG KEY ON 한다.
4. 산소센서 전원선과 차체 접지 사이의 전압을 측정한다
.

정상값 : 배터리 전압

5. 측정된 값이 정상인가?

예 ▶ 다음 점검 절차를 실시한다.

아니오 ▶전원선의 단선 또는 단락된 회로를 수리한 후 "고장 수리 확인" 절차를 실시한다.

제어선 점검

■ 제어선 단락 점검

1. IG KEY OFF 한다.

2. 산소센서와 ECM 커넥터를 탈거한다.
3. 산소센서 제어선과 차체 접지 사이의 저항을 측정한다.

정상값 : 무한대

4. 측정된 값이 정상인가?

예 ▶ 다음 점검 절차를 실시한다.

아니오 ▶제어선의 단락된 회로를 수리한 후 "고장 수리 확인" 절차를 실시한다.

■ 제어선 단선 점검

1. IG KEY OFF 한다.
2. 산소센서와 ECM 커넥터를 탈거한다.
3. 산소센서 제어선 양단의저항을 측정한다.

정상값 : 약 1Ω이하

4. 측정된 값이 정상인가?

예 ▶ 다음 점검 절차를 실시한다.

아니오 ▶제어선의 단선된 회로를 수리한 후 "고장 수리 확인" 절차를 실시한다.

단품점검

1. IG KEY OFF 한다.
2. 산소센서 커넥터를 탈거한다.
3. 산소센서 히팅 양단의 저항을 측정한다.(단품측)

정상값

온도(℃)	히터 저항(Ω)
20 ~ 24	9.0

4. 측정값이 정상인가?

예 ▶ ECM측 커넥터 및 터미널의 접촉불량 또는 부식, 변형등을 재점검하여 이상이 있으면 수리한다. 수리 완료 후 또는 정상일 경우 "고장 수리 확인" 절차를 수행한다.

아니오 ▶ 새로운 단품을 임시 장착하여 차량 상태를 확인한 후 정상이면 단품을 교환한다.
"고장 수리 확인" 절차를 수행한다.

고장 수리 확인

"고장 코드 확인" 절차를 재수행하여 고장이 정확히 수리되었는지 확인한다

1. GDS의 "자기진단"기능중 DTC Status 기능을 선택한다.

   ⚠주의
   고장코드를 소거하지 말 것(상세정보도 함께 소거 됨)

2. "고장 진단 완료 유무" 항목이 "진단 완료"인지 확인한다.

   📖참고
   미완료일경우 일반정보의 검출조건에서 지시하는대로 차량을 주행하여 완료 시킨다.

3. "고장 유형"항목의 결과값이 "과거 고장" 인가?

예 ▶ 시스템 정상. 고장코드를 소거한다.

아니오 ▶ 적절한 수리절차를 재수행한다.

P0031 산소센서 히터 회로- 제어값 낮음 (뱅크1 센서1)

부품 위치

DTC P0030 참조: 산소센서 히터 제어회로 이상 (뱅크1 센서1)

기능 및 역할

DTC P0030 참조: 산소센서 히터 제어회로 이상 (뱅크1 센서1)

고장 코드 설명

ECM이 전방 HO2S 히터제어선의 접지와의 단락을 검출하면 P0031의 고장코드를 표출한다.

고장판정 조건

항목	판정 조건	고장예상 원인
검출 방법	• 전방 산소센서 히터 회로의 접지 단락을 점검	• 관련 퓨즈의 파손 및 분실 • 전원선 또는 제어선의 단선 또는 접지 단락 • 커넥터 접촉 저항 • 산소 센서
검출 조건	• 배터리 전압>10V • 1%< 히터 전원 <99% • 관련된 에러 없음	
판정값	• 접지 단락	
검출 시간	• 20초	
페일 세이프	• 히터 개회로 제어	

제원

DTC P0030 참조: 산소센서 히터 제어회로 이상 (뱅크1 센서1)

표준회로도

DTC P0030 참조: 산소센서 히터 제어회로 이상 (뱅크1 센서1)

고장코드 확인

DTC P0030 참조: 산소센서 히터 제어회로 이상 (뱅크1 센서1)

컨넥터 및 터미널 점검

DTC P0030 참조: 산소센서 히터 제어회로 이상 (뱅크1 센서1)

제어선 점검

■ 제어선 접지 단락 점검

1. IG KEY OFF 한다.
2. 산소센서와 ECM 커넥터를 탈거한다.
3. 산소센서 히터 제어선과 차체 접지 사이의 저항을 측정한다.

정상값 : 무한대

4. 측정된 값이 정상인가?

예 ▶ 다음 점검 절차를 실시한다.

아니오 ▶ 제어선의 단락된 회로를 수리한 후 "고장 수리 확인" 절차를 실시한다.

단품점검

1. IG KEY OFF 한다.
2. 산소센서 커넥터를 탈거한다.
3. 산소센서 히팅 양단의저항을 측정한다.(단품측)

정상값

온도(℃)	히터 저항(Ω)
20~24	9.0

4. 측정값이 정상인가?

예 ▶ ECM측 커넥터 및 터미널의 접촉불량 또는 부식, 변형등을 재점검하여 이상이 있으면 수리한다. 수리 완료 후 또는 정상일 경우 "고장 수리 확인" 절차를 수행한다.

아니오 ▶ 새로운 단품을 임시 장착하여 차량 상태를 확인한 후 정상이면 단품을 교환한다. "고장 수리 확인" 절차를 수행한다.

고장 수리 확인

DTC P0030 참조: 산소센서 히터 제어회로 이상 (뱅크1 센서1)

P0032 산소센서 히터 회로- 제어값 높음 (뱅크1 센서1)

부품 위치

DTC P0030 참조: 산소센서 히터 제어회로 이상 (뱅크1 센서1)

기능 및 역할

DTC P0030 참조: 산소센서 히터 제어회로 이상 (뱅크1 센서1)

고장 코드 설명

ECM이 전방 HO2S 히터제어선과 배터리와의 단락 또는 히터제어선의 단선을 검출하면 P0032의 고장코드를 표출한다.

고장판정 조건

항목	판정 조건	고장예상 원인
검출 방법	• 전방 산소센서 히터선의 단선 또는 배터리 단락을 점검	• 제어선의 단선 또는 배터리 단락 • 커넥터 접촉 저항 • 산소 센서
검출 조건	• 배터리 전압>10V • 1%< 히터 전원 <99% • 관련된 에러 없음	
판정값	• 단선 또는 배터리 단락	
검출 시간	• 20초	
페일 세이프	• 히터 개회로 제어	

제원

DTC P0030 참조: 산소센서 히터 제어회로 이상 (뱅크1 센서1)

표준회로도

DTC P0030 참조: 산소센서 히터 제어회로 이상 (뱅크1 센서1)

고장코드 확인

DTC P0030 참조: 산소센서 히터 제어회로 이상 (뱅크1 센서1)

컨넥터 및 터미널 점검

DTC P0030 참조: 산소센서 히터 제어회로 이상 (뱅크1 센서1)

제어선 점검

■ 제어선 전원단락/단선 점검

1. IG KEY OFF 한다.
2. 산소센서 커넥터를 탈거 한다.
3. IG KEY ON 한다.
4. 산소센서 제어선과 차체 접지 사이의 전압을 측정한다 .

정상값 : 4~5V

5. 측정된 값이 정상인가?

예 ▶ 다음 점검 절차를 실시한다.

아니오 ▶ 12V일 경우 : 제어선의 단락된 회로를 수리한 후 "고장 수리 확인" 절차를 수행한다.
▶ 0V일 경우 : 제어선의 단선된 회로를 수리한 후 "고장 수리 확인" 절차를 수행한다.

전원선 점검

■ 전원선 접지단락 점검

1. IG KEY OFF 한다.
2. 산소센서 커넥터를 탈거 한다.
3. 산소센서 전원선과 차체 접지 사이의 저항을 측정한다 .

정상값 : 무한대

4. 측정값이 정상인가?

예 ▶ 다음 점검 절차를 수행한다.

아니오 ▶ 전원선의 단락된 회로를 수리한 후 "고장 수리 확인" 절차를 수행한다.

■ 전원선 단선 점검

1. IG KEY OFF 한다.
2. 산소센서 커넥터를 탈거 한다.
3. IG KEY ON 한다.
4. 산소센서 전원선과 차체 접지 사이의 전압을 측정한다 .

정상값 : 약 12V

5. 측정값이 정상인가?

예 ▶ 다음 점검 절차를 수행한다.

아니오 ▶ 전원선의 단선된 회로를 수리한 후 "고장 수리 확인" 절차를 수행한다.

단품점검

1. IG KEY OFF 한다.
2. 산소센서 커넥터를 탈거한다.
3. 산소센서 히팅 양단의저항을 측정한다.(단품측)

정상값

온도(℃)	히터 저항(Ω)
20~24	9.0

4. 측정값이 정상인가?

예 ▶ ECM측 커넥터 및 터미널의 접촉불량 또는 부식, 변형등을 재점검하여 이상이 있으면 수리한다. 수리 완료 후 또는 정상일 경우 "고장 수리 확인" 절차를 수행한다.

아니오 ▶ 새로운 단품을 임시 장착하여 차량 상태를 확인한 후 정상이면 단품을 교환한다. "고장 수리 확인" 절차를 수행한다.

고장 수리 확인

DTC P0030 참조: 산소센서 히터 제어회로 이상 (뱅크1 센서1)

P0036 산소센서히터 제어회로 이상 (뱅크1 센서2)

부품 위치

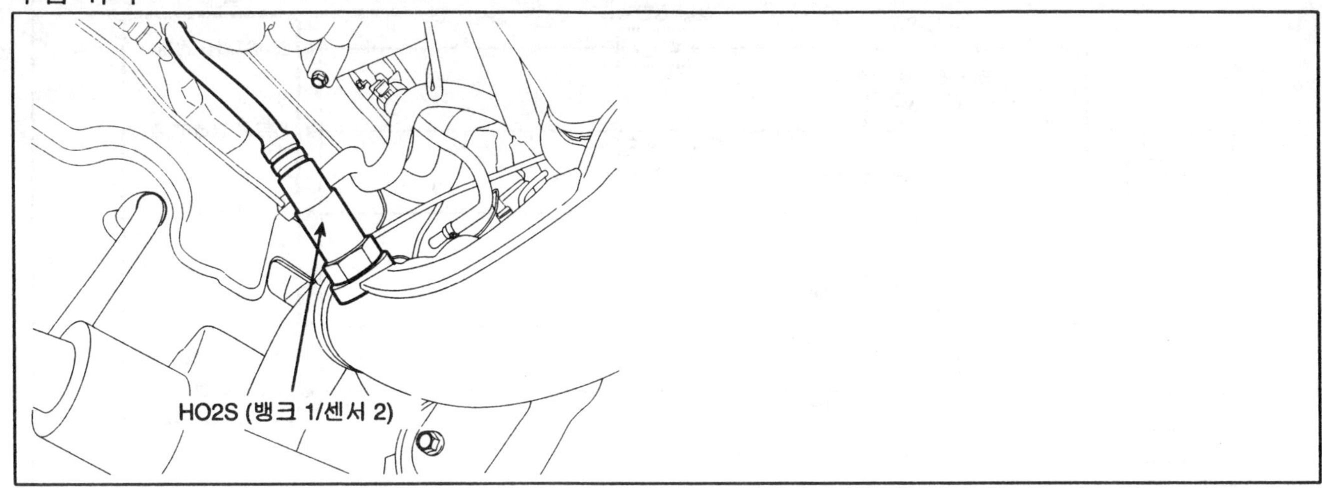

SFDF28208D

기능 및 역할

산소센서(HO2S)의 정상작동 온도는 350~850℃이다. HO2S 히터는 연료 컨트롤이 활성화 될 때까지 시간을 크게 감소시킨다. ECM은 히터를 통해 전류를 조절하여 PWM 제어회로를 제공한다. 히터 열선이 차가워지면 저항값은 낮아지고 전류값은 높아진다. 이와 반대의 경우에는 열선의 온도는 올라가고 전류는 점차적으로 떨어진다.

고장 코드 설명

ECM은 시동후 산소센서가 정상 작동 온도에 도달 했을때 산소센서 히터 저항값이 기준값 이하이면 P0036을 표출한다.

고장판정 조건

항목	판정 조건	고장예상 원인
검출 방법	• 단품의 저항 측정을 통해 산소 센서 온도를 계산	• 관련 퓨즈의 파손 및 분실 • 제어선 단선 또는 단락 • 전원선 단선 또는 단락 • 커넥터 접촉 저항 • 산소 센서
검출 조건	• 센서 완전 예열 상태 • 엔진 시동 후 시간 경과: 180 초 • 11V<배터리 전압<16V • 1%<히터 전원<99% • 배기 가스 온도 계산값 <520℃ • 관련된 에러 없음	
판정값	• 산소 센서 단품 저항 >1100 Ohm	
검출 시간	• 5분	
페일 세이프	• 증발가스 제어 밸브는 최소 작동모드로 제어	

제원

온도(℃)	히터 저항(Ω)
20 ~ 24	9.0

표준회로도

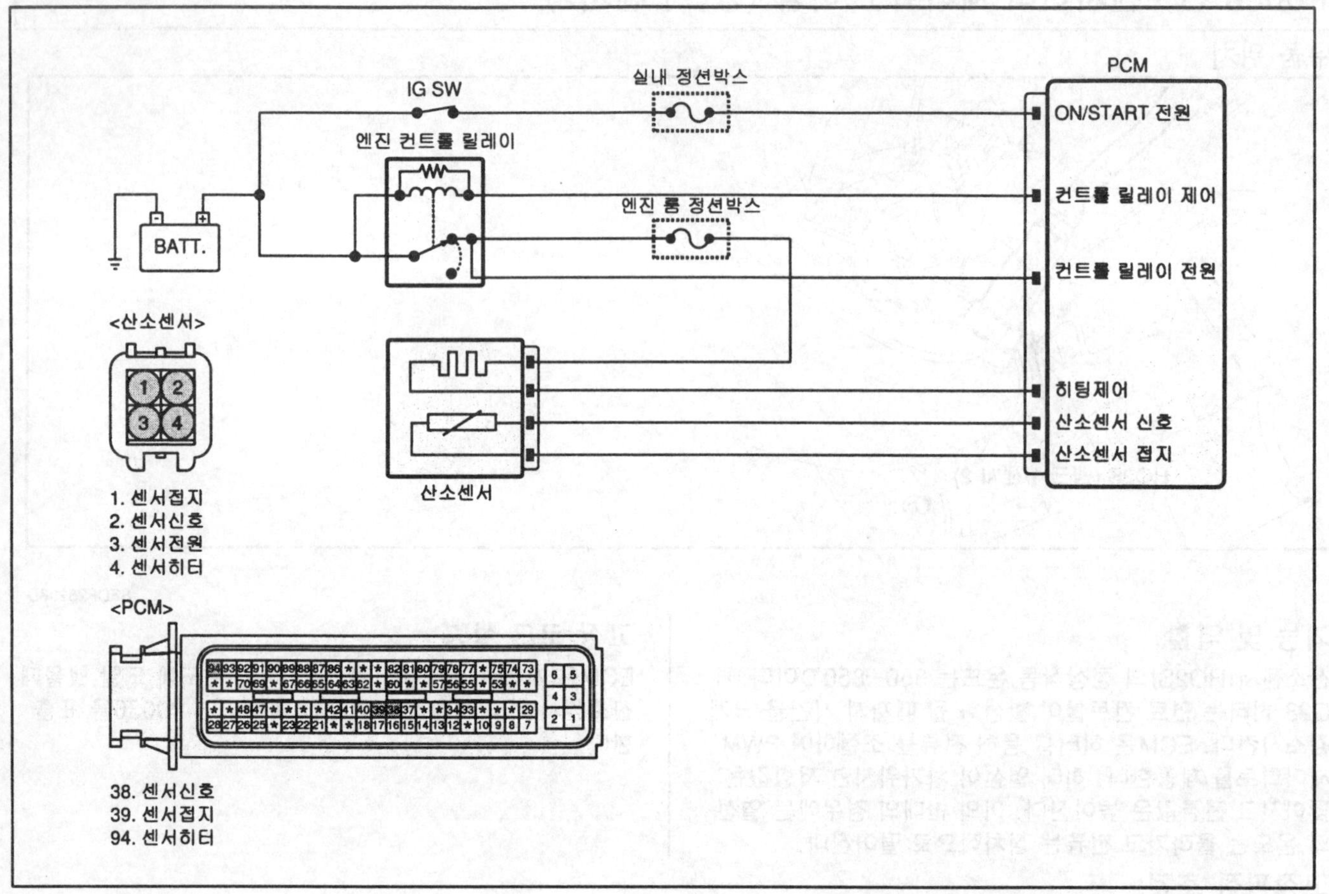

SFDF28502D

고장코드 확인

📖참고

인젝터, 산소 센서, 냉각 수온 센서, 스로틀 포지션 센서 및 흡입 공기량 센서와 연관된 고장코드가 저장되어 있으면, 저장되어 있는 코드와 관련된 모든 수리절차를 완료한 이후에 본 진단 절차를 수행한다.

1. GDS의 "고장코드"기능을 선택 한다.
2. 화면 중앙에있는 DTC Status 기능을 선택 한다.
3. "고장 진단 완료 유무" 항목이 COMPLETED(진단 완료)인지 확인한다.

   📖참고

   미완료일경우 일반정보의 검출조건에서 지시하는대로 차량을 주행하여 진단을 완료 시킨다

4. "고장 유형"항목의 결과값이 "과거 고장" 인가?

GDS 

[고장코드 정보]

P0000 고장코드 및 코드명 출력

1. 경고등 상태 : OFF/ON
2. 고장 유형 : HISTORY(과거고장) / PRESENT(현재고장)
3. 고장진단 완료 유무 : COMPLETED
4. 동일고장 발생 횟수 : 횟수가 기록
5. 고장발생 후 경과시간 : 00 M
6. 고장소거 후 경과시간 : 00 M

확인

SFDF28702D

참고

– 과거 고장 : 이전에 발행한 고장임. 현재는 정상.

– 현재 고장 : 현재 고장이 발생되어 있는 상태임.

예 ▶ GDS에서 표출되는 "동일 고장 발생 횟수"를 참고하여 아래 지시 사항을 수행 한다.
– "동일고장 발생 횟수"가 1회 이하 : 현재 차량의 상태는 정상이므로 "고장 수리 확인" 절차를 수행한다.
– "동일고장 발생 횟수"가 2회 이상 : 배선등의 접촉불량으로 인한 간헐적 고장 가능성이 의심됨. 다음 점검 절차를 수행한다.

아니오 ▶ 다음 점검 절차를 수행한다.

컨넥터 및 터미널 점검

1. 고장의 주요원인은 배선손상 및 연결상태의 불량에 있으므로 커넥터 접촉불량 및 터미널의 부식 또는 변형 등을 전체적으로 점검한다.
2. 문제가 발견 되었는가?

예 ▶ 수리 또는 교환한 후 "고장 수리 확인" 절차를 수행한다.

아니오 ▶ 다음 점검 절차를 수행한다.

전원선 점검

■ 전원선 단선 점검

1. IG KEY OFF 한다.
2. 산소센서 커넥터를 탈거한다.
3. IG KEY ON 한다.
4. 산소센서 전원선과 차체 접지 사이의 전압을 측정한다.

정상값 : 배터리 전압

5. 측정된 값이 정상인가?

예 ▶ 다음 점검 절차를 실시한다.

아니오 ▶전원선의 단선 또는 단락된 회로를 수리한 후 "고장 수리 확인" 절차를 실시한다.

제어선 점검

■ 제어선 단락 점검

1. IG KEY OFF 한다.

2. 산소센서와 ECM 커넥터를 탈거한다.
3. 산소센서 제어선과 차체 접지 사이의 저항을 측정한다
.

정상값 : 무한대

4. 측정된 값이 정상인가?

예 ▶ 다음 점검 절차를 실시한다.

아니오 ▶제어선의 단락된 회로를 수리한 후 "고장 수리 확인" 절차를 실시한다.

■ 제어선 단선 점검

1. IG KEY OFF 한다.
2. 산소센서와 ECM 커넥터를 탈거한다.
3. 산소센서 제어선 양단의저항을 측정한다.

정상값 : 약 1Ω이하

4. 측정된 값이 정상인가?

예 ▶ 다음 점검 절차를 실시한다.

아니오 ▶제어선의 단선된 회로를 수리한 후 "고장 수리 확인" 절차를 실시한다.

단품점검

1. IG KEY OFF 한다.
2. 산소센서 커넥터를 탈거한다.
3. 산소센서 히팅 양단의저항을 측정한다.(단품측)

정상값

온도(℃)	히터 저항(Ω)
20 ~ 24	9.0

4. 측정값이 정상인가?

예 ▶ ECM측 커넥터 및 터미널의 접촉불량 또는 부식, 변형등을 재점검하여 이상이 있으면 수리한다. 수리 완료 후 또는 정상일 경우 "고장 수리 확인" 절차를 수행한다.

아니오 ▶ 새로운 단품을 임시 장착하여 차량 상태를 확인한 후 정상이면 단품을 교환한다.
"고장 수리 확인" 절차를 수행한다.

고장 수리 확인

"고장 코드 확인" 절차를 재수행하여 고장이 정확히 수리되었는지 확인한다

1. GDS의 "자기진단"기능중 DTC Status 기능을 선택한다.

⚠주의

고장코드를 소거하지 말 것(상세정보도 함께 소거 됨)

2. "고장 진단 완료 유무" 항목이 "진단 완료"인지 확인한다.

📖참고

미완료일경우 일반정보의 검출조건에서 지시하는대로 차량을 주행하여 완료 시킨다.

3. "고장 유형"항목의 결과값이 "과거 고장" 인가?

예 ▶ 시스템 정상. 고장코드를 소거한다.

아니오 ▶ 적절한 수리절차를 재수행한다.

P0037 산소센서 히터 회로- 제어값 낮음 (뱅크1 센서2)

부품 위치

DTC P0036 참조: 산소센서 히터 제어회로 이상 (뱅크1 센서2)

기능 및 역할

DTC P0036 참조: 산소센서 히터 제어회로 이상 (뱅크1 센서2)

고장 코드 설명

ECM이 후방 HO2S 히터제어선의 접지와의 단락을 검출하면 P0037 의 고장코드를 표출한다.

고장판정 조건

항목	판정 조건	고장예상 원인
검출 방법	• 후방 산소센서 히터선의 접지 단락을 점검한다.	• 관련 퓨즈의 파손 및 분실 • 전원선 또는 제어선의 단선 또는 접지 단락 • 커넥터 접촉 저항 • 산소 센서
검출 조건	• 배터리 전압>10V • 1%< 히터 전원 <99% • 관련된 에러 없음	
판정값	• 접지 단락	
검출 시간	• 10초	
페일 세이프	• 히터 개회로 제어	

제원

DTC P0036 참조: 산소센서 히터 제어회로 이상 (뱅크1 센서2)

표준회로도

DTC P0036 참조: 산소센서 히터 제어회로 이상 (뱅크1 센서2)

고장코드 확인

DTC P0036 참조: 산소센서 히터 제어회로 이상 (뱅크1 센서2)

컨넥터 및 터미널 점검

DTC P0036 참조: 산소센서 히터 제어회로 이상 (뱅크1 센서2)

제어선 점검

■ **제어선 접지 단락 점검**

1. IG KEY OFF 한다.
2. 산소센서와 ECM 커넥터를 탈거한다.
3. 산소센서 히터 제어선과 차체 접지 사이의 저항을 측정한다.

정상값 : 무한대

4. 측정된 값이 정상인가?

예 ▶ 다음 점검 절차를 실시한다.

아니오 ▶ 제어선의 단락된 회로를 수리한 후 "고장 수리 확인" 절차를 실시한다.

단품점검

1. IG KEY OFF 한다.
2. 산소센서 커넥터를 탈거한다.
3. 산소센서 히팅 양단의저항을 측정한다.(단품측)

정상값

온도(℃)	히터 저항(Ω)
18~20	3.3~4.1

4. 측정값이 정상인가?

예 ▶ ECM측 커넥터 및 터미널의 접촉불량 또는 부식, 변형등을 재점검하여 이상이 있으면 수리한다. 수리 완료 후 또는 정상일 경우 "고장 수리 확인" 절차를 수행한다.

아니오 ▶ 새로운 단품을 임시 장착하여 차량 상태를 확인한 후 정상이면 단품을 교환한다. "고장 수리 확인" 절차를 수행한다.

고장 수리 확인

DTC P0036 참조: 산소센서 히터 제어회로 이상 (뱅크1 센서2)

P0038 산소센서 히터 회로- 제어값 높음 (뱅크1 센서2)

부품 위치

DTC P0036 참조: 산소센서 히터 제어회로 이상 (뱅크1 센서2)

기능 및 역할

DTC P0036 참조: 산소센서 히터 제어회로 이상 (뱅크1 센서2)

고장 코드 설명

ECM이 후방 HO2S 히터선과 배터리와의 단락을 검출하면 P0038 의 고장코드를 표출한다.

고장판정 조건

항목	판정 조건	고장예상 원인
검출 방법	• 후방 산소센서 히터선의 접지 단락을 점검한다.	
검출 조건	• 배터리 전압>10V • 1%< 히터 전원 <99% • 관련된 에러 없음	• 제어선의 단선 또는 배터리 단락 • 커넥터 접촉 저항 • 산소 센서
판정값	• 단선 또는 배터리 단락	
검출 시간	• 10초	
페일 세이프	• 히터 개회로 제어	

제원

DTC P0036 참조: 산소센서 히터 제어회로 이상 (뱅크1 센서2)

표준회로도

DTC P0036 참조: 산소센서 히터 제어회로 이상 (뱅크1 센서2)

고장코드 확인

DTC P0036 참조: 산소센서 히터 제어회로 이상 (뱅크1 센서2)

컨넥터 및 터미널 점검

DTC P0036 참조: 산소센서 히터 제어회로 이상 (뱅크1 센서2)

제어선 점검

■ 제어선 전원단락/단선 점검

1. IG KEY OFF 한다.
2. 산소센서 커넥터를 탈거 한다.
3. IG KEY ON 한다.
4. 산소센서 제어선과 차체 접지 사이의 전압을 측정한다.

정상값 : 4~5V

5. 측정된 값이 정상인가?

예 ▶ 다음 점검 절차를 실시한다.

아니오 ▶ 12V일 경우 : 제어선의 단락된 회로를 수리한 후 "고장 수리 확인" 절차를 수행한다.
▶ 0V일 경우 : 제어선의 단선된 회로를 수리한 후 "고장 수리 확인" 절차를 수행한다.

전원선 점검

■ 전원선 접지단락 점검

1. IG KEY OFF 한다.
2. 산소센서 커넥터를 탈거 한다.
3. 산소센서 전원선과 차체 접지 사이의 저항을 측정한다.

정상값 : 무한대

4. 측정값이 정상인가?

예 ▶ 다음 점검 절차를 수행한다.

아니오 ▶ 전원선의 단락된 회로를 수리한 후 "고장 수리 확인" 절차를 수행한다.

■ 전원선 단선 점검

1. IG KEY OFF 한다.
2. 산소센서 커넥터를 탈거 한다.
3. IG KEY ON 한다.
4. 산소센서 전원선과 차체 접지 사이의 전압을 측정한다.

정상값 : 약 12V

5. 측정값이 정상인가?

예 ▶ 다음 점검 절차를 수행한다.

아니오 ▶ 전원선의 단선된 회로를 수리한 후 "고장 수리 확인" 절차를 수행한다.

단품점검

1. IG KEY OFF 한다.
2. 산소센서 커넥터를 탈거한다.
3. 산소센서 히팅 양단의저항을 측정한다.(단품측)

정상값

온도(℃)	히터 저항(Ω)
18~20	3.3~4.1

4. 측정값이 정상인가?

 ▶ ECM측 커넥터 및 터미널의 접촉불량 또는 부식, 변형등을 재점검하여 이상이 있으면 수리한다. 수리 완료 후 또는 정상일 경우 "고장 수리 확인" 절차를 수행한다.

아니오 ▶ 새로운 단품을 임시 장착하여 차량 상태를 확인한 후 정상이면 단품을 교환한다.
"고장 수리 확인" 절차를 수행한다.

고장 수리 확인

DTC P0036 참조: 산소센서 히터 제어회로 이상 (뱅크1 센서2)

P0076 흡기밸브 제어 솔레노이드 회로 - 제어값 낮음(뱅크1)

부품 위치

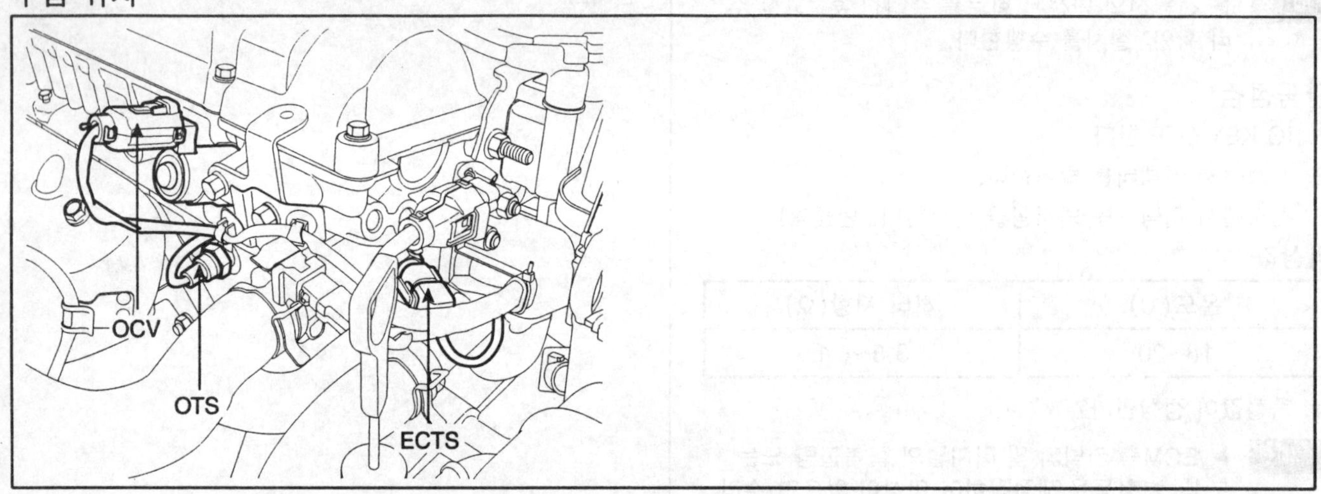

SFDF28202D

기능 및 역할

ECM은 오일 컨트롤 밸브를 듀티 제어하여 CVVT의 진각실/지각실에 공급되는 오일량을 조절 함으로서 흡기와 배기캠의 위상차를 제어하여 밸브오버랩을 최적화 시킨다. 작동 듀티값은 엔진 회전수와 부하가 커짐에 따라 비례하여 증가한다. 밸브의 작동원리는 다음과 같다.

1)오일 컨트롤 밸브의 플런저에는 영구자석이 있어 전원이 공급되면 코일에 의해 자기장이 형성되어 플런저를 밀어낸다.

2)플런저와 붙어있는 스플이 이동하면서 슬리브와의 상대위치가 변하여 유로를 형성한다.

3)밸브로 공급된 오일은 형성된 유로를 따라 캠샤프트를 거쳐 CVVT의 진각실 또는 지각실로 유입된다.

고장 코드 설명

ECM은 OCV #1 제어선이 접지 단락 되었을 경우 P0076을 표출한다.

고장판정 조건

항목	판정 조건	고장예상 원인
검출 방법	• 전기적 점검	• 제어선 접지단락 • 커넥터 접촉 저항 • 흡기밸브 제어 솔레노이드
검출 조건	• 10V < 배터리 전압 <16V	
판정값	• 접지단락	
검출 시간	• 2초	
경고등점등조건	• 흡기밸브 제어 솔레노이드 작동 금지	

제원

흡기 밸브 제어 솔레노이드	정상값
절연 저항 (Ω)	50 MΩ 이상

온도(℃)	저항(Ω)	온도(℃)	저항(Ω)
0	6.2 ~ 7.4	60	8.0 ~ 9.2
10	6.5 ~ 7.7	70	8.3 ~ 9.5
20	6.8 ~ 8.0	80	8.6 ~ 9.8
30	7.1 ~ 8.3	90	8.9 ~ 10.1
40	7.4 ~ 8.6	100	9.2 ~ 10.4
50	7.7 ~ 8.9		

표준회로도

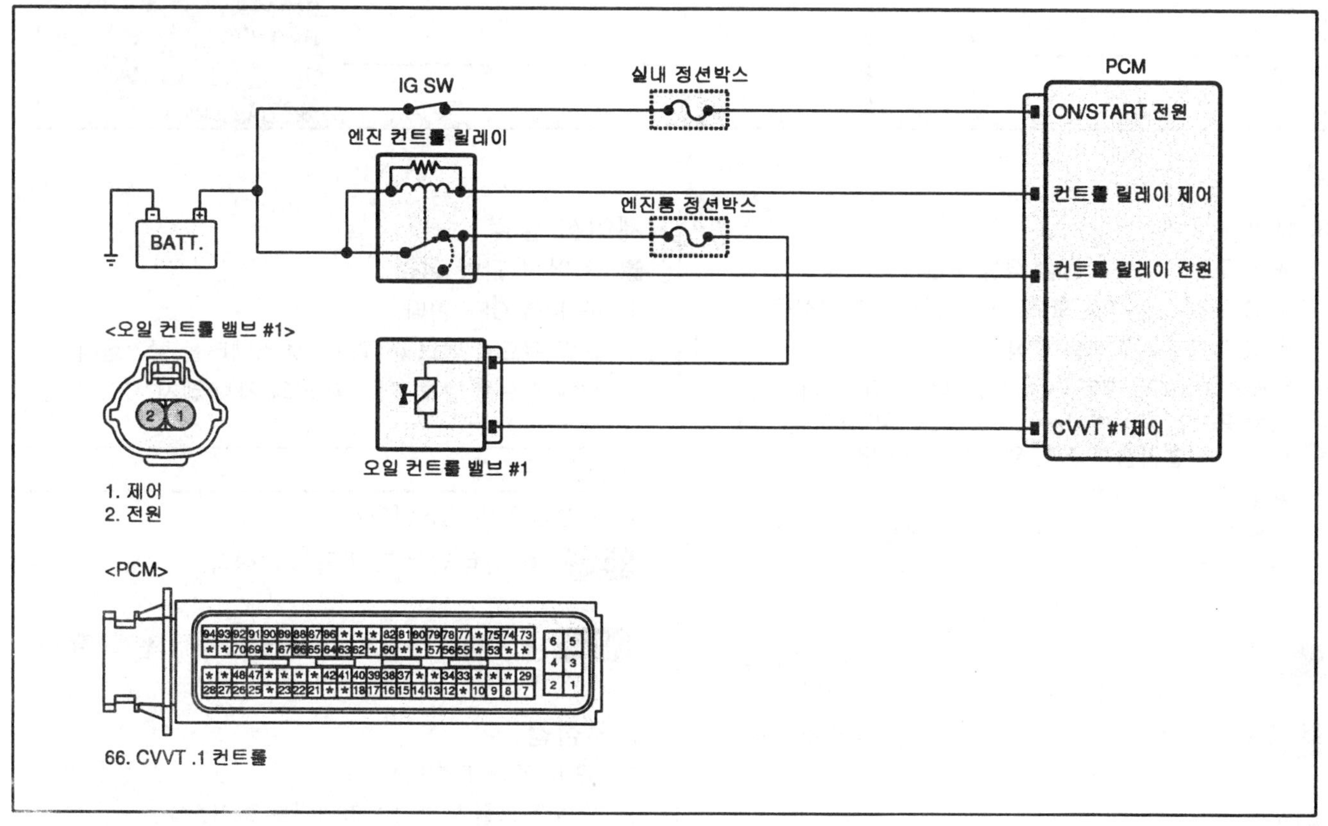

SFDF28500D

스캔툴 데이터 분석

1. 자기진단 컨넥터에 GDS를 연결한다.
2. 워밍업이 완료 되었는지 확인후 다음 항목들을 점검한다.

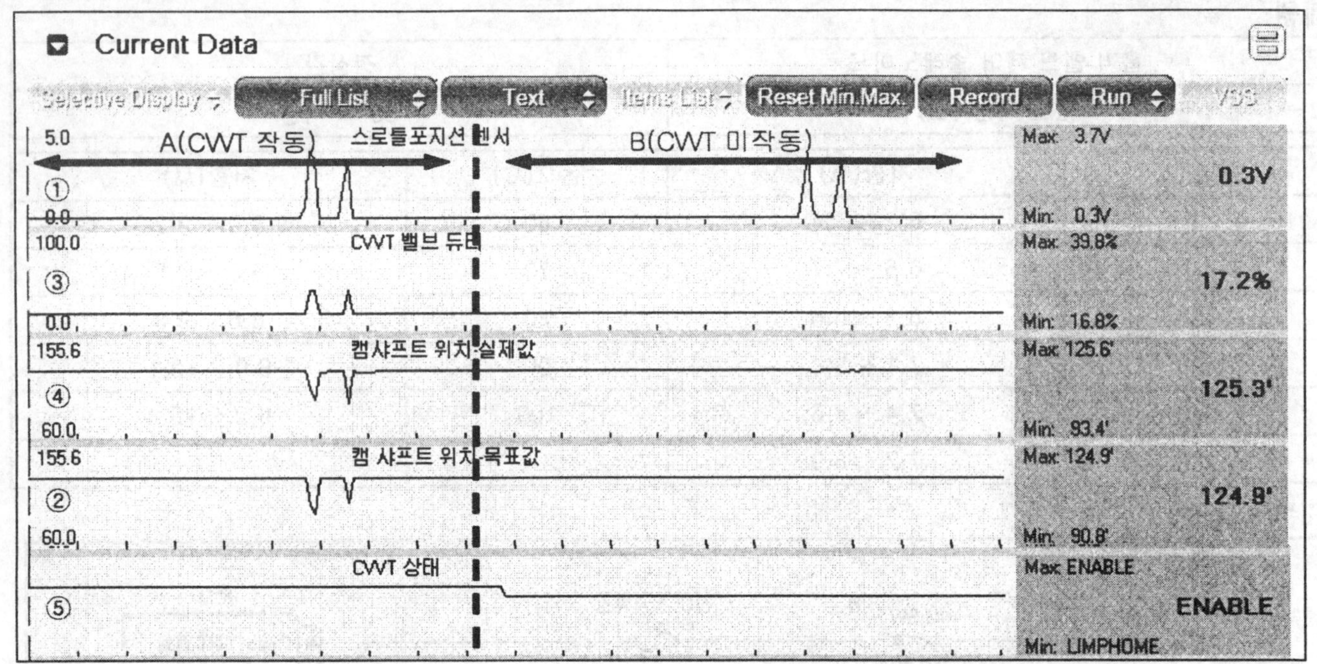

SFDF28701D

3. 데이터 분석

▶ A 구간 : CVVT 정상 작동 구간.

▶ B 구간 : 림프홈 모드진입 구간(CVVT 미작동).

▶ A 구간 CVVT 작동 특성

: 엑셀페달(①) 작동 → 엔진회전수 변화 → 캠샤프트 위치 목표값(②) 변화 → CVVT밸브 듀티제어(③) 변화. → 흡입캠측 현재 위치값(④)이 변함.

▶ B 구간의 CVVT 작동 특성

: CVVT 림프홈 모드진입(⑤)으로 엑셀페달(①)을 작동하여도 CVVT밸브 듀티제어(③) 변화가 없음.

4. 센서 출력값의 변화 경향이 양호한가?

예 ▶ 고장진단 조건표를 참조해서 센서 출력값을 다시 점검 한후 다음 점검 절차를 실시한다.

아니오 ▶ 점검 및 수리 내에 "커넥터 및 터미널 점검" 과정을 실시한다.

컨넥터 및 터미널 점검

1. 고장의 주요원인은 배선손상 및 연결상태의 불량에 있으므로 커넥터 접촉불량 및 터미널의 부식 또는 변형 등을 전체적으로 점검한다.
2. 문제가 발견 되었는가?

예 ▶ 수리 또는 교환한 후 "고장 수리 확인" 절차를 수행한다.

아니오 ▶ 다음 점검 절차를 수행한다.

제어선 점검

■ 제어선 단락 점검

1. IG KEY OFF 한다.
2. 오일 컨트롤 밸브 #1과 ECM 커넥터를 탈거한다.
3. 오일 컨트롤 밸브 #1 제어선과 차체 접지 사이의 저항을 측정한다.

정상값 : 무한대

4. 측정된 값이 정상인가?

예 ▶ 다음 점검 절차 를 실시한다.

아니오 ▶ 제어선의 단락된 회로를 수리한 후 "고장 수리 확인" 절차를 실시한다.

단품점검

1. IG KEY OFF 한다.
2. 오일 컨트롤 밸브 #1 커넥터를 탈거한다.
3. 오일 컨트롤 밸브 #1 양단의저항을 측정한다.(단품측)

정상값

온도(℃)	히터 저항(Ω)
18~20	약 6.8~8.0Ω

4. 측정값이 정상인가?

예 ▶ ECM측 커넥터 및 터미널의 접촉불량 또는 부식, 변형등을 재점검하여 이상이 있으면 수리한다. 수리 완료 후 또는 정상일 경우 "고장 수리 확인" 절차를 수행한다.

아니오 ▶ 새로운 단품을 임시 장착하여 차량 상태를 확인한 후 정상이면 단품을 교환한다.
"고장 수리 확인" 절차를 수행한다.

고장 수리 확인

"고장 코드 확인" 절차를 재수행하여 고장이 정확히 수리 되었는지 확인한다

1. GDS의 "자기진단"기능중 DTC Status 기능을 선택 한다.

   ⚠주의

   고장코드를 소거하지 말 것(상세정보도 함께 소거 됨)

2. "고장 진단 완료 유무" 항목이 "진단 완료"인지 확인한다.

   참고

   미완료일경우 일반정보의 검출조건에서 지시하는대로 차량을 주행하여 완료 시킨다.

3. "고장 유형"항목의 결과값이 "과거 고장" 인가?

예 ▶ 시스템 정상. 고장코드를 소거한다.

아니오 ▶ 적절한 수리절차를 재수행한다.

P0077 흡기밸브 제어 솔레노이드 회로 - 제어값 높음(뱅크1)

부품 위치

DTC P0076 참조: 흡기밸브 제어 솔레노이드 회로 - 제어값 낮음(뱅크1)

기능 및 역할

DTC P0076 참조: 흡기밸브 제어 솔레노이드 회로 - 제어값 낮음(뱅크1)

고장 코드 설명

ECM은 OCV #1 제어선이 배터리(+)단락 또는 단선 되었을 경우 P0077을 표출한다.

고장판정 조건

항목	판정 조건	고장예상 원인
검출 방법	• 전기적 점검	• 제어선 단선 또는 배터리 단락 • 커넥터 접촉 저항 • 흡기밸브 제어 솔레노이드
검출 조건	• 10V < 배터리 전압 <16V	
판정값	• 단선 또는 배터리 단락	
검출 시간	• 2초	

제원

DTC P0076 참조: 흡기밸브 제어 솔레노이드 회로 - 제어값 낮음(뱅크1)

표준회로도

DTC P0076 참조: 흡기밸브 제어 솔레노이드 회로 - 제어값 낮음(뱅크1)

스캔툴 데이터 분석

DTC P0076 참조: 흡기밸브 제어 솔레노이드 회로 - 제어값 낮음(뱅크1)

컨넥터 및 터미널 점검

DTC P0076 참조: 흡기밸브 제어 솔레노이드 회로 - 제어값 낮음(뱅크1)

전원선 점검

■ 전원선 단선/접지단락 점검

1. IG KEY OFF 한다.
2. 오일 컨트롤 밸브 #1 커넥터를 탈거한다.
3. IG KEY ON 한다.
4. 오일 컨트롤 밸브 #1 전원선과 차체 접지 사이의 전압을 측정한다.

정상값 : 배터리 전압

5. 측정된 값이 정상인가?

예 ▶ 다음 점검 절차를 실시한다.

아니오 ▶ 전원선의 단선 또는 단락된 회로를 수리한 후 "고장 수리 확인" 절차를 실시한다.

제어선 점검

■ 제어선 단선/전원단락 점검

1. IG KEY OFF 한다.
2. 오일 컨트롤 밸브 #1 커넥터를 탈거한다.
3. IG KEY ON 한다.
4. 오일 컨트롤 밸브 #1 전원선과 차체 접지 사이의 전압을 측정한다.

정상값 : 약 3.5V

5. 측정된 값이 정상인가?

예 ▶ 다음 점검 절차 를 실시한다.

아니오 ▶ 12V일 경우 : 전원선의 단락된 회로를 수리한 후 "고장 수리 확인" 절차를 실시한다.
▶ 0V일 경우 : 전원선의 단선된 회로를 수리한 후 "고장 수리 확인" 절차를 실시한다.

단품점검

1. IG KEY OFF 한다.
2. 오일 컨트롤 밸브 #1 커넥터를 탈거한다.
3. 오일 컨트롤 밸브 #1 양단의저항을 측정한다.(단품측)

정상값

온도(℃)	히터 저항(Ω)
18~20	약 6.8~8.0Ω

4. 측정값이 정상인가?

예 ▶ ECM측 커넥터 및 터미널의 접촉불량 또는 부식, 변형등을 재점검하여 이상이 있으면 수리한다. 수리 완료 후 또는 정상일 경우 "고장 수리 확인" 절차를 수행한다.

아니오 ▶ 새로운 단품을 임시 장착하여 차량 상태를 확인한 후 정상이면 단품을 교환한다.
"고장 수리 확인" 절차를 수행한다.

고장 수리 확인

DTC P0076 참조: 흡기밸브 제어 솔레노이드 회로 – 제어값 낮음(뱅크1)

P0106 흡기압(MAP)/대기압센서 회로 - 작동범위/성능이상

부품 위치

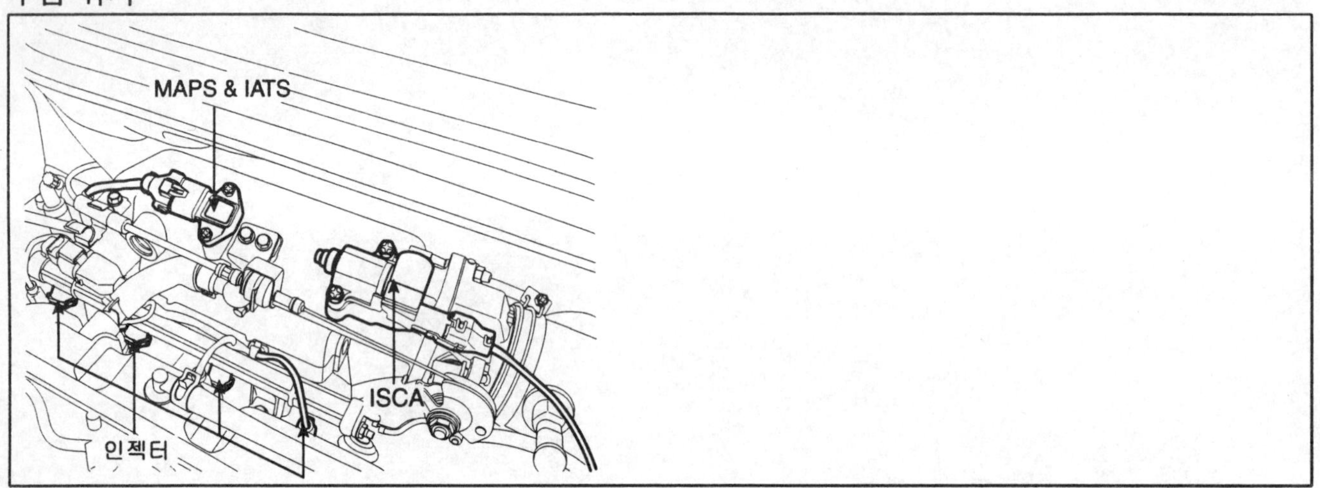

SFDF28201D

기능 및 역할

ECM은 엔진에 공급되는 기본 연료 분사량을 결정하기위해 엔진으로 유입되는 정확한 공기량을 알아야 한다. 따라서 엔진으로 유입되는 공기량을 계측하기위해 맵센서가 사용되며, 이 센서는 흡기다기관 내의 압력을 측정한다. 맵 센서(MAPS: Manifold Absolute Pressure)는 흡기관 내의 압력을 계측하여 흡입공기량을 간접적으로 산출하는 간접계측방식이며, 속도-밀도방식(Speed-Density Type) 라고도 한다. MAPS는 흡기관내의 압력변화에 따라 절대압력에 비례하는 아날로그 출력신호를 ECM으로 전달하고, ECM은 이 신호를 이용하여 엔진 회전수와 함께 흡입공기량을 산출하게 되는 기본정보로 사용된다.

맵 센서는 흡기관의 압력을 측정하기위해 써지탱크에 장착되어 있으며 흡기온센서가 내장되어 있다. 맵 센서는 압력변환소자(피에조)와 변환소자의 출력신호를 증폭하는 하이브리드 IC로구성된다. 압력 변환 소자는 반도체의 압전저항 효과를 이용한 실리콘 다이어프램식이며 실리콘 다이어프램의 한쪽은 100% 진공실이고 다른 한 쪽은 흡기관의 압력이 작용되는 구조로 되어 있다. 즉, 흡기관의 압력변화에 따른 실리콘 변화에 따라 출력을 얻게된다.

고장 코드 설명

ECM이 MAP센서와 TPS의 신호입력값을 상호비교하여 그 값의 편차가 기준치를 벗어날 경우, P0106을 표출한다
.

고장 판정 조건

항목		판정 조건	고장예상 원인
고장진단방법		• 센서 신호 이상	• 커넥터 접촉 불량 및 배선 손상 • 흡기계통 막힘 또는 누설 • TPS • MAP
고장진단조건		• 압력비 (흡기다기관 압력 / 대기압) < 0.8 • 11V < 배터리 전압 < 16V • 시동후 시간 > 0.5초 • 관련된 에러 없음	
고장코드 발생기준값	경우 1	• 공기량모델 흡입구면적 보정값 : < −50% 또는 > 50 %	
	경우 2	• 공기량모델 대기압 보정값 : < −50 ~ −25 % ,또는 > +25 ~ +50 % (기준값은 대기압의 함수)	
검출 시간		• 5초	
경고등점등조건		• 2회째 운전 싸이클	

표준회로도

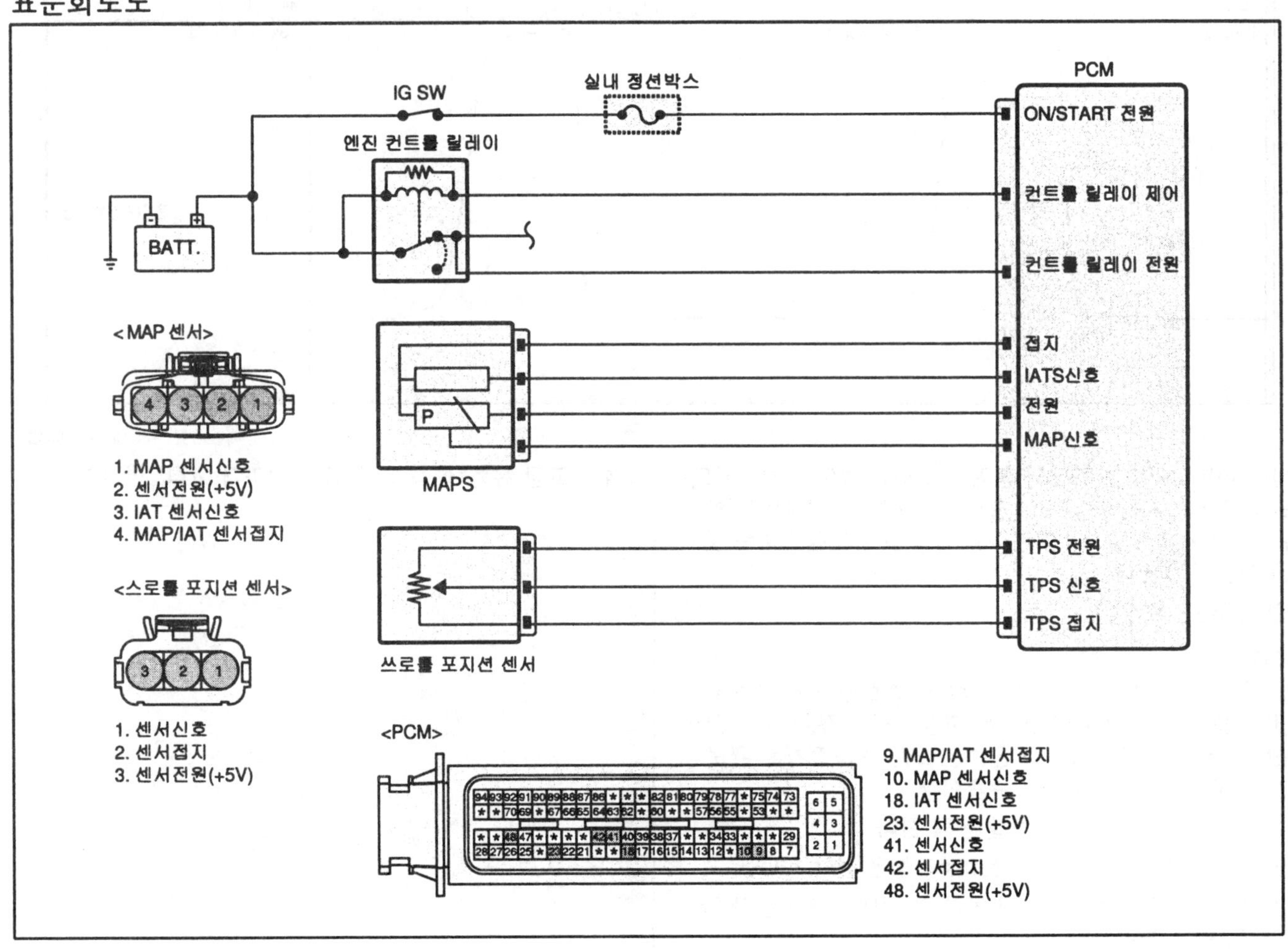

SFDF28530D

기준 파형 및 데이터

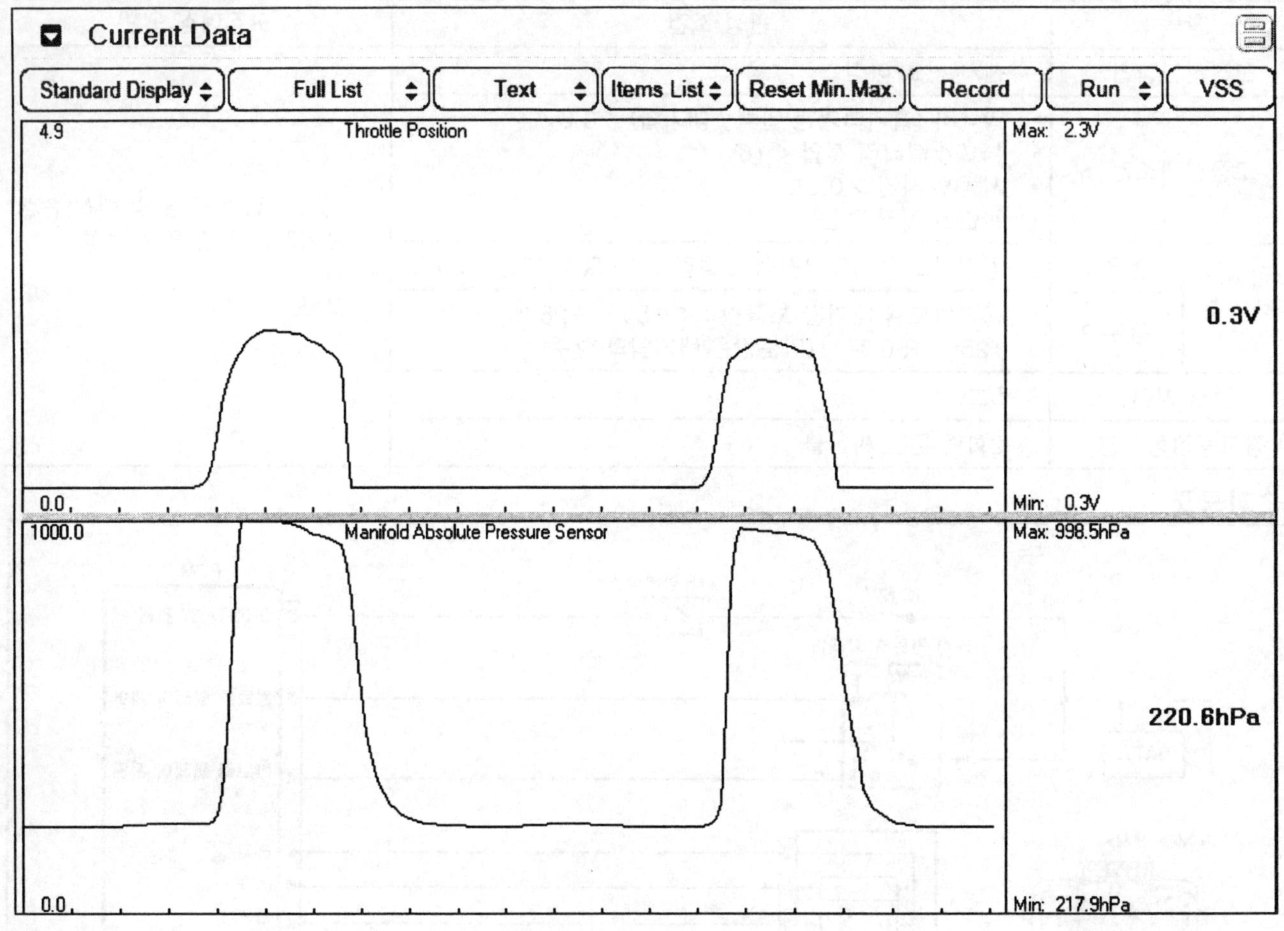

SFDF28608D

가능하면 MAPS는 TPS와 함께 비교하는 것이 바람직하므로 가속시 MAPS와 TPS의 출력이 동시에 증가하는지 확인한다. 반대로 감속시에는 MAPS의 신호가 감소하는 것을 확인할 수있다.

고장코드 확인

참고

인젝터, 산소 센서, 냉각 수온 센서, 스로틀 포지션 센서 및 흡입 공기량 센서와 연관된 고장코드가 저장되어 있으면, 저장되어 있는 코드와 관련된 모든 수리절차를 완료한 이후에 본 진단 절차를 수행한다.

1. GDS의 "고장코드"기능을 선택 한다.
2. 화면 중앙에있는 DTC Status 기능을 선택 한다.
3. "고장 진단 완료 유무" 항목이 COMPLETED(진단 완료)인지 확인한다.

   참고

   미완료일경우 일반정보의 검출조건에서 지시하는대로 차량을 주행하여 진단을 완료 시킨다

4. "고장 유형"항목의 결과값이 "과거 고장" 인가?

GDS

[고장코드 정보]

P0000 고장코드 및 코드명 출력

1. 경고등 상태 : OFF/ON
2. 고장 유형 : HISTORY(과거고장) / PRESENT(현재고장)
3. 고장진단 완료 유무 : COMPLETED
4. 동일고장 발생 횟수 : 횟수가 기록
5. 고장발생 후 경과시간 : 00 M
6. 고장소거 후 경과시간 : 00 M

확인

SFDF28702D

참고

- 과거 고장 : 이전에 발행한 고장임. 현재는 정상.

- 현재 고장 : 현재 고장이 발생되어 있는 상태임.

예 ▶ GDS에서 표출되는 "동일 고장 발생 횟수"를 참고하여 아래 지시 사항을 수행 한다.
- "동일고장 발생 횟수"가 1회 이하 : 현재 차량의 상태는 정상이므로 "고장 수리 확인" 절차를 수행한다.
- "동일고장 발생 횟수"가 2회 이상 : 배선등의 접촉불량으로 인한 간헐적 고장 가능성이 의심됨. 다음 점검 절차를 수행한다.

아니오 ▶ 다음 점검 절차를 수행한다.

커넥터 및 터미널 점검

1. 고장의 주요원인은 배선손상 및 연결상태의 불량에 있으므로 커넥터 접촉불량 및 터미널의 부식 또는 변형 등을 전체적으로 점검한다.
2. 문제가 발견 되었는가?

예 ▶ 수리 또는 교환한 후 "고장 수리 확인" 절차를 수행한다.

아니오 ▶ 다음 점검 절차를 수행한다.

단품점검

1. 엔진 ON.
2. GDS 센서데이타 항목중 TPS신호값 항목과 MAP신호값 항목을 선택한다.
3. 가감속을 하며, MAPS와 TPS의 신호가 연동되어 나타나는지 확인한다.

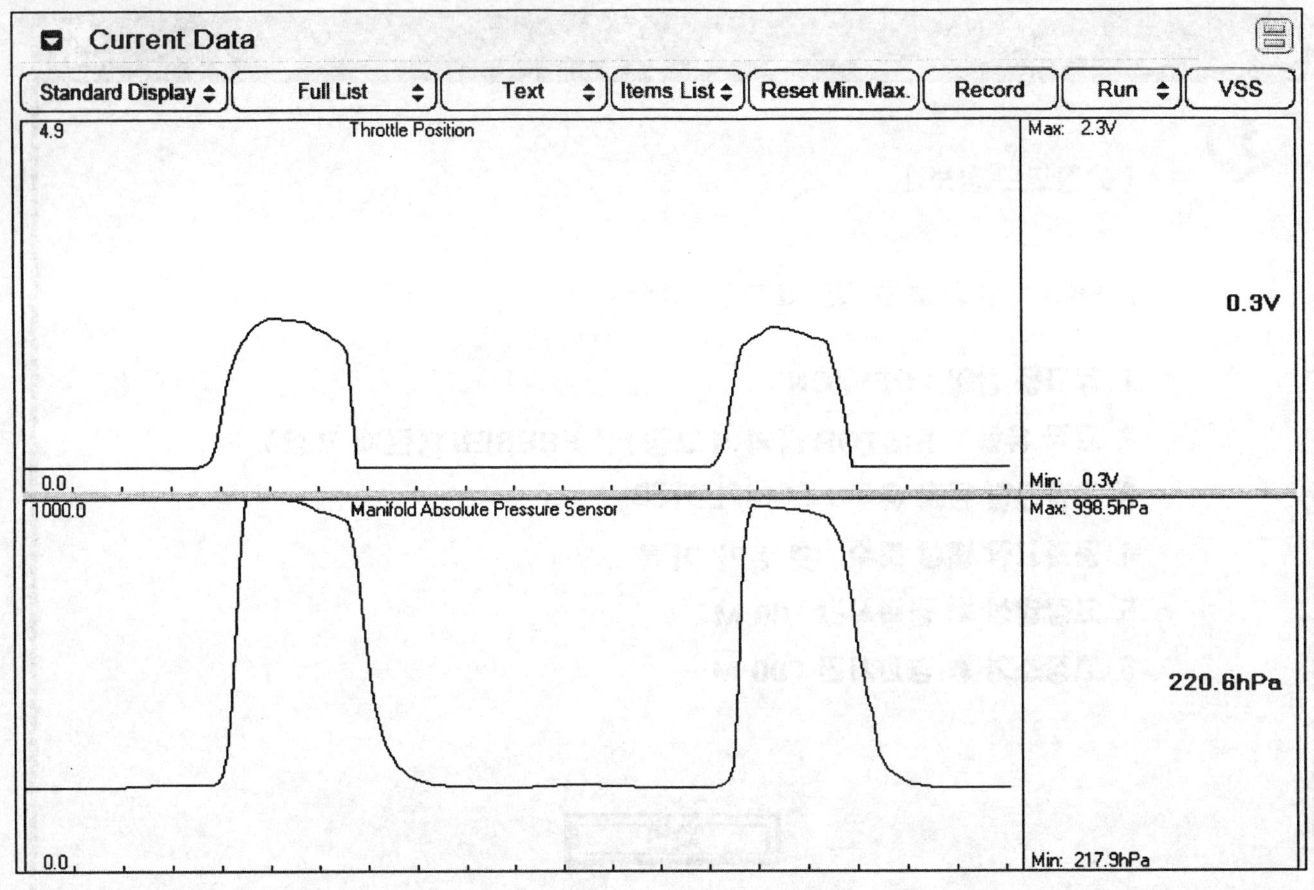

SFDF28703D

4. 측정한 파형이 정상인가?

예 ▶ ECM측 커넥터 및 터미널의 접촉불량 또는 부식, 변형등을 재점검하여 이상이 있으면 수리한다. 수리 완료 후 또는 정상일 경우 "고장 수리 확인" 절차를 수행한다.

아니오 ▶ 흡배기 계통에 막힘이나 손상이 없는지 확인한 후 이상이 없으면, 새로운 단품을 임시 장착하여 차량 상태를 확인한 후 정상이면 단품을 교환한다. "고장 수리 확인" 절차를 수행한다.

고장 코드 확인

"고장 코드 확인" 절차를 재수행하여 고장이 정확히 수리되었는지 확인한다.

1. GDS의 "자기진단"기능중 DTC Status 기능을 선택한다.

   ⚠주의
   고장코드를 소거하지 말 것(상세정보도 함께 소거 됨)

2. "고장 진단 완료 유무" 항목이 "진단 완료"인지 확인한다.

   참고
   미완료일경우 일반정보의 검출조건에서 지시하는대로 차량을 주행하여 완료 시킨다.

3. "고장 유형"항목의 결과값이 "과거 고장" 인가?

예 ▶ 시스템 정상. 고장코드를 소거한다.

아니오 ▶ 적절한 수리절차를 재수행한다.

P0107 흡기압(MAP)/대기압센서 회로 - 신호값 낮음

부품 위치

DTC P0106 참조: 흡기압(MAP)/대기압센서 회로 – 작동범위/성능이상

기능 및 역할

DTC P0106 참조: 흡기압(MAP)/대기압센서 회로 – 작동범위/성능이상

고장 코드 설명

ECM이 MAPS의 정상값보다 낮은 전압을 검출할경우 P0107의 고장코드를 표출한다.

고장판정 조건

항목	판정 조건	고장예상 원인
고장진단방법	• 신호 낮음 (접지단락 또는 단선)	• 커넥터 접촉 불량 및 배선 손상 • 전원선 단선 또는 접지단락 • 신호선 단선 또는 접지단락 • MAPS
고장진단조건	•	
고장코드발생기준값	• 센서 출력 전압 < 0.07V	
고장진단시간	• 0.1초	
경고등점등조건	• 2회째 주행 싸이클	

표준회로도

DTC P0106 참조: 흡기압(MAP)/대기압센서 회로 – 작동범위/성능이상

기준 파형 및 데이터

DTC P0106 참조: 흡기압(MAP)/대기압센서 회로 – 작동범위/성능이상

고장코드 확인

DTC P0106 참조: 흡기압(MAP)/대기압센서 회로 – 작동범위/성능이상

컨넥터 및 터미널 점검

DTC P0106 참조: 흡기압(MAP)/대기압센서 회로 – 작동범위/성능이상

전원선 점검

1. IG OFF 한다.
2. MAP센서 커넥터를 탈거한다.
3. IG ON 한다.
4. MAP센서 전원선과 차체 접지 사이의 전압을 측정한다.

정상값 : 5V

5. 측정된 값이 정상인가?

예 ▶ 다음 점검 절차를 실시한다.

아니오 ▶ 전원선의 단선 또는 접지단락된 회로를 수리한 후 "고장 수리 확인" 절차를 실시한다.

신호선 점검

1. 신호선 단선 점검
   1) IG OFF 한다.
   2) MAP센서 커넥터와 PCM 커넥터를 탈거한다.
   3) MAP센서 신호선 양단간의 저항을 측정한다.

정상값 : 1Ω 이하

   4) 측정값이 정상인가 ?

예 ▶ 다음 점검 절차를 실시한다.

아니오 ▶ 신호선의 단선을 수리한후, "고장 수리 확인" 절차를 수행한다.

2. 신호선 접지단락 점검
   1) IG OFF 한다.
   2) MAP센서 커넥터를 탈거한다.
   3) MAP센서 신호선과 차체 접지 사이의 저항을 측정한다.

정상값 : 무한대

   4) 측정값이 정상인가 ?

예 ▶ 다음 점검 절차를 실시한다.

아니오 ▶ 신호선의 접지단락을 수리한후, "고장 수리 확인" 절차를 수행한다.

단품점검

1. 엔진 ON.
2. GDS 센서데이타 항목중 TPS신호값 항목과 MAP신호값 항목을 선택한다.
3. 가감속을 하며, MAPS와 TPS의 신호가 연동되어 나타나는지 확인한다.

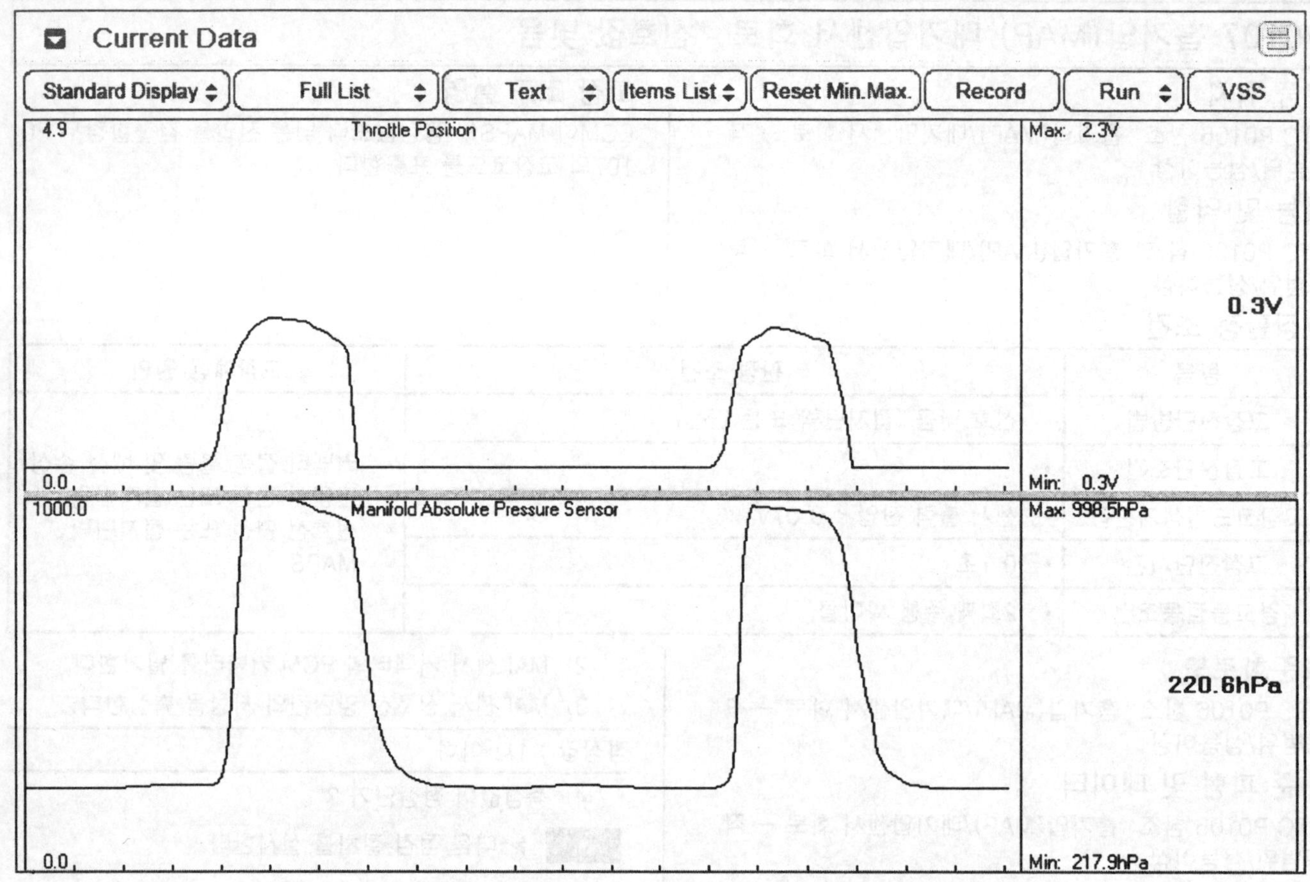

SFDF28703D

4. 측정한 파형이 정상인가?

예 ▶ ECM측 커넥터 및 터미널의 접촉불량 또는 부식, 변형등을 재점검하여 이상이 있으면 수리한다. 수리 완료 후 또는 정상일 경우 "고장 수리 확인" 절차를 수행한다.

아니오 ▶ 흡배기 계통에 막힘이나 손상이 없는지 확인한 후 이상이 없으면, 새로운 단품을 임시 장착하여 차량 상태를 확인한 후 정상이면 단품을 교환한다. "고장 수리 확인" 절차를 수행한다.

고장 수리 확인

DTC P0106 참조: 흡기압(MAP)/대기압센서 회로 – 작동범위/성능이상

P0108 흡기압(MAP)/대기압센서 회로 - 신호값 높음

부품 위치

DTC P0106 참조: 흡기압(MAP)/대기압센서 회로 – 작동범위/성능이상

기능 및 역할

DTC P0106 참조: 흡기압(MAP)/대기압센서 회로 – 작동범위/성능이상

고장 코드 설명

ECM이 MAPS의 정상값보다 높은 전압을 검출할경우 P0108의 고장코드를 표출한다.

고장판정 조건

항목	판정 조건	고장예상 원인
고장진단방법	• 신호 높음 (전원단락)	• 커넥터 접촉 불량 및 배선 손상 • 신호선 전원단락 • 접지선 단선 • MAPS • ECM
고장진단조건	•	
고장코드발생기준값	• 센서 출력 전압 > 4.35V	
고장진단시간	• 0.1초	
경고등점등조건	• 2회째 주행 싸이클	

표준회로도

DTC P0106 참조: 흡기압(MAP)/대기압센서 회로 – 작동범위/성능이상

기준 파형 및 데이터

DTC P0106 참조: 흡기압(MAP)/대기압센서 회로 – 작동범위/성능이상

고장코드 확인

DTC P0106 참조: 흡기압(MAP)/대기압센서 회로 – 작동범위/성능이상

컨넥터 및 터미널 점검

DTC P0106 참조: 흡기압(MAP)/대기압센서 회로 – 작동범위/성능이상

신호선 점검

1. IG OFF 한다.
2. MAP센서 커넥터를 탈거한다.
3. IG ON 한다.
4. MAP센서 신호선과 차체 접지 사이의 전압을 측정한다.

정상값 : 0V

5. 측정된 값이 정상인가?

예 ▶ 다음 점검 절차를 실시한다.

아니오 ▶ 신호선의 전원단락된 회로를 수리한 후 "고장 수리 확인" 절차를 실시한다.

접지선 점검

1. IG OFF 한다.
2. MAP센서 커넥터를 탈거한다.
3. MAP센서 접지선과 차체 접지 사이의 저항을 측정한다.

정상값 : 약 1Ω 이내

4. 측정값이 정상인가 ?

예 ▶ 다음 점검 절차를 실시한다.

아니오 ▶ 접지선의 단선을 수리한후, "고장 수리 확인" 절차를 수행한다.

단품 점검

1. 엔진 ON.
2. GDS 센서데이타 항목중 TPS신호값 항목과 MAP신호값 항목을 선택한다.
3. 가감속을 하며, MAPS와 TPS의 신호가 연동되어 나타나는지 확인한다.

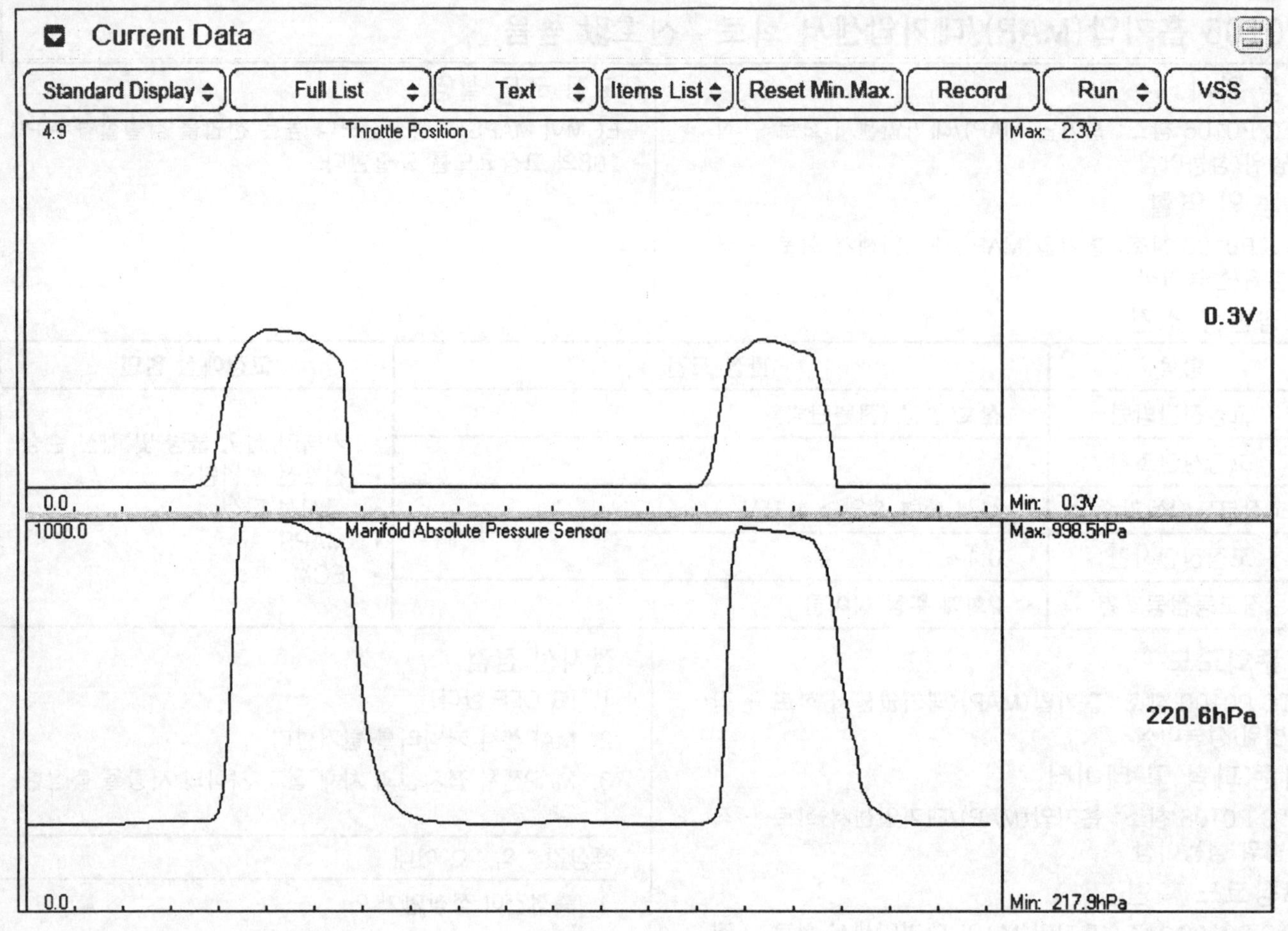

SFDF28608D

4. 측정한 파형이 정상인가?

예 ▶ ECM측 커넥터 및 터미널의 접촉불량 또는 부식, 변형등을 재점검하여 이상이 있으면 수리한다. 수리 완료 후 또는 정상일 경우 "고장 수리 확인" 절차를 수행한다.

아니오 ▶ 흡배기 계통에 막힘이나 손상이 없는지 확인한 후 이상이 없으면, 새로운 단품을 임시 장착하여 차량 상태를 확인한 후 정상이면 단품을 교환한다. "고장 수리 확인" 절차를 수행한다.

고장 수리 확인

DTC P0106 참조: 흡기압(MAP)/대기압센서 회로 - 작동범위/성능이상

P0111 흡입공기온도 센서(IATS) 회로 - 작동범위/성능이상

부품 위치

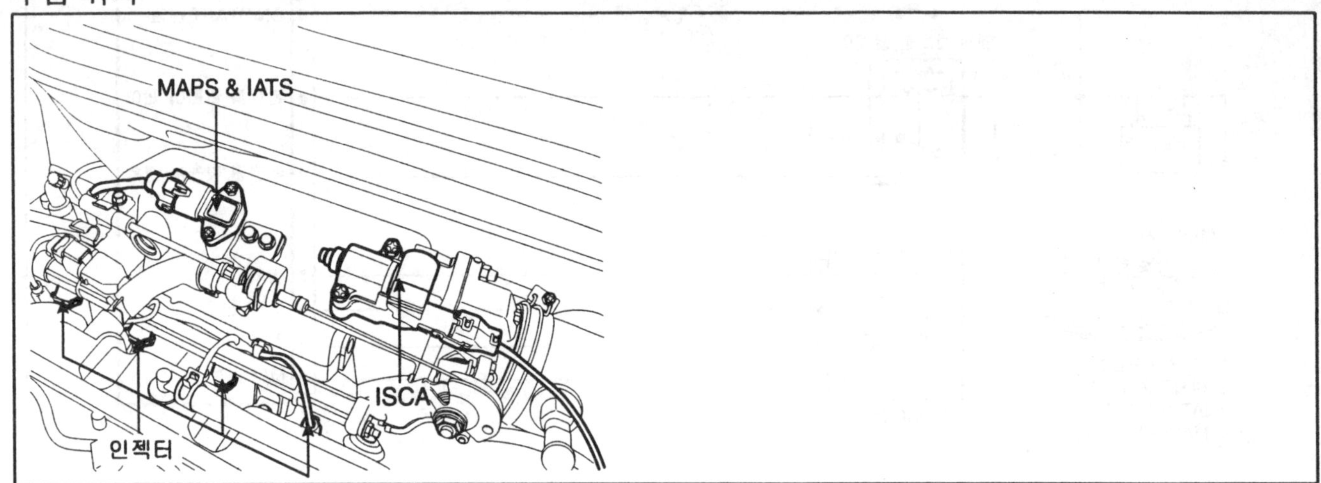

SFDF28201D

기능 및 역할

흡입공기온도 센서(IATS)는 공기량 센서 내부에 장착되어 있으며 온도가 올라가면 저항이 감소하고, 온도가 내려가면 저항이 증가되는 부특성(NTC) 더미스트의 특성을 가지고 있다. 흡기온센서는 흡입되는 공기중에 노출되어 있으며 공기의 온도변화에 따라 더미스트의 저항값이 변화게 되는데 ECM은 이 변화값을 검출하여 흡기온도를 계산하며 이를 통해 연료분사량과 점화시기를 보정한다.

고장 코드 설명

흡입 공기 온도 신호의 고착 유,무를 판정하는 코드로서 ECM은 시동시 공기 온도와 최저 공기 온도의 차이를 기억한 후 일정시간이 경과한 후에도 그 차이가 계속해서 낮을 경우 고장코드 P0111을 표출 한다

고장판정 조건

항목	판정 조건	고장예상 원인
검출 방법	• 센서 신호 이상	• 커넥터 접촉 불량 및 배선 손상 • 흡입공기 온도센서(IATS)
검출 조건	• 배터리 전압 > 6V • 관련 고장 없음 • 엔진 냉각수 온도 > 74℃ (0.5초 이상 유지) • 엔진 시동 이후 냉각수 온도가 40℃ 이상 증가 • 시동후 시간 > 500초	
판정값	• 엔진 시동후 흡기 온도 변화량이 기준값 보다 작을시	
검출 시간	• 5초	

제원

온도(℃)	저항(kΩ)	온도(℃)	저항(kΩ)
-10	8.7~9.7	20	2.4~2.5
0	5.5~6.1	30	1.6~1.7
10	3.6~3.9	80	Approx. 0.3

표준회로도

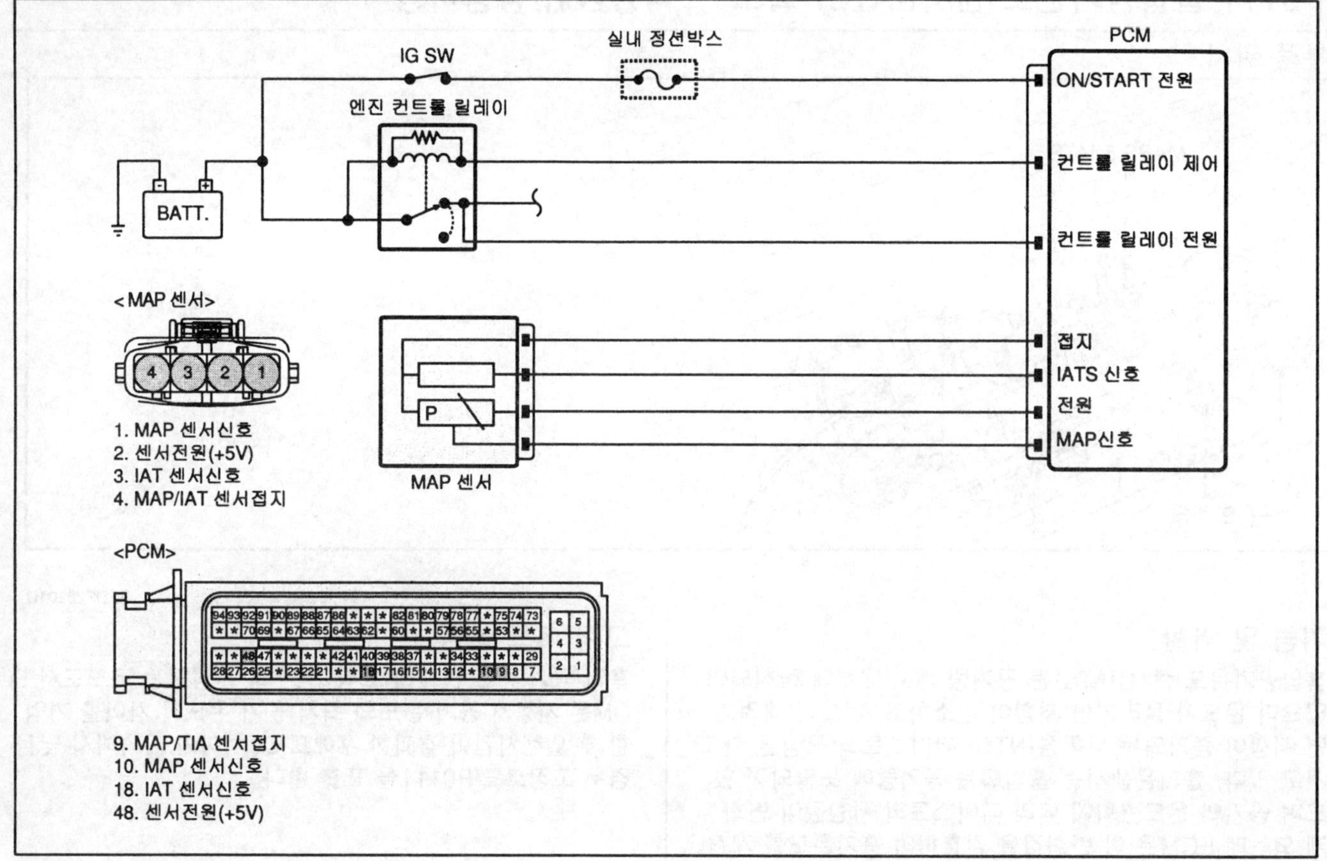

SFDF28503D

고장코드 확인

참고

인젝터, 산소 센서, 냉각 수온 센서, 스로틀 포지션 센서 및 흡입 공기량 센서와 연관된 고장코드가 저장되어 있으면, 저장되어 있는 코드와 관련된 모든 수리절차를 완료한 이후에 본 진단 절차를 수행한다.

1. GDS의 "고장코드"기능을 선택 한다.
2. 화면 중앙에있는 DTC Status 기능을 선택 한다.
3. "고장 진단 완료 유무" 항목이 COMPLETED(진단 완료)인지 확인한다.

   참고

   미완료일경우 일반정보의 검출조건에서 지시하는대로 차량을 주행하여 진단을 완료 시킨다

4. "고장 유형"항목의 결과값이 "과거 고장" 인가?

GDS 

[고장코드 정보]

P0000 고장코드 및 코드명 출력

1. 경고등 상태 : OFF/ON
2. 고장 유형 : HISTORY(과거고장) / PRESENT(현재고장)
3. 고장진단 완료 유무 : COMPLETED
4. 동일고장 발생 횟수 : 횟수가 기록
5. 고장발생 후 경과시간 : 00 M
6. 고장소거 후 경과시간 : 00 M

확인

SFDF28702D

참고

– 과거 고장 : 이전에 발행한 고장임. 현재는 정상.

– 현재 고장 : 현재 고장이 발생되어 있는 상태임.

예 ▶ GDS에서 표출되는 "동일 고장 발생 횟수"를 참고하여 아래 지시 사항을 수행 한다.
– "동일고장 발생 횟수"가 1회 이하 : 현재 차량의 상태는 정상이므로 "고장 수리 확인" 절차를 수행한다.
– "동일고장 발생 횟수"가 2회 이상 : 배선등의 접촉불량으로 인한 간헐적 고장 가능성이 의심됨. 다음 점검 절차를 수행한다.

아니오 ▶ 다음 점검 절차를 수행한다.

컨넥터 및 터미널 점검

1. 고장의 주요원인은 배선손상 및 연결상태의 불량에 있으므로 커넥터 접촉불량 및 터미널의 부식 또는 변형 등을 전체적으로 점검한다.
2. 문제가 발견 되었는가?

예 ▶ 수리 또는 교환한 후 "고장 수리 확인" 절차를 수행한다.

아니오 ▶ 다음 점검 절차를 수행한다.

단품 점검

1. 점화스위치 "OFF"
2. 흡기온도 센서 커넥터를 탈거한다.
3. 흡기온도 센서 단품 양단의 저항을 측정한다.(단품측)

정상값

온도(℃)	저항(kΩ)	온도(℃)	저항(kΩ)
-10	8.7~9.7	20	2.4~2.5
0	5.5~6.1	30	1.6~1.7
10	3.6~3.9	80	Approx. 0.3

4. 측정값이 정상인가?

예 ▶ ECM측 커넥터 및 터미널의 접촉불량 또는 부식, 변형등을 재점검하여 이상이 있으면 수리한다. 수리 완료 후 또는 정상일 경우 "고장 수리 확인" 절차를 수행한다.

▶새로운 단품을 임시 장착하여 차량 상태를 확인한 후 정상이면 단품을 교환한다."고장 수리 확인" 절차를 수행한다

고장 수리 확인

"고장 코드 확인" 절차를 재수행하여 고장이 정확히 수리되었는지 확인한다

1. GDS의 "자기진단"기능중 DTC Status 기능을 선택한다.

   ⚠주의

   고장코드를 소거하지 말 것(상세정보도 함께 소거 됨)

2. "고장 진단 완료 유무" 항목이 "진단 완료"인지 확인한다.

   참고

   미완료일경우 일반정보의 검출조건에서 지시하는대로 차량을 주행하여 완료 시킨다.

3. "고장 유형"항목의 결과값이 "과거 고장" 인가?

예 ▶ 시스템 정상. 고장코드를 소거한다.

아니오 ▶ 적절한 수리절차를 재수행한다.

P0112 흡기 온도 센서(MAFS) 회로 이상-입력값 낮음

부품 위치

DTC P0111 참조: 흡입공기온도 센서(IATS) 회로 – 작동범위/성능이상

기능 및 역할

DTC P0111 참조: 흡입공기온도 센서(IATS) 회로 – 작동범위/성능이상

고장 코드 설명

ECM은 IAT 신호값이 0.22V보다 낮을 경우 접지단락으로 판단하여 P0112을 표출한다.

고장판정 조건

항목	판정 조건	고장예상 원인
검출 방법	• 전압 점검	• 신호선 접지 단락 • 커넥터 접촉 저항 • IATS
검출 조건	• 6 < 배터리 전압(V) < 16 • 엔진 시동 후 250초 경과	
판정값	• 흡입공기온도 측정값 > 142℃	
검출 시간	• 5초	

제원

DTC P0111 참조: 흡입공기온도 센서(IATS) 회로 – 작동범위/성능이상

표준회로도

DTC P0111 참조: 흡입공기온도 센서(IATS) 회로 – 작동범위/성능이상

고장코드 확인

DTC P0111 참조: 흡입공기온도 센서(IATS) 회로 – 작동범위/성능이상

컨넥터 및 터미널 점검

DTC P0111 참조: 흡입공기온도 센서(IATS) 회로 – 작동범위/성능이상

신호선 점검

■ 신호선 접지 단락 점검

1. IG OFF 한다.
2. 흡입공기온도 센서 커넥터를 탈거한다.
3. 흡입공기온도 센서 신호선과 차체 접지 사이의 저항을 측정한다.

정상값 : 무한대

4. 측정된 값이 정상인가?

예 ▶ 다음 점검 절차를 실시한다.

아니오 ▶ 신호선의 단락된 회로를 수리한후 "고장 수리 확인" 절차를 수행한다.

단품 점검

1. 점화스위치 "OFF"
2. 흡기온도 센서 커넥터를 탈거한다.
3. 흡기온도 센서 단품 양단의 저항을 측정한다.(단품측)

정상값

온도(℃)	저항(kΩ)	온도(℃)	저항(kΩ)
-10	8.7~9.7	20	2.4~2.5
0	5.5~6.1	30	1.6~1.7
10	3.6~3.9	80	Approx. 0.3

4. 측정값이 정상인가?

예 ▶ ECM측 커넥터 및 터미널의 접촉불량 또는 부식, 변형등을 재점검하여 이상이 있으면 수리한다. 수리 완료 후 또는 정상일 경우 "고장 수리 확인" 절차를 수행한다.

아니오 ▶새로운 단품을 임시 장착하여 차량 상태를 확인한 후 정상이면 단품을 교환한다.
"고장 수리 확인" 절차를 수행한다

고장 수리 확인

DTC P0111 참조: 흡입공기온도 센서(IATS) 회로 – 작동범위/성능이상

P0113 흡입공기온도 센서(MAFS) 회로 - 신호값 높음

부품 위치

DTC P0111 참조: 흡입공기온도 센서(IATS) 회로 - 작동 범위/성능이상

기능 및 역할

DTC P0111 참조: 흡입공기온도 센서(IATS) 회로 - 작동 범위/성능이상

고장 코드 설명

ECM은 IAT 신호값이 4.93V보다 높을 경우 배터리(+)단락으로 판단하여 P0113을 표출한다.

고장판정 조건

항목	판정 조건	고장예상 원인
검출 방법	• 전압 점검	• 신호선 배터리 단락 • 신호선 또는 접지선 단선 • 커넥터 접촉 저항 • IATS
검출 조건	• 6 < 배터리 전압(V) < 16 • 엔진 시동 후 250초 경과	
판정값	• 흡입공기온도 측정값 < -46℃	
검출 시간	• 5초	
페일 세이프	• 냉각수온도센서 정상 · 흡기온도센서 림폼값은 냉각수온센서에 의해 결정 • 냉각수온도센서 고장 · ECM이 맵핑값으로 제어	

제원

DTC P0111 참조: 흡입공기온도 센서(IATS) 회로 - 작동 범위/성능이상

표준회로도

DTC P0111 참조: 흡입공기온도 센서(IATS) 회로 - 작동 범위/성능이상

고장코드 확인

DTC P0111 참조: 흡입공기온도 센서(IATS) 회로 - 작동 범위/성능이상

컨넥터 및 터미널 점검

DTC P0111 참조: 흡입공기온도 센서(IATS) 회로 - 작동 범위/성능이상

접지선 점검

■ 접지선 단선 점검

1. IG KEY OFF 한다.
2. 흡기온 센서 커넥터를 탈거한다.
3. 흡기온 센서 접지선과 차체 접지 사이의 저항을 측정한다.

정상값 : 약. 0Ω

4. 측정값이 정상인가?

예 ▶ 다음 점검 절차를 실시한다.

아니오 ▶ 배선을 수리한 후, "고장 수리 확인" 절차를 수행한다.

신호선 점검

■ 신호선 전원 단락 점검

1. IG KEY ON 한다.
2. 흡입공기온도 센서 커넥터가 연결된 상태에서 신호선과 차체 접지 사이의 전압을 측정한다.

정상값 : 0.4 ~ 4.7 V

3. 측정된 값이 정상인가?

예 ▶ 다음 점검 절차를 실시한다.

아니오 ▶ 신호선 전원 단락을 수리한 후 "고장 수리 확인" 절차를 수행한다.

■ 신호선 단선 점검

1. IG KEY OFF 한다.
2. 흡입공기온도 센서 커넥터와 ECM 커넥터를 탈거한다.
3. 흡입공기온도 센서측 커넥터 신호선 양단의 저항을 측정한다.

정상값 : 약 1Ω 이하

4. 측정값이 정상인가?

예 ▶ 다음 점검 절차를 실시한다.

아니오 ▶ 신호선 단선을 수리한 후 "고장 수리 확인" 절차를 수행한다.

단품 점검

1. 점화스위치 "OFF"
2. 흡기온도 센서 커넥터를 탈거한다.
3. 흡기온도 센서 단품 양단의 저항을 측정한다.(단품측)

정상값

온도(℃)	저항(kΩ)	온도(℃)	저항(kΩ)
-10	8.7~9.7	20	2.4~2.5
0	5.5~6.1	30	1.6~1.7
10	3.6~3.9	80	Approx. 0.3

4. 측정값이 정상인가?

예 ▶ ECM측 커넥터 및 터미널의 접촉불량 또는 부식, 변형등을 재점검하여 이상이 있으면 수리한다. 수리 완료 후 또는 정상일 경우 "고장 수리 확인" 절차를 수행한다.

아니오 ▶새로운 단품을 임시 장착하여 차량 상태를 확인한 후 정상이면 단품을 교환한다.
"고장 수리 확인" 절차를 수행한다

고장 수리 확인

DTC P0111 참조: 흡입공기온도 센서(IATS) 회로 - 작동범위/성능이상

P0116 냉각수온도센서(ECTS) 회로 - 작동범위/성능이상

부품 위치

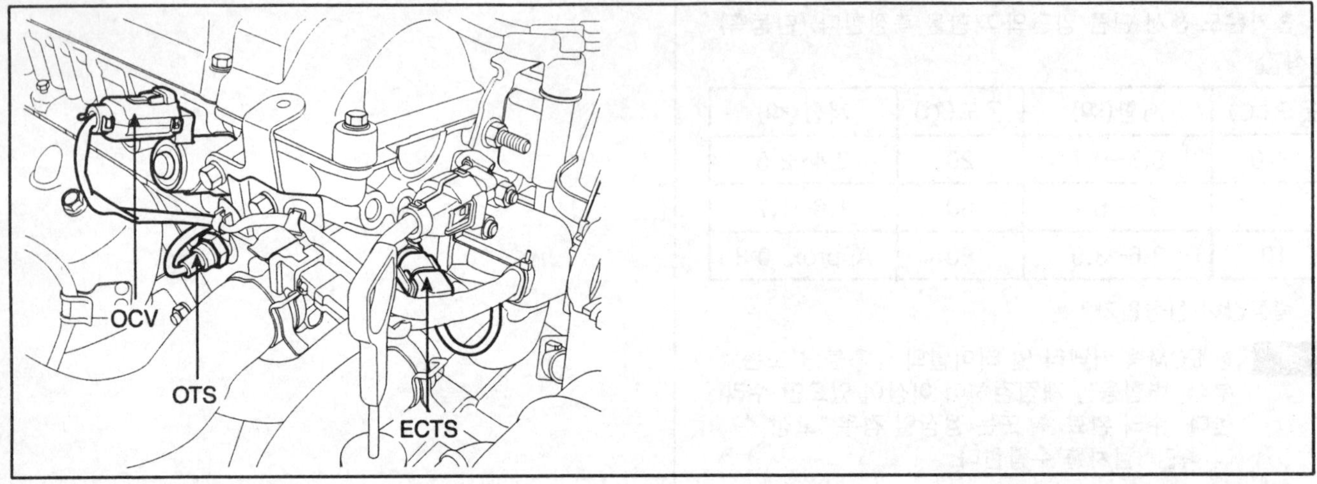

SFDF28202D

기능 및 역할

냉각수온도센서(ECTS)는 냉각수의 온도을 측정하기위해 실린더 헤드의 냉각수 통로에 위치해있으며 온도에 따라 저항값이 변하는 더미스터 방식이다. ECTS의 전기적 저항은 온도가 증가하면 감소하고 반대로 온도가 감소하면 증가한다. ECM의 5V 전원은 저항을 통해ECTS에 공급되고 ECM의 저항과 ECTS의 더미스터는 직렬로 연결 되어 있다. 더미스터 저항값이 냉각수 온도에 따라 변할때 출력 저항값 또한 변한다. 냉간시에 ECM은 시동성 향상을 위해 냉각수온의 정보를 이용하여 연료분사량을 증가시키고 점화시기를 제어한다.

고장 코드 설명

진단의 목적은 냉각온도 신호를 검출하기위함이다. 이 기능은 냉각수온의 변화가 계산에 의한 것인지 혹은 측정에 의해 검출되었는지를 체크한다. ECM에 의해 계산된 냉각수온 변화가 임계값보다 크거나 엔진시동후 측정된 값의 변화가 임계값보다 작으면 P0116 의 고장코드가 표출된다. 이 진단은 주행중에 단한번만 수행된다.

고장판정 조건

항목		판정 조건	고장예상 원인
검출 방법		• 냉각수온 신호 고착 점검 (낮음/높음)	• 커넥터 접촉 저항 • 냉각수온센서
검출 조건	경우1	• 관련된 에러 없음 • 배터리 전압 > 6V	
	경우2	• 관련된 에러 없음 • 배터리 전압 > 6V • 이전 운전 싸이클의 주행시간 > 500초 • 이전 운전 싸이클의 정지시 냉각 수온 > 85 ℃ • 차속 70 Km/h 초과 유지시간 > 100초 • 냉각수온 모델값 증가가 기준값을 넘지 않을시 • 시동시 흡기온도 < 35 ℃	
판정값	경우1	• 냉각수온 실측 증가량이 기준값보다 적을시	
	경우2	• 시동시 냉각 수온 > 54℃ • 마지막운전종료시흡기온 – 이번운전시작시흡기온 > 12 ℃ • 이번운전 시작시 흡기온이 대기온에 따른 기준값보다 작을시	
검출 시간		• 진단조건 수행후 즉시	

제원

온도(℃)	저항(kΩ)	온도(℃)	저항(kΩ)
-20	14.1~16.8	40	약 1.2
0	약 5.8	60	약 0.6
20	2.3~2.6	80	약 0.3

표준회로도

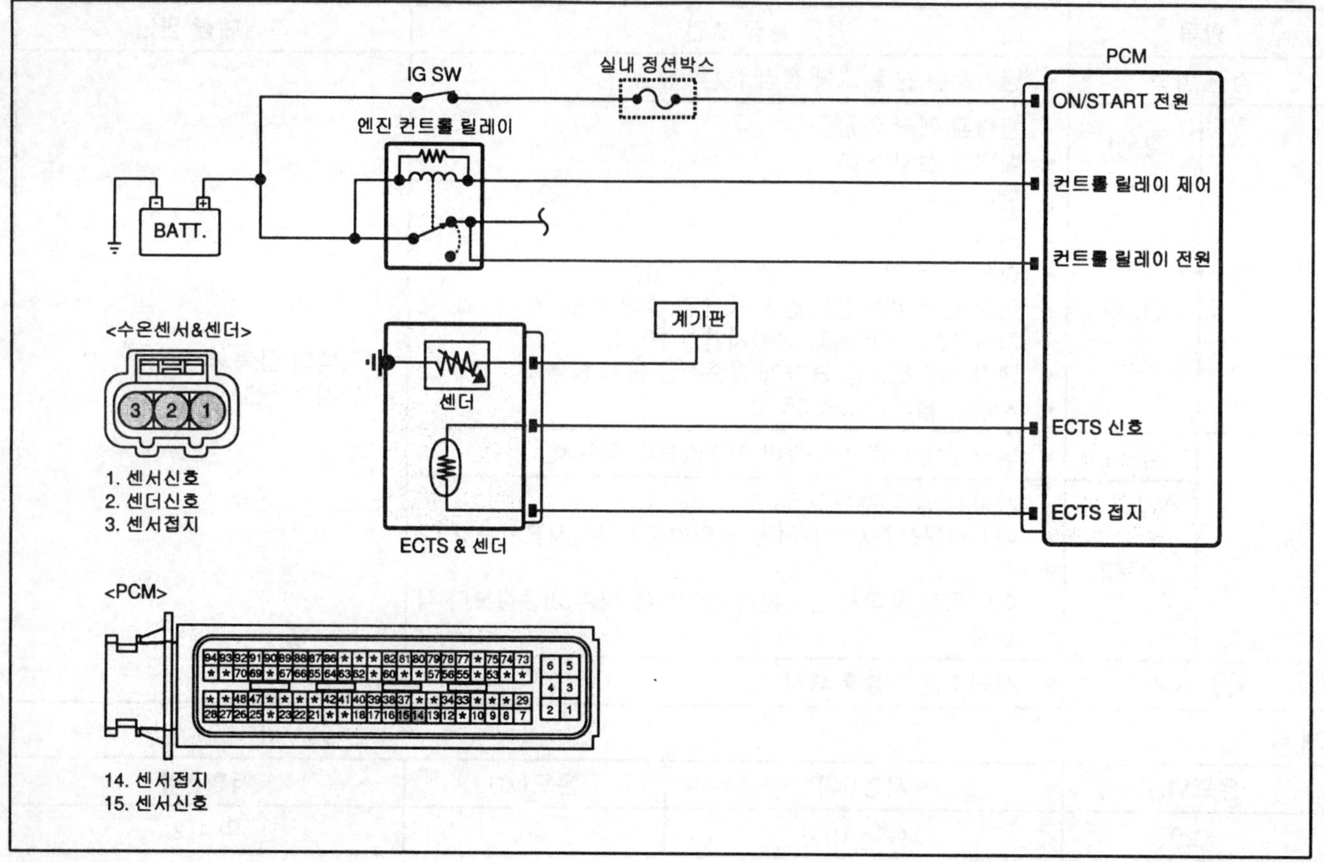

SFDF28505D

고장코드 확인

참고

인젝터, 산소 센서, 냉각 수온 센서, 스로틀 포지션 센서 및 흡입 공기량 센서와 연관된 고장코드가 저장되어 있으면, 저장되어 있는 코드와 관련된 모든 수리절차를 완료한 이후에 본 진단 절차를 수행한다.

1. GDS의 "고장코드"기능을 선택 한다.
2. 화면 중앙에있는 DTC Status 기능을 선택 한다.
3. "고장 진단 완료 유무" 항목이 COMPLETED(진단 완료)인지 확인한다.

   참고

   미완료일경우 일반정보의 검출조건에서 지시하는대로 차량을 주행하여 진단을 완료 시킨다

4. "고장 유형"항목의 결과값이 "과거 고장" 인가?

[고장코드 정보]

P0000 고장코드 및 코드명 출력

1. 경고등 상태 : OFF/ON
2. 고장 유형 : HISTORY(과거고장) / PRESENT(현재고장)
3. 고장진단 완료 유무 : COMPLETED
4. 동일고장 발생 횟수 : 횟수가 기록
5. 고장발생 후 경과시간 : 00 M
6. 고장소거 후 경과시간 : 00 M

확인

SFDF28702D

참고

- 과거 고장 : 이전에 발행한 고장임. 현재는 정상.

- 현재 고장 : 현재 고장이 발생되어 있는 상태임.

예 ▶ GDS에서 표출되는 "동일 고장 발생 횟수"를 참고하여 아래 지시 사항을 수행 한다.
- "동일고장 발생 횟수"가 1회 이하 : 현재 차량의 상태는 정상이므로 "고장 수리 확인" 절차를 수행한다.
- "동일고장 발생 횟수"가 2회 이상 : 배선등의 접촉불량으로 인한 간헐적 고장 가능성이 의심됨. 다음 점검 절차를 수행한다.

아니오 ▶ 다음 점검 절차를 수행한다.

스캔툴 데이터 확인

1. 냉각팬 및 냉각 시스템 불량 유무를 점검하기 위하여 시동을 OFF 시킨 후 엔진을 충분히 냉각 시킨다.
2. 시동을 건 후 공회전 상태를 유지하면서 냉각수온값과 냉각팬의 상태를 확인한다.

   참고

   냉각팬 구동을 방지 하기 위하여 에어컨은 반드시 OFF 시킨다. 냉각수온이 낮을때 냉각팬이 작동되지 않음을 확인한다.

3. 약 5분간 공회전 상태를 유지한 후, GDS를 사용하여 서비스데이터 항목중 "냉각수온센서" 항목을 점검한다.
4. 냉각 수온이 50℃ 이상인가??

예 ▶ "터미널 및 커넥터 점검 절차"를 수행한다.

아니오 ▶ 다음 점검 절차를 수행 한다.

5. 냉각수온이 낮을때 (약 98℃ 이하) 냉각팬이 작동 했는가?

예 ▶ 냉각팬 또는 냉각팬 릴레이 배선의 단락 유무를 점검한다. 이상이 발견되면 수리작업을 실시한 후 "고장 수리 확인 절차"를 수행 한다.

아니오 ▶ 냉각팬 릴레이의 간헐적인 작동 불량 유무를 아래와 같은 수순으로 재점검 한다.
- 점화 스위치 "ON" 상태에서 스캔툴의 액츄에이터 점검 모드의 "냉각팬 릴레이" 항목을 선택한다.
- 작동/정지를 4~5회 반복하면서 냉각 팬이 정상적으로 작동/정지하는지 점검한다.
- 이상이 발견되면 수리작업을 실시한 후 "고장 수리 확인" 절차를 수행 한다. 정상이면 다음 점검 절차를 수행한다.

컨넥터 및 터미널 점검

1. 고장의 주요원인은 배선손상 및 연결상태의 불량에 있으므로 커넥터 접촉불량 및 터미널의 부식 또는 변형등을 전체적으로 점검한다.
2. 문제가 발견 되었는가?

예 ▶ 수리 또는 교환한 후 "고장 수리 확인" 절차를 수행한다.

아니오 ▶ 다음 점검 절차를 수행한다.

시스템 점검

■ 냉각수 레벨 점검

1. 냉각 시스템의 냉각수 레벨을 점검한 후 필요하면 보충 또는 수리 작업을 실시한다.
2. 다음 절차를 수행한다.

■ 서머스탯 점검

1. 육안점검을 실시하여 서머스탯이 열린 상태로 고착되어 있거나 순정품 사용 유무를 점검한다.
2. 이상이 발견된 경우에는 수리 또는 교환한 후 "고장 수리 확인 절차"를 수행 한다.
3. 육안점검 결과가 정상이면 서머스탯 밸브가 적정온도에서 열리는지 유무를 점검한다.

정상값(밸브 개변 온도) : 80~84℃

4. 정상값보다 낮은 온도에서 열리거나 비정상적으로 작동되면 수리 또는 교환하고 "고장수리 확인" 절차를 수행한다. 정상이면 다음 점검 절차를 수행한다.

■ 엔진 냉각 수온 센서 점검

1. 점화스위치 "OFF"
2. 냉각수온센서 커넥터를 탈거 한다.
3. 센서 커넥터 신호선과 접지선 사이의 저항을 측정 한다.(단품측)

정상값

온도(℃)	저항(kΩ)	온도(℃)	저항(kΩ)
-20	14.1 ~ 16.8	40	약 1.2
0	약 5.8	60	약 0.6
20	2.3 ~ 2.6	80	약 0.3

4. 측정값이 정상 인가?

예 ▶ ECM측 커넥터 및 터미널의 접촉불량 또는 부식, 변형등을 재점검하여 이상이 있으면 수리한다. 수리 완료 후 또는 정상일 경우 "고장 수리 확인" 절차를 수행한다.

아니오 ▶ 새로운 단품을 임시 장착하여 차량 상태를 확인한 후 정상이면 단품을 교환한다."
고장 수리 확인" 절차를 수행한다

고장 수리 확인

"고장 코드 확인" 절차를 재수행하여 고장이 정확히 수리되었는지 확인한다

1. GDS의 "자기진단"기능중 DTC Status 기능을 선택한다.

   ⚠주의

   고장코드를 소거하지 말 것(상세정보도 함께 소거 됨)

2. "고장 진단 완료 유무" 항목이 "진단 완료"인지 확인한다.

   참고

   미완료일경우 일반정보의 검출조건에서 지시하는대로 차량을 주행하여 완료 시킨다.

3. "고장 유형"항목의 결과값이 "과거 고장" 인가?

예 ▶ 시스템 정상. 고장코드를 소거한다.

아니오 ▶ 적절한 수리절차를 재수행한다.

P0117 냉각수온도센서(ECTS) 회로 - 신호값 낮음

부품 위치

DTC P0116 참조: 냉각수온도센서(ECTS) 회로 - 작동 범위/성능이상

기능 및 역할

DTC P0116 참조: 냉각수온도센서(ECTS) 회로 - 작동 범위/성능이상

고장 코드 설명

냉각수온 센서의 출력값이 정상값보다 낮을 경우 ECM은 고장코드 P0117을 표출한다.

고장판정 조건

항목	판정 조건	고장예상 원인
검출 방법	• 전압 점검	• 신호선 접지 단락 • 커넥터 접촉 저항 • 냉각수온센서
검출 조건	• 6 < 배터리 전압(V) < 16	
판정값	• 실제 냉각수 온도 > 138℃	
검출 시간	• 5초	
페일 세이프	• 냉각수온도 신호를 흡기온도 센서 신호로 대신한다.	

제원

DTC P0116 참조: 냉각수온도센서(ECTS) 회로 - 작동 범위/성능이상

표준회로도

DTC P0116 참조: 냉각수온도센서(ECTS) 회로 - 작동 범위/성능이상

고장코드 확인

DTC P0116 참조: 냉각수온도센서(ECTS) 회로 - 작동 범위/성능이상

스캔툴 데이터 확인

1. 냉각팬 및 냉각 시스템 불량 유무를 점검하기 위하여 시동을 OFF 시킨 후 엔진을 충분히 냉각 시킨다.
2. 시동을 건 후 공회전 상태를 유지하면서 냉각수온값과 냉각팬의 상태를 확인한다.

   참고

   냉각팬 구동을 방지 하기 위하여 에어컨은 반드시 OFF 시킨다. 냉각수온이 낮을때 냉각팬이 작동되지 않음을 확인한다.

3. 약 5분간 공회전 상태를 유지한 후, GDS를 사용하여 서비스데이터 항목중 "냉각수온센서" 항목을 점검한다.
4. 냉각 수온이 50℃ 이상인가??

예 ▶ "터미널 및 커넥터 점검 절차"를 수행한다.

아니오 ▶ 다음 점검 절차를 수행 한다.

5. 냉각수온이 낮을때 (약 98℃ 이하) 냉각팬이 작동 했는가?

예 ▶ 냉각팬 또는 냉각팬 릴레이 배선의 단락 유무를 점검한다. 이상이 발견되면 수리작업을 실시한 후 "고장 수리 확인 절차"를 수행 한다.

아니오 ▶ 냉각팬 릴레이의 간헐적인 작동 불량 유무를 아래와 같은 수순으로 재점검 한다.
- 점화 스위치 "ON" 상태에서 스캔툴의 액츄에이터 점검 모드의 "냉각팬 릴레이" 항목을 선택한다.
- 작동/정지를 4~5회 반복하면서 냉각 팬이 정상적으로 작동/정지하는지 점검한다.
- 이상이 발견되면 수리작업을 실시한 후 "고장 수리 확인" 절차를 수행 한다. 정상이면 다음 점검 절차를 수행한다.

컨넥터 및 터미널 점검

DTC P0116 참조: 냉각수온도센서(ECTS) 회로 - 작동 범위/성능이상

신호선 점검

■ 신호선 접지 단락 점검

1. IG KEY OFF 한다.
2. 냉각수온도 센서 커넥터를 탈거한다.
3. 냉각수온도 센서 신호선과 차체 접지 사이의 저항을 측정한다.

정상값 : 무한대

4. 측정값이 정상인가?

예 ▶ 다음 점검 절차를 수행한다.

아니오 ▶ 신호선의 단락된 회로를 수리한 후 "고장 수리 확인" 절차를 실시한다.

단품 점검

1. 점화스위치 "OFF"
2. 냉각수온센서 커넥터를 탈거 한다.
3. 센서 커넥터 신호선과 접지선 사이의 저항을 측정 한다.(단품측)

정상값

온도(℃)	저항(kΩ)	온도(℃)	저항(kΩ)
-20	14.1 ~ 16.8	40	약 1.2
0	약 5.8	60	약 0.6
20	2.3 ~ 2.6	80	약 0.3

4. 측정값이 정상인가?

예 ▶ ECM측 커넥터 및 터미널의 접촉불량 또는 부식, 변형등을 재점검하여 이상이 있으면 수리한다. 수리 완료 후 또는 정상일 경우 "고장 수리 확인" 절차를 수행한다.

아니오 ▶ 새로운 단품을 임시 장착하여 차량 상태를 확인한 후 정상이면 단품을 교환한다.
"고장 수리 확인" 절차를 수행한다

고장 수리 확인

DTC P0116 참조: 냉각수온도센서(ECTS) 회로 - 작동범위/성능이상

P0118 냉각수온도센서(ECTS) 회로 - 신호값 높음

부품 위치
DTC P0116 참조: 냉각수온도센서(ECTS) 회로 - 작동 범위/성능이상

기능 및 역할
DTC P0116 참조: 냉각수온도센서(ECTS) 회로 - 작동 범위/성능이상

고장 코드 설명
냉각수온 센서의 출력값이 정상값보다 높을 경우 ECM은 고장코드 P0118을 표출한다.

고장판정 조건

항목		판정 조건	고장예상 원인
검출 방법		• 전압 점검	• 신호선 배터리 단락 • 신호선 또는 접지선 단선 • 커넥터 접촉 저항 • 냉각수온센서
검출 조건	경우1	• 6 < 배터리 전압(V) < 16 • 흡기온도 ≥ -30℃	
	경우2	• 6 < 배터리 전압(V) < 16 • 흡기온도 < -30 • 시동후 경과시간 > 250초	
판정값		• 실제 냉각수 온도 < -46℃	
검출 시간		• 5초	
페일 세이프		• 냉각수온도 신호를 흡기온도 센서 신호로 대신한다.	

제원
DTC P0116 참조: 냉각수온도센서(ECTS) 회로 - 작동 범위/성능이상

표준회로도
DTC P0116 참조: 냉각수온도센서(ECTS) 회로 - 작동 범위/성능이상

고장코드 확인
DTC P0116 참조: 냉각수온도센서(ECTS) 회로 - 작동 범위/성능이상

스캔툴 데이터 확인
1. 냉각팬 및 냉각 시스템 불량 유무를 점검하기 위하여 시동을 OFF 시킨 후 엔진을 충분히 냉각 시킨다.
2. 시동을 건 후 공회전 상태를 유지하면서 냉각수온값과 냉각팬의 상태를 확인한다.

   참고
   냉각팬 구동을 방지 하기 위하여 에어컨은 반드시 OFF 시킨다. 냉각수온이 낮을때 냉각팬이 작동되지 않음을 확인한다.
3. 약 5분간 공회전 상태를 유지한 후, GDS를 사용하여 서비스데이터 항목중 "냉각수온센서" 항목을 점검한다.
4. 냉각 수온이 50℃ 이상인가??

예 ▶ "터미널 및 커넥터 점검 절차"를 수행한다.

아니오 ▶ 다음 점검 절차를 수행 한다.

5. 냉각수온이 낮을때 (약 98℃ 이하) 냉각팬이 작동 했는가?

예 ▶ 냉각팬 또는 냉각팬 릴레이 배선의 단락 유무를 점검한다. 이상이 발견되면 수리작업을 실시한 후 "고장 수리 확인 절차"를 수행 한다.

아니오 ▶ 냉각팬 릴레이의 간헐적인 작동 불량 유무를 아래와 같은 수순으로 재점검 한다.
- 점화 스위치 "ON" 상태에서 스캔툴의 액츄에이터 점검 모드의 "냉각팬 릴레이" 항목을 선택한다.
- 작동/정지를 4~5회 반복하면서 냉각 팬이 정상적으로 작동/정지하는지 점검한다.
- 이상이 발견되면 수리작업을 실시한 후 "고장 수리 확인" 절차를 수행 한다. 정상이면 다음 점검 절차를 수행한다.

컨넥터 및 터미널 점검
DTC P0116 참조: 냉각수온도센서(ECTS) 회로 - 작동 범위/성능이상

접지선 점검

■ 접지선 단선 점검

1. IG KEY OFF 한다.
2. 냉각수온도 센서 커넥터와 ECM 커넥터를 탈거한다.
3. 냉각수온도 센서측 커넥터 신호선 양단의 저항을 측정 한다.

정상값 : 약 1Ω 이하

4. 측정값이 정상인가?

예 ▶ "터미널 및 커넥터 점검" 절차를 수행한다.

아니오 ▶ 접지선의 단선된 회로를 수리한 후 "고장 수리 확인" 절차를 실시한다.

신호선 점검

■ 신호선 전원 단락 점검

1. IG KEY ON을 한다.
2. 냉각수온도 센서 커넥터가 연결된 상태에서 신호선과 차체 접지 사이의 전압을 측정한다.

정상값 : 0.5 ~ 4.8 V

3. 측정값이 정상인가?

예 ▶ 다음 점검 절차를 수행한다.

아니오 ▶ 신호선 전원 단락을 수리한 후 "고장 수리 확인" 절차를 수행한다.

■ 신호선 단선 점검

1. IG KEY OFF 한다.
2. 흡입공기온도 센서 커넥터와 ECM 커넥터를 탈거한다 .
3. 흡입공기온도 센서측 커넥터 신호선 양단의 저항을 측정한다.

정상값 : 약 1Ω 이하

4. 측정값이 정상인가?

예 ▶ 다음 점검 절차를 수행한다.

아니오 ▶ 신호선 단선을 수리한 후 "고장 수리 확인" 절차를 수행한다.

단품 점검

1. 점화스위치 "OFF"
2. 냉각수온센서 커넥터를 탈거 한다.
3. 센서 커넥터 신호선과 접지선 사이의 저항을 측정 한다.(단품측)

정상값

온도(℃)	저항(kΩ)	온도(℃)	저항(kΩ)
-20	14.1 ~ 16.8	40	약 1.2
0	약 5.8	60	약 0.6
20	2.3 ~ 2.6	80	약 0.3

4. 측정값이 정상인가?

예 ▶ ECM측 커넥터 및 터미널의 접촉불량 또는 부식, 변형등을 재점검하여 이상이 있으면 수리한다. 수리 완료 후 또는 정상일 경우 "고장 수리 확인" 절차를 수행한다.

아니오 ▶ 새로운 단품을 임시 장착하여 차량 상태를 확인한 후 정상이면 단품을 교환한다.
"고장 수리 확인" 절차를 수행한다.

고장 수리 확인

DTC P0116 참조: 냉각수온도센서(ECTS) 회로 - 작동범위/성능이상

P0121 스로틀/엑셀 위치 센서(TPS/APS) "A" 회로 - 작동범위/성능이상

부품 위치

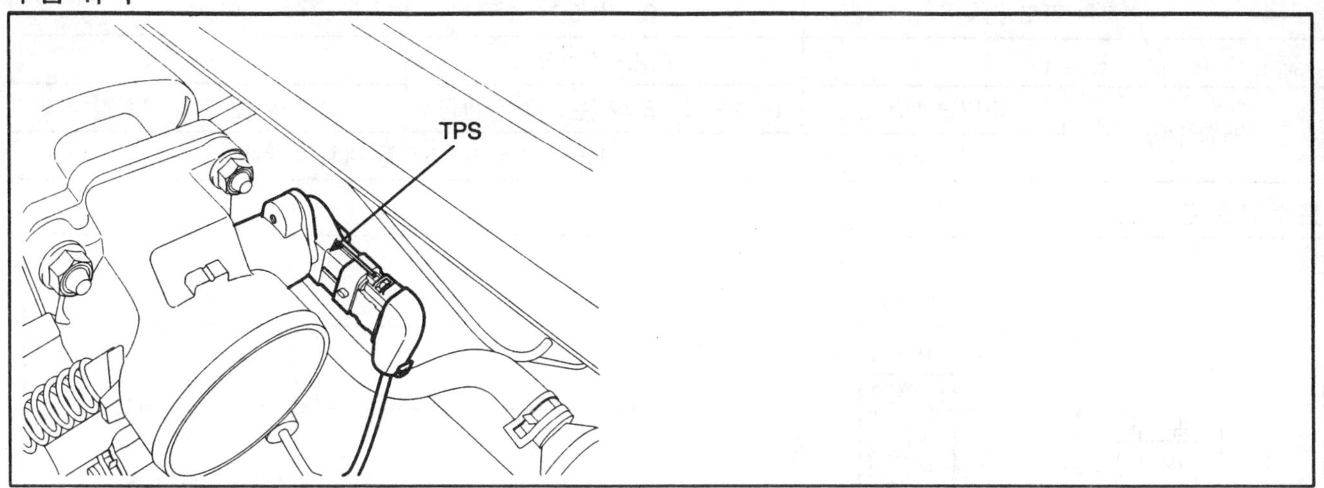

SFDF28203D

기능 및 역할

스로틀 포지션 센서는 스로틀 바디에 장착되어 있으며, 스로틀 밸브의 개도를 전기적신호로 바꾸어 주는 포텐시오미터형이다. ECM은 운전자의 의지대로 차량이 주행될 수 있도록 부하에 따른 정확한 연료의 증,감제어를 수행하기 위하여 스로틀 포지션 센서를 통해 스로틀 개도를 감지한다. 스로틀 개도 신호는 엔진회전수등과 더불어 엔진의 부하 및 가/감속을 판단하는 데이터로 사용되며 ECM은 그에 따른 연료 분사량과 점화시기를 제어한다. 또한 자동변속기 차량의 경우,스로틀 신호는 변속 시점을 결정하는 중요한 요소로도 사용된다.

고장 코드 설명

ECM은 잘못된 TPS신호를 검출하기위해 측정된 MAPS 신호값과 기준값을 비교한다. 스로틀 위치값은 기준값 결정시 중요한 파라메터중의 하나이다. MAPS기준값은 엔진 회전수, 스로틀 개도각,ISCA듀티에의해 결정된다. 일정한 시간에 같은 방향의 람다변화로 두 값의 차이가 너무 높거나 낮을경우 P0121의 고장코드를 표출한다.

고장 판정 조건

항목	판정 조건	고장예상 원인
검출 방법	• MAPS 신호를 통해 계산된 공기압을 비교	• 커넥터 접촉 저항 • 스로틀 포지션 센서
검출 조건	• 6 ≤ 배터리 전압(V) ≤ 16 • 1500 rpm < 엔진회전수 < 3500 rpm • 냉각수 > 60 ℃	
판정값	• ECM에서 계산된 공기량-실제 공기량 > 300 mg/rev	
검출 시간	• 200 회전	
페일 세이프	• 스로틀의 위치는 엔진회전수와 공기압에 의해 결정 • 연료 증발가스 제어 기능은 최소 작동 모드로 제어	

제원

스로틀 포지션 센서		전폐	전개
스로틀 각도 (°)		0 ~ 0.5 °	약86 °
전압 (V)		0.2 ~ 0.8 V	4.3 ~ 4.8 V
저항 (kΩ)	터미널 1 과 2	0.71 ~ 1.38 kΩ (온도와 무관함)	2.7 kΩ (온도와 무관함)
	터미널 2 와 3	1.6 ~ 2.4 kΩ (스로틀 위치와 무관함)	

표준회로도

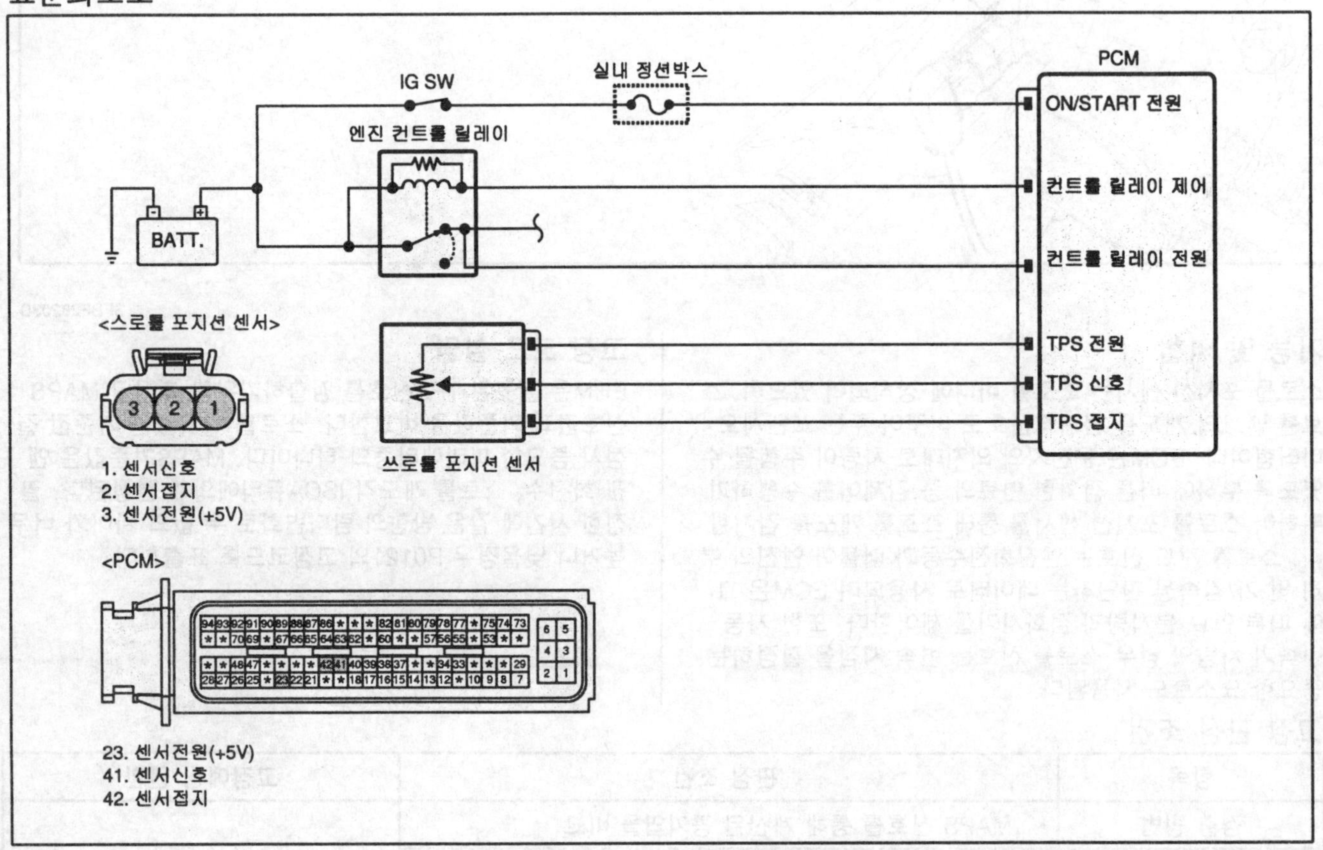

SFDF28504D

고장코드 확인

참고

인젝터, 산소 센서, 냉각 수온 센서, 스로틀 포지션 센서 및 흡입 공기량 센서와 연관된 고장코드가 저장되어 있으면, 저장되어 있는 코드와 관련된 모든 수리절차를 완료한 이후에 본 진단 절차를 수행한다.

1. GDS의 "고장코드"기능을 선택 한다.
2. 화면 중앙에있는 DTC Status 기능을 선택 한다.
3. "고장 진단 완료 유무" 항목이 COMPLETED(진단 완료)인지 확인한다.

   참고

   미완료일경우 일반정보의 검출조건에서 지시하는대로 차량을 주행하여 진단을 완료 시킨다

4. "고장 유형"항목의 결과값이 "과거 고장" 인가?

GDS

[고장코드 정보]

P0000 고장코드 및 코드명 출력

1. 경고등 상태 : OFF/ON
2. 고장 유형 : HISTORY(과거고장) / PRESENT(현재고장)
3. 고장진단 완료 유무 : COMPLETED
4. 동일고장 발생 횟수 : 횟수가 기록
5. 고장발생 후 경과시간 : 00 M
6. 고장소거 후 경과시간 : 00 M

확인

SFDF28702D

참고

- 과거 고장 : 이전에 발행한 고장임. 현재는 정상.

- 현재 고장 : 현재 고장이 발생되어 있는 상태임.

예 ▶ GDS에서 표출되는 "동일 고장 발생 횟수"를 참고하여 아래 지시 사항을 수행 한다.
- "동일고장 발생 횟수"가 1회 이하 : 현재 차량의 상태는 정상이므로 "고장 수리 확인" 절차를 수행한다.
- "동일고장 발생 횟수"가 2회 이상 : 배선등의 접촉불량으로 인한 간헐적 고장 가능성이 의심됨. 다음 점검 절차를 수행한다.

아니오 ▶ 다음 점검 절차를 수행한다.

스캔툴 데이터 분석

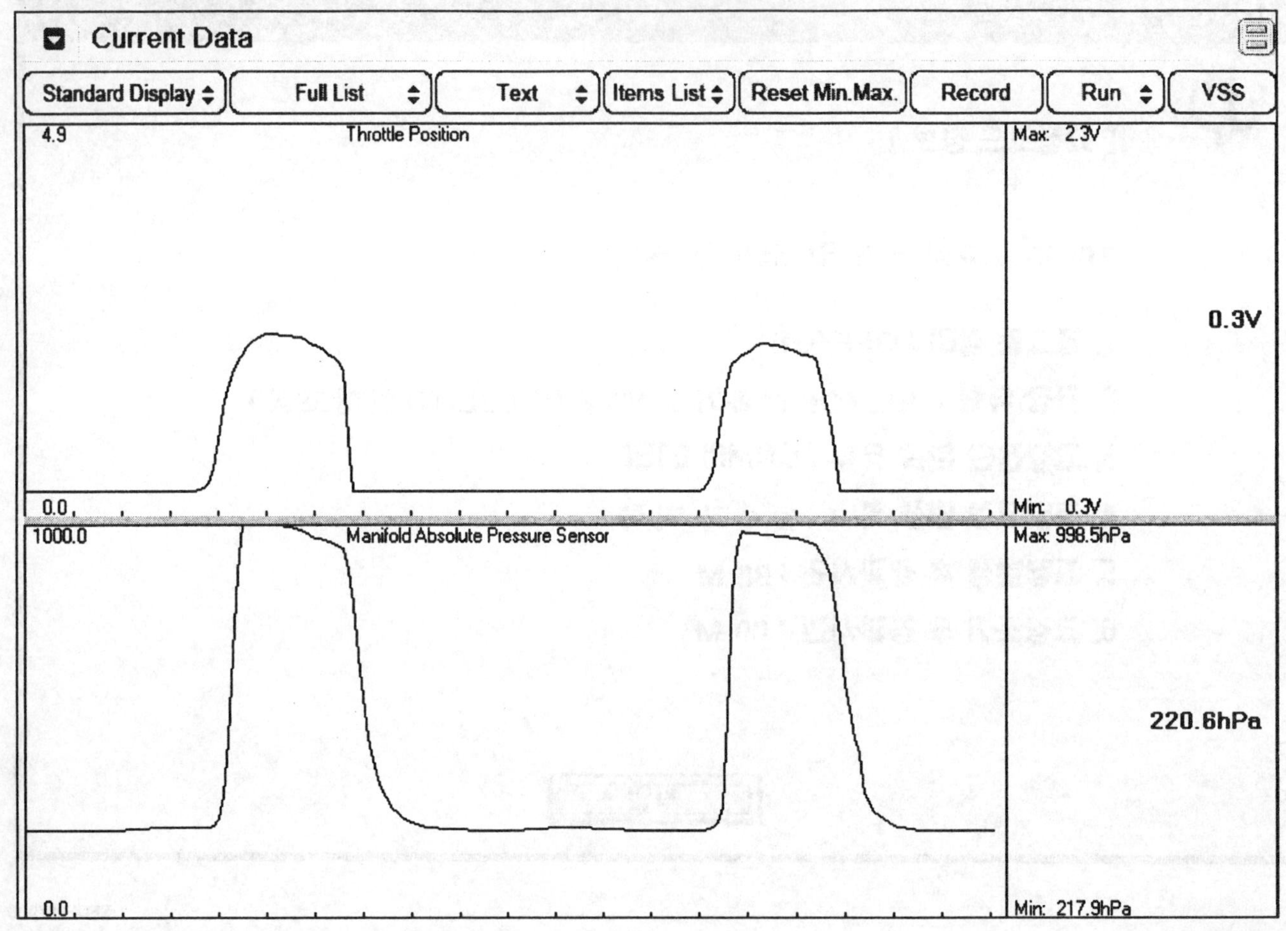

SFDF28608D

가능하면 MAPS는 TPS와 함께 비교하는 것이 바람직하므로 가속시 MAPS와 TPS의 출력이 동시에 증가하는지 확인한다. 반대로 감속시에는 MAPS의 신호가 감소하는 것을 확인할 수있다.

커넥터 및 터미널 점검

1. 고장의 주요원인은 배선손상 및 연결상태의 불량에 있으므로 커넥터 접촉불량 및 터미널의 부식 또는 변형 등을 전체적으로 점검한다.
2. 문제가 발견 되었는가?

예 ▶ 수리 또는 교환한 후 "고장 수리 확인" 절차를 수행한다.

아니오 ▶ 다음 점검 절차를 수행한다.

전원선 점검

■ 전원선 예비 점검

1. IG KEY OFF 한다.
2. TPS 커넥터를 탈거 한다.
3. IG KEY ON 한다.
4. TPS 전원선과 차체 접지 사이의 전압을 측정한다.

정상값 : 약 5V

5. 측정값이 정상인가?

예 ▶ 신호선 점검 절차를 수행한다.

아니오 ▶ 다음 점검 절차를 수행한다.

■ 전원선 접지 단락 점검

1. IG KEY OFF 한다.
2. TPS 커넥터를 탈거 한다.
3. IG KEY ON 한다.
4. TPS 전원선과 차체 접지 사이의 저항을 측정한다.

정상값 : 무한대

5. 측정값이 정상인가?

예 ▶ 다음 점검 절차를 수행한다.

아니오 ▶ 전원선의 단락된 회로를 수리한 후 "고장 수리 확인" 절차를 수행한다.

■ 전원선 단선 점검

1. IG KEY OFF 한다.
2. TPS 커넥터와 ECM 커넥터를 탈거한다.
3. TPS 커넥터 전원선 양단의 저항을 측정한다.

정상값 : 약 1Ω 이하

4. 측정값이 정상인가?

예 ▶ 다음 점검 절차를 수행한다.

아니오 ▶ 전원선의 단선된 회로를 수리한 후 "고장 수리 확인" 절차를 실시한다.

신호선 점검

■ 신호선 접지 단락 점검

1. IG KEY OFF 한다.
2. TPS 커넥터를 탈거한다.
3. IG KEY ON 한다.
4. TPS 신호선과 차체 접지 사이의 전압을 측정한다.

정상값 : 약 5V

5. 측정값이 정상인가?

예 ▶ 다음 점검 절차를 수행한다.

아니오 ▶ 신호선의 단락된 회로를 수리한 후 "고장 수리 확인" 절차를 실시한다.

단품 점검

1. 점화 스위치 "OFF"
2. TPS 전원선과 접지선 사이의 저항을 측정한다.(단품측)

정상값 : 약 1.6 ~ 2.4 ㏀ (전체 스로틀 개도 범위)

3. TPS 커넥터가 분리된 상태에서 신호선과 접지선 사이의 저항을 측정한다.(단품측)
4. 스로틀 밸브를 아이들 상태에서 완전 열림 상태까지 천천히 동작시킨다. 스로틀 밸브의 열림 각도에 따라 저항이 변화하는지 점검한다.

정상값 : 0.71 ~ 1.38 ㏀ (스로틀 닫힘 상태), 2.7 ㏀ (스로틀 전개)

5. 측정값이 정상인가?

예 ▶ ECM과 단품 사이의 커넥터 접촉불량 및 터미널의 부식 또는 변형을 점검한 후 이상이 있으면 수리한다.
"고장 수리 확인" 절차를 수행한다.

아니오 ▶ 새로운 단품을 임시 장착하여 차량 상태를 확인한 후 정상이면 단품을 교환한다.
"고장 수리 확인" 절차를 수행한다.

고장 코드 확인

"고장 코드 확인" 절차를 재수행하여 고장이 정확히 수리되었는지 확인한다.

1. GDS의 "자기진단"기능중 DTC Status 기능을 선택한다.

   ⚠주의
   고장코드를 소거하지 말 것(상세정보도 함께 소거 됨)

2. "고장 진단 완료 유무" 항목이 "진단 완료"인지 확인한다.

   참고
   미완료일경우 일반정보의 검출조건에서 지시하는대로 차량을 주행하여 완료 시킨다.

3. "고장 유형"항목의 결과값이 "과거 고장" 인가?

예 ▶ 시스템 정상. 고장코드를 소거한다.

아니오 ▶ 적절한 수리절차를 재수행한다.

P0122 스로틀/엑셀 위치 센서(TPS/APS) "A" 회로 – 신호값 낮음

부품 위치

DTC P0121 참조: 스로틀/엑셀 위치 센서(TPS/APS) "A" 회로 – 작동범위/성능이상

기능 및 역할

DTC P0121 참조: 스로틀/엑셀 위치 센서(TPS/APS) "A" 회로 – 작동범위/성능이상

고장 코드 설명

ECM이 TPS의 정상값보다 낮은 전압을 검출할경우 P0122란 고장코드를 표출한다.

고장판정 조건

항목	판정 조건	고장예상 원인
검출 방법	• 전압 점검	• 전원선 단선 • 전원선 또는 신호선 접지 단락 • 커넥터 접촉 저항 • 스로틀 포지션 센서
검출 조건	• 6 ≤ 배터리 전압(V) ≤ 16	
판정값	• 전압 < 0.14 V	
검출 시간	• 1초	
페일 세이프	• 스로틀 포지션은 엔진 회전수, 흡입 공기압, 아이들 듀티에 의해 결정된다.	

제원

DTC P0121 참조: 스로틀/엑셀 위치 센서(TPS/APS) "A" 회로 – 작동범위/성능이상

표준회로도

DTC P0121 참조: 스로틀/엑셀 위치 센서(TPS/APS) "A" 회로 – 작동범위/성능이상

고장코드 확인

DTC P0121 참조: 스로틀/엑셀 위치 센서(TPS/APS) "A" 회로 – 작동범위/성능이상

스캔툴 데이터 분석

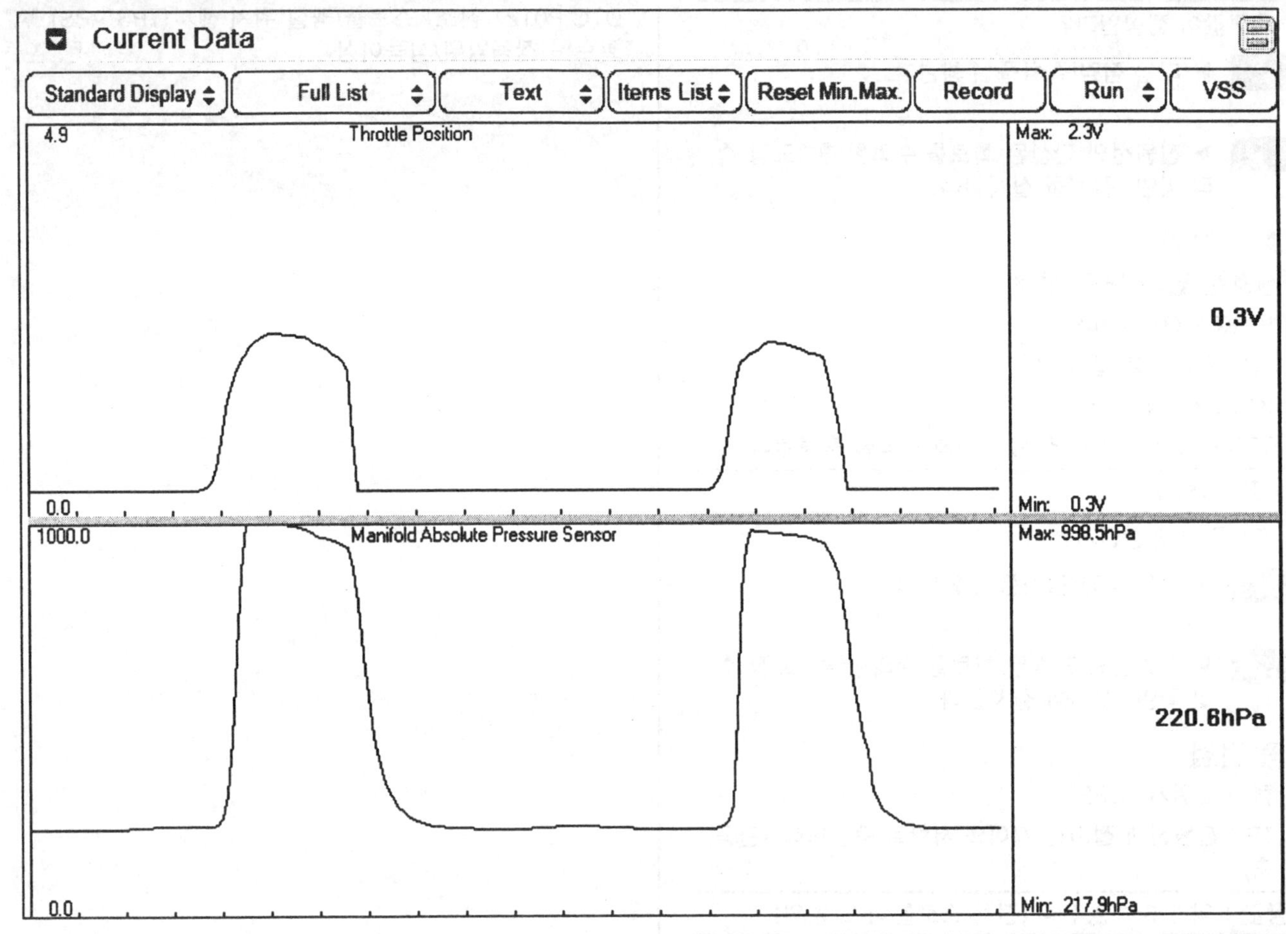

SFDF28608D

가능하면 MAPS는 TPS와 함께 비교하는 것이 바람직하므로 가속시 MAPS와 TPS의 출력이 동시에 증가하는지 확인한다. 반대로 감속시에는 MAPS의 신호가 감소하는 것을 확인할 수있다.

컨넥터 및 터미널 점검

DTC P0121 참조: 스로틀/엑셀 위치 센서(TPS/APS) "A" 회로 – 작동범위/성능이상

전원선 점검

■ 전원선 예비 점검

1. IG KEY OFF 한다.
2. TPS 커넥터를 탈거 한다.
3. IG KEY ON 한다.
4. TPS 전원선과 차체 접지 사이의 전압을 측정한다.

정상값 : 약 5V

5. 측정값이 정상인가?

예 ▶ 신호선 점검 절차를 수행한다.

아니오 ▶ 다음 점검 절차를 수행한다.

■ 전원선 접지 단락 점검

1. IG KEY OFF 한다.
2. TPS 커넥터를 탈거 한다.
3. IG KEY ON 한다.
4. TPS 전원선과 차체 접지 사이의 저항을 측정한다.

정상값 : 무한대

5. 측정값이 정상인가?

예 ▶ 다음 점검 절차를 수행한다.

아니오 ▶ 전원선의 단락된 회로를 수리한 후 "고장 수리 확인" 절차를 수행한다.

■ 전원선 단선 점검

1. IG KEY OFF 한다.
2. TPS 커넥터와 ECM 커넥터를 탈거한다.
3. TPS 커넥터 전원선 양단의 저항을 측정한다.

정상값 : 약 1Ω 이하

4. 측정값이 정상인가?

예 ▶ 다음 점검 절차를 수행한다.

아니오 ▶ 전원선의 단선된 회로를 수리한 후 "고장 수리 확인" 절차를 실시한다.

신호선 점검

■ 신호선 접지 단락 점검

1. IG KEY OFF 한다.
2. TPS 커넥터를 탈거한다.
3. IG KEY ON 한다.
4. TPS 신호선과 차체 접지 사이의 전압을 측정한다.

정상값 : 약 5V

5. 측정값이 정상인가?

예 ▶ 다음 점검 절차를 수행한다.

아니오 ▶ 신호선의 단락된 회로를 수리한 후 "고장 수리 확인" 절차를 실시한다.

단품 점검

1. 점화 스위치 "OFF"
2. TPS 전원선과 접지선 사이의 저항을 측정한다.(단품측)

정상값 : 약 1.6 ~ 2.4 kΩ (전체 스로틀 개도 범위)

3. TPS 커넥터가 분리된 상태에서 신호선과 접지선 사이의 저항을 측정한다.(단품측)
4. 스로틀 밸브를 아이들 상태에서 완전 열림 상태까지 천천히 동작시킨다. 스로틀 밸브의 열림 각도에 따라 저항이 변화하는지 점검한다.

정상값 : 0.71 ~ 1.38 kΩ (스로틀 닫힘 상태), 2.7 kΩ (스로틀 전개)

5. 측정값이 정상인가?

예 ▶ ECM과 단품 사이의 커넥터 접촉불량 및 터미널의 부식 또는 변형을 점검한 후 이상이 있으면 수리한다.
"고장 수리 확인" 절차를 수행한다.

아니오 ▶ 새로운 단품을 임시 장착하여 차량 상태를 확인한 후 정상이면 단품을 교환한다.
"고장 수리 확인" 절차를 수행한다.

고장 수리 확인

DTC P0121 참조: 스로틀/엑셀 위치 센서(TPS/APS) "A" 회로 – 작동범위/성능이상

P0123 스로틀/엑셀 위치 센서(TPS/APS) "A" 회로 - 신호값 높음

부품 위치

DTC P0121 참조: 스로틀/엑셀 위치 센서(TPS/APS) "A" 회로 - 작동범위/성능이상

기능 및 역할

DTC P0121 참조: 스로틀/엑셀 위치 센서(TPS/APS) "A" 회로 - 작동범위/성능이상

고장 코드 설명

ECM이 TPS의 정상값보다 높은 전압을 검출할경우 P0123이란 고장코드를 표출한다.

고장판정 조건

항목	판정 조건	고장예상 원인
검출 방법	• 전압 점검	• 신호선 또는 접지선 단선 • 신호선 배터리 단락 • 커넥터 접촉 저항 • 스로틀 포지션 센서
검출 조건	• 6 ≤ 배터리 전압(V) ≤ 16	
판정값	• 전압 > 4.86 V	
검출 시간	• 1초	
페일 세이프	• 스로틀 포지션은 엔진 회전수, 흡입 공기압, 아이들 듀티에 의해 결정된다.	

표준회로도

DTC P0121 참조: 스로틀/엑셀 위치 센서(TPS/APS) "A" 회로 - 작동범위/성능이상

고장코드 확인

DTC P0121 참조: 스로틀/엑셀 위치 센서(TPS/APS) "A" 회로 - 작동범위/성능이상

스캔툴 데이터 분석

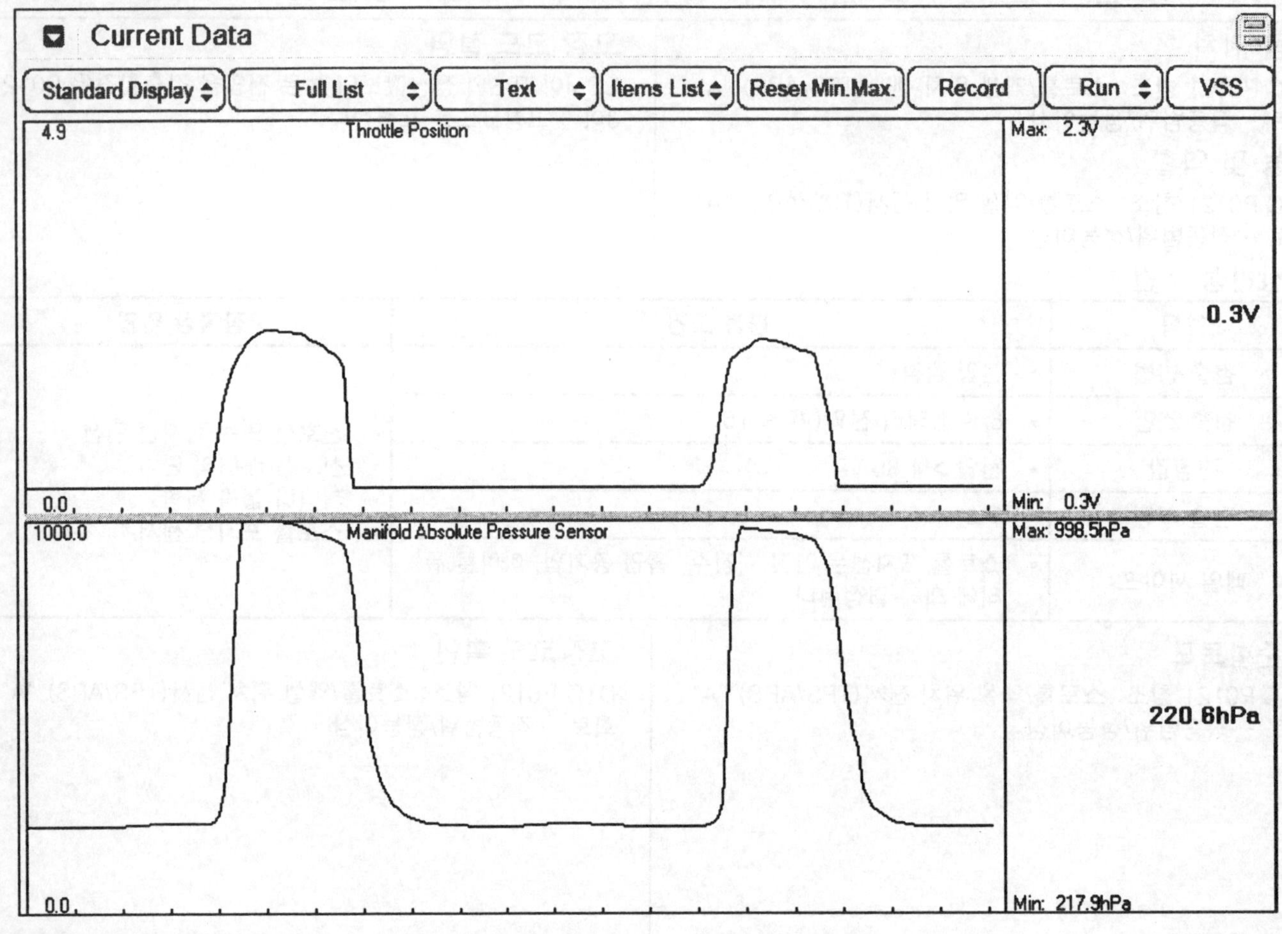

SFDF28608D

가능하면 MAPS는 TPS와 함께 비교하는 것이 바람직하므로 가속시 MAPS와 TPS의 출력이 동시에 증가하는지 확인한다. 반대로 감속시에는 MAPS의 신호가 감소하는 것을 확인할 수있다.

컨넥터 및 터미널 점검

DTC P0121 참조: 스로틀/엑셀 위치 센서(TPS/APS) "A" 회로 - 작동범위/성능이상

접지선 점검

■ 접지선 단선 점검

1. IG KEY OFF 한다.
2. TPS 커넥터와 ECM 커넥터를 탈거한다.
3. TPS 커넥터 접지선 양단의 저항을 측정한다.

정상값 : 약 1Ω 이하

4. 측정값이 정상인가?

예 ▶ 다음 점검 절차를 수행한다.

아니오 ▶ 접지선의 단선된 회로를 수리한 후 "고장 수리 확인" 절차를 실시한다.

신호선 점검

■ 신호선 전원 단락 점검

1. IG KEY OFF 한다.
2. TPS 커넥터와 ECM 커넥터를 탈거한다.
3. IG KEY ON 한다.
4. TPS1 신호선과 차체 접지 사이의 전압을 측정한다.

정상값 : 약 0 V

5. 측정값이 정상인가?

예 ▶ 다음 점검 절차를 수행한다.

아니오 ▶ 신호선 전원 단락을 수리한 후 "고장 수리 확인" 절차를 수행한다.

■ 신호선 단선 점검

1. IG KEY OFF 한다.
2. TPS 커넥터와 ECM 커넥터를 탈거한다.
3. TPS 신호선 양단의 저항을 측정한다.

정상값 : 약 1Ω 이하

4. 측정값이 정상인가?

예 ▶ 다음 점검 절차를 수행한다.

아니오 ▶ 신호선 단선을 수리한 후 "고장 수리 확인" 절차를 수행한다.

단품 점검

1. 점화 스위치 "OFF"
2. TPS 전원선과 접지선 사이의 저항을 측정한다.(단품측)

정상값 : 약 1.6 ~ 2.4 kΩ (전체 스로틀 개도 범위)

3. TPS 커넥터가 분리된 상태에서 신호선과 접지선 사이의 저항을 측정한다.(단품측)
4. 스로틀 밸브를 아이들 상태에서 완전 열림 상태까지 천천히 동작시킨다. 스로틀 밸브의 열림 각도에 따라 저항이 변화하는지 점검한다.

정상값 : 0.71 ~ 1.38 kΩ (스로틀 닫힘 상태), 2.7 kΩ (스로틀 전개)

5. 측정값이 정상인가?

예 ▶ ECM과 단품 사이의 커넥터 접촉불량 및 터미널의 부식 또는 변형을 점검한 후 이상이 있으면 수리한다.
"고장 수리 확인" 절차를 수행한다.

아니오 ▶ 새로운 단품을 임시 장착하여 차량 상태를 확인한 후 정상이면 단품을 교환한다.
"고장 수리 확인" 절차를 수행한다.

고장 수리 확인

DTC P0121 참조: 스로틀/엑셀 위치 센서(TPS/APS) "A" 회로 - 작동범위/성능이상

P0125 냉각수온도 미달에의한 공연비보정 이상- 현제 냉각수이상으로 되어있음

부품 위치

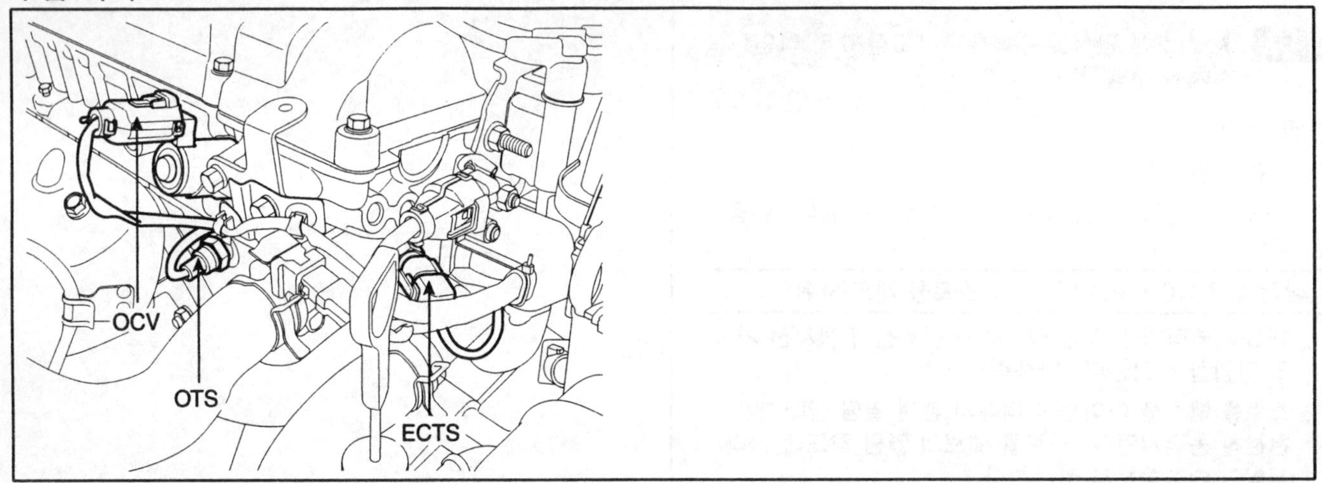

SFDF28202D

기능 및 역할

공연비 피드백 제어란 3원 촉매의 정화효율을 높이기 위하여 산소센서 신호에 의해 배기가스가 농후한지 희박한지를 검출하여 연료 분사량을 증량 혹은 감량시켜 이론 공연비에서 연소를 시키는 제어를 말한다. 피드백 제어가 가능하기 위해서는 차량 상태가 안정적이어야 하며 또한 냉각 수온이 일정 온도 이상인 난기 상태이어야 한다. ECM은 냉각 계통에 이상이 발생하여 엔진 시동 후 피드백 제어에 진입하는 시간이 정상 시간을 초과할 경우 고장이라 판정하여 P0125를 표출한다.

고장 코드 설명

고장코드 P0125는 시동후 일정 시간 내에 냉각수온이 상승하지 않아 피드백 제어가 불가할 경우 발생한다. 냉각수온이 정상적으로 상승되지 못한 요인(냉각계통 불량등)을 점검한다.

고장판정 조건

항목	판정 조건	고장예상 원인
검출 방법	• 냉각 수온 점검	• 냉각 계통 • 냉각 수온 센서
검출 조건	• 시동시 냉각 수온 <18℃ • 시동시 냉각수온에 따른 최저 경과 시간(-40℃ : 1000초, -6℃ : 300초, 10℃ : 120초, 60℃ : 100초) • ECM 내부 연산 냉각 수온 > 18℃ • 관련 고장 없음 • 6V< 배터리 전압 <16V	
판정값	• 공연비 제어 조건이 완료 됐으나 냉각 수온이 너무 낮아 (18℃미만) 공연비 제어가 불가할 경우	
검출 시간	• 공연비 제어 조건 만족후 즉시	

제원

온도(℃)	저항(㏀)	온도(℃)	저항(㏀)
-20	14.1 ~ 16.8	40	약 1.2
0	약 5.8	60	약 0.6
20	2.3 ~ 2.6	80	약 0.3

표준회로도

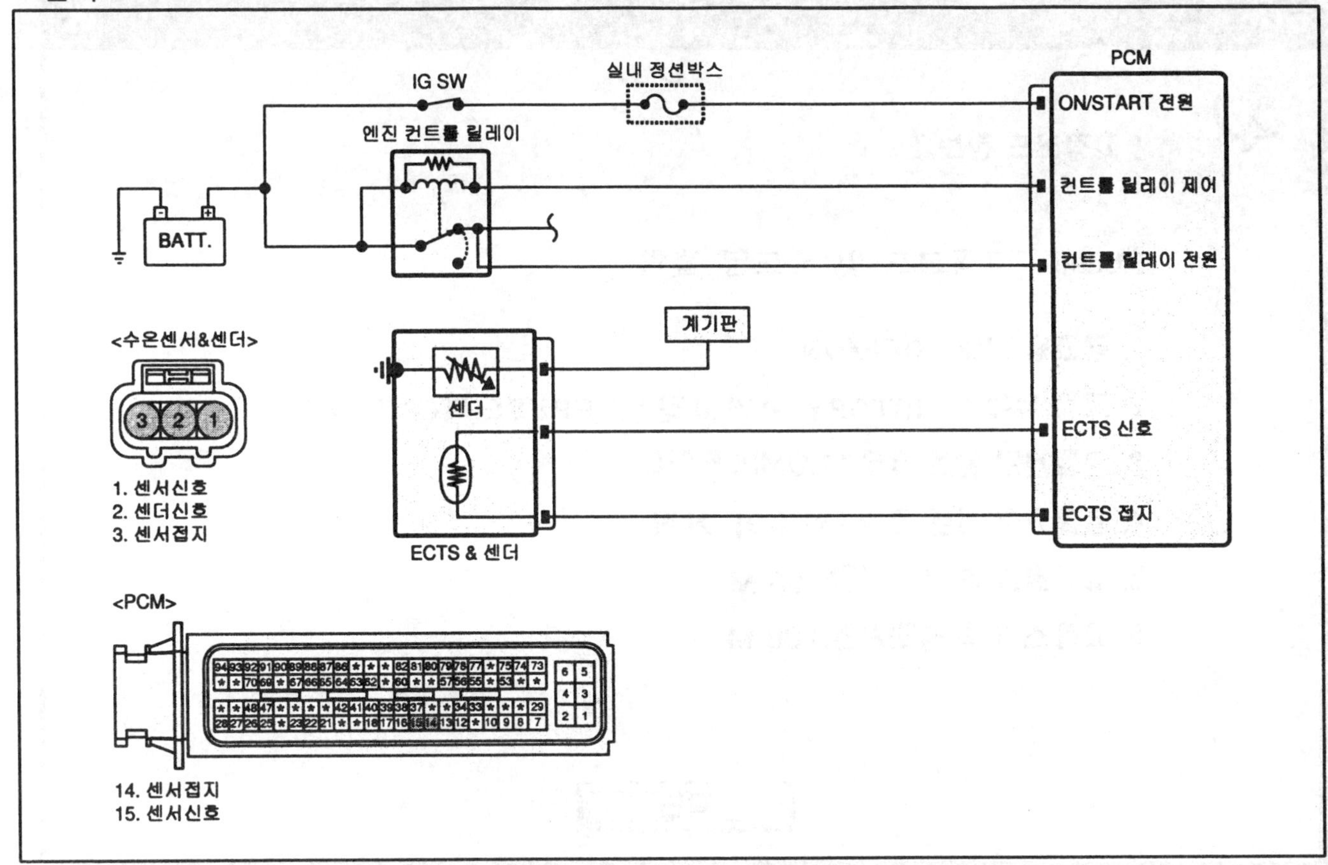

SFDF28505D

고장코드 확인

참고

인젝터, 산소 센서, 냉각 수온 센서, 스로틀 포지션 센서 및 흡입 공기량 센서와 연관된 고장코드가 저장되어 있으면, 저장되어 있는 코드와 관련된 모든 수리절차를 완료한 이후에 본 진단 절차를 수행한다.

1. GDS의 "고장코드"기능을 선택 한다.
2. 화면 중앙에있는 DTC Status 기능을 선택 한다.
3. "고장 진단 완료 유무" 항목이 COMPLETED(진단 완료)인지 확인한다.

   참고

   미완료일경우 일반정보의 검출조건에서 지시하는대로 차량을 주행하여 진단을 완료 시킨다

4. "고장 유형"항목의 결과값이 "과거 고장" 인가?

GDS 

[고장코드 정보]

P0000 고장코드 및 코드명 출력

1. 경고등 상태 : OFF/ON
2. 고장 유형 : HISTORY(과거고장) / PRESENT(현재고장)
3. 고장진단 완료 유무 : COMPLETED
4. 동일고장 발생 횟수 : 횟수가 기록
5. 고장발생 후 경과시간 : 00 M
6. 고장소거 후 경과시간 : 00 M

확인

SFDF28702D

참고

- 과거 고장 : 이전에 발행한 고장임. 현재는 정상.

- 현재 고장 : 현재 고장이 발생되어 있는 상태임.

예 ▶ GDS에서 표출되는 "동일 고장 발생 횟수"를 참고하여 아래 지시 사항을 수행 한다.
- "동일고장 발생 횟수"가 1회 이하 : 현재 차량의 상태는 정상이므로 "고장 수리 확인" 절차를 수행한다.
- "동일고장 발생 횟수"가 2회 이상 : 배선등의 접촉불량으로 인한 간헐적 고장 가능성이 의심됨. 다음 점검 절차를 수행한다.

아니오 ▶ 다음 점검 절차를 수행한다.

스캔툴 데이터 확인

1. 냉각팬 및 냉각 시스템 불량 유무를 점검하기 위하여 시동을 OFF 시킨 후 엔진을 충분히 냉각 시킨다.
2. 시동을 건 후 공회전 상태를 유지하면서 냉각수온값과 냉각팬의 상태를 확인한다.

참고

냉각팬 구동을 방지 하기 위하여 에어컨은 반드시 OFF 시킨다. 냉각수온이 낮을때 냉각팬이 작동되지 않음을 확인한다.

3. 약 5분간 공회전 상태를 유지한 후, GDS를 사용하여 서비스데이터 항목중 "냉각수온센서" 항목을 점검한다.
4. 냉각 수온이 50℃ 이상인가??

예 ▶ "터미널 및 커넥터 점검 절차"를 수행한다.

아니오 ▶ 다음 점검 절차를 수행 한다.

5. 냉각수온이 낮을때 (약 98℃ 이하) 냉각팬이 작동 했는가?

예 ▶ 냉각팬 또는 냉각팬 릴레이 배선의 단락 유무를 점검한다. 이상이 발견되면 수리작업을 실시한 후 "고장 수리 확인 절차"를 수행 한다.

아니오 ▶ 냉각팬 릴레이의 간헐적인 작동 불량 유무를 아래와 같은 수순으로 재점검 한다.
- 점화 스위치 "ON" 상태에서 스캔툴의 액츄에이터 점검 모드의 "냉각팬 릴레이" 항목을 선택한다.
- 작동/정지를 4~5회 반복하면서 냉각 팬이 정상적으로 작동/정지하는지 점검한다.
- 이상이 발견되면 수리작업을 실시한 후 "고장 수리 확인" 절차를 수행 한다. 정상이면 다음 점검 절차를 수행한다.

컨넥터 및 터미널 점검

1. 고장의 주요원인은 배선손상 및 연결상태의 불량에 있으므로 커넥터 접촉불량 및 터미널의 부식 또는 변형 등을 전체적으로 점검한다.
2. 문제가 발견 되었는가?

예 ▶ 수리 또는 교환한 후 "고장 수리 확인" 절차를 수행한다.

아니오 ▶ 다음 점검 절차를 수행한다.

시스템 점검

■ 냉각수 레벨 점검

1. 냉각 시스템의 냉각수 레벨을 점검한 후 필요하면 보충 또는 수리 작업을 실시한다.
2. 다음 절차를 수행한다.

■ 서머스탯 점검

1. 육안점검을 실시하여 서머스탯이 열린 상태로 고착되어 있거나 순정품 사용 유무를 점검한다.
2. 이상이 발견된 경우에는 수리 또는 교환한 후 "고장 수리 확인 절차"를 수행 한다.
3. 육안점검 결과가 정상이면 서머스탯 밸브가 적정온도에서 열리는지 유무를 점검한다.

정상값(밸브 개변 온도) : 80~84℃

4. 정상값보다 낮은 온도에서 열리거나 비정상적으로 작동되면 수리 또는 교환하고 "고장수리 확인" 절차를 수행한다. 정상이면 다음 점검 절차를 수행한다.

■ 엔진 냉각 수온 센서 점검

1. 점화스위치 "OFF"
2. 냉각수온센서 커넥터를 탈거 한다.
3. 센서 커넥터 신호선과 접지선 사이의 저항을 측정 한다.(단품측)

정상값

온도(℃)	저항(kΩ)	온도(℃)	저항(kΩ)
-20	14.1 ~ 16.8	40	약 1.2
0	약 5.8	60	약 0.6
20	2.3 ~ 2.6	80	약 0.3

4. 측정값이 정상 인가?

예 ▶ 다음 점검 절차를 수행 한다

아니오 ▶ 새로운 단품을 임시 장착하여 차량 상태를 확인한 후 정상이면 단품을 교환한다.
"고장 수리 확인" 절차를 수행한다

고장 수리 확인

"고장 코드 확인" 절차를 재수행하여 고장이 정확히 수리 되었는지 확인한다

1. GDS의 "자기진단"기능중 DTC Status 기능을 선택한다.

⚠주의
고장코드를 소거하지 말 것(상세정보도 함께 소거 됨)

2. "고장 진단 완료 유무" 항목이 "진단 완료"인지 확인한다.

참고
미완료일경우 일반정보의 검출조건에서 지시하는대로 차량을 주행하여 완료 시킨다.

3. "고장 유형"항목의 결과값이 "과거 고장" 인가?

예 ▶ 시스템 정상. 고장코드를 소거한다.

아니오 ▶ 적절한 수리절차를 재수행한다.

P0128 써모스탯 작동 이상

부품 위치

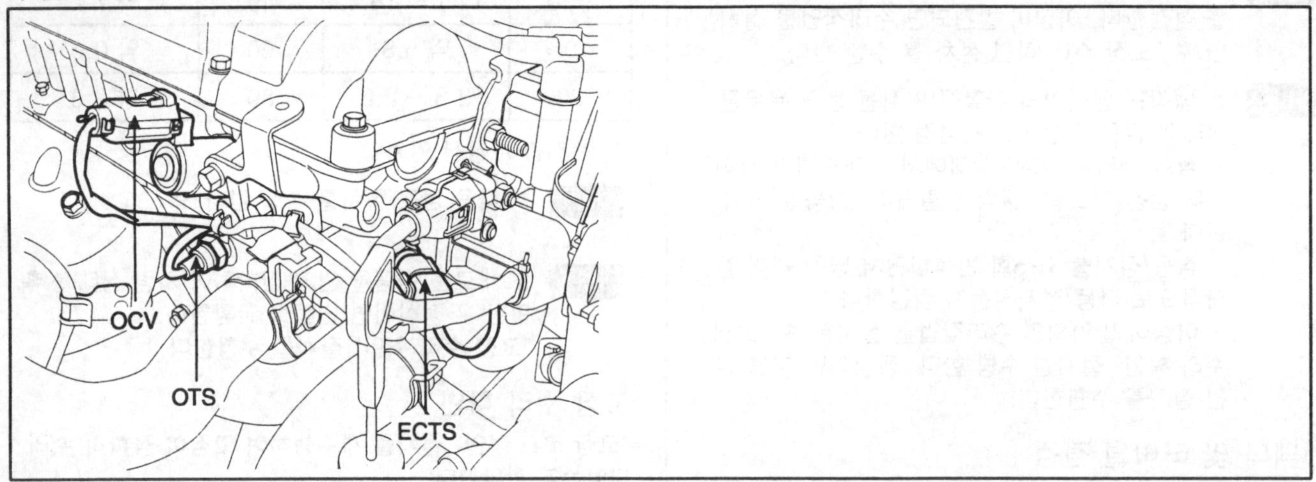

SFDF28202D

기능 및 역할

써모스탯은 엔진과 라디에이터간의 냉각수 통로에 위치해 있으며 냉각 수온이 일정온도 이상으로 상승할 경우, 써모스탯내의 왁스가 팽창하여 냉각수 통로를 막고있던 피스톤을 열리게 하여 엔진에서 뜨거워진 냉각수가 라디에이터로 순환될 수 있도록 하는 역할을 수행한다. 반대로 냉각수온이 일정온도 이하로 떨어지게 되면, 왁스가 수축하게 되어 스프링의 탄성력에 의해 다시 입구가 막히게 된다. 써모스탯등 냉각 계통 불량으로 시동후 일정 시간 경과 후 ECM이 계산한 냉각 수온은 일정온도 이상이지만 실제 냉각 수온이 이 값보다 크게 낮을 경우 고장 코드 P0128 이 발생된다.

고장 코드 설명

ECM은 엔진 시동후 일정 시간이 지나서 측정된 냉각수온과 이미 계산되어진 냉각수온(모델값)를 비교하여 큰 차이가 있을 경우 P0128을 표출한다. 냉각수온센서가 정상일 경우 써머스탯 고장진단을 실시한다.

고장판정 조건

항목	판정 조건	고장예상 원인
검출방법	• 냉각 수온에 따른 난기 상태 점검	• 냉각 계통 • 냉각 수온 센서 • 커넥터 접촉 불량 및 배선 손상
검출조건	• 감속시 연료 차단 시간 비율 < 20% • 차속 > 140Km/h의 주행비율 < 90% • 차속 < 40Km/h의 주행비율 < 78% • 시동시 흡기 온도 대비 온도 감소 > -9℃ • -9℃ < 시동시 냉각수 온도 < 54℃ • 관련 고장 없음	
판정값	• ECM이 계산한 냉각 수온은 85℃이상이지만 실제 냉각 수온은 75℃ 미만일 경우	
검출 시간	• 10~30 분(시동시 냉각수온과 운전 조건에 따라 변동)	

제원

써모스탯	사양
초기 열림 온도	80~84℃
닫힘 온도	77℃
총 열림량	약 8mm(95℃)

고장코드 확인

참고
인젝터, 산소 센서, 냉각 수온 센서, 스로틀 포지션 센서 및 흡입 공기량 센서와 연관된 고장코드가 저장되어 있으면, 저장되어 있는 코드와 관련된 모든 수리절차를 완료한 이후에 본 진단 절차를 수행한다.

1. GDS의 "고장코드"기능을 선택 한다.
2. 화면 중앙에있는 DTC Status 기능을 선택 한다.
3. "고장 진단 완료 유무" 항목이 COMPLETED(진단 완료)인지 확인한다.

참고
미완료일경우 일반정보의 검출조건에서 지시하는대로 차량을 주행하여 진단을 완료 시킨다

4. "고장 유형"항목의 결과값이 "과거 고장" 인가?

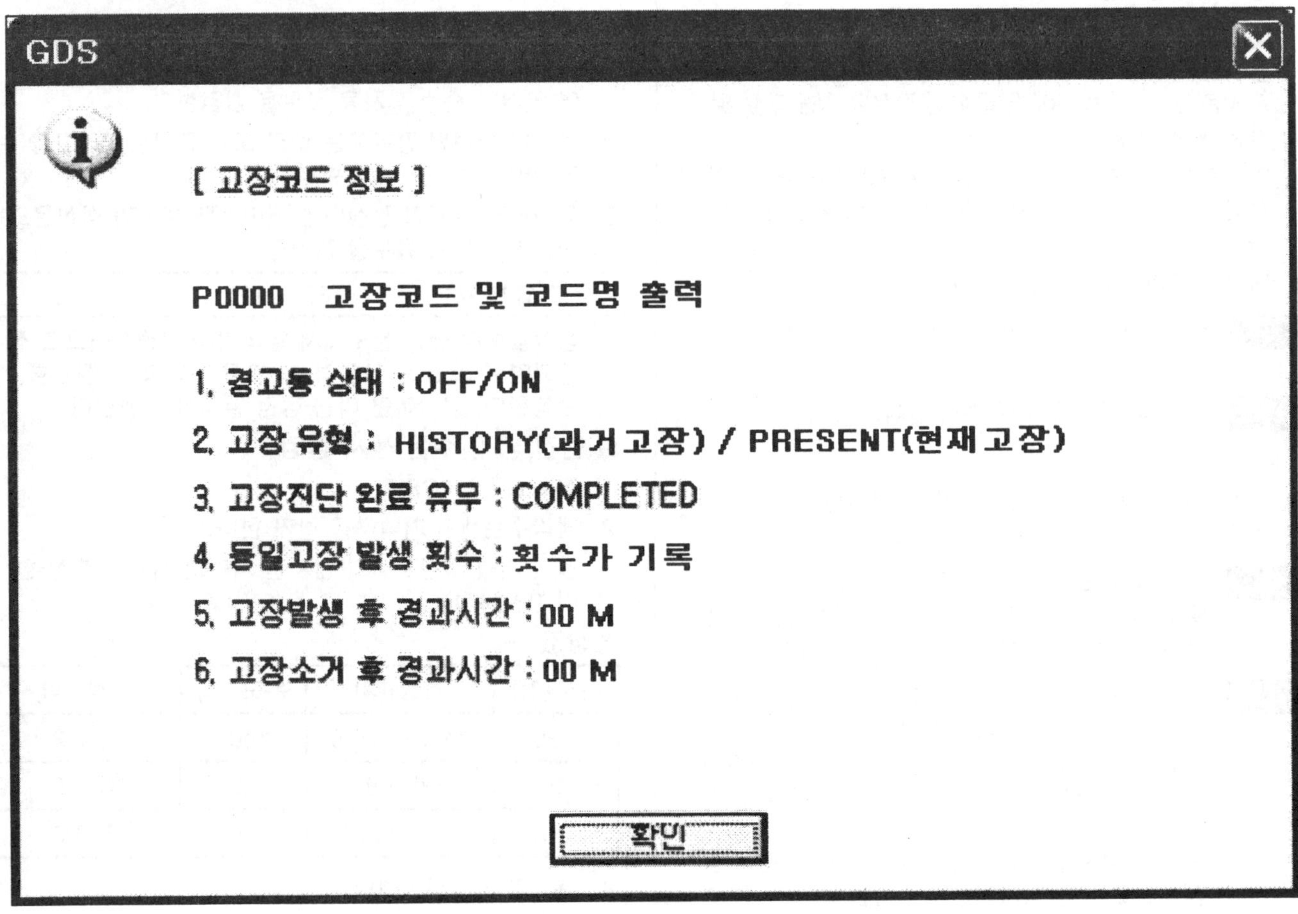

SFDF28702D

참고
– 과거 고장 : 이전에 발행한 고장임. 현재는 정상.
– 현재 고장 : 현재 고장이 발생되어 있는 상태임.

예 ▶ GDS에서 표출되는 "동일 고장 발생 횟수"를 참고하여 아래 지시 사항을 수행 한다.
- "동일고장 발생 횟수"가 1회 이하 : 현재 차량의 상태는 정상이므로 "고장 수리 확인" 절차를 수행한다.
- "동일고장 발생 횟수"가 2회 이상 : 배선등의 접촉불량으로 인한 간헐적 고장 가능성이 의심됨. 다음 점검 절차를 수행한다.

아니오 ▶ 다음 점검 절차를 수행한다.

스캔툴 데이터 확인

1. 냉각팬 및 냉각 시스템 불량 유무를 점검하기 위하여 시동을 OFF 시킨 후 엔진을 충분히 냉각 시킨다.
2. 시동을 건 후 공회전 상태를 유지하면서 냉각수온값과 냉각팬의 상태를 확인한다.

참고
냉각팬 구동을 방지 하기 위하여 에어컨은 반드시 OFF 시킨다. 냉각수온이 낮을때 냉각팬이 작동되지 않음을 확인한다.

3. 약 5분간 공회전 상태를 유지한 후, GDS를 사용하여 서비스데이터 항목중 "냉각수온센서" 항목을 점검한다.
4. 냉각 수온이 50℃ 이상인가??

예 ▶ "터미널 및 커넥터 점검 절차"를 수행한다.

아니오 ▶ 다음 점검 절차를 수행 한다.

5. 냉각수온이 낮을때 (약 98℃ 이하) 냉각팬이 작동 했는가?

예 ▶ 냉각팬 또는 냉각팬 릴레이 배선의 단락 유무를 점검한다. 이상이 발견되면 수리작업을 실시한 후 "고장 수리 확인 절차"를 수행 한다.

아니오 ▶ 냉각팬 릴레이의 간헐적인 작동 불량 유무를 아래와 같은 수순으로 재점검 한다.
- 점화 스위치 "ON" 상태에서 스캔툴의 액츄에이터 점검 모드의 "냉각팬 릴레이" 항목을 선택한다.
- 작동/정지를 4~5회 반복하면서 냉각 팬이 정상적으로 작동/정지하는지 점검한다.
- 이상이 발견되면 수리작업을 실시한 후 "고장 수리 확인" 절차를 수행 한다. 정상이면 다음 점검 절차를 수행한다.

컨넥터 및 터미널 점검

1. 고장의 주요원인은 배선손상 및 연결상태의 불량에 있으므로 커넥터 접촉불량 및 터미널의 부식 또는 변형등을 전체적으로 점검한다.
2. 문제가 발견 되었는가?

예 ▶ 수리 또는 교환한 후 "고장 수리 확인" 절차를 수행한다.

아니오 ▶ 다음 점검 절차를 수행한다.

시스템 점검

■ 냉각수 레벨 점검

1. 냉각 시스템의 냉각수 레벨을 점검한 후 필요하면 보충 또는 수리 작업을 실시한다.
2. 다음 절차를 수행한다.

■ 서머스탯 점검

1. 육안점검을 실시하여 서머스탯이 열린 상태로 고착되어 있거나 순정품 사용 유무를 점검한다.
2. 이상이 발견된 경우에는 수리 또는 교환한 후 "고장 수리 확인 절차"를 수행 한다.
3. 육안점검 결과가 정상이면 서머스탯 밸브가 적정온도에서 열리는지 유무를 점검한다.

정상값(밸브 개변 온도) : 80~84℃

4. 정상값보다 낮은 온도에서 열리거나 비정상적으로 작동되면 수리 또는 교환하고 "고장수리 확인" 절차를 수행한다. 정상이면 다음 점검 절차를 수행한다.

■ 엔진 냉각 수온 센서 점검

1. 점화스위치 "OFF"
2. 냉각수온센서 커넥터를 탈거 한다.
3. 센서 커넥터 신호선과 접지선 사이의 저항을 측정 한다.(단품측)

정상값

온도(℃)	저항(kΩ)	온도(℃)	저항(kΩ)
-20	14.1 ~ 16.8	40	약 1.2
0	약 5.8	60	약 0.6
20	2.3 ~ 2.6	80	약 0.3

4. 측정값이 정상 인가?

예 ▶ 다음 점검 절차를 수행 한다

아니오 ▶ 새로운 단품을 임시 장착하여 차량 상태를 확인한 후 정상이면 단품을 교환한다. "고장 수리 확인" 절차를 수행한다.

고장 수리 확인

"고장 코드 확인" 절차를 재수행하여 고장이 정확히 수리되었는지 확인한다

1. GDS의 "자기진단"기능중 DTC Status 기능을 선택한다.

   ⚠주의
   고장코드를 소거하지 말 것(상세정보도 함께 소거 됨)

2. "고장 진단 완료 유무" 항목이 "진단 완료"인지 확인한다.

   참고
   미완료일경우 일반정보의 검출조건에서 지시하는대로 차량을 주행하여 완료 시킨다.

3. "고장 유형"항목의 결과값이 "과거 고장" 인가?

예 ▶ 시스템 정상. 고장코드를 소거한다.

아니오 ▶ 적절한 수리절차를 재수행한다.

P0130 산소센서 회로 이상(뱅크 1/ 센서 1)

부품 위치

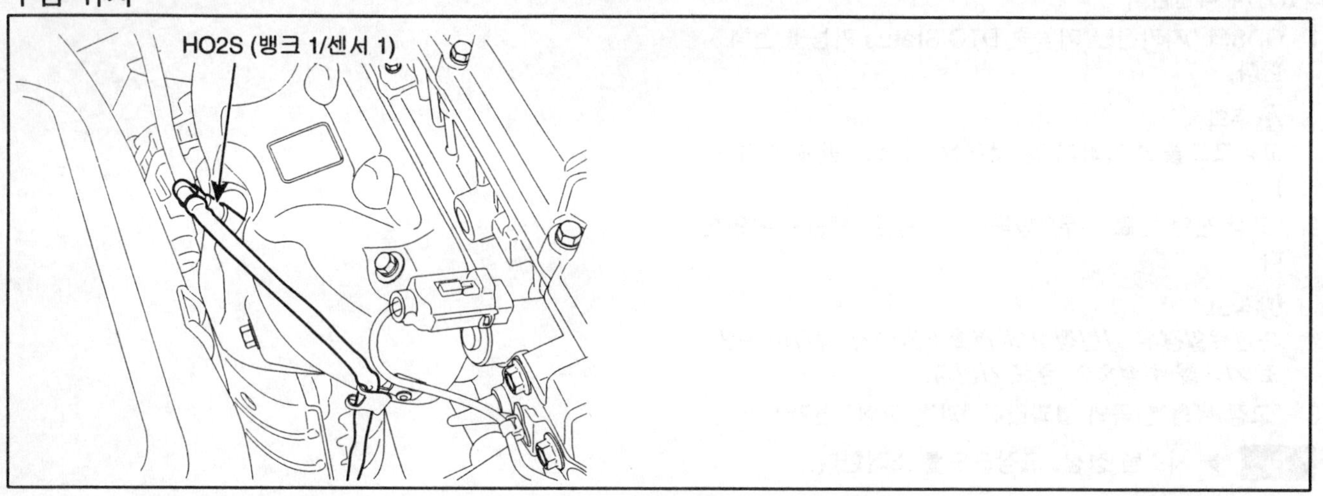

기능 및 역할

산소센서(HO2S)는 배기가스중의 산소 농도를 검출하여 ECM에 제공한다. 산소센서는 배선 사이의 틈을 통해 대기의 공급을 받아 이를 통해 정확한 산소 농도를 검출하게 되므로 배선을 압착하거나 손상 시켜서는 안된다. 산소센서는 정상시 0.1~0.9V사이의 전압을 출력한다. ECM은 산소센서 출력전압을 이용하여 이론 공연비 보다 농후(출력전압 0.45V이상)하면 연료량을 줄이고, 희박(출력전압 0.45V이하)하면 연료량을 늘려주는 피드백제어를 통해 항상 이론공연비를 유지하는 기능을 수행하게 됨으로서 삼원촉매의 정화효율을 최대한 높일수 있다.

고장 코드 설명

ECM이 전방 산소센서 신호서의 단선을 검출하면 P0130의 고장 코드를 표출한다.

고장판정 조건

항목		판정 조건	고장예상 원인
검출 방법		• 전압 점검	• 신호선 단선 • 접지선 단선 • 커넥터 접촉 저항 • 산소센서
검출 조건	경우1	• 배터리 전압 >10V	
	경우2	• 센서 예열과 완전 가열 완료 • 공연비 제어 작동 • 배터리 전압 >10V	
판정값	경우1	• 정의된 시간 내에 공연비 제어 비작동	
	경우2	• 0.49V > 후방 산소센서 전압 > 0.37V	
검출 시간	경우1	• 시동시 온도에 따라 30~150초	
	경우2	• 10초	

표준회로도

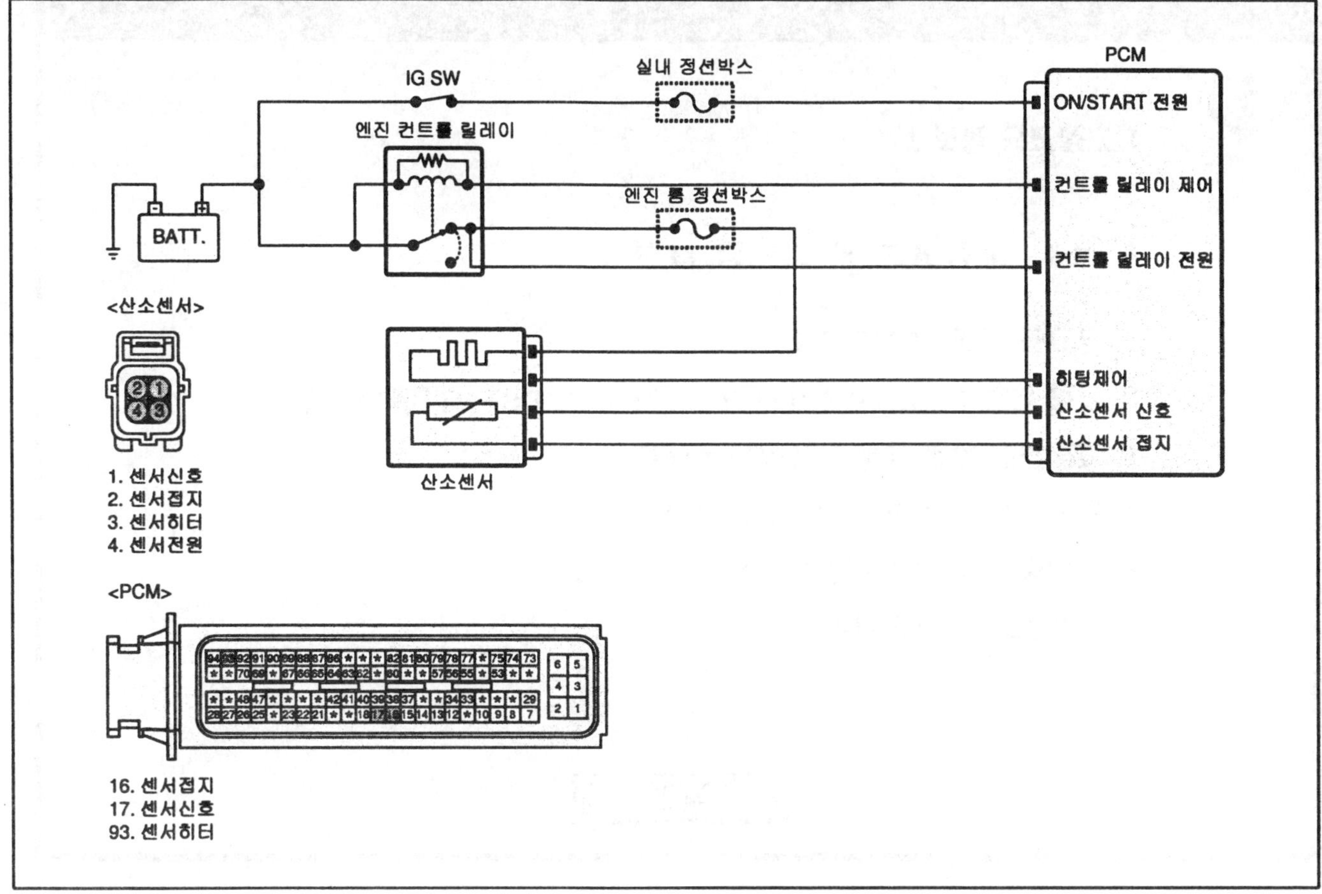

SFDF28529D

고장코드 확인

참고

인젝터, 산소 센서, 냉각 수온 센서, 스로틀 포지션 센서 및 흡입 공기량 센서와 연관된 고장코드가 저장되어 있으면, 저장되어 있는 코드와 관련된 모든 수리절차를 완료한 이후에 본 진단 절차를 수행한다.

1. GDS의 "고장코드"기능을 선택 한다.
2. 화면 중앙에있는 DTC Status 기능을 선택 한다.
3. "고장 진단 완료 유무" 항목이 COMPLETED(진단 완료)인지 확인한다.

   참고

   미완료일경우 일반정보의 검출조건에서 지시하는대로 차량을 주행하여 진단을 완료 시킨다

4. "고장 유형"항목의 결과값이 "과거 고장" 인가?

[고장코드 정보]

P0000 고장코드 및 코드명 출력

1. 경고등 상태 : OFF/ON
2. 고장 유형 : HISTORY(과거고장) / PRESENT(현재고장)
3. 고장진단 완료 유무 : COMPLETED
4. 동일고장 발생 횟수 : 횟수가 기록
5. 고장발생 후 경과시간 : 00 M
6. 고장소거 후 경과시간 : 00 M

확인

SFDF28702D

참고

- 과거 고장 : 이전에 발행한 고장임. 현재는 정상.

- 현재 고장 : 현재 고장이 발생되어 있는 상태임.

예 ▶ GDS에서 표출되는 "동일 고장 발생 횟수"를 참고하여 아래 지시 사항을 수행 한다.
- "동일고장 발생 횟수"가 1회 이하 : 현재 차량의 상태는 정상이므로 "고장 수리 확인" 절차를 수행한다.
- "동일고장 발생 횟수"가 2회 이상 : 배선등의 접촉불량으로 인한 간헐적 고장 가능성이 의심됨. 다음 점검 절차를 수행한다.

아니오 ▶ 다음 점검 절차를 수행한다.

스캔툴 데이터 분석

1. 자기진단 컨넥터에 GDS를 연결한다.
2. 워밍업이 완료 되었는지 확인후 다음 항목들을 점검한다.

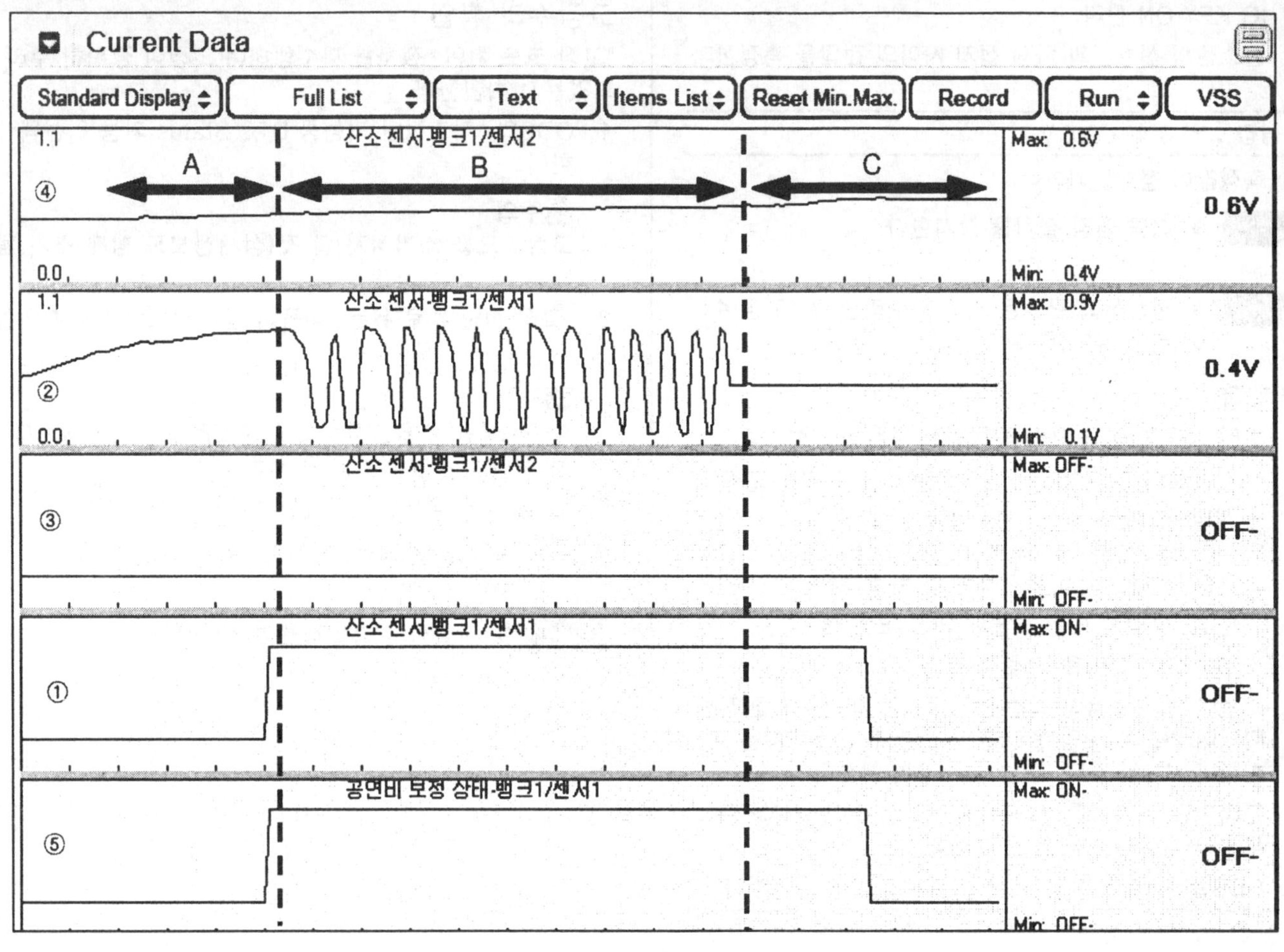

SFDF28611D

3. 데이터 분석

▶A 구간 : 산소센서 작동 준비 구간.

▶B 구간 : 산소센서 작동 준비가 완료(①) → 산소센서가 정상 작동(②) → 공연비 보정(⑤)이 이루어짐..

▶C 구간 : 산소센서 회로 단선으로 인하여 작동 중지 상태.

4. 센서 출력값의 변화 경향이 양호한가?

예 ▶ 고장진단 조건표를 참조해서 센서 출력값을 다시 점검 한후 다음 점검 절차를 실시한다.

아니오 ▶ 점검 및 수리 내에 "커넥터 및 터미널 점검" 과정을 실시한다.

컨넥터 및 터미널 점검

1. 고장의 주요원인은 배선손상 및 연결상태의 불량에 있으므로 커넥터 접촉불량 및 터미널의 부식 또는 변형 등을 전체적으로 점검한다.
2. 문제가 발견 되었는가?

예 ▶ 수리 또는 교환한 후 "고장 수리 확인" 절차를 수행한다.

아니오 ▶ 다음 점검 절차를 수행한다.

접지선 점검

■ 접지선 단선 점검

1. IG KEY OFF 한다.
2. 산소센서 커넥터와 ECM 커넥터를 탈거한다.
3. 산소센서 커넥터 접지선 양단의 저항을 측정한다.

정상값 : 약 1Ω 이하

4. 측정값이 정상인가?

예 ▶ 다음 점검 절차를 실시한다.

아니오 ▶ 접지선의 단선된 회로를 수리한 후 "고장 수리 확인" 절차를 실시한다.

신호선 점검

■ 신호선 단선 점검

1. IG KEY OFF 한다.
2. 산소센서 커넥터를 탈거한다.

3. IG KEY ON 한다.
4. 산소센서 신호선과 차체 접지 사이의 전압을 측정한다
.

정상값 : 약 0.4 ~ 0.5 V

5. 측정값이 정상인가?

예 ▶ 다음 점검 절차를 실시한다.

아니오 ▶ 신호선의 단선된 회로를 수리한 후 "고장 수리 확인" 절차를 실시한다.

단품점검

1. 아래 항목에 대해 시각적/물리적 점검을 수행한다.
   - 산소센서가 정확하게 장착되어 있는지 여부 점검.
   - 전방 산소센서의 실리콘 오염을 점검한다. 실리콘 오염은 산소센서 표면에 흰색 가루가 묻어있는 것으로 확인할 수 있으며 비정상적인 값이 출력된다.
   - 연료, 냉각수 또는 오일에 의한 오염 여부.
   - 부적절한 실런트 사용 여부.
   - 산소센서 오염이 발견된 경우에는 재오염의 방지를 위하여 반드시 오염 원인을 제거한 후 산소센서를 교환한다. "고장 수리 확인" 절차를 수행한다.
2. 분리했던 커넥터를 재 연결한다. 엔진을 난기시킨후 무부하 공회전 상태를 유지한다.
3. GDS를 연결한 후 전방 산소 센서 항목을 점검한다.

정상값 : 공회전 상태에서 산소센서 신호가 최소한 10초당 3회 이상 농후(0.45V 이상)에서 희박(0.45V 이하)으로 변화되는지를 점검한다.(전압은 0.1~0.9V 사이에서 변화)

4. 표출값이 정상인가?

예 ▶ ECM측 커넥터 및 터미널의 접촉불량 또는 부식, 변형등을 재점검하여 이상이 있으면 수리한다. 수리 완료 후 또는 정상일 경우 "고장 수리 확인" 절차를 수행한다.

아니오 ▶ 새로운 단품을 임시 장착하여 차량 상태를 확인한 후 정상이면 단품을 교환한다.
"고장 수리 확인" 절차를 수행한다.

고장수리 확인

"고장 코드 확인" 절차를 재수행하여 고장이 정확히 수리되었는지 확인한다

1. GDS의 "자기진단"기능중 DTC Status 기능을 선택한다.

   ⚠주의
   고장코드를 소거하지 말 것(상세정보도 함께 소거 됨)

2. "고장 진단 완료 유무" 항목이 "진단 완료"인지 확인한다.

   참고
   미완료일경우 일반정보의 검출조건에서 지시하는대로 차량을 주행하여 완료 시킨다.

3. "고장 유형"항목의 결과값이 "과거 고장" 인가?

예 ▶ 시스템 정상. 고장코드를 소거한다.

아니오 ▶ 적절한 수리절차를 재수행한다.

P0131 산소센서 회로- 신호값 낮음(뱅크1 센서1)

부품 위치

DTC P0130 참조: 산소센서 회로 이상 (뱅크 1/ 센서1)

기능 및 역할

DTC P0130 참조: 산소센서 회로 이상 (뱅크 1/ 센서1)

고장 코드 설명

ECM은 전방 산소센서 신호선의 접지 단락을 검출하면 P 0131의 고장 코드를 표출한다.

고장판정 조건

항목	판정 조건	고장예상 원인
검출 방법	• 전압 점검	• 신호선 접지 단락 • 커넥터 접촉 저항 • 산소 센서
검출 조건	• 산소센서 예열단계 완료 • 배터리 전압 > 10V	
판정값	• 센서 전압 < 0,02 V 그리고 저항 < 30 Ω	
검출 시간	• 60초	
페일 세이프	• 공연비 학습치와 연료 보정치 초기화 • 전방 산소센서 히터는 개회로 제어 • 증발가스 제어 기능은 최소 작동 모드로 제어	

표준회로도

DTC P0130 참조: 산소센서 회로 이상 (뱅크 1/ 센서1)

고장코드 확인

DTC P0130 참조: 산소센서 회로 이상 (뱅크 1/ 센서1)

스캔툴 데이터 분석

DTC P0130 참조: 산소센서 회로 이상 (뱅크 1/ 센서1)

컨넥터 및 터미널 점검

DTC P0130 참조: 산소센서 회로 이상 (뱅크 1/ 센서1)

신호선 점검

■ 신호선 접지 단락 점검

1. IG KEY OFF 한다.
2. 산소센서 커넥터를 탈거한다.
3. IG KEY ON 한다.
4. 산소센서 신호선과 차체 접지 사이의 전압을 측정한다 .

정상값 : 약 0.4 ~ 0.5 V

---

5. 측정값이 정상인가?

예 ▶ 다음 점검 절차를 실시한다.

아니오 ▶ 신호선의 단락된 회로를 수리한 후 "고장 수리 확인" 절차를 실시한다.

단품점검

1. 아래 항목에 대해 시각적/물리적 점검을 수행한다.
   - 산소센서가 정확하게 장착되어 있는지 여부 점검.
   - 전방 산소센서의 실리콘 오염을 점검한다. 실리콘 오염은 산소센서 표면에 흰색 가루가 묻어있는 것으로 확인할 수 있으며 비정상적인 값이 출력된다.
   - 연료, 냉각수 또는 오일에 의한 오염 여부.
   - 부적절한 실런트 사용 여부.
   - 산소센서 오염이 발견된 경우에는 재오염의 방지를 위하여 반드시 오염 원인을 제거한 후 산소센서를 교환한다. "고장 수리 확인" 절차를 수행한다.
2. 분리했던 커넥터를 재 연결한다. 엔진을 난기시킨후 무부하 공회전 상태를 유지한다.
3. GDS를 연결한 후 전방 산소 센서 항목을 점검한다.

정상값 : 공회전 상태에서 산소센서 신호가 최소한 10초당 3회 이상 농후(0.45V 이상)에서 희박(0.45V 이하)으로 변화되는지를 점검한다.(전압은 0.1~0.9V 사이에서 변화)

---

4. 표출값이 정상인가?

예 ▶ ECM측 커넥터 및 터미널의 접촉불량 또는 부식, 변형등을 재점검하여 이상이 있으면 수리한다. 수리 완료 후 또는 정상일 경우 "고장 수리 확인" 절차를 수행한다.

아니오 ▶ 새로운 단품을 임시 장착하여 차량 상태를 확인한 후 정상이면 단품을 교환한다.
"고장 수리 확인" 절차를 수행한다.

고장수리 확인

DTC P0130 참조: 산소센서 회로 이상 (뱅크 1/ 센서1)

P0132 산소센서 회로- 신호값 높음(뱅크1 센서1)

부품 위치

DTC P0130 참조: 산소센서 회로 이상 (뱅크 1/ 센서1)

기능 및 역할

DTC P0130 참조: 산소센서 회로 이상 (뱅크 1/ 센서1)

고장 코드 설명

ECM은 전방 산소센서 출력값이 비정상적으로 높으면 전원단락으로 판단하여 P0132를 표출한다.

고장판정 조건

항목	판정 조건	고장예상 원인
검출 방법	• 센서 전압 높음	• 신호선 배터리 단락 • 커넥터 접촉 저항 • 산소 센서
검출 조건	• 센서 예열과 완전 가열 완료 • 10V ≤ 배터리 전압 ≤16V	
판정값	• 센서 전압 > 1.3V	
검출 시간	• 1초	
페일 세이프	• 공연비 학습치와 연료 보정치 초기화 • 전방 산소센서 히터는 개회로 제어 • 증발가스 제어 기능은 최소 작동 모드로 제어	

표준회로도

DTC P0130 참조: 산소센서 회로 이상 (뱅크 1/ 센서1)

고장코드 확인

DTC P0130 참조: 산소센서 회로 이상 (뱅크 1/ 센서1)

스캔툴 데이터 분석

DTC P0130 참조: 산소센서 회로 이상 (뱅크 1/ 센서1)

컨넥터 및 터미널 점검

DTC P0130 참조: 산소센서 회로 이상 (뱅크 1/ 센서1)

신호선 점검

■ 신호선 접원단락 점검

1. IG KEY OFF 한다.
2. 산소센서 커넥터를 탈거한다.
3. IG KEY ON 한다.
4. 산소센서 신호선과 차체 접지 사이의 전압을 측정한다.

정상값 : 약 0.4 ~ 0.5 V

5. 측정값이 정상인가?

예 ▶ 다음 점검 절차를 실시한다.

아니오 ▶ 신호선의 단락된 회로를 수리한 후 "고장 수리 확인" 절차를 실시한다.

단품점검

1. 아래 항목에 대해 시각적/물리적 점검을 수행한다.
   - 산소센서가 정확하게 장착되어 있는지 여부 점검.
   - 전방 산소센서의 실리콘 오염을 점검한다. 실리콘 오염은 산소센서 표면에 흰색 가루가 묻어있는 것으로 확인할 수 있으며 비정상적인 값이 출력된다.
   - 연료, 냉각수 또는 오일에 의한 오염 여부.
   - 부적절한 실런트 사용 여부.
   - 산소센서 오염이 발견된 경우에는 재오염의 방지를 위하여 반드시 오염 원인을 제거한 후 산소센서를 교환한다. "고장 수리 확인" 절차를 수행한다.
2. 분리했던 커넥터를 재 연결한다. 엔진을 난기시킨후 무부하 공회전 상태를 유지한다.
3. GDS를 연결한 후 전방 산소 센서 항목을 점검한다.

정상값 : 공회전 상태에서 산소센서 신호가 최소한 10초당 3회 이상 농후(0.45V 이상)에서 희박(0.45V 이하)으로 변화되는지를 점검한다.(전압은 0.1~0.9V 사이에서 변화)

4. 표출값이 정상인가?

예 ▶ ECM측 커넥터 및 터미널의 접촉불량 또는 부식, 변형등을 재점검하여 이상이 있으면 수리한다. 수리 완료 후 또는 정상일 경우 "고장 수리 확인" 절차를 수행한다.

아니오 ▶ 새로운 단품을 임시 장착하여 차량 상태를 확인한 후 정상이면 단품을 교환한다.

고장수리 확인

DTC P0130 참조: 산소센서 회로 이상 (뱅크 1/ 센서1)

P0133 산소센서 회로- 응답성 느림(뱅크1 센서1)

부품 위치

DTC P0130 참조: 산소센서 회로 이상 (뱅크 1/ 센서1)

기능 및 역할

DTC P0130 참조: 산소센서 회로 이상 (뱅크 1/ 센서1)

고장 코드 설명

ECM은 전방 산소센서의 진폭을 모니터하고 산소센서의 노화에 의해 배기가스의 증가나 공연비제어를 방해할 수 있는 최소 진폭값과 비교 한다. 산소센서의 진폭이 최소 진폭값보다 작거나 같으면 P0133이라는 고장코드가 표출 된다.

고장판정 조건

항목	판정 조건	고장예상 원인
검출 방법	• ECM에서 계산된 농후/희박 구간과 실제 산소 센서의 농후/희박 구간을 비교	• 흡기 또는 배기계의 누설 • 연료 시스템 • 전,후방 산소 센서 교차 연결 • 커넥터 접촉 저항 • 산소 센서 오염
검출 조건	• 냉각수 온도 > 70°C • 400°C < ECM에서 계산된 촉매 온도 < 600°C • 1000 < 엔진 회전수 < 2800rpm • 실화없음 • 11V < 배터리 전압 • 안정된 운행 조건 (엔진회전수 및 쓰로틀판의 변화가 심하지 않을시) • 공연비 조정 작동	
판정값	• 농후/희박 시간 누적값 > 모델값	
검출 시간	• 공연비 제어 80 사이클	
페일 세이프	• 공연비 학습치와 연료 보정치 초기화 • 전방 산소센서 히터는 개회로 제어 • 증발가스 제어 기능은 최소 작동 모드로 제어	

표준회로도

DTC P0130 참조: 산소센서 회로 이상 (뱅크 1/ 센서1)

고장코드 확인

DTC P0130 참조: 산소센서 회로 이상 (뱅크 1/ 센서1)

스캔툴 데이터 분석

DTC P0130 참조: 산소센서 회로 이상 (뱅크 1/ 센서1)

컨넥터 및 터미널 점검

DTC P0130 참조: 산소센서 회로 이상 (뱅크 1/ 센서1)

시스템 점검

■ 공기 누설 점검

1. 아래 항목을 대상으로 흡/배기 계통의 공기 누설을 점검한다.
   - 진공호스의 손상,꺾임 및 연결 불량.
   - 산소 센서와 촉매간 기밀 유지 여부
   - 캐니스터 시스템의 공기 누설 여부
   - 포지티브 크랭크 케이스 벤틸레이션(PCV) 계통 누설
2. 문제가 발견되었는가?

예 ▶ 고장부위를 수리 또는 교환한 후 "고장 수리 확인" 절차를 수행한다.

아니오 ▶ 다음 점검 절차를 수행 한다.

■ 시각적 / 물리적 점검

1. 아래 조건에 대해 시각적/물리적 점검을 수행한다.
   - 산소 센서 커넥터 접촉불량 및 터미널의 부식 또는 변형등을 전체적으로 점검한다.
   - 산소 센서 와 ECM 커넥터 터미널의 장력이 적절한지 점검한다.
   - 배선 손상 유무 및 산소 센서 접지선의 접지 상태가 적절한지 점검한다.
2. 문제가 발견되었는가?

예 ▶ 고장부위를 수리 또는 교환한 후 "고장 수리 확인" 절차를 수행한다.

아니오 ▶ 다음 점검 절차를 수행 한다.

단품점검

1. 아래 항목에 대해 시각적/물리적 점검을 수행한다.
   - 산소센서가 정확하게 장착되어 있는지 여부 점검.
   - 전방 산소센서의 실리콘 오염을 점검한다. 실리콘 오염은 산소센서 표면에 흰색 가루가 묻어있는 것으로 확인할 수 있으며 비정상적인 값이 출력된다.
   - 연료, 냉각수 또는 오일에 의한 오염 여부.
   - 부적절한 실런트 사용 여부.
   - 산소센서 오염이 발견된 경우에는 재오염의 방지를 위하여 반드시 오염 원인을 제거한 후 산소센서를 교환한다. "고장 수리 확인" 절차를 수행한다.
2. 분리했던 커넥터를 재 연결한다. 엔진을 난기시킨후 무부하 공회전 상태를 유지한다.
3. GDS를 연결한 후 전방 산소 센서 항목을 점검한다.

정상값 : 공회전 상태에서 산소센서 신호가 최소한 10초당 3회 이상 농후(0.45V 이상)에서 희박(0.45V 이하)으로 변화되는지를 점검한다.(전압은 0.1~0.9V 사이에서 변화)

---

4. 표출값이 정상인가?

예 ▶ ECM측 커넥터 및 터미널의 접촉불량 또는 부식, 변형등을 재점검하여 이상이 있으면 수리한다. 수리 완료 후 또는 정상일 경우 "고장 수리 확인" 절차를 수행한다.

아니오 ▶ 새로운 단품을 임시 장착하여 차량 상태를 확인한 후 정상이면 단품을 교환한다.
"고장 수리 확인" 절차를 수행한다

고장수리 확인

DTC P0130 참조: 산소센서 회로 이상 (뱅크 1/ 센서1)

P0134 산소센서 회로- 활성화 안됨(뱅크1 센서1)

부품 위치

DTC P0130 참조: 산소센서 회로 이상 (뱅크 1/ 센서1)

기능 및 역할

DTC P0130 참조: 산소센서 회로 이상 (뱅크 1/ 센서1)

고장 코드 설명

연료가 차단되는 영역에서 신호전압이 기준값을 초과할 경우 고장코드 P0134가 표출된다

고장판정 조건

항목		판정조건	고장예상 원인
검출 방법	경우 1	• 신호 이상 점검(장기 감속에 의한 연료차단 조건에서)	• 관련 퓨즈의 파손 또는 장착 여부 • 커넥터 접촉 저항 • 산소 센서
	경우2	• 신호 진폭 이상	
검출 조건	경우 1	• 센서 예열 완료 • 공연비 제어 출력값이 상하한치에 이르지 않음 • 감속 연료 차단후 누적 흡입 공기량 > 20g	
	경우2	• 센서 예열 완료 • 공연비 제어 출력값이 상하한치에 이르지 않음 • 배터리 전압 > 10V	
판정값	경우 1	• 연료 차단시 전압 > 0.1V	
	경우2	• 센서 신호 진폭 < 0.25V	
검출 시간	경우 1	• 5초	
	경우2	• 2분	

표준회로도

DTC P0130 참조: 산소센서 회로 이상 (뱅크 1/ 센서1)

고장코드 확인

DTC P0130 참조: 산소센서 회로 이상 (뱅크 1/ 센서1)

스캔툴 데이터 분석

DTC P0130 참조: 산소센서 회로 이상 (뱅크 1/ 센서1)

컨넥터 및 터미널 점검

DTC P0130 참조: 산소센서 회로 이상 (뱅크 1/ 센서1)

시스템 점검

■ 공기 누설 점검

1. 아래 항목을 대상으로 흡/배기 계통의 공기 누설을 점검한다.
   - 진공호스의 손상,꺾임 및 연결 불량.
   - 산소 센서와 촉매간 기밀 유지 여부
   - 캐니스터 시스템의 공기 누설 여부
   - 포지티브 크랭크 케이스 벤틸레이션(PCV) 계통 누설
2. 문제가 발견되었는가?

예 ▶ 고장부위를 수리 또는 교환한 후 "고장 수리 확인" 절차를 수행한다.

아니오 ▶ 다음 점검 절차를 수행 한다.

■ 시각적 / 물리적 점검

1. 아래 조건에 대해 시각적/물리적 점검을 수행한다.
   - 산소 센서 커넥터 접촉불량 및 터미널의 부식 또는 변형등을 전체적으로 점검한다.
   - 산소 센서 와 ECM 커넥터 터미널의 장력이 적절한지 점검한다.
   - 배선 손상 유무 및 산소 센서 접지선의 접지 상태가 적절한지 점검한다.
2. 문제가 발견되었는가?

예 ▶ 고장부위를 수리 또는 교환한 후 "고장 수리 확인" 절차를 수행한다.

아니오 ▶ 다음 점검 절차를 수행 한다.

단품점검

1. 아래 항목에 대해 시각적/물리적 점검을 수행한다.
   - 산소센서가 정확하게 장착되어 있는지 여부 점검.
   - 전방 산소센서의 실리콘 오염을 점검한다. 실리콘 오염은 산소센서 표면에 흰색 가루가 묻어있는 것으로 확인할 수 있으며 비정상적인 값이 출력된다.
   - 연료, 냉각수 또는 오일에 의한 오염 여부.
   - 부적절한 실런트 사용 여부.
   - 산소센서 오염이 발견된 경우에는 재오염의 방지를

위하여 반드시 오염 원인을 제거한 후 산소센서를 교환한다. "고장 수리 확인" 절차를 수행한다.

2. 분리했던 커넥터를 재 연결한다. 엔진을 난기시킨후 무부하 공회전 상태를 유지한다.
3. GDS를 연결한 후 전방 산소 센서 항목을 점검한다.

정상값 : 공회전 상태에서 산소센서 신호가 최소한 10초당 3회 이상 농후(0.45V 이상)에서 희박(0.45V 이하)으로 변화되는지를 점검한다.(전압은 0.1~0.9V 사이에서 변화)

4. 표출값이 정상인가?

예 ▶ ECM측 커넥터 및 터미널의 접촉불량 또는 부식, 변형등을 재점검하여 이상이 있으면 수리한다. 수리 완료 후 또는 정상일 경우 "고장 수리 확인" 절차를 수행한다.

아니오 ▶ 새로운 단품을 임시 장착하여 차량 상태를 확인한 후 정상이면 단품을 교환한다. "고장 수리 확인" 절차를 수행한다

고장수리 확인

DTC P0130 참조: 산소센서 회로 이상 (뱅크 1/ 센서1)

P0136 산소센서 회로 이상(뱅크1 센서2)

부품 위치

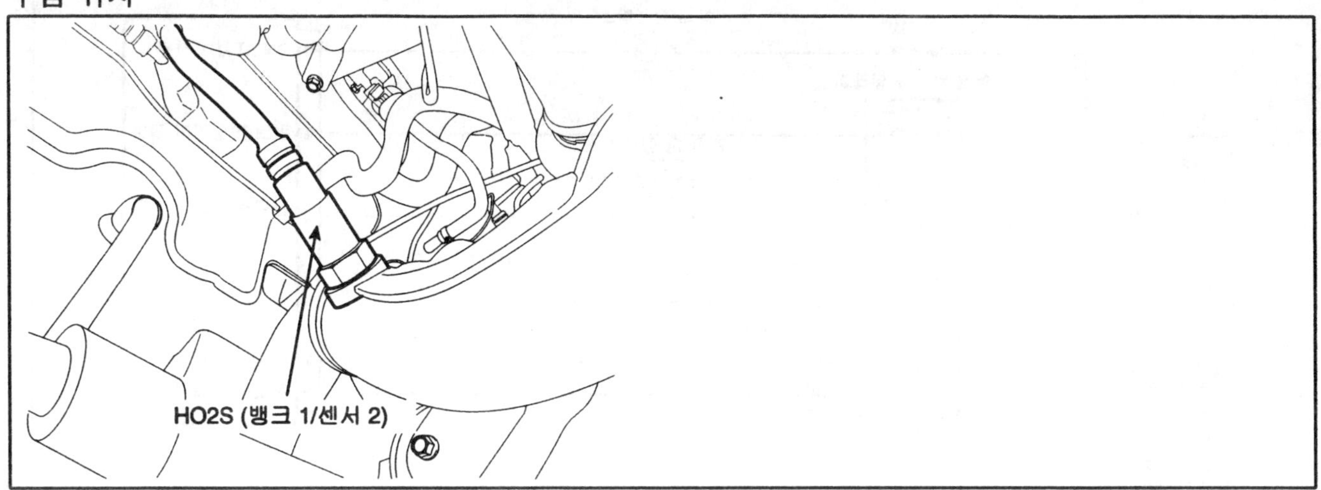

SFDF28208D

기능 및 역할

후방 산소센서(HO2S)는 삼원 촉매의 후방에 장착되어 있으며 촉매의 작동 감시 및 효과적인 작동을 돕는 역할을 수행 한다. 후방 산소센서의 출력값의 범위는 0~1V사이이며 엔진 난기후 공회전 상태에서는 0.6V이상이 된다. 촉매성능 및 단품 상태가 양호할 경우에는 출력값의 주파수 변동이 거의 없으나 촉매의 노화,실화 또는 센서 불량의 경우는 앞산소센서와 유사하게 출력값의 주파수 변동이 일어난다.

고장 코드 설명

ECM이 후방 산소센서 신호선의 단선을 검출하면 P0136의 고장코드를 표출한다.

고장판정 조건

항목	판정조건	고장예상 원인
검출 방법	• 후방 산소센서 단선 점검	• 신호선 단선 • 접지선 단선 • 커넥터 접촉 저항 • 산소 센서
검출 조건	• 히팅 완료 상태 • 관련 고장 없음 • 10V < 배터리 전압 < 16V	
판정값	• 0.37 < 후방 산소센서 전압 < 0.49V & 센서 단품 저항 > 60kΩ	
검출 시간	• 30초	

표준회로도

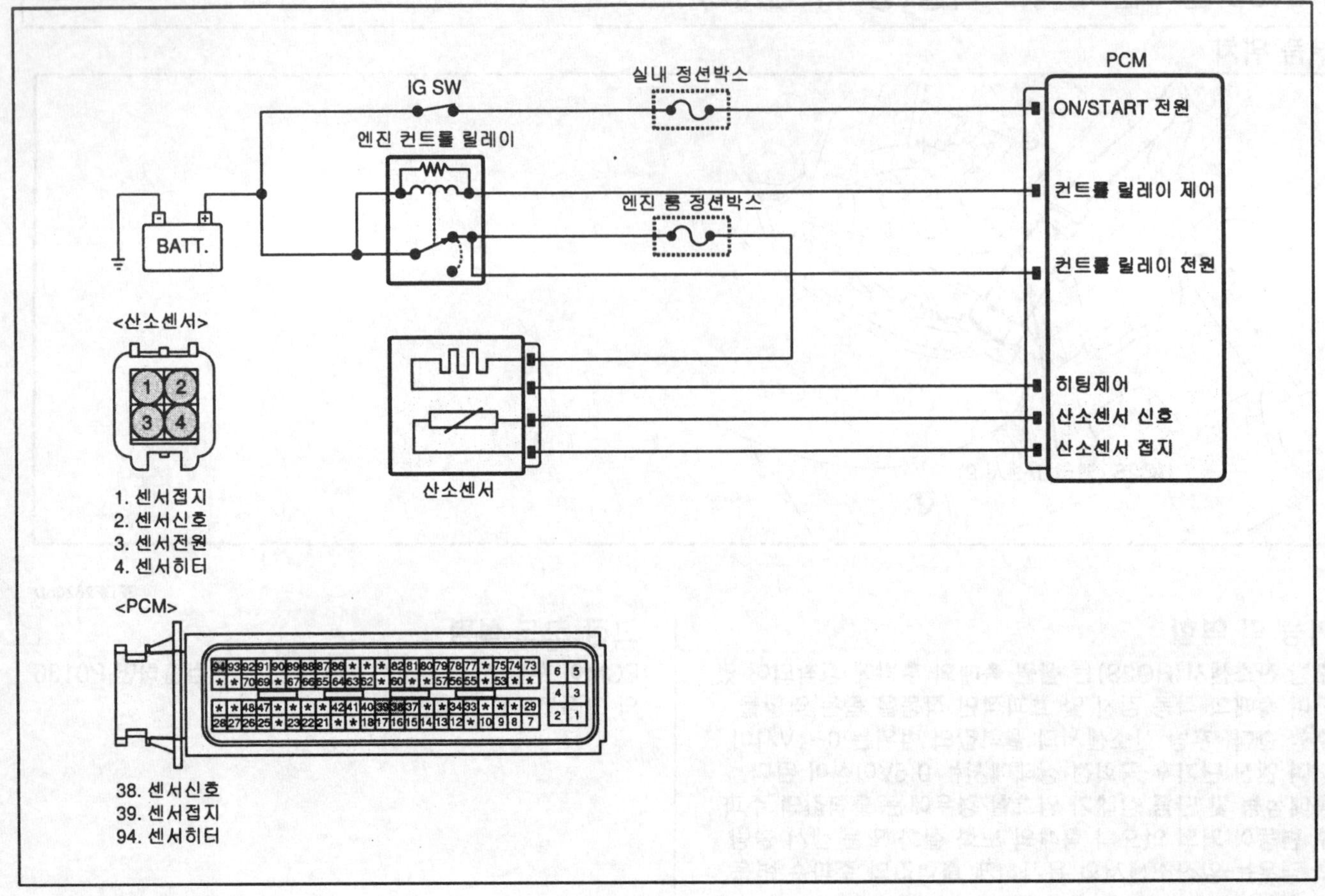

SFDF28502D

고장코드 확인

참고

인젝터, 산소 센서, 냉각 수온 센서, 스로틀 포지션 센서 및 흡입 공기량 센서와 연관된 고장코드가 저장되어 있으면, 저장되어 있는 코드와 관련된 모든 수리절차를 완료한 이후에 본 진단 절차를 수행한다.

1. GDS의 "고장코드"기능을 선택 한다.
2. 화면 중앙에있는 DTC Status 기능을 선택 한다.
3. "고장 진단 완료 유무" 항목이 COMPLETED(진단 완료)인지 확인한다.

   참고

   미완료일경우 일반정보의 검출조건에서 지시하는대로 차량을 주행하여 진단을 완료 시킨다

4. "고장 유형"항목의 결과값이 "과거 고장" 인가?

GDS

[고장코드 정보]

P0000 고장코드 및 코드명 출력

1. 경고등 상태 : OFF/ON
2. 고장 유형 : HISTORY(과거고장) / PRESENT(현재고장)
3. 고장진단 완료 유무 : COMPLETED
4. 동일고장 발생 횟수 : 횟수가 기록
5. 고장발생 후 경과시간 : 00 M
6. 고장소거 후 경과시간 : 00 M

확인

SFDF28702D

참고

– 과거 고장 : 이전에 발행한 고장임. 현재는 정상.

– 현재 고장 : 현재 고장이 발생되어 있는 상태임.

예 ▶ GDS에서 표출되는 "동일 고장 발생 횟수"를 참고하여 아래 지시 사항을 수행 한다.
– "동일고장 발생 횟수"가 1회 이하 : 현재 차량의 상태는 정상이므로 "고장 수리 확인" 절차를 수행한다.
– "동일고장 발생 횟수"가 2회 이상 : 배선등의 접촉불량으로 인한 간헐적 고장 가능성이 의심됨. 다음 점검 절차를 수행한다.

아니오 ▶ 다음 점검 절차를 수행한다.

스캔툴 데이터 분석

1. 자기진단 컨넥터에 GDS를 연결한다.
2. 워밍업이 완료 되었는지 확인후 다음 항목들을 점검한다.

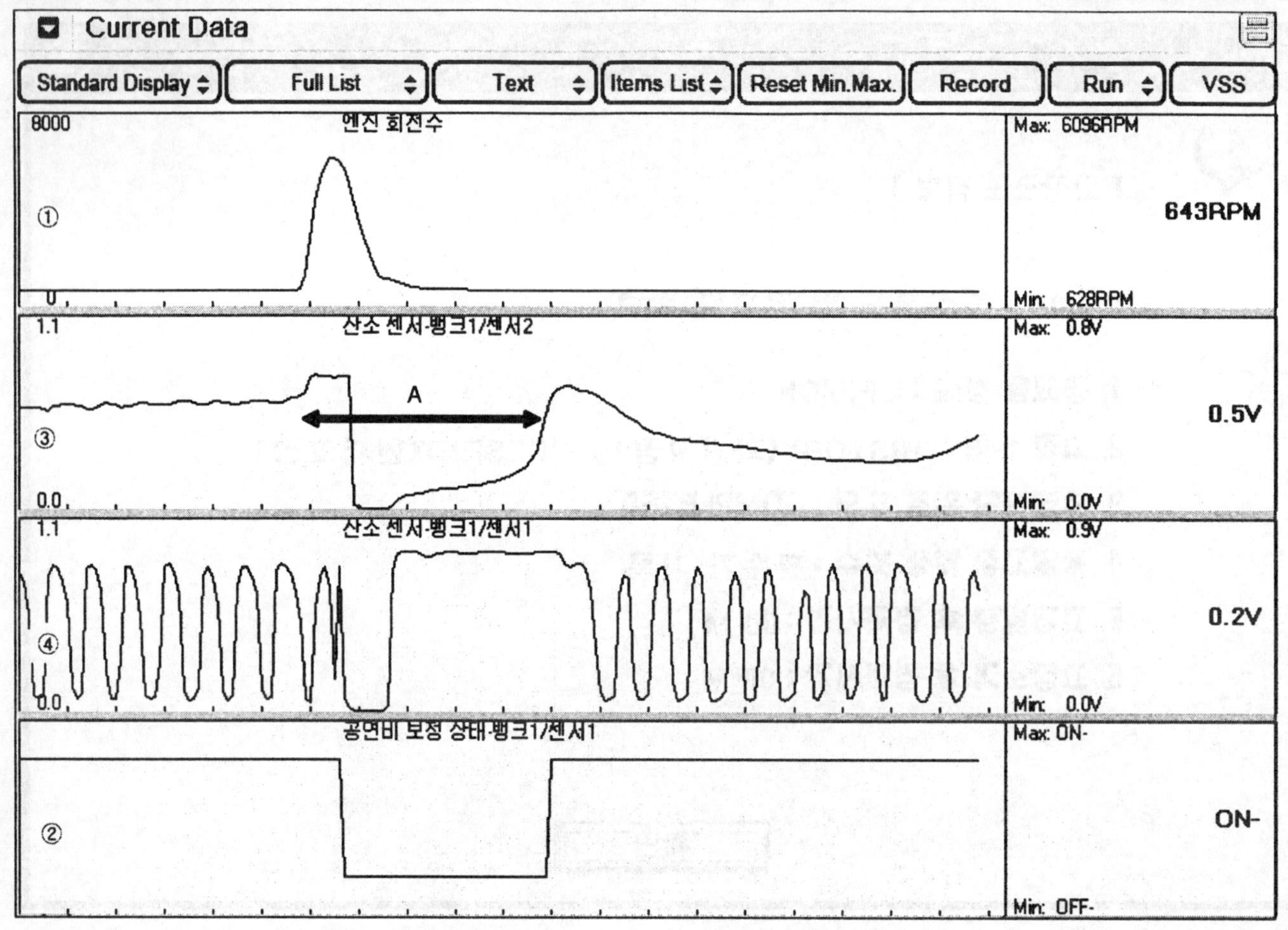

SFDF28613D

3. 데이터 분석

▶A 구간 : 산소센서 작동 준비 구간.

▶B 구간 : 산소센서 작동 준비가 완료(①) → 산소센서가 정상 작동(②) → 공연비 보정(⑤)이 이루어짐..

▶C 구간 : 산소센서 회로 단선으로 인하여 작동 중지 상태.

4. 센서 출력값의 변화 경향이 양호한가?

예 ▶ 고장진단 조건표를 참조해서 센서 출력값을 다시 점검 한후 다음 점검 절차를 실시한다.

아니오 ▶ 점검 및 수리 내에 "커넥터 및 터미널 점검" 과정을 실시한다.

컨넥터 및 터미널 점검

1. 고장의 주요원인은 배선손상 및 연결상태의 불량에 있으므로 커넥터 접촉불량 및 터미널의 부식 또는 변형 등을 전체적으로 점검한다.
2. 문제가 발견 되었는가?

예 ▶ 수리 또는 교환한 후 "고장 수리 확인" 절차를 수행한다.

아니오 ▶ 다음 점검 절차를 수행한다.

접지선 점검

■ 접지선 단선 점검

1. IG KEY OFF 한다.
2. 산소센서 커넥터와 ECM 커넥터를 탈거한다.
3. 산소센서 커넥터 접지선 양단의 저항을 측정한다.

정상값 : 약 1Ω 이하

4. 측정값이 정상인가?

예 ▶ 다음 점검 절차를 실시한다.

아니오 ▶ 접지선의 단선된 회로를 수리한 후 "고장 수리 확인" 절차를 실시한다.

신호선 점검

■ 신호선 단선 점검

1. IG KEY OFF 한다.
2. 산소센서 커넥터를 탈거한다.
3. IG KEY ON 한다.

4. 산소센서 신호선과 차체 접지 사이의 전압을 측정한다
.

정상값 : 약 0.4 ~ 0.5 V

5. 측정값이 정상인가?

예 ▶ 다음 점검 절차를 실시한다.

아니오 ▶ 신호선의 단선된 회로를 수리한 후 "고장 수리 확인" 절차를 실시한다.

단품점검

1. 아래 항목에 대해 시각적/물리적 점검을 수행한다.
   - 산소센서가 정확하게 장착되어 있는지 여부 점검.
   - 산소센서의 실리콘 오염을 점검한다. 실리콘 오염은 산소센서 표면에 흰색 가루가 묻어있는 것으로 확인할 수 있으며 비정상적인 값이 출력된다.
   - 연료, 냉각수 또는 오일에 의한 오염 여부.
   - 부적절한 실런트 사용 여부.
   - 산소센서 오염이 발견된 경우에는 재오염의 방지를 위하여 반드시 오염 원인을 제거한 후 산소센서를 교환한다. "고장 수리 확인" 절차를 수행한다.
2. 분리했던 커넥터를 재 연결한다. 엔진을 난기시킨후 무부하 공회전 상태를 유지한다.
3. GDS를 연결한 후 전방 산소 센서 항목을 점검한다.

정상값 : - 공회전 시 : 0.6V 이상
- 급가감속시 : 신호파형 변화 (상단에 제시된 '기준파형 및 데이터' 참조)

4. 표출값이 정상인가?

예 ▶ ECM측 커넥터 및 터미널의 접촉불량 또는 부식, 변형등을 재점검하여 이상이 있으면 수리한다. 수리 완료 후 또는 정상일 경우 "고장 수리 확인" 절차를 수행한다.

아니오 ▶ 새로운 단품을 임시 장착하여 차량 상태를 확인한 후 정상이면 단품을 교환한다.
"고장 수리 확인" 절차를 수행한다.

고장수리 확인

"고장 코드 확인" 절차를 재수행하여 고장이 정확히 수리되었는지 확인한다

1. GDS의 "자기진단"기능중 DTC Status 기능을 선택한다.

   ⚠주의
   고장코드를 소거하지 말 것(상세정보도 함께 소거 됨)

2. "고장 진단 완료 유무" 항목이 "진단 완료"인지 확인한다.

   참고
   미완료일경우 일반정보의 검출조건에서 지시하는대로 차량을 주행하여 완료 시킨다.

3. "고장 유형"항목의 결과값이 "과거 고장" 인가?

예 ▶ 시스템 정상. 고장코드를 소거한다.

아니오 ▶ 적절한 수리절차를 재수행한다.

P0137 산소센서 회로- 신호값 낮음(뱅크1 센서2)

부품 위치

DTC P0136 참조: 산소센서 회로 이상(뱅크1 센서2)

기능 및 역할

DTC P0136 참조: 산소센서 회로 이상(뱅크1 센서2)

고장 코드 설명

ECM이 후방 산소센서의 정상작동 범위보다 낮은 전압을 검출할경우 P0137의 고장코드를 표출한다.

고장판정 조건

항목	판정조건	고장예상 원인
검출 방법	• 후방 산소센서 접지 단락 점검	• 신호선 접지 단락 • 커넥터 접촉 저항 • 산소 센서
검출 조건	• 산소센서 예열 완료 • 10 < 배터리 전압 < 16	
판정값	• 후방 산소센서 전압 < 0.02V & 센서 단품 저항 < 10Ω	
검출 시간	• 20초	

표준회로도

DTC P0136 참조: 산소센서 회로 이상(뱅크1 센서2)

고장코드 확인

DTC P0136 참조: 산소센서 회로 이상(뱅크1 센서2)

스캔툴 데이터 분석

DTC P0136 참조: 산소센서 회로 이상(뱅크1 센서2)

컨넥터 및 터미널 점검

DTC P0136 참조: 산소센서 회로 이상(뱅크1 센서2)

신호선 점검

■ 신호선 접지 단락 점검

1. IG KEY OFF 한다.
2. 산소센서 커넥터를 탈거한다.
3. IG KEY ON 한다.
4. 산소센서 신호선과 차체 접지 사이의 전압을 측정한다.

정상값 : 약 0.4 ~ 0.5 V

5. 측정값이 정상인가?

예 ▶ 다음 점검 절차를 실시한다.

아니오 ▶ 신호선의 단선된 회로를 수리한 후 "고장 수리 확인" 절차를 실시한다.

단품점검

1. 아래 항목에 대해 시각적/물리적 점검을 수행한다.
   - 산소센서가 정확하게 장착되어 있는지 여부 점검.
   - 산소센서의 실리콘 오염을 점검한다. 실리콘 오염은 산소센서 표면에 흰색 가루가 묻어있는 것으로 확인할 수 있으며 비정상적인 값이 출력된다.
   - 연료, 냉각수 또는 오일에 의한 오염 여부.
   - 부적절한 실런트 사용 여부.
   - 산소센서 오염이 발견된 경우에는 재오염의 방지를 위하여 반드시 오염 원인을 제거한 후 산소센서를 교환한다. "고장 수리 확인" 절차를 수행한다.
2. 분리했던 커넥터를 재 연결한다. 엔진을 난기시킨후 무부하 공회전 상태를 유지한다.
3. GDS를 연결한 후 전방 산소 센서 항목을 점검한다.

정상값 : - 공회전 시 : 0.6V 이상
- 급가감속시 : 신호파형 변화 (상단에 제시된 '기준파형 및 데이터' 참조)

4. 표출값이 정상인가?

예 ▶ ECM측 커넥터 및 터미널의 접촉불량 또는 부식, 변형등을 재점검하여 이상이 있으면 수리한다. 수리 완료 후 또는 정상일 경우 "고장 수리 확인" 절차를 수행한다.

아니오 ▶ 새로운 단품을 임시 장착하여 차량 상태를 확인한 후 정상이면 단품을 교환한다.
"고장 수리 확인" 절차를 수행한다.

고장수리 확인

DTC P0136 참조: 산소센서 회로 이상(뱅크1 센서2)

P0138 산소센서 회로- 신호값 높음(뱅크1 센서2)

부품 위치

DTC P0136 참조: 산소센서 회로 이상(뱅크1 센서2)

기능 및 역할

DTC P0136 참조: 산소센서 회로 이상(뱅크1 센서2)

고장 코드 설명

ECM이 후방 산소센서의 정상작동 범위보다 높은 전압을 검출할경우 P0138의 고장코드를 표출한다.

고장판정 조건

항목	판정 조건	고장예상 원인
검출 방법	• 후방 산소센서 배터리 단락 점검	• 신호선 배터리 단락 • 커넥터 접촉 저항 • 산소 센서
검출 조건	• 10V < 배터리 전압 < 16V • 관련 고장 없슴	
판정값	• 센서 전압 >1.3V	
검출 시간	• 1초	

표준회로도

DTC P0136 참조: 산소센서 회로 이상(뱅크1 센서2)

고장코드 확인

DTC P0136 참조: 산소센서 회로 이상(뱅크1 센서2)

스캔툴 데이터 분석

DTC P0136 참조: 산소센서 회로 이상(뱅크1 센서2)

컨넥터 및 터미널 점검

DTC P0136 참조: 산소센서 회로 이상(뱅크1 센서2)

신호선 점검

■ 신호선 접지 단락 점검

1. IG KEY OFF 한다.
2. 산소센서 커넥터를 탈거한다.
3. IG KEY ON 한다.
4. 산소센서 신호선과 차체 접지 사이의 전압을 측정한다 .

정상값 : 약 0.4 ~ 0.5 V

5. 측정값이 정상인가?

예 ▶ 다음 점검 절차를 실시한다.

아니오 ▶ 신호선의 단락된 회로를 수리한 후 "고장 수리 확인" 절차를 실시한다.

단품점검

1. 아래 항목에 대해 시각적/물리적 점검을 수행한다.
   - 산소센서가 정확하게 장착되어 있는지 여부 점검.
   - 산소센서의 실리콘 오염을 점검한다. 실리콘 오염은 산소센서 표면에 흰색 가루가 묻어있는 것으로 확인할 수 있으며 비정상적인 값이 출력된다.
   - 연료, 냉각수 또는 오일에 의한 오염 여부.
   - 부적절한 실런트 사용 여부.
   - 산소센서 오염이 발견된 경우에는 재오염의 방지를 위하여 반드시 오염 원인을 제거한 후 산소센서를 교환한다. "고장 수리 확인" 절차를 수행한다.
2. 분리했던 커넥터를 재 연결한다. 엔진을 난기시킨후 무부하 공회전 상태를 유지한다.
3. GDS를 연결한 후 전방 산소 센서 항목을 점검한다.

정상값 : - 공회전 시 : 0.6V 이상
- 급가감속시 : 신호파형 변화 (상단에 제시된 '기준파형 및 데이터' 참조)

4. 표출값이 정상인가?

예 ▶ ECM측 커넥터 및 터미널의 접촉불량 또는 부식, 변형등을 재점검하여 이상이 있으면 수리한다. 수리 완료 후 또는 정상일 경우 "고장 수리 확인" 절차를 수행한다.

아니오 ▶ 새로운 단품을 임시 장착하여 차량 상태를 확인한 후 정상이면 단품을 교환한다. "고장 수리 확인" 절차를 수행한다.

고장수리 확인

DTC P0136 참조: 산소센서 회로 이상(뱅크1 센서2)

P0139 산소센서 회로- 응답성 느림(뱅크1 센서2)

부품 위치

DTC P0136 참조: 산소센서 회로 이상(뱅크1 센서2)

기능 및 역할

DTC P0136 참조: 산소센서 회로 이상(뱅크1 센서2)

고장 코드 설명

차량 주행 상태에서 연료 컷 오프(차단)가 일어난 후 ECM은 후방 산소센서의 신호 주기 변동값을 측정하여 이 값이 한계값 이상이면 P0139라는 고장 코드를 표출한다.

고장판정 조건

항목	판정조건	고장예상 원인
검출 방법	• 응답성 늦음(연료 차단시 초기 신호 주기 점검)	• 흡기 또는 배기 시스템의 공기 누설 • 연료 시스템 이상 • 전방 산소센서와 후방 산소센서의 교차 연결 • 커넥터 접촉 저항 • 산소센서 오염
검출 조건	• 감속 연료 차단 상태 • 센서 예열 완료 • 냉각수 온도 >70℃ • 촉매 온도 계산치 >350℃ • 연료 차단시 초기 후방 산소센서 전압 > 0.55V	
판정값	• 감속 연료 차단 시의 측정 반전 시간과 최대 허용 반전시간과의 비율 평균값 > 1	
검출 시간	• 5회 유효 감속 연료 차단	

표준회로도

DTC P0136 참조: 산소센서 회로 이상(뱅크1 센서2)

고장코드 확인

DTC P0136 참조: 산소센서 회로 이상(뱅크1 센서2)

스캔툴 데이터 분석

DTC P0136 참조: 산소센서 회로 이상(뱅크1 센서2)

컨넥터 및 터미널 점검

DTC P0136 참조: 산소센서 회로 이상(뱅크1 센서2)

시스템 점검

■ 공기 누설 점검

1. 촉매와 후방 산소 센서간 배기 시스템에 누설 부위가 있는지 시각적/물리적으로 점검한다
2. 문제가 발견되었는가?

예 ▶ 고장부위를 수리 또는 교환한 후 "고장 수리 확인" 절차를 수행한다.

아니오 ▶ 다음 점검 절차를 수행 한다.

■ 시각적 / 물리적 점검

1. 아래 항목을 대상으로 흡/배기 계통의 공기 누설을 점검한다.
   - 진공호스의 손상,꺾임 및 연결 불량.
   - 산소 센서와 촉매간 기밀 유지 여부
   - 캐니스터 시스템의 공기 누설 여부
   - 포지티브 크랭크 케이스 벤틸레이션(PCV) 계통 누설
2. 문제가 발견되었는가?

예 ▶ 고장부위를 수리 또는 교환한 후 "고장 수리 확인" 절차를 수행한다.

아니오 ▶ 다음 점검 절차를 수행 한다.

단품점검

1. 아래 항목에 대해 시각적/물리적 점검을 수행한다.
   - 산소센서가 정확하게 장착되어 있는지 여부 점검.
   - 산소센서의 실리콘 오염을 점검한다. 실리콘 오염은 산소센서 표면에 흰색 가루가 묻어있는 것으로 확인할 수 있으며 비정상적인 값이 출력된다.
   - 연료, 냉각수 또는 오일에 의한 오염 여부.
   - 부적절한 실런트 사용 여부.
   - 산소센서 오염이 발견된 경우에는 재오염의 방지를 위하여 반드시 오염 원인을 제거한 후 산소센서를 교환한다. "고장 수리 확인" 절차를 수행한다.
2. 분리했던 커넥터를 재 연결한다. 엔진을 난기시킨후 무부하 공회전 상태를 유지한다.
3. GDS를 연결한 후 전방 산소 센서 항목을 점검한다.

정상값 : – 공회전 시 : 0.6V 이상
– 급가감속시 : 신호파형 변화 (상단에 제시된 '기준파형 및 데이터' 참조)

---

4. 표출값이 정상인가?

예 ▶ ECM측 커넥터 및 터미널의 접촉불량 또는 부식, 변형등을 재점검하여 이상이 있으면 수리한다. 수리 완료 후 또는 정상일 경우 "고장 수리 확인" 절차를 수행한다.

아니오 ▶ 새로운 단품을 임시 장착하여 차량 상태를 확인한 후 정상이면 단품을 교환한다.
"고장 수리 확인" 절차를 수행한다.

고장수리 확인

DTC P0136 참조: 산소센서 회로 이상(뱅크1 센서2)

P0140 산소센서 회로- 활성화 안됨(뱅크1 센서2)

부품 위치

DTC P0136 참조: 산소센서 회로 이상(뱅크1 센서2)

기능 및 역할

DTC P0136 참조: 산소센서 회로 이상(뱅크1 센서2)

고장 코드 설명

차량 주행 상태에서 연료 컷 오프(차단)가 일어난 후 ECM은 후방 산소센서의 신호전압이 기준치 이상이거나 변화량이 낮을 경우 P0139 이라는 고장 코드를 표출한다.

고장판정 조건

항목		판정 조건	고장예상 원인
검출 방법		• 센서 신호 이상	• 관련 퓨즈의 파손 및 미장착 • 커넥터 접촉 저항 • 산소 센서 오염
검출 조건	경우1	• 센서 예열 완료 • 감속 연료 차단 상태 • 감속 연료 차단 시작 이후 누적 흡입 공기량 > 20g • 관련 고장 없음 • 10V < 배터리 전압 < 16V	
	경우2	• 냉각수 온도 > 70℃ • 센서 예열 완료 • 이전 감속 연료 차단시 누적 공기 흐름양 > 18g • 이전 감속 연료 차단시의 최종 후방산소센서 전압 < 0.2 V • 감속 연료 차단 이후 누적 공기 흐름양 > 1000g • 매 퍼지 단계동안 최대 전방산소센서 전압 > 0.7V • 촉매 온도(모델값) > 350℃	
판정값	경우1	• 연료 차단시 전압 > 0.1V (감속 연료 차단 동안)	
	경우2	• 센서 전압 < 0.55V (감속연료차단이 끝난후 추가 연료로 농후하게 만든 후의 전압)	
검출 시간	경우1	• 5초	
	경우2	• 5회 유효 감속 연료 차단 (촉매 퍼지 기능 작동 수반)	

표준회로도

DTC P0136 참조: 산소센서 회로 이상(뱅크1 센서2)

고장코드 확인

DTC P0136 참조: 산소센서 회로 이상(뱅크1 센서2)

스캔툴 데이터 분석

DTC P0136 참조: 산소센서 회로 이상(뱅크1 센서2)

컨넥터 및 터미널 점검

DTC P0136 참조: 산소센서 회로 이상(뱅크1 센서2)

단품점검

1. 아래 항목에 대해 시각적/물리적 점검을 수행한다.
   - 산소센서가 정확하게 장착되어 있는지 여부 점검.
   - 산소센서의 실리콘 오염을 점검한다. 실리콘 오염은 산소센서 표면에 흰색 가루가 묻어있는 것으로 확인할 수 있으며 비정상적인 값이 출력된다.
   - 연료, 냉각수 또는 오일에 의한 오염 여부.
   - 부적절한 실런트 사용 여부.
   - 산소센서 오염이 발견된 경우에는 재오염의 방지를 위하여 반드시 오염 원인을 제거한 후 산소센서를 교환한다. "고장 수리 확인" 절차를 수행한다.
2. 분리했던 커넥터를 재 연결한다. 엔진을 난기시킨후 무부하 공회전 상태를 유지한다.
3. GDS를 연결한 후 전방 산소 센서 항목을 점검한다.

정상값 : - 공회전 시 : 0.6V 이상
- 급가감속시 : 신호파형 변화 (상단에 제시된 '기준파형 및 데이터' 참조)

4. 표출값이 정상인가?

예 ▶ ECM측 커넥터 및 터미널의 접촉불량 또는 부식, 변형등을 재점검하여 이상이 있으면 수리한다. 수리 완료 후 또는 정상일 경우 "고장 수리 확인" 절차를 수행한다.

아니오 ▶ 새로운 단품을 임시 장착하여 차량 상태를 확인한 후 정상이면 단품을 교환한다. "고장 수리 확인" 절차를 수행한다.

고장수리 확인

DTC P0136 참조: 산소센서 회로 이상(뱅크1 센서2)

P0170 연료 학습제어 이상(뱅크1)

기능 및 역할

ECM은 산소센서 신호전압을 기준으로 배기가스 제어 및 연비 향상을 위하여 공연비제어를 실시 한다. 공연비 제어는 단시간내에 실시하는 공연비 보정과 장시간이 소요되는 공연비 학습으로 구분된다. 이상적인 연료 보정값은 0 %이고 전방 산소 센서가 배기가스 상태가 희박이라 감지하면 ECM은 연료분사량을 늘리고 보정값은 + 방향으로 움직인다. 반대로 농후하면 분사량을 줄이고 이때 보정값은 0%이하이다.

고장 코드 설명

고장코드 P0170은 엔진 난기후 피드백 상태에서 단기 연료 보정값이 최소,최대 규정값을 초과할 경우 발생된다.

고장판정 조건

항목	판정 조건	고장예상 원인
검출 방법	• 단기 연료 보정값 점검	• 흡/배기 계통 및 증발 가스 제어 시스템의 공기 누설 • 엔진 오일 오염 또는 오일 레벨 • 산소 센서 또는 공기량 센서 • 연료 시스템
검출 조건	• 캐니스터 퍼지 밸브 닫힘 상태 • 엔진 냉각 수온 > 60℃	
판정값	• 단기 연료 보정값 : > 50% 또는 < −35 %	
검출 시간	• 30초	

기준 파형 및 데이터

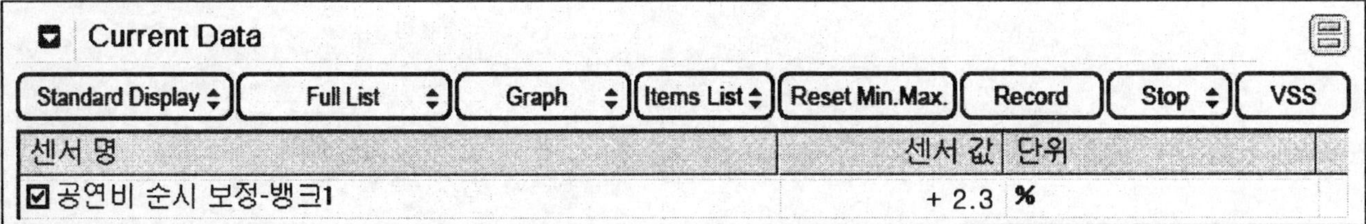

SFDF28614D

※ 현재의 산소센서에 대한 실시간 공연비 보정 값을 나타냄.

- − 값일 경우 : 전방 산소 센서의 값이 0.45V 이상(공연비 농후)하여 인젝터 분사량을 감소하는 − 방향(희박)으로 보정.
- 0 값일 경우 : 목표 공연비 제어가 이루어저셔 연료 보정이 필요 없는 상태임.
- + 값일 경우 : 전방 산소 센서의 값이 0.45V 이하(공연비 희박)하여 인젝터 분사량을 증가하는 + 방향(농후)으로 보정.

고장코드 확인

참고

인젝터, 산소 센서, 냉각 수온 센서, 스로틀 포지션 센서 및 흡입 공기량 센서와 연관된 고장코드가 저장되어 있으면, 저장되어 있는 코드와 관련된 모든 수리절차를 완료한 이후에 본 진단 절차를 수행한다.

1. GDS의 "고장코드"기능을 선택 한다.
2. 화면 중앙에있는 DTC Status 기능을 선택 한다.
3. "고장 진단 완료 유무" 항목이 COMPLETED(진단 완료)인지 확인한다.

   참고

   미완료일경우 일반정보의 검출조건에서 지시하는대로 차량을 주행하여 진단을 완료 시킨다

4. "고장 유형"항목의 결과값이 "과거 고장" 인가?

GDS

[고장코드 정보]

P0000 고장코드 및 코드명 출력

1. 경고등 상태 : OFF/ON
2. 고장 유형 : HISTORY(과거고장) / PRESENT(현재고장)
3. 고장진단 완료 유무 : COMPLETED
4. 동일고장 발생 횟수 : 횟수가 기록
5. 고장발생 후 경과시간 : 00 M
6. 고장소거 후 경과시간 : 00 M

SFDF28702D

참고

- 과거 고장 : 이전에 발행한 고장임. 현재는 정상.

- 현재 고장 : 현재 고장이 발생되어 있는 상태임.

예 ▶ GDS에서 표출되는 "동일 고장 발생 횟수"를 참고하여 아래 지시 사항을 수행 한다.
- "동일고장 발생 횟수"가 1회 이하 : 현재 차량의 상태는 정상이므로 "고장 수리 확인" 절차를 수행한다.
- "동일고장 발생 횟수"가 2회 이상 : 배선등의 접촉불량으로 인한 간헐적 고장 가능성이 의심됨. 다음 점검 절차를 수행한다.

아니오 ▶ 다음 점검 절차를 수행한다.

시스템 점검

■ 파워 밸런스 점검

참고

이 테스트의 목적은 결함의 원인이 특정 기통의 엔진 내부 결함인지 또는 연료계통에 있는지를 구별하는데 있다. 정확한 결과를 얻기 위해서 최대한 엔진 회전수가 일정한 상태에서 값을 읽는다.

주의

테스트를 시작하기전에 변속레버를 'P'에 위치시키고 주차 브레이크를 완전히 작동시킨다.

1. 엔진을 난기시킨후 공회전 상태로 유지한다.
2. 아래 그림과 같이 GDS의 "센서출력 & 액츄에이터"기능에서 센서출력창에는 엔진회전수를 액츄에이터창에는 인젝터를 선택한다.
3. 하단의 "Start" 기능을 선택 후 해당 인젝터 작동이 중지 되었을때 엔진 회전수를 기록한다.
4. 절차 3)과 같은 방법으로 순차적으로 모든 인젝터의 작동을 중지 시킨 후 엔진회전수를 기록한다.

정상값 : 인젝터작동이 중단 되었을때 해당되는 각 기통별 엔진회전수 편차는 거의 동일 하여야 한다.

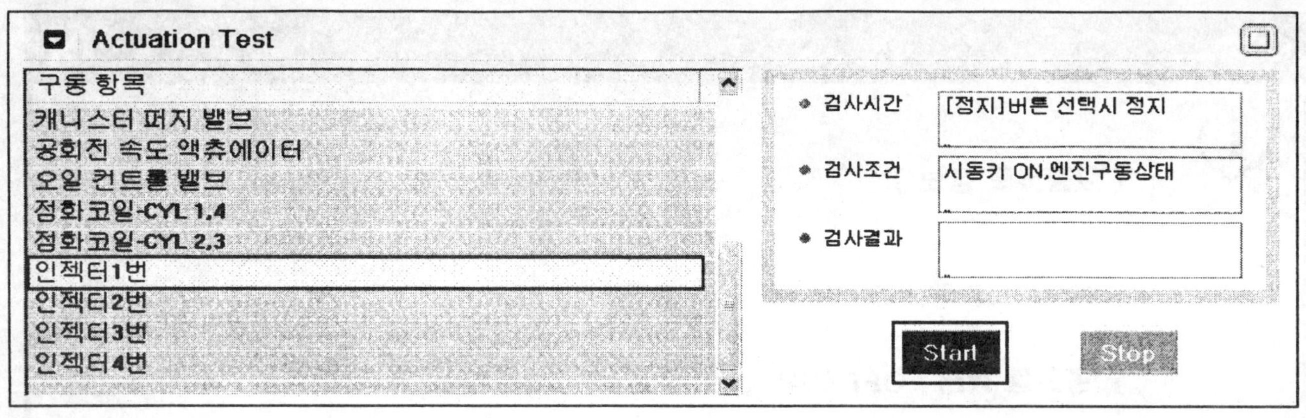

SFDF28708D

5. 각 실린더별 엔진 회전수가 거의 동일한가?

예 ▶ 다음 점검 절차를 수행한다.

아니오 ▶ 인젝터 작동이 중단되었을때 엔진 회전수가 변하지 않는 특정 기통은 엔진 내부 또는 해당 연료나 점화계통의 문제를 의심할 수 있다."연료 시스템 점검"절차를 수행한다.

참고

년식이 오래된 차량의 경우 파워밸런스 점검 결과 엔진회전수가 200RPM 이상으로 떨어진 경우는 엔진내부 손상을 의심할 수 있으므로 압력게이지를 사용하여 압축압력을 점검하여 이상이 발견될 경우 엔진 내부를 점검한다.

■ 공기량 누설 점검

1. 아래 항목을 대상으로 흡/배기 계통의 공기 누설을 점검한다.
   - 진공호스의 손상,꺾임 및 연결 불량.
   - 스로틀 바디 개스킷 손상 유무
   - 흡기 매니폴드와 실린더 헤드사이의 개스킷 손상 유무
   - 인젝터와 흡기매니폴드간 기밀유지 여부
   - 산소센서와 촉매간 기밀 유지 여부
2. 문제가 발견되었는가?

예 ▶ 교환 또는 수리한 후 "고장 수리 확인" 절차를 수행한다.

아니오 ▶ 다음 점검 절차를 수행 한다.

3. 아래 수순을 참조하여 퍼지 계통의 공기 누설을 점검한다.
   1) 캐니스터 퍼지 밸브로 부터 흡기 매니폴드로 연결되는 진공호스를 분리한다.
   2) 진공펌프를 사용하여 분리한 호스에 약 15 inHg 진공을 인가한다.
   3) 진공이 유지되는가?

예 ▶ 다음 점검 절차를 수행 한다.

아니오 ▶ 공기 누설을 수리한 후 "고장 수리 확인" 절차를 수행한다.

■ 관련 센서 단품 점검

참고

"일반 정보"의 "기준 파형 및 데이터"의 각 센서 기준데이터를 참조하여 아래 항목을 점검 한다.

1. 아래 조건에 대해 시각적/물리적 점검을 수행한다.
   - 산소센서가 정확히 장착되어 있는지 또는 센서와 ECM 커넥터의 터미널 부식여부 및 장력이 적절한지 점검한다.(배선이 배기측에 접촉되어 있지 않음을 확인한다)
   - 전방 산소센서의 실리콘 오염을 점검한다. 실리콘 오염은 산소센서 표면에 흰색 가루가 묻어있는 것으로 확인할 수 있으며 비정상적인 값이 출력된다.
   - 산소센서 오염 여부(연료,냉각수 또는 엔진오일등)
   - 부적절한 실런트 사용 여부
2. 흡입 공기량 센서의 오염/성능 악화 또는 커넥터 접촉 불량 및 배선 손상
   - 오염 또는 성능 악화
   - 커넥터 접촉 불량 및 배선 손상
3. 시동후 가속 페달을 밟으면서 스로틀 위치센서 신호가 밟는양에 비례하여 일정하게 증가 하는지 점검한다.
4. ECM 접지 상태가 양호한지 점검한다.
5. 이상이 발견된 경우에는 수리 또는 교환 작업을 실시한 후 "고장 수리 확인" 절차를 수행한다. 정상일 경우에는 다음 점검 절차를 수행한다.

■ **포지티브 크랭크케이스 벤틸레이션(PCV) 시스템 점검**

1. 엔진 오일량을 점검한 후 필요하면 보충 또는 수리 한다.
2. PCV 밸브의 오장착 여부, 오링 손상등을 육안 점검 한다.
3. 엔진 오일이 연료에 희석되었는지 유무를 아래수순을 참조하여 점검한다.
   1) 엔진을 정상 작동 온도까지 난기 시킨다.
   2) GDS를 설치하고 서비스 데이터 중 "공연비 연료 보정" 항목값의 범위를 기록한다.
   3) 엔진을 정지 시킨 후 흡기 매니폴드측에서 PCV 밸브를 분리한 후 적당한 공구로 양측을 막는다.
   4) 엔진을 재시동한 후 "공연비 연료 보정" 항목값을 다시 점검한다.

정상값 : PCV 밸브 분리전,후의 측정값은 높거나 낮게 변화하지 않고 일정 하여야 한다.

4. 측정값은 정상인가?

예 ▶ 다음 점검 절차를 수행한다.

아니오 ▶ 정비 지침서를 참조하여 PCV 밸브의 정상 작동 여부를 점검한다. 정상이면 엔진오일이 연료에 희석되진 않았는지 점검한다. 이상이 발견되면 오일 또는 필터를 교환한 후 "고장 수리 확인" 절차를 수행한다.

연료 시스템 점검

■ **연료 압력 점검**

1. 연료에 수분 또는 이물질이 유입되었는지 점검한다.
2. 연료 압력 게이지를 장착한다.
3. 공회전 정상 상태에서 연료 압력을 점검한다.

정상값 : 338~348kPa(3.45~3.55 kg/㎠)

4. 측정값은 정상인가?

예 ▶ 다음 점검 절차를 수행한다.

 ▶ 아래 표를 참고하여, 고장 가능 부위를 점검한다. 이상이 발견되면 교환 또는 수리한 후 "고장 수리 확인" 절차를 수행한다.

조건	가능 원인	고장 가능 부위
연료 압력 낮음	연료 필터 막힘	연료 필터
	연료 압력 조절기의 연료 누출	연료 펌프(연료 압력 조절기)
연료 압력 높음	연료 압력 조절기 고착	연료 펌프(연료 압력 조절기)

■ **연료 잔압 점검**

1. 엔진을 정지 시킨후 연료 압력이 변동 하는지 점검 한다.

정상값 : 엔진 정지 후 최소 5분간 연료 압력은 유지 되어야 한다.

2. 측정값은 정상인가?

예 ▶ 정비 지침서를 참조하여 압축압력을 점검한다. 엔진의 기계적 불량 여부를 점검 한 후 이상이 있으면 수리 또는 교환한 후 "고장 수리 확인" 절차를 수행한다.

아니오 ▶ 아래 표를 참고하여, 고장 가능 부위를 점검한다. 이상이 발견되면 교환 또는 수리한 후 "고장 수리 확인" 절차를 수행한다.

조건	가능 원인	고장 가능 부위
연료 압력이 서서히 낮아짐	인젝터 누설	인젝터
연료 압력이 급격히 낮아짐	연료 펌프(첵밸브가 열린 상태로 고착)	연료 펌프

고장수리 확인

"고장 코드 확인" 절차를 재수행하여 고장이 정확히 수리 되었는지 확인한다

1. GDS의 "자기진단"기능중 DTC Status 기능을 선택 한다.

   ⚠주의
   고장코드를 소거하지 말 것(상세정보도 함께 소거 됨)

2. "고장 진단 완료 유무" 항목이 "진단 완료"인지 확인한다.

   참고
   미완료일경우 일반정보의 검출조건에서 지시하는대로 차량을 주행하여 완료 시킨다.

3. "고장 유형"항목의 결과값이 "과거 고장" 인가?

예 ▶ 시스템 정상. 고장코드를 소거한다.

아니오 ▶ 적절한 수리절차를 재수행한다.

P0171 연료 학습제어-혼합비 희박(뱅크1)

기능 및 역할

DTC P0170 참조: 연료 학습제어 이상(뱅크1)

고장 코드 설명

연료 보정값(단기보정) 과 학습값(장기보정)이 희박 한계치를 벗어나면 ECM은 고장코드 P0171을 표출한다

고장판정 조건

항목	판정 조건	고장예상 원인
검출 방법	• 장기 연료 보정값 점검	• 배기 시스템 공기 누설 • 산소 센서 • 삼원 촉매
검출 조건	• 캐니스터 포화도 > -11% • 계산된 고도 < 2500m • 엔진 냉각 수온 > 60℃ • 장기 연료 보정값 : > 19% 또는 <-23%	
판정값	• 장기 연료 보정값 + 단기 연료 보정값 > 36%(180초 중 60초 이상)	
검출 시간	• 180초	

기준 파형 및 데이터

DTC P0170 참조: 연료 학습제어 이상(뱅크1)

고장코드 확인

DTC P0170 참조: 연료 학습제어 이상(뱅크1)

시스템 점검

■ 파워 밸런스 점검

참고

이 테스트의 목적은 결함의 원인이 특정 기통의 엔진 내부 결함인지 또는 연료계통에 있는지를 구별하는데 있다. 정확한 결과를 얻기 위해서 최대한 엔진 회전수가 일정한 상태에서 값을 읽는다.

⚠주의

테스트를 시작하기전에 변속레버를 'P'에 위치시키고 주차 브레이크를 완전히 작동시킨다.

1. 엔진을 난기시킨후 공회전 상태로 유지한다.
2. 아래 그림과 같이 GDS의 "센서출력 & 액츄에이터"기능에서 센서출력창에는 엔진회전수를 액츄에이터창에는 인젝터를 선택한다.
3. 하단의 "Start" 기능을 선택 후 해당 인젝터 작동이 중지 되었을때 엔진 회전수를 기록한다.
4. 절차 3)과 같은 방법으로 순차적으로 모든 인젝터의 작동을 중지 시킨 후 엔진회전수를 기록한다.

정상값 : 인젝터작동이 중단 되었을때 해당되는 각 기통별 엔진회전수 편차는 거의 동일 하여야 한다.

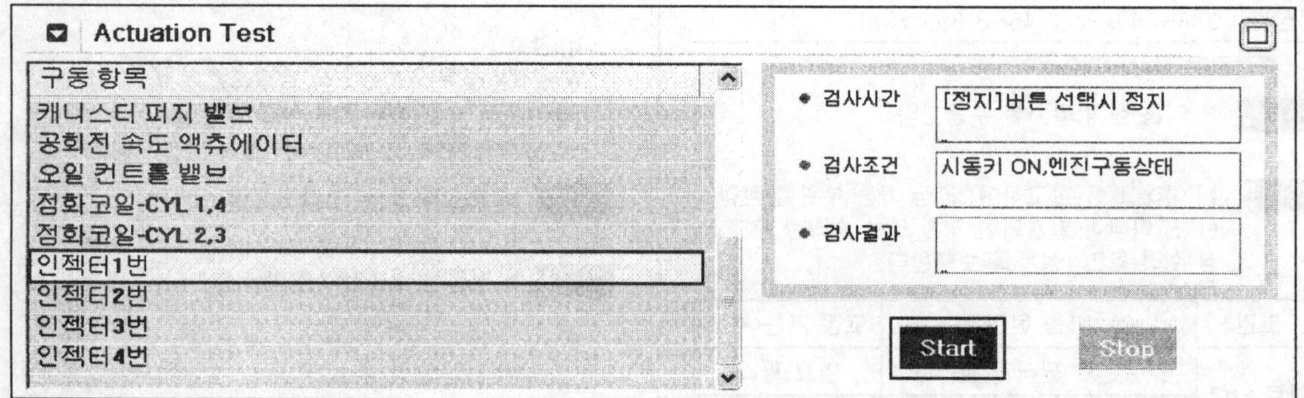

SFDF28708D

5. 각 실린더별 엔진 회전수가 거의 동일한가?

예 ▶ 다음 점검 절차를 수행한다.

아니오 ▶ 인젝터 작동이 중단되었을때 엔진 회전수가 변하지 않는 특정 기통은 엔진 내부 또는 해당 연료나 점화계통의 문제를 의심할 수 있다."연료 시스템 점검"절차를 수행한다.

참고

년식이 오래된 차량의 경우 파워밸런스 점검 결과 엔진회전수가 200RPM 이상으로 떨어진 경우는 엔진내부 손상을 의심할 수 있으므로 압력게이지를 사용하여 압축압력을 점검하여 이상이 발견될 경우 엔진 내부를 점검한다.

■ 공기량 누설 점검

1. 아래 항목을 대상으로 흡/배기 계통의 공기 누설을 점검한다.
   - 진공호스의 손상,꺾임 및 연결 불량.
   - 스로틀 바디 개스킷 손상 유무
   - 흡기 매니폴드와 실린더 헤드사이의 개스킷 손상 유무
   - 인젝터와 흡기매니폴드간 기밀유지 여부
   - 산소센서와 촉매간 기밀 유지 여부
2. 문제가 발견되었는가?

예 ▶ 교환 또는 수리한 후 "고장 수리 확인" 절차를 수행한다.

아니오 ▶ 다음 점검 절차를 수행 한다.

3. 아래 수순을 참조하여 퍼지 계통의 공기 누설을 점검한다.
   1) 캐니스터 퍼지 밸브로 부터 흡기 매니폴드로 연결되는 진공호스를 분리한다.
   2) 진공펌프를 사용하여 분리한 호스에 약 15 inHg 진공을 인가한다.
   3) 진공이 유지되는가?

예 ▶ 다음 점검 절차를 수행 한다.

아니오 ▶ 공기 누설을 수리한 후 "고장 수리 확인" 절차를 수행한다.

■ 관련 센서 단품 점검

참고

"일반 정보"의 "기준 파형 및 데이터"의 각 센서 기준데이터를 참조하여 아래 항목을 점검 한다.

1. 아래 조건에 대해 시각적/물리적 점검을 수행한다.
   - 산소센서가 정확히 장착되어 있는지 또는 센서와 ECM 커넥터의 터미널 부식여부 및 장력이 적절한지 점검한다.(배선이 배기측에 접촉되어 있지 않음을 확인한다)
   - 전방 산소센서의 실리콘 오염을 점검한다. 실리콘 오염은 산소센서 표면에 흰색 가루가 묻어있는 것으로 확인할 수 있으며 비정상적인 값이 출력된다.
   - 산소센서 오염 여부(연료,냉각수 또는 엔진오일등)
   - 부적절한 실런트 사용 여부
2. 흡입 공기량 센서의 오염/성능 악화 또는 커넥터 접촉 불량 및 배선 손상
   - 오염 또는 성능 악화
   - 커넥터 접촉 불량 및 배선 손상
3. 시동후 가속 페달을 밟으면서 스로틀 위치센서 신호가 밟는양에 비례하여 일정하게 증가 하는지 점검한다.
4. ECM 접지 상태가 양호한지 점검한다.
5. 이상이 발견된 경우에는 수리 또는 교환 작업을 실시한 후 "고장 수리 확인" 절차를 수행한다. 정상일 경우에는 다음 점검 절차를 수행한다.

■ 포지티브 크랭크케이스 벤틸레이션(PCV) 시스템 점검

1. 엔진 오일량을 점검한 후 필요하면 보충 또는 수리 한다.
2. PCV 밸브의 오장착 여부, 오링 손상등을 육안 점검 한다.
3. 엔진 오일이 연료에 희석되었는지 유무를 아래수순을 참조하여 점검한다.
   1) 엔진을 정상 작동 온도까지 난기 시킨다.
   2) GDS를 설치하고 서비스 데이터 중 "공연비 연료 보정" 항목값의 범위를 기록한다.
   3) 엔진을 정지 시킨 후 흡기 매니폴드측에서 PCV 밸브를 분리한 후 적당한 공구로 양측을 막는다.
   4) 엔진을 재시동한 후 "공연비 연료 보정" 항목값을 다시 점검한다.

정상값 : PCV 밸브 분리전,후의 측정값은 높거나 낮게 변화하지 않고 일정 하여야 한다.

4. 측정값은 정상인가?

예 ▶ 다음 점검 절차를 수행한다.

아니오 ▶ 정비 지침서를 참조하여 PCV 밸브의 정상 작동 여부를 점검한다. 정상이면 엔진오일이 연료에 희석되진 않았는지 점검한다. 이상이 발견되면 오일 또는 필터를 교환한 후 "고장 수리 확인" 절차를 수행한다.

연료 시스템 점검

■ 연료 압력 점검

1. 연료에 수분 또는 이물질이 유입되었는지 점검한다.

2. 연료 압력 게이지를 장착한다.
3. 공회전 정상 상태에서 연료 압력을 점검한다.

정상값 : 338~348kPa(3.45~3.55 kg/㎠)

4. 측정값은 정상인가?

예 ▶ 다음 점검 절차를 수행한다.

아니오 ▶ 아래 표를 참고하여, 고장 가능 부위를 점검한다. 이상이 발견되면 교환 또는 수리한 후 "고장 수리 확인" 절차를 수행한다.

조건	가능 원인	고장 가능 부위
연료 압력 낮음	연료 필터 막힘	연료 필터
	연료 압력 조절기의 연료 누출	연료 펌프(연료 압력 조절기)
연료 압력 높음	연료 압력 조절기 고착	연료 펌프(연료 압력 조절기)

■ 연료 잔압 점검

1. 엔진을 정지 시킨후 연료 압력이 변동 하는지 점검 한다.

정상값 : 엔진 정지 후 최소 5분간 연료 압력은 유지 되어야 한다.

2. 측정값은 정상인가?

예 ▶ 정비 지침서를 참조하여 압축압력을 점검한다. 엔진의 기계적 불량 여부를 점검 한 후 이상이 있으면 수리 또는 교환한 후 "고장 수리 확인" 절차를 수행한다.

아니오 ▶ 아래 표를 참고하여, 고장 가능 부위를 점검한다. 이상이 발견되면 교환 또는 수리한 후 "고장 수리 확인" 절차를 수행한다.

조건	가능 원인	고장 가능 부위
연료 압력이 서서히 낮아짐	인젝터 누설	인젝터
연료 압력이 급격히 낮아짐	연료 펌프(첵밸브가 열린 상태로 고착)	연료 펌프

고장수리 확인

DTC P0170 참조: 연료 학습제어 이상(뱅크1)

P0172 연료 학습제어-혼합비 농후(뱅크1)

기능 및 역할

DTC P0170 참조: 연료 학습제어 이상(뱅크1)

고장 코드 설명

연료 보정값(단기보정) 과 학습값(장기보정)이 농후 한계치를 벗어나면 ECM은 고장코드 P0172를 표출한다

고장판정 조건

항목	판정 조건	고장예상 원인
검출 방법	• 장기 연료 보정값 점검	• 배기 시스템 공기 누설 • 산소 센서 • 삼원 촉매
검출 조건	• 캐니스터 포화도 > -11% • 계산된 고도 < 2500m • 엔진 냉각 수온 > 60℃ • 장기 연료 보정값 : > 19% 또는 <-23%	
판정값	• 장기 연료 보정값 + 단기 연료 보정값 < -28%(180초 중 60초 이상)	
검출 시간	• 180초	

기준 파형 및 데이터

DTC P0170 참조: 연료 학습제어 이상(뱅크1)

고장코드 확인

DTC P0170 참조: 연료 학습제어 이상(뱅크1)

시스템 점검

■ 파워 밸런스 점검

참고

이 테스트의 목적은 결함의 원인이 특정 기통의 엔진 내부 결함인지 또는 연료계통에 있는지를 구별하는데 있다. 정확한 결과를 얻기 위해서 최대한 엔진 회전수가 일정한 상태에서 값을 읽는다.

주의

테스트를 시작하기전에 변속레버를 'P'에 위치시키고 주차 브레이크를 완전히 작동시킨다.

1. 엔진을 난기시킨후 공회전 상태로 유지한다.
2. 아래 그림과 같이 GDS의 "센서출력 & 액츄에이터"기능에서 센서출력창에는 엔진회전수를 액츄에이터창에는 인젝터를 선택한다.
3. 하단의 "Start" 기능을 선택 후 해당 인젝터 작동이 중지 되었을때 엔진 회전수를 기록한다.
4. 절차 3)과 같은 방법으로 순차적으로 모든 인젝터의 작동을 중지 시킨 후 엔진회전수를 기록한다.

정상값 : 인젝터작동이 중단 되었을때 해당되는 각 기통별 엔진회전수 편차는 거의 동일 하여야 한다.

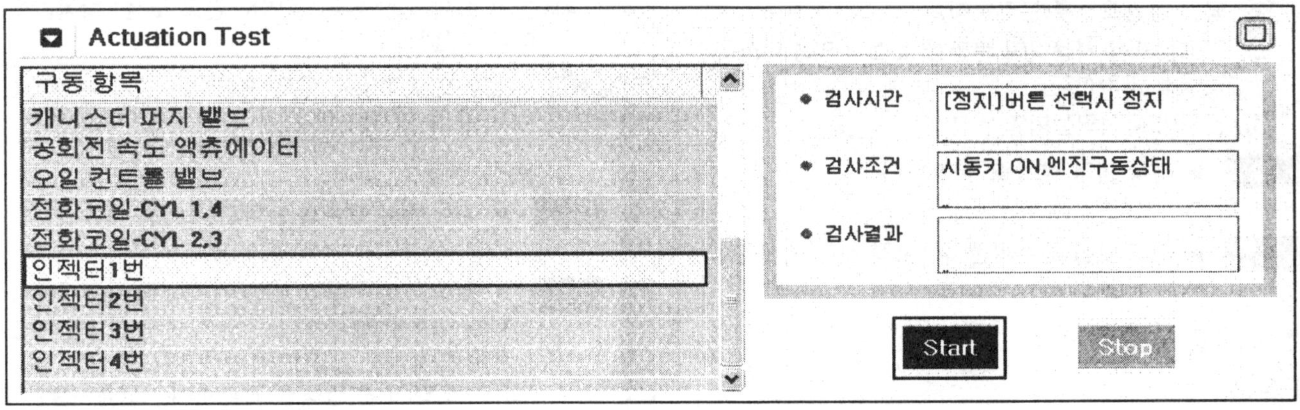

SFDF28708D

5. 각 실린더별 엔진 회전수가 거의 동일한가?

예 ▶ 다음 점검 절차를 수행한다.

아니오 ▶ 인젝터 작동이 중단되었을때 엔진 회전수가 변하지 않는 특정 기통은 엔진 내부 또는 해당 연료나 점화계통의 문제를 의심할 수 있다."연료 시스템 점검"절차를 수행한다.

참고
년식이 오래된 차량의 경우 파워밸런스 점검 결과 엔진회전수가 200RPM 이상으로 떨어진 경우는 엔진내부 손상을 의심할 수 있으므로 압력 게이지를 사용하여 압축압력을 점검하여 이상이 발견될 경우 엔진 내부를 점검한다.

■ 공기량 누설 점검

1. 아래 항목을 대상으로 흡/배기 계통의 공기 누설을 점검한다.
   - 진공호스의 손상,꺾임 및 연결 불량.
   - 스로틀 바디 개스킷 손상 유무
   - 흡기 매니폴드와 실린더 헤드사이의 개스킷 손상 유무
   - 인젝터와 흡기매니폴드간 기밀유지 여부
   - 산소센서와 촉매간 기밀 유지 여부
2. 문제가 발견되었는가?

예 ▶ 교환 또는 수리한 후 "고장 수리 확인" 절차를 수행한다.

아니오 ▶ 다음 점검 절차를 수행 한다.

3. 아래 수순을 참조하여 퍼지 계통의 공기 누설을 점검한다.
   1) 캐니스터 퍼지 밸브로 부터 흡기 매니폴드로 연결되는 진공호스를 분리한다.
   2) 진공펌프를 사용하여 분리한 호스에 약 15 inHg 진공을 인가한다.
   3) 진공이 유지되는가?

예 ▶ 다음 점검 절차를 수행 한다.

아니오 ▶ 공기 누설을 수리한 후 "고장 수리 확인" 절차를 수행한다.

■ 관련 센서 단품 점검

참고
"일반 정보"의 "기준 파형 및 데이터"의 각 센서 기준데이터를 참조하여 아래 항목을 점검 한다.

1. 아래 조건에 대해 시각적/물리적 점검을 수행한다.
   - 산소센서가 정확히 장착되어 있는지 또는 센서와 ECM 커넥터의 터미널 부식여부 및 장력이 적절한지 점검한다.(배선이 배기측에 접촉되어 있지 않음을 확인한다)
   - 전방 산소센서의 실리콘 오염을 점검한다. 실리콘 오염은 산소센서 표면에 흰색 가루가 묻어있는 것으로 확인할 수 있으며 비정상적인 값이 출력된다.
   - 산소센서 오염 여부(연료,냉각수 또는 엔진오일등)
   - 부적절한 실런트 사용 여부
2. 흡입 공기량 센서의 오염/성능 악화 또는 커넥터 접촉 불량 및 배선 손상
   - 오염 또는 성능 악화
   - 커넥터 접촉 불량 및 배선 손상
3. 시동후 가속 페달을 밟으면서 스로틀 위치센서 신호가 밟는양에 비례하여 일정하게 증가 하는지 점검한다.
4. ECM 접지 상태가 양호한지 점검한다.
5. 이상이 발견된 경우에는 수리 또는 교환 작업을 실시한 후 "고장 수리 확인" 절차를 수행한다. 정상일 경우에는 다음 점검 절차를 수행한다.

■ 포지티브 크랭크케이스 벤틸레이션(PCV) 시스템 점검

1. 엔진 오일량을 점검한 후 필요하면 보충 또는 수리 한다.
2. PCV 밸브의 오장착 여부, 오링 손상등을 육안 점검 한다.
3. 엔진 오일이 연료에 희석되었는지 유무를 아래수순을 참조하여 점검한다.
   1) 엔진을 정상 작동 온도까지 난기 시킨다.
   2) GDS를 설치하고 서비스 데이터 중 "공연비 연료 보정" 항목값의 범위를 기록한다.
   3) 엔진을 정지 시킨 후 흡기 매니폴드측에서 PCV 밸브를 분리한 후 적당한 공구로 양측을 막는다.
   4) 엔진을 재시동한 후 "공연비 연료 보정" 항목값을 다시 점검한다.

정상값 : PCV 밸브 분리전,후의 측정값은 높거나 낮게 변화하지 않고 일정 하여야 한다.

4. 측정값은 정상인가?

예 ▶ 다음 점검 절차를 수행한다.

아니오 ▶ 정비 지침서를 참조하여 PCV 밸브의 정상 작동 여부를 점검한다. 정상이면 엔진오일이 연료에 희석되진 않았는지 점검한다. 이상이 발견되면 오일 또는 필터를 교환한 후 "고장 수리 확인" 절차를 수행한다.

연료 시스템 점검

■ 연료 압력 점검

1. 연료에 수분 또는 이물질이 유입되었는지 점검한다.

2. 연료 압력 게이지를 장착한다.
3. 공회전 정상 상태에서 연료 압력을 점검한다.

정상값 : 338~348kPa(3.45~3.55 kg/㎠)

4. 측정값은 정상인가?

예 ▶ 다음 점검 절차를 수행한다.

아니오 ▶ 아래 표를 참고하여, 고장 가능 부위를 점검한다. 이상이 발견되면 교환 또는 수리한 후 "고장 수리 확인" 절차를 수행한다.

조건	가능 원인	고장 가능 부위
연료 압력 낮음	연료 필터 막힘	연료 필터
	연료 압력 조절기의 연료 누출	연료 펌프(연료 압력 조절기)
연료 압력 높음	연료 압력 조절기 고착	연료 펌프(연료 압력 조절기)

■ **연료 잔압 점검**

1. 엔진을 정지 시킨후 연료 압력이 변동 하는지 점검 한다.

정상값 : 엔진 정지 후 최소 5분간 연료 압력은 유지 되어야 한다.

2. 측정값은 정상인가?

예 ▶ 정비 지침서를 참조하여 압축압력을 점검한다. 엔진의 기계적 불량 여부를 점검 한 후 이상이 있으면 수리 또는 교환한 후 "고장 수리 확인" 절차를 수행한다.

아니오 ▶ 아래 표를 참고하여, 고장 가능 부위를 점검한다. 이상이 발견되면 교환 또는 수리한 후 "고장 수리 확인" 절차를 수행한다.

조건	가능 원인	고장 가능 부위
연료 압력이 서서히 낮아짐	인젝터 누설	인젝터
연료 압력이 급격히 낮아짐	연료 펌프(첵밸브가 열린 상태로 고착)	연료 펌프

고장수리 확인

DTC P0170 참조: 연료 학습제어 이상(뱅크1)

P0196 엔진 오일 온도 센서(EOTS) - 작동범위/성능이상

부품 위치

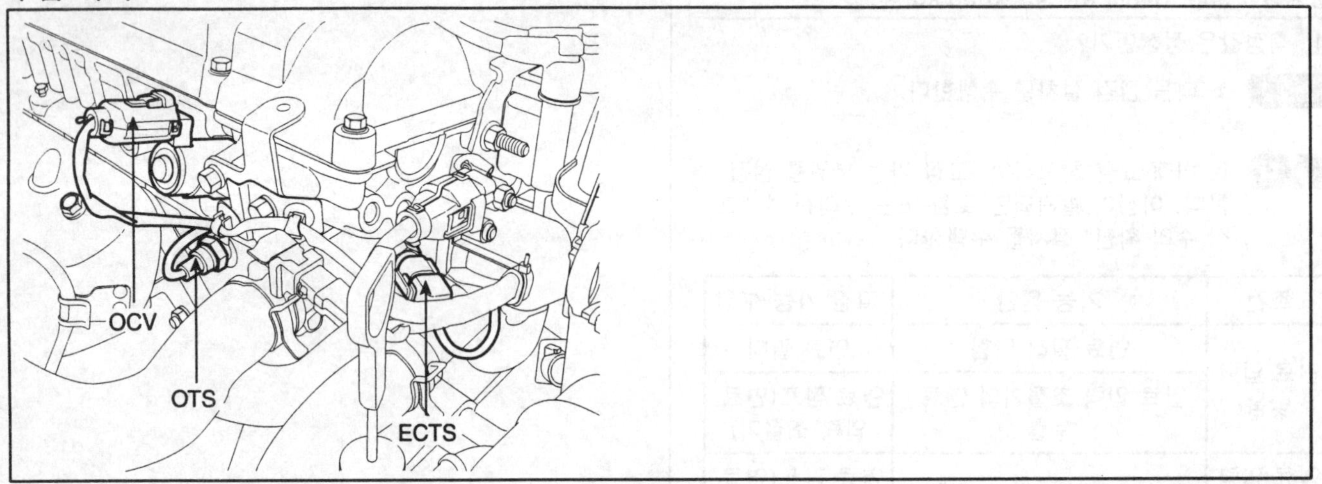

SFDF28202D

기능 및 역할

CVVT시스템의 작동 유체는 엔진 오일이며 오일은 온도에 따라서 그 밀도가 변하므로 ECM은 엔진 오일 온도 센서(OTS)의 신호값을 받아온도에 따른 보상을 하게 된다. 오일 온도 센서의 주요 기능은 다음과 같다.

1) 흡기밸브 제어 솔레노이드(또는 오일컨트롤밸브)듀티 보정 : 오일온도에 따라 코일의 저항이 달라지므로 듀티 보정을 하지 않는다면 저온에서는 과도한 전류가, 고온에서는 적은 전류가 흐르게 된다. 따라서 ECM은 유온변화에 관계 없이 일정한 전류를 가할수 있도록 오일 온도 센서의 출력값에 따라 적절한 듀티를 보정 한다.

2) CVVT시스템 작동개시 온도 판단 : 저온에서는 밸브등 엔진 단품의 마찰이 크기 때문에 CVVT 응답성이 악화되므로 적당한 온도 이상에서 CVVT를 작동할수 있도록 ECM은 오일 온도 센서의 출력값을 입력 받아 설정온도 이상에서 CVVT를 작동시킨다.

3) CVVT 제어성 향상 : CVVT의 응답속도는 오일온도에 따라 달라지므로 ECM은 오일 온도 센서의 출력값으로 응답속도를 예측하여 제어성능을 향상 시킨다.

고장 코드 설명

이 고장 코드는 오일 온도 신호가 고착 또는 비정상적으로 낮거나 높을 경우를 감지하기 위한 코드이다. ECM은 신호의 고착을 감지하기 위해 계산된 오일 온도 변화 값과 실제 변화값을 비교 판단 한다. 그리고 오일 온도 측정값의 변화량이 한계값 보다 낮으면 P0196이라는 고장코드를 발생한다. ECM은 아래 조건에서 한가지 조건을 만족시킨 경우에 P0196코드를 발생시킨다.

1) 오일 온도 계산값이 높은 경우 오일 온도 측정값이 비정상적으로 낮다.

2) 관련 고장이 없는 조건에서 냉각수온도가 낮은 경우 오일 온도 측정값이 비정상적으로 높다.

고장 판정 조건

항목		판정 조건	고장예상 원인
검출 방법	경우1	• 센서 신호 이상 낮음	• 커넥터 접촉 저항 • 오일온도 센서
	경우2	• 센서 신호 이상 높음	
	경우3	• 센서 신호 고정	
검출 조건	경우1	• 시동시 엔진 냉각수 온도 < 53℃ • 엔진 오일 온도 모델 > 70℃ • 관련 고장 없음 • 6 < 배터리 전압(V)	
	경우2	• 엔진 냉각수 온도 < 70℃ • 관련 고장 없슴 • 6 < 배터리 전압(V) < 16	
	경우3	• 시동시 엔진 냉각수 온도 < 40℃ • 최저 엔진 오일온도 모델 증가>50~100 ℃(시동시 수온에 따름) • 냉각 수온 모델 또는 측정 냉각 수온 > 85℃ • 관련 고장 없슴 • 6 < 배터리 전압(V) < 16	
판정값	경우1	• 측정 엔진 오일 온도 < 20℃	
	경우2	• 측정 엔진 오일 온도 > 100℃	
	경우3	• 실측 오일 온도 증가량 < 10 ℃ ~ 35 ℃(기준값은 시동시 엔진 냉각 수온에 따름)	
검출 시간	경우1	• 15초	
	경우2	• 15초	
	경우3	• 10 ~ 30 분(시동시 냉각 수온과 운전상태에 따름)	

제원

온도 (℃)	센서 저항 (kΩ)
20	2.45
40	1.11
80	0.29

표준회로도

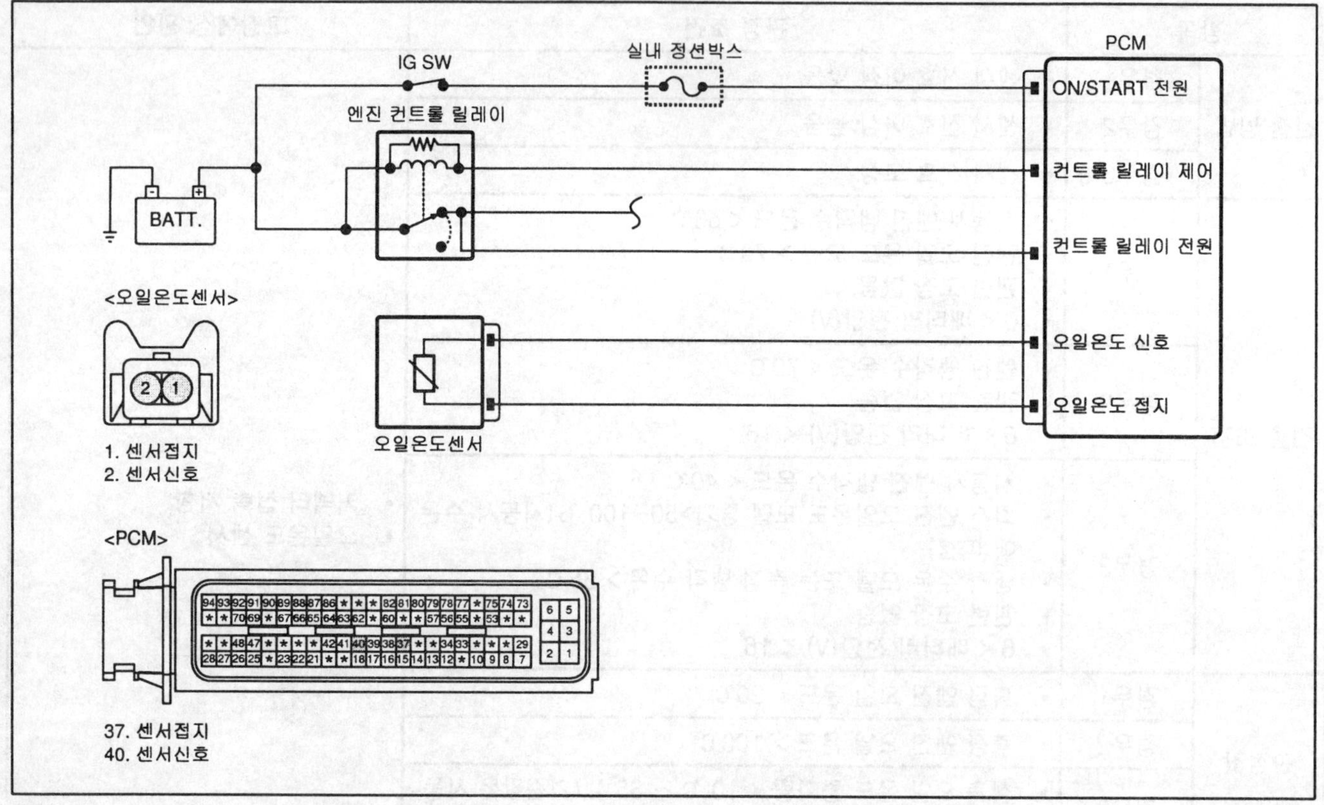

SFDF28550D

고장코드 확인

참고

인젝터, 산소 센서, 냉각 수온 센서, 스로틀 포지션 센서 및 흡입 공기량 센서와 연관된 고장코드가 저장되어 있으면, 저장되어 있는 코드와 관련된 모든 수리절차를 완료한 이후에 본 진단 절차를 수행한다.

1. GDS의 "고장코드"기능을 선택 한다.
2. 화면 중앙에있는 DTC Status 기능을 선택 한다.
3. "고장 진단 완료 유무" 항목이 COMPLETED(진단 완료)인지 확인한다.

   참고

   미완료일경우 일반정보의 검출조건에서 지시하는대로 차량을 주행하여 진단을 완료 시킨다

4. "고장 유형"항목의 결과값이 "과거 고장" 인가?

GDS

[고장코드 정보]

P0000 고장코드 및 코드명 출력

1. 경고등 상태 : OFF/ON
2. 고장 유형 : HISTORY(과거고장) / PRESENT(현재고장)
3. 고장진단 완료 유무 : COMPLETED
4. 동일고장 발생 횟수 : 횟수가 기록
5. 고장발생 후 경과시간 : 00 M
6. 고장소거 후 경과시간 : 00 M

확인

SFDF28702D

📖참고

- 과거 고장 : 이전에 발행한 고장임. 현재는 정상.

- 현재 고장 : 현재 고장이 발생되어 있는 상태임.

예 ▶ GDS에서 표출되는 "동일 고장 발생 횟수"를 참고하여 아래 지시 사항을 수행 한다.
- "동일고장 발생 횟수"가 1회 이하 : 현재 차량의 상태는 정상이므로 "고장 수리 확인" 절차를 수행한다.
- "동일고장 발생 횟수"가 2회 이상 : 배선등의 접촉불량으로 인한 간헐적 고장 가능성이 의심됨. 다음 점검 절차를 수행한다.

아니오 ▶ 다음 점검 절차를 수행한다.

컨넥터 및 터미널 점검

1. 고장의 주요원인은 배선손상 및 연결상태의 불량에 있으므로 커넥터 접촉불량 및 터미널의 부식 또는 변형 등을 전체적으로 점검한다.
2. 문제가 발견 되었는가?

예 ▶ 수리 또는 교환한 후 "고장 수리 확인" 절차를 수행한다.

아니오 ▶ 다음 점검 절차를 수행한다.

단품 점검

1. 점화스위치 "OFF"
2. 오일 온도센서 커넥터를 분리한다.
3. 센서 커넥터의 1번과 2번 터미널간 저항을 측정한다.(단품측)

정상값

온도 (℃)	센서 저항 (kΩ)
20	2.45
40	1.11
80	0.29

4. 측정값이 정상인가?

예 ▶ ECM과 단품 사이의 커넥터 접촉불량 및 터미널의 부식 또는 변형을 점검한 후 이상이 있으면 수리한다.
"고장 수리 확인" 절차를 수행한다.

아니오 ▶ 새로운 단품을 임시 장착하여 차량 상태를 확인한 후 정상이면 단품을 교환한다.
"고장 수리 확인" 절차를 수행한다.

고장수리 확인

"고장 코드 확인" 절차를 재수행하여 고장이 정확히 수리되었는지 확인한다

1. GDS의 "자기진단"기능중 DTC Status 기능을 선택한다.

   ⚠주의
   고장코드를 소거하지 말 것(상세정보도 함께 소거 됨)

2. "고장 진단 완료 유무" 항목이 "진단 완료"인지 확인한다.

   참고
   미완료일경우 일반정보의 검출조건에서 지시하는대로 차량을 주행하여 완료 시킨다.

3. "고장 유형"항목의 결과값이 "과거 고장" 인가?

예 ▶ 시스템 정상. 고장코드를 소거한다.

아니오 ▶ 적절한 수리절차를 재수행한다.

P0197 엔진 오일 온도 센서(EOTS) - 신호값 낮음

부품 위치

DTC P0196 참조: 엔진 오일 온도 센서(EOTS) - 작동범위/성능이상

기능 및 역할

DTC P0196 참조: 엔진 오일 온도 센서(EOTS) - 작동범위/성능이상

고장 코드 설명

ECM은 오일 온도 센서가 적절하게 작동할 수 있는 전압 범위 보다 낮은 전압이 감지되면 고장 코드 P0197을 발생한다.

고장판정 조건

항목	판정 조건	고장예상 원인
검출 방법	• 전압 점검	• 접지 단락 • 커넥터 접촉 저항 • 오일온도 센서
검출 조건	• 냉각수 온도 < 100℃ • 관련 고장 없음 • 6 < 배터리 전압(V)	
판정값	• 오일 온도 > 154℃	
검출 시간	• 5초	

제원

DTC P0196 참조: 엔진 오일 온도 센서(EOTS) - 작동범위/성능이상

표준회로도

DTC P0196 참조: 엔진 오일 온도 센서(EOTS) - 작동범위/성능이상

고장코드 확인

DTC P0196 참조: 엔진 오일 온도 센서(EOTS) - 작동범위/성능이상

신호선 점검

■ 신호선 접지 단락 점검

1. IG KEY OFF 한다.
2. TPS 커넥터를 탈거한다.
3. IG KEY ON 한다.
4. TPS 신호선과 차체 접지 사이의 전압을 측정한다.

정상값 : 약 5 V

컨넥터 및 터미널 점검

DTC P0196 참조: 엔진 오일 온도 센서(EOTS) - 작동범위/성능이상

단품 점검

1. 점화스위치 "OFF"
2. 오일 온도센서 커넥터를 분리한다.
3. 센서 커넥터의 1번과 2번 터미널간 저항을 측정한다.(단품측)

정상값

온도 (℃)	센서 저항 (㏀)
20	2.45
40	1.11
80	0.29

4. 측정값이 정상인가?

예 ▶ ECM과 단품 사이의 커넥터 접촉불량 및 터미널의 부식 또는 변형을 점검한 후 이상이 있으면 수리한다.
"고장 수리 확인" 절차를 수행한다.

아니오 ▶ 새로운 단품을 임시 장착하여 차량 상태를 확인한 후 정상이면 단품을 교환한다.
"고장 수리 확인" 절차를 수행한다.

고장수리 확인

DTC P0196 참조: 엔진 오일 온도 센서(EOTS) - 작동범위/성능이상

P0198 엔진 오일 온도 센서(EOTS) - 신호값 높음

부품 위치

DTC P0196 참조: 엔진 오일 온도 센서(EOTS) - 작동범위/성능이상

기능 및 역할

DTC P0196 참조: 엔진 오일 온도 센서(EOTS) - 작동범위/성능이상

고장 코드 설명

ECM은 오일 온도 센서가 적절하게 작동할 수 있는 전압범위 보다 높은 전압이 감지되면 고장 코드 P0198을 발생한다.

고장판정 조건

항목	판정 조건	고장예상 원인
검출 방법	• 전압 점검	• 단선 또는 배터리 단락 • 커넥터 접촉 저항 • 오일온도 센서
검출 조건	• 냉각수 온도 > -10℃ • 관련 고장 없음 • 6 < 배터리 전압(V)	
판정값	• 오일 온도 < -36℃	
검출 시간	• 5초	

제원

DTC P0196 참조: 엔진 오일 온도 센서(EOTS) - 작동범위/성능이상

표준회로도

DTC P0196 참조: 엔진 오일 온도 센서(EOTS) - 작동범위/성능이상

고장코드 확인

DTC P0196 참조: 엔진 오일 온도 센서(EOTS) - 작동범위/성능이상

컨넥터 및 터미널 점검

DTC P0196 참조: 엔진 오일 온도 센서(EOTS) - 작동범위/성능이상

접지선 점검

■ 접지선 단선 점검

1. IG KEY OFF 한다.
2. 엔진오일온도 센서 커넥터와 ECM 커넥터를 탈거한다.
3. 엔진오일온도 센서 접지선 양단의 저항을 측정한다.
4. 측정값이 정상인가?

예 ▶ 다음 점검 절차를 실시한다.

아니오 ▶ 접지선의 단선된 회로를 수리한 후 "고장 수리 확인" 절차를 실시한다.

신호선 점검

■ 신호선 전원 단락 점검

1. IG KEY ON을 한다.
2. 냉각수온도 센서 커넥터가 연결된 상태에서 신호선과 차체 접지 사이의 전압을 측정한다.

정상값 : 0.5 ~ 4.7 V

3. 측정값이 정상인가?

예 ▶ 다음 점검 절차를 수행한다.

아니오 ▶ 신호선 전원 단락을 수리한 후 "고장 수리 확인" 절차를 수행한다.

■ 신호선 단선 점검

1. IG KEY OFF 한다.
2. 엔진오일온도센서 커넥터를 탈거한다.
3. IG KEY ON 한다.
4. 엔진오일온도센서 신호선과 차체 접지 사이의 전압을 측정한다.

정상값 : 약 5 V

5. 측정값이 정상인가?

예 ▶ 다음 점검 절차를 수행한다.

아니오 ▶ 신호선의 단선된 회로를 수리한 후 "고장 수리 확인" 절차를 수행한다.

단품 점검

1. 점화스위치 "OFF"
2. 오일 온도센서 커넥터를 분리한다.
3. 센서 커넥터의 1번과 2번 터미널간 저항을 측정한다.(단품측)

정상값

온도 (℃)	센서 저항 (kΩ)
20	2.45
40	1.11
80	0.29

4. 측정값이 정상인가?

예 ▶ ECM과 단품 사이의 커넥터 접촉불량 및 터미널의 부식 또는 변형을 점검한 후 이상이 있으면 수리한다.
"고장 수리 확인" 절차를 수행한다.

아니오 ▶ 새로운 단품을 임시 장착하여 차량 상태를 확인한 후 정상이면 단품을 교환한다.
"고장 수리 확인" 절차를 수행한다.

고장수리 확인

DTC P0196 참조: 엔진 오일 온도 센서(EOTS) - 작동범위/성능이상

P0230 연료펌프 1차 회로 이상

부품 위치

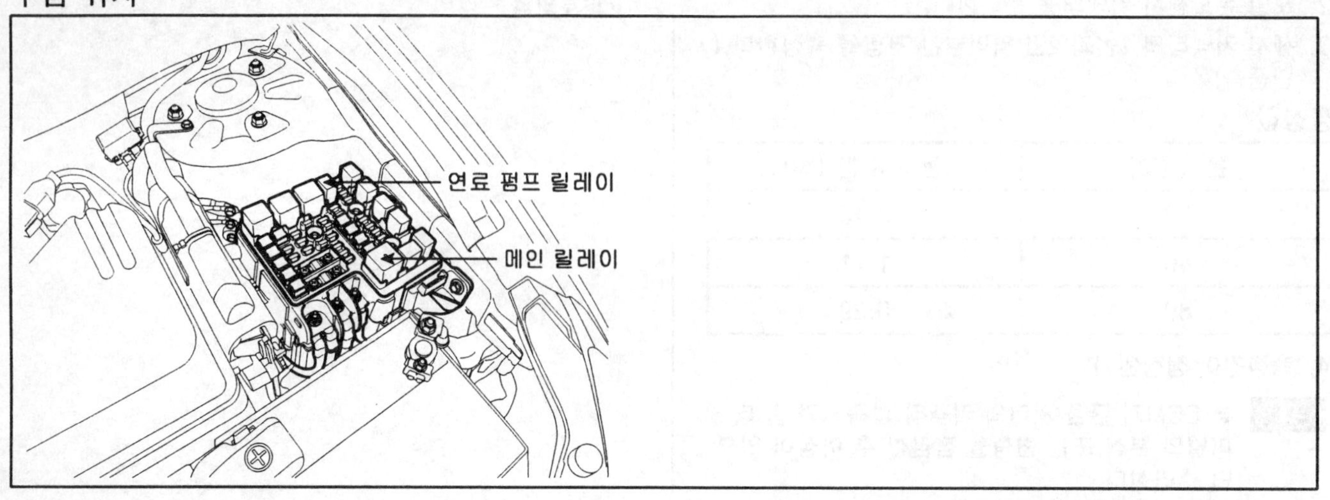

SFDF28214D

기능 및 역할

ECM은 연료펌프릴레이의 제어선을 작동조건에 따라 제어(접지 제어)하여 릴레이를 구동시킨다. 점화 스위치가 ON이 되면 ECM은 일정시간동안 연료압 형성을 위해 릴레이를 작동시키며 시동 신호(엔진회전수가 일정값이상으로 입력)가 입력되면 릴레이를 구동 시켜 연료 펌프를 작동 시킨다.

고장 코드 설명

ECM은 연료펌프 릴레이 제어선이 접지 단락 또는 배터리(+)단락 또는 단선 되었을 경우 P0230을 표출한다.

고장판정 조건

항목	판정 조건	고장예상 원인
검출 방법	• 제어선 단선 또는 접지/배터리 단락 점검	• 단선, 단락 • 커넥터 접촉 저항 • 연료 펌프 릴레이
검출 조건	• 10V < 배터리 전압(V) < 16	
판정값	• 단선, 배터리 또는 접지 단락	
검출 시간	• 3초	

표준회로도

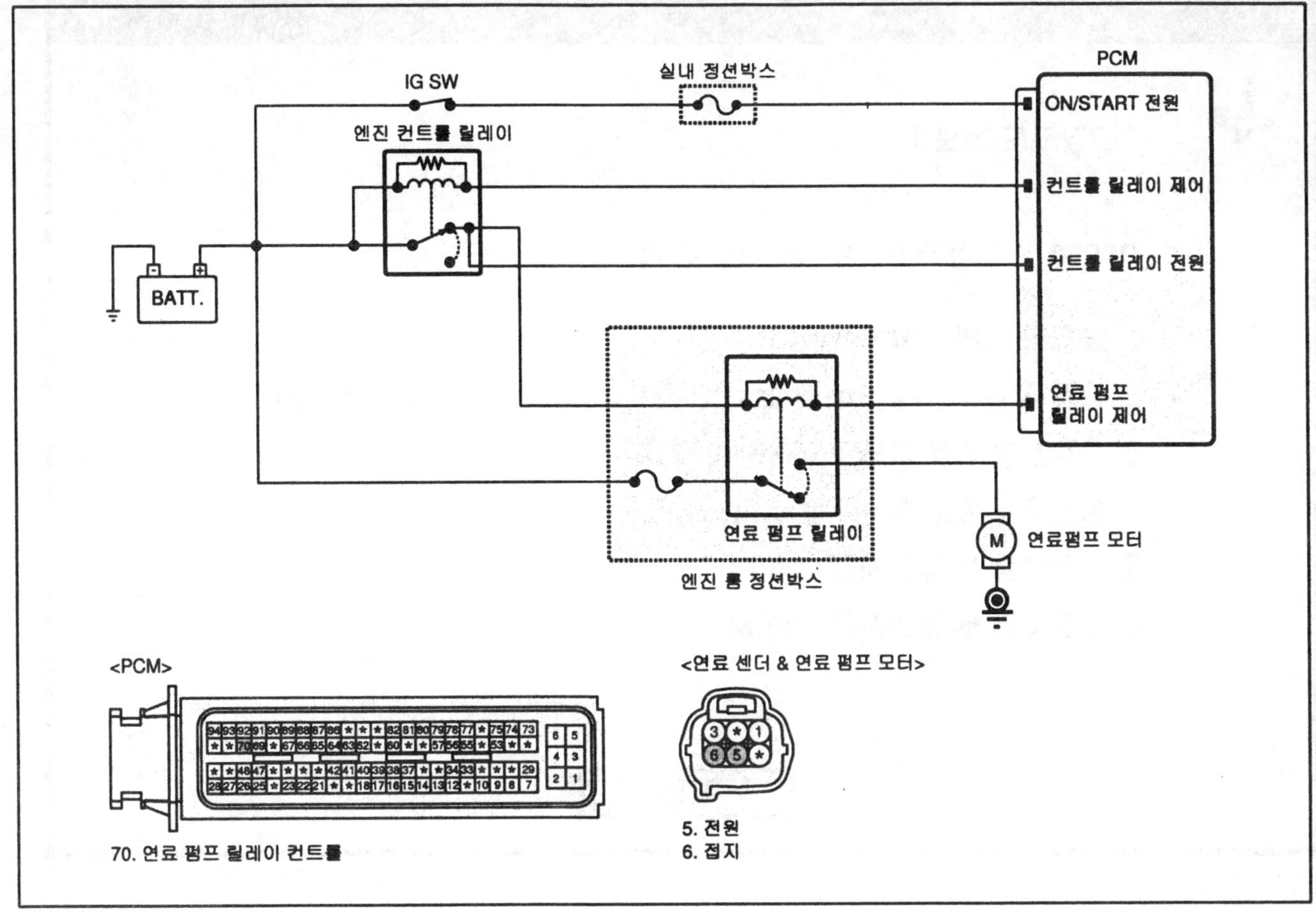

SFDF28507D

고장코드 확인

📖참고

인젝터, 산소 센서, 냉각 수온 센서, 스로틀 포지션 센서 및 흡입 공기량 센서와 연관된 고장코드가 저장되어 있으면, 저장되어 있는 코드와 관련된 모든 수리절차를 완료한 이후에 본 진단 절차를 수행한다.

1. GDS의 "고장코드"기능을 선택 한다.
2. 화면 중앙에있는 DTC Status 기능을 선택 한다.
3. "고장 진단 완료 유무" 항목이 COMPLETED(진단 완료)인지 확인한다.

   📖참고

   미완료일경우 일반정보의 검출조건에서 지시하는대로 차량을 주행하여 진단을 완료 시킨다

4. "고장 유형"항목의 결과값이 "과거 고장" 인가?

GDS

[고장코드 정보]

P0000 고장코드 및 코드명 출력

1. 경고등 상태 : OFF/ON
2. 고장 유형 : HISTORY(과거고장) / PRESENT(현재고장)
3. 고장진단 완료 유무 : COMPLETED
4. 동일고장 발생 횟수 : 횟수가 기록
5. 고장발생 후 경과시간 : 00 M
6. 고장소거 후 경과시간 : 00 M

확인

SFDF28702D

참고

- *과거 고장 : 이전에 발행한 고장임. 현재는 정상.*
- *현재 고장 : 현재 고장이 발생되어 있는 상태임.*

예 ▶ GDS에서 표출되는 "동일 고장 발생 횟수"를 참고하여 아래 지시 사항을 수행 한다.
- "동일고장 발생 횟수"가 1회 이하 : 현재 차량의 상태는 정상이므로 "고장 수리 확인" 절차를 수행한다.
- "동일고장 발생 횟수"가 2회 이상 : 배선등의 접촉불량으로 인한 간헐적 고장 가능성이 의심됨. 다음 점검 절차를 수행한다.

아니오 ▶ 다음 점검 절차를 수행한다.

컨넥터 및 터미널 점검

1. 고장의 주요원인은 배선손상 및 연결상태의 불량에 있으므로 커넥터 접촉불량 및 터미널의 부식 또는 변형 등을 전체적으로 점검한다.
2. 문제가 발견 되었는가?

예 ▶ 수리 또는 교환한 후 "고장 수리 확인" 절차를 수행한다.

아니오 ▶ 다음 점검 절차를 수행한다.

전원선 점검

■ 전원선 단락/단선 점검

1. IG KEY OFF 한다.
2. 연료펌프 릴레이를 탈거 한다.
3. IG KEY ON 한다.
4. 연료펌프 릴레이 전원선(30)과 차체 접지 사이의 전압을 측정한다.
   연료펌프 릴레이 전원선(85)과 차체 접지 사이의 전압을 측정한다.

정상값 : 약 B+

5. 측정값이 정상인가?

예 ▶ 다음 점검 절차를 실시한다.

아니오 ▶ 전원선의 접지단락 또는 단선된 회로를 수리한 후 "고장 수리 확인" 절차를 수행한다.

제어선 점검

■ 신호선 단락/단선 점검

1. IG KEY OFF 한다.
2. 연료펌프 릴레이를 탈거한다.
3. IG KEY ON 한다.
4. 연료펌프 릴레이 신호선과 차체 접지 사이의 전압을 측정한다.

정상값 : 약 4.5 V

5. 측정값이 정상인가?

예 ▶ ECM측 커넥터 및 터미널의 접촉불량 또는 부식, 변형등을 재점검하여 이상이 있으면 수리한다. 수리 완료 후 또는 정상일 경우 "고장 수리 확인" 절차를 수행한다.

아니오 ▶ 신호선의 단락 또는 단선된 회로를 수리한 후 "고장 수리 확인" 절차를 수행한다.

단품 점검

1. IG KEY OFF 한다.
2. 연료펌프릴레이를 탈거 한다.
3. 릴레이 전원선(85)과 제어선(86) 사이의 저항을 측정한다.(단품측)

정상값 : 20℃ 에서 약 70~120 Ω

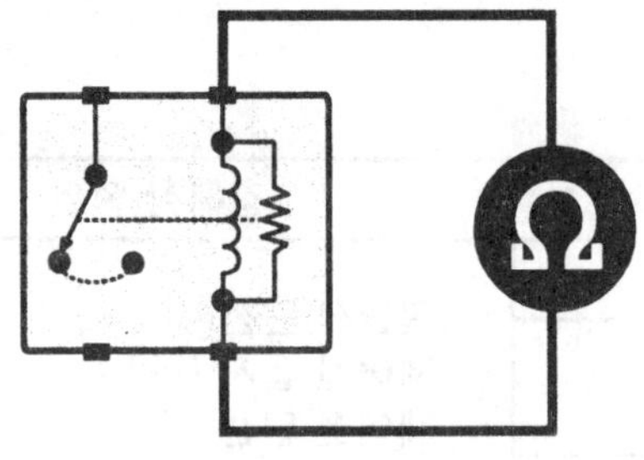

연료 펌프 릴레이

SFDF28616D

4. 연료펌프 릴레이의 전원선(85)측에 배터리 전압을 인가하고, 제어선(86)측은 차체 접지 시킨다.
5. 연료펌프 릴레이에서 "딸깍"하는 작동음이 들리는지 확인한다.

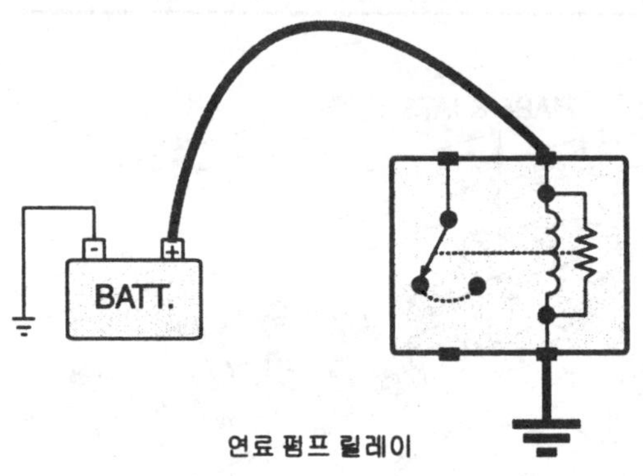

연료 펌프 릴레이

SFDF28617D

6. 연료펌프 릴레이가 정상인가?

예 ▶ 다음 점검 절차를 실시한다.

아니오 ▶ 새로운 단품을 임시 장착하여 차량 상태를 확인한 후 정상이면 단품을 교환한다.
"고장 수리 확인" 절차를 수행한다.

고장수리 확인

"고장 코드 확인" 절차를 재수행하여 고장이 정확히 수리되었는지 확인한다

1. GDS의 "자기진단"기능중 DTC Status 기능을 선택한다.

   ⚠주의
   고장코드를 소거하지 말 것(상세정보도 함께 소거 됨)

2. "고장 진단 완료 유무" 항목이 "진단 완료"인지 확인한다.

   참고
   미완료일경우 일반정보의 검출조건에서 지시하는대로 차량을 주행하여 완료 시킨다.

3. "고장 유형"항목의 결과값이 "과거 고장" 인가?

예 ▶ 시스템 정상. 고장코드를 소거한다.

아니오 ▶ 적절한 수리절차를 재수행한다.

P0261 실린더 1번 인젝터 회로- 제어값 낮음

부품 위치

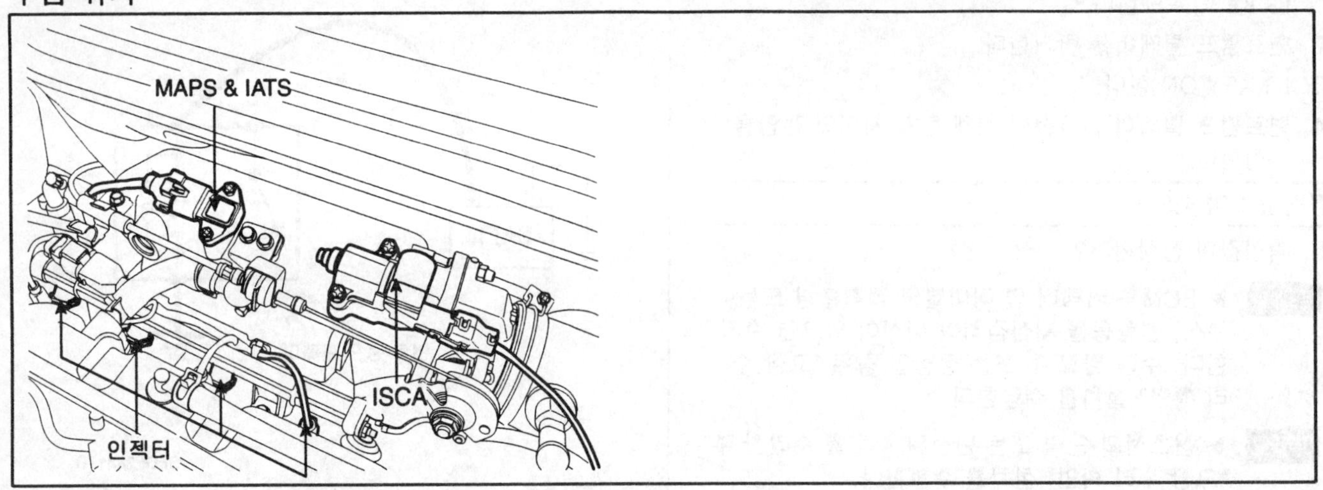

SFDF28201D

기능 및 역할

인젝터 분사시간은 엔진 부하에 의해 결정되며 흡입공기량 및 각종 센서의 정보에 의해 보정된다. 인젝터는 분사출구의 면적과 연료의 압력이 일정하기 때문에 니들밸브의 개방시간, 즉 솔레노이드 코일의 통전시간에 의해 연료분사량이 결정된다. 따라서 ECM은 솔레노이드 코일의 통전시간을 제어하여 운행조건에 따른 최적의 연료분사량을 제어함으로서 출력 및 토크, 배기가스, 연비등을 최적화할수 있다.

고장 코드 설명

ECM은 1번 인젝터 제어선이 접지 단락 또는 단선 되었을 경우 P0261을 표출한다.

고장판정 조건

항목	판정 조건	고장예상 원인
검출 방식	• ECM 내부 점검	• 전원선 단선 • 제어선 접지 단락 • 제어선 단선 • 커넥터 접촉 저항 • 인젝터
검출 조건	• 10 < 배터리 전압(V) <16 • 엔진 회전수(rpm) >30	
판정값	• 제어선 접지 단락 또는 단선	
검출 시간	• 1.5초	

제원

온도(℃)	저항(Ω)
20	13.8~15.2

표준회로도

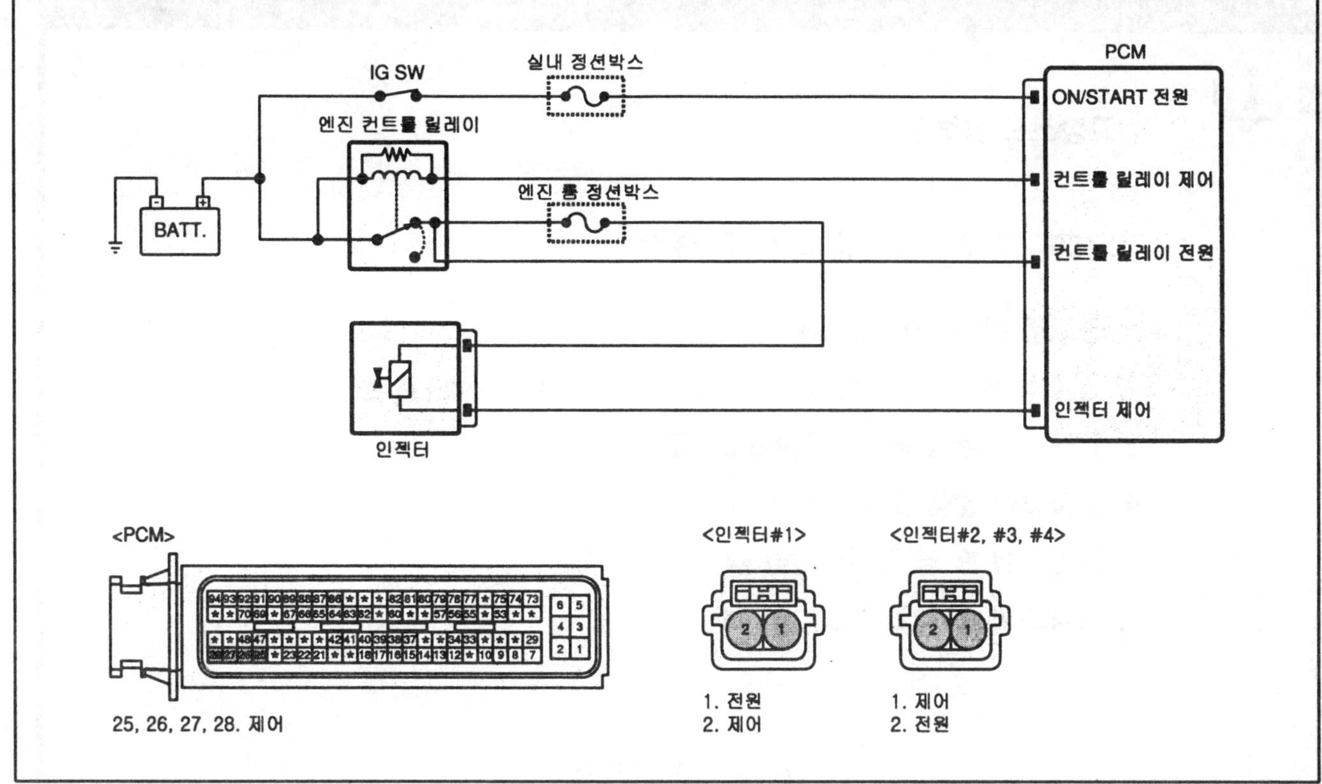

SFDF28508D

고장코드 확인

참고

인젝터, 산소 센서, 냉각 수온 센서, 스로틀 포지션 센서 및 흡입 공기량 센서와 연관된 고장코드가 저장되어 있으면, 저장되어 있는 코드와 관련된 모든 수리절차를 완료한 이후에 본 진단 절차를 수행한다.

1. GDS의 "**고장코드**"기능을 선택 한다.
2. 화면 중앙에있는 DTC Status 기능을 선택 한다.
3. "고장 진단 완료 유무" 항목이 COMPLETED(진단 완료)인지 확인한다.

   참고

   미완료일경우 일반정보의 검출조건에서 지시하는대로 차량을 주행하여 진단을 완료 시킨다

4. "고장 유형"항목의 결과값이 "과거 고장" 인가?

GDS

[고장코드 정보]

P0000 고장코드 및 코드명 출력

1. 경고등 상태 : OFF/ON
2. 고장 유형 : HISTORY(과거고장) / PRESENT(현재고장)
3. 고장진단 완료 유무 : COMPLETED
4. 동일고장 발생 횟수 : 횟수가 기록
5. 고장발생 후 경과시간 : 00 M
6. 고장소거 후 경과시간 : 00 M

확인

SFDF28702D

참고

- 과거 고장 : 이전에 발행한 고장임. 현재는 정상.

- 현재 고장 : 현재 고장이 발생되어 있는 상태임.

예 ▶ GDS에서 표출되는 "동일 고장 발생 횟수"를 참고하여 아래 지시 사항을 수행 한다.

- "동일고장 발생 횟수"가 1회 이하 : 현재 차량의 상태는 정상이므로 "고장 수리 확인" 절차를 수행한다.
- "동일고장 발생 횟수"가 2회 이상 : 배선등의 접촉불량으로 인한 간헐적 고장 가능성이 의심됨. 다음 점검 절차를 수행한다.

아니오 ▶ 다음 점검 절차를 수행한다.

컨넥터 및 터미널 점검

1. 고장의 주요원인은 배선손상 및 연결상태의 불량에 있으므로 커넥터 접촉불량 및 터미널의 부식 또는 변형 등을 전체적으로 점검한다.
2. 문제가 발견 되었는가?

예 ▶ 수리 또는 교환한 후 "고장 수리 확인" 절차를 수행한다.

아니오 ▶ 다음 점검 절차를 수행한다.

전원선 점검

■ 전원선 접지 단락 점검

1. IG KEY OFF 한다.
2. 인젝터 커넥터를 탈거 한다.
3. IG KEY ON 한다.
4. 인젝터 전원선과 차체 접지 사이의 저항을 측정한다.

정상값 : 무한대

5. 측정값이 정상인가?

예 ▶ 다음 점검 절차를 수행한다.

아니오 ▶ 전원선의 단락된 회로를 수리한 후 "고장 수리 확인" 절차를 수행한다.

■ 전원선 단선 점검

1. IG KEY OFF 한다.
2. 인젝터 커넥터를 탈거 한다.
3. IG KEY ON 한다.
4. 인젝터 전원선과 차체 접지 사이의 전압을 측정한다.

정상값 : 약 12V

5. 측정값이 정상인가?

예 ▶ 다음 점검 절차를 수행한다.

아니오 ▶ 메인 릴레이와 인젝터 사이의 전원 회로 단선을 점검한다.
10A 인젝터 퓨즈 파손 또는 회로 단선을 점검한다.
수리 또는 교환한 후 "고장 수리 확인" 절차를 수행한다.

제어선 점검

■ 제어선 접지 단락 점검

1. IG KEY OFF 한다.
2. 인젝터 커넥터를 탈거 한다.
3. IG KEY ON 한다.
4. 인젝터 제어선과 차체 접지 사이의 저항을 측정한다.

정상값 : 무한대

5. 측정값이 정상인가?

예 ▶ 다음 점검 절차를 수행한다.

아니오 ▶ 제어선의 단락된 회로를 수리한 후 "고장 수리 확인" 절차를 수행한다.

■ 제어선 단선 점검

1. IG KEY OFF 한다.
2. 인젝터 커넥터를 탈거 한다.
3. IG KEY ON 한다.
4. 인젝터 제어선과 차체 접지 사이의 전압을 측정한다.

정상값 : 약 4.5V

5. 측정값이 정상인가?

예 ▶ 다음 점검 절차를 수행한다.

아니오 ▶ 제어선의 단락된 회로를 수리한 후 "고장 수리 확인" 절차를 수행한다.

단품 점검

1. IG KEY OFF 한다.
2. 인젝터 커넥터를 탈거 한다.
3. 커넥터 전원선과 제어선 사이의 저항을 측정한다.(단품측)

정상값:

온도(℃)	저항(Ω)
20	13.8~15.2

4. 측정값이 정상인가?

예 ▶ECM측 커넥터 및 터미널의 접촉불량 또는 부식, 변형등을 재점검하여 이상이 있으면 수리한다. 수리 완료 후 또는 정상일 경우 "고장 수리 확인" 절차를 수행한다.

아니오 ▶ 새로운 단품을 임시 장착하여 차량 상태를 확인한 후 정상이면 단품을 교환한다.
"고장 수리 확인" 절차를 수행한다.

고장수리 확인

"고장 코드 확인" 절차를 재수행하여 고장이 정확히 수리되었는지 확인한다

1. GDS의 "자기진단"기능중 DTC Status 기능을 선택한다.

   ⚠주의
   고장코드를 소거하지 말 것(상세정보도 함께 소거 됨)

2. "고장 진단 완료 유무" 항목이 "진단 완료"인지 확인한다.

   참고
   미완료일경우 일반정보의 검출조건에서 지시하는대로 차량을 주행하여 완료 시킨다.

3. "고장 유형"항목의 결과값이 "과거 고장" 인가?

예 ▶ 시스템 정상. 고장코드를 소거한다.

아니오 ▶ 적절한 수리절차를 재수행한다.

P0262 실린더 1번 인젝터 회로- 제어값 높음

부품 위치

DTC P0261 참조: 실린더 1번 인젝터 회로 – 제어값 낮음

기능 및 역할

DTC P0261 참조: 실린더 1번 인젝터 회로 – 제어값 낮음

고장 코드 설명

ECM은 1번 인젝터 제어선이 배터리(+)단락 되었을 경우 P0262을 표출한다.

고장판정 조건

항목	판정 조건	고장예상 원인
검출 방식	• ECM 내부 점검	• 제어선 배터리 단락 • 커넥터 접촉 저항 • 인젝터
검출 조건	• 10 < 배터리 전압(V) <16 • 엔진 회전수(rpm) >30	
판정값	• 배터리 단락	
검출 시간	• 1.5초	

제원

DTC P0261 참조: 실린더 1번 인젝터 회로 – 제어값 낮음

표준회로도

DTC P0261 참조: 실린더 1번 인젝터 회로 – 제어값 낮음

고장코드 확인

DTC P0261 참조: 실린더 1번 인젝터 회로 – 제어값 낮음

컨넥터 및 터미널 점검

DTC P0261 참조: 실린더 1번 인젝터 회로 – 제어값 낮음

제어선 점검

■ 제어선 전원 단락 점검

1. IG KEY OFF 한다.
2. 인젝터 커넥터를 탈거 한다.
3. IG KEY ON 한다.
4. 인젝터 제어선과 차체 접지 사이의 저항을 측정한다.

정상값 : 약 4.5V

5. 측정값이 정상인가?

예 ▶ 다음 점검 절차를 수행한다.

아니오 ▶ 제어선의 단락된 회로를 수리한 후 "고장 수리 확인" 절차를 수행한다.

단품 점검

1. IG KEY OFF 한다.
2. 인젝터 커넥터를 탈거 한다.
3. 커넥터 전원선과 제어선 사이의 저항을 측정한다.(단품측)

정상값:

온도(℃)	저항(Ω)
20	13.8~15.2

4. 측정값이 정상인가?

예 ▶ECM측 커넥터 및 터미널의 접촉불량 또는 부식, 변형등을 재점검하여 이상이 있으면 수리한다. 수리 완료 후 또는 정상일 경우 "고장 수리 확인" 절차를 수행한다.

아니오 ▶ 새로운 단품을 임시 장착하여 차량 상태를 확인한 후 정상이면 단품을 교환한다. "고장 수리 확인" 절차를 수행한다.

고장수리 확인

DTC P0261 참조: 실린더 1번 인젝터 회로 – 제어값 낮음

P0264 실린더 2번 인젝터 회로- 제어값 낮음

부품 위치

DTC P0261 참조: 실린더 1번 인젝터 회로 – 제어값 낮음

기능 및 역할

DTC P0261 참조: 실린더 1번 인젝터 회로 – 제어값 낮음

고장 코드 설명

ECM은 2번 인젝터 제어선이 접지 단락 또는 단선 되었을 경우 P0264을 표출한다

고장판정 조건

항목	판정 조건	고장예상 원인
검출 방식	• ECM 내부 점검	• 전원선 단선 • 제어선 접지 단락 • 제어선 단선 • 커넥터 접촉 저항 • 인젝터
검출 조건	• 10 < 배터리 전압(V) <16 • 엔진 회전수(rpm) >30	
판정값	• 제어선 접지 단락 또는 단선	
검출 시간	• 1.5초	

제원

DTC P0261 참조: 실린더 1번 인젝터 회로 – 제어값 낮음

표준회로도

DTC P0261 참조: 실린더 1번 인젝터 회로 – 제어값 낮음

고장코드 확인

DTC P0261 참조: 실린더 1번 인젝터 회로 – 제어값 낮음

컨넥터 및 터미널 점검

DTC P0261 참조: 실린더 1번 인젝터 회로 – 제어값 낮음

전원선 점검

■ 전원선 접지 단락 점검

1. IG KEY OFF 한다.
2. 인젝터 커넥터를 탈거 한다.
3. IG KEY ON 한다.
4. 인젝터 전원선과 차체 접지 사이의 저항을 측정한다.

정상값 : 무한대

5. 측정값이 정상인가?

예 ▶ 다음 점검 절차를 수행한다.

아니오 ▶ 전원선의 단락된 회로를 수리한 후 "고장 수리 확인" 절차를 수행한다.

■ 전원선 단선 점검

1. IG KEY OFF 한다.
2. 인젝터 커넥터를 탈거 한다.
3. IG KEY ON 한다.
4. 인젝터 전원선과 차체 접지 사이의 전압을 측정한다.

정상값 : 약 12V

5. 측정값이 정상인가?

예 ▶ 다음 점검 절차를 수행한다.

아니오 ▶ 메인 릴레이와 인젝터 사이의 전원 회로 단선을 점검한다.
10A 인젝터 퓨즈 파손 또는 회로 단선을 점검한다.
수리 또는 교환한 후 "고장 수리 확인" 절차를 수행한다.

제어선 점검

■ 제어선 접지 단락 점검

1. IG KEY OFF 한다.
2. 인젝터 커넥터를 탈거 한다.
3. IG KEY ON 한다.
4. 인젝터 제어선과 차체 접지 사이의 저항을 측정한다.

정상값 : 무한대

5. 측정값이 정상인가?

예 ▶ 다음 점검 절차를 수행한다.

아니오 ▶ 제어선의 단락된 회로를 수리한 후 "고장 수리 확인" 절차를 수행한다.

■ 제어선 단선 점검

1. IG KEY OFF 한다.
2. 인젝터 커넥터를 탈거 한다.

3. IG KEY ON 한다.
4. 인젝터 제어선과 차체 접지 사이의 전압을 측정한다.

정상값 : 약 4.5V

5. 측정값이 정상인가?

예 ▶ 다음 점검 절차를 수행한다.

아니오 ▶ 제어선의 단락된 회로를 수리한 후 "고장 수리 확인" 절차를 수행한다.

단품 점검

1. IG KEY OFF 한다.
2. 인젝터 커넥터를 탈거 한다.
3. 커넥터 전원선과 제어선 사이의 저항을 측정한다.(단품측)

정상값:

온도(℃)	저항(Ω)
20	13.8~15.2

4. 측정값이 정상인가?

▶ECM측 커넥터 및 터미널의 접촉불량 또는 부식, 변형등을 재점검하여 이상이 있으면 수리한다. 수리 완료 후 또는 정상일 경우 "고장 수리 확인" 절차를 수행한다.

아니오 ▶ 새로운 단품을 임시 장착하여 차량 상태를 확인한 후 정상이면 단품을 교환한다. "고장 수리 확인" 절차를 수행한다.

고장수리 확인

DTC P0261 참조: 실린더 1번 인젝터 회로 – 제어값 낮음

P0265 실린더 2번 인젝터 회로- 제어값 높음

부품 위치

DTC P0261 참조: 실린더 1번 인젝터 회로 – 제어값 낮음

기능 및 역할

DTC P0261 참조: 실린더 1번 인젝터 회로 – 제어값 낮음

고장 코드 설명

ECM은 2번 인젝터 제어선이 배터리(+)단락 되었을 경우 P0265을 표출한다.

고장판정 조건

항목	판정 조건	고장예상 원인
검출 방식	• ECM 내부 점검	• 제어선 배터리 단락 • 커넥터 접촉 저항 • 인젝터
검출 조건	• 10 < 배터리 전압(V) <16 • 엔진 회전수(rpm) >30	
판정값	• 배터리 단락	
검출 시간	• 1.5초	

제원

DTC P0261 참조: 실린더 1번 인젝터 회로 – 제어값 낮음

표준회로도

DTC P0261 참조: 실린더 1번 인젝터 회로 – 제어값 낮음

고장코드 확인

DTC P0261 참조: 실린더 1번 인젝터 회로 – 제어값 낮음

컨넥터 및 터미널 점검

DTC P0261 참조: 실린더 1번 인젝터 회로 – 제어값 낮음

제어선 점검

■ 제어선 전원 단락 점검

1. IG KEY OFF 한다.
2. 인젝터 커넥터를 탈거 한다.
3. IG KEY ON 한다.
4. 인젝터 제어선과 차체 접지 사이의 저항을 측정한다.

정상값 : 약 4.5V

5. 측정값이 정상인가?

예 ▶ 다음 점검 절차를 수행한다.

아니오 ▶ 제어선의 단락된 회로를 수리한 후 "고장 수리 확인" 절차를 수행한다.

단품 점검

1. IG KEY OFF 한다.
2. 인젝터 커넥터를 탈거 한다.
3. 커넥터 전원선과 제어선 사이의 저항을 측정한다.(단품측)

정상값:

온도(℃)	저항(Ω)
20	13.8~15.2

4. 측정값이 정상인가?

예 ▶ECM측 커넥터 및 터미널의 접촉불량 또는 부식, 변형등을 재점검하여 이상이 있으면 수리한다. 수리 완료 후 또는 정상일 경우 "고장 수리 확인" 절차를 수행한다.

아니오 ▶ 새로운 단품을 임시 장착하여 차량 상태를 확인한 후 정상이면 단품을 교환한다.
"고장 수리 확인" 절차를 수행한다.

고장수리 확인

DTC P0261 참조: 실린더 1번 인젝터 회로 – 제어값 낮음

P0267 실린더 3번 인젝터 회로- 제어값 낮음

부품 위치

DTC P0261 참조: 실린더 1번 인젝터 회로 - 제어값 낮음

기능 및 역할

DTC P0261 참조: 실린더 1번 인젝터 회로 - 제어값 낮음

고장 코드 설명

ECM은 3번 인젝터 제어선이 접지 단락 또는 단선 되었을 경우 P0267을 표출한다.

고장판정 조건

항목	판정 조건	고장예상 원인
검출 방식	• ECM 내부 점검	• 전원선 단선 • 제어선 접지 단락 • 제어선 단선 • 커넥터 접촉 저항 • 인젝터
검출 조건	• 10 < 배터리 전압(V) <16 • 엔진 회전수(rpm) >30	
판정값	• 제어선 접지 단락 또는 단선	
검출 시간	• 1.5초	

제원

DTC P0261 참조: 실린더 1번 인젝터 회로 - 제어값 낮음

표준회로도

DTC P0261 참조: 실린더 1번 인젝터 회로 - 제어값 낮음

고장코드 확인

DTC P0261 참조: 실린더 1번 인젝터 회로 - 제어값 낮음

컨넥터 및 터미널 점검

DTC P0261 참조: 실린더 1번 인젝터 회로 - 제어값 낮음

전원선 점검

■ 전원선 접지 단락 점검

1. IG KEY OFF 한다.
2. 인젝터 커넥터를 탈거 한다.
3. IG KEY ON 한다.
4. 인젝터 전원선과 차체 접지 사이의 저항을 측정한다.

정상값 : 무한대

5. 측정값이 정상인가?

예 ▶ 다음 점검 절차를 수행한다.

아니오 ▶ 전원선의 단락된 회로를 수리한 후 "고장 수리 확인" 절차를 수행한다.

■ 전원선 단선 점검

1. IG KEY OFF 한다.
2. 인젝터 커넥터를 탈거 한다.
3. IG KEY ON 한다.
4. 인젝터 전원선과 차체 접지 사이의 전압을 측정한다.

정상값 : 약 12V

5. 측정값이 정상인가?

예 ▶ 다음 점검 절차를 수행한다.

아니오 ▶ 메인 릴레이와 인젝터 사이의 전원 회로 단선을 점검한다.
10A 인젝터 퓨즈 파손 또는 회로 단선을 점검한다.
수리 또는 교환한 후 "고장 수리 확인" 절차를 수행한다.

제어선 점검

■ 제어선 접지 단락 점검

1. IG KEY OFF 한다.
2. 인젝터 커넥터를 탈거 한다.
3. IG KEY ON 한다.
4. 인젝터 제어선과 차체 접지 사이의 저항을 측정한다.

정상값 : 무한대

5. 측정값이 정상인가?

예 ▶ 다음 점검 절차를 수행한다.

아니오 ▶ 제어선의 단락된 회로를 수리한 후 "고장 수리 확인" 절차를 수행한다.

■ 제어선 단선 점검

1. IG KEY OFF 한다.
2. 인젝터 커넥터를 탈거 한다.

3. IG KEY ON 한다.
4. 인젝터 제어선과 차체 접지 사이의 전압을 측정한다.

정상값 : 약 4.5V

5. 측정값이 정상인가?

예 ▶ 다음 점검 절차를 수행한다.

아니오 ▶ 제어선의 단락된 회로를 수리한 후 "고장 수리 확인" 절차를 수행한다.

단품 점검

1. IG KEY OFF 한다.
2. 인젝터 커넥터를 탈거 한다.
3. 커넥터 전원선과 제어선 사이의 저항을 측정한다.(단품측)

정상값:

온도(℃)	저항(Ω)
20	13.8~15.2

4. 측정값이 정상인가?

예 ▶ECM측 커넥터 및 터미널의 접촉불량 또는 부식, 변형등을 재점검하여 이상이 있으면 수리한다. 수리 완료 후 또는 정상일 경우 "고장 수리 확인" 절차를 수행한다.

아니오 ▶ 새로운 단품을 임시 장착하여 차량 상태를 확인한 후 정상이면 단품을 교환한다.
"고장 수리 확인" 절차를 수행한다.

고장수리 확인

DTC P0261 참조: 실린더 1번 인젝터 회로 – 제어값 낮음

P0268 실린더 3번 인젝터 회로- 제어값 높음

부품 위치

DTC P0261 참조: 실린더 1번 인젝터 회로 – 제어값 낮음

기능 및 역할

DTC P0261 참조: 실린더 1번 인젝터 회로 – 제어값 낮음

고장 코드 설명

ECM은 3번 인젝터 제어선이 배터리(+)단락 되었을 경우 P0268을 표출한다.

고장판정 조건

항목	판정 조건	고장예상 원인
검출 방식	• ECM 내부 점검	• 제어선 배터리 단락 • 커넥터 접촉 저항 • 인젝터
검출 조건	• 10 < 배터리 전압(V) <16 • 엔진 회전수(rpm) >30	
판정값	• 배터리 단락	
검출 시간	• 1.5초	

제원

DTC P0261 참조: 실린더 1번 인젝터 회로 – 제어값 낮음

표준회로도

DTC P0261 참조: 실린더 1번 인젝터 회로 – 제어값 낮음

고장코드 확인

DTC P0261 참조: 실린더 1번 인젝터 회로 – 제어값 낮음

컨넥터 및 터미널 점검

DTC P0261 참조: 실린더 1번 인젝터 회로 – 제어값 낮음

제어선 점검

■ 제어선 전원 단락 점검

1. IG KEY OFF 한다.
2. 인젝터 커넥터를 탈거 한다.
3. IG KEY ON 한다.
4. 인젝터 제어선과 차체 접지 사이의 저항을 측정한다.

정상값 : 약 4.5V

5. 측정값이 정상인가?

예 ▶ 다음 점검 절차를 수행한다.

아니오 ▶ 제어선의 단락된 회로를 수리한 후 "고장 수리 확인" 절차를 수행한다.

단품 점검

1. IG KEY OFF 한다.
2. 인젝터 커넥터를 탈거 한다.
3. 커넥터 전원선과 제어선 사이의 저항을 측정한다.(단품측)

정상값:

온도(℃)	저항(Ω)
20	13.8~15.2

4. 측정값이 정상인가?

예 ▶ECM측 커넥터 및 터미널의 접촉불량 또는 부식, 변형등을 재점검하여 이상이 있으면 수리한다. 수리 완료 후 또는 정상일 경우 "고장 수리 확인" 절차를 수행한다.

아니오 ▶ 새로운 단품을 임시 장착하여 차량 상태를 확인한 후 정상이면 단품을 교환한다.
"고장 수리 확인" 절차를 수행한다.

고장수리 확인

DTC P0261 참조: 실린더 1번 인젝터 회로 – 제어값 낮음

P0270 실린더 4번 인젝터 회로- 제어값 낮음

부품 위치

DTC P0261 참조: 실린더 1번 인젝터 회로 – 제어값 낮음

기능 및 역할

DTC P0261 참조: 실린더 1번 인젝터 회로 – 제어값 낮음

고장 코드 설명

ECM은 4번 인젝터 제어선이 접지 단락 또는 단선 되었을 경우 P0270을 표출한다.

고장판정 조건

항목	판정 조건	고장예상 원인
검출 방식	• ECM 내부 점검	• 전원선 단선 • 제어선 접지 단락 • 제어선 단선 • 커넥터 접촉 저항 • 인젝터
검출 조건	• 10 < 배터리 전압(V) <16 • 엔진 회전수(rpm) >30	
판정값	• 제어선 접지 단락 또는 단선	
검출 시간	• 1.5초	

제원

DTC P0261 참조: 실린더 1번 인젝터 회로 – 제어값 낮음

표준회로도

DTC P0261 참조: 실린더 1번 인젝터 회로 – 제어값 낮음

고장코드 확인

DTC P0261 참조: 실린더 1번 인젝터 회로 – 제어값 낮음

컨넥터 및 터미널 점검

DTC P0261 참조: 실린더 1번 인젝터 회로 – 제어값 낮음

전원선 점검

■ 전원선 접지 단락 점검

1. IG KEY OFF 한다.
2. 인젝터 커넥터를 탈거 한다.
3. IG KEY ON 한다.
4. 인젝터 전원선과 차체 접지 사이의 저항을 측정한다.

정상값 : 무한대

5. 측정값이 정상인가?

예 ▶ 다음 점검 절차를 수행한다.

아니오 ▶ 전원선의 단락된 회로를 수리한 후 "고장 수리 확인" 절차를 수행한다.

■ 전원선 단선 점검

1. IG KEY OFF 한다.
2. 인젝터 커넥터를 탈거 한다.
3. IG KEY ON 한다.
4. 인젝터 전원선과 차체 접지 사이의 전압을 측정한다.

정상값 : 약 12V

5. 측정값이 정상인가?

예 ▶ 다음 점검 절차를 수행한다.

아니오 ▶ 메인 릴레이와 인젝터 사이의 전원 회로 단선을 점검한다.
10A 인젝터 퓨즈 파손 또는 회로 단선을 점검한다.
수리 또는 교환한 후 "고장 수리 확인" 절차를 수행한다.

제어선 점검

■ 제어선 접지 단락 점검

1. IG KEY OFF 한다.
2. 인젝터 커넥터를 탈거 한다.
3. IG KEY ON 한다.
4. 인젝터 제어선과 차체 접지 사이의 저항을 측정한다.

정상값 : 무한대

5. 측정값이 정상인가?

예 ▶ 다음 점검 절차를 수행한다.

아니오 ▶ 제어선의 단락된 회로를 수리한 후 "고장 수리 확인" 절차를 수행한다.

■ 제어선 단선 점검

1. IG KEY OFF 한다.
2. 인젝터 커넥터를 탈거 한다.

3. IG KEY ON 한다.
4. 인젝터 제어선과 차체 접지 사이의 전압을 측정한다.

정상값 : 약 4.5V

5. 측정값이 정상인가?

예 ▶ 다음 점검 절차를 수행한다.

아니오 ▶ 제어선의 단락된 회로를 수리한 후 "고장 수리 확인" 절차를 수행한다.

단품 점검

1. IG KEY OFF 한다.
2. 인젝터 커넥터를 탈거 한다.
3. 커넥터 전원선과 제어선 사이의 저항을 측정한다.(단품측)

정상값:

온도(℃)	저항(Ω)
20	13.8~15.2

4. 측정값이 정상인가?

예 ▶ECM측 커넥터 및 터미널의 접촉불량 또는 부식, 변형등을 재점검하여 이상이 있으면 수리한다. 수리 완료 후 또는 정상일 경우 "고장 수리 확인" 절차를 수행한다.

아니오 ▶ 새로운 단품을 임시 장착하여 차량 상태를 확인한 후 정상이면 단품을 교환한다. "고장 수리 확인" 절차를 수행한다.

고장수리 확인

DTC P0261 참조: 실린더 1번 인젝터 회로 - 제어값 낮음

P0271 실린더 4번 인젝터 회로- 제어값 높음

부품 위치

DTC P0261 참조: 실린더 1번 인젝터 회로 – 제어값 낮음

기능 및 역할

DTC P0261 참조: 실린더 1번 인젝터 회로 – 제어값 낮음

고장 코드 설명

ECM은 4번 인젝터 제어선이 배터리(+)단락 되었을 경우 P0271을 표출한다.

고장판정 조건

항목	판정 조건	고장예상 원인
검출 방식	• ECM 내부 점검	• 제어선 배터리 단락 • 커넥터 접촉 저항 • 인젝터
검출 조건	• 10 < 배터리 전압(V) <16 • 엔진 회전수(rpm) >30	
판정값	• 배터리 단락	
검출 시간	• 1.5초	

제원

DTC P0261 참조: 실린더 1번 인젝터 회로 – 제어값 낮음

표준회로도

DTC P0261 참조: 실린더 1번 인젝터 회로 – 제어값 낮음

고장코드 확인

DTC P0261 참조: 실린더 1번 인젝터 회로 – 제어값 낮음

컨넥터 및 터미널 점검

DTC P0261 참조: 실린더 1번 인젝터 회로 – 제어값 낮음

제어선 점검

■ 제어선 전원 단락 점검

1. IG KEY OFF 한다.
2. 인젝터 커넥터를 탈거 한다.
3. IG KEY ON 한다.
4. 인젝터 제어선과 차체 접지 사이의 저항을 측정한다.

정상값 : 약 4.5V

5. 측정값이 정상인가?

예 ▶ 다음 점검 절차를 수행한다.

아니오 ▶ 제어선의 단락된 회로를 수리한 후 "고장 수리 확인" 절차를 수행한다.

단품 점검

1. IG KEY OFF 한다.
2. 인젝터 커넥터를 탈거 한다.
3. 커넥터 전원선과 제어선 사이의 저항을 측정한다.(단품측)

정상값:

온도(℃)	저항(Ω)
20	13.8~15.2

4. 측정값이 정상인가?

예 ▶ECM측 커넥터 및 터미널의 접촉불량 또는 부식, 변형등을 재점검하여 이상이 있으면 수리한다. 수리 완료 후 또는 정상일 경우 "고장 수리 확인" 절차를 수행한다.

아니오 ▶ 새로운 단품을 임시 장착하여 차량 상태를 확인한 후 정상이면 단품을 교환한다.
"고장 수리 확인" 절차를 수행한다.

고장수리 확인

DTC P0261 참조: 실린더 1번 인젝터 회로 – 제어값 낮음

P0300 임의의 실린더 실화 발생

부품 위치

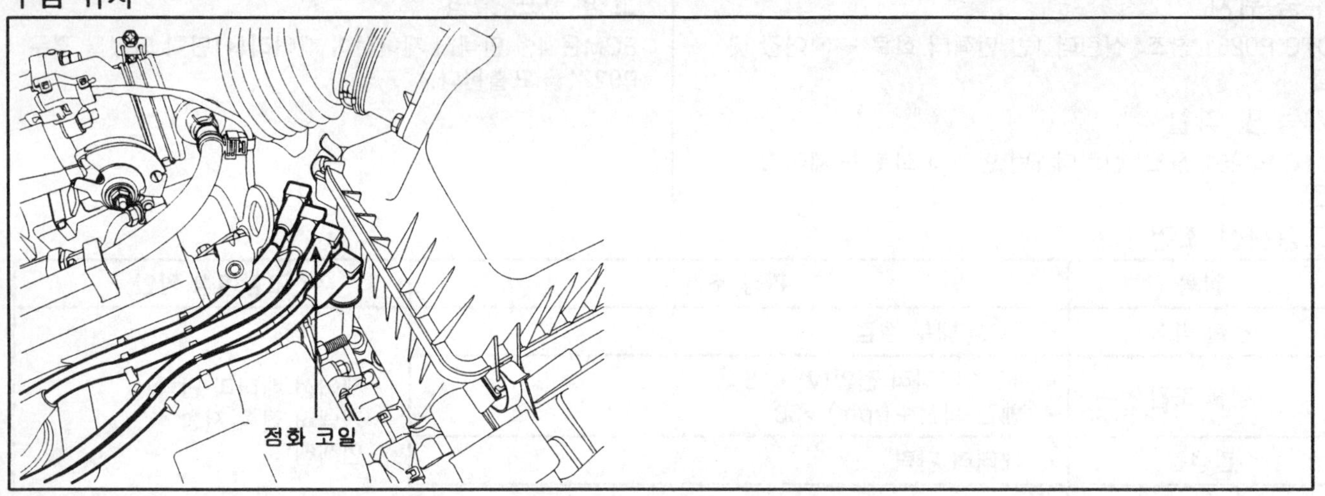

SFDF28213D

기능 및 역할

실화는 여러 가지 요인으로 인하여 실린더내에서 혼합가스가 미점화 되어 미연소된 상태를 말한다. 이러한 미연소 가스는 결국 촉매에서 산화되어 촉매 온도가 상승하게 되며 다량의 실화가 지속적으로 발생될 경우 촉매 및 엔진의 손상을 가져올 수 있다. ECM은 크랭크 샤프트의 회전 속도 변화를 감지하여 실화 발생 여부를 판단한다. 즉, 실화가 발생할 경우 해당 기통의 폭발/팽창 행정이 길어지므로 이를 감지하여 실화여부를 판단한다. ECM은 촉매에 손상을 주는 실화의 경우 엔진 회전수 200RPM단위로 감시하며 실화 발생시 엔진 고장 경고등(MIL)을 점멸 시키며, 촉매에 손상을 주지 않는 실화의 경우 엔진 회전수 1000RPM단위로 감시한다. 실화 감시는 차량 이나 노면의 불안정한 상태로 인하여 오진단을 할 수 있으므로 급발진, 급가속, 변속시 또는 거친 노면 주행시에는 진단이 금지 된다.

고장 코드 설명

ECM은 고장진단조건 만족이후 촉매에 손상을 주는 실화 또는 배기 가스 규제를 초과하는 실화가 2개 기통 이상에서 발생될 경우 P0300을 표출한다.

고장판정 조건

항목	판정 조건	고장예상 원인
검출 방법	• 실화율 계산	• 점화 플러그 또는 점화 코일 • 밸브 타이밍 • 압축 압력 • 공기 누설 • 연료(인젝터등)계통 • 냉각 시스템
검출 조건	• 양의 토크를 위한 최소 공기량(Zero Load) > 150~564 mg/rev (엔진 회전수에 따름) • 550 < 엔진 회전수(rpm) < 6500 • 공기 흐름량 기울기 < 7 ~ 606 mg/rev • 스로틀 기울기 < 23.4 ~ 996 Tps/s • 11 < 배터리 전압(V) < 16 • 감속으로 인한 연료 차단 조건 아님 • 험로 주행 조건이 아님 • 관련된 고장 없음	
판정값	• 복수 기통 실화 발생	
검출 시간	• 연속적 진단	

고장코드 확인

참고

인젝터, 산소 센서, 냉각 수온 센서, 스로틀 포지션 센서 및 흡입 공기량 센서와 연관된 고장코드가 저장되어 있으면, 저장되어 있는 코드와 관련된 모든 수리절차를 완료한 이후에 본 진단 절차를 수행한다.

1. GDS의 "고장코드"기능을 선택 한다.
2. 화면 중앙에있는 DTC Status 기능을 선택 한다.
3. "고장 진단 완료 유무" 항목이 COMPLETED(진단 완료)인지 확인한다.

   참고

   미완료일경우 일반정보의 검출조건에서 지시하는대로 차량을 주행하여 진단을 완료 시킨다

4. "고장 유형"항목의 결과값이 "과거 고장" 인가?

GDS

[고장코드 정보]

P0000 고장코드 및 코드명 출력

1. 경고등 상태 : OFF/ON
2. 고장 유형 : HISTORY(과거고장) / PRESENT(현재고장)
3. 고장진단 완료 유무 : COMPLETED
4. 동일고장 발생 횟수 : 횟수가 기록
5. 고장발생 후 경과시간 : 00 M
6. 고장소거 후 경과시간 : 00 M

확인

SFDF28702D

참고

- 과거 고장 : 이전에 발행한 고장임. 현재는 정상.

- 현재 고장 : 현재 고장이 발생되어 있는 상태임.

예 ▶ GDS에서 표출되는 "동일 고장 발생 횟수"를 참고하여 아래 지시 사항을 수행 한다.

- "동일고장 발생 횟수"가 1회 이하 : 현재 차량의 상태는 정상이므로 "고장 수리 확인" 절차를 수행한다.
- "동일고장 발생 횟수"가 2회 이상 : 배선등의 접촉불량으로 인한 간헐적 고장 가능성이 의심됨. 다음 점검 절차를 수행한다.

아니오 ▶ 다음 점검 절차를 수행한다.

단품 점검

시각적/물리적 점검

1. 아래 조건에 대해 시각적/물리적 점검을 수행한다.
   - 진공호스의 손상,꺽임 및 연결 불량.
   - 포지티브 크랭크케이스 벤틸레이션(PCV) 밸브의 오장착 여부, 오링 손상 유무.
   - ECM 접지 상태 점검
2. 아래 항목을 대상으로 공기량 센서 와 엔진 냉각 수온센서를 점검한다.
   - 커넥터 접촉 불량 및 배선 손상
   - 엔진 회전수 증가에 따라 공기량 센서 신호가 점진적으로 증가 하는지 여부.(가속페달을 밟으면서 스캔툴 상의 공기량 센서 값을 점검한다)
   - GDS상의 엔진 냉각 수온센서 값이 엔진 난기 상태 등을 비교하며 실제값과 일치하는지 점검 한다.
3. 문제가 발견되었는가?

예 ▶ 교환 또는 수리한 후 "고장 수리 확인" 절차를 수행한다.

아니오 ▶ 다음 점검 절차를 수행한다.

타이밍 점검

1. 오실로스코프를 아래와 같이 연결한다:

   채널 A (+): CMPS#1 신호선 터미널, (-): 접지

   채널 B (+): CKPS 신호선 터미널, (-): 접지
2. 엔진 시동 후, CKP 센서 신호와 CMP 센서#1 파형이 정상적으로 출력되는지 점검한다.

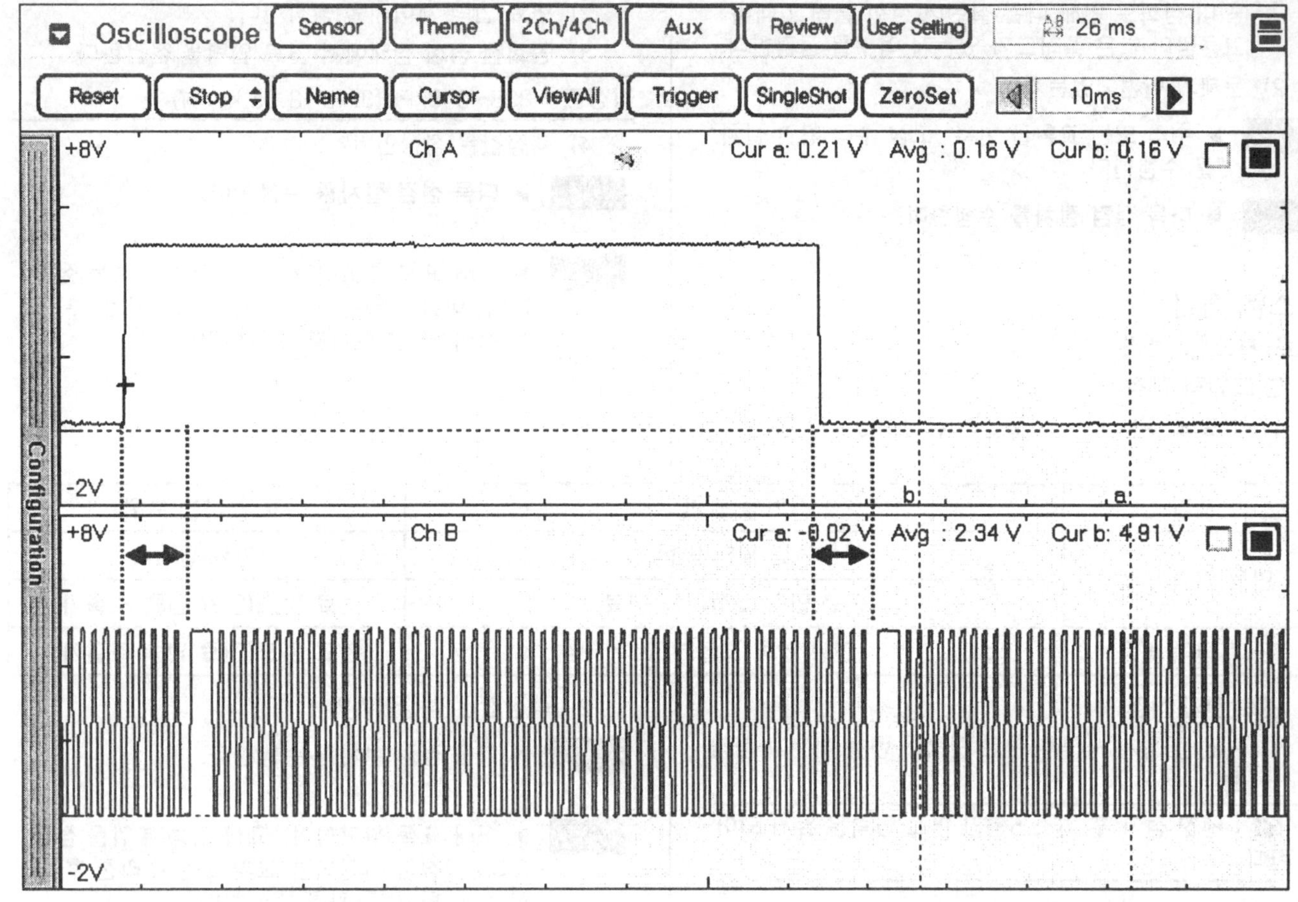

SFDF28618D

① 캠신호의 1/2 주기동안 크랭크신호는 미싱투스 포함 60개의 돌기 신호가 표출 됨. 각 신호의 잡음, 개수 틀림 및 위치 상이등을 점검 한다.

② 캠신호 하강(상승) 신호와 미싱투스 사이에는 3~5개의 크랭크 샤프트 돌기 신호가 표출 되어야 함.

3. 파형이 정상적으로 출력되는가?

예 ▶ 다음 점검 절차를 수행 한다.

아니오 ▶ 아래 사항을 참고하여 엔진 타이밍 시스템을 점검한다 .

- 크랭크 샤프트 또는 캠 샤프트 센서를 분리한 후 에어갭 확인
- 타이밍 벨트의 올바른 장착
- 캠샤프트 타이밍 체인의 정렬

필요에 따라 재조정 및 수리 후, "고장 수리 확인" 절차를 수행한다.

점화 장치 점검

1. 점화 플러그 케이블 및 점화 코일 점검

1) 실화가 발생한 실린더의 점화 플러그 케이블 및 코일에 대해 시각적/물리적 점검을 수행한다

- 손상, 균열 및 카본 누적 여부
- 배선 손상 또는 접촉 불량
- 점화 코일 또는 점화 플러그 커넥터 연결 상태

2) 실화가 발생한 실린더의 점화 플러그 케이블 단품 저항을 점검한다.

정상값 : 5.6kΩ/m ±20%

3) 실화가 발생한 실린더의 점화 코일 1차 및 2차 저항을 점검한다.

정상값 : 1차 코일 : 0.56~0.68Ω(20℃)
2차 코일 : 6~8kΩ(20℃)

4) 문제가 발견되었는가?

예 ▶ 수리 또는 교환을 한후 "고장 수리 확인 절차"를 수행한다.

아니오 ▶ 다음 점검 절차를 수행한다.

2. 점화 플러그 점검

1) 실화가 발생한 실린더의 점화 플러그에 대해 시각적/물리적 점검을 수행한다.

- 절연 손상, 전극 소손, 오일 또는 연료 오염 및 커넥터 터미널 손상등
- 에어 갭 : 1.0 – 1.1 mm

- 미 점화로 인해 다른 실린더 점화 플러그 대비 그을림이 옅은 플러그가 있는지 여부를 점검한다.

2) 문제가 발견되었는가?

예 ▶ 수리 또는 교환을 한후 "고장 수리 확인 절차"를 수행한다.

아니오 ▶ 다음 점검 절차를 수행한다.

시스템 점검

연료 시스템 점검

1. 연료 압력 점검

1) 연료에 수분 또는 이물질이 유입되었는지 점검한다.

2) 연료 압력 게이지를 장착한다.

3) 공회전 정상 상태에서 연료 압력을 점검한다.

정상값 : 338~348kPa(3.45~3.55 kg/㎠)

4) 측정값은 정상인가?

예 ▶ 다음 점검 절차를 수행한다.

아니오 ▶ 아래 표를 참고하여, 고장 가능 부위를 점검한다. 이상이 발견되면 교환 또는 수리한 후 "고장 수리 확인" 절차를 수행한다.

조건	가능 원인	고장 가능 부위
연료 압력 낮음	연료 필터 막힘	연료 필터
	연료 압력 조절기의 연료	연료 펌프(연료 압력 조절기)
연료 압력 높음	연료 압력 조절기 고착	연료 펌프(연료 압력 조절기)

2. 연료 잔압 점검

1) 엔진을 정지 시킨후 연료 압력이 변동 하는지 점검한다.

정상값 : 엔진 정지 후 최소 5분간 연료 압력은 유지 되어야 한다.

2) 측정값은 정상인가?

예 ▶ 다음 점검 절차를 수행한다.

아니오 ▶ 아래 표를 참고하여, 고장 가능 부위를 점검한다. 이상이 발견되면 교환 또는 수리한 후 "고장 수리 확인" 절차를 수행한다.

조건	가능 원인	고장 가능 부위
연료 압력이 서서히 낮아짐	인젝터 누설	인젝터
연료 압력이 급격히 낮아짐	연료 펌프(첵밸브가 열린 상태로 고착)	연료 펌프

엔진 압축 압력 점검

1. 차량을 공회전 상태로 유지하여 난기 시킨다. 배터리가 완충전 상태인가를 확인한 후 필요하면 수리/교환한다.
2. 시동을 끈 후 점화 스위치 "OFF" 상태에서 점화 코일 커넥터와 코일 케이블을 분리 한다.
3. 압축 압력 게이지를 설치 한 후 (스로틀 밸브 전개 상태에서)크랭킹을 실시하면서 압축압력을 점검한다.

정상값 : 규정치 : 1,283kPa (13.0kgf/cm²)
한계값 : 1,135kPa (11.5kgf/cm²)
각 실린더 압력치 : 100kPa (1.0kgf/cm² 이하)

4. 압축 압력이 정상인가?

예 ▶ 과도한 냉각 수온 소모가 있는지 점검한다. 만약 발견 되면 냉각수 통로, 엔진 블록, 실린더 헤드 및 개스킷을 점검한다. 이상이 발견될 경우에는 수리 또는 교환 한후 "고장 수리 확인 절차"를 수행한다.

아니오 ▶ 하나 또는 그 이상의 실린더의 압축압력이 규정치 이하라면 해당 실린더 점화 플러그 홀을 통해 소량의 엔진 오일을 넣고 압축압력을 재 측정한다. 수리 또는 교환 한후 "고장 수리 확인 절차"를 수행한다.

- 압축 압력이 상승한 경우 피스톤 링 또는 실린더 벽 마모 또는 손상을 점검한다.
- 압축압력이 상상하지 않을 경우에는 밸브 고착, 밸브 시트 접촉 불량 또는 개스킷을 통한 가스 누기를 점검한다.

고장수리 확인

"고장 코드 확인" 절차를 재수행하여 고장이 정확히 수리되었는지 확인한다

1. GDS의 "자기진단"기능중 DTC Status 기능을 선택한다.

   ⚠주의
   고장코드를 소거하지 말 것(상세정보도 함께 소거 됨)

2. "고장 진단 완료 유무" 항목이 "진단 완료"인지 확인한다.

   참고
   미완료일경우 일반정보의 검출조건에서 지시하는대로 차량을 주행하여 완료 시킨다.

3. "고장 유형"항목의 결과값이 "과거 고장" 인가?

예 ▶ 시스템 정상. 고장코드를 소거한다.

아니오 ▶ 적절한 수리절차를 재수행한다.

P0301 실린더 1번 실화 감지

부품 위치

DTC P0300 참조: 임의의 실린더 실화 발생

기능 및 역할

DTC P0300 참조: 임의의 실린더 실화 발생

고장 코드 설명

ECM은 고장진단조건 만족이후 촉매에 손상을 주는 실화 또는 배기 가스 규제를 초과하는 실화가 #1기통에서 발생될 경우 P0301을 표출한다.

고장판정 조건

항목		판정 조건	고장예상 원인
검출 방법		• 실화율 계산	• 점화 플러그 또는 점화 코일 • 밸브 타이밍 • 압축 압력 • 공기 누설 • 연료(인젝터등)계통 • 냉각 시스템
검출 조건		• 양의 토크를 위한 최소 공기량(Zero Load) > 150~564 mg/rev (엔진 회전수에 따름) • 550 < 엔진 회전수(rpm) < 6500 • 공기 흐름량 기울기 < 7 ~ 606 mg/rev • 스로틀 기울기 < 23.4 ~ 996 Tps/s • 11 < 배터리 전압(V) < 16 • 감속으로 인한 연료 차단 조건 아님 • 험로 주행 조건이 아님 • 관련된 고장 없음	
판정값	경우1	• 실화 발생률 > 12~54 % (200회전이내, 촉매온도 > 1050℃일때)	
	경우2	• 실화 발생률 > 2 % (1000회전이내)	
검출 시간	경우1	• 200 회전 (감지 즉시 엔진경고등 점등)	
	경우2	• 4*1000 회전.	

고장코드 확인

DTC P0300 참조: 임의의 실린더 실화 발생

단품 점검

시각적/물리적 점검

1. 아래 조건에 대해 시각적/물리적 점검을 수행한다.
   - 진공호스의 손상,꺽임 및 연결 불량.
   - 포지티브 크랭크케이스 벤틸레이션(PCV) 밸브의 오장착 여부, 오링 손상 유무.
   - ECM 접지 상태 점검
2. 아래 항목을 대상으로 공기량 센서 와 엔진 냉각 수온 센서를 점검한다.
   - 커넥터 접촉 불량 및 배선 손상
   - 엔진 회전수 증가에 따라 공기량 센서 신호가 점진적으로 증가 하는지 여부.(가속페달을 밟으면서 스캔툴 상의 공기량 센서 값을 점검한다)
   - GDS상의 엔진 냉각 수온센서 값이 엔진 난기 상태 등을 비교하며 실제값과 일치하는지 점검 한다.
3. 문제가 발견되었는가?

예 ▶ 교환 또는 수리한 후 "고장 수리 확인" 절차를 수행한다.

아니오 ▶ 다음 점검 절차를 수행한다.

타이밍 점검

1. 오실로스코프를 아래와 같이 연결한다:
   채널 A (+): CMPS#1 신호선 터미널, (-): 접지
   채널 B (+): CKPS 신호선 터미널, (-): 접지
2. 엔진 시동 후, CKP 센서 신호와 CMP 센서#1 파형이 정상적으로 출력되는지 점검한다.

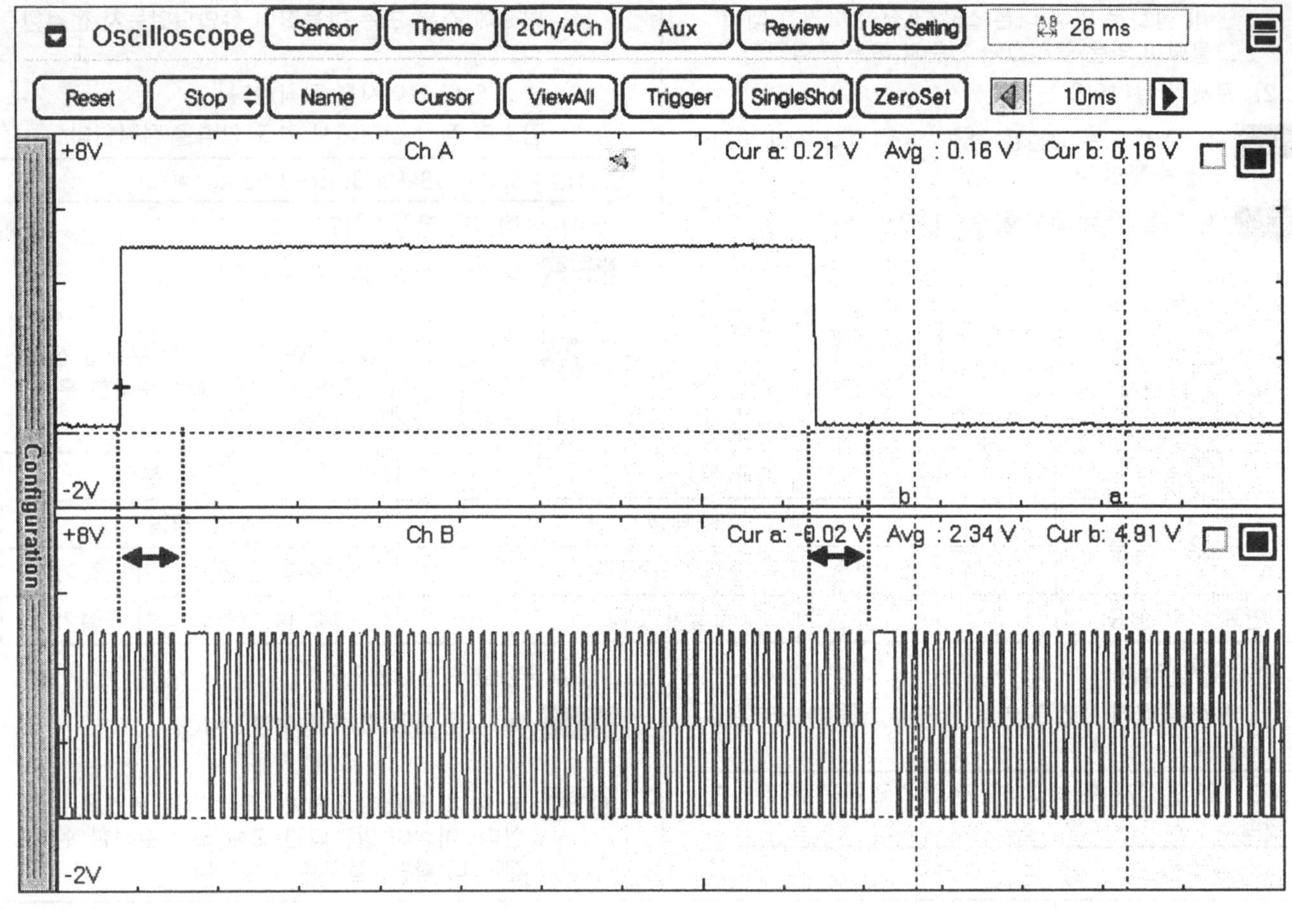

SFDF28618D

① 캠신호의 1/2 주기동안 크랭크신호는 미싱투스 포함 60개의 돌기 신호가 표출 됨. 각 신호의 잡음, 개수 틀림 및 위치 상이등을 점검 한다.

② 캠신호 하강(상승) 신호와 미싱투스 사이에는 3~5개의 크랭크 샤프트 돌기 신호가 표출 되어야 함.

3. 파형이 정상적으로 출력되는가?

예 ▶ 다음 점검 절차를 수행 한다.

아니오 ▶ 아래 사항을 참고하여 엔진 타이밍 시스템을 점검한다 .
- 크랭크 샤프트 또는 캠 샤프트 센서를 분리한 후 에어갭 확인
- 타이밍 벨트의 올바른 장착
- 캠샤프트 타이밍 체인의 정렬

필요에 따라 재조정 및 수리 후, "고장 수리 확인" 절차를 수행한다.

점화 장치 점검

1. 점화 플러그 케이블 및 점화 코일 점검

1) 실화가 발생한 실린더의 점화 플러그 케이블 및 코일에 대해 시각적/물리적 점검을 수행한다

- 손상, 균열 및 카본 누적 여부
- 배선 손상 또는 접촉 불량
- 점화 코일 또는 점화 플러그 커넥터 연결 상태

2) 실화가 발생한 실린더의 점화 플러그 케이블 단품 저항을 점검한다.

정상값 : 5.6kΩ/m ±20%

3) 실화가 발생한 실린더의 점화 코일 1차 및 2차 저항을 점검한다.

정상값 : 1차 코일 : 0.56~0.68Ω(20℃)
2차 코일 : 6~8kΩ(20℃)

4) 문제가 발견되었는가?

예 ▶ 수리 또는 교환을 한후 "고장 수리 확인 절차"를 수행한다.

아니오 ▶ 다음 점검 절차를 수행한다.

2. 점화 플러그 점검

1) 실화가 발생한 실린더의 점화 플러그에 대해 시각적/물리적 점검을 수행한다.

- 절연 손상, 전극 소손, 오일 또는 연료 오염 및 커넥터 터미널 손상등
- 에어 갭 : 1.0 – 1.1 mm

- 미 점화로 인해 다른 실린더 점화 플러그 대비 그을림이 옅은 플러그가 있는지 여부를 점검한다.

2) 문제가 발견되었는가?

예 ▶ 수리 또는 교환을 한후 "고장 수리 확인 절차"를 수행한다.

아니오 ▶ 다음 점검 절차를 수행한다.

시스템 점검

연료 시스템 점검

1. 연료 압력 점검

1) 연료에 수분 또는 이물질이 유입되었는지 점검한다.

2) 연료 압력 게이지를 장착한다.

3) 공회전 정상 상태에서 연료 압력을 점검한다.

정상값 : 338~348kPa(3.45~3.55 kg/㎠)

4) 측정값은 정상인가?

예 ▶ 다음 점검 절차를 수행한다.

아니오 ▶ 아래 표를 참고하여, 고장 가능 부위를 점검한다. 이상이 발견되면 교환 또는 수리한 후 "고장 수리 확인" 절차를 수행한다.

조건	가능 원인	고장 가능 부위
연료 압력 낮음	연료 필터 막힘	연료 필터
	연료 압력 조절기의 연료	연료 펌프(연료 압력 조절기)
연료 압력 높음	연료 압력 조절기 고착	연료 펌프(연료 압력 조절기)

2. 연료 잔압 점검

1) 엔진을 정지 시킨후 연료 압력이 변동 하는지 점검한다.

정상값 : 엔진 정지 후 최소 5분간 연료 압력은 유지 되어야 한다.

2) 측정값은 정상인가?

예 ▶ 다음 점검 절차를 수행한다.

아니오 ▶ 아래 표를 참고하여, 고장 가능 부위를 점검한다. 이상이 발견되면 교환 또는 수리한 후 "고장 수리 확인" 절차를 수행한다.

조건	가능 원인	고장 가능 부위
연료 압력이 서서히 낮아짐	인젝터 누설	인젝터
연료 압력이 급격히 낮아짐	연료 펌프(첵밸브가 열린 상태로 고착)	연료 펌프

엔진 압축 압력 점검

1. 차량을 공회전 상태로 유지하여 난기 시킨다. 배터리가 완충전 상태인가를 확인한 후 필요하면 수리/교환한다.
2. 시동을 끈 후 점화 스위치 "OFF" 상태에서 점화 코일 커넥터와 코일 케이블을 분리 한다.
3. 압축 압력 게이지를 설치 한 후 (스로틀 밸브 전개 상태에서)크랭킹을 실시하면서 압축압력을 점검한다.

정상값 : 규정치 : 1,283kPa (13.0kgf/cm²)
한계값 : 1,135kPa (11.5kgf/cm²)
각 실린더 압력치 : 100kPa (1.0kgf/cm² 이하)

4. 압축 압력이 정상인가?

예 ▶ 과도한 냉각 수온 소모가 있는지 점검한다. 만약 발견 되면 냉각수 통로, 엔진 블록, 실린더 헤드 및 개스킷을 점검한다. 이상이 발견될 경우에는 수리 또는 교환 한후 "고장 수리 확인 절차"를 수행한다.

아니오 ▶ 하나 또는 그 이상의 실린더의 압축압력이 규정치 이하라면 해당 실린더 점화 플러그 홀을 통해 소량의 엔진 오일을 넣고 압축압력을 재 측정한다. 수리 또는 교환 한후 "고장 수리 확인 절차"를 수행한다.
- 압축 압력이 상승한 경우 피스톤 링 또는 실린더 벽 마모 또는 손상을 점검한다.
- 압축압력이 상상하지 않을 경우에는 밸브 고착, 밸브 시트 접촉 불량 또는 개스킷을 통한 가스 누기를 점검한다.

고장수리 확인

DTC P0300 참조: 임의의 실린더 실화 발생

P0302 실린더 2번 실화 감지

부품 위치

DTC P0300 참조: 임의의 실린더 실화 발생

기능 및 역할

DTC P0300 참조: 임의의 실린더 실화 발생

고장 코드 설명

ECM은 고장진단조건 만족이후 촉매에 손상을 주는 실화 또는 배기 가스 규제를 초과하는 실화가 #2기통에서 발생될 경우 P0302을 표출한다.

고장판정 조건

항목		판정 조건	고장예상 원인
검출 방법		• 실화율 계산	• 점화 플러그 또는 점화 코일 • 밸브 타이밍 • 압축 압력 • 공기 누설 • 연료(인젝터등)계통 • 냉각 시스템
검출 조건		• 양의 토크를 위한 최소 공기량(Zero Load) > 150~564 mg/rev (엔진 회전수에 따름) • 550 < 엔진 회전수(rpm) < 6500 • 공기 흐름량 기울기 < 7 ~ 606 mg/rev • 스로틀 기울기 < 23.4 ~ 996 Tps/s • 11 < 배터리 전압(V) < 16 • 감속으로 인한 연료 차단 조건 아님 • 험로 주행 조건이 아님 • 관련된 고장 없음	
판정값	경우1	• 실화 발생률 > 12~54 % (200회전이내, 촉매온도 > 1050℃일때)	
	경우2	• 실화 발생률 > 2 % (1000회전이내)	
검출 시간	경우1	• 200 회전 (감지 즉시 엔진경고등 점등)	
	경우2	• 4*1000 회전.	

고장코드 확인

DTC P0300 참조: 임의의 실린더 실화 발생

단품 점검

시각적/물리적 점검

1. 아래 조건에 대해 시각적/물리적 점검을 수행한다.
   - 진공호스의 손상,꺽임 및 연결 불량.
   - 포지티브 크랭크케이스 벤틸레이션(PCV) 밸브의 오장착 여부, 오링 손상 유무.
   - ECM 접지 상태 점검
2. 아래 항목을 대상으로 공기량 센서 와 엔진 냉각 수온 센서를 점검한다.
   - 커넥터 접촉 불량 및 배선 손상
   - 엔진 회전수 증가에 따라 공기량 센서 신호가 점진적으로 증가 하는지 여부.(가속페달을 밟으면서 스캔툴 상의 공기량 센서 값을 점검한다)
   - GDS상의 엔진 냉각 수온센서 값이 엔진 난기 상태 등을 비교하며 실제값과 일치하는지 점검 한다.
3. 문제가 발견되었는가?

예 ▶ 교환 또는 수리한 후 "고장 수리 확인" 절차를 수행한다.

아니오 ▶ 다음 점검 절차를 수행한다.

타이밍 점검

1. 오실로스코프를 아래와 같이 연결한다:
   채널 A (+): CMPS#1 신호선 터미널, (-): 접지
   채널 B (+): CKPS 신호선 터미널, (-): 접지
2. 엔진 시동 후, CKP 센서 신호와 CMP 센서#1 파형이 정상적으로 출력되는지 점검한다.

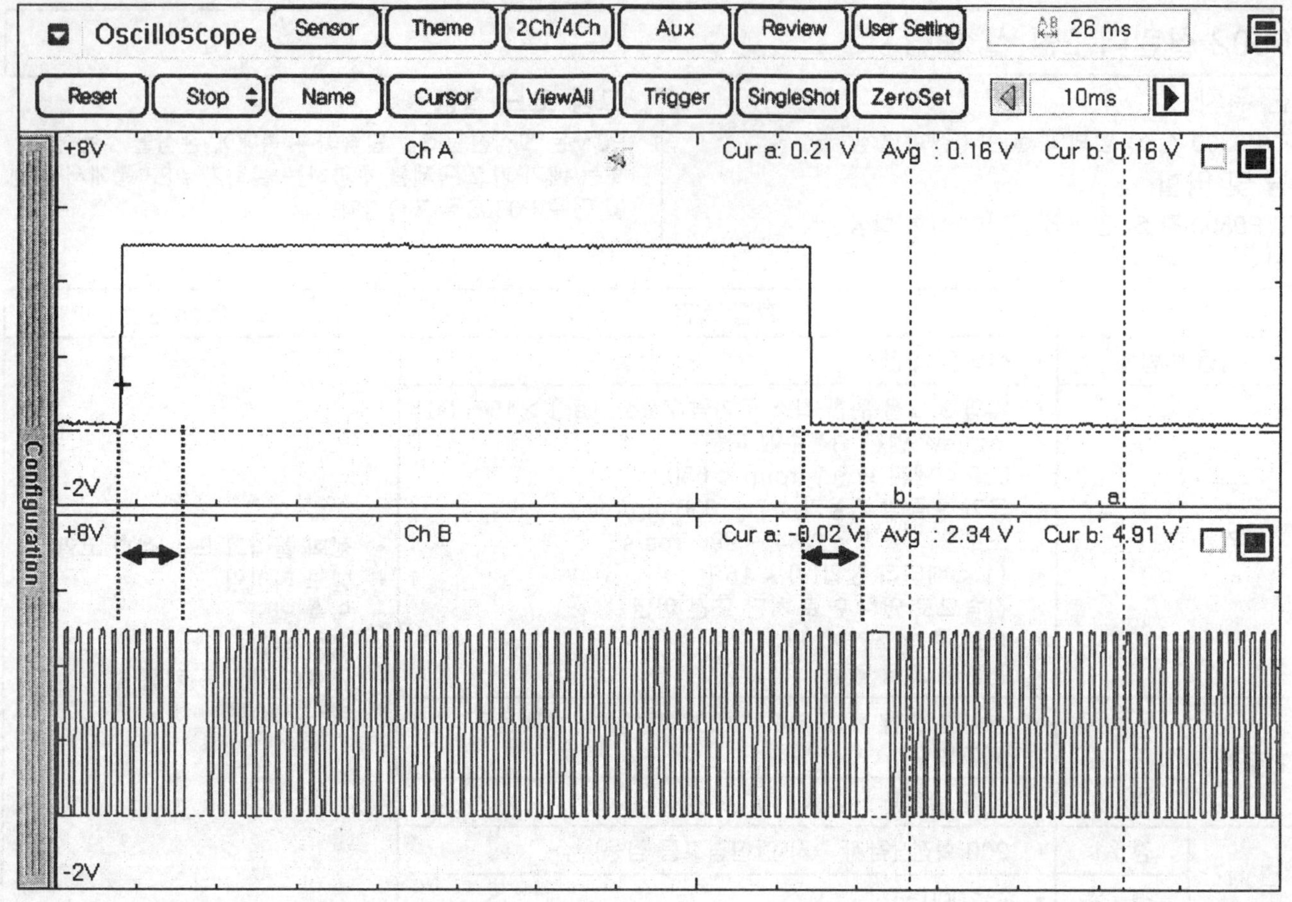

SFDF28618D

① 캠신호의 1/2 주기동안 크랭크신호는 미싱투스 포함 60개의 돌기 신호가 표출 됨. 각 신호의 잡음, 개수 틀림 및 위치 상이등을 점검 한다.

② 캠신호 하강(상승) 신호와 미싱투스 사이에는 3~5개의 크랭크 샤프트 돌기 신호가 표출 되어야 함.

3. 파형이 정상적으로 출력되는가?

예 ▶ 다음 점검 절차를 수행 한다.

아니오 ▶ 아래 사항을 참고하여 엔진 타이밍 시스템을 점검한다 .

- 크랭크 샤프트 또는 캠 샤프트 센서를 분리한 후 에어갭 확인
- 타이밍 벨트의 올바른 장착
- 캠샤프트 타이밍 체인의 정렬

필요에 따라 재조정 및 수리 후, "고장 수리 확인" 절차를 수행한다.

점화 장치 점검

1. 점화 플러그 케이블 및 점화 코일 점검

   1) 실화가 발생한 실린더의 점화 플러그 케이블 및 코일에 대해 시각적/물리적 점검을 수행한다

      - 손상, 균열 및 카본 누적 여부
      - 배선 손상 또는 접촉 불량
      - 점화 코일 또는 점화 플러그 커넥터 연결 상태

   2) 실화가 발생한 실린더의 점화 플러그 케이블 단품 저항을 점검한다.

정상값 : 5.6kΩ/m ±20%

   3) 실화가 발생한 실린더의 점화 코일 1차 및 2차 저항을 점검한다.

정상값 : 1차 코일 : 0.56~0.68Ω(20℃)
2차 코일 : 6~8kΩ(20℃)

   4) 문제가 발견되었는가?

예 ▶ 수리 또는 교환을 한후 "고장 수리 확인 절차"를 수행한다.

아니오 ▶ 다음 점검 절차를 수행한다.

2. 점화 플러그 점검

   1) 실화가 발생한 실린더의 점화 플러그에 대해 시각적/물리적 점검을 수행한다.

      - 절연 손상, 전극 소손, 오일 또는 연료 오염 및 커넥터 터미널 손상등
      - 에어 갭 : 1.0 - 1.1 mm

- 미 점화로 인해 다른 실린더 점화 플러그 대비 그을림이 옅은 플러그가 있는지 여부를 점검한다.

2) 문제가 발견되었는가?

예 ▶ 수리 또는 교환을 한후 "고장 수리 확인 절차"를 수행한다.

아니오 ▶ 다음 점검 절차를 수행한다.

시스템 점검

연료 시스템 점검

1. 연료 압력 점검

1) 연료에 수분 또는 이물질이 유입되었는지 점검한다.

2) 연료 압력 게이지를 장착한다.

3) 공회전 정상 상태에서 연료 압력을 점검한다.

정상값 : 338~348kPa(3.45~3.55 kg/㎠)

4) 측정값은 정상인가?

예 ▶ 다음 점검 절차를 수행한다.

아니오 ▶ 아래 표를 참고하여, 고장 가능 부위를 점검한다. 이상이 발견되면 교환 또는 수리한 후 "고장 수리 확인" 절차를 수행한다.

조건	가능 원인	고장 가능 부위
연료 압력 낮음	연료 필터 막힘	연료 필터
	연료 압력 조절기의 연료	연료 펌프(연료 압력 조절기)
연료 압력 높음	연료 압력 조절기 고착	연료 펌프(연료 압력 조절기)

2. 연료 잔압 점검

1) 엔진을 정지 시킨후 연료 압력이 변동 하는지 점검한다.

정상값 : 엔진 정지 후 최소 5분간 연료 압력은 유지 되어야 한다.

2) 측정값은 정상인가?

예 ▶ 다음 점검 절차를 수행한다.

아니오 ▶ 아래 표를 참고하여, 고장 가능 부위를 점검한다. 이상이 발견되면 교환 또는 수리한 후 "고장 수리 확인" 절차를 수행한다.

조건	가능 원인	고장 가능 부위
연료 압력이 서서히 낮아짐	인젝터 누설	인젝터
연료 압력이 급격히 낮아짐	연료 펌프(첵밸브가 열린 상태로 고착)	연료 펌프

엔진 압축 압력 점검

1. 차량을 공회전 상태로 유지하여 난기 시킨다. 배터리가 완충전 상태인가를 확인한 후 필요하면 수리/교환한다.

2. 시동을 끈 후 점화 스위치 "OFF" 상태에서 점화 코일 커넥터와 코일 케이블을 분리 한다.

3. 압축 압력 게이지를 설치 한 후 (스로틀 밸브 전개 상태에서)크랭킹을 실시하면서 압축압력을 점검한다.

정상값 : 규정치 : 1,283kPa (13.0kgf/cm²)
한계값 : 1,135kPa (11.5kgf/cm²)
각 실린더 압력치 : 100kPa (1.0kgf/cm² 이하)

4. 압축 압력이 정상인가?

예 ▶ 과도한 냉각 수온 소모가 있는지 점검한다. 만약 발견 되면 냉각수 통로, 엔진 블록, 실린더 헤드 및 개스킷을 점검한다. 이상이 발견될 경우에는 수리 또는 교환 한후 "고장 수리 확인 절차"를 수행한다.

아니오 ▶ 하나 또는 그 이상의 실린더의 압축압력이 규정치 이하라면 해당 실린더 점화 플러그 홀을 통해 소량의 엔진 오일을 넣고 압축압력을 재 측정한다. 수리 또는 교환 한후 "고장 수리 확인 절차"를 수행한다.
- 압축 압력이 상승한 경우 피스톤 링 또는 실린더 벽 마모 또는 손상을 점검한다.
- 압축압력이 상상하지 않을 경우에는 밸브 고착, 밸브 시트 접촉 불량 또는 개스킷을 통한 가스 누기를 점검한다.

고장수리 확인

DTC P0300 참조: 임의의 실린더 실화 발생

P0303 실린더 3번 실화 감지

부품 위치

DTC P0300 참조: 임의의 실린더 실화 발생

기능 및 역할

DTC P0300 참조: 임의의 실린더 실화 발생

고장 코드 설명

ECM은 고장진단조건 만족이후 촉매에 손상을 주는 실화 또는 배기 가스 규제를 초과하는 실화가 #3기통에서 발생될 경우 P0303을 표출한다.

고장판정 조건

항목		판정 조건	고장예상 원인
검출 방법		• 실화율 계산	• 점화 플러그 또는 점화 코일 • 밸브 타이밍 • 압축 압력 • 공기 누설 • 연료(인젝터등)계통 • 냉각 시스템
검출 조건		• 양의 토크를 위한 최소 공기량(Zero Load) > 150~564 mg/rev (엔진 회전수에 따름) • 550 < 엔진 회전수(rpm) < 6500 • 공기 흐름량 기울기 < 7 ~ 606 mg/rev • 스로틀 기울기 < 23.4 ~ 996 Tps/s • 11 < 배터리 전압(V) < 16 • 감속으로 인한 연료 차단 조건 아님 • 험로 주행 조건이 아님 • 관련된 고장 없음	
판정값	경우1	• 실화 발생률 > 12~54 % (200회전이내, 촉매온도 > 1050℃일때)	
	경우2	• 실화 발생률 > 2 % (1000회전이내)	
검출 시간	경우1	• 200 회전 (감지 즉시 엔진경고등 점등)	
	경우2	• 4*1000 회전.	

고장코드 확인

DTC P0300 참조: 임의의 실린더 실화 발생

단품 점검

시각적/물리적 점검

1. 아래 조건에 대해 시각적/물리적 점검을 수행한다.
   - 진공호스의 손상,꺽임 및 연결 불량.
   - 포지티브 크랭크케이스 벤틸레이션(PCV) 밸브의 오장착 여부, 오링 손상 유무.
   - ECM 접지 상태 점검
2. 아래 항목을 대상으로 공기량 센서 와 엔진 냉각 수온 센서를 점검한다.
   - 커넥터 접촉 불량 및 배선 손상
   - 엔진 회전수 증가에 따라 공기량 센서 신호가 점진적으로 증가 하는지 여부.(가속페달을 밟으면서 스캔툴 상의 공기량 센서 값을 점검한다)
   - GDS상의 엔진 냉각 수온센서 값이 엔진 난기 상태 등을 비교하며 실제값과 일치하는지 점검 한다.
3. 문제가 발견되었는가?

예 ▶ 교환 또는 수리한 후 "고장 수리 확인" 절차를 수행한다.

아니오 ▶ 다음 점검 절차를 수행한다.

타이밍 점검

1. 오실로스코프를 아래와 같이 연결한다:
   채널 A (+): CMPS#1 신호선 터미널, (-): 접지
   채널 B (+): CKPS 신호선 터미널, (-): 접지
2. 엔진 시동 후, CKP 센서 신호와 CMP 센서#1 파형이 정상적으로 출력되는지 점검한다.

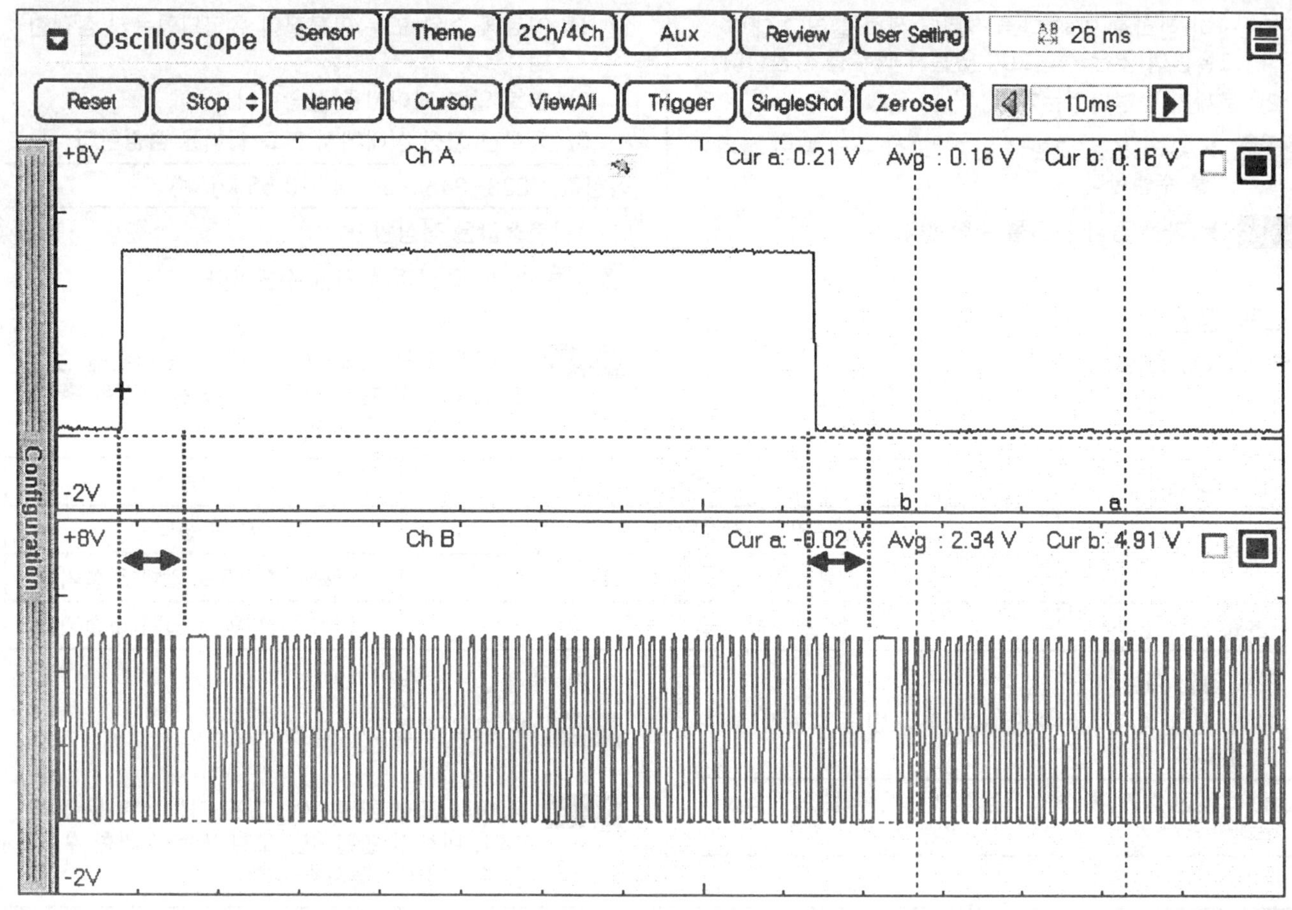

SFDF28618D

① 캠신호의 1/2 주기동안 크랭크신호는 미싱투스 포함 60개의 돌기 신호가 표출 됨. 각 신호의 잡음, 개수 틀림 및 위치 상이등을 점검 한다.

② 캠신호 하강(상승) 신호와 미싱투스 사이에는 3~5개의 크랭크 샤프트 돌기 신호가 표출 되어야 함.

3. 파형이 정상적으로 출력되는가?

예 ▶ 다음 점검 절차를 수행 한다.

아니오 ▶ 아래 사항을 참고하여 엔진 타이밍 시스템을 점검한다 .

- 크랭크 샤프트 또는 캠 샤프트 센서를 분리한 후 에어갭 확인
- 타이밍 벨트의 올바른 장착
- 캠샤프트 타이밍 체인의 정렬

필요에 따라 재조정 및 수리 후, "고장 수리 확인" 절차를 수행한다.

점화 장치 점검

1. 점화 플러그 케이블 및 점화 코일 점검
   1) 실화가 발생한 실린더의 점화 플러그 케이블 및 코일에 대해 시각적/물리적 점검을 수행한다
      - 손상, 균열 및 카본 누적 여부
      - 배선 손상 또는 접촉 불량
      - 점화 코일 또는 점화 플러그 커넥터 연결 상태
   2) 실화가 발생한 실린더의 점화 플러그 케이블 단품 저항을 점검한다.

정상값 : 5.6kΩ/m ±20%

   3) 실화가 발생한 실린더의 점화 코일 1차 및 2차 저항을 점검한다.

정상값 : 1차 코일 : 0.56~0.68Ω(20℃)
2차 코일 : 6~8kΩ(20℃)

   4) 문제가 발견되었는가?

예 ▶ 수리 또는 교환을 한후 "고장 수리 확인 절차"를 수행한다.

아니오 ▶ 다음 점검 절차를 수행한다.

2. 점화 플러그 점검
   1) 실화가 발생한 실린더의 점화 플러그에 대해 시각적/물리적 점검을 수행한다.
      - 절연 손상, 전극 소손, 오일 또는 연료 오염 및 커넥터 터미널 손상등
      - 에어 갭 : 1.0 – 1.1 mm

- 미 점화로 인해 다른 실린더 점화 플러그 대비 그을림이 옅은 플러그가 있는지 여부를 점검한다.

2) 문제가 발견되었는가?

예 ▶ 수리 또는 교환을 한후 "고장 수리 확인 절차"를 수행한다.

아니오 ▶ 다음 점검 절차를 수행한다.

시스템 점검

연료 시스템 점검

1. 연료 압력 점검

1) 연료에 수분 또는 이물질이 유입되었는지 점검한다.

2) 연료 압력 게이지를 장착한다.

3) 공회전 정상 상태에서 연료 압력을 점검한다.

정상값 : 338~348kPa(3.45~3.55 kg/㎠)

4) 측정값은 정상인가?

예 ▶ 다음 점검 절차를 수행한다.

아니오 ▶ 아래 표를 참고하여, 고장 가능 부위를 점검한다. 이상이 발견되면 교환 또는 수리한 후 "고장 수리 확인" 절차를 수행한다.

조건	가능 원인	고장 가능 부위
연료 압력 낮음	연료 필터 막힘	연료 필터
	연료 압력 조절기의 연료	연료 펌프(연료 압력 조절기)
연료 압력 높음	연료 압력 조절기 고착	연료 펌프(연료 압력 조절기)

2. 연료 잔압 점검

1) 엔진을 정지 시킨후 연료 압력이 변동 하는지 점검한다.

정상값 : 엔진 정지 후 최소 5분간 연료 압력은 유지 되어야 한다.

2) 측정값은 정상인가?

예 ▶ 다음 점검 절차를 수행한다.

아니오 ▶ 아래 표를 참고하여, 고장 가능 부위를 점검한다. 이상이 발견되면 교환 또는 수리한 후 "고장 수리 확인" 절차를 수행한다.

조건	가능 원인	고장 가능 부위
연료 압력이 서서히 낮아짐	인젝터 누설	인젝터
연료 압력이 급격히 낮아짐	연료 펌프(첵밸브가 열린 상태로 고착)	연료 펌프

엔진 압축 압력 점검

1. 차량을 공회전 상태로 유지하여 난기 시킨다. 배터리가 완충전 상태인가를 확인한 후 필요하면 수리/교환한다.
2. 시동을 끈 후 점화 스위치 "OFF" 상태에서 점화 코일 커넥터와 코일 케이블을 분리 한다.
3. 압축 압력 게이지를 설치 한 후 (스로틀 밸브 전개 상태에서)크랭킹을 실시하면서 압축압력을 점검한다.

정상값 : 규정치 : 1,283kPa (13.0kgf/cm²)
한계값 : 1,135kPa (11.5kgf/cm²)
각 실린더 압력치 : 100kPa (1.0kgf/cm² 이하)

4. 압축 압력이 정상인가?

예 ▶ 과도한 냉각 수온 소모가 있는지 점검한다. 만약 발견 되면 냉각수 통로, 엔진 블록, 실린더 헤드 및 개스킷을 점검한다. 이상이 발견될 경우에는 수리 또는 교환 한후 "고장 수리 확인 절차"를 수행한다.

아니오 ▶ 하나 또는 그 이상의 실린더의 압축압력이 규정치 이하라면 해당 실린더 점화 플러그 홀을 통해 소량의 엔진 오일을 넣고 압축압력을 재 측정한다. 수리 또는 교환 한후 "고장 수리 확인 절차"를 수행한다.
- 압축 압력이 상승한 경우 피스톤 링 또는 실린더 벽 마모 또는 손상을 점검한다.
- 압축압력이 상상하지 않을 경우에는 밸브 고착, 밸브 시트 접촉 불량 또는 개스킷을 통한 가스 누기를 점검한다.

고장수리 확인

DTC P0300 참조: 임의의 실린더 실화 발생

P0304 실린더 4번 실화 감지

부품 위치

DTC P0300 참조: 임의의 실린더 실화 발생

기능 및 역할

DTC P0300 참조: 임의의 실린더 실화 발생

고장 코드 설명

ECM은 고장진단조건 만족이후 촉매에 손상을 주는 실화 또는 배기 가스 규제를 초과하는 실화가 #4기통에서 발생될 경우 P0304을 표출한다.

고장판정 조건

항목		판정 조건	고장예상 원인
검출 방법		• 실화율 계산	• 점화 플러그 또는 점화 코일 • 밸브 타이밍 • 압축 압력 • 공기 누설 • 연료(인젝터등)계통 • 냉각 시스템
검출 조건		• 양의 토크를 위한 최소 공기량(Zero Load) > 150~564 mg/rev (엔진 회전수에 따름) • 550 < 엔진 회전수(rpm) < 6500 • 공기 흐름량 기울기 < 7 ~ 606 mg/rev • 스로틀 기울기 < 23.4 ~ 996 Tps/s • 11 < 배터리 전압(V) < 16 • 감속으로 인한 연료 차단 조건 아님 • 험로 주행 조건이 아님 • 관련된 고장 없음	
판정값	경우1	• 실화 발생률 > 12~54 % (200회전이내, 촉매온도 > 1050℃일때)	
	경우2	• 실화 발생률 > 2 % (1000회전이내)	
검출 시간	경우1	• 200 회전 (감지 즉시 엔진경고등 점등)	
	경우2	• 4*1000 회전.	

고장코드 확인

DTC P0300 참조: 임의의 실린더 실화 발생

단품 점검

시각적/물리적 점검

1. 아래 조건에 대해 시각적/물리적 점검을 수행한다.
   - 진공호스의 손상,꺽임 및 연결 불량.
   - 포지티브 크랭크케이스 벤틸레이션(PCV) 밸브의 오장착 여부, 오링 손상 유무.
   - ECM 접지 상태 점검
2. 아래 항목을 대상으로 공기량 센서 와 엔진 냉각 수온 센서를 점검한다.
   - 커넥터 접촉 불량 및 배선 손상
   - 엔진 회전수 증가에 따라 공기량 센서 신호가 점진적으로 증가 하는지 여부.(가속페달을 밟으면서 스캔툴 상의 공기량 센서 값을 점검한다)
   - GDS상의 엔진 냉각 수온센서 값이 엔진 난기 상태 등을 비교하며 실제값과 일치하는지 점검 한다.
3. 문제가 발견되었는가?

예 ▶ 교환 또는 수리한 후 "고장 수리 확인" 절차를 수행한다.

아니오 ▶ 다음 점검 절차를 수행한다.

타이밍 점검

1. 오실로스코프를 아래와 같이 연결한다:
   채널 A (+): CMPS#1 신호선 터미널, (-): 접지
   채널 B (+): CKPS 신호선 터미널, (-): 접지
2. 엔진 시동 후, CKP 센서 신호와 CMP 센서#1 파형이 정상적으로 출력되는지 점검한다.

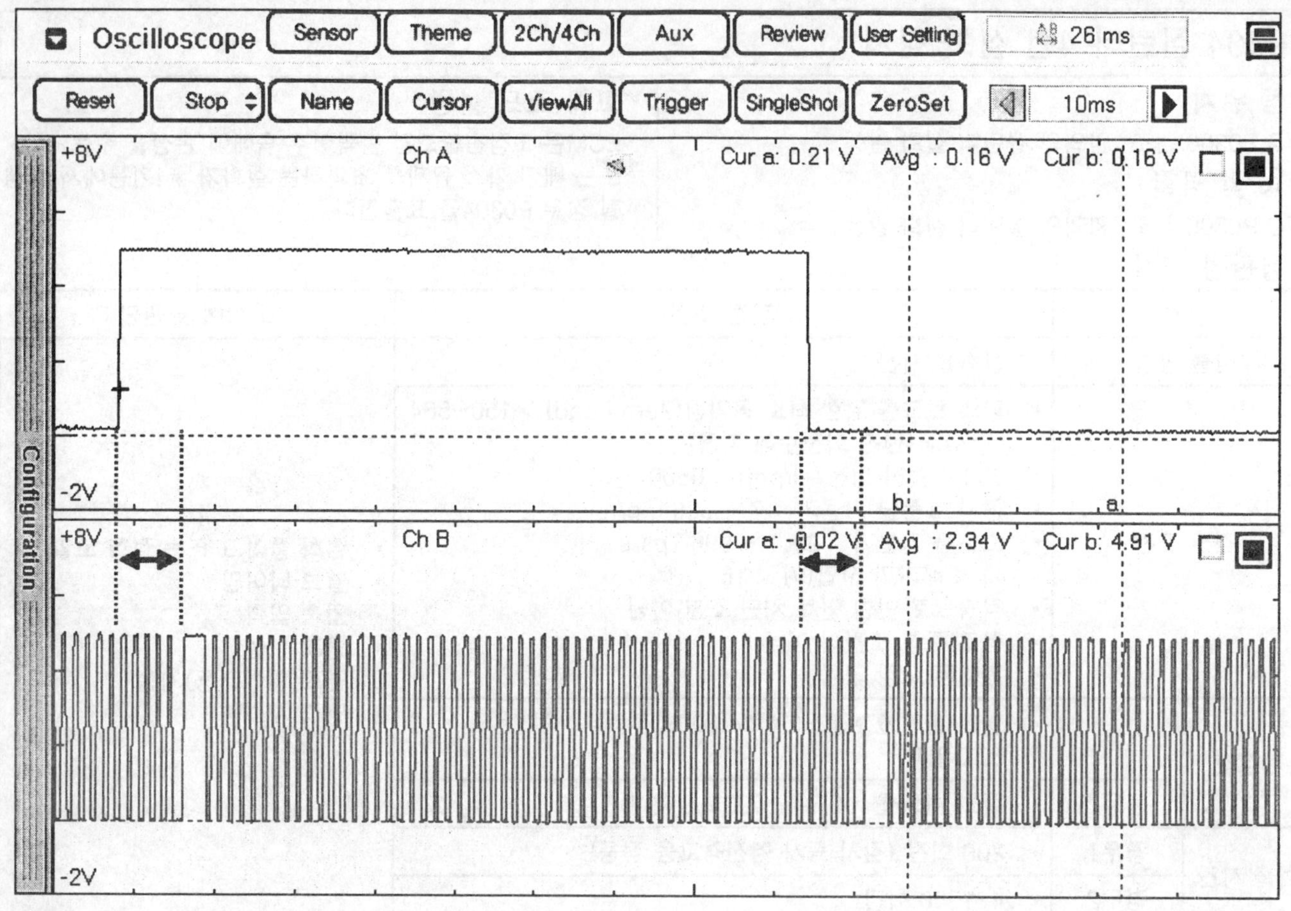

SFDF28618D

① 캠신호의 1/2 주기동안 크랭크신호는 미싱투스 포함 60개의 돌기 신호가 표출 됨. 각 신호의 잡음, 개수 틀림 및 위치 상이등을 점검 한다.

② 캠신호 하강(상승) 신호와 미싱투스 사이에는 3~5개의 크랭크 샤프트 돌기 신호가 표출 되어야 함.

3. 파형이 정상적으로 출력되는가?

예 ▶ 다음 점검 절차를 수행 한다.

아니오 ▶ 아래 사항을 참고하여 엔진 타이밍 시스템을 점검한다 .
- 크랭크 샤프트 또는 캠 샤프트 센서를 분리한 후 에어갭 확인
- 타이밍 벨트의 올바른 장착
- 캠샤프트 타이밍 체인의 정렬

필요에 따라 재조정 및 수리 후, "고장 수리 확인" 절차를 수행한다.

점화 장치 점검

1. 점화 플러그 케이블 및 점화 코일 점검
   1) 실화가 발생한 실린더의 점화 플러그 케이블 및 코일에 대해 시각적/물리적 점검을 수행한다
      - 손상, 균열 및 카본 누적 여부
      - 배선 손상 또는 접촉 불량
      - 점화 코일 또는 점화 플러그 커넥터 연결 상태
   2) 실화가 발생한 실린더의 점화 플러그 케이블 단품 저항을 점검한다.

정상값 : 5.6kΩ/m ±20%

   3) 실화가 발생한 실린더의 점화 코일 1차 및 2차 저항을 점검한다.

정상값 : 1차 코일 : 0.56~0.68Ω(20℃)
2차 코일 : 6~8kΩ(20℃)

   4) 문제가 발견되었는가?

예 ▶ 수리 또는 교환을 한후 "고장 수리 확인 절차"를 수행한다.

아니오 ▶ 다음 점검 절차를 수행한다.

2. 점화 플러그 점검
   1) 실화가 발생한 실린더의 점화 플러그에 대해 시각적/물리적 점검을 수행한다.
      - 절연 손상, 전극 소손, 오일 또는 연료 오염 및 커넥터 터미널 손상등
      - 에어 갭 : 1.0 - 1.1 mm

- 미 점화로 인해 다른 실린더 점화 플러그 대비 그을림이 옅은 플러그가 있는지 여부를 점검한다.

2) 문제가 발견되었는가?

예 ▶ 수리 또는 교환을 한후 "고장 수리 확인 절차"를 수행한다.

아니오 ▶ 다음 점검 절차를 수행한다.

시스템 점검

연료 시스템 점검

1. 연료 압력 점검

1) 연료에 수분 또는 이물질이 유입되었는지 점검한다.

2) 연료 압력 게이지를 장착한다.

3) 공회전 정상 상태에서 연료 압력을 점검한다.

정상값 : 338~348kPa(3.45~3.55 kg/㎠)

4) 측정값은 정상인가?

예 ▶ 다음 점검 절차를 수행한다.

아니오 ▶ 아래 표를 참고하여, 고장 가능 부위를 점검한다. 이상이 발견되면 교환 또는 수리한 후 "고장 수리 확인" 절차를 수행한다.

조건	가능 원인	고장 가능 부위
연료 압력 낮음	연료 필터 막힘	연료 필터
	연료 압력 조절기의 연료	연료 펌프(연료 압력 조절기)
연료 압력 높음	연료 압력 조절기 고착	연료 펌프(연료 압력 조절기)

2. 연료 잔압 점검

1) 엔진을 정지 시킨후 연료 압력이 변동 하는지 점검한다.

정상값 : 엔진 정지 후 최소 5분간 연료 압력은 유지 되어야 한다.

2) 측정값은 정상인가?

예 ▶ 다음 점검 절차를 수행한다.

아니오 ▶ 아래 표를 참고하여, 고장 가능 부위를 점검한다. 이상이 발견되면 교환 또는 수리한 후 "고장 수리 확인" 절차를 수행한다.

조건	가능 원인	고장 가능 부위
연료 압력이 서서히 낮아짐	인젝터 누설	인젝터
연료 압력이 급격히 낮아짐	연료 펌프(첵밸브가 열린 상태로 고착)	연료 펌프

엔진 압축 압력 점검

1. 차량을 공회전 상태로 유지하여 난기 시킨다. 배터리가 완충전 상태인가를 확인한 후 필요하면 수리/교환한다.
2. 시동을 끈 후 점화 스위치 "OFF" 상태에서 점화 코일 커넥터와 코일 케이블을 분리 한다.
3. 압축 압력 게이지를 설치 한 후 (스로틀 밸브 전개 상태에서)크랭킹을 실시하면서 압축압력을 점검한다.

정상값 : 규정치 : 1,283kPa (13.0kgf/cm²)
한계값 : 1,135kPa (11.5kgf/cm²)
각 실린더 압력치 : 100kPa (1.0kgf/cm² 이하)

4. 압축 압력이 정상인가?

예 ▶ 과도한 냉각 수온 소모가 있는지 점검한다. 만약 발견 되면 냉각수 통로, 엔진 블록, 실린더 헤드 및 개스킷을 점검한다. 이상이 발견될 경우에는 수리 또는 교환 한후 "고장 수리 확인 절차"를 수행한다.

아니오 ▶ 하나 또는 그 이상의 실린더의 압축압력이 규정치 이하라면 해당 실린더 점화 플러그 홀을 통해 소량의 엔진 오일을 넣고 압축압력을 재 측정한다. 수리 또는 교환 한후 "고장 수리 확인 절차"를 수행한다.
- 압축 압력이 상승한 경우 피스톤 링 또는 실린더 벽 마모 또는 손상을 점검한다.
- 압축압력이 상상하지 않을 경우에는 밸브 고착, 밸브 시트 접촉 불량 또는 개스킷을 통한 가스 누기를 점검한다.

고장수리 확인

DTC P0300 참조: 임의의 실린더 실화 발생

P0315 크랭크 포지션 센서 이상

부품 위치

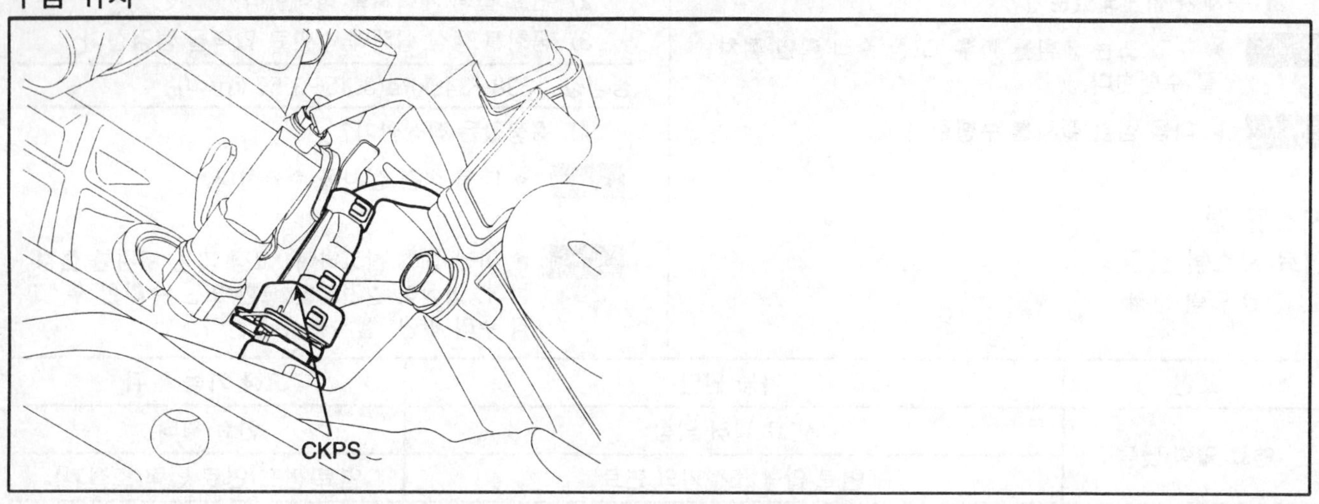

SFDF28204D

기능 및 역할

크랭크 샤프트 포지션 센서는 크랭크축에 설치되어 있으며 플라이 휠측에 장착된 타겟휠과 조합되어 출력신호를 발생시킨다. 타켓휠은 총 60개의 영역으로 나누어지며 이중 58개의 돌기와 기준 위치를 결정하기 위한 2개의 평면 형태인 미싱투스로 구성된다. ECM은 크랭크 샤프트 포지션 센서 신호를 이용하여 엔진 회전수 와 크랭크 각도를 연산하고 캠 샤프트 포지션 센서 신호와 조합하여 각 기통별로 최적의 분사 시기와 점화 시기를 제어한다.

고장 코드 설명

ECM은 세그먼트 학습값을 감시하여 정상치에 벗어나면 고장코드 P0315를 표출한다.

고장판정 조건

항목	판정 조건	고장예상 원인
검출 방법	• 성능 점검	• 커넥터 접촉 불량 및 배선 손상 • 크랭크 샤프트 포지션 센서(CKP) • 타이밍 시스템
검출 조건	• 관련 고장 없음	
판정값	• 세그먼트 학습값 > 5/1000	
검출 시간	• –	

표준회로도

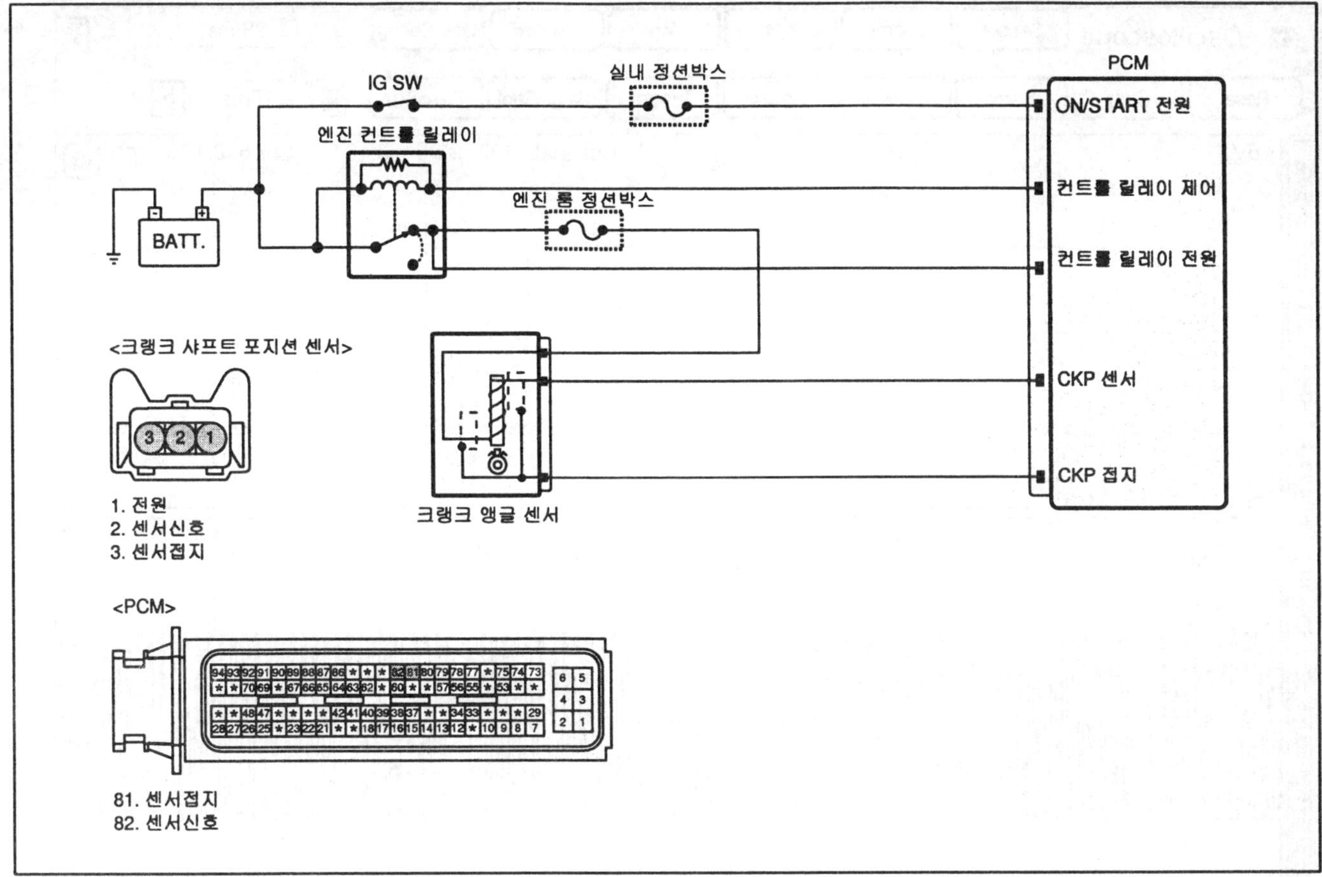

SFDF28509D

기준 파형 및 데이터

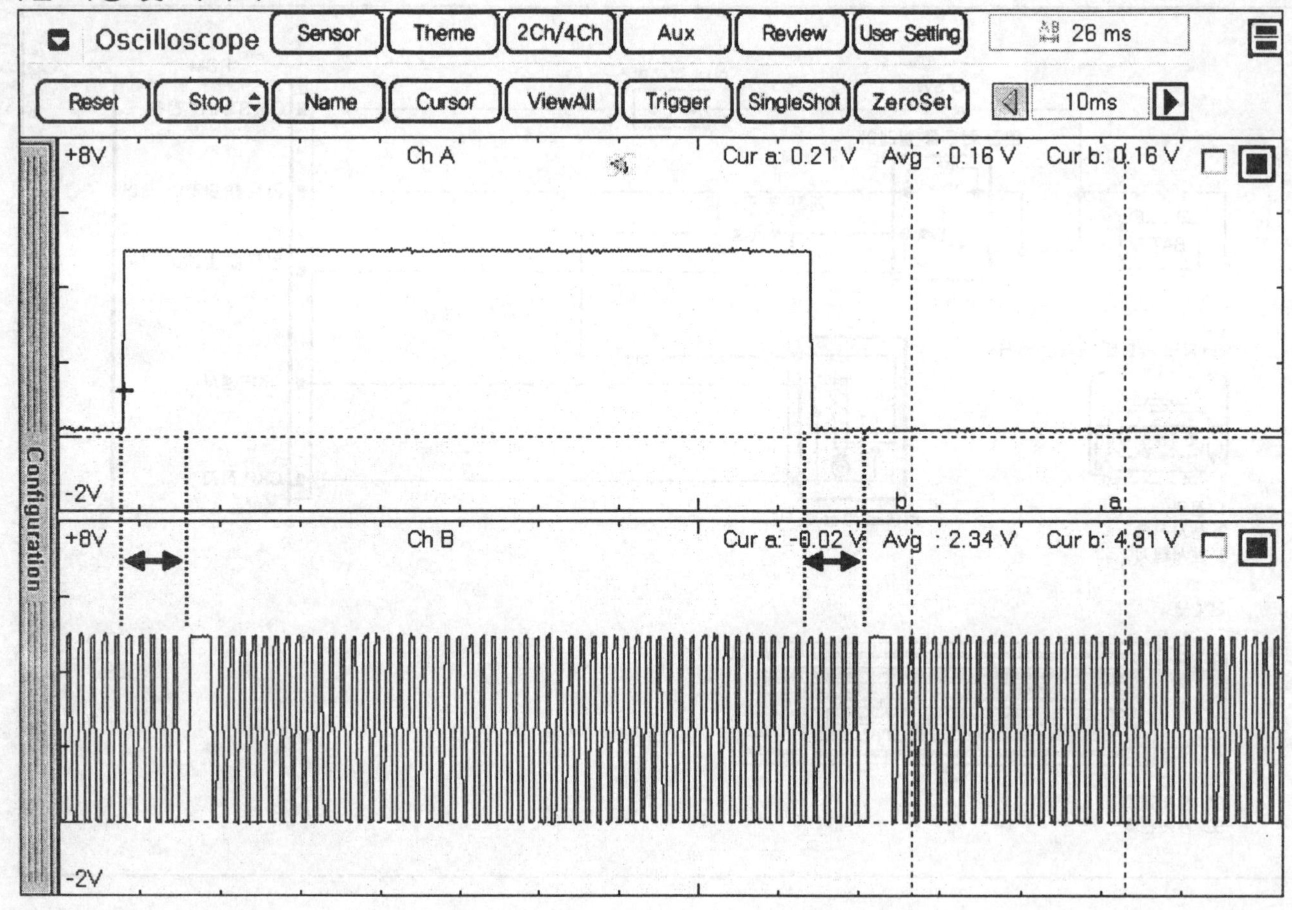

SFDF28618D

① 캠신호의 반주기동안 크랭크신호는 미싱투스 포함 60개의 돌기 신호 표출. 각 신호의 잡음, 개수 및 위치 상이 등을 점검.

② 캠신호 하강(상승) 신호와 미싱투스 사이에는 3~5개의 크랭크 샤프트 돌기 신호가 표출 되어야 함.

고장코드 확인

참고

인젝터, 산소 센서, 냉각 수온 센서, 스로틀 포지션 센서 및 흡입 공기량 센서와 연관된 고장코드가 저장되어 있으면, 저장되어 있는 코드와 관련된 모든 수리절차를 완료한 이후에 본 진단 절차를 수행한다.

1. GDS의 "고장코드"기능을 선택 한다.
2. 화면 중앙에있는 DTC Status 기능을 선택 한다.
3. "고장 진단 완료 유무" 항목이 COMPLETED(진단 완료)인지 확인한다.

참고

미완료일경우 일반정보의 검출조건에서 지시하는대로 차량을 주행하여 진단을 완료 시킨다

4. "고장 유형"항목의 결과값이 "과거 고장" 인가?

GDS

[고장코드 정보]

P0000 고장코드 및 코드명 출력

1. 경고등 상태 : OFF/ON
2. 고장 유형 : HISTORY(과거고장) / PRESENT(현재고장)
3. 고장진단 완료 유무 : COMPLETED
4. 동일고장 발생 횟수 : 횟수가 기록
5. 고장발생 후 경과시간 : 00 M
6. 고장소거 후 경과시간 : 00 M

확인

SFDF28702D

참고

- 과거 고장 : 이전에 발행한 고장임. 현재는 정상.

- 현재 고장 : 현재 고장이 발생되어 있는 상태임.

예 ▶ GDS에서 표출되는 "동일 고장 발생 횟수"를 참고하여 아래 지시 사항을 수행 한다.
- "동일고장 발생 횟수"가 1회 이하 : 현재 차량의 상태는 정상이므로 "고장 수리 확인" 절차를 수행한다.
- "동일고장 발생 횟수"가 2회 이상 : 배선등의 접촉불량으로 인한 간헐적 고장 가능성이 의심됨. 다음 점검 절차를 수행한다.

아니오 ▶ 다음 점검 절차를 수행한다.

컨넥터 및 터미널 점검

1. 고장의 주요원인은 배선손상 및 연결상태의 불량에 있으므로 커넥터 접촉불량 및 터미널의 부식 또는 변형 등을 전체적으로 점검한다.
2. 문제가 발견 되었는가?

예 ▶ 수리 또는 교환한 후 "고장 수리 확인" 절차를 수행한다.

아니오 ▶ 다음 점검 절차를 수행한다.

단품 점검

1. 분리했던 커넥터를 재연결한다.
2. 오실로스코프를 아래와 같이 연결한다:

   채널 A (+): 캠 센서 신호선 단자(커넥터 연결된 상태에서 프로브 연결), (-): 접지

   채널 B (+): 크랭크 센서 신호선 단자(커넥터 연결된 상태에서 프로브 연결), (-): 접지
3. 엔진 시동 후, 크랭크 샤프트 센서와 캠 샤프트 센서 신호 파형이 정상적으로 출력되는지 점검한다.

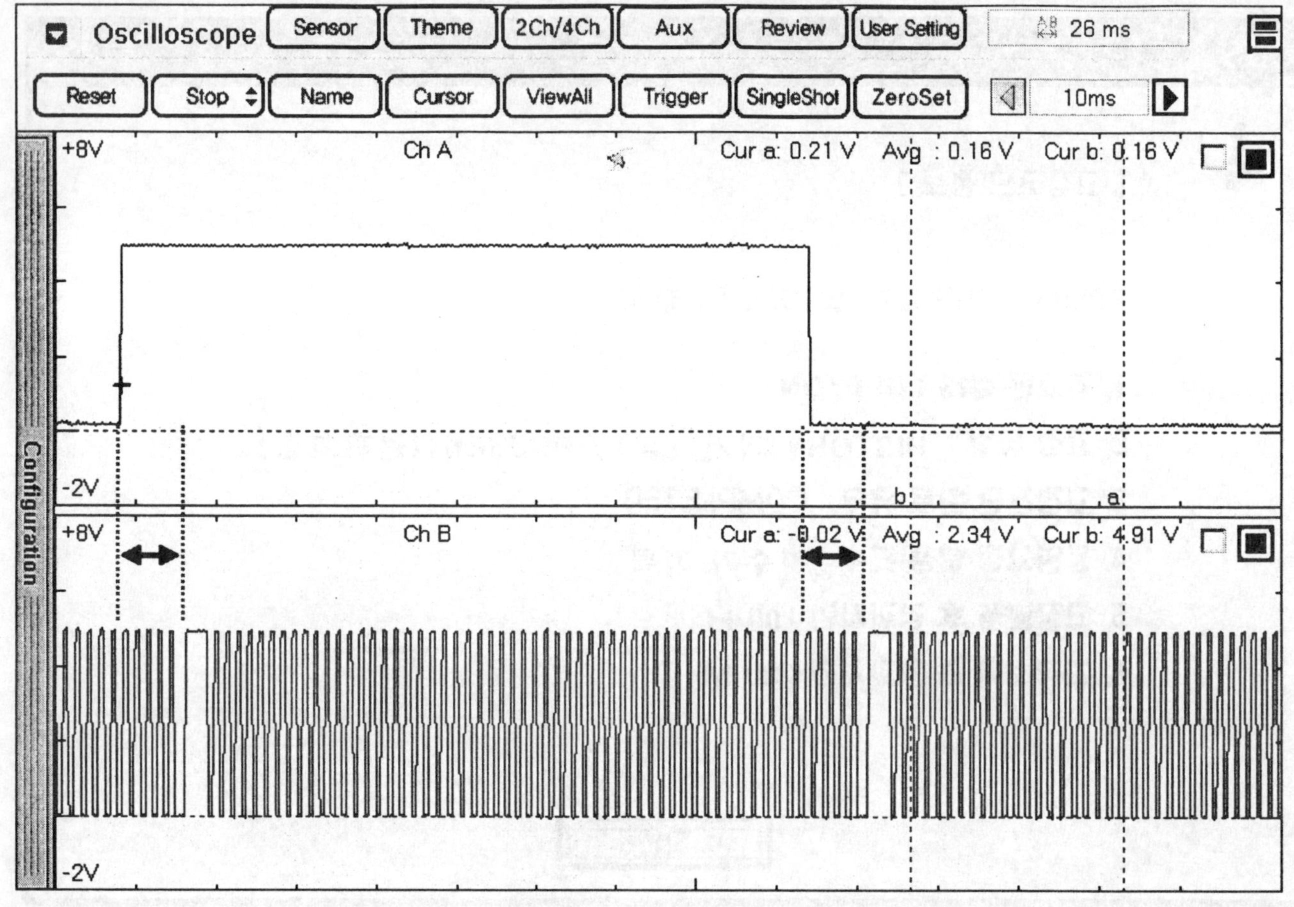

SFDF28618D

① 캠신호의 반주기동안 크랭크신호는 미싱투스 포함 60개의 돌기 신호 표출. 각 신호의 잡음, 개수 및 위치 상이등을 점검.

② 캠신호 하강(상승) 신호와 미싱투스 사이에는 3~5개의 크랭크 샤프트 돌기 신호가 표출 되어야 함.

4. 파형이 정상적으로 출력되는가?

예 ▶ 다음 점검 절차를 수행한다.

아니오 ▶ - 크랭크 샤프트 위치 센서를 탈거한 후, 센서와 플라이휠/토크컨버터 사이의 에어갭을 점검한다. 필요에 따라 재조정 한 후에 "고장 수리 확인" 절차를 수행한다.

참고

에어갭 [0.3~1.7 mm] = 하우징으로부터 플라이휠/토크컨버터의 슬롯까지의 간격을 측정(측정치"A")하고 센서 장착면으로 부터 센서팁까지의 간격을 측정(측정치"B")한 후, 측정치 "A"에서 측정치 "B"를 뺀다.

- 에어갭이 정상일 경우, 크랭크 샤프트 위치 센서의 오염 또는 손상을 점검한다. 새로운 크랭크 샤프트 위치 센서를 임시 장착하여 차량 상태를 확인한 후, 문제가 해결 될 경우, 크랭크 샤프트 위치 센서를 교환하고 " 고장 수리 확인" 절차를 수행한다.

고장수리 확인

"고장 코드 확인" 절차를 재수행하여 고장이 정확히 수리되었는지 확인한다

1. GDS의 "자기진단"기능중 DTC Status 기능을 선택한다.

   ⚠주의
   고장코드를 소거하지 말 것(상세정보도 함께 소거 됨)

2. "고장 진단 완료 유무" 항목이 "진단 완료"인지 확인한다.

   참고
   미완료일경우 일반정보의 검출조건에서 지시하는대로 차량을 주행하여 완료 시킨다.

3. "고장 유형"항목의 결과값이 "과거 고장" 인가?

예 ▶ 시스템 정상. 고장코드를 소거한다.

아니오 ▶ 적절한 수리절차를 재수행한다.

P0325 노크 센서(KS) #1 회로 이상(뱅크 1)

부품위치

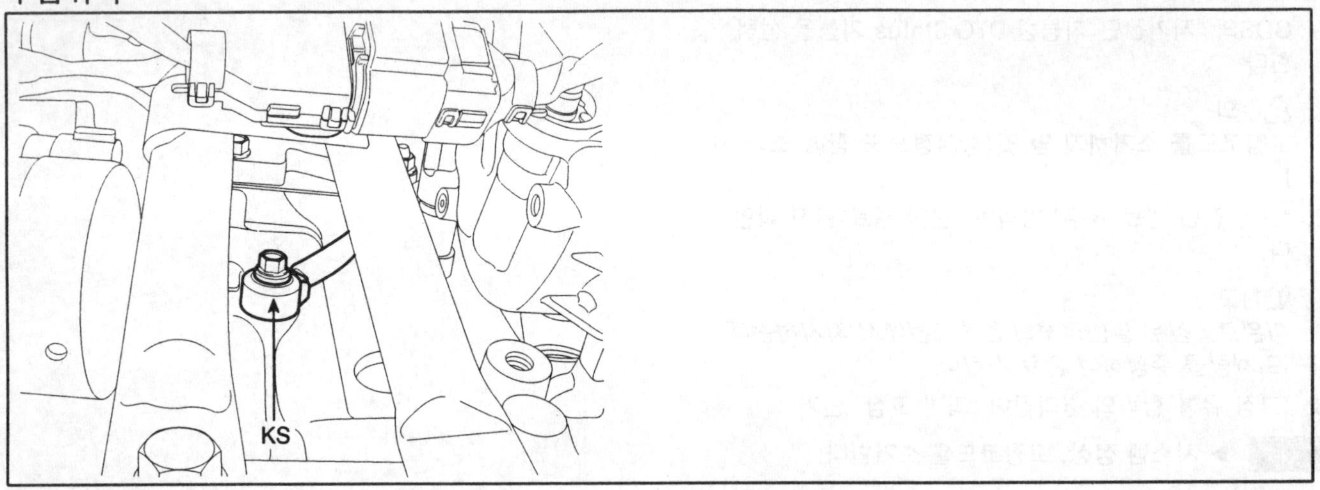

SFDF28206D

기능 및 역할

노크센서는 엔진 블록에 장착되어 있으며 노킹발생시 진동을 검출, ECM으로 전송하고 ECM은 점화시기를 제어하여 노킹을 억제한다. ECM은 노킹이 발생하면 점화시기를 지각시키고, 지각후 노킹발생이 없으면 다시 진각시키는 연속적인 제어를 통하여 항상 최적 점화 시기 영역에 가깝도록 점화시기를 제어 하므로서 엔진의 토크와 출력 증대 및 연비향상등의 효과를 얻을수 있다.

고장 코드 설명

ECM은 노크센서 신호값과 평균값에 차이가 규정값을 벗어나거나 필터된 값이 규정값을 벗어날 경우 P0325을 표출한다.

고장판정 조건

항목	판정 조건	고장예상 원인
검출 방법	• 신호이상	• 신호 또는 접지 회로 단선/단락 • 커넥터 접촉 저항 • 노크 센서
검출 조건	• 엔진 회전수 > 1800 rpm • 공기흐름량 > 0.6 g/rev. • 10V < 배터리 전압 < 16V • 관련 고장 없슴	
판정값	• 센서 신호 평균값 < 0.1 V	
검출 시간	• 10초	

표준회로도

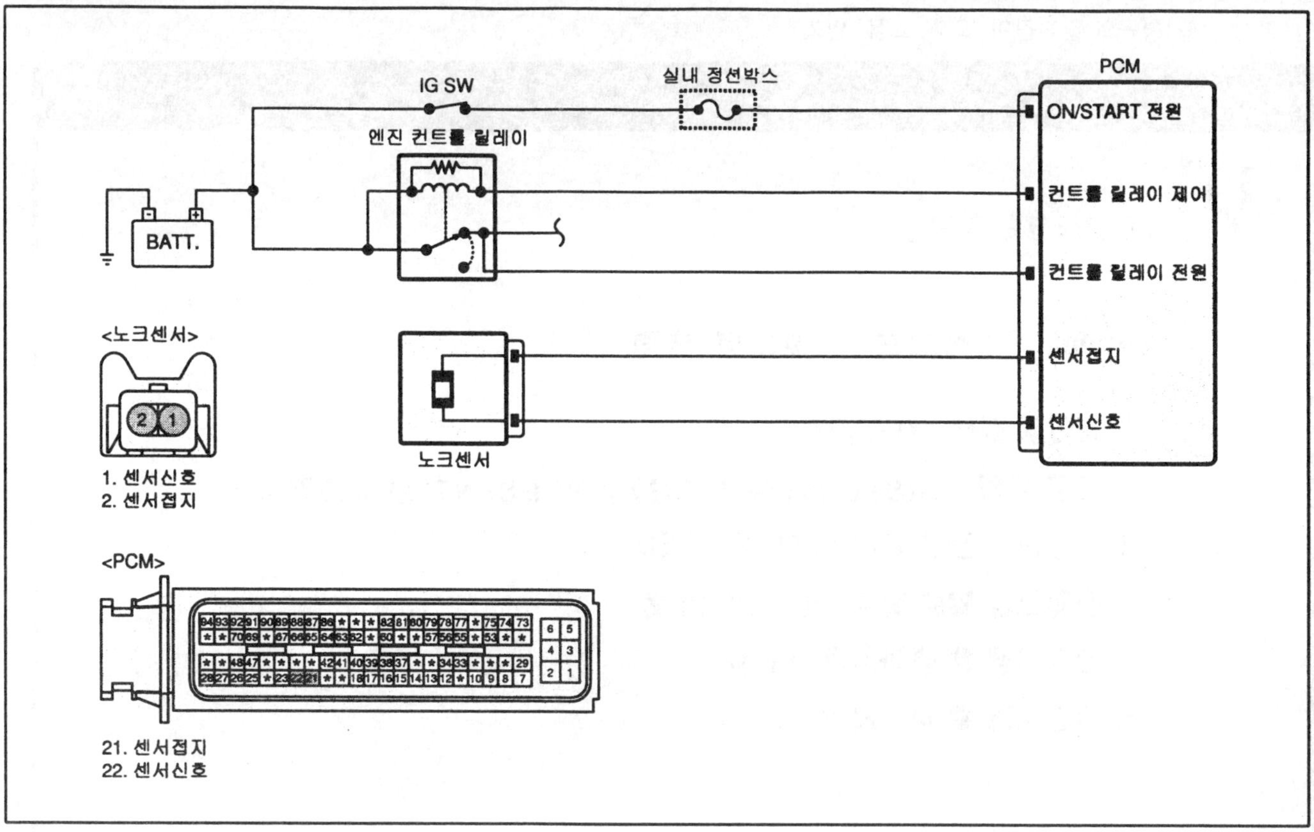

IG SW
실내 정션박스
PCM
ON/START 전원
엔진 컨트롤 릴레이
컨트롤 릴레이 제어
BATT.
컨트롤 릴레이 전원
<노크센서>
센서접지
센서신호
노크센서

1. 센서신호
2. 센서접지

<PCM>

21. 센서접지
22. 센서신호

SFDF28510D

고장판정 조건

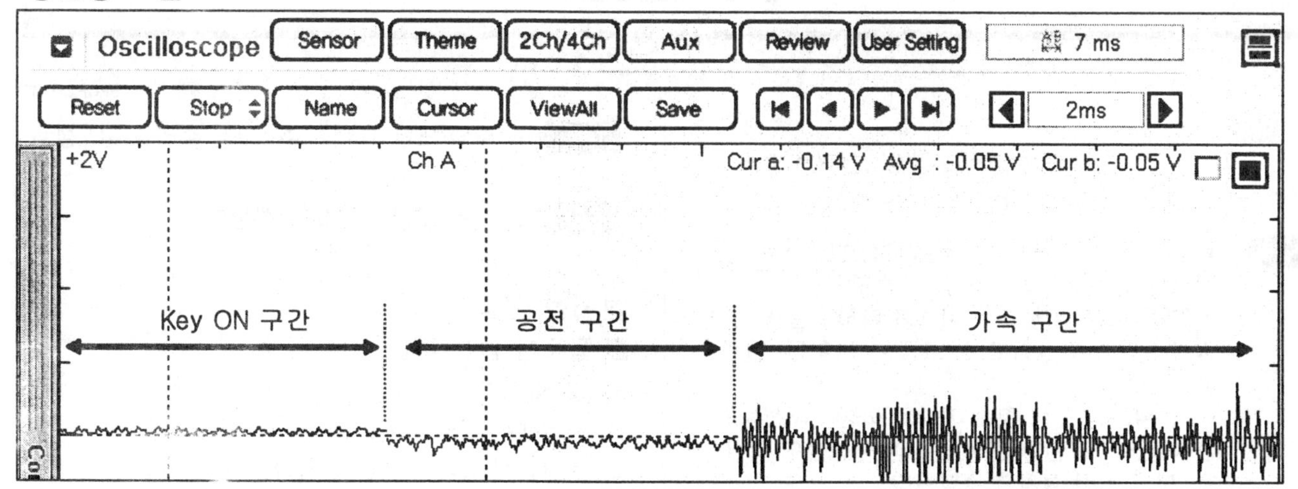

SFDF28619D

고장코드 확인

참고

인젝터, 산소 센서, 냉각 수온 센서, 스로틀 포지션 센서 및 흡입 공기량 센서와 연관된 고장코드가 저장되어 있으면, 저장되어 있는 코드와 관련된 모든 수리절차를 완료한 이후에 본 진단 절차를 수행한다.

1. GDS의 "고장코드"기능을 선택 한다.
2. 화면 중앙에있는 DTC Status 기능을 선택 한다.
3. "고장 진단 완료 유무" 항목이 COMPLETED(진단 완료)인지 확인한다.

참고

미완료일경우 일반정보의 검출조건에서 지시하는대

로 차량을 주행하여 진단을 완료 시킨다

4. "고장 유형"항목의 결과값이 "과거 고장" 인가?

GDS

[고장코드 정보]

P0000 고장코드 및 코드명 출력

1. 경고등 상태 : OFF/ON
2. 고장 유형 : HISTORY(과거고장) / PRESENT(현재고장)
3. 고장진단 완료 유무 : COMPLETED
4. 동일고장 발생 횟수 : 횟수가 기록
5. 고장발생 후 경과시간 : 00 M
6. 고장소거 후 경과시간 : 00 M

확인

SFDF28702D

📖참고

- 과거 고장 : 이전에 발행한 고장임. 현재는 정상.

- 현재 고장 : 현재 고장이 발생되어 있는 상태임.

예 ▶ GDS에서 표출되는 "동일 고장 발생 횟수"를 참고하여 아래 지시 사항을 수행 한다.
- "동일고장 발생 횟수"가 1회 이하 : 현재 차량의 상태는 정상이므로 "고장 수리 확인" 절차를 수행한다.
- "동일고장 발생 횟수"가 2회 이상 : 배선등의 접촉불량으로 인한 간헐적 고장 가능성이 의심됨. 다음 점검 절차를 수행한다.

아니오 ▶ 다음 점검 절차를 수행한다.

컨넥터 및 터미널 점검

1. 고장의 주요원인은 배선손상 및 연결상태의 불량에 있으므로 커넥터 접촉불량 및 터미널의 부식 또는 변형 등을 전체적으로 점검한다.
2. 문제가 발견 되었는가?

예 ▶ 수리 또는 교환한 후 "고장 수리 확인" 절차를 수행한다.

아니오 ▶ 다음 점검 절차를 수행한다.

접지선 점검

■ 접지선 단선 점검

1. IG KEY OFF 한다.
2. 노크센서 커넥터와 ECM 커넥터를 탈거한다.
3. 노크센서 접지선 양단의 저항을 측정한다.

정상값 : 약 1Ω 이하

4. 측정값이 정상인가?

예 ▶ 다음 점검 절차를 실시한다.

아니오 ▶ 접지선의 단선된 회로를 수리한 후 "고장 수리 확인" 절차를 실시한다.

신호선 점검

■ 신호선 접지 단락 점검

1. IG KEY OFF 한다.
2. 노크센서 커넥터를 탈거한다.
3. 노크센서 신호선과 차체 접지 사이의 저항을 측정한다.

정상값 : 무한대

4. 측정값이 정상인가?

예 ▶ 다음 점검 절차를 실시한다.

아니오 ▶ 신호선의 단락된 회로를 수리한 후 "고장 수리 확인" 절차를 실시한다.

■ 신호선 전원 단락 점검

1. IG KEY OFF 한다.
2. 노크센서 커넥터를 탈거한다.
3. IG KEY ON 한다.
4. 노크센서 신호선과 차체 접지 사이의 전압을 측정한다.

정상값 : 약 0 V

5. 측정값이 정상인가?

예 ▶ 다음 점검 절차를 실시한다.

아니오 ▶ 신호선의 단락된 회로를 수리한 후 "고장 수리 확인" 절차를 실시한다.

■ 신호선 단선 점검

1. IG KEY OFF 한다.
2. 흡입공기온도 센서 커넥터와 ECM 커넥터를 탈거한다.
3. 흡입공기온도 센서측 커넥터 신호선 양단의 저항을 측정한다.

정상값 : 약 1Ω 이하

4. 측정값이 정상인가?

예 ▶ 다음 점검 절차를 실시한다.

아니오 ▶ 신호선의 단락된 회로를 수리한 후 "고장 수리 확인" 절차를 실시한다.

단품 점검

1. 센서 저항 점검
   1) 노크 센서 커넥터 신호선과 접지선 사이의 저항을 측정한다.(단품측)

정상값 : 약 5MΩ (20℃)

2. 출력 신호 점검
   1) 차량으로 부터 노크 센서를 탈거하고 센서가 손상되지 않도록 천등으로 감싸고 바이스에 고정시킨다.
   2) 아래와 같이 오실로스코프를 연결한다:
      채널 A (+): 센서신호 터미널, 채널 B (−): 센서접지 터미널
   3) 오실로스코프 화면을 확인하면서 볼핀 해머로 바이스를 두드린다.(해머로 두드릴 때 마다 1V 미만의 신호가 발생한다.)

정상값 : 해머로 두드릴 때 마다 노크 센서는 전압 신호를 출력함.

3. 조임 토크 점검
   1) 노크 선세의 조임 토크 점검

정상값 : 약 16 ~ 28N · m(160~250 kg · cm,11.8~18.4 lb · ft)

4. 문제가 발견되었는가?

예 ▶ 새로운 단품을 임시 장착하여 차량 상태를 확인한 후 정상이면 단품을 교환한다. "고장 수리 확인" 절차를 수행한다.

아니오 ▶ ECM측 커넥터 및 터미널의 접촉불량 또는 부식, 변형등을 재점검하여 이상이 있으면 수리한다. 수리 완료 후 또는 정상일 경우 "고장 수리 확인" 절차를 수행한다.

고장수리 확인

"고장 코드 확인" 절차를 재수행하여 고장이 정확히 수리되었는지 확인한다

1. GDS의 "자기진단"기능중 DTC Status 기능을 선택한다.

   ⚠주의
   고장코드를 소거하지 말 것(상세정보도 함께 소거 됨)

2. "고장 진단 완료 유무" 항목이 "진단 완료"인지 확인한다.

   참고
   미완료일경우 일반정보의 검출조건에서 지시하는대로 차량을 주행하여 완료 시킨다.

3. "고장 유형"항목의 결과값이 "과거 고장" 인가?

예 ▶ 시스템 정상. 고장코드를 소거한다.

아니오 ▶ 적절한 수리절차를 재수행한다.

P0335 크랭크 샤프트 포지션 센서(CKPS) 회로 이상

부품 위치

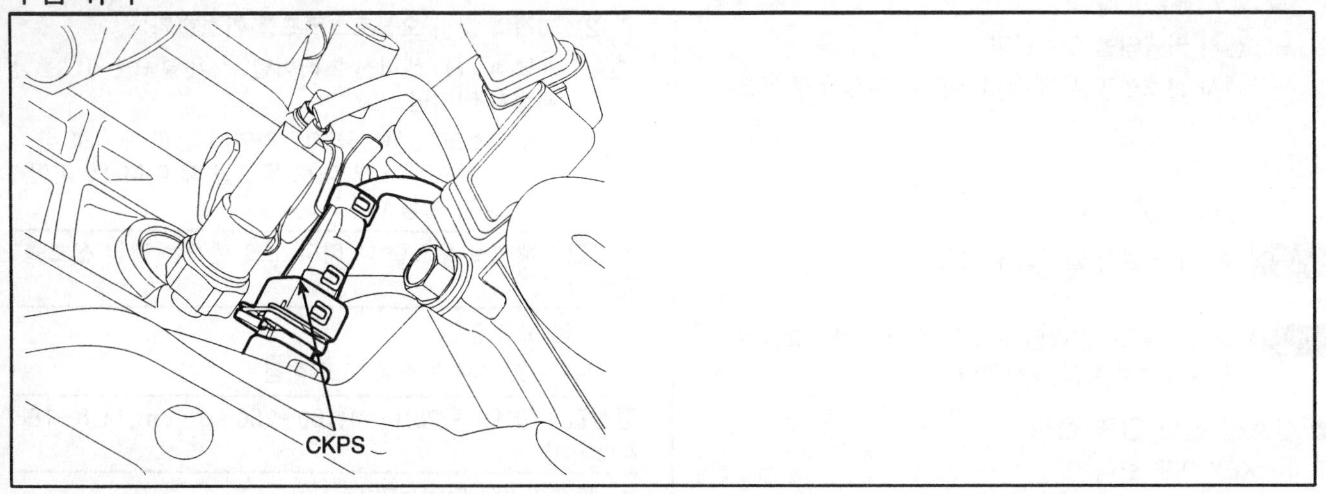

SFDF28204D

기능 및 역할

크랭크 샤프트 포지션 센서는 크랭크축에 설치되어 있으며 플라이 휠측에 장착된 타겟휠과 조합되어 출력신호를 발생시킨다. 타켓휠은 총 60개의 영역으로 나누어지며 이중 58개의 돌기와 기준 위치를 결정하기 위한 2개의 평면형태인 미싱투스로 구성된다. ECM은 크랭크 샤프트 포지션 센서 신호를 이용하여 엔진 회전수 와 크랭크 각도를 연산하고 캠 샤프트 포지션 센서 신호와 조합하여 각 기통별로 최적의 분사 시기와 점화 시기를 제어한다.

고장 코드 설명

1회전시 크랭크 샤프트 돌기의 수가 맞지 않거나 혹은 캠 샤프트 신호가 검출되는 동안 크랭크 샤프트 신호가 입력되지 않는 경우 P0335의 고장코드가 표출된다.

고장판정 조건

항목		판정 조건	고장예상 원인
검출 방법		• 신호 변화 점검	• 신호선, 접지선, 전원선 단선 또는 단락 • 커넥터 접촉 저항 • 플랜지/플라이휠 연결 손상 • 크랭크샤프트와 캠샤프트 풀리 위치 조정 불량 • 크랭크샤프트 포지션센서 단품
검출 조건		• 캠샤프트 포지션 센서 신호 정상 • 10V< 배터리 전압 < 16V	
판정값	경우1	• CAM/CKP 동조화 이후 신호가 없거나, 크랭크 1회전당 크랭크 이빨수가 2개 이상 오차가 발생	
	경우2	• 크랭크샤프트 신호가 검출되나 동조 신호가 아닌 경우	
	경우3	• 캠샤프트 신호가 4번 상변화한 이후에도 크랭크샤프트 신호가 검출되지 않음	
검출 시간	경우1	• 크랭크샤프트 2.5 회전	
	경우2 / 3	• 크랭크샤프트 2 회전	

표준회로도

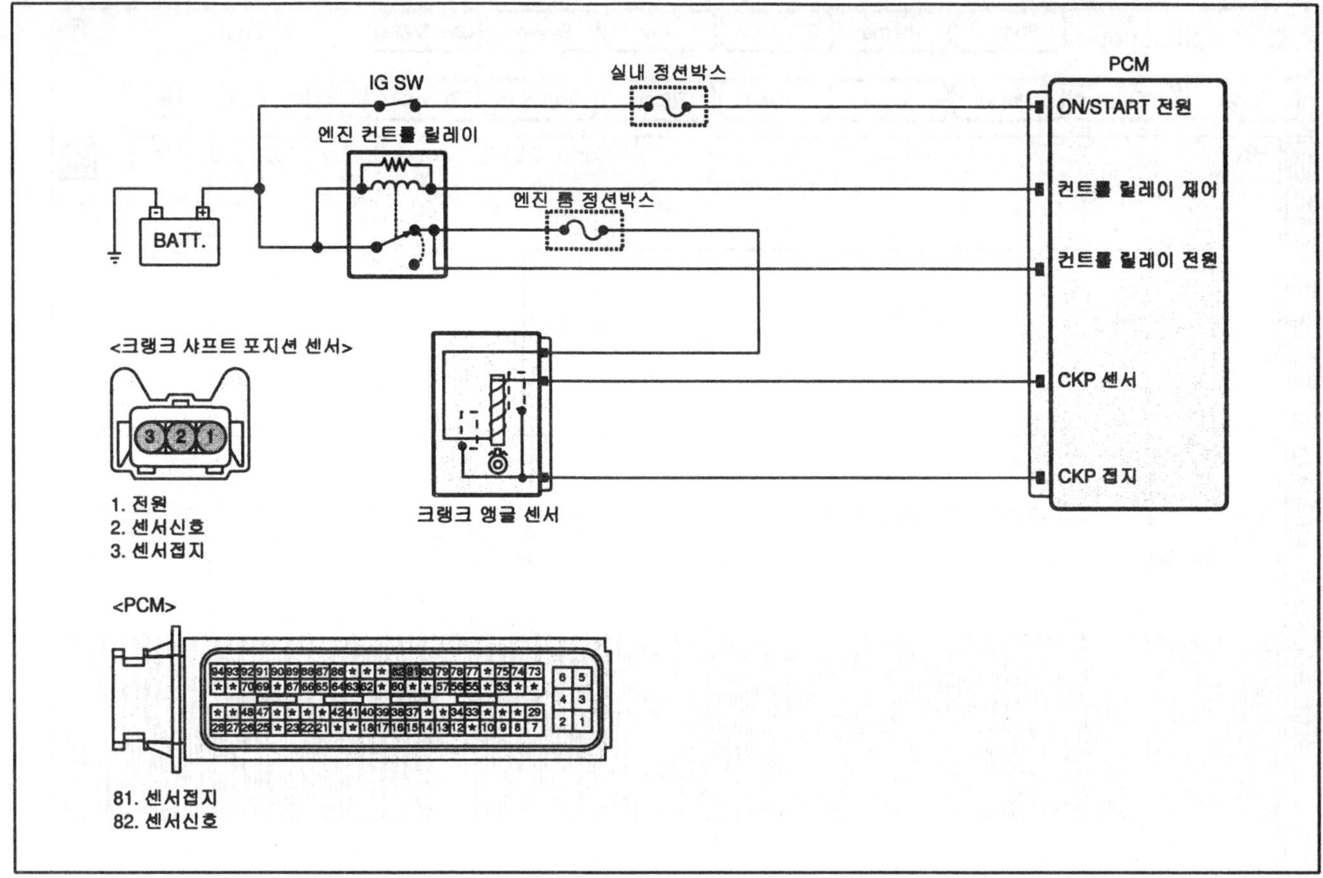

SFDF28509D

기준 파형 및 데이터

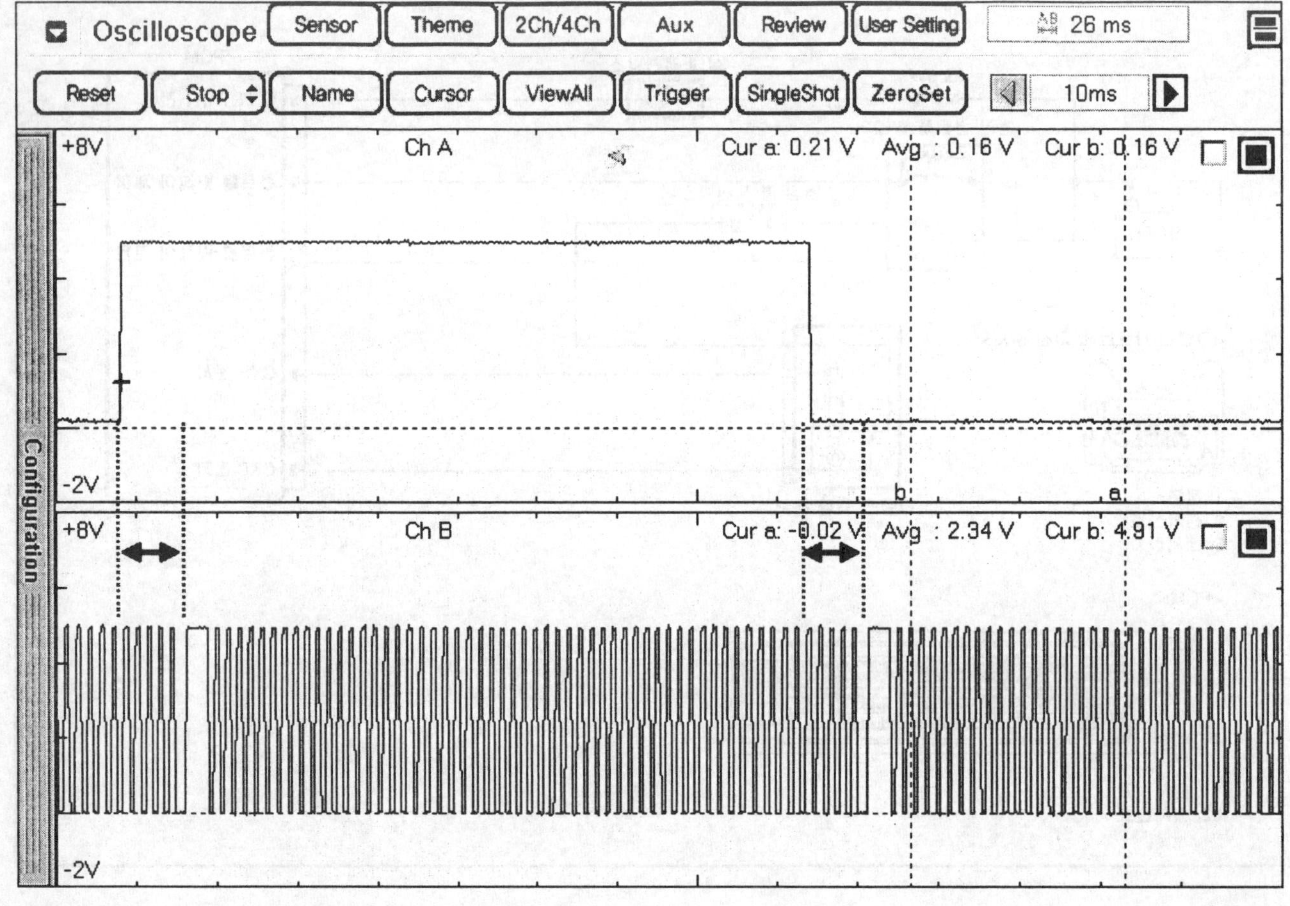

SFDF28618D

① 캠신호의 반주기동안 크랭크신호는 미싱투스 포함 60개의 돌기 신호 표출. 각 신호의 잡음, 개수 및 위치 상이 등을 점검.

② 캠신호 하강(상승) 신호와 미싱투스 사이에는 3~5개의 크랭크 샤프트 돌기 신호가 표출 되어야 함.

고장코드 확인

참고

인젝터, 산소 센서, 냉각 수온 센서, 스로틀 포지션 센서 및 흡입 공기량 센서와 연관된 고장코드가 저장되어 있으면, 저장되어 있는 코드와 관련된 모든 수리절차를 완료한 이후에 본 진단 절차를 수행한다.

1. GDS의 "고장코드"기능을 선택 한다.
2. 화면 중앙에있는 DTC Status 기능을 선택 한다.
3. "고장 진단 완료 유무" 항목이 COMPLETED(진단 완료)인지 확인한다.

   참고

   미완료일경우 일반정보의 검출조건에서 지시하는대로 차량을 주행하여 진단을 완료 시킨다

4. "고장 유형"항목의 결과값이 "과거 고장" 인가?

GDS

[고장코드 정보]

P0000 고장코드 및 코드명 출력

1. 경고등 상태 : OFF/ON
2. 고장 유형 : HISTORY(과거고장) / PRESENT(현재고장)
3. 고장진단 완료 유무 : COMPLETED
4. 동일고장 발생 횟수 : 횟수가 기록
5. 고장발생 후 경과시간 : 00 M
6. 고장소거 후 경과시간 : 00 M

확인

SFDF28702D

참고

- 과거 고장 : 이전에 발행한 고장임. 현재는 정상.

- 현재 고장 : 현재 고장이 발생되어 있는 상태임.

예 ▶ GDS에서 표출되는 "동일 고장 발생 횟수"를 참고하여 아래 지시 사항을 수행 한다.
- "동일고장 발생 횟수"가 1회 이하 : 현재 차량의 상태는 정상이므로 "고장 수리 확인" 절차를 수행한다.
- "동일고장 발생 횟수"가 2회 이상 : 배선등의 접촉불량으로 인한 간헐적 고장 가능성이 의심됨. 다음 점검 절차를 수행한다.

아니오 ▶ 다음 점검 절차를 수행한다.

컨넥터 및 터미널 점검

1. 고장의 주요원인은 배선손상 및 연결상태의 불량에 있으므로 커넥터 접촉불량 및 터미널의 부식 또는 변형 등을 전체적으로 점검한다.
2. 문제가 발견 되었는가?

예 ▶ 수리 또는 교환한 후 "고장 수리 확인" 절차를 수행한다.

아니오 ▶ 다음 점검 절차를 수행한다.

전원선 점검

■ 전원선 접지 단락 점검

1. IG KEY OFF 한다.
2. 크랭크 각 센서 커넥터를 탈거 한다.
3. IG KEY ON 한다.
4. 크랭크 각 센서 전원선과 차체 접지 사이의 저항을 측정한다.

정상값 : 무한대

5. 측정값이 정상인가?

예 ▶ 다음 점검 절차를 실시한다.

아니오 ▶ 전원선의 단락된 회로를 수리한 후 "고장 수리 확인" 절차를 실시한다.

■ 전원선 단선 점검

1. IG KEY OFF 한다.
2. 크랭크 각 센서 커넥터를 탈거 한다.

3. IG KEY ON 한다.
4. 크랭크 각 센서 전원선과 차체 접지 사이의 저항을 측정한다.

정상값 : 약 12V

5. 측정값이 정상인가?

예 ▶ 다음 점검 절차를 실시한다.

아니오 ▶ 전원선의 단선된 회로를 수리한 후 "고장 수리 확인" 절차를 실시한다.

신호선 점검

■ 신호선 접지 단락 점검

1. IG KEY OFF 한다.
2. 크랭크 각 센서 커넥터를 탈거한다.
3. 크랭크 각 센서 신호선과 차체 접지 사이의 저항을 측정한다.

정상값 : 무한대

4. 측정값이 정상인가?

예 ▶ 다음 점검 절차를 실시한다.

아니오 ▶ 신호선의 단락된 회로를 수리한 후 "고장 수리 확인" 절차를 실시한다.

■ 신호선 단선 점검

1. IG KEY OFF 한다.
2. 크랭크 각 센서 커넥터와 ECM 커넥터를 탈거한다.
3. 크랭크 각 센서 신호선 양단의 저항을 측정한다.

정상값 : 약 1Ω 이하

4. 측정값이 정상인가?

예 ▶ 다음 점검 절차를 실시한다.

아니오 ▶ 신호선의 단선된 회로를 수리한 후 "고장 수리 확인" 절차를 수행한다.

■ 신호선 전원 단락 점검

1. IG KEY OFF 한다.
2. 크랭크 각 센서를 탈거한다.
3. IG KEY ON 한다.
4. 크랭크 각 센서 신호선과 차체 접지 사이의 전압을 측정한다.

정상값 : 약 5 V

5. 측정값이 정상인가?

예 ▶ 다음 점검 절차를 실시한다.

아니오 ▶ 신호선의 단락된 회로를 수리한 후 "고장 수리 확인" 절차를 실시한다.

접지선 점검

1. IG KEY OFF 한다.
2. 크랭크 각 센서 커넥터와 ECM 커넥터를 탈거한다.
3. 크랭크 각 센서 접지선 양단의 저항을 측정한다.

정상값 : 약 1Ω 이하

4. 측정값이 정상인가?

예 ▶ 다음 점검 절차를 실시한다.

아니오 ▶ 접지선의 단선된 회로를 수리한 후 "고장 수리 확인" 절차를 실시한다.

단품 점검

1. 분리했던 커넥터를 재연결한다.
2. 오실로스코프를 아래와 같이 연결한다:
   채널 A (+): CMPS 신호선 단자(커넥터 연결된 상태에서 프로브 연결), (–): 접지
   채널 B (+): CKPS 신호선 단자(커넥터 연결된 상태에서 프로브 연결), (–): 접지
3. 엔진 시동 후, 크랭크 샤프트 센서와 캠 샤프트 센서 신호 파형이 정상적으로 출력되는지 점검한다.

정상값 : 기준파형 및 데이터 참조

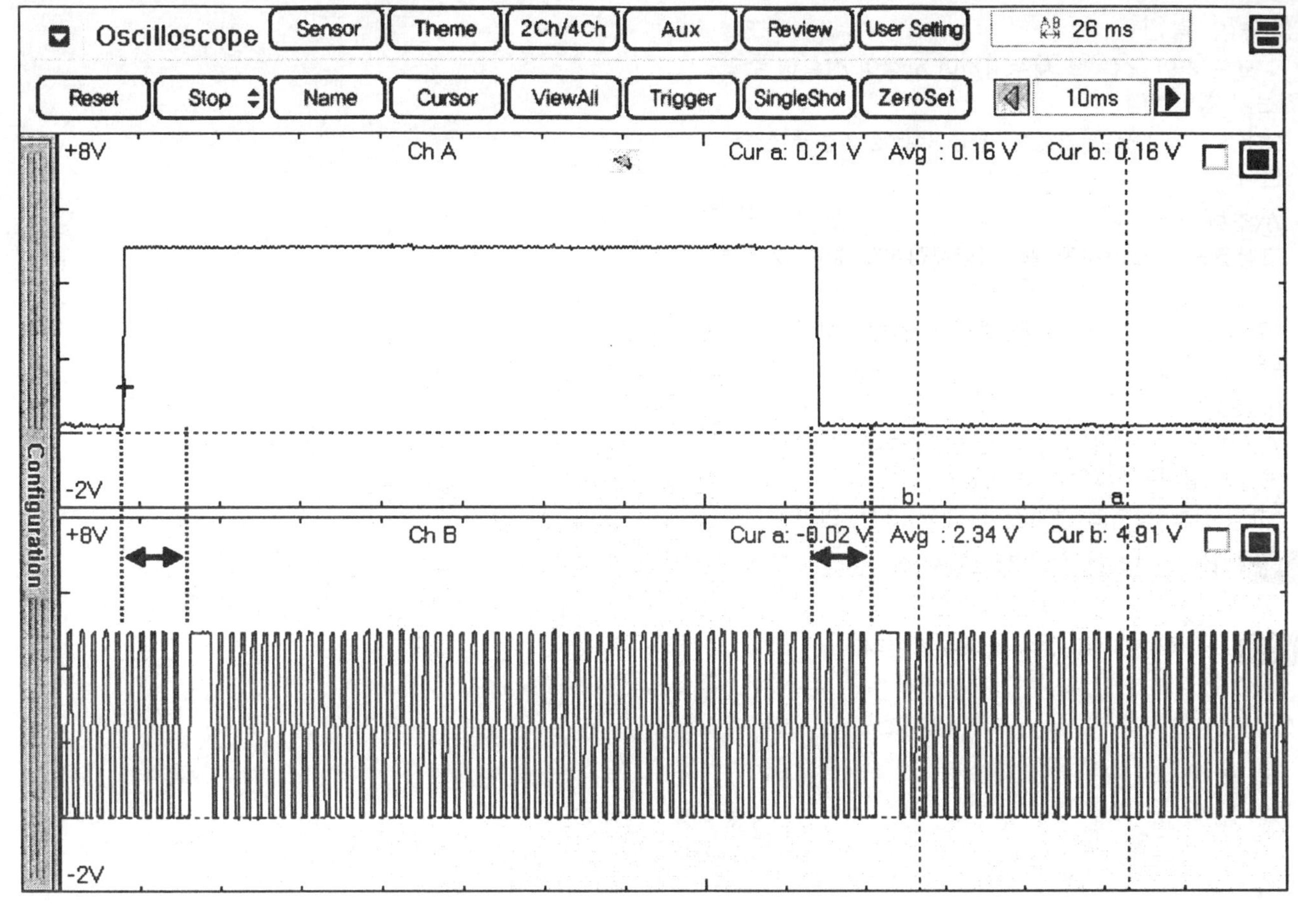

SFDF28618D

① 캠신호의 반주기동안 크랭크신호는 미싱투스 포함 60개의 돌기 신호 표출. 각 신호의 잡음, 개수 및 위치 상이등을 점검.

② 캠신호 하강(상승) 신호와 미싱투스 사이에는 3~5개의 크랭크 샤프트 돌기 신호가 표출 되어야 함.

4. 파형이 정상적으로 출력되는가?

예 ▶ ECM측 커넥터 및 터미널의 접촉불량 또는 부식, 변형등을 재점검하여 이상이 있으면 수리한다. 수리 완료 후 또는 정상일 경우 "고장 수리 확인" 절차를 수행한다.

아니오 ▶ - 크랭크 샤프트 위치 센서를 탈거한 후, 센서와 플라이휠/토크컨버터 사이의 에어갭을 점검한다. 필요에 따라 재조정 한 후에 "고장 수리 확인" 절차를 수행한다.

참고

에어갭 [0.3~1.7 mm] = 하우징으로부터 플라이휠/토크컨버터의 슬롯까지의 간격을 측정(측정치"A")하고 센서 장착면으로 부터 센서팁까지의 간격을 측정(측정치"B")한 후, 측정치 "A"에서 측정치 "B"를 뺀다.

- 에어갭이 정상일 경우, 크랭크 샤프트 위치 센서의 오염 또는 손상을 점검한다. 새로운 크랭크 샤프트 위치 센서를 임시 장착하여 차량 상태를 확인한 후, 문제가 해결 될 경우, 크랭크 샤프트 위치 센서를 교환하고 " 고장 수리 확인" 절차를 수행한다.
- 캠 샤프트와 크랭크 샤프트의 타이밍을 확인하여 수정한 후 " 고장 수리 확인" 절차를 수행한다.

고장수리 확인

"고장 코드 확인" 절차를 재수행하여 고장이 정확히 수리되었는지 확인한다

1. GDS의 "자기진단"기능중 DTC Status 기능을 선택한다.

   ⚠주의
   고장코드를 소거하지 말 것(상세정보도 함께 소거 됨)

2. "고장 진단 완료 유무" 항목이 "진단 완료"인지 확인한다.

   참고
   미완료일경우 일반정보의 검출조건에서 지시하는대로 차량을 주행하여 완료 시킨다.

3. "고장 유형"항목의 결과값이 "과거 고장" 인가?

예 ▶ 시스템 정상. 고장코드를 소거한다.

아니오 ▶ 적절한 수리절차를 재수행한다.

P0340 캠샤프트 위치 센서(CMPS) "A" 회로 이상 (뱅크1)

부품 위치

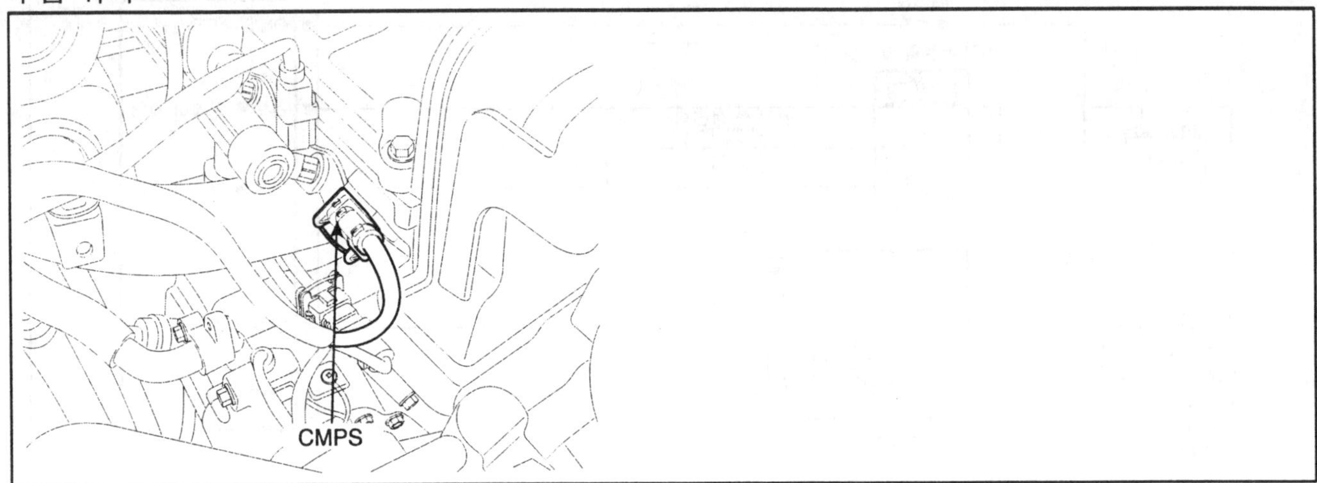

SFDF28205D

기능 및 역할

캠샤프트 포지션 센서(CMPS)는 1번 실린더의 압축 상사점을 검출하는 센서로써 캠샤프트의 종단에 위치하고 홀타입의 센서와 타켓 휠로 구성되어 있다. 센서가 타겟휠의 톱니에 의해 차단되면 센서의 전압은 5V가 되고 그렇지 않으면 0V가 된다. CMPS신호는 ECM에 전달 되고 ECM은 이신호를 이용하여 어떤 실린더를 점화 할 것인지 결정한다.

고장 코드 설명

ECM은 크랭크 샤프트 1회전시 한번 변하는 센서의 위치를 모니터한다. 크랭트샤프트의 신호가 검출되었지만 캠샤프트 신호가 검출되지 않으면 P0340 의 고장코드가 표출 된다.

고장 판정 조건

항목		판정 조건	고장예상 원인
검출 방법		• 신호 변화 점검 (신호 없음 또는 이상)	• 신호선, 접지선, 전원선 단선 또는 단락 • 커넥터 접촉 저항 발생 • 크랭크샤프트와 캠샤프트 풀리 위치 조정 불량 • 캠샤프트 포지션센서 단품
검출 조건		• 크랭크샤프트 포지션센서 신호 정상 • 6V< 배터리 전압 < 16V	
판정값	경우1	• 신호 변화 없음	
	경우2	• 캠샤프트 상승/하강 엣지가 −8~+8 잇수 내에 없는 경우	
검출 시간		• 40회전	

표준회로도

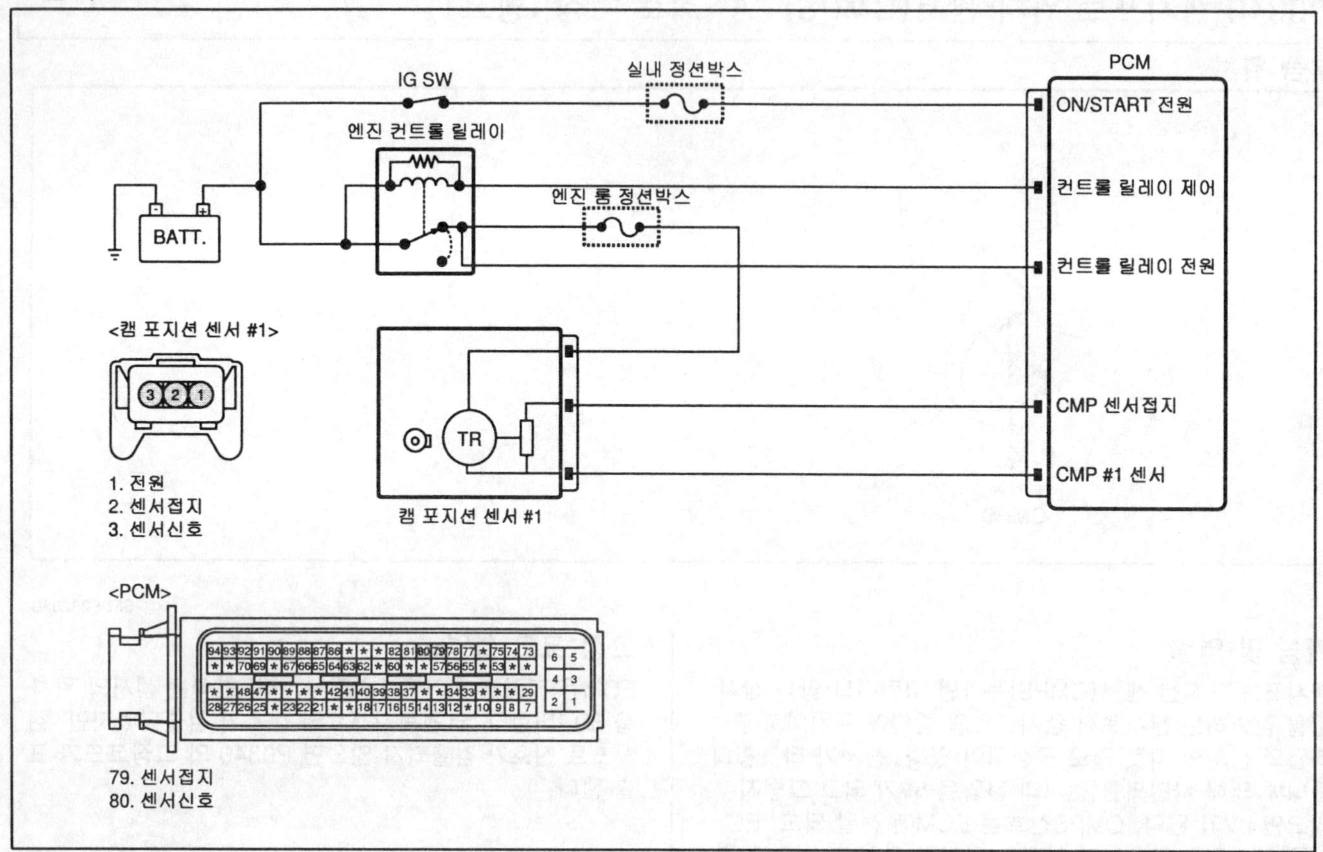

SFDF28511D

기준 파형 및 데이터

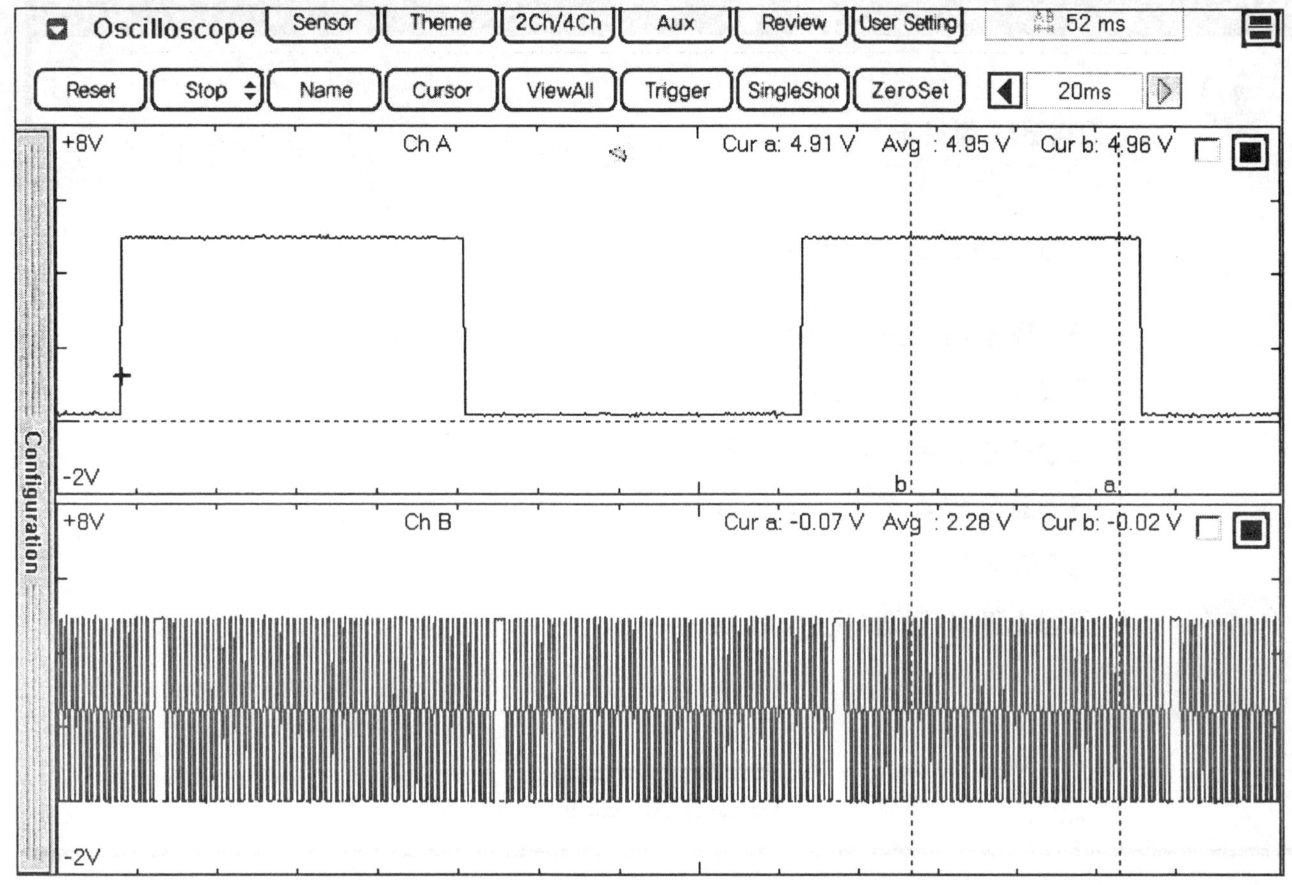

SFDF28620D

① 캠신호의 반주기동안 크랭크신호는 미싱투스 포함 60개의 돌기 신호 표출. 각 신호의 잡음, 개수 및 위치 상이 등을 점검

② 캠신호 하강(상승) 신호와 미싱투스 사이에는 3~5개의 크랭크 샤프트 돌기 신호가 표출 되어야 함.

고장코드 확인

참고

인젝터, 산소 센서, 냉각 수온 센서, 스로틀 포지션 센서 및 흡입 공기량 센서와 연관된 고장코드가 저장되어 있으면, 저장되어 있는 코드와 관련된 모든 수리절차를 완료한 이후에 본 진단 절차를 수행한다.

1. GDS의 "고장코드"기능을 선택 한다.
2. 화면 중앙에있는 DTC Status 기능을 선택 한다.
3. "고장 진단 완료 유무" 항목이 COMPLETED(진단 완료)인지 확인한다.

   참고

   미완료일경우 일반정보의 검출조건에서 지시하는대로 차량을 주행하여 진단을 완료 시킨다

4. "고장 유형"항목의 결과값이 "과거 고장" 인가?

GDS

[고장코드 정보]

P0000 고장코드 및 코드명 출력

1. 경고등 상태 : OFF/ON
2. 고장 유형 : HISTORY(과거고장) / PRESENT(현재고장)
3. 고장진단 완료 유무 : COMPLETED
4. 동일고장 발생 횟수 : 횟수가 기록
5. 고장발생 후 경과시간 : 00 M
6. 고장소거 후 경과시간 : 00 M

확인

SFDF28702D

참고

- 과거 고장 : 이전에 발행한 고장임. 현재는 정상.

- 현재 고장 : 현재 고장이 발생되어 있는 상태임.

예 ▶ GDS에서 표출되는 "동일 고장 발생 횟수"를 참고하여 아래 지시 사항을 수행 한다.

- "동일고장 발생 횟수"가 1회 이하 : 현재 차량의 상태는 정상이므로 "고장 수리 확인" 절차를 수행한다.
- "동일고장 발생 횟수"가 2회 이상 : 배선등의 접촉불량으로 인한 간헐적 고장 가능성이 의심됨. 다음 점검 절차를 수행한다.

아니오 ▶ 다음 점검 절차를 수행한다.

터미널 및 커넥터 점검

1. 고장의 주요원인은 배선손상 및 연결상태의 불량에 있으므로 커넥터 접촉불량 및 터미널의 부식 또는 변형 등을 전체적으로 점검한다.
2. 문제가 발견 되었는가?

예 ▶ 수리 또는 교환한 후 "고장 수리 확인" 절차를 수행한다.

아니오 ▶ 다음 점검 절차를 수행한다.

전원선 점검

■ 전원선 접지 단락 점검

1. IG KEY OFF 한다.
2. 흡기측 캠 포지션 센서 커넥터를 탈거 한다.
3. IG KEY ON 한다.
4. 흡기측 캠 포지션 센서 전원선과 차체 접지 사이의 저항을 측정한다.

정상값 : 무한대

5. 측정값이 정상인가?

예 ▶ 다음 점검 절차를 수행한다.

아니오 ▶ 전원선의 단락된 회로를 수리한 후 "고장 수리 확인" 절차를 수행한다.

■ 전원선 단선 점검

1. IG KEY OFF 한다.
2. 흡기측 캠 포지션 센서 커넥터를 탈거 한다.

3. IG KEY ON 한다.
4. 흡기측 캠 포지션 센서 전원선과 차체 접지 사이의 전압을 측정한다.

정상값 : 약 12V

5. 측정값이 정상인가?

예 ▶ 다음 점검 절차를 수행한다.

아니오 ▶ 전원선의 단선된 회로를 수리한 후 "고장 수리 확인" 절차를 수행한다.

신호선 점검

■ 신호선 접지 단락 점검

1. IG KEY OFF 한다.
2. 흡기측 캠 포지션 센서 커넥터를 탈거한다.
3. 흡기측 캠 포지션 센서 신호선과 차체 접지 사이의 저항을 측정한다.

정상값 : 무한대

4. 측정값이 정상인가?

예 ▶ 다음 점검 절차를 수행한다.

아니오 ▶ 신호선의 단락된 회로를 수리한 후 "고장 수리 확인" 절차를 실시한다.

■ 신호선 단선 점검

1. IG KEY OFF 한다.
2. 흡기측 캠 포지션 센서 커넥터와 ECM 커넥터를 탈거한다.
3. 흡기측 캠 포지션 센서 신호선 양단의 저항을 측정한다.

정상값 : 약 1Ω 이하

4. 측정값이 정상인가?

예 ▶ 다음 점검 절차를 수행한다.

아니오 ▶ 신호선의 단선된 회로를 수리한 후 "고장 수리 확인" 절차를 수행한다.

■ 신호선 전원 단락 점검

1. IG KEY OFF 한다.
2. 흡기측 캠 포지션 센서를 탈거한다.
3. IG KEY ON 한다.
4. 흡기측 캠 포지션 센서 신호선과 차체 접지 사이의 전압을 측정한다.

정상값 : 약 5 V

5. 측정값이 정상인가?

예 ▶ 다음 점검 절차를 수행한다.

아니오 ▶ 신호선의 단락된 회로를 수리한 후 "고장 수리 확인" 절차를 실시한다.

접지선 점검

■ 접지선 단선 점검

1. IG KEY OFF 한다.
2. 흡기측 캠 포지션 센서 커넥터와 ECM 커넥터를 탈거한다.
3. 흡기측 캠 포지션 센서 접지선 양단의 저항을 측정한다.

정상값 : 약 1Ω 이하

4. 측정값이 정상인가?

예 ▶ 다음 점검 절차를 수행한다.

아니오 ▶ 접지선의 단선된 회로를 수리한 후 "고장 수리 확인" 절차를 실시한다.

단품 점검

1. 오실로스코프를 아래와 같이 연결한다:
   채널 A (+): 캠 센서 신호선 단자(커넥터 연결된 상태에서 프로브 연결), (−): 접지
   채널 B (+): 크랭크 센서 신호선 단자(커넥터 연결된 상태에서 프로브 연결), (−): 접지
2. 엔진 시동 후, 크랭크 샤프트 센서와 흡기측 캠 샤프트 센서 신호 파형이 정상적으로 출력되는지 점검한다.

정상값 : 기준파형 및 데이터 참조

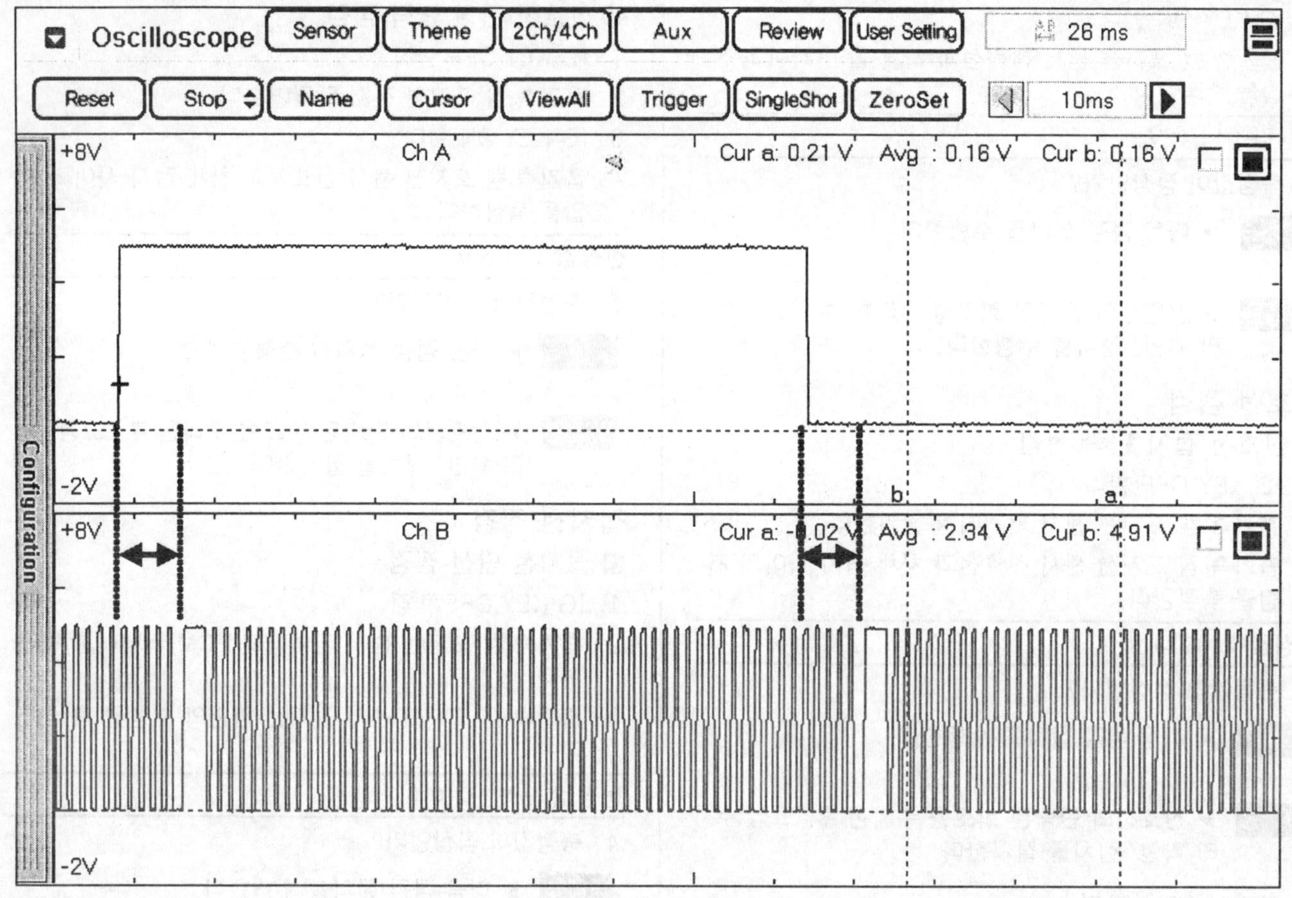

SFDF28606D

① 캠신호의 반주기동안 크랭크신호는 미싱투스 포함 60개의 돌기 신호 표출. 각 신호의 잡음, 개수 및 위치 상이등을 점검.

② 캠신호 하강(상승) 신호와 미싱투스 사이에는 3~5개의 크랭크 샤프트 돌기 신호가 표출 되어야 함.

3. 파형이 정상적으로 출력되는가?

예 ▶ ECM측 커넥터 및 터미널의 접촉불량 또는 부식, 변형등을 재점검하여 이상이 있으면 수리한다. 수리 완료 후 또는 정상일 경우 "고장 수리 확인" 절차를 수행한다.

아니오 ▶ – 센서를 분리한 후 에어갭을 측정한다. 필요에 따라 재조정 및 수리 후, "고장 수리 확인" 절차를 수행한다.

– 크랭크와 캠 센서 파형이 동기화가 되지 않는 경우, 타이밍 장치를 점검한 후 필요하면 재 조정하거나 교환하고, 다음 "고장 수리 확인" 절차를 수행한다.

– 캠센서의 오염 또는 손상을 점검 후, 새로운 캠센서를 임시 장착하여 차량 상태를 확인한 후 정상이면 캠센서를 교환하고, "고장 수리 확인" 절차를 수행한다.

고장수리 확인

"고장 코드 확인" 절차를 재수행하여 고장이 정확히 수리되었는지 확인한다

1. GDS의 "자기진단"기능중 DTC Status 기능을 선택한다.

⚠주의

고장코드를 소거하지 말 것(상세정보도 함께 소거 됨)

2. "고장 진단 완료 유무" 항목이 "진단 완료"인지 확인한다.

참고

미완료일경우 일반정보의 검출조건에서 지시하는대로 차량을 주행하여 완료 시킨다.

3. "고장 유형"항목의 결과값이 "과거 고장" 인가?

예 ▶ 시스템 정상. 고장코드를 소거한다.

아니오 ▶ 적절한 수리절차를 재수행한다.

P0420 촉매(UCC) -정화능력 저하(뱅크1)

부품 위치

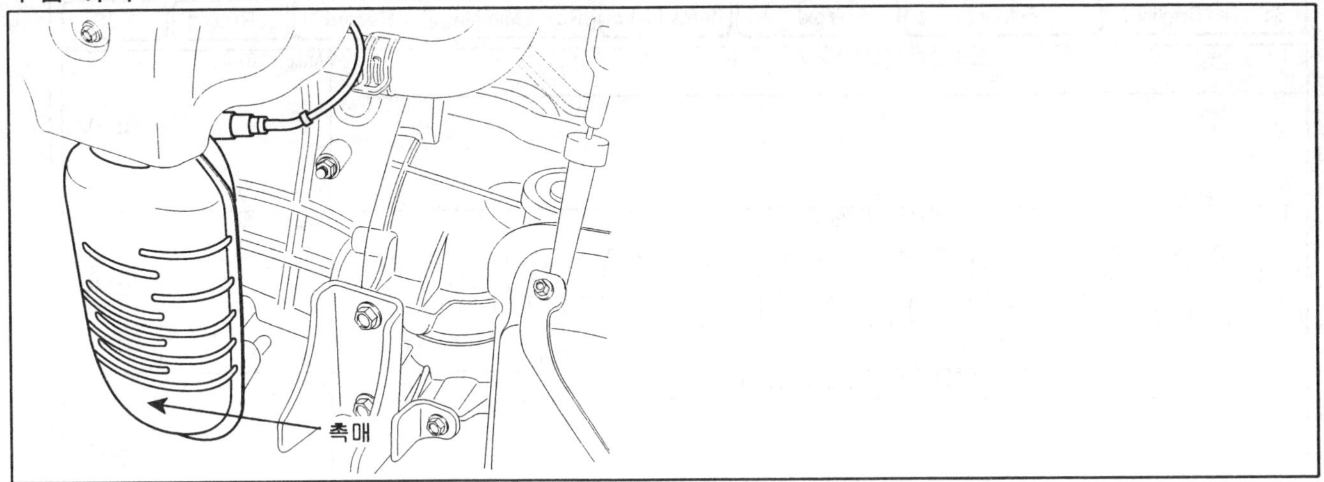

SFDF28215D

기능 및 역할

ECM은 촉매장치 전,후에 두개의 산소 센서를 이용, 촉매 변환 효율을 간접적으로 검출하여 촉매 불량 유무를 감지 한다. 피드백 공회전 상태에서 촉매 정화전의 배기가스 상태를 감지하는 전방 산소 센서 신호는 희박/농후를 반복하며 정화 후의 배기가스 상태를 측정하는 후방 산소 센서 신호는 거의 변하지 않는 안정적인 값을 유지 하게 된다. 그러나 열화,피독 또는 소손등으로 인하여 촉매장치의 성능이 저하되면 변환효율이 감소하게 되어 촉매를 통하여 배기 가스가 정화되지 못하므로 전,후방 산소 센서에서 감지되는 신호의 차이가 나지 않게 된다. 결론적으로 ECM은 전,후방 산소센서 신호의 진폭,주기 및 희박/농후 스위칭율을 비교하여 촉매 장치의 정상 유무를 판단 하게 된다.

고장 코드 설명

고장코드 P0420은 후방 산소 센서와 전방 산소 센서와의 진폭을 비교하여 촉매의 정화 효율이 기준값보다 낮을 경우 표출 된다.

고장 판정 조건

항목	판정 조건	고장예상 원인
검출 방법	• 후방 산소 센서 신호를 통한 촉매의 산소 저장 능력 감시	• 배기계통 누설 • 후방 산소 센서 • 촉매 장치
검출 조건	• 엔진 냉각 수온 > 70℃ • 400℃ < 촉매 온도 < 600℃ • 단기 연료 보정값이 설정값 내에 있음 • 1000 < 엔진 회전수(RPM) < 2900 • 공기 흐름량 < 750 mg/rev • 실화 없음 • 안정 운전 상태 (엔진회전수가 크게 변하지 않는 정속에 가까운 상태)	
판정값	• 평균 고장 진단 지수값 > 0.3	
검출 시간	• 100 공연비 제어 사이클	

기준 파형 및 데이터

Current Data

Standard Display | Full List | Text | Items List | Reset Min.Max. | Record | Run | VSS

산소 센서-뱅크1/센서2 1.1 0.0 Max: 0.8V 0.7V Min: 0.7V

산소 센서-뱅크1/센서1 1.1 0.0 Max: 0.8V 0.7V Min: 0.1V

공연비 보정 상태-뱅크1/센서1 Max: ON- ON- Min: ON-

산소 센서-뱅크1/센서2 Max: ON- ON- Min: ON-

산소 센서-뱅크1/센서1 Max: ON- ON- Min: ON-

SFDF28622D

전/후방산소센서의 정상파형 (무부하 공회전/워밍업 완료)

고장코드 확인

참고

인젝터, 산소 센서, 냉각 수온 센서, 스로틀 포지션 센서 및 흡입 공기량 센서와 연관된 고장코드가 저장되어 있으면, 저장되어 있는 코드와 관련된 모든 수리절차를 완료한 이후에 본 진단 절차를 수행한다.

엔진 경고등이 점멸되는 촉매 손상 고장이 발생하였을 경우에는 실화 관련 고장을 수리한 후 촉매 상태를 점검한다.

1. GDS의 "고장코드"기능을 선택 한다.
2. 화면 중앙에있는 DTC Status 기능을 선택 한다.
3. "고장 진단 완료 유무" 항목이 COMPLETED(진단 완료)인지 확인한다.

   참고

   미완료일경우 일반정보의 검출조건에서 지시하는대로 차량을 주행하여 진단을 완료 시킨다

4. "고장 유형"항목의 결과값이 "과거 고장" 인가?

GDS

[고장코드 정보]

P0000 고장코드 및 코드명 출력

1. 경고등 상태 : OFF/ON
2. 고장 유형 : HISTORY(과거고장) / PRESENT(현재고장)
3. 고장진단 완료 유무 : COMPLETED
4. 동일고장 발생 횟수 : 횟수가 기록
5. 고장발생 후 경과시간 : 00 M
6. 고장소거 후 경과시간 : 00 M

확인

SFDF28702D

참고

- 과거 고장 : 이전에 발행한 고장임. 현재는 정상.

- 현재 고장 : 현재 고장이 발생되어 있는 상태임.

예 ▶ GDS에서 표출되는 "동일 고장 발생 횟수"를 참고하여 아래 지시 사항을 수행 한다.
- "동일고장 발생 횟수"가 1회 이하 : 현재 차량의 상태는 정상이므로 "고장 수리 확인" 절차를 수행한다.
- "동일고장 발생 횟수"가 2회 이상 : 배선등의 접촉불량으로 인한 간헐적 고장 가능성이 의심됨. 다음 점검 절차를 수행한다.

아니오 ▶ 다음 점검 절차를 수행한다.

시스템 점검

■ 배기 시스템 점검

1. 아래 조건에 대해 시각적/물리적 점검을 수행한다.
   - 산소센서와 촉매 장치간 배기 시스템의 공기 누설, 막힘 또는 손상
   - 손상, 풀림 또는 오장착
2. 문제가 발견되었는가?

예 ▶ 교환 또는 수리한 후 "고장 수리 확인" 절차를 수행한다.

아니오 ▶ 다음 점검 절차를 수행한다.

■ 후방 산소 센서 점검

1. 아래 조건에 대해 시각적/물리적 점검을 수행한다.
   - 산소센서가 정확히 장착되어 있는지 또는 센서와 ECM 커넥터의 터미널 부식여부를 점검한다.(배선이 배기측에 접촉되어 있지 않음을 확인한다)
   - 산소 센서 와 ECM 커넥터 터미널의 장력이 적절한지 점검한다.
   - 주행중 손상 유무
2. 문제가 발견되었는가?

예 ▶ 교환 또는 수리한 후 "고장 수리 확인" 절차를 수행한다.

아니오 ▶ 다음 점검 절차를 수행한다.

■ 촉매 장치 점검

1. 아래 조건에 대해 시각적/물리적 점검을 수행한다.
   - 과열로 인한 변색 여부
   - 변형 또는 구멍
   - 촉매 내부 손상으로 인한 소음
   - 순정품 사용 여부
2. 문제가 발견되었는가?

예 ▶ 교환 또는 수리한 후 "고장 수리 확인" 절차를 수행한다.

아니오 ▶ ECM측 커넥터 및 터미널의 접촉불량 또는 부식, 변형등을 재점검하여 이상이 있으면 수리한다. 수리 완료 후 또는 정상일 경우 "고장 수리 확인" 절차를 수행한다.

고장수리 확인

"고장 코드 확인" 절차를 재수행하여 고장이 정확히 수리되었는지 확인한다

1. GDS의 "자기진단"기능중 DTC Status 기능을 선택한다.

   ⚠주의
   고장코드를 소거하지 말 것(상세정보도 함께 소거 됨)

2. "고장 진단 완료 유무" 항목이 "진단 완료"인지 확인한다.

   참고
   미완료일경우 일반정보의 검출조건에서 지시하는대로 차량을 주행하여 완료 시킨다.

3. "고장 유형"항목의 결과값이 "과거 고장" 인가?

예 ▶ 시스템 정상. 고장코드를 소거한다.

아니오 ▶ 적절한 수리절차를 재수행한다.

P0441 증발가스제어시스템 - 퍼지흐름 비정상

기능 및 역할

증발가스 제어시스템이란 연료 탱크내의 증발가스(탄화수소)를 재순환하여 연소시킴으로서 탄화수소를 저감하는 시스템을 말한다. 증발 가스 제어 시스템은 연료 압력을 측정하는 연료 탱크 압력 센서(FTPS), 연료량이 진단 가능한 안정된 레벨인지를 감지하는 연료 레벨 센서(FLS), 누설 진단을 위해 시스템을 밀폐상태로 유지하는 캐니스터 클로즈 밸브(CCV), 활성탄으로 구성되어 증발 가스를 중화 시키는 캐니스터(Canister) 및 증발 가스를 흡기 다기관에 순환 시키는 퍼지 컨트롤 솔레노이드 밸브(PCSV) 등으로 구성된다. ECM은 증발 가스 시스템의 누설 진단 위하여 시스템을 밀폐시킨 후 진공생성 및 진공유지 단계를 거치면서 압력구배의 변화율을 감시하여 누설 정도에 적합한 고장코드를 표출 시킨다.

고장 코드 설명

ECM은 증발가스 시스템중 캐니스터 고장진단을 실시하여 캐니스터 퍼지 밸브 열림 고착 이라고 판단될 경우 P0441을 표출한다.

고장 판정 조건

항목	판정 조건	고장예상 원인
검출 방법	• 캐니스터 퍼지 밸브 열림 고착 여부 점검	• 증발가스 라인에서의 공기 누설 • 캐니스터 퍼지 솔레노이드 밸브
검출 조건	• 엔진 냉각 수온 > 75℃ • 외기 온도 > -10℃ • 차량 속도 < 5km/h • 15% < 연료량 < 85% • 엔진 공회전 상태 • 계산된 고도 < 2500m • 최소 캐니스터 퍼지 시간 : 3~25초 (캐니스터 부하에 따름) • 캐니스터 포화도 > -22%	
판정값	• 연료 탱크 압력 강하 < -2hPa	
검출 시간	• 30초간 공회전 구간 (모든 검출 조건이 만족한 후)	

표준회로도

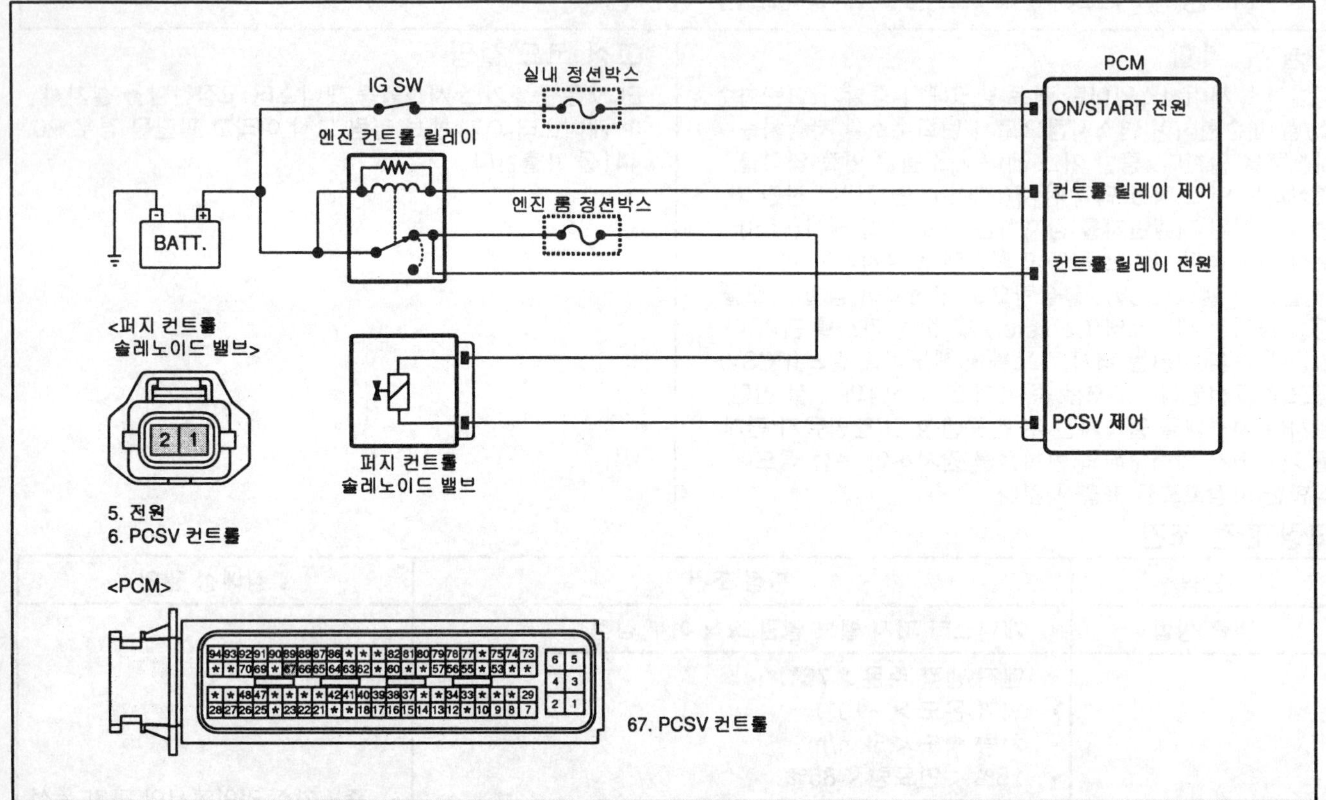

SFDF28513D

기준 파형 및 데이터

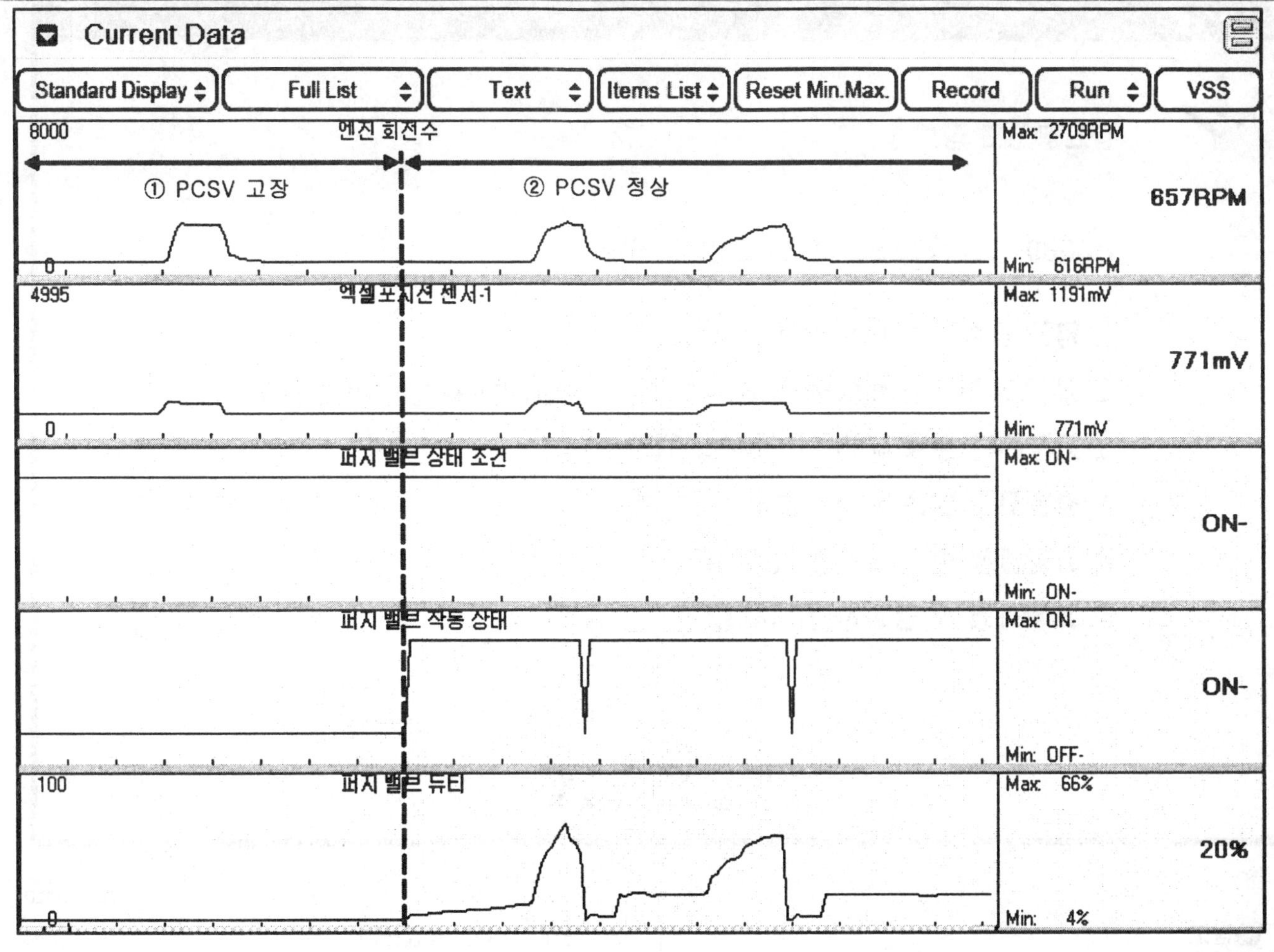

SFDF28623D

① PCSV 고장 : '퍼지밸브상태조건'이 ON 이므로, PCSV 작동조건을 만족하나 실제 제어가 이루어지지 않고 있다.

② PCSV 정상 : 엑셀페달의 조작에 따라 PCSV 제어 듀티가 변화하며 작동한다.

고장코드 확인

참고

인젝터, 산소 센서, 냉각 수온 센서, 스로틀 포지션 센서 및 흡입 공기량 센서와 연관된 고장코드가 저장되어 있으면, 저장되어 있는 코드와 관련된 모든 수리절차를 완료한 이후에 본 진단 절차를 수행한다.

엔진 경고등이 점멸되는 촉매 손상 고장이 발생하였을 경우에는 실화 관련 고장을 수리한 후 촉매 상태를 점검한다.

1. GDS의 "고장코드"기능을 선택 한다.
2. 화면 중앙에있는 DTC Status 기능을 선택 한다.
3. "고장 진단 완료 유무" 항목이 COMPLETED(진단 완료)인지 확인한다.

   참고

   미완료일경우 일반정보의 검출조건에서 지시하는대로 차량을 주행하여 진단을 완료 시킨다

4. "고장 유형"항목의 결과값이 "과거 고장" 인가?

GDS

[고장코드 정보]

P0000 고장코드 및 코드명 출력

1. 경고등 상태 : OFF/ON
2. 고장 유형 : HISTORY(과거고장) / PRESENT(현재고장)
3. 고장진단 완료 유무 : COMPLETED
4. 동일고장 발생 횟수 : 횟수가 기록
5. 고장발생 후 경과시간 : 00 M
6. 고장소거 후 경과시간 : 00 M

확인

SFDF28702D

참고

– 과거 고장 : 이전에 발행한 고장임. 현재는 정상.

– 현재 고장 : 현재 고장이 발생되어 있는 상태임.

예 ▶ GDS에서 표출되는 "동일 고장 발생 횟수"를 참고하여 아래 지시 사항을 수행 한다.

– "동일고장 발생 횟수"가 1회 이하 : 현재 차량의 상태는 정상이므로 "고장 수리 확인" 절차를 수행한다.

– "동일고장 발생 횟수"가 2회 이상 : 배선등의 접촉불량으로 인한 간헐적 고장 가능성이 의심됨. 다음 점검 절차를 수행한다.

아니오 ▶ 다음 점검 절차를 수행한다.

컨넥터 및 터미널 점검

1. 고장의 주요원인은 배선손상 및 연결상태의 불량에 있으므로 커넥터 접촉불량 및 터미널의 부식 또는 변형 등을 전체적으로 점검한다.
2. 문제가 발견 되었는가?

예 ▶ 수리 또는 교환한 후 "고장 수리 확인" 절차를 수행한다.

아니오 ▶ 다음 점검 절차를 수행한다.

단품 점검

■ 캐니스터 퍼지 밸브 점검

1. 점화 스위치 "OFF"
2. 흡기 매니폴드에서 퍼지 컨트롤 솔레노이드 밸브로 연결되는 진공 호스를 흡기 매니폴드측에서 분리한다.
3. 진공펌프를 이용하여 분리한 진공호스(흡기매니폴드측)에 진공을 인가한 후 진공이 유지 되는지 점검한다.
4. 점화 스위치 "ON" & 엔진 "OFF"
5. GDS를 연결한 후 강제구동 기능중에서 "캐니스터 퍼지 밸브"를 선택한다.
6. "캐니스터 퍼지 밸브"를 작동시키면서 밸브 작동시 인가한 진공이 해제되며 밸브 작동음이 들리는지 점검한다.
7. 신뢰성있는 점검을 위하여 아래의 정상값을 참조하면

서 밸브 구동을 4~5회 반복하여 실시한다.

정상값:

점검 조건	사양
캐니스터 퍼지 솔레노이드 작동	진공 유지
캐니스터 퍼지 솔레노이드 비작동	진공 해제

8. 밸브가 정상적으로 작동되는가?

예 ▶ 다음 점검 절차를 수행한다.

아니오 ▶ – 캐니스터 퍼지 밸브 몸체의 화살표가 흡기 매니폴드측으로 조립되어 있는지 점검한다. 역 장착 되었을 경우에는 재조립한 후 "고장 수리 확인" 절차를 수행한다. 정상이면 아래 점검 절차를 수행한다.
– 진공호스 또는 클램프의 장착 상태 및 진공 호스의 누설 등을 점검한 후 이상이 발견되면 수리한다. 정상이면 새로운 단품을 임시 장착하여 차량 상태를 확인한 후 정상이면 단품을 교환한다. "고장 수리 확인" 절차를 수행한다.

고장 수리 확인

1. 분리했던 호스 및 커넥터등을 재 조립한다.
2. 엔진을 정상 작동 온도까지 난기 시킨다.

참고

캐니스터 퍼지 시스템 공기 누설 점검은 GDS를 통해서만 점검 가능하며 공기 누설 발생 유무 및 해당 고장 코드를 점검 후 확인 할 수 있다.

3. GDS를 연결한 후 고장코드를 삭제한다.
4. 아래의 점검 가능 조건을 만족한 상태에서 GDS를 이용하여 캐니스터 퍼지 시스템 공기 누설 점검을 실시한다.
   1) 엔진 난기후 공회전 상태
   2) 관련 고장 코드 없음
   3) 연료 레벨 80% 이하
5. 동일한 고장 코드가 재표출되는가?

예 ▶ 시스템 정상. 고장코드를 소거한다.

아니오 ▶ 적절한 수리절차를 재수행한다.

P0442 증발가스제어시스템 - 소량 누설발생

기능 및 역할

증발가스 제어시스템이란 연료 탱크내의 증발가스(탄화수소)를 재순환하여 연소시킴으로서 탄화수소를 저감하는 시스템을 말한다. 증발 가스 제어 시스템은 연료 압력을 측정하는 연료 탱크 압력 센서(FTPS), 연료량이 진단 가능한 안정된 레벨인지를 감지하는 연료 레벨 센서(FLS), 누설 진단을 위해 시스템을 밀폐상태로 유지하는 캐니스터 클로즈 밸브(CCV), 활성탄으로 구성되어 증발 가스를 중화 시키는 캐니스터(Canister) 및 증발 가스를 흡기 다기관에 순환 시키는 퍼지 컨트롤 솔레노이드 밸브(PCSV) 등으로 구성된다. ECM은 증발 가스 시스템의 누설 진단 위하여 시스템을 밀폐시킨 후 진공생성 및 진공유지 단계를 거치면서 압력구배의 변화율을 감시하여 누설 정도에 적합한 고장코드를 표출 시킨다.

고장 코드 설명

P0442는 공기 누설 진단 초기의 진공 생성 단계에서 캐니스터 퍼지 솔레노이드의 열린 상태로의 고착이 감지된 경우에 표출된다

고장 판정 조건

항목	판정 조건	고장예상 원인
검출 방법	• 연료 탱크 압력 구배율 점검(연료 탱크내 진공 생성 후)	• 연료 필러 캡 손상 또는 오장착 • 연료 필러 파이프 • 연료 증발 라인 • 캐니스터 클로즈 밸브 • 캐니스터 퍼지 솔레노이드 밸브 • 캐니스터 • 연료 탱크 압력 센서 • 롤 오버 밸브/ORVR 밸브
검출 조건	• 엔진 냉각 수온 > 75℃ • 외기 온도 > -10℃ • 차량 속도 < 5km/h • 15% < 연료량 < 85% • 엔진 공회전 상태 • 계산된 고도 < 2500m • 배터리 전압 >10V • 최소 캐니스터 퍼지 시간 : 3~25초 (캐니스터 부하에 따름) • 캐니스터 포화도 > -22%	
판정값	• 공기 유출 구경 > 1.0mm	
검출 시간	• 30초간 공회전 구간 (모든 검출 조건이 만족한 후)	

고장코드 확인

참고

연료 탱크 압력 센서, 캐니스터 클로즈 밸브 또는 캐니스터 퍼지 밸브의 전기적 불량과 연관된 고장코드가 저장되어 있으면, 전기적 불량과 관련된 모든 수리절차를 완료한 이후에 본 진단 절차를 수행한다.

1. 엔진을 정상 작동 온도까지 난기 시킨다.

   참고

   캐니스터 퍼지 시스템 공기 누설 점검은 스캔툴을 통해서만 점검 가능하며 공기 누설 발생 유무 및 해당 고장 코드를 점검 후 확인 할 수 있다.

2. GDS를 연결한 후 고장코드를 삭제한다.
3. 아래의 점검 가능 조건을 만족한 상태에서 스캔툴을 이용하여 캐니스터 퍼지 시스템 공기 누설 점검을 실시한다.
   1) 엔진 난기후 공회전 상태
   2) 관련 고장 코드 없슴
   3) 연료 레벨 80% 이하
4. 동일한 고장 코드가 재표출되는가?

예 ▶ 다음 점검 절차를 수행한다.

아니오 ▶ 현재 고장 상태가 아닌 과거 또는 간헐적인 고장이 의심됨. 커넥터의 느슨함, 접촉불량, 구부러짐, 부식, 오염, 변형 또는 손상을 점검한 후 필요하면 수리하고 이상이 없으면 "고장 수리 확인" 절차를 수행한다.

시스템 점검

■ 연료 필러 캡 점검

1. 연료 필러 캡이 정확히 잠겨 있는지 또는 내부 오링의 상태가 정상적인지 점검한다.
2. 상태가 정상인가?

예 ▶ 다음 점검 절차를 수행한다.

아니오 ▶ 연료 필러 캡을 신품으로 교환한 후 "고장 수리 확인" 절차를 수행한다.

■ 캐니스터 퍼지 밸브 점검

1. 점화 스위치 "OFF"
2. 흡기 매니폴드에서 퍼지 컨트롤 솔레노이드 밸브로 연결되는 진공 호스를 흡기 매니폴드측에서 분리한다.
3. 진공펌프를 이용하여 분리한 진공호스(흡기매니폴드측)에 진공을 인가한 후 진공이 유지 되는지 점검한다.
4. 점화 스위치 "ON" & 엔진 "OFF"
5. GDS를 연결한 후 강제구동 기능중에서 "캐니스터 퍼지 밸브"를 선택한다.
6. "캐니스터 퍼지 밸브"를 작동시키면서 밸브 작동시 인가한 진공이 해제되며 밸브 작동음이 들리는지 점검한다.
7. 신뢰성있는 점검을 위하여 아래의 정상값을 참조하면서 밸브 구동을 4~5회 반복하여 실시한다.

정상값:

점검 조건	사양
캐니스터 퍼지 솔레노이드 작동	진공 유지
캐니스터 퍼지 솔레노이드 비작동	진공 해제

8. 밸브가 정상적으로 작동되는가?

예 ▶ 다음 점검 절차를 수행한다.

아니오 ▶ – 캐니스터 퍼지 밸브 몸체의 화살표가 흡기 매니폴드측으로 조립되어 있는지 점검한다. 역장착 되었을 경우에는 재조립한 후 "고장 수리 확인" 절차를 수행한다. 정상이면 아래 점검 절차를 수행한다.
– 진공호스 또는 클램프의 장착 상태 및 진공 호스의 누설 등을 점검한 후 이상이 발견되면 수리한다. 정상이면 새로운 단품을 임시 장착하여 차량 상태를 확인한 후 정상이면 단품을 교환한다. "고장 수리 확인" 절차를 수행한다.

■ 캐니스터 클로즈 밸브 및 증발 가스 라인 점검

1. 분리했던 진공 호스 및 단품등을 재조립 한다.
2. 캐니스터와 캐니스터 클로즈 밸브로 연결 되는 진공호스를 캐니스터측에서 분리한다.
3. 점화스위치 "ON" & 엔진 "OFF"
4. 분리된 진공호스측에서 공기를 불어넣어 (에어필터를 통해) 빠져 나오는가를 점검한다.
5. 캐니스터 클로즈 밸브 단품측 전원선 터미널에 배터리 전압을 인가한 후 제어선 터미널을 접지시켜 밸브를 작동 시킨다. 밸브가 작동 되면 공기 유로를 닫으므로 공기가 통과하지 않아야 한다.
6. 신뢰성있는 점검을 위하여 밸브 작동/비작동을 4~5회 반복하여 실시하면서 공기가 흐르고 막힘을 반복하는지 점검한다.
7. 밸브가 정상적으로 작동되는가?

예 ▶ 다음 점검 절차를 수행한다.

아니오 ▶ 진공호스 또는 클램프의 장착 상태 및 진공 호스의 누설 등을 점검한 후 이상이 발견되면 수리한다. 정상이면 새로운 밸브를 임시 장착하여 차량 상태를 확인한 후 정상이면 밸브를 교환한다. "고장 수리 확인" 절차를 수행한다.

■ 연료 탱크 압력 센서

1. 점화 스위치 "ON" & 엔진 "OFF".
2. 센서 커넥터 3번 터미널과 차체 접지간 전압을 측정한다.

압력(kPa)	-6.67	0	6.67
전압(V)	0.5	2.5	4.5

3. 측정값이 정상인가?

예 ▶ 다음 점검 절차를 수행한다.

아니오 ▶ 캐니스터와 연료펌프간의 진공호스 또는 클램프의 장착 상태 및 진공 호스의 누설 등을 점검한 후 이상이 발견되면 수리한다. 정상이면 아래 점검 수순을 수행한다.
▶ 연료 탱크 압력 센서 배선의 단선 또는 단락을 점검한 후 필요하면 수리한다. 정상이면 새로운 센서를 임시 장착하여 차량 상태를 확인한 후 정상이면 센서를 교환한다. "고장 수리 확인" 절차를 수행한다.

■ 캐니스터 퍼지 솔레노이드 밸브 – 캐니스터 라인 점검

1. 진공 누설 점검
   1) 분리한 진공호스 및 단품등을 재 장착한 후 점화 스위치를 "OFF" 시킨다.
   2) 캐니스터에서 캐니스터 퍼지 밸브로 연결되는 진공호스를 캐니스터측에서 분리한다.

3) 진공 펌프를 이용하여 분리한 진공호스에 진공[약 4 inHg(14 kPa)]을 인가한 후 일정시간(약1분)이상 진공이 유지되는지 점검한다.

4) 진공이 유지되는가?

예 ▶ 다음 점검 절차를 수행한다.

아니오 ▶ 캐니스터와 캐니스터 퍼지 밸브간의 진공호스 또는 클램프의 장착 상태 및 진공 호스의 누설 등을 점검한 후 이상이 발견되면 수리 또는 교환한 후 "고장 수리 확인" 절차를 수행한다.

2. 캐니스터 어셈블리 점검

1) 캐니스터 어셈블리를 분리한 후 아래에서 지시하는 캐니스터 어셈블리의 연결 부위를 모두 막는다.

· 캐니스터-연료 필러

· 캐니스터-캐니스터 클로즈 밸브

· 캐니스터-캐니스터 퍼지 밸브

2) 진공 펌프를 이용하여 캐니스터 어셈블리의 연료 탱크로 통하는 포트에 진공을 인가한다(캐니스터 용량이 크므로 진공이 형성되는데 일정 시간이 필요하다)

3) 진공을 유지하면서 누설부위가 있는지 점검한다.

4) 진공 누설이 발견 되었는가?

예 ▶ 누설부위를 수리 또는 교환한 후 "고장 수리 확인" 절차를 수행한다.

아니오 ▶ 다음 점검 절차를 수행한다.

■ 연료 탱크 라인 점검

1. 연료 탱크를 탈거한 후 아래의 수순으로 누설 부위가 있는지 점검한다.

- 3개의 연료 호스 연결 부위(연료 필러,연료 라인 및 증발가스 라인)중 2군데를 막는다.

- 진공 펌프를 이용하여 개방된 1군데로 진공을 인가한 후 진공이 유지 되는지 점검한다.

2. 누설이 의심스러운 부위는 비누거품등을 이용하여 점검한다.

3. 진공 누설이 발견되었는가?

예 ▶ 누설부위를 수리 또는 교환한 후 "고장 수리 확인" 절차를 수행한다.

아니오 ▶ 간헐적인 고장이 의심되므로 정확하게 점검되지 못한 단품이나 연결 부위를 재점검한다. 이상이 있으면 수리 한 후 "고장 수리 확인" 절차를 수행한다.

고장 수리 확인

1. 분리했던 호스 및 커넥터등을 재 조립한다.

2. 엔진을 정상 작동 온도까지 난기 시킨다.

참고

캐니스터 퍼지 시스템 공기 누설 점검은 GDS를 통해서만 점검 가능하며 공기 누설 발생 유무 및 해당 고장 코드를 점검 후 확인 할 수 있다.

3. GDS를 연결한 후 고장코드를 삭제한다.

4. 아래의 점검 가능 조건을 만족한 상태에서 GDS를 이용하여 캐니스터 퍼지 시스템 공기 누설 점검을 실시한다.

1) 엔진 난기후 공회전 상태

2) 관련 고장 코드 없슴

3) 연료 레벨 80% 이하

5. 동일한 고장 코드가 재표출되는가?

예 ▶ 시스템 정상. 고장코드를 소거한다.

아니오 ▶ 적절한 수리절차를 재수행한다.

P0444 증발가스제어시스템 – 퍼지 컨트롤 솔레노이드 밸브(PCSV)회로 제어값 단선

부품 위치

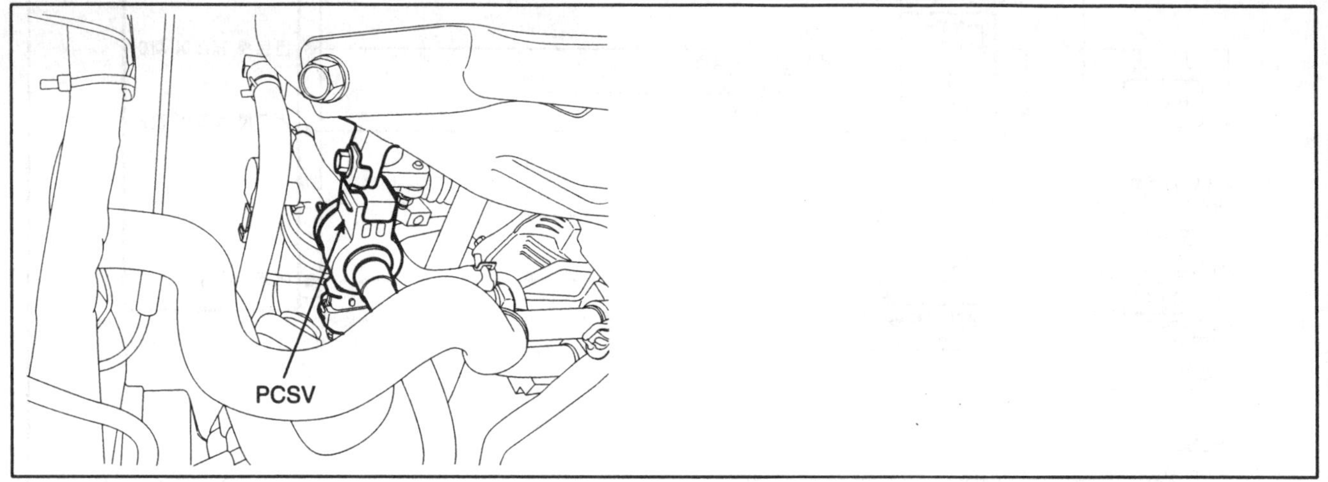

SFDF28212D

기능 및 역할

증발가스 제어시스템이란 연료 탱크내의 증발가스(탄화수소)를 재순환하여 연소시킴으로서 탄화수소를 저감하는 시스템을 말한다. 증발 가스 제어 시스템은 연료 압력을 측정하는 연료 탱크 압력 센서(FTPS), 연료량이 진단 가능한 안정된 레벨인지를 감지하는 연료 레벨 센서(FLS), 누설 진단을 위해 시스템을 밀폐상태로 유지하는 캐니스터 클로즈 밸브(CCV), 활성탄으로 구성되어 증발 가스를 중화 시키는 캐니스터(Canister) 및 증발 가스를 흡기 다기관에 순환 시키는 퍼지 컨트롤 솔레노이드 밸브(PCSV) 등으로 구성된다. ECM은 증발 가스 시스템의 누설 진단 위하여 시스템을 밀폐시킨 후 진공생성 및 진공유지 단계를 거치면서 압력구배의 변화율을 감시하여 누설 정도에 적합한 고장코드를 표출 시킨다.

고장 코드 설명

ECM은 캐니스터 퍼지 밸브 제어선이 단선 되었을 경우 P 0444을 표출한다.

고장 판정 조건

항목	판정 조건	고장예상 원인
검출 방법	• 전압 점검	• 회로 단선 • 커넥터 접촉 저항 • PCSV 단품
검출 조건	• 10V < 배터리 전압 < 16V	
판정값	• 회로 단선	
검출 시간	• 3초	

제원

PCSV 정상시 저항값(20℃)	24.5 ~ 27.5Ω

표준회로도

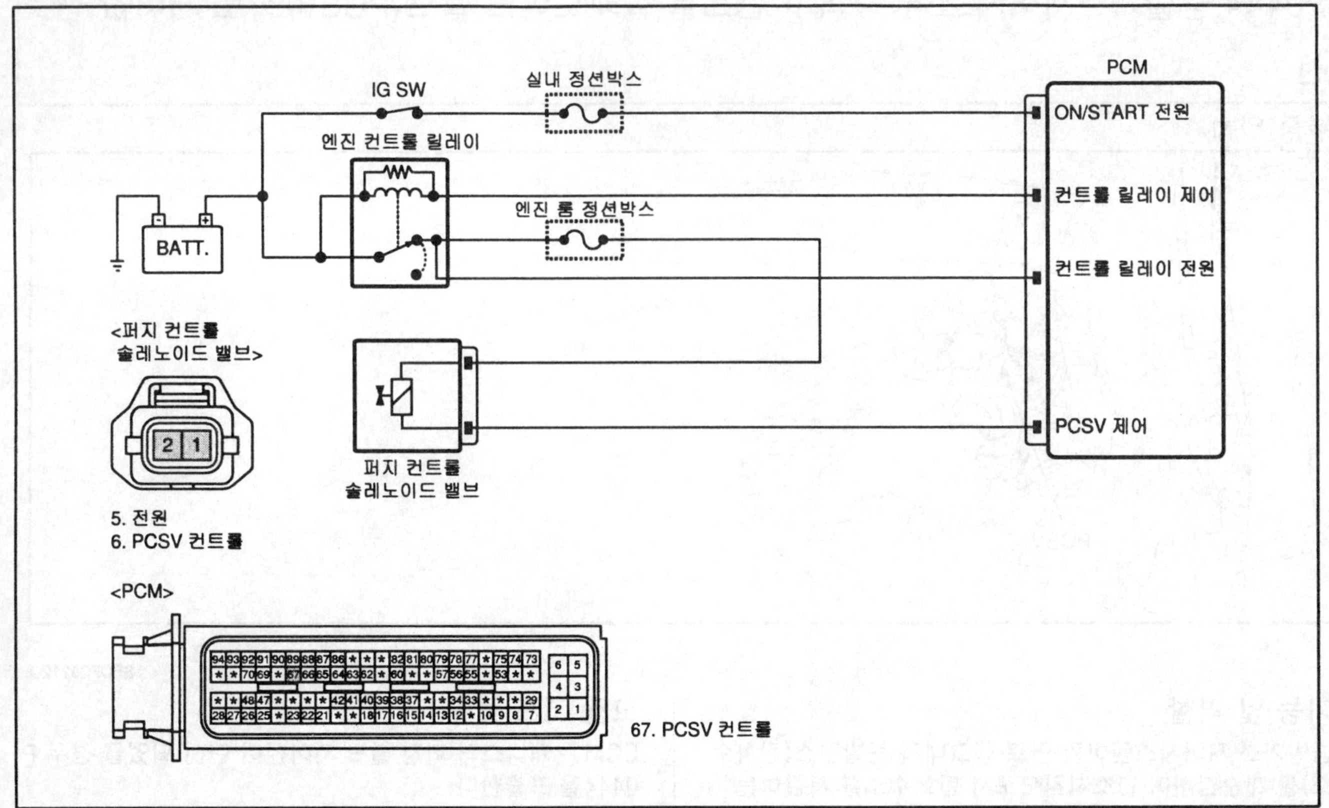

SFDF28513D

기준 파형 및 데이터

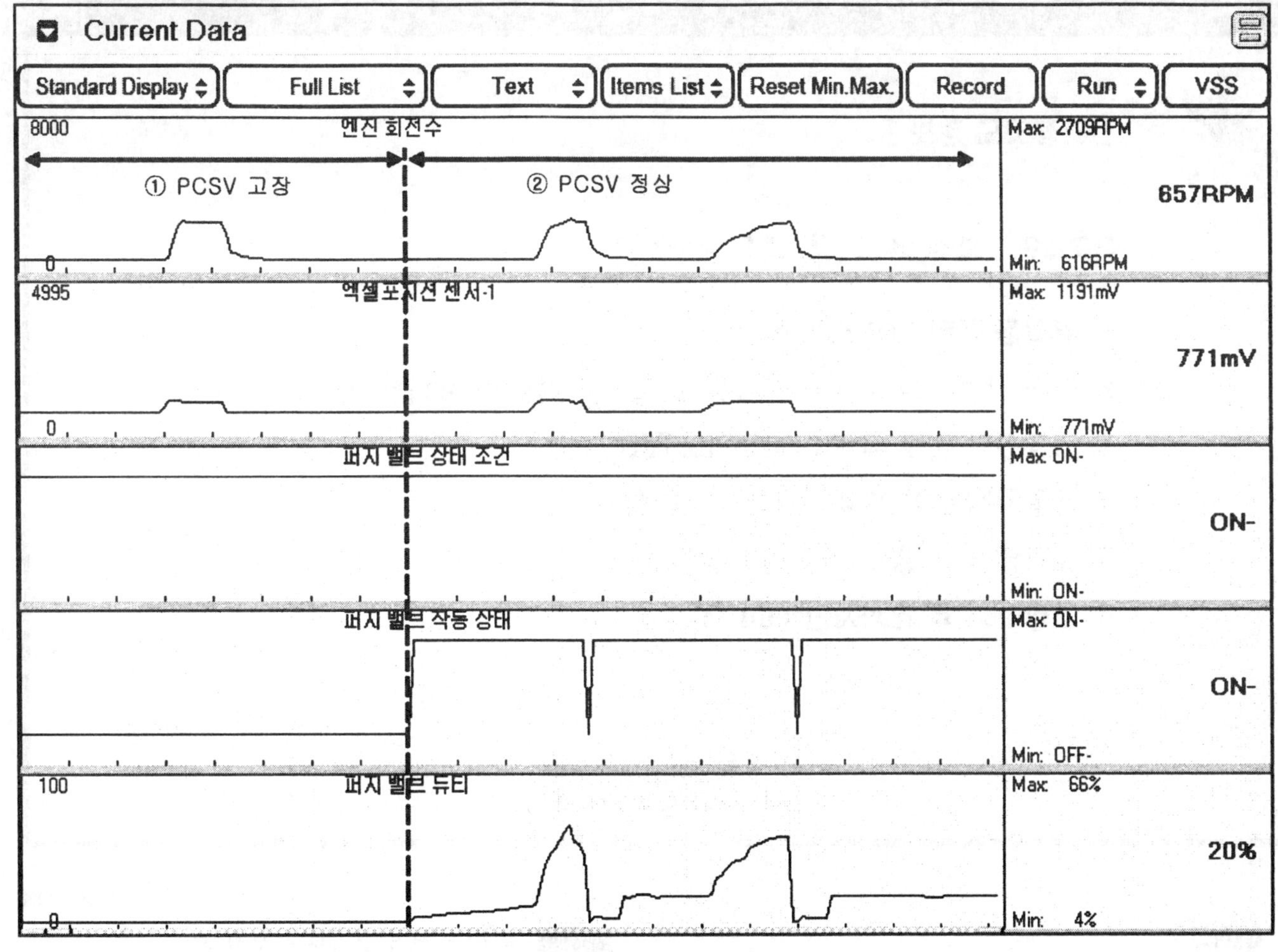

SFDF28623D

① PCSV 고장 : '퍼지밸브상태조건'이 ON 이므로, PCSV 작동조건을 만족하나 실제 제어가 이루어지지 않고 있다.

② PCSV 정상 : 엑셀페달의 조작에 따라 PCSV 제어 듀티가 변화하며 작동한다.

고장코드 확인

1. GDS의 "고장코드"기능을 선택 한다.
2. 화면 중앙에있는 DTC Status 기능을 선택 한다.
3. "고장 진단 완료 유무" 항목이 COMPLETED(진단 완료)인지 확인한다.

   참고

   미완료일경우 일반정보의 검출조건에서 지시하는대로 차량을 주행하여 진단을 완료 시킨다

4. "고장 유형"항목의 결과값이 "과거 고장" 인가?

GDS

[고장코드 정보]

P0000 고장코드 및 코드명 출력

1. 경고등 상태 : OFF/ON
2. 고장 유형 : HISTORY(과거고장) / PRESENT(현재고장)
3. 고장진단 완료 유무 : COMPLETED
4. 동일고장 발생 횟수 : 횟수가 기록
5. 고장발생 후 경과시간 : 00 M
6. 고장소거 후 경과시간 : 00 M

확인

SFDF28702D

참고

- *과거 고장 : 이전에 발행한 고장임. 현재는 정상.*
- *현재 고장 : 현재 고장이 발생되어 있는 상태임.*

예 ▶ GDS에서 표출되는 "동일 고장 발생 횟수"를 참고하여 아래 지시 사항을 수행 한다.
- "동일고장 발생 횟수"가 1회 이하 : 현재 차량의 상태는 정상이므로 "고장 수리 확인" 절차를 수행한다.
- "동일고장 발생 횟수"가 2회 이상 : 배선등의 접촉불량으로 인한 간헐적 고장 가능성이 의심됨. 다음 점검 절차를 수행한다.

아니오 ▶ 다음 점검 절차를 수행한다.

컨넥터 및 터미널 점검

1. 고장의 주요원인은 배선손상 및 연결상태의 불량에 있으므로 커넥터 접촉불량 및 터미널의 부식 또는 변형 등을 전체적으로 점검한다.
2. 문제가 발견 되었는가?

예 ▶ 수리 또는 교환한 후 "고장 수리 확인" 절차를 수행한다.

아니오 ▶ 다음 점검 절차를 실시한다.

전원선 점검

■ 전원선 접지 단락 점검

1. IG KEY OFF 한다.
2. PCSV 커넥터를 탈거 한다.
3. PCSV 전원선과 차체 접지 사이의 저항을 측정한다.

정상값 : 무한대

4. 측정값이 정상인가?

예 ▶ 다음 점검 절차를 실시한다.

아니오 ▶ 전원선의 단락된 회로를 수리한 후 "고장 수리 확인" 절차를 실시한다.

■ 전원선 단선 점검

1. IG KEY OFF 한다.
2. PCSV 커넥터를 탈거 한다.
3. IG KEY ON 한다.
4. PCSV 전원선과 차체 접지 사이의 전압을 측정한다.

정상값 : 약 12V

5. 측정값이 정상인가?

예 ▶ 다음 점검 절차를 실시한다.

아니오 ▶ 전원선 또는 퓨즈의 단선된 회로를 수리한 후 "고장 수리 확인" 절차를 수행한다.

제어선 점검

■ 제어선 단선 점검

1. IG KEY OFF 한다.
2. PCSV 커넥터를 탈거한다.
3. IG KEY ON 한다.
4. PCSV 제어선과 차체 접지 사이의 전압을 측정한다.

정상값 : 약 4V

5. 측정값이 정상인가?

예 ▶ 다음 점검 절차를 수행한다.

아니오 ▶ 제어선의 단선된 회로를 수리한 후 "고장 수리 확인" 절차를 수행한다.

단품 점검

1. IG KEY OFF 한다.
2. PCSV 커넥터를 탈거 한다.
3. PCSV 커넥터 제어선과 전원선 사이의 저항을 측정한다.(단품측)

정상값:

PCSV 정상시 저항값 (20℃)	24.5 ~ 27.5Ω

4. 측정값이 정상인가?

예 ▶ ECM측 커넥터 및 터미널의 접촉불량 또는 부식, 변형등을 재점검하여 이상이 있으면 수리한다. 수리 완료 후 또는 정상일 경우 "고장 수리 확인" 절차를 수행한다.

아니오 ▶ 새로운 단품을 임시 장착하여 차량 상태를 확인한 후 정상이면 단품을 교환한다. "고장 수리 확인" 절차를 수행한다.

고장수리 확인

"고장 코드 확인" 절차를 재수행하여 고장이 정확히 수리되었는지 확인한다

1. GDS의 "자기진단"기능중 DTC Status 기능을 선택한다.

   ⚠주의
   고장코드를 소거하지 말 것(상세정보도 함께 소거 됨)

2. "고장 진단 완료 유무" 항목이 "진단 완료"인지 확인한다.

   참고
   미완료일경우 일반정보의 검출조건에서 지시하는대로 차량을 주행하여 완료 시킨다.

3. "고장 유형"항목의 결과값이 "과거 고장" 인가?

예 ▶ 시스템 정상. 고장코드를 소거한다.

아니오 ▶ 적절한 수리절차를 재수행한다.

P0445 증발가스제어시스템 - 퍼지 컨트롤 솔레노이드 밸브(PCSV)회로 제어값 단락

부품 위치

DTC P0444 참조: 증발가스제어시스템 - 퍼지 컨트롤 솔레노이드 밸브(PCSV)회로 제어값 단선

기능 및 역할

DTC P0444 참조: 증발가스제어시스템 - 퍼지 컨트롤 솔레노이드 밸브(PCSV)회로 제어값 단선

고장 코드 설명

ECM은 캐니스터 퍼지 밸브 제어선이 접지(-)단락 또는 배터리(+)단락 되었을 경우 P0445을 표출한다.

고장 판정 조건

항목	판정 조건	고장예상 원인
검출 방법	• 전압 점검	
검출 조건	• 10V < 배터리 전압 < 16V	• 회로 단락 • 커넥터 접촉 저항 • PCSV 단품
판정값	• 접지 단락 또는 배터리 단락	
검출 시간	• 3초	

제원

DTC P0444 참조: 증발가스제어시스템 - 퍼지 컨트롤 솔레노이드 밸브(PCSV)회로 제어값 단선

표준회로도

DTC P0444 참조: 증발가스제어시스템 - 퍼지 컨트롤 솔레노이드 밸브(PCSV)회로 제어값 단선

기준 파형 및 데이터

DTC P0444 참조: 증발가스제어시스템 - 퍼지 컨트롤 솔레노이드 밸브(PCSV)회로 제어값 단선

고장코드 확인

DTC P0444 참조: 증발가스제어시스템 - 퍼지 컨트롤 솔레노이드 밸브(PCSV)회로 제어값 단선

컨넥터 및 터미널 점검

DTC P0444 참조: 증발가스제어시스템 - 퍼지 컨트롤 솔레노이드 밸브(PCSV)회로 제어값 단선

제어선 점검

■ 제어선 단락 점검

1. IG KEY OFF 한다.
2. PCSV 커넥터를 탈거한다.
3. IG KEY ON 한다.
4. PCSV 제어선과 차체 접지 사이의 전압을 측정한다.

정상값 : 약 4V

5. 측정값이 정상인가?

예 ▶ 다음 점검 절차를 수행한다.

아니오 ▶ 0V일 경우 : 제어선의 접지단락된 회로를 수리한 후 "고장 수리 확인" 절차를 실시한다.
▶ 12V일 경우 : 제어선의 전원단락된 회로를 수리한 후 "고장 수리 확인" 절차를 실시한다.

단품 점검

1. IG KEY OFF 한다.
2. PCSV 커넥터를 탈거 한다.
3. PCSV 커넥터 제어선과 전원선 사이의 저항을 측정한다.(단품측)

정상값:

PCSV 정상시 저항값 (20℃)	24.5 ~ 27.5Ω

4. 측정값이 정상인가?

예 ▶ ECM측 커넥터 및 터미널의 접촉불량 또는 부식, 변형등을 재점검하여 이상이 있으면 수리한다. 수리 완료 후 또는 정상일 경우 "고장 수리 확인" 절차를 수행한다.

아니오 ▶ 새로운 단품을 임시 장착하여 차량 상태를 확인한 후 정상이면 단품을 교환한다.
"고장 수리 확인" 절차를 수행한다.

고장수리 확인

DTC P0444 참조: 증발가스제어시스템 - 퍼지 컨트롤 솔레노이드 밸브(PCSV)회로 제어값 단선

P0447 증발가스제어시스템 - 캐니스터 닫힘 밸브(CCV) 회로 제어값 단선

부품 위치

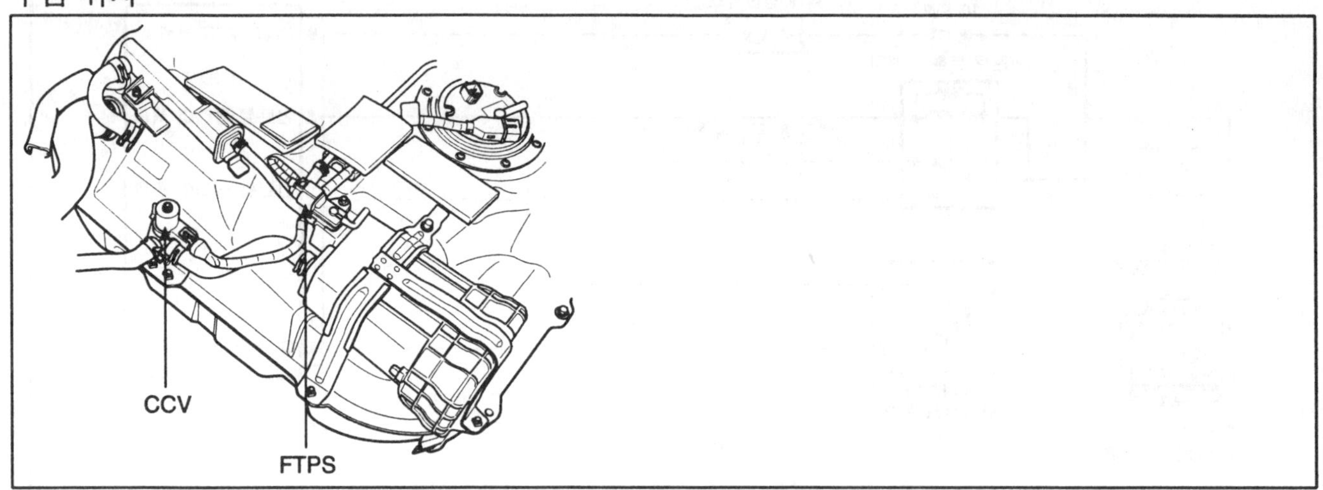

SFDF28210D

기능 및 역할

증발가스 제어시스템이란 연료 탱크내의 증발가스(탄화수소)를 재순환하여 연소시킴으로서 탄화수소를 저감하는 시스템을 말한다. 연료탱크내에 생성된 증발 가스는 캐니스터로 포집되며 캐니스터는 내부의 활성탄과 외부의 신선한 공기를 통하여 증발가스를 중화시키는 역할을 수행한다. 캐니스터 클로즈 밸브는 캐니스터에 장착되어 있으며 ECM에의해 작동되지 않을 경우에는 밸브가 열려 신선한 외기가 캐니스터 내부로 들어오게 된다. ECM은 캐니스터 시스템 누설관련 진단을 실시할 경우에 캐니스터 클로즈 밸브를 작동시킨다. 캐니스터 클로즈 밸브가 작동하게 되면 밸브는 닫히고 캐니스터를 밀폐시켜 누설 여부 진단을 가능하게 한다.

고장 코드 설명

ECM은 캐니스터 차단 밸브 제어선이 단선 되었을 경우 P 0447을 표출한다.

고장 판정 조건

항목	판정 조건	고장예상 원인
검출 방법	• 전기 신호 점검	• 제어선 단선 • 커넥터 접촉 불량 및 배선 손상 • 캐니스터 클로즈 밸브(CCV)
검출 조건	• 10V < 배터리 전압 < 16V	
판정값	• 제어선 단선 검출시	
검출 시간	• 3초	

제원

기준 온도 (℃)	캐니스터 클로즈 밸브 저항(Ω)
20℃	23~26

표준회로도

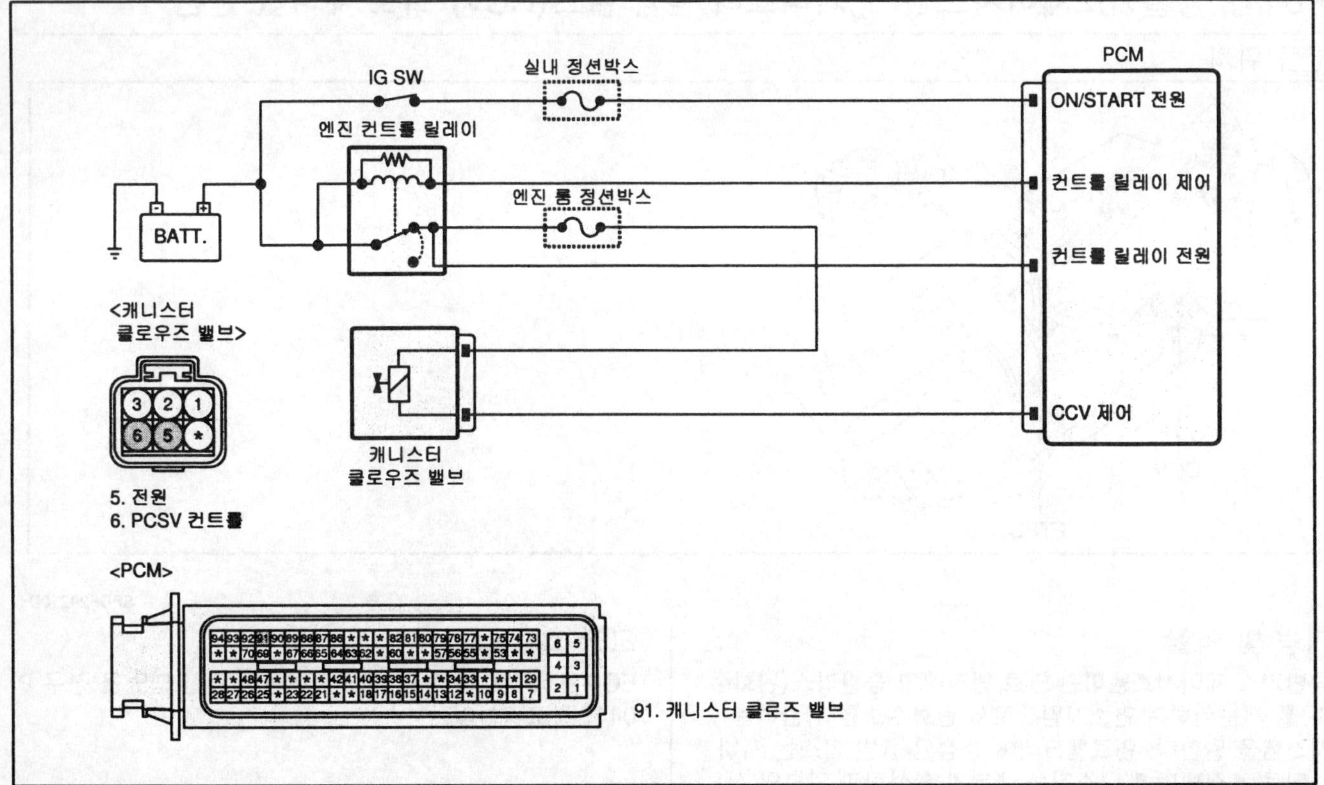

SFDF28514D

기준 파형 및 데이터

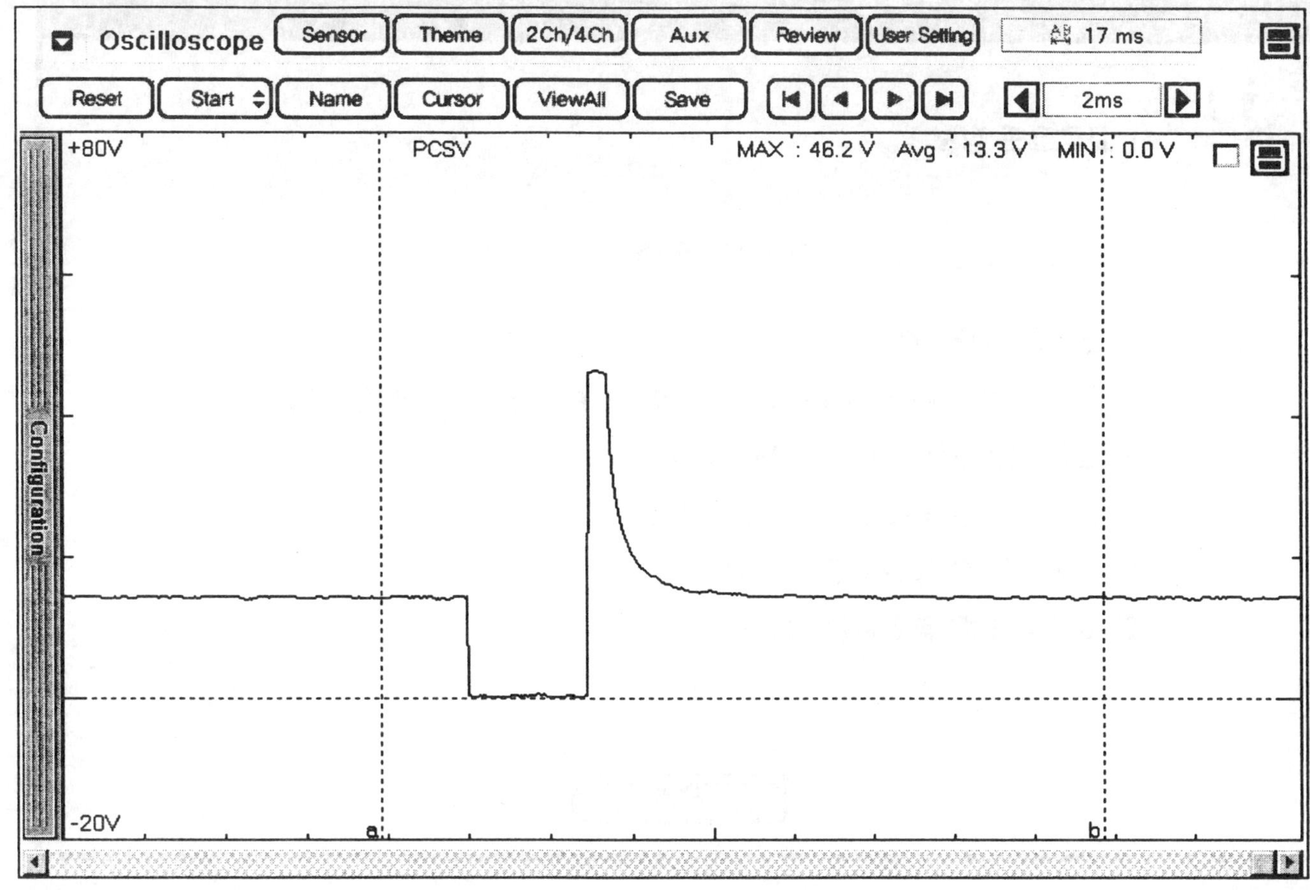

SFDF28709D

캐니스터 컨트롤 솔레노이드 밸브는 ECM 제어에 의해 열리고 닫힌다. CCV는 상시 열려 있어 CCV 작동시 연료 가스가 캐니스터로 부터 나와 흡기 매니폴드로 유입되게한다. ECM은 특정 조건에서 CCV를 닫아 증발가스라인의 누설 상태를 점검한다. 이 그림은 캐니스터 컨트롤 솔레노이드 밸브 작동시 파형이다.

고장코드 확인

1. GDS의 "고장코드"기능을 선택 한다.
2. 화면 중앙에있는 DTC Status 기능을 선택 한다.
3. "고장 진단 완료 유무" 항목이 COMPLETED(진단 완료)인지 확인한다.

   참고
   미완료일경우 일반정보의 검출조건에서 지시하는대로 차량을 주행하여 진단을 완료 시킨다

4. "고장 유형"항목의 결과값이 "과거 고장" 인가?

GDS

[고장코드 정보]

P0000 고장코드 및 코드명 출력

1. 경고등 상태 : OFF/ON
2. 고장 유형 : HISTORY(과거고장) / PRESENT(현재고장)
3. 고장진단 완료 유무 : COMPLETED
4. 동일고장 발생 횟수 : 횟수가 기록
5. 고장발생 후 경과시간 : 00 M
6. 고장소거 후 경과시간 : 00 M

확인

SFDF28702D

참고

- 과거 고장 : 이전에 발행한 고장임. 현재는 정상.

- 현재 고장 : 현재 고장이 발생되어 있는 상태임.

예 ▶ GDS에서 표출되는 "동일 고장 발생 횟수"를 참고하여 아래 지시 사항을 수행 한다.
- "동일고장 발생 횟수"가 1회 이하 : 현재 차량의 상태는 정상이므로 "고장 수리 확인" 절차를 수행한다.
- "동일고장 발생 횟수"가 2회 이상 : 배선등의 접촉불량으로 인한 간헐적 고장 가능성이 의심됨. 다음 점검 절차를 수행한다.

아니오 ▶ 다음 점검 절차를 수행한다.

컨넥터 및 터미널 점검

1. 고장의 주요원인은 배선손상 및 연결상태의 불량에 있으므로 커넥터 접촉불량 및 터미널의 부식 또는 변형 등을 전체적으로 점검한다.
2. 문제가 발견 되었는가?

예 ▶ 수리 또는 교환한 후 "고장 수리 확인" 절차를 수행한다.

아니오 ▶ 다음 점검 절차를 실시한다.

전원선 점검

■ 전원선 접지 단락 점검

1. IG KEY OFF 한다.
2. 캐니스터 클로즈 밸브(CCV) 커넥터를 탈거 한다.
3. 캐니스터 클로즈 밸브(CCV) 전원선과 차체 접지 사이의 저항을 측정한다.

정상값 : 무한대

4. 측정값이 정상인가?

예 ▶ 다음 점검 절차를 실시한다.

아니오 ▶ 전원선의 단락된 회로를 수리한 후 "고장 수리 확인" 절차를 실시한다.

■ 전원선 단선 점검

1. IG KEY OFF 한다.
2. 캐니스터 클로즈 밸브(CCV) 커넥터를 탈거 한다.
3. IG KEY ON 한다.

4. 캐니스터 클로즈 밸브(CCV) 전원선과 차체 접지 사이의 전압을 측정한다.

정상값 : 약 12V

5. 측정값이 정상인가?

예 ▶ 다음 점검 절차를 실시한다.

아니오 ▶ 전원선 또는 퓨즈의 단선된 회로를 수리한 후 "고장 수리 확인" 절차를 수행한다.

제어선 점검

■ 제어선 단선 점검

1. IG KEY OFF 한다.
2. 캐니스터 클로즈 밸브(CCV) 커넥터를 탈거한다.
3. IG KEY ON 한다.
4. 캐니스터 클로즈 밸브(CCV) 제어선과 차체 접지 사이의 전압을 측정한다.

정상값 : 약 4V

5. 측정값이 정상인가?

예 ▶ 다음 점검 절차를 수행한다.

아니오 ▶ 제어선의 단선된 회로를 수리한 후 "고장 수리 확인" 절차를 수행한다.

단품 점검

1. IG KEY OFF 한다.
2. 캐니스터 클로즈 밸브(CCV) 커넥터를 탈거 한다.
3. 캐니스터 클로즈 밸브(CCV) 커넥터 제어선과 전원선 사이의 저항을 측정한다.(단품측)

정상값:

기준 온도 (℃)	캐니스터 클로즈 밸브 저항 (Ω)
20℃	23~26

4. 측정값이 정상인가?

예 ▶ ECM측 커넥터 및 터미널의 접촉불량 또는 부식, 변형등을 재점검하여 이상이 있으면 수리한다. 수리 완료 후 또는 정상일 경우 "고장 수리 확인" 절차를 수행한다.

아니오 ▶ 새로운 단품을 임시 장착하여 차량 상태를 확인한 후 정상이면 단품을 교환한다.
"고장 수리 확인" 절차를 수행한다.

고장수리 확인

"고장 코드 확인" 절차를 재수행하여 고장이 정확히 수리되었는지 확인한다

1. GDS의 "자기진단"기능중 DTC Status 기능을 선택한다.

   ⚠주의
   고장코드를 소거하지 말 것(상세정보도 함께 소거 됨)

2. "고장 진단 완료 유무" 항목이 "진단 완료"인지 확인한다.

   참고
   미완료일경우 일반정보의 검출조건에서 지시하는대로 차량을 주행하여 완료 시킨다.

3. "고장 유형"항목의 결과값이 "과거 고장" 인가?

예 ▶ 시스템 정상. 고장코드를 소거한다.

아니오 ▶ 적절한 수리절차를 재수행한다.

P0448 증발가스제어시스템 - 캐니스터 닫힘 밸브(CCV) 회로 제어값 단락

부품 위치

DTC P0447 참조: 증발가스제어시스템 - 캐니스터 닫힘 밸브(CCV) 회로 제어값 단선

기능 및 역할

DTC P0447 참조: 증발가스제어시스템 - 캐니스터 닫힘 밸브(CCV) 회로 제어값 단선

고장 코드 설명

ECM은 캐니스터 차단 밸브 제어선이 접지(-)단락 또는 배터리(+)단락 되었을 경우 P0448을 표출한다.

고장 판정 조건

항목	판정 조건	고장예상 원인
검출 방법	• 전기적 신호 점검	• 제어선 접지 또는 전원 단락 • 커넥터 접촉 불량 및 배선 손상 • 캐니스터 클로즈 밸브(CCV)
검출 조건	• 10V < 배터리 전압 < 16V	
판정값	• 제어선 접지 및 전원 단락	
검출 시간	• 3초	

제원

DTC P0447 참조: 증발가스제어시스템 - 캐니스터 닫힘 밸브(CCV) 회로 제어값 단선

표준회로도

DTC P0447 참조: 증발가스제어시스템 - 캐니스터 닫힘 밸브(CCV) 회로 제어값 단선

기준 파형 및 데이터

DTC P0447 참조: 증발가스제어시스템 - 캐니스터 닫힘 밸브(CCV) 회로 제어값 단선

고장코드 확인

DTC P0447 참조: 증발가스제어시스템 - 캐니스터 닫힘 밸브(CCV) 회로 제어값 단선

컨넥터 및 터미널 점검

DTC P0447 참조: 증발가스제어시스템 - 캐니스터 닫힘 밸브(CCV) 회로 제어값 단선

제어선 점검

■ 제어선 단락 점검

1. IG KEY OFF 한다.
2. 캐니스터 클로즈 밸브(CCV) 커넥터를 탈거한다.
3. IG KEY ON 한다.
4. 캐니스터 클로즈 밸브(CCV) 제어선과 차체 접지 사이의 전압을 측정한다.

정상값 : 약 4V

5. 측정값이 정상인가?

예 ▶ 다음 점검 절차를 수행한다.

아니오 ▶ 0V일 경우 : 제어선의 접지단락된 회로를 수리한 후 "고장 수리 확인" 절차를 실시한다.
▶ 12V일 경우 : 제어선의 전원단락된 회로를 수리한 후 "고장 수리 확인" 절차를 실시한다.

단품 점검

1. IG KEY OFF 한다.
2. 캐니스터 클로즈 밸브(CCV) 커넥터를 탈거 한다.
3. 캐니스터 클로즈 밸브(CCV) 커넥터 제어선과 전원선 사이의 저항을 측정한다.(단품측)

정상값:

기온 온도 (℃)	캐니스터 클로즈 밸브 저항 (Ω)
20℃	23~26

4. 측정값이 정상인가?

예 ▶ ECM측 커넥터 및 터미널의 접촉불량 또는 부식, 변형등을 재점검하여 이상이 있으면 수리한다. 수리 완료 후 또는 정상일 경우 "고장 수리 확인" 절차를 수행한다.

아니오 ▶ 새로운 단품을 임시 장착하여 차량 상태를 확인한 후 정상이면 단품을 교환한다. "고장 수리 확인" 절차를 수행한다.

고장수리 확인

DTC P0447 참조: 증발가스제어시스템 - 캐니스터 닫힘 밸브(CCV) 회로 제어값 단선

P0449 증발가스제어시스템 - 캐니스터 닫힘 밸브(CCV) 회로 이상

부품 위치

DTC P0447 참조: 증발가스제어시스템 - 캐니스터 닫힘 밸브(CCV) 회로 제어값 단선

기능 및 역할

DTC P0447 참조: 증발가스제어시스템 - 캐니스터 닫힘 밸브(CCV) 회로 제어값 단선

고장 코드 설명

ECM은 증발가스 시스템 고장진단을 실시하여 캐니스터 차단 밸브 닫힘 고착 이라고 판단될 경우 P0449를 표출한다.

고장 판정 조건

항목	판정 조건	고장예상 원인
검출 방법	• 캐니스터 클로즈 밸브(닫힘상태로) 고착	• 캐니스터 에어 필터 • 캐니스터 클로즈 밸브(CCV)
검출 조건	• 캐니스터 시스템 누설 진단 비작동 • 연료 탱크 압력 센서 고장 없음 • 11 < 배터리 전압(V) < 16	
판정값	• 연료 탱크 압력센서 전압 < 1.5V	
검출 시간	• 10초	

제원

DTC P0447 참조: 증발가스제어시스템 - 캐니스터 닫힘 밸브(CCV) 회로 제어값 단선

표준회로도

DTC P0447 참조: 증발가스제어시스템 - 캐니스터 닫힘 밸브(CCV) 회로 제어값 단선

기준 파형 및 데이터

DTC P0447 참조: 증발가스제어시스템 - 캐니스터 닫힘 밸브(CCV) 회로 제어값 단선

고장코드 확인

DTC P0447 참조: 증발가스제어시스템 - 캐니스터 닫힘 밸브(CCV) 회로 제어값 단선

컨넥터 및 터미널 점검

DTC P0447 참조: 증발가스제어시스템 - 캐니스터 닫힘 밸브(CCV) 회로 제어값 단선

단품점검

■ 캐니스터 에어 필터 점검

1. 캐니스터를 탈거한 후 에어 필터를 분리한다.
2. 분리한 에어 필터의 오염등을 점검한다.
3. 문제가 발견되었는가?

예 ▶수리 또는 교환한 후 "고장 수리 확인" 절차를 수행한다.

아니오 ▶ 다음 점검 절차를 수행한다.

■ 캐니스터 클로즈 밸브 점검

1. 분리했던 진공 호스 및 단품등을 재조립 한다.
2. 캐니스터와 캐니스터 클로즈 밸브로 연결 되는 진공호스를 캐니스터측에서 분리한다.
3. 점화스위치 "ON" & 엔진 "OFF"
4. 분리된 진공호스측에서 공기를 불어넣어 (에어필터를 통해) 빠져 나오는가를 점검한다.
5. 캐니스터 클로즈 밸브 단품측 전원선 터미널에 배터리 전압을 인가한 후 제어선 터미널을 접지시켜 밸브를 작동 시킨다. 밸브가 작동 되면 공기 유로를 닫으므로 공기가 통과하지 않아야 한다.
6. 신뢰성있는 점검을 위하여 밸브 작동/비작동을 4~5회 반복하여 실시하면서 공기가 흐르고 막힘을 반복하는지 점검한다.
7. 밸브가 정상적으로 작동되는가?

예 ▶다음 점검 절차를 수행한다.

아니오 ▶ 진공호스 또는 클램프의 장착 상태 및 진공호스의 누설 등을 점검한 후 이상이 발견되면 수리한다. 정상이면 새로운 밸브를 임시 장착하여 차량 상태를 확인한 후 정상이면 밸브를 교환한다. "고장 수리 확인" 절차를 수행한다.

고장수리 확인

DTC P0447 참조: 증발가스제어시스템 - 캐니스터 닫힘 밸브(CCV) 회로 제어값 단선

P0451 증발가스제어시스템 - 연료탱크압력센서(FTPS) 회로 작동범위/성능이상

부품 위치

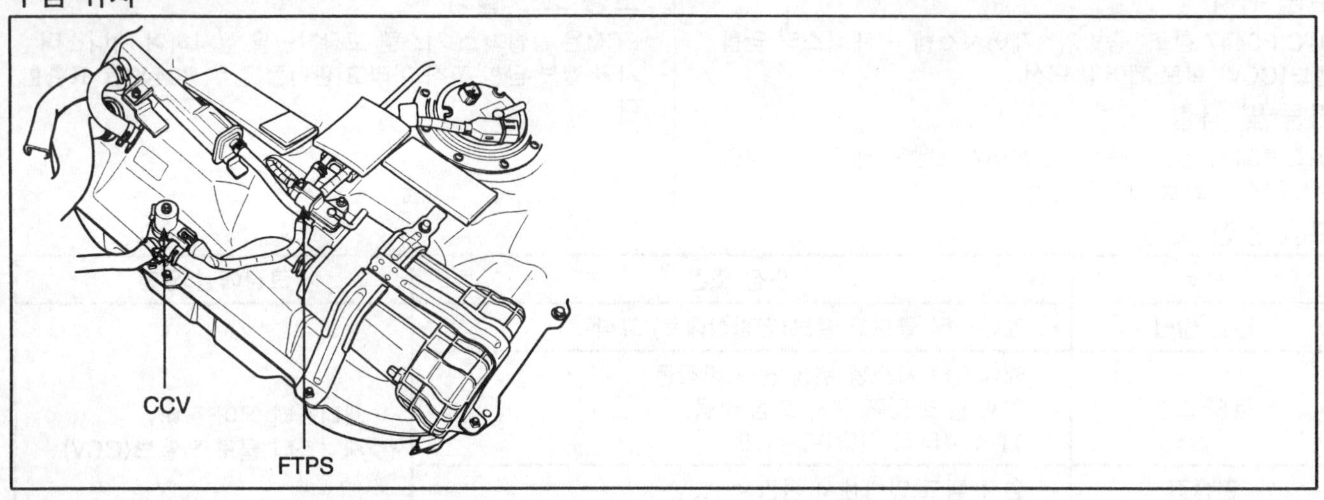

SFDF28210D

기능 및 역할

증발가스 제어시스템이란 연료 탱크내의 증발가스(탄화수소)를 재순환하여 연소시킴으로서 탄화수소를 저감하는 시스템을 말한다. ECM은 증발 가스 제어 시스템의 누설 진단을 위하여 연료탱크내에 설치된 압력 센서를 이용한다. 압력센서는 압전 효과를 이용한 센서로서 5V의 기준 전압을 제공 받아 누설 진단 과정에서 발생하는 압력 변화에 비례하는 아날로그 출력 전압을 ECM에 전달한다.

고장 코드 설명

ECM은 연료 압력 센서의 고착 유무를 점검하기 위하여 캐니스터 퍼지 솔레노이드의 작동과 연동하여 성능을 점검한다. 출력되는 탱크 압력 센서 신호의 변동이 없거나 한계치 이상,이하로 벗어날 경우 고장코드 P0451이 표출된다

고장 판정 조건

항목	판정 조건	고장예상 원인
검출 방법	• 성능 점검	• 커넥터 접촉 불량 및 배선 손상 • 연료 탱크 압력 센서
검출 조건	• 차속 > 45Km/h 으로 290초 유지 • 관련된 고장 없음 • 11 < 배터리 전압(V) < 16	
판정값	• 연료 탱크 압력센서 전압 변화량 < 15 mV	
검출 시간	• 0.15초	

제원

압력(kPa)	-6.67	0	6.67
전압(V)	0.5	2.5	4.5

표준회로도

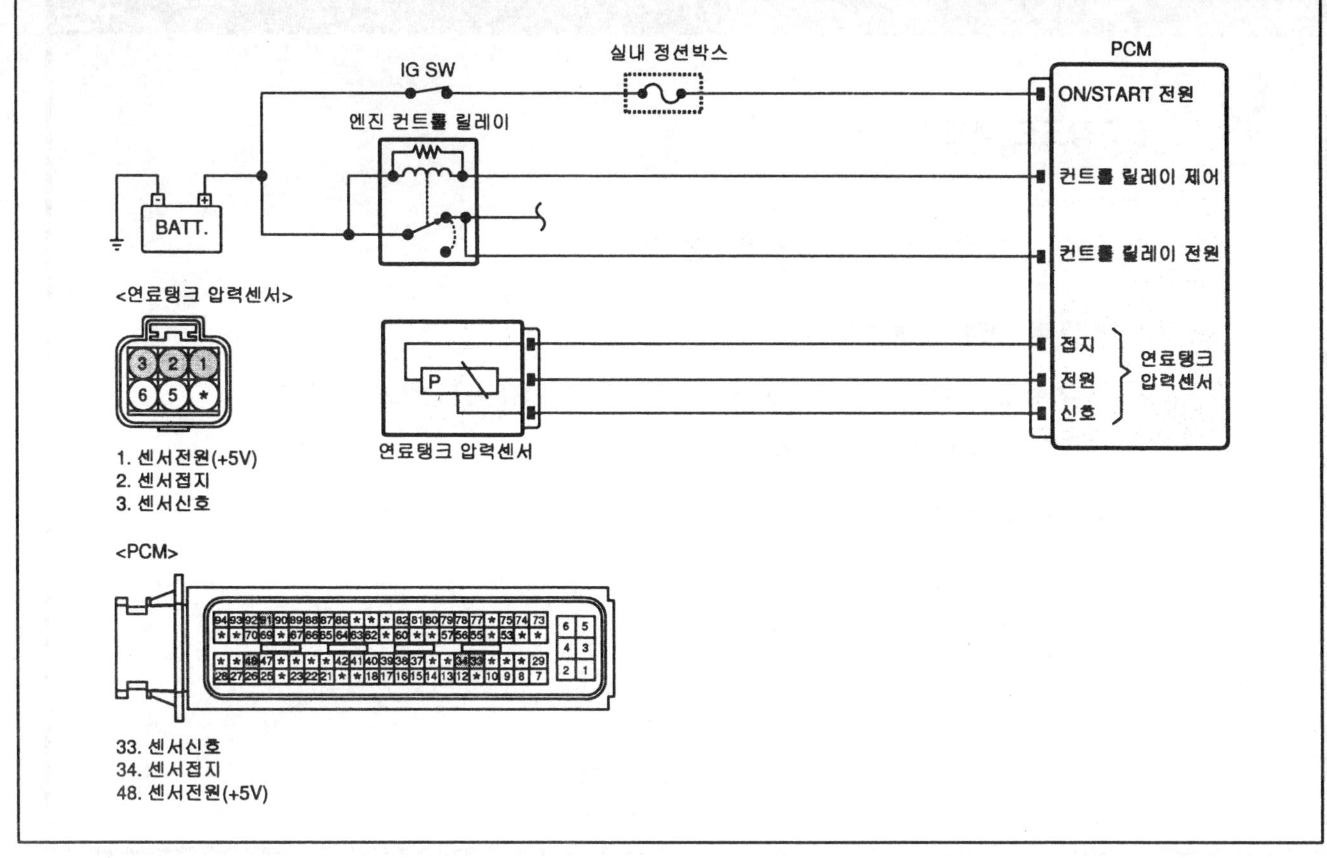

SFDF28532D

고장코드 확인

1. GDS의 "고장코드"기능을 선택 한다.
2. 화면 중앙에있는 DTC Status 기능을 선택 한다.
3. "고장 진단 완료 유무" 항목이 COMPLETED(진단 완료)인지 확인한다.

참고

미완료일경우 일반정보의 검출조건에서 지시하는대로 차량을 주행하여 진단을 완료 시킨다

4. "고장 유형"항목의 결과값이 "과거 고장" 인가?

GDS 

[고장코드 정보]

P0000 고장코드 및 코드명 출력

1. 경고등 상태 : OFF/ON
2. 고장 유형 : HISTORY(과거고장) / PRESENT(현재고장)
3. 고장진단 완료 유무 : COMPLETED
4. 동일고장 발생 횟수 : 횟수가 기록
5. 고장발생 후 경과시간 : 00 M
6. 고장소거 후 경과시간 : 00 M

확인

SFDF28702D

참고

- 과거 고장 : 이전에 발행한 고장임. 현재는 정상.

- 현재 고장 : 현재 고장이 발생되어 있는 상태임.

예 ▶ GDS에서 표출되는 "동일 고장 발생 횟수"를 참고하여 아래 지시 사항을 수행 한다.
- "동일고장 발생 횟수"가 1회 이하 : 현재 차량의 상태는 정상이므로 "고장 수리 확인" 절차를 수행한다.
- "동일고장 발생 횟수"가 2회 이상 : 배선등의 접촉불량으로 인한 간헐적 고장 가능성이 의심됨. 다음 점검 절차를 수행한다.

아니오 ▶ 다음 점검 절차를 수행한다.

컨넥터 및 터미널 점검

1. 고장의 주요원인은 배선손상 및 연결상태의 불량에 있으므로 커넥터 접촉불량 및 터미널의 부식 또는 변형 등을 전체적으로 점검한다.
2. 문제가 발견 되었는가?

예 ▶ 수리 또는 교환한 후 "고장 수리 확인" 절차를 수행한다.

아니오 ▶ 다음 점검 절차를 실시한다.

단품 점검

■ 연료 필러 캡 점검

1. 연료 필러 캡이 정확히 잠겨 있는지 또는 내부 오링의 상태가 정상적인지 점검한다.
2. 상태가 정상인가?

예 ▶ 다음 점검 절차를 수행한다.

아니오 ▶연료 필러 캡을 신품으로 교환한 후 "고장 수리 확인" 절차를 수행한다.

■ 연료 탱크 압력 센서 점검

1. 점화 스위치 "ON" & 엔진 "OFF".
2. 연료 탱크 압력 센서에서 연료 탱크로부터 연결되는 진공호스를 연료 탱크 압력 센서측에서 분리한다.
3. 진공 펌프를 연료 탱크 압력 센서 니플에 연결한다.
4. 진공 펌프를 이용하여 진공을 인가(1.5kPa~3.5kPa) 하면서 백프로브로 연료 탱크 압력 센서 신호 단자에 연결하여 출력전압을 점검한다.

정상값 : 진공압에 따라 점진적으로 신호 전압이 증가한다(과도한 진공(약3.8kPa이상)을 인가하지 말 것)

5. 측정값이 정상인가?

예 ▶ 다음 점검 절차를 수행한다.

아니오 ▶ 새로운 단품을 임시 장착하여 차량 상태를 확인한 후 정상이면 단품을 교환한다. "고장 수리 확인" 절차를 수행한다.

■ 캐니스터 퍼지 밸브 점검

1. 점화 스위치 "OFF"
2. 흡기 매니폴드에서 퍼지 컨트롤 솔레노이드 밸브로 연결되는 진공 호스를 흡기 매니폴드측에서 분리한다.
3. 진공펌프를 이용하여 분리한 진공호스(흡기매니폴드측)에 진공을 인가한 후 진공이 유지 되는지 점검한다.
4. 점화 스위치 "ON" & 엔진 "OFF"
5. GDS를 연결한 후 액츄에이터 구동 기능중에서 "캐니스터 퍼지 밸브"를 선택한다.
6. "캐니스터 퍼지 밸브"를 작동시키면서 밸브 작동시 인가한 진공이 해제되며 밸브 작동음이 들리는지 점검한다.
7. 신뢰성있는 점검을 위하여 아래의 정상값을 참조하면서 밸브 구동을 4~5회 반복하여 실시한다.

정상값:

점검 조건	사양
캐니스터 퍼지 솔레노이드 작동	진공 유지
캐니스터 퍼지 솔레노이드 비작동	진공 해제

8. 밸브가 정상적으로 작동되는가?

예 ▶ 다음 점검 절차를 수행한다.

아니오 ▶ - 캐니스터 퍼지 밸브 몸체의 화살표가 흡기 매니폴드측으로 조립되어 있는지 점검한다. 역장착 되었을 경우에는 재조립한 후 "고장 수리 확인" 절차를 수행한다. 정상이면 아래 점검 절차를 수행한다.
- 진공호스 또는 클램프의 장착 상태 및 진공 호스의 누설 등을 점검한 후 이상이 발견되면 수리한다. 정상이면 새로운 단품을 임시 장착하여 차량 상태를 확인한 후 정상이면 단품을 교환한다. "고장 수리 확인" 절차를 수행한다.

고장수리 확인

"고장 코드 확인" 절차를 재수행하여 고장이 정확히 수리되었는지 확인한다

1. GDS의 "자기진단"기능중 DTC Status 기능을 선택한다.

   ⚠주의
   고장코드를 소거하지 말 것(상세정보도 함께 소거 됨)

2. "고장 진단 완료 유무" 항목이 "진단 완료"인지 확인한다.

   참고
   미완료일경우 일반정보의 검출조건에서 지시하는대로 차량을 주행하여 완료 시킨다.

3. "고장 유형"항목의 결과값이 "과거 고장" 인가?

예 ▶ 시스템 정상. 고장코드를 소거한다.

아니오 ▶ 적절한 수리절차를 재수행한다.

P0452 증발가스제어시스템 - 연료탱크압력센서(FTPS) 회로 신호값낮음

부품 위치

DTC P0451 참조: 증발가스제어시스템 – 연료탱크압력센서(FTPS) 회로 작동범위/성능이상

기능 및 역할

DTC P0451 참조: 증발가스제어시스템 – 연료탱크압력센서(FTPS) 회로 작동범위/성능이상

고장 코드 설명

ECM은 연료탱크 압력 신호값이 0.1V보다 낮을경우 접지 단락 판단하여 P0452을 표출한다.

고장 판정 조건

항목	판정 조건	고장예상 원인
검출 방법	• 전기적 신호 점검	• 신호선 접지 단락 • 넥터 접촉 불량 및 배선 손상 • 연료 탱크 압력 센서
검출 조건	• 11V < 배터리 전압 < 16V	
판정값	• 연료탱크 압력센서 신호 낮음(0.32V 이하)	
검출 시간	• 0.5초	

제원

DTC P0451 참조: 증발가스제어시스템 – 연료탱크압력센서(FTPS) 회로 작동범위/성능이상

표준회로도

DTC P0451 참조: 증발가스제어시스템 – 연료탱크압력센서(FTPS) 회로 작동범위/성능이상

고장코드 확인

DTC P0451 참조: 증발가스제어시스템 – 연료탱크압력센서(FTPS) 회로 작동범위/성능이상

컨넥터 및 터미널 점검

DTC P0451 참조: 증발가스제어시스템 – 연료탱크압력센서(FTPS) 회로 작동범위/성능이상

전원선 점검

■ 전원선 점검

1. IG KEY OFF 한다.
2. 연료탱크 압력센서 커넥터를 탈거 한다.
3. IG KEY ON 한다.
4. 연료탱크 압력센서 전원선과 차체 접지 사이의 전압을 측정한다.

정상값 : 약 5V

5. 측정값이 정상인가?

예 ▶ 다음 점검 절차를 실시한다.

아니오 ▶ 전원선의 단선 또는 단락된 회로를 수리한 후 "고장 수리 확인" 절차를 수행한다.

신호선 점검

■ 신호선 접지 단락 점검

1. IG KEY OFF 한다.
2. 연료탱크 압력센서 커넥터를 탈거 한다.
3. IG KEY ON 한다.
4. 연료탱크 압력센서 신호선과 차체 접지 사이의 전압을 측정한다.

정상값 : 약 5V

5. 측정값이 정상인가?

예 ▶ 다음 점검 절차를 실시한다.

아니오 ▶ 신호선의 단락된 회로를 수리한 후 "고장 수리 확인" 절차를 수행한다.

단품 점검

1. 점화 스위치 "ON" & 엔진 "OFF".
2. 연료 탱크 압력 센서에서 연료 탱크로부터 연결되는 진공호스를 연료 탱크 압력 센서측에서 분리한다.
3. 진공 펌프를 연료 탱크 압력 센서 니플에 연결한다.
4. 진공 펌프를 이용하여 진공을 인가(1.5kPa~3.5kPa) 하면서 백프로브로 연료탱크 압력센서 신호 단자에 연결하여 출력전압을 점검한다.

정상값 : 진공압에 따라 점진적으로 신호 전압이 증가한다(과도한 진공(약3.8kPa이상)을 인가하지 말 것)

5. 측정값이 정상인가?

예 ▶ ECM측 커넥터 및 터미널의 접촉불량 또는 부식, 변형등을 재점검하여 이상이 있으면 수리한다. 수리 완료 후 또는 정상일 경우 "고장 수리 확인" 절차를 수행한다.

아니오 ▶ 새로운 단품을 임시 장착하여 차량 상태를 확인한 후 정상이면 단품을 교환한다. "고장 수리 확인" 절차를 수행한다.

고장수리 확인

DTC P0451 참조: 증발가스제어시스템 - 연료탱크압력 센서(FTPS) 회로 작동범위/성능이상

P0453 증발가스제어시스템 - 연료탱크압력센서(FTPS) 회로 신호값 높음

부품 위치

DTC P0451 참조: 증발가스제어시스템 – 연료탱크압력센서(FTPS) 회로 작동범위/성능이상

기능 및 역할

DTC P0451 참조: 증발가스제어시스템 – 연료탱크압력센서(FTPS) 회로 작동범위/성능이상

고장 코드 설명

ECM은 연료탱크 압력 신호값이 4.78V보다 높을 경우 배터리(+)단락 또는 단선으로 판단하여 P0453을 표출한다.

고장 판정 조건

항목	판정 조건	고장예상
검출 방법	• 전기적 신호 점검	• 신호선 단선 또는 전원 단락 • 커넥터 접촉 불량 및 배선 손상 • 연료 탱크 압력 센서
검출 조건	• 11< 배터리 전압(V) <16	
판정값	• 연료탱크 압력센서 신호 높음 (4.78V 이상)	
검출 시간	• 0.5초	

제원

DTC P0451 참조: 증발가스제어시스템 – 연료탱크압력센서(FTPS) 회로 작동범위/성능이상

표준회로도

DTC P0451 참조: 증발가스제어시스템 – 연료탱크압력센서(FTPS) 회로 작동범위/성능이상

고장코드 확인

DTC P0451 참조: 증발가스제어시스템 – 연료탱크압력센서(FTPS) 회로 작동범위/성능이상

컨넥터 및 터미널 점검

DTC P0451 참조: 증발가스제어시스템 – 연료탱크압력센서(FTPS) 회로 작동범위/성능이상

접지선 점검

■ 접지선 단선 점검

1. IG KEY OFF 한다.
2. 연료탱크 압력센서 커넥터와 ECM 커넥터를 탈거한다.
3. 연료탱크 압력센서 접지선 양단의 저항을 측정한다.

정상값 : 약 1Ω 이하

4. 측정값이 정상인가?

예 ▶ 다음 점검 절차를 실시한다.

아니오 ▶ 접지선의 단선된 회로를 수리한 후 "고장 수리 확인" 절차를 실시한다.

신호선 점검

■ 신호선 단선 점검

1. IG KEY OFF 한다.
2. 연료탱크 압력센서 커넥터를 탈거 한다.
3. IG KEY ON 한다.
4. 연료탱크 압력센서 신호선과 차체 접지 사이의 전압을 측정한다.

정상값 : 약 5V

5. 측정값이 정상인가?

예 ▶ 다음 점검 절차를 실시한다.

아니오 ▶ 신호선의 단선된 회로를 수리한 후 "고장 수리 확인" 절차를 수행한다.

■ 신호선 전원 단락 점검

1. IG KEY OFF 한다.
2. 연료탱크 압력센서 커넥터를 탈거 한다.
3. IG KEY ON 한다.
4. 연료탱크 압력센서 신호선과 차체 접지 사이의 전압을 측정한다.

정상값 : 약 0V

5. 측정값이 정상인가?

예 ▶ 다음 점검 절차를 실시한다.

아니오 ▶ 신호선의 단락된 회로를 수리한 후 "고장 수리 확인" 절차를 수행한다.

단품 점검

1. 점화 스위치 "ON" & 엔진 "OFF".
2. 연료 탱크 압력 센서에서 연료 탱크로부터 연결되는 진공호스를 연료 탱크 압력 센서측에서 분리한다.
3. 진공 펌프를 연료 탱크 압력 센서 니플에 연결한다.
4. 진공 펌프를 이용하여 진공을 인가(1.5kPa~3.5kPa)

하면서 백프로브로 연료탱크 압력센서 신호 단자에 연결하여 출력전압을 점검한다.

정상값 : 진공압에 따라 점진적으로 신호 전압이 증가한다(과도한 진공(약3.8kPa이상)을 인가하지 말 것)

5. 측정값이 정상인가?

예 ▶ ECM측 커넥터 및 터미널의 접촉불량 또는 부식, 변형등을 재점검하여 이상이 있으면 수리한다. 수리 완료 후 또는 정상일 경우 "고장 수리 확인" 절차를 수행한다.

아니오 ▶ 새로운 단품을 임시 장착하여 차량 상태를 확인한 후 정상이면 단품을 교환한다. "고장 수리 확인" 절차를 수행한다.

고장수리 확인

DTC P0451 참조: 증발가스제어시스템 - 연료탱크압력센서(FTPS) 회로 작동범위/성능이상

P0455 증발가스제어시스템 - 대량 누설발생

기능 및 역할

증발가스 제어시스템이란 연료 탱크내의 증발가스(탄화수소)를 재순환하여 연소시킴으로서 탄화수소를 저감하는 시스템을 말한다. 증발 가스 제어 시스템은 연료 압력을 측정하는 연료 탱크 압력 센서(FTPS), 연료량이 진단 가능한 안정된 레벨인지를 감지하는 연료 레벨 센서(FLS), 누설 진단을 위해 시스템을 밀폐상태로 유지하는 캐니스터 클로즈 밸브(CCV), 활성탄으로 구성되어 증발 가스를 중화 시키는 캐니스터(Canister) 및 증발 가스를 흡기 다기관에 순환 시키는 퍼지 컨트롤 솔레노이드 밸브(PCSV) 등으로 구성된다. ECM은 증발 가스 시스템의 누설 진단 위하여 시스템을 밀폐시킨 후 진공생성 및 진공유지 단계를 거치면서 압력구배의 변화율을 감시하여 누설 정도에 적합한 고장코드를 표출 시킨다.

고장 코드 설명

ECM은 고장진단조건 만족이후 증발가스 시스템에 대한 고장진단(모니터링)을 실시한다.

이때, 진공압유지가 정상적으로 이루어지지 않을 경우 큰 누설이 생긴것으로 판단하여 P0455를 표출한다.

고장 판정 조건

항목	판정 조건	고장예상
검출 방법	• 연료 탱크 압력 점검(큰유출)	• 증발가스 시스템내 누설 발생
검출 조건	• 엔진 냉각 수온 > 75℃ • 외기 온도 > −10℃ • 차량 속도 < 5km/h • 15% < 연료량 < 85% • 엔진 공회전 상태 • 계산된 고도 < 2500m • 최소 캐니스터 퍼지 시간 : 3~25초 (캐니스터 부하에 따름) • 캐니스터 포화도 > −22%	
판정값	• −15hPa < 연료탱크압력 < 40hPa' 인 상태 25초이상 유지	
검출 시간	• 25초간 공회전 구간(모든 진단 가동 조건이 만족된 후)	

고장코드 확인

참고

연료 탱크 압력 센서, 캐니스터 클로즈 밸브 또는 캐니스터 퍼지 밸브의 전기적 불량과 연관된 고장코드가 저장되어 있으면, 전기적 불량과 관련된 모든 수리절차를 완료한 이후에 본 진단 절차를 수행한다.

1. 엔진을 정상 작동 온도까지 난기 시킨다.

   참고

   캐니스터 퍼지 시스템 공기 누설 점검은 GDS를 통해서만 점검 가능하며 공기 누설 발생 유무 및 해당 고장 코드를 점검 후 확인 할 수 있다.

2. GDS를 연결한 후 고장코드를 삭제한다.
3. 아래의 점검 가능 조건을 만족한 상태에서 GDS를 이용하여 캐니스터 퍼지 시스템 공기 누설 점검을 실시한다.
   1) 엔진 난기후 공회전 상태
   2) 관련 고장 코드 없슴
   3) 연료 레벨 80% 이하
4. 동일한 고장 코드가 재표출되는가?

예 ▶ 다음 점검 절차를 수행한다.

아니오 ▶ 현재 고장 상태가 아닌 과거 또는 간헐적인 고장이 의심됨. 커넥터의 느슨함, 접촉불량, 구부러짐, 부식, 오염, 변형 또는 손상을 점검한 후 필요하면 수리하고 이상이 없으면 "고장 수리 확인" 절차를 수행한다.

단품 점검

■ 연료 필러 캡 점검

1. 연료 필러 캡이 정확히 잠겨 있는지 또는 내부 오링의 상태가 정상적인지 점검한다.
2. 상태가 정상인가?

예 ▶ 다음 점검 절차를 수행한다.

아니오 ▶연료 필러 캡을 신품으로 교환한 후 "고장 수리 확인" 절차를 수행한다.

■ 연료 탱크 압력 센서 점검

1. 점화 스위치 "ON" & 엔진 "OFF".
2. 연료 탱크 압력 센서에서 연료 탱크로부터 연결되는 진공호스를 연료 탱크 압력 센서측에서 분리한다.
3. 진공 펌프를 연료 탱크 압력 센서 니플에 연결한다.
4. 진공 펌프를 이용하여 진공을 인가(1.5kPa~3.5kPa) 하면서 백프로브로 연료 탱크 압력 센서 신호 단자에 연결하여 출력전압을 점검한다.

정상값 : 진공압에 따라 점진적으로 신호 전압이 증가한다(과도한 진공(약3.8kPa이상)을 인가하지 말 것)

5. 측정값이 정상인가?

예 ▶ 다음 점검 절차를 수행한다.

아니오 ▶ 새로운 단품을 임시 장착하여 차량 상태를 확인한 후 정상이면 단품을 교환한다. "고장 수리 확인" 절차를 수행한다.

■ 캐니스터 퍼지 밸브 점검

1. 점화 스위치 "OFF"
2. 흡기 매니폴드에서 퍼지 컨트롤 솔레노이드 밸브로 연결되는 진공 호스를 흡기 매니폴드측에서 분리한다.
3. 진공펌프를 이용하여 분리한 진공호스(흡기매니폴드측)에 진공을 인가한 후 진공이 유지 되는지 점검한다.
4. 점화 스위치 "ON" & 엔진 "OFF"
5. GDS를 연결한 후 액츄에이터 구동 기능중에서 "캐니스터 퍼지 밸브"를 선택한다.
6. "캐니스터 퍼지 밸브"를 작동시키면서 밸브 작동시 인가한 진공이 해제되며 밸브 작동음이 들리는지 점검한다.
7. 신뢰성있는 점검을 위하여 아래의 정상값을 참조하면서 밸브 구동을 4~5회 반복하여 실시한다.

정상값:

점검 조건	사양
캐니스터 퍼지 솔레노이드 작동	진공 유지
캐니스터 퍼지 솔레노이드 비작동	진공 해제

8. 밸브가 정상적으로 작동되는가?

예 ▶ 다음 점검 절차를 수행한다.

아니오 ▶ – 캐니스터 퍼지 밸브 몸체의 화살표가 흡기 매니폴드측으로 조립되어 있는지 점검한다. 역장착 되었을 경우에는 재조립한 후 "고장 수리 확인" 절차를 수행한다. 정상이면 아래 점검 절차를 수행한다.
– 진공호스 또는 클램프의 장착 상태 및 진공 호스의 누설 등을 점검한 후 이상이 발견되면 수리한다. 정상이면 새로운 단품을 임시 장착하여 차량 상태를 확인한 후 정상이면 단품을 교환한다. "고장 수리 확인" 절차를 수행한다.

■ 캐니스터 클로즈 밸브 및 증발 가스 라인 점검

1. 분리했던 진공 호스 및 단품등을 재조립 한다.
2. 캐니스터와 캐니스터 클로즈 밸브로 연결 되는 진공호스를 캐니스터측에서 분리한다.
3. 점화스위치 "ON" & 엔진 "OFF"
4. 분리된 진공호스측에서 공기를 불어넣어 (에어필터를 통해) 빠져 나오는가를 점검한다.
5. 캐니스터 클로즈 밸브 단품측 전원선 터미널에 배터리 전압을 인가한 후 제어선 터미널을 접지시켜 밸브를 작동 시킨다. 밸브가 작동 되면 공기 유로를 닫으므로 공기가 통과하지 않아야 한다.
6. 신뢰성있는 점검을 위하여 밸브 작동/비작동을 4~5회 반복하여 실시하면서 공기가 흐르고 막힘을 반복하는지 점검한다.
7. 밸브가 정상적으로 작동되는가?

예 ▶ 다음 점검 절차를 수행한다.

아니오 ▶ 진공호스 또는 클램프의 장착 상태 및 진공 호스의 누설 등을 점검한 후 이상이 발견되면 수리한다. 정상이면 새로운 밸브를 임시 장착하여 차량 상태를 확인한 후 정상이면 밸브를 교환한다. "고장 수리 확인" 절차를 수행한다.

■ 연료 탱크 압력 센서

1. 점화 스위치 "ON" & 엔진 "OFF".
2. 연료 탱크 압력 센서에서 연료 탱크로부터 연결되는 진공호스를 연료 탱크 압력 센서측에서 분리한다.
3. 진공 펌프를 연료 탱크 압력 센서 니플에 연결한다.
4. 진공 펌프를 이용하여 진공을 인가(1.5kPa~3.5kPa) 하면서 백프로브로 연료 탱크 압력 센서 신호 단자에 연결하여 출력전압을 점검한다.

정상값 : 진공압에 따라 점진적으로 신호 전압이 증가한다(과도한 진공(약3.8kPa이상)을 인가하지 말 것)

5. 측정값이 정상인가?

예 ▶ 다음 점검 절차를 수행한다.

아니오 ▶ 캐니스터와 연료펌프간의 진공호스 또는 클램프의 장착 상태 및 진공 호스의 누설 등을 점검한 후 이상이 발견되면 수리한다. 정상이면 아래 점검 수순을 수행한다.
▶ 연료 탱크 압력 센서 배선의 단선 또는 단락을 점검한 후 필요하면 수리한다. 정상이면 새로운 센서를 임시 장착하여 차량 상태를 확인한 후 정상이면 센서를 교환한다. "고장 수리 확인" 절차를 수행한다.

■ **캐니스터 퍼지 솔레노이드 밸브 – 캐니스터 라인 점검**

1. 진공 누설 점검
   1) 분리한 진공호스 및 단품등을 재 장착한 후 점화 스위치를 "OFF" 시킨다.
   2) 캐니스터에서 캐니스터 퍼지 밸브로 연결되는 진공호스를 캐니스터측에서 분리한다.
   3) 진공 펌프를 이용하여 분리한 진공호스에 진공[약 4 inHg(14 kPa)]을 인가한 후 일정시간(약1분)이상 진공이 유지되는지 점검한다.
   4) 진공이 유지되는가?

예 ▶ 다음 점검 절차를 수행한다.

아니오 ▶ 캐니스터와 캐니스터 퍼지 밸브간의 진공호스 또는 클램프의 장착 상태 및 진공 호스의 누설 등을 점검한 후 이상이 발견되면 수리 또는 교환한 후 "고장 수리 확인" 절차를 수행한다.

2. 캐니스터 어셈블리 점검
   1) 캐니스터 어셈블리를 분리한 후 아래에서 지시하는 캐니스터 어셈블리의 연결 부위를 모두 막는다.
      - 캐니스터-연료 필러
      - 캐니스터-캐니스터 클로즈 밸브
      - 캐니스터-캐니스터 퍼지 밸브
   2) 진공 펌프를 이용하여 캐니스터 어셈블리의 연료 탱크로 통하는 포트에 진공을 인가한다(캐니스터 용량이 크므로 진공이 형성되는데 일정 시간이 필요하다.)
   3) 진공을 유지하면서 누설부위가 있는지 점검한다.
   4) 진공 누설이 발견 되었는가?

예 ▶ 누설부위를 수리 또는 교환한 후 "고장 수리 확인" 절차를 수행한다.

아니오 ▶ 다음 점검 절차를 수행한다.

■ **연료 탱크 라인 점검**

1. 연료 탱크를 탈거한 후 아래의 수순으로 누설 부위가 있는지 점검한다.
   – 3개의 연료 호스 연결 부위(연료 필러,연료 라인 및 증발가스 라인)중 2군데를 막는다
   – 진공 펌프를 이용하여 개방된 1군데로 진공을 인가한 후 진공이 유지 되는지 점검한다.
2. 누설이 의심스러운 부위는 비누거품등을 이용하여 점검한다.
3. 진공 누설이 발견되었는가?

예 ▶ 누설부위를 수리 또는 교환한 후 "고장 수리 확인" 절차를 수행한다.

아니오 ▶ 간헐적인 고장이 의심되므로 정확하게 점검되지 못한 단품이나 연결 부위를 재점검한다. 이상이 있으면 수리 한 후 "고장 수리 확인" 절차를 수행한다.

고장 수리 확인

1. 분리했던 호스 및 커넥터등을 재 조립한다.
2. 엔진을 정상 작동 온도까지 난기 시킨다.

참고
캐니스터 퍼지 시스템 공기 누설 점검은 GDS를 통해서만 점검 가능하며 공기 누설 발생 유무 및 해당 고장 코드를 점검 후 확인 할 수 있다.

3. GDS를 연결한 후 고장코드를 삭제한다.
4. 아래의 점검 가능 조건을 만족한 상태에서 GDS를 이용하여 캐니스터 퍼지 시스템 공기 누설 점검을 실시한다.
   1) 엔진 난기후 공회전 상태
   2) 관련 고장 코드 없음
   3) 연료 레벨 80% 이하
5. 동일한 고장 코드가 재표출되는가?

예 ▶ 시스템 정상. 고장코드를 소거한다.

아니오 ▶ 적절한 수리절차를 재수행한다.

P0501 차속센서(VSS) "A" - 작동범위/성능이상

기능 및 역할

휠 스피드 센서는 차량이 정지되어 있는지 또는 운행하고 있는지 유무와 차량의 속도에 대한 정보를 ECM으로 전송한다. ECM은 차속 센서로 부터 입력 받은 차량 속도와 엔진 회전수를 비교하여 최적의 연료 분사 및 점화 시기, 주행 변속단등을 결정한다. 또한 휠 스피드 센서는 정확한 실화 진단을 위하여 노면의 안정성 유무를 판별하는 역할도 수행한다.

고장 코드 설명

ECM가 입력되는 엔진 회전수와 엔진 부하 신호를 연산한 결과 차량이 운행중이라 판단되나 실제 입력되는 차량속도가 0일 경우, 차속센서 고장이라 판단하여 고장코드 P0501를 표출한다

고장 판정 조건

항목	판정 조건	고장예상
검출 방법	• 성능 점검	[ABS적용 차량] • ABS모듈과 ECM간 배선의 단선/단락 • 커넥터 접촉 불량 및 배선 손상 [ABS 미적용 차량] • 전방 우측 휠스피드센서와 ECM간 배선의 단선/단락 • 커넥터 접촉 불량 및 배선 손상 • 휠스피드센서(전방우측)
검출 조건	• 엔진 회전수 > 2100rpm • 공기 흐름량 > 0.44g/rev. • 연료 차단 모드 아님 • 엔진 냉각 수온 > 60℃	
판정값	• 엔진 속도와 부하 계산치는 차량 운행중이나 실제 입력되는 차속은 정지상태일때	
검출 시간	• 60 초	

표준회로도

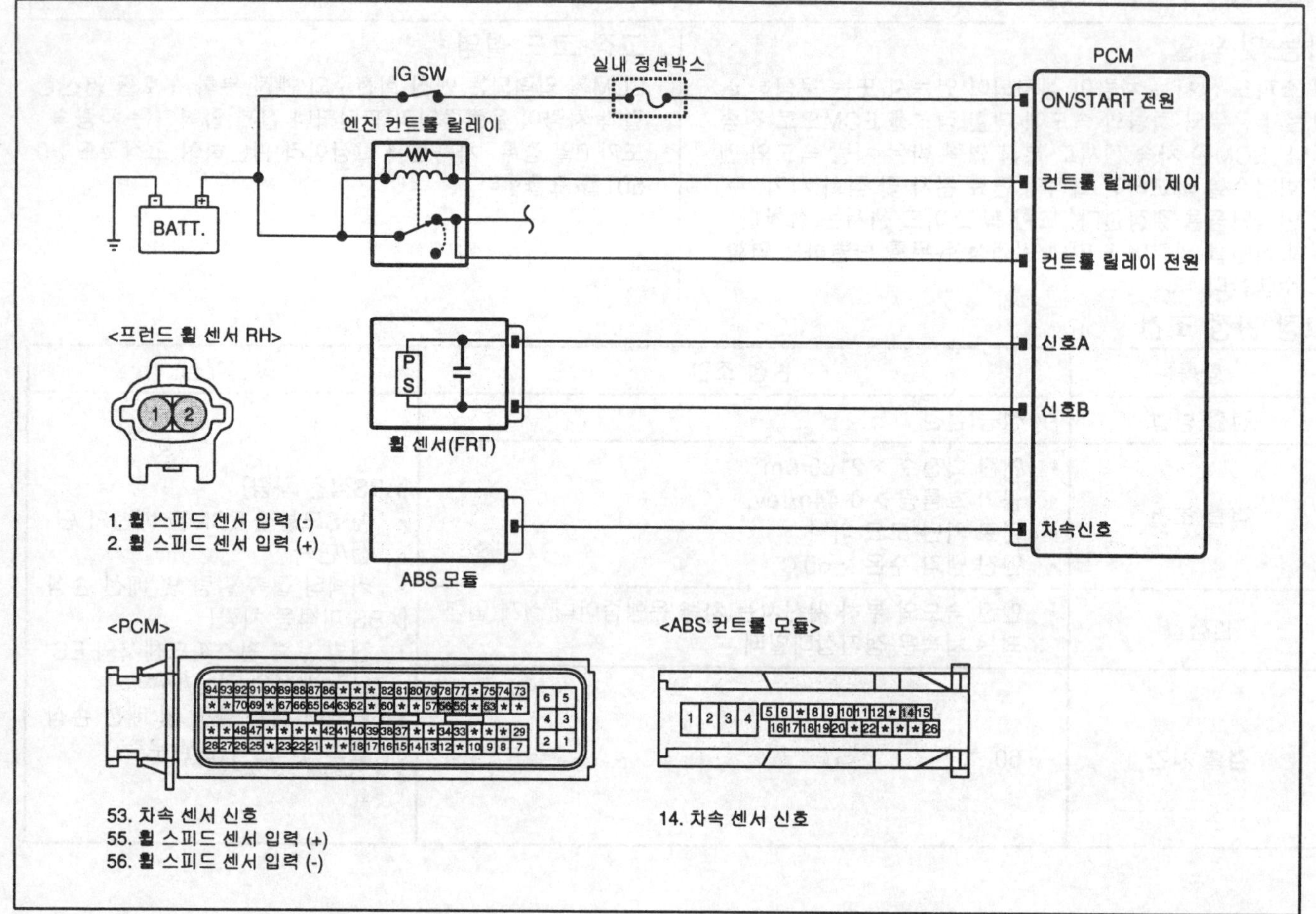

SFDF28527D

고장코드 확인

참고

인젝터, 산소 센서, 냉각 수온 센서, 스로틀 포지션 센서 및 흡입 공기량 센서와 연관된 고장코드가 저장되어 있으면, 저장되어 있는 코드와 관련된 모든 수리절차를 완료한 이후에 본 진단 절차를 수행한다.

1. GDS의 "고장코드"기능을 선택 한다.
2. 화면 중앙에있는 DTC Status 기능을 선택 한다.
3. "고장 진단 완료 유무" 항목이 COMPLETED(진단 완료)인지 확인한다.

   참고

   미완료일경우 일반정보의 검출조건에서 지시하는대로 차량을 주행하여 진단을 완료 시킨다

4. "고장 유형"항목의 결과값이 "과거 고장" 인가?

GDS

[고장코드 정보]

P0000 고장코드 및 코드명 출력

1. 경고등 상태 : OFF/ON
2. 고장 유형 : HISTORY(과거고장) / PRESENT(현재고장)
3. 고장진단 완료 유무 : COMPLETED
4. 동일고장 발생 횟수 : 횟수가 기록
5. 고장발생 후 경과시간 : 00 M
6. 고장소거 후 경과시간 : 00 M

확인

SFDF28702D

참고

- 과거 고장 : 이전에 발행한 고장임. 현재는 정상.

- 현재 고장 : 현재 고장이 발생되어 있는 상태임.

예 ▶ GDS에서 표출되는 "동일 고장 발생 횟수"를 참고하여 아래 지시 사항을 수행 한다.
- "동일고장 발생 횟수"가 1회 이하 : 현재 차량의 상태는 정상이므로 "고장 수리 확인" 절차를 수행한다.
- "동일고장 발생 횟수"가 2회 이상 : 배선등의 접촉불량으로 인한 간헐적 고장 가능성이 의심됨. 다음 점검 절차를 수행한다.

아니오 ▶ [ABS장착차량] 다음 점검 절차를 수행한다.
▶ ABS비장착차량] 배선 점검중 "신호선 점검" 절차를 수행한다

서비스 데이터 확인

1. 차량을 리프트로 들어올린 후 시동을 건다. 차량을 계기판 속도가 약 10km/h가 되도록 주행시킨다.
2. GDS를 연결한 후 제동제어(ABS)시스템을 선택한다
3. ABS시스템의 서비스 데이터중 휠스피드센서(전방 우측)데이터가 계기판에서 지시하는 값과 거의 일치하는지 점검한다.

정상값 : 약 10km/h

4. 측정값이 정상인가?

예 ▶ 휠 스피드센서 정상. 다음 점검 절차를 수행한다.

아니오 ▶ 휠스피드 센서(FR)와 ABS 컨트롤 모듈간 배선의 단선 또는 단락을 점검한다. 이상이 발견될 경우 수리 또는 교환한 후 "고장 수리 확인" 절차를 수행한다. 정상일 경우 아래 항목들을 점검한다
- 휠 스피드 센서와 로터간 에어갭이 적정한지 점검한다(에어갭 : 약0.3~1.1 mm)
- 로터의 손상 점검
- 휠 스피드 센서 저항 점검이상이 발견되면 수리 또는 교환한 후 "고장 수리 확인" 절차를 수행한다.
이상이 발견되면 수리 또는 교환한 후 "고장 수리 확인" 절차를 수행한다.

신호선 점검

■ ■ [ABS 장착 차량]

1. 신호선 접지 단락 점검
   1) IG KEY OFF 한다.
   2) ECM 커넥터와 ABS컨트롤모듈 커넥터를 탈거한다.
   3) ECM 배선측 차속신호입력 단자와 차체 접지 사이의 저항을 측정한다.

정상값 : 무한대

   4) 측정값이 정상인가?

예 ▶ 다음 점검 절차를 수행한다.

아니오 ▶ 신호선의 단락된 회로를 수리한 후 "고장 수리 확인" 절차를 실시한다.

2. 신호선 전원 단락 점검
   1) IG KEY OFF 한다.
   2) ECM 커넥터를 탈거한다.
   3) IG KEY ON 한다.
   4) ECM 배선측 차속신호입력 단자와 차체 접지 사이의 전압을 측정한다.

정상값 : 약 0 V

   5) 측정값이 정상인가?

예 ▶ 다음 점검 절차를 수행한다.

아니오 ▶ 신호선의 단락된 회로를 수리한 후 "고장 수리 확인" 절차를 수행한다.

3. 신호선 단선 점검
   1) IG KEY OFF 한다.
   2) ECM 커넥터와 ABS컨트롤모듈 커넥터를 탈거한다.
   3) 차속신호입력 단자 양단의 저항을 측정한다.

정상값 : 약 1Ω 이하

   4) 측정값이 정상인가?

예 ▶ ECM과 관련 단품의 커넥터 및 터미널의 접촉불량 또는 부식, 변형등을 재점검하여 이상이 있으면 수리한다. 수리 완료 후 또는 정상일 경우 "고장 수리 확인" 절차를 수행한다.

아니오 ▶ 신호선의 단선된 회로를 수리한 후 "고장 수리 확인" 절차를 수행한다.

■ [ABS 비장착 차량]

1. 신호선 접지 단락 점검
   1) IG KEY OFF 한다.
   2) ECM 커넥터와 휠스피드센서(FR) 커넥터를 탈거한다.
   3) ECM 배선측 차속신호A 단자와 차체 접지 사이의 저항을 측정한다.

      ECM 배선측 차속신호B 단자와 차체 접지 사이의 저항을 측정한다.

정상값 : 무한대

   4) 측정값이 정상인가?

예 ▶ 다음 점검 절차를 수행한다.

아니오 ▶ 신호선의 단락된 회로를 수리한 후 "고장 수리 확인" 절차를 실시한다.

2. 신호선 전원 단락 점검
   1) IG KEY ON 한다.
   2) ECM 배선측 차속신호A 단자와 차체 접지 사이의 전압을 측정한다.

      ECM 배선측 차속신호B 단자와 차체 접지 사이의 전압을 측정한다.

정상값 : 약 0 V

   3) 측정값이 정상인가?

예 ▶ 다음 점검 절차를 수행한다.

아니오 ▶ 신호선의 단락된 회로를 수리한 후 "고장 수리 확인" 절차를 실시한다.

3. 신호선 단선 점검
   1) IG KEY OFF 한다.
   2) ECM 커넥터와 휠스피드센서 커넥터를 탈거한다.
   3) 차속신호A 단자 양단의 저항을 측정한다.

      차속신호B 단자 양단의 저항을 측정한다.

정상값 : 약 1Ω 이하

   4) 측정값이 정상인가?

예 ▶ ECM과 관련 단품의 커넥터 및 터미널의 접촉불량 또는 부식, 변형등을 재점검하여 이상이 있으면 수리한다. 수리 완료 후 또는 정상일 경우 "고장 수리 확인" 절차를 수행한다.

아니오 ▶ 신호선의 단선된 회로를 수리한 후 "고장 수리 확인" 절차를 수행한다.

고장수리 확인

"고장 코드 확인" 절차를 재수행하여 고장이 정확히 수리되었는지 확인한다

1. GDS의 "자기진단"기능중 DTC Status 기능을 선택한다.

   ⚠주의
   고장코드를 소거하지 말 것(상세정보도 함께 소거 됨)

2. "고장 진단 완료 유무" 항목이 "진단 완료"인지 확인한다.

   참고
   미완료일경우 일반정보의 검출조건에서 지시하는대로 차량을 주행하여 완료 시킨다.

3. "고장 유형"항목의 결과값이 "과거 고장" 인가?

예 ▶ 시스템 정상. 고장코드를 소거한다.

아니오 ▶ 적절한 수리절차를 재수행한다.

P0506 공회전 제어시스템 － 목표값 보다 RPM이 낮음

부품 위치

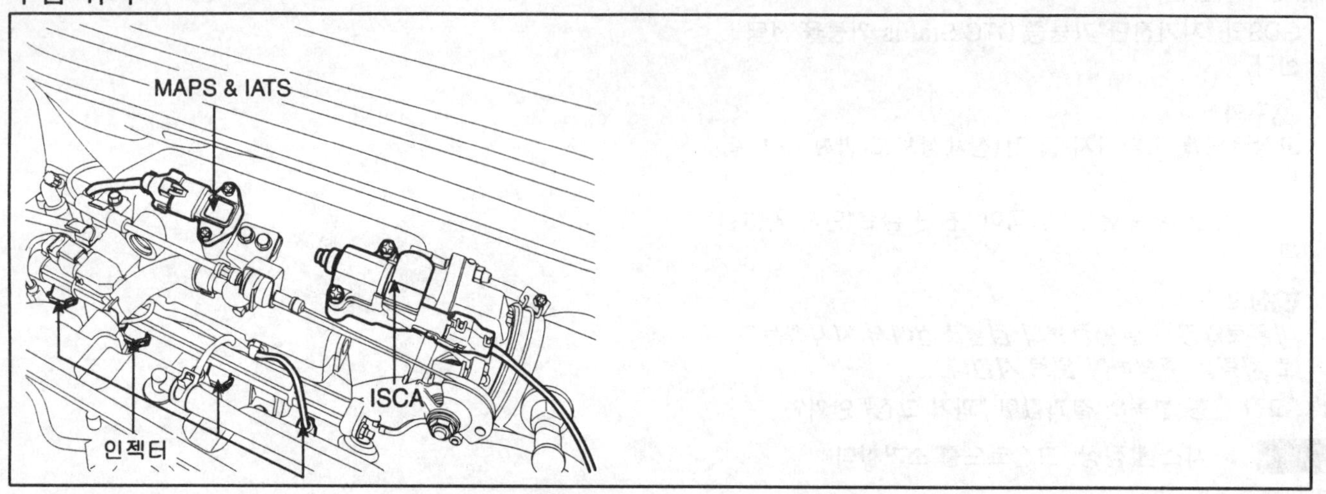

SFDF28201D

기능 및 역할

ECM은 내부에 계산되어 있는 목표회전수와 실제 엔진회전수의 편차를 최소화 하기 위해 엔진 회전수 제어를 실시 한다, 즉 실제 엔진 회전수가 목표치보다 낮을경우 공회전 속도 조절 밸브를 더 많이 열리는 방향으로 제어 하며 실제 회전수가 낮을경우 공회전 속도 조절 밸브를 닫히는 방향으로 제어한다. 또한 엔진의 마모 또는 이물질 축척등으로 제어가 불안정 해지는 편차등은 학습을 통해 보상하여 안정적인 엔진 회전수를 유지 한다.

고장 코드 설명

ECM은 차량이 정차해 있거나 아이들 밸브의 열림상태가 고정되어 있을경우 목표 아이들 속도의 변화로 부터 엔진 회전수를 모니터 한다. 목표 아이들 속도가 임계값보다 작은경우 P0506의 고장코드가 표출된다.

고장 판정 조건

항목	판정 조건	고장예상
검출 방법	• 기준 공회전 속도와 실제 엔진 회전수와의 편차 점검	• 흡기 또는 배기 시스템의 막힘 • 카본 퇴적 • 커넥터 접촉 저항 • ISCA 밸브 단품
검출 조건	• 냉각수 온도 >75℃ • 차량 속도=0 (엔진공회전) • 흡입공기량 <840mg/rev. • 캐니스터 퍼지 듀티 < 50% • 엔진 시동후 15초 경과 • 1V< 배터리 전압 <16 • 관련 고장 없슴	
판정값	• 기준 공회전 속도－실제 엔진 회전수 > 100rpm (엔진 회전수 낮음)	
검출 시간	• 16 초	

제원

ISCA 정상시 저항(20℃)	
열림측 저항	닫힘측 저항
11.1 ～ 12.7Ω	14.5 ～ 16.1Ω

표준회로도

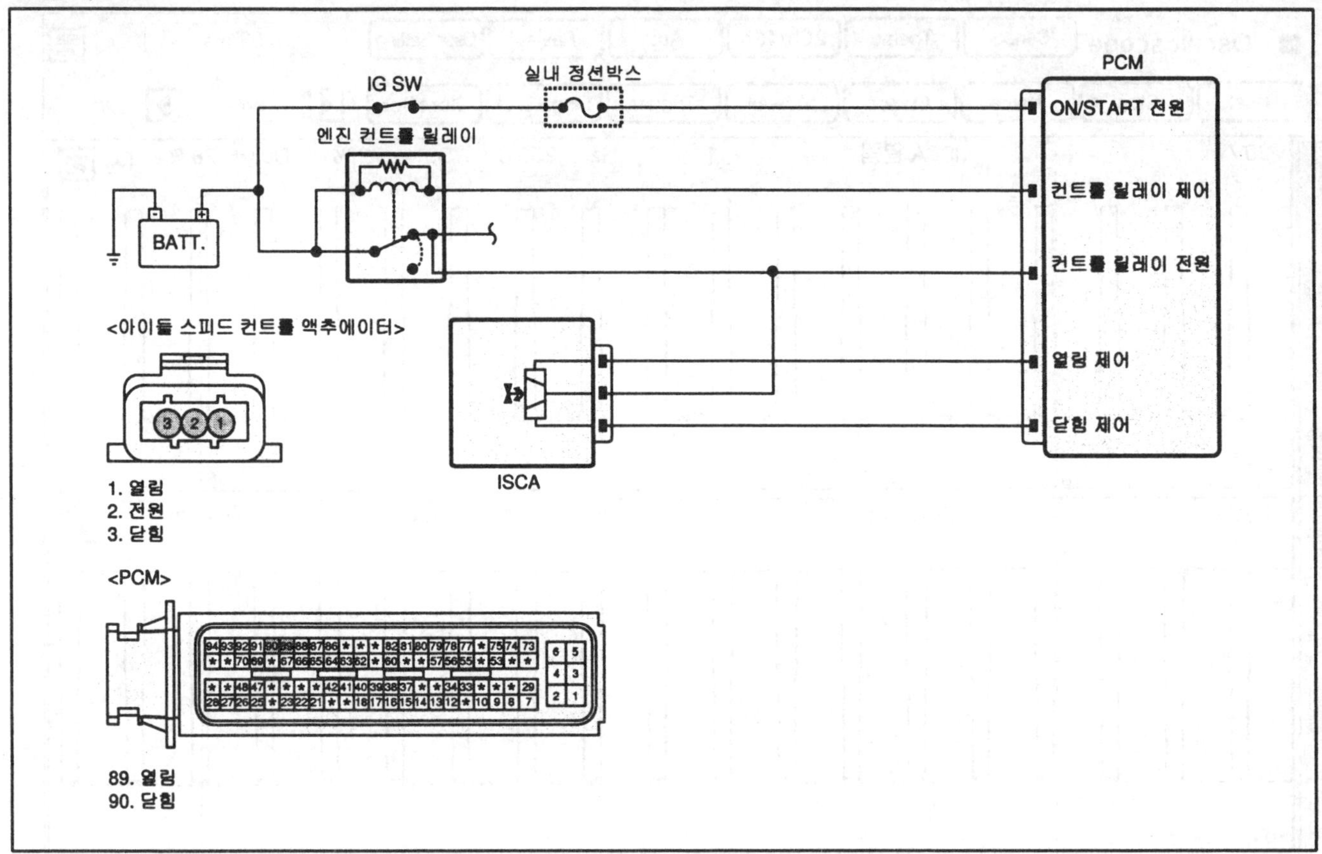

SFDF28516D

기준 파형 및 데이터

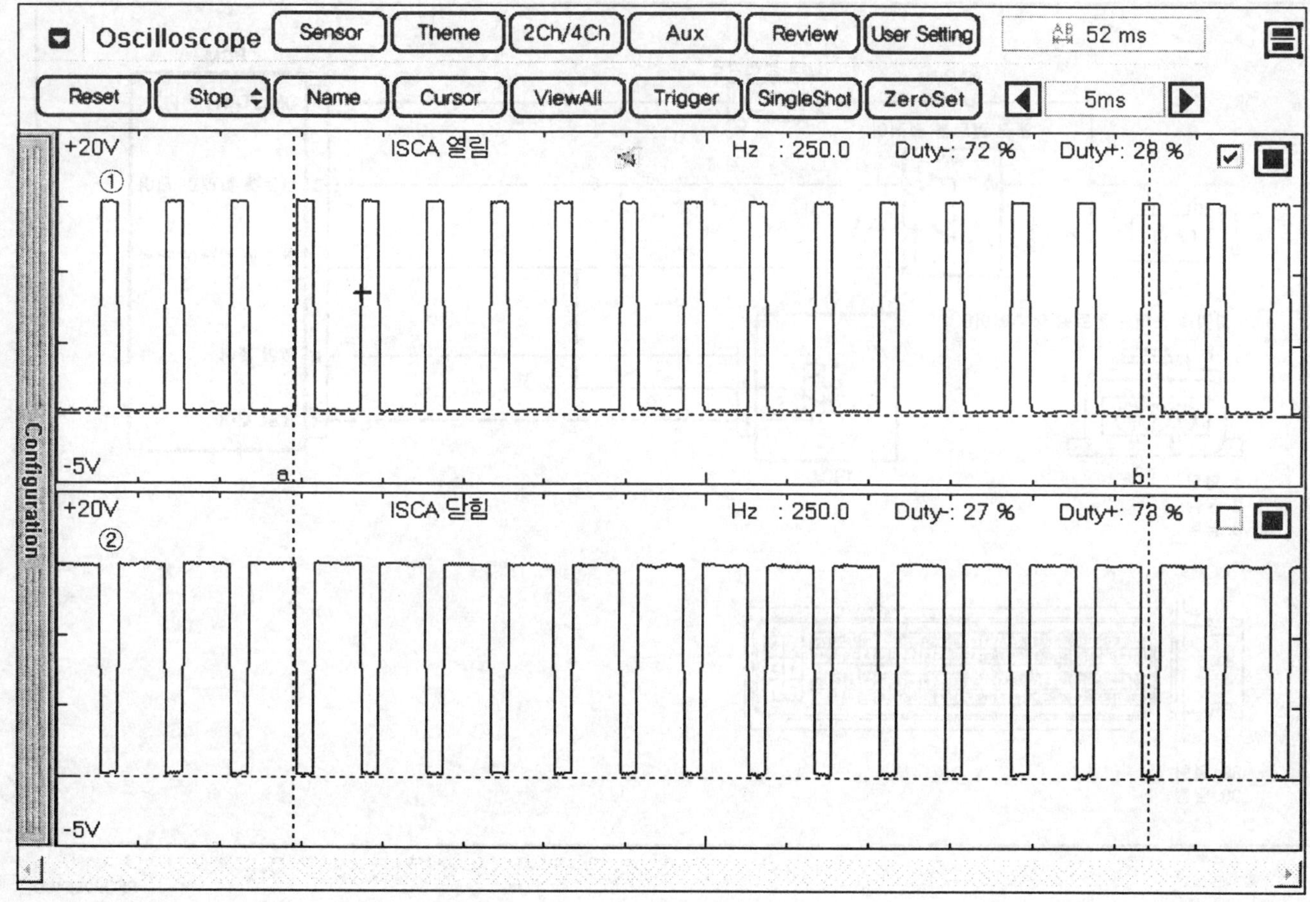

SFDF28707D

1) 난기후 공회전: 열림측, 2) 난기후 공회전 : 닫힘측

공회전 속도 조절 밸브(ISCA)는 열림측 및 닫힘측 2개의 코일로 구성되어 있으며 가속시등 스로틀이 많이 열리는 상태에서는 열림측 작동 듀티가 닫힘측보다 높다. 두 코일의 작동 듀티는 산술적으로 합할때 100%가 되어야 하며 고장시 작동 듀티는 각 코일의 고장 형태에 따라 ECM측에서 가변적으로 조정한다

고장코드 확인

참고

인젝터, 산소 센서, 냉각 수온 센서, 스로틀 포지션 센서 및 흡입 공기량 센서와 연관된 고장코드가 저장되어 있으면, 저장되어 있는 코드와 관련된 모든 수리절차를 완료한 이후에 본 진단 절차를 수행한다.

1. GDS의 "고장코드"기능을 선택 한다.
2. 화면 중앙에있는 DTC Status 기능을 선택 한다.
3. "고장 진단 완료 유무" 항목이 COMPLETED(진단 완료)인지 확인한다.

   참고

   미완료일경우 일반정보의 검출조건에서 지시하는대로 차량을 주행하여 진단을 완료 시킨다

4. "고장 유형"항목의 결과값이 "과거 고장" 인가?

GDS

[고장코드 정보]

P0000 고장코드 및 코드명 출력

1. 경고등 상태 : OFF/ON
2. 고장 유형 : HISTORY(과거고장) / PRESENT(현재고장)
3. 고장진단 완료 유무 : COMPLETED
4. 동일고장 발생 횟수 : 횟수가 기록
5. 고장발생 후 경과시간 : 00 M
6. 고장소거 후 경과시간 : 00 M

확인

SFDF28702D

📖참고

- 과거 고장 : 이전에 발행한 고장임. 현재는 정상.

- 현재 고장 : 현재 고장이 발생되어 있는 상태임.

예 ▶ GDS에서 표출되는 "동일 고장 발생 횟수"를 참고하여 아래 지시 사항을 수행 한다.
- "동일고장 발생 횟수"가 1회 이하 : 현재 차량의 상태는 정상이므로 "고장 수리 확인" 절차를 수행한다.
- "동일고장 발생 횟수"가 2회 이상 : 배선등의 접촉불량으로 인한 간헐적 고장 가능성이 의심됨. 다음 점검 절차를 수행한다.

아니오 ▶ 다음 점검 절차를 수행한다.

컨넥터 및 터미널 점검

1. 고장의 주요원인은 배선손상 및 연결상태의 불량에 있으므로 커넥터 접촉불량 및 터미널의 부식 또는 변형 등을 전체적으로 점검한다.
2. 문제가 발견 되었는가?

예 ▶ 수리 또는 교환한 후 "고장 수리 확인" 절차를 수행한다.

아니오 ▶ 다음 점검 절차를 실시한다.

시스템 점검

■ 흡기 또는 배기 시스템의 막힘 점검

1. 아래 항목에 대한 시각적/물리적 점검을 수행한다.
   - 에어 클리너 막힘 또는 변형.
   - 스로틀 바디 카본 퇴적 또는 고착.
   - 배기 시스템 막힘
2. 위 항목에 대한 문제가 발견되었는가?

예 ▶ 수리 또는 교환한 후, "고장 수리 확인" 절차를 수행한다.

아니오 ▶ 다음 점검 절차를 수행한다.

단품 점검

1. 점화 스위치 "OFF"
2. 스로틀 바디에서 ISA 밸브를 탈거한다. 스로틀 내경, 스로틀 플레이트를 점검하고 ISA 통로 막힘과 이물질 부착 여부를 확인한다. 필요에 따라 수리 또는 청소한다.

3. ISA 밸브를 장착한다.
4. 점화 스위치 "ON" & 엔진을 "OFF"
5. GDS를 연결하고 "액츄에이터" 모드의 "공회전 속도 조절 액츄에이터" 항목을 선택한다.
6. "시작" 버튼을 눌러서 ISA 밸브를 작동시킨다.
7. ISA 밸브의 작동음을 확인하고 밸브의 열림과 닫힘 상태를 육안으로 확인한다.

참고
밸브의 정상 작동 여부를 확실히 확인하기 위해 여러 번 반복한다.

8. ISA 밸브가 정상인가?

예 ▶ ECM측 커넥터 및 터미널의 접촉불량 또는 부식, 변형등을 재점검하여 이상이 있으면 수리한다. 수리 완료 후 또는 정상일 경우 "고장 수리 확인" 절차를 수행한다.

아니오 ▶ 새로운 단품을 임시 장착하여 차량 상태를 확인한 후 정상이면 단품을 교환한다.
"고장 수리 확인" 절차를 수행한다.

고장수리 확인

"고장 코드 확인" 절차를 재수행하여 고장이 정확히 수리되었는지 확인한다

1. GDS의 "자기진단"기능중 DTC Status 기능을 선택한다.

⚠주의
고장코드를 소거하지 말 것(상세정보도 함께 소거 됨)

2. "고장 진단 완료 유무" 항목이 "진단 완료"인지 확인한다.

참고
미완료일경우 일반정보의 검출조건에서 지시하는대로 차량을 주행하여 완료 시킨다.

3. "고장 유형"항목의 결과값이 "과거 고장" 인가?

예 ▶ 시스템 정상. 고장코드를 소거한다.

아니오 ▶ 적절한 수리절차를 재수행한다.

P0507 공회전 제어시스템 - 목표값 보다 RPM이 높음

부품 위치

DTC P0506 참조: 공회전 제어시스템 - 목표값 보다 RPM이 낮음

기능 및 역할

DTC P0506 참조: 공회전 제어시스템 - 목표값 보다 RPM이 낮음

고장 코드 설명

ECM은 차량이 정차해 있거나 아이들 밸브의 열림상태가 고정되어 있을경우 목표 아이들 속도의 변화로 부터 엔진 회전수를 모니터 한다. 목표 아이들 속도가 임계값보다 큰 경우 P0507의 고장코드가 표출된다.

고장 판정 조건

항목	판정 조건	고장예상
검출 방법	• 기준 공회전 속도와 실제 엔진 회전수와의 편차 점검	• 스로틀 플레이트 고착 또는 구속 • 엑셀러레이터 케이블 조정 불량 • 커넥터 접촉 저항 • ISCA 밸브 단품
검출 조건	• 냉각수 온도 >75℃ • 차량 속도=0 (엔진공회전) • 흡입공기량 <840mg/rev. • 캐니스터 퍼지 듀티 < 50% • 엔진 시동후 15초 경과 • 1V< 배터리 전압 <16 • 관련 고장 없슴	
판정값	• 엔진 회전수 > (목표 엔진 회전수 + 200)	
검출 시간	• 16 초	

제원

DTC P0506 참조: 공회전 제어시스템 - 목표값 보다 RPM이 낮음

표준회로도

DTC P0506 참조: 공회전 제어시스템 - 목표값 보다 RPM이 낮음

기준 파형 및 데이터

DTC P0506 참조: 공회전 제어시스템 - 목표값 보다 RPM이 낮음

고장코드 확인

DTC P0506 참조: 공회전 제어시스템 - 목표값 보다 RPM이 낮음

컨넥터 및 터미널 점검

DTC P0506 참조: 공회전 제어시스템 - 목표값 보다 RPM이 낮음

시스템 점검

■ 흡기 또는 배기 시스템의 누설 점검

1. 아래 항목에 대한 시각적/물리적 점검을 수행한다.
   - 흡기 계통 공기 누설.
   - 스로틀 바디 고착.
   - 진공호스의 균열, 손상 및 부적절한 연결상태
   - PCV 밸브의 설치 불량, O링의 손상 또는 고장
   - 산소센서와 촉매 사이 배기시스템의 공기 누설
   - 흡기 매니폴드와 실린더 헤드 사이의 가스켓
   - 흡기 매니폴드와 인젝터 사이의 기밀 상태
2. 위 항목에 대한 문제가 발견되었는가?

예 ▶ 수리 또는 교환한 후 "고장 수리 확인" 절차를 수행한다.

아니오 ▶ 다음 점검 절차를 실시한다.

■ 가속페달 케이블 및 스로틀 플레이트 점검

1. 아래 항목에 대한 시각적/물리적 점검을 수행한다. 필요에 따라 수리 또는 조정 후, 다음 절차를 수행한다.
   - 가속페달 케이블이 고착되지 않았는지 또는 원활히 움직이는지를 점검한다.
   - 가속페달 케이블에 알맞은 유격이 적용되었는지 점검한다.(1.0~3.0mm)
2. 인테이크 호스를 제거하고 스로틀 플레이트에 과도한 카본이 누적되었는지를 점검한다.
3. 과도한 카본 누적으로 인해 스로틀 플레이트가 열려져 있는가?

예 ▶ 필요에 따라 수리 후, "고장 수리 확인" 절차를 수행한다.

아니오 ▶ 다음 점검 절차를 실시한다.

단품 점검

1. 점화 스위치 "OFF"
2. 스로틀 바디에서 ISA 밸브를 탈거한다. 스로틀 내경, 스로틀 플레이트를 점검하고 ISA 통로 막힘과 이물질 부착 여부를 확인한다. 필요에 따라 수리 또는 청소한다.
3. ISA 밸브를 장착한다.
4. 점화 스위치 "ON" & 엔진을 "OFF"
5. GDS를 연결하고 "액츄에이터" 모드의 "공회전 속도 조절 액츄에이터" 항목을 선택한다.
6. "시작" 버튼을 눌러서 ISA 밸브를 작동시킨다.
7. ISA 밸브의 작동음을 확인하고 밸브의 열림과 닫힘 상태를 육안으로 확인한다.

참고
밸브의 정상 작동 여부를 확실히 확인하기 위해 여러 번 반복한다.

8. ISA 밸브가 정상인가?

예 ▶ ECM측 커넥터 및 터미널의 접촉불량 또는 부식, 변형등을 재점검하여 이상이 있으면 수리한다. 수리 완료 후 또는 정상일 경우 "고장 수리 확인" 절차를 수행한다.

아니오 ▶ 새로운 단품을 임시 장착하여 차량 상태를 확인한 후 정상이면 단품을 교환한다.
"고장 수리 확인" 절차를 수행한다.

고장수리 확인

DTC P0506 참조: 공회전 제어시스템 - 목표값 보다 RPM이 낮음

P0560 시스템전원 이상

부품 위치

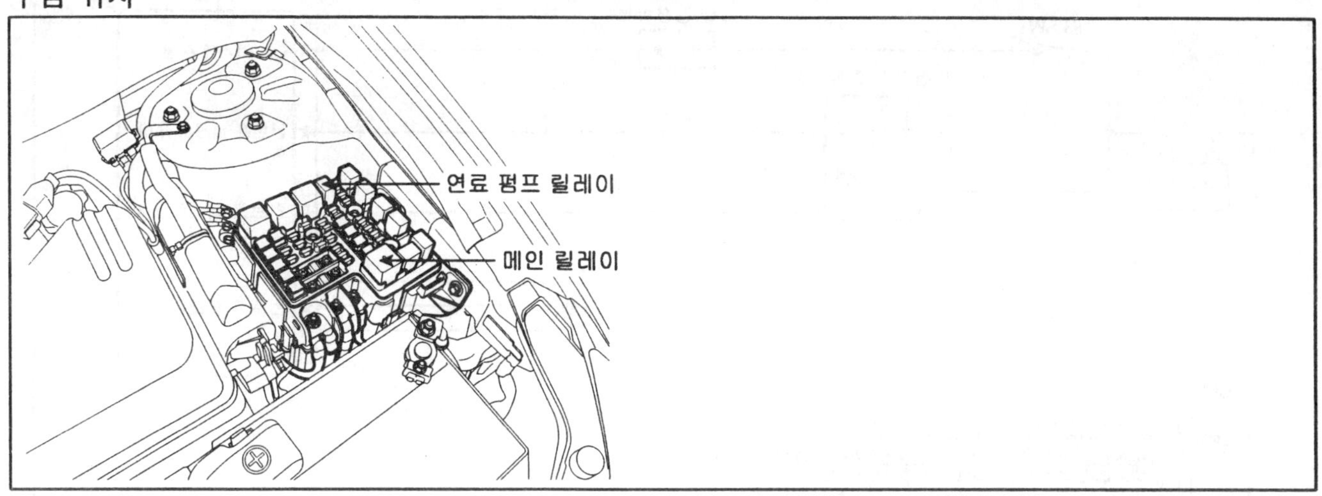

SFDF28214D

기능 및 역할

메인 릴레이는 ECM과 연결되어있어 접지를 통해 제어를 하고 다른한쪽은 배터리에 연결되어 있다. ECM은 릴레이를 거치기 전.후의 전압을 모니터한다.

고장 코드 설명

ECM은 이그니션 키와 각 릴레이로부터 전압을 측정하고 비교한다. 이값으로 메인릴레이 스위치가 IG ON 된후 ON되었는지 IG OFF후 OFF되었는지를 알 수 있다. 전압이 IG ON후 임계값보다 작거나 IG OFF후 임계값보다 클경우 P0560의 고장 코드가 표출된다.

고장 판정 조건

항목		판정 조건	고장예상 원인
검출 방법		• 메인 릴레이 후단 전압과 배터리 전압과의 비교	• 단선, 단락 • 커넥터 접촉 저항
검출 조건	경우1	• 배터리 전압 >10V • 점화 스위치 ON	
	경우2	• 점화 스위치 OFF	
판정값	경우1	• 점화 스위치 ON시 메인 릴레이 후단 전압 < 6V	
	경우2	• 점화 스위치 ON시 메인 릴레이 후단 전압 > 6V	
검출 시간	경우1	• 180 mSec.	
	경우2	• 180 mSec.	

표준회로도

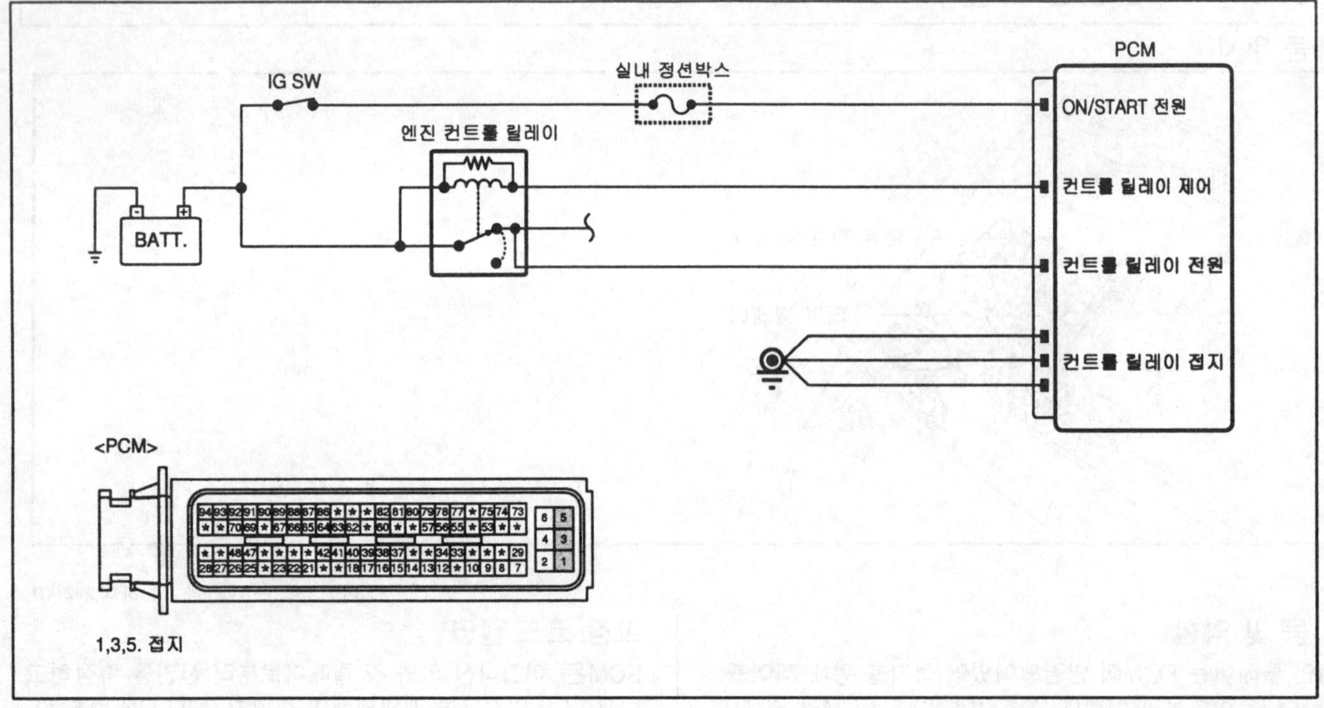

SFDF28519D

고장코드 확인

📖참고

인젝터, 산소 센서, 냉각 수온 센서, 스로틀 포지션 센서 및 흡입 공기량 센서와 연관된 고장코드가 저장되어 있으면, 저장되어 있는 코드와 관련된 모든 수리절차를 완료한 이후에 본 진단 절차를 수행한다.

1. GDS의 "고장코드"기능을 선택 한다.
2. 화면 중앙에있는 DTC Status 기능을 선택 한다.
3. "고장 진단 완료 유무" 항목이 COMPLETED(진단 완료)인지 확인한다.

   📖참고

   미완료일경우 일반정보의 검출조건에서 지시하는대로 차량을 주행하여 진단을 완료 시킨다

4. "고장 유형"항목의 결과값이 "과거 고장" 인가?

GDS

[고장코드 정보]

P0000 고장코드 및 코드명 출력

1. 경고등 상태 : OFF/ON

2. 고장 유형 : HISTORY(과거고장) / PRESENT(현재고장)

3. 고장진단 완료 유무 : COMPLETED

4. 동일고장 발생 횟수 : 횟수가 기록

5. 고장발생 후 경과시간 : 00 M

6. 고장소거 후 경과시간 : 00 M

확인

SFDF28702D

참고

- 과거 고장 : 이전에 발행한 고장임. 현재는 정상.

- 현재 고장 : 현재 고장이 발생되어 있는 상태임.

예 ▶ GDS에서 표출되는 "동일 고장 발생 횟수"를 참고하여 아래 지시 사항을 수행 한다.
- "동일고장 발생 횟수"가 1회 이하 : 현재 차량의 상태는 정상이므로 "고장 수리 확인" 절차를 수행한다.
- "동일고장 발생 횟수"가 2회 이상 : 배선등의 접촉불량으로 인한 간헐적 고장 가능성이 의심됨. 다음 점검 절차를 수행한다.

아니오 ▶ 다음 점검 절차를 수행한다.

컨넥터 및 터미널 점검

1. 고장의 주요원인은 배선손상 및 연결상태의 불량에 있으므로 커넥터 접촉불량 및 터미널의 부식 또는 변형 등을 전체적으로 점검한다.
2. 문제가 발견 되었는가?

예 ▶ 수리 또는 교환한 후 "고장 수리 확인" 절차를 수행한다.

아니오 ▶ 시스템 점검 절차를 실시한다.

전원선 점검

■ 전원선 단선/단락 점검

1. 메인 릴레이를 탈거 한다.
2. 메인 릴레이 배선측 전원단자(30번)와 차체 접지간 전압을 측정한다.
3. 메인 릴레이 배선측 전원단자(85번)와 차체 접지간 전압을 측정한다.

정상값 : 약 B+

4. 측정값이 정상인가?

예 ▶ 다음 점검 절차를 수행한다

아니오 ▶ 바테리와 메인릴레이 사이의 퓨즈를 점검 및 수리한다.
전원선의 단선 또는 단락된 회로를 수리한 후 "고장 수리 확인" 절차를 수행한다.

■ 전원공급선 단선/단락 점검

1. 메인 릴레이를 탈거 한다.
2. IG KEY ON 한다.
3. 메인 릴레이 배선측 '컨트롤릴레이전원' 단자(87번)와 차체 접지간 전압을 측정한다.

정상값 : 약 0.5V

4. 측정값이 정상인가?

예 ▶ 다음 점검 절차를 수행한다

아니오 ▶ ''컨트롤릴레이전원' 단자(87번)의 단선 또는 단락을 수리한 후 "고장 수리 확인" 절차를 수행 한다.

제어선 점검

1. 점화 스위치 "OFF" 상태에서 메인릴레이를 재장착한 다.
2. ECM 커넥터를 분리한 후, ECM 커넥터 '컨트롤 릴레이 제어' 단자측과 차체 접지간 전압을 측정한다.

정상값 : 약 B+

3. 측정값이 정상인가?

예 ▶ 다음 점검 절차를 수행한다

아니오 ▶ 메인 릴레이와 ECM 사이 제어선의 단선 또는 단락된 회로를 수리한 후, "고장 수리 확인" 절차를 수행한다.

■ 점화 스위치 배선 점검

1. ECM 커넥터를 탈거한다.
2. IG KEY ON을 한다.
3. ECM 커넥터 배선측 'ON/START 전원'단자와 차체 접지간 전압을 측정한다.

정상값 : 약 B+

4. 측정값이 정상인가?

예 ▶ 다음 점검 절차를 수행한다

아니오 ▶ 전원선의 단선 또는 단락을 수리한 후 "고장 수리 확인" 절차를 수행한다.

단품 점검

1. 점화 스위치 "OFF" 상태에서 메인 릴레이를 탈거한다 .
2. 메인 릴레이 전원공급단자(85번)와 컨트롤릴레이제어 단자(86번) 사이의 저항을 측정한다.(단품측)

정상값 : 약 70~120Ω

3. 액츄에이션 테스트를 실시하여, 메인릴레이에서 동작 음이 들리는지 확인하라.

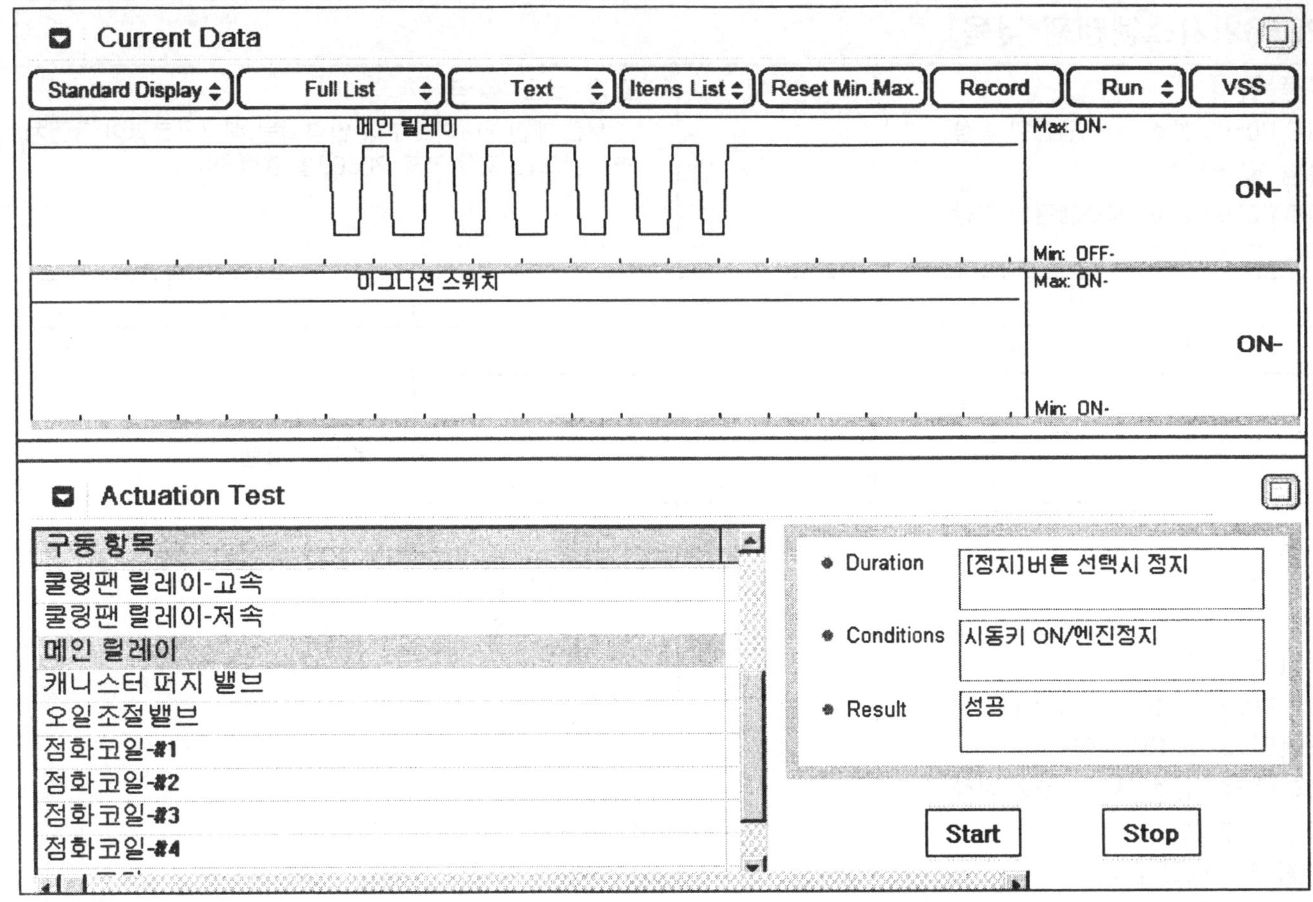

SFDF28706D

4. 메인 릴레이의 저항값 및 작동음이 모두 정상인가?

예 ▶ ECM측 커넥터 및 터미널의 접촉불량 또는 부식, 변형등을 재점검하여 이상이 있으면 수리한다. 수리 완료 후 또는 정상일 경우 "고장 수리 확인" 절차를 수행한다.

아니오 ▶새로운 단품을 임시 장착하여 차량 상태를 확인한 후 정상이면 단품을 교환한다. "고장 수리 확인" 절차를 수행한다.

고장수리 확인

"고장 코드 확인" 절차를 재수행하여 고장이 정확히 수리되었는지 확인한다

1. GDS의 "자기진단"기능중 DTC Status 기능을 선택한다.

   ⚠주의
   고장코드를 소거하지 말 것(상세정보도 함께 소거 됨)

2. "고장 진단 완료 유무" 항목이 "진단 완료"인지 확인한다.

   참고
   미완료일경우 일반정보의 검출조건에서 지시하는대로 차량을 주행하여 완료 시킨다.

3. "고장 유형"항목의 결과값이 "과거 고장" 인가?

예 ▶ 시스템 정상. 고장코드를 소거한다.

아니오 ▶ 적절한 수리절차를 재수행한다.

P0562 시스템전원 낮음

부품 위치

DTC P0560 참조: 시스템전원 이상

기능 및 역할

DTC P0560 참조: 시스템전원 이상

고장 코드 설명

ECM은 메인릴레이로부터 입력되는 배터리전압이 규정치보다 낮으면 고장 코드 P0562를 출력한다.

고장 판정 조건

항목	판정 조건	고장예상
검출 방법	• 전압 점검	• 커넥터 접촉 저항 • 충전 시스템
검출 조건	• 메인 릴레이 정상 • 차량 속도 > 10km/h	
판정값	• 점화 스위치 ON시 메인 릴레이 후단 전압 < 10V	
검출 시간	• 30초	

표준회로도

DTC P0560 참조: 시스템전원 이상

고장코드 확인

DTC P0560 참조: 시스템전원 이상

컨넥터 및 터미널 점검

DTC P0560 참조: 시스템전원 이상

시스템 점검

■ 충전 시스템 점검

1. 엔진 시동 후 엔진회전수를 2,500~3,000 RPM 까지 상승시킨다.
2. 헤드 램프 및 블로워 모터등 전기부하를 작동시킨다.
3. GDS 서비스 데이터중 "배터리 전압"항목을 점검한다.

정상값:

외기 온도(℃)	기준 전압(V)
-20	약 14.2~15.4
20	약 14.0~15.0
60	약 13.7~14.9
80	약 13.5~14.7

4. 측정값이 정상인가?

예 ▶ ECM측 커넥터 및 터미널의 접촉불량 또는 부식, 변형등을 재점검하여 이상이 있으면 수리한다. 수리 완료 후 또는 정상일 경우 "고장 수리 확인" 절차를 수행한다.

아니오 ▶충전 장치 고장이 의심 되므로 알터네이터와 배터리를 점검(정비지침서의 충전장치 참조)한 후 이상이 발견되면 수리 또는 교환한다. "고장 수리 확인" 절차를 수행한다.

고장수리 확인

DTC P0560 참조: 시스템전원 이상

P0563 시스템전원 높음

부품 위치

DTC P0560 참조: 시스템전원 이상

기능 및 역할

DTC P0560 참조: 시스템전원 이상

고장 코드 설명

ECM은 메인릴레이로부터 입력되는 배터리전압이 규정치보다 높으면 고장 코드 P0563을 출력한다.

고장 판정 조건

항목	판정 조건	고장예상
검출 방법	• 전압 점검	• 커넥터 접촉 저항 • 충전 시스템
검출 조건	• 메인 릴레이 정상 • 차량 속도 > 10km/h	
판정값	• 점화 스위치 ON시 메인 릴레이 후단 전압 > 16V	
검출 시간	• 30초	

표준회로도

DTC P0560 참조: 시스템전원 이상

고장코드 확인

DTC P0560 참조: 시스템전원 이상

컨넥터 및 터미널 점검

DTC P0560 참조: 시스템전원 이상

시스템 점검

■ 충전 시스템 점검

1. 엔진 시동 후 엔진회전수를 2,500~3,000 RPM 까지 상승시킨다.
2. 헤드 램프 및 블로워 모터등 전기부하를 작동시킨다.
3. GDS 서비스 데이터중 "배터리 전압"항목을 점검한다.

정상값:

외기 온도(℃)	기준 전압(V)
-20	약 14.2~15.4
20	약 14.0~15.0
60	약 13.7~14.9
80	약 13.5~14.7

4. 측정값이 정상인가?

예 ▶ ECM측 커넥터 및 터미널의 접촉불량 또는 부식, 변형등을 재점검하여 이상이 있으면 수리한다. 수리 완료 후 또는 정상일 경우 "고장 수리 확인" 절차를 수행한다.

아니오 ▶충전 장치 고장이 의심 되므로 알터네이터와 배터리를 점검(정비지침서의 충전장치 참조)한 후 이상이 발견되면 수리 또는 교환한다. "고장수리 확인" 절차를 수행한다.

고장수리 확인

DTC P0560 참조: 시스템전원 이상

P0605 ROM 이상

부품 위치

SFDF28200D

기능 및 역할

ECM은 본체불량을 내부 연산을 통한 첵섬(Checksum) 값이 틀릴 경우 고장이라 판정한다. ECM이 처리하는 수많은 연산값들이 정확한지 감시하기 위해 ECM은 각 값들의 일정합을 통해 데이터의 오류 여부를 감시한다. P0605 외에 다른 코드들이 한꺼번에 표출될 경우에는 다른 고장코드를 먼저 수리한 후 최종적으로 ECM이 불량인지 여부를 점검한다.

고장 코드 설명

ECM은 첵섬등 내부 연산값에 오류가 있을 경우 P0605란 고장코드를 표출한다.

고장 판정 조건

항목	판정 조건	고장예상
검출 방법	• RAM 영역 검사 / 통신 연결 점검	
검출 조건	• 점화 스위치 ON	• 커넥터 접촉 저항 • ECM
판정값	• ECM 내부 점검(RAM 테스트 / Checksum / SPI 통신) 이상	
검출 시간	• 0.1초	

고장코드 확인

1. GDS의 "고장코드"기능을 선택 한다.
2. 화면 중앙에있는 DTC Status 기능을 선택 한다.
3. "고장 진단 완료 유무" 항목이 COMPLETED(진단 완료)인지 확인한다.

참고
미완료일경우 일반정보의 검출조건에서 지시하는대로 차량을 주행하여 진단을 완료 시킨다

4. "고장 유형"항목의 결과값이 "과거 고장" 인가?

GDS

[고장코드 정보]

P0000 고장코드 및 코드명 출력

1. 경고등 상태 : OFF/ON
2. 고장 유형 : HISTORY(과거고장) / PRESENT(현재고장)
3. 고장진단 완료 유무 : COMPLETED
4. 동일고장 발생 횟수 : 횟수가 기록
5. 고장발생 후 경과시간 : 00 M
6. 고장소거 후 경과시간 : 00 M

확인

SFDF28702D

참고

– *과거 고장 : 이전에 발행한 고장임. 현재는 정상.*

– *현재 고장 : 현재 고장이 발생되어 있는 상태임.*

예 ▶ GDS에서 표출되는 "동일 고장 발생 횟수"를 참고하여 아래 지시 사항을 수행 한다.
– "동일고장 발생 횟수"가 1회 이하 : 현재 차량의 상태는 정상이므로 "고장 수리 확인" 절차를 수행한다.
– "동일고장 발생 횟수"가 2회 이상 : 배선등의 접촉불량으로 인한 간헐적 고장 가능성이 의심됨. 다음 점검 절차를 수행한다.

아니오 ▶ 다음 점검 절차를 수행한다.

컨넥터 및 터미널 점검

1. 고장의 주요원인은 배선손상 및 연결상태의 불량에 있으므로 커넥터 접촉불량 및 터미널의 부식 또는 변형등을 전체적으로 점검한다.
2. 문제가 발견 되었는가?

예 ▶ 수리 또는 교환한 후 "고장 수리 확인" 절차를 수행한다.

아니오 ▶ 다음 점검 절차를 실시한다.

시스템 점검

■ 백업 전원 점검

1. IG KEY OFF 한다.
2. ECM 커넥터를 분리한다.
3. IG KEY ON 한다.
4. ECM 커넥터 배선측 '상시전원' 단자와 차체 접지간 전압을 측정한다.

정상값 : 일정하게 배터리 전압을 유지한다.

5. 측정값이 정상인가?

예 ▶ GDS를 사용하여 ECM 소프트웨어 버전을 확인하고 필요에 따라 업그레이드를 수행한다. 이미 최신 소프트웨어가 설치되어 있다면 ECM의 오염 또는 손상을 점검 후, 새로운 ECM을 임시 장착하여 차량 상태를 확인한 후 정상이면 ECM를 교환하고, "고장 수리 확인" 절차를 수행한다.

참고

스로틀 바디 어셈블리 또는 ECM 교환후에는 GDS를 이용하여 스로틀 위치를 초기화 시킨후 재학습을 실시한다.

■ TPS 초기화 절차

1. GDS를 이용하여 이전의 TPS 학습값을 삭제한다.
2. 아래의 조건 하에서 점화 스위치 "OFF"에서 "ON"한 후 10초간 기다린다.(시동걸지말것)
   - 학습 가능 조건 : 배터리 > 10V & 흡기온 > 5.3℃ & 5.3℃ < 냉각수온 < 99.8℃
3. GDS를 이용하여 TPS 학습이 정확히 실시되었는지 확인한다.

아니오 ▶ 전압의 변동이 크게 나타날 경우, 커넥터 접촉 불량 및 터미널의 부식 또는 변형을 점검한다. 수리 또는 교환한 후 "고장 수리 확인" 절차를 수행한다.

고장수리 확인

"고장 코드 확인" 절차를 재수행하여 고장이 정확히 수리되었는지 확인한다

1. GDS의 "자기진단"기능중 DTC Status 기능을 선택한다.

   주의

   고장코드를 소거하지 말 것(상세정보도 함께 소거 됨)

2. "고장 진단 완료 유무" 항목이 "진단 완료"인지 확인한다.

   참고

   미완료일경우 일반정보의 검출조건에서 지시하는대로 차량을 주행하여 완료 시킨다.

3. "고장 유형"항목의 결과값이 "과거 고장" 인가?

예 ▶ 시스템 정상. 고장코드를 소거한다.

아니오 ▶ 적절한 수리절차를 재수행한다.

P0625 알터네이터 필드(F) 단자 회로 - 신호값 낮음

기능 및 역할

점화스위치 ON 상태에서 ECM은 기준 PWM을 출력하여 알터네이터 FR단자 배선의 정상 유무를 감시한다. 주행중 출력 듀티(-)는 부하가 증가할수록 증가하며 역으로, 부하가 감소하면 듀티도 감소한다.

고장 코드 설명

ECM은 엔진 작동중 FR 단자 듀티가 2% 이하 일경우 배터리(+)단락 또는 단선으로 판단하여 P0625을 표출한다.

ECM은 엔진 정지시 FR 단자 듀티가 15% 이하 일경우 배터리(+)단락 또는 단선으로 판단하여 P0625을 표출한다.

고장 판정 조건

항목		판정 조건	고장예상 원인
검출 방식		• 전기적 신호 점검	• 배선 전원 단락 • 커넥터 접촉 불량 및 배선 손상
검출 조건	경우1	• 엔진 정지 상태 • 관련 고장 없음	
	경우2	• 관련 고장 없음 • 배터리 전압 < 16V • 600 < 엔진회전수(RPM) < 400 • 냉각수온 > 74℃	
판정값	경우1	• 발전기 부하 <15%(단선 또는 전원단락)	
	경우2	• 발전기 부하 <2%(단선 또는 전원단락)	
검출 시간	경우1	• 1초	
	경우2	• 20초	

표준회로도

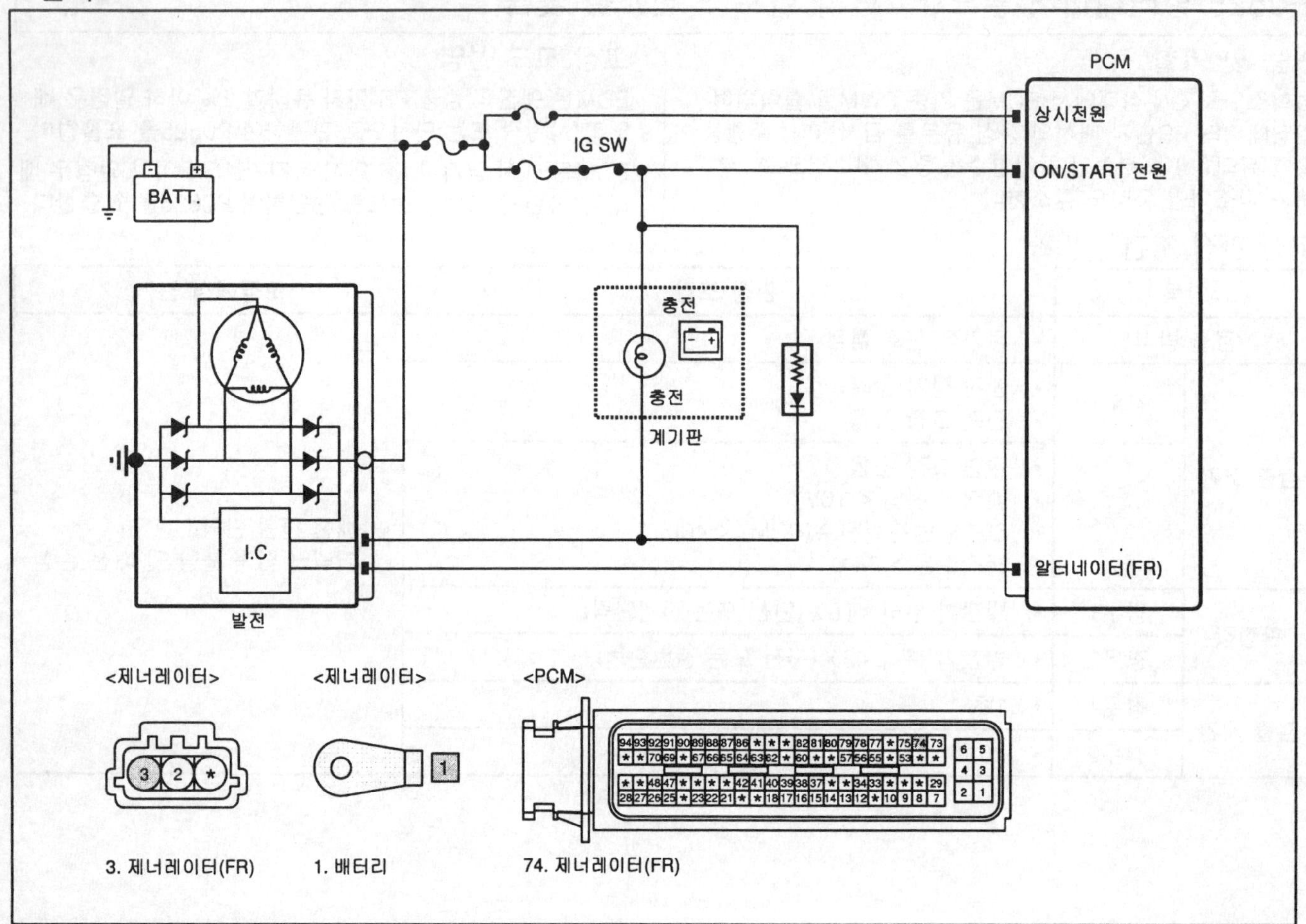

SFDF28520D

기준 파형 및 데이터

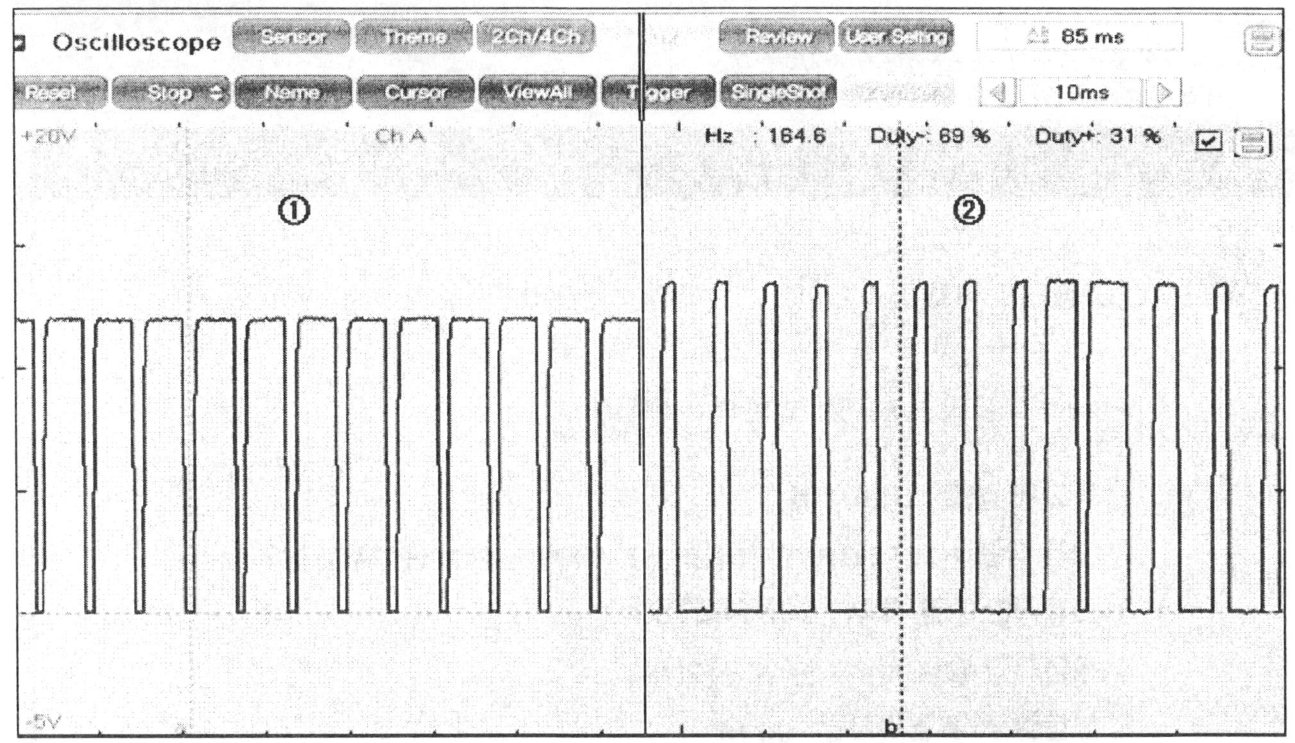

SFDF28631D

SFDF28632D

① Key ON시의 FR 단자 듀티파형

② 공회전시의 FR 단자 듀티파형

③ 공회전 저부하시의 FR 단자 듀티파형

④ 공회전 고부하시의 FR 단자 듀티파형

고장코드 확인

1. GDS의 "고장코드"기능을 선택 한다.
2. 화면 중앙에있는 DTC Status 기능을 선택 한다.
3. "고장 진단 완료 유무" 항목이 COMPLETED(진단 완

료)인지 확인한다.

📖참고

미완료일경우 일반정보의 검출조건에서 지시하는대로 차량을 주행하여 진단을 완료 시킨다

4. "고장 유형"항목의 결과값이 "과거 고장" 인가?

GDS 

[고장코드 정보]

P0000 고장코드 및 코드명 출력

1. 경고등 상태 : OFF/ON
2. 고장 유형 : HISTORY(과거고장) / PRESENT(현재고장)
3. 고장진단 완료 유무 : COMPLETED
4. 동일고장 발생 횟수 : 횟수가 기록
5. 고장발생 후 경과시간 : 00 M
6. 고장소거 후 경과시간 : 00 M

확인

SFDF28702D

📖참고

- 과거 고장 : 이전에 발행한 고장임. 현재는 정상.

- 현재 고장 : 현재 고장이 발생되어 있는 상태임.

예 ▶ GDS에서 표출되는 "동일 고장 발생 횟수"를 참고하여 아래 지시 사항을 수행 한다.

- "동일고장 발생 횟수"가 1회 이하 : 현재 차량의 상태는 정상이므로 "고장 수리 확인" 절차를 수행한다.
- "동일고장 발생 횟수"가 2회 이상 : 배선등의 접촉불량으로 인한 간헐적 고장 가능성이 의심됨. 다음 점검 절차를 수행한다.

아니오 ▶ 다음 점검 절차를 수행한다.

컨넥터 및 터미널 점검

1. 고장의 주요원인은 배선손상 및 연결상태의 불량에 있으므로 커넥터 접촉불량 및 터미널의 부식 또는 변형 등을 전체적으로 점검한다.
2. 문제가 발견 되었는가?

예 ▶ 수리 또는 교환한 후 "고장 수리 확인" 절차를 수행한다.

아니오 ▶ 다음 점검 절차를 실시한다.

시스템 점검

■ 충전 시스템 점검

1. 엔진 시동 후 엔진회전수를 2,500~3,000 RPM 까지 상승시킨다.
2. 헤드 램프 및 블로워 모터등 전기부하를 작동시킨다.
3. GDS 서비스 데이터중 "배터리 전압"항목을 점검한다.

정상값:

외기 온도(℃)	기준 전압(V)
-20	약 14.2~15.4
20	약 14.0~15.0
60	약 13.7~14.9
80	약 13.5~14.7

4. 측정값이 정상인가?

예 ▶ ECM측 커넥터 및 터미널의 접촉불량 또는 부식, 변형등을 재점검하여 이상이 있으면 수리한다. 수리 완료 후 또는 정상일 경우 "고장 수리 확인" 절차를 수행한다.

아니오 ▶충전 장치 고장이 의심 되므로 알터네이터와 배터리를 점검(정비지침서의 충전장치 참조)한 후 이상이 발견되면 수리 또는 교환한다. "고장 수리 확인" 절차를 수행한다.

제어선 점검

■ 제어선 단선/전원단락 점검

1. IG KEY OFF 한다.
2. 알터네이터 커넥터를 탈거한다.
3. IG KEY ON 한다.
4. 알터네이터 FR단자와 접지 사이의 전압을 측정한다.

정상값 : 약 9~10V

5. 측정값이 정상인가?

예 ▶ ECM측 커넥터 및 터미널의 접촉불량 또는 부식, 변형등을 재점검하여 이상이 있으면 수리한다. 수리 완료 후 또는 정상일 경우 "고장 수리 확인" 절차를 수행한다.

아니오 ▶ 0V일 경우 : 신호선의 단선된 회로를 수리한 후 "고장 수리 확인" 절차를 수행한다.
▶ 12V일 경우 : 신호선의 단락된 회로를 수리한 후 "고장 수리 확인" 절차를 수행한다.

참고

'기준파형 및 데이터' 상의 Key ON시 파형 참조

고장수리 확인

"고장 코드 확인" 절차를 재수행하여 고장이 정확히 수리되었는지 확인한다

1. GDS의 "자기진단"기능중 DTC Status 기능을 선택한다.

   ⚠주의

   고장코드를 소거하지 말 것(상세정보도 함께 소거 됨)

2. "고장 진단 완료 유무" 항목이 "진단 완료"인지 확인한다.

   참고

   미완료일경우 일반정보의 검출조건에서 지시하는대로 차량을 주행하여 완료 시킨다.

3. "고장 유형"항목의 결과값이 "과거 고장" 인가?

예 ▶ 시스템 정상. 고장코드를 소거한다.

아니오 ▶ 적절한 수리절차를 재수행한다.

P0626 알터네이터 필드(F) 단자 회로 - 신호값 높음

기능 및 역할

DTC P0625 참조: 알터네이터 필드(F) 단자 회로 - 신호값 낮음

고장 코드 설명

ECM은 ECM은 엔진 정지시 FR 단자 듀티가 35% 이상 일경우 접지단락으로 판단하여 P0626을 표출한다.

고장 판정 조건

항목	판정 조건	고장예상
고장진단방법	• 접지(-) 단락 (엔진정지시)	• 배선 접지 단락 • 충전 시스템
고장진단조건	• 점화 스위치 ON 후 0.1초 이상 경과 • 엔진 정지 상태 • 관련 고장 없음	
고장코드발생기준값	• 입력 신호 감시 > 35%	
고장진단시간	• 1초	
경고등점등조건	• 미점등	

표준회로도

DTC P0625 참조: 알터네이터 필드(F) 단자 회로 - 신호값 낮음

기준 파형 및 데이터

DTC P0625 참조: 알터네이터 필드(F) 단자 회로 - 신호값 낮음

고장코드 확인

DTC P0625 참조: 알터네이터 필드(F) 단자 회로 - 신호값 낮음

컨넥터 및 터미널 점검

DTC P0625 참조: 알터네이터 필드(F) 단자 회로 - 신호값 낮음

시스템 점검

■ 충전 시스템 점검

1. 엔진 시동 후 엔진회전수를 2,500~3,000 RPM 까지 상승시킨다.
2. 헤드 램프 및 블로워 모터등 전기부하를 작동시킨다.
3. GDS 서비스 데이터중 "배터리 전압"항목을 점검한다.

정상값:

외기 온도(℃)	기준 전압(V)
-20	약 14.2~15.4
20	약 14.0~15.0
60	약 13.7~14.9
80	약 13.5~14.7

4. 측정값이 정상인가?

예 ▶ ECM측 커넥터 및 터미널의 접촉불량 또는 부식, 변형등을 재점검하여 이상이 있으면 수리한다. 수리 완료 후 또는 정상일 경우 "고장 수리 확인" 절차를 수행한다.

아니오 ▶충전 장치 고장이 의심 되므로 알터네이터와 배터리를 점검(정비지침서의 충전장치 참조)한 후 이상이 발견되면 수리 또는 교환한다. "고장 수리 확인" 절차를 수행한다.

제어선 점검

■ 제어선 접지단락 점검

1. IG KEY OFF 한다.
2. 알터네이터 커넥터를 탈거한다.
3. IG KEY ON 한다.
4. 알터네이터 FR단자와 접지 사이의 전압을 측정한다.

정상값 : 약 9~10V

참고

'기준파형 및 데이터' 상의 Key ON시 파형 참조

5. 측정값이 정상인가?

예 ▶ ECM측 커넥터 및 터미널의 접촉불량 또는 부식, 변형등을 재점검하여 이상이 있으면 수리한다. 수리 완료 후 또는 정상일 경우 "고장 수리 확인" 절차를 수행한다.

아니오 ▶ 신호선의 단락된 회로를 수리한 후 "고장 수리 확인" 절차를 수행한다.

고장수리 확인

DTC P0625 참조: 알터네이터 필드(F) 단자 회로 - 신호값 낮음

P0650 엔진 경고등 (MIL) 회로 이상

기능 및 역할

고장경고등(MIL)은 계기판에 위치되어 있으며 운전자에게 차량에 문제가 발생할 경우 알려주는 역할을 수행한다.

고장 코드 설명

ECM은 엔진 경고등 제어선이 접지 단락 또는 단선 또는 배터리(+)단락 되었을 경우 P0650을 표출한다.

고장 판정 조건

항목	판정 조건	고장예상 원인
검출 방법	• 전압 점검	• 고장 경고등과 ECM 사이의 회로 단선 또는 단락 • 커넥터 접촉 저항 • 고장 경고등 벌브 파손
검출 조건	• 10 < 배터리 전압(V) < 16	
판정값	• 단선, 접지 또는 배터리 단락	
검출 시간	• 10초	

표준 회로도

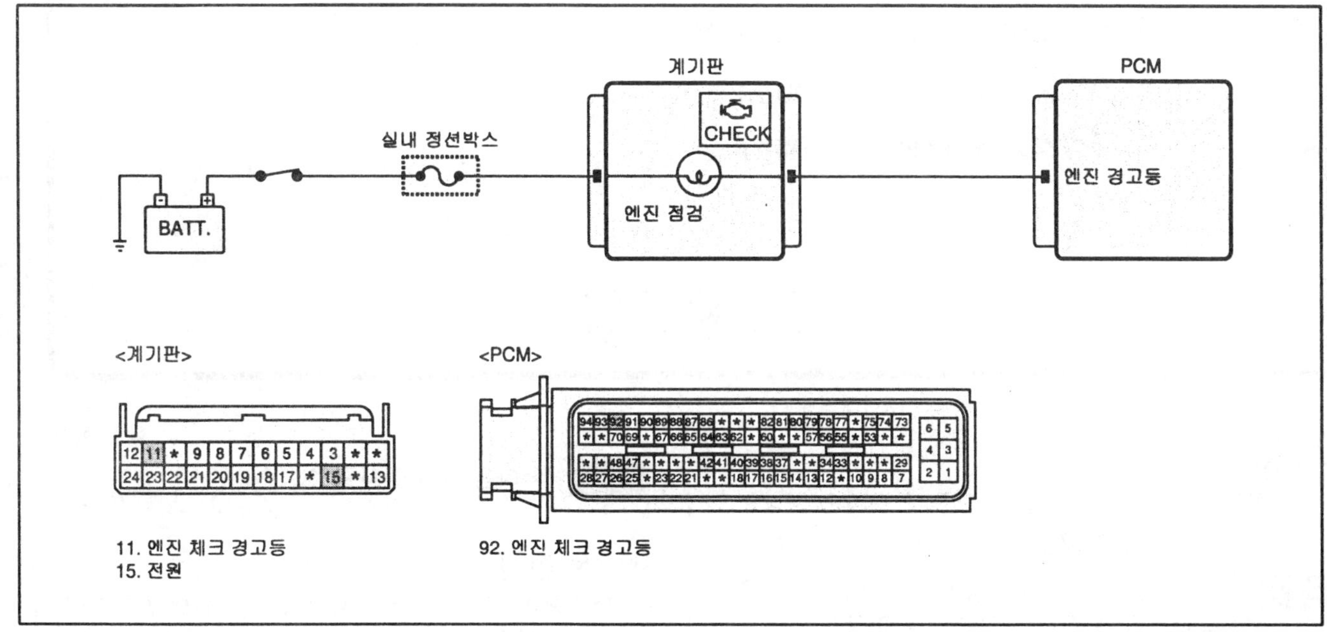

SFDF28523D

고장코드 확인

참고

인젝터, 산소 센서, 냉각 수온 센서, 스로틀 포지션 센서 및 흡입 공기량 센서와 연관된 고장코드가 저장되어 있으면, 저장되어 있는 코드와 관련된 모든 수리절차를 완료한 이후에 본 진단 절차를 수행한다.

1. GDS의 "고장코드"기능을 선택 한다.
2. 화면 중앙에있는 DTC Status 기능을 선택 한다.
3. "고장 진단 완료 유무" 항목이 COMPLETED(진단 완료)인지 확인한다.

   참고

   미완료일경우 일반정보의 검출조건에서 지시하는대로 차량을 주행하여 진단을 완료 시킨다

4. "고장 유형"항목의 결과값이 "과거 고장" 인가?

[고장코드 정보]

P0000 고장코드 및 코드명 출력

1. 경고등 상태 : OFF/ON
2. 고장 유형 : HISTORY(과거고장) / PRESENT(현재고장)
3. 고장진단 완료 유무 : COMPLETED
4. 동일고장 발생 횟수 : 횟수가 기록
5. 고장발생 후 경과시간 : 00 M
6. 고장소거 후 경과시간 : 00 M

확인

SFDF28702D

참고

- 과거 고장 : 이전에 발행한 고장임. 현재는 정상.

- 현재 고장 : 현재 고장이 발생되어 있는 상태임.

예 ▶ GDS에서 표출되는 "동일 고장 발생 횟수"를 참고하여 아래 지시 사항을 수행 한다.

- "동일고장 발생 횟수"가 1회 이하 : 현재 차량의 상태는 정상이므로 "고장 수리 확인" 절차를 수행한다.
- "동일고장 발생 횟수"가 2회 이상 : 배선등의 접촉불량으로 인한 간헐적 고장 가능성이 의심됨. 다음 점검 절차를 수행한다.

아니오 ▶ 다음 점검 절차를 수행한다.

터미널 및 커넥터 점검

1. 고장의 주요원인은 배선손상 및 연결상태의 불량에 있으므로 커넥터 접촉불량 및 터미널의 부식 또는 변형 등을 전체적으로 점검한다.
2. 문제가 발견 되었는가?

예 ▶ 수리 또는 교환한 후 "고장 수리 확인" 절차를 수행한다.

아니오 ▶ 다음 점검 절차를 수행한다.

제어선 점검

1. 액츄에이션 테스트를 실시하여, 계기판의 경고등이 점멸되는지 확인하라.

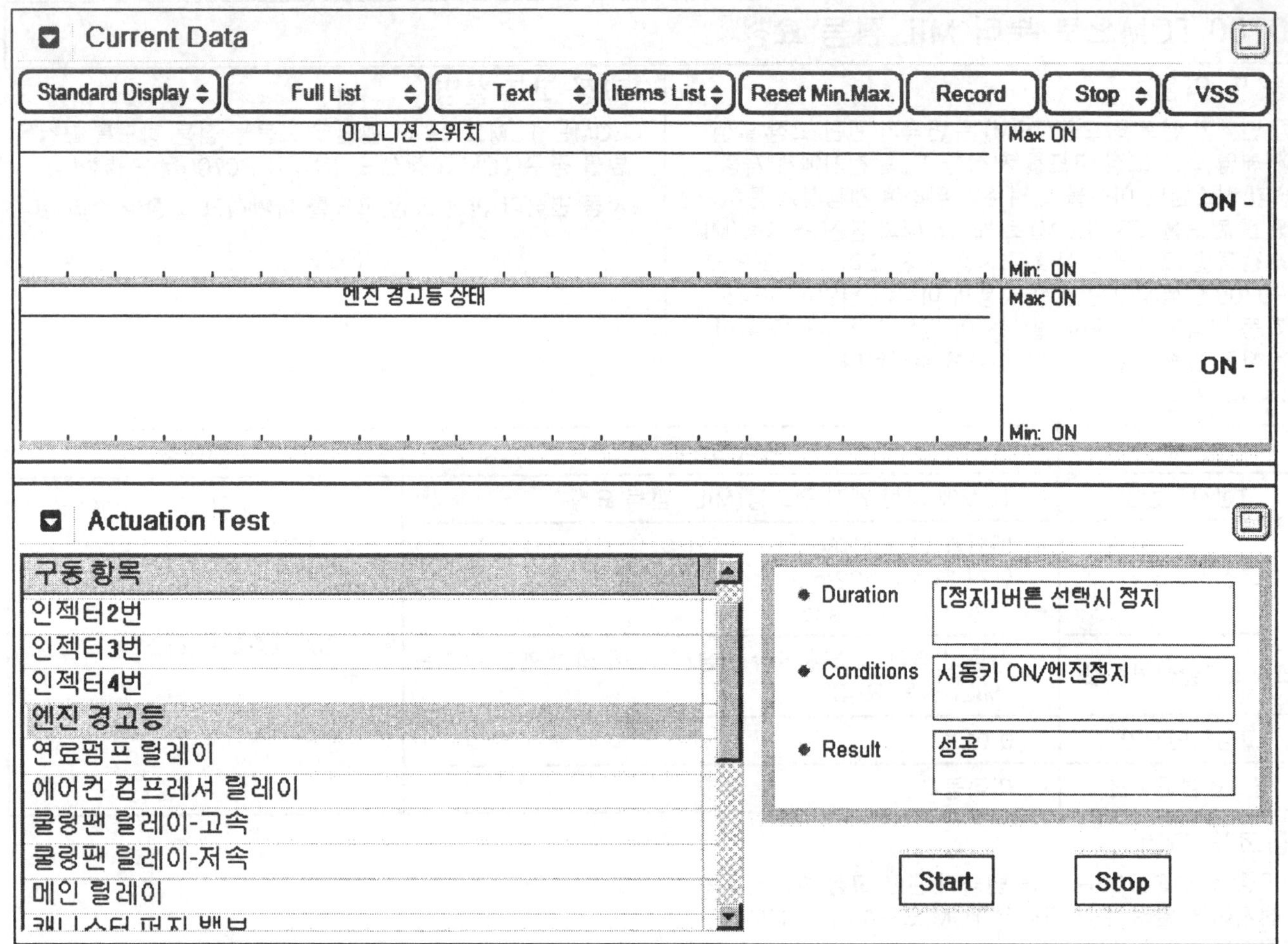

SFDF28635D

2. 계기판의 경고등이 액츄에이션 테스트 실시간에 점멸하는가?

예 ▶ ECM측 커넥터 및 터미널의 접촉불량 또는 부식, 변형등을 재점검하여 이상이 있으면 수리한다. 수리 완료 후 또는 정상일 경우 "고장 수리 확인" 절차를 수행한다.

아니오 ▶ 계기판을 탈거하고 엔진 고장 경고등의 전구 상태를 점검한다. 필요하면 전구를 교체한다. 상태가 정상이면 미터 퓨즈와 경고등 사이의 회로 및 ECM제어선에 이르는 회로의 단선 및 단락을 점검한다. 필요에 따라 수리 후, "고장 수리 확인" 절차를 수행한다.

고장수리 확인

"고장 코드 확인" 절차를 재수행하여 고장이 정확히 수리되었는지 확인한다

1. GDS의 "자기진단"기능중 DTC Status 기능을 선택한다.

   ⚠주의

   고장코드를 소거하지 말 것(상세정보도 함께 소거 됨)

2. "고장 진단 완료 유무" 항목이 "진단 완료"인지 확인한다.

   참고

   미완료일경우 일반정보의 검출조건에서 지시하는대로 차량을 주행하여 완료 시킨다.

3. "고장 유형"항목의 결과값이 "과거 고장" 인가?

예 ▶ 시스템 정상. 고장코드를 소거한다.

아니오 ▶ 적절한 수리절차를 재수행한다.

P0700 TCM으로 부터 MIL 점등 요청

기능 및 역할

자동 변속기 컨트롤 모듈(TCM)은 변속기 관련 고장 발생시에 해당 되는 고장 코드를 저장한 후, 운전자에게 자동 변속기 시스템의 이상을 알려주기 위하여 캔통신을 통하여 엔진 컨트롤 모듈(ECM)로 계기판내의 엔진 경고등(MIL)의 점등을 요청하는 신호를 전송한다. 그러므로 고장 코드 P0700 발생시에는 엔진 계통의 이상이 원인이 아니므로 자동 변속기 시스템에 발생되어 있는 고장코드를 확인하여 자동 변속기 관련 고장 부위를 수리한다.

고장 코드 설명

ECM은 TCM으로부터 엔진 경고등을 점등 하도록 요청을 받을 경우(TCM 고장코드 발생시) P0700을 표출한다.

자동 변속기 관련 고장 코드를 확인하고 고장을 수리한다.

고장 판정 조건

항목	판정 조건	고장예상
고장진단방법	• TCM에 의한 엔진 경고등(MIL) 점등 요청	• TCM 고장코드 참조
고장진단조건	• 배터리 전압 >10V • 엔진 회전수 >32rpm • 지연 시간 > 0.5sec	
고장코드발생기준값	• 자동 변속기 시스템 고장 발생(TCM에 의한 엔진 경고등 (MIL) 점등 요청)	
고장진단시간	• 0.01초	
경고등점등조건	• 미점등	

고장코드 확인

1. 고장 코드 P0700은 자동 변속기 관련 고장 발생시 운전자에게 알려 주기 위해서 TCM 으로부터 ECM에게 전송되는 고장 코드이다.
2. 고장 코드 발생시에는 엔진 계통의 이상이 원인이 아니므로 자동 변속기 시스템에 발생되어 있는 고장코드를 확인하여 자동 변속기 관련 고장 부위를 수리한다.

P1505 아이들 스피드 액츄에이터#1 회로 - 제어값 낮음

부품 위치

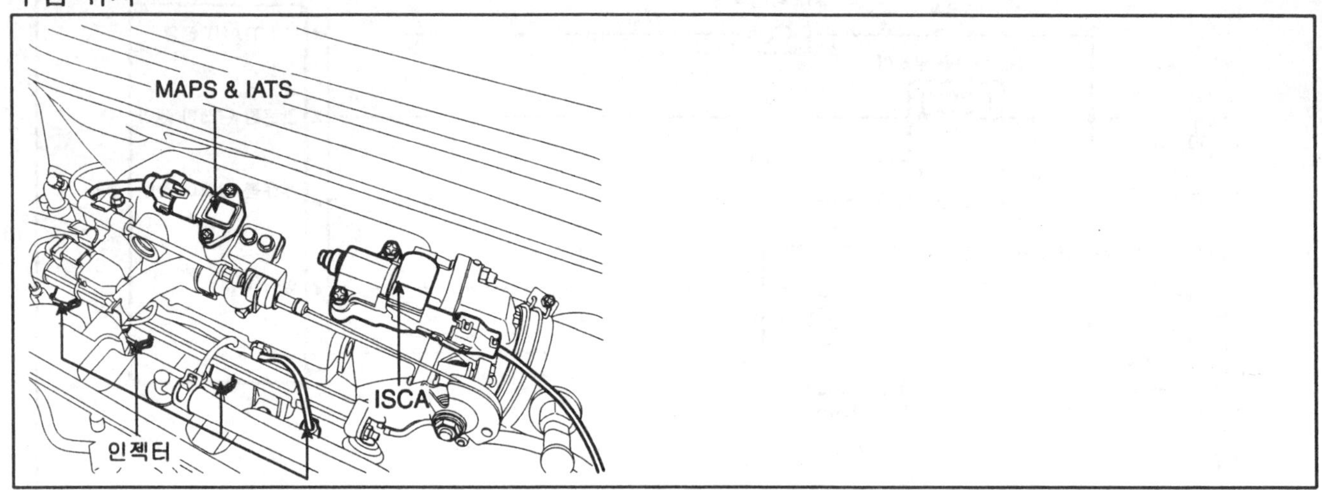

SFDF28201D

기능 및 역할

ECM은 열림측 및 닫힘측 2개의 코일로 구성된 공회전 속도 조절 밸브(ISCA)를 이용하여 엔진 상태 변화에 따른 목표회전수를 벗어나지 않도록 차량을 제어 한다. 두 코일의 작동 듀티는 산술적으로 합할때 100%가 되어야 하며 고장시 작동 듀티는 각 코일의 고장 형태에 따라 ECM측에서 가변적으로 조정한다. 오래된 엔진의 경우 엔진마모 및 이물질 축척등으로 공회전시 흡입되는 공기량이 변화하는 경우가 발생하여 공회전 속도가 변하게 된다. 이경우 ECM은 자체 학습을 통한 최적제어를 통해 안정적인 엔진 회전수를 유지 한다.

고장 코드 설명

ECM은 열림측 제어선이 접지와 단락 및 단선된경우 고장 코드 P1505를 표출한다.

고장판정 조건

항목	판정 조건	고장예상 원인
검출 방법	• 전기적 신호 점검	• 단선 또는 접지 단락 • 커넥터 접촉 저항 • ISCA 밸브
검출 조건	• 10V < 배터리 전압 < 16V • 10% < ISCA 듀티 < 90%	
판정값	• 단선 또는 접지 단락	
검출 시간	• 2초	

제원

ISCA 정상시 저항(20℃)	
열림측 저항	닫힘측 저항
11.1 ~ 12.7Ω	14.5 ~ 16.1Ω

표준회로도

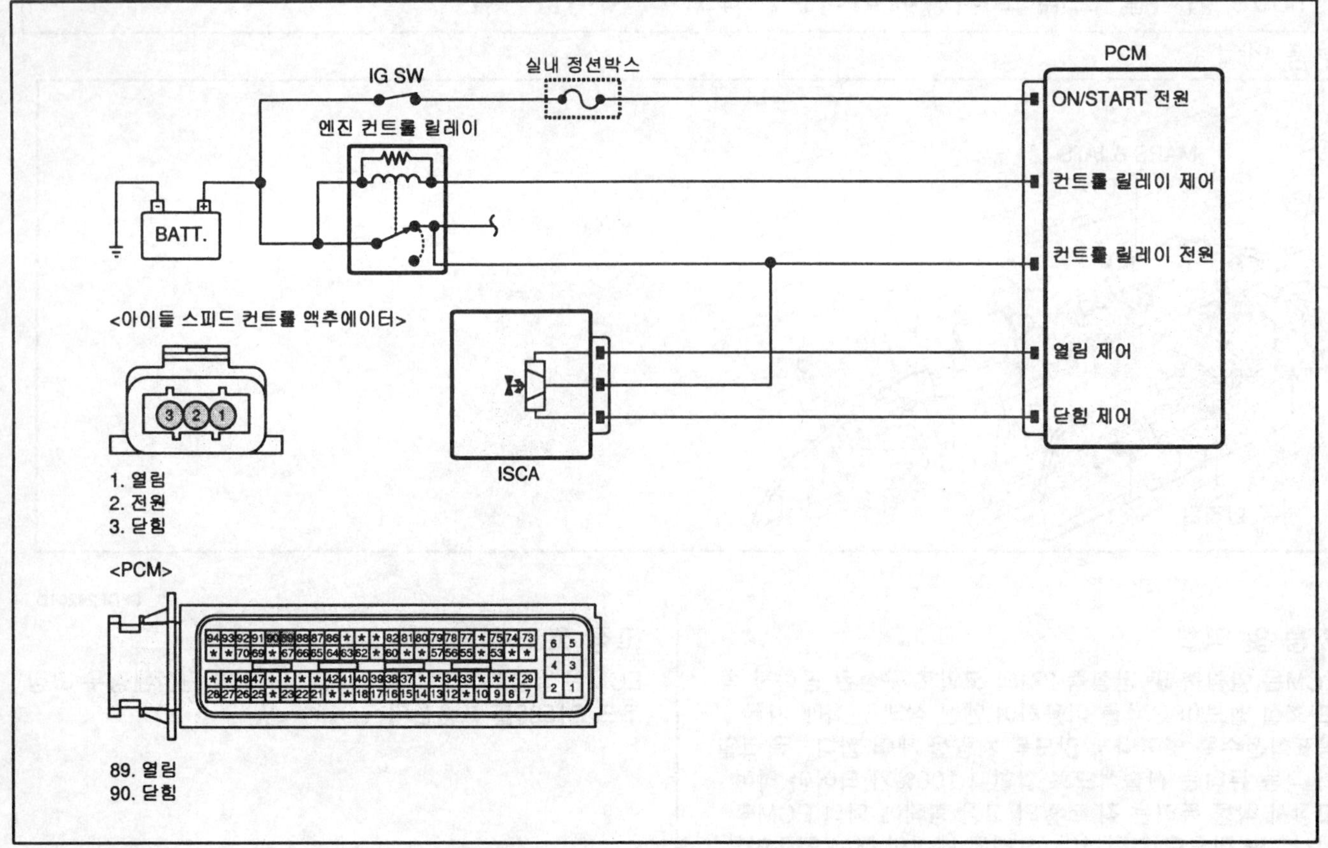

SFDF28516D

기준 파형 및 데이터

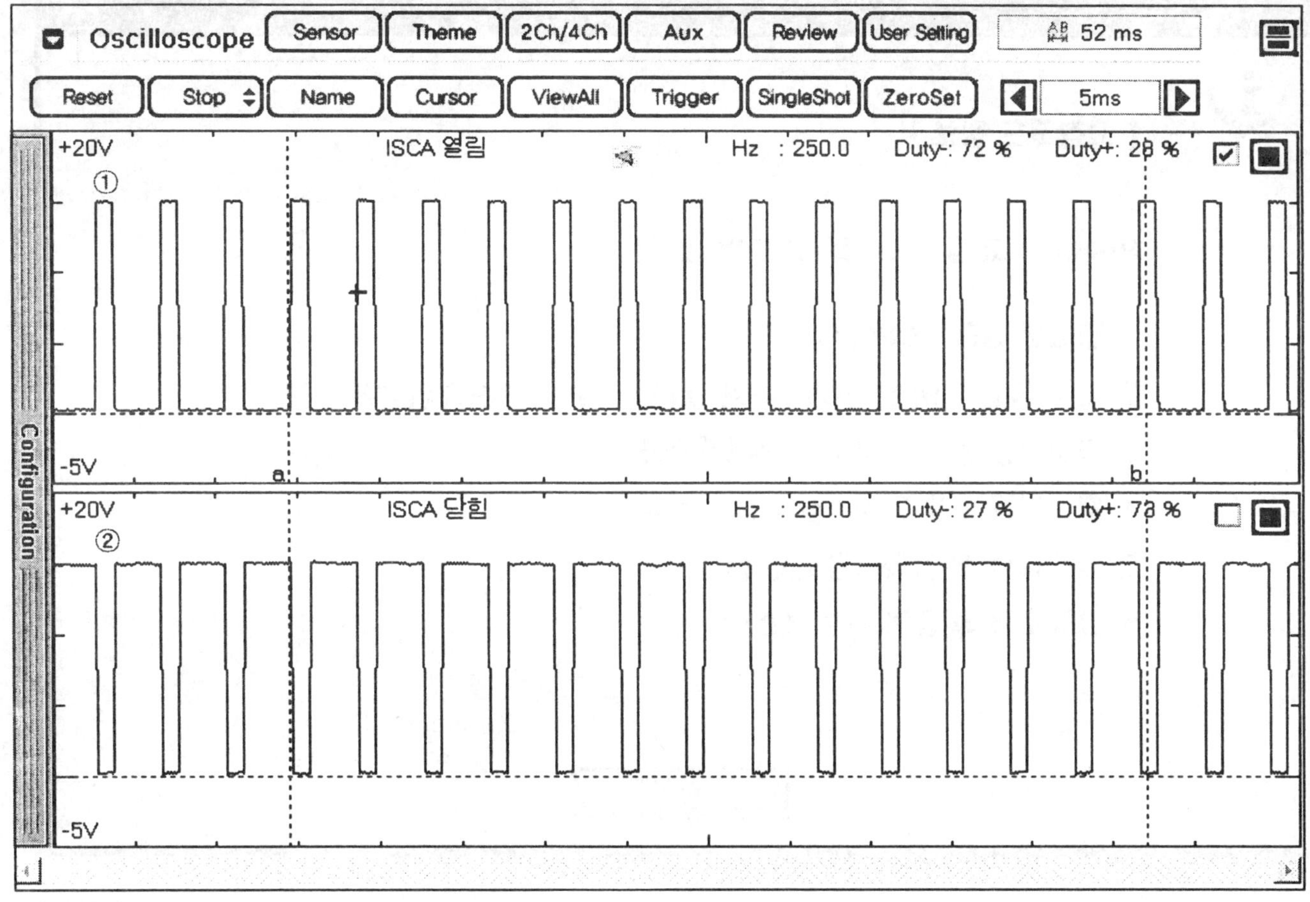

SFDF28707D

1 : 공회전 속도 조절 밸브(열림측)

2 : 공회전 속도 조절 밸브(닫힘측)

그림 1) 공회전 속도 조절 밸브(ISCA)는 열림측 및 닫힘측 2개의 코일로 구성되어 있으며 가속시등 스로틀이 많이 열리는 상태에서는 열림측 작동 듀티가 닫힘측보다 높다. 두 코일의 작동 듀티는 산술적으로 합할때 100%가 되어야 하며 고장시 작동 듀티는 각 코일의 고장 형태에 따라 ECM측에서 가변적으로 조정한다

고장코드 확인

1. GDS의 "고장코드"기능을 선택 한다.
2. 화면 중앙에있는 DTC Status 기능을 선택 한다.
3. "고장 진단 완료 유무" 항목이 COMPLETED(진단 완료)인지 확인한다.

   참고

   미완료일경우 일반정보의 검출조건에서 지시하는대로 차량을 주행하여 진단을 완료 시킨다

4. "고장 유형"항목의 결과값이 "과거 고장" 인가?

[고장코드 정보]

P0000 고장코드 및 코드명 출력

1. 경고등 상태 : OFF/ON
2. 고장 유형 : HISTORY(과거고장) / PRESENT(현재고장)
3. 고장진단 완료 유무 : COMPLETED
4. 동일고장 발생 횟수 : 횟수가 기록
5. 고장발생 후 경과시간 : 00 M
6. 고장소거 후 경과시간 : 00 M

확인

SFDF28702D

참고

- *과거 고장 : 이전에 발행한 고장임. 현재는 정상.*
- *현재 고장 : 현재 고장이 발생되어 있는 상태임.*

예 ▶ GDS에서 표출되는 "동일 고장 발생 횟수"를 참고하여 아래 지시 사항을 수행 한다.
- "동일고장 발생 횟수"가 1회 이하 : 현재 차량의 상태는 정상이므로 "고장 수리 확인" 절차를 수행한다.
- "동일고장 발생 횟수"가 2회 이상 : 배선등의 접촉불량으로 인한 간헐적 고장 가능성이 의심됨. 다음 점검 절차를 수행한다.

아니오 ▶ 다음 점검 절차를 수행한다.

컨넥터 및 터미널 점검

1. 고장의 주요원인은 배선손상 및 연결상태의 불량에 있으므로 커넥터 접촉불량 및 터미널의 부식 또는 변형 등을 전체적으로 점검한다.
2. 문제가 발견 되었는가?

예 ▶ 수리 또는 교환한 후 "고장 수리 확인" 절차를 수행한다.

아니오 ▶ ECM측 커넥터 및 터미널의 접촉불량 또는 부식, 변형등을 재점검하여 이상이 있으면 수리한다. 수리 완료 후 또는 정상일 경우 "고장 수리 확인" 절차를 수행한다.

전원선 점검

1. IG KEY OFF 한다.
2. ISCA 커넥터를 탈거한다.
3. IG KEY ON 한다.
4. ISCA 전원선과 차체 접지 사이의 전압을 측정한다.

정상값 : 배터리 전압

5. 측정값이 정상인가?

예 ▶ "신호선 점검" 절차를 수행한다.

아니오 ▶ 밸브와 메인 릴레이 사이의 단선 또는 단락을 수리한 후 "고장 수리 확인" 절차를 수행한다.

신호선 점검

1. 접지단락 점검
   1) IG KEY OFF 한다.

2) ISCA 커넥터를 탈거한다.

3) ISCA 열림 제어단자와 차체 접지 사이의 저항을 측정한다.

정상값 : 무한대

4) 측정값이 정상인가?

예 ▶ 다음 점검 절차를 수행한다.

아니오 ▶ 제어선의 접지 단락을 수리한 후 "고장 수리 확인" 절차를 수행한다.

2. 단선 점검

1) IG KEY OFF 한다.

2) ISCA 커넥터와 ECM 커넥터를 탈거한다.

3) ISCA 열림 제어단자 양단 사이의 저항을 측정한다

정상값 : 약 0 Ω

4) 측정값이 정상인가?

예 ▶ 다음 점검 절차를 수행한다.

아니오 ▶ 제어선의 단선을 수리한 후 "고장 수리 확인" 절차를 수행한다.

단품 점검

1. IG KEY OFF 한다.
2. ISCA 커넥터를 탈거한다.
3. ISCA 열림 제어 단자와 전원 단자 사이의 저항을 측정한다. (단품측)

정상값

ISCA 정상시 저항(20℃)	
열림측 저항	닫힘측 저항
11.1 ~ 12.7Ω	14.5 ~ 16.1Ω

4. 측정값이 정상인가?

예 ▶ 전체적으로 커넥터의 느슨함, 접촉불량, 구부러짐, 부식, 오염, 변형 또는 손상을 점검한다. 필요시 수리 또는 교환한 후 "고장수리확인" 과정을 수행한다.

아니오 ▶ 새로운 단품을 임시 장착하여 차량 상태를 확인한 후 정상이면 단품을 교환한다. "고장 수리 확인" 절차를 수행한다.

고장수리 확인

"고장 코드 확인" 절차를 재수행하여 고장이 정확히 수리되었는지 확인한다

1. GDS의 "자기진단"기능중 DTC Status 기능을 선택한다.

   ⚠주의
   고장코드를 소거하지 말 것(상세정보도 함께 소거 됨)

2. "고장 진단 완료 유무" 항목이 "진단 완료"인지 확인한다.

   참고
   미완료일경우 일반정보의 검출조건에서 지시하는대로 차량을 주행하여 완료 시킨다.

3. "고장 유형"항목의 결과값이 "과거 고장" 인가?

예 ▶ 시스템 정상. 고장코드를 소거한다.

아니오 ▶ 적절한 수리절차를 재수행한다.

P1506 아이들 스피드 액츄에이터#1 회로 - 제어값 높음

부품 위치

DTC P1505 참조: 아이들 스피드 액추에이터#1 회로 - 제어값 낮음

기능 및 역할

DTC P1505 참조: 아이들 스피드 액추에이터#1 회로 - 제어값 낮음

고장 코드 설명

ECM은 열림측 제어선이 배터리와 단락된경우 고장코드 P1506을 표출한다.

고장판정 조건

항목	판정 조건	고장예상 원인
검출 방법	• 전기적 신호 점검	• 배터리 단락 • 커넥터 접촉 저항 • ISCA 밸브
검출 조건	• 10V < 배터리 전압 < 16V • 10% < ISCA 듀티 < 90%	
판정값	• 배터리 단락	
검출 시간	• 2초	

제원

DTC P1505 참조: 아이들 스피드 액추에이터#1 회로 - 제어값 낮음

표준회로도

DTC P1505 참조: 아이들 스피드 액추에이터#1 회로 - 제어값 낮음

기준 파형 및 데이터

DTC P1505 참조: 아이들 스피드 액추에이터#1 회로 - 제어값 낮음

고장코드 확인

DTC P1505 참조: 아이들 스피드 액추에이터#1 회로 - 제어값 낮음

컨넥터 및 터미널 점검

DTC P1505 참조: 아이들 스피드 액추에이터#1 회로 - 제어값 낮음

전원선 점검

1. IG KEY OFF 한다.
2. ISCA 커넥터를 탈거한다.
3. IG KEY ON 한다.
4. ISCA 전원선과 차체 접지 사이의 전압을 측정한다.

정상값 : 배터리 전압

5. 측정값이 정상인가?

예 ▶ "신호선 점검" 절차를 수행한다.

아니오 ▶ 밸브와 메인 릴레이 사이의 단선 또는 단락을 수리한 후 "고장 수리 확인" 절차를 수행한다.

신호선 점검

1. IG KEY OFF 한다.
2. ISCA 커넥터를 탈거한다.
3. IG KEY ON 한다.
4. ISCA 열림 제어 단자와 차체 접지 사이의 전압을 측정한다.

정상값 : 약 0V

5. 측정값이 정상인가?

예 ▶ 다음 점검 절차를 수행한다.

아니오 ▶ 배선의 단락을 수리한 후, "고장 수리 확인" 절차를 수행한다.

단품 점검

1. IG KEY OFF 한다.
2. ISCA 커넥터를 탈거한다.
3. ISCA 열림 제어 단자와 전원 단자 사이의 저항을 측정한다. (단품측)

정상값

ISCA 정상시 저항(20℃)	
열림측 저항	닫힘측 저항
11.1 ~ 12.7Ω	14.5 ~ 16.1Ω

4. 측정값이 정상인가?

예 ▶ 전체적으로 커넥터의 느슨함, 접촉불량, 구부러짐, 부식, 오염, 변형 또는 손상을 점검한다. 필요시 수리 또는 교환한 후 "고장수리확인" 과정을 수행한다.

아니오 ▶ 새로운 단품을 임시 장착하여 차량 상태를 확인한 후 정상이면 단품을 교환한다.
"고장 수리 확인" 절차를 수행한다.

고장수리 확인

DTC P1505 참조: 아이들 스피드 액추에이터#1 회로 - 제어값 낮음

P1507 아이들 스피드 액츄에이터#2 회로 - 제어값 낮음

부품 위치

DTC P1505 참조: 아이들 스피드 액추에이터#1 회로 - 제어값 낮음

기능 및 역할

DTC P1505 참조: 아이들 스피드 액추에이터#1 회로 - 제어값 낮음

고장 코드 설명

ECM은 닫힘측 제어선이 접지와 단락및 단선된경우 고장 코드 P1507을 표출한다.

고장판정 조건

항목	판정 조건	고장예상 원인
검출 방법	• 전기적 신호 점검	• 단선 또는 접지 단락 • 커넥터 접촉 저항 • ISCA 밸브
검출 조건	• 10V < 배터리 전압 < 16V • 10% < ISCA 듀티 < 90%	
판정값	• 단선 또는 접지 단락	
검출 시간	• 2초	

제원

DTC P1505 참조: 아이들 스피드 액추에이터#1 회로 - 제어값 낮음

표준회로도

DTC P1505 참조: 아이들 스피드 액추에이터#1 회로 - 제어값 낮음

기준 파형 및 데이터

DTC P1505 참조: 아이들 스피드 액추에이터#1 회로 - 제어값 낮음

고장코드 확인

DTC P1505 참조: 아이들 스피드 액추에이터#1 회로 - 제어값 낮음

컨넥터 및 터미널 점검

DTC P1505 참조: 아이들 스피드 액추에이터#1 회로 - 제어값 낮음

전원선 점검

1. IG KEY OFF 한다.
2. ISCA 커넥터를 탈거한다.
3. IG KEY ON 한다.
4. ISCA 전원선과 차체 접지 사이의 전압을 측정한다.

정상값 : 배터리 전압

5. 측정값이 정상인가?

예 ▶ "신호선 점검" 절차를 수행한다.

아니오 ▶ 밸브와 메인 릴레이 사이의 단선 또는 단락을 수리한 후 "고장 수리 확인" 절차를 수행한다.

신호선 점검

1. 접지단락 점검
   1) IG KEY OFF 한다.
   2) ISCA 커넥터를 탈거한다.
   3) ISCA 닫힘 제어단자와 차체 접지 사이의 저항을 측정한다.

정상값 : 무한대

   4) 측정값이 정상인가?

예 ▶ 다음 점검 절차를 수행한다.

아니오 ▶ 제어선의 접지 단락을 수리한 후 "고장 수리 확인" 절차를 수행한다.

2. 단선 점검
   1) IG KEY OFF 한다.
   2) ISCA 커넥터와 ECM 커넥터를 탈거한다.
   3) ISCA 닫힘 제어단자 양단 사이의 저항을 측정한다 .

정상값 : 약 0 Ω

   4) 측정값이 정상인가?

예 ▶ 다음 점검 절차를 수행한다.

아니오 ▶ 제어선의 단선을 수리한 후 "고장 수리 확인" 절차를 수행한다.

단품 점검

1. IG KEY OFF 한다.
2. ISCA 커넥터를 탈거한다.

3. ISCA 열림 제어 단자와 전원 단자 사이의 저항을 측정한다. (단품측)

정상값

ISCA 정상시 저항(20℃)	
열림측 저항	닫힘측 저항
11.1 ~ 12.7Ω	14.5 ~ 16.1Ω

4. 측정값이 정상인가?

예 ▶ 전체적으로 커넥터의 느슨함, 접촉불량, 구부러짐, 부식, 오염, 변형 또는 손상을 점검한다. 필요시 수리 또는 교환한 후 "고장수리확인" 과정을 수행한다.

아니오 ▶ 새로운 단품을 임시 장착하여 차량 상태를 확인한 후 정상이면 단품을 교환한다.
"고장 수리 확인" 절차를 수행한다.

고장수리 확인

DTC P1505 참조: 아이들 스피드 액추에이터#1 회로 - 제어값 낮음

P1508 아이들 스피드 액츄에이터#2 회로 - 제어값 높음

부품 위치

DTC P1505 참조: 아이들 스피드 액추에이터#1 회로 - 제어값 낮음

기능 및 역할

DTC P1505 참조: 아이들 스피드 액추에이터#1 회로 - 제어값 낮음

고장 코드 설명

ECM은 닫힘측 제어선이 배터리와 단락된경우 고장코드 P1508을 표출한다.

고장판정 조건

항목	판정 조건	고장예상 원인
검출 방법	• 전기적 신호 점검	• 배터리 단락 • 커넥터 접촉 저항 • ISCA 밸브
검출 조건	• 10V < 배터리 전압 < 16V • 10% < ISCA 듀티 < 90%	
판정값	• 배터리 단락	
검출 시간	• 2초	

제원

DTC P1505 참조: 아이들 스피드 액추에이터#1 회로 - 제어값 낮음

표준회로도

DTC P1505 참조: 아이들 스피드 액추에이터#1 회로 - 제어값 낮음

기준 파형 및 데이터

DTC P1505 참조: 아이들 스피드 액추에이터#1 회로 - 제어값 낮음

고장코드 확인

DTC P1505 참조: 아이들 스피드 액추에이터#1 회로 - 제어값 낮음

컨넥터 및 터미널 점검

DTC P1505 참조: 아이들 스피드 액추에이터#1 회로 - 제어값 낮음

전원선 점검

1. IG KEY OFF 한다.
2. ISCA 커넥터를 탈거한다.
3. IG KEY ON 한다.
4. ISCA 전원선과 차체 접지 사이의 전압을 측정한다.

정상값 : 배터리 전압

5. 측정값이 정상인가?

예 ▶ "신호선 점검" 절차를 수행한다.

아니오 ▶ 밸브와 메인 릴레이 사이의 단선 또는 단락을 수리한 후 "고장 수리 확인" 절차를 수행한다.

신호선 점검

1. IG KEY OFF 한다.
2. ISCA 커넥터를 탈거한다.
3. IG KEY ON 한다.
4. ISCA 닫힘 제어 단자와 차체 접지 사이의 전압을 측정한다.

정상값 : 약 0V

5. 측정값이 정상인가?

예 ▶ 다음 점검 절차를 수행한다.

아니오 ▶ 배선의 단락을 수리한 후, "고장 수리 확인" 절차를 수행한다.

단품 점검

1. IG KEY OFF 한다.
2. ISCA 커넥터를 탈거한다.
3. ISCA 열림 제어 단자와 전원 단자 사이의 저항을 측정한다. (단품측)

정상값

ISCA 정상시 저항(20℃)	
열림측 저항	닫힘측 저항
11.1 ~ 12.7Ω	14.5 ~ 16.1Ω

4. 측정값이 정상인가?

예 ▶ 전체적으로 커넥터의 느슨함, 접촉불량, 구부러짐, 부식, 오염, 변형 또는 손상을 점검한다. 필요시 수리 또는 교환한 후 "고장수리확인" 과정을 수행한다.

아니오 ▶ 새로운 단품을 임시 장착하여 차량 상태를 확인한 후 정상이면 단품을 교환한다.
"고장 수리 확인" 절차를 수행한다.

고장수리 확인

DTC P1505 참조: 아이들 스피드 액추에이터#1 회로 - 제어값 낮음

U0001 CAN 통신 회로 - CAN BUS OFF

기능 및 역할

배기가스 저감 및 편의/안전성 증진을 위한 차량의 전자제어화에는 최적제어를 위한 각 시스템별 컨트롤유닛과 각각의 제어에 필요한 여러 종류의 정보가 요구되어 진다. 이에 따라 각각의 컨트롤 유닛의 제어에 필요한 다양한 센서들의 공용화가 필요하며 이를 위해 전기적 노이즈에 강하면서 고속 통신이 가능한 CAN(Control Area Network) 통신 방식이 차량의 파워트레인(엔진 및 자동변속) 및 다른 컨트롤 유닛(ABS,TCS,ESP,ECS 또는 4WD등)의 효율적인 정보 공유를 위하여 사용된다. CAN 통신을 통하여 각각의 컨트롤 유닛들은 중요 신호(엔진 회전수, 냉각수온 또는 스로틀 개도등)를 상호 공유하여 효율적이며 최적의 제어를 수행하게 된다.

고장 코드 설명

ECM은 통신라인에 응답이 없거나 잘못된 메시지가 전송되어질 경우 U0001을 표출 한다.

고장 판정 조건

항목		판정 조건	고장예상 원인
고장진단 방법	경우1	• CAN 메시지 전송 정상 여부 점검	• CAN 통신선 단선 또는 단락 • 커넥터 접촉 저항 • ECM
	경우2	• 메시지 전송 불가	
고장진단 진입조건	경우1	• 배터리 전압 >10V • 엔진 회전수 > 약 30 rpm	
	경우2	• 배터리 전압 >10V • 엔진 회전수 > 약 30 rpm	
고장코드 발생기준값	경우1	• CAN 메시지 이상	
	경우2	• 메시지 무응답 시간 = 1 sec.	
고장진단 시간	경우1	• 60초	
	경우2	• 1초	

표준회로도

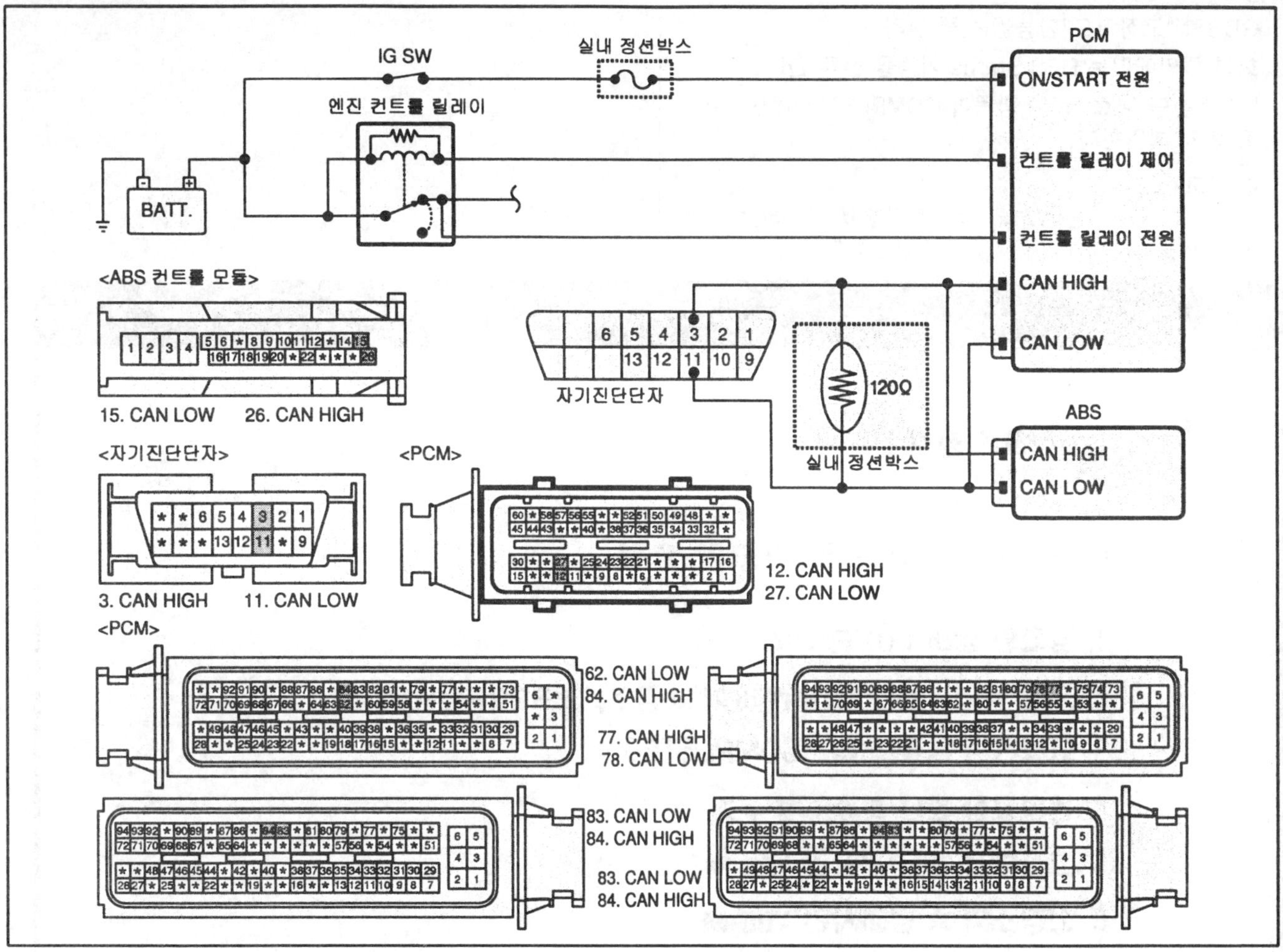

IG SW
실내 정션박스
PCM
ON/START 전원
엔진 컨트롤 릴레이
컨트롤 릴레이 제어
BATT.
컨트롤 릴레이 전원
CAN HIGH
CAN LOW
<ABS 컨트롤 모듈>
15. CAN LOW 26. CAN HIGH
자기진단단자
120Ω
ABS
CAN HIGH
CAN LOW
실내 정션박스
<자기진단단자>
3. CAN HIGH 11. CAN LOW
<PCM>
12. CAN HIGH
27. CAN LOW
<PCM>
62. CAN LOW
84. CAN HIGH
77. CAN HIGH
78. CAN LOW
83. CAN LOW
84. CAN HIGH
83. CAN LOW
84. CAN HIGH

SFDF28528D

기준 파형 및 데이터

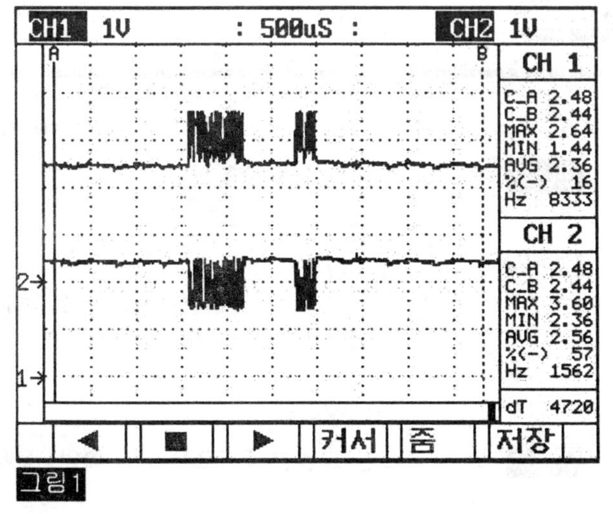

그림1

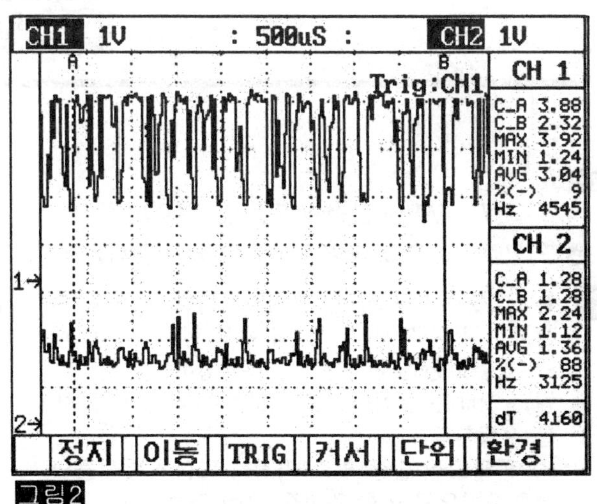

그림2

SFDF28638D

그림 1) 정상파형

그림 2) 단선((CAN High)시 파형

고장코드 확인

1. GDS의 "고장코드"기능을 선택 한다.
2. 화면 중앙에있는 DTC Status 기능을 선택 한다.
3. "고장 진단 완료 유무" 항목이 COMPLETED(진단 완료)인지 확인한다.

참고
미완료일경우 일반정보의 검출조건에서 지시하는대로 차량을 주행하여 진단을 완료 시킨다

4. "고장 유형"항목의 결과값이 "과거 고장" 인가?

GDS

[고장코드 정보]

P0000 고장코드 및 코드명 출력

1. 경고등 상태 : OFF/ON
2. 고장 유형 : HISTORY(과거고장) / PRESENT(현재고장)
3. 고장진단 완료 유무 : COMPLETED
4. 동일고장 발생 횟수 : 횟수가 기록
5. 고장발생 후 경과시간 : 00 M
6. 고장소거 후 경과시간 : 00 M

확인

SFDF28702D

참고
- *과거 고장 : 이전에 발행한 고장임. 현재는 정상.*
- *현재 고장 : 현재 고장이 발생되어 있는 상태임.*

예 ▶ GDS에서 표출되는 "동일 고장 발생 횟수"를 참고하여 아래 지시 사항을 수행 한다.
- "동일고장 발생 횟수"가 1회 이하 : 현재 차량의 상태는 정상이므로 "고장 수리 확인" 절차를 수행한다.
- "동일고장 발생 횟수"가 2회 이상 : 배선등의 접촉불량으로 인한 간헐적 고장 가능성이 의심됨. 다음 점검 절차를 수행한다.

아니오 ▶ 다음 점검 절차를 수행한다.

컨넥터 및 터미널 점검

1. 고장의 주요원인은 배선손상 및 연결상태의 불량에 있으므로 커넥터 접촉불량 및 터미널의 부식 또는 변형등을 전체적으로 점검한다.
2. 문제가 발견 되었는가?

예 ▶ 수리 또는 교환한 후 "고장 수리 확인" 절차를 수행한다.

아니오 ▶ 다음 점검 절차를 수행한다.

신호선 점검

■ 신호선 단선 점검

1. IG KEY OFF 한다.
2. ECM 커넥터를 탈거한다.
3. ECM 배선측 'CAN(HIGH)'단자와 'CAN(LOW)'단자 사이의 저항을 측정한다.

정상값 : 약 110~130 Ω

4. 측정값이 정상인가?

예 ▶ 다음 점검 절차를 수행한다.

아니오 ▶ ECM과 캔통신을 수행하는 각단품 및 정션박스내의 저항간 배선의 단선을 점검한다.

참고

실내 정션 박스내 저항(버티컬 레지스터) 규정치 : 약 110~130Ω
수리 또는 교환한 후 "고장 수리 확인" 절차를 수행한다.

■ 신호선 접지 단락 점검

1. IG KEY OFF 한다.
2. ECM 커넥터를 탈거한다.
3. ECM 배선측 'CAN(HIGH)'단자와 차체 접지 사이의 저항을 측정한다.
   ECM 배선측 'CAN(LOW)'단자와 차체 접지 사이의 저항을 측정한다.

정상값 : 무한대

4. 측정값이 정상인가?

예 ▶ 다음 점검 절차를 수행한다.

아니오 ▶ 신호선의 단락된 회로를 수리한 후 "고장 수리 확인" 절차를 실시한다.

■ 신호선 전원 단락 점검

1. IG KEY OFF 한다.
2. 캔 통신 라인과 연결된 각 컨트롤 모듈(ABS 또는 ESP 및 ECS)의 커넥터를 분리한다.
3. IG KEY ON 한다.
4. ECM 배선측 'CAN(HIGH)'단자와 차체 접지 사이의 전압을 측정한다.
   ECM 배선측 'CAN(LOW)'단자와 차체 접지 사이의 전압을 측정한다.

정상값 : 약 0 V

5. 측정값이 정상인가?

예 ▶ 다음 점검 절차를 수행한다.

아니오 ▶ 신호선의 단락된 회로를 수리한 후 "고장 수리 확인" 절차를 실시한다.

단품 점검

1. IG KEY OFF 한다.
2. ECM 커넥터를 탈거한다.
3. ECM 커넥터 'CAN(HIGH)'단자와 'CAN(LOW)'단자 사이의 저항을 측정한다. (ECM 단품측)

정상값 : 약 110~130 Ω

4. 측정값이 정상인가?

예 ▶ ECM과 단품 사이의 커넥터 접촉불량 및 터미널의 부식 또는 변형을 점검한 후 이상이 있으면 수리한다.
"고장 수리 확인" 절차를 수행한다.

아니오 ▶ 새로운 ECM을 임시 장착하여 차량 상태를 확인한 후 정상이면 단품을 교환한다.
"고장 수리 확인" 절차를 수행한다.

고장수리 확인

"고장 코드 확인" 절차를 재수행하여 고장이 정확히 수리되었는지 확인한다

1. GDS의 "자기진단"기능중 DTC Status 기능을 선택한다.

   ⚠주의

   고장코드를 소거하지 말 것(상세정보도 함께 소거 됨)

2. "고장 진단 완료 유무" 항목이 "진단 완료"인지 확인한다.

   참고

   미완료일경우 일반정보의 검출조건에서 지시하는대로 차량을 주행하여 완료 시킨다.

3. "고장 유형"항목의 결과값이 "과거 고장" 인가?

예 ▶ 시스템 정상. 고장코드를 소거한다.

아니오 ▶ 적절한 수리절차를 재수행한다.

U0101 CAN 통신 회로 - TCU 응답 지연

기능 및 역할

DTC U0001 참조: CAN 통신 회로 - CAN BUS OFF

고장 코드 설명

ECM은 통신라인에 메시지가 없을 경우 고장코드 U0101을 표출 한다.

고장판정 조건

항목	판정 조건	고장예상 원인
고장진단방법	• TCM 으로부터 메시지 없음 여부 점검	• ECM • 커넥터 접촉 불량 및 배선 손상
고장진단진입조건	• 배터리 전압 >10V • 엔진 회전수 > 256 rpm	
고장코드발생기준값	• 0.5초 동안 메시지 없음	
고장진단시간	• 1초	

표준회로도

DTC U0001 참조: CAN 통신 회로 - CAN BUS OFF

기준 파형 및 데이터

DTC U0001 참조: CAN 통신 회로 - CAN BUS OFF

고장코드 확인

DTC U0001 참조: CAN 통신 회로 - CAN BUS OFF

컨넥터 및 터미널 점검

DTC U0001 참조: CAN 통신 회로 - CAN BUS OFF

단품 점검

1. IG KEY OFF 한다.
2. ECM 커넥터를 탈거한다.
3. ECM 커넥터 'CAN(HIGH)'단자와 'CAN(LOW)'단자 사이의 저항을 측정한다. (ECM 단품측)

정상값 : 약 110~130 Ω

4. 측정값이 정상인가?

예 ▶ ECM과 단품 사이의 커넥터 접촉불량 및 터미널의 부식 또는 변형을 점검한 후 이상이 있으면 수리한다.
"고장 수리 확인" 절차를 수행한다.

아니오 ▶ 새로운 ECM을 임시 장착하여 차량 상태를 확인한 후 정상이면 단품을 교환한다.
"고장 수리 확인" 절차를 수행한다.

고장수리 확인

DTC U0001 참조: CAN 통신 회로 - CAN BUS OFF

연료 공급 장치

부품 위치

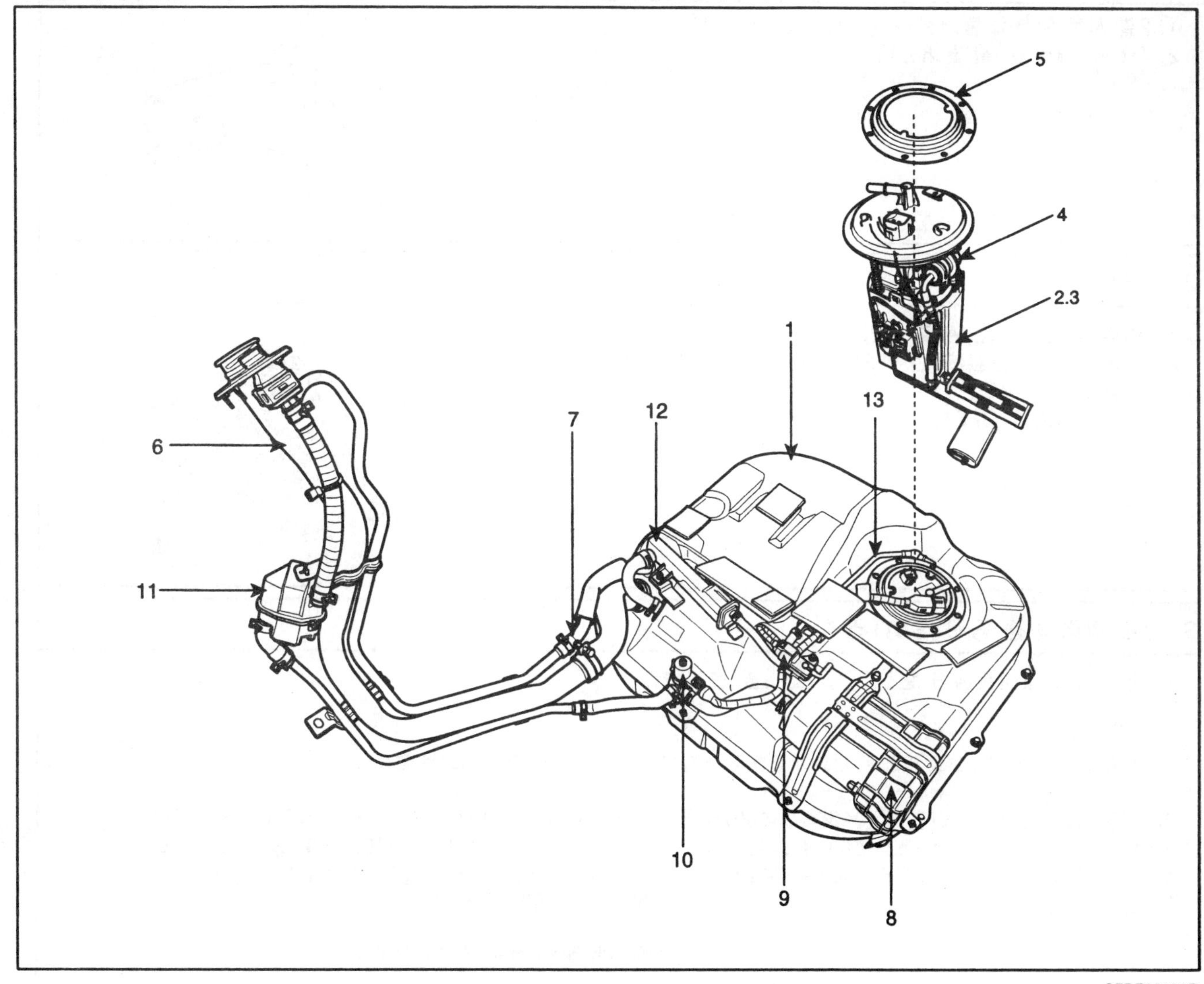

1. 연료 탱크
2. 연료 펌프
3. 연료 필터 (연료 펌프내 포함)
4. 연료 압력 레귤레이터
5. 연료 펌프 플레이트 커버
6. 연료 주입 파이프
7. 레벨링 호스
8. 캐니스터
9. 연료 탱크 압력 센서 (FTPS)
10. 캐니스터 클로즈 밸브 (CCV)
11. 연료 탱크 에어 필터
12. 세퍼레이터
13. 튜브 (캐니스터 ↔ 흡기 매니폴더)

연료 압력 시험

1. 준비

1. 2열 시트 쿠션을 탈거한다. (그룹 "BD" 참조.)
2. 서비스 커버 (A)를 탈거한다.

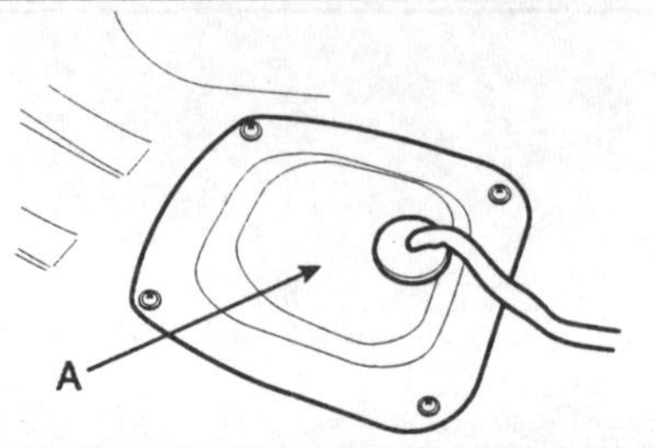

2. 내부압 제거

1. 연료 펌프 커넥터(A)를 분리한다.
2. 시동을 걸고 연료 라인 내의 연료를 모두 소모하여 엔진이 멈출때까지 기다린다.
3. 점화스위치를 OFF하고, 배터리 (-) 단자를 분리한다.

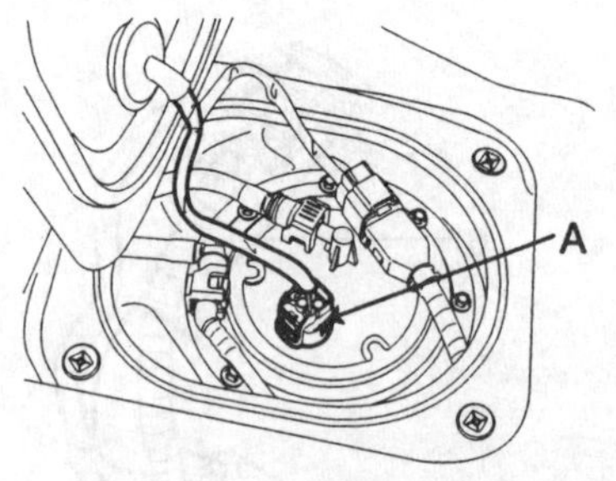

3. 연료 압력 측정 공구 (SST) 장착

1. 딜리버리 파이프에서 연료 공급 호스를 분리한다.

⚠ 주의

연료 라인 내의 잔압으로 인하여, 연료가 방출될 수 있으니, 호스 연결부를 헝겊으로 덮는다.

2. 연료 압력 게이지 어댑터 **(09353-38000)**를 딜리버리 파이프와 연료 공급 호스 사이에 장착한다.
3. 연료 압력 게이지 커넥터 **(09353-24000)**를 연료 압력 게이지 어댑터 **(09353-38000)**에 연결한다.
4. 연료 압력 게이지 및 호스 **(09353-24100)**를 연료 압력 게이지 커넥터 **(09353-24000)**에 연결한다.
5. 연료 공급 호스를 연료 압력 게이지 어댑터 **(09353-38000)**에 연결한다.

연료 압력 게이지 커넥터 **(09353-24000)**

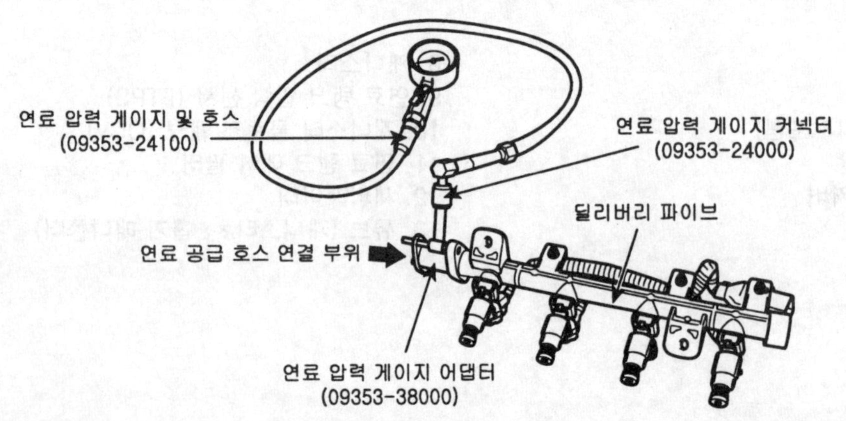

SFDFL8111D

4. 연료 라인 누유 점검

1. 배터리 (-) 단자를 연결한다.
2. 배터리 전압을 펌프 구동 단자에 연결하여, 연료 펌프를 작동시킨 다음, 연료 압력 게이지 혹은 연결부에서 연료 누유가 발생하지 않는지 점검한다.

5. 연료 압력 점검

1. 배터리 (-) 단자를 분리한다.
2. 연료 펌프 커넥터를 연결한다.
3. 배터리 (-) 단자를 연결한다.
4. 엔진을 구동시키고, 공회전 상태에서의 연료 압력을 측정한다.

연료 압력: 3.45 ~ 3.55 kgf/㎠

● 연료 압력이 규정치와 다르다면, 아래표를 참조하여 해당 부품을 수리 또는 교체한다.

상태	원인	고장 부위
연료 압력 너무 낮음	연료 필터가 막힘	연료 필터
	연료 압력 레귤레이터 밀봉 불량으로 인한 연료 누설	연료 압력 레귤레이터
연료 압력 너무 높음	연료 압력 레귤레이터 내의 밸브가 고착됨	연료 압력 레귤레이터

5. 엔진을 정지시키고, 연료 압력 게이지의 지침 변화을 체크한다.

엔진 정지 후, 연료 압력 게이지의 지침은 5분 정도 유지 되어야 함

● 연료 압력 게이지의 지침이 떨어지면 강하 정도를 점검한 후 , 아래표를 참조하여 해당 부품을 수리 또는 교체한다.

상태	원인	고장 부위
엔진 정지 후, 연료 압력이 서서히 강하한다.	인젝터에서 연료 누설	인젝터
엔진 정지 후, 연료 압력이 급격히 강하한다.	연료 펌프 내의 체크 밸브 열림	연료 펌프

SHDF16124D

6. 내부압 제거

1. 연료 펌프 커넥터(A)를 분리한다.
2. 시동을 걸고 연료 라인 내의 연료를 모두 소모하여 엔진이 멈출때까지 기다린다.
3. 점화스위치를 OFF하고, 배터리 (-) 단자를 분리한다.

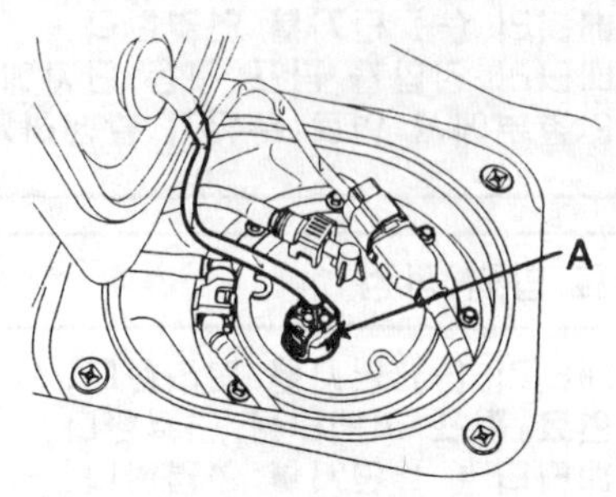

7. 연료 압력 측정 공구 (SST) 분리 및 연료 라인 연결

1. 연료 압력 게이지 및 호스 **(09353-24100)**를 연료 압력 게이지 커넥터 **(09353-24000)**로부터 분리한다.
2. 연료 압력 게이지 커넥터 **(09353-24000)**를 연료 압력 게이지 어댑터 **(09353-38000)**로부터 분리한다.
3. 연료 압력 게이지 어댑터 **(09353-38000)**를 딜리버리 파이프와 연료 공급 호스 사이에서 분리한다.

 주의

연료 라인 내의 잔압으로 인하여, 연료가 방출될 수 있으니, 호스 연결부를 헝겊으로 덮는다.

4. 연료 공급 호스를 딜리버리 파이프에 연결한다.

8. 연료 라인 누유 점검

1. 배터리 (-) 단자를 연결한다.
2. 배터리 전압을 펌프 구동 단자에 연결하여, 연료 펌프를 작동시킨 다음, 연료 라인 혹은 연결부에서 연료 누유가 발생하지 않는지 점검한다.
3. 차량 상태가 정상이면, 연료 펌프 커넥터를 연결한다.
4. 점검 종료

SFDFL8112D

연료 탱크

탈거

1. 준비 작업
   1) 2열 시트 쿠션을 탈거한다 (그룹 "BD" 참조).
   2) 서비스 커버 (A)를 탈거한다.

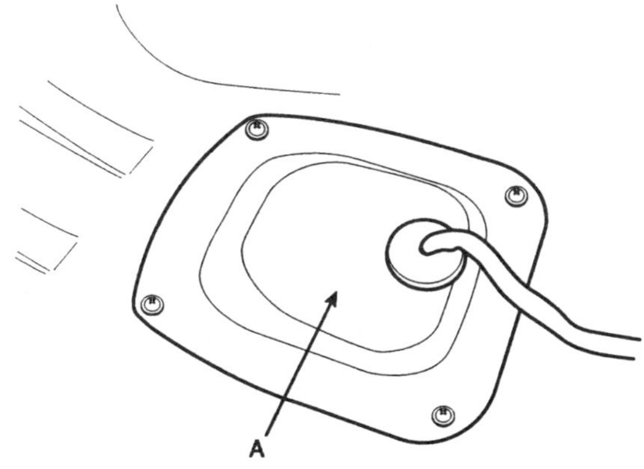

SHDF16125L

   3) 연료 펌프 커넥터 (A)를 분리한다.

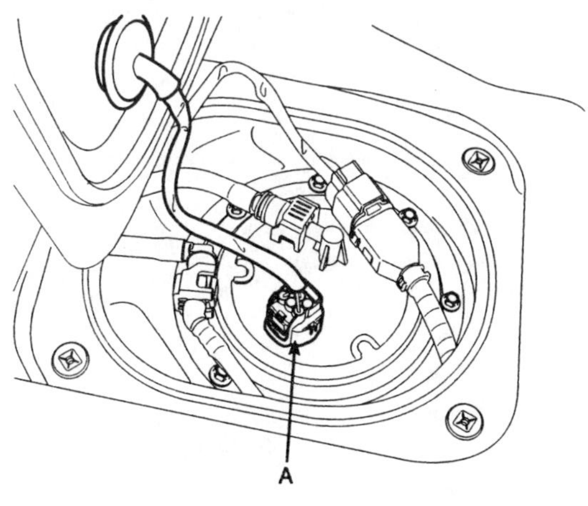

SFDFL8113D

   4) 차량을 시동시킨다 (공회전).
   5) 연료 라인내의 연료가 모두 소진되어 엔진이 멈추면, 점화스위치를 OFF한다.

2. 연료 공급 튜브 퀵-커넥터 (A), 진공 튜브 퀵-커넥터 (B) 및 캐니스터 클로즈 밸브 커넥터 (C)를 분리한다.

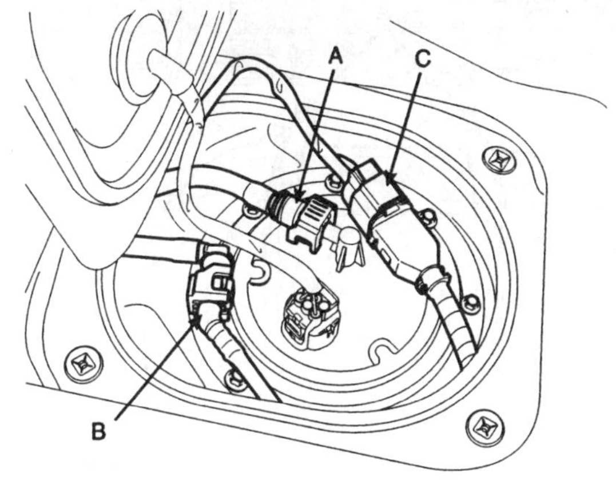

SFDFL8114D

3. 차량을 들어올린 후, 잭으로 연료 탱크를 지지한다.
4. 연료 주입 호스 (A), 레벨링 호스 (B) 및 진공 호스 (C)를 분리한다.

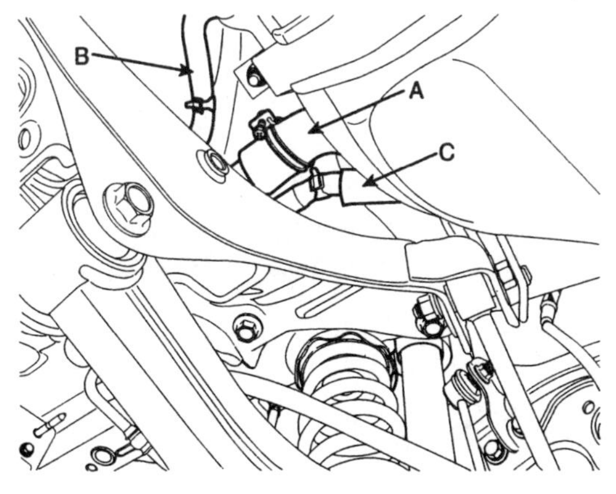

SFDFL8117D

5. 연료 탱크 밴드 장착 너트 (A)를 풀고, 연료 탱브 (B)를 탈거한다.

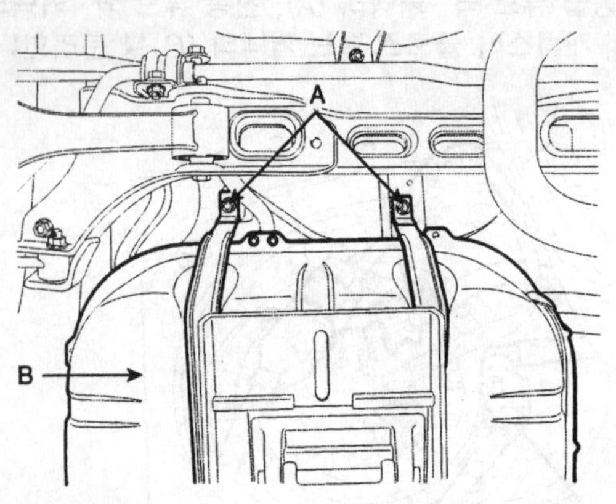

SEDF37009L

장착

1. "탈거" 절차의 역순으로 연료 탱크를 장착한다.

연료 펌프

탈거

1. 준비 작업
   1) 2열 시트 쿠션을 탈거한다 (그룹 "BD" 참조).
   2) 서비스 커버 (A)를 탈거한다.

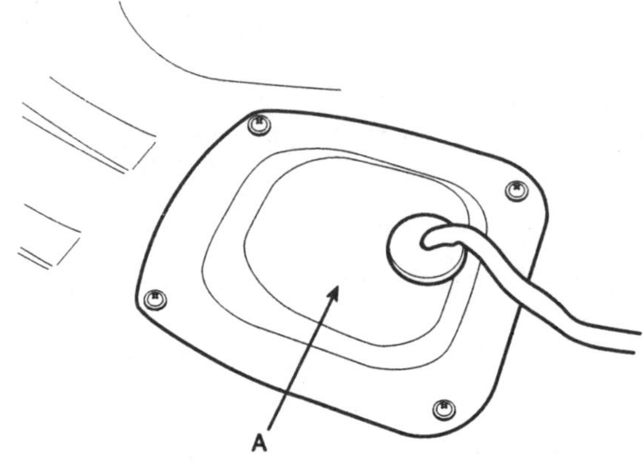

SHDF16125L

   3) 연료 펌프 커넥터 (A)를 분리한다.

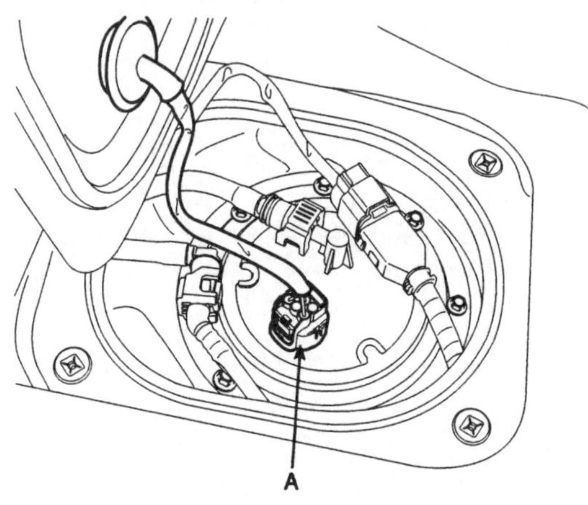

SFDFL8113D

   4) 차량을 시동시킨다 (공회전).
   5) 연료 라인내의 연료가 모두 소진되어 엔진이 멈추면, 점화스위치를 OFF한다.

2. 연료 공급 튜브 퀵-커넥터 (A), 진공 튜브 퀵-커넥터 (B) 및 캐니스터 클로즈 밸브 커넥터 (C)를 분리한다.

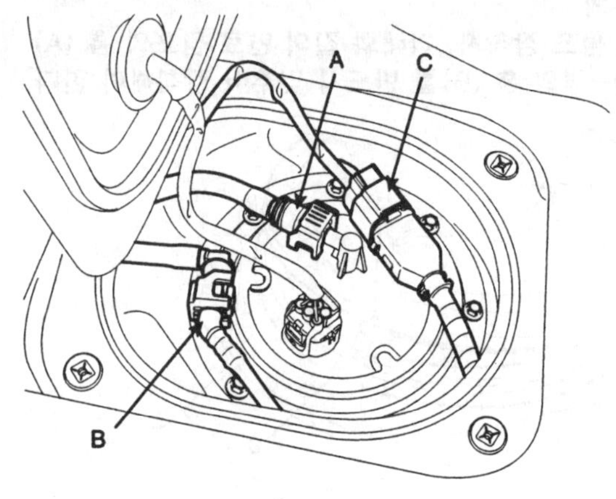

SFDFL8114D

3. 장착 볼트를 풀고 연료 펌프 플레이트 커버 (A)와 연료 펌프 어셈블리 (B)를 연료 탱크로 부터 탈거한다.

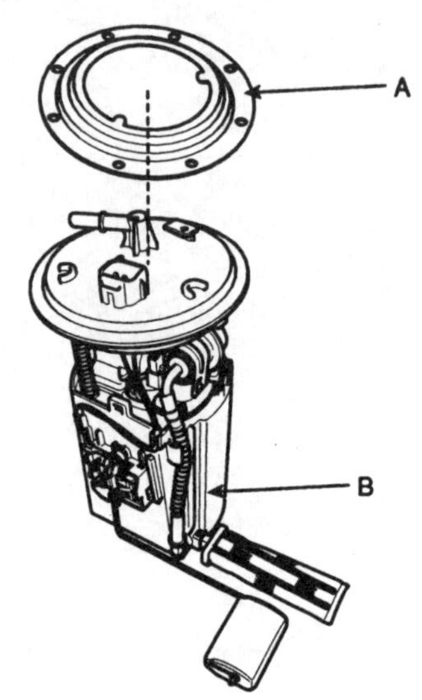

SFDFL8115D

장착

1. "탈거" 절차의 역순으로 연료 펌프를 장착한다.

연료 펌프 장착 볼트 : 0.2 ~ 0.3kgf · m

⚠주의
연료 펌프 장착시, 아래와 같이 연료 펌프의 홈 (A)와 O-링의 홈 (B)를 반드시 맞추어 장착해야 한다.

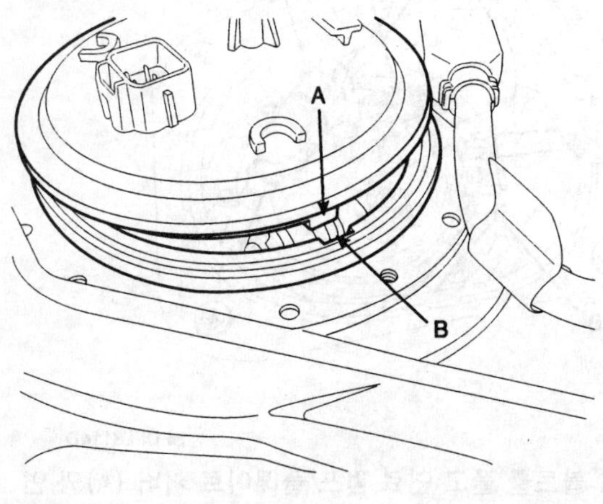

SFDFL8116D

연료 필터

교환

1. 연료 펌프를 탈거한다 (FL 그룹 "연료 펌프" 참조).
2. 연료 펌프 와이어링 커넥터 (A)를 탈거하고, 레귤레이터 캡 (B)를 탈거한다.

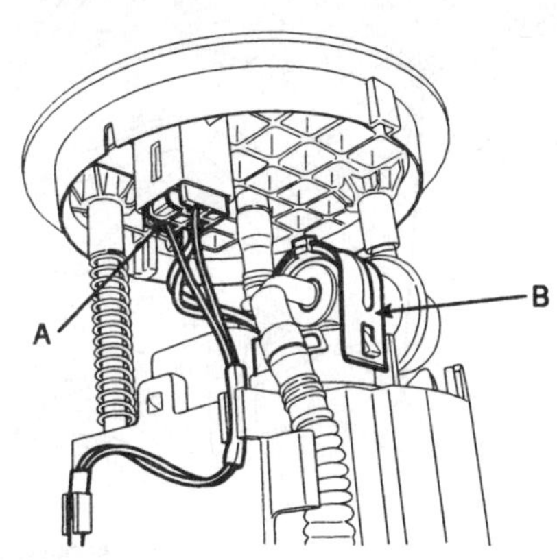

SFDFL8015L

3. 전기 펌프 와이어링 커넥터 (A)를 분리한다.

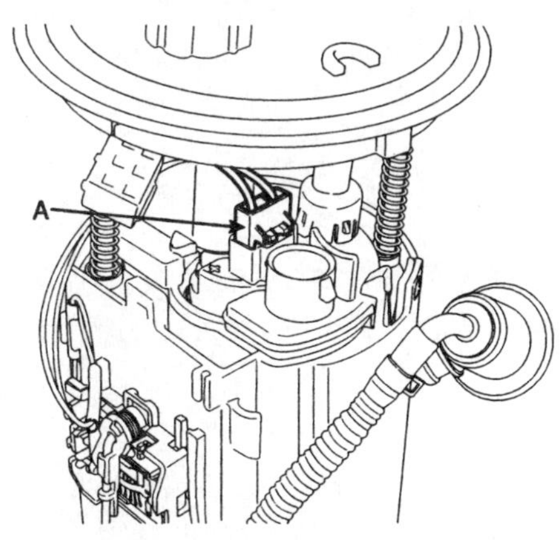

SFDFL8016L

4. 펌프 상부에 해당하는 플랜지 어셈블리 (B)를 눌러서 쿠션 파이프 고정 클립 (A)를 제거한다.
5. 피드 호스 커넥터 (D)를 분리하고, 3개의 고정 후크 (C)를 벌린 후, 플랜지 어셈블리 (B)를 연료 펌프 어셈블리에서 분리해낸다.

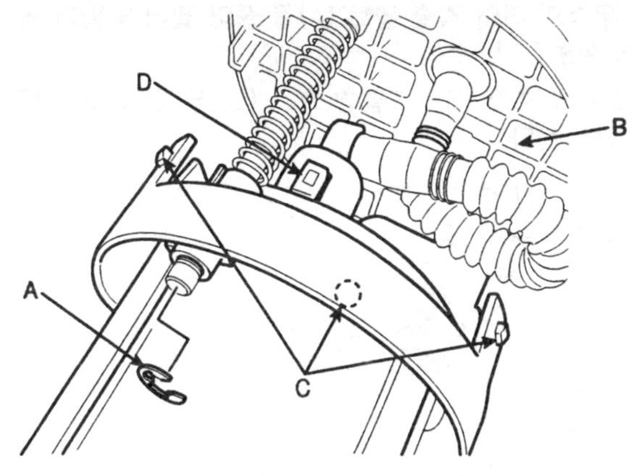

SFDFL8017L

6. 2개의 고정 후크 (C)를 벌린 후, 연료 필터 어셈블리 (A)를 연료 펌프 (B)로부터 분리해 낸다.

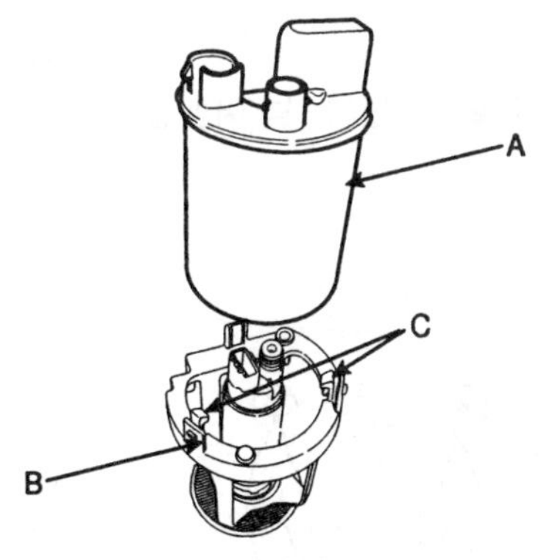

SFDFL8127D

필러-넥 어셈블리

탈거

1. 차량을 들어 올린후, 잭으로 리어 액슬 맴버를 지지한다.
2. 좌, 우측의 리어 액슬 볼트 (A)를 풀어 필러넥 탈거 공간을 확보한다.
3. 연료 주입 호스 (B), 레벨링 호스 (C) 및 진공 호스 (D)를 분리한다.

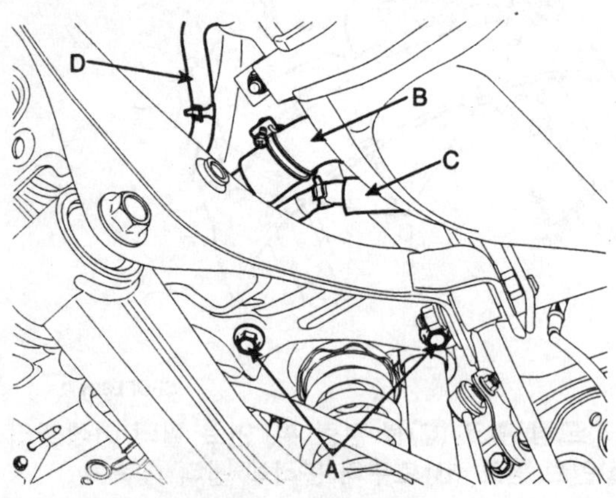

SFDFL8118D

4. 연료 주입구를 열고, 필러-넥 어셈블리 장착 스크류 (A)를 푼다.

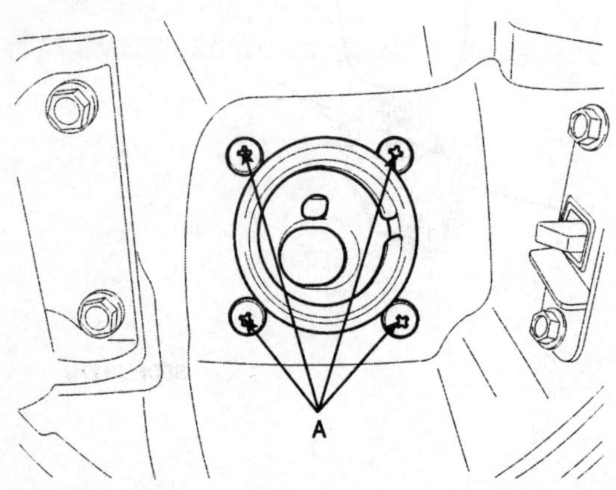

SCMFL6655D

5. 뒤-좌측 휠 & 타이어와 휠 하우스 커버를 탈거한다.
6. 브래킷 장착 볼트 (A)를 풀고, 필러-넥 어셈블리를 탈거한다.

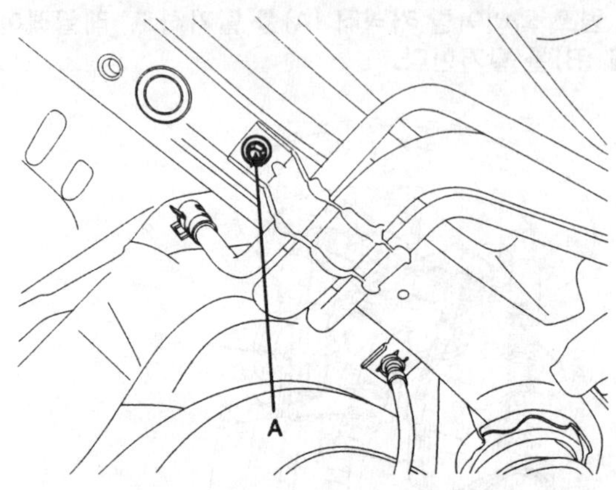

SFDFL8014L

장착

1. "탈거" 절차의 역순으로 필러-넥 어셈블리를 장착한다.3

클러치 시스템

일반사항

제원

항 목		제 원
클러치 작동방법		유압식
클러치 디스크	형 식	건식 단판 디스크식
	페이싱 직경 (외경 x 내경) mm	• 가솔린1.6 : Ø215 × Ø145 • 가솔린2.0 : Ø225 × Ø150 • 디젤1.6 : Ø240 × Ø155
클러치 커버 형식		다이아프램 스프링 스트랩
클러치 릴리스 실린더 내경		20.64 mm
클러치 마스터 실린더 내경		15.87 mm

정비기준

항 목	규정치	한계치
클러치 페달의 높이	182.8 mm	
클러치 페달의 자유 유격	6~13 mm	
디스크 두께 (자유시)	• 가솔린 : 8.55±0.3 mm • 디젤 : 8.7 ± 0.3mm	
클러치 페달의 행정	• 가솔린 : 140 ± 3 mm • 디젤 : 150 ± 3 mm	
클러치 리벳의 가라앉음		• 가솔린 : 1.4mm • 가솔린 : 1.2mm • 디젤 : 1.3mm
다이어프램 스프링 끝의 높이차		0.5 mm
클러치 릴리스 실린더와 피스톤과의 간극		0.15 mm
클러치 마스터 실린더와 피스톤과의 간극		0.15 mm

체결토크

항목	체결토크값 (kgf.m)
클러치 페달과 페달 서포트 멤버	1.0 ~ 1.7
클러치 페달 서포트 멤버와 마스터 실린더	1.3 ~ 1.7
클러치 커버 어셈블리	• 가솔린 : 1.5 ~ 2.2 • 디젤 : 1.2 ~ 1.5
클러치 튜브 훌레어 너트	1.3 ~ 1.7
클러치 튜브 브라켓	1.3 ~ 2.2
클러치 릴리스 실린더	1.5 ~ 2.2
클러치 릴리스 실린더와 유니언 볼트	2.5 ~ 3.5
이그니션 록 스위치 너트	0.8 ~ 1.0

윤활유

항 목	규정 윤활유	용 량
클러치 릴리스 베어링, 클러치 릴리스 포크와 펄크럼 접촉 부위, 클러치 릴리스 베어링 내측면	CASMOLY L9508	필요량
클러치 릴리스 실린더의 내면 및 피스톤의 외면과 컵	브레이크액 DOT3 또는 DOT4	
클러치 디스크 스플라인의 내면	CASMOLY L9508	
클러치 마스터 실린더의 내면과 피스톤 어셈블리의 외경	브레이크액 DOT3 또는 DOT4	
클러치 마스터 실린더 푸시로드, 클레비스 핀과 와셔	휠 베어링 그리스 SAE J310, NGLI NO.2	
클러치 페달 샤프트 및 부싱	샤시 그리스 SAE J310, NGLI NO.1	
릴리스 포크와 릴리스 실린더 푸시로드의 접촉부위, 입력 샤프트 스플라인	CASMOLY L9508	

특수공구

공구 (품번 및 품명)	형 상	용 도
09411-11000 클러치 디스크 가이드		플라이 휠 및 디스크의 센터 구멍맞춤

고장 진단

현 상	가능한 원인	정 비
클러치가 미끄러진다. • 가속중 차량의 속도가 엔진 속도와 일치하지 않는다. • 차의 가속이 되지 않는다. • 언덕 주행중에 출력부족	페달의 자유유격이 부족함	조정
	클러치 디스크 페이싱의 마모가 과도함	수리 혹은 필요시 부품교환
	클러치 디스크 페이싱에 오일이나 그리스가 묻음	교환
	압력판 혹은 플라이 휠이 손상됨	교환
	압력 스프링이 약화 혹은 손실됨	교환
	유압장치의 불량	수리 혹은 교환
기어 변속이 어렵다. (기어변속시 기어에서 소음이 난다.)	페달의 자유유격이 과도함	조정
	유압계통에 오일이 누설, 공기가 유입, 혹은 막힘	수리 혹은 필요시 부품교환
	클러치 디스크가 심하게 떨림	교환
	클러치 디스크 스플라인이 심하게 마모, 부식됨	교환

현 상		가능한 원인	정 비
클러치 소음	클러치를 사용치 않을때	클러치 페달의 자유유격이 부족함	조정
		클러치 디스크 페이싱의 마모가 과도함	교환
	클러치가 분리된 후 소음이 들린다.	릴리스 베어링이 마모 혹은 손상됨	교환
	클러치가 분리될 때 소음이 난다.	베어링의 섭동부에 그리스가 부족함	수리
		클러치 어셈블리 혹은 베어링의 장착이 불량함	수리
	클러치를 부분적으로 밟아 차량이 갑자기 주춤거릴때 소음이 난다.	파일롯트 부싱이 손상됨	교환
페달이 잘 작동되지 않는다.		클러치 페달의 윤활이 불량함	수리
		클러치 디스크 스플라인의 유활이 불충 분함	수리
		클러치 릴리스 레버 샤프트의 윤활이 불충분함	수리
변속이 되지 않거나 변속하기가 힘들다.		클러치 페달의 자유유격이 과도함	페달의 자유유격을 조정
		클러치 릴리스 실린더가 불량함	릴리스 실린더 수리
		디스크의 마모, 런아웃이 과도하고 라이닝이 파손됨	수리 혹은 필요부품 교환
		입력축의 스팔라인 혹은 클러치 디스크가 오염되었거나 깎임	필요한 부위를 수리
		클러치 압력판 파손	클러치 커버 교환
클러치가 미끄러진다.		클러치 디스크가 마모 혹은 손상됨	교환
		압력판이 불량함	클러치 커버 교환
		디스크 페이싱에 오일이나 그리스가 묻음	교환
		유압장치의 불량	수리 혹은 교환
클러치가 덜거덕 거린다.		클러치 디스크 라이닝의 마모 혹은 오일이 묻음	교환
		압력판의 결함	교환
		클러치 다이어프램 스프링의 굽음	교환
		토션 스프링의 마모 혹은 파손	디스크 교환
		엔진 장착이 느슨함	교환
클러치에서 소음이 발생한다.		클러치 페달 부싱의 손상	교환
		내부 하우징의 느슨함	수리
		릴리스 베어링의 마모 혹은 오염	교환
		릴리스 포크 또는 링케이지가 걸림	수리

클러치 시스템

차상점검

클러치 페달

1. 클러치 페달의 높이와 클러치 페달의 유격 (페달 패드 면에서 측정)을 측정한다.

클러치 페달 유격 (A): 6~13 mm
클러치 페달 높이 (B): 182.8 mm

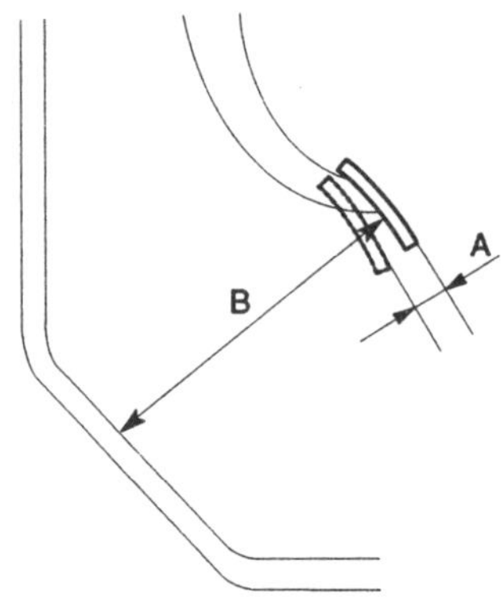

LOJF001A

2. 클러치 페달의 높이나 클러치 페달의 유격이 규정치 내에 있지 않으면 다음 순서로 조정한다.
   a. 볼트를 돌려 페달의 높이를 규정치내로 조정하고 록크 너트를 완전히 조인다.

      참고
      페달의 높이가 규정치 보다 낮으면 볼트를 풀고 푸시로드를 돌려 조정한다. 조정 후에 볼트가 페달 스톱퍼와 0.5-1.0mm 틈을 유지 할 때까지 조인후 록크 너트로 잠근다.

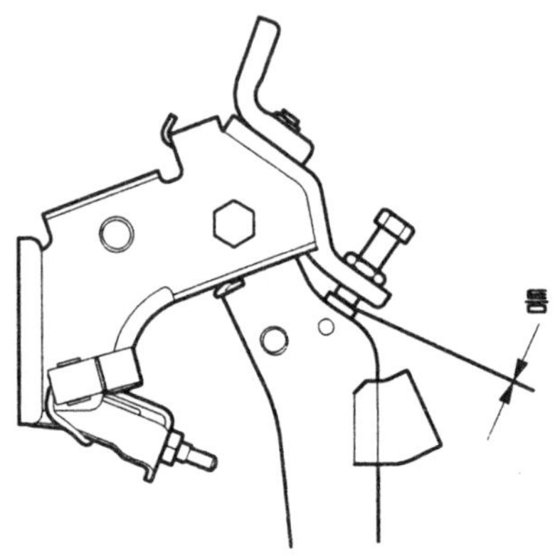

SHDCH6002D

   b. 푸시로드를 돌려 클러치 페달의 유격을 규정치로 조정하고 푸시로드를 록크너트로 잠근다.

      참고
      클러치 페달의 높이나 클러치 페달의 유격을 조정할때 푸시로드가 마스터 실린더 쪽으로 밀리지 않도록 주의한다.

   c. 클러치 페달의 자유유격이나 클러치가 분리되었을 때 클러치 페달과 토우보드 사이의 거리가 규정과 일치하지 않을때는 유압계통에 공기가 유입되었거나 마스터 실린더 혹은 클러치에 이상이 있는 것이므로 공기 빼기 작업을 실시하거나 마스터 실린더 혹은 클러치를 분해하여 검사한다.

공기빼기

클러치 튜브, 클러치 호스, 클러치 마스터 실린더를 탈거할 때만 혹은 클러치 페달이 스폰지 현상을 나타낼때는 계통의 공기빼기 작업을 실시한다.

규정액: 브레이크 액 DOT3 또는 DOT4

주의
규정된 브레이크액을 사용해야 하며 규정액과 지타액을 혼합 사용하는것을 금한다.

1. 클러치 릴리스 실린더에서 블리드 스크류(A)를 느슨하게 한다.

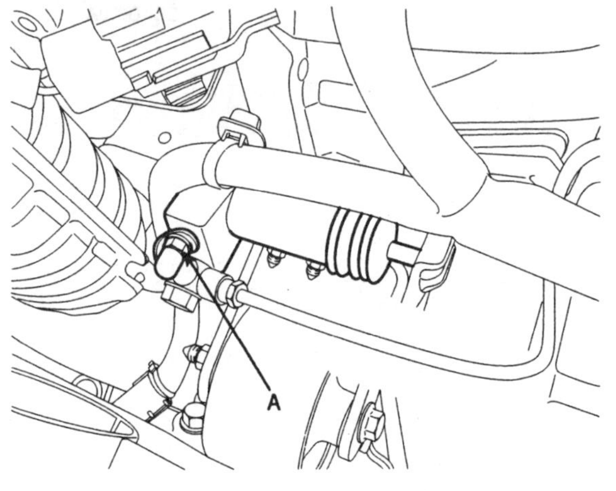

SLDCH7002D

2. 공기가 배출될 때까지 클러치 페달을 아래로 밟는다.
3. 공기빼기가 완료될 때까지 페달을 밟는다.
4. 규정된 브레이크액을 클러치 마스터 실린더에 채운다.

⚠주의

- **공기빼기 작업시 페달은 항상 "A" 점까지 완전히 복원시킨후 재조작해야하며 급속하게 반복조작하면 안된다.**
- **페달을 그림의 B와 C구간 사이에서 급속하게 반복 조작할 경우 유압 클러치 장치의 특성상 릴리스 실린더의 푸시로드가 밀려 나올수 있으므로 주의해야 한다.**

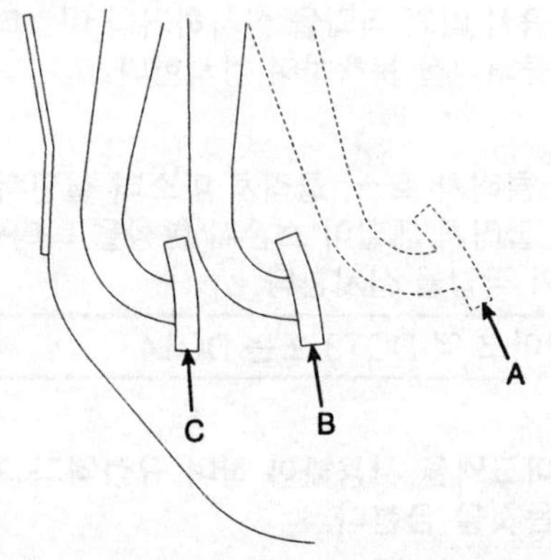

클러치 커버 및 디스크

구성부품

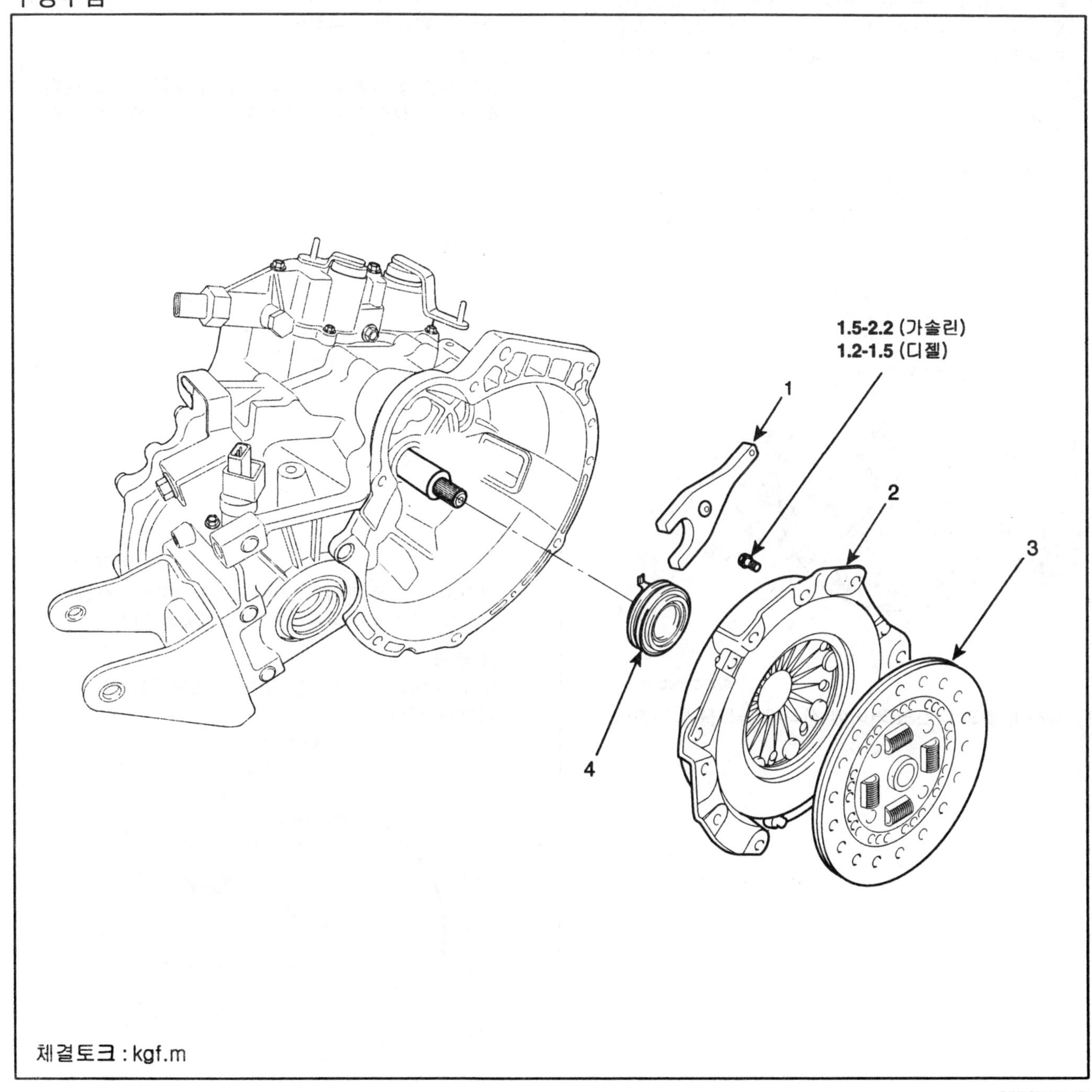

SFDCH8001D

1. 클러치 릴리스 포크
2. 클러치 디스크 커버
3. 클러치 디스크
4. 클러치 릴리스 베어링

탈거

1. 수동변속기를 탈거한다. (MT그룹 수동변속기 참조)
2. 특수공구(09411-11000)을 사용하여 센터 스플라인에 집어 넣어 클러치 디스크가 떨어지는 것을 방지한 후 플라이 휠과 디스크 커버에 장착된 볼트를 탈거한다.

⚠주의
- **커버가 구부러지는 것을 막기 위해 체결볼트(가솔린 : 6개, 디젤 : 9개)를 대각선 방향 순서로 한번에 1-2회전씩 풀면서 탈거한다.**
- **클러치 디스크와 릴리스 베어링을 세척 솔밴트로 딱지 말 것.**

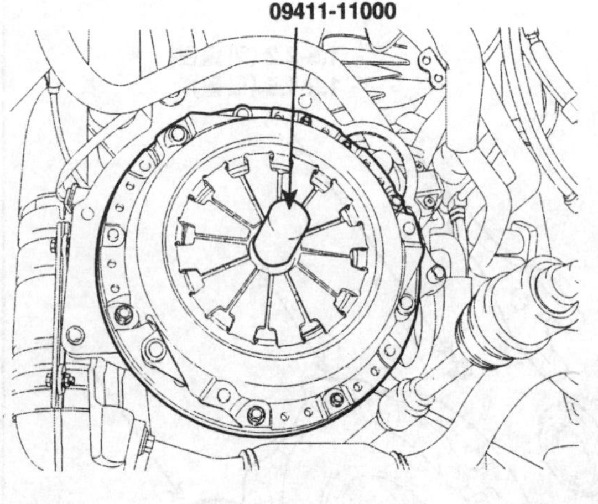

SHDCH6005D

3. 플라이 휠과 디스크 커버에 장착된 볼트를 탈거한다. .

장착

1. 디스크와 커버를 장착하기 위하여 적정량(0.2g)의 다목적 그리스 (CASMOLY L9508)를 디스크의 스플라인부에 골고루 도포한다.

⚠주의
클러치를 설치할 때, 그리스를 각 부품에 도포해야 하지만 적정량이상 도포하지 않도록 주의한다. 클러치 슬립이나 진동이 발생할 수 있다.

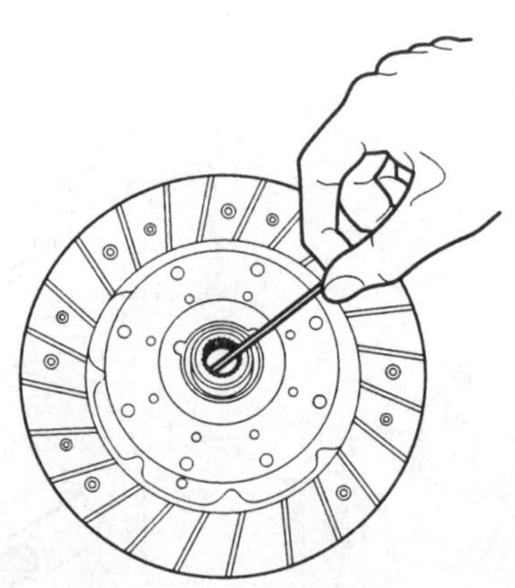
EOKD011A

2. 클러치 디스크 가이드(094110-11000)을 사용하여 클러치 디스크 어셈블리를 플라이휠에 장착한다.

⚠주의
이 때 제작사 각인이 된 쪽이 압력판쪽을 향하도록 하여야 한다.

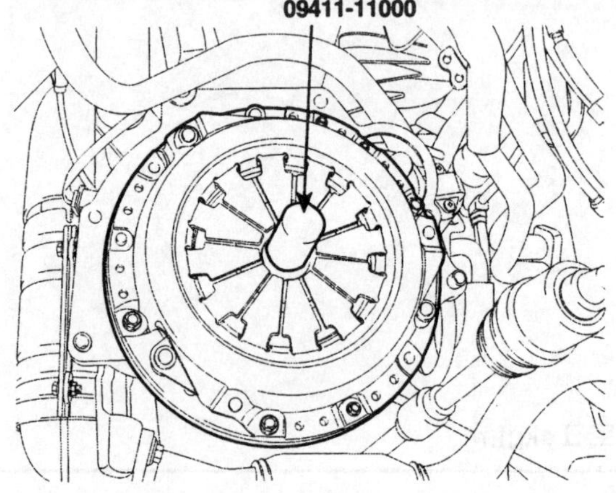

SHDCH6003D

3. 클러치 커버 어셈블리를 플라이휠에 가조립하고 6개의 체결볼트를 대각선 방향 순서로 한번에 1-2회전씩 조이며 장착한다.

[가솔린]
체결토크 : 1.5 ~ 2.2 kgf.m

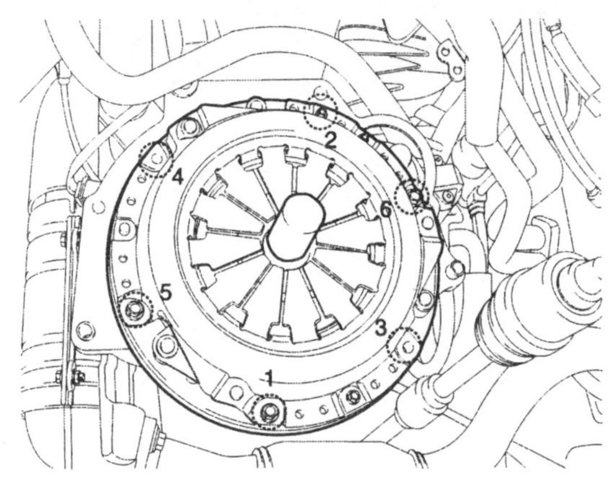

KKNF002E

[디젤]
체결토크 : 1.2 ~ 1.5 kgf.m

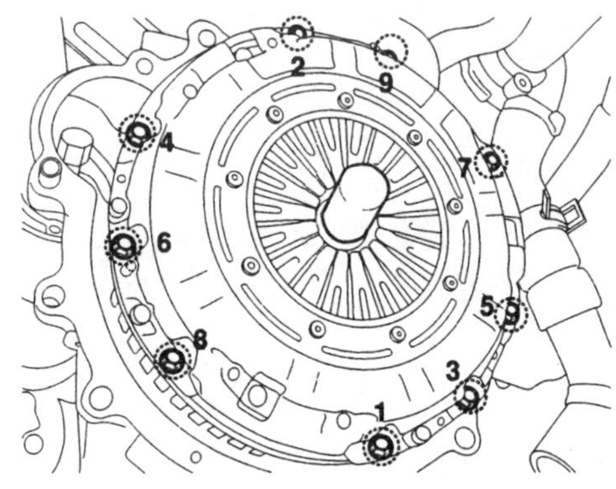

SHDCH6006L

4. 클러치 디스크 가이드(09411-11000)을 탈거한다.
5. 수동변속기를 장착한다. (MT그룹 수동변속기 참조)

점검

클러치 디스크 커버

1. 진공 브러시 혹은 마른걸레등을 사용하여 클러치 하우징에서 먼지를 제거해야하며 절대 압축공기는 사용해서는 안된다. 엔진리어 베어링 오일씰 혹은 트랜스액슬 프론트 오일씰에서 오일이 누설되지 않는가를 점검하여 누설이 있으면 그 즉시 수리해야한다.
2. 압력판의 마찰면은 전 디스크 접촉면이 균일해야하며, 만일 한 부위가 심하게 접촉한 흔적이 있고 180°떨어진 부위에 가볍게 접촉한 흔적이 있다면 압력판이 잘못 장착되었거나 끌리는것이다.
3. 플라이 휠의 마찰면이 과도한 변색, 부분소손, 작은균열, 깊은 홈집, 파임이 있는가를 확인한다.
4. 압력판의 마찰면은 적절한 솔벤트로 닦는다.
5. 직각자를 사용하여 압력판의 편평도를 검사하여 마찰부의 편평도가 0.5 mm 이내에 있는가를 확인하고 변색, 소손, 홈이나 깍임이 없는가를 점검한다.
6. 눈으로 커버 외측 장착 프랜지의 편평을 점검하고 홈집, 깍임, 휨이나 그밖에 손상이 없는지를 점검한다.
7. 플라이 휠에 있는 3개의 다우웰이 완전히 조여져 있는지와 손상이 없는지를 점검한다.
8. 클러치 어셈블리를 이상과 같이 점검하여 상태가 불량하면 교환한다.

클러치 디스크

1. 디스크를 취급할때는 페이싱은 만지지 않고 작업해야 하며, 만일 그리스나 오일이 페이싱에 묻거나 리벳 헤드가 0.3 mm 미만이면 페이싱을 교환해야 한다. 트랜스밋션 입력 샤프트에 있는 허브 스프링 및 스플라인은 과도한 마모의 흔적이 없어야 한다. 또한 페이싱 사이의스프링들은 파손되지 않아야하며 모든 리벳들은 완전히 박혀 있어야 한다.
2. 수동변속기 입력축에 있는 허브 스프링 및 스플라인은 과도한 마모의 흔적이 없어야 한다. 또한 페이싱 사이의 스프링들은 파손되지 않아야하며 모든 리벳들은 완전히 박혀 있어야 한다.

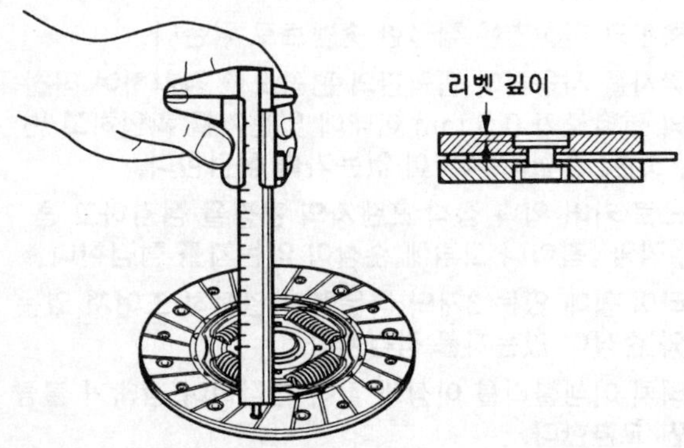

AOJF013A

클러치 릴리스 베어링

1. 릴리스 베어링은 그리스가 채워져 있으므로 세척 솔벤트나 오일로 청소하면 안된다.
2. 베어링의 고착, 손상, 비정상적인 소음을 점검하며 다이어프램 스프링 접촉부위의 마모를 검사한다.

   릴리스 포크 접촉부위가 비정상적으로 마모되었으면 베어링을 교환한다.
3. 클러치 릴리스 포크는 베어링과의 접촉부위에 비정상적인 마모가 있으면 릴리스 포크를 교환한다.

클러치 마스터 실린더

탈거

1. 블리드 플러그(A)를 통해 클러치유를 배출시킨다.

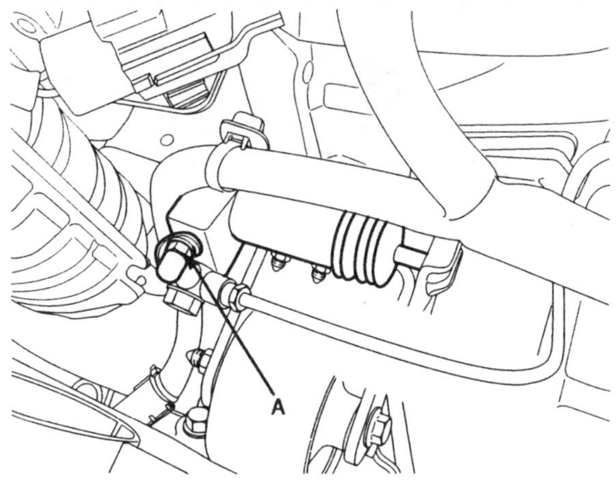

SLDCH7002D

2. 마스터 실린더로 부터 플렉시블 호스(A)를 분리한다.

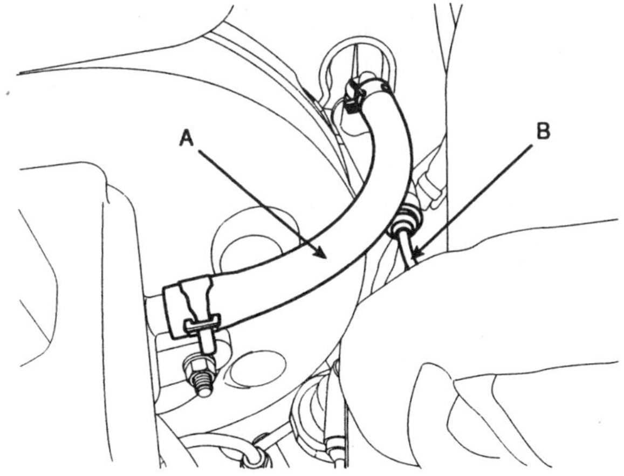

SHDCH6010D

3. 마스터 실린더로 부터 클러치 튜브(B)를 분리한다.
4. 이그니션 록 스위치 커넥터(2개)를 분리한다.
5. 클러치 페달 마운팅너트(A-2개)와 상단 마운팅 부의 너트를 탈거한다.

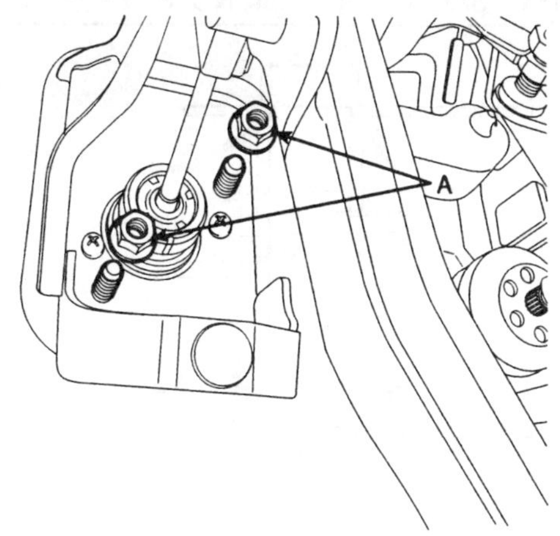

SHDCH6008D

6. 스냅 핀(A)과 와셔(B)를 탈거하여 클러치 페달로 부터 푸쉬로드를 탈거한다.

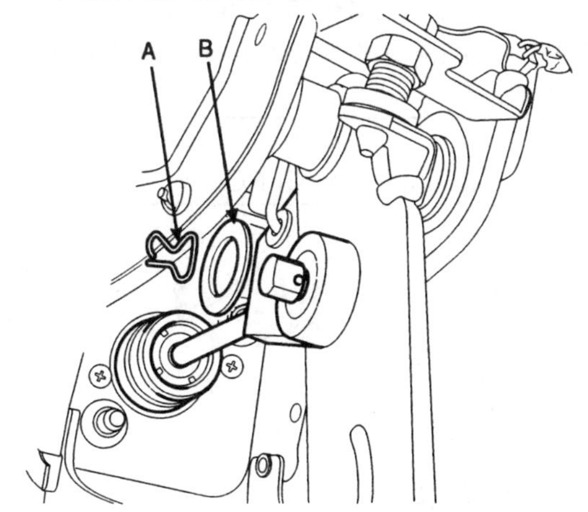

SHDCH6011L

7. 마스터 실린더 체결 스크류를 탈거하여 클러치 페달 어셈블리를 분리한다.

장착

1. 부싱에 다목적 그리스를 도포한다.

규정그리스
섀시그리스 : SAE J310a, NLGI NO.1

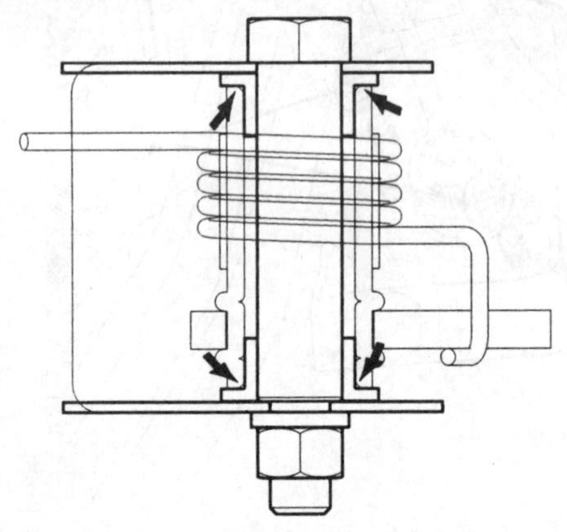

AOJF221A

2. 마스터 실린더 체결 스크류를 장착하여 클러치 페달 어셈블리와 마스터 실린더를 결합한다.
3. 스냅핀(A)과 와셔(B)를 장착하여 클러치 페달에 푸시로드를 장착한다.

규정그리스
휠베어링 그리스 : SAE J310 NLGI NO.2

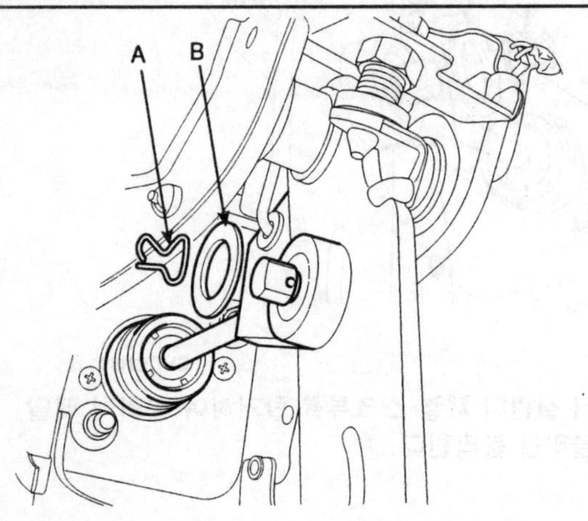

SHDCH6011L

4. 클러치 페달 마운팅 너트(A-2개)와 상단 마운팅 부의 너트를 장착한다.

체결토크 : 2.5~3.5kgf.m

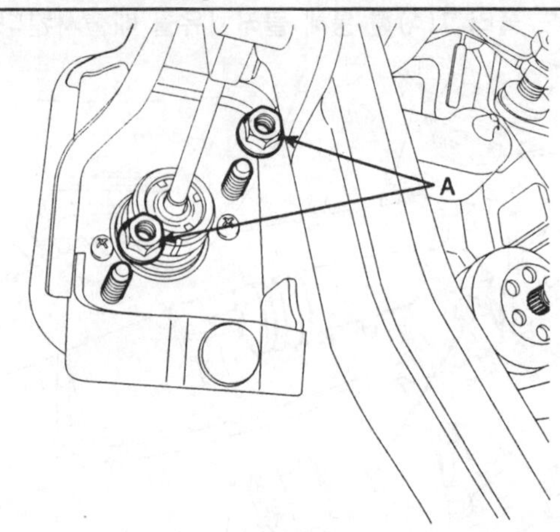

SHDCH6008D

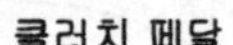

5. 페달의 높이를 기준치에 맞도록 푸시로드의 토크 너트로 조정한다.

   푸시로드를 페달방향으로 당긴 상태에서 페달의 유격을 기준치에 맞도록 조정하여 고정할 것

기준치:
높이(B): 182.8 mm
유격(A): 6~13 mm

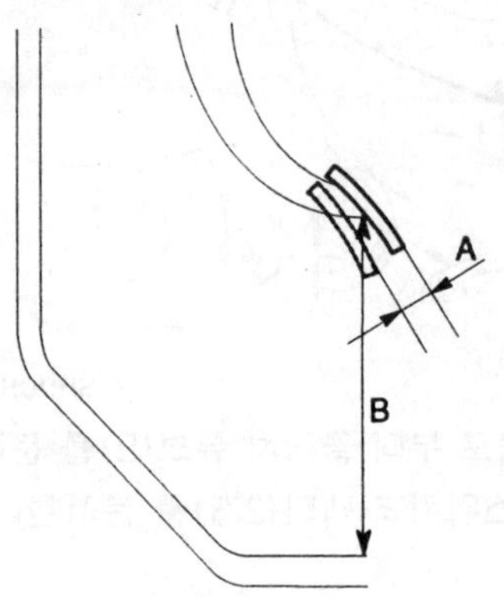

SHDCH6004D

6. 플랙시볼 호스(A)를 마스터 실린더에 연결한다.

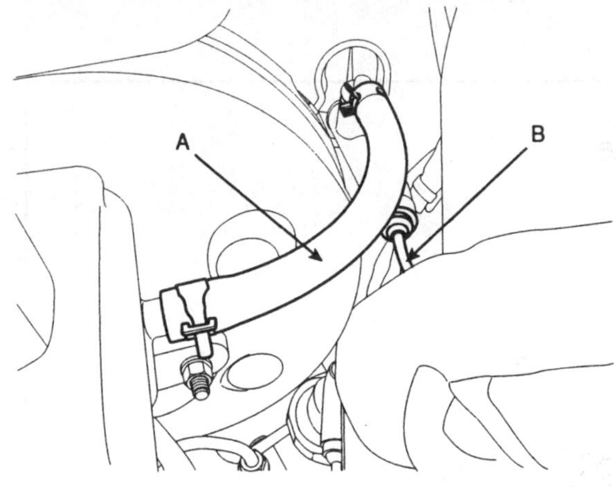

SHDCH6010D

7. 클러치 튜브(B)를 마스터 실린더에 연결한다.
8. 브레이크 액을 보충한다.
9. 시스템내의 공기빼기 작업을 한다.
   (차상점검의 공기빼기 참조)

분해

1. 피스톤 스톱링을 분리한다.
2. 피스톤 어셈블리에서 푸시로드를 빼낸다.
3. 부트, 피스톤, 스프링, 철사키를 분리한다.

   참고
   - *마스터 실린더 바디에서 피스톤 어셈블리를 빼낸다.*
   - *피스톤 어셈블리는 분해하지 않는다.*

점검

1. 클러치 호스와 튜브의 균열과 막힘을 점검한다
2. 실린더 보디 내측의 녹, 물때를 점검한다.
3. 피스톤 부트의 마모와 변형을 점검한다.
4. 피스톤의 녹과 물때를 점검한다.
5. 클러치 튜브 연결부의 막힘을 점검한다.
6. 마이크로 미터로 피스톤의 외경을 실린더 게이지로 마스터 실린더 내경을 측정한다.

   주의
   수직방향으로 마스터 실린더의 3곳 (상부, 중앙, 하부)에서 내경을 측정한다.

7. 마스터 실린더와 피스톤과의 간극이 규정보다 크게되면 피스톤과 실린더 어셈블리를 교환한다.

한계치 : 0.15 mm

조립

1. 마스터 실린더 보디의 내면과 피스톤 어셈블리 둘레에 규정된 브레이크 액을 도포한다.
2. 피스톤 어셈블리를 장착한다.
3. 푸시로드를 장착한다.

클러치 페달

구성부품

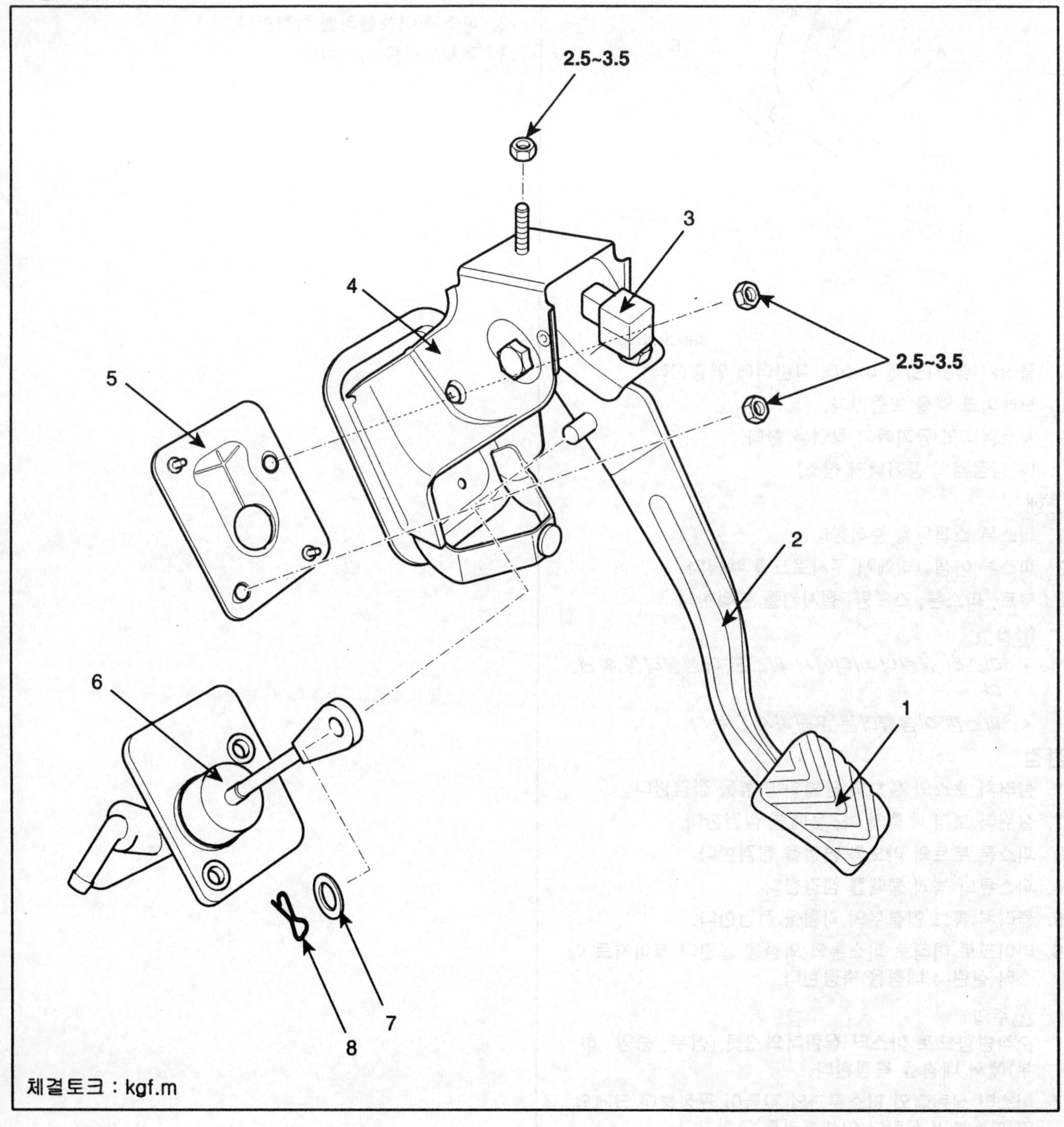

SFDCH8002D

1. 페달 패드
2. 클러치 암 어셈블리
3. 이그니션 록 스위치
4. 클러치 멤버 어셈블리
5. 더스트 커버
6. 마스터 실린더 어셈블리
7. 와셔
8. 스냅핀

탈거

1. 블리드 플러그(A)를 통해 클러치유를 배출시킨다.

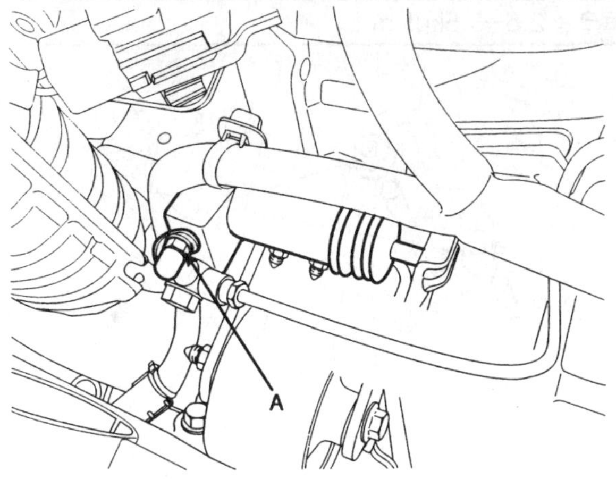

SLDCH7002D

2. 마스터 실린더로 부터 플랙시블 호스(A)를 분리한다.

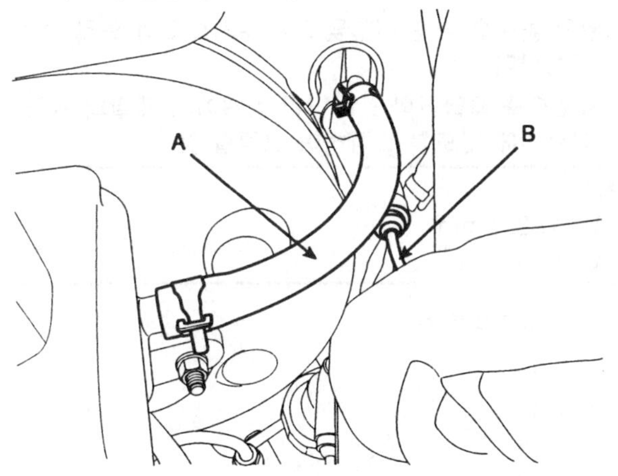

SHDCH6010D

3. 마스터 실린더로 부터 클러치 튜브(B)를 분리한다.
4. 이그니션 록 스위치 커넥터(2개)를 분리한다.
5. 클러치 페달 마운팅너트(A-2개)와 상단 마운팅 부의 너트를 탈거한다.

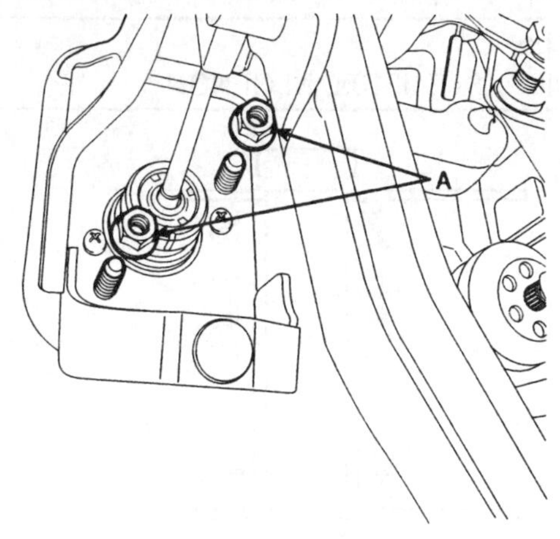

SHDCH6008D

6. 스냅 핀(A)과 와셔(B)를 탈거하여 클러치 페달로 부터 푸쉬로드를 탈거한다.

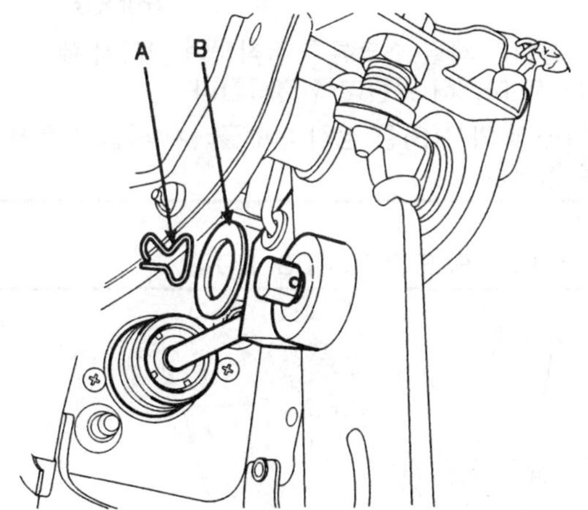

SHDCH6011L

7. 마스터 실린더 체결 스크류를 탈거하여 클러치 페달 어셈블리를 분리한다.

장착

1. 부싱에 다목적 그리스를 도포한다.

규정그리스
섀시그리스 : SAE J310a, NLGI NO.1

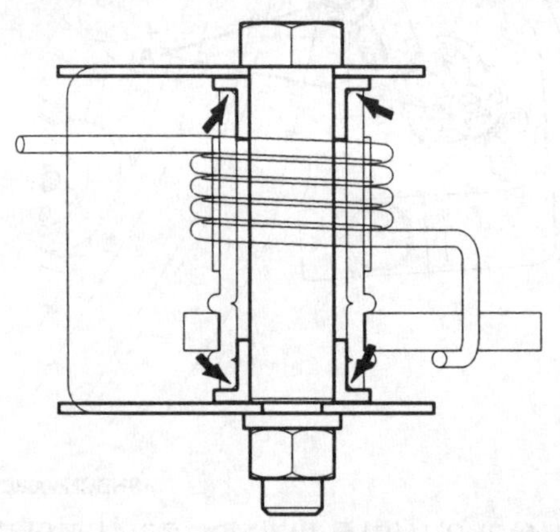

AOJF221A

2. 마스터 실린더 체결 스크류를 장착하여 클러치 페달 어셈블리와 마스터 실린더를 결합한다.
3. 스냅핀(A)과 와셔(B)를 장착하여 클러치 페달에 푸시로드를 장착한다.

규정그리스
휠베어링 그리스 : SAE J310 NLGI NO.2

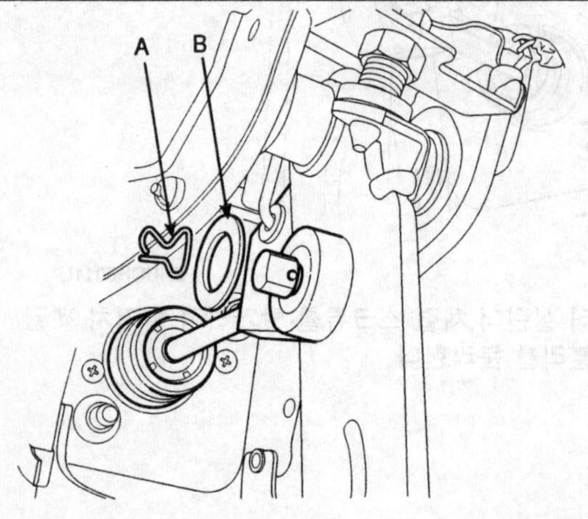

SHDCH6011L

4. 클러치 페달 마운팅 너트(A-2개)와 상단 마운팅 부의 너트를 장착한다.

체결토크 : 2.5~3.5kgf.m

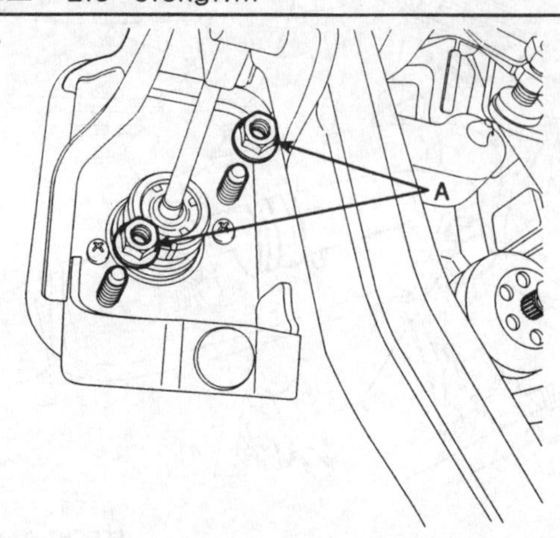

SHDCH6008D

5. 페달의 높이를 기준치에 맞도록 푸시로드의 토크 너트로 조정한다.

   푸시로드를 페달방향으로 당긴 상태에서 페달의 유격을 기준치에 맞도록 조정하여 고정할 것

기준치:
높이(B): 182.8 mm
유격(A): 6~13 mm

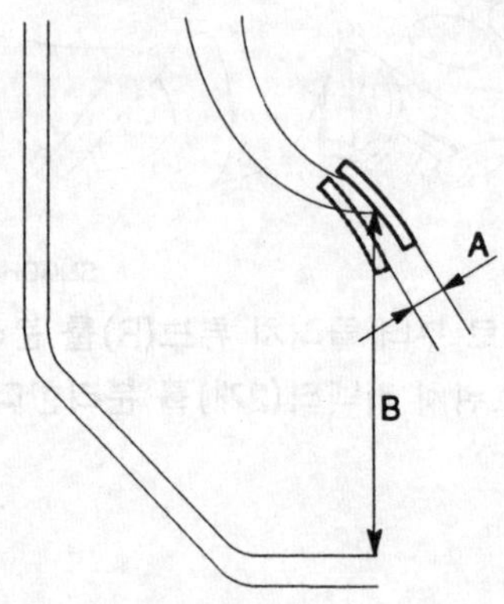

SHDCH6004D

6. 플랙시볼 호스(A)를 마스터 실린더에 연결한다.

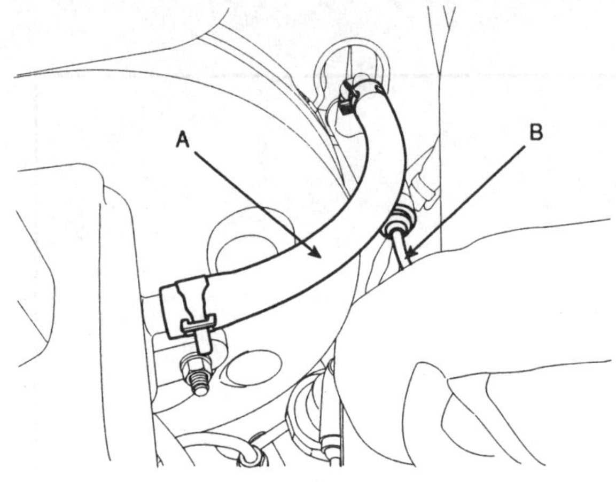

SHDCH6010D

7. 클러치 튜브(B)를 마스터 실린더에 연결한다.
8. 브레이크 액을 보충한다.
9. 시스템내의 공기빼기 작업을 한다.
   (차상점검의 공기빼기 참조)

점검

클러치 페달 어셈블리

1. 페달 샤프트와 부싱의 마모를 점검한다.
2. 클러치 페달의 휨과 비틀림을 점검한다.
3. 리턴 스프링의 손상과 약화를 점검한다.
4. 페달 패드의 손상과 마모를 점검한다.

이그니션 록 스위치 검사

1. 커넥터를 분리한다.
2. 커넥터 터미널 1과 2가 확실히 통전되었는지 점검한다.

조건 \ 단자	1	2
작동(ON)	○—	—○
해체(OFF)		

AOJF400A

기준값
전행정 (A) : 12.0 ± 0.3mm
ON-OFF 전환점 (B) : 2.0 ± 0.3mm

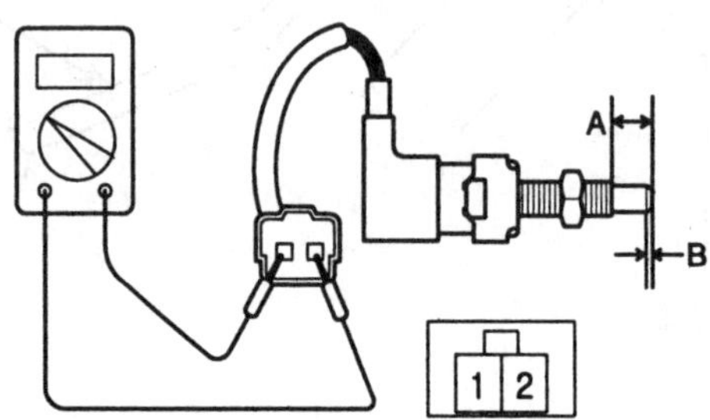

LOJF002B

클러치 릴리스 실린더

구성부품

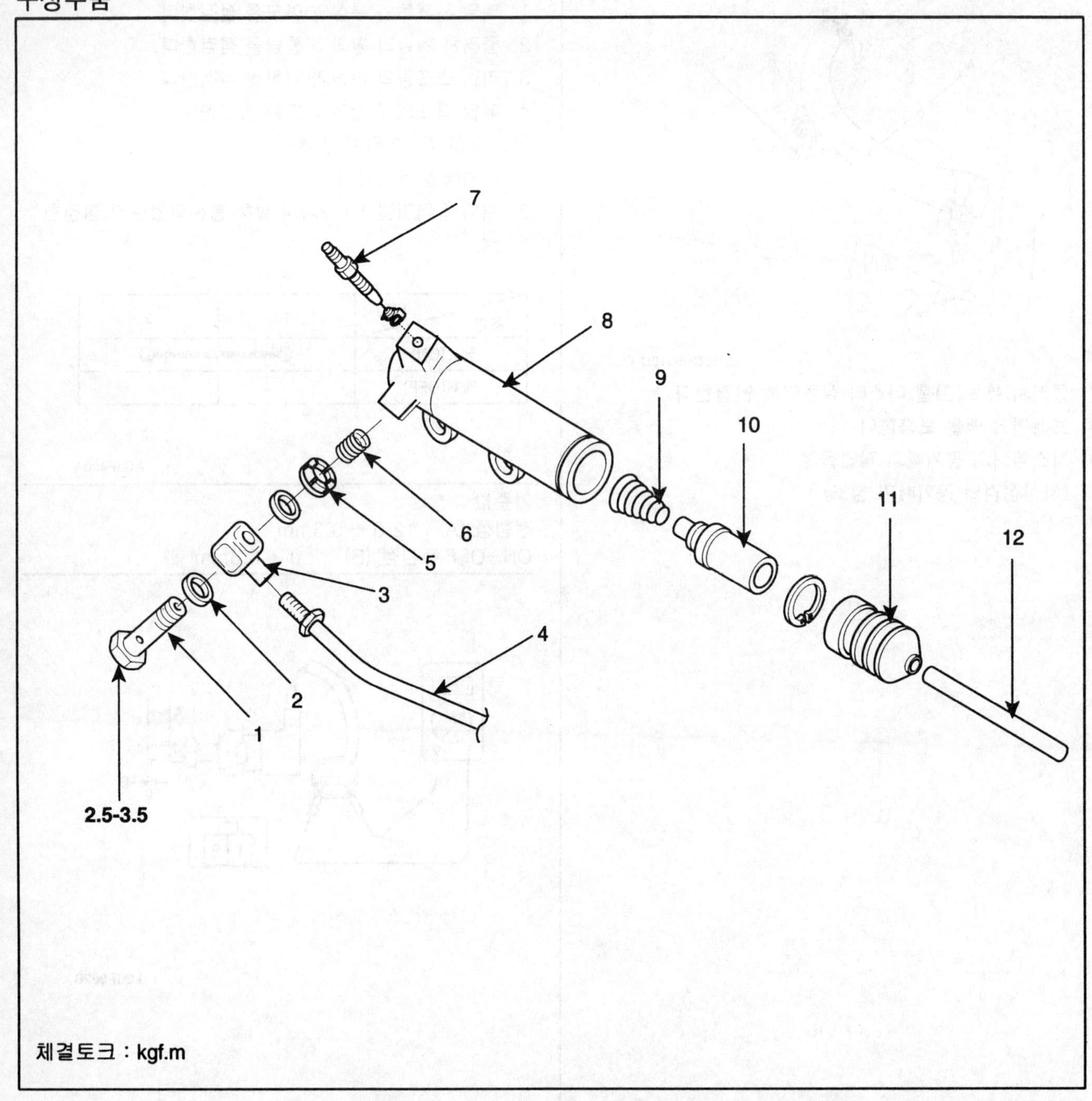

SFDCH8003D

1. 유니언 볼트
2. 가스켓
3. 튜브 조인트
4. 클러치 튜브
5. 밸브 플레이트
6. 밸브 스프링
7. 브리더 스크류
8. 릴리스 실린더
9. 리턴 스프링
10. 피스톤
11. 부트

탈거

1. 블리드 플러그(A)를 통해 클러치유를 배출시킨다.

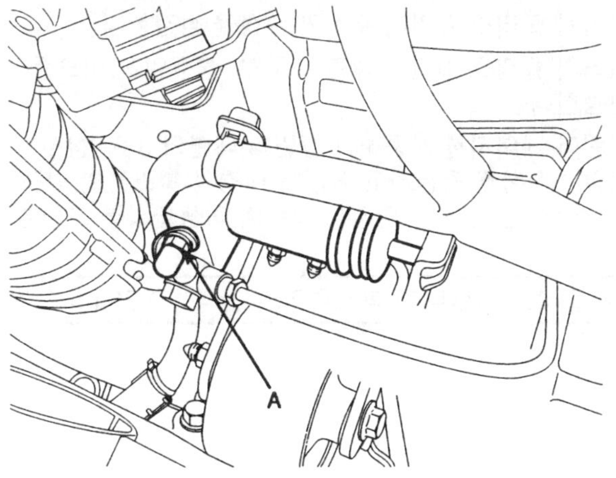

SLDCH7002D

2. 클러치 튜브(A)를 탈거한다.

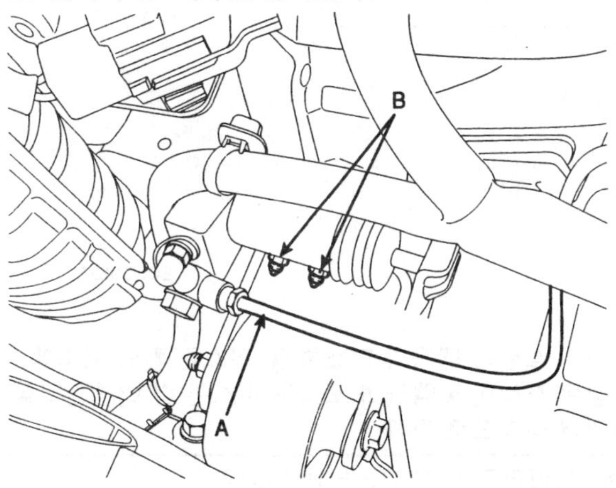

SEDCH7010L

3. 릴리스 실린더 장착너트(B- 2개)를 탈거한다.

장착

1. 릴리스 포크와 실린더 푸시로드가 접촉하는 부위에 규정된 그리스를 도포한다.

규정 그리스: CASMOLY L9508

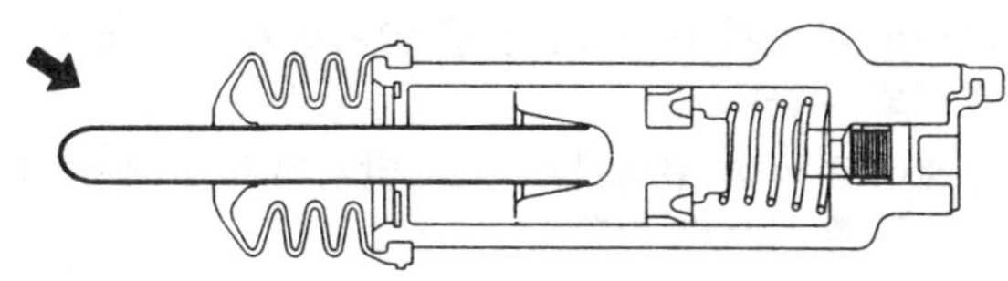

LOGF006B

2. 릴리스 실린더 장착 너트(B-2개)를 트랜스액슬에 장착한다.

체결토크 : 1.5~2.2 kgf.m

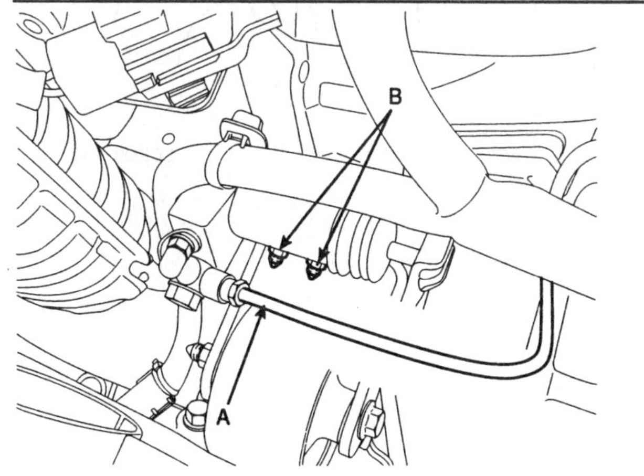

SEDCH7010L

3. 클러치 릴리스 실린더에 클러치 튜브(A)를 장착한다.

체결토크 : 1.3~1.7 kgf.m

4. 클러치유를 보충한다.
5. 시스템 내의 공기빼기 작업을 한다.
   (차상점검의 공기빼기 참조)

분해

1. 밸브 플레이트, 스프링, 푸시로드, 부트등을 탈거한다.
2. 릴리스실린더에 열려있는 피스톤 구멍에 이물질을 제거한다.
3. 압축 공기를 사용하여 릴리스 실린더에서 피스톤을 탈거한다.

⚠주의

- **피스톤이 빠져 분실되는것을 방지하기 위해서 헝겊으로 막는다.**
- **브레이크 액이 뿌려지는 것을 방지하기 위해서 압축공기를 서서히 가한다.**

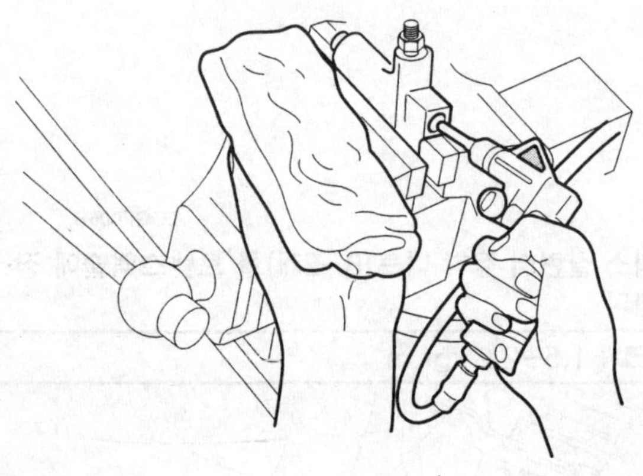

EOKD024A

점검

1. 클러치 릴리스 실린더에서의 액누설을 점검한다.
2. 클러치 릴리스 실린더 부트의 손상을 점검한다.
3. 클러치 릴리스 실린더 내면의 긁힘, 불균일한 마모를 점검한다.
4. 실린더 게이지를 사용하여 실린더 내면의 3곳 (상부, 중앙, 하부)를 측정하고 실린더 내경과 피스톤의 외경이 한계치를 넘으면 릴리스 실린더 어셈블리를 교환한다.

클러치 릴리스 실린더와 피스톤과의 간극 : 0.25mm

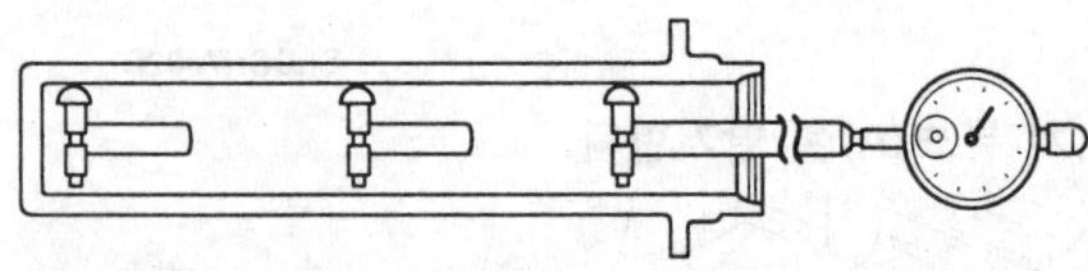

EOKD025A

조립

1. 릴리스 실린더 내측과 피스톤 및 피스톤 컵의 외측에 규정된 브레이크 액을 도포하고 피스톤 컵 어셈블리를 실린더 내측으로 민다.

규정액: 브레이크 액 DOT3 또는 DOT4

2. 밸브 플레이트(A), 스프링(B), 푸시로드(C) 및 부트(D)를 장착한다.

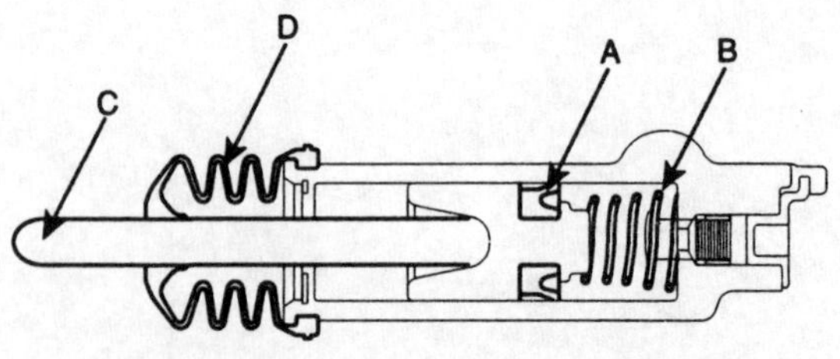

AOJF302A

수동변속기
(M5CF2)

일반사항

수동 변속기 시스템

수동변속기 분해/조립 내용은 2005MY 수동변속기 (M5CF2) 정비지침서 (Pub. NO :MTMS-KO54C)을 참조하십시오.

일반사항

제원

항목		가솔린 2.0
타입		M5CF2
기어비	1단	3.308
	2단	1.962
	3단	1.257
	4단	0.976
	5단	0.778
	후진	3.583
종 감속비		4.188

정비기준

항목	기준치(mm)
입력축 리어 베어링 엔드 플레이	0.00-0.05L
출력축 베어링 엔드 플레이 (70kgf 예압)	0.05T-0.10T
입력축 프런트 베어링 엔드 플레이	0.00-0.05L
디퍼렌셜 베어링 엔드 플레이 (70kgf 예압)	0.15T-0.20T
디퍼렌셜 피니언 백래쉬	0.025L-0.10L

체결토크

항목	토크값 (kgf.m)
오일 드레인 플러그	6.0-8.0
오일 필러 플러그	6.0-8.0
시프트 컨트롤 케이블 브라켓	1.5-2.2
리어 롤 서포트 브라켓 볼트	5.0-6.5
프런트 롤 서포트 브라켓 볼트	5.0-6.5
수동변속기 서포트 브라켓 볼트	6.0-8.0
수동변속기 마운팅 브라켓 볼트	9.0-11.0

윤활유

항목	규정 윤활유	용량
변속기 기어 오일	SAE 75W/85 API GL-4 TGO-7(MS517-14) ZIC G-F TOP 75W/85 HD GEAR OIL XLS 75W/85	2.0ℓ
공기 빼기	MS721-38	필요양
변속기 하우징	MS721-40 또는 MS721-38	필요양
릴리스 포크 및 베어링 표면	그리스 (CASMOLY L9508)	필요양

특수공구

공구 (품번 및 품명)	형상	용도
09200-38001 엔진 서포트 픽쳐	AMJF002B	변속기 탈거 및 장착
09624-38000 크로스 멤버 지지대	EKBF005A	크로스 멤버 탈장착
09452-21200 오일씰 인스톨러	AMJF002A	디퍼렌셜 오일씰 장착

고장진단법

현 상	가 능 한 원 인	정 비
떨림, 소음	변속기와 엔진 장착이 풀리거나 손상됨	마운트를 조이거나 교환
	샤프트의 엔드 플레이이가 부적당함	엔드 플레이 조정
	기어가 손상, 마모	기어 교환
	저질, 혹은 등급이 다른 오일을 사용함	규정된 오일로 교환
	오일 수준이 낮음	오일을 보충
	엔진 공회전 속도가 규정과 일치하지 않음	공회전 속도 조정
오일 누설	오일 씰 혹은 O-링이 파손 혹은 손상됨	오일 씰 혹은 O-링 교환
	부적당한 씰런트를 사용함	규정 씰런트로 재봉합
기어 변속이 힘들다.	컨트롤 케이블의 고장	컨트롤 케이블 교환
	싱크로나이저 링과 기어콘의 접촉이 불량, 마모	수리 혹은 교환
	싱크로나이저 스프링이 약화됨	싱크로나이저 스프링 교환
	등급이 다른 오일을 사용함	규정 오일로 교환
기어가 빠진다.	기어 변속포크가 마모되었거나 포펫트 스프링의 부러짐	변속 포크 혹은 포펫트 스프링 교환
	싱크로나이저 허브와 슬리브 스플라인 사이의 간극이 너무 큼	싱크로나이저 허브와 슬리브를 교환

수동변속기 시스템

차상점검

변속기 기어오일

점검

각 구성부품의 기어 오일 누유를 점검한다.

필터 플러그를 탈거하여 기어오일 레벨을 점검한다.

기어오일이 오염 되었다면 새로운 오일로 교환한다.

1. 오일 필러 플러그(A)를 탈거한다.

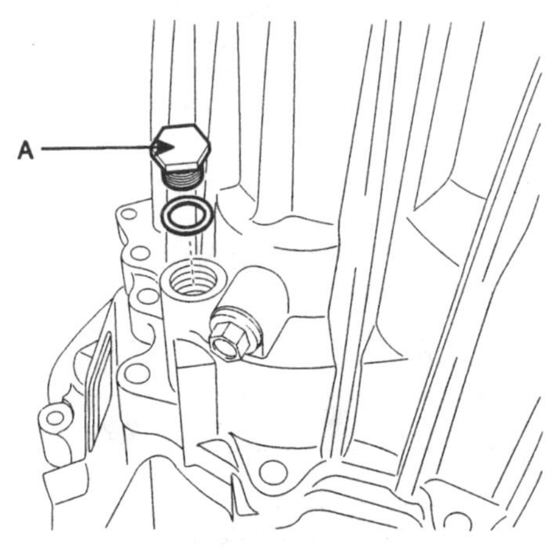

LKGF004J

2. 손으로 레벨을 점검한다.
   필요시 오일을 보충하여 오일레벨이 홀까지 채워져야 한다.

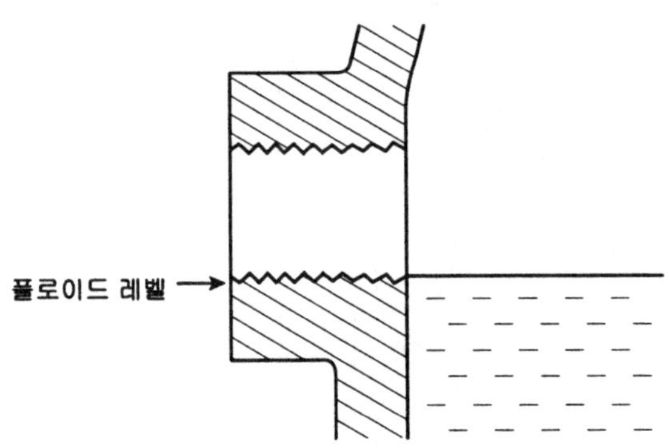

AMJF702F

3. 필러 플러그를 장착한다.

체결토크 : 6.0-8.0 Kgf.m

교환

1. 차량을 평편한 곳에 주차시키고 차량을 리프트로 들어 올린다.
2. 드레인 플러그(A)를 풀고 오일을 빼낸다.

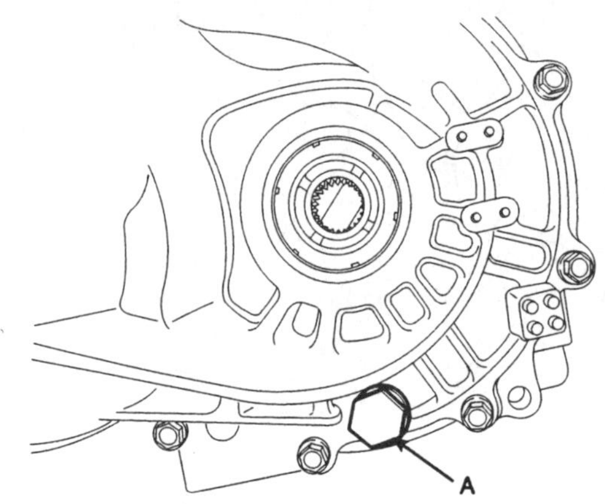

LMJF001A

3. 드레인 플러그를 새로운 와셔와 함께 장착한다.

드레인 플러그 체결토크: 6.0~8.0 kgf.m

4. 필러 플러그 홀을 통해 규정 오일을 주입한다.

규정 오일: SAE 75W/85, API GL-4규정
오일양: 1.9 리터

후진등 스위치

점검

1. 연결 커넥터(A)를 탈거한다.

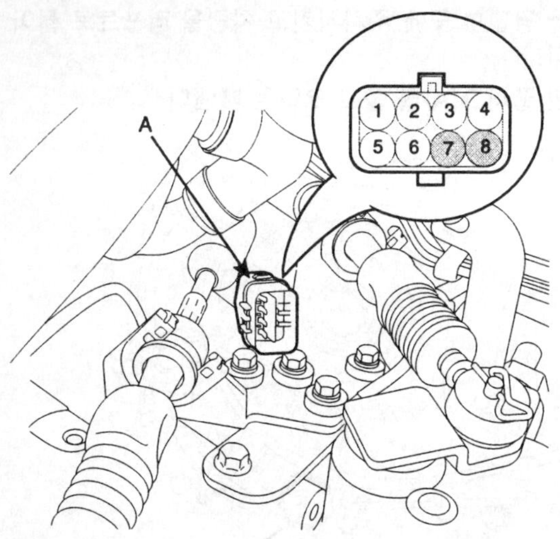

SFDMA8001D

2. 핀 번호 7번과 8번 사이의 통전을 실시한다. 변속레버를 후진으로 했을때 통전이 된다. 통전이 되지 않을 경우 다음 단계로 간다.

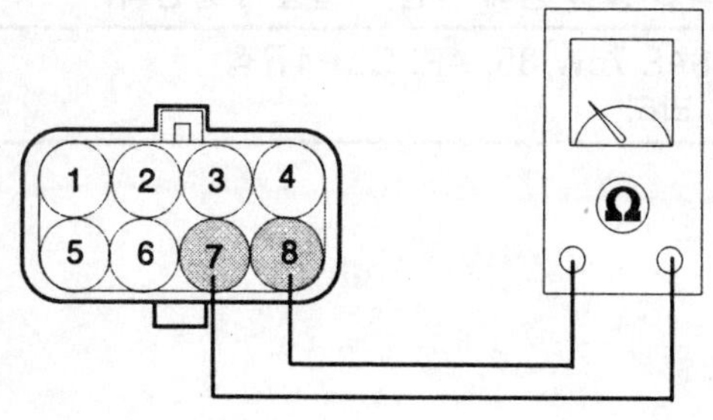

SFDMA8002D

3. 후진등 스위치 커넥터(A)를 분리한다.

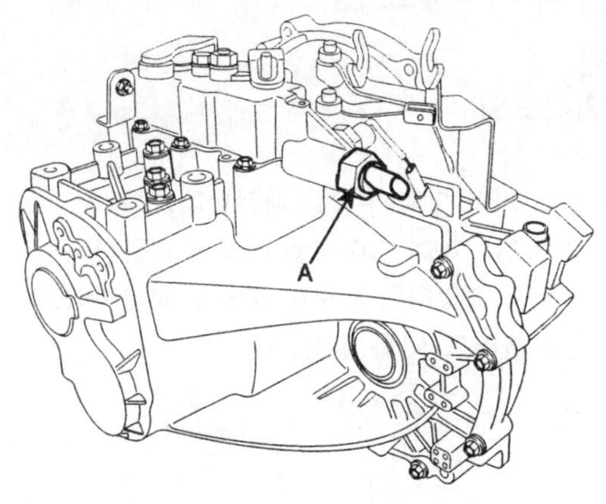

LKGF002C

4. 핀 번호 1과 2사이의 통전을 실시한다. 변속레버를 후진으로 했을때 통전이 된다.

조건	1	2
R 레인지	●	●
기타		

*ON-OFF 변환점에서 0.5mm 이상 유지되어야 백업 등이 ON된다.

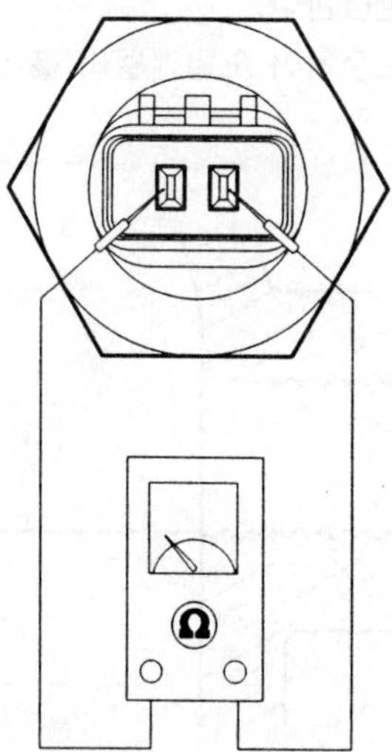

AMGF001A

5. 필요시 후진등 스위치를 수리 또는 교환한다.

드라이브 샤프트 오일씰

교환

1. 변속기로부터 드라이브 샤프트를 분리한다.(DS 그룹 참조)
2. 스크류를 사용하여 오일씰을 탈거한다.

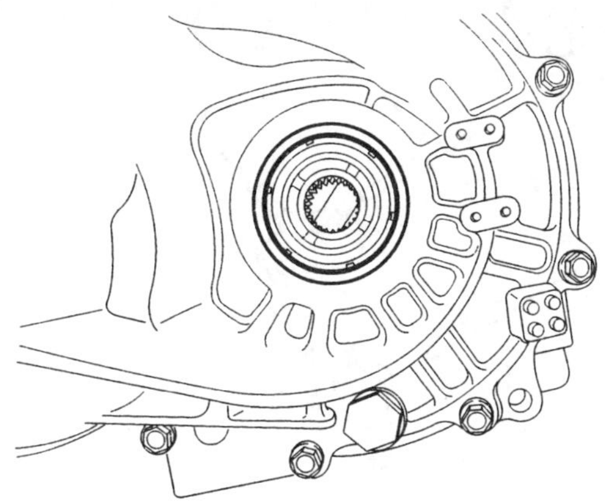

LKGF002D

3. 특수 공구(09452-21200)를 이용하여 드라이브 샤프트 오일씰을 변속기에 장착한다.

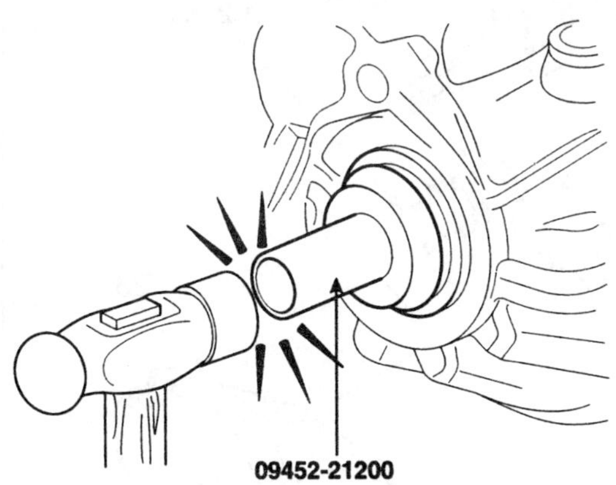

LKGF002E

수동변속기

구성부품

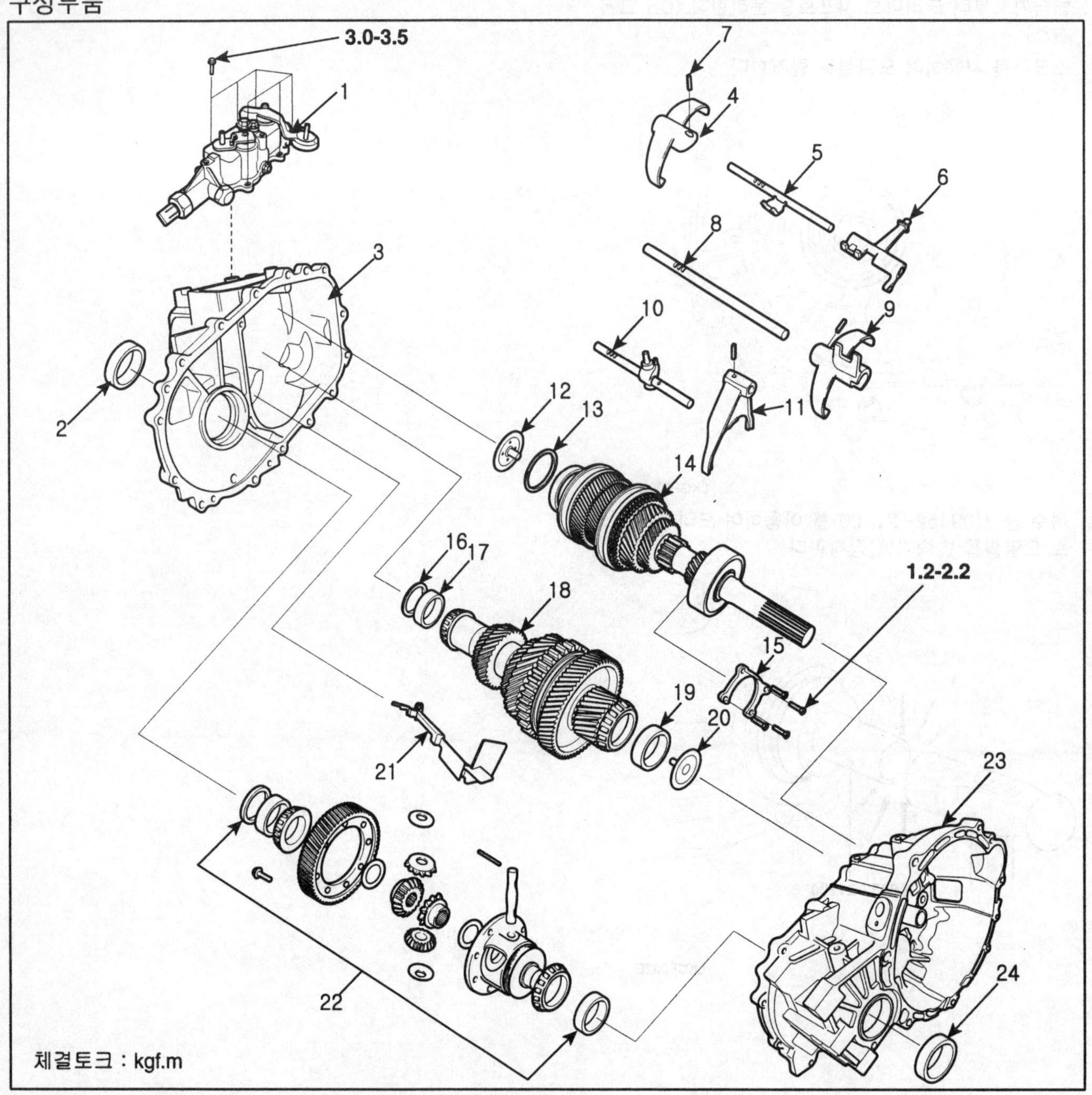

SFDMC8001D

1. 컨트롤 샤프트 컴플리트
2. 오일 씰
3. 수동변속기 케이스
4. 5단 시프트 포크
5. 5단 시프트 레일
6. 리버스 시프트 러그
7. 스프링 핀
8. 3단&4단 시프트 레일
9. 3단&4단 시프트 러그 및 포크
10. 1단&2단 시프트 레일
11. 1단&2단 시프트 포크
12. 인풋 샤프트 오일 가이드
13. 스냅 링
14. 인풋 샤프트 어셈블리
15. 인풋 샤프트 베어링 리테이너
16. 스페이서
17. 아웃풋 샤프트 리어 아웃터 레이스
18. 아웃풋 샤프트 어셈블리
19. 아웃풋 샤프트 프런트 아웃터 레이스
20. 아웃풋 샤프트 오일 가이드
21. 오일 가이드
22. 디퍼렌셜 어셈블리
23. 클러치 하우징
24. 오일 씰

탈거

⚠주의

- **차체 도장부의 손상을 방지하기 위해 펜더 커버를 사용한다.**
- **커넥터가 손상되지 않도록 주의하여 탈거한다.**

참고

- *배선 및 호스의 잘못된 연결을 방지하기 위해 표시를 해 둔다.*

1. 엔진 커버를 탈거한다.
2. 배터리(A)를 탈거한다.

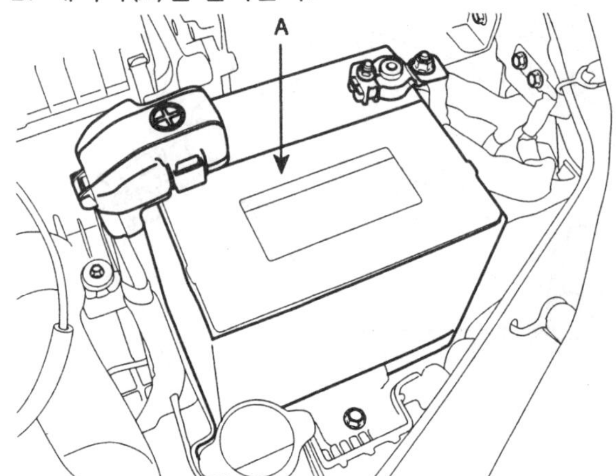

SHDAT6002D

3. 에어 덕트(A)를 탈거한다.

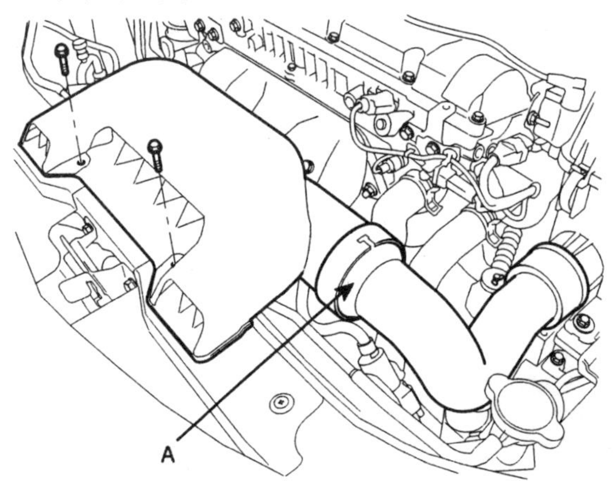

SHDMA6002D

4. 볼트 2개와 클램프(A)를 풀고, PCM 커넥터(B) 분리한 후 에어클리너 어셈블리(C)를 탈거한다.

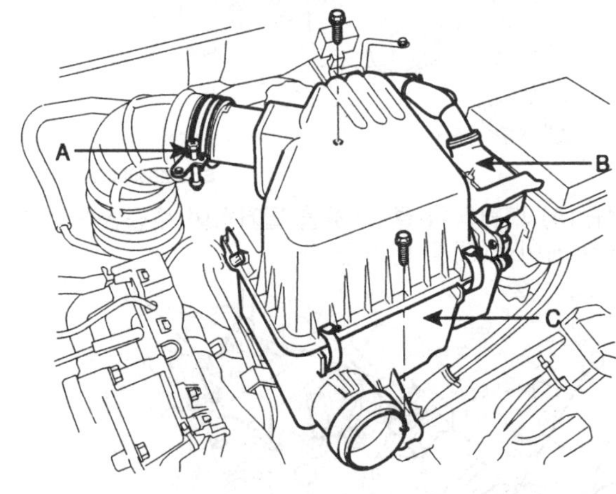

SHDMA6008D

5. 수동변속기 하우징과 차체 접지 케이블(A)을 탈거한다.

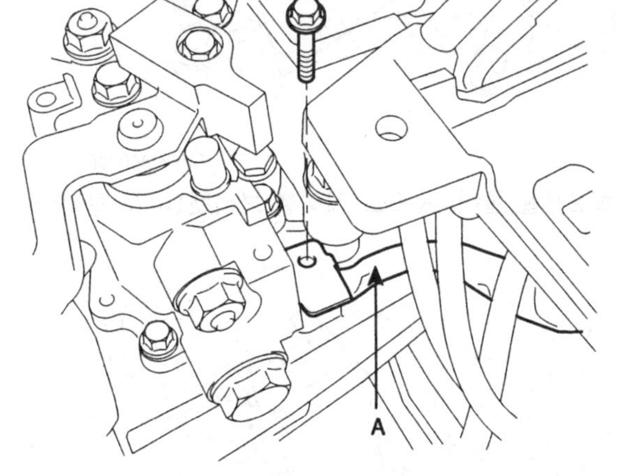

SHDMB6004D

6. 후진등 스위치와 차속 센서 커넥터의 연결 커넥터(A)를 탈거한다.

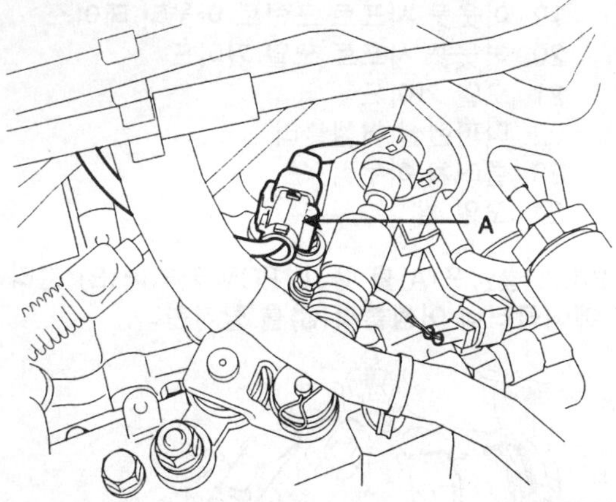

SHDMB6005D

7. 스냅핀(A)과 원터치 클립(B)를 탈거하여 수동변속기 시프트 케이블(C)를 탈거한다.

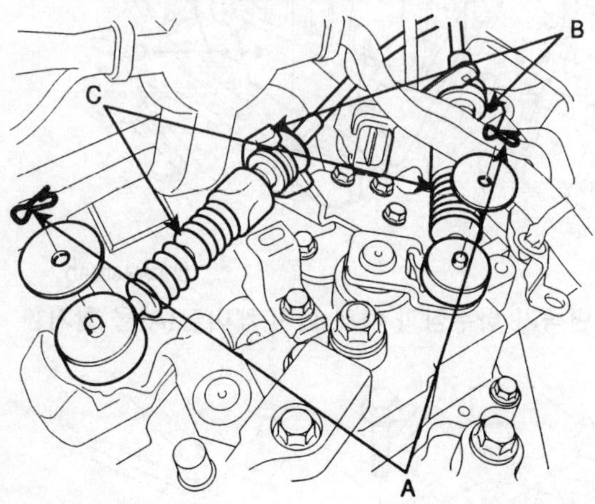

SHDMA6003D

8. 볼트 2개를 풀어, 시프트 케이블 브라켓(A)를 탈거한다.

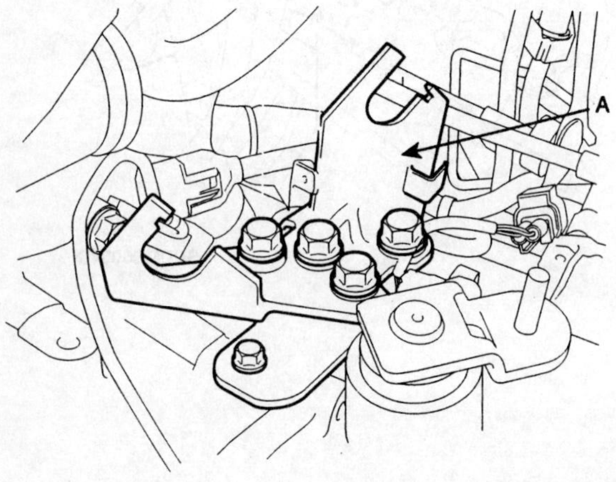

SFDMT8001D

9. 특수공구(09200-38001)를 설치하고 엔진 서포트 픽쳐와 어뎁터를 장착한다.

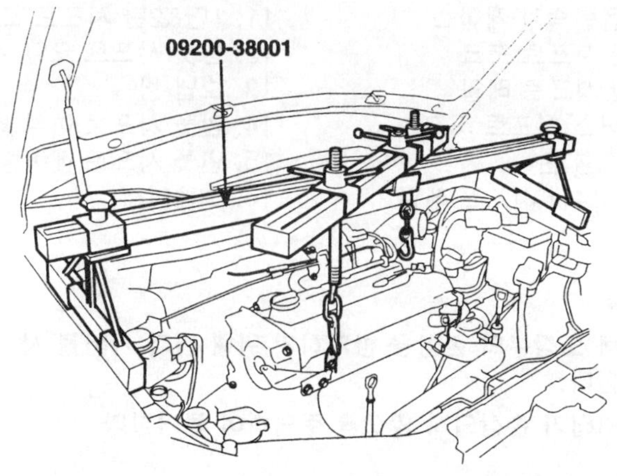

SHDAA6002D

10. 수동변속기 어퍼 마운팅 볼트(A-2개)와 스타터 모터 마운팅 볼트(B-2개)를 탈거한다.

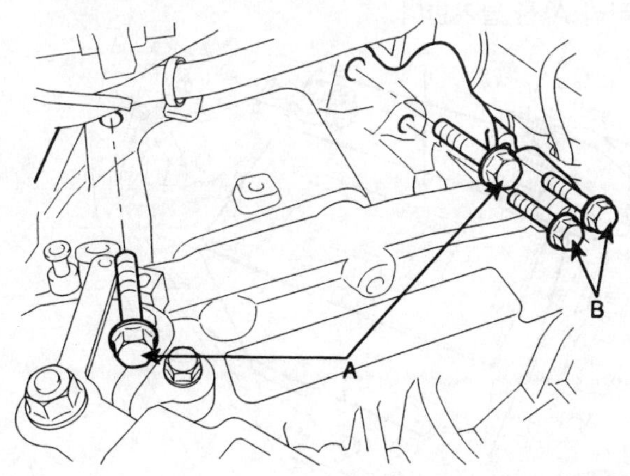

SHDAA6003D

11.볼트 2개를 풀어 수동변속기 마운팅 서포트 브라켓(A)을 탈거한다.

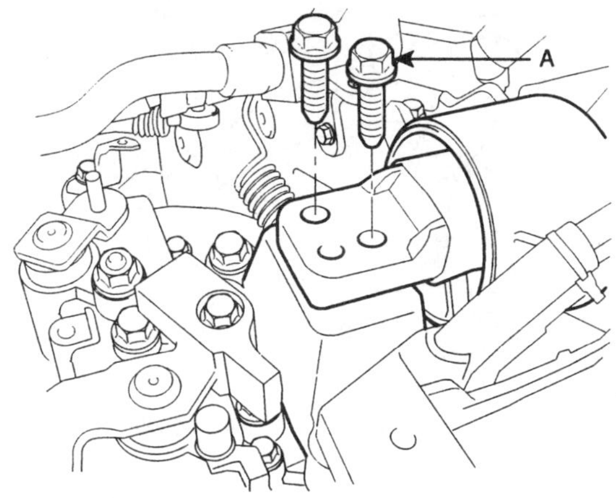

SHDMB6009D

12.스티어링 컬럼 샤프트 볼트(A)를 탈거한다.(ST그룹 스티어링 컬럼 및 샤프트 참조)

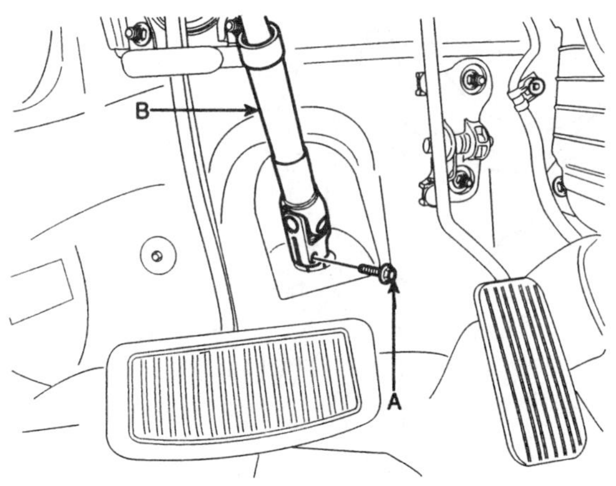

SFDMC8002D

13.차량을 올린다.

14.프런트 타이어를 탈거한다.

15.로워 암 볼 조인트 마운팅 너트, 스테빌라이져 링크 마운팅 너트, 스티어링 타이로드 엔드 마운팅 너트 등을 탈거하여, 프런트 서스펜션 링크들을 분리한다. ('SS' 그룹 참조)

16.언더커버(A,B)를 탈거한다.

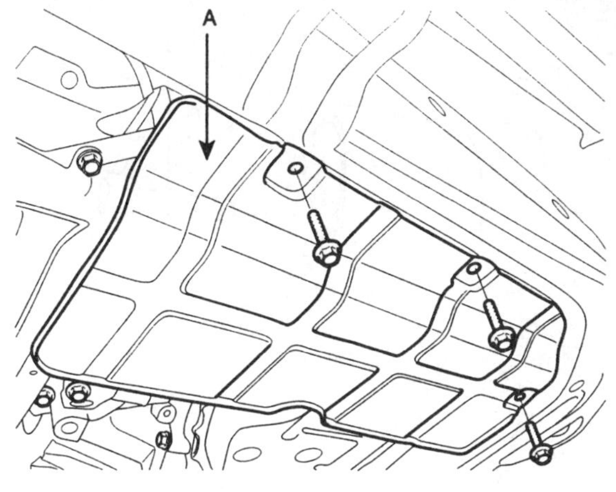

SHDAT6015D

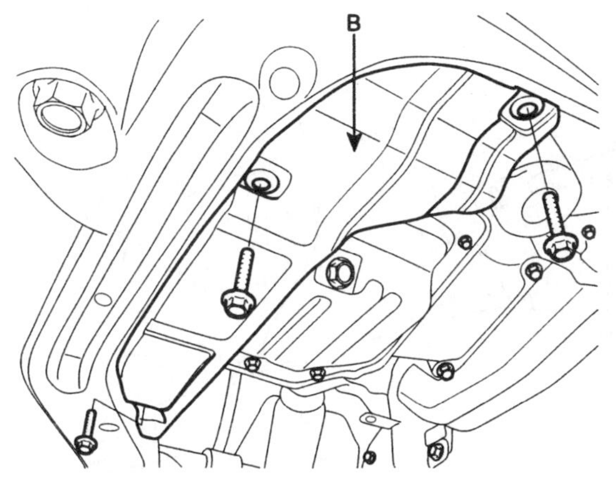

SHDAT6016D

17.프런트 및 리어 롤 스톱퍼 인슐레이터 볼트(A,B)를 탈거한다.

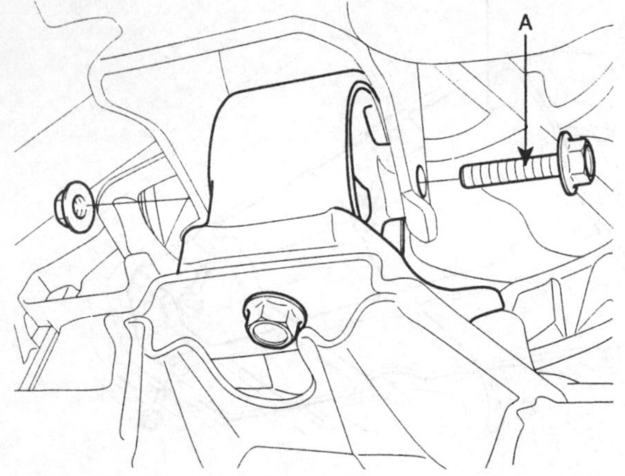

SHDAT6017D

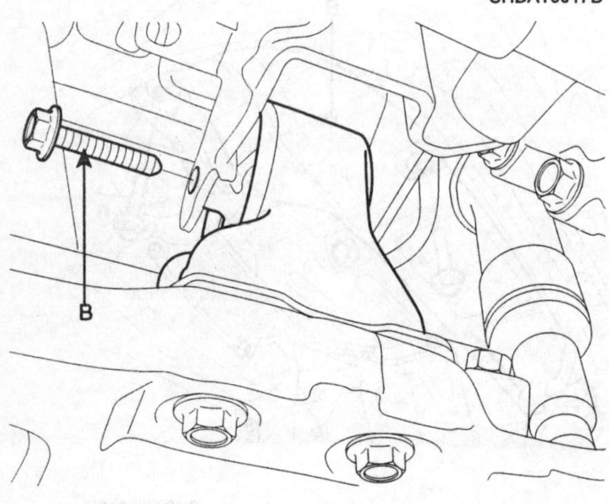

SHDAT6018D

18.배기 파이프 마운팅 러버(A)를 서브 프레임으로부터 탈거한다.

SHDMA6004D

19.특수공구(09624-38000)를 사용하여 서브프레임(A)을 지지하고, 볼트와 너트를 탈거한다.

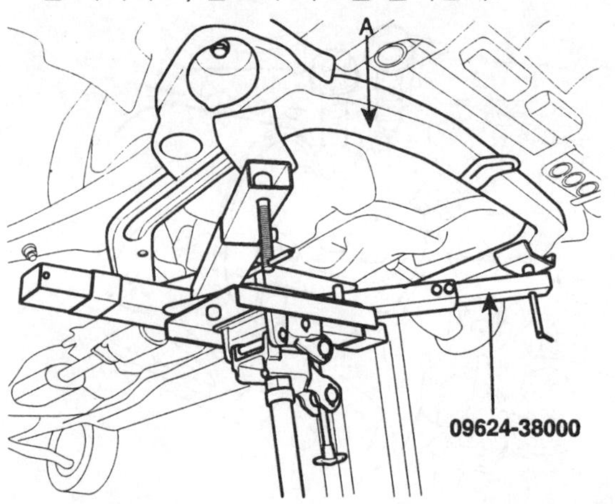

SHDAT6051D

20.수동변속기에서 드라이브 샤프트(A, B)를 탈거한다.(DS그룹 드라이브 샤프트 참조)

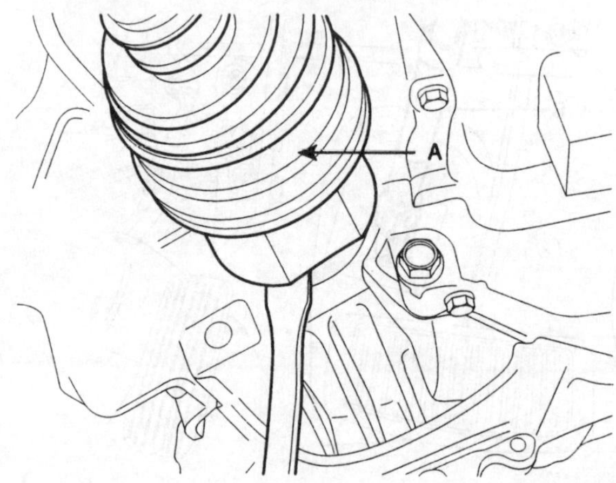

SHDMA6006D

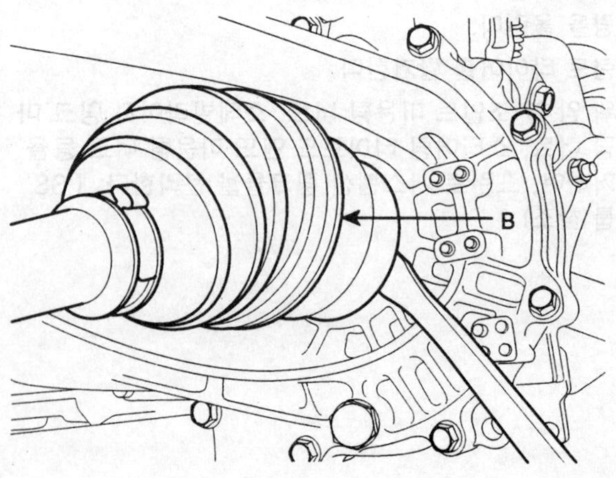

SHDMB6013D

21.볼트 3개를 풀어 클러치 릴리스 실린더(A)를 탈거한다
.

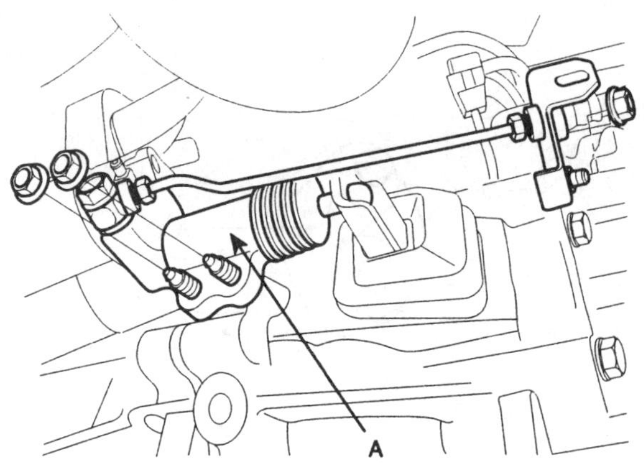

SFDMT8002L

22.변속기측 마운팅 볼트 1개와 엔진측 마운팅 볼트 1개를 탈거한다.

23.수동변속기 로어 마운팅 볼트(A-3개, B-1개)를 탈거한다.

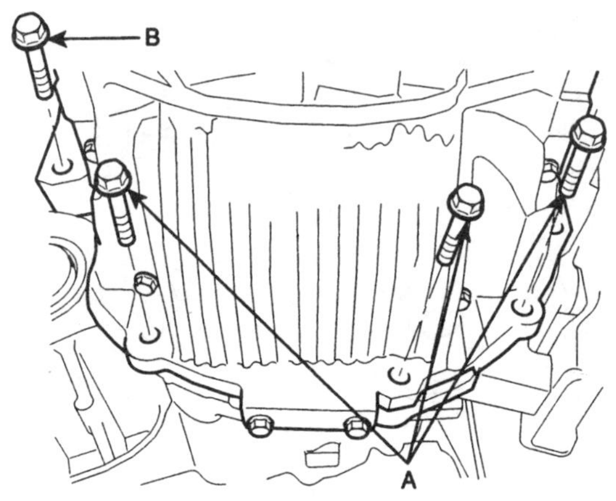

SEDMA7002L

24.수동변속기 어셈블리를 차상에서 탈거한다.

⚠주의

엔진 및 수동변속기 어셈블리 탈거시 기타 주변장치에 손상이 가지 않도록 주의한다.

장착

1. 수동변속기 어셈블리를 차상에 가장착한다.

⚠주의

엔진 및 수동변속기 어셈블리 장착시 기타 주변장치에 손상이 가지 않도록 주의한다.

2. 수동변속기 로어 마운팅 볼트(A-3개, B-1개)를 장착한다.

체결토크 : [A]4.3 ~ 4.9 kgf.m, [B]4.3 ~ 5.5 kgf.m

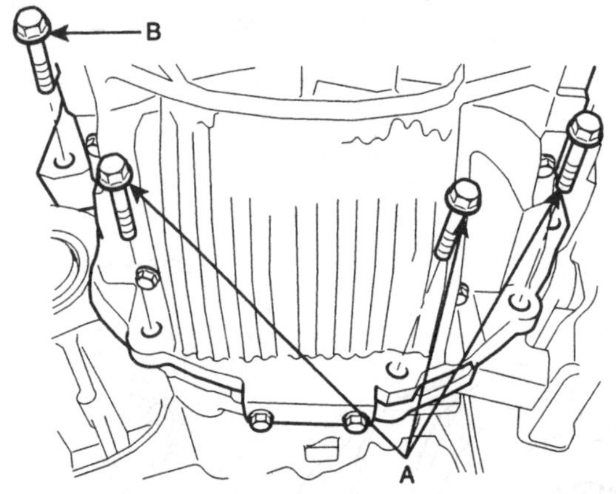

SEDMA7002L

3. 변속기측 마운팅 볼트 1개(A)와 엔진측 마운팅 볼트 1개(B)를 장착한다.

체결토크 : [A]4.3 ~ 5.5 kgf.m, [B]3.0 ~ 4.2 kgf.m

4. 볼트 3개를 조여 클러치 릴리스 실린더(A)를 장착한다
.

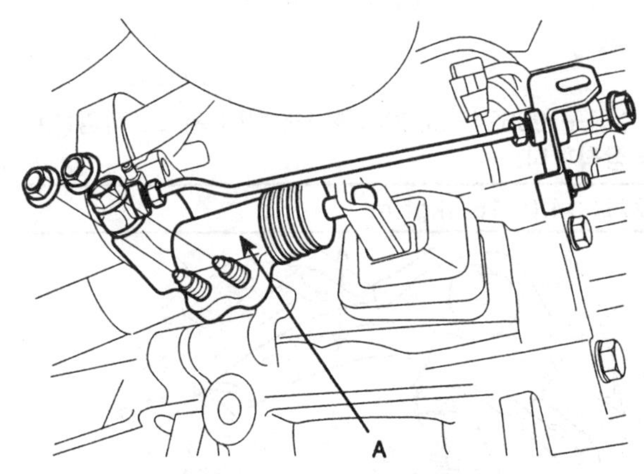

SFDMT8002L

5. 수동변속기에서 드라이브 샤프트(A, B)를 장착한다.(DS그룹 드라이브 샤프트 참조)

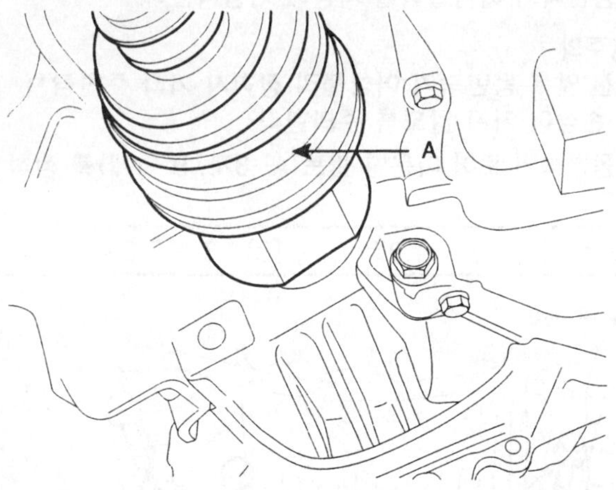

SEDMA7003L

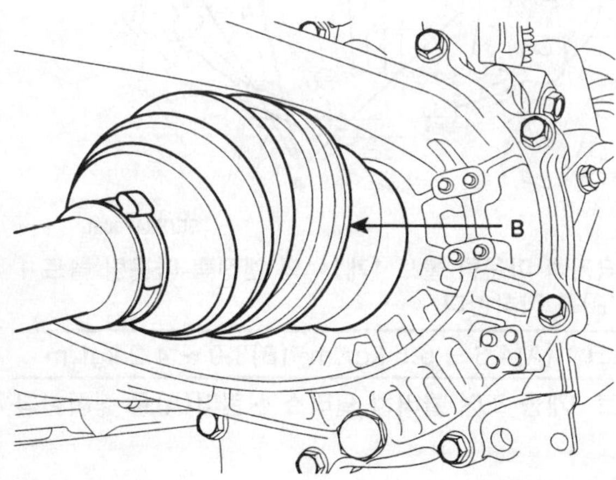

SEDMA7004L

6. 특수공구(09624-38000)를 사용하여 서브프레임(A)을 장착한다.

체결토크: 14.0~16.0kgf.m

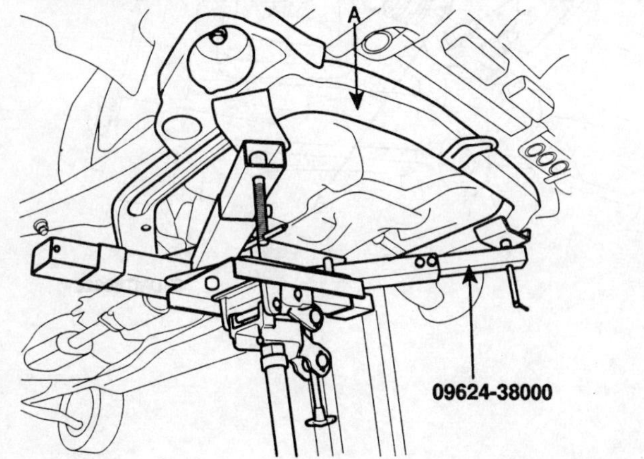

SHDAT6051D

7. 배기 파이프 마운팅 러버(A)를 서브 프레임에 장착한다.

SHDMA6004D

8. 프런트 및 리어 롤 스톱퍼 마운팅 볼트(A,B)를 장착한다.

체결토크 : 5.0~6.5kgf.m

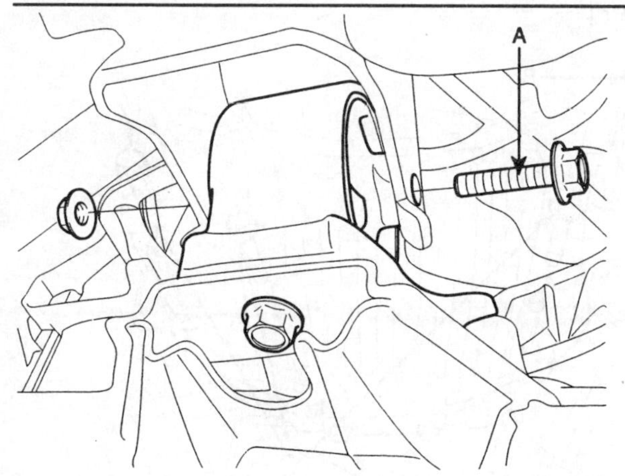

SHDAT6017D

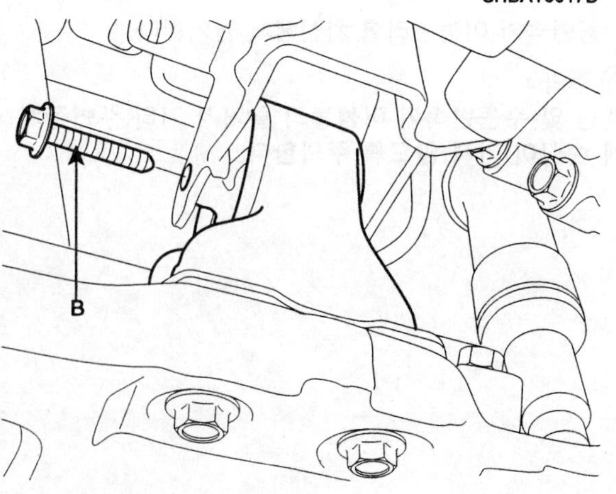

SHDAT6018D

9. 언더커버(A,B)를 장착한다.

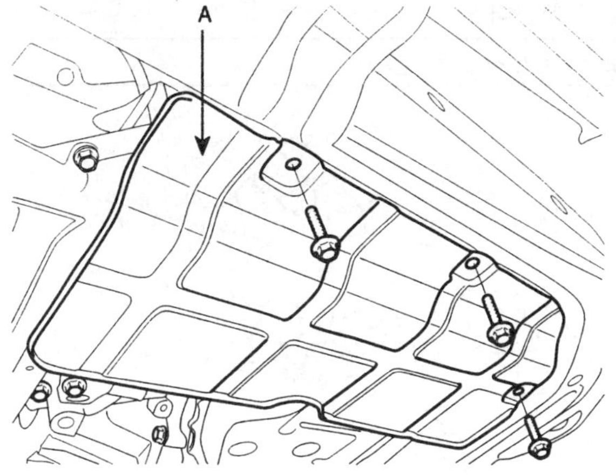

SHDAT6015D

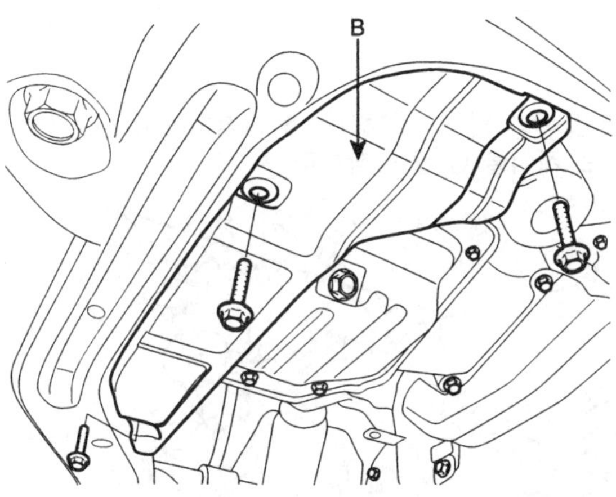

SHDAT6016D

10. 로어 암 볼 조인트 마운팅 볼트, 스테빌라이져 링크 마운팅 너트, 스티어링 타이로드 엔드 마운팅 너트 등을 장착하여, 프런트 서스펜션 링크들을 연결한다. (SS그룹 스테빌라이저 바 참조)

11. 프런트 타이어를 장착한다.

12. 스티어링 컬럼 샤프트 볼트(A)를 장착한다. (ST그룹 스티어링 컬럼 및 샤프트 참조)

체결토크: 1.8~2.5kgf.m

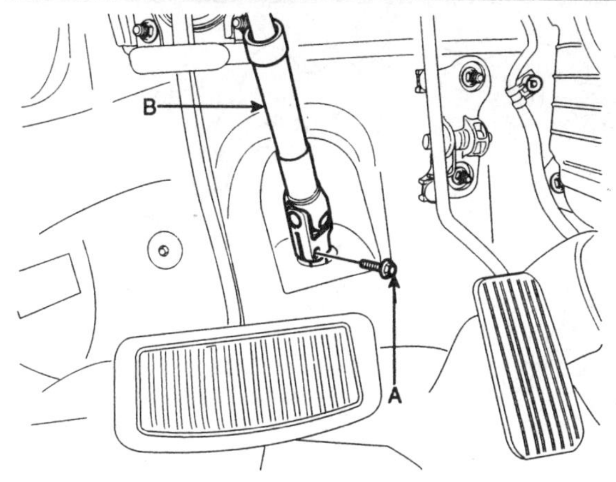

SFDMC8002D

13. 수동변속기 마운팅 서포트 브라켓 볼트(A)을 장착한다.

체결토크 : 9.0 ~ 11.0 kgf.m

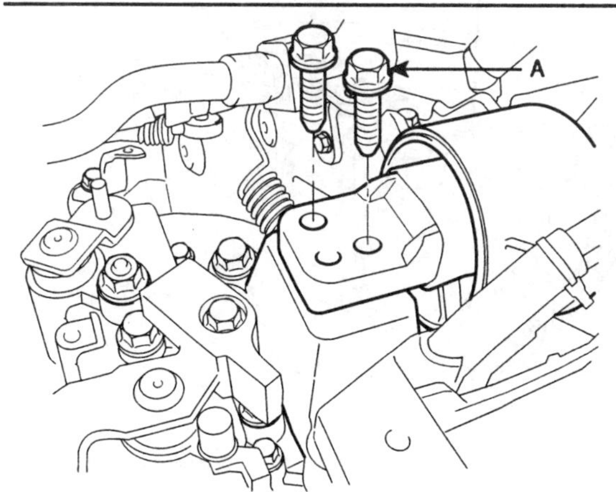

SHDMB6009D

14.수동변속기 어퍼 마운팅 볼트(A-2개)와 스타터 모터 마운팅 볼트(B-2개)를 장착한다.

체결토크 : [A]6.0 ~ 8.0 kgf.m, [B]4.3 ~ 5.5 kgf.m

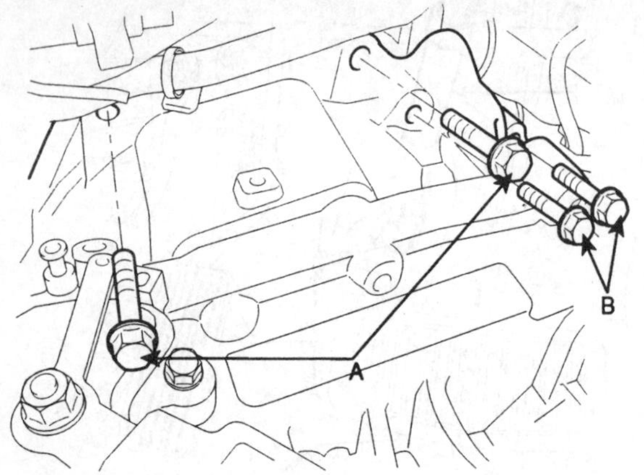

SHDAA6003D

15.특수공구(09200-38001)를 탈거한다.

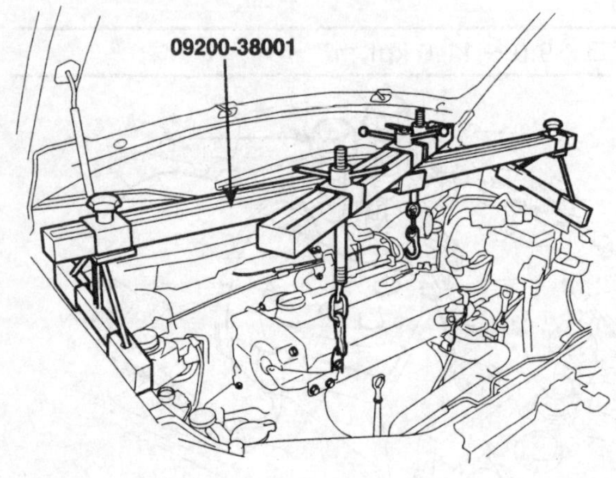

SHDAA6002D

16.볼트 2개를 조여, 수동변속기 시프트 케이블 브라켓(A)를 장착한다.

체결토크: 1.5 ~ 2.2 kgf.m

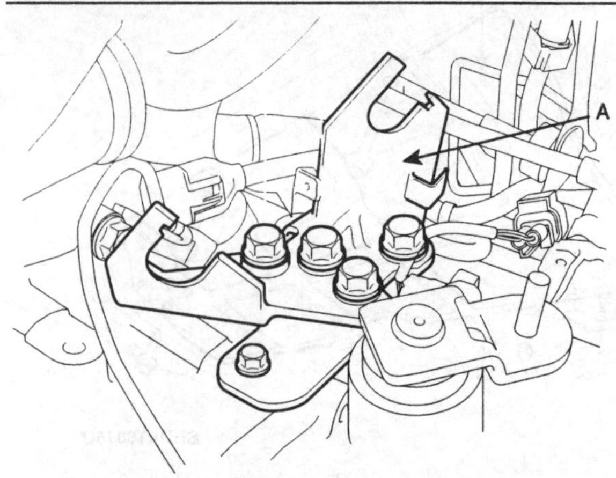

SFDMT8001D

17.스냅핀(A)과 원터치 클립(B)를 장착하여 수동변속기 시프트 케이블(C)를 장착한다.

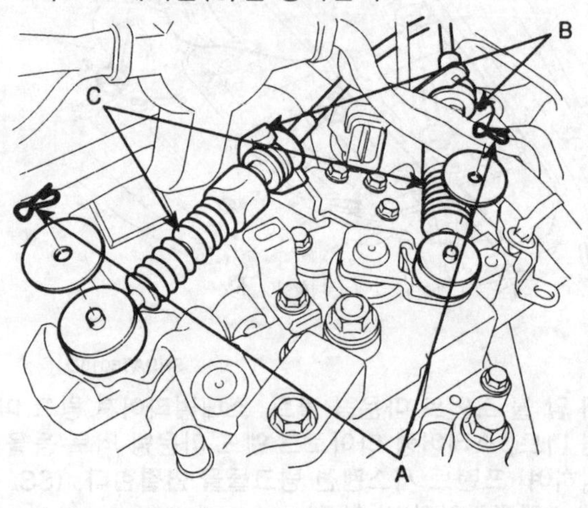

SHDMA6003D

18. 후진등 스위치와 차속 센서 커넥터의 연결 커넥터(A)를 장착한다.

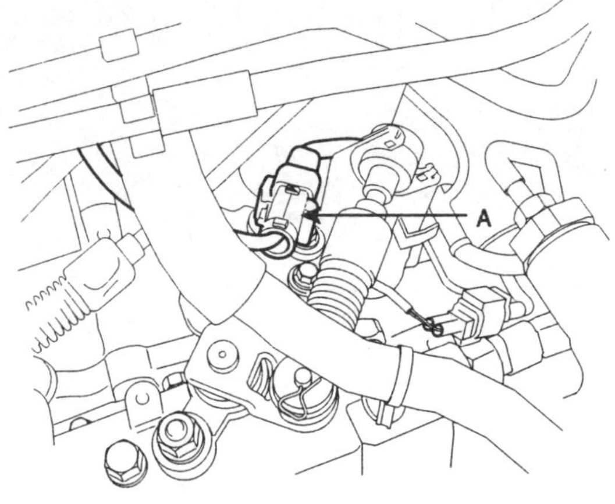

SHDMB6005D

19. 수동변속기 하우징과 차체 접지 케이블(A)를 장착한다.

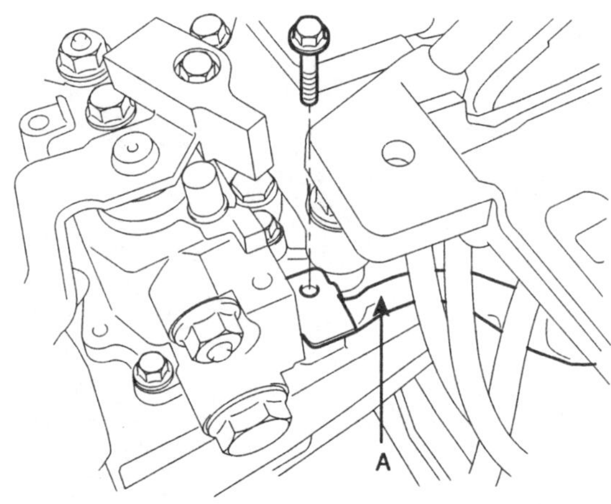

SHDMB6004D

20. 볼트2개와 클램프(A)를 조이고, PCM 커넥터(B) 연결한 후 에어클리너 어셈블리(C)를 장착한다.

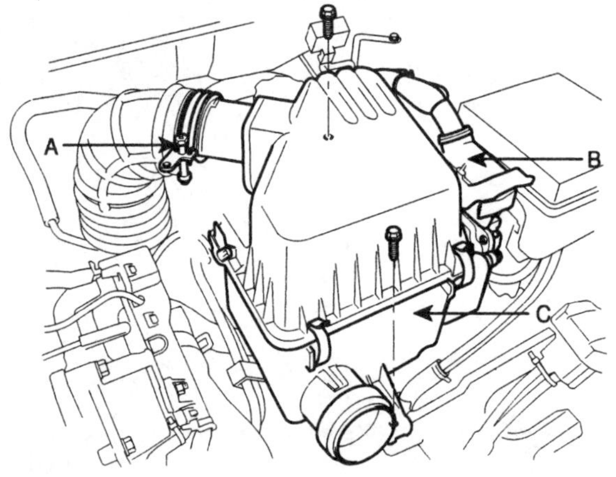

SHDMA6008D

21. 에어 덕트(A)를 장착한다.

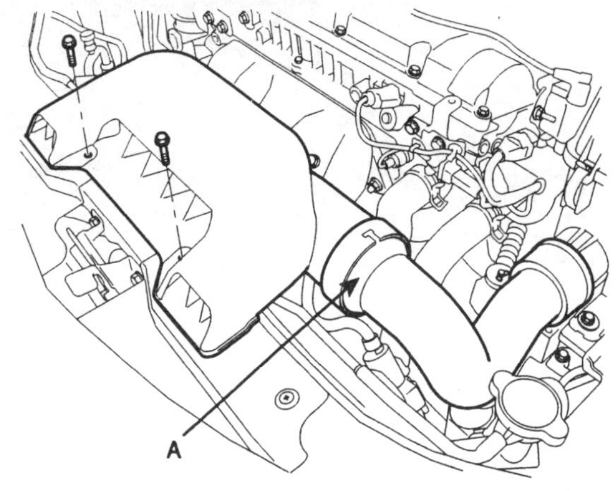

SHDMA6002D

22. 배터리(A)를 장착한다.

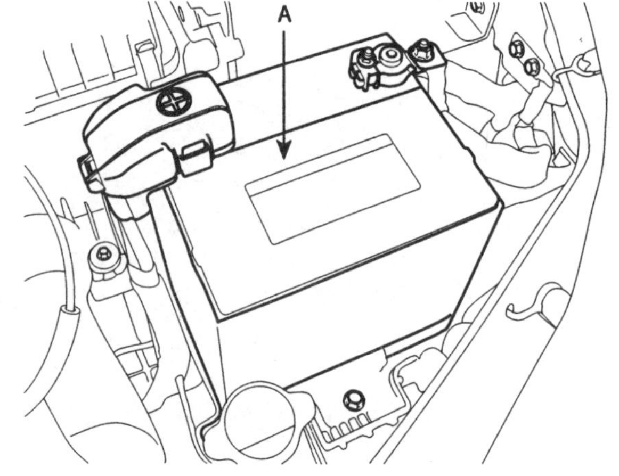

SHDAT6002D

23. 엔진 커버를 장착한다.

24. 장착이 완료 되면 다음 작업을 수행한다.

- 시프트 케이블을 조정한다.
- 변속기 오일을 주입한다.
- 배터리 터미널과 케이블 터미널을 샌드 페이퍼로 청소한 후 조립하고 부식 방지를 위해 그리스를 도포한다.

자동 변속기 (A4CF2)

자동변속기 분해/조립 내용은 2005MY 자동변속기 (A4CF2) 정비지침서(Pub. NO: ATMS-KO54D)을 참조하십시오.

일반사항

제원

모델		A4CF2
적용 엔진		가솔린 2.0
토크 컨버터		3요소 2상 1단
토크 컨버터 사이즈		Ø236 mm
오일 펌프 형식		파라코이드
자동변속기 케이스 형식		분리형
구성요소		클러치 : 3개
		브레이크 : 2개
		원웨이 클러치 : 1개
유성기어		단순 유성 기어 : 2개
변속비	1속	2.919
	2속	1.551
	3속	1.000
	4속	0.713
	후진	2.480
최종 감속비		4.121
유압 밸런스 피스톤		3개
스톨 스피드		2200~2700 rpm
어큐뮬레이터		4개
솔레노이드 밸브		6개 (PWM:5개, VFS:1개)
기어 시프트 포지션		7레인지 (P,R,N,D,3,2,L)
오일 필터		1개

PWM (Pulse Width Modulation) : 펄스 폭 변조
VFS (Variable Force Solenoid) : 가변 압 솔레노이드

체결토크

항목	토크값 (kgf.m)
컨트롤 케이블 브라켓	1.5 ~ 2.2
입력 속도 센서	1.0 ~ 1.2
출력 속도 센서	1.0 ~ 1.2
매뉴얼 컨트롤 레버	1.7 ~ 2.1
인히비터 스위치	1.0 ~ 1.2
오일 팬	1.0 ~ 1.2
오일 방출 플러그	4.0 ~ 5.0
프레셔 체크 플러그	0.8 ~ 1.0
프론트 롤 서포트 브라켓 변속기 볼트	5.0 ~ 6.5
리어 롤 서포트 브라켓 변속기 볼트	5.0 ~ 6.5
자동변속기 서포트 브라켓 볼트	6.0 ~ 8.0

윤활유

항목	규정 윤활유	용량
자동변속기 오일	다이아몬드 ATF SP-III 또는 SK ATF SP-III	6.6ℓ (4속)

실런트

항목	기준 실런트
리어 커버 토크 컨버터 하우징 오일 팬	LOCTITE (주) FMD-546

특수공구

공구 (품번 및 품명)	형상	용도
09200-38001 엔진 서포트	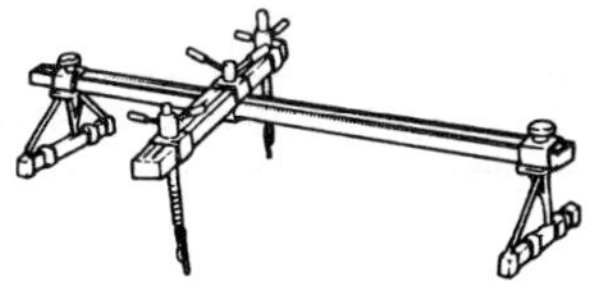 AKGF020A	변속기 탈거 및 장착
09624-38000 크로스 멤버 지지대	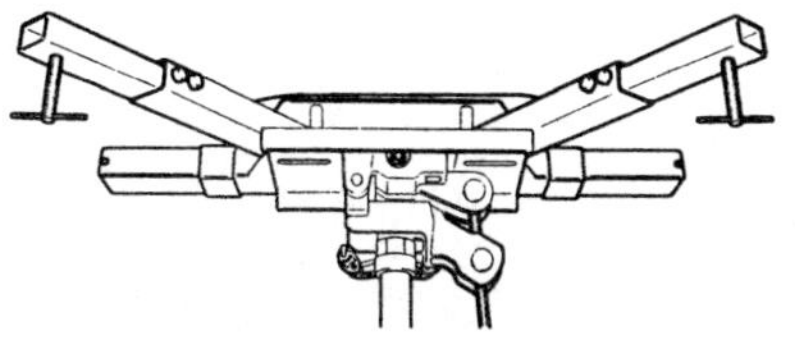 EKBF005A	크로스 멤버 탈장착

자동변속기

개요

가솔린 2.0 엔진에 장착되는 A4CF2 변속기는 내구성과 효율성이 대폭 향상되었다.
주요 특징으로는 내구성 향상을 위해서 원심 밸런스 장치를 장착했으며, 전 스로틀 및 전 변속단에서 라인압을 가변시키는 풀 라인압 가변 제어를 실시한다. 또한 롱 트래블 댐퍼 클러치를 사용해서 연비와 댐퍼 클러치 작동시 변속감을 향상 시켰다.
전자제어 시스템에서는 토크저감 제어와 각종 지능형 변속단 제어, 학습 제어의 효과적 적용으로 변속감 및 내구성을 향상 시켰다.

자동 변속기 주요 특징

항목	내용
구성품	풀 라인압 가변 제어를 실시해서 연비 향상 시켰다.
	롱 트래블 댐퍼 클러치를 장착해서 엔진 회전수 변동 감쇄 능력 향상과 연비를 향상 시켰다. (17~20°)
	오일 펌프를 기존의 트로코이드 방식에서 파라코이드 방식으로 개선해서 가공성과 저RPM영역에서 체적 효율 개선했다.
	로우&리버스 브레이크에 디스크 타입 리턴 스프링을 장착해서 내구성 향상 및 전장을 축소했다.
	클러치 내부에 원심 밸런스 기구를 장착하여 내구성 및 변속 제어성능을 향상시켰다.
	저소음 기어 및 치면 그라인딩을 적용해서 소음 및 내구성을 향상시켰다.
전자 제어 시스템	유압 설정치가 엔진 토크와 연동해서 안정적인 변속감 향상이 가능하다.
	엔진 토크 저감 제어의 효과적 적용으로 변속감 및 내구력이 향상되었다.
	변속시 1↔3, 2↔4속의 스킵 시프트(SKIP SHIFT)가 가능하다.
	N→R제어시 L/R 브레이크를 제어하는 반력측 제어가 아닌 리버스 클러치를 제어하는 입력측 제어를 실시하여 N→R 변속감이 향상되었다.
	댐퍼 클러치 직결제어 영역의 확장으로 연비가 향상되었다.
	전류 제어 칩을 TCM 내부에 장착하여 온도 및 전압 변화에 유압 특성을 안정적으로 제어하기 위해 솔레노이드 제어 전류를 조절한다.
	절연 필름안에 전선과 같이 얇고 평평한 구리를 이용하여 회로를 구성하는 FPC (Flexible Printed Circuit)의 하니스를 장착했다.
	차속 센서 신호를 받지 않고 TCM에서 계기판으로 주파수를 변경해서 속도계를 작동시킨다.

정비 점검 및 교환

자동변속기 오일

점검

1. 기어를 "N" 또는 "P" 위치에 두고 엔진이 정규 아이들 회전수인 것을 확인한다.(주차 브레이크 당긴 것을 확인할 것)
2. 자동변속기 오일 온도가 통상온도 (70~80°C)가 될 때까지 주행한다.
3. 선택레버를 각 위치에서 순환시킨 후, "N" 또는 "P" 위치에 둔다.
4. 오일 레벨 게이지 주변부의 오염물을 제거한 후 오일 레벨 게이지를 닦고 자동변속기 오일의 상태를 점검한다.

   참고

   자동변속기 오일이 타는 냄새가 날 때는 부시(메탈) 및 마찰재료 등의 미세한 가루에 의해 더러워져 있기 때문에 자동변속기의 오버홀 및 쿨러라인의 세정이 필요하다.

5. 자동변속기 오일 레벨이 오일 레벨 게이지의 "HOT" 중간에 있는지 점검한다. 자동변속기 오일량이 적을 때는 "HOT" 중간이 되도록 보충한다.

   자동 변속기 오일 : 순정품 다이아몬드 ATF SP-III 또는 SK ATF SP- III.

   자동 변속기 오일량 : 6.6리터(참조용일 뿐임. 게이지로 양 조절할 것.)

   참고

   a. *자동변속기 오일량이 적을 때는 오일 펌프가 자동변속기 오일과 함께 공기를 흡입하여 유압 라인 안에 기포를 만들기 때문에 유압이 저하되어 변속의 지체나 클러치 및 브레이크의 슬립이 일어나는 원인이 된다.*
   b. *자동변속기 오일량이 과다하면 기어가 자동변속기 오일을 끌어 올려 거품이 생기기 때문에 자동변속기 오일량이 적을 때와 동일한 현상이 발생한다.*
   c. *양쪽 모두의 경우 기포가 오버 히트나 자동변속기 오일을 산화시키는 원인이 되며 밸브, 클러치 및 브레이크가 정상으로 작동할 수 없게 된다. 또한 자동변속기 오일이 거품이 일어나면 변속기의 에어브리더 또는 오일 필터 튜브로 자동변속기 오일이 흘러 넘치고 이것은 누유와는 다른 것이다.*

6. 오일 레벨 게이지를 확실히 끼워 넣는다.
7. 자동 변속기 오버홀시 또는 오일의 열화 및 오염이 심하여(가속 운전 했을 때) 자동변속기 오일을 교환 할 때는 메인 필터는 완전히 교환한다.

교환

자동변속기 오일 체인저가 있는 경우는 자동변속기 오일 체인저를 사용하여 교환한다.

자동변속기 오일 체인저가 없는 경우는 하기의 요령으로 한다.

1. 변속기와 오일 쿨러 사이를 연결하고 있는 호스를 빼낸다.
2. 엔진을 시동하여 자동변속기 오일을 방출한다.

   운전조건 : "N" 또는 "P"레인지, 아이들링

   ⚠주의

   엔진의 시동후 1분 이내로 정지할 것. 그 이전에 자동변속기 오일의 배출이 끝날 경우는 그 시점에서 엔진을 정지할 것.

3. 변속기 케이스 하부의 드레인 플러그(A)를 빼내어 자동변속기 오일을 방출한다.

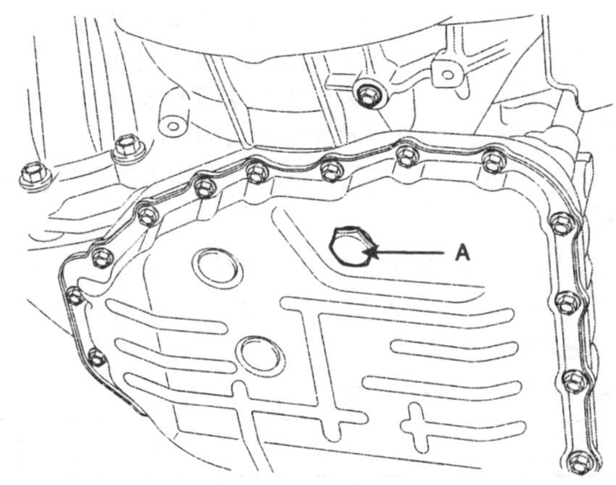

AKGF032W

4. 드레인 플러그에 가스켓을 끼워 설치하고 기준 토크로 조인다.

체결토크 : 4.0~5.0 kgf.m

5. 신품 자동변속기 오일을 오일 주유 튜브로 주입한다.

   ⚠주의

   5ℓ가 다들어가지 않을 경우 주입을 중단할 것.

6. 2항의 작업을 다시 한번 실시한다.

   참고

   사용된 이전 오일의 상태를 점검한다.

   오염되어 있는 경우는 5, 6항을 다시 한번 실시한다.

7. 신품 자동변속기 오일을 오일 주유 튜브로 주입한다.
8. 1항에서 빼어낸 호스를 조립하고 오일 레벨 게이지를 확실히 끼워 넣는다.
9. 엔진을 시동하여 1~2분간 아이들 운전한다.
10. 선택레버를 각 위치에서 순환시킨후 "N" 또는 "P" 위치에 넣는다.

11. 자동변속기 오일 온도가 통상온도 (70~80°C)가 될 때까지 주행하고 자동변속기 오일량을 재점검한다. 자동변속기 오일 레벨은 "HOT" 중간이 되어야 한다.

참고

"COLD" 레벨은 어디까지나 참고로 하고 "HOT" 레벨을 기준으로 한다.

12. 오일 레벨 게이지를 오일 주유 튜브에 확실히 끼워 넣는다.

참고

자동변속기 오일에는 타오일(엔진오일, 부동액등)과 구분하기 위하여 붉은 염료가 추가되어 있어서 초기에는 자동변속기 오일 색깔이 투명한 적색이고, 주행거리가 증가함에 따라 자동변속기 오일 색깔은 점점 검붉은색으로 변하게 되고 연한갈색을 나타내는 경향이 있음. 또한, 붉은 염료는 영구적인 것이 아니기 때문에 자동변속기 오일 색깔이 자동변속기 오일 품질을 나타내는 척도는 아닙니다. 따라서 자동변속기 오일 색깔로 자동변속기 오일 교환여부를 판단해서는 안됨. 단 자동변속기 오일 상태가 하기와 같을 경우는 자동변속기를 점검할 필요성이 있습니다.

- 자동변속기 오일 색깔이 진한 갈색이나 검은색일 경우
- 자동변속기 오일에서 심한 탄냄새가 날 경우
- 오일 레벨 게이지에 마모된 금속 부스러기가 묻혀 나오거나 만져질 경우

컨버터의 스톨시험 (Stall Test)

스톨시험은 선택레버가 "D"혹은 "R"위치에 있고 스로틀을 완전 개방시켰을때 최대 엔진속도를 측정하여 토크 컨버터 오버 런닝 클러치의 작동과 자동변속기 클러치류와 브레이크류의 체결 성능을 점검하는데 이용한다.

참고

차량이 갑자기 움직일수 있으므로 이 시험중 차량의 앞뒤에는 사람이 서 있지 않도록 한다.

1. 트랜스미션액의 온도가 정상 작동온도(80-90°C)가 되고 엔진 냉각수 온도가 정상 작동온도(80~90°C)가 되었을때 트랜스미션액의 수준을 점검한다.
2. 뒷바퀴 양쪽에 굄목을 설치한다.
3. 주차 브레이크를 당기고 브레이크 페달을 완전히 밟는다.
4. 엔진의 시동을 건다.
5. 선택레버를 "D"에 놓고서 아이들 페달을 완전히 밟은 상태로 엔진의 최대속도를 측정한다. 이때 필요이상으로 스로틀을 완전히 열고 있거나 5초이상 지속시키지 않는다. 만일 스톨 시험을 다시 행해야 할때는 선택레버를 중립에 놓고 엔진을 1,000rpm으로 2분 정도 운전하며 트랜스미션액을 식힌후에 재시험한다.

스톨 속도 : 2200~2700 rpm

레인지별 작동 요소와 기능

구분	UD/C	OD/C	REV/C	2ND/B	LR/B	OWC
P					O	
R			O		O	
N					O	
D1	O					O
D2	O			O		
D3	O	O				
D4		O		O		
L	O				O	O

UD/C : 언더 드라이브 클러치
OD/C : 오버 드라이브 클러치
REV/C: 리버스 클러치
2-4/B : 2-4 브레이크
LR/B : 로우&리버스 브레이크
OWC : 원 웨이 클러치

오일 압력시험

1. 자동변속기을 완전히 워밍-업 시킨다.
2. 잭으로 차량을 들어올려 앞바퀴가 돌아 갈 수 있게 한다.
3. 오일 압력 게이지 (09452-21500)와 어댑터 (09452-21000)를 각 오일압력 배출구에 연결한다.
4. 다양한 조건에서 오일압력을 점검하여 측정치가 "규정 압력표"에 있는 규정 범위내에 있는가를 확인한다. 오일압력이 규정범위를 벗어나면 "오일압력이 정상이 아닐때 DTC 고장진단 절차" 를 참고로 하여 수리한다.

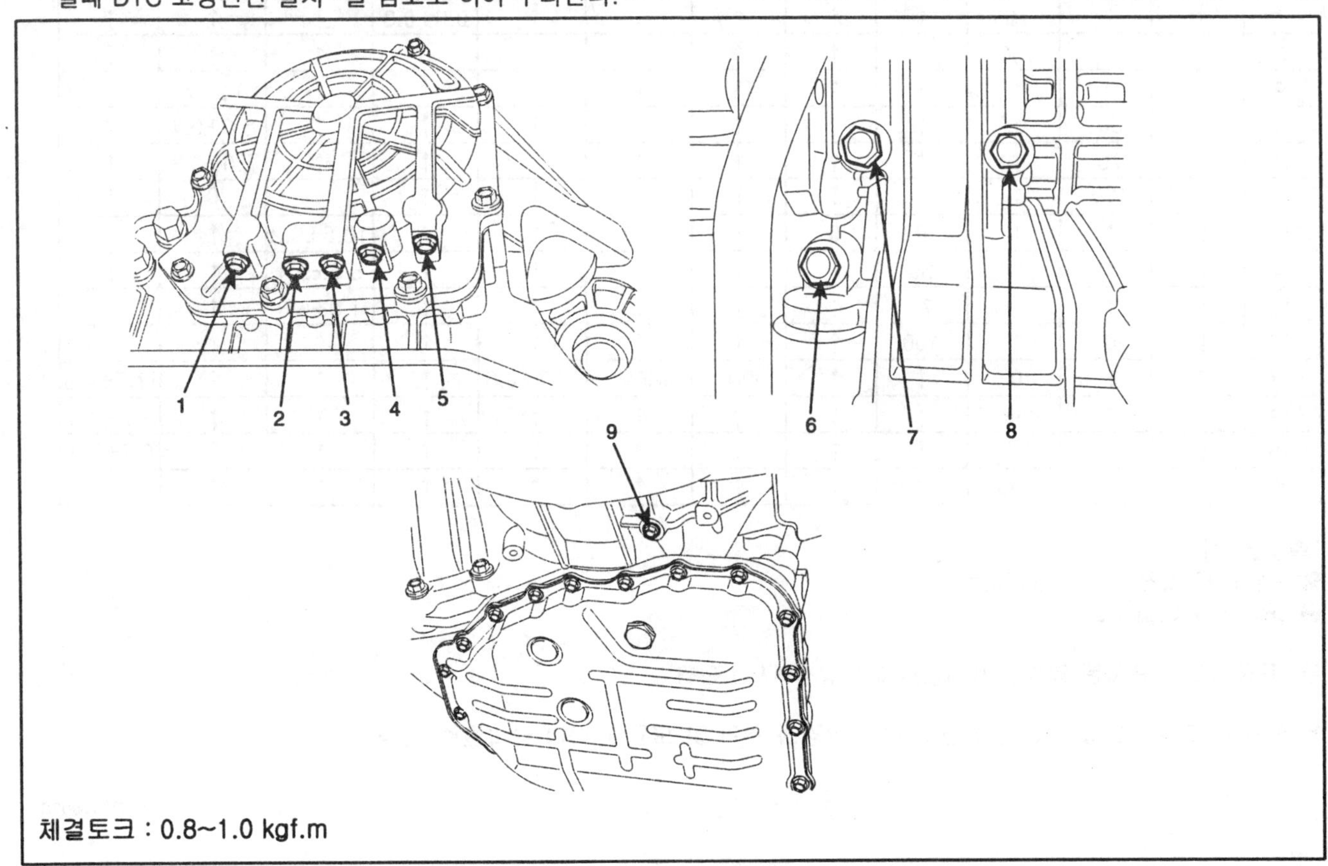

SSAAT8007D

1. LUB압 포트
2. RED압 포트
3. OD압 포트
4. 2/4압 포트
5. REV압 포트
6. DA압 포트
7. UD압 포트
8. LR압 포트
9. DR압 포트

규정 오일 압력표

순서	매뉴얼 밸브위치	조작					측정요소	유압(kgf/㎠)				
		PCSV-A	PCSV-B	PCSV-C	PCSV-D	ON/OFF		LR	2/4(2ND)	UD	OD	REV
1	D	0	100	0	0	ON	LR	10.5±0.2	0	10.5±0.2	0	0
2	↑	50	↑	↑	↑	↑	↑	5.3±0.4	↑	↑	↑	↑
3	↑	75	↑	↑	↑	↑	↑	1.0±0.3	↑	↑	↑	↑
4	↑	100	↑	↑	↑	↑	↑	0	↑	↑	↑	↑
5	↑	↑	0	↑	100	OFF	2/4(2ND)	0	10.5±0.2	↑	↑	↑
6	↑	↑	50	↑	↑	↑	↑	↑	5.3±0.4	↑	↑	↑
7	↑	↑	75	↑	↑	↑	↑	↑	0.9±0.3	↑	↑	↑
8	↑	↑	100	↑	↑	↑	↑	↑	0	↑	↑	↑
9	↑	0	↑	↑	↑	↑	OD	↑	↑	↑	10.5±0.2	↑
10	↑	50	↑	↑	↑	↑	↑	↑	↑	↑	5.6±0.4	↑
11	↑	75	↑	↑	↑	↑	↑	↑	↑	↑	1.0±0.3	↑
12	↑	100	↑	↑	↑	↑	↑	↑	↑	↑	0	↑
13	↑	↑	↑	0	0	↑	UD	↑	↑	10.5±0.2	↑	↑
14	↑	↑	↑	50	↑	↑	↑	↑	↑	5.6±0.4	↑	↑
15	↑	↑	↑	75	↑	↑	↑	↑	↑	1.0±0.3	↑	↑
16	↑	0	↑	100	↑	↑	↑	↑	↑	0	↑	↑
17	R	↑	0	↑	↑	ON	REV	17.7±0.8	↑	↑	↑	17.7±0.8
18	↑	↑	50	↑	↑	↑	↑	↑	↑	↑	↑	8.7±0.8
19	↑	↑	75	↑	↑	↑	↑	↑	↑	↑	↑	0.9±0.5
20	↑	↑	100	↑	↑	↑	↑	↑	↑	↑	↑	0

[측정조건]

- 오일펌프 회전속도 : 2500rpm
- LPCSV 듀티율 : 0%

주) 표중 0으로 표시된 압력은 0.1kgf/㎠이상 발생해서는 안됨.

※ 위의 값들은 절대값이 아닌 차량의 측정 환경과 조건 및 모델에 따라 달라질수 있음.

SHDAT6063D

고장진단

● 자기진단 실시요령

자기진단 실행조건

— 변속레버가 P 또는 N 레인지에 위치한다.

— 차량 정지상태로 한다.

진단 장비를 이용한 자기진단

1. 주행성 문제가 제기되었을 경우, 아래와 같은 절차를 밟아나간다.
2. 하이 스캔 장비를 데이터 링크 커넥터(이하 DLC라 함)에 연결한다.(세부 사항에 대해서는 하이스캔 장비의 사용자 매뉴얼을 참조한다.)
3. 점화키를 ON으로 하고 장비를 켠 후, 기능 선택 화면에서 '01. 차량통신'을 선택한다.
4. 제조회사, 차종, 제어장치를 선택한다.(제어장치는 '02.자동변속'을 선택한다.)
5. 고장이 감지되었을 경우, 고장 진단 코드(DTC)가 나타난다.
6. 고장코드가 엔진이나 연료와 관계되는 내용일 경우, 코드가 지시하는 엔진이나 연료계통 부위를 점검한다. (FL 그룹 참고)

⚠주의
멀티 테스터기를 이용한 자기진단은 불가능하고 진단장비로만 진단이 가능하다.

고장 CODE의 소거

1. 자연 소거

최신 자기진단 코드가 기억된 시점에서부터 엔진 Warm-up이 된상태에서 ATF 온도가 상승해서 50°C에 도달한 횟수가 40회가 되면 기억하고 있는 자기진단 코드번호를 전부 소거한다.

2. 강제 소거

진단장비(HI-SCAN)를 이용한 소거(하기진단 만족시)

● IG KEY ON

● 엔진 회전수 검출무(엔진시동이 안걸린 상태)

● 출력축 속도센서로부터 검출무(차량 정지 상태)

● 차속 센서로부터 검출무(차량 정지 상태)

a. 배터리 터미널 15초 이상 탈거시킨다.

b. 백업퓨즈 15초 이상 탈거시킨다.

📖참고

- *표시순서*

  페일세이프 항목, 자기진단 항목순으로 표시되며 각 항목의 고장이 복수일 경우 코드순으로 반복 표시된다.

- *고장 항목 기억*

  자기진단 항목은 8개, 페일세이프 항목은 3개가 기억된다.

  기억가능한 개수를 초과했을 대는 자기진단 항목, 페일 세이프 항목이 공히 발생된 순으로부터 오래된 것을 소거하여 새로운 코드를 기억한다.

  동일 코드의 기억은 1회만 한다.

c. 소거 버튼(Hi-DS scanner 인 경우 'F1'키)를 눌러서 고장 코드를 소거한다. 차량상태를 지시하는 메시지가 뜨면 그대로 실행한 후 엔터키를 눌러서 소거를 완료한다.

📖참고
FREEZE FRAME DATA가 지원되는 차량일 경우에는 차량상태를 지시하는 메시지가 다를 수 있다.

d. 고장코드를 소거한 다음, 코드가 발생한 순간의 데이터와 비슷한 조건으로 차량을 몇 분간 주행해 본 다음, 다시 고장코드를 점검한다.만일 자동변속기 관련 고장코드가 다시 발생하면, 고장코드 점검 목차를 참고하고, 그렇지 않다면, 회로상의 일시적인 문제일 수 있으니, 회로상의 핀이나 터미널의 접속 상태를 점검해 본다.

고장코드 리스트

번호	고장코드	항목명	비고
1	P0707	인히비터 스위치 이상 - 신호값 낮음	
2	P0708	인히비터 스위치 이상 - 신호값 높음	
3	P0712	자동변속기 오일 온도 센서 "A" 이상 - 신호값 낮음	
4	P0713	자동변속기 오일 온도 센서 "A" 이상 - 신호값 높음	
5	P0717	입력축 속도 센서 "A" 회로이상 - 신호 없음	
6	P0722	출력축 속도 센서 회로이상 - 신호 없음	
7	P0731	1속 동기 불량	
8	P0732	2속 동기 불량	
9	P0733	3속 동기 불량	
10	P0734	4속 동기 불량	
11	P0741	토크 컨버터 클러치 시스템 이상 - OFF 고착	
12	P0742	토크 컨버터 클러치 시스템 이상 - ON 고착	
13	P0743	토크 컨버터 솔레노이드 밸브 회로 - 단선 및 접지단락	
14	P0748	프레셔 컨트롤 솔레노이드 밸브(VFS) 회로이상	
15	P0750	ON/OFF 솔레노이드 밸브 회로이상	
16	P0755	오버 드라이브/로우 및 리버스 솔레노이드 밸브 회로이상(PCSV-A)	
17	P0760	2-4 브레이크 솔레노이드 밸브 회로이상(PCSV-B)	
18	P0765	언더 드라이브 클러치 솔레노이드 밸브 회로이상(PCSV-C)	
19	P0880	TCM 입력전원 이상	
20	U0001	CAN 통신 회로 - CAN BUS OFF	
21	U0100	CAN 통신 회로 - EMS 응답 지연	

P0707 인히비터 스위치 이상 - 신호값 낮음

구성부품

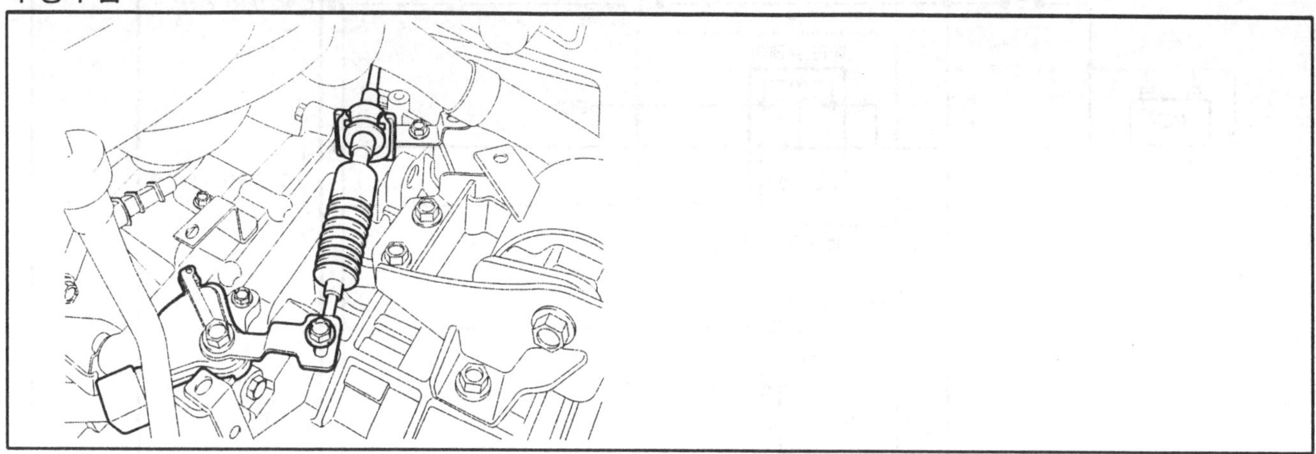

AKGF101A

개요

변속레버 스위치는 셀렉트 레버의 위치 정보를 12v(배터리 전압)를 이용하여 TCM으로 신호를 전송한다

변속 레버의 위치를 접점식 스위치로 검출하여 파킹(P), 중립(N) 에서만 시동이 가능하게 하며 후진 선택시에 후진등을 점등시키는 역할을 한다

고장코드 설명

변속 레버 스위치로부터 30초 이상 신호의 출력이 없으면 TCM은 이 고장코드를 출력한다

고장판정 조건

항목	판정 조건	고장 예상 원인
검출 방법	• 신호 없음 감지	• 회로 단선 • 변속 레버 스위치 불량 • TCM(PCM) 이상
검출 조건	• 항상	
판정값	• 인히비터 스위치의 신호가 없는 상태를 30초 이상 지속	
검출 시간	• 30초 이상	
페일 세이프	• 변속 레버 스위치 신호검출에 대해서는 아래를 우선적으로 실시 - IG-ON 시 불량판정하면 3속 HOLD, 그 이후는 고장 판정 이전단을 현재 단으로 인식 -변속레버 스위치로부터의 신호를 검출하지 않은 경우 및 복수의 신호를 동시에 검출한 경우는 그상태로 되기 직전의 신호로 제어를 계속할 것.그후 정상 복귀한 경우 복귀후의 검출 신호를 근거로 제어할 것 -"N" 및 "D" 동시입력시는 "N"으로 판정한다	

표준회로도

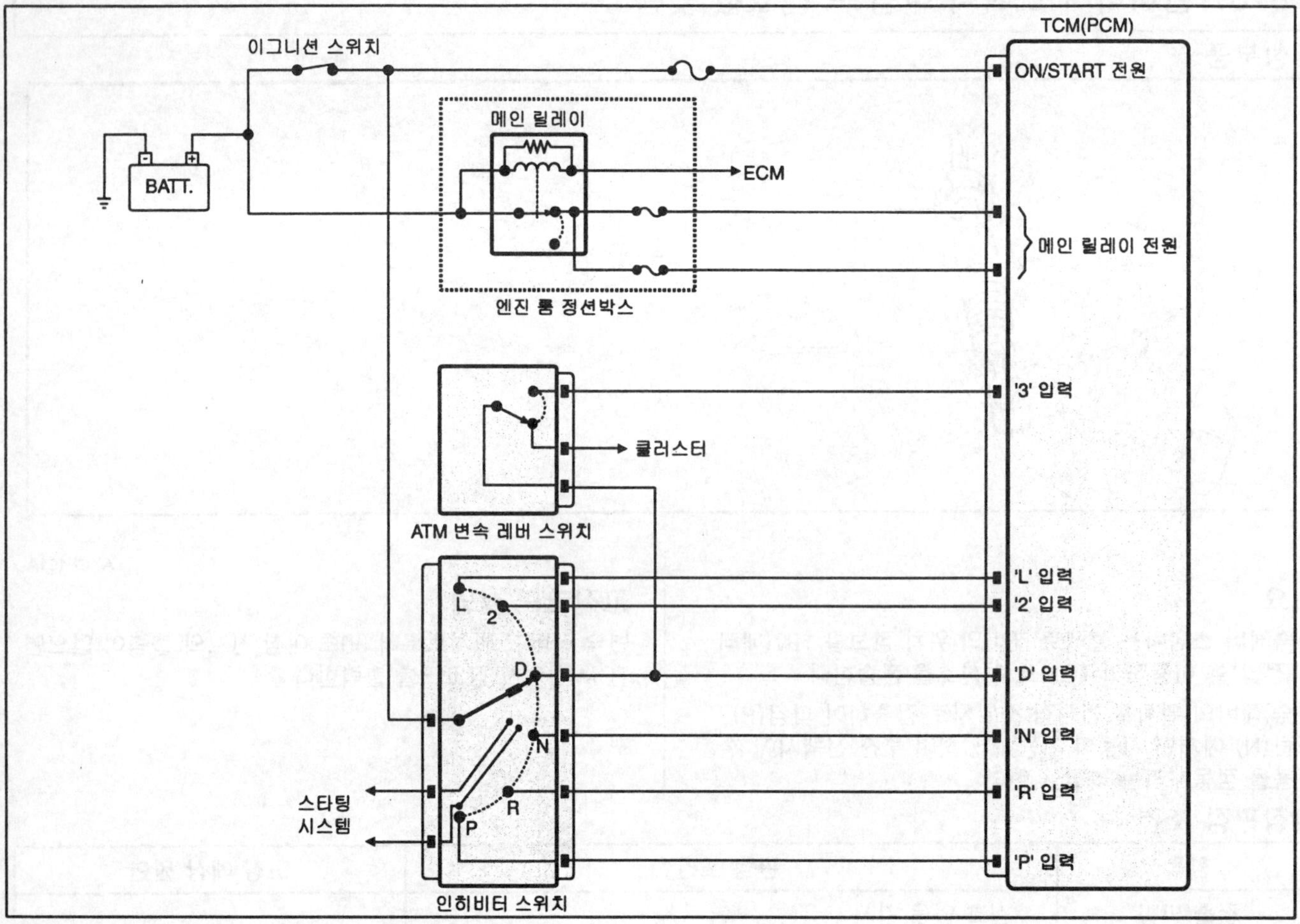

TCM(PCM)
이그니션 스위치
ON/START 전원
메인 릴레이
BATT.
ECM
메인 릴레이 전원
엔진 룸 정션박스
'3' 입력
클러스터
ATM 변속 레버 스위치
'L' 입력
'2' 입력
'D' 입력
'N' 입력
'R' 입력
'P' 입력
L
2
D
N
R
P
스타팅
시스템
인히비터 스위치

SFDAT8700D

<TCM(PCM)>
6. P 입력
7. R 입력
8. N 입력
9. D 입력
10. 3 입력
11. 2 입력
12. L 입력
<인히비터 스위치>
1. P 레인지
2. D 레인지
3. L 레인지
5. 2 레인지
6. N 레인지
7. R 레인지
8. 전원 공급 IG1
9. 시동 회로
10. 시동 회로
<ATM 변속 레버 스위치>
3. 전원 공급 IG1
7. 클러스터
8. 3 입력

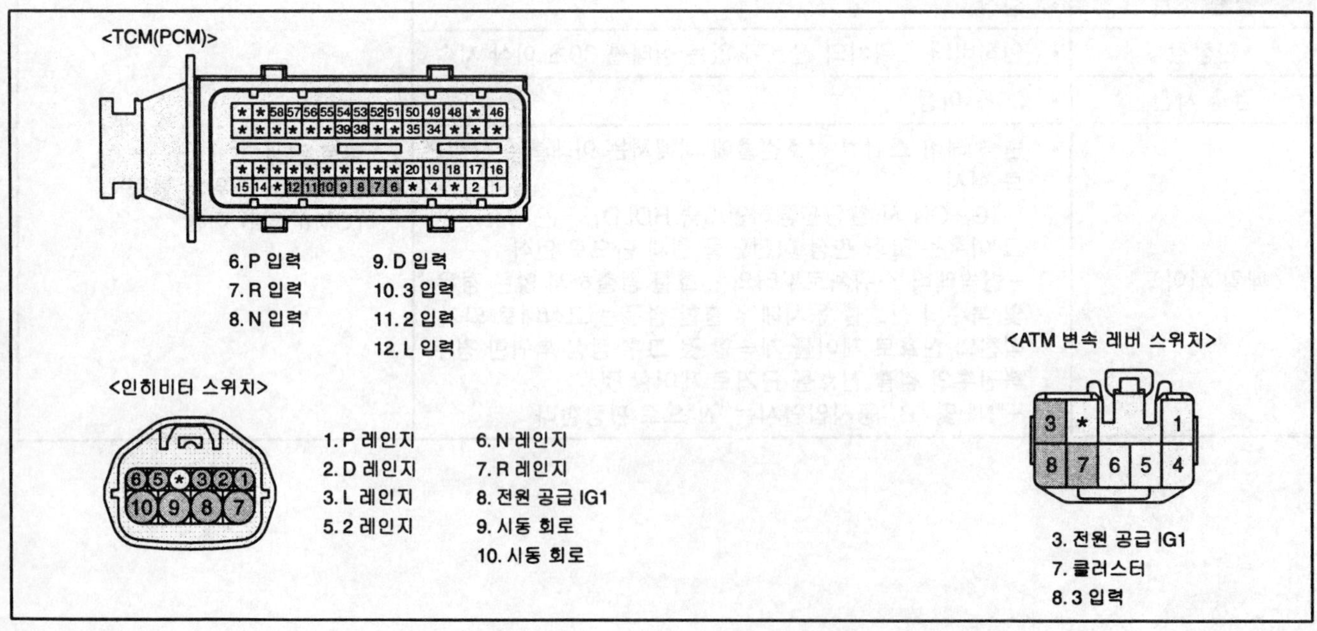

SFDAT8701D

파형 및 데이터 분석

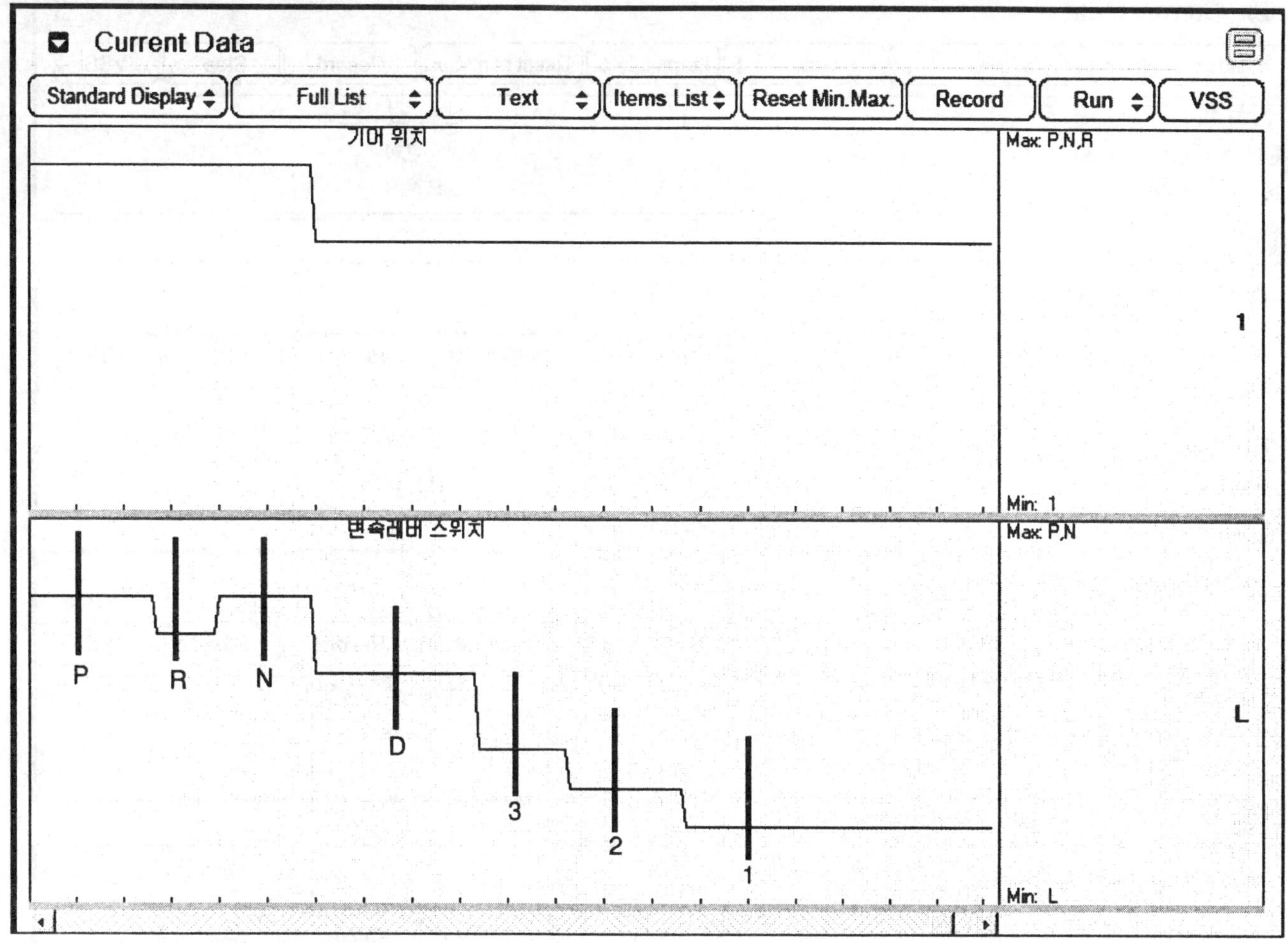

SSAAT8500D

스캔툴 진단

1. 스캔툴을 자기진단 단자 커넥터에 연결한다.(DLC)
2. 이그니션 "ON" & 엔진 "OFF"한다.
3. 써비스 데이터 항목중의 "변속레버 스위치" 항목을 선택한다
4. 변속 레버를 "P"레인지부터 "L" 레인지까지 이동한다
.

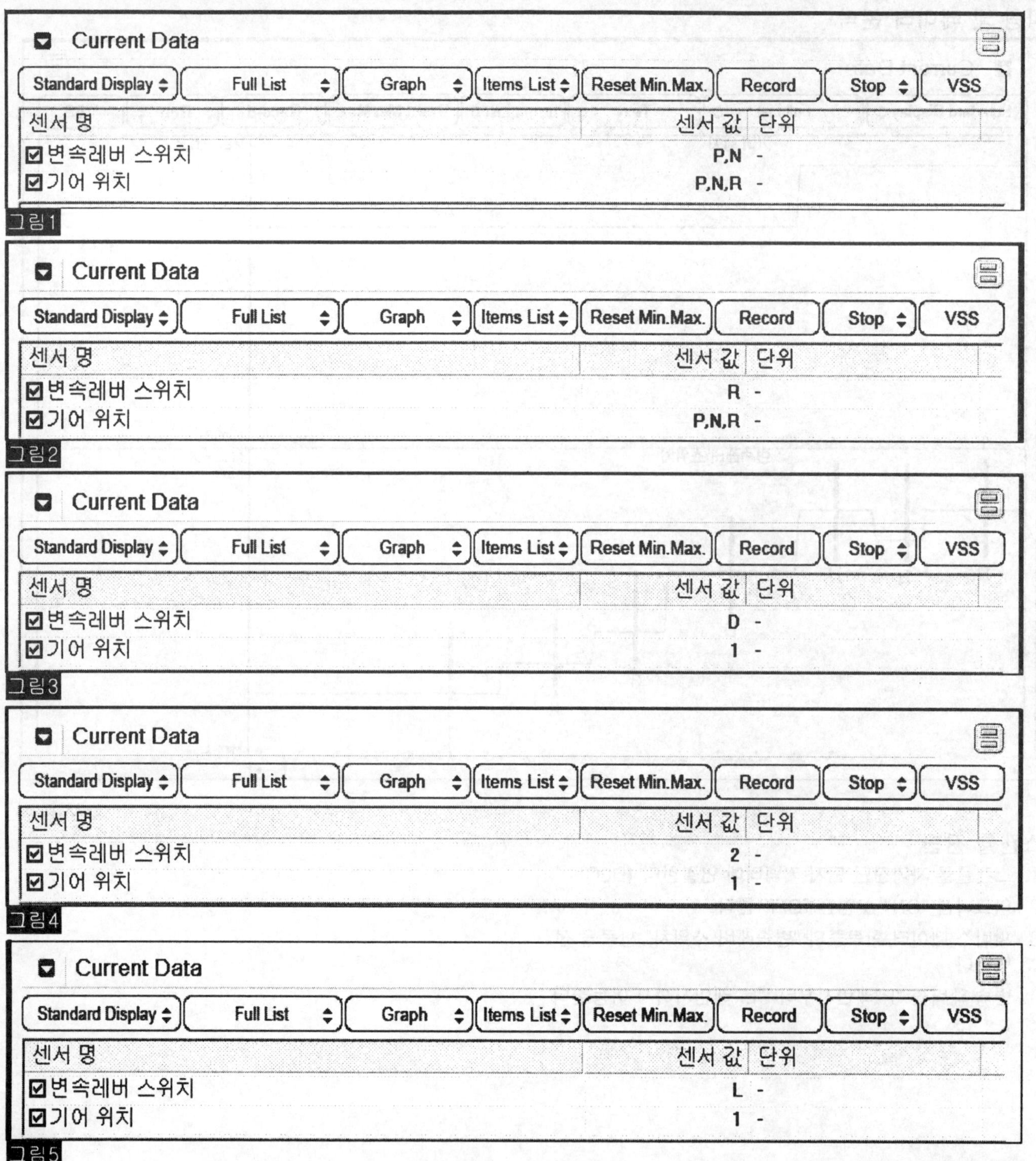

그림 1) P,N 레인지

그림 2) R 레인지

그림 3) D 레인지

그림 4) 2 레인지

그림 5) 1 레인지

5. "변속레버 스위치"의 작동상태가 위의 기준 데이터와 일치하는가?

예 ▶ 고장 원인은 센서와 PCM/TCM의 컨넥터간의 접촉불량과 같은 일시적인 고장이거나 이미 수리가 되었거나 혹은 PCM/TCM의 메모리에 기억된 고장 코드가 지워지지 않은 것이다 그러므로 컨넥터의 전체적인 상태(헐거움,접촉불량,부식,오염,다른 컨넥터와의 간섭,파손등)를 확인하고 필요에 의해 교환 또는 수리하고 "고장 수리 확인" 절차로 이동한다

아니오 ▶ "배선점검"절차를 수행한다.

※ 대부분의 고장이 변속레버 스위치에서 일어나는 데 변속 케이블 조정 불량또는 부정확한 매뉴얼 캐이블 레버의 위치 그리고, 변속레버 스위치이다. 그래서, P레인지에서 엔진 시동 또는 변속레버와 관련된 DTC가 있다면, 변속 케이블 조정과 매뉴얼 컨트롤 레버의 위치 그리고 변속레버 스위치의 조정 또는 수리를 우선하여 한다.

터미널 및 커넥터 점검

1. 전자제어장치는 수 많은 하네스와 커넥터로 구성되어 있다. 그러므로, 전자제어장치와 관련된 많은 고장의 원인이 터미널의 접촉불량에 의해 발생되고있다. 이러한 고장은 여러가지 다양한 고장을 유발시키고, 부품을 손상시키기도 한다.
2. 커넥터의 느슨함, 접촉불량, 구부러짐, 부식, 오염, 변형 또는 손상을 전체적으로 점검한다.
3. 문제 부위가 확인되는가?

예 ▶ 반드시 수리한 후 "고장 수리 확인" 절차로 이동한다.

아니오 ▶ 다음의 "전원선 점검" 절차를 수행한다.

전원선 점검

1. 변속레버 스위치 커넥터를 탈거한다.
2. 이그니션 "ON" & 엔진 "OFF"한다.
3. 변속레버 스위치를 탈거한다.
4. 변속레버 스위치 배선측의 공급전원 터미널와 차체접지와의 전압을 점검한다.

정상값 : 약 12V

5. 측정된 전압값이 정상값과 일치하는가?

예 ▶ 다음의 "제어선 점검"절차를 수행한다.

아니오 ▶하니스의 단선 여부를 점검한다. 반드시 수리 후 "고장 수리 확인" 절차로 이동한다

제어선 점검

1. 이그니션 "OFF" 한다.
2. "변속레버 스위치"와 "TCM(PCM)" 커넥터를 탈거한다.
3. 변속레버 스위치의 배선측 커넥터와 TCM(PCM) 배선측 커넥터의 저항을 측정한다.

정상값 : 0Ω

4. 측정된 저항값이 정상값과 일치하는가?

예 ▶ 다음의 "단품 점검" 절차를 수행한다.

아니오 ▶ 하니스의 단선 여부를 점검한다. 반드시 수리 후 "고장 수리 확인" 절차로 이동한다

단품 점검

1. 이그니션 "OFF"한다.
2. 변속레버 스위치를 탈거한다.
3. 센서 각 단자간의 저항을 측정한다.

정상값 : 약. 0 Ω

레인지 / 터미널	P	R	N	D	2	L
1	●					
2	┃			●		
3	┃			┃		●
4	┃			┃		┃
5	┃			┃	●	┃
6	┃		●	┃	┃	┃
7	┃	●	┃	┃	┃	┃
8	●	●	●	●	●	●
9	●		●			
10	●		●			

SFDAT8502D

변속 레버 스위치 단품 점검 표

4. 측정된 저항값이 정상값과 일치하는가 ?

예 ▶ 정상품의 시험용 PCM/TCM으로 교환 한후 정상적으로 작동되는지 확인한다
만일 정상적으로 작동 된다면 PCM/TCM을 신품으로 교환하고 "고장 수리 확인"절차로 이동한다

아니오 ▶ "변속레버 스위치"를 신품으로 교환 후 "고장 수리 확인" 절차로 이동한다.

고장 수리 확인

본 진단 가이드를 사용해서 발생된 문제를 수리한 뒤, 고장이 완전히 해결되었는지 확인하는 과정이 필요하다.

1. 스캔툴을 연결한 후, 자기진단을 실시하여 고장 코드를 확인한다.
2. 저장된 고장코드를 스캔툴을 이용하여 소거한다.
3. 고장판정조건중의 검출조건에 따라 차량을 주행한다.
4. 스캔툴로 자기 진단을 실시하여 고장 코드가 발생되었는지 확인한다.
5. 고장 코드가 발생되는가 ?

예 ▶ 해당되는 고장 코드 수리 절차로 이동한다.

아니오 ▶ 고장 수리가 완료되어 시스템이 정상적으로 작동한다.

P0708 인히비터 스위치 이상- 신호값 높음

구성부품

DTC P0707 : 인히비터 스위치 이상 – 신호값 낮음 참조.

개요

DTC P0707 : 인히비터 스위치 이상 – 신호값 낮음 참조.

고장코드 설명

변속 레버 스위치로부터 30초 이상 다중 신호가 입력되면 TCM은 이 고장 코드를 출력한다

고장판정 조건

항목	판정 조건	고장 예상 원인
검출 방법	• 다중 신호 검출	• 회로 단락 • 변속 레버 스위치 이상 • PCM/TCM 이상
검출 조건	• 항상	
판정값	• 인히비터 스위치에서 2종류 이상의 신호가 10초 이상 연 속적으로 지속된 경우.	
검출 시간	• 10초 이상 지속	
페일 세이프	• 변속 레버 스위치 신호검출에 대해서는 아래를 우선적으로 실시 – IG-ON 시 불량판정하면 3속 HOLD, 그 이후는 고장 판정 이전단을 현재 단으로 인식 –변속레버 스위치로부터의 신호를 검출하지 않은 경우 및 복수의 신호를 동시에 검출한 경우는 그상태로 되기 직전의 신호로 제어를 계속할 것.그후 정상 복귀한 경우 복귀후의 검출 신호를 근거로 제어할 것 –"N" 및 "D" 동시입력시는 "N"으로 판정한다	

표준회로도

DTC P0707 : 인히비터 스위치 이상 – 신호값 낮음 참조.

파형 및 데이터 분석

DTC P0707 : 인히비터 스위치 이상 – 신호값 낮음 참조.

스캔툴 진단

DTC P0707 : 인히비터 스위치 이상 – 신호값 낮음 참조.

터미널 및 커넥터 점검

DTC P0707 : 인히비터 스위치 이상 – 신호값 낮음 참조.

전원선 점검

1. 변속레버 스위치 커넥터를 탈거한다.
2. 이그니션 "ON" & 엔진 "OFF"한다.
3. 변속레버 스위치를 탈거한다.
4. 변속레버 스위치 배선측의 공급전원 단자와 차체접지와의 전압을 점검한다.

정상값 : 12V

5. 측정한 전압이 정상인가 ?

예 ▶ 다음의 "신호선 점검"절차를 수행한다.

아니오 ▶ 하니스의 단선 여부를 점검한다. 반드시 수리 후 "고장 수리 확인" 절차로 이동한다

신호선 점검

1. 이그니션 "OFF" "한다.
2. "변속레버 스위치"와 "TCM(PCM)" 커넥터를 탈거한다.
3. 변속레버 스위치의 배선측 각 터미널간의 저항을 점검한다.

정상값 : 무한대

4. 측정한 저항값이 정상인가?

예 ▶ 다음의 "단품 점검" 절차를 수행한다.

아니오 ▶ 하니스간의 단락 여부를 점검한다. 반드시 수리 후 "고장 수리 확인" 절차로 이동한다

단품 점검

1. 이그니션 "OFF"한다.
2. 변속레버 스위치를 탈거한다.
3. 센서 각 단자간의 저항을 측정한다.

정상값 : 약 0 Ω

터미널 \ 레인지	P	R	N	D	2	L
1	●					
2	│			●		
3	│			│		●
4	│			│		│
5	│			│	●	│
6	│		●	│	│	│
7	│	●	│	│	│	│
8	●	●	●	●	●	●
9	●		●			
10	●		●			

SFDAT8502D

변속 레버 스위치 단품 점검 표

4. 측정된 저항값이 정상값과 일치하는가 ?

예 ▶ 정상품의 시험용 PCM/TCM으로 교환 한후 정상적으로 작동되는지 확인한다
만일 정상적으로 작동 된다면 PCM/TCM을 신품으로 교환하고 "고장 수리 확인"절차로 이동한다

아니오 ▶ "변속레버 스위치"를 신품으로 교환 후 "고장 수리 확인" 절차로 이동한다.

고장 수리 확인

DTC P0707 : 인히비터 스위치 이상 - 신호값 낮음 참조.

P0712 자동변속기 오일 온도 센서 "A" 이상- 신호값 낮음

구성 부품

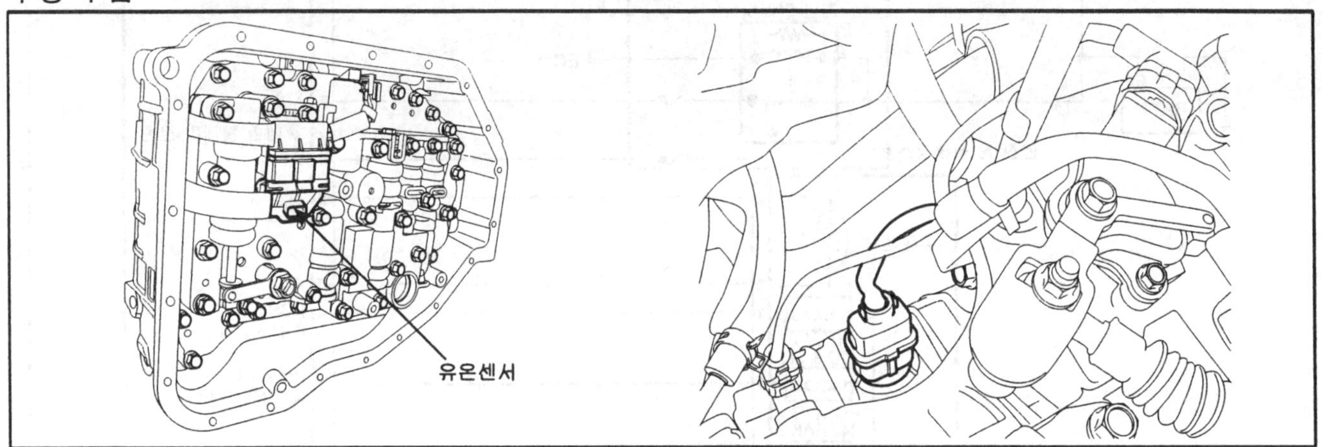

SHDAT6217D

개요

유온센서는 밸브 바디내에 장착된다

이 센서는 온도 변화에 의해 저항값이 변하는 더미스터가 사용된다

TCM은 기준 전압으로 5V를 제공하고 출력전압은 ATF의 온도에 따라 변화한다

유온센서의 정보는 댐퍼 클러치 작동 및 비작동 영역 검출 ,유온 가변 제어,변속 시 유압 제어등 중요한 정보로 사용 된다

고장코드 설명

ATF 온도센서의 출력값이 1초 이상 더미스터의 저항에 의해 발생 되는 전압값 보다 낮을때 TCM은 이 고장코드를 출력한다 TCM은 ATF의 온도를 80 ℃로 고정,간주한다

고장판정 조건

항목	판정 조건	고장 예상 원인
검출 방법	• 단락 감지	• 회로 단선 단락. • 유온 센서 이상 • PCM/TCM 이상
검출 조건	• 항상	
판정값	• 검출 전압이 0.1V 이하를 (1초이상) 출력시	
검출 시간	• 1초 이상 지속	
페일 세이프	• IG-KEY OFF 까지 학습제어 및 Intelligent shift 금지. • 유온은 80℃로 간주	

제원

온도(℃)	저항(kΩ)	전압 값(V)	온도(℃)	저항(kΩ)	전압 값(V)
-40	140.5	4.447	80	1.085	0.932
20	47.95	4.207	100	0.63	0.591
0	18.6	3.725	120	0.385	0.381
20	8.05	2.996	140	0.25	0.255
60	1.975	1.453			

표준 회로도

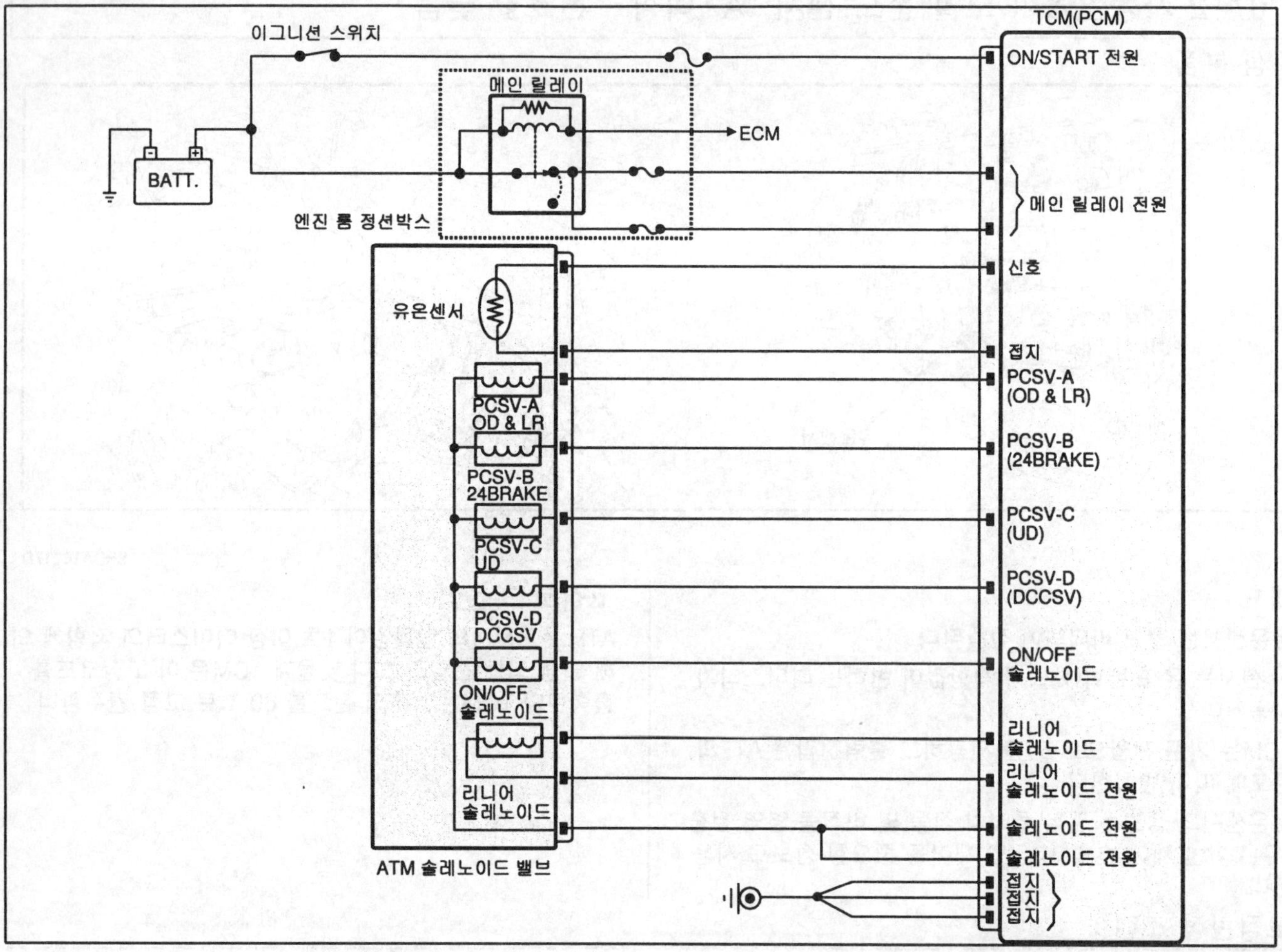

이그니션 스위치
TCM(PCM)
ON/START 전원
메인 릴레이
ECM
BATT.
메인 릴레이 전원
엔진 룸 정션박스
신호
유온센서
접지
PCSV-A OD & LR
PCSV-A (OD & LR)
PCSV-B 24BRAKE
PCSV-B (24BRAKE)
PCSV-C UD
PCSV-C (UD)
PCSV-D DCCSV
PCSV-D (DCCSV)
ON/OFF 솔레노이드
ON/OFF 솔레노이드
리니어 솔레노이드
리니어 솔레노이드
리니어 솔레노이드 전원
솔레노이드 전원
솔레노이드 전원
접지
접지
접지
ATM 솔레노이드 밸브

SFDAT8702D

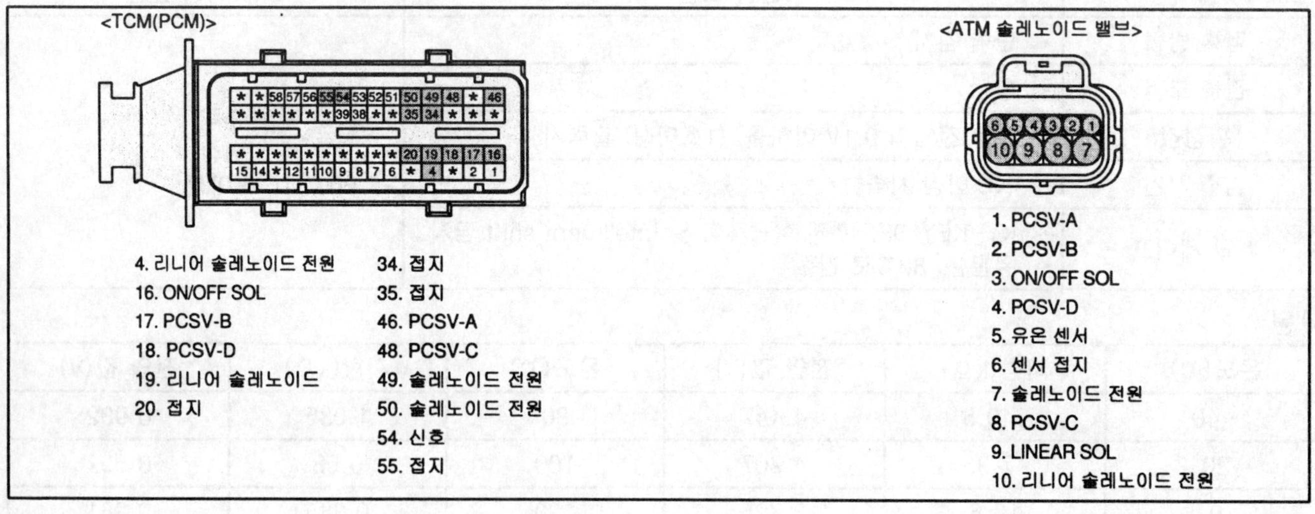

SFDAT8703D

파형 및 데이터 분석

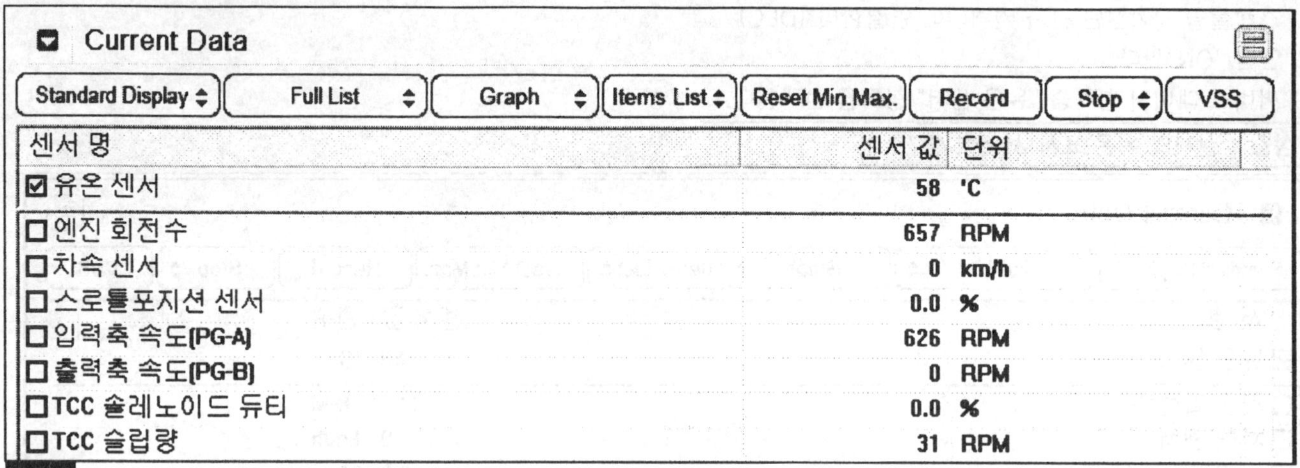

Current Data

Standard Display | Full List | Graph | Items List | Reset Min.Max. | Record | Stop | VSS

센서 명	센서 값	단위
☑ 유온 센서	58	'C
☐ 엔진 회전수	657	RPM
☐ 차속 센서	0	km/h
☐ 스로틀포지션 센서	0.0	%
☐ 입력축 속도(PG-A)	626	RPM
☐ 출력축 속도(PG-B)	0	RPM
☐ TCC 솔레노이드 듀티	0.0	%
☐ TCC 슬립량	31	RPM

그림1

SFDAT8503D

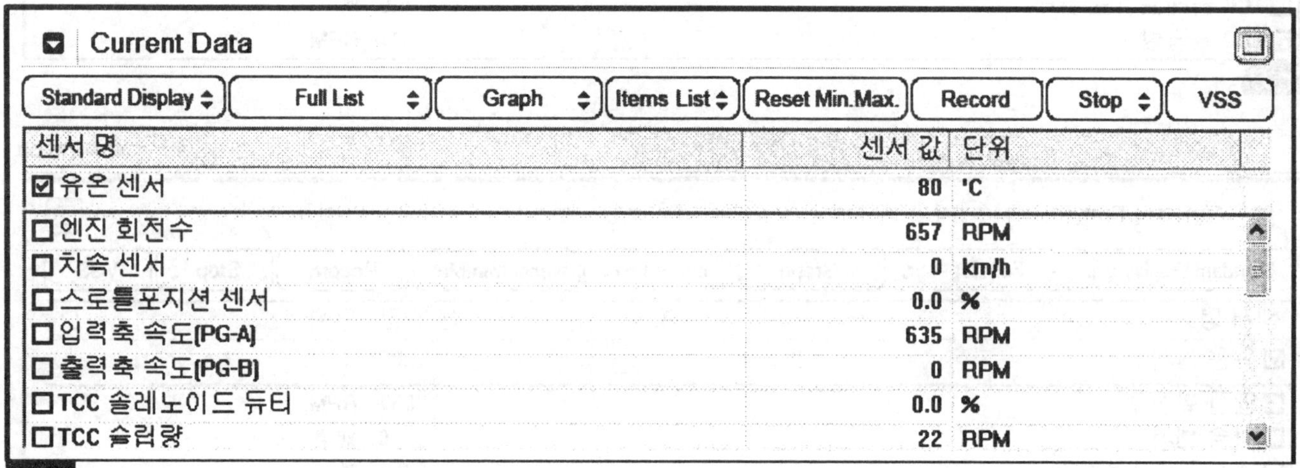

Current Data

Standard Display | Full List | Graph | Items List | Reset Min.Max. | Record | Stop | VSS

센서 명	센서 값	단위
☑ 유온 센서	80	'C
☐ 엔진 회전수	657	RPM
☐ 차속 센서	0	km/h
☐ 스로틀포지션 센서	0.0	%
☐ 입력축 속도(PG-A)	635	RPM
☐ 출력축 속도(PG-B)	0	RPM
☐ TCC 솔레노이드 듀티	0.0	%
☐ TCC 슬립량	22	RPM

그림2

SFDAT8504D

그림 1) 정상

그림 2) 유온 센서 단선/단락

스캔툴 진단

1. 스캔툴을 자기진단 단자 커넥터에 연결한다.(DLC)
2. 엔진 "ON"한다.
3. 써비스 데이터 항목중 "유온 센서" 항목을 선택한다.

정상값 : 실제의 유온 표시(서서히 증가)

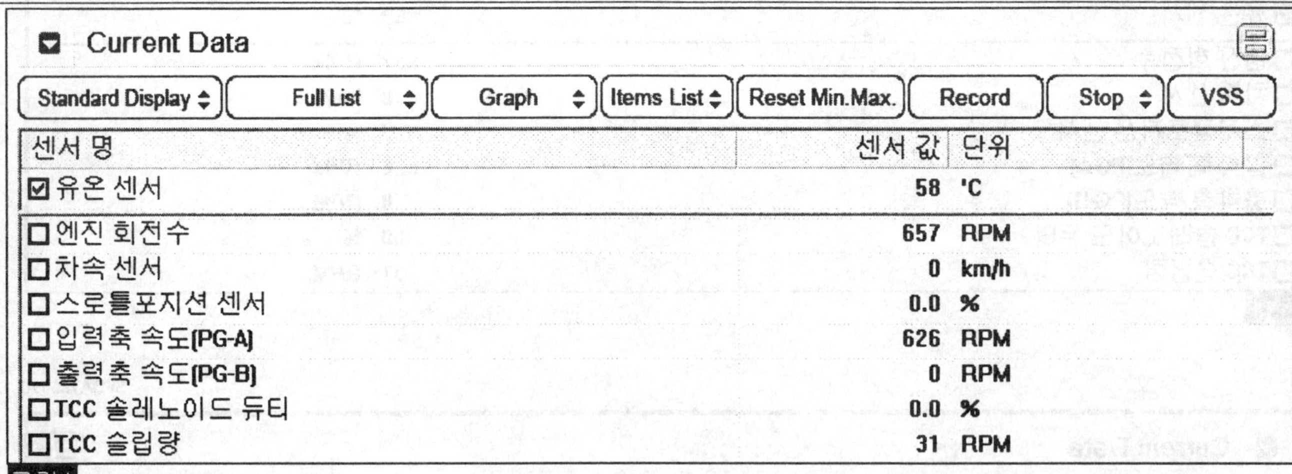

그림1

SSAAT8503D

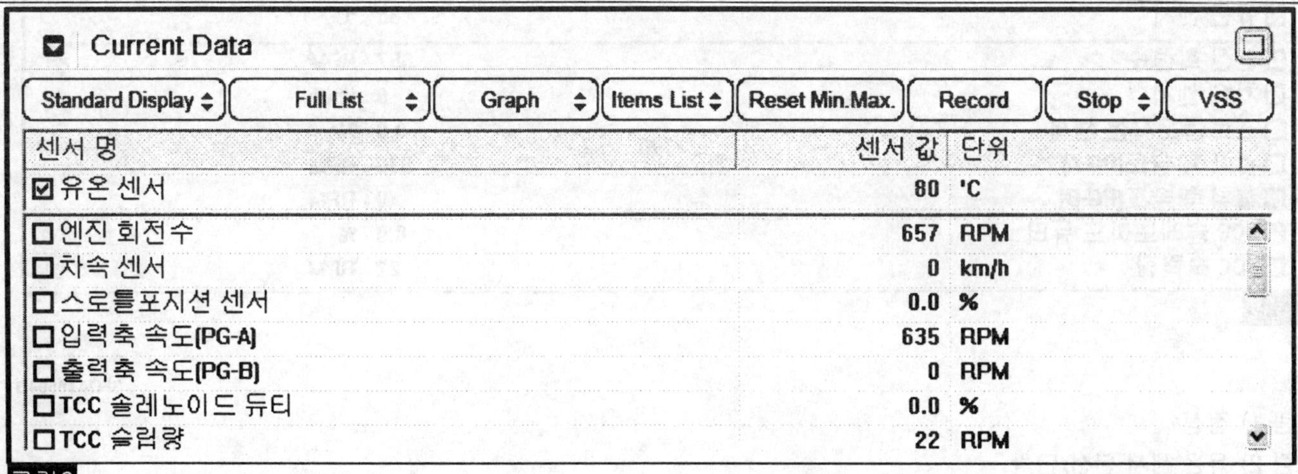

그림2

SSAAT8504D

그림 1) 정상

그림 2) 유온 센서 단선 / 단락

4. "유온 센서"의 출력값이 기준값과 일치하는가?

예 ▶ 고장 원인은 센서와 PCM/TCM의 컨넥터간의 접촉불량과 같은 일시적인 고장이거나 이미 수리가 되었거나 혹은 PCM/TCM의 메모리에 기억된 고장 코드가 지워지지 않은 것이다 그러므로 컨넥터의 전체적인 상태(헐거움,접촉불량,부식,오염,다른 컨넥터와의 간섭,파손등)를 확인하고 필요에 의해 교환 또는 수리하고 "고장 수리 확인" 절차로 이동한다.

아니오 ▶ "배선점검"절차를 수행한다.

터미널 및 커넥터 점검

1. 전자제어장치는 수 많은 하네스와 커넥터로 구성되어 있다. 그러므로, 전자제어장치와 관련된 많은 고장의 원인이 터미널의 접촉불량에 의해 발생되고있다. 이러한 고장은 여러가지 다양한 고장을 유발시키고, 부품을 손상시키기도 한다.
2. 커넥터의 느슨함, 접촉불량, 구부러짐, 부식, 오염, 변형 또는 손상을 전체적으로 점검한다.
3. 문제 부위가 확인되는가?

예 ▶ 반드시 수리 후 "고장 수리 확인" 절차로 이동한다.

아니오 ▶ 다음의 "신호선 점검" 절차를 수행한다.

신호선 점검

1. 이그니션 "ON" & Engine "OFF"한다.
2. "유온 센서" 컨넥터를 탈거한다
3. 자동변속기 유온센서 배선측 신호선과 접지사이의 전압을 측정한다.

정상값 : 약. 5 V

4. 측정된 전압값이 정상값과 일치하는가?

예 ▶ "단품 점검" 절차로 이동한다

아니오 ▶ 하니스의 단락 여부를 점검한다. 필요에 따라 수리한 후 "고장 수리 확인" 절차로 이동한다.

단품 점검

1. "유온 센서" 점검
   1) 이그니션 "OFF"한다 .
   2) "유온 센서"의 컨넥터를 탈거한다
   3) 자동변속기 유온 센서의 신호선과 접지선 사이의 저항을 측정한다.

정상값 : "기준값" 참조

[기준값]

온도(℃)	저항(kΩ)	전압 값(V)	온도(℃)	저항(kΩ)	전압 값(V)
-40	140.5	4.447	80	1.085	0.932
20	47.95	4.207	100	0.63	0.591
0	18.6	3.725	120	0.385	0.381
20	8.05	2.996	140	0.25	0.255
60	1.975	1.453			

4) 측정된 저항값이 정상값과 일치하는가?

예 ▶ "PCM/TCM 점검 " 절차로 이동한다

아니오 ▶ "유온 센서" 교환 후 "고장 수리 확인" 절차로 이동한다.

2. PCM/TCM 점검
   1) 이그니션 "ON" & 엔진 "OFF"한다.
   2) "유온 센서"의 컨넥터를 연결한다.
   3) 스캔 툴을 연결하고 시뮬레이션 기능을 선택한다,
   4) "유온 센서" 의 신호선에 일정 전압(0→5V)을 인가하여 시뮬레시션을 실시한다.

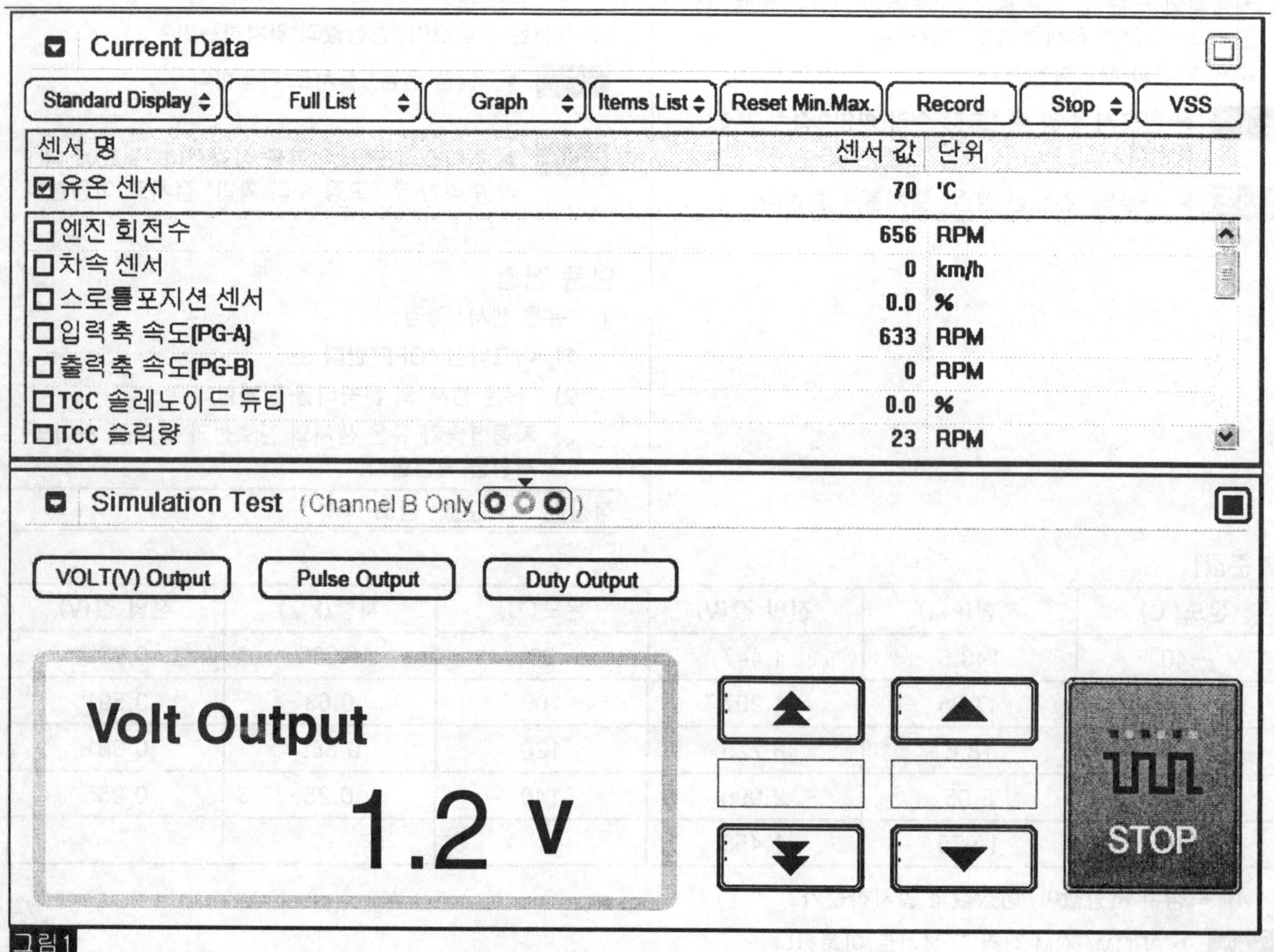

그림1

SSAAT8505D

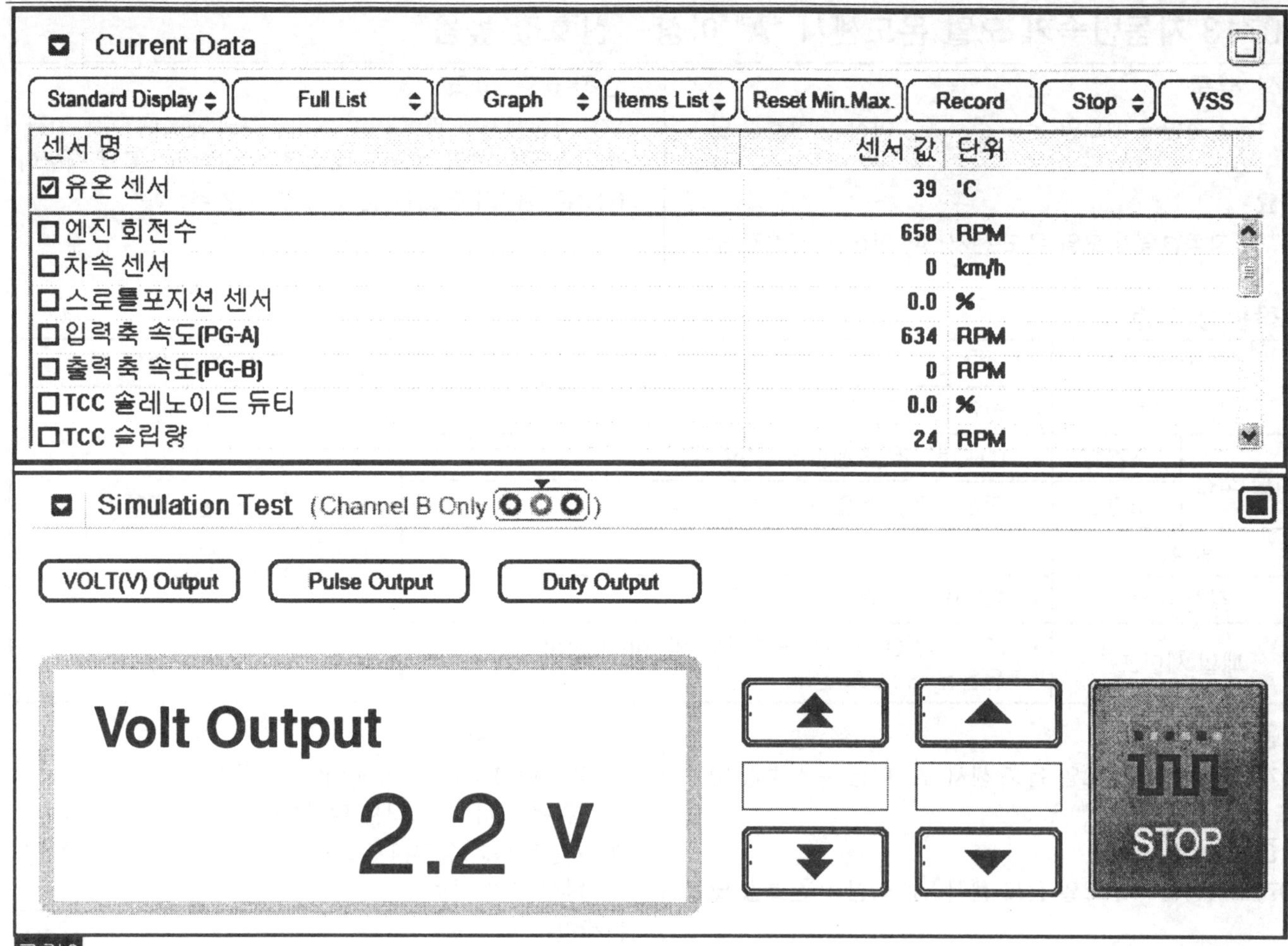

그림2

SSAAT8506D

그림.1) 인가전압 1.00V → 70℃

그림.2) 인가전압 2.00V → 40℃

※ 위의 값들은 차량의 상태나 조건 혹은 모델에 따라 달라질수 있음.

5) "유온 센서"의 출력값이 시뮬레이션 시 인가된 전압에 따라 유효한 값으로 변하는가?

예 ▶ 컨넥터의 전체적인 상태(헐거움,접촉 불량, 부식,오염,다른 컨넥터와의 간섭,파손등)를 확인하고 필요에 의해 교환 또는 수리하고 "고장 수리 확인" 절차로 이동한다

아니오 ▶ 정상품의 시험용 PCM/TCM으로 교환 한후 정상적으로 작동되는지 확인한다
만일 정상적으로 작동 된다면 PCM/TCM을 신품으로 교환하고 "고장 수리 확인"절차로 이동한다

고장 수리 확인

본 진단 가이드를 사용해서 발생된 문제를 수리한 뒤, 고장이 완전히 해결되었는지 확인하는 과정이 필요하다.

1. 스캔툴을 연결한 후, 자기진단을 실시하여 고장 코드를 확인한다.
2. 저장된 고장코드를 스캔툴을 이용하여 소거한다.
3. 고장판정조건중의 검출조건에 따라 차량을 주행한다.
4. 스캔툴로 자기 진단을 실시하여 고장 코드가 발생되었는지 확인한다.
5. 고장 코드가 발생되는가 ?

예 ▶ 해당되는 고장 코드 수리 절차로 이동한다.

아니오 ▶ 고장 수리가 완료되어 시스템이 정상적으로 작동한다.

P0713 자동변속기 오일 온도센서 "A" 이상- 신호값 높음

구성 부품

P0712 자동변속기 오일 온도 센서 "A" 이상 - 신호값 낮음

개요

P0712 자동변속기 오일 온도 센서 "A" 이상 - 신호값 낮음

고장코드 설명

ATF 유온센서의 출력값이 더미스터의 저항에 의해 발생되는 전압값 보다 높을때 TCM은 이 고장코드를 출력한다

TCM은 ATF의 온도를 80 ℃로 고정,간주한다

고장판정 조건

항목		판정 조건	고장 예상 원인
검출 방법		• 전압 범위 점검	• 회로 단선 단락 • 유온 센서 이상 • PCM/TCM 이상
검출 조건	조건1)	• B+단락 :검출 전압이 4.8V 이상	
	조건2)	• 단선 : 검출 번압이 4.547V 이상	
판정값		• -	
검출 시간		• 1초 이상 지속	
페일 세이프		• IG-KEY OFF 까지 학습제어 및 Intelligent shift 금지. • 유온은 80℃로 간주	

제원

P0712 자동변속기 오일 온도 센서 "A" 이상 - 신호값 낮음

표준 회로도

P0712 자동변속기 오일 온도 센서 "A" 이상 - 신호값 낮음

파형 및 데이터 분석

P0712 자동변속기 오일 온도 센서 "A" 이상 - 신호값 낮음

스캔툴 진단

P0712 자동변속기 오일 온도 센서 "A" 이상 - 신호값 낮음

터미널 및 커넥터 점검

DTC P0712 : 자동변속기 오일 온도 센서 "A" 이상 - 신호값 낮음 참조.

신호선 점검

1. 이그니션 "ON" & Engine "OFF"한다.
2. "유온 센서" 컨넥터를 탈거한다
3. 자동변속기 유온센서 배선측 신호선과 접지사이의 전압을 측정한다.

정상값 : 약. 5 V

4. 측정된 전압값이 정상값과 일치하는가?

예 ▶ "접지선 점검" 절차로 이동한다.

아니오 ▶ 하니스의 단락 여부를 점검한다. 필요에 따라 수리한 후 "고장 수리 확인" 절차로 이동한다

접지선 점검

1. 이그니션 "OFF"한다.
2. "유온 센서" 및 "TCM" 컨넥터를 탈거한다
3. 자동변속기 유온센서 배선측 커넥터의 접지 단자와 차체접지사이의 저항을 측정한다.

정상값 :약. 0 Ω

4. 측정한 저항값이 정상인가?

예 ▶ "단품 점검" 절차로 이동한다

아니오 ▶ 하니스의 단락 여부를 점검한다. 필요에 따라 수리한 후 "고장 수리 확인" 절차로 이동한다.

단품 점검

1. "유온 센서" 점검
   1) 이그니션 "OFF"한다 .
   2) "유온 센서"의 컨넥터를 탈거한다
   3) 자동변속기 유온 센서의 신호선과 접지선 사이의 저항을 측정한다.

정상값 : "기준값" 참조

[기준값]

온도(℃)	저항(kΩ)	전압 값(V)	온도(℃)	저항(kΩ)	전압 값(V)
−40	140.5	4.447	80	1.085	0.932
20	47.95	4.207	100	0.63	0.591
0	18.6	3.725	120	0.385	0.381
20	8.05	2.996	140	0.25	0.255
60	1.975	1.453			

4) 측정된 저항값이 정상값과 일치하는가?

예 ▶ "PCM/TCM 점검 " 절차로 이동한다

아니오 ▶ "유온 센서" 교환 후 "고장 수리 확인" 절차로 이동한다.

2. PCM/TCM 점검
   1) 이그니션 "ON" & 엔진 "OFF"한다.
   2) "유온 센서"의 컨넥터를 연결한다.
   3) 스캔 툴을 연결하고 시뮬레이션 기능을 선택한다,
   4) "유온 센서" 의 신호선에 일정 전압(0→5V)을 인가하여 시뮬레시션을 실시한다.

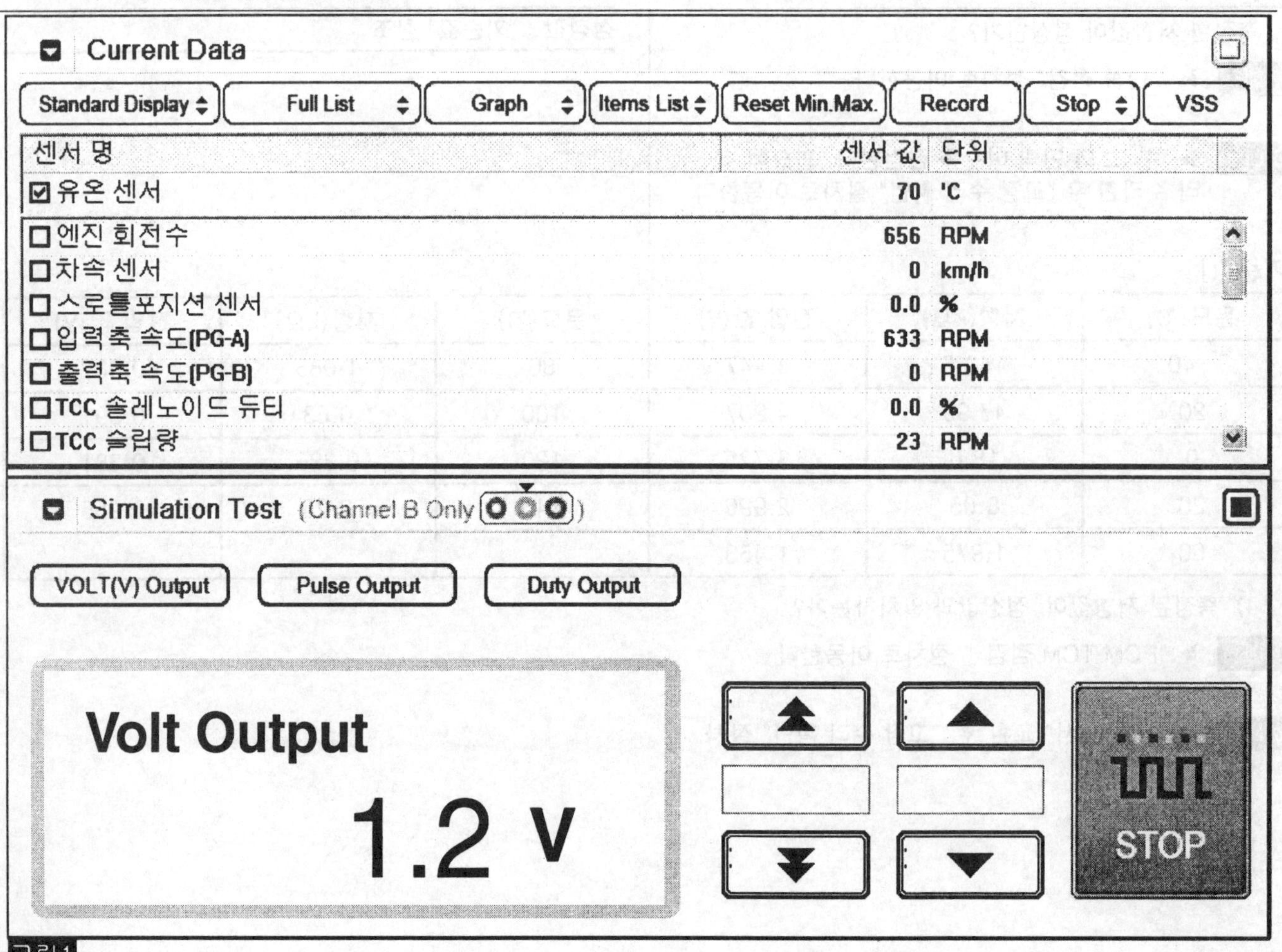

그림1

SSAAT8505D

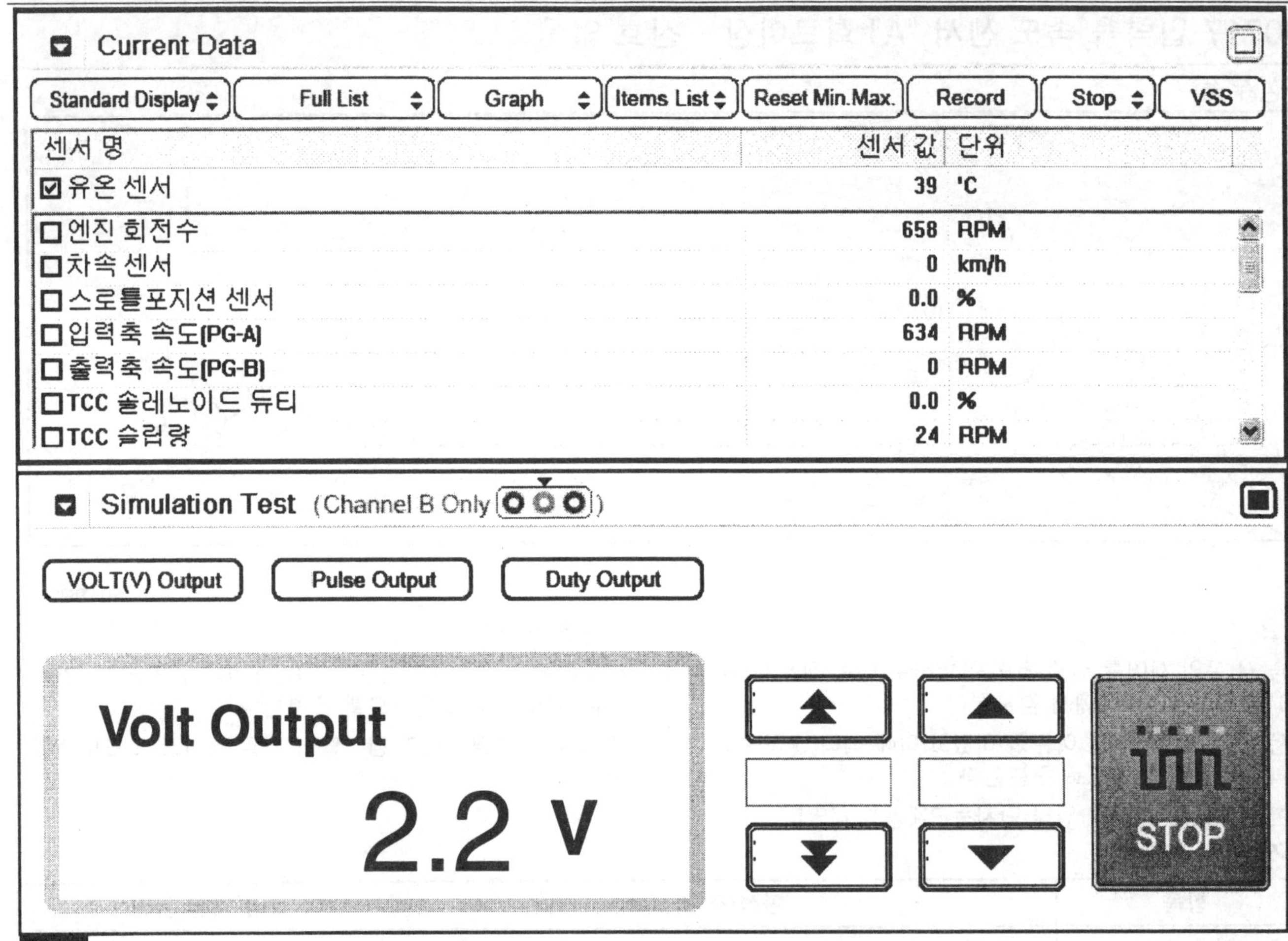

그림2

SSAAT8506D

그림.1) 인가전압 1.00V → 70℃

그림.2) 인가전압 2.00V → 40℃

※ 위의 값들은 차량의 상태나 조건 혹은 모델에 따라 달라질수 있음.

5) "유온 센서"의 출력값이 시뮬레이션 시 인가된 전압에 따라 유효한 값으로 변하는가?

예 ▶ 컨넥터의 전체적인 상태(헐거움,접촉 불량, 부식,오염,다른 컨넥터와의 간섭,파손등)를 확인하고 필요에 의해 교환 또는 수리하고 "고장 수리 확인" 절차로 이동한다

아니오 ▶ 정상품의 시험용 PCM/TCM으로 교환 한후 정상적으로 작동되는지 확인한다
만일 정상적으로 작동 된다면 PCM/TCM을 신품으로 교환하고 "고장 수리 확인"절차로 이동한다

고장 수리 확인

DTC P0712 : 자동변속기 오일 온도 센서 "A" 이상 – 신호값 낮음 참조.

P0717 입력축 속도 센서 "A" 회로이상- 신호 없음

구성부품

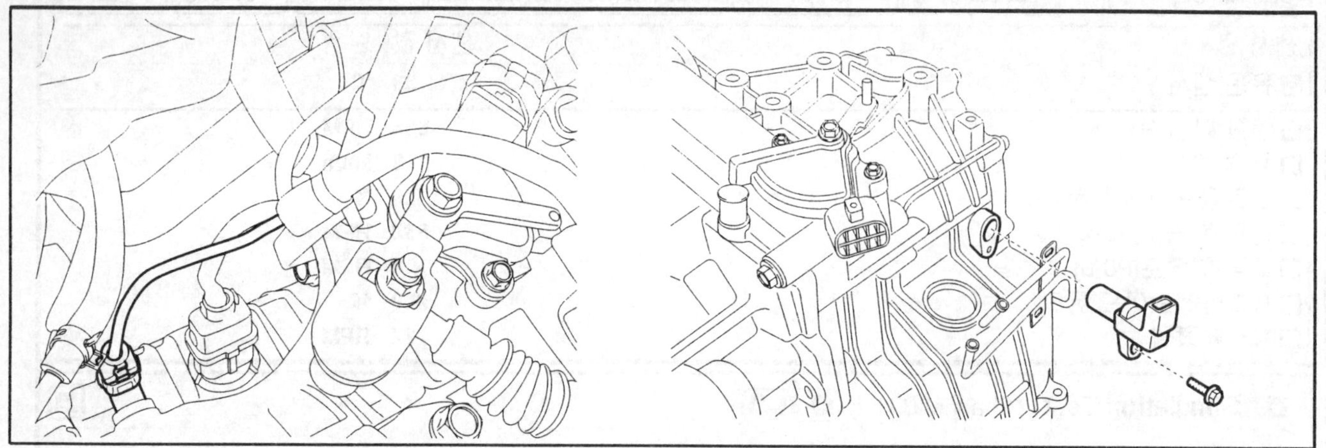

SHDAT6226D

개요

변속 시 유압 제어를 위해 입력축 회전수(터빈 회전수)를 OD 클러치 리테이너에서 검출한다

센서 본체와 컨넥터를 이원화 하였고 이에 따라 출력축과 입력축의 센서가 별도로 구분된다

또한 신뢰성의 향상을 위해 단자는 2계통화 하였다

고장코드 설명

입력축 속도 센서(PG-A)로 부터 신호가 감지되지 않을 경우 TCM은 이 고장코드를 출력한다

TCM에 이 고장코드가 감지되면 페일 세이프 모드로 전환된다

고장판정 조건

항목	판정 조건	고장 예상 원인
검출 방법	• 전압 범위 감지	• 신호 회로 단선 • 전원 회로 단선 • 센서 접지 회로 단선 • 입력축 속도 센서 이상 • PCM/TCM 이상
검출 조건	• 밧데리 전압 > 9V • 인히비터 S/W: D, 3, 2, L • Output speed > 1000 rpm • 엔진 rpm > 3000 rpm (단 기어가 1단일 때)	
판정값	• 신호 무 입력	
검출 시간	• 1초 이상 지속	
페일 세이프	• 판정 조건 1회에서 고장코드 출력하고, 4회에서 IG-KEY OFF까지 고장시의 솔레노이드를 통전 상태로 한다(D,3:3속, 2,L:2속) 단, 변속레버를 이용한 변속은 가능(2 ↔ 3)	

제원

입력축 & 출력축 속도 센서

- 형식 : 홀 센서(Hall sensor)
- 소비 전류 : 22mA(MAX)
- 센서 바디와 센서 커넥터는 일체화

표준회로도

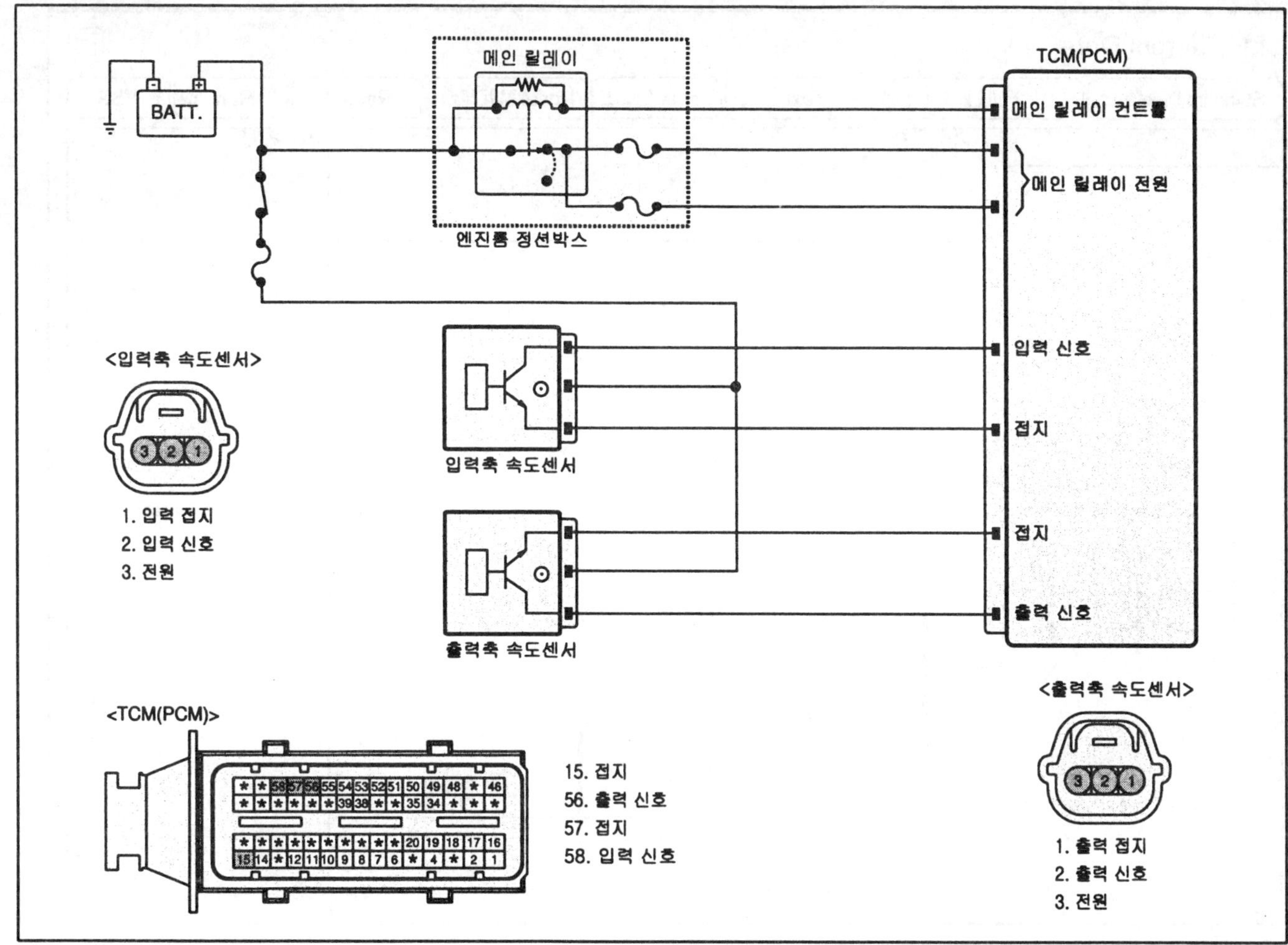

SFDAT8704D

파형 및 데이터 분석

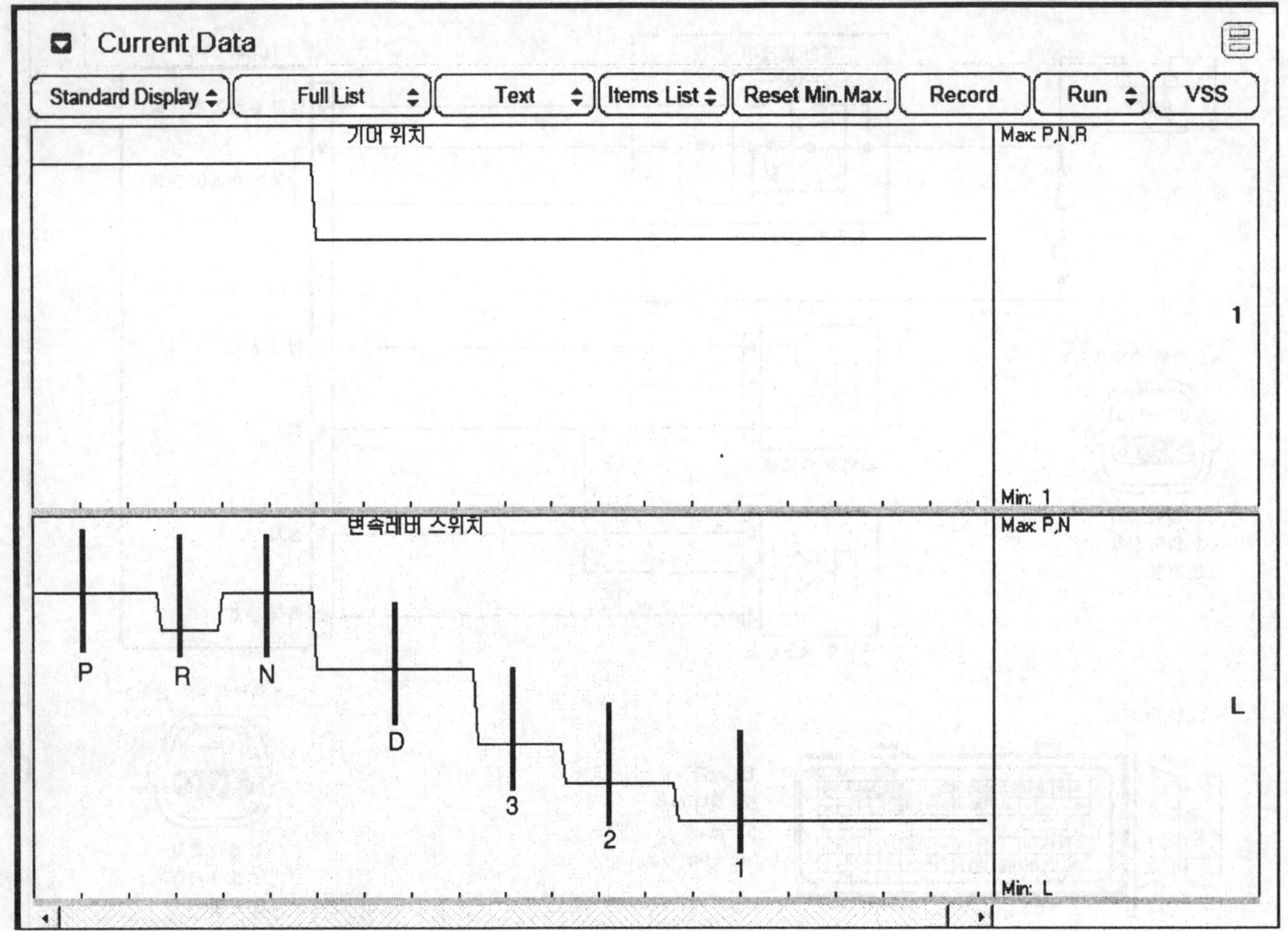

SSAAT8500D

스캔툴 진단

1. 스캔툴을 자기진단 단자 커넥터에 연결한다.(DLC)
2. 이그니션 "ON" & 엔진 "OFF"한다.
3. 스캔툴상의 " 변속 레버 스위치" 항목을 점검한다.
4. 선택 레버를 "P"에서 "L"로 변속한다.

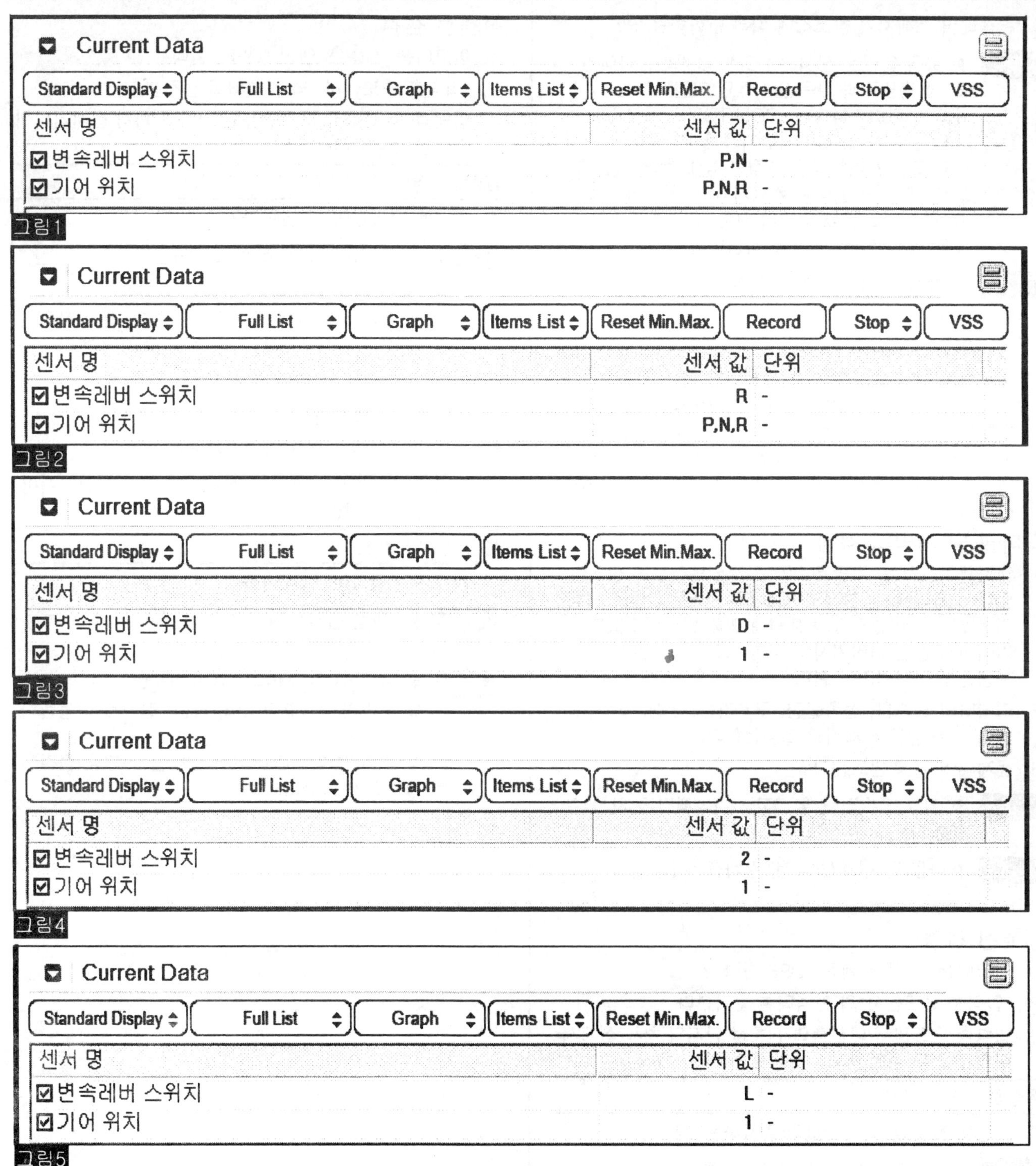

그림 1) P,N 레인지

그림 2) R 레인지

그림 3) D 레인지

그림 4) 2 레인지

그림 5) 1 레인지

5. 변속레버 스위치가 참조값에 따라 변화하는가 ?

예 ▶ 고장 원인은 센서와 PCM/TCM의 컨넥터간 의 접촉불량과 같은 일시적인 고장이거나 이미 수리가 되었거나 혹은 PCM/TCM의 메모리에 기억된 고장 코드가 지워지지 않은 것이다 그러므로 컨넥터의 전체적인 상태(헐거움,접촉 불량,부식,오염,다른 컨넥터와의 간섭,파손등) 를 확인하고 필요에 의해 교환 또는 수리하고 " 고장 수리 확인" 절차로 이동한다.

아니오 ▶ "배선점검"절차를 수행한다.

※ 대부분의 고장이 변속레버 스위치에서 일어나는 데 변속 케이블 조정 불량또는 부정확한 매뉴얼 캐이블 레버의 위치 그리고, 변속레버 스위치이다. 그래서, P레인지에서 엔진 시동 또는 변속레버와 관련된 DTC 가 있다면, 변속 케이블 조정과 매뉴얼 컨트롤 레버의 위치 그리고 변속레버 스위치의 조정 또는 수리를 우 선하여 한다.

터미널 및 커넥터 점검

1. 전자제어장치는 수 많은 하네스와 커넥터로 구성되어 있다. 그러므로, 전자제어장치와 관련된 많은 고장 의 원인이 터미널의 접촉불량에 의해 발생되고있다. 이러한 고장은 여러가지 다양한 고장을 유발시키고, 부품을 손상시키기도 한다.
2. 커넥터의 느슨함, 접촉불량, 구부러짐, 부식, 오염, 변 형 또는 손상을 전체적으로 점검한다.
3. 문제 부위가 확인되는가?

예 ▶ 필요시 수리한 후, "고장수리 확인"절차를 수 행한다.

아니오 ▶다음의 "신호선 점검" 절차를 수행한다.

신호선 점검

1. 이그니션 "ON" & 엔진 "OFF"한다.
2. "입력축 속도센서"의 컨넥터를 탈거한다
3. 입력축 속도센서 배선측의 신호선 단자와 차체 접지사 이의 전압을 점검한다.

정상값 : 약. 12V

4. 측정된 전압값이 정상값과 일치하는가?

예 ▶ "전원선 점검" 절차로 이동한다.

아니오 ▶ 하니스의 단선 혹은 단락을 점검한다. 문제 원인을 수리한 후 "고장 수리 확인" 절차로 이동 한다.
▶ 만일 신호선에 이상이 없다면, "단품 점검" 절차의 " PCM/TCM 점검"으로 이동한다

전원선 점검

1. 이그니션 "ON" & 엔진 "OFF" 한다
2. "입력축 속도센서" 의 컨넥터를 점검한다.
3. 입력축 속도센서 배선측 전원 단자와 차체 접지사이의 전압을 점검한다.

정상값 : 약. B+

4. 측정된 전압값이 정상인가?

예 ▶ "접지선 점검" 절차로 이동한다.

아니오 ▶ 하니스의 단선 여부를 점검한다. 문제 원인 을 수리한 후 "고장 수리 확인" 로 이동한다.

접지선 점검

1. Ignition "OFF"한다.
2. "입력축 속도센서" 의 컨넥터를 탈거한다.
3. 입력축 속도센서의 배선측 접지단자와 차체 접지사이 의 저항을 점검한다.

정상값 : 약. 0 Ω

4. 측정된 저항값이 정상인가?

예 ▶ "단품 점검" 절차로 이동한다.

아니오 ▶ 하니스의 단선 여부를 점검한다. 문제 원인 을 수리한 후 "고장 수리 확인" 절차로 이동한다 .
▶ 만일 접지선에 이상이 없다면, "단품 점검" 절차로 이동한다

단품 점검

1. 이그니션 "OFF"한다.
2. 변속레버 스위치를 탈거한다.
3. 변속레버 스위치 각 터미널 간의 저항을 측정한다.

정상값 : 약 0 Ω (아래 표 참조)

터미널 \ 레인지	P	R	N	D	2	L
1	●					
2	│			●		
3	│			│		●
4	│			│		│
5	│			│	●	│
6	│		●	│	│	│
7	│	●	│	│	│	│
8	●	●	●	●	●	●
9	●		●			
10	●		●			

SSAAT8502D

[변속레버 스위치 통전 점검표 : 스포츠 모드 장착차량에서는 3,2 그리고 L 레인지는 없음]

4. 측정한 저항이 정상인가 ?

예 ▶ 정상품의 시험용 PCM/TCM으로 교환 한후 정상적으로 작동되는지 확인한다
만일 정상적으로 작동 된다면 PCM/TCM을 신품으로 교환하고 "고장 수리 확인"절차로 이동한다

아니오 ▶ 필요에 따라 변속레버 스위치를 교환하고 다음의 "차량수리확인"절차를 수행한다.

고장 수리 확인

본 진단 가이드를 사용해서 발생된 문제를 수리한 뒤, 고장이 완전히 해결되었는지 확인하는 과정이 필요하다.

1. 스캔툴을 연결한 후, 자기진단을 실시하여 고장 코드를 확인한다.
2. 저장된 고장코드를 스캔툴을 이용하여 소거한다.
3. 고장판정조건중의 검출조건에 따라 차량을 주행한다.
4. 스캔툴로 자기 진단을 실시하여 고장 코드가 발생되었는지 확인한다.
5. 고장 코드가 발생되는가 ?

예 ▶ 해당되는 고장 코드 수리 절차로 이동한다.

아니오 ▶ 고장 수리가 완료되어 시스템이 정상적으로 작동한다.

P0722 출력축 속도 센서 회로이상- 신호 없음

구성 부품

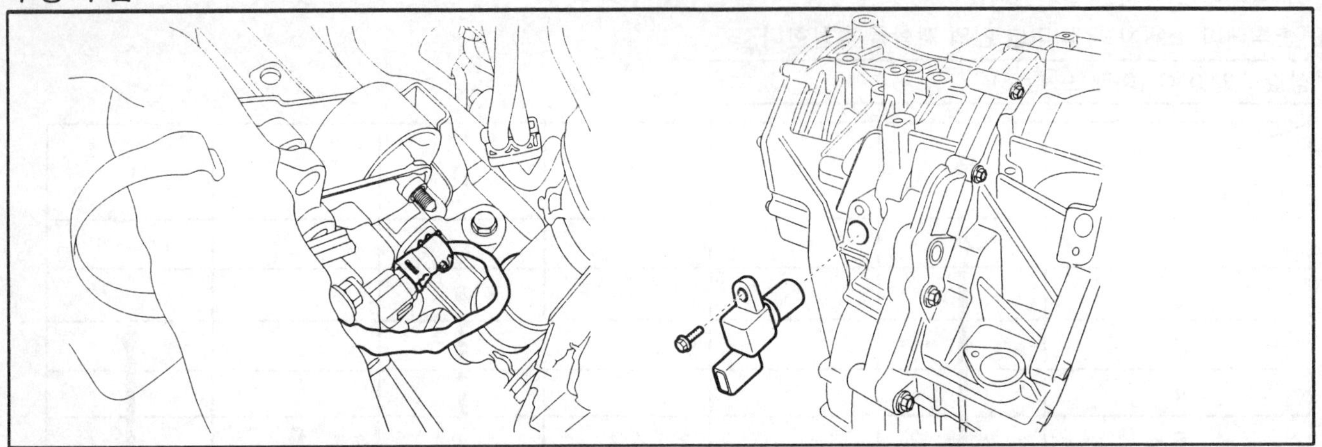

SHDAT6236D

개요

출력축 속도 센서는 변속기 출력축의 트랜스퍼 드라이브 기어의 회전수를 연산한다

출력축 속도 센서는 트랜스퍼 드리이브 기어가 회전시 발생되는 전기신호의 주파수를 연산하여 TCM으로 입력시킨다. 이 값은 TPS와 함께 최상의 변속단을 결정하는 주 신호로 사용된다

고장코드 설명

주행시 출력축 속도 센서의 펄스 신호값이 입력되지 않을 경우 TCM은 이 고장 코드를 출력한다

이 고장 코드가 출력되면 TCM은 페일 세이프 모드로 전환시킨다

고장판정 조건

항목	판정 조건	고장 예상 원인
검출 방법	• 전압 범위 감지	• 신호 회로 단선 • 전원 회로 단선 • 센서 접지 회로 단선 • 출력축 속도 센서 이상 • PCM/TCM 이상
검출 조건	• 인히비터 S/W : D, 3, 2, L • Input speed > 1500 rpm • 엔진 rpm > 3000 rpm • TPS > 14.9%	
판정값	• 신호 무 입력.	
검출 시간	• 1초 이상 지속	
페일 세이프	• 판정 조건 1회에서 고장코드 출력하고, 4회에서 IG-KEY OFF까지 고장시의 솔레노이드를 통전 상태로 한다(D,3:3속, 2,L:2속) 단, 변속레버를 이용한 변속은 가능(2 ↔ 3)	

제원

입력축 & 출력축 속도 센서

- 형식 : 홀 센서(Hall sensor)
- 소비 전류 : 22mA(MAX)
- 정격 전압 : DC 12V
- 센서 본체와 컨넥터를 일체화

표준회로도

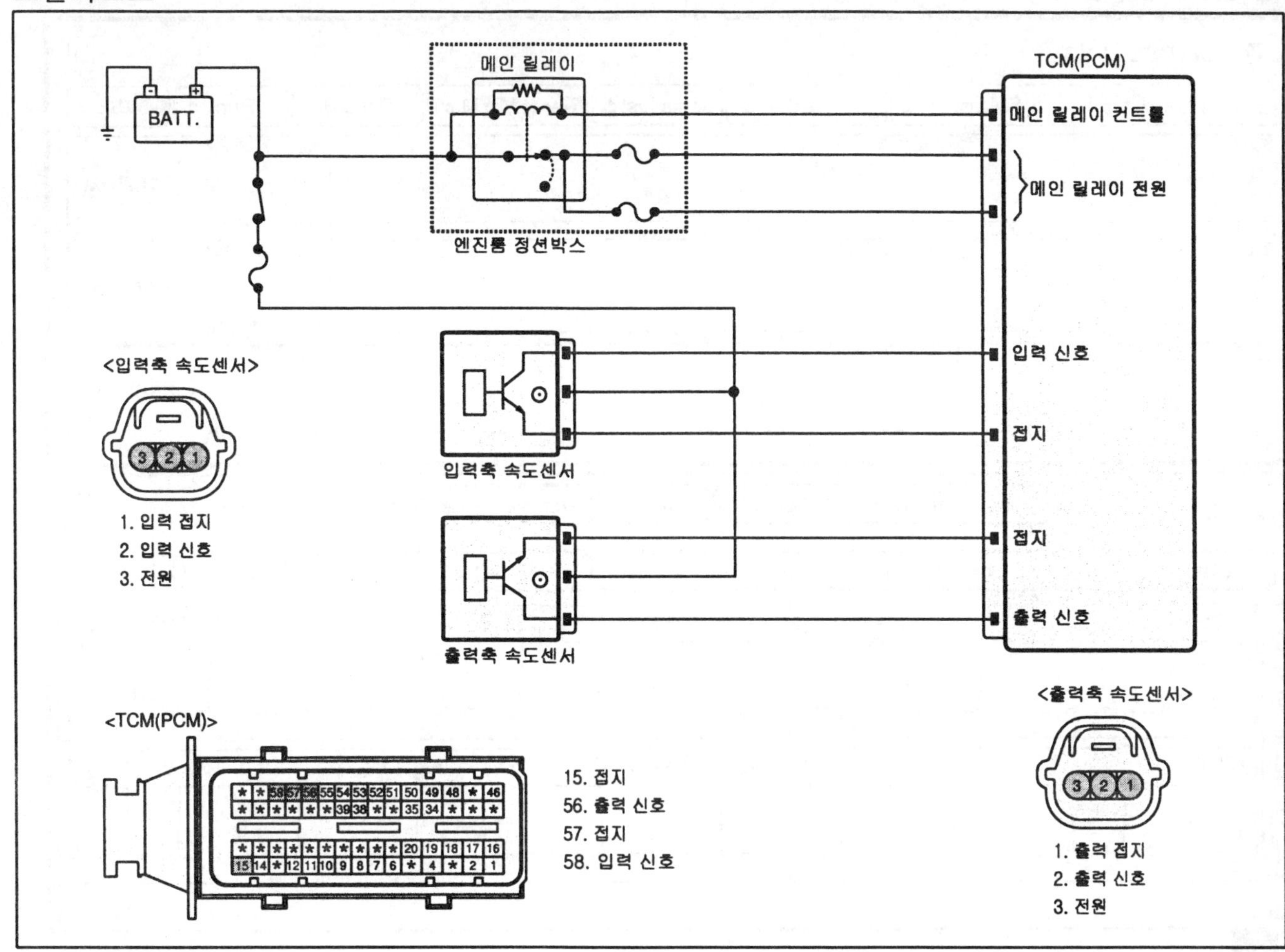
메인 릴레이
TCM(PCM)
BATT.
메인 릴레이 컨트롤
메인 릴레이 전원
엔진룸 정션박스
<입력축 속도센서>
입력 신호
접지
입력축 속도센서
1. 입력 접지
2. 입력 신호
3. 전원
접지
출력 신호
출력축 속도센서
<출력축 속도센서>
<TCM(PCM)>
15. 접지
56. 출력 신호
57. 접지
58. 입력 신호
1. 출력 접지
2. 출력 신호
3. 전원
SFDAT8704D

파형 및 데이터 분석

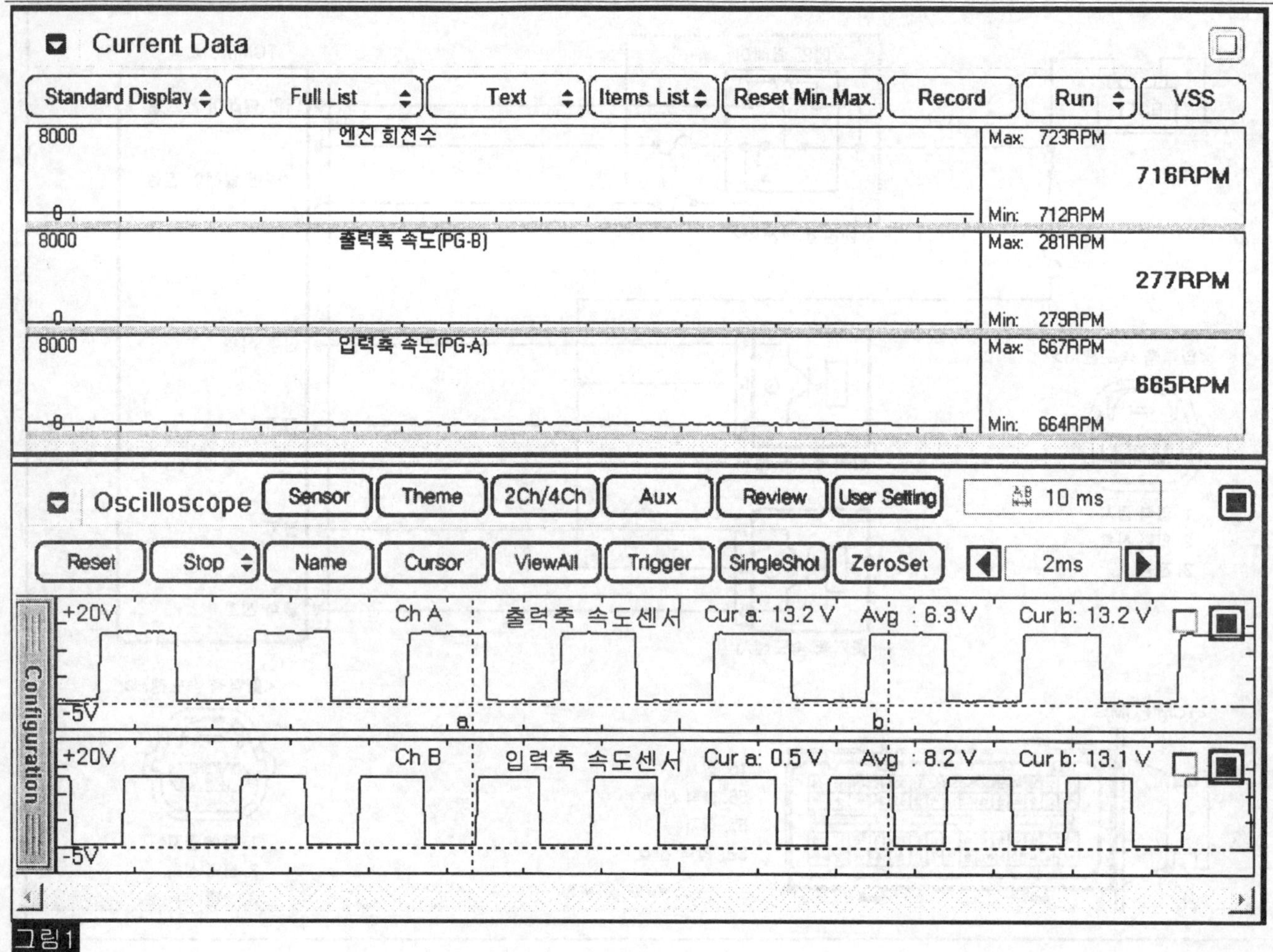

그림1

SSAAT8507D

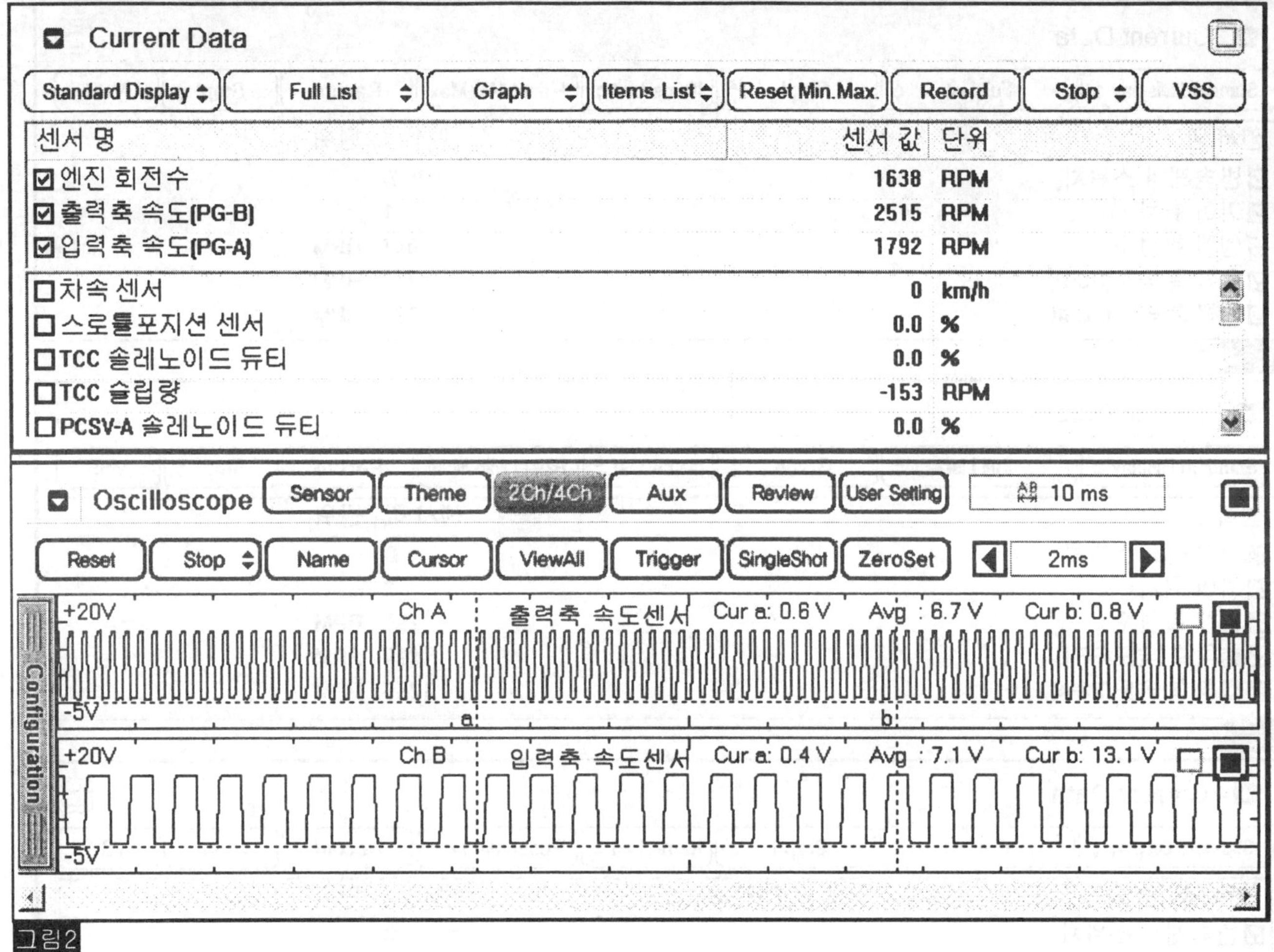

그림2

SSAAT8508D

그림 1) 입/출력축 속도 센서 저속

그림 2) 입/출력축 속도 센서 고속

스캔툴 진단

1. 스캔툴을 자기진단 단자 커넥터에 연결한다.(DLC)
2. 엔진 "ON"한다.
3. 써비스 데이터 항목중의 "출력축 속도 센서" 항목을 선택한다
4. 차량을 30km/h이상으로 주행한다.

정상값 : 엔진의 속도에 따라 서서히 증가

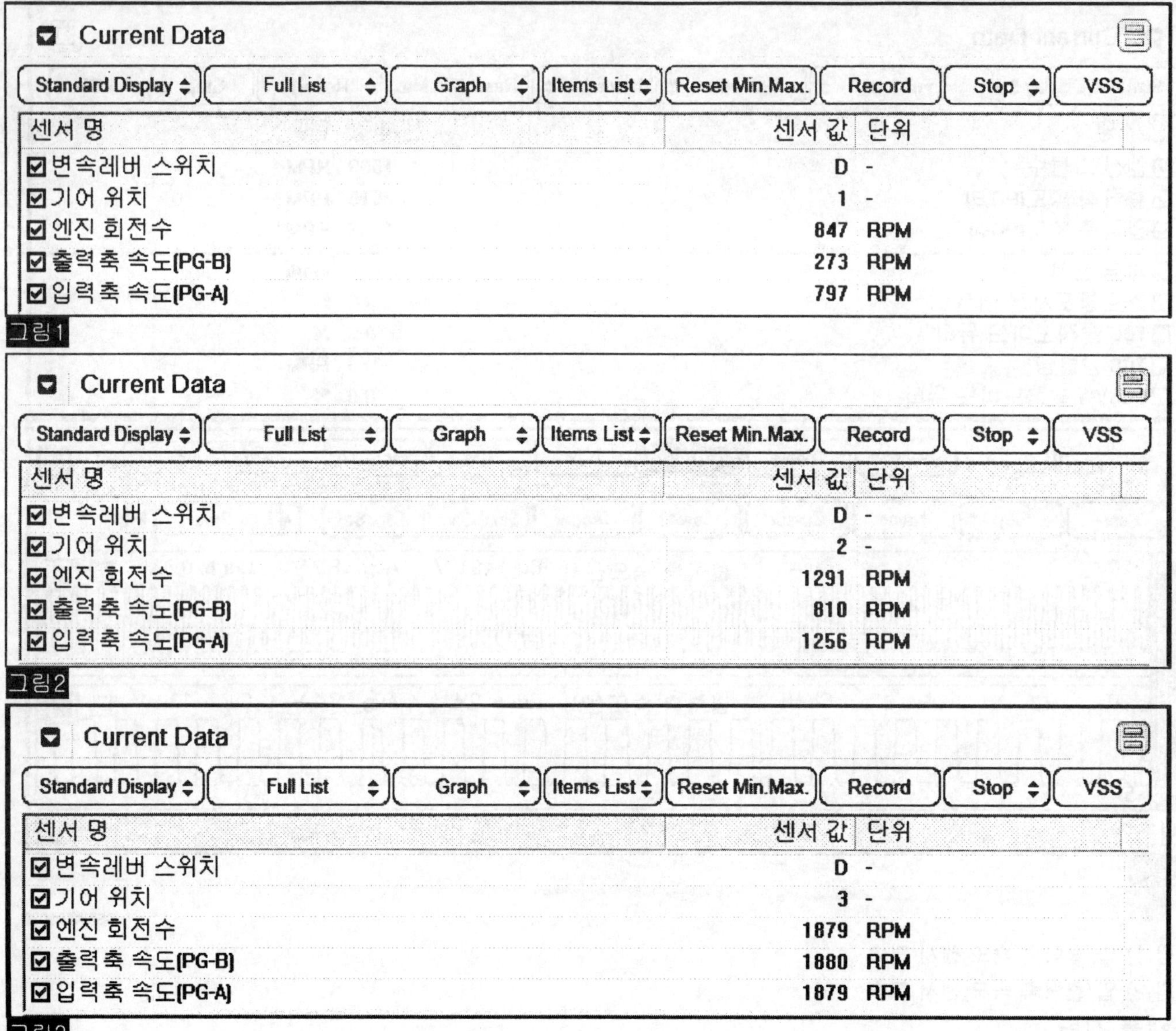
Current Data
Standard Display
Full List
Graph
Items List
Reset Min.Max.
Record
Stop
VSS
센서 명
센서 값
단위
변속레버 스위치 D -
기어 위치 1 -
엔진 회전수 847 RPM
출력축 속도(PG-B) 273 RPM
입력축 속도(PG-A) 797 RPM
그림1
Current Data
Standard Display
Full List
Graph
Items List
Reset Min.Max.
Record
Stop
VSS
센서 명
센서 값
단위
변속레버 스위치 D -
기어 위치 2 -
엔진 회전수 1291 RPM
출력축 속도(PG-B) 810 RPM
입력축 속도(PG-A) 1256 RPM
그림2
Current Data
Standard Display
Full List
Graph
Items List
Reset Min.Max.
Record
Stop
VSS
센서 명
센서 값
단위
변속레버 스위치 D -
기어 위치 3 -
엔진 회전수 1879 RPM
출력축 속도(PG-B) 1880 RPM
입력축 속도(PG-A) 1879 RPM
그림3
SSAAT8509D

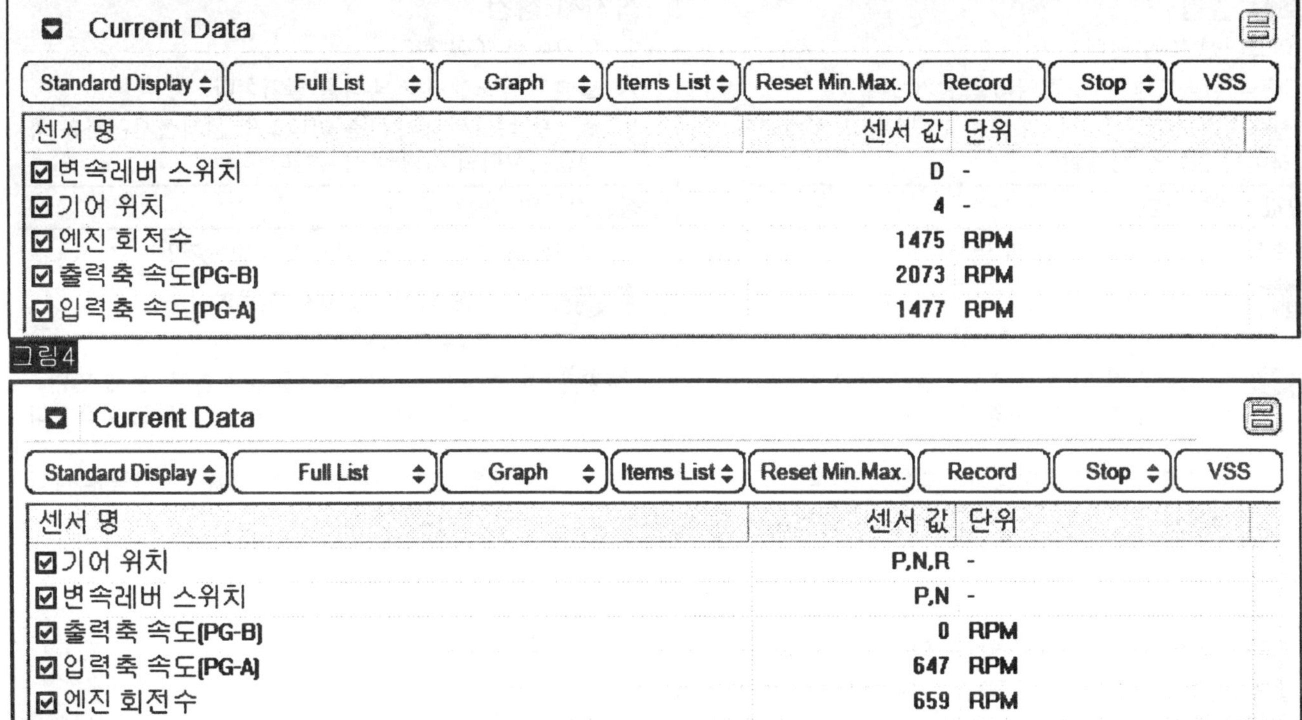

그림4

그림5

SSAAT8510D

그림 1) "D" 레인지 1속

그림 2) "D" 레인지 2속

그림 3) "D" 레인지 3속

그림 4) "D"레인지 4속

그림 5) "P,N" 레인지

5. "출력축 속도센서" 의 출력값이 기준값과 같이 유효한 범위내에서 변화하는가?

예 ▶ 고장 원인은 센서와 PCM/TCM의 컨넥터간의 접촉불량과 같은 일시적인 고장이거나 이미 수리가 되었거나 혹은 PCM/TCM의 메모리에 기억된 고장 코드가 지워지지 않은 것이다 그러므로 컨넥터의 전체적인 상태(헐거움,접촉불량,부식,오염,다른 컨넥터와의 간섭,파손등)를 확인하고 필요에 의해 교환 또는 수리하고 "고장 수리 확인" 절차로 이동한다.

아니오 ▶ "배선점검"절차를 수행한다.

터미널 및 커넥터 점검

1. 전자제어장치는 수 많은 하네스와 커넥터로 구성되어 있다. 그러므로, 전자제어장치와 관련된 많은 고장의 원인이 터미널의 접촉불량에 의해 발생되고있다. 이러한 고장은 여러가지 다양한 고장을 유발시키고, 부품을 손상시키기도 한다.
2. 커넥터의 느슨함, 접촉불량, 구부러짐, 부식, 오염, 변형 또는 손상을 전체적으로 점검한다.
3. 문제 부위가 확인되는가?

예 ▶ 필요시 수리한 후, "고장수리 확인"절차를 수행한다.

아니오 ▶다음의 "신호선 점검" 절차를 수행한다.

신호선 점검

1. 이그니션 "ON"한다.
2. "출력축 속도센서"의 컨넥터를 탈거한다
3. 출력축속도센서 신호선의 배선측 터미널과 차체접지 사이의 전압을 점검한다.

정상값 : 약. 12V

4. 측정된 전압값이 정상값과 일치하는가?

예 ▶ "전원선 점검" 절차로 이동한다.

아니오 ▶ 하니스의 단선 혹은 단락을 점검한다. 문제 원인을 수리한 후 "고장 수리 확인" 절차로 이동한다.
▶ 만일 신호선에 이상이 없다면, "단품 점검" 절차의 " PCM/TCM 점검"으로 이동한다

전원선 점검

1. 이그니션 "ON"한다.
2. 출력축 속도센서 커넥터를 탈거한다.
3. 출력축 속도센서의 전원공급선과 차체접지 사이의 전압을 점검한다.

정상값 : 약. B+

4. 측정된 전압값이 정상값과 일치하는가?

예 ▶ "접지선 점검" 절차로 이동한다.

아니오 ▶ 하니스의 단선 여부를 점검한다. 문제 원인을 수리한 후 "고장 수리 확인" 로 이동한다.

접지선 점검

1. 이그니션 "ON"한다.
2. 출력축 속도센서 커넥터를 탈거한다.
3. 출력축 속도센서 배선측 커넥터의 센서접지단자와 차체접지사이의 저항을 점검한다.

정상값 : 약. 0 Ω

4. 측정된 저항값이 정상값과 일치하는가?

예 ▶ "단품 점검" 절차로 이동한다.

아니오 ▶ 하니스의 단선 여부를 점검한다. 문제 원인을 수리한 후 "고장 수리 확인" 절차로 이동한다
.
▶ 만일 접지선에 이상이 없다면, "단품 점검" 절차로 이동한다

단품 점검

1. "출력축 속도센서" 점검
   1) 이그니션 "OFF"한다.
   2) 출력축속도센서 커넥터를 탈거한다.
   3) 출력축속도센서 단품측 단자의 센서접지와 신호선, 신호선과 공급전원 그리고 센서 접지와 공급전원 간의 저항을 점검한다.

정상값 : "기준값" 참조

[기준값]

항목	기준값	
전류	22 mA	
에어 갭	입력축 속도센서	1.3 mm
	출력축 속도센서	0.85 mm
저항	접지(적) – 신호선(검)	무한대
	접지(검) – 신호선(적)	약. 3.89 MΩ
	접지(적) – 공급전원(검)	Approx. 6.55 MΩ
	접지(검) – 공급전원(적)	Approx. 5.27 MΩ
	신호선(적) – 공급전원(검)	Approx. 17.5 MΩ
	신호선(검) – 공급전원(적)	무한대

   4) 측정된 저항값이 정상값과 일치하는가?

예 ▶ 아래와 같이 " PCM/TCM 점검 " 절차로 이동한다.

아니오 ▶ "출력축 속도센서" 를 교환한 후 "고장 수리 확인" 절차로 이동한다.

2. PCM/TCM 점검
   1) 이그니션 "ON"한다.
   2) 출력축속도센서 커넥터를 탈거한다.
   3) 스캐너를 연결하고 시뮬레이션 기능을 선택한다.
   4) 출력축속도센서의 신호선 회로에 주파수 시뮬레이션을 실시한다.

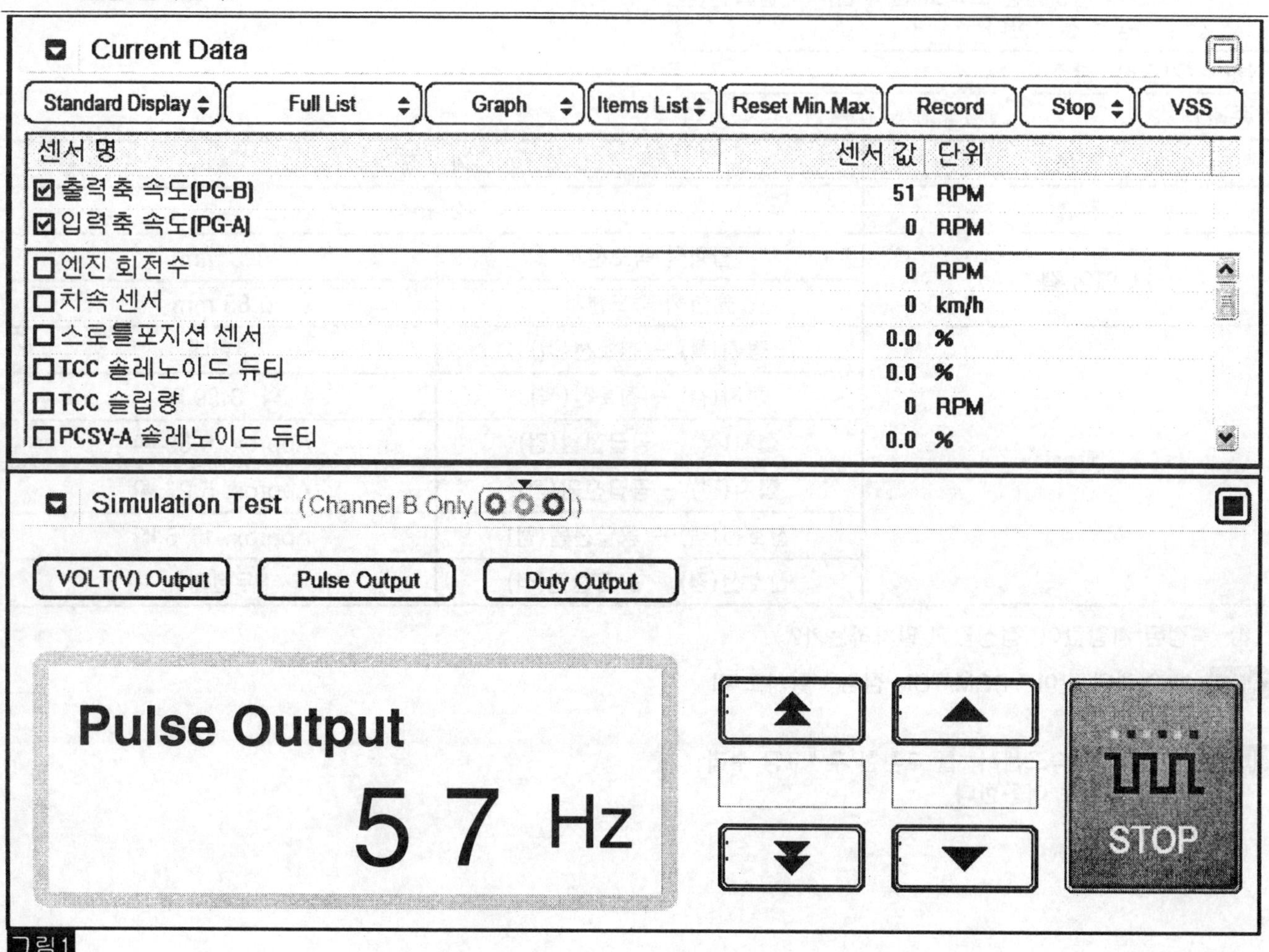

그림1

SSAAT8513D

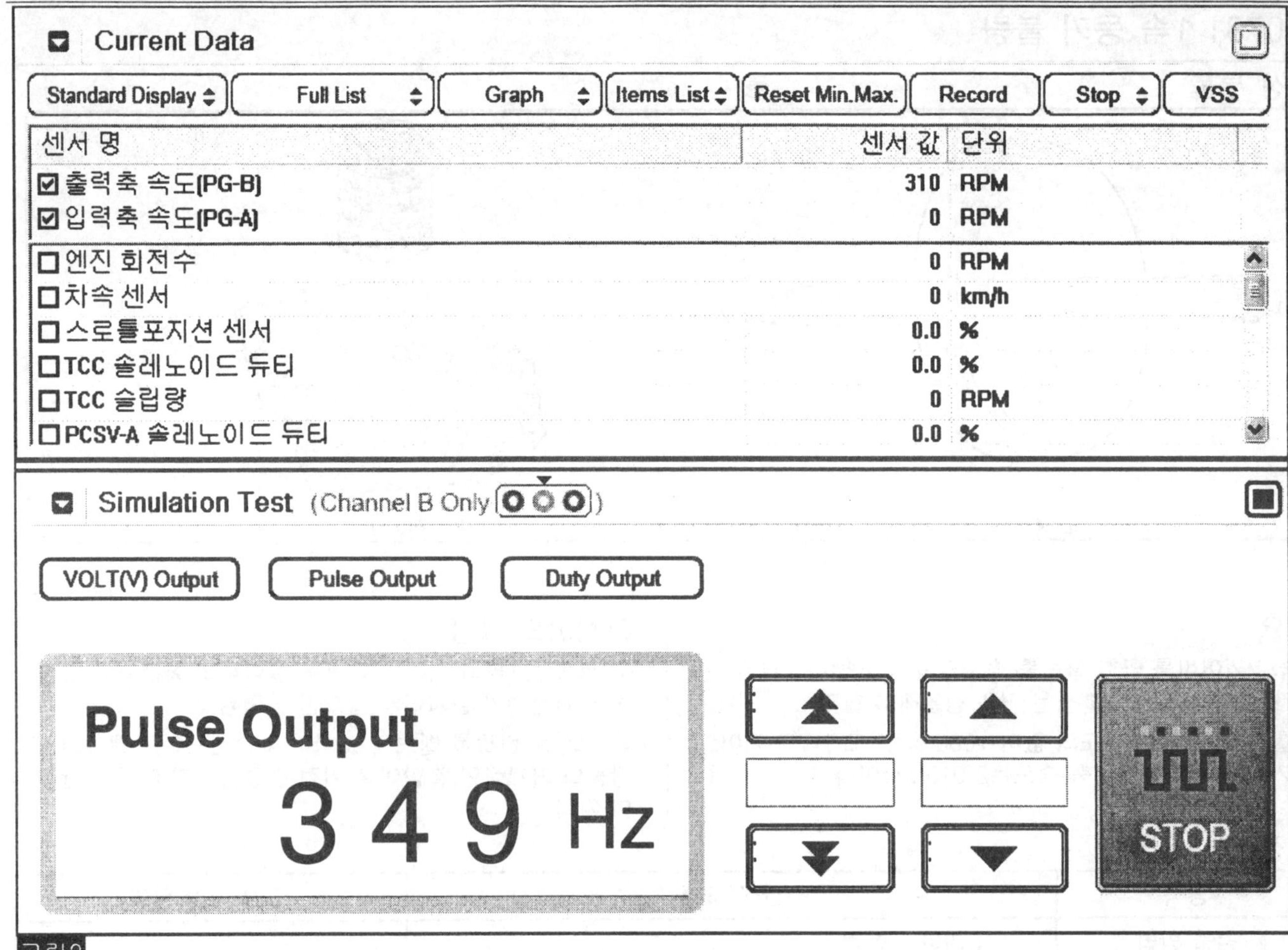

그림2

SSAAT8514D

그림.1) 약 60Hz 인가시 → 50rpm

그림.2) 약 350Hz 인가시 → 310rpm

※ 위의 값들은 차량의 상태나 조건 혹은 모델에 따라 달라질수 있음.

5) "출력축 속도센서"의 출력값이 시뮬레이션 시 인가된 주파수에 따라 유효한 값으로 변하는가?

예 ▶ 컨넥터의 전체적인 상태(헐거움,접촉 불량, 부식,오염,다른 컨넥터와의 간섭,파손등)를 확인하고 필요에 의해 교환 또는 수리하고 "고장 수리 확인" 절차로 이동한다

아니오 ▶ 정상품의 시험용 PCM/TCM으로 교환 한후 정상적으로 작동되는지 확인한다
만일 정상적으로 작동 된다면 PCM/TCM을 신품으로 교환하고 "고장 수리 확인"절차로 이동한다

고장 수리 확인

본 진단 가이드를 사용해서 발생된 문제를 수리한 뒤, 고장이 완전히 해결되었는지 확인하는 과정이 필요하다.

1. 스캔툴을 연결한 후, 자기진단을 실시하여 고장 코드를 확인한다.
2. 저장된 고장코드를 스캔툴을 이용하여 소거한다.
3. 고장판정조건중의 검출조건에 따라 차량을 주행한다.
4. 스캔툴로 자기 진단을 실시하여 고장 코드가 발생되었는지 확인한다.
5. 고장 코드가 발생되는가 ?

예 ▶ 해당되는 고장 코드 수리 절차로 이동한다.

아니오 ▶ 고장 수리가 완료되어 시스템이 정상적으로 작동한다.

P0731 1속 동기 불량

구성 부품

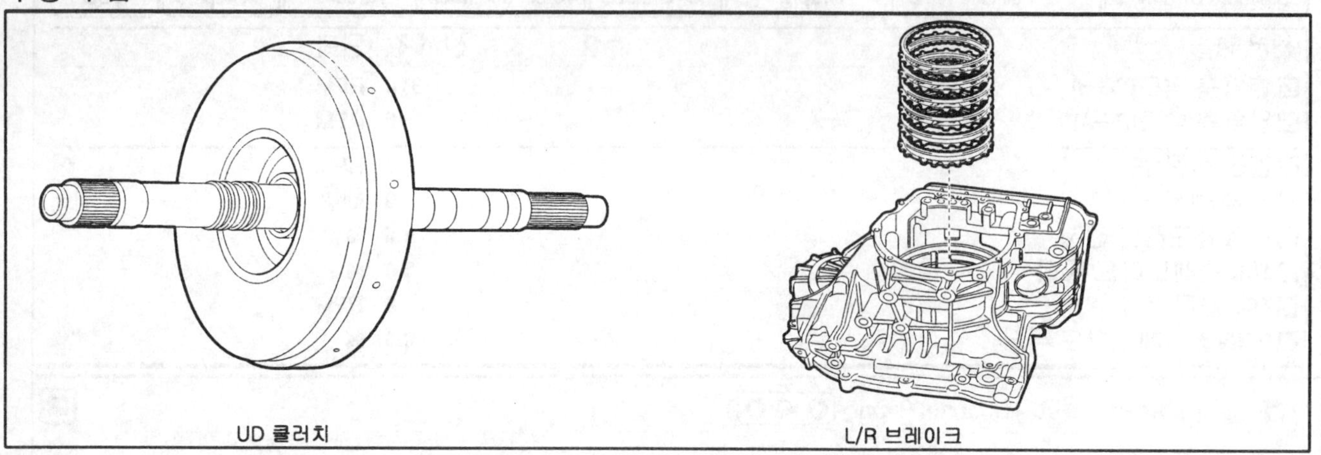

AKGF109A

개요

1속의 기어비를 곱한 출력축 속도의 값과 1속이 체결된 상태의 입력축 속도의 값은 거의 동일해야 한다

예를 들어 출력축 속도의 값이 1000rpm이고 1속의 기어비가 2.919이면 입력축 속도는2,919rpm이다

고장코드 설명

이 코드는 1속의 기어비를 곱한 출력축의 회전수와 입력축의 회전수가 일치하지 않으면 출력된다

이 고장은 컨트롤 밸브의 소착이나 솔레노이드 밸브의 고장등의 기계적인 결함이 전기적인 결함보다 더 주된 원인이 된다

고장판정 조건

항목	판정 조건	고장 예상 원인
검출 방법	• 1속 기어비 점검	• 입력축 속도 센서 이상 • 출력축 속도 센서 이상 • 변속기 내부의 클러치 브레이크의 슬립(UD클러치,L/R브레이크,OWC) 또는 유압제어 계통의 이상
검출 조건	• 레버, 아웃풋 스피드센서, 인풋 스피드센서, CAN 정상 • 기어변속 2초 후 • 오일온도 > −10℃ • 엔진 rpm > 400 • 인히비터S/W: D, 3, 2, L • Input speed > 300rpm • Output speed > 200rpm • 솔레노이드밸브 정상	
판정값	• ｜입력축 속도 센서/1속 기어비−출력축 속도 센서｜≥200rpm	
검출 시간	• 1.2초 이상 지속	
페일 세이프	• 3속 홀드 • VFS off • 댐퍼 클러치 솔레노이드 open	

파형 및 데이터 분석

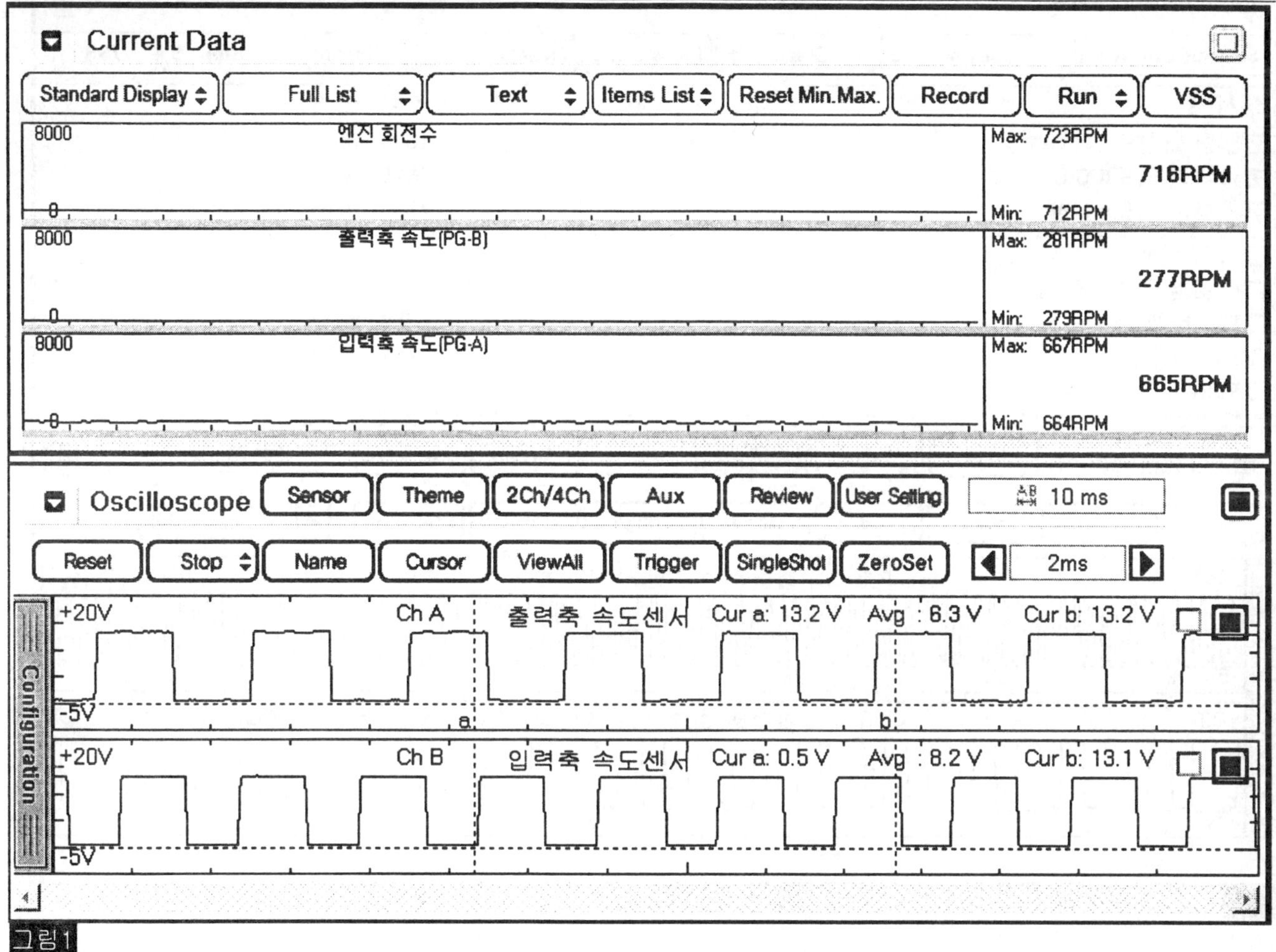

그림1

SSAAT8507D

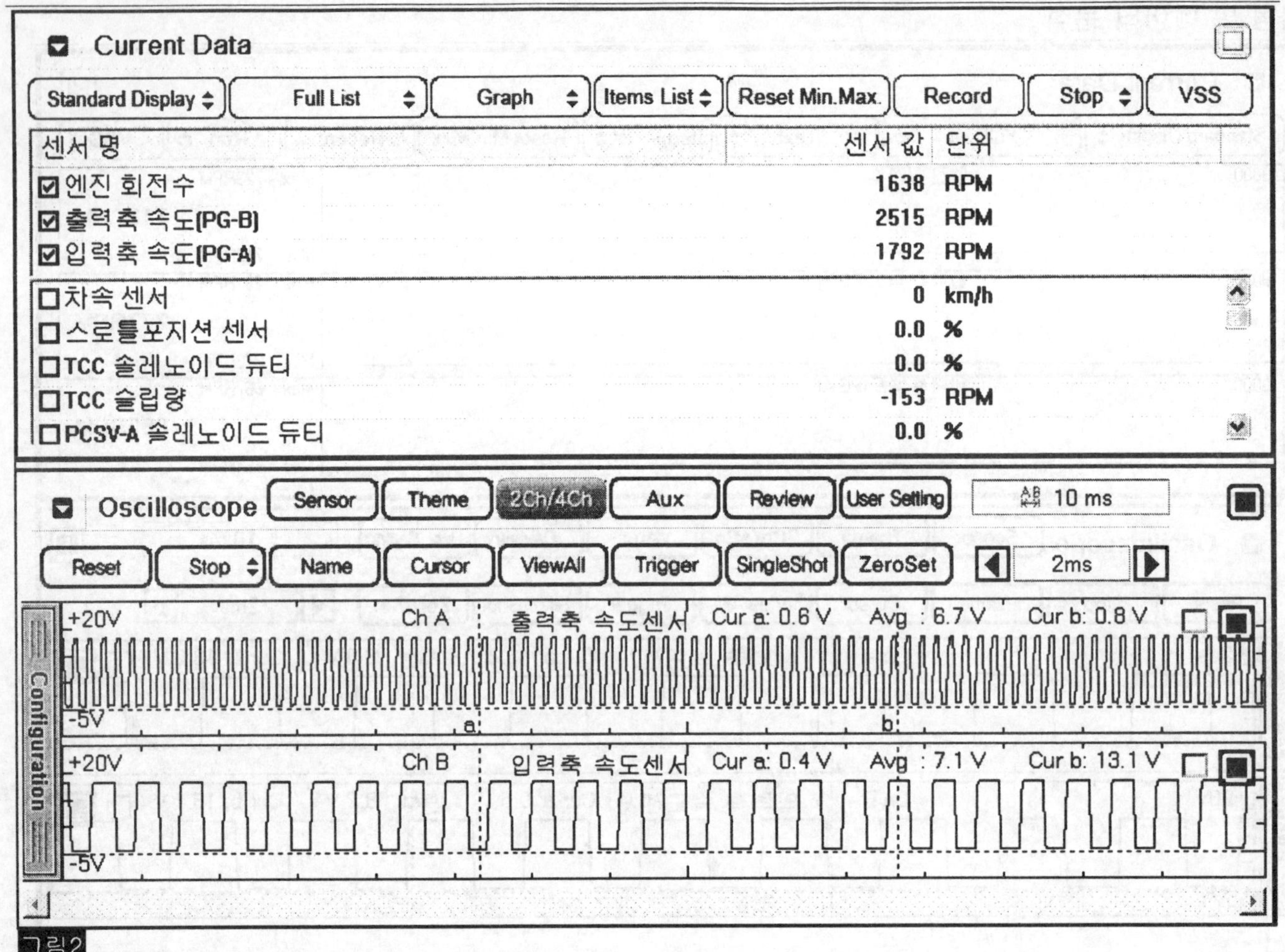

그림2

SSAAT8508D

그림 1) 입/출력축 속도 센서 저속

그림 2) 입/출력축 속도 센서 고속

스캔툴 진단

1. 스캔툴을 데이터 링크 커넥터에 연결한다(DLC)
2. 엔진 "ON"한다.
3. 써비스 데이터 항목중 "엔진 회전수, 입력축 속도센서 , 출력축 속도센서, 기어 위치" 항목을 선택한다.
4. 1단 상태에서 "스톨테스트"를 실시한다.

정상값 : 2200~2900 rpm

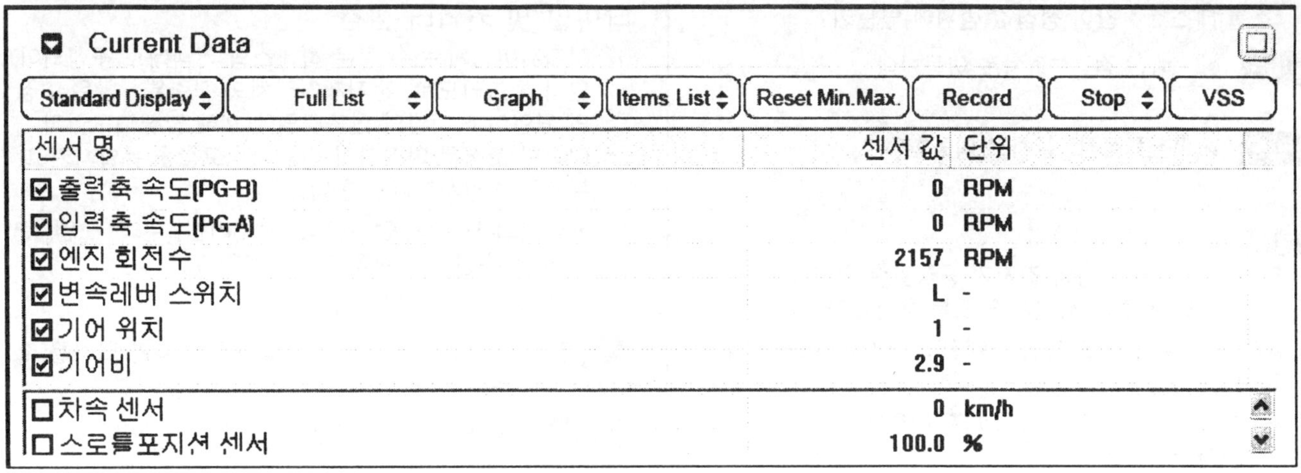

Current Data

Standard Display	Full List	Graph	Items List	Reset Min.Max.	Record	Stop	VSS

센서 명	센서 값	단위
☑출력축 속도(PG-B)	0	RPM
☑입력축 속도(PG-A)	0	RPM
☑엔진 회전수	2157	RPM
☑변속레버 스위치	L	-
☑기어 위치	1	-
☑기어비	2.9	-
☐차속 센서	0	km/h
☐스로틀포지션 센서	100.0	%

SSAAT8515D

각 레인지의 작동 요소

	UD/C	OD/C	REV/C	2-4/B	LR/B	OWC
P					●	
R			●		●	
N					●	
D1	●				●	●
D2	●			●		
D3	●	●				
D4		●		●		
L	●				●	●

SFDAT8516D

각 단별 작동 요소

UD/C : 언더 드라이브 클러치

2-4/B : 2-4 브레이크

OD/C : 오버 드라이브 클러치

LR/B : 로우&리버스 브레이크

REV/C: 리버스 클러치

OWC : 원 웨이 클러치

D1속에서 "스톨 테스트"하는 방법과 원인

방법

1. 엔진을 충분히 난기시킨다.
2. 변속레버를 "D"레인지에 놓고 가속페달을 끝까지 밟은 상태에서 엔진의 최대 회전수를 측정한다.

* 1속 작동요소중에서 슬립이 발생되면 "1속"에서의 스톨 테스트로 작동요소의 슬립을 검출할수 있다

원인

1. 만일 변속기 내부에 기계적인 결함이 없다면, 모든 슬립은 토크 컨버터내에서 흡수된다.
2. 그러므로 엔진의 회전수만 출력되고 입력축 혹은 출력축의 회전수는 바퀴가 잠겨져 있으므로"0"이된다
3. 만일 1속의 작동요소에 결함이 있다면 입력축의 회전수가 출력될 것이다.
4. 만일 출력축의 회전수가 출력된다면 브레이크를 충분히 밟지 안은것이므로 브레이크를 완전히 밟은 상태에서 다시 "스톨 테스트"를 실시한다.

5. "스톨 테스트 " 값이 정상값 범위에 있는가?

예 ▶ "배선 점검" 절차로 이동한다

아니오 ▶ "단품 점검" 절차로 이동한다

⊗경고

1. 테스트 중에는 차량이 갑자기 움직일수 있으므로 차량의 전 후에 사람이 서있지 않도록 주의한다.
2. ATF의 수준과 온도 그리고 엔진의 냉각수 온도를 점검한다.
   - ATF 수준 : 게이지의 "HOT" 마크에 있는지 확인한다.
   - ATF 온도 : 80~100 ℃.
   - 엔진의 냉각 수온 : 80~100 ℃.
3. 앞 뒤 바퀴에 고일목을 설치한다.
4. 주차 브레이크를 당기고 브레이크 페달을 힘껏 밟는다.
5. 1번의 "스톨 테스트"를 8초이상 실시하지 않는다.
6. 만일 "스톨 테스트"를 2회 혹은 그 이상 실시하는 경우에는, 변속레버는 "N"으로 이동하고 엔진의 회전수는 약1000 rpm으로 유지하면서 ATF의 온도를 낮추어야 한다.

터미널 및 커넥터 점검

1. 전자제어장치는 수 많은 하네스와 커넥터로 구성되어 있다. 그러므로, 전자제어장치와 관련된 많은 고장의 원인이 터미널의 접촉불량에 의해 발생되고있다. 이러한 고장은 여러가지 다양한 고장을 유발시키고, 부품을 손상시키기도 한다.
2. 커넥터의 느슨함, 접촉불량, 구부러짐, 부식, 오염, 변형 또는 손상을 전체적으로 점검한다.
3. 문제 부위가 확인되는가?

예 ▶ 필요시 수리한 후, "고장수리 확인"절차를 수행한다.

아니오 ▶다음의 "배선 점검" 절차를 수행한다.

배선 점검

1. 스캔툴을 자기진단단자에 연결한다.
2. 엔진을 "ON"한다.
3. 써비스 데이터 항목중에 "엔진 회전수, 입력축,출력축 속도"를 선택한다.
4. 1속 상태에서 약 2000rpm 까지 엔진의 회전수를 상승시킨후에 "입력축 및 출력축"의 속도를 기어비와 비교한다.

정상값 : l 입력축 속도 센서/1속 기어비-출력축 속도 센서|≥200rpm

Current Data

Standard Display | Full List | Graph | Items List | Reset Min.Max. | Record | Stop | VSS

센서 명	센서 값	단위
☑기어비	2.9	-
☑변속레버 스위치	L	-
☑기어 위치	1	-
☑엔진 회전수	1978	RPM
☑출력축 속도(PG-B)	674	RPM
☑입력축 속도(PG-A)	1966	RPM

SSAAT8517D

5. "입력축 & 출력축 속도센서" 의 출력값이 정상값 범위에 있는가?

예 ▶ "단품 점검" 절차로 이동한다.

아니오 ▶ 입력축 혹은 출력축 속도센서의 회로에 전기적인 노이즈가 유입되었는지를 점검하고 이상이 없으면 입력축과 출력축 속도센서를 신품으로 교환한 후 "고장 수리 확인" 절차로 이동한다.

단품 점검

1. 오일 압력 게이지를 "UD" 포트와 "L/R" 포트에 연결한다.
2. 엔진 "ON"한다.
3. 1속으로 차량을 주행한다.
4. 아래의 참고값과 측정값을 비교한다.

참고값 :

No	매뉴얼밸브위치	조작					측정요소	유압(Kgf/cm²)				
		PCSV-A	PCSV-B	PCSV-C	PCSV-D	ON/OFF		LR	2-4(2ND)	UD	OD	REV
1	D	0	100	0	0	ON	LR	10.5±0.2	0	10.5±0.2	0	0
2	↑	50	↑	↑	↑	↑	↑	5.7±0.4	↑	↑	↑	↑
3	↑	75	↑	↑	↑	↑	↑	0.9±0.3	↑	↑	↑	↑
4	↑	100	↑	↑	↑	↑	↑	0	↑	↑	↑	↑
5	↑	↑	0	↑	100	OFF	2-4(2ND)	0	10.5±0.2	↑	↑	↑
6	↑	↑	50	↑	↑	↑	↑	↑	5.7±0.4	↑	↑	↑
7	↑	↑	75	↑	↑	↑	↑	↑	0.9±0.3	↑	↑	↑
8	↑	↑	100	↑	↑	↑	↑	↑	0	↑	↑	↑
9	↑	0	↑	↑	↑	↑	OD	↑	↑	↑	10.5±0.2	↑
10	↑	50	↑	↑	↑	↑	↑	↑	↑	↑	5.7±0.4	↑
11	↑	75	↑	↑	↑	↑	↑	↑	↑	↑	0.9±0.3	↑
12	↑	100	↑	↑	↑	↑	↑	↑	↑	↑	0	↑
13	↑	↑	↑	0	0	↑	UD	↑	↑	10.5±0.2	↑	↑
14	↑	↑	↑	50	↑	↑	↑	↑	↑	5.8±0.4	↑	↑
15	↑	↑	↑	75	↑	↑	↑	↑	↑	1.0±0.3	↑	↑
16	↑	0	↑	100	↑	↑	↑	↑	↑	0	↑	↑
17	R	↑	0	↑	↑	ON	REV	17.5±0.2	↑	↑	↑	17.5±0.2
18	↑	↑	50	↑	↑	↑	↑	↑	↑	↑	↑	8.7±0.6
19	↑	↑	75	↑	↑	↑	↑	↑	↑	↑	↑	0.9±0.5
20	↑	↑	100	↑	↑	↑	↑	↑	↑	↑	↑	0

SSAAT8578D

※ 위의 값들은 절대값이 아닌 차량의 측정 환경과 조건 및 모델에 따라 달라질수 있음

5. 측정된 오일 압력값이 정상값 범위에 있는가?

예 ▶ 자동 변속기를 수리하고 "고장 수리 확인" 절차로 이동한다.

아니오 ▶ 자동 변속기(밸브바디)를 수리하고 "고장 수리 확인" 절차로 이동한다.

고장 수리 확인

본 진단 가이드를 사용해서 발생된 문제를 수리한 뒤, 고장이 완전히 해결되었는지 확인하는 과정이 필요하다.

1. 스캔툴을 연결한 후, 자기진단을 실시하여 고장 코드를 확인한다.
2. 저장된 고장코드를 스캔툴을 이용하여 소거한다.
3. 고장판정조건중의 검출조건에 따라 차량을 주행한다.
4. 스캔툴로 자기 진단을 실시하여 고장 코드가 발생되었는지 확인한다.
5. 고장 코드가 발생되는가 ?

예 ▶ 해당되는 고장 코드 수리 절차로 이동한다.

아니오 ▶ 고장 수리가 완료되어 시스템이 정상적으로 작동한다.

P0732 2속 동기 불량

구성 부품

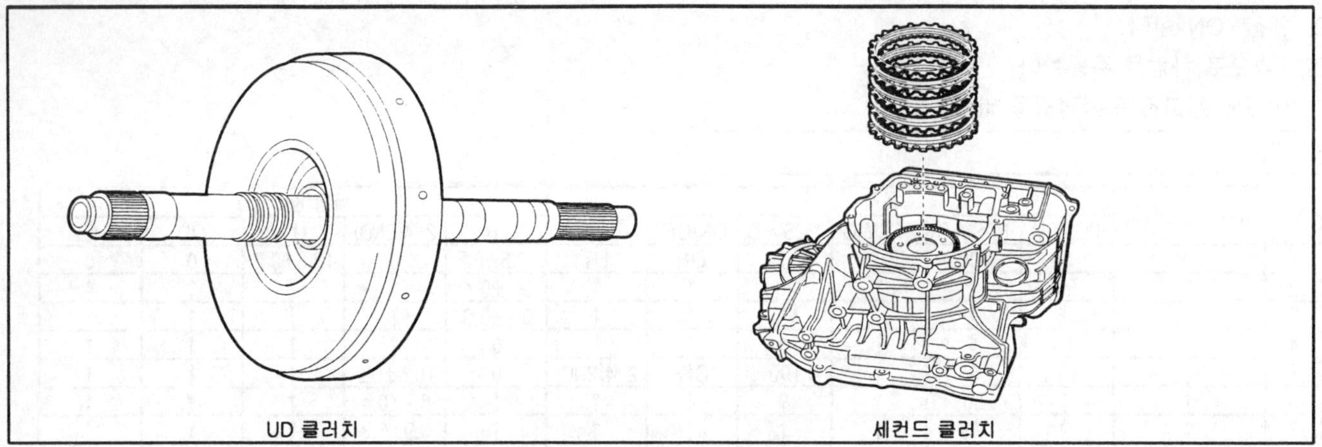

AKGF110A

개요

2속의 기어비를 곱한 출력축 속도의 값과 2속이 체결된 상태의 입력축 속도의 값은 거의 동일해야 한다

예를 들어 출력축 속도의 값이 1000rpm이고 2속의 기어비가 1.551이면 입력축 속도는1,551rpm이다

고장코드 설명

이 코드는 2속의 기어비를 곱한 출력축의 회전수와 입력축의 회전수가 일치하지 않으면 출력된다

이 고장은 컨트롤 밸브의 소착이나 솔레노이드 밸브의 고장등의 기계적인 결함이 전기적인 결함보다 더 주된 원인이 된다

고장판정 조건

항목	판정 조건	고장 예상 원인
검출 방법	• 2속 기어비 점검	• 입력축 속도 센서 이상 • 출력축 속도 센서 이상 • 변속기 내부의 클러치 브레이크의 슬립(UD클러치,2nd브레이크) 또는 유압제어 계통의 이상
검출 조건	• 레버, 아웃풋 스피드센서, 인풋 스피드센서, CAN 정상 • 기어변속 2초 후 • 오일온도 > -10°C • 엔진 rpm > 400 • 인히비터S/W: D, 3, 2, L • Input speed > 300rpm • Output speed > 900rpm • 솔레노이드밸브 정상	
판정값	• |입력축 속도 센서/2속 기어비-출력축 속도 센서|≥200rpm	
검출 시간	• 1.2초 이상 지속	
페일 세이프	• 판정 조건 1회에서 고장 코드 출력, 4회에서 릴레이를 OFF 시킴(3속 고정)	

파형 및 데이터 분석

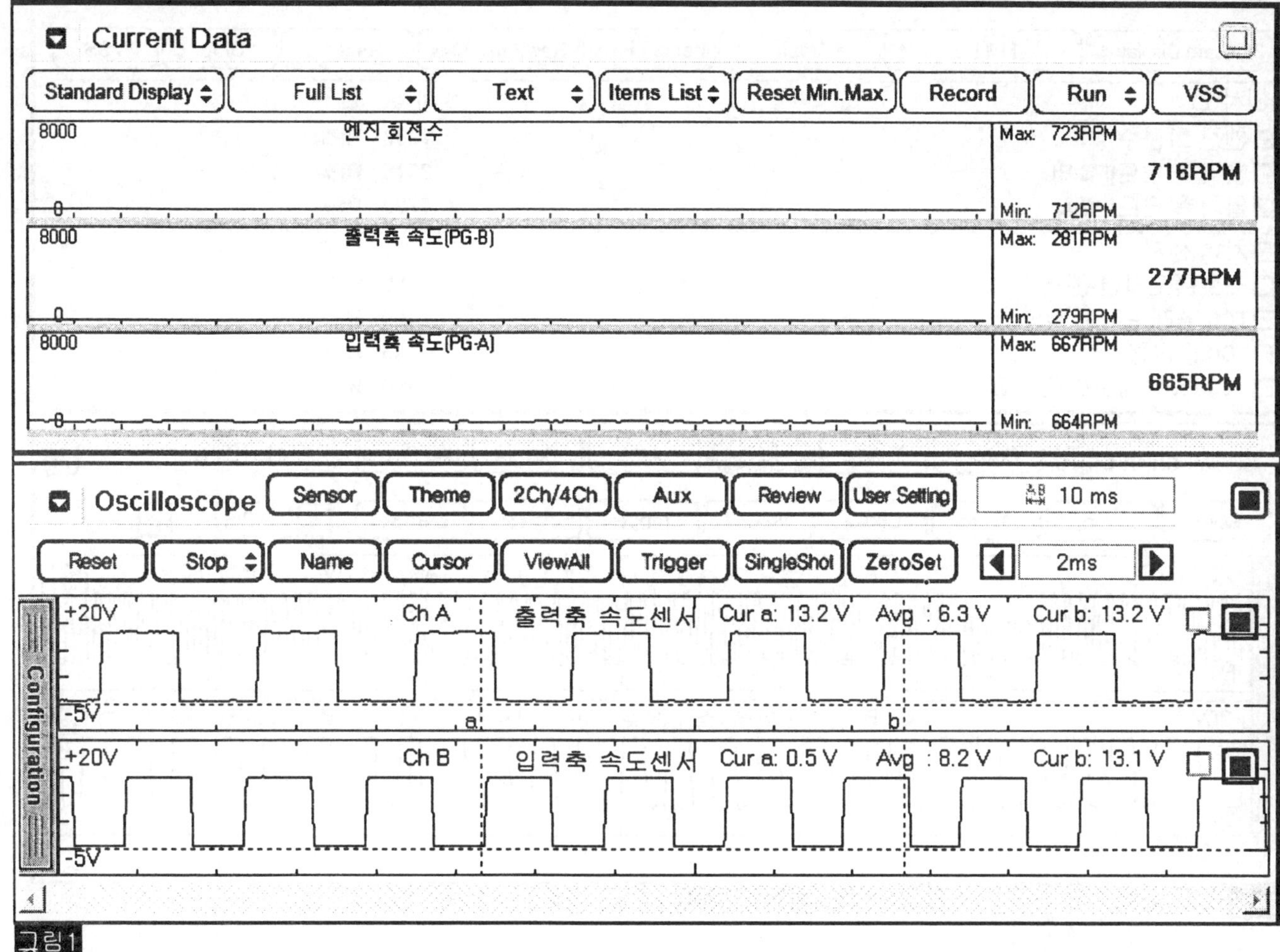

그림1

SSAAT8507D

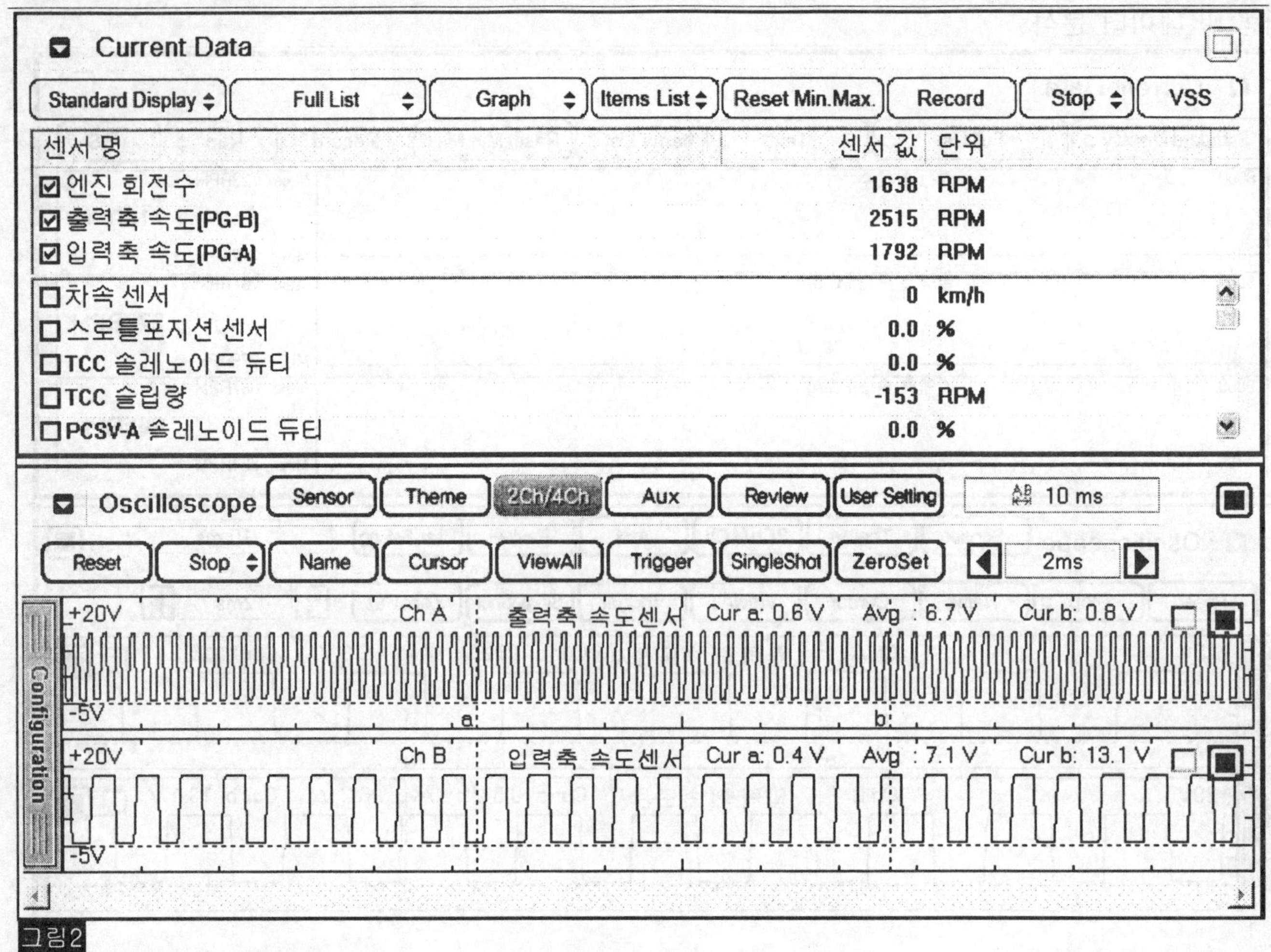

그림2

SSAAT8508D

그림 1) 입/출력축 속도 센서 저속

그림 2) 입/출력축 속도 센서 고속

스캔툴 진단

1. 스캔툴을 연결한다.
2. 엔진 "ON"한다.
3. 출력축 속도센서(PG-B)를 탈거한 후 변속레버를 "2" 혹은"L" 위치에서 주행하여 변속단을 2속으로 고정한다
4. 써비스 데이터 항목중 "엔진 회전수, 입력축 속도센서, 출력축 속도센서, 기어 위치" 항목을 선택할것
5. "2"속 상태에서 스톨 테스트"를 실시한다.

정상값 : 2200~2900 rpm

Current Data

Standard Display	Full List	Graph	Items List	Reset Min.Max.	Record	Stop	VSS

센서 명	센서 값	단위
☑기어 위치	2	-
☑기어비	1.6	-
☑변속레버 스위치	2	-
☑출력축 속도(PG-B)	0	RPM
☑입력축 속도(PG-A)	0	RPM
☑엔진 회전수	2023	RPM
☐차속 센서	0	km/h
☐스로틀포지션 센서	43.1	%

SSAAT8518D

각 변속레인지에서의 작동 요소

	UD/C	OD/C	REV/C	2-4/B	LR/B	OWC
P					●	
R			●		●	
N					●	
D1	●				●	●
D2	●			●		
D3	●	●				
D4		●		●		
L	●				●	●

SFDAT8516D

각 단별 작동 요소

UD/C : 언더 드리이브 클러치

2-4/B : 2-4 브레이크

OD/C : 오버 드라이브 클러치

LR/B : 로우&리버스 브레이크

REV/C: 리버스 클러치

OWC : 원 웨이 클러치

D2속에서 "스톨 테스트"하는 방법과 원인

방법

1. 엔진을 충분히 난기시킨다.

2. 변속레버를 "D"레인지에 놓고 가속페달을 끝까지 밟은 상태에서 엔진의 최대 회전수를 측정한다.

* 2속 작동요소중에서 슬립이 발생되면 "2속"에서의 스톨 테스트로 작동요소의 슬립을 검출할수 있다

원인

1. 만일 변속기 내부에 기계적인 결함이 없다면, 모든 슬립은 토크 컨버터내에서 흡수된다.

2. 그러므로 엔진의 회전수만 출력되고 입력축 혹은 출력축의 회전수는 바퀴가 잠겨져 있으므로"0"이된다

3. 만일 2속의 작동요소에 결함이 있다면 입력축의 회전수가 출력될 것이다.

4. 만일 출력축의 회전수가 출력된다면 브레이크를 충분히 밟지 안은것이므로 브레이크를 완전히 밟은 상태에서 다시 "스톨 테스트"를 실시한다.

6. "스톨 테스트 " 값이 정상값 범위에 있는가?

예 ▶ "배선 점검" 절차로 이동한다

아니오 ▶ "단품 점검" 절차로 이동한다

⊗경고

1. 테스트 중에는 차량이 갑자기 움직일수 있으므로 차량의 전 후에 사람이 서있지 않도록 주의한다.
2. ATF의 수준과 온도 그리고 엔진의 냉각수 온도를 점검한다.
   - ATF 수준 : 게이지의 "HOT" 마크에 있는지 확인한다.
   - ATF 온도 : 80~100 ℃.
   - 엔진의 냉각 수온 : 80~100 ℃.
3. 앞 뒤 바퀴에 고일목을 설치한다.
4. 주차 브레이크를 당기고 브레이크 페달을 힘껏 밟는다 .
5. 1번의 "스톨 테스트"를 8초이상 실시하지 않는다.
6. 만일 "스톨 테스트"를 2회 혹은 그 이상 실시하는 경우에는, 변속레버는 "N"으로 이동하고 엔진의 회전수는 약1000 rpm으로 유지하면서 ATF의 온도를 낮추어야 한다.

터미널 및 커넥터 점검

1. 전자제어장치는 수 많은 하네스와 커넥터로 구성되어 있다. 그러므로, 전자제어장치와 관련된 많은 고장의 원인이 터미널의 접촉불량에 의해 발생되고있다. 이러한 고장은 여러가지 다양한 고장을 유발시키고, 부품을 손상시키기도 한다.
2. 커넥터의 느슨함, 접촉불량, 구부러짐, 부식, 오염, 변형 또는 손상을 전체적으로 점검한다.
3. 문제 부위가 확인되는가?

예 ▶ 필요시 수리한 후, "고장수리 확인"절차를 수행한다.

아니오 ▶다음의 "배선 점검" 절차를 수행한다.

배선 점검

1. 스캔툴을 연결한다.
2. 엔진을 "ON"한다.
3. 써비스 데이터 항목중에 "엔진 회전수, 입력축,출력축 속도"를 선택한다.
4. 2속 상태에서 약 2000rpm 까지 엔진의 회전수를 상승시킨후에 "입력축 및 출력축"의 속도를 기어비와 비교한다.

정상값 : l 입력축 속도 센서/2속 기어비−출력축 속도 센서|≥200rpm

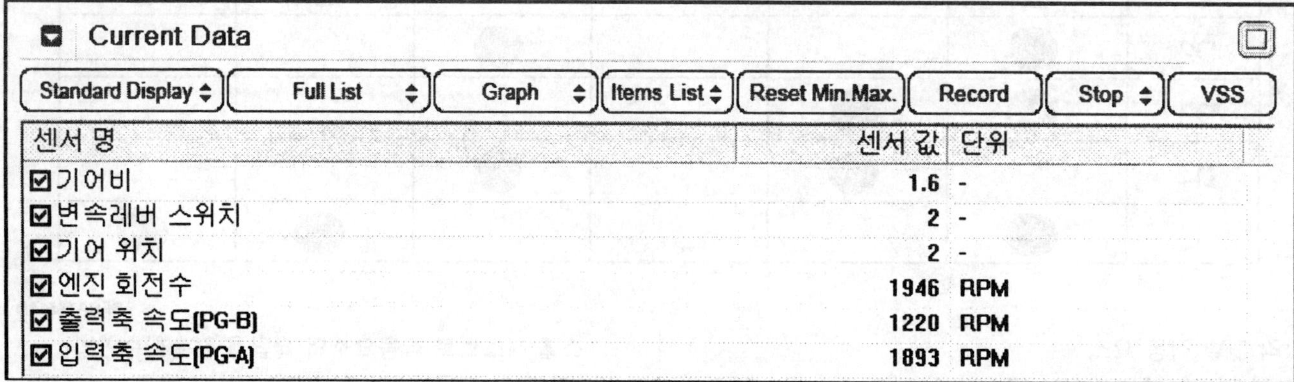

센서 명	센서 값	단위
☑기어비	1.6	-
☑변속레버 스위치	2	-
☑기어 위치	2	-
☑엔진 회전수	1946	RPM
☑출력축 속도(PG-B)	1220	RPM
☑입력축 속도(PG-A)	1893	RPM

SSAAT8519D

5. "입력축 & 출력축 속도센서" 의 출력값이 정상값 범위에 있는가?

예 ▶ "단품 점검" 절차로 이동한다.

아니오 ▶ 입력축 혹은 출력축 속도센서의 회로에 전기적인 노이즈가 유입되었는지를 점검하고 이상이 없으면 입력축과 출력축 속도센서를 신품으로 교환한 후 "고장 수리 확인" 절차로 이동한다.

단품 점검

1. 오일 압력 게이지를"UD" 그리고 "2-4B(2ND)" 포트에 연결한다.
2. 엔진 "ON"한다.
3. 2속으로 차량을 주행한다.
4. 아래의 참고값과 측정값을 비교한다.

참고값 :

No	매뉴얼밸브위치	조작					측정요소	유압(Kgf/㎠)				
		PCSV-A	PCSV-B	PCSV-C	PCSV-D	ON/OFF		LR	2-4(2ND)	UD	OD	REV
1	D	0	100	0	0	ON	LR	10.5±0.2	0	10.5±0.2	0	0
2	↑	50	↑	↑	↑	↑	↑	5.7±0.4	↑	↑	↑	↑
3	↑	75	↑	↑	↑	↑	↑	0.9±0.3	↑	↑	↑	↑
4	↑	100	↑	↑	↑	↑	↑	0	↑	↑	↑	↑
5	↑	↑	0	↑	100	OFF	2-4(2ND)	0	10.5±0.2	↑	↑	↑
6	↑	↑	50	↑	↑	↑	↑	↑	5.7±0.4	↑	↑	↑
7	↑	↑	75	↑	↑	↑	↑	↑	0.9±0.3	↑	↑	↑
8	↑	↑	100	↑	↑	↑	↑	↑	0	↑	↑	↑
9	↑	0	↑	↑	↑	↑	OD	↑	↑	↑	10.5±0.2	↑
10	↑	50	↑	↑	↑	↑	↑	↑	↑	↑	5.7±0.4	↑
11	↑	75	↑	↑	↑	↑	↑	↑	↑	↑	0.9±0.3	↑
12	↑	100	↑	↑	↑	↑	↑	↑	↑	↑	0	↑
13	↑	↑	↑	0	0	↑	UD	↑	↑	10.5±0.2	↑	↑
14	↑	↑	↑	50	↑	↑	↑	↑	↑	5.8±0.4	↑	↑
15	↑	↑	↑	75	↑	↑	↑	↑	↑	1.0±0.3	↑	↑
16	↑	0	↑	100	↑	↑	↑	↑	↑	0	↑	↑
17	R	↑	0	↑	↑	ON	REV	17.5±0.2	↑	↑	↑	17.5±0.2
18	↑	↑	50	↑	↑	↑	↑	↑	↑	↑	↑	8.7±0.6
19	↑	↑	75	↑	↑	↑	↑	↑	↑	↑	↑	0.9±0.5
20	↑	↑	100	↑	↑	↑	↑	↑	↑	↑	↑	0

SSAAT8578D

※ 위의 값들은 절대값이 아닌 차량의 측정 환경과 조건 및 모델에 따라 달라질수 있음

5. 측정된 오일 압력값이 정상값 범위에 있는가?

예 ▶ 자동 변속기를 수리하고 "고장 수리 확인" 절차로 이동한다.

아니오 ▶ 자동 변속기(밸브바디)를 수리하고 "고장 수리 확인" 절차로 이동한다.

고장 수리 확인

본 진단 가이드를 사용해서 발생된 문제를 수리한 뒤, 고장이 완전히 해결되었는지 확인하는 과정이 필요하다.

1. 스캔툴을 연결한 후, 자기진단을 실시하여 고장 코드를 확인한다.
2. 저장된 고장코드를 스캔툴을 이용하여 소거한다.
3. 고장판정조건중의 검출조건에 따라 차량을 주행한다.
4. 스캔툴로 자기 진단을 실시하여 고장 코드가 발생되었는지 확인한다.
5. 고장 코드가 발생되는가 ?

예 ▶ 해당되는 고장 코드 수리 절차로 이동한다.

아니오 ▶ 고장 수리가 완료되어 시스템이 정상적으로 작동한다.

P0733 3속 동기 불량

구성 부품

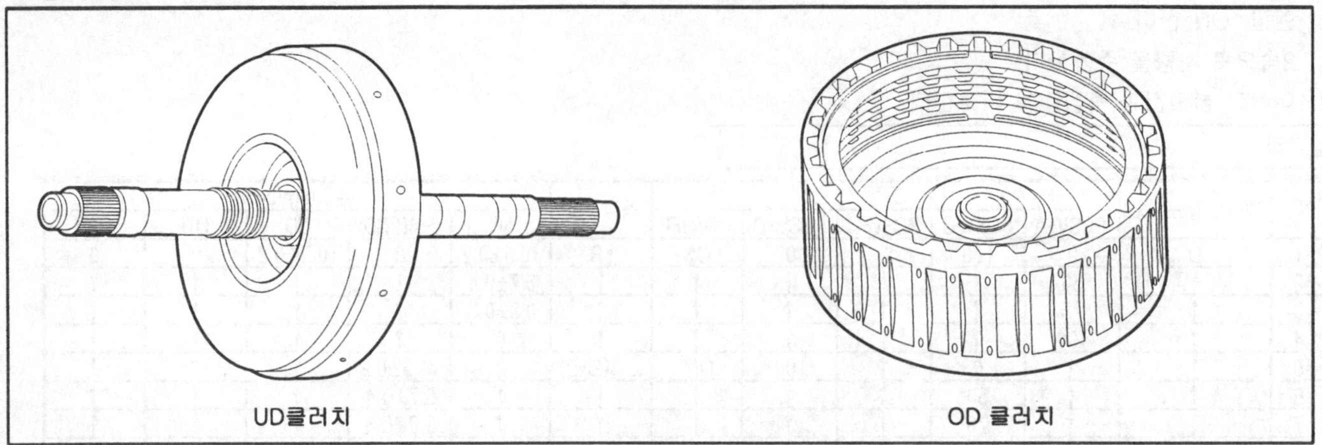

AKGF111A

개요

3속의 기어비를 곱한 출력축 속도의 값과 3속이 체결된 상태의 입력축 속도의 값은 거의 동일해야 한다

예를 들어 출력축 속도의 값이 1000rpm이고 3속의 기어비가 1.000이면 입력축 속도는1,000rpm이다

고장코드 설명

이 코드는 3속의 기어비를 곱한 출력축의 회전수와 입력축의 회전수가 일치하지 않으면 출력된다

이 고장은 컨트롤 밸브의 소착이나 솔레노이드 밸브의 고장등의 기계적인 결함이 전기적인 결함보다 더 주된 원인이 된다

고장판정 조건

항목	판정 조건	고장 예상 원인
검출 방법	• 3속 기어비 점검	• 입력축 속도 센서 이상 • 출력축 속도 센서 이상 • 변속기 내부의 클러치 브레이크의 슬립(UD클러치,OD클러치) 또는 유압제어 계통의 이상
검출 조건	• 레버, 아웃풋 스피드센서, 인풋 스피드센서, CAN 정상 • 기어변속 2초 후 • 오일온도 > -10°C • 엔진 rpm > 400 • 인히비터S/W: D, 3, 2, L • Input speed > 300rpm • Output speed > 900rpm • 솔레노이드밸브 정상	
판정값	• | 입력축 속도 센서/3속 기어비-출력축 속도 센서|≥200rpm	
검출 시간	• 1.2초 이상 지속	
페일 세이프	• 판정 조건 1회에서 고장 코드 출력, 4회에서 릴레이를 OFF 시킴(3속 고정)	

파형 및 데이터 분석

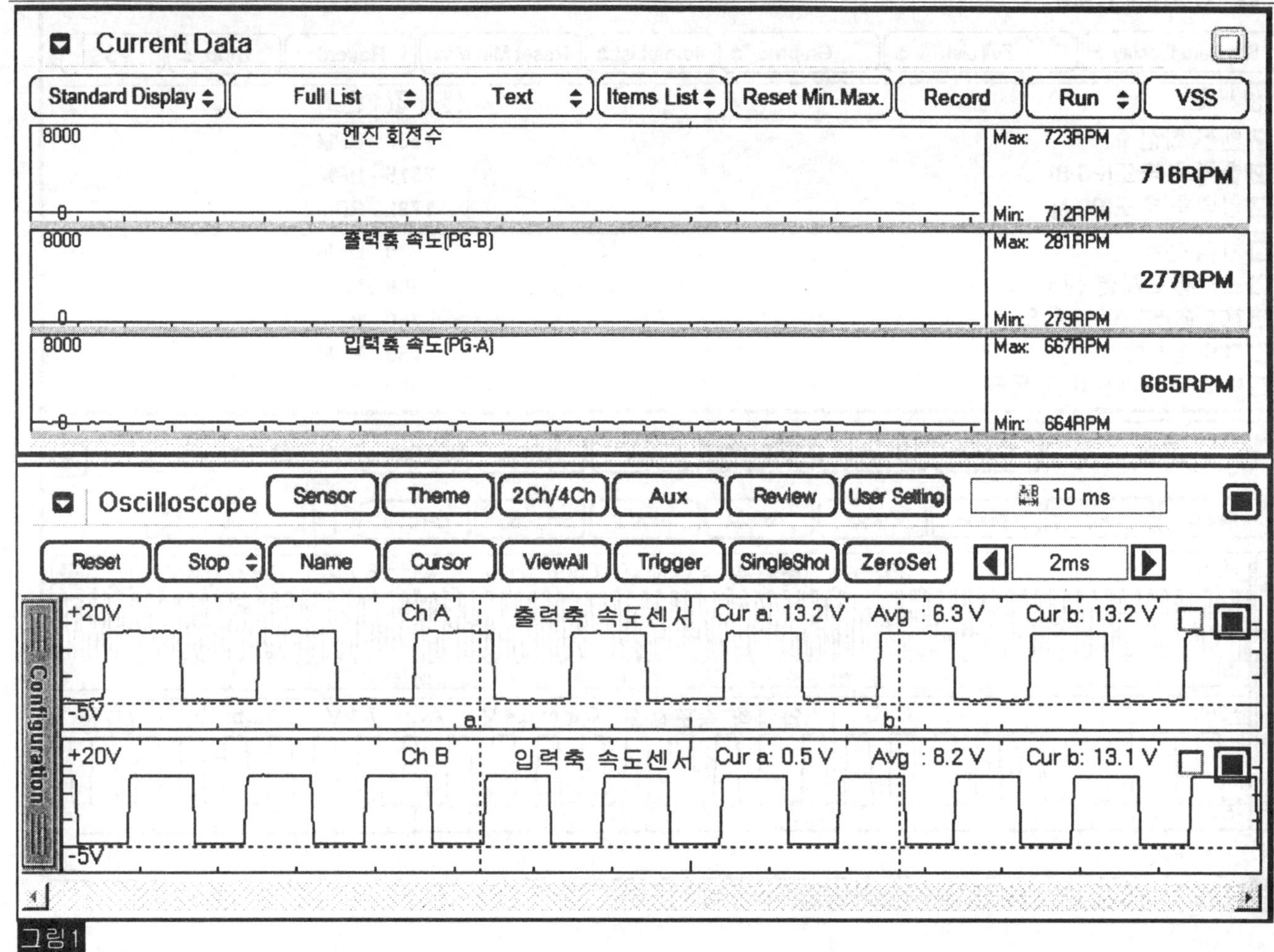

그림1

SSAAT8507D

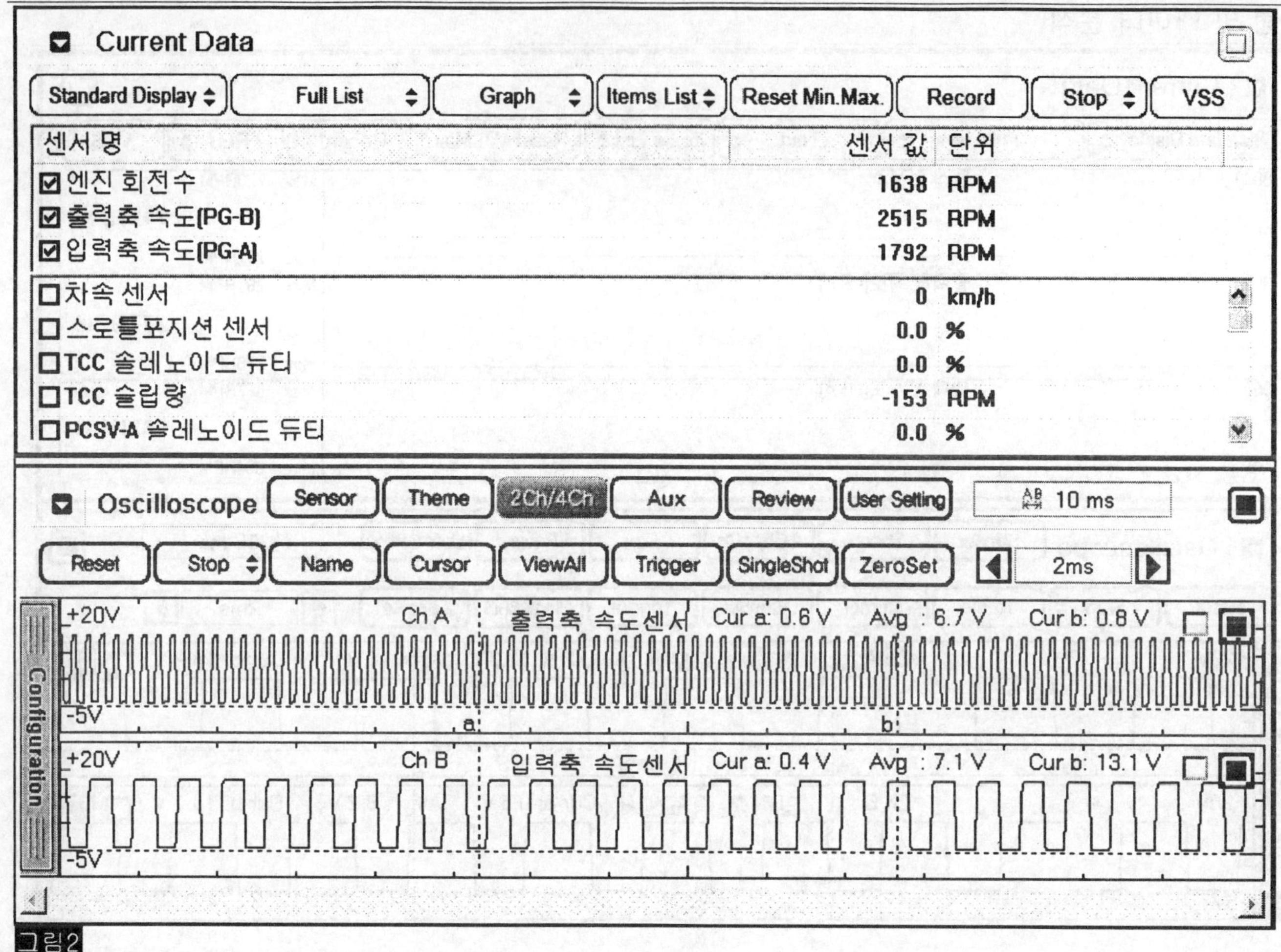

그림2

SSAAT8508D

그림 1) 입/출력축 속도 센서 저속

그림 2) 입/출력축 속도 센서 고속

스캔툴 진단

1. 스캔툴을 연결한다.
2. 엔진 "ON"한다.
3. 써비스 데이터 항목중 "엔진 회전수, 입력축 속도센서, 출력축 속도센서, 기어 위치" 항목을 선택할것
4. 솔레노이드 밸브 컨네터를 강제적으로 탈거하여 변속단을 3속으로 고정시키시오.
5. "3"속 상태에서 스톨 테스트"를 실시한다.

정상값 : 2200~2900 rpm

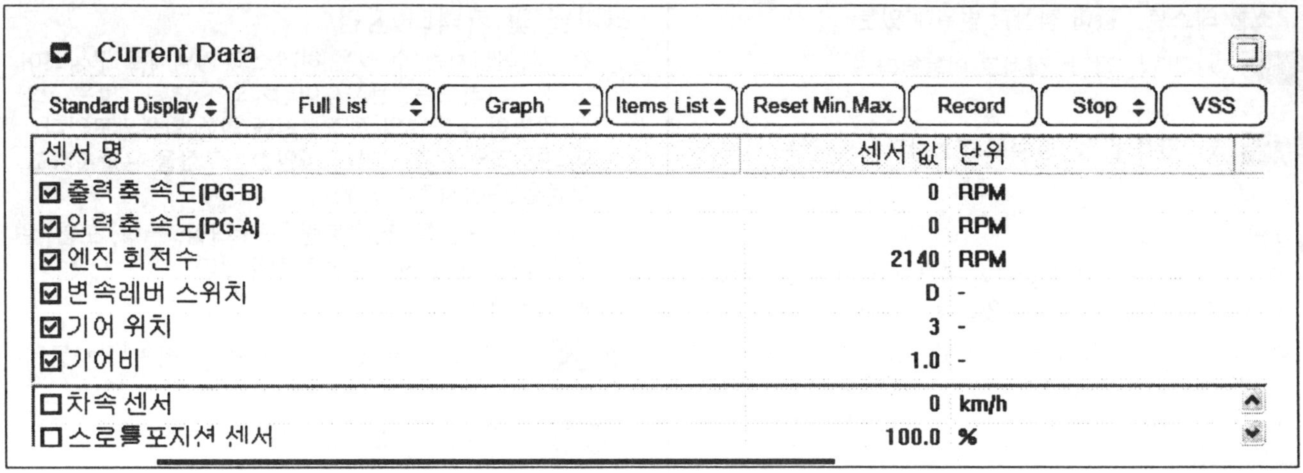

■ Current Data

Standard Display ⇕ | Full List ⇕ | Graph ⇕ | Items List ⇕ | Reset Min.Max. | Record | Stop ⇕ | VSS

센서 명	센서 값	단위
☑출력축 속도[PG-B]	0	RPM
☑입력축 속도[PG-A]	0	RPM
☑엔진 회전수	2140	RPM
☑변속레버 스위치	D	-
☑기어 위치	3	-
☑기어비	1.0	-
☐차속 센서	0	km/h
☐스로틀포지션 센서	100.0	%

SSAAT8520D

각 변속레인지에서의 작동 요소

	UD/C	OD/C	REV/C	2-4/B	LR/B	OWC
P					●	
R			●		●	
N					●	
D1	●				●	●
D2	●			●		
D3	●	●				
D4		●		●		
L	●				●	●

SFDAT8516D

각 단별 작동 요소

UD/C : 언더 드라이브 클러치

2-4/B : 2-4 브레이크

OD/C : 오버 드라이브 클러치

LR/B : 로우&리버스 브레이크

REV/C: 리버스 클러치

OWC : 원 웨이 클러치

D3속에서 "스톨 테스트"하는 방법과 원인

방법

1. 엔진을 충분히 난기시킨다.

2. 밸브바디의 컨넥터를 탈거하여 강제적으로 3속을 만든후 변속레버를 "D"레인지에 놓고 가속페달을 끝까지 밟은 상태에서 엔진의 최대 회전수를 측정한다.

* 3속 작동요소중에서 슬립이 발생되면 "3속"에서의 스톨 테스트로 작동요소의 슬립을 검출할수 있다

원인

1. 만일 변속기 내부에 기계적인 결함이 없다면, 모든 슬립은 토크 컨버터내에서 흡수된다.

2. 그러므로 엔진의 회전수만 출력되고 입력축 혹은 출력축의 회전수는 바퀴가 잠겨져 있으므로"0"이된다

3. 만일 3속의 작동요소에 결함이 있다면 입력축의 회전수가 출력될 것이다.

4. 만일 출력축의 회전수가 출력된다면 브레이크를 충분히 밟지 안은것이므로 브레이크를 완전히 밟은 상태에서 다시 "스톨 테스트"를 실시한다.

6. "스톨 테스트 " 값이 정상값 범위에 있는가?

예 ▶ "배선 점검" 절차로 이동한다

아니오 ▶ "단품 점검" 절차로 이동한다

경고

1. 테스트 중에는 차량이 갑자기 움직일수 있으므로 차량의 전 후에 사람이 서있지 않도록 주의한다.
2. ATF의 수준과 온도 그리고 엔진의 냉각수 온도를 점검한다.
   - ATF 수준 : 게이지의 "HOT" 마크에 있는지 확인한다.
   - ATF 온도 : 80~100 ℃.
   - 엔진의 냉각 수온 : 80~100 ℃.
3. 앞 뒤 바퀴에 고일목을 설치한다.
4. 주차 브레이크를 당기고 브레이크 페달을 힘껏 밟는다 .
5. 1번의 "스톨 테스트"를 8초이상 실시하지 않는다.
6. 만일 "스톨 테스트"를 2회 혹은 그 이상 실시하는 경우에는, 변속레버는 "N"으로 이동하고 엔진의 회전수는 약1000 rpm으로 유지하면서 ATF의 온도를 낮추어야 한다.

터미널 및 커넥터 점검

1. 전자제어장치는 수 많은 하네스와 커넥터로 구성되어 있다. 그러므로, 전자제어장치와 관련된 많은 고장의 원인이 터미널의 접촉불량에 의해 발생되고있다. 이러한 고장은 여러가지 다양한 고장을 유발시키고, 부품을 손상시키기도 한다.
2. 커넥터의 느슨함, 접촉불량, 구부러짐, 부식, 오염, 변형 또는 손상을 전체적으로 점검한다.
3. 문제 부위가 확인되는가?

예 ▶ 필요시 수리한 후, "고장수리 확인"절차를 수행한다.

아니오 ▶다음의 "배선 점검" 절차를 수행한다.

배선 점검

1. 스캔툴을 연결한다.
2. 엔진을 "ON"한다.
3. 써비스 데이터 항목중에 "엔진 회전수, 입력축,출력축 속도"를 선택한다.
4. 3속 상태에서 약 2000rpm 까지 엔진의 회전수를 상승시킨후에 "입력축 및 출력축"의 속도를 기어비와 비교한다.

정상값 : | 입력축 속도 센서/3속 기어비−출력축 속도 센서|≥200rpm

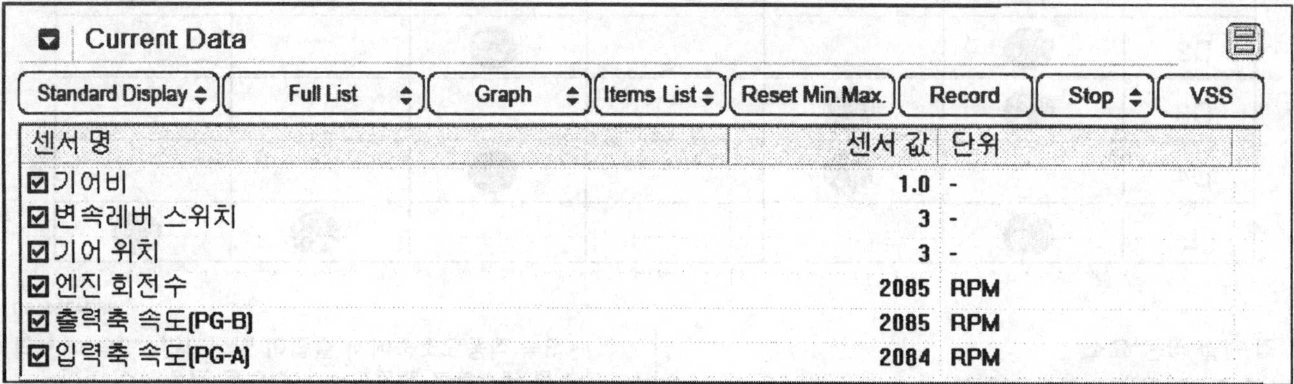

센서 명	센서 값	단위
기어비	1.0	-
변속레버 스위치	3	-
기어 위치	3	-
엔진 회전수	2085	RPM
출력축 속도(PG-B)	2085	RPM
입력축 속도(PG-A)	2084	RPM

SSAAT8521D

5. "입력축 & 출력축 속도센서" 의 출력값이 정상값 범위에 있는가?

예 ▶ "단품 점검" 절차로 이동한다.

아니오 ▶ 입력축 혹은 출력축 속도센서의 회로에 전기적인 노이즈가 유입되었는지를 점검하고 이상이 없으면 입력축과 출력축 속도센서를 신품으로 교환한 후 "고장 수리 확인" 절차로 이동한다.

단품 점검

1. 오일압력게이지를 "UD" 그리고 "OD" 포트에 연결한다.
2. 엔진을 "ON"한다.
3. 3속으로 차량을 주행한다.
4. 아래의 참고값과 측정값을 비교한다.

참고값 :

No	매뉴얼밸브위치	조작					측정요소	유압(Kgf/cm²)				
		PCSV-A	PCSV-B	PCSV-C	PCSV-D	ON/OFF		LR	2-4(2ND)	UD	OD	REV
1	D	0	100	0	0	ON	LR	10.5±0.2	0	10.5±0.2	0	0
2	↑	50	↑	↑	↑	↑	↑	5.7±0.4	↑	↑	↑	↑
3	↑	75	↑	↑	↑	↑	↑	0.9±0.3	↑	↑	↑	↑
4	↑	100	↑	↑	↑	↑	↑	0	↑	↑	↑	↑
5	↑	↑	0	↑	100	OFF	2-4(2ND)	0	10.5±0.2	↑	↑	↑
6	↑	↑	50	↑	↑	↑	↑	↑	5.7±0.4	↑	↑	↑
7	↑	↑	75	↑	↑	↑	↑	↑	0.9±0.3	↑	↑	↑
8	↑	↑	100	↑	↑	↑	↑	↑	0	↑	↑	↑
9	↑	0	↑	↑	↑	↑	OD	↑	↑	↑	10.5±0.2	↑
10	↑	50	↑	↑	↑	↑	↑	↑	↑	↑	5.7±0.4	↑
11	↑	75	↑	↑	↑	↑	↑	↑	↑	↑	0.9±0.3	↑
12	↑	100	↑	↑	↑	↑	↑	↑	↑	↑	0	↑
13	↑	↑	↑	0	0	↑	UD	↑	↑	10.5±0.2	↑	↑
14	↑	↑	↑	50	↑	↑	↑	↑	↑	5.8±0.4	↑	↑
15	↑	↑	↑	75	↑	↑	↑	↑	↑	1.0±0.3	↑	↑
16	↑	0	↑	100	↑	↑	↑	↑	↑	0	↑	↑
17	R	↑	0	↑	↑	ON	REV	17.5±0.2	↑	↑	↑	17.5±0.2
18	↑	↑	50	↑	↑	↑	↑	↑	↑	↑	↑	8.7±0.6
19	↑	↑	75	↑	↑	↑	↑	↑	↑	↑	↑	0.9±0.5
20	↑	↑	100	↑	↑	↑	↑	↑	↑	↑	↑	0

SSAAT8578D

※ 위의 값들은 절대값이 아닌 차량의 측정 환경과 조건 및 모델에 따라 달라질수 있음

5. 측정된 오일 압력값이 정상값 범위에 있는가?

예 ▶ 자동 변속기를 수리하고 "고장 수리 확인" 절차로 이동한다.

아니오 ▶ 자동 변속기(밸브바디)를 수리하고 "고장 수리 확인" 절차로 이동한다.

고장 수리 확인

DTC P0731 : 1속 동기 불량 참조.

P0734 4속 동기 불량

구성 부품

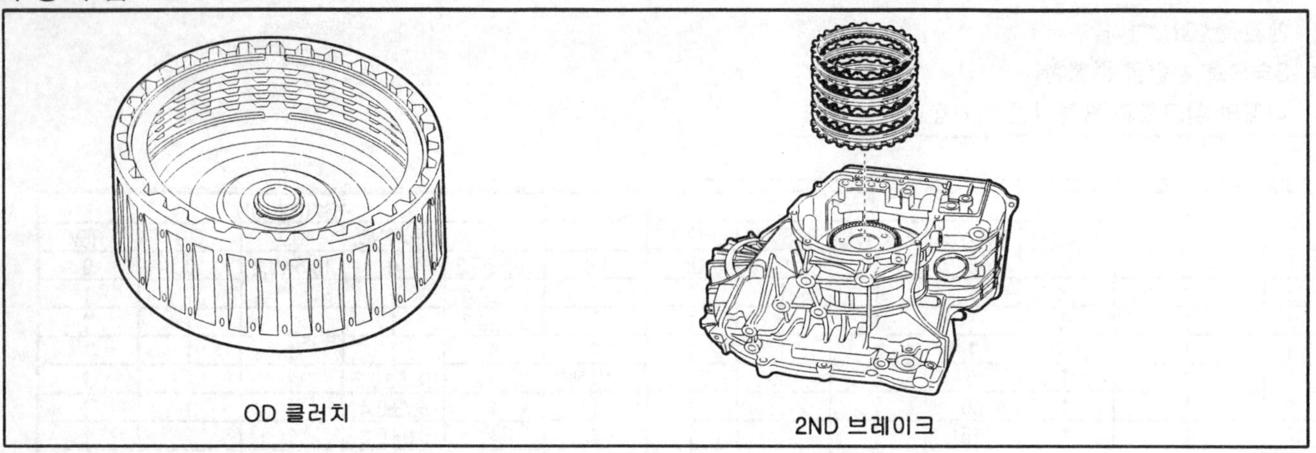

AKGF112A

개요

4속의 기어비를 곱한 출력축 속도의 값과 4속이 체결된 상태의 입력축 속도의 값은 거의 동일해야 한다

예를 들어 출력축 속도의 값이 1000rpm이고 3속의 기어비가 0.713이면 입력축 속도는713rpm이다

고장코드 설명

이 코드는 4속의 기어비를 곱한 출력축의 회전수와 입력축의 회전수가 일치하지 않으면 출력된다

이 고장은 컨트롤 밸브의 소착이나 솔레노이드 밸브의 고장등의 기계적인 결함이 전기적인 결함보다 더 주된 원인이 된다

고장판정 조건

<table>
<tr><th>항목</th><th>판정 조건</th><th>고장 예상 원인</th></tr>
<tr><td>검출 방법</td><td>• 4속 기어비 점검</td><td rowspan="5">• 입력축 속도 센서 이상
• 출력축 속도 센서 이상
• 변속기 내부의 클러치 브레이크의 슬립(2nd브레이크,OD클러치) 또는 유압제어 계통의 이상</td></tr>
<tr><td>검출 조건</td><td>• 레버, 아웃풋 스피드센서, 인풋 스피드센서, CAN 정상
• 기어변속 2초 후
• 오일온도 > -10°C
• 엔진 rpm > 400
• 인히비터S/W: D, 3, 2, L
• Input speed > 300rpm
• Output speed > 900rpm
• 솔레노이드밸브 정상</td></tr>
<tr><td>판정값</td><td>• |입력축 속도 센서/4속 기어비-출력축 속도 센서|≥200rpm</td></tr>
<tr><td>검출 시간</td><td>• 1.2초 이상 지속</td></tr>
<tr><td>페일 세이프</td><td>• 판정 조건 1회에서 고장 코드 출력, 4회에서 릴레이를 OFF 시킴(3속 고정)</td></tr>
</table>

파형 및 데이터 분석

Current Data

Standard Display | Full List | Text | Items List | Reset Min.Max. | Record | Run | VSS

항목	Max	현재값	Min
엔진 회전수	723RPM	716RPM	712RPM
출력축 속도(PG-B)	281RPM	277RPM	279RPM
입력축 속도(PG-A)	667RPM	665RPM	664RPM

Oscilloscope

Sensor | Theme | 2Ch/4Ch | Aux | Review | User Setting | 10 ms

Reset | Stop | Name | Cursor | ViewAll | Trigger | SingleShot | ZeroSet | 2ms

Ch A 출력축 속도센서 Cur a: 13.2 V Avg : 6.3 V Cur b: 13.2 V (+20V / -5V)

Ch B 입력축 속도센서 Cur a: 0.5 V Avg : 8.2 V Cur b: 13.1 V (+20V / -5V)

그림1

SSAAT8507D

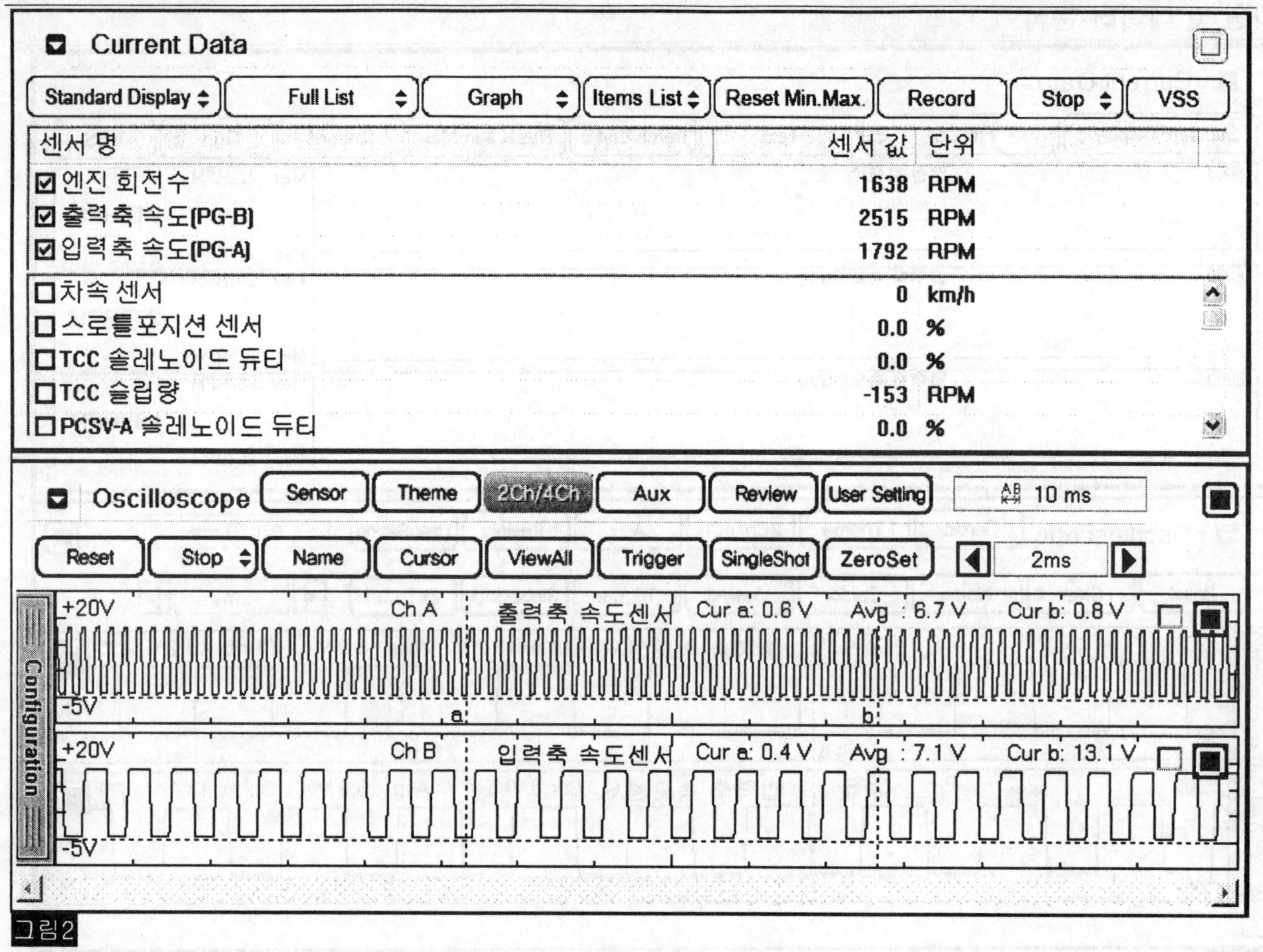

그림2

SSAAT8508D

그림 1) 입/출력축 속도 센서 저속

그림 2) 입/출력축 속도 센서 고속

스캔툴 진단

※ 4속에서는 "스톨 테스트"를 실시할수 없으므로 "배선 점검" 절차로 이동한다

	UD/C	OD/C	REV/C	2-4/B	LR/B	OWC
P					●	
R			●		●	
N					●	
D1	●				●	●
D2	●			●		
D3	●	●				
D4		●		●		
L	●				●	●

SFDAT8516D

각 단별 작동 요소

UD/C : 언더 드리이브 클러치

2ND/B : 세컨드 브레이크

OD/C : 오버 드라이브 클러치

LR/B : 로우&리버스 브레이크

REV/C: 리버스 클러치

OWC : 원 웨이 클러치

터미널 및 커넥터 점검

1. 전자제어장치는 수 많은 하네스와 커넥터로 구성되어 있다. 그러므로, 전자제어장치와 관련된 많은 고장의 원인이 터미널의 접촉불량에 의해 발생되고있다. 이러한 고장은 여러가지 다양한 고장을 유발시키고, 부품을 손상시키기도 한다.
2. 커넥터의 느슨함, 접촉불량, 구부러짐, 부식, 오염, 변형 또는 손상을 전체적으로 점검한다.
3. 문제 부위가 확인되는가?

예 ▶ 필요시 수리한 후, "고장수리 확인"절차를 수행한다.

아니오 ▶다음의 "배선 점검" 절차를 수행한다.

배선 점검

1. 스캔툴을 연결한다.
2. 엔진을 "ON"한다.
3. 써비스 데이터 항목중에 "엔진 회전수, 입력축,출력축 속도"를 선택한다.
4. 4속 상태에서 약 2000rpm 까지 엔진의 회전수를 상승시킨후에 "입력축 및 출력축"의 속도를 기어비와 비교한다.

정상값 : I 입력축 속도 센서/4속 기어비－출력축 속도 센서I≥200rpm

Current Data

Standard Display ≑	Full List ≑	Graph ≑	Items List ≑	Reset Min.Max.	Record	Stop ≑	VSS

센서 명	센서 값	단위
☑기어비	0.7	-
☑변속레버 스위치	D	-
☑기어 위치	4	-
☑엔진 회전수	2057	RPM
☑출력축 속도(PG-B)	2885	RPM
☑입력축 속도(PG-A)	2056	RPM

SSAAT8522D

5. "입력축 & 출력축 속도센서" 의 출력값이 정상값 범위에 있는가?

예 ▶ "단품 점검" 절차로 이동한다.

아니오 ▶ 입력축 혹은 출력축 속도센서의 회로에 전기적인 노이즈가 유입되었는지를 점검하고 이상이 없으면 입력축과 출력축 속도센서를 신품으로 교환한 후 "고장 수리 확인" 절차로 이동한다.

단품 점검

1. 오일 압력 게이지를"2-4B(2ND)" 그리고 "OD" 포트에 연결한다.
2. 엔진을 "ON"한다.
3. 4속으로 차량을 주행한다.
4. 아래의 참조값과 측정값을 비교한다.

참고값 :

No	매뉴얼밸브위치	조작					측정요소	유압(Kgf/㎠)				
		PCSV-A	PCSV-B	PCSV-C	PCSV-D	ON/OFF		LR	2-4(2ND)	UD	OD	REV
1	D	0	100	0	0	ON	LR	10.5±0.2	0	10.5±0.2	0	0
2	↑	50	↑	↑	↑	↑	↑	5.7±0.4	↑	↑	↑	↑
3	↑	75	↑	↑	↑	↑	↑	0.9±0.3	↑	↑	↑	↑
4	↑	100	↑	↑	↑	↑	↑	0	↑	↑	↑	↑
5	↑	↑	0	↑	100	OFF	2-4(2ND)	0	10.5±0.2	↑	↑	↑
6	↑	↑	50	↑	↑	↑	↑	↑	5.7±0.4	↑	↑	↑
7	↑	↑	75	↑	↑	↑	↑	↑	0.9±0.3	↑	↑	↑
8	↑	↑	100	↑	↑	↑	↑	↑	0	↑	↑	↑
9	↑	0	↑	↑	↑	↑	OD	↑	↑	↑	10.5±0.2	↑
10	↑	50	↑	↑	↑	↑	↑	↑	↑	↑	5.7±0.4	↑
11	↑	75	↑	↑	↑	↑	↑	↑	↑	↑	0.9±0.3	↑
12	↑	100	↑	↑	↑	↑	↑	↑	↑	↑	0	↑
13	↑	↑	↑	0	0	↑	UD	↑	↑	10.5±0.2	↑	↑
14	↑	↑	↑	50	↑	↑	↑	↑	↑	5.8±0.4	↑	↑
15	↑	↑	↑	75	↑	↑	↑	↑	↑	1.0±0.3	↑	↑
16	↑	0	↑	100	↑	↑	↑	↑	↑	0	↑	↑
17	R	↑	0	↑	↑	ON	REV	17.5±0.2	↑	↑	↑	17.5±0.2
18	↑	↑	50	↑	↑	↑	↑	↑	↑	↑	↑	8.7±0.6
19	↑	↑	75	↑	↑	↑	↑	↑	↑	↑	↑	0.9±0.5
20	↑	↑	100	↑	↑	↑	↑	↑	↑	↑	↑	0

SSAAT8578D

※ 위의 값들은 절대값이 아닌 차량의 측정 환경과 조건 및 모델에 따라 달라질수 있음

5. 측정된 오일 압력값이 정상값 범위에 있는가?

예 ▶ 자동 변속기를 수리하고 "고장 수리 확인" 절차로 이동한다.

아니오 ▶ 자동 변속기(밸브바디)를 수리하고 "고장 수리 확인" 절차로 이동한다.

고장 수리 확인

DTC P0731 : 1속 동기 불량 참조.

P0741 토크 컨버터 클러치 시스템 이상 - OFF 고착

구성부품

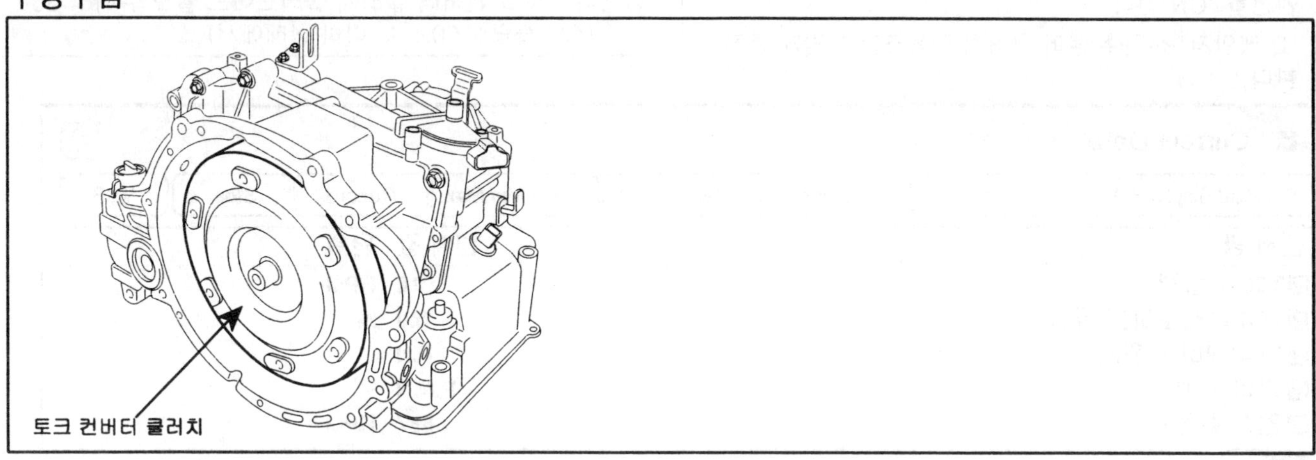

SFDAT8900D

개요

TCM은 공급되는 유압을 이용하여 댐퍼 클러치(혹은 토크 컨버터 클러치) 의 작동과 비 작동을 제어한다 .

댐퍼 클러치의 주된 목적은 T/C내부의 유압장치의 부하를 감소시킴으로서 연료를 절감시키는데 있다.

TCM은 듀티 신호를 출력하여 댐퍼 클러치 컨트롤 솔레노이드 밸브(DCCSV)를 제어하고 유압은 DCCSV의 듀티 비율에 따라 D/C로 공급된다.

듀티비가 높으면 ,높은 압력이 댐퍼 클러치로 공급되어 작동하고.일반적인 댐퍼 클러치의 작동 영역은 솔레노이드 밸브의 듀티비가 30%(비 작동) 부터 85%(작동)이다.

고장코드 설명

TCM은 댐퍼 클러치를 체결하기 위해 슬립량(엔진의 회전수-터빈의 회전수)을 조절하며 듀티비를 상승시킨다.

댐퍼 클러치의 슬립을 감소하기 위해 , TCM은 듀티비를 증가시켜 공급되는 압력을 상승시킨다 .

슬립량이 100% 듀티비 상태에서 감소하지 않으면 ,TCM은 이 코드를 부과한다.

고장판정 조건

항목	판정 조건	고장 예상 원인
검출 방법	• 듀티율 감시	• 밸브바디 및 유압제어 계통 이상 • 토크 컨버터 클러치 솔레노 • PCM/TCM 이상
검출 조건	• Output speed > 0 rpm • DCSV 듀티 = 100% • Slip = 엔진rpm - 터빈 rpm	
판정값	• 댐퍼 클러치 컨트롤 솔레노이드 밸브의 드라이브 DUTY 율이 5초 이상 지속적으로 100%가 출력되어도 엔진과 터빈 사이의 회전차이가 100RPM 이상 발생하는 경우	
검출 시간	• 5초간 지속	
페일 세이프	• 댐퍼 클러치 off	

스캔툴 진단

1. 스캔툴을 연결한다.
2. 엔진을 "ON"한다.
3. "D 레인지" 선택후 댐퍼 클러치 작동조건에 맞게 운전한다.
4. 써비스 데이터 항목 중 "TCC솔레노이드 듀티와 댐퍼 클러치 슬립량" 항목을 선택한다.

정상값 : 토크 컨버터 클러치 솔레노이드 밸브 듀티 > 30 % (TCC 슬립<100RPM 이하 상태에서)

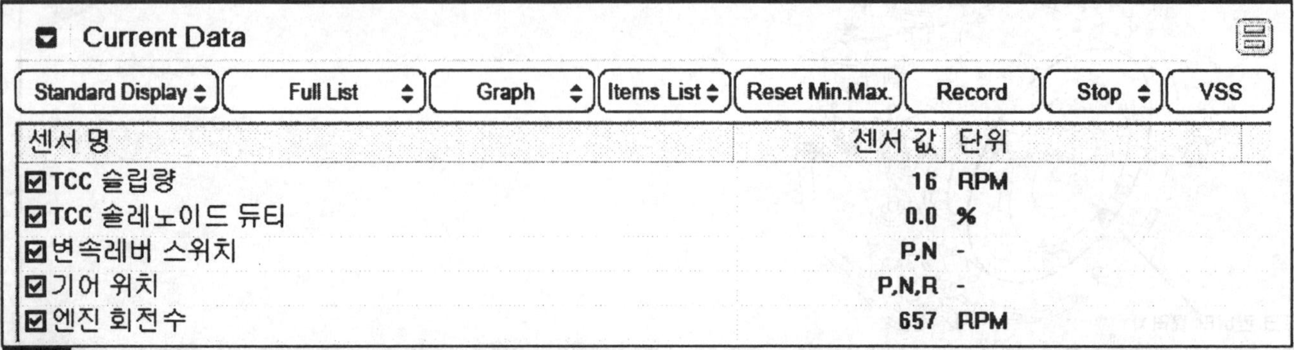

그림1

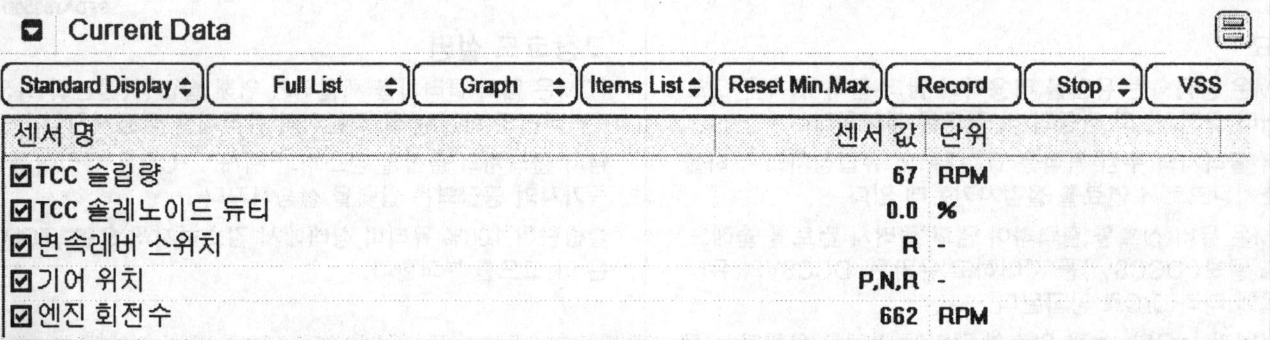

그림2

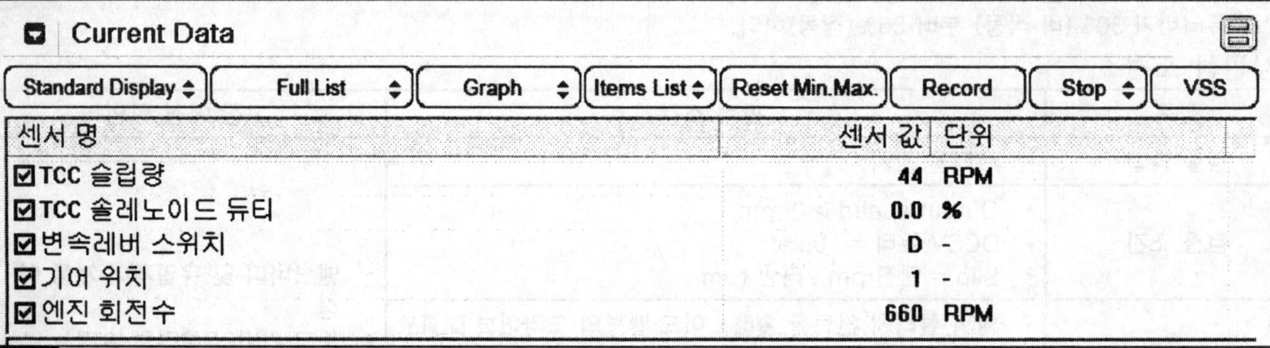

그림3

SSAAT8523D

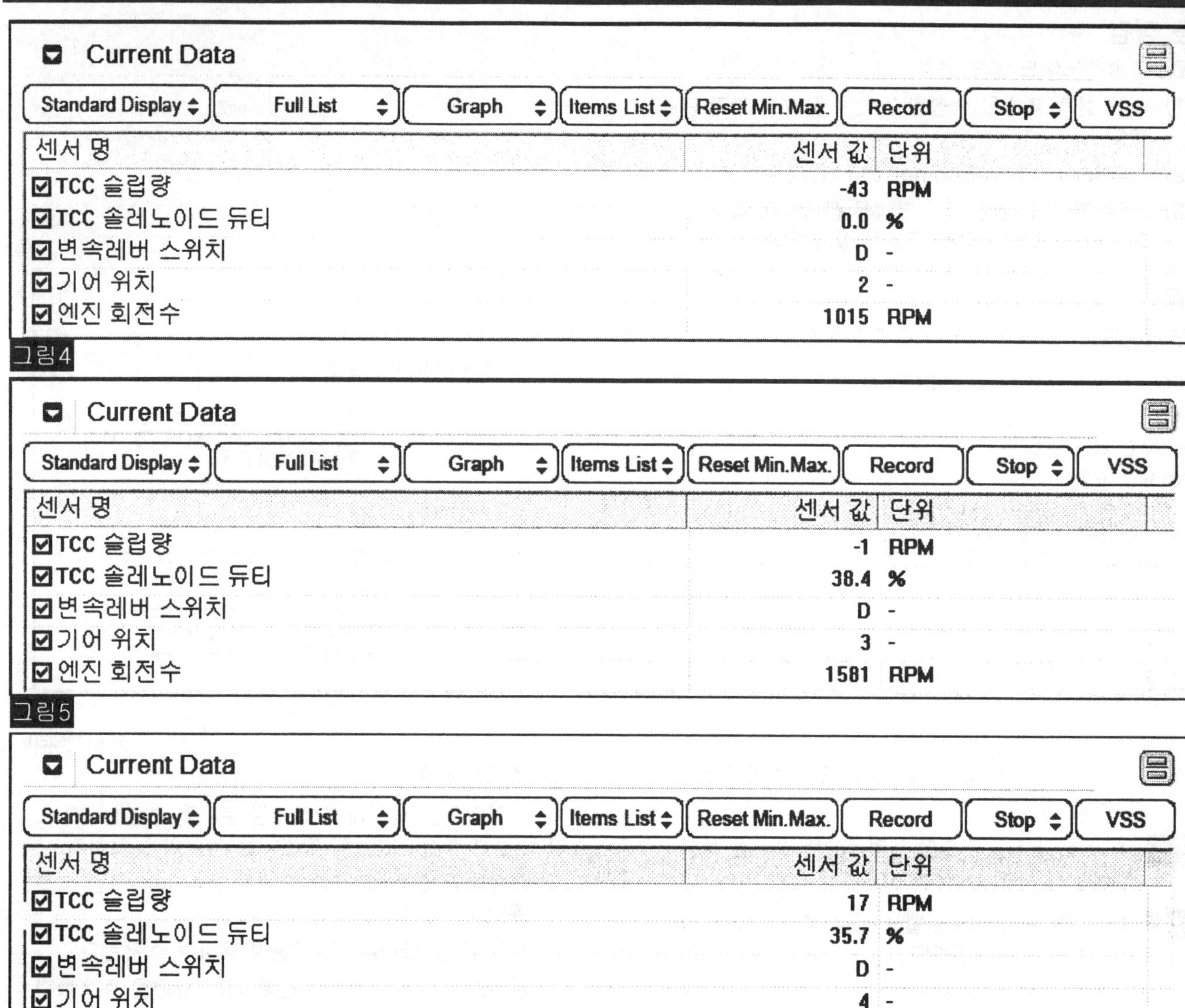

센서 명	센서 값	단위
TCC 슬립량	-43	RPM
TCC 솔레노이드 듀티	0.0	%
변속레버 스위치	D	-
기어 위치	2	-
엔진 회전수	1015	RPM

그림4

센서 명	센서 값	단위
TCC 슬립량	-1	RPM
TCC 솔레노이드 듀티	38.4	%
변속레버 스위치	D	-
기어 위치	3	-
엔진 회전수	1581	RPM

그림5

센서 명	센서 값	단위
TCC 슬립량	17	RPM
TCC 솔레노이드 듀티	35.7	%
변속레버 스위치	D	-
기어 위치	4	-
엔진 회전수	1659	RPM

그림6

SSAAT8524D

그림 1) "P,N" 레인지

그림 2) "R" 레인지

그림 3) "D" 레인지 1속

그림 4) "D" 레인지 2속

그림 5) "D" 레인지 3속

그림 6) "D" 레인지 4속

5. "TCC솔레노이드 듀티와 TCC 슬립량"의 출력값이 정상값 범위에 있는가?

예 ▶ 고장 원인은 센서와 PCM/TCM의 컨넥터간의 접촉불량과 같은 일시적인 고장이거나 이미 수리가 되었거나 혹은 PCM/TCM의 메모리에 기억된 고장 코드가 지워지지 않은 것이다 그러므로 컨넥터의 전체적인 상태(헐거움,접촉불량,부식,오염,다른 컨넥터와의 간섭,파손등)를 확인하고 필요에 의해 교환 또는 수리하고 "고장 수리 확인" 절차로 이동한다.

아니오 ▶ "단품 점검" 절차로 이동한다.

단품 점검

1. DCC 솔레노이드 밸브 점검
   1) 스캔 툴과 파형을 측정할수 있는 장비를 각각 연결한다.
   2) Ignition "ON" & Engine "OFF"한다.
   3) "액츄에이터 강제구동" 기능을 선택하여 해당 솔레노이드 밸브의 강제 구동을 실시한다.

Actuation Test

구동 항목
ON/OFF 솔레노이드 밸브(SCSV-A)
PCSV-A 솔레노이드
PCSV-B 솔레노이드
PCSV-C 솔레노이드
댐퍼 클러치 솔레노이드 밸브
압력조절솔레노이드밸브(VFS)

Duration	5 초
Conditions	IG. ON/엔진OFF, NO DTC, 자동변속 레버 P 위치
Result	

Start Stop

SSAAT8525D

   4) 강제구동 실행시 해당 솔레노이드 밸브의 작동 파형이 출력되는가 ?

예 ▶ 아래와 같이 " 오일 압력 점검" 절차로 이동한다.

아니오 ▶ "DCC솔레노이드 밸브" 교환후 "고장 수리 확인" 절차로 이동한다.

2. 오일 압력 점검
   1) 오일 압력 게이지를 "DA" 에 연결한다.
   2) 엔진 "ON"한다.
   3) 스캔 툴을 연결하고 "TCC솔레노이드 듀티"항목을 선택한다.
   4) 3속 혹은 4속 상태에서 "TCC솔레노이드 듀티"가 35% 이상 작동하도록 차량을 주행한다

정상값 : 오일 압력 게이지 약 2.0~4.6kg/㎠ 이상 - (엔진 회전수 : 2500rpm,DCC SOL.듀티 50%인 상태에서)

   5) 측정된 오일 압력이 정상값 범위에 있는가?

예 ▶ 토크 컨버터를 수리 혹은 교체한 후 "고장 수리 확인 " 절차로 이동한다.

아니오 ▶ 변속기(밸브 바디)를 교체 후 "고장 수리 확인 " 절차로 이동한다.

고장 수리 확인

본 진단 가이드를 사용해서 발생된 문제를 수리한 뒤, 고장이 완전히 해결되었는지 확인하는 과정이 필요하다.

1. 스캔툴을 연결한 후, 자기진단을 실시하여 고장 코드를 확인한다.
2. 저장된 고장코드를 스캔툴을 이용하여 소거한다.
3. 고장판정조건중의 검출조건에 따라 차량을 주행한다.
4. 스캔툴로 자기 진단을 실시하여 고장 코드가 발생되었는지 확인한다.
5. 고장 코드가 발생되는가 ?

예 ▶ 해당되는 고장 코드 수리 절차로 이동한다.

아니오 ▶ 고장 수리가 완료되어 시스템이 정상적으로 작동한다.

P0742 토크 컨버터 클러치 시스템 이상 – ON 고착

구성부품

DTC P0741 : 토크 컨버터 클러치 시스템 이상 – OFF 고착 참조.

개요

DTC P0741 : 토크 컨버터 클러치 시스템 이상 – OFF 고착 참조.

고장코드 설명

TCM은 슬립 rpm (엔진 회전수와 터빈 회전수의 차이)을 감지하여 댐퍼 클러치를 작동하기 위하여 듀티비를 증가시킨다. 만일 TCM의 듀티값이 0%인데도 불구하고 슬립량이 거의 검출되지 않으면 TCM은 토크 컨버터 클러치가 고착되었다고 판단하여 이 코드를 부여한다.

고장판정 조건

항목	판정 조건	고장 예상 원인
검출 방법	• 슬립 rpm 점검	※ 토크 컨버터 (댐퍼) 클러치 : TCC • TCC 이상 • TCC솔레노이드 밸브 이상 • 밸브 바디 이상 • PCM/TCM 이상
검출 조건	• 레버, 아웃풋스피드 센서 정상 • 엔진 > 0 rpm • DCSV 듀티 = 0% • TPS > 15.3% • 아웃풋 스피드 > 1000rpm • 인히비터S/W: D, 3, 2, L • −10℃ < 오일온도 < 130℃	
판정값	• ∣엔진 회전수 − 터빈 회전수∣≤ 5rpm	
검출 시간	• 5초 이상 지속	
페일 세이프	• 댐퍼 클러치 비직결	

스캔툴 진단

1. 스캔툴을 연결한다.
2. 엔진을 "ON"한다.
3. "D레인지"를 선택하고 차량을 주행한다
4. 써비스 데이터 항목 중 "TCC솔레노이드 듀티와 TCC 슬립량" 항목을 선택한다.

정상값 : TCC SLIP>5RPM

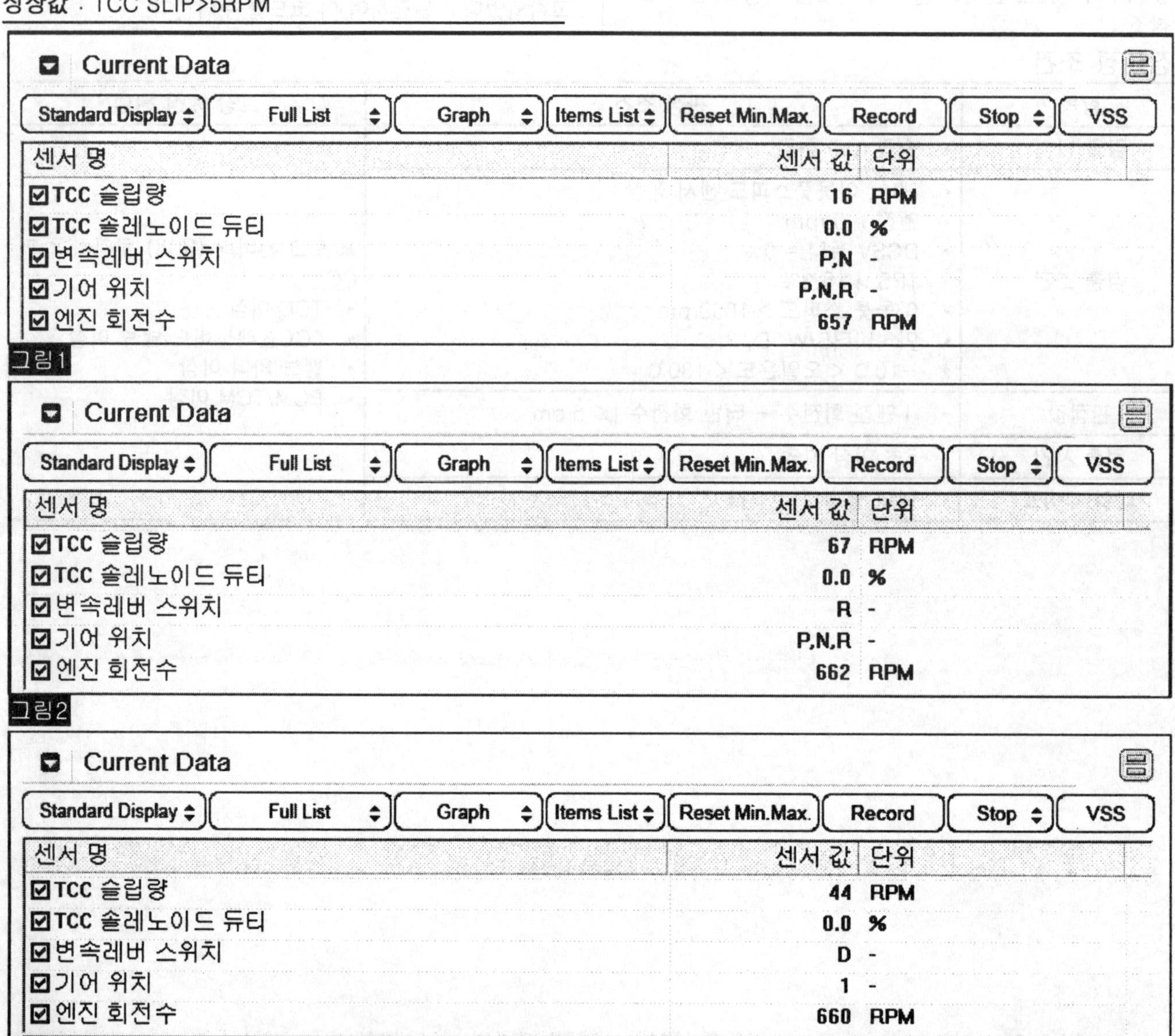

SSAAT8523D

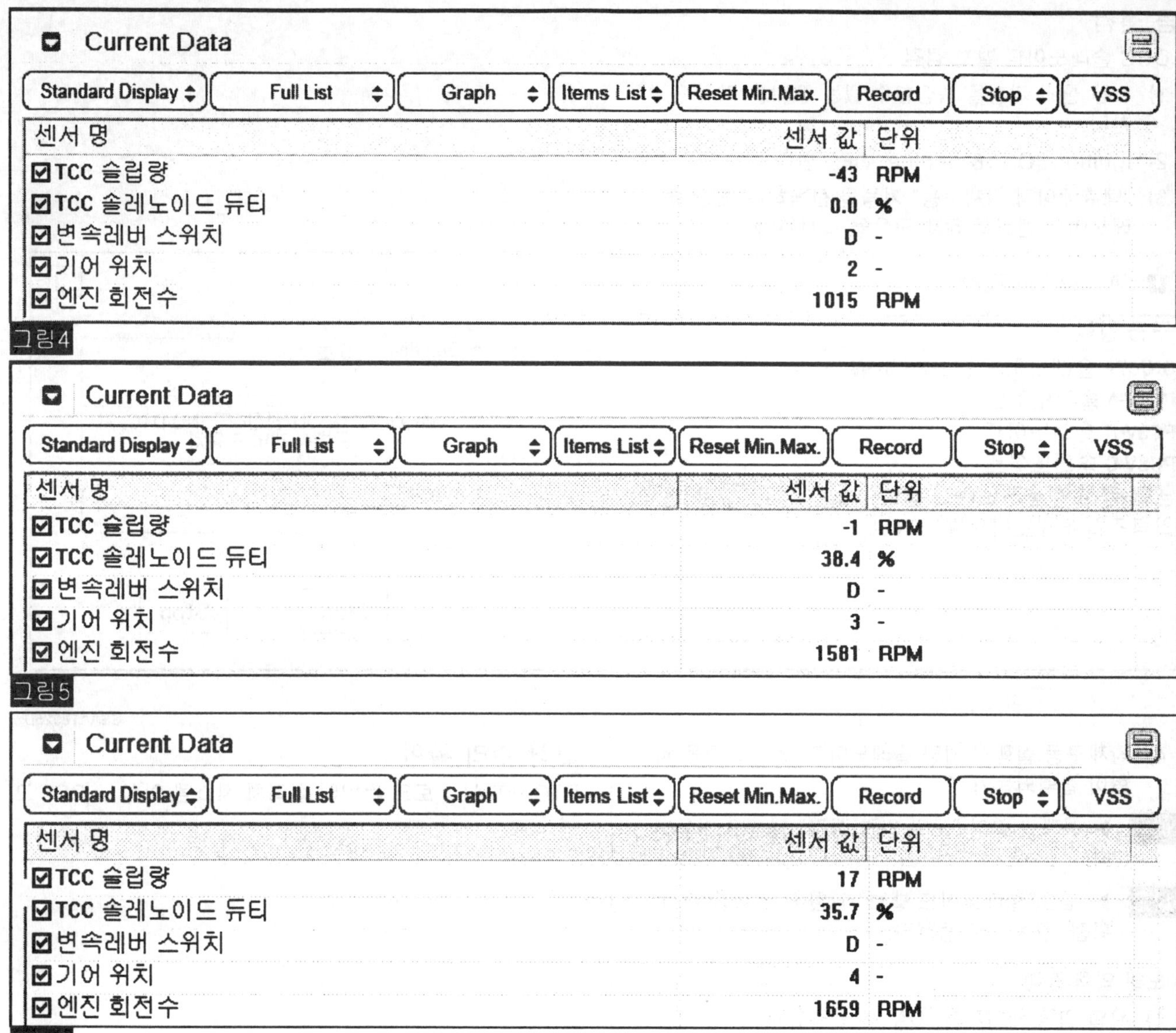

그림4

그림5

그림6

SSAAT8524D

그림 1) "P,N" 레인지
그림 2) "R" 레인지
그림 3) "D" 레인지 1속
그림 4) "D" 레인지 2속
그림 5) "D" 레인지 3속
그림 6) "D" 레인지 4속

5. "TCC솔레노이드 듀티와 TCC 슬립량"의 출력값이 정상값 범위에 있는가?

예 ▶ 고장 원인은 센서와 PCM/TCM의 컨넥터간의 접촉불량과 같은 일시적인 고장이거나 이미 수리가 되었거나 혹은 PCM/TCM의 메모리에 기억된 고장 코드가 지워지지 않은 것이다 그러므로 컨넥터의 전체적인 상태(헐거움,접촉불량,부식,오염,다른 컨넥터와의 간섭,파손등)를 확인하고 필요에 의해 교환 또는 수리하고 "고장 수리 확인" 절차로 이동한다.

아니오 ▶ "단품 점검" 절차로 이동한다.

단품 점검

1. DCC 솔레노이드 밸브 점검
   1) 스캔 툴과 파형을 측정할수 있는 장비를 각각 연결한다.
   2) Ignition "ON" & Engine "OFF"한다.
   3) "액츄에이터 강제구동" 기능을 선택하여 해당 솔레노이드 밸브의 강제 구동을 실시한다.

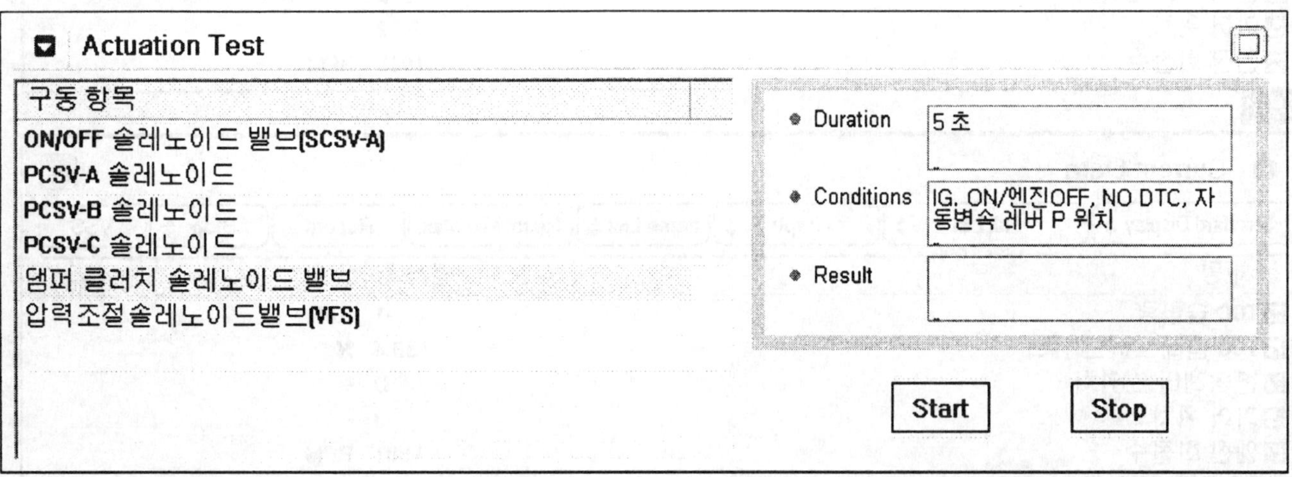

SSAAT8525D

   4) 강제구동 실행시 해당 솔레노이드 밸브의 작동 파형이 출력되는가 ?

예 ▶ 아래와 같이 "오일 압력 점검" 절차로 이동한다.

아니오 ▶ "DCC솔레노이드 밸브" 교환후 "고장 수리 확인" 절차로 이동한다.

2. 오일 압력 점검
   1) 오일 압력 게이지를 "DA" 에 연결한다.
   2) Ignition "ON" & Engine "OFF"한다.
   3) 스캔 툴을 연결하고 "TCC솔레노이드 듀티"항목을 선택한다
   4) 1속 상태에서 엔진의 회전수를 2500 rpm까지 상승시킨다.
   5) 오일 압력을 측정한다

정상값 : 약. 5.1~7.1 kg/㎠ 이상

   6) 측정된 오일 압력이 정상값 범위에 있는가?

예 ▶ 토크 컨버터를 수리 혹은 교체한 후 "고장 수리 확인 " 절차로 이동한다.

아니오 ▶ 변속기(밸브 바디)를 교체 후 "고장 수리 확인 " 절차로 이동한다.

고장 수리 확인

DTC P0741 : 토크 컨버터 클러치 시스템 이상 - OFF 고착 참조.

P0743 토크 컨버터 솔레노이드 밸브 회로 -단선 및 접지단락

구성 부품

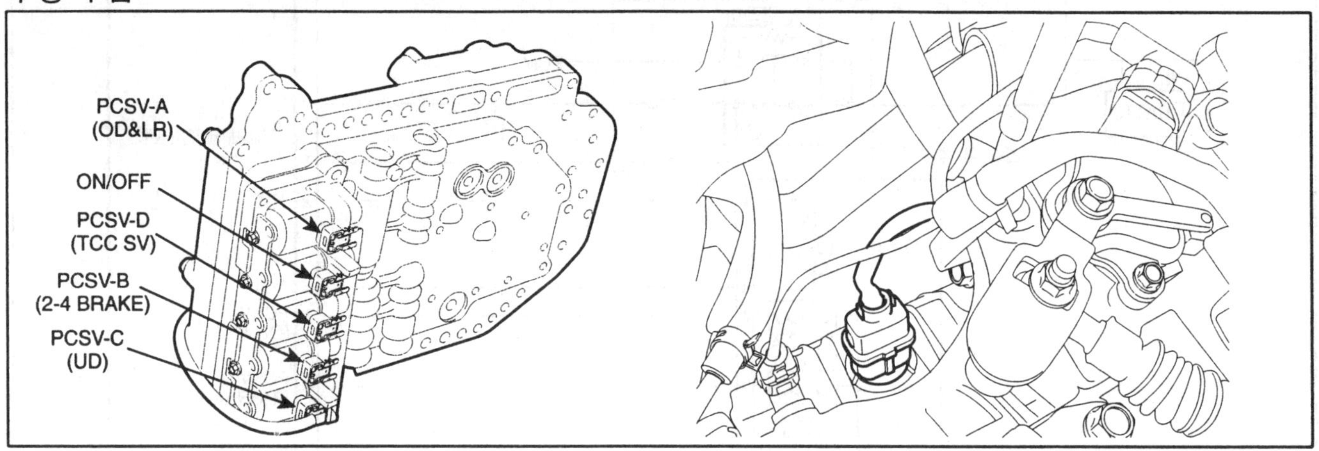

SHDAT6251D

개요

TCM은 공급되는 유압을 이용하여 댐퍼 클러치(혹은 토크 컨버터 클러치) 의 작동과 비 작동을 제어한다 .

댐퍼 클러치의 주된 목적은 T/C내부의 유압장치의 부하를 감소시킴으로서 연료를 절감시키는데 있다.

TCM은 듀티 신호를 출력하여 댐퍼 클러치 컨트롤 솔레노이드 밸브(DCCSV)를 제어하고 유압은 DCCSV의 듀티 비율에 따라 D/C로 공급된다.

듀티비가 높으면 ,높은 압력이 댐퍼 클러치로 공급되어 작동하고.일반적인 댐퍼 클러치의 작동 영역은 솔레노이드 밸브의 듀티비가 30%(비 작동) 부터 85%(작동)이다.

고장코드 설명

TCM은 솔레노이드 밸브로 부터의 피드백 신호를 감시하여 댐퍼 클러치 제어 신호를 점검한다

만일 예상치 못한 신호가 검출되면 (예를 들어 낮은 전압이 입력되어야 하는데 높은 전압이 입력된 경우, 혹은 높은 전압이 입력되어야 하는데 낮은 전압이 입력된 경우) TCM은 DCCSV가 고장이라고 판정하고 이 코드를 부여한다.

고장판정 조건

항목	판정 조건	고장 예상 원인
검출 방법	• 전압 범위 점검	※ 토크 컨버터 (댐퍼) 클러치 : TCC • 회로 단선 단락 • TCC솔레노이드 밸브 이상 • PCM/TCM 이상
검출 조건	• 8V < 엑츄에이터 공급전압 < 16V • 엑츄에이터 정상 • PWM 듀티 > 25%	
판정값	• 전압 8~16V 사이에 단선 또는 GND(-) 단락 상태를 1초 이상 지속시	
검출 시간	• 1초 이상 지속	
페일 세이프	• 3속 홀드 • VFS off • 댐퍼 클러치 off	

제원

압력 조절 솔레노이드 밸브

- 센서 형식 : 노멀 오픈(Normal open 3-way)형식
- 작동 온도 : -30℃~130℃
- 주파수 : PCSV-A,B,C,D (오일 온도 -25℃ 이상) : 50Hz

단 VFS : 400~1000Hz

※ KM series : 35Hz

- 내부 저항 : 3.5 ± 0.2 Ω(25℃ 상온)
- 서지 전압 : 56 V

표준 회로도

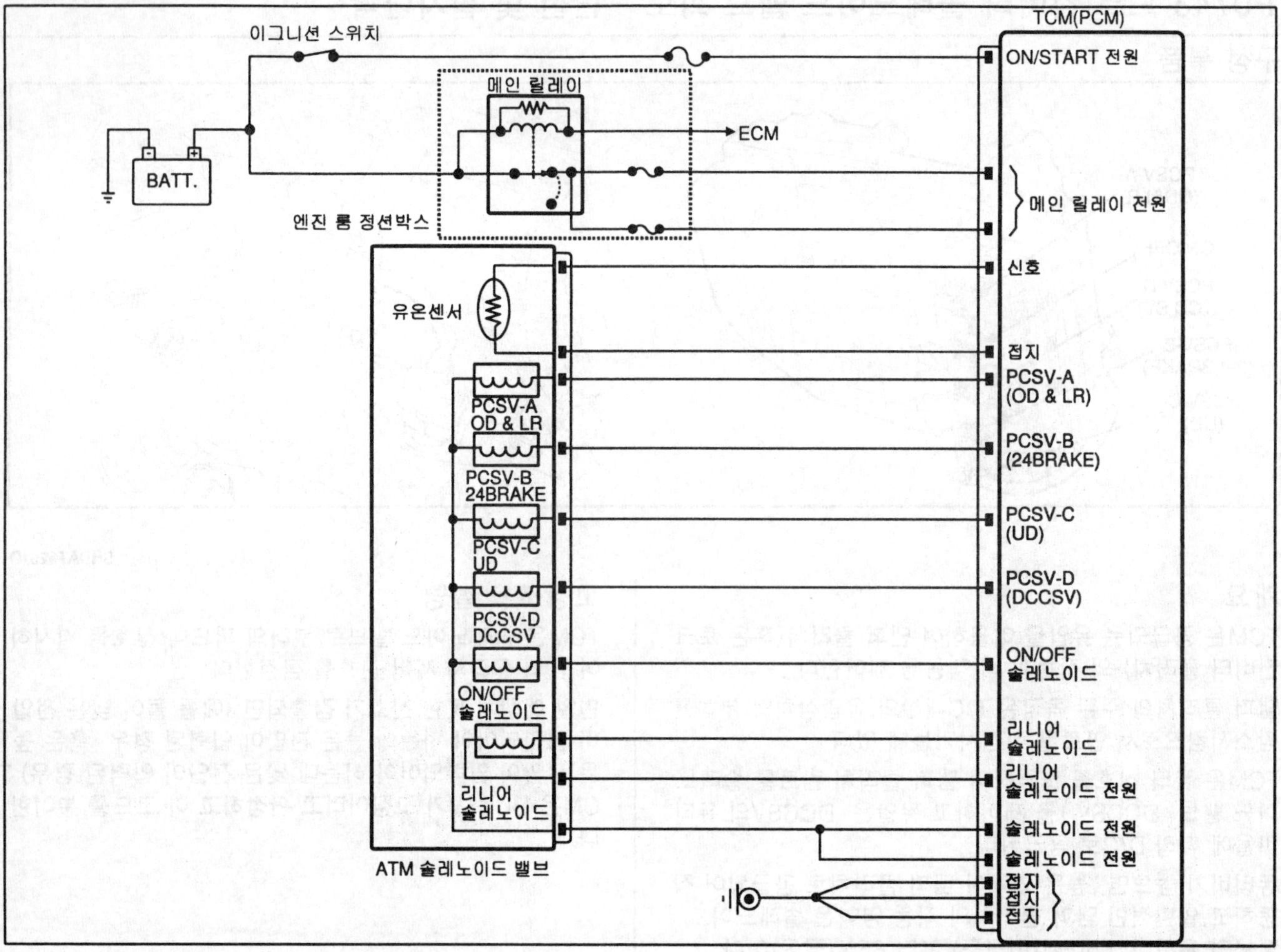

TCM(PCM)
이그니션 스위치
메인 릴레이
ECM
BATT.
엔진 룸 정션박스
ON/START 전원
메인 릴레이 전원
신호
유온센서
접지
PCSV-A (OD & LR)
PCSV-B (24BRAKE)
PCSV-C (UD)
PCSV-D (DCCSV)
ON/OFF 솔레노이드
리니어 솔레노이드
리니어 솔레노이드 전원
솔레노이드 전원
솔레노이드 전원
접지
접지
접지
PCSV-A OD & LR
PCSV-B 24BRAKE
PCSV-C UD
PCSV-D DCCSV
ON/OFF 솔레노이드
리니어 솔레노이드
ATM 솔레노이드 밸브

SFDAT8702D

<TCM(PCM)>
<ATM 솔레노이드 밸브>
4. 리니어 솔레노이드 전원
16. ON/OFF SOL
17. PCSV-B
18. PCSV-D
19. 리니어 솔레노이드
20. 접지
34. 접지
35. 접지
46. PCSV-A
48. PCSV-C
49. 솔레노이드 전원
50. 솔레노이드 전원
54. 신호
55. 접지
1. PCSV-A
2. PCSV-B
3. ON/OFF SOL
4. PCSV-D
5. 유온 센서
6. 센서 접지
7. 솔레노이드 전원
8. PCSV-C
9. LINEAR SOL
10. 리니어 솔레노이드 전원

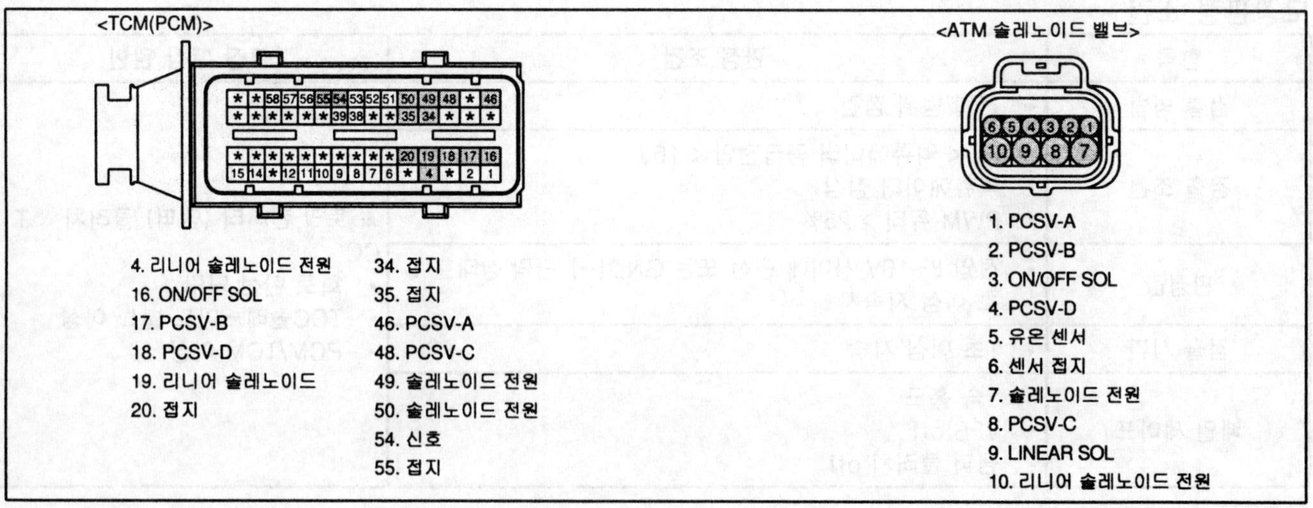

SFDAT8703D

파형 및 데이터 분석

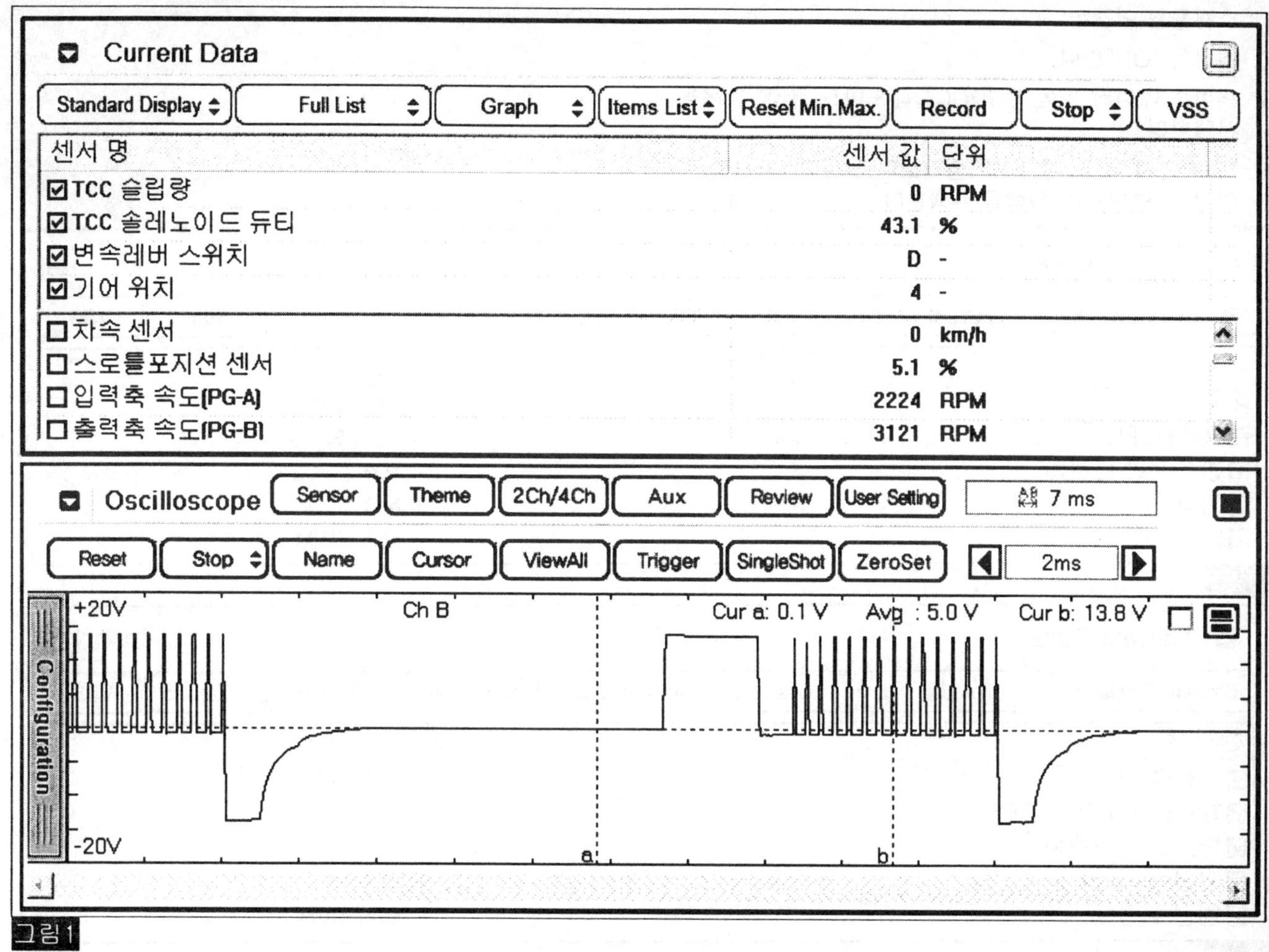

그림 1

SSAAT8526D

그림 1) "TCCSV" 작동 파형

스캔툴 진단

1. 스캔툴을 연결한다.
2. 엔진을 "ON"한다.
3. 써비스 데이터 항목 중 "DCC솔레노이드 듀티" 항목을 선택한다.
4. "D 레인지" 선택 후 "DCC솔레노이드 듀티" 가 35% 이상 출력되도록 차량을 주행한다.

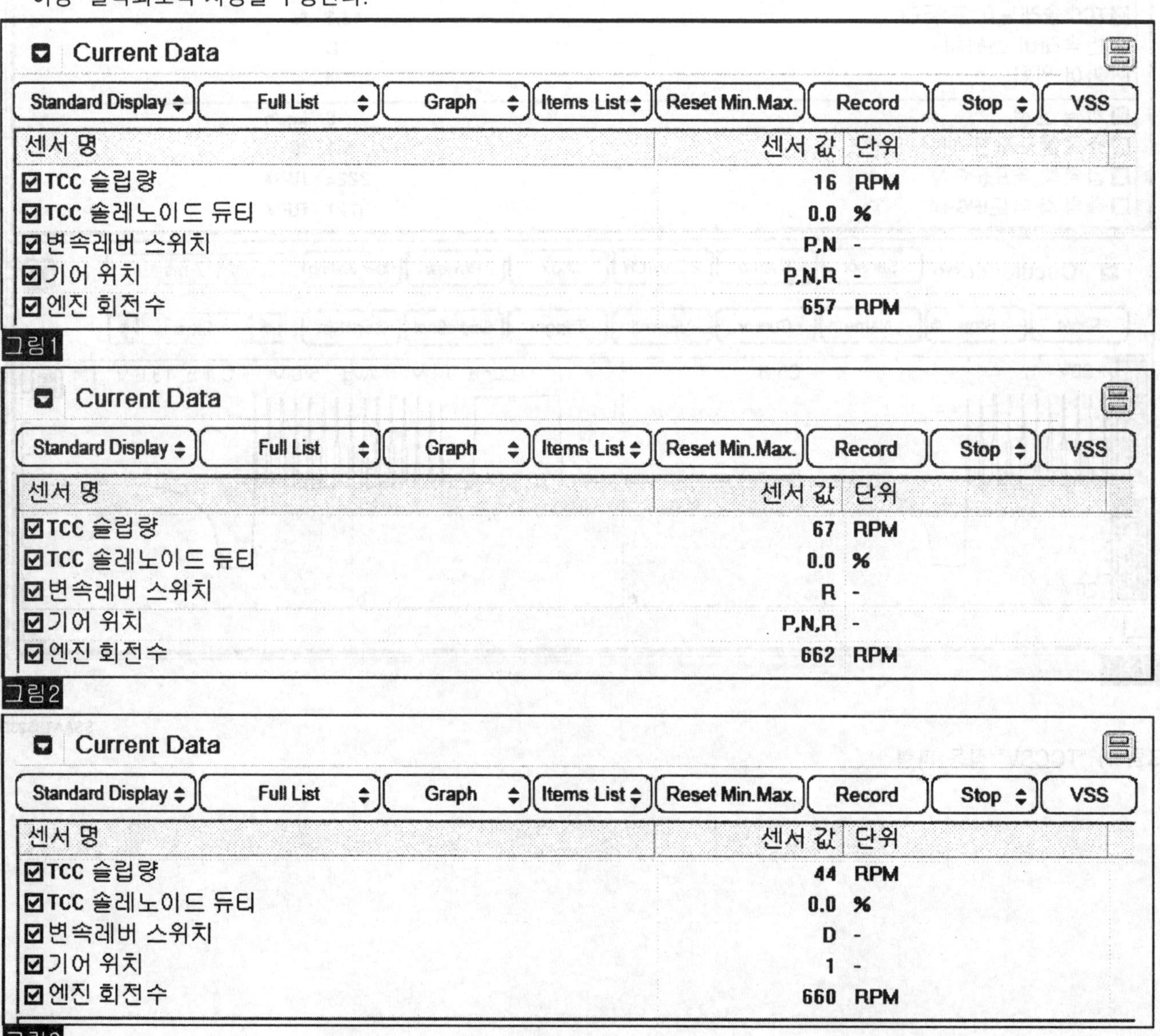

센서 명	센서 값	단위
☑TCC 슬립량	16	RPM
☑TCC 솔레노이드 듀티	0.0	%
☑변속레버 스위치	P,N	-
☑기어 위치	P,N,R	-
☑엔진 회전수	657	RPM

그림1

센서 명	센서 값	단위
☑TCC 슬립량	67	RPM
☑TCC 솔레노이드 듀티	0.0	%
☑변속레버 스위치	R	-
☑기어 위치	P,N,R	-
☑엔진 회전수	662	RPM

그림2

센서 명	센서 값	단위
☑TCC 슬립량	44	RPM
☑TCC 솔레노이드 듀티	0.0	%
☑변속레버 스위치	D	-
☑기어 위치	1	-
☑엔진 회전수	660	RPM

그림3

SSAAT8523D

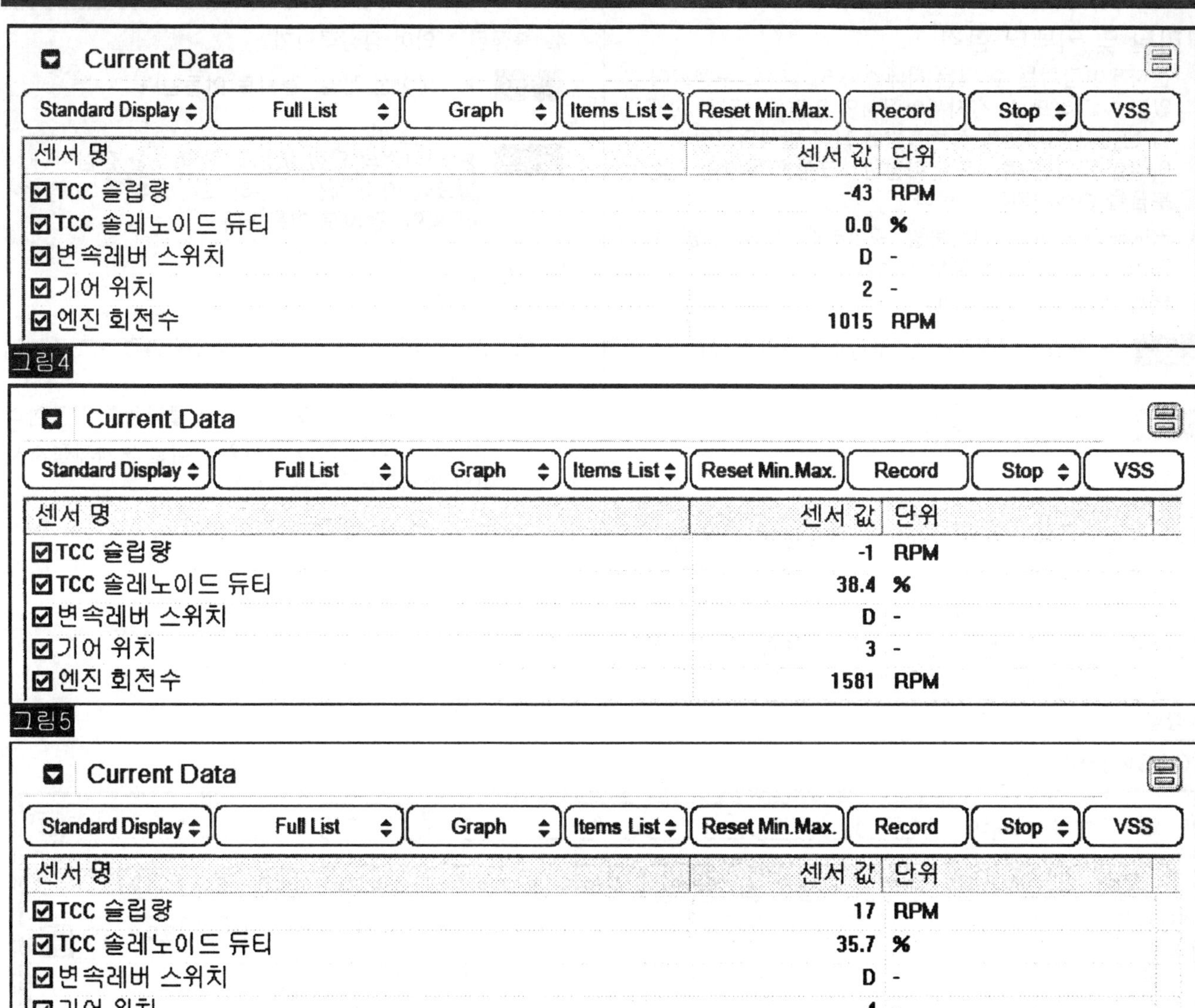

Current Data

Standard Display | Full List | Graph | Items List | Reset Min.Max. | Record | Stop | VSS

센서 명	센서 값	단위
TCC 슬립량	-43	RPM
TCC 솔레노이드 듀티	0.0	%
변속레버 스위치	D	-
기어 위치	2	-
엔진 회전수	1015	RPM

그림4

Current Data

Standard Display | Full List | Graph | Items List | Reset Min.Max. | Record | Stop | VSS

센서 명	센서 값	단위
TCC 슬립량	-1	RPM
TCC 솔레노이드 듀티	38.4	%
변속레버 스위치	D	-
기어 위치	3	-
엔진 회전수	1581	RPM

그림5

Current Data

Standard Display | Full List | Graph | Items List | Reset Min.Max. | Record | Stop | VSS

센서 명	센서 값	단위
TCC 슬립량	17	RPM
TCC 솔레노이드 듀티	35.7	%
변속레버 스위치	D	-
기어 위치	4	-
엔진 회전수	1659	RPM

그림6

SSAAT8524D

그림 1) "P,N" 레인지

그림 2) "R" 레인지

그림 3) "D" 레인지 1속

그림 4) "D" 레인지 2속

그림 5) "D" 레인지 3속

그림 6) "D" 레인지 4속

5. "TCC솔레노이드 듀티와 TCC 슬립량"의 출력값이 정상값 범위에 있는가?

예 ▶ 고장 원인은 센서와 PCM/TCM의 컨넥터간의 접촉불량과 같은 일시적인 고장이거나 이미 수리가 되었거나 혹은 PCM/TCM의 메모리에 기억된 고장 코드가 지워지지 않은 것이다 그러므로 컨넥터의 전체적인 상태(헐거움,접촉불량,부식,오염,다른 컨넥터와의 간섭,파손등)를 확인하고 필요에 의해 교환 또는 수리하고 "고장 수리 확인" 절차로 이동한다.

아니오 ▶ "배선 점검 " 절차로 이동한다.

터미널 및 커넥터 점검

1. 전자제어장치는 수 많은 하네스와 커넥터로 구성되어 있다. 그러므로, 전자제어장치와 관련된 많은 고장의 원인이 터미널의 접촉불량에 의해 발생되고있다. 이러한 고장은 여러가지 다양한 고장을 유발시키고, 부품을 손상시키기도 한다.
2. 커넥터의 느슨함, 접촉불량, 구부러짐, 부식, 오염, 변형 또는 손상을 전체적으로 점검한다.
3. 문제 부위가 확인되는가?

예 ▶ 필요시 수리한 후, "고장수리 확인"절차를 수행한다.

아니오 ▶ 전원선 점검절차를 수행한다.

전원선 점검

1. "A/T 솔레노이드 밸브" 커넥터를 연결하고 스캐너를 장착한다.
2. Ignition "ON" & Engine "OFF"한다.
3. ATM 솔레노이드 밸브 배선측 커넥터 솔레노이드 전원 단자와 차체 접지 사이의 전압을 점검한다.

정상값 : 약 12V

4. 측정된 전압이 정상적인가?

예 ▶ "제어선 점검" 절차로 이동한다

아니오 ▶ 하니스의 단선 또는 단락 여부를 점검한다. 필요에 따라 배선의 수리 또는 교환후 "고장 수리 확인" 절차로 이동한다.

제어선 점검

1. 파형 점검
   1) "A/T 솔레노이드 밸브" 커넥터를 연결하고 스캐너를 장착한다.
   2) 엔진을 "ON"하고 토크 컨버터 클러치를 작동한다.
   3) "PCSV-D(TCCSV) 배선측 터미널과 차제접지사이의 출력파형을 점검한다.

DCCSV 출력파형

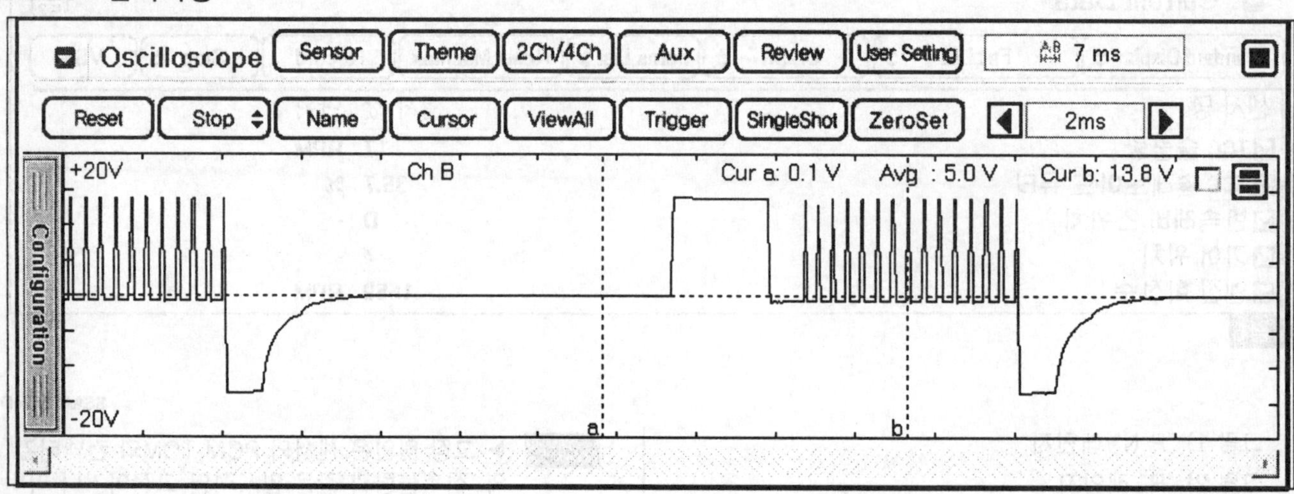

SSAAT8527D

   4) 측정된 파형이 정상적인 작동 파형인가?

예 ▶ "신호선 점검" 절차로 이동한다

아니오 ▶ 하니스의 단선 여부를 점검한다. 수리 후 "고장 수리 확인" 절차로 이동한다.

2. 회로 단선 점검
   1) 이그니션 스위치를 "OFF"한다.
   2) "A/T SOLENOID VALVE" 와 "PCM/TCM" 커넥터를 탈거한다.
   3) ATM 솔레노이드 밸브 배선측 커넥터의 "PCSV-D(TCCSV)" 터미널과 "PCM/TCM"배선측 커넥터 사이의 저항을 점검한다.

정상값 : 약 0 Ω

   4) 측정된 저항값이 정상값과 일치하는가?

예 ▶ "회로 단락 점검" 절차로 이동한다.

아니오 ▶ 하니스의 단선 여부를 점검한다. 수리 후 "고장 수리 확인" 절차로 이동한다.

3. 회로 단락 점검
   1) 이그니션 스위치를 "OFF"한다.
   2) "A/T SOLENOID VALVE"와 "PCM/TCM"커넥터를 탈거한다.
   3) ATM 솔레노이드 밸브 배선측 커넥터의 "PCSV-D(TCCSV)" 터미널과 차체 접지사이의 저항을 점검한다.

정상값 : 무한대

   4) 측정된 저항값이 정상값과 일치하는가?

예 ▶ "단품 점검" 절차로 이동한다.

아니오 ▶ 하니스의 단락 여부를 점검한다. 수리 후 "고장 수리 확인" 절차로 이동한다.

단품 점검

1. 솔레노이드 밸브 점검
   1) 이그니션 스위치를 "OFF"한다.
   2) "A/T 솔레노이드 밸브" 커넥터를 탈거한다.
   3) ATM 솔레노이드 밸브의 "PCSV-D(TCCSV)" 터미널과 "접지" 터미널 사이의 저항을 점검한다.

정상값 : 약 3.5 ± 0.2 Ω (25℃)

   4) 측정된 저항값이 정상값과 일치하는가?

예 ▶ "PCM/TCM 점검" 절차로 이동한다

아니오 ▶ "TCC 솔레노이드 밸브"를 신품으로 교환하고 "고장 수리 확인" 절차로 이동한다

2. PCM/TCM 점검
   1) 스캔 툴을 연결한다.
   2) 이그니션 스위치를 "ON" 한다.
   3) "액츄에이터 강제구동" 기능을 선택하여 해당 솔레노이드 밸브의 강제 구동을 실시한다.

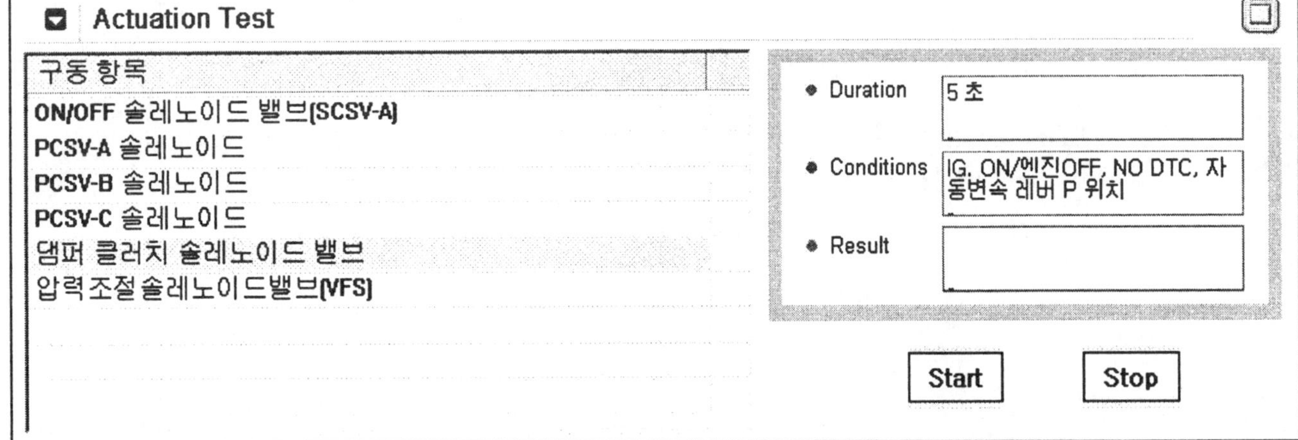

SSAAT8525D

   4) "액츄에이터 강제구동"이 정상적으로 수행되었는가 ?

예 ▶ "고장 수리 확인" 로 이동한다

아니오 ▶ 정상품의 시험용 PCM/TCM으로 교환 한후 정상적으로 작동되는지 확인한다
만일 정상적으로 작동 된다면 PCM/TCM을 신품으로 교환하고 "고장 수리 확인"절차로 이동한다

액츄에이터 강제구동 판정 조건

1. 이그니션 ON
2. 변속 레버스위치 정상

본 진단 가이드를 사용해서 발생된 문제를 수리한 뒤, 고장이 완전히 해결되었는지 확인하는 과정이 필요하다.

3. P 레인지
4. 차속은 0km/h
5. T.P.S < 1V
6. 아이들 스위치 ON
7. 엔진 회전수 0 rpm

고장 수리 확인

1. 스캔툴을 연결한 후, 자기진단을 실시하여 고장 코드를 확인한다.
2. 저장된 고장코드를 스캔툴을 이용하여 소거한다.
3. 고장판정조건중의 검출조건에 따라 차량을 주행한다.
5. 고장 코드가 발생되는가 ?

예 ▶ 해당되는 고장 코드 수리 절차로 이동한다.

4. 스캔툴로 자기 진단을 실시하여 고장 코드가 발생되었는지 확인한다.

아니오 ▶ 고장 수리가 완료되어 시스템이 정상적으로 작동한다.

P0748 프레셔 컨트롤 솔레노이드 밸브(VFS) 회로이상

구성 부품

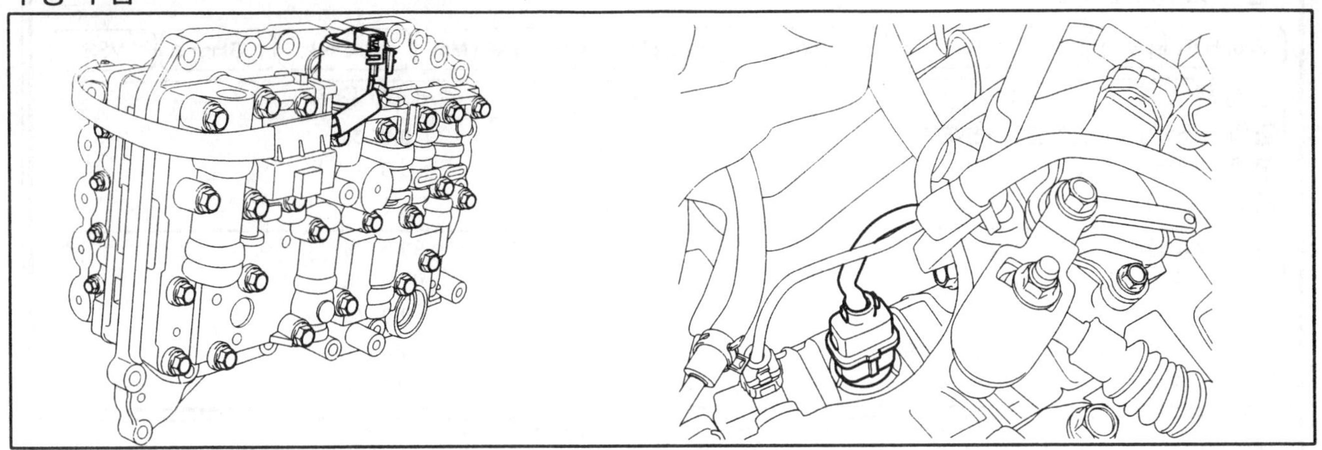

SHDAT6268D

개요

신 소형 자동변속기는 리니어 솔레노이드 밸브를 장착하여 최적의 라인압을 생성하여 전달 효율을 개선, 연비 향상의 효과를 실현하였다.

리니어 솔레노이드 밸브는 PWM 방식으로 작동하며 감압된 라인압력을 약 4.5bar가 일정하게 출력되도록 하는 역할을 한다

작동 주파수는 약 400~1000 Hz이다

고장코드 설명

TCM은 솔레노이드 밸브 구동 회로의 피드 백 신호를 이용하여 리니어 솔레노이드 밸브의 제어신호를 점검한다.

만일 기대하지 않았던 신호가 감지되면, (예를 들어, 낮은 전압을 기대하였으나 높은 전압이 검출된 경우 혹은 높은 전압을 기대하였으나 낮은 전압이 검출된 경우) TCM은 해당 솔레노이드의 회로가 고장이라고 판정하고 이코드를 부여한다.

고장판정 조건

항목	판정 조건	고장 예상 원인
검출 방법	• 전압 범위 점검	• 회로 단선 단락 • 리니어 솔레노이드 밸브 이상 • PCM/TCM 이상
검출 조건	• 8V < BAT < 16V • VFS 시그널 신호 ≥ 5ms • VFS 듀티 < 100%	
판정값	• 전압 8~16V 사이에 단선 또는 GND(−) 단락 상태를 1초 이상 지속시	
검출 시간	• 1초 이상 지속	
페일 세이프	• 3속 홀드 • VFS off • 댐퍼 클러치 off	

제원

DTC P0743 : 토크 컨버터 솔레노이드 밸브 회로 – 단선 및 접지단락 참조.

표준 회로도

DTC P0743 : 토크 컨버터 솔레노이드 밸브 회로 – 단선 및 접지단락 참조.

파형 및 데이터 분석

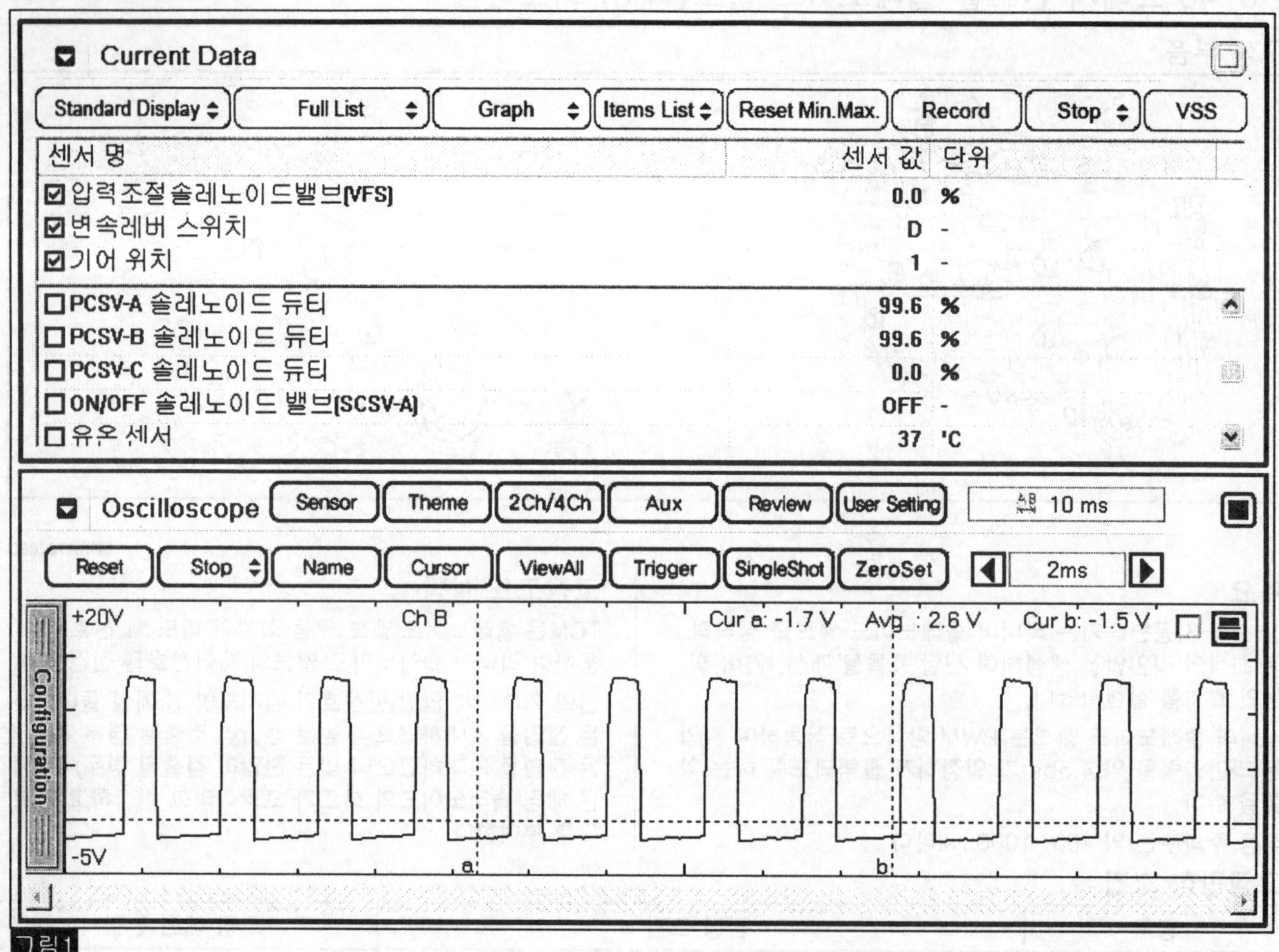

그림1

SSAAT8528D

그림 1) "압력조절 솔레노이드" 파형

스캔툴 진단

1. 스캔툴을 연결한다.
2. 엔진을 "ON"한다.
3. 압력조절 솔레노이드 밸브 항목을 점검한다.
4. 각 포지션에서 기어를 변속한다.

정상값: 주행 상태에 따라 변화된 듀티값 표시

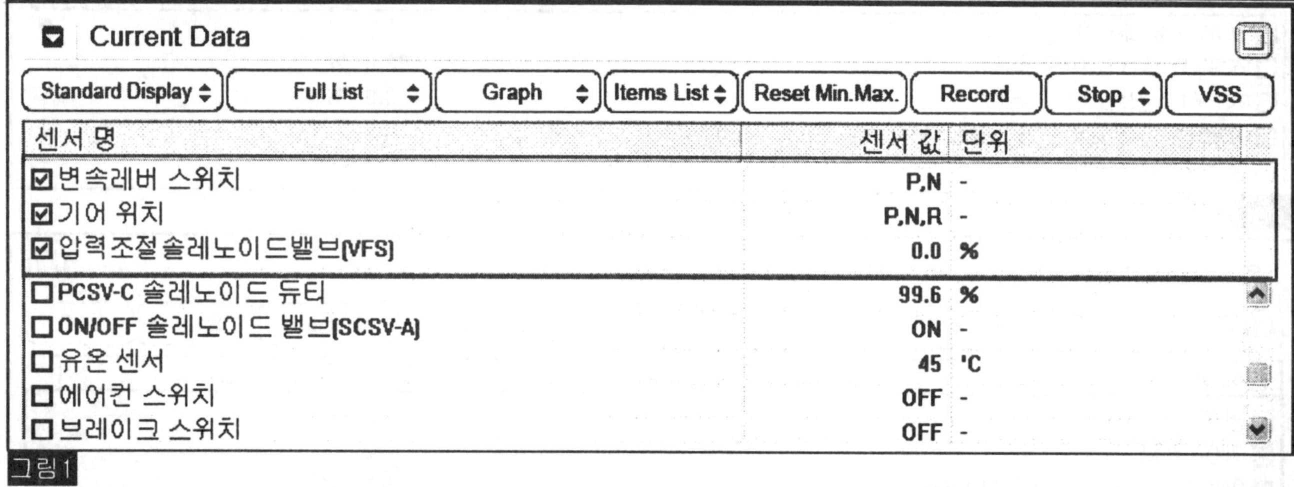

그림1

Current Data

Standard Display | Full List | Graph | Items List | Reset Min.Max. | Record | Stop | VSS

센서 명	센서 값	단위
☑ 변속레버 스위치	R	-
☑ 기어 위치	P,N,R	-
☑ 압력조절솔레노이드밸브(VFS)	0.0	%
☐ PCSV-C 솔레노이드 듀티	99.6	%
☐ ON/OFF 솔레노이드 밸브(SCSV-A)	ON	-
☐ 유온 센서	46	'C
☐ 에어컨 스위치	OFF	-
☐ 브레이크 스위치	OFF	-

그림2

SSAAT8529D

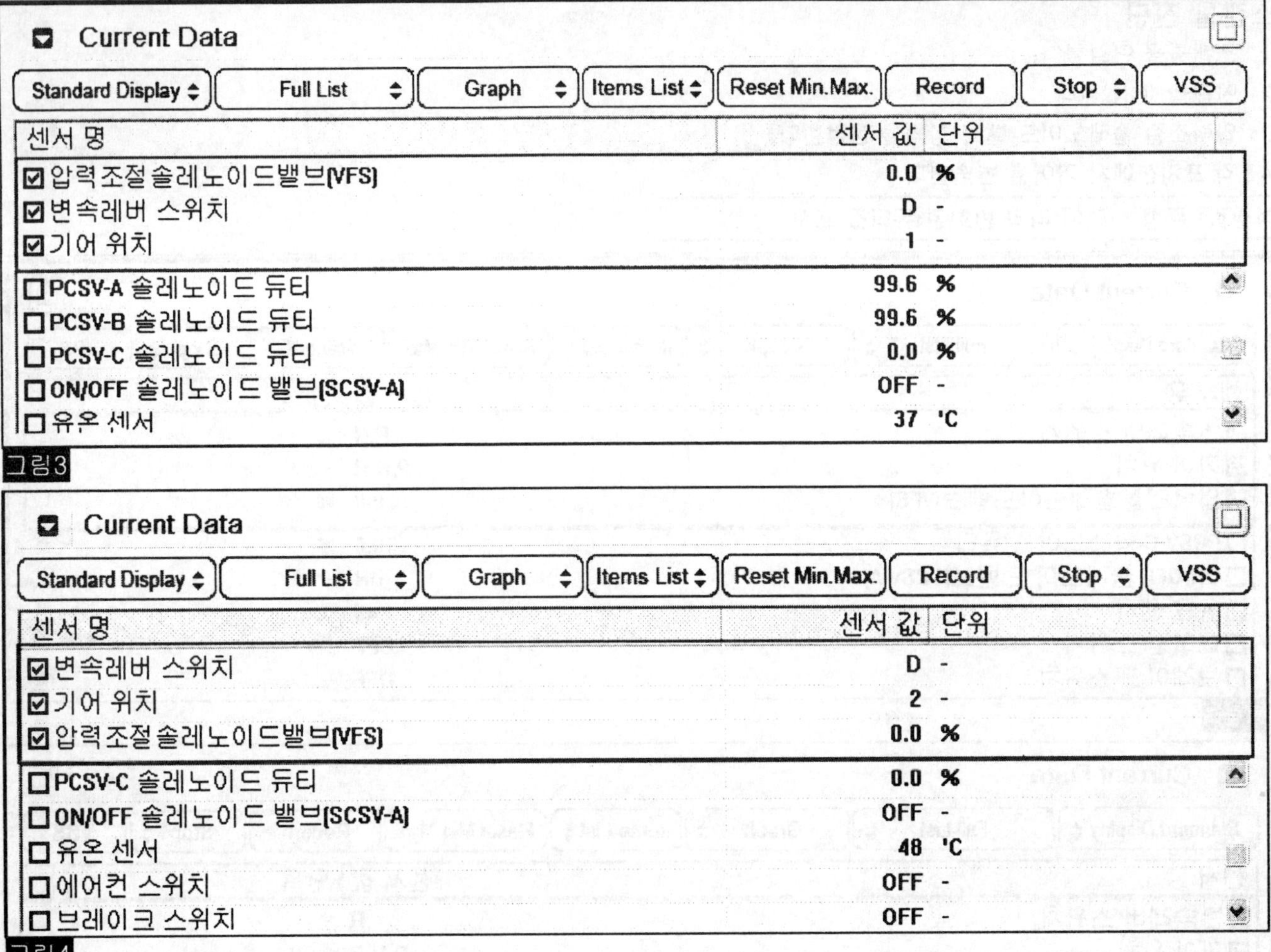
Current Data
Standard Display
Full List
Graph
Items List
Reset Min.Max.
Record
Stop
VSS
센서 명
센서 값
단위
압력조절솔레노이드밸브(VFS) 0.0 %
변속레버 스위치 D -
기어 위치 1 -
PCSV-A 솔레노이드 듀티 99.6 %
PCSV-B 솔레노이드 듀티 99.6 %
PCSV-C 솔레노이드 듀티 0.0 %
ON/OFF 솔레노이드 밸브(SCSV-A) OFF -
유온 센서 37 'C
그림3
Current Data
Standard Display
Full List
Graph
Items List
Reset Min.Max.
Record
Stop
VSS
센서 명
센서 값
단위
변속레버 스위치 D -
기어 위치 2 -
압력조절솔레노이드밸브(VFS) 0.0 %
PCSV-C 솔레노이드 듀티 0.0 %
ON/OFF 솔레노이드 밸브(SCSV-A) OFF -
유온 센서 48 'C
에어컨 스위치 OFF -
브레이크 스위치 OFF -
그림4

SSAAT8530D

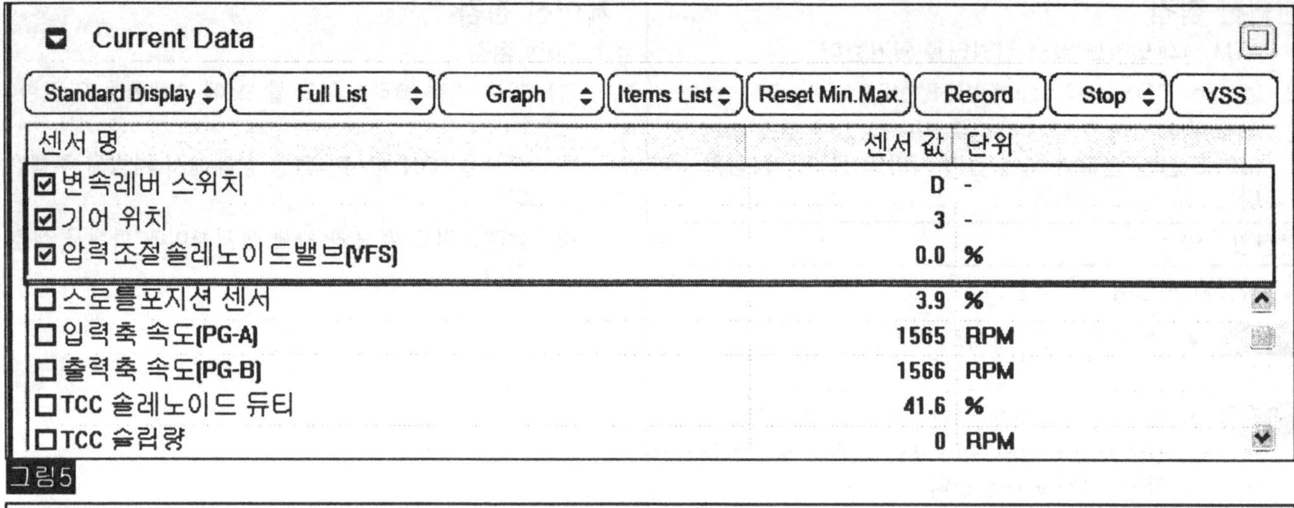

그림5

Current Data

Standard Display | Full List | Graph | Items List | Reset Min.Max. | Record | Stop | VSS

센서 명	센서 값	단위
☑변속레버 스위치	D	-
☑기어 위치	4	-
☑압력조절솔레노이드밸브(VFS)	0.0	%
☐입력축 속도(PG-A)	1735	RPM
☐출력축 속도(PG-B)	2436	RPM
☐TCC 솔레노이드 듀티	41.2	%
☐TCC 슬립량	-1	RPM
☐PCSV-A 솔레노이드 듀티	0.0	%

그림6

SSAAT8531D

그림 1) "P,N "

그림 2) "R"

그림 3) D 레인지 "1속" 기어

그림 4) D 레인지 "2속" 기어

그림 5) D 레인지 "3속"기어

그림 6) D 레인지 "4속" 기어

5. "압력조절 솔레노이드 " 의 듀티가 정상값과 일치하는가 ?

예 ▶ 고장 원인은 센서와 PCM/TCM의 컨넥터간의 접촉불량과 같은 일시적인 고장이거나 이미 수리가 되었거나 혹은 PCM/TCM의 메모리에 기억된 고장 코드가 지워지지 않은 것이다 그러므로 컨넥터의 전체적인 상태(헐거움,접촉불량,부식,오염,다른 컨넥터와의 간섭,파손등)를 확인하고 필요에 의해 교환 또는 수리하고 " 고장 수리 확인" 절차로 이동한다.

아니오 ▶ "배선 점검 " 절차로 이동한다.

터미널 및 커넥터 점검

DTC P0743 : 토크 컨버터 솔레노이드 밸브 회로 – 단선 및 접지단락 참조.

전원선 점검

1. ATM 솔레노이드 밸브 커넥터를 탈거한다.
2. Ignition "ON" & Engine "OFF"한다.
3. ATM 솔레노이드 밸브 배선측 커넥터 압력 조절 솔레노이드 전원 단자와 차체 접지 사이의 전압을 점검한다.

정상값 : 약 12V

---

4. 측정된 전압이 정상적인가?

예 ▶ "제어선 점검" 절차로 이동한다

아니오 ▶ 하니스의 단선 또는 단락 여부를 점검한다. 필요에 따라 배선의 수리 또는 교환후 "고장 수리 확인" 절차로 이동한다.

제어선 점검

1. 파형 점검
   1) "압력조절 솔레노이드 밸브"에 스캔툴을 연결한다
   .
   2) 엔진을 "ON"한 후, 정상 상태에서 차량을 주행한다.
   3) 솔레노이드 밸브와 차체 접지사이에 파형을 점검한다.

VFSV 출력파형

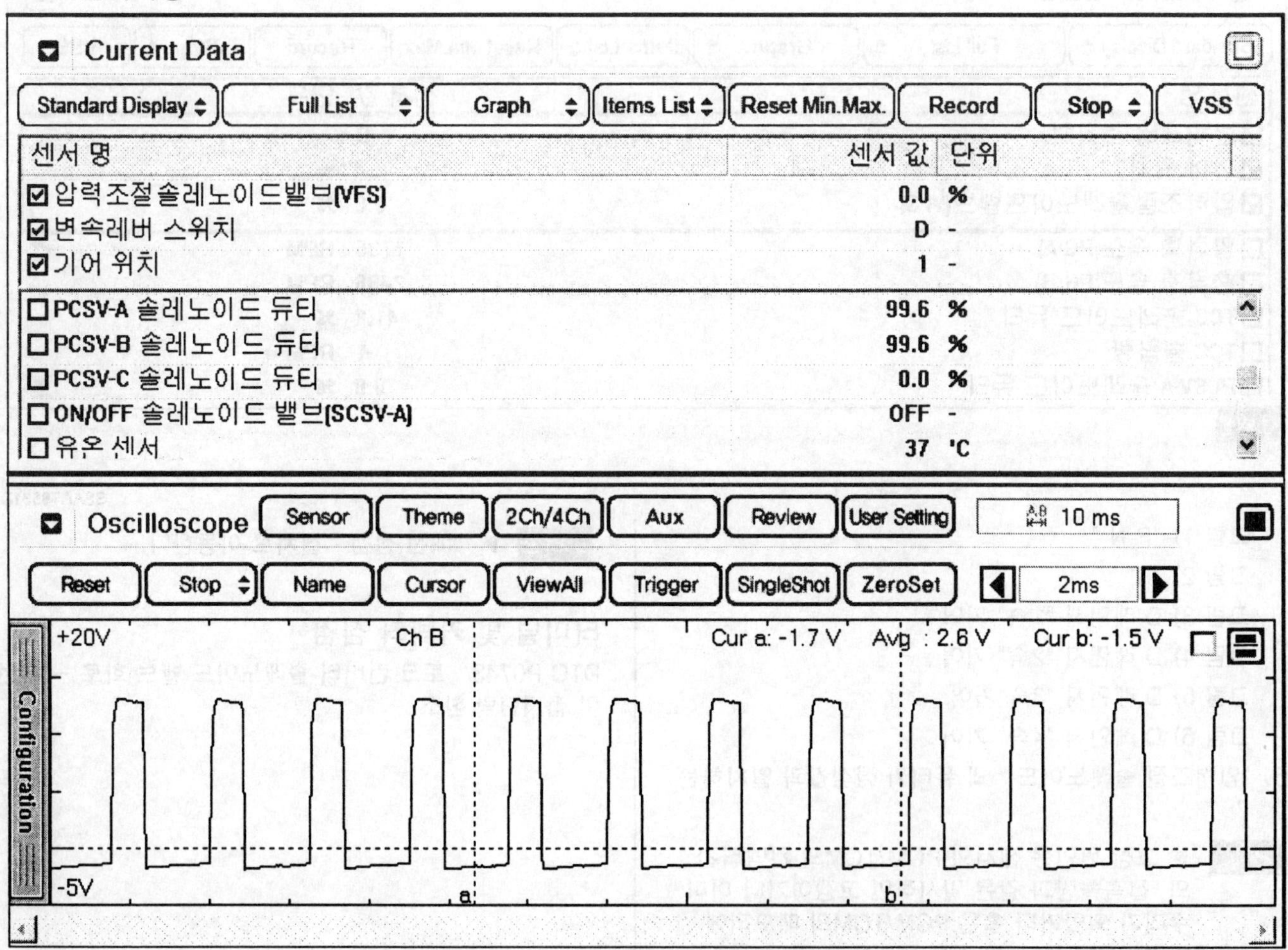

SSAAT8532D

4) 측정된 파형이 정상적인 작동 파형인가?

예 ▶ 다음의 "회로 단선 점검" 절차로 이동한다

아니오 ▶ 엔진 룸 정션박스의 A/T 휴즈의 단선 여부를 점검한다.
▶ 하니스의 단선 여부를 점검한다. 수리 후 "고장 수리 확인" 절차로 이동한다.

2. 회로 단선 점검

1) 이그니션 스위치를 "OFF"한다.

2) 솔레노이드 밸브와 PCM/TCM 커넥터를 탈거한다
.

3) 압력조절 솔레노이드 커넥터와 PCM/TCM 커넥터 양단의 저항을 점검한다.

정상값 : 약. 0 Ω

4) 측정된 저항값이 정상값과 일치하는가?

예 ▶ "회로 단락 점검" 절차로 이동한다.

아니오 ▶ 하니스의 단선 여부를 점검한다. 수리 후 "고장 수리 확인" 절차로 이동한다.

3. 회로 단락 점검

1) 이그니션 스위치를 "OFF"한다.

2) 솔레노이드 밸브 커넥터와 PCM/TCM 커넥터를 탈거한다.

3) 솔레노이드 밸브 커넥터의 압력조절 솔레노이드 밸브 터미널과 차체 접지 사이의 저항을 점검한다.

정상값: 무한대

4) 측정된 저항값이 정상값과 일치하는가?

예 ▶ "단품 점검" 절차로 이동한다.

아니오 ▶ 하니스의 단락 여부를 점검한다. 수리 후 "고장 수리 확인" 절차로 이동한다.

단품 점검

1. 솔레노이드 밸브 점검

1) 이그니션 스위치를 "OFF"한다.

2) "A/T 솔레노이드 밸브" 커넥터를 탈거한다.

3) A/T 솔레노이드 밸브의 "압력조절 솔레노이드 밸브" 단자과 접지 단자사이의 저항을 점검한다. (단품측)

정상값 : 약3.5 ± 0.2 Ω (25℃)

4) 측정된 저항값이 정상값과 일치하는가?

예 ▶ "PCM/TCM 점검" 절차로 이동한다

아니오 ▶ 필요에 따라 "LR 솔레노이드 밸브"를 신품으로 교환하고 "고장 수리 확인" 절차로 이동한다

2. PCM/TCM 점검
   1) 스캔 툴을 연결한다.
   2) 이그니션 스위치를 "ON"한다.
   3) "액츄에이터 강제구동" 기능을 선택하여 해당 솔레노이드 밸브의 강제 구동을 실시한다.

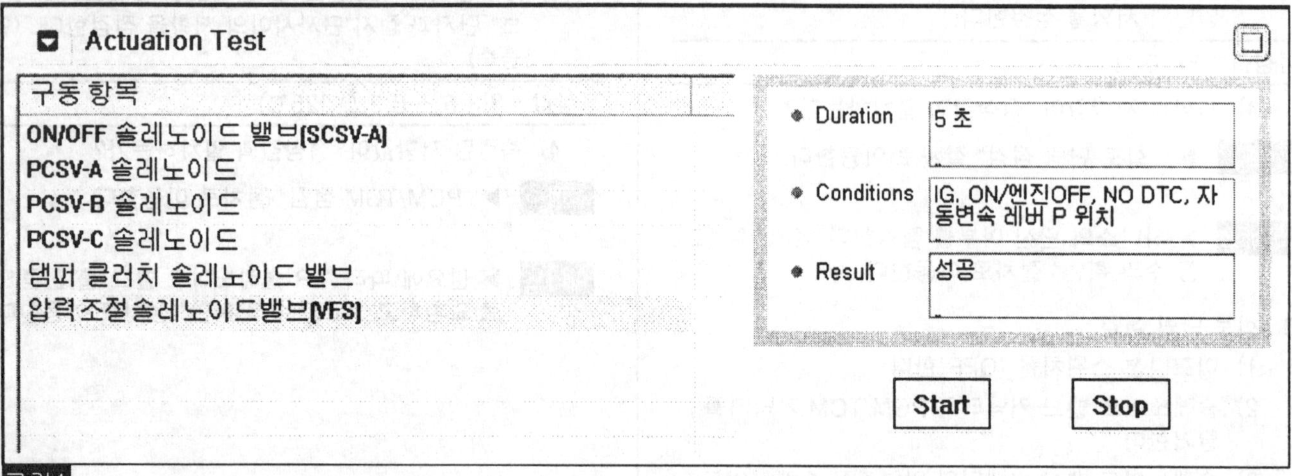

그림1) 액츄에이터 강제 구동

4) 압력조절 솔레노이드 밸브 강제구동시 작동 소음이 발생하는가 ?

예 ▶ "고장 수리 확인" 로 이동한다

아니오 ▶ 정상품의 시험용 PCM/TCM으로 교환 한후 정상적으로 작동되는지 확인한다
만일 정상적으로 작동 된다면 PCM/TCM을 신품으로 교환하고 "고장 수리 확인"절차로 이동한다

액츄에이터 강제구동 판정 조건

1. 이그니션 ON
2. 변속 레버스위치 정상
3. P 레인지
4. 차속은 0km/h
5. T.P.S< 1V
6. 아이들 스위치 ON
7. 엔진 회전수 0 rpm

고장 수리 확인

DTC P0743 : 토크 컨버터 솔레노이드 밸브 회로 - 단선 및 접지단락 참조.

P0750 ON/OFF 솔레노이드 밸브 회로이상

구성 부품

DTC P0743 : 토크 컨버터 솔레노이드 밸브 회로 - 단선 및 접지단락 참조.

개요

자동 변속기는 솔레노이드 밸브들에 의해 제어된 클러치들과 브레이크들의 조합으로 변속을 실행한다.

신 소형 자동 변속기는 LR (Low and Reverse Brake) 그리고 2-4 (2-4 Brake) 그리고 UD (Under Drive Clutch) 그리고 OD (Over Drive Clutch) 그리고 REV (Reverse Clutch) 로 구성되어 있다.

ON/OFF 솔레노이드 밸브는 OD LR 스위치 밸브를 제어한다.

고장코드 설명

TCM은 솔레노이드 밸브 구동 회로의 피드 백 신호를 이용하여 ON/OFF 솔레노이드 밸브의 제어신호를 점검한다.

만일 기대하지 않았던 신호가 감지되면, (예를 들어, 낮은 전압을 기대하였으나 높은 전압이 검출된 경우 혹은 높은 전압을 기대하였으나 낮은 전압이 검출된 경우) TCM은 해당 솔레노이드의 회로가 고장이라고 판정하고 이코드를 부여한다.

고장판정 조건

항목	판정 조건	고장 예상 원인
검출 방법	• 전압 범위 점검	• 회로 단선 단락 • ON/OFF(SCSV-A) 솔레노이드 밸브 이상 • PCM/TCM 이상
검출 조건	• 8V < BAT < 16V • VFS 시그널 신호 ≥ 5ms • FS 듀티 < 100%	
판정값	• 전압 8~16V 사이에 단선 또는 GND(-) 단락 상태를 1초 이상 지속시	
검출 시간	• 1초 이상 지속	
페일 세이프	• 3속 홀드 • VFS off • 댐퍼 클러치 off	

제원

DTC P0743 : 토크 컨버터 솔레노이드 밸브 회로 - 단선 및 접지단락 참조.

표준 회로도

DTC P0743 : 토크 컨버터 솔레노이드 밸브 회로 - 단선 및 접지단락 참조.

파형 및 데이터 분석

DTC P0743 : 토크 컨버터 솔레노이드 밸브 회로 - 단선 및 접지단락 참조.

스캔툴 진단

1. 스캔툴을 연결한다.
2. 엔진을 "ON"한다.
3. 써비스 데이터 항목 중 "ON/OFF(SCSV-A) 솔레노이드 밸브" 항목을 선택한다.
4. 각 변속단으로 주행한다.

정상값: 변속단에 따른 "ON,OFF값" 표시

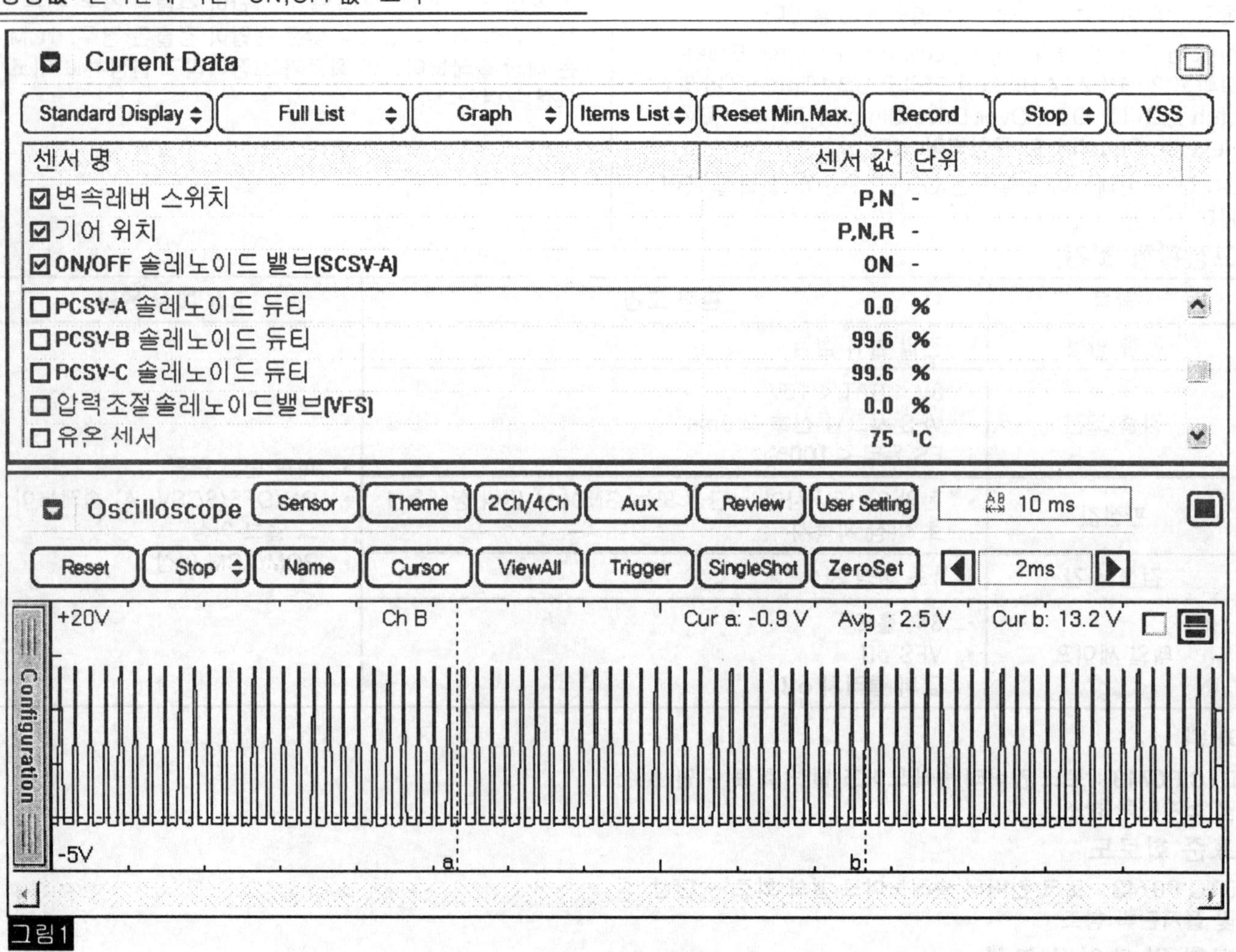

그림1

SSAAT8535D

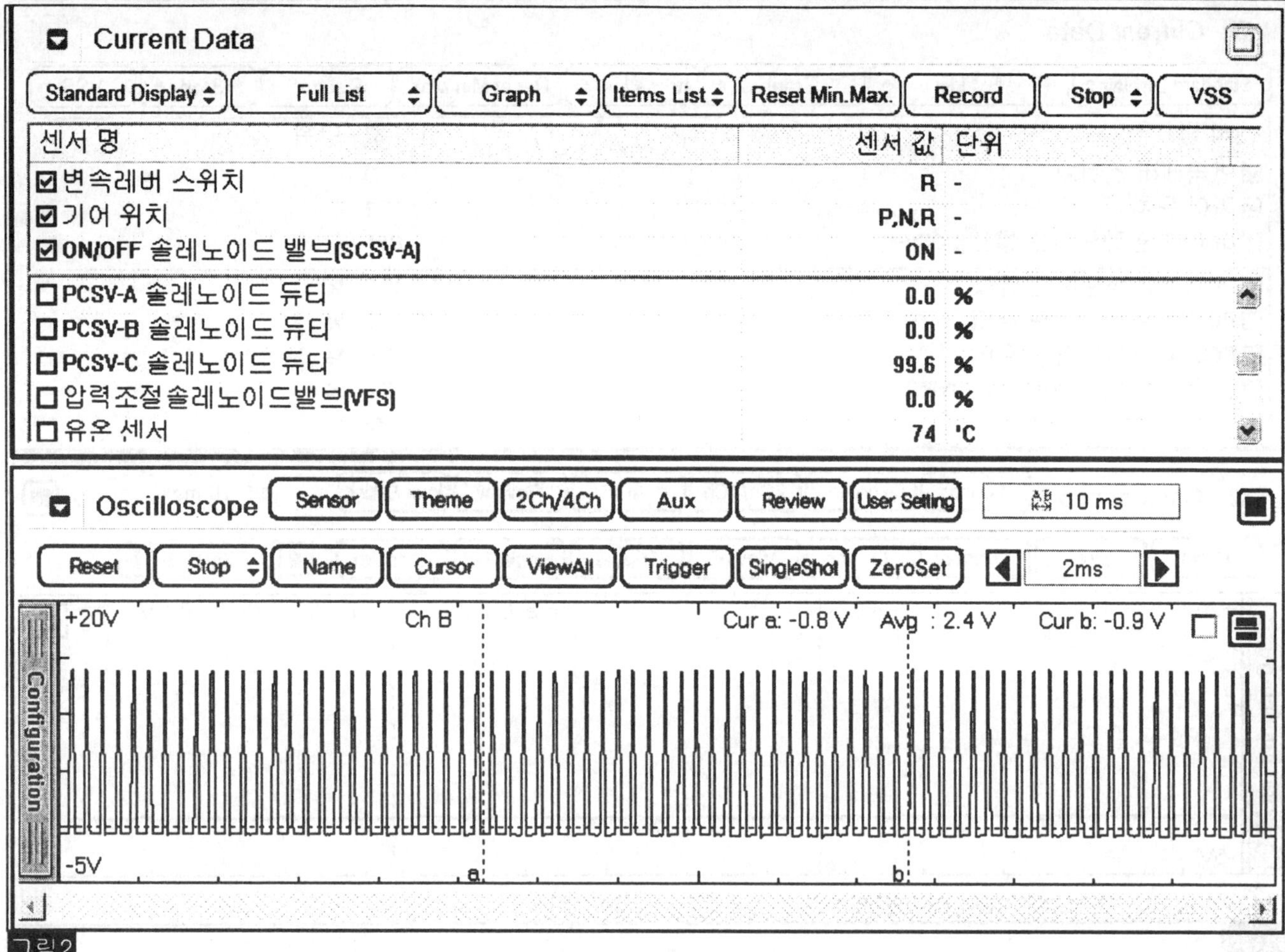

그림2

SSAAT8536D

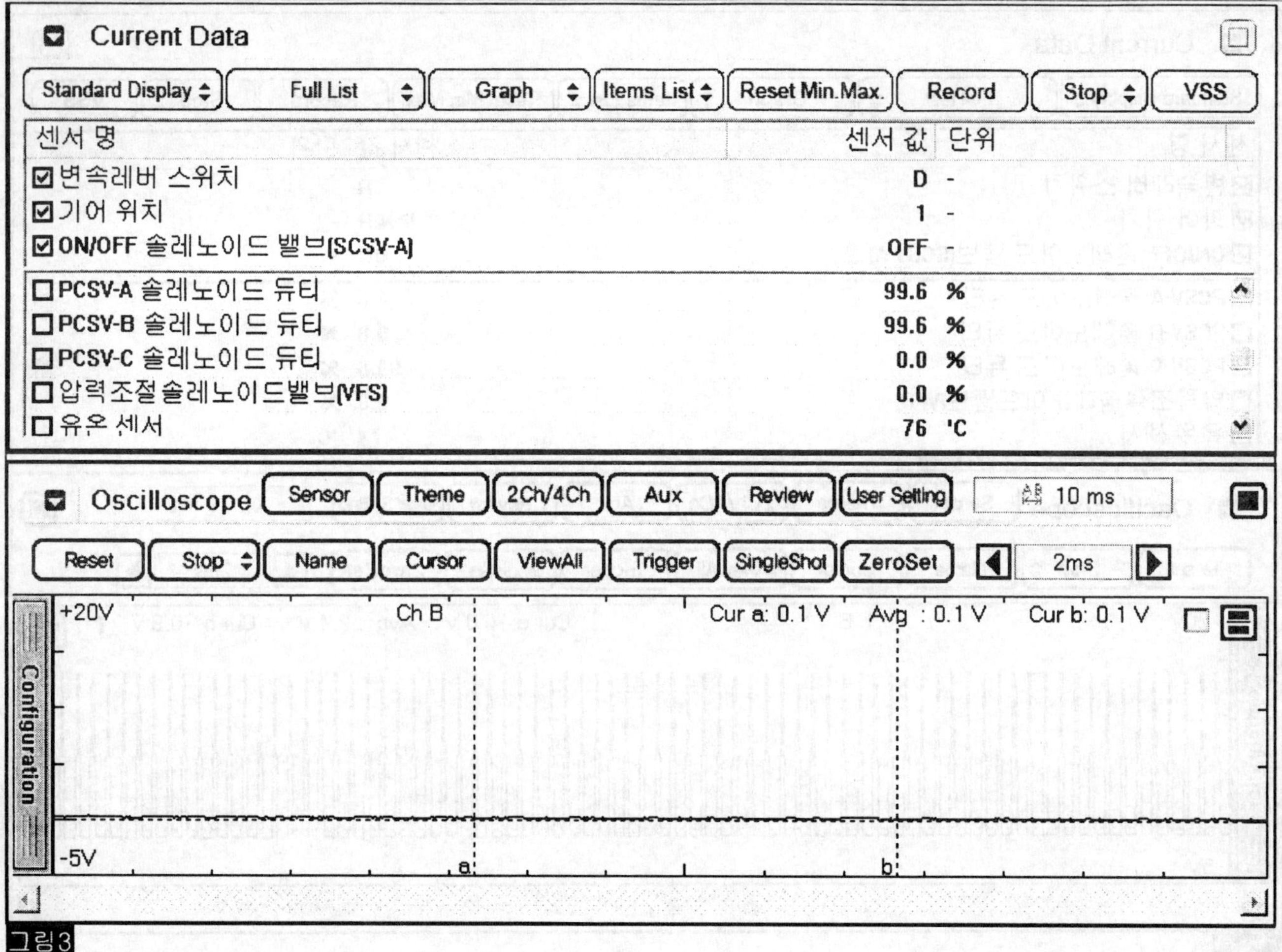

그림3

SSAAT8537D

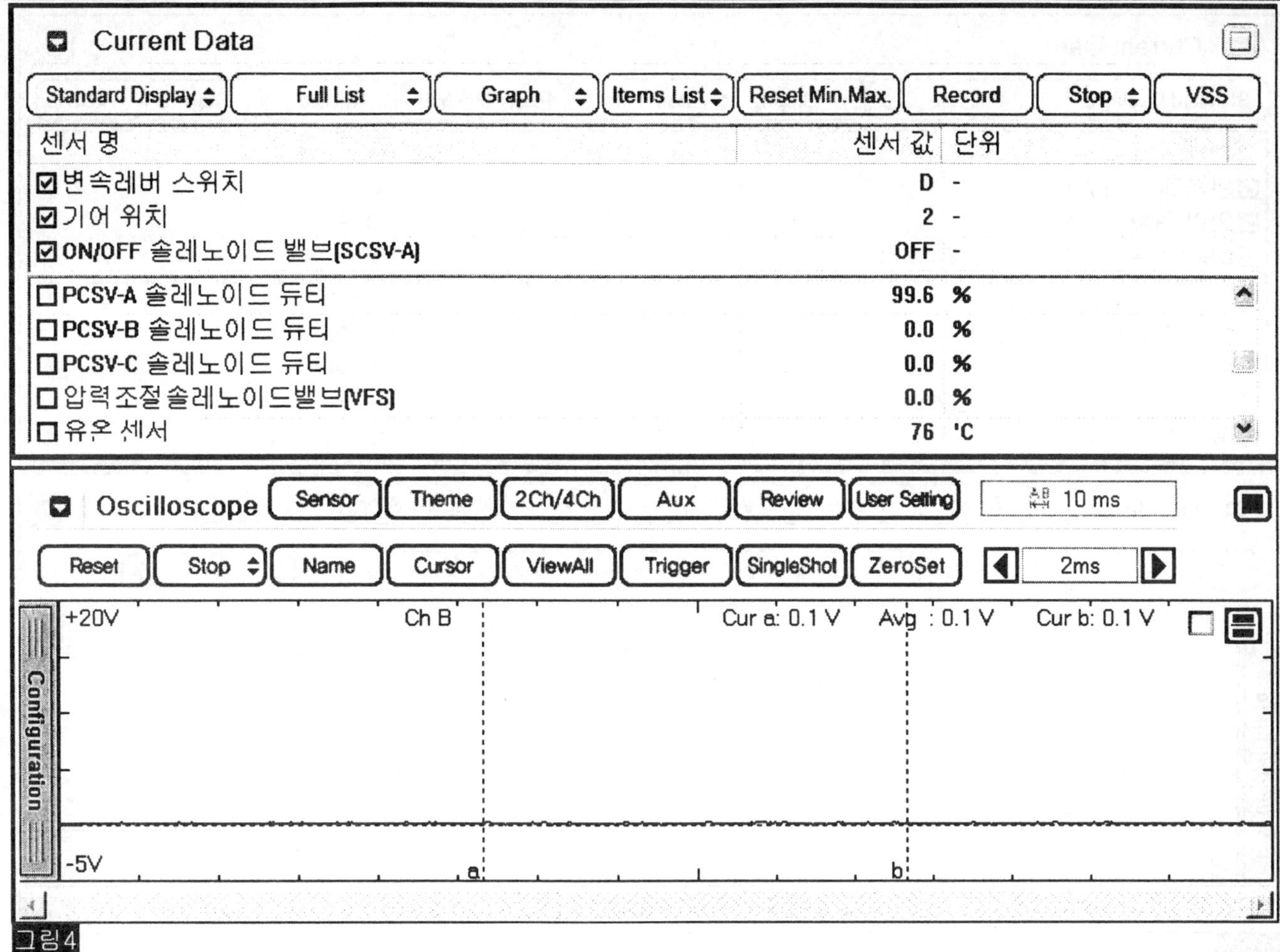

그림4

SSAAT8538D

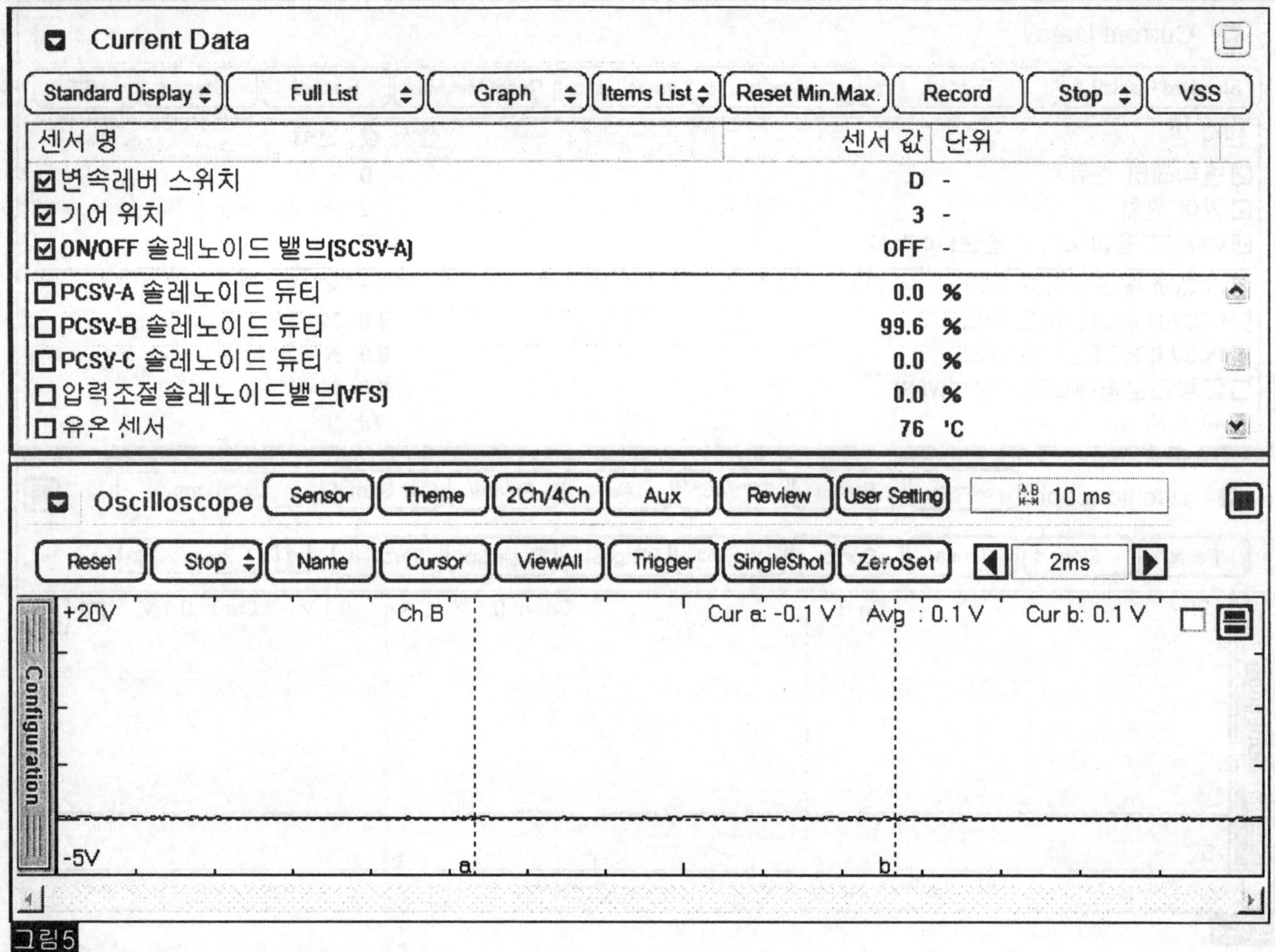

그림5

SSAAT8539D

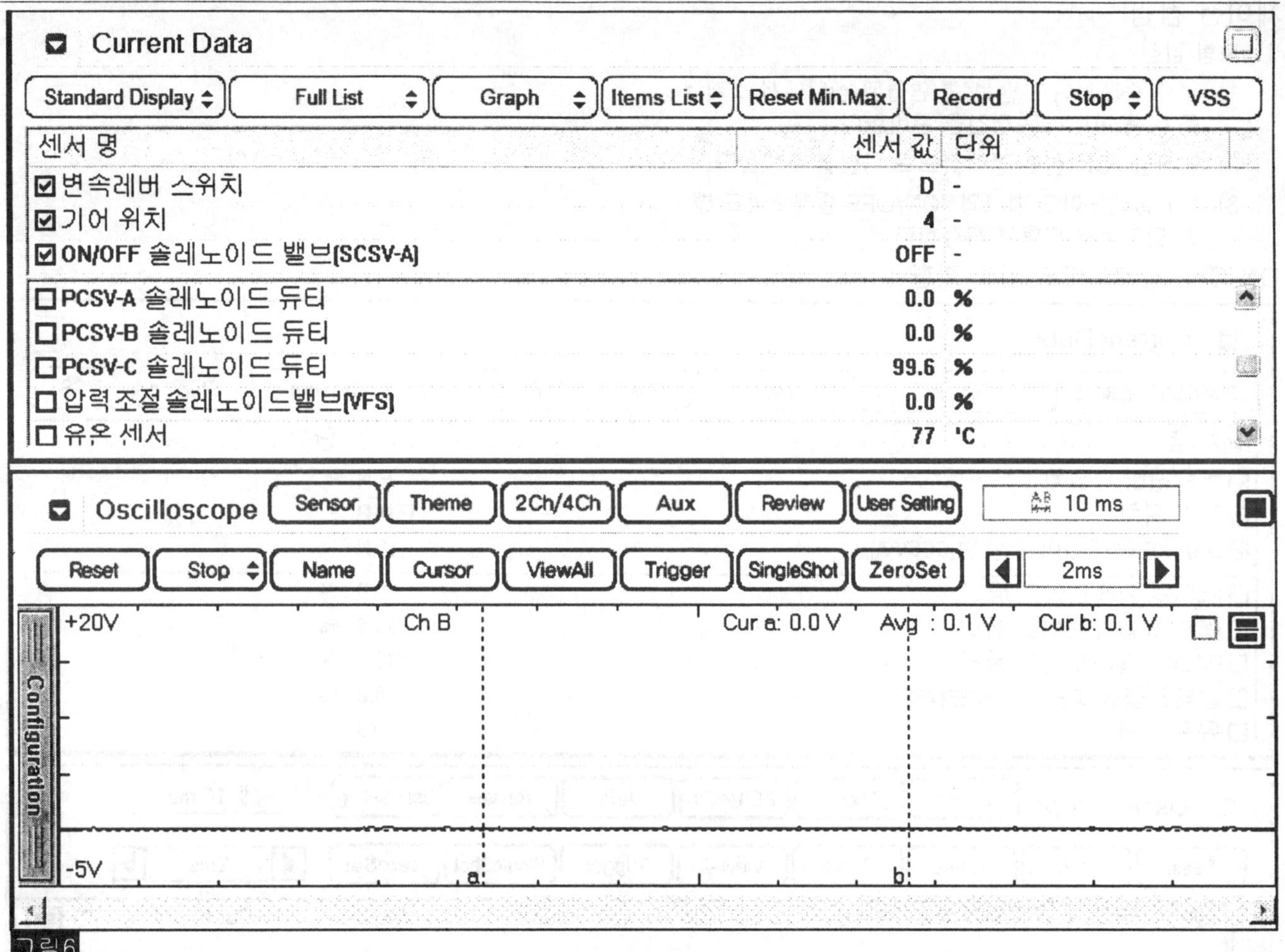

그림6

SSAAT8540D

그림 1) "P,N "

그림 2) "R"

그림 3) D 레인지 "1속" 기어

그림 4) D 레인지 "2속" 기어

그림 5) D 레인지 "3속"기어

그림 6) D 레인지 "4속" 기어

5. "ON/OFF(SCSV-A) 솔레노이드 밸브 " 의 "ON/OFF " 값이 정상값과 일치하는가 ?

예 ▶ 고장 원인은 센서와 PCM/TCM의 컨넥터간의 접촉불량과 같은 일시적인 고장이거나 이미 수리가 되었거나 혹은 PCM/TCM의 메모리에 기억된 고장 코드가 지워지지 않은 것이다 그러므로 컨넥터의 전체적인 상태(헐거움,접촉불량,부식,오염,다른 컨넥터와의 간섭,파손등)를 확인하고 필요에 의해 교환 또는 수리하고 " 고장 수리 확인" 절차로 이동한다.

아니오 ▶ "배선 점검 " 절차로 이동한다.

터미널 및 커넥터 점검

DTC P0743 : 토크 컨버터 솔레노이드 밸브 회로 – 단선 및 접지단락 참조.

전원선 점검

1. ATM 솔레노이드 밸브 커넥터를 탈거한다.
2. Ignition "ON" & Engine "OFF"한다.
3. ATM 솔레노이드 밸브 배선측 커넥터 ON/OFF 솔레노이드 전원 단자와 차체 접지 사이의 전압을 점검한다.

정상값 : 약 12V

4. 측정된 전압이 정상적인가?

예 ▶ "제어선 점검" 절차로 이동한다

아니오 ▶ 하니스의 단선 또는 단락 여부를 점검한다. 필요에 따라 배선의 수리 또는 교환후 "고장 수리 확인" 절차로 이동한다.

제어선 점검

1. 파형 점검
   1) "A/T 솔레노이드 밸브"를 연결된 상태에서 스캐너를 이용하여 파형 점검을 준비한다.
   2) 엔진을 "ON"한후 정상적으로 차량을 주행한다.
   3) A/T 솔레노이드 밸브의 "ON/OFF 솔레노이드 밸브"단자에서 파형을 측정한다.

ON/OFF 솔레노이드 밸브 파형

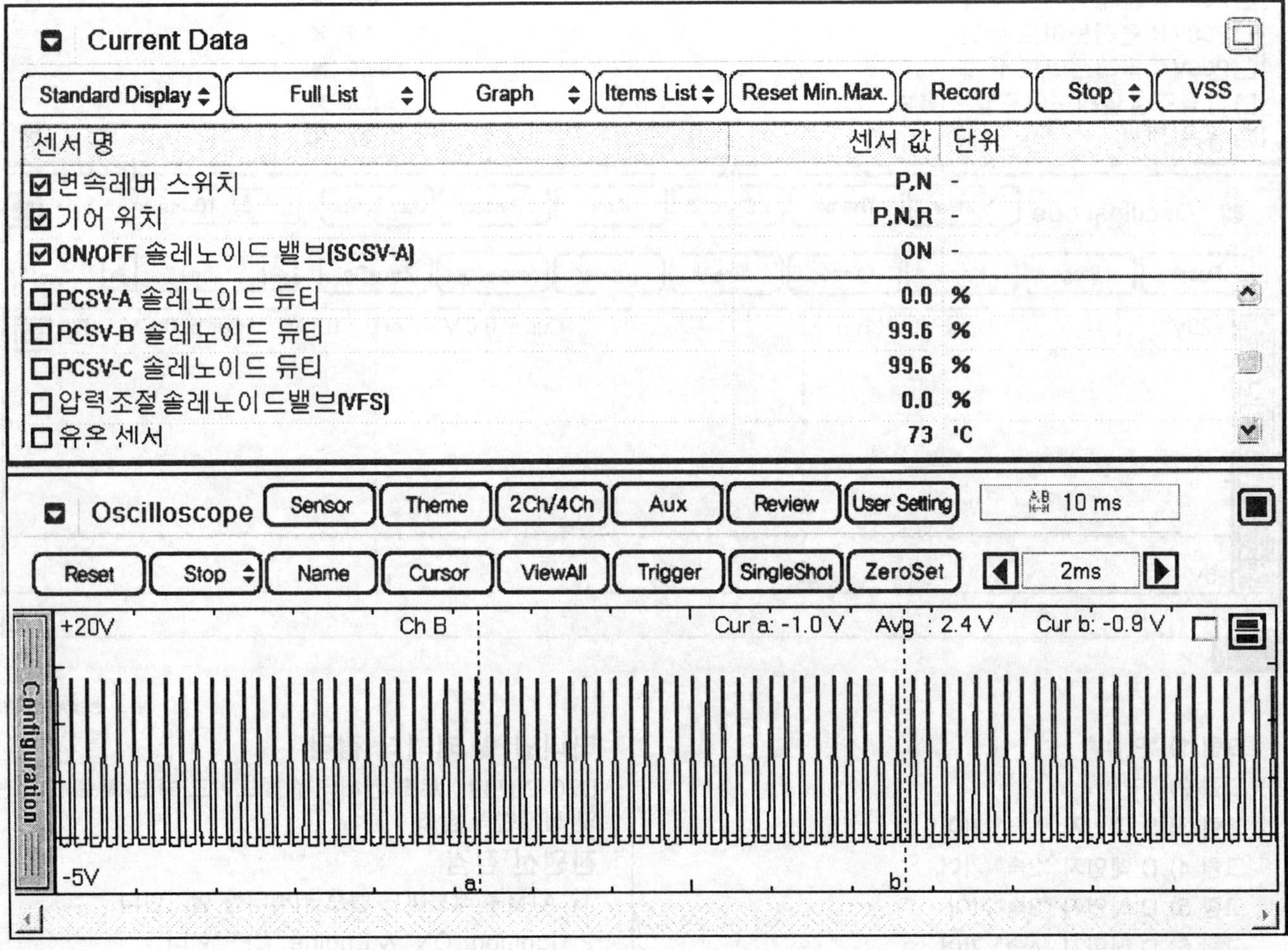

SFDAT8541D

4) 측정된 파형이 정상적인 작동 파형인가?

예 ▶ 다음의 "회로 단선 점검" 절차로 이동한다

아니오 ▶ 엔진 룸 정션박스의 A/T 휴즈의 단선 여부를 점검한다.
▶ 하니스의 단선 여부를 점검한다. 수리 후 "고장 수리 확인" 절차로 이동한다.

2. 회로 단선 점검
   1) 이그니션 스위치를 "OFF"한다.
   2) "A/T 솔레노이드 밸브" 커넥터와 "PCM/TCM"커넥터를 탈거한다.
   3) A/T 솔레노이드 밸브 배선측 커넥터의 "ON/OFF 솔레노이드 밸브" 단자와 PCM/TCM 배선측 커넥터 ON/OFF 솔레노이드 밸브" 단자사이의 저항을 측정한다.

정상값 : 약. 0 Ω

4) 측정된 저항값이 정상값과 일치하는가?

예 ▶ "회로 단락 점검" 절차로 이동한다.

아니오 ▶ 하니스의 단선 여부를 점검한다. 수리 후 "고장 수리 확인" 절차로 이동한다.

3. 회로 단락 점검
   1) 이그니션 스위치를 "OFF"한다.
   2) "A/T SOLENOID VALVE"와 "PCM/TCM"커넥터를 탈거한다.
   3) A/T 솔레노이드 밸브 배선측의 "ON/OFF 솔레노이드 밸브" 단자와 차체 접지 사이의 저항을 점검한다.

정상값: 무한대

   4) 측정된 저항값이 정상값과 일치하는가?

예 ▶ "단품 점검" 절차로 이동한다.

아니오 ▶ 하니스의 단락 여부를 점검한다. 수리 후 "고장 수리 확인" 절차로 이동한다.

단품 점검

1. 솔레노이드 밸브 점검
   1) 이그니션 스위치를 "OFF"한다.
   2) "A/T 솔레노이드 밸브" 커넥터를 탈거한다.
   3) A/T 솔레노이드 밸브 커넥터의 접지 단자와 "ON/OFF 솔레노이드 밸브" 단자 사이의 저항을 점검한다.

정상값 : 약3.5 ± 0.2 Ω (25℃)

   4) 측정된 저항값이 정상값과 일치하는가?

예 ▶ "PCM/TCM 점검" 절차로 이동한다

아니오 ▶"ON/OFF 솔레노이드 밸브"를 신품으로 교환하고 "고장 수리 확인" 절차로 이동한다

2. PCM/TCM 점검
   1) 스캔 툴을 연결한다.
   2) 이그니션 스위치를 "ON"한다.
   3) "액츄에이터 강제구동" 기능을 선택하여 해당 솔레노이드 밸브의 강제 구동을 실시한다.

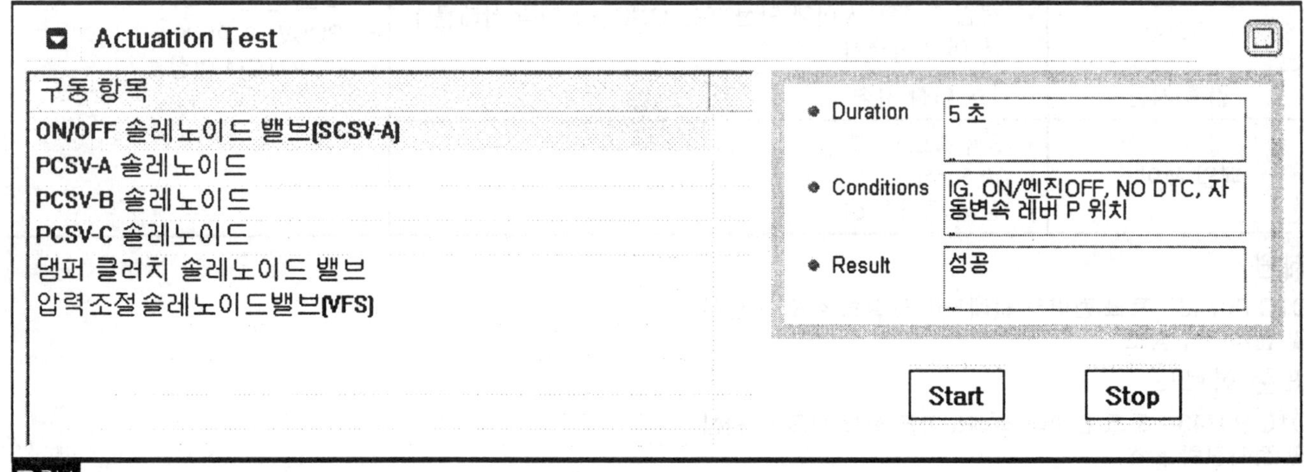

그림1) 액츄에이터 강제 구동

   4) "액츄에이터 강제구동"이 정상적으로 수행되었는가 ?

예 ▶ "고장 수리 확인" 로 이동한다

아니오 ▶ 정상품의 시험용 PCM/TCM으로 교환 한후 정상적으로 작동되는지 확인한다
만일 정상적으로 작동 된다면 PCM/TCM을 신품으로 교환하고 "고장 수리 확인"절차로 이동한다

액츄에이터 강제구동 판정 조건

1. 이그니션 ON
2. 변속 레버스위치 정상
3. P 레인지
4. 차속은 0km/h
5. T.P.S< 1V
6. 아이들 스위치 ON
7. 엔진 회전수 0 rpm

고장 수리 확인

DTC P0743 : 토크 컨버터 솔레노이드 밸브 회로 – 단선 및 접지단락 참조.

P0755 오버 드라이브/로우 및 리버스 솔레노이드 밸브 회로이상(PCSV-A)

구성 부품

DTC P0743 : 토크 컨버터 솔레노이드 밸브 회로 - 단선 및 접지단락 참조.

개요

자동 변속기는 솔레노이드 밸브들에 의해 제어된 클러치들과 브레이크들의 조합으로 변속을 실행한다.

신 소형 자동 변속기는 LR (Low and Reverse Brake) 그리고 2-4 (2-4 Brake) 그리고 UD (Under Drive Clutch) 그리고 OD (Over Drive Clutch) 그리고 REV (Reverse Clutch) 로 구성되어 있다.

PCSV-A는 OD와 LR을 제어한다.

고장코드 설명

TCM은 솔레노이드 밸브 구동 회로의 피드 백 신호를 이용하여 OD & LR 솔레노이드 밸브의 제어신호를 점검한다.

만일 기대하지 않았던 신호가 감지되면, (예를 들어, 낮은 전압을 기대하였으나 높은 전압이 검출된 경우 혹은 높은 전압을 기대하였으나 낮은 전압이 검출된 경우) TCM은 해당 솔레노이드의 회로가 고장이라고 판정하고 이코드를 부여한다.

고장판정 조건

항목	판정 조건	고장 예상 원인
검출 방법	• 전압 범위 점검	• 회로 단선 단락 • PCSV-A 이상 • PCM/TCM 이상
검출 조건	• 8V < BAT < 16V • VFS 시그널 신호 ≥ 5ms • VFS 듀티 < 100%	
판정값	• 전압 8~16V 사이에 단선 또는 GND(-) 단락 상태를 1초 이상 지속시	
검출 시간	• 1초 이상 지속	
페일 세이프	• 3속 홀드 • VFS off • 댐퍼 클러치 off	

제원

DTC P0743 : 토크 컨버터 솔레노이드 밸브 회로 - 단선 및 접지단락 참조.

표준 회로도

DTC P0743 : 토크 컨버터 솔레노이드 밸브 회로 - 단선 및 접지단락 참조.

파형 및 데이터 분석

DTC P0743 : 토크 컨버터 솔레노이드 밸브 회로 - 단선 및 접지단락 참조.

스캔툴 진단

1. 스캔툴을 연결한다.
2. 엔진을 "ON"한다.
3. 써비스 데이터 항목 중 "PCSV-A" 항목을 선택한다.
4. "N" → "D"로 변속한다.

정상값: 변속에 따른 듀티값 표시

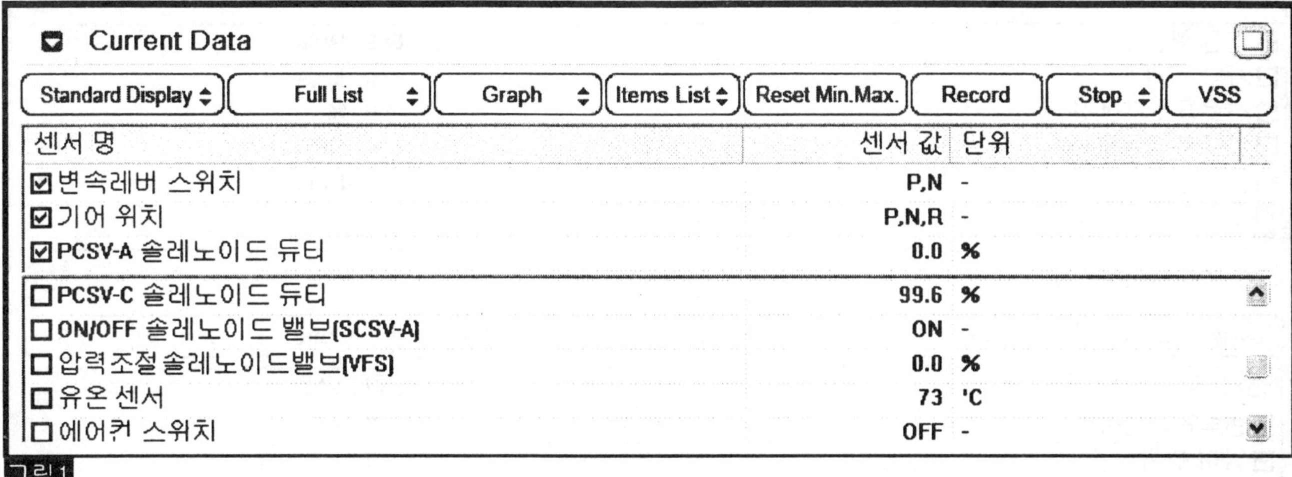

Current Data

Standard Display | Full List | Graph | Items List | Reset Min.Max. | Record | Stop | VSS

센서 명	센서 값	단위
☑ 변속레버 스위치	P,N	-
☑ 기어 위치	P,N,R	-
☑ PCSV-A 솔레노이드 듀티	0.0	%
☐ PCSV-C 솔레노이드 듀티	99.6	%
☐ ON/OFF 솔레노이드 밸브(SCSV-A)	ON	-
☐ 압력조절솔레노이드밸브(VFS)	0.0	%
☐ 유온 센서	73	'C
☐ 에어컨 스위치	OFF	-

그림1

Current Data

Standard Display | Full List | Graph | Items List | Reset Min.Max. | Record | Stop | VSS

센서 명	센서 값	단위
☑ 변속레버 스위치	R	-
☑ 기어 위치	P,N,R	-
☑ PCSV-A 솔레노이드 듀티	0.0	%
☐ PCSV-C 솔레노이드 듀티	99.6	%
☐ ON/OFF 솔레노이드 밸브(SCSV-A)	ON	-
☐ 압력조절솔레노이드밸브(VFS)	0.0	%
☐ 유온 센서	74	'C
☐ 에어컨 스위치	OFF	-

그림2

SSAAT8545D

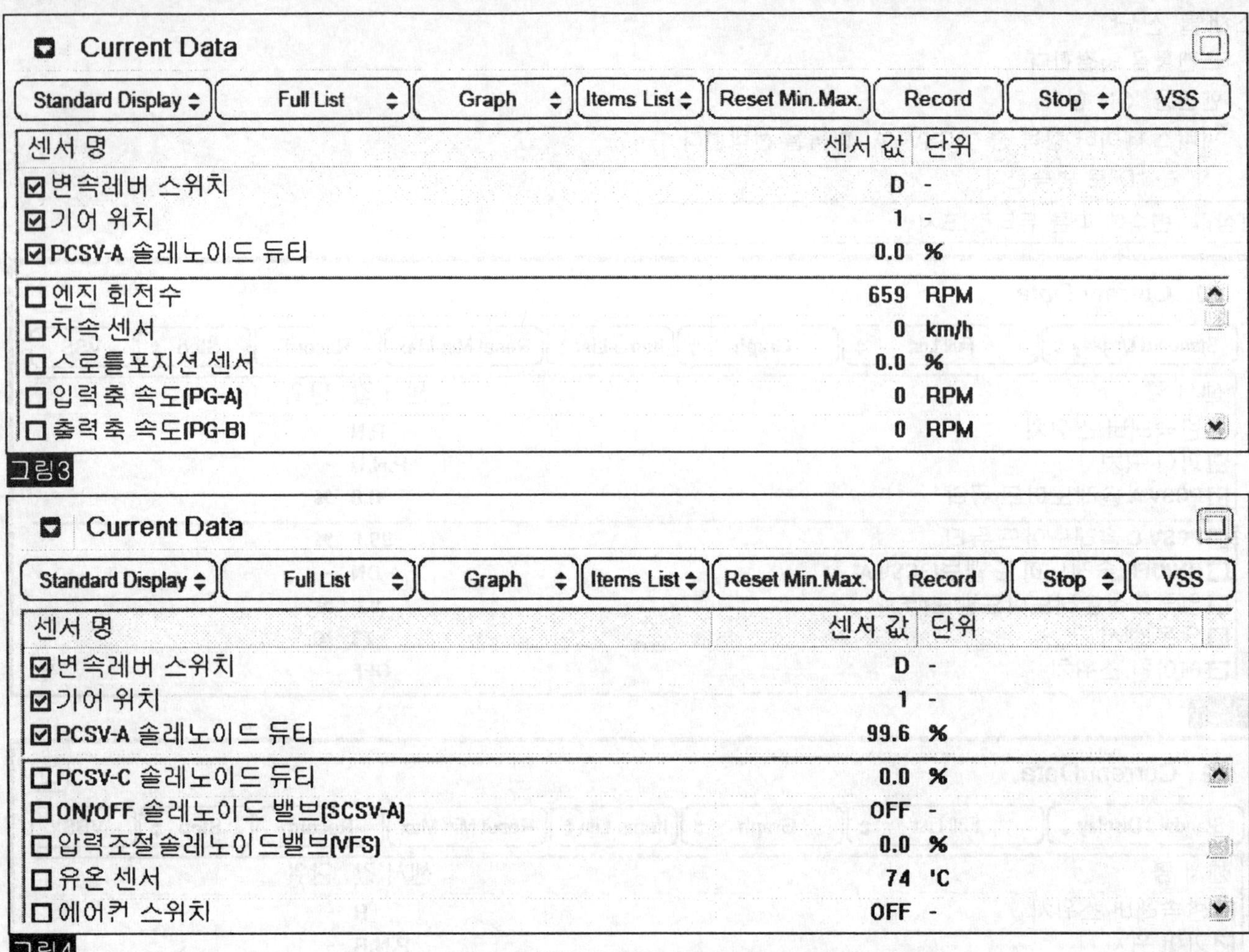
Current Data
Standard Display
Full List
Graph
Items List
Reset Min.Max.
Record
Stop
VSS
센서 명
센서 값
단위
변속레버 스위치 D -
기어 위치 1 -
PCSV-A 솔레노이드 듀티 0.0 %
엔진 회전수 659 RPM
차속 센서 0 km/h
스로틀포지션 센서 0.0 %
입력축 속도(PG-A) 0 RPM
출력축 속도(PG-B) 0 RPM
Current Data
Standard Display
Full List
Graph
Items List
Reset Min.Max.
Record
Stop
VSS
센서 명
센서 값
단위
변속레버 스위치 D -
기어 위치 1 -
PCSV-A 솔레노이드 듀티 99.6 %
PCSV-C 솔레노이드 듀티 0.0 %
ON/OFF 솔레노이드 밸브(SCSV-A) OFF -
압력조절솔레노이드밸브(VFS) 0.0 %
유온 센서 74 'C
에어컨 스위치 OFF -
SSAAT8546D
그림3

그림4

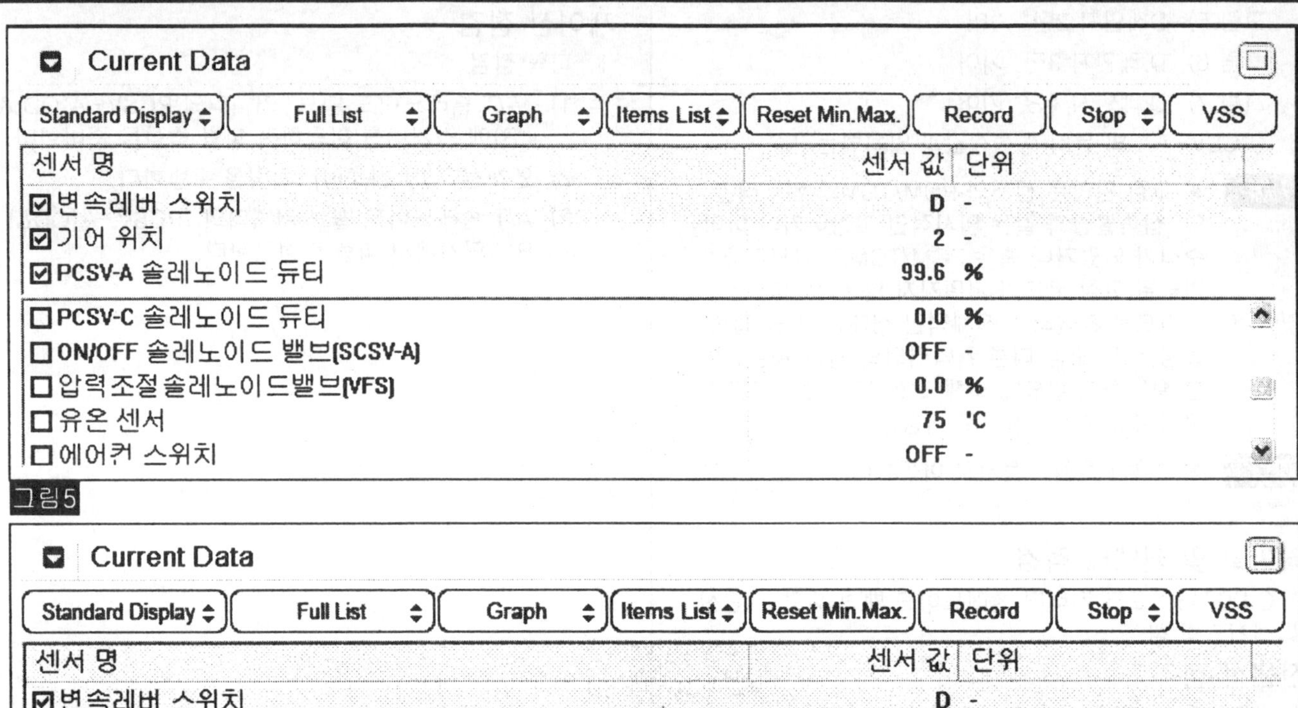

Current Data

Standard Display | Full List | Graph | Items List | Reset Min.Max. | Record | Stop | VSS

센서 명	센서 값	단위
☑변속레버 스위치	D	-
☑기어 위치	2	-
☑PCSV-A 솔레노이드 듀티	99.6	%
☐PCSV-C 솔레노이드 듀티	0.0	%
☐ON/OFF 솔레노이드 밸브(SCSV-A)	OFF	-
☐압력조절솔레노이드밸브(VFS)	0.0	%
☐유온 센서	75	'C
☐에어컨 스위치	OFF	-

그림5

Current Data

Standard Display | Full List | Graph | Items List | Reset Min.Max. | Record | Stop | VSS

센서 명	센서 값	단위
☑변속레버 스위치	D	-
☑기어 위치	3	-
☑PCSV-A 솔레노이드 듀티	0.0	%
☐엔진 회전수	1497	RPM
☐차속 센서	0	km/h
☐스로틀포지션 센서	3.9	%
☐입력축 속도(PG-A)	1498	RPM
☐출력축 속도(PG-B)	1498	RPM

그림6

SSAAT8547D

Current Data

Standard Display | Full List | Graph | Items List | Reset Min.Max. | Record | Stop | VSS

센서 명	센서 값	단위
☑변속레버 스위치	D	-
☑기어 위치	4	-
☑PCSV-A 솔레노이드 듀티	0.0	%
☐엔진 회전수	1737	RPM
☐차속 센서	0	km/h
☐스로틀포지션 센서	4.7	%
☐입력축 속도(PG-A)	1739	RPM
☐출력축 속도(PG-B)	2441	RPM

그림7

SSAAT8548D

그림 1) "P,N "

그림 2) "R"

그림 3) "D레인지 1단" ,차속 = 0

그림 4) "D 레인지 1단" 기어

그림 5) "D레인지 2단" 기어

그림 6) "D 레인지 3단" 기어

그림 7) "D 레인지 4단" 기어

5. "PCSV-A " 의 듀티가 정상값과 일치하는가 ?

예 ▶ 고장 원인은 센서와 PCM/TCM의 컨넥터간의 접촉불량과 같은 일시적인 고장이거나 이미 수리가 되었거나 혹은 PCM/TCM의 메모리에 기억된 고장 코드가 지워지지 않은 것이다 그러므로 컨넥터의 전체적인 상태(헐거움,접촉불량,부식,오염,다른 컨넥터와의 간섭,파손등)를 확인하고 필요에 의해 교환 또는 수리하고 "고장 수리 확인" 절차로 이동한다.

아니오 ▶ "배선 점검 " 절차로 이동한다.

터미널 및 커넥터 점검

DTC P0743 : 토크 컨버터 솔레노이드 밸브 회로 - 단선 및 접지단락 참조.

전원선 점검

1. ATM 솔레노이드 밸브 커넥터를 탈거한다.
2. Ignition "ON" & Engine "OFF"한다.
3. ATM 솔레노이드 밸브 배선측 커넥터 OD & LR 솔레노이드 전원 단자와 차체 접지 사이의 전압을 점검한다.

정상값 : 약 12V

4. 측정된 전압이 정상적인가?

예 ▶ "제어선 점검" 절차로 이동한다

아니오 ▶ 하니스의 단선 또는 단락 여부를 점검한다. 필요에 따라 배선의 수리 또는 교환후 "고장 수리 확인" 절차로 이동한다.

제어선 점검

1. 파형 점검
   1) "A/T 솔레노이드 밸브" 커넥터의 PCSV-A(OD & LR)에 스캐너를 이용하여 파형 측정을 준비한다.
   2) 엔진을 "ON"한 하여, 차량을 주행한다.
   3) A/T 솔레노이드 밸브 커넥터의 "PCSV-A(OD&LR)" 단자에서 파형을 점검한다.

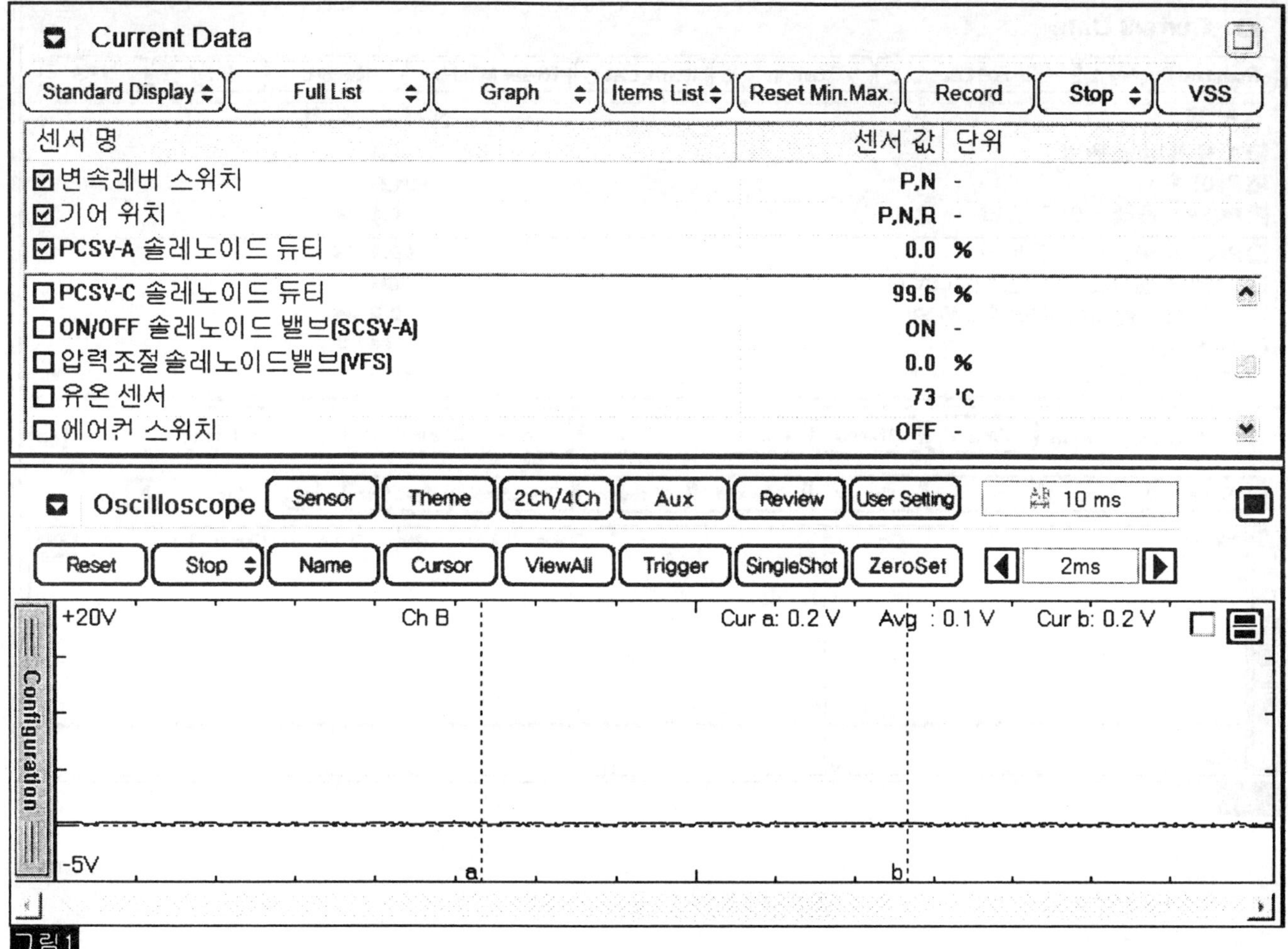

그림1

SSAAT8549D

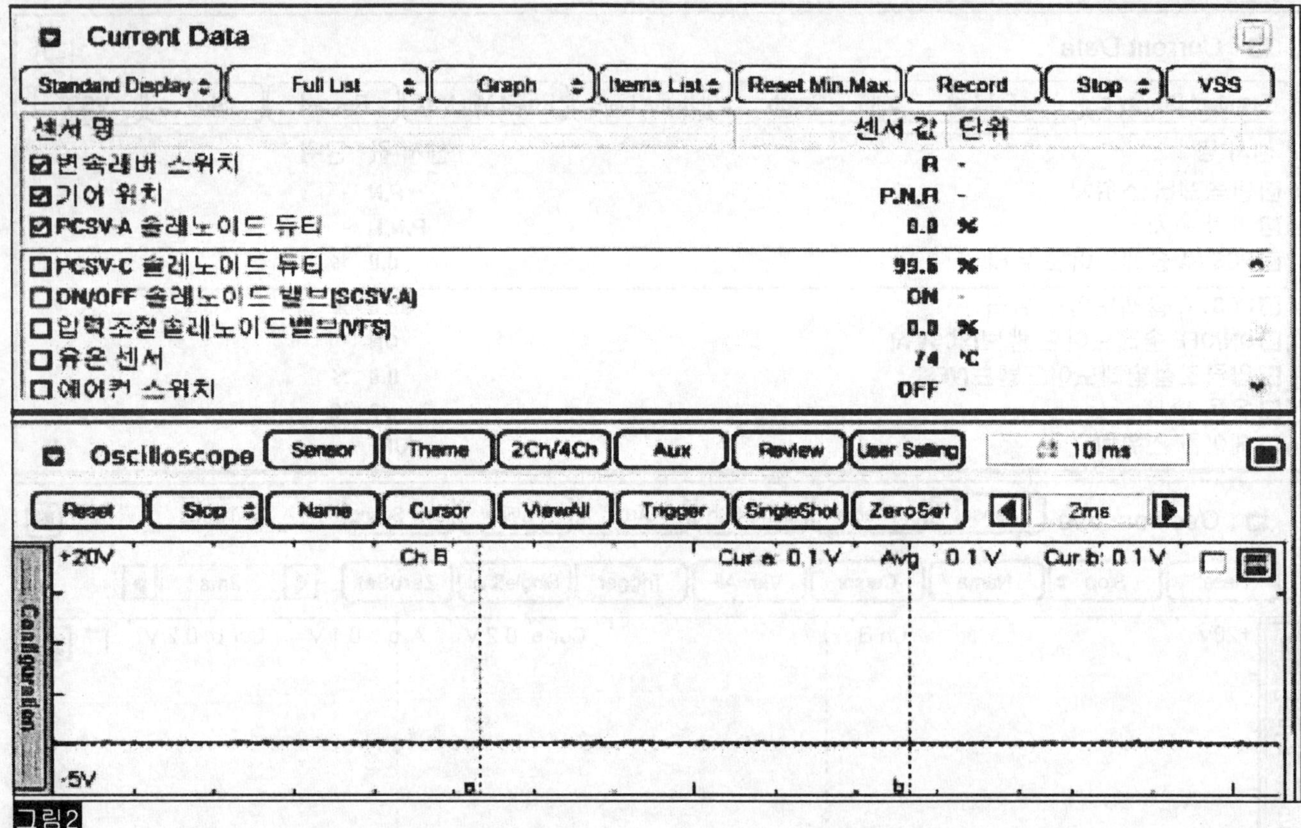

그림2

SSAAT8550D

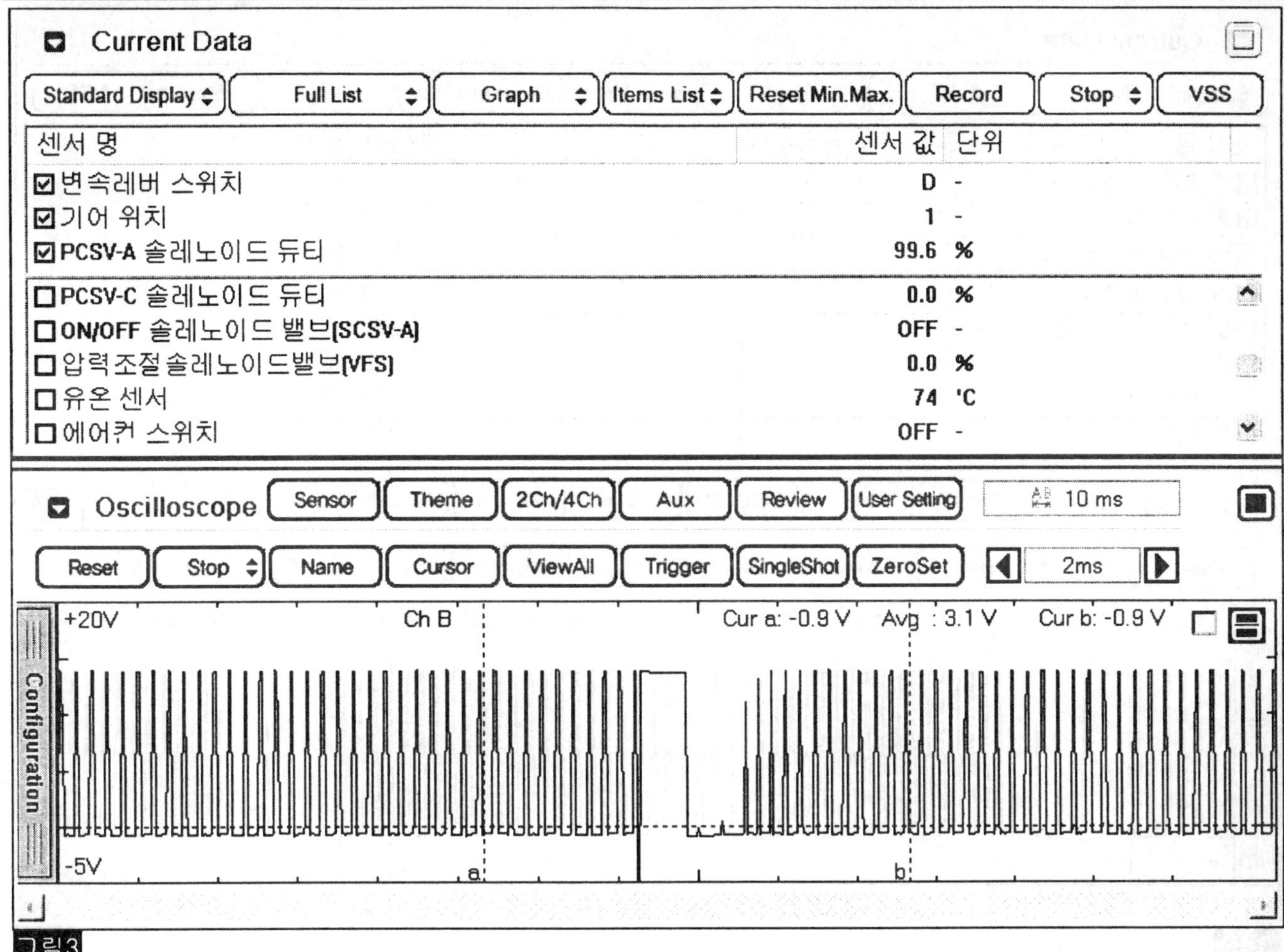

그림3

SSAAT8551D

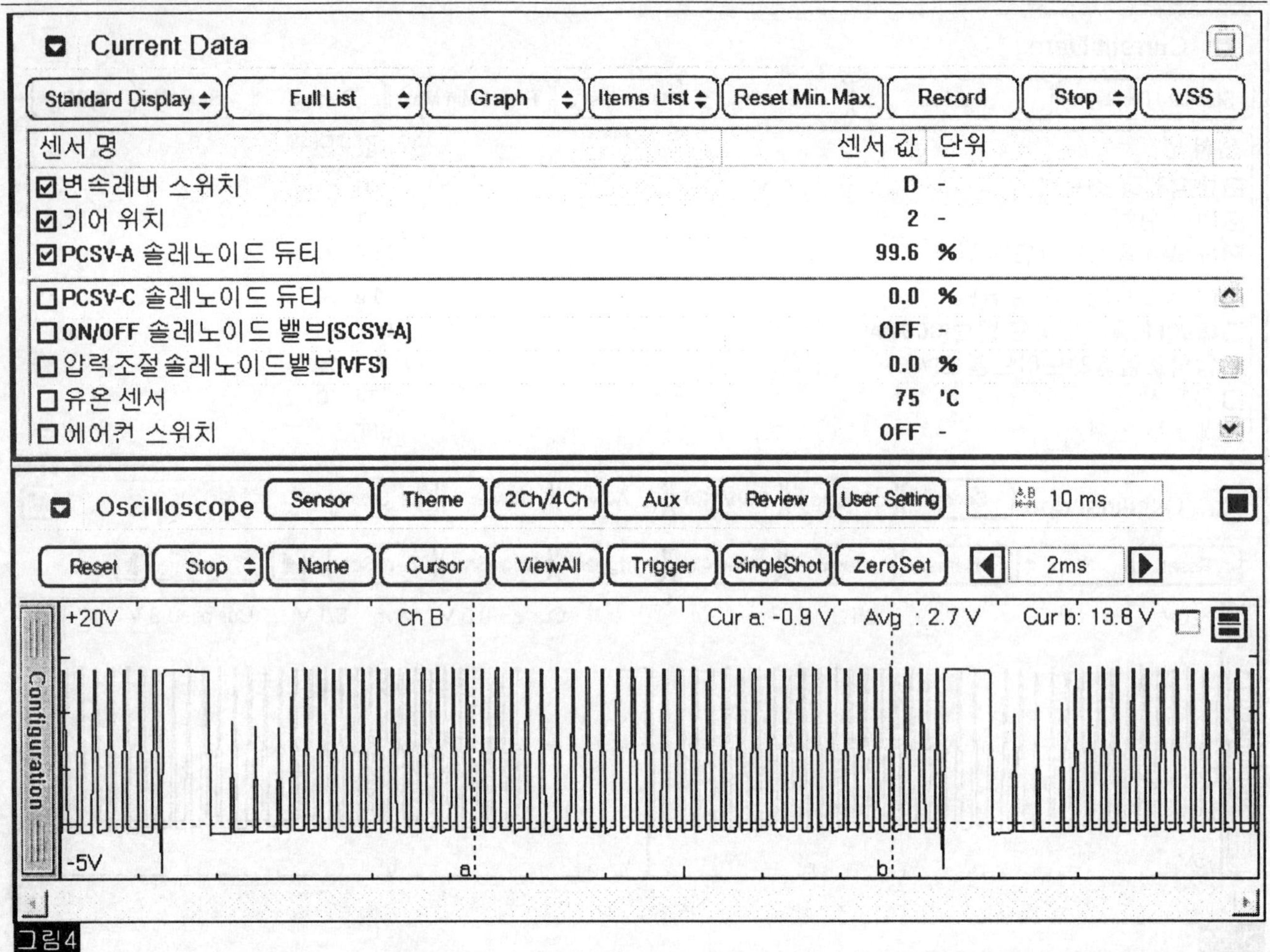

그림4

SSAAT8552D

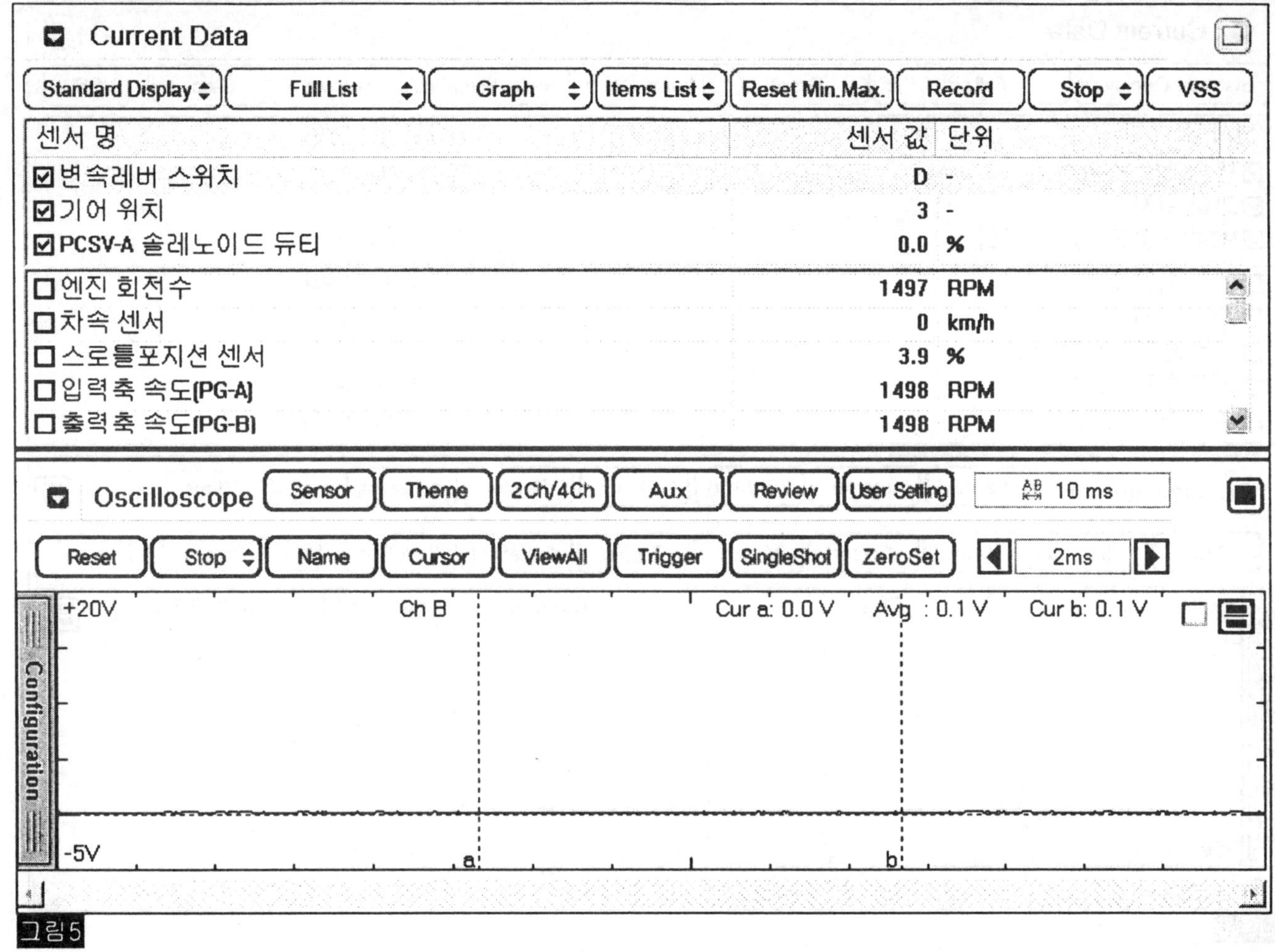

그림5

SSAAT8553D

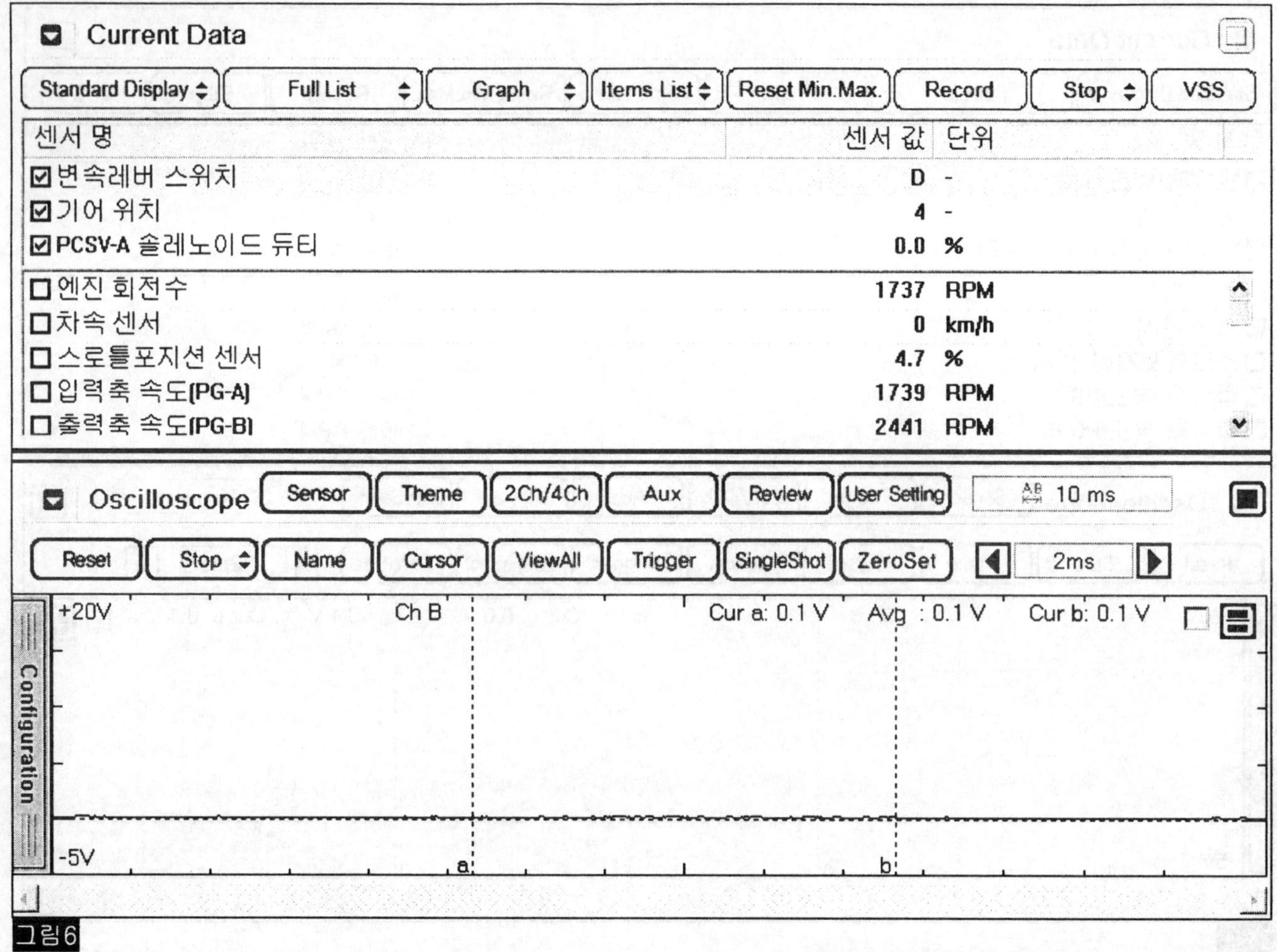

SSAAT8554D

그림.1) "P,N" 레인지

그림.2) "R" 레인지

그림.3) "D" 레인지 1속

그림.4) "D" 레인지 2속

그림.5) "D" 레인지 3속

그림.6) "D" 레인지 4속

4) 측정된 파형이 정상적인 작동 파형인가?

예 ▶ "단선 점검" 절차로 이동한다

아니오 ▶ 엔진 룸 정션박스의 A/T 휴즈의 단선 여부를 점검한다.
▶ 하니스의 단선 여부를 점검한다. 수리 후 "고장 수리 확인" 절차로 이동한다.

2. 단선 점검

1) 이그니션 스위치를 "OFF" 한다.

2) "A/T 솔레노이드 밸브"와 "PCM/TCM" 커넥터를 탈거한다.

3) A/T 솔레노이드 밸브의 배선측 커넥터의 "PCSV-A(OD&LR)" 단자와 PCM/TCM 커넥터 "PCSV-A (OD&LR)" 단자사이의 저항을 측정한다.

정상값 : 약 0 Ω

4) 측정된 저항값이 정상값과 일치하는가?

예 ▶ "회로 단락 점검" 절차로 이동한다.

아니오 ▶ 하니스의 단선 여부를 점검한다. 수리 후 "고장 수리 확인" 절차로 이동한다.

3. 회로 단락 점검
   1) 이그니션 스위치 "OFF"한다.
   2) "A/T SOLENOID VALVE"와 "PCM/TCM"커넥터를 탈거한다.
   3) A/T 솔레노이드 밸브 배선측 커넥터 "PCSV-A(OD&LR)" 단자와 차체 접지사이의 저항을 점검한다.

정상값 : 무한대

   4) 측정된 저항값이 정상값과 일치하는가?

예 ▶ "단품 점검" 절차로 이동한다.

아니오 ▶ 하니스의 단락 여부를 점검한다. 수리 후 "고장 수리 확인" 절차로 이동한다.

단품 점검

1. 솔레노이드 밸브 점검
   1) 이그니션 스위치를 "OFF"한다.
   2) "A/T SOLENOID VALVE" 커넥터를 탈거한다.
   3) ATM 솔레노이드 밸브 배선측 커넥터의 "PCSV-A(OD&LR)" 단자와 접지 단자사이의 저하을 점검한다.

정상값 : 약3.5 ± 0.2 Ω (25℃)

   4) 측정된 저항값이 정상값과 일치하는가?

예 ▶ "PCM/TCM 점검" 절차로 이동한다

아니오 ▶ "PCSV-A(OD &LR)"를 신품으로 교환하고 "고장 수리 확인" 절차로 이동한다

2. PCM/TCM 점검
   1) 스캔 툴을 연결한다.
   2) 이그니션 스위치를 "ON"한다.
   3) "액츄에이터 강제구동" 기능을 선택하여 해당 솔레노이드 밸브의 강제 구동을 실시한다.

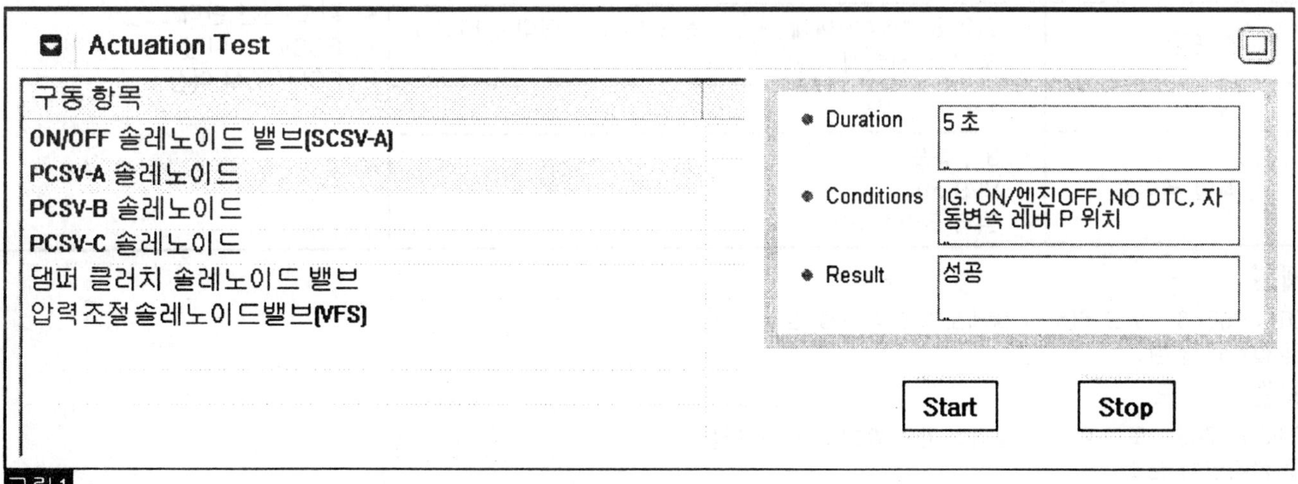

그림1) 액츄에이터 강제 구동

   4) "액츄에이터 강제구동"이 정상적으로 수행되었는가 ?

예 ▶ "고장 수리 확인" 로 이동한다

아니오 ▶ 정상품의 시험용 PCM/TCM으로 교환 한후 정상적으로 작동되는지 확인한다
만일 정상적으로 작동 된다면 PCM/TCM을 신품으로 교환하고 "고장 수리 확인"절차로 이동한다

액츄에이터 강제구동 판정 조건

1. 이그니션 ON
2. 변속 레버스위치 정상
3. P 레인지
4. 차속은 0km/h
5. T.P.S < 1V
6. 아이들 스위치 ON
7. 엔진 회전수 0 rpm

고장 수리 확인

DTC P0743 : 토크 컨버터 솔레노이드 밸브 회로 - 단선 및 접지단락 참조.

P0760 2-4 브레이크 솔레노이드 밸브 회로이상(PCSV-B)

구성 부품

DTC P0743 : 토크 컨버터 솔레노이드 밸브 회로 - 단선 및 접지단락 참조.

개요

자동 변속기는 솔레노이드 밸브들에 의해 제어된 클러치들과 브레이크들의 조합으로 변속을 실행한다.

신 소형 자동 변속기는 LR (Low and Reverse Brake) 그리고 2-4 (2-4 Brake) 그리고 UD (Under Drive Clutch) 그리고 OD (Over Drive Clutch) 그리고 REV (Reverse Clutch) 로 구성되어 있다.

PCSV-B는 2-4 브레이크를 제어한다.

고장코드 설명

TCM은 솔레노이드 밸브 구동 회로의 피드 백 신호를 이용하여 2-4 브레이크 솔레노이드 밸브의 제어신호를 점검한다.

만일 기대하지 않았던 신호가 감지되면, (예를 들어, 낮은 전압을 기대하였으나 높은 전압이 검출된 경우 혹은 높은 전압을 기대하였으나 낮은 전압이 검출된 경우) TCM은 해당 솔레노이드의 회로가 고장이라고 판정하고 이코드를 부여한다.

고장판정 조건

항목	판정 조건	고장 예상 원인
검출 방법	• 전압 범위 점검	• 회로 단선 단락 • PCSV-B 이상 • PCM/TCM 이상
검출 조건	• 8V < BAT < 16V • VFS 시그널 신호 ≥ 5ms • VFS 듀티 < 100%	
판정값	• 전압 8~16V 사이에 단선 또는 GND(-) 단락 상태를 1초 이상 지속시	
검출 시간	• 1초 이상 지속	
페일 세이프	• 3속 홀드 • VFS off • 댐퍼 클러치 off	

제원

DTC P0743 : 토크 컨버터 솔레노이드 밸브 회로 - 단선 및 접지단락 참조.

표준 회로도

DTC P0743 : 토크 컨버터 솔레노이드 밸브 회로 - 단선 및 접지단락 참조.

파형 및 데이터 분석

DTC P0743 : 토크 컨버터 솔레노이드 밸브 회로 - 단선 및 접지단락 참조.

스캔툴 진단

1. 스캔툴을 연결한다.
2. 엔진을 "ON"한다.
3. "PCSV-B(2-4 솔레노이드 밸브)" 항목을 점검한다.
4. 각 위치에서 기어를 변속한다.

정상값: 변속에 따른 듀티값 표시

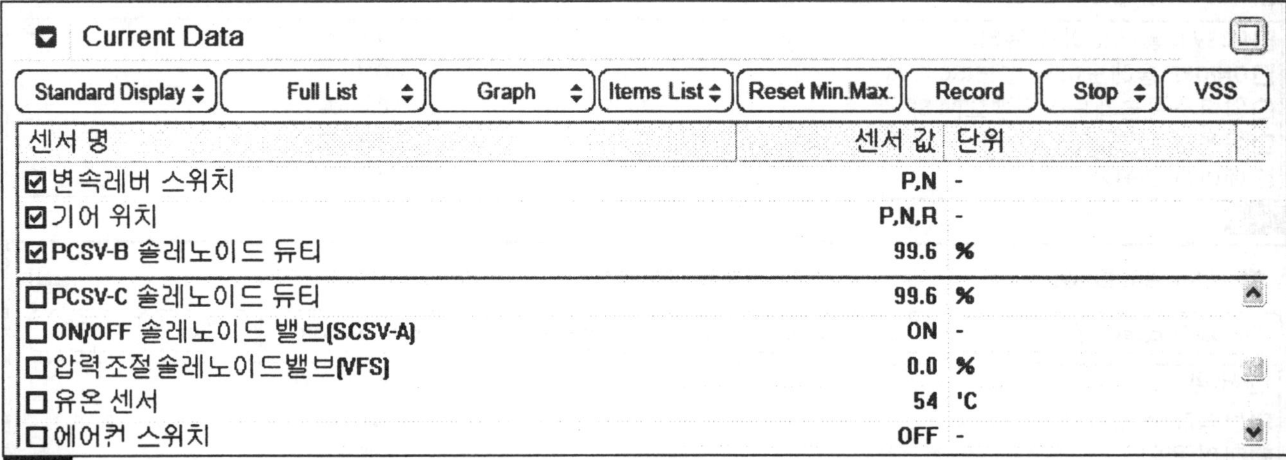

그림1

Current Data

Standard Display | Full List | Graph | Items List | Reset Min.Max. | Record | Stop | VSS

센서 명	센서 값	단위
☑변속레버 스위치	R	-
☑기어 위치	P,N,R	-
☑PCSV-B 솔레노이드 듀티	0.0	%
☐PCSV-C 솔레노이드 듀티	99.6	%
☐ON/OFF 솔레노이드 밸브(SCSV-A)	ON	-
☐압력조절솔레노이드밸브(VFS)	0.0	%
☐유온 센서	65	'C
☐에어컨 스위치	OFF	-

그림2

SSAAT8557D

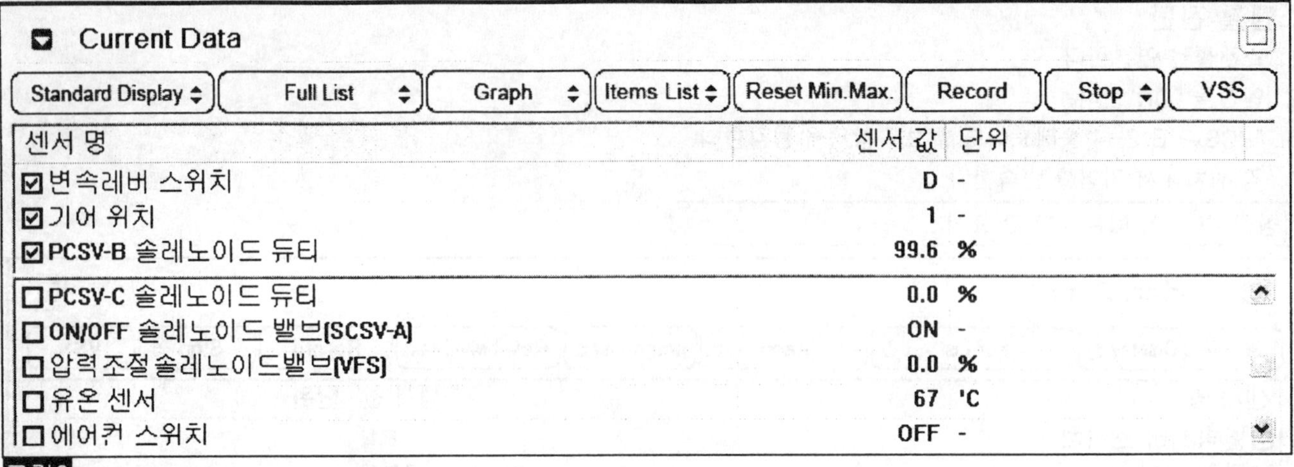

그림3

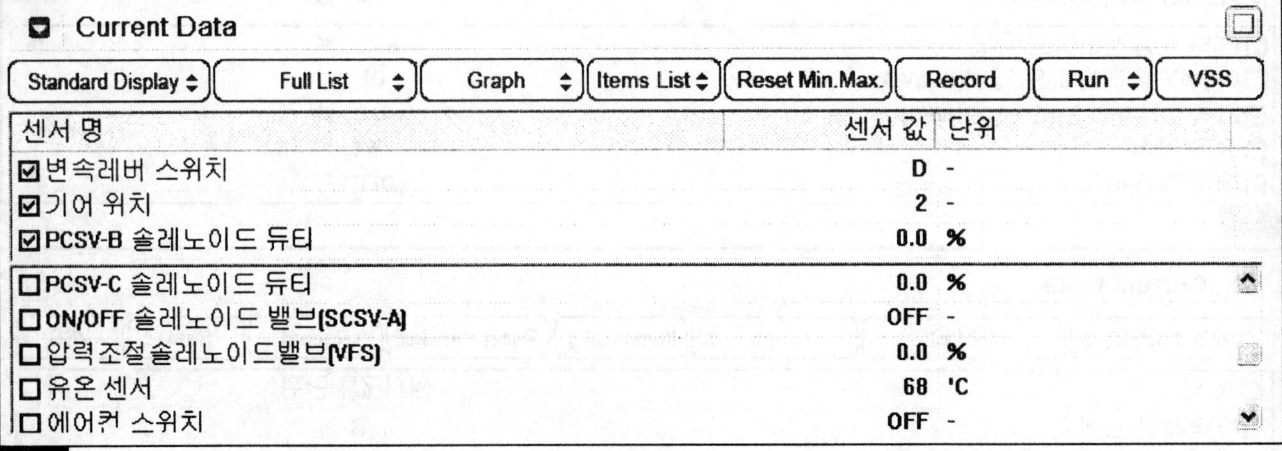

그림4

SSAAT8558D

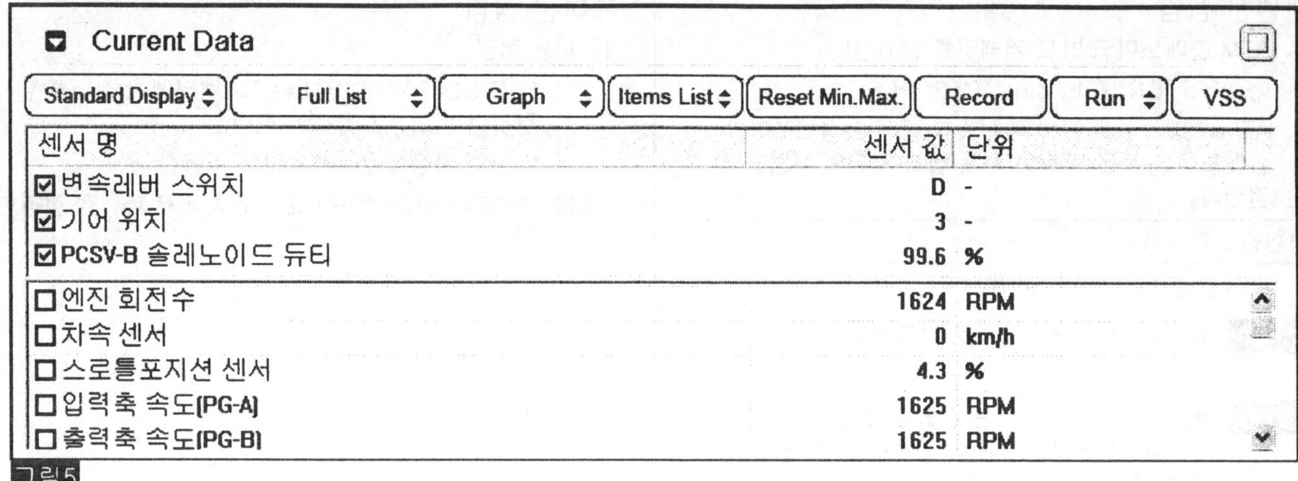

그림5

Current Data

Standard Display | Full List | Graph | Items List | Reset Min.Max. | Record | Run | VSS

센서 명	센서 값	단위
☑변속레버 스위치	D	-
☑기어 위치	4	-
☑PCSV-B 솔레노이드 듀티	0.0	%
☐엔진 회전수	1737	RPM
☐차속 센서	0	km/h
☐스로틀포지션 센서	4.7	%
☐입력축 속도(PG-A)	1739	RPM
☐출력축 속도(PG-B)	2440	RPM

그림6

SSAAT8559D

그림 1) "P,N "

그림 2) "R"

그림 3) "D 레인지 1단" 기어

그림 4) "D레인지 2단" 기어

그림 5) "D 레인지 3단" 기어

그림 6) "D 레인지 4단" 기어

5. "PCSV-B(2-4 솔레노이드 밸브) " 의 듀티가 정상값과 일치하는가 ?

예 ▶ 고장 원인은 센서와 PCM/TCM의 컨넥터간의 접촉불량과 같은 일시적인 고장이거나 이미 수리가 되었거나 혹은 PCM/TCM의 메모리에 기억된 고장 코드가 지워지지 않은 것이다 그러므로 컨넥터의 전체적인 상태(헐거움,접촉불량,부식,오염,다른 컨넥터와의 간섭,파손등)를 확인하고 필요에 의해 교환 또는 수리하고 "고장 수리 확인" 절차로 이동한다.

아니오 ▶ "배선 점검 " 절차로 이동한다.

터미널 및 커넥터 점검

DTC P0743 : 토크 컨버터 솔레노이드 밸브 회로 - 단선 및 접지단락 참조.

전원선 점검

1. ATM 솔레노이드 밸브 커넥터를 탈거한다.
2. Ignition "ON" & Engine "OFF"한다.
3. ATM 솔레노이드 밸브 배선측 커넥터 2-4브레이크 솔레노이드 전원 단자와 차체 접지 사이의 전압을 점검한다.

정상값 : 약 12V

4. 측정된 전압이 정상적인가?

예 ▶ "제어선 점검" 절차로 이동한다

아니오 ▶ 하니스의 단선 또는 단락 여부를 점검한다. 필요에 따라 배선의 수리 또는 교환후 "고장 수리 확인" 절차로 이동한다.

제어선 점검

1. 파형 점검
   1) "A/T SOLENOID VALVE" 커넥터에 스캐너를 연결하여 파형점검을 준비한다.
   2) 엔진의 시동을 건 후 차량을 주행한다.
   3) "PCSV-B(2-4BRAKE)" 단자에서 파형을 점검한다.

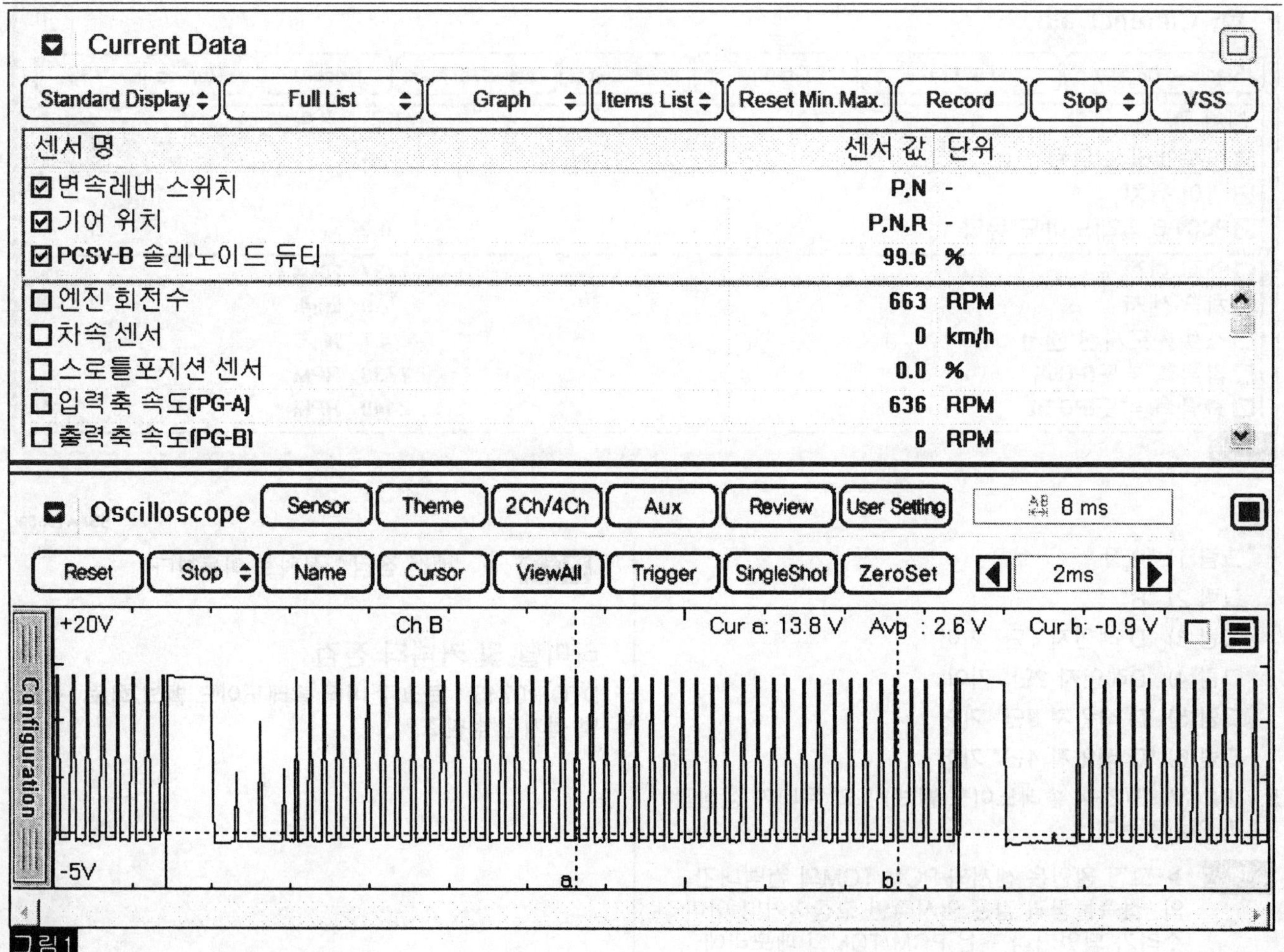

그림1

SSAAT8560D

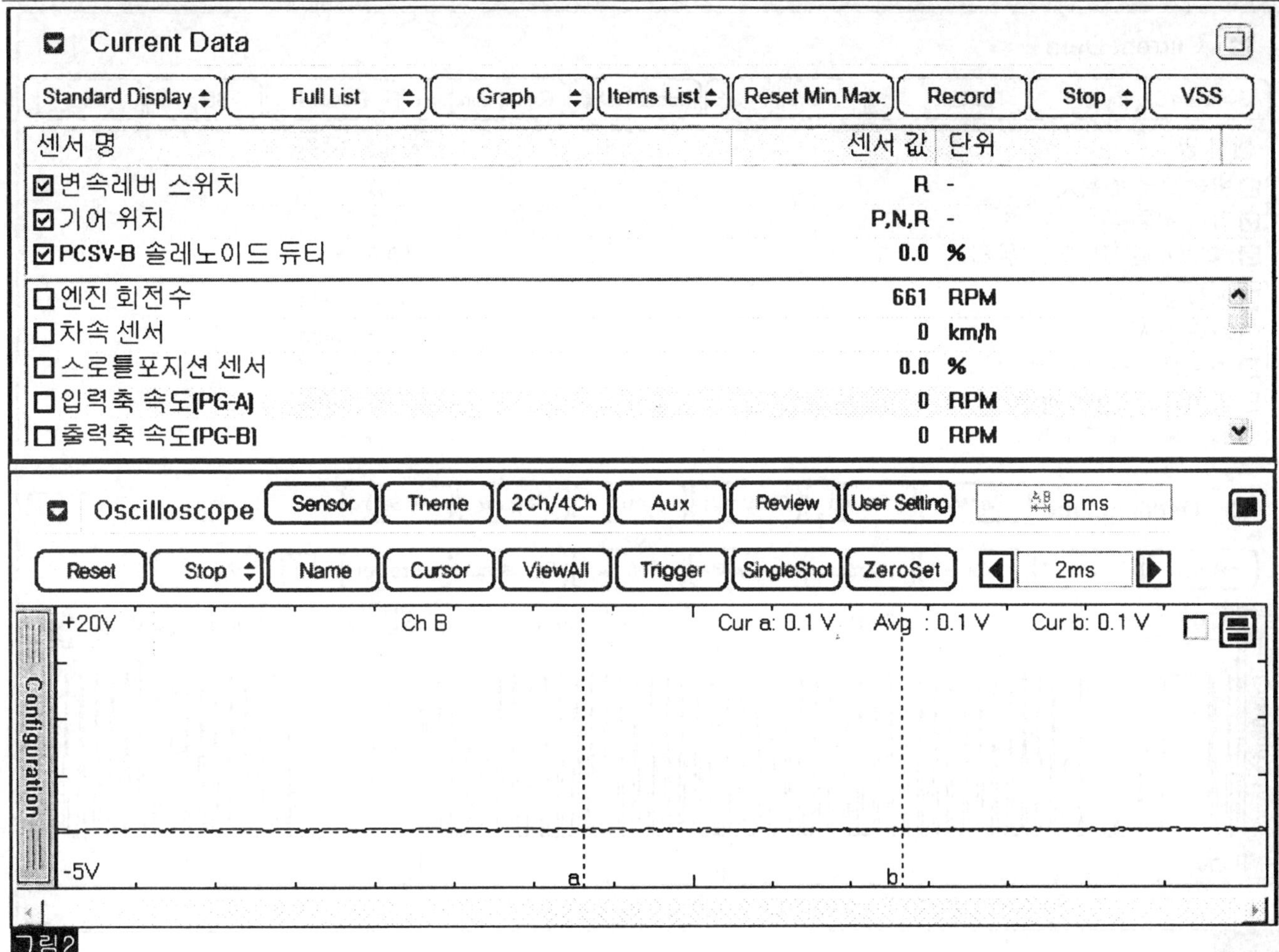

그림2

SSAAT8561D

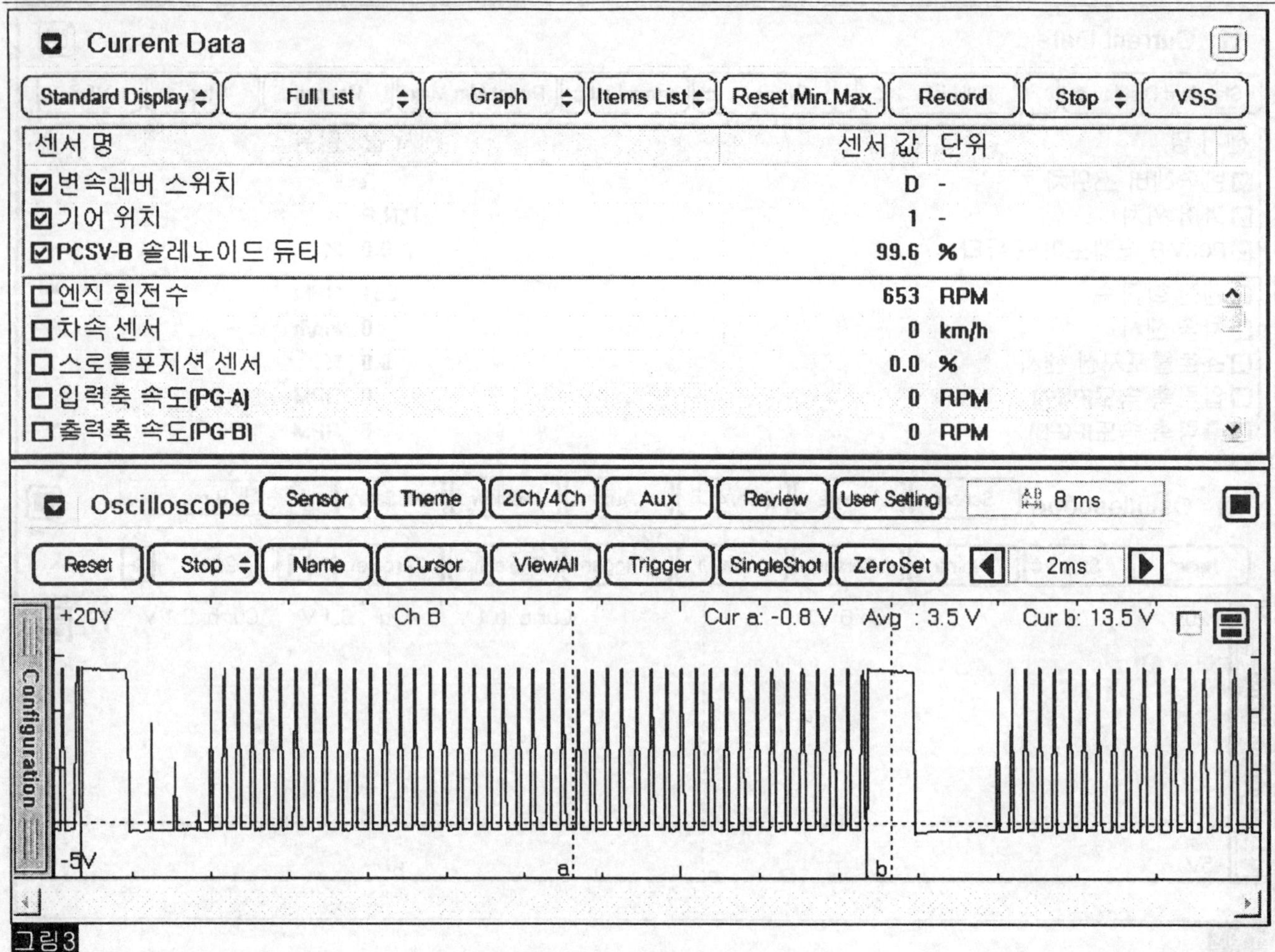

그림3

SSAAT8562D

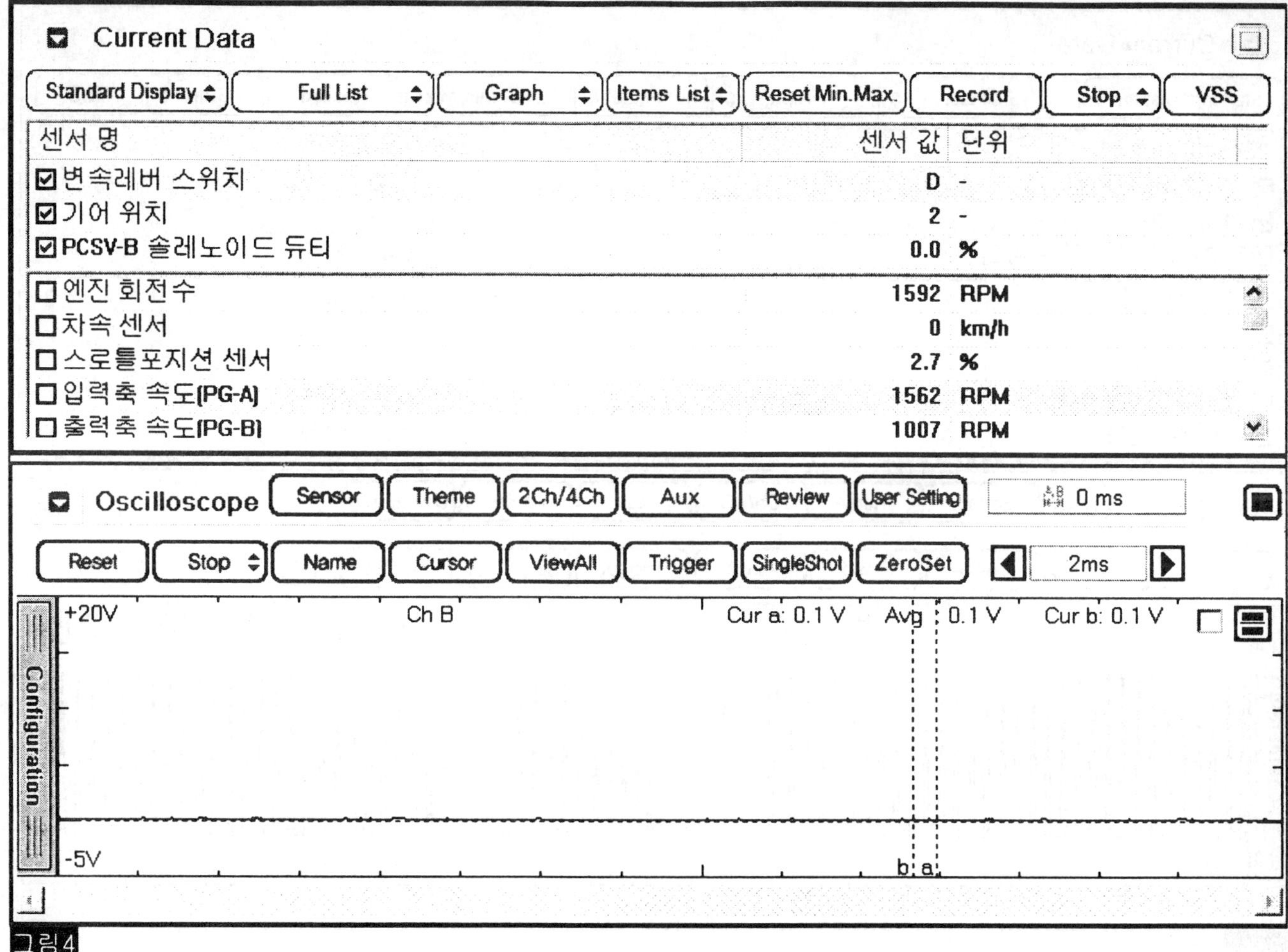

그림4

SSAAT8563D

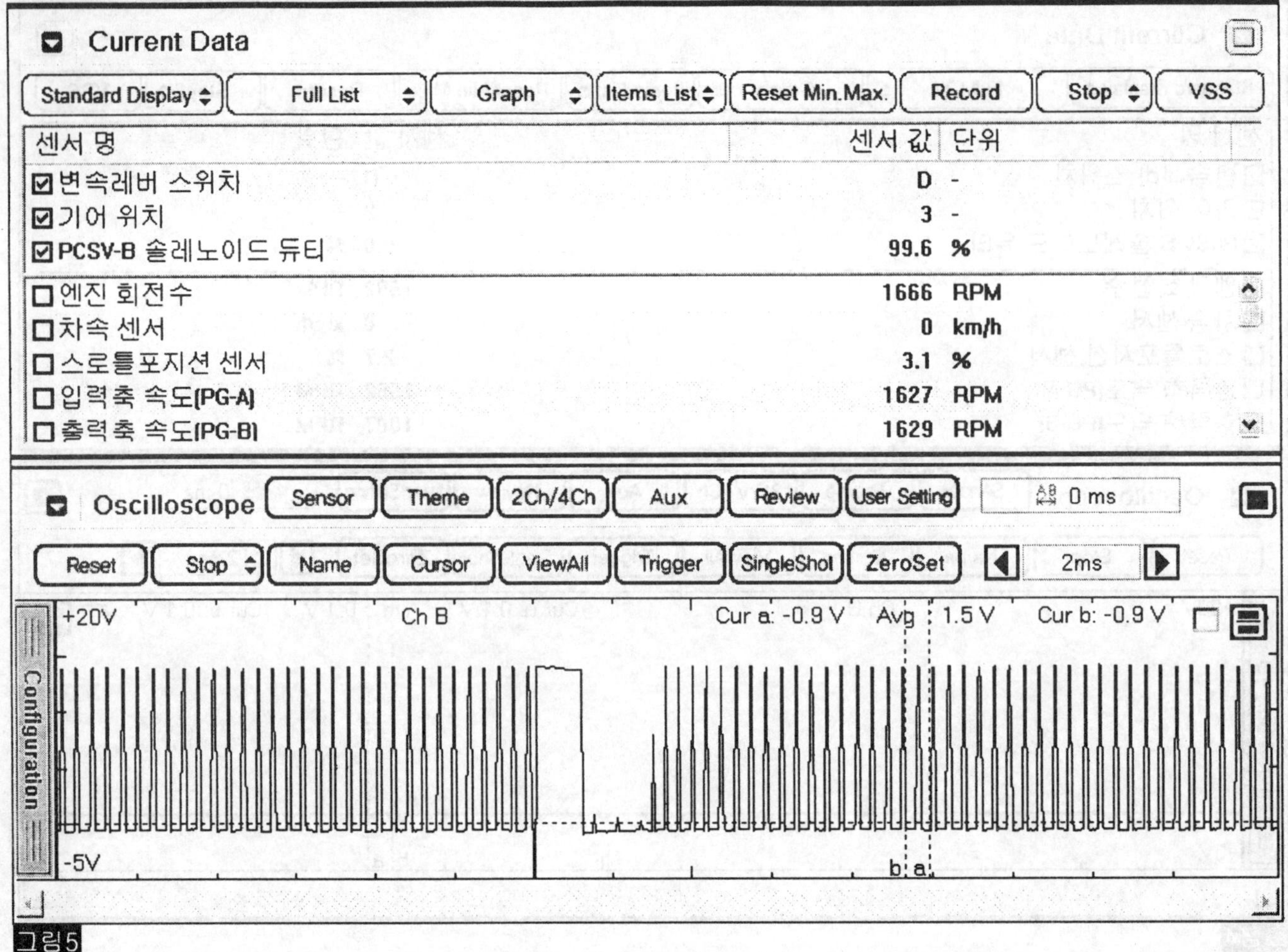

그림5

SSAAT8564D

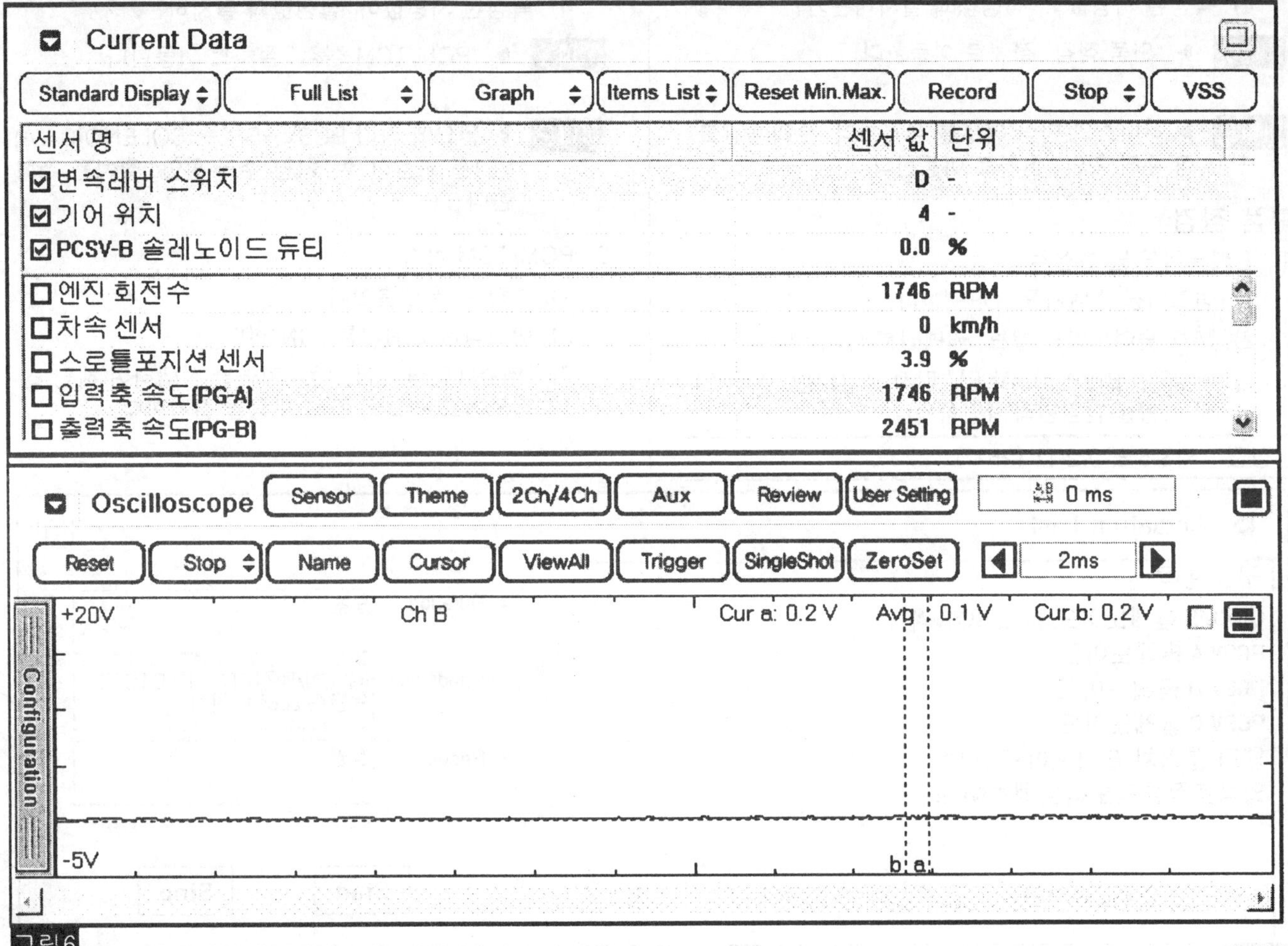

그림6

SSAAT8565D

그림.1) "P,N"

그림.2) "R"

그림.3) "D 레인지 1단" 기어

그림.4) "D 레인지 2단" 기어

그림.5) "D 레인지 3단" 기어

그림.6) "D 레인지 4단" 기어

4) 측정된 파형이 정상적인 작동 파형인가?

예 ▶ "단선 점검" 절차로 이동한다

아니오 ▶ 엔진 룸 정션박스의 A/T 휴즈의 단선 여부를 점검한다.
▶ 하니스의 단선 여부를 점검한다. 수리 후 "고장 수리 확인" 절차로 이동한다.

2. 회로 단선 점검

1) 이그니션 스위치를 "OFF" 한다.

2) "A/T SOLENOID VALVE" 커넥터와 "PCM/TCM" 커넥터를 탈거한다.

3) A/T 솔레노이드 밸브 배선측 커넥터의 "PCSV-B(2-4 BRAKE)" 단자와 PCM/TCM 커넥터의 "PCSV-B(2-4 BRAKE)" 단자 사이의 저항을 점검한다.

정상값 : 약 0 Ω

4) 측정된 저항값이 정상값과 일치하는가?

예 ▶ "회로 단락 점검" 절차로 이동한다.

아니오 ▶ 하니스의 단선 여부를 점검한다. 수리 후 "고장 수리 확인" 절차로 이동한다.

3. 회로 단락 점검

1) 이그니션 스위치 "OFF"한다.

2) "A/T SOLENOID VALVE"와 "PCM/TCM" 커넥터를 탈거한다.

3) A/T 솔레노이드 밸브 배선측 "PCSV-B(2-4BRAKE)" 단자와 차체 접지 사이의 저항을 점검한다.

정상값 : 무한대

4) 측정된 저항값이 정상값과 일치하는가?

예 ▶ "단품 점검" 절차로 이동한다.

아니오 ▶ 하니스의 단락 여부를 점검한다. 수리 후 "고장 수리 확인" 절차로 이동한다.

단품 점검

1. 솔레노이드 밸브 점검
   1) 이그니션 스위치를 "OFF"한다.
   2) "A/T 솔레노이드 밸브" 커넥터를 탈거한다.
   3) "PCSV-B(2-4BRAKE)" 단자 와 접지 단자 사이의 저항을 점검한다. (단품측)

정상값 : 약3.5 ± 0.2 Ω (25℃)

4) 측정된 저항값이 정상값과 일치하는가?

예 ▶ "PCM/TCM 점검" 절차로 이동한다

아니오 ▶ 필요에 따라 PCSV-B(2-4SOLENOID VALVE)를 교환한 후 "차량 수리 확인" 절차를 수행한다.

2. PCM/TCM 점검
   1) 스캔 툴을 연결한다.
   2) 이그니션 스위치를 "ON"한다.
   3) "액츄에이터 강제구동" 기능을 선택하여 해당 솔레노이드 밸브의 강제 구동을 실시한다.

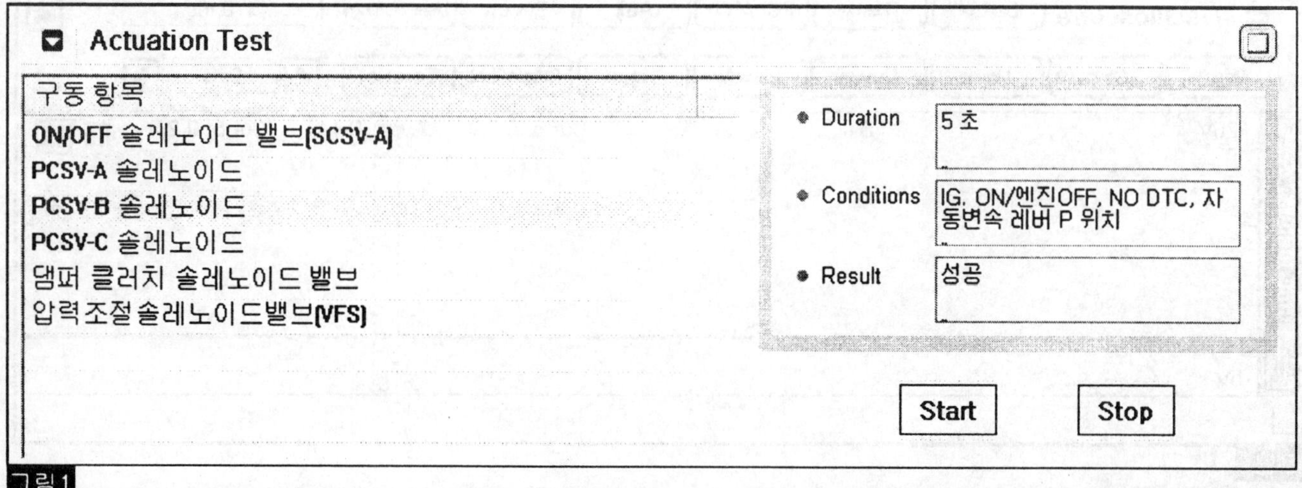

그림1

SSAAT8566D

그림1) 액츄에이터 강제 구동

4) "액츄에이터 강제구동"이 정상적으로 수행되었는가 ?

예 ▶ "고장 수리 확인" 로 이동한다

아니오 ▶ 정상품의 시험용 PCM/TCM으로 교환 한후 정상적으로 작동되는지 확인한다
만일 정상적으로 작동 된다면 PCM/TCM을 신품으로 교환하고 "고장 수리 확인"절차로 이동한다

액츄에이터 강제구동 판정 조건

1. 이그니션 ON
2. 변속 레버스위치 정상
3. P 레인지
4. 차속은 0km/h
5. T.P.S < 1V
6. 아이들 스위치 ON
7. 엔진 회전수 0 rpm

고장 수리 확인

DTC P0743 : 토크 컨버터 솔레노이드 밸브 회로 - 단선 및 접지단락 참조.

P0765 언더 드라이브 클러치 솔레노이드 밸브 회로이상(PCSV-C)

구성 부품

DTC P0743 : 토크 컨버터 솔레노이드 밸브 회로 - 단선 및 접지단락 참조.

개요

자동 변속기는 솔레노이드 밸브들에 의해 제어된 클러치들과 브레이크들의 조합으로 변속을 실행한다.

신 소형 자동 변속기는 LR (Low and Reverse Brake) 그리고 2-4 (2-4 Brake) 그리고 UD (Under Drive Clutch) 그리고 OD (Over Drive Clutch) 그리고 REV (Reverse Clutch) 로 구성되어 있다.

PCSV-C는 UD 클러치를 제어한다.

고장코드 설명

TCM은 솔레노이드 밸브 구동회로의 피드 백 신호를 이용하여 언더드라이브 솔레노이드 밸브의 제어신호를 점검한다.

만일 기대하지 않았던 신호가 감지되면, (예를 들어, 낮은 전압을 기대하였으나 높은 전압이 검출된 경우 혹은 높은 전압을 기대하였으나 낮은 전압이 검출된 경우) TCM은 해당 솔레노이드의 회로가 고장이라고 판정하고 이코드를 부여한다.

고장판정 조건

항목	판정 조건	고장 예상 원인
검출 방법	• 전압 범위 점검	• 회로 단선 단락 • PCSV-C 이상 • PCM/TCM 이상
검출 조건	• 8V < BAT < 16V • VFS 시그널 신호 ≥ 5ms • VFS 듀티 < 100%	
판정값	• 전압 8~16V 사이에 단선 또는 GND(-) 단락 상태를 1초 이상 지속시	
검출 시간	• 1초 이상 지속	
페일 세이프	• 3속 홀드 • VFS off • 댐퍼 클러치 off	

제원

DTC P0743 : 토크 컨버터 솔레노이드 밸브 회로 - 단선 및 접지단락 참조.

표준 회로도

DTC P0743 : 토크 컨버터 솔레노이드 밸브 회로 - 단선 및 접지단락 참조.

파형 및 데이터 분석

DTC P0743 : 토크 컨버터 솔레노이드 밸브 회로 - 단선 및 접지단락 참조.

스캔툴 진단

1. 스캔툴을 연결한다.
2. 엔진을 "ON"한다.
3. "PCSV-C(UD) 솔레노이드 밸브" 항목을 점검한다.
4. 각 위치에서 기어를 변속한다.

정상값: 변속에 따른 듀티값 표시

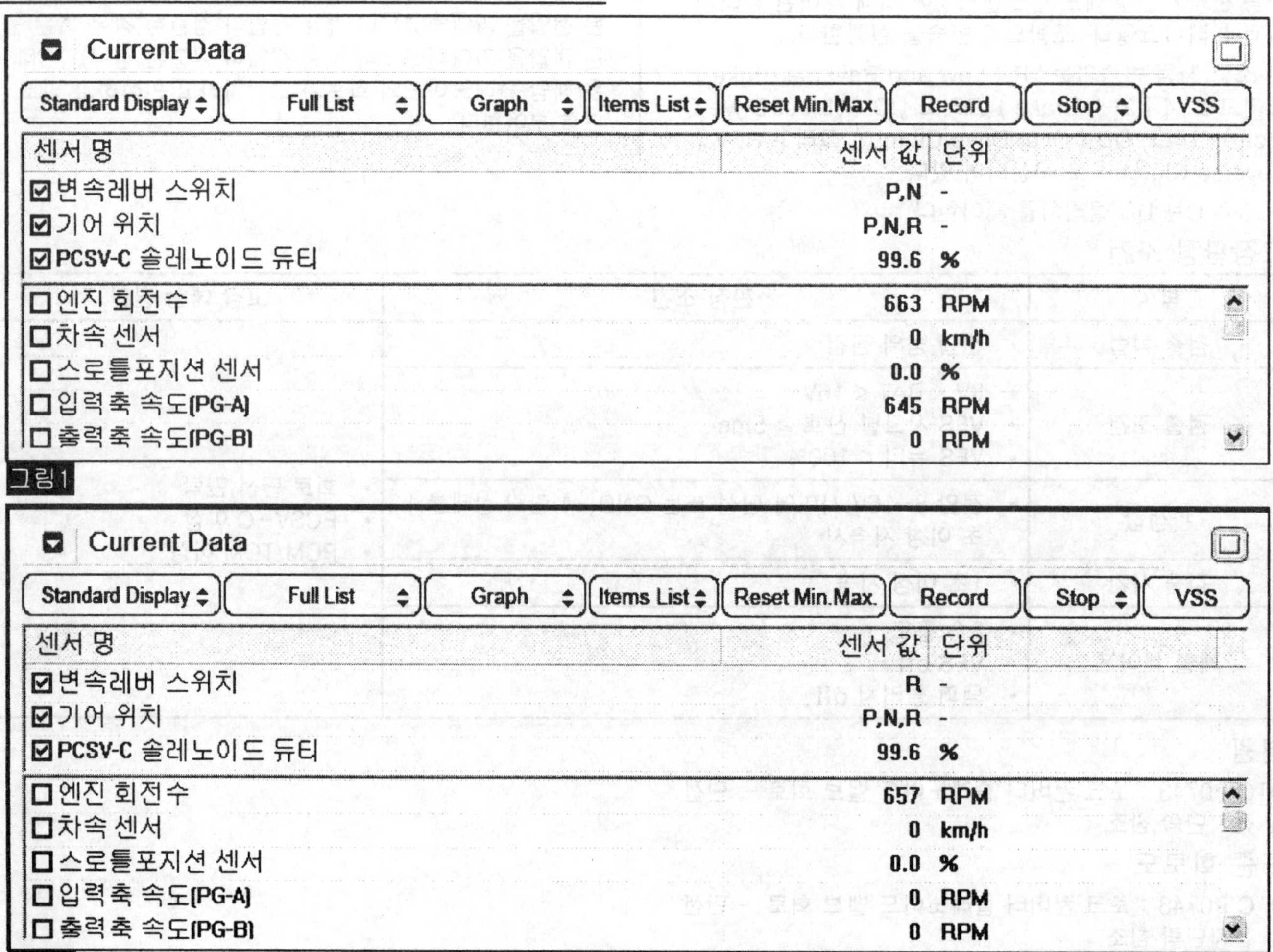

SSAAT8568D

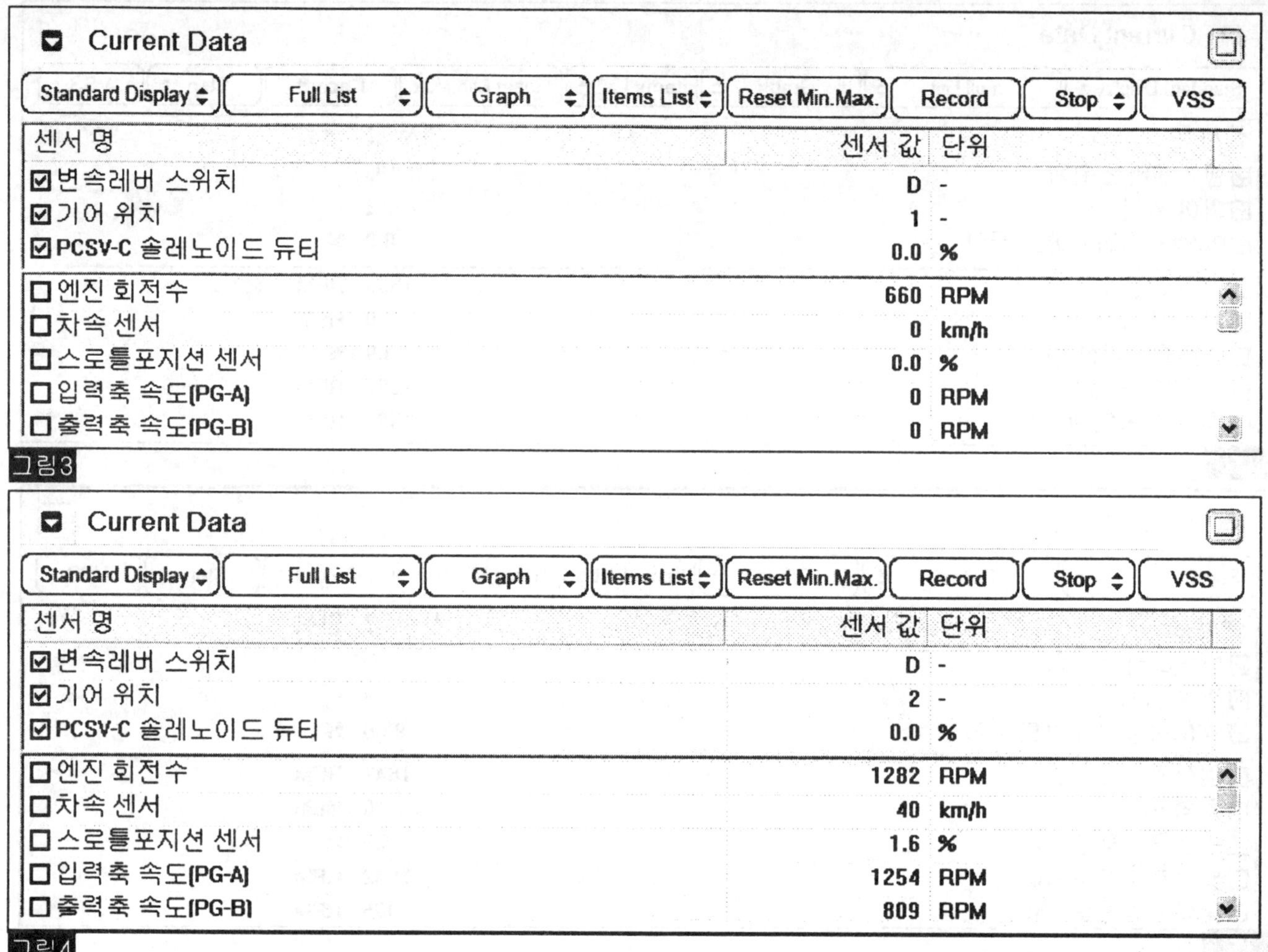
Current Data
Standard Display
Full List
Graph
Items List
Reset Min.Max.
Record
Stop
VSS
센서 명
센서 값
단위
변속레버 스위치 D -
기어 위치 1 -
PCSV-C 솔레노이드 듀티 0.0 %
엔진 회전수 660 RPM
차속 센서 0 km/h
스로틀포지션 센서 0.0 %
입력축 속도(PG-A) 0 RPM
출력축 속도(PG-B) 0 RPM
그림3
Current Data
Standard Display
Full List
Graph
Items List
Reset Min.Max.
Record
Stop
VSS
센서 명
센서 값
단위
변속레버 스위치 D -
기어 위치 2 -
PCSV-C 솔레노이드 듀티 0.0 %
엔진 회전수 1282 RPM
차속 센서 40 km/h
스로틀포지션 센서 1.6 %
입력축 속도(PG-A) 1254 RPM
출력축 속도(PG-B) 809 RPM
그림4

SSAAT8569D

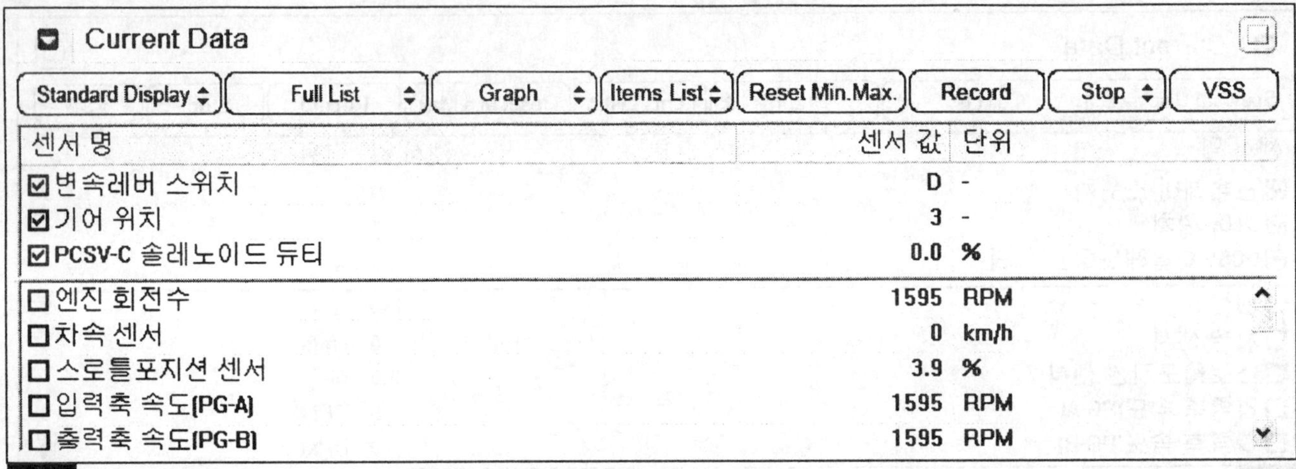

그림5

Current Data

Standard Display | Full List | Graph | Items List | Reset Min.Max. | Record | Stop | VSS

센서 명	센서 값	단위
☑변속레버 스위치	D	-
☑기어 위치	4	-
☑PCSV-C 솔레노이드 듀티	99.6	%
☐엔진 회전수	1641	RPM
☐차속 센서	0	km/h
☐스로틀포지션 센서	4.3	%
☐입력축 속도(PG-A)	1642	RPM
☐출력축 속도(PG-B)	2306	RPM

그림6

SSAAT8570D

그림 1) "P,N "

그림 2) "R"

그림 3) "D 레인지 1단" 기어

그림 4) "D레인지 2단" 기어

그림 5) "D 레인지 3단" 기어

그림 6) "D 레인지 4단" 기어

5. "PCSV-C(UD) " 의 듀티가 정상값과 일치하는가 ?

예 ▶ 고장 원인은 센서와 PCM/TCM의 컨넥터간의 접촉불량과 같은 일시적인 고장이거나 이미 수리가 되었거나 혹은 PCM/TCM의 메모리에 기억된 고장 코드가 지워지지 않은 것이다 그러므로 컨넥터의 전체적인 상태(헐거움,접촉불량,부식,오염,다른 컨넥터와의 간섭,파손등)를 확인하고 필요에 의해 교환 또는 수리하고 "고장 수리 확인" 절차로 이동한다.

아니오 ▶ "배선 점검 " 절차로 이동한다.

터미널 및 커넥터 점검

DTC P0743 : 토크 컨버터 솔레노이드 밸브 회로 – 단선 및 접지단락 참조.

전원선 점검

1. ATM 솔레노이드 밸브 커넥터를 탈거한다.
2. Ignition "ON" & Engine "OFF"한다.
3. ATM 솔레노이드 밸브 배선측 커넥터 UD 솔레노이드 전원 단자와 차체 접지 사이의 전압을 점검한다.

정상값 : 약 12V

4. 측정된 전압이 정상적인가?

예 ▶ "제어선 점검" 절차로 이동한다

아니오 ▶ 하니스의 단선 또는 단락 여부를 점검한다. 필요에 따라 배선의 수리 또는 교환후 "고장 수리 확인" 절차로 이동한다.

제어선 점검

1. 파형 점검
   1) "A/T SOLENOID VALVE" 커넥터에 스캐너를 연결하여 파형점검을 준비한다.
   2) 엔진의 시동을 건 후 차량을 주행한다.
   3) "PCSV-C(UD)" 단자에서 파형을 점검한다.

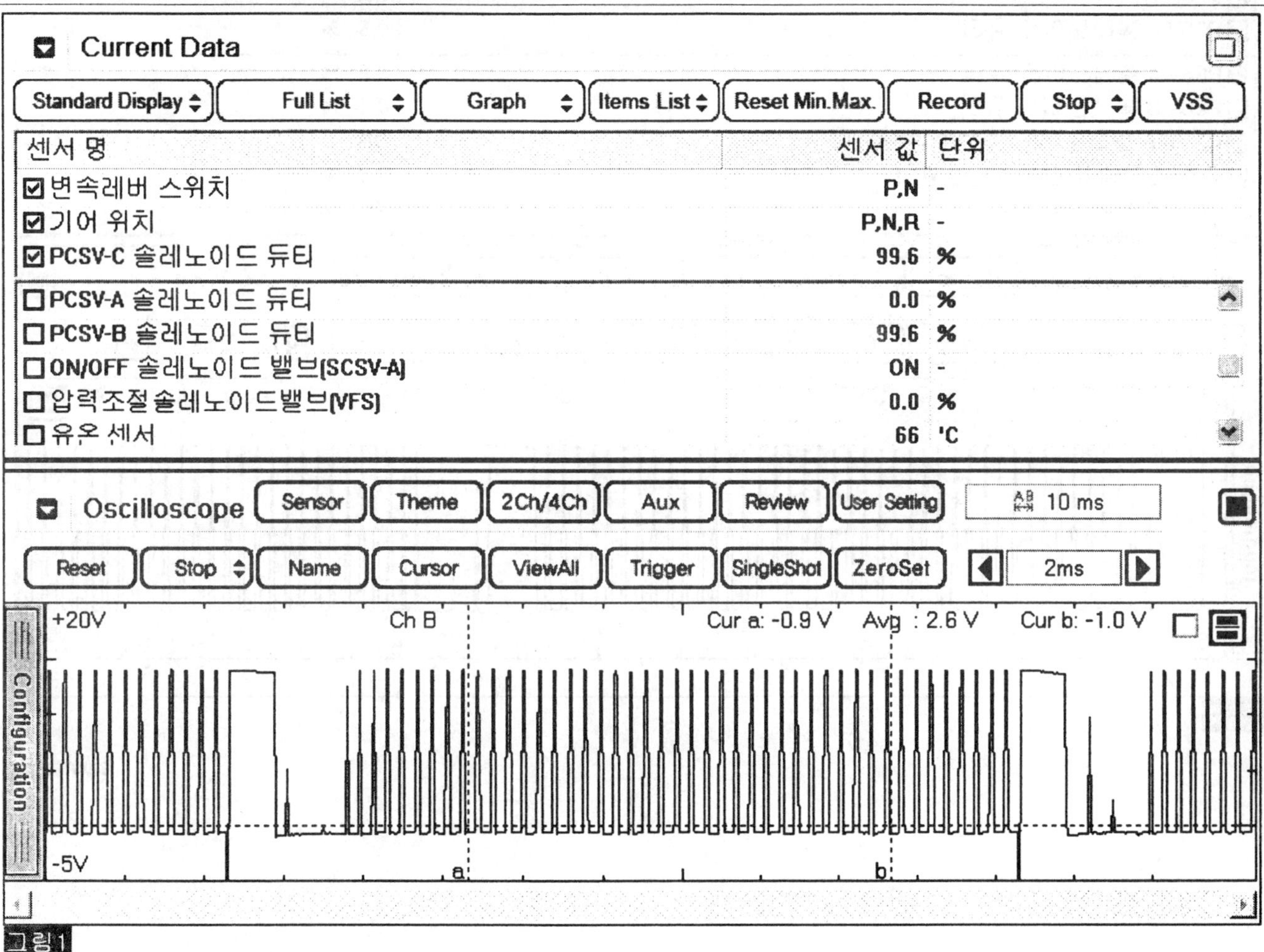

그림1

SSAAT8571D

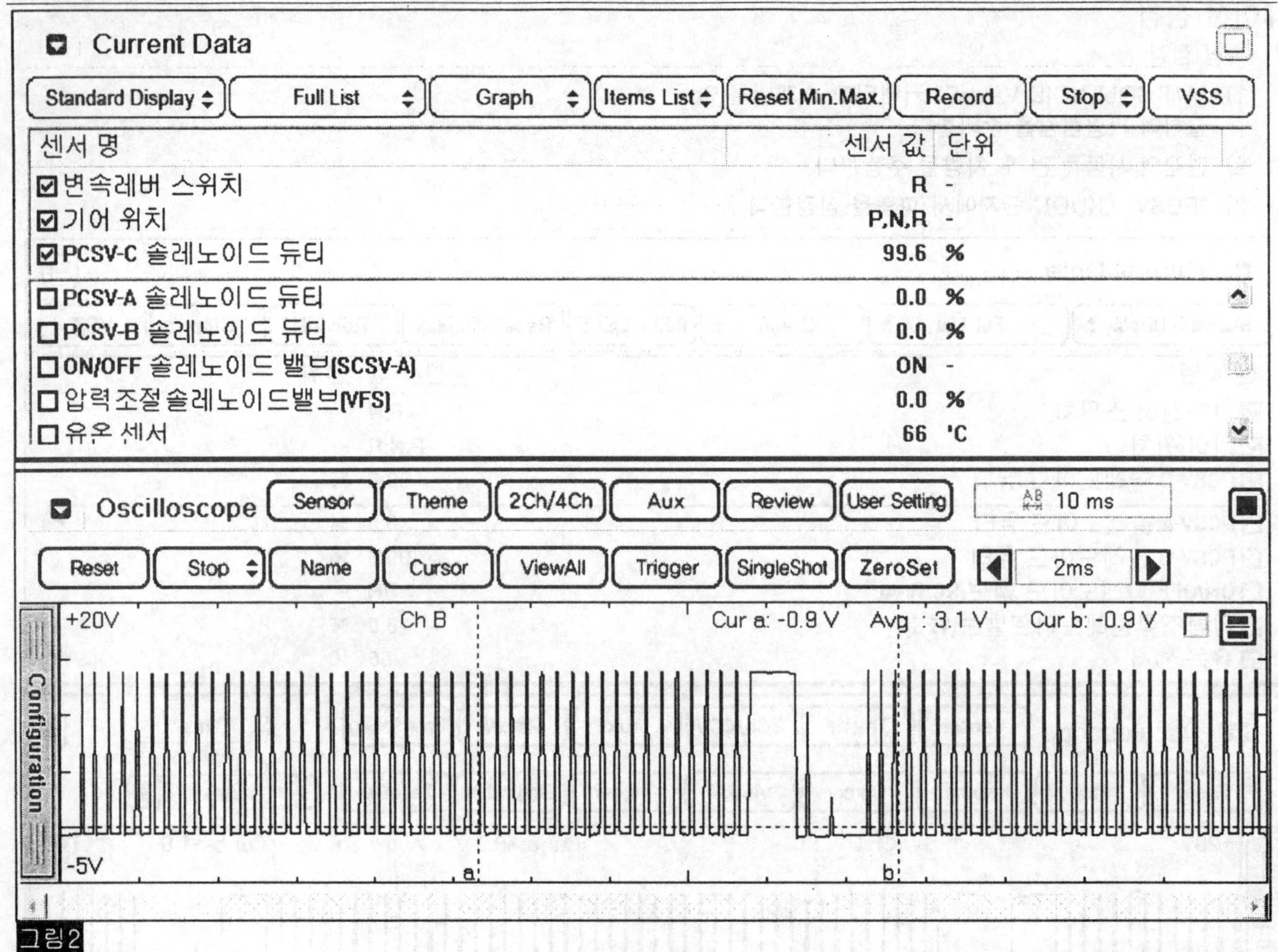

그림2

SSAAT8572D

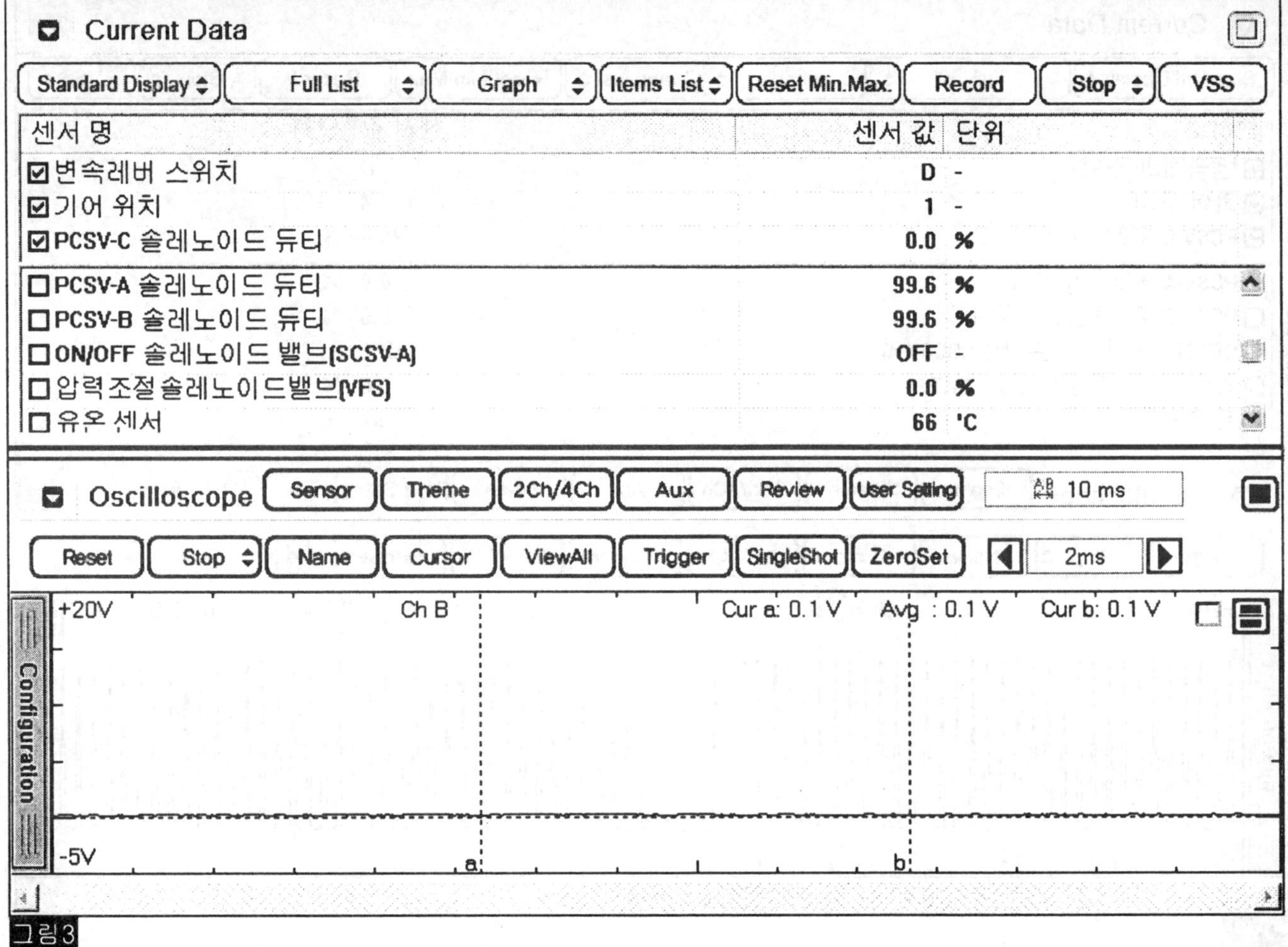

그림3

SSAAT8573D

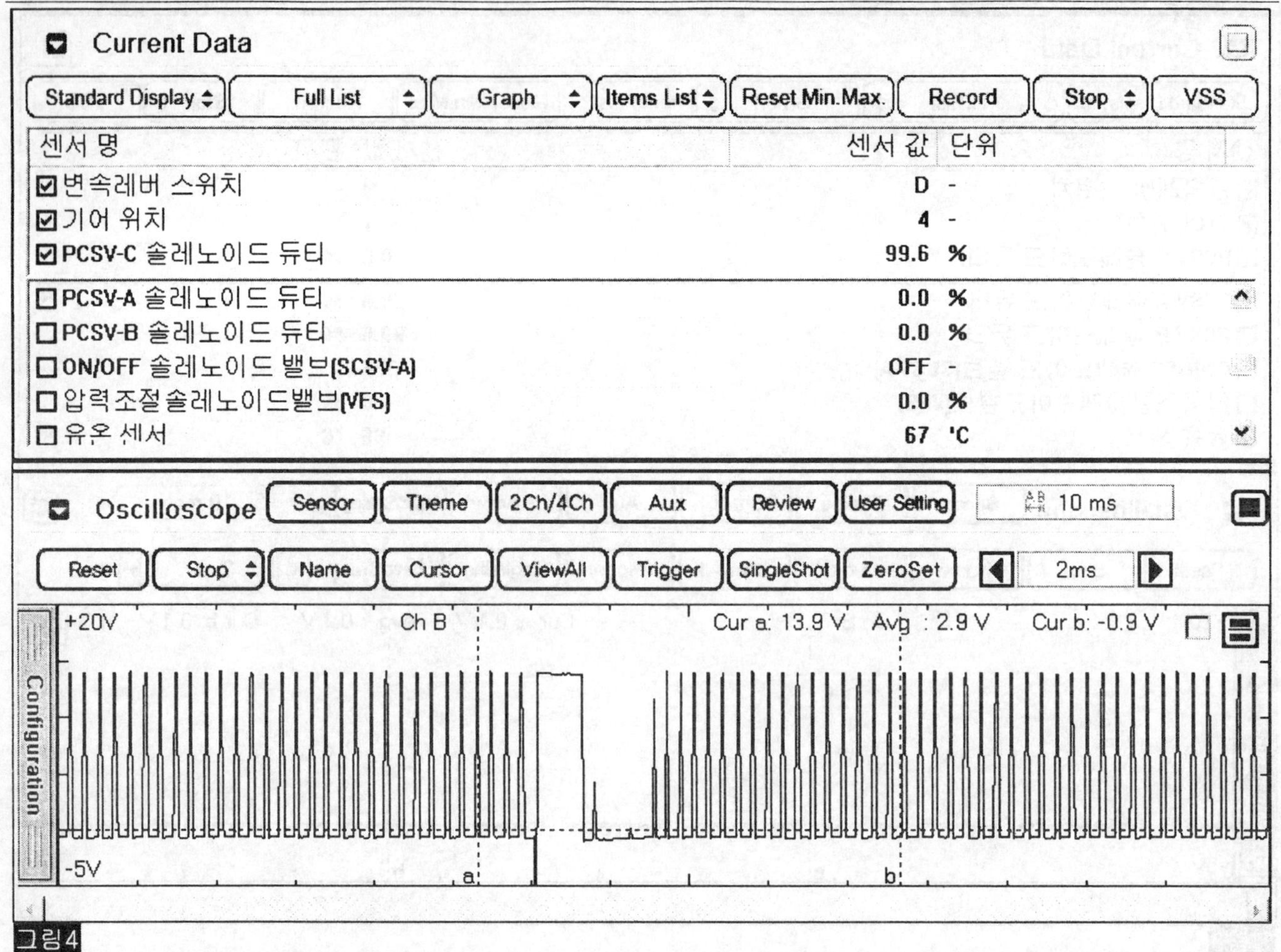

그림4

SSAAT8574D

그림.1) "P,N"

그림.2) "R"

그림.3) "1단 ~ 3단" 기어

그림.4) "4단" 기어

4) 측정된 파형이 정상적인 작동 파형인가?

예 ▶ "단선 점검" 절차로 이동한다

아니오 ▶ 엔진 룸 정션박스의 A/T 휴즈의 단선 여부를 점검한다.
▶ 하니스의 단선 여부를 점검한다. 수리 후 "고장 수리 확인" 절차로 이동한다.

2. 회로 단선 점검

1) 이그니션 스위치를 "OFF" 한다.

2) "A/T 솔레노이드 밸브"와 "PCM/TCM" 커넥터를 탈거한다.

3) A/T 솔레노이드 밸브 배선측의 "PCSV-C(UD)" 단자와 PCM/TCM 배선측 커넥터의 "PCSV-C(UD)" 단자 사이의 저항을 점검한다.

정상값 : 약 0 Ω

4) 측정된 저항값이 정상값과 일치하는가?

예 ▶ "회로 단락 점검" 절차로 이동한다.

아니오 ▶ 하니스의 단선 여부를 점검한다. 수리 후 "고장 수리 확인" 절차로 이동한다.

3. 회로 단락 점검
   1) 이그니션 스위치 "OFF"한다.
   2) "A/T 솔레노이드 밸브"의 컨넥터와 "PCM/TCM" 컨넥터를 탈거한다.
   3) A/T 솔레노이드밸브의 배선측 "PCSV-C(UD)" 단자와 차제 접지 사이의 저항을 점검한다.

정상값 : 무한대

   4) 측정된 저항값이 정상값과 일치하는가?

예 ▶ "단품 점검" 절차로 이동한다.

아니오 ▶ 하니스의 단락 여부를 점검한다. 수리 후 "고장 수리 확인" 절차로 이동한다.

단품 점검

1. 솔레노이드 밸브 점검
   1) 이그니션 스위치를 "OFF"한다.
   2) "A/T 솔레노이드 밸브" 커넥터를 탈거한다.
   3) "PCSV-C(UD)" 단자 와 접지 단자 사이의 저항을 점검한다. (단품측)

정상값 : 약3.5 ± 0.2 Ω (25℃)

   4) 측정된 저항값이 정상값과 일치하는가?

예 ▶ "PCM/TCM 점검" 절차로 이동한다

아니오 ▶ "PCSV-C(UD) 솔레노이드 밸브"를 신품으로 교환하고 "고장 수리 확인" 절차로 이동한다

2. PCM/TCM 점검
   1) 스캔 툴을 연결한다.
   2) 이그니션 스위치를 "ON"한다.
   3) "액츄에이터 강제구동" 기능을 선택하여 해당 솔레노이드 밸브의 강제 구동을 실시한다.

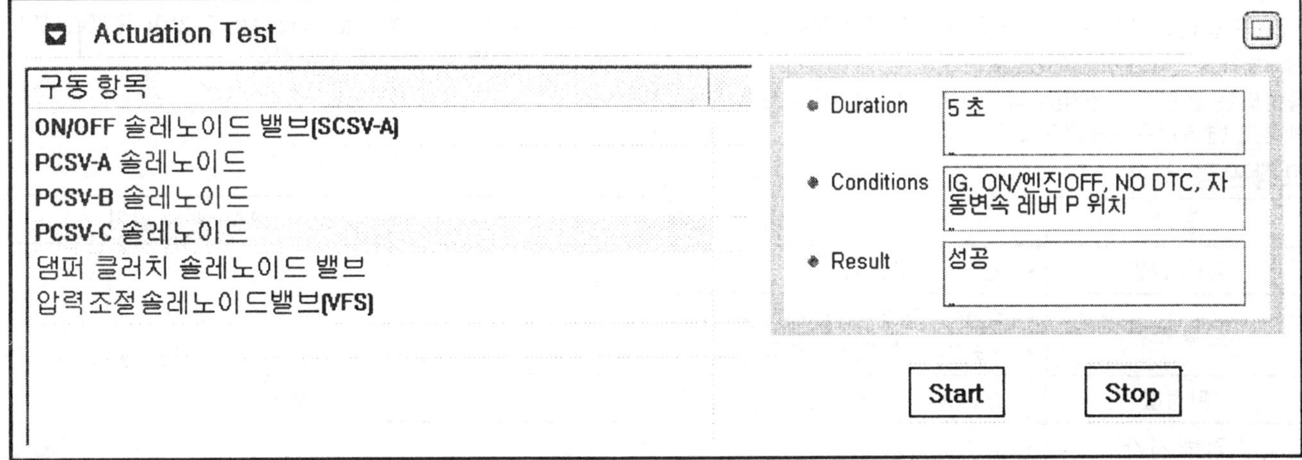

그림1

SSAAT8575D

그림1) 액츄에이터 강제 구동

   4) "액츄에이터 강제구동"이 정상적으로 수행되었는가 ?

예 ▶ "고장 수리 확인" 로 이동한다

아니오 ▶ 정상품의 시험용 PCM/TCM으로 교환 한후 정상적으로 작동되는지 확인한다
만일 정상적으로 작동 된다면 PCM/TCM을 신품으로 교환하고 "고장 수리 확인"절차로 이동한다

액츄에이터 강제구동 판정 조건

1. 이그니션 ON
2. 변속 레버스위치 정상
3. P 레인지
4. 차속은 0km/h
5. T.P.S< 1V
6. 아이들 스위치 ON
7. 엔진 회전수 0 rpm

고장 수리 확인

DTC P0743 : 토크 컨버터 솔레노이드 밸브 회로 - 단선 및 접지단락 참조.

P0880 TCM 입력전원 이상

구성 부품

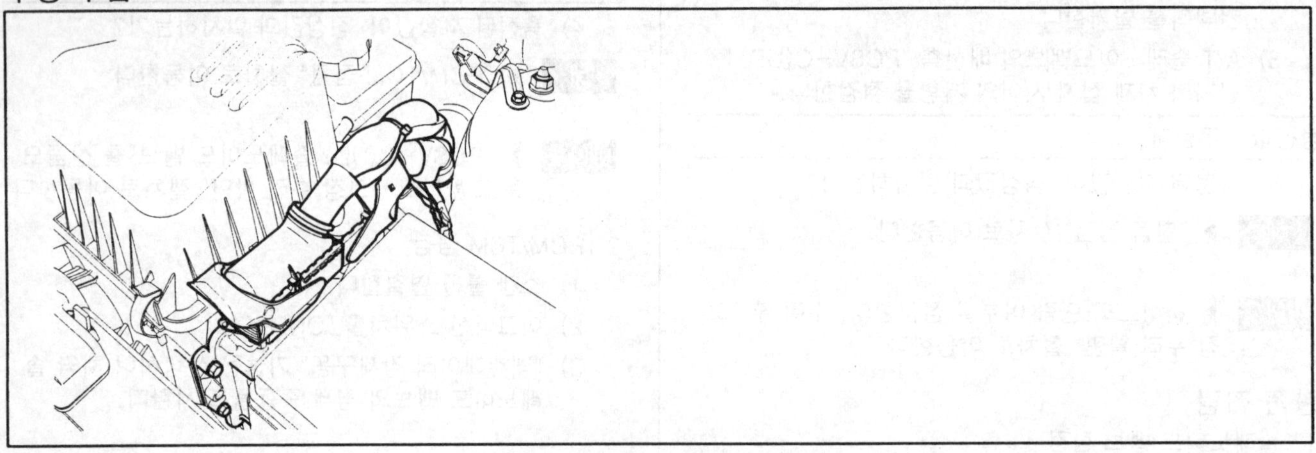

SHDAT6311D

개요

TCM은 솔레노이드 밸브로 공급되는 전압을 모니터링한다.

공급되는 전압이 규정값보다 낮거나 높으면 이 코드를 부여하고 변속단은 3속으로 고정한다.

고장코드 설명

TCM은 솔레노이드 밸브로 공급되는 전압이 규정값보다 낮거나 높으면 이 코드를 부여한다.

고장판정 조건

항목	판정 조건	고장 예상 원인
검출 방법	• 전압 범위 점검	• 배선 단선 및 접지 불량 • TCM 이상
검출 조건	• 22V > 입력 전압 > 9V • IG "ON"후 0.5초 경과	
판정값	• 24.5V > 입력 전압 < 7V	
검출 시간	• 0.1초 이상	
페일 세이프	• 변속단 3속 고정	

표준 회로도

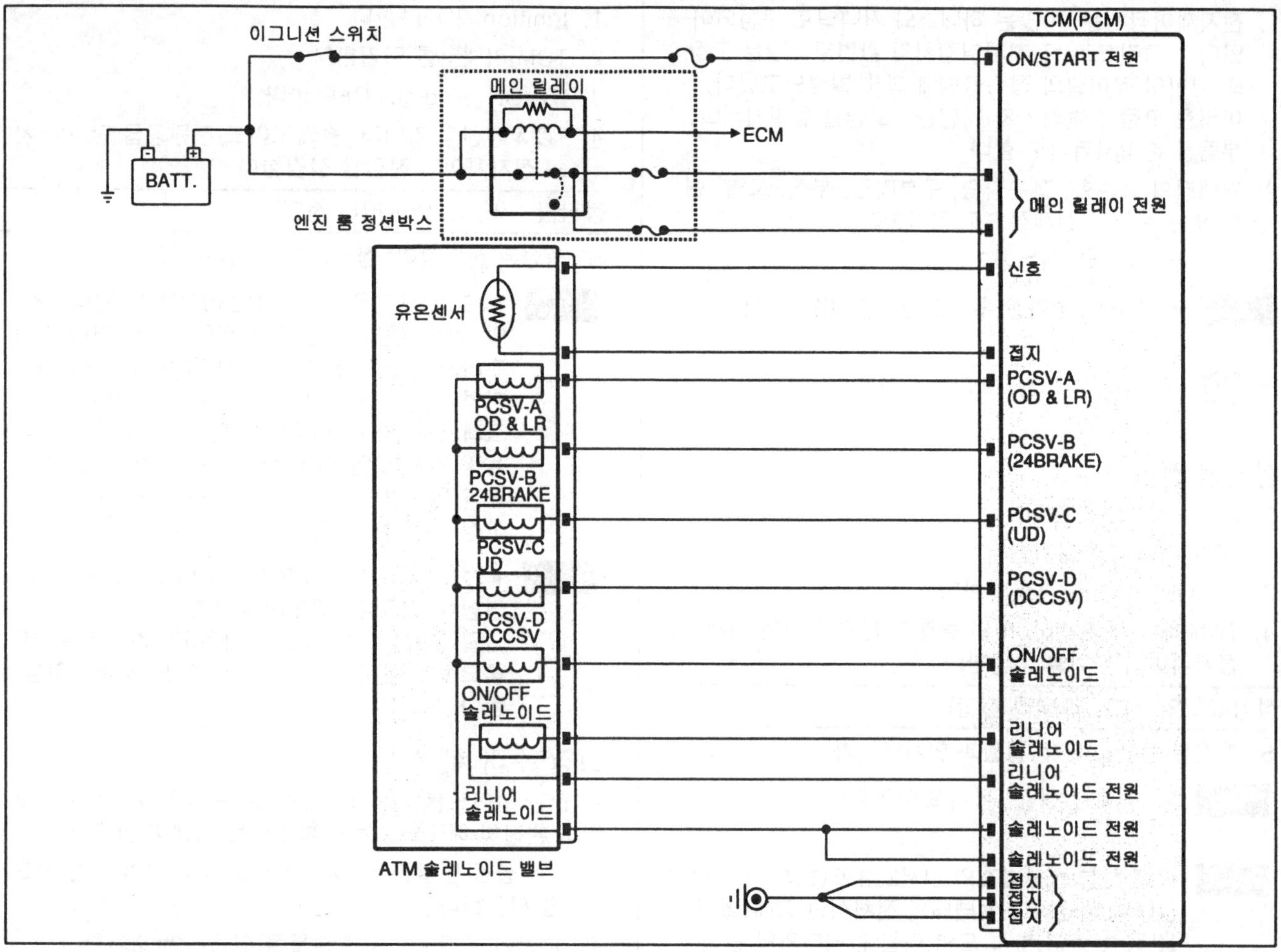

이그니션 스위치
메인 릴레이
ECM
BATT.
엔진 룸 정션박스
유온센서
PCSV-A OD & LR
PCSV-B 24BRAKE
PCSV-C UD
PCSV-D DCCSV
ON/OFF 솔레노이드
리니어 솔레노이드
ATM 솔레노이드 밸브
TCM(PCM)
ON/START 전원
메인 릴레이 전원
신호
접지
PCSV-A (OD & LR)
PCSV-B (24BRAKE)
PCSV-C (UD)
PCSV-D (DCCSV)
ON/OFF 솔레노이드
리니어 솔레노이드
리니어 솔레노이드 전원
솔레노이드 전원
솔레노이드 전원
접지
접지
접지

SFDAT8702D

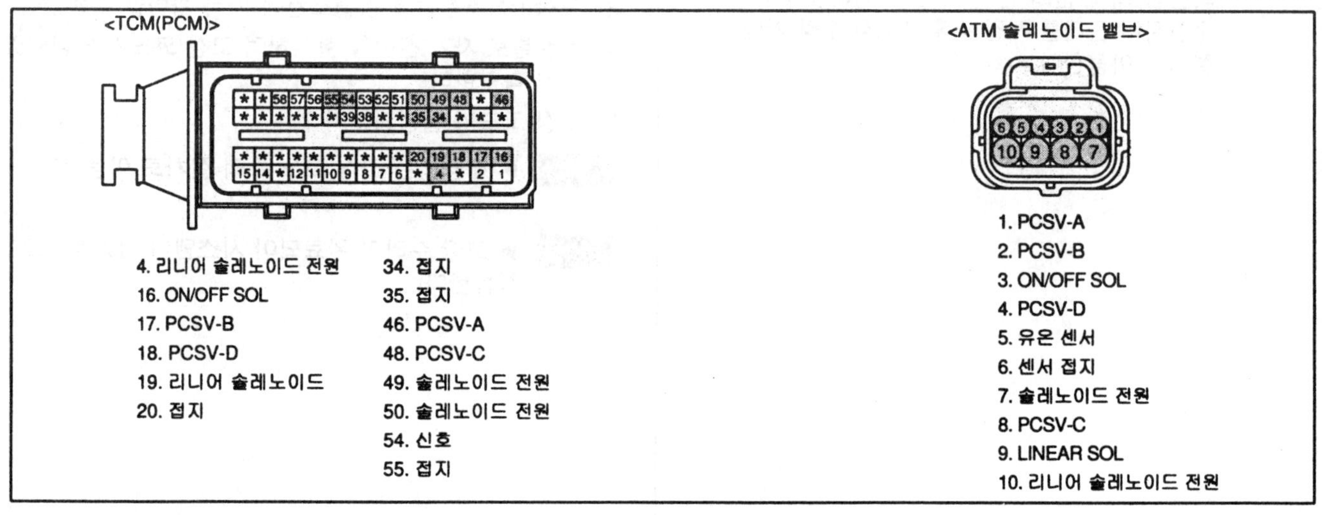

SFDAT8703D

터미널 및 커넥터 점검

1. 전자제어장치는 수 많은 하네스와 커넥터로 구성되어 있다. 그러므로, 전자제어장치와 관련된 많은 고장의 원인이 터미널의 접촉불량에 의해 발생되고있다. 이러한 고장은 여러가지 다양한 고장을 유발시키고, 부품을 손상시키기도 한다.
2. 커넥터의 느슨함, 접촉불량, 구부러짐, 부식, 오염, 변형 또는 손상을 전체적으로 점검한다.
3. 문제 부위가 확인되는가?

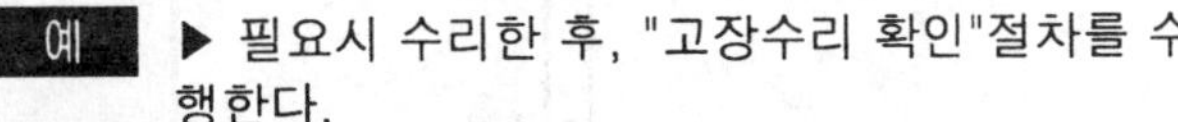

예 ▶ 필요시 수리한 후, "고장수리 확인"절차를 수행한다.

아니오 ▶ "전원선 점검" 절차로 이동한다.

전원선 점검

1. Ignition "OFF"한다.
2. TCM 커넥터를 탈거한다.
3. IG "ON" Engine "OFF"한다.
4. TCM 배선측 커넥터 메인 릴레이 전원 단자와 차체 접지사이의 전압을 점검한다.

정상값 : 약. 12V(배터리 전압)

---

5. 측정된 전압값이 정상값과 일치하는가?

예 ▶ "신호선 점검" 절차로 이동한다.

아니오 ▶ 엔진룸 졍션박스의 센서2 휴즈(10A)의 단선 상태를 점점하고 컨넥터의 전체적인 상태(헐거움,접촉 불량,부식,오염,다른 컨넥터와의 간섭,파손등)와 배선의 단선 및 접지 상태를 확인 및 수정하여 문제를 해결한 후 "고장 수리 확인" 절차로 이동한다.

신호선 점검

1. Ignition "OFF"한다.
2. TCM 커넥터를 탈거한다.
3. IG "ON" Engine "OFF"한다.
4. TCM 배선측 커넥터 솔레노이드 전원공급 단자와 차체 접지사이의 전압을 점검한다.

정상값 : 약. 12V(배터리 전압)

---

5. 측정된 전압값이 정상값과 일치하는가?

예 ▶ 고장 원인은 센서와 PCM/TCM의 컨넥터간의 접촉불량과 같은 일시적인 고장이거나 이미 수리가 되었거나 혹은 PCM/TCM의 메모리에 기억된 고장 코드가 지워지지 않은 것이다 그러므로 컨넥터의 전체적인 상태(헐거움,접촉불량,부식,오염,다른 컨넥터와의 간섭,파손등)를 확인하고 필요에 의해 교환 또는 수리하고 "고장 수리 확인" 절차로 이동한다

아니오 ▶ 정상품의 시험용 PCM/TCM으로 교환 한후 정상적으로 작동되는지 확인한다
만일 정상적으로 작동 된다면 PCM/TCM을 신품으로 교환하고 "고장 수리 확인"절차로 이동한다

고장 수리 확인

본 진단 가이드를 사용해서 발생된 문제를 수리한 뒤, 고장이 완전히 해결되었는지 확인하는 과정이 필요하다.

1. 스캔툴을 연결한 후, 자기진단을 실시하여 고장 코드를 확인한다.
2. 저장된 고장코드를 스캔툴을 이용하여 소거한다.
3. 고장판정조건중의 검출조건에 따라 차량을 주행한다.
4. 스캔툴로 자기 진단을 실시하여 고장 코드가 발생되었는지 확인한다.
5. 고장 코드가 발생되는가 ?

예 ▶ 해당되는 고장 코드 수리 절차로 이동한다.

아니오 ▶ 고장 수리가 완료되어 시스템이 정상적으로 작동한다.

U0001 CAN 통신 회로 - CAN BUS OFF

구성 부품

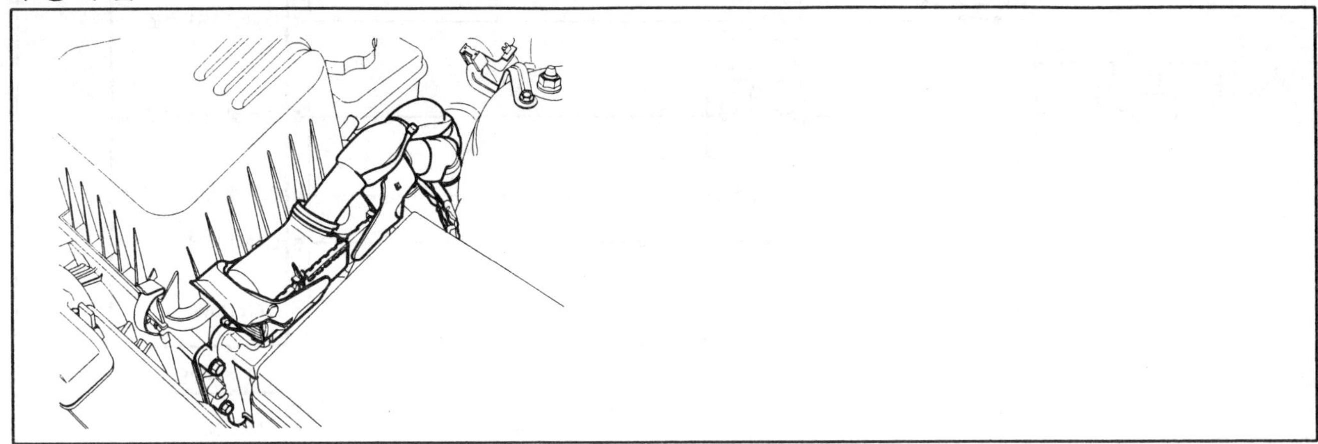

SHDAT6311D

기능 및 역할

TCM은 ECM 혹은 ABS ECU로부터 정보를 받을수 있고, 혹은 ECM 그리고 ABS ECU로 CAN 통신을 이용하여 정보를 전송할수 있다.

CAN 통신은 차량의 통신 방법중 하나이며, 현재 광범위하게 쓰이는 차량 전송 방식이다.

고장코드 설명

TCM은 ECM으로부터 CAN-BUS 라인을 통하여 정보를 읽을 수 없을때 이 코드를 부여한다.

고장판정 조건

항목	판정 조건	고장 예상 원인
검출 방법	• 전압 범위 점검	• CAN 통신 회로 이상 • ECM 이상 • TCM 이상
검출 조건	• 엔진 rpm = 3000rpm • 엔진 토크 80% • 속도 = 0Km • A/C S/W = OFF • 냉각수온 = 70℃ • TPS = 50% • Check engine lamp = off • TCS = off	
판정값	• 주행중 CAN 신호 이상이 2.5초이상 감지되는 경우	
검출 시간	• 2.5초 이상	
페일 세이프	CAN 통신을 통한 입력값을 고정값으로 설정한다. • 엔진 RPM = 3000 RPM • 엔진토크 = 80% • 차속 = 0 km/h • 에어콘 = Off • 엔진온도 = 70'C • 스로틀 개도 = 50% • MIL 램프 = Off • TCS로의 변속금지 = Off	

표준 회로도

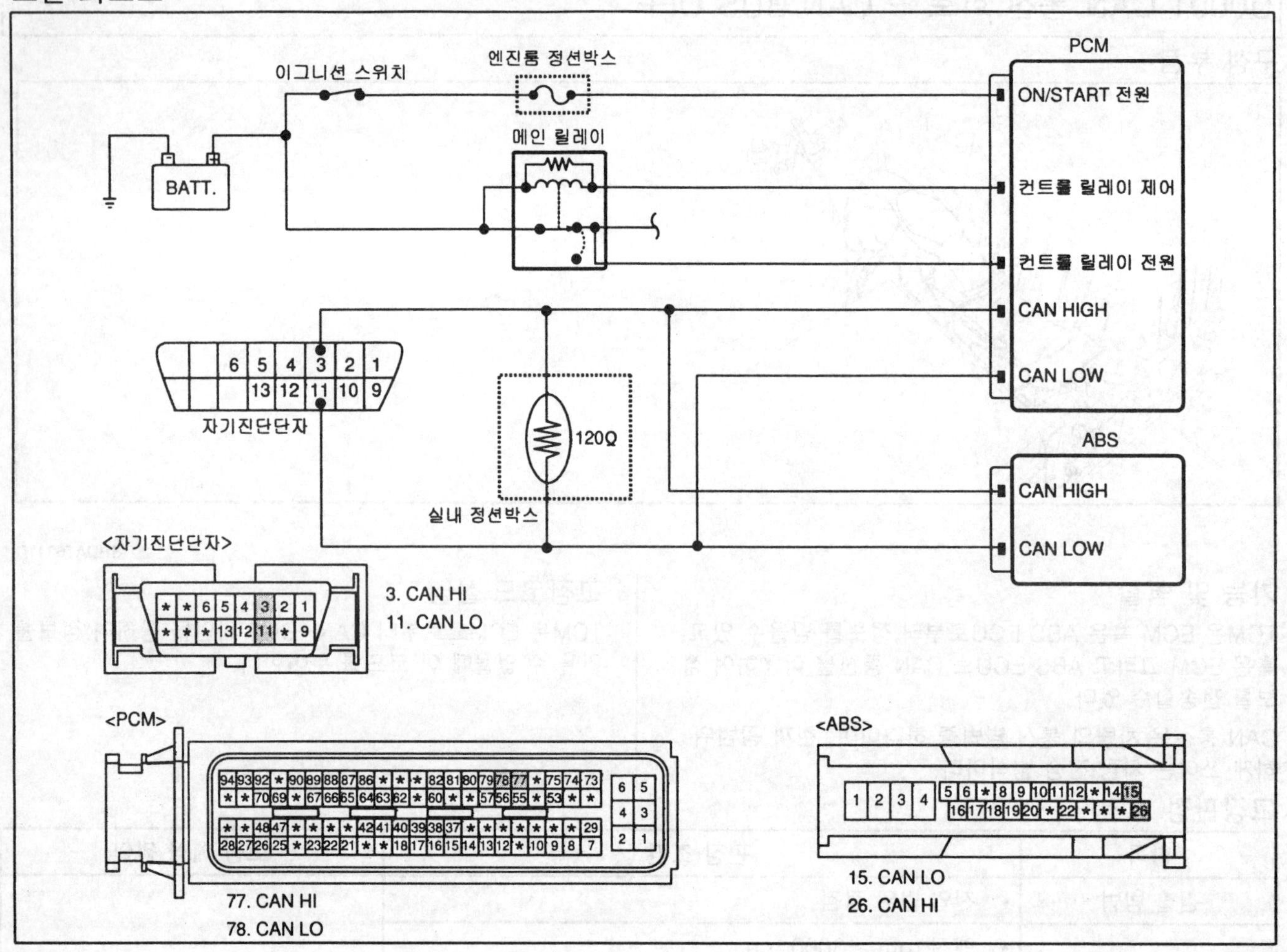

SFDAT8705D

파형 및 데이터 분석

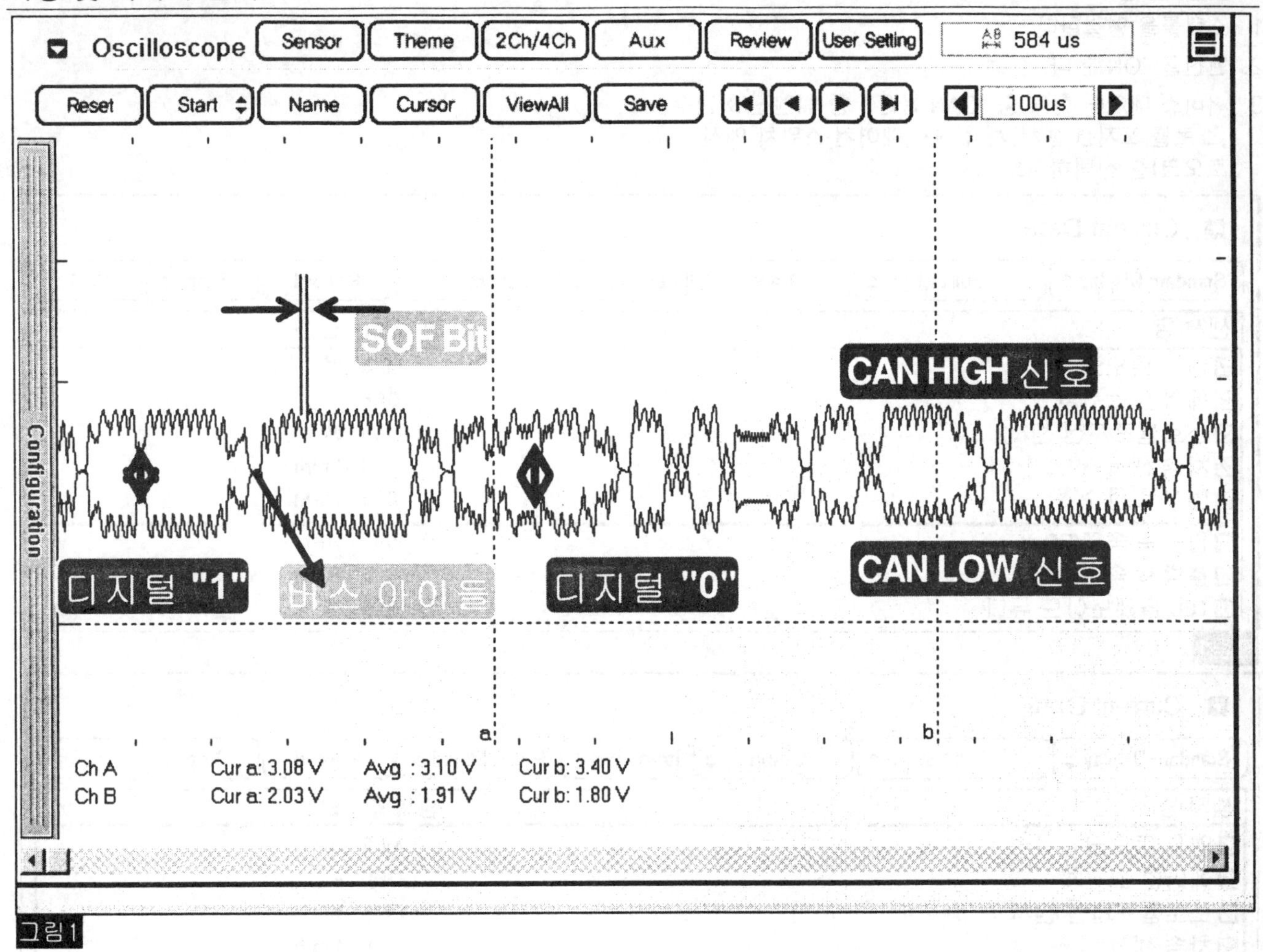

그림1

SSAAT8576D

그림 1) "CAN 통신" 금지

스캔툴 진단

1. 스캔툴을 연결한다.
2. 엔진을 "ON"한다.
3. 써비스 데이터 항목 중 "CAN 통신 " 항목(엔진 회전수 ,스로틀 포지션 센서,차속 센서,에어컨 스위치,엔진 토오크)를 선택하시오.

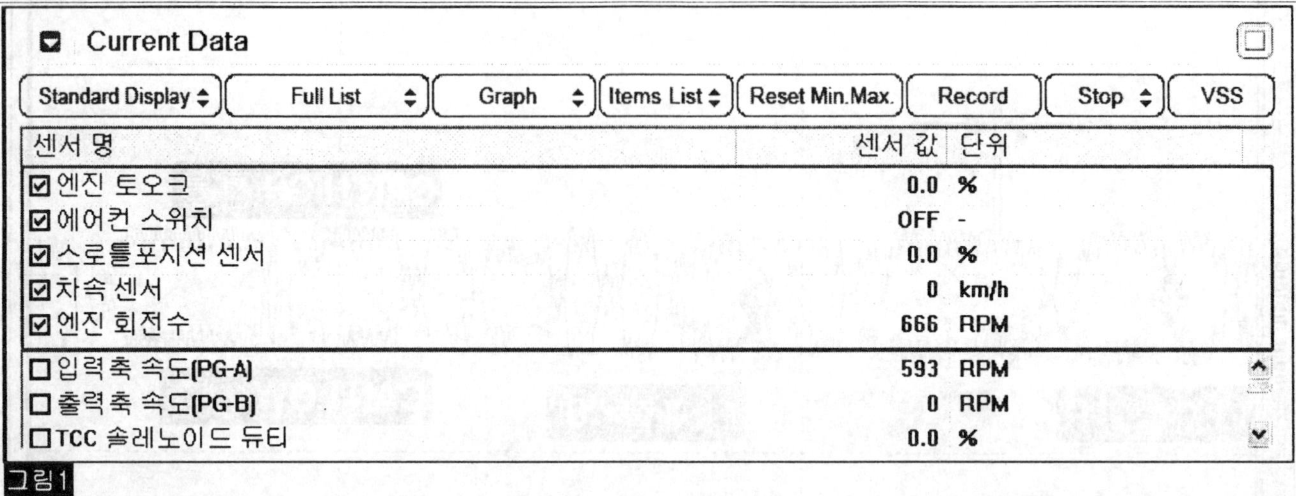

그림1

Current Data
Standard Display
Full List
Graph
Items List
Reset Min.Max.
Record
Stop
VSS
센서 명
센서 값
단위
엔진 토오크 48.6 %
에어컨 스위치 OFF -
스로틀포지션 센서 66.3 %
차속 센서 0 km/h
엔진 회전수 2176 RPM
입력축 속도(PG-A) 0 RPM
출력축 속도(PG-B) 0 RPM
TCC 솔레노이드 듀티 0.0 %

그림2

SSAAT8577D

그림 1) 차량 저속주행시 데이터

그림 2) 차량 고속주행시 데이터

4. "CAN 통신 요소" 가 정확하게 출력되고 있는가?

예 ▶ 고장 원인은 센서와 PCM/TCM의 컨넥터간의 접촉불량과 같은 일시적인 고장이거나 이미 수리가 되었거나 혹은 PCM/TCM의 메모리에 기억된 고장 코드가 지워지지 않은 것이다 그러므로 컨넥터의 전체적인 상태(헐거움,접촉불량,부식,오염,다른 컨넥터와의 간섭,파손등)를 확인하고 필요에 의해 교환 또는 수리하고 " 고장 수리 확인" 절차로 이동한다.

아니오 ▶ "배선 점검 " 절차로 이동한다.

커넥터 및 터미널 점검

1. 전자제어장치는 수 많은 하네스와 커넥터로 구성되어 있다. 그러므로, 전자제어장치와 관련된 많은 고장의 원인이 터미널의 접촉불량에 의해 발생되고있다. 이러한 고장은 여러가지 다양한 고장을 유발시키고, 부품을 손상시키기도 한다.
2. 커넥터의 느슨함, 접촉불량, 구부러짐, 부식, 오염, 변형 또는 손상을 전체적으로 점검한다.
3. 문제 부위가 확인되는가?

예

▶ 반드시 수리한 후 "고장 수리 확인" 절차로 이동한다.

아니오

▶ "신호선 점검" 절차로 이동한다.

신호선 점검

1. 이그니션 스위치를 "OFF"한다.
2. "PCM/TCM" 커넥터를 탈거한다.
3. PCM/TCM 배선측 커넥터의 "CAN HIGH" 단자와 "CAN LOW" 단자사이의 저항을 점검한다.

정상값 : 약. 60 ± 10 Ω

4. 측정된 저항값이 정상값과 일치하는가?

예

▶ 정상품의 시험용 PCM/TCM으로 교환 한후 정상적으로 작동되는지 확인한다.

만일 정상적으로 작동 된다면 PCM/TCM을 신품으로 교환하고 "고장 수리 확인"절차로 이동한다.

아니오

▶ 컨넥터의 전체적인 상태(헐거움,접촉 불량,부식,오염,다른 컨넥터와의 간섭,파손등)를 확인하고 CAN통신용 종단 저항을 수리 혹은 교환하고 "고장 수리 확인" 절차로 이동한다.

고장 수리 확인

본 진단 가이드를 사용해서 발생된 문제를 수리한 뒤, 고장이 완전히 해결되었는지 확인하는 과정이 필요하다.

1. 스캔툴을 연결한 후, 자기진단을 실시하여 고장 코드를 확인한다.
2. 저장된 고장코드를 스캔툴을 이용하여 소거한다.
3. 고장판정조건중의 검출조건에 따라 차량을 주행한다.
4. 스캔툴로 자기 진단을 실시하여 고장 코드가 발생되었는지 확인한다.
5. 고장 코드가 발생되는가 ?

예

▶ 해당되는 고장 코드 수리 절차로 이동한다.

아니오

▶ 고장 수리가 완료되어 시스템이 정상적으로 작동한다.

U0100 CAN 통신 회로 - EMS 응답 지연

구성 부품

DTC U0001 : CAN 통신 회로 - CAN BUS OFF 참조.

개요

DTC U0001 : CAN 통신 회로 - CAN BUS OFF 참조.

고장코드 설명

DTC U0001 : CAN 통신 회로 - CAN BUS OFF 참조.

고장판정 조건

항목	판정 조건	고장 예상 원인
검출 방법	• 전압 범위 점검	• CAN 통신 회로 이상 • ECM 이상 • TCM 이상
검출 조건	• 엔진 rpm = 3000rpm • 엔진 토크 80% • 속도 = 0Km • A/C S/W = OFF • 냉각수온 = 70℃ • TPS = 50% • Check engine lamp = off • TCS = off	
판정값	• CAN 메시지가 0.5초이상 수신되지 않는 경우	
검출 시간	• 0.5초 이상	
페일 세이프	CAN 통신을 통한 입력값을 고정값으로 설정한다. • 엔진 RPM = 3000 RPM • 엔진토크 = 80% • 차속 = 0 km/h • 에어콘 = Off • 엔진온도 = 70'C • 스로틀 개도 = 50% • MIL 램프 = Off • TCS로의 변속금지 = Off	

표준 회로도

DTC U0001 : CAN 통신 회로 - CAN BUS OFF 참조.

파형 및 데이터 분석

DTC U0001 : CAN 통신 회로 - CAN BUS OFF 참조.

스캔툴 진단

DTC U0001 : CAN 통신 회로 - CAN BUS OFF 참조.

터미널 및 커넥터 점검

DTC U0001 : CAN 통신 회로 - CAN BUS OFF 참조.

신호선 점검

DTC U0001 : CAN 통신 회로 - CAN BUS OFF 참조.

고장 수리 확인

DTC U0001 : CAN 통신 회로 - CAN BUS OFF 참조.

자동변속기

구성부품(1)

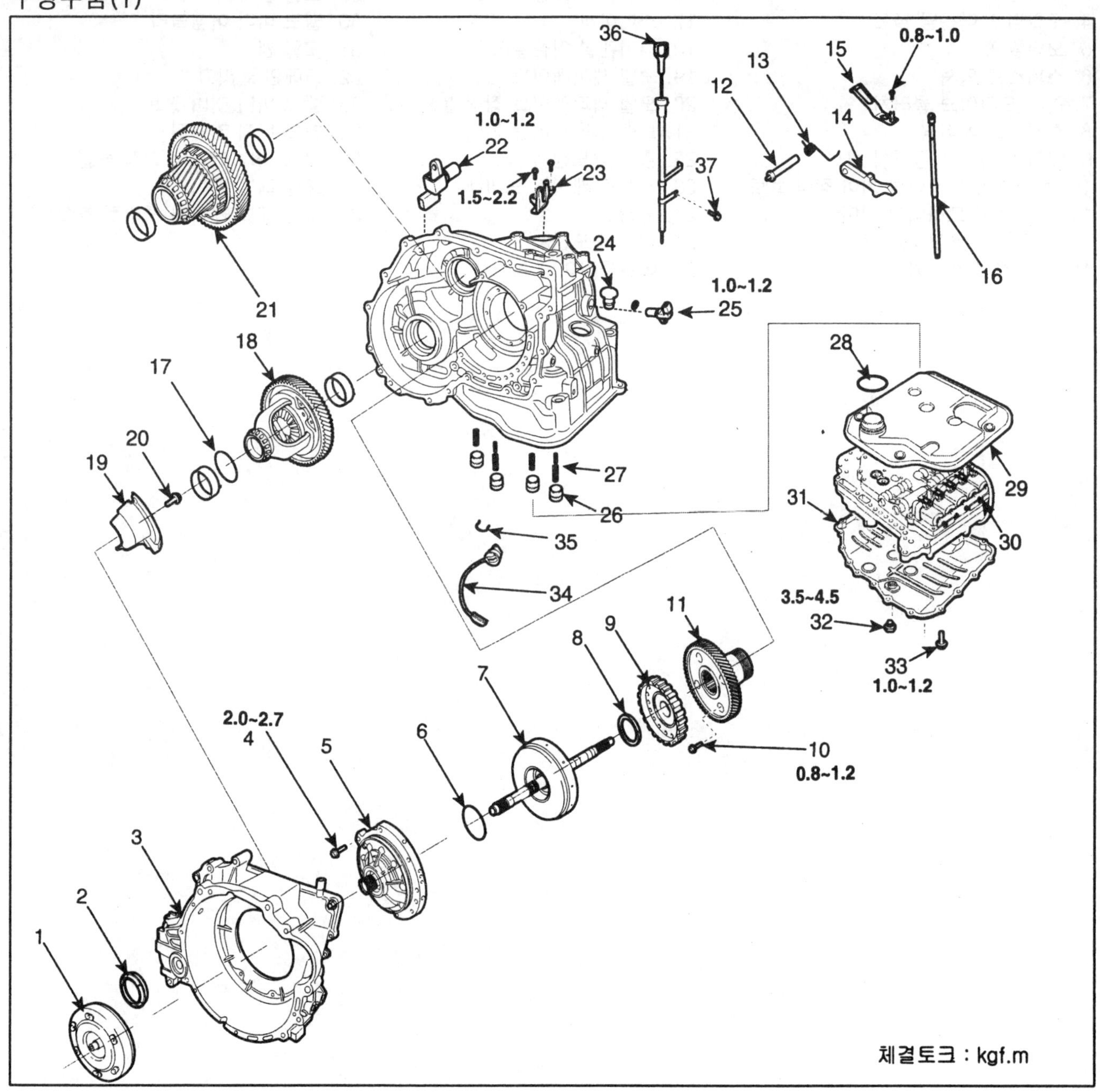

SFDAB8001D

1. 토크 컨버터 어셈블리
2. 디퍼렌셜 오일 씰
3. 토크 컨버터 하우징
4. 오일펌프 마운팅 볼트
5. 오일펌프
6. 스퍼스트 와셔
7. 언더 드라이브 클러치
8. 스러스트 베어링
9. 언더 드라이브 클러치 허브
10. 트랜스퍼 드라이브 기어 장착 볼트
11. 트랜스퍼 드라이브 기어
12. 파킹 스프래그 샤프트
13. 스프래그 스프링
14. 파킹 스프래그
15. 디텐트 스프링
16. 매뉴얼 컨트롤 샤프트
17. 스페이서
18. 디퍼렌셜 어셈블리
19. 오일 세퍼레이트
20. 오일 세퍼레이트 장착 볼트
21. 트랜스퍼 드리븐 기어
22. 출력 속도센서
23. 시프트 케이블 브라켓
24. 플러그
25. 입력 속도센서
26. 어큐뮬레이터 피스톤
27. 코일 스프링
28. O-링
29. 오일 필터
30. 밸브 바디 어셈블리
31. 오일 팬
32. 드레인 플러그
33. 밸브 바디 커버 볼트
34. 밸브 바디 커넥터
35. 밸브 바디 커넥터 고정 클립
36. 오일 레벨 게이지
37. 오일 레벨 게이지 브라켓 볼트

구성부품(2)

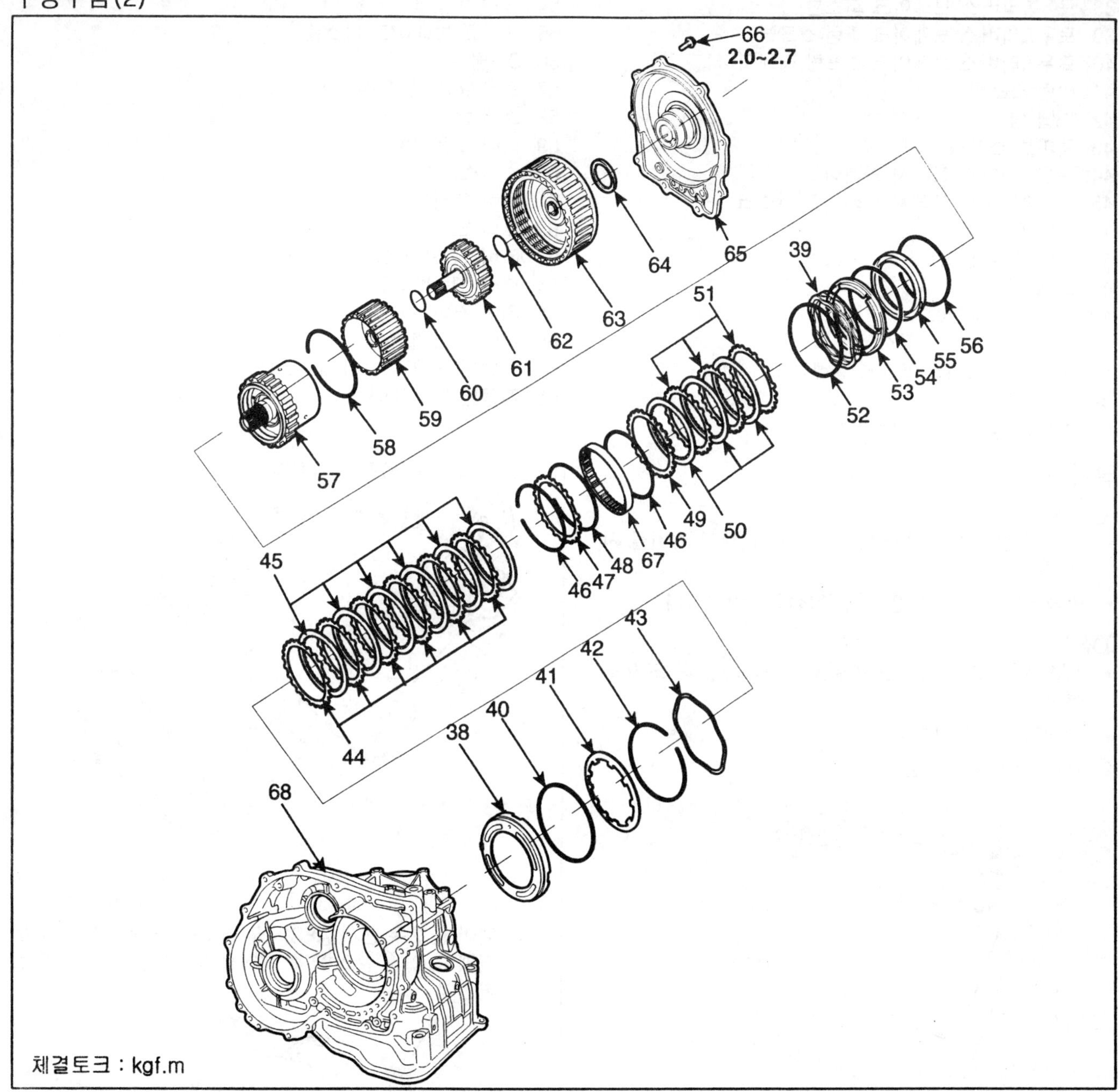

SFDAB8002D

38. 로우&리버스 브레이크 피스톤
39. 로우&리버스 브레이크 리턴 스프링
40. 로우&리버스 브레이크 스프링 리테이너
41. 리턴 스프링
42. 스냅 링
43 웨이브 스프링
44. 로우&리버스 프레셔 플레이트
45. 로우&리버스 프레셔 브레이크 디스크
46. 스냅 링
47. 리액션 플레이트
48. 스냅 링
49. 리액션 플레이트
50. 세컨드 브레이크 디스크
51. 세컨드 브레이크 프레셔 플레이트
52. 스냅 링
53. 세컨드 브레이크 리테이너
54. D-링
55. 세컨드 브레이크 피스톤
56. D-링
57. 로우&리버스 유성기어 세트
58. 스냅 링
59. 리버스 선 기어
60. 스러스트 베어링
61. 오버 드라이브 허브
62. 스러스트 베어링
63. 리버스&오버드라이브 클러치
64. 스러스트 베어링
65. 리어 커버
66. 리어 커버 볼트
67. 원웨이 클러치 인너 레이스
68. 자동변속기 케이스

탈거

⚠주의

- 차체 도장부의 손상을 방지하기 위해 펜더 커버를 사용한다.
- 커넥터가 손상되지 않도록 주의하여 탈거한다.

📖참고

- *배선 및 호스의 잘못된 연결을 방지하기 위해 표시를 해 둔다.*

1. 엔진커버를 탈거한다.
2. 배터리(A)를 탈거한다.

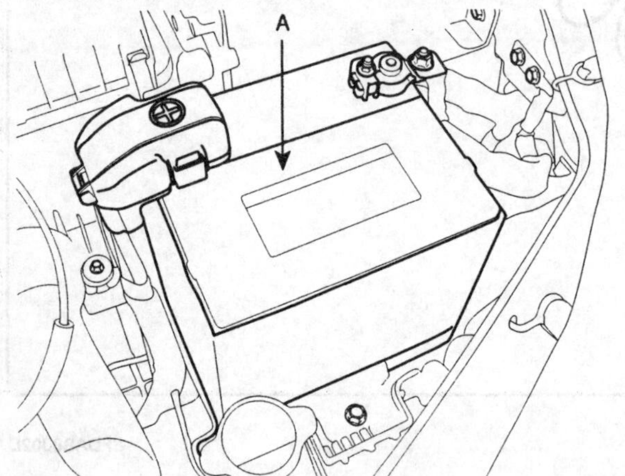

SHDAT6002D

3. 에어 덕트(A)를 탈거한다.

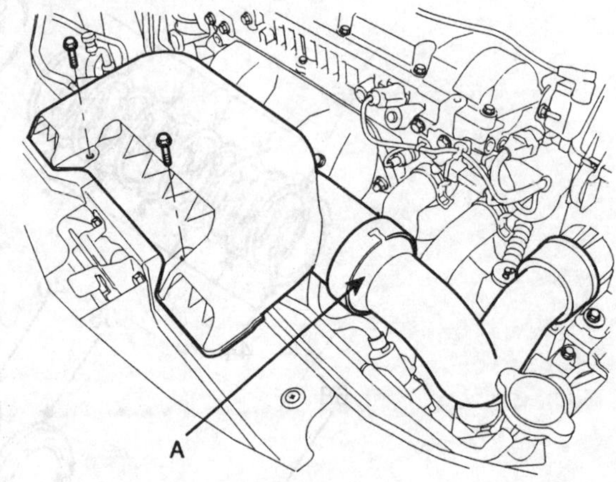

SHDMA6002D

4. 에어 플로우 센서(AFS) 커넥터(A), 클램프(B), ECM 커넥터(C)를 분리한 후 에어클리너 어셈블리(D)를 탈거한다.

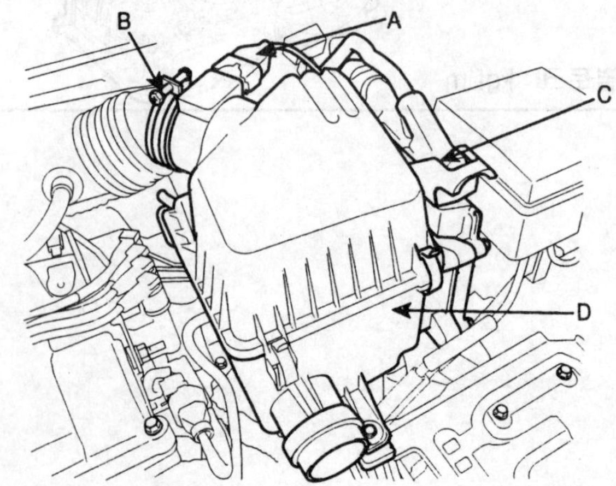

SHDAA6001D

5. 배터리 트레이(A)를 탈거한다.

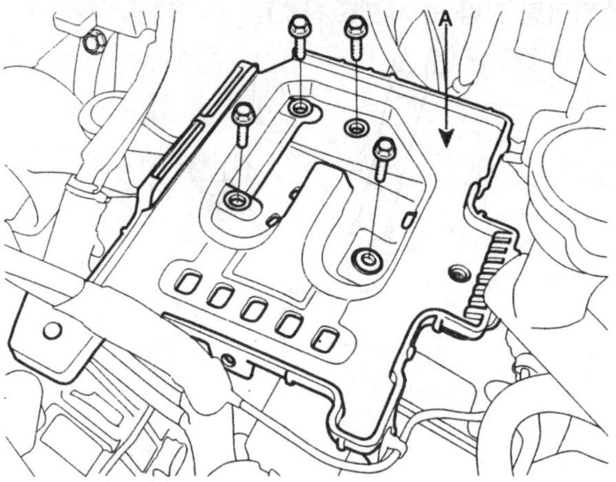

SHDAT6006D

6. 접지선(A)을 탈거한다.

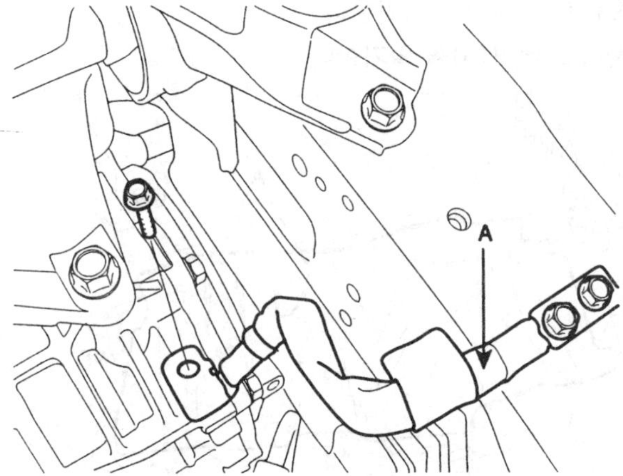

SHDAT6007D

7. 인히비터 스위치 커넥터(A), 솔레노이드 밸브 커넥터(B) 및 입력 속도센서 커넥터(C)를 분리한다.

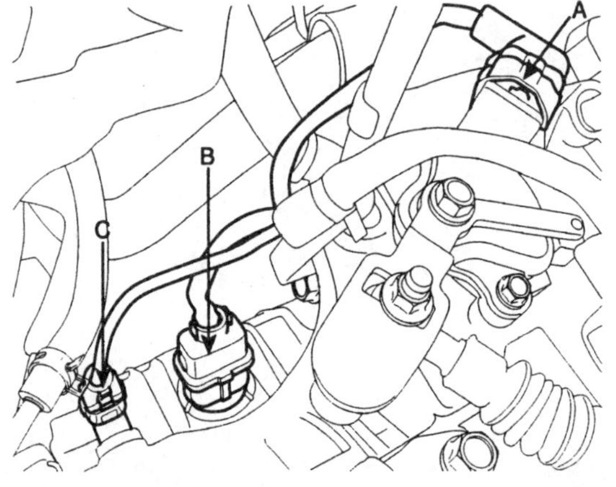

SHDAT6008D

8. 출력 속도센서 커넥터(A)를 분리한다.

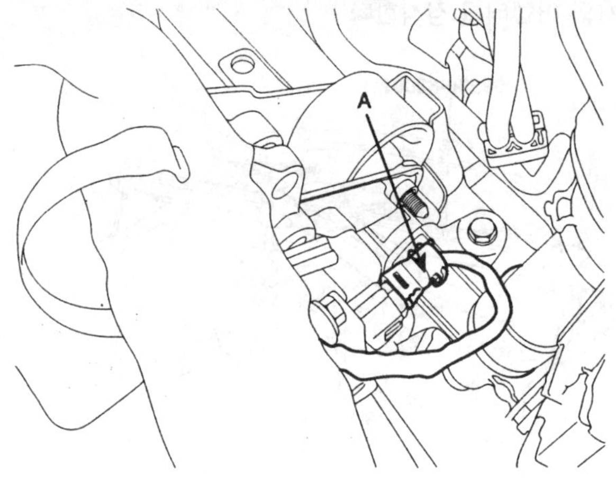

SHDAT6009D

9. 자동변속기 시프트 케이블(A)을 탈거한다.

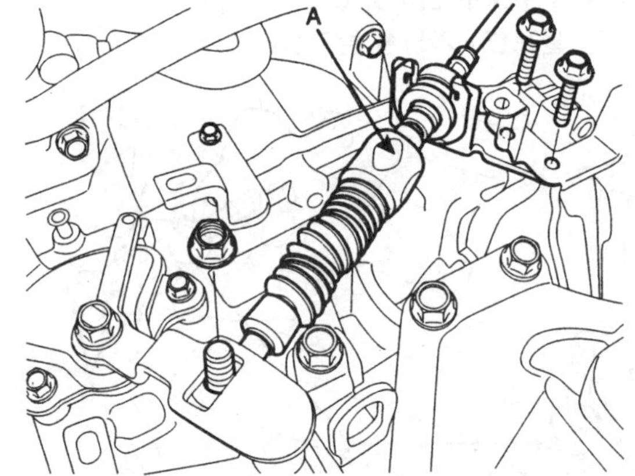

SHDAT6010D

10.오일 쿨러 호스(A)를 탈거한다.

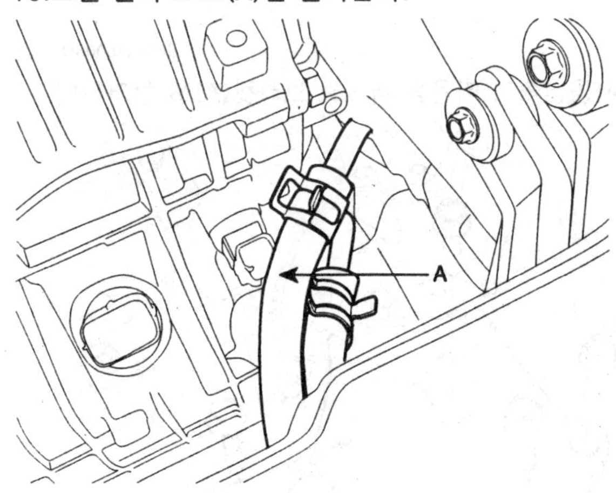

SHDAT6011D

11.특수공구(09200-38001)를 설치하고 엔진 서포트 픽쳐와 어뎁터를 장착한다.

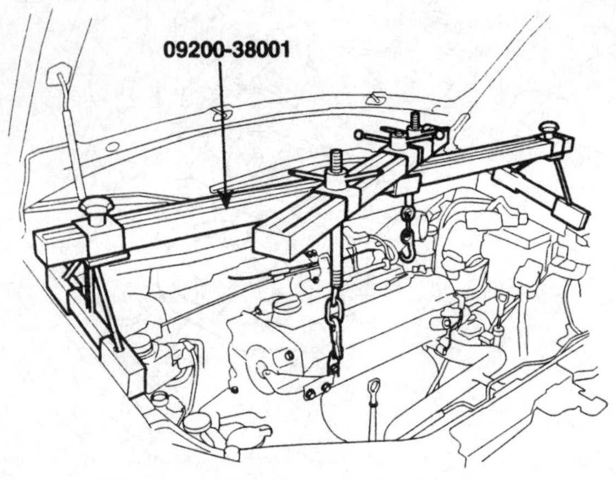

SHDAA6002D

12.자동변속기 어퍼 마운팅 볼트(A-2개)와 스타터 모터 마운팅 볼트(B-2개)를 탈거한다.

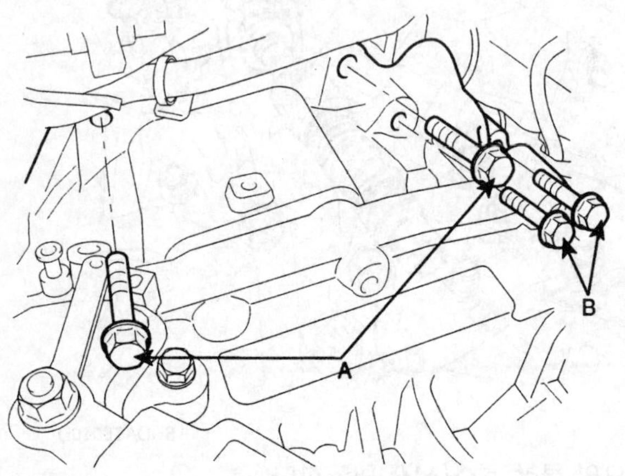

SHDAA6003D

13.자동변속기 마운팅 서포트 브라켓(A)를 탈거한다.

SHDAT6014D

14.스티어링 컬럼 샤프트 볼트(A)를 탈거한다. (ST그룹 스티어링 컬럼 및 샤프트 참조).

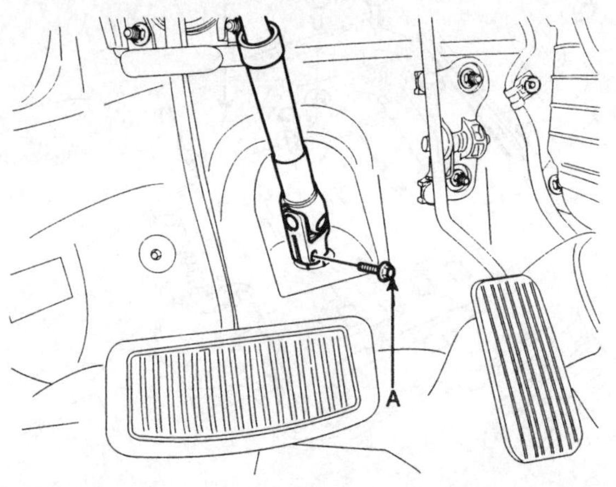

SFDMC8002D

15.프런트 타이어를 탈거한다.

16.사이드 커버(A)를 탈거한다.

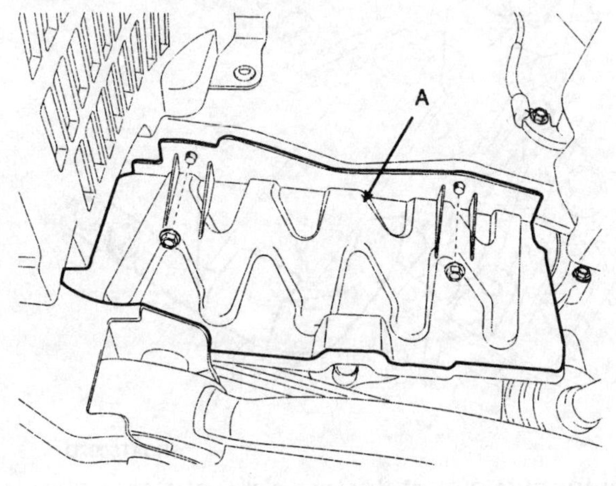

KKNF060A

17.언더커버(A)를 탈거한다.

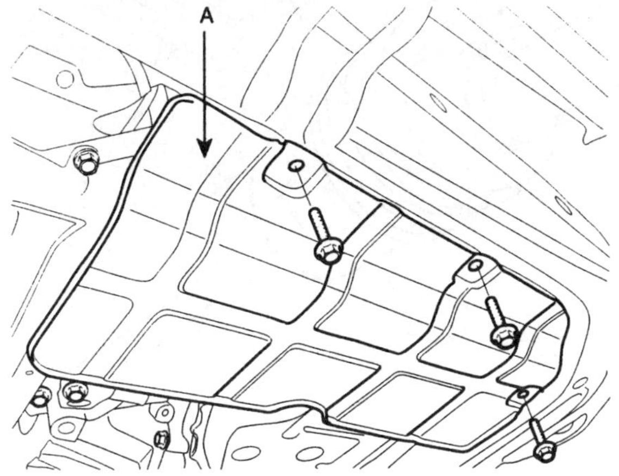

SHDAT6015D

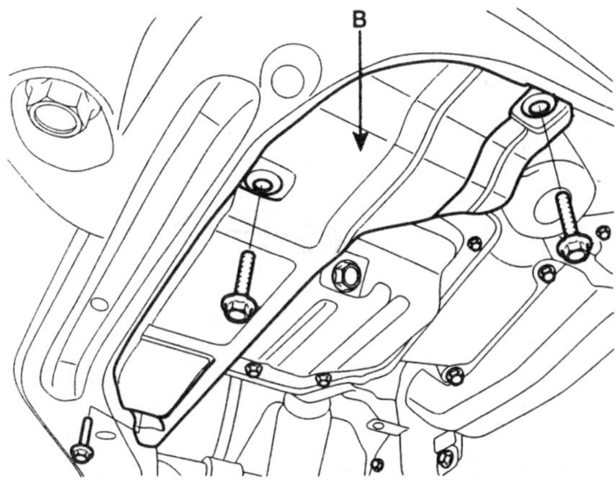

SHDAT6016D

18.드레인 플러그(A)를 푼 다음 자동변속기 오일을 빼낸다.

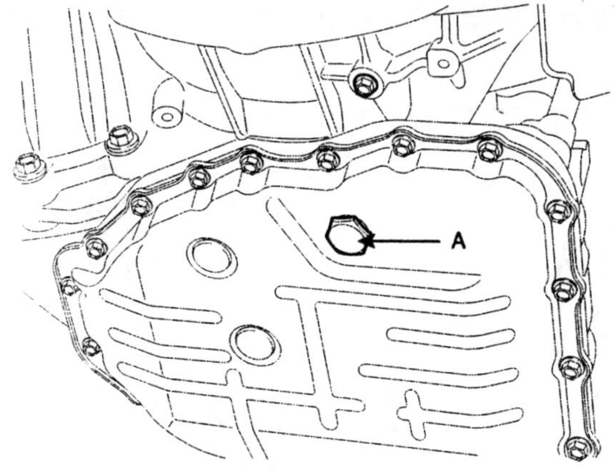

AKGF032W

19.로워 암 볼 조인트 마운팅 너트, 스테빌라이저 링크 마운팅 너트, 스티어링 타이로드 엔드 마운팅 너트 등을 탈거하여, 프런트 서스펜션 링크들을 분리한다. (SS 그룹 스테빌라이저 바 참조)

20.프런트 및 리어 롤 스톱퍼 마운팅 볼트(A, B)를 탈거한다.

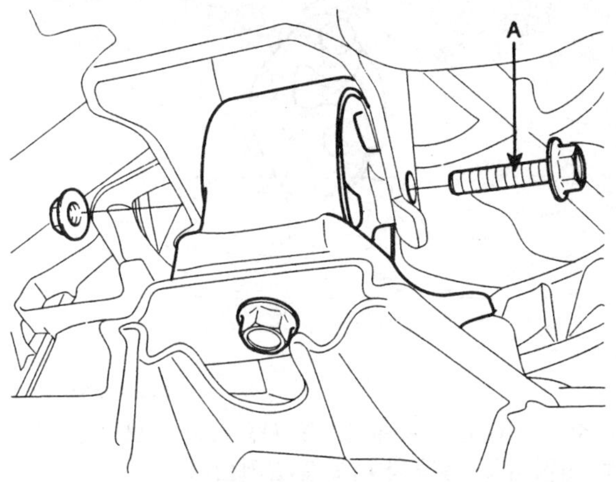

SHDAT6017D

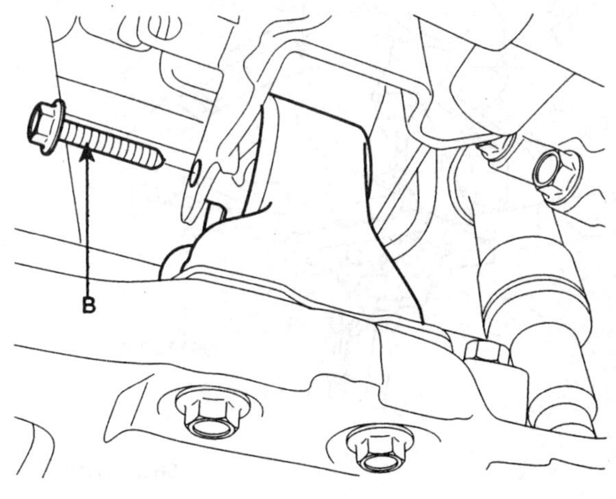

SHDAT6018D

21.배기 파이프 마운팅 러버(A)를 서브 프레임으로부터 탈거한다.

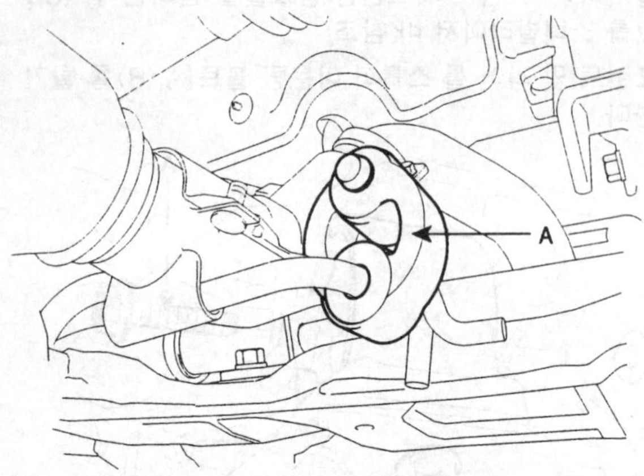

SHDMA6004D

22.특수공구(09624-38000)를 사용하여 서브프레임(A)을 지지하고, 볼트와 너트를 탈거한다.

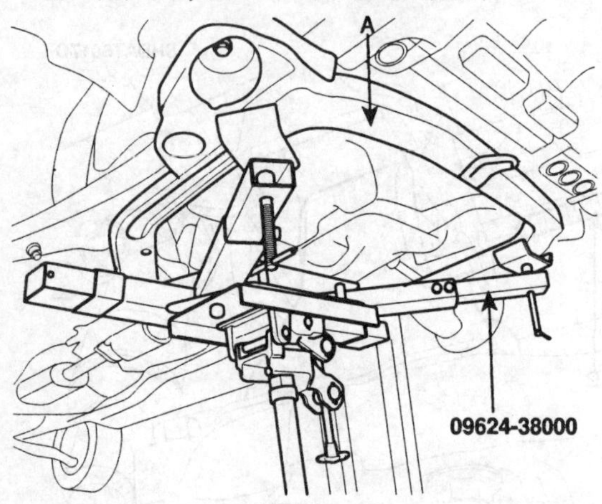

SHDAT6051D

23.수동변속기에서 드라이브 샤프트(A, B)를 탈거한다.(DS그룹 드라이브 샤프트 참조)

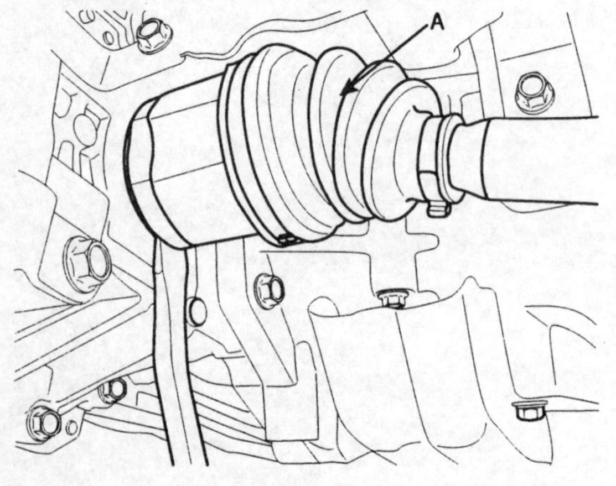

SHDAT6020D

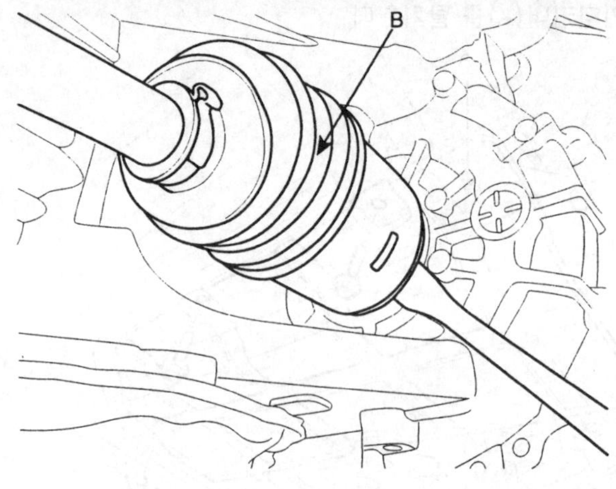

SHDAT6021D

24.토크 컨버터 마운팅 볼트(A-4개)를 탈거한다.

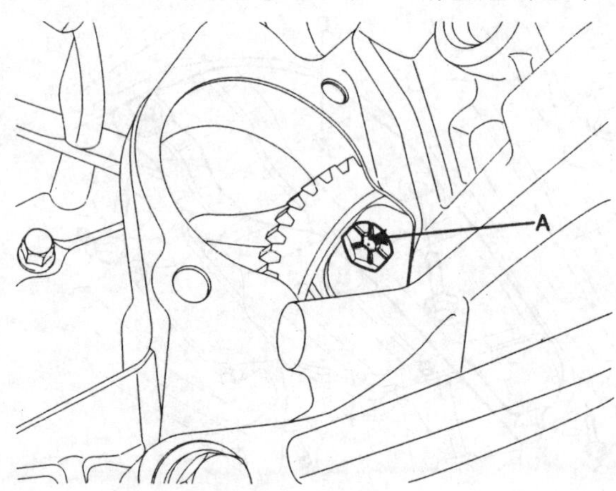

SHDAA6011D

25.변속기측 마운팅 볼트 1개와 엔진측 마운팅 볼트 1개를 탈거한다.

26.자동변속기 로어 마운팅 볼트(A-3개, B-1개)를 탈거한다.

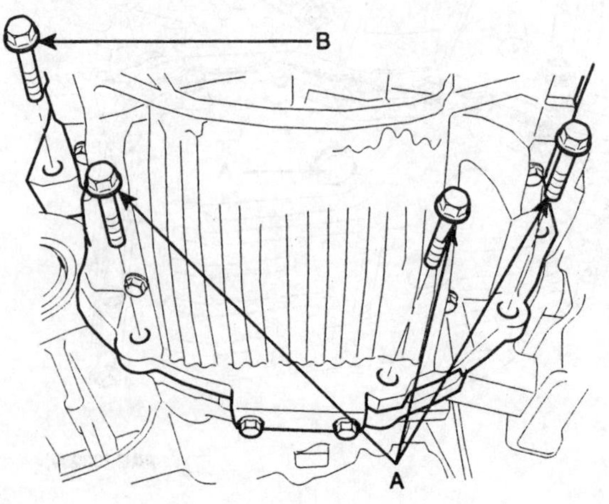

SFDAA8007L

27.차량을 들어 올리면서 자동변속기 어셈블리를 차상에서 탈거한다.

⚠주의

엔진 및 자동변속기 어셈블리 탈거시 기타 주변장치에 손상이 가지 않도록 주의한다.

장착

1. 자동변속기 어셈블리를 차상에 가장착한다.

⚠주의

엔진 및 자동변속기 어셈블리 장착시 기타 주변장치에 손상이 가지 않도록 주의한다.

2. 자동변속기 로어 마운팅 볼트(A-3개, B-1개)를 장착한다.

체결토크 : [A,B] 4.3~5.5 kgf.m

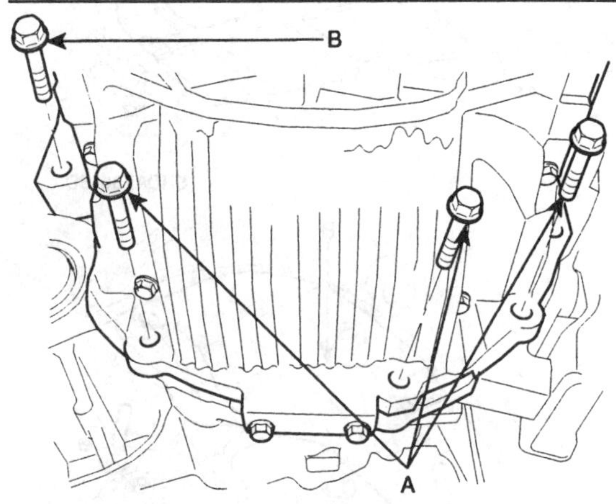

SFDAA8007L

3. 변속기측 마운팅 볼트 1개(A)와 엔진측 마운팅 볼트 1개(B)를 장착한다.

체결토크 : [A]4.3 ~ 5.5 kgf.m, [B]3.0 ~ 4.2 kgf.m

4. 토크 컨버터 마운팅 볼트(A-4개)를 장착한다.

체결토크 : 4.6~5.3 kgf.m

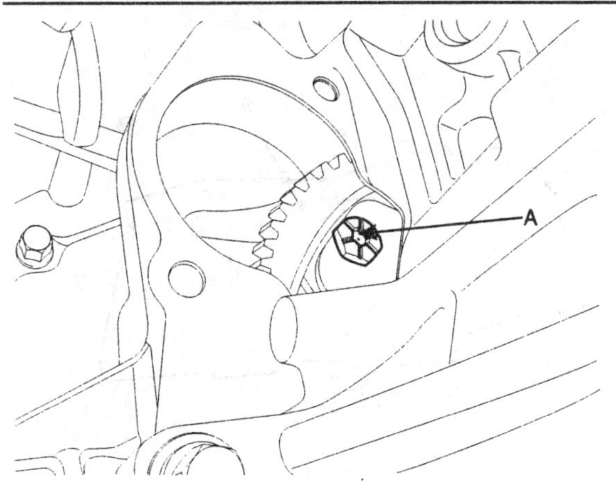

SHDAA6011D

5. 자동변속기에서 드라이브 샤프트(A, B)를 장착한다.(DS그룹 드라이브 샤프트 참조)

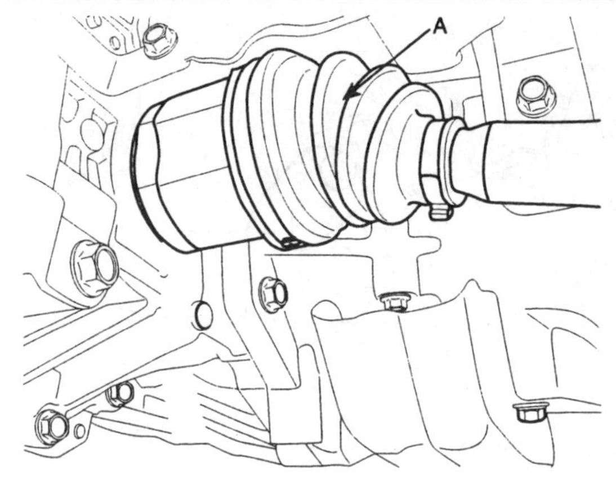

SFDAA8003L

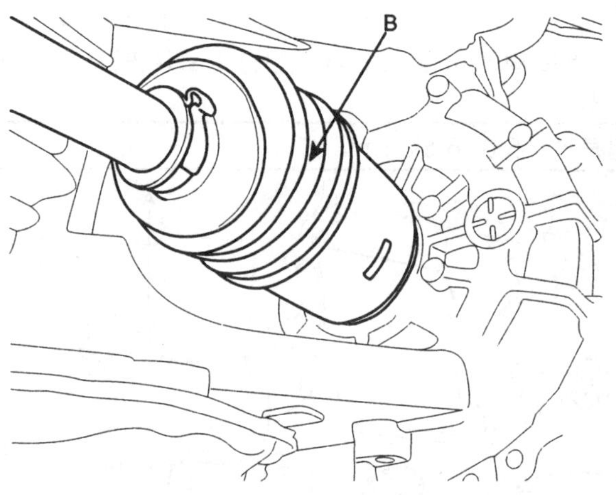

SFDAA8004L

6. 특수공구(09624-38000)를 사용하여 서브프레임(A)을 장착한다.

체결토크 : 14.0~16.0kgf.m

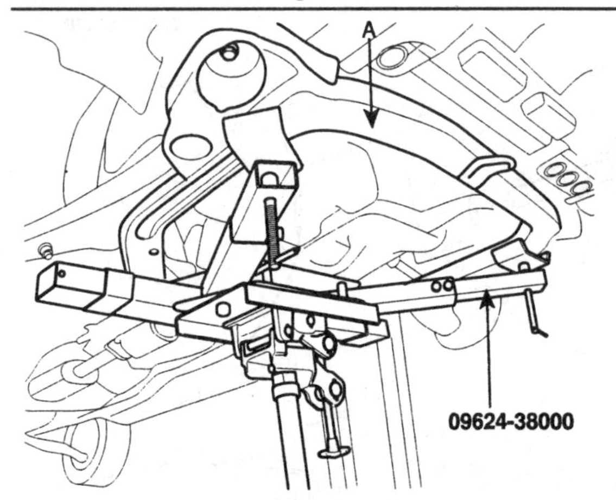

SHDAT6051D

7. 배기 파이프 마운팅 러버(A)를 서브 프레임에 장착한다.

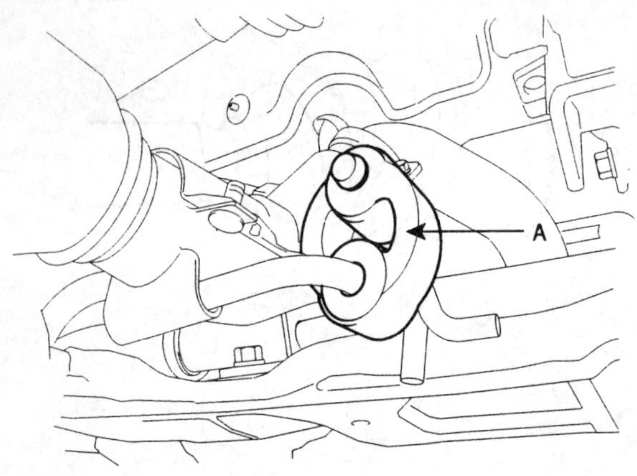

SHDMA6004D

8. 프런트 및 리어 롤 스톱퍼 마운팅 볼트(A,B)를 장착한다.

체결토크 : 5.0~6.5kgf.m

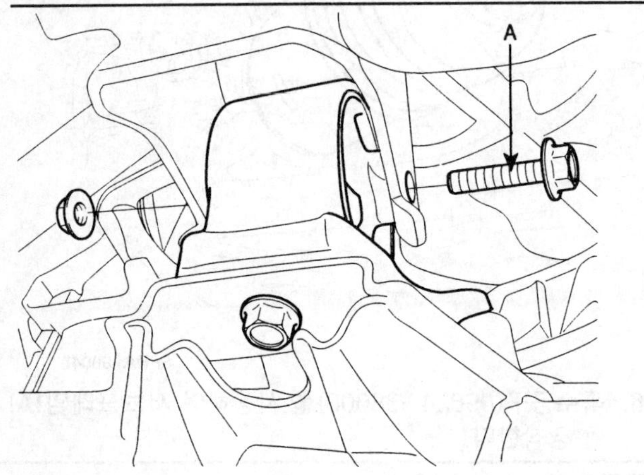

SHDAT6017D

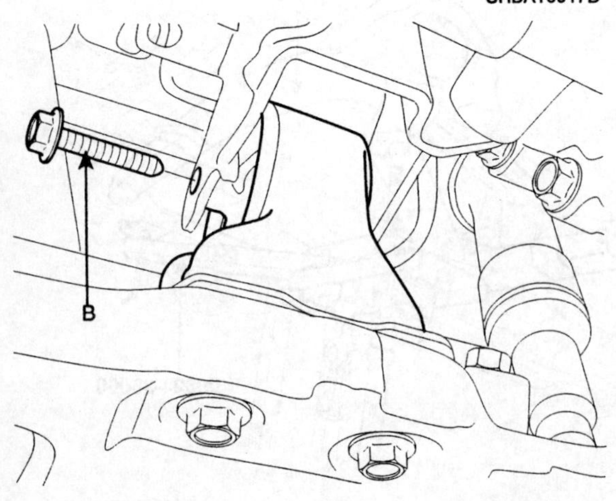

SHDAT6018D

9. 로어 암 볼 조인트 마운팅 볼트, 스테빌라이져 링크 마운팅 너트, 스티어링 타이로드 엔드 마운팅 너트 등을 장착하여, 프런트 서스펜션 링크들을 연결한다. (SS 그룹 스테빌라이저 바 참조)

10. 언더커버(A)를 장착한다.

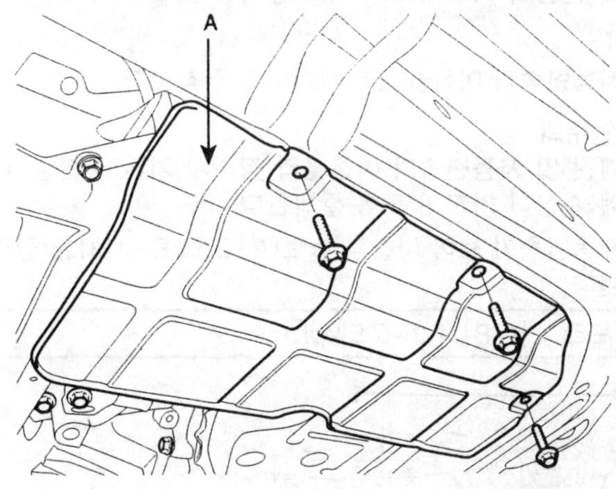

SHDAT6015D

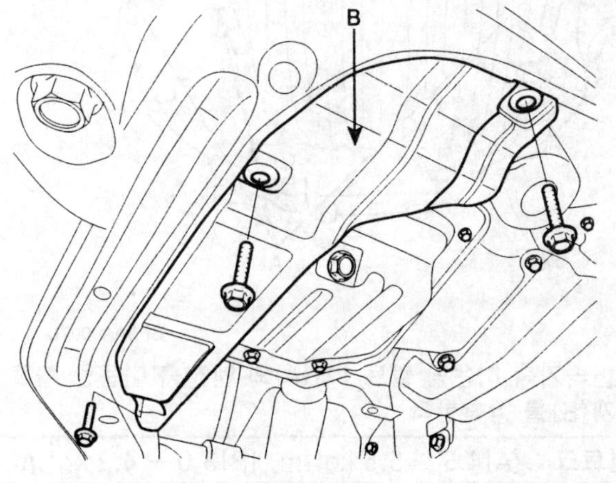

SHDAT6016D

11. 사이드 커버(A)를 장착한다.

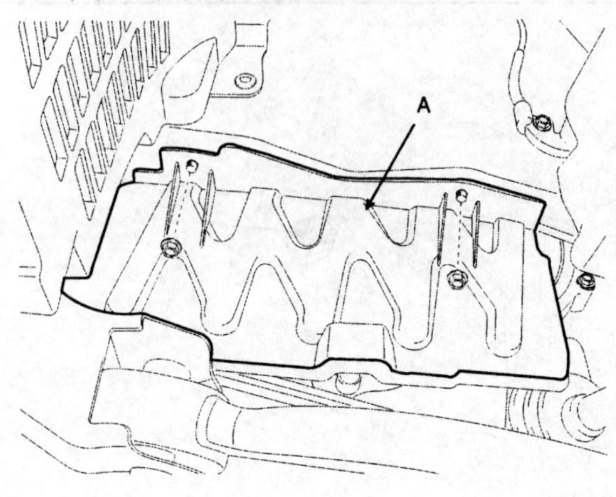

KKNF060A

12.프런트 타이어를 장착한다.

13.스티어링 컬럼 샤프트 볼트(A)를 장착한다. (ST그룹 스티어링 컬럼 및 샤프트 참조)

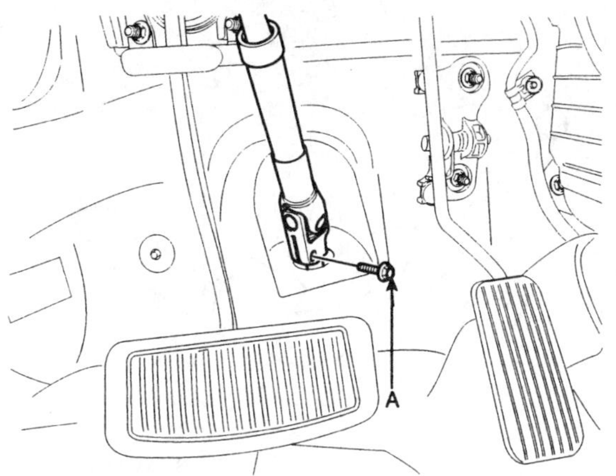

SFDMC8002D

14.자동변속기 마운팅 서포트 브라켓(A)를 장착한다.

체결토크 : 6.0~8.0 kgf.m

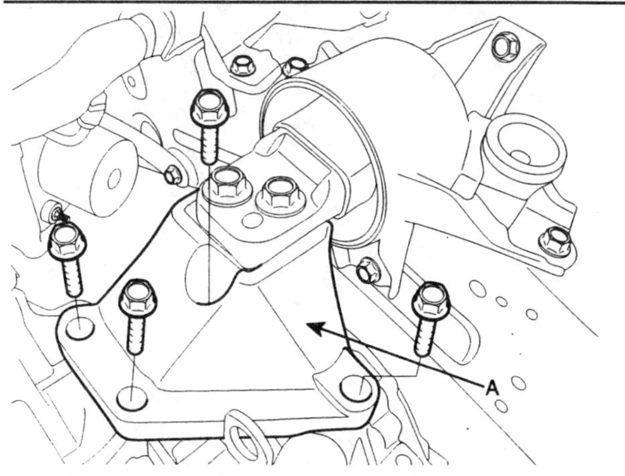

SHDAT6014D

15.자동변속기 어퍼 마운팅 볼트(A-2개)와 스타터 모터 마운팅 볼트(B-2개)를 장착한다.

체결토크 : [A]6.0~8.0 kgf.m, [B]3.9~6.0 kgf.m

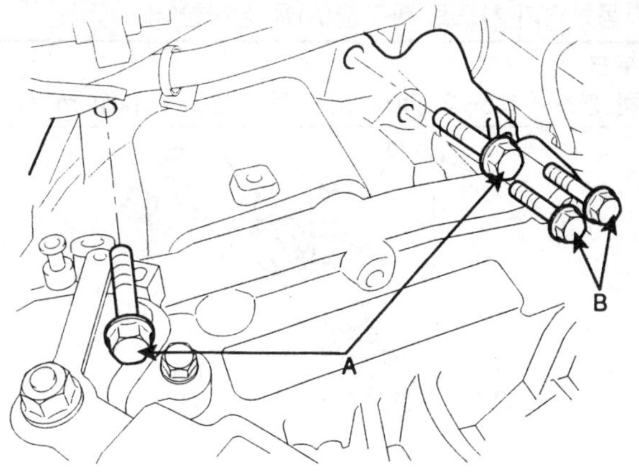

SHDAA6003D

16.특수공구(09200-38001)를 탈거한다.

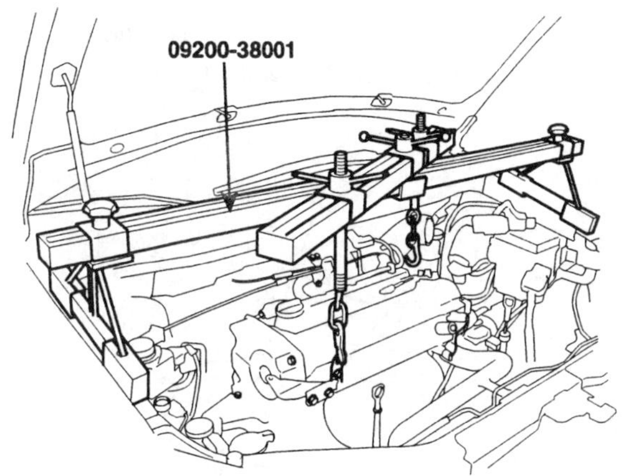

SHDAA6002D

17.오일 쿨러 호스(A)를 장착한다.

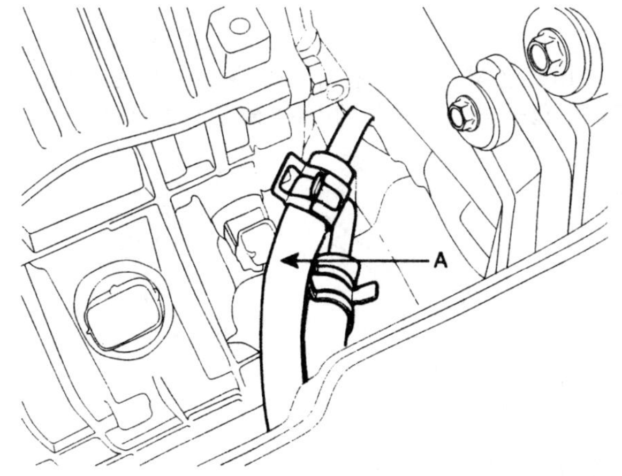

SHDAT6011D

18.자동변속기 시프트 케이블(A)을 장착한다.

체결토크
브라켓 볼트 : 1.5~2.2kgf.m, 너트 : 1.0~1.4kgf.m

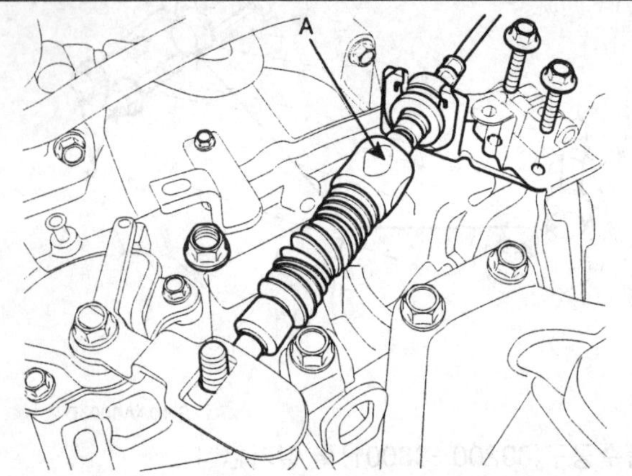

SHDAT6010D

19.출력 속도센서 커넥터(A)를 연결한다.

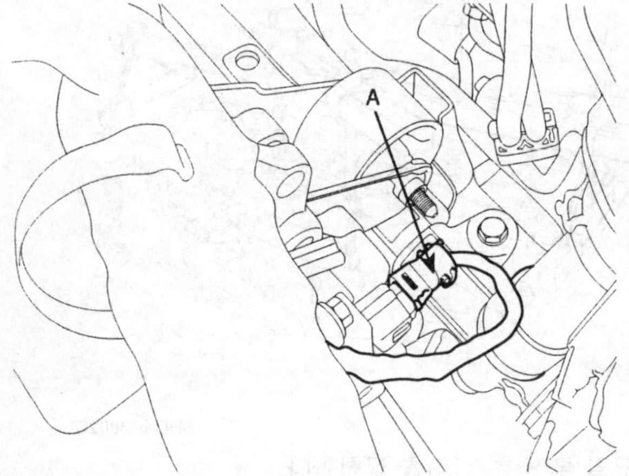

SHDAT6009D

20.인히비터 스위치 커넥터(A), 솔레노이드 밸브 커넥터(B) 및 입력 속도센서 커넥터(C)를 연결한다.

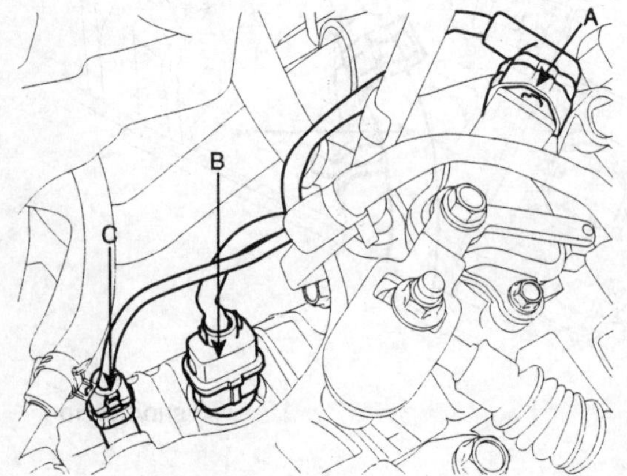

SHDAT6008D

21.접지선(A)을 장착한다.

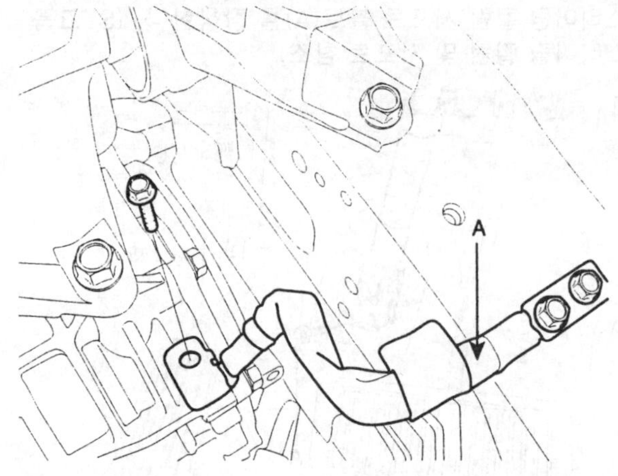

SHDAT6007D

22.배터리 트레이(A)를 장착한다.

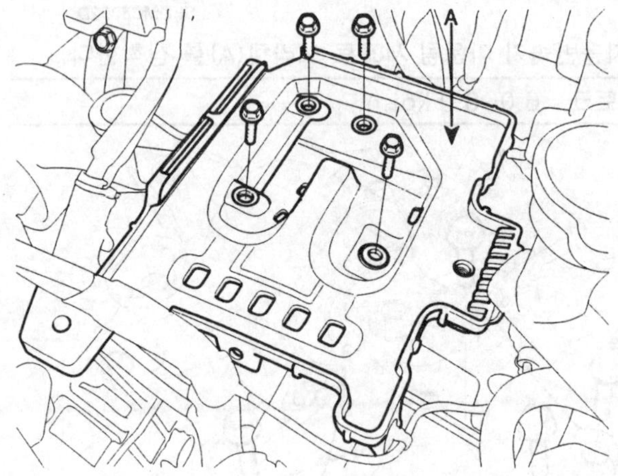

SHDAT6006D

23.에어클리너 어셈블리(D)를 장착한 후 에어 플로우 센서(AFS) 커넥터(A), 클램프(B), ECM커넥터(C)를 연결한다.

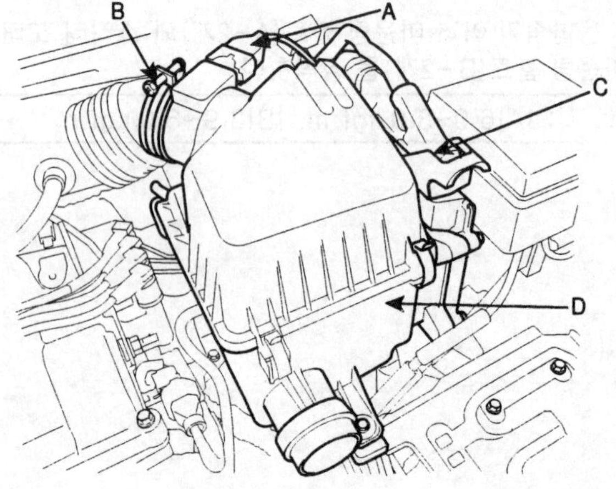

SHDAA6001D

24.에어 덕트(A)를 장착한다.

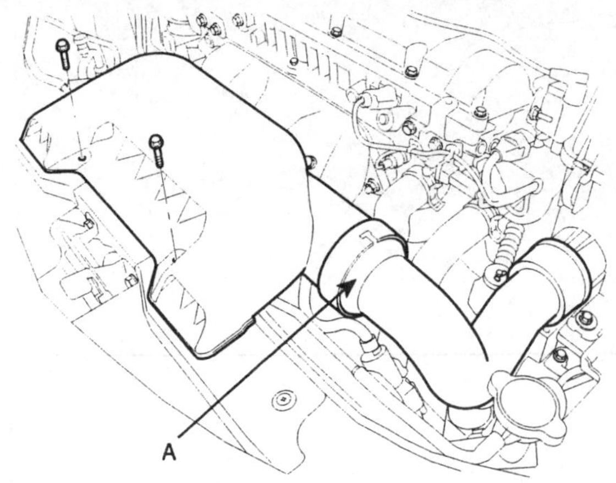

SHDMA6002D

25.배터리(A)를 장착한다.

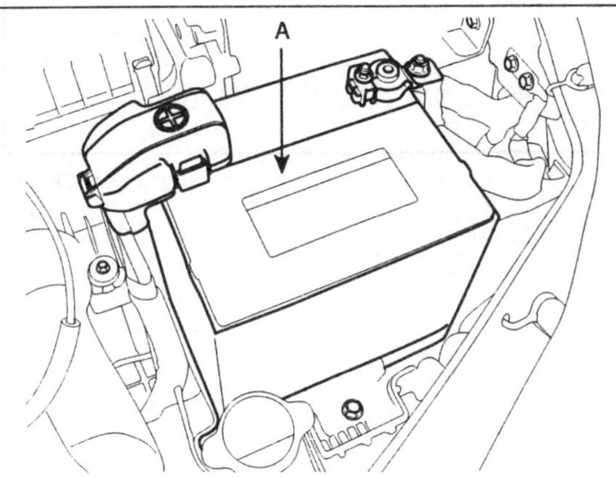

SHDAT6002D

26.엔진커버를 장착한다.

27.장착이 완료 되면 다음 작업을 수행한다.

- 변속 케이블을 조정한다.
- 변속기 오일을 주입한다.
- 배터리 터미널과 케이블 터미널을 샌드 페이퍼로 청소한 후 조립하고 부식 방지를 위해 그리스를 도포한다.

참고

자동변속기를 교체했을 경우, HI-DS 스캐너를 사용하여 아래와 같은 순서로 자동변속기 학습치를 소거한다.

a. HI-DS 스캐너 데이터 케이블을 운전석 크래쉬 패드 하단부에 있는 자기진단 커넥터에 연결하고 시가 잭에 전원 케이블을 연결한다.

b. 엔진 시동을 걸고 HI-DS 스캐너의 전원을 켠다.

c. 해당 차종의 이름을 선택한다.

d. '자동변속기'를 선택한다.

e. 'AUTO T/A 학습값 소거'를 실행한다.

AUTO T/A학습값 소거

본 기능은 AUTO T/A를 교환 했을 경우
기존 변속기에서 컴퓨터가 학습한
모든 내용을 지우는 기능 입니다.

소거하려면[ENT]키를 누르십시오

SHDAT6026D

f. F1(REST) 펑션키를 눌러 실행시킨다.

AUTO T/A학습값 소거

소거 조건	시동키 ON 변속레버스위치 : P 엔진 정지

준비되면[REST]키를 누르시오

REST

SHDAT6027D

밸브 바디 시스템

솔레노이드 밸브

개요

각종 센서로부터 전달된 정보를 이용하여 TCM에서 최적 조건을 연산하고, 그 정보를 유압 솔레노이드 밸브에 전달하면 구동신호에 따른 솔레노이드 밸브의 작동에 의하여 밸브 바디내의 각종 레귤레이터 밸브를 제어하여 유로를 변경함으로써 자동 변속 및 라인압을 제어한다.

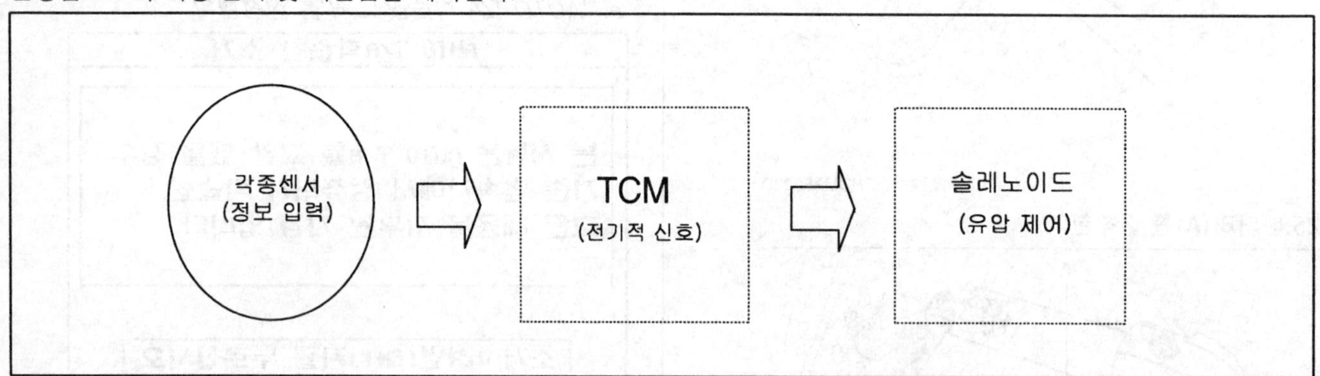

AKGF029A

● PWM (Pulse Width Modulation) 솔레노이드 밸브

구성 및 세부 기능

5개의 솔레노이드 밸브로 구성되어 있으며 TCM로부터의 구동신호를 전기적인 듀티량으로 받아 솔레노이드 밸브 내에서 유압량으로 바꾸어 준다. 밸브바디 및 토크 컨버터에서 유압으로 댐퍼 클러치 작동, 해방을 시키거나 각 단에서 작동하는 클러치 및 브레이크로 작동유압을 보내고 변속시 작동하는 클러치 및 브레이크의 유압세기를 조절하여 충격을 완화한다.

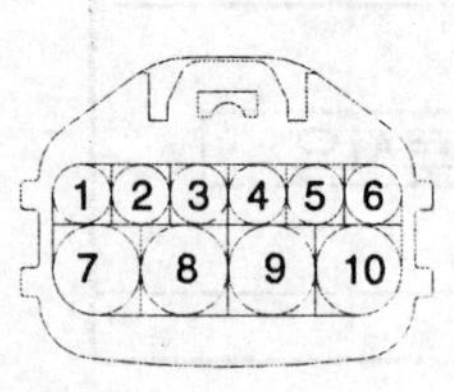

1. PCSV-A (OD & LR)
2. PCSV-B (2-4 브레이크)
3. ON-OFF 솔레노이드
4. PCSV-D (DCC 솔레노이드)
7. 접지
8. PCSV-C (UD)
9. VFS
10. VFS 접지

ALJF004A

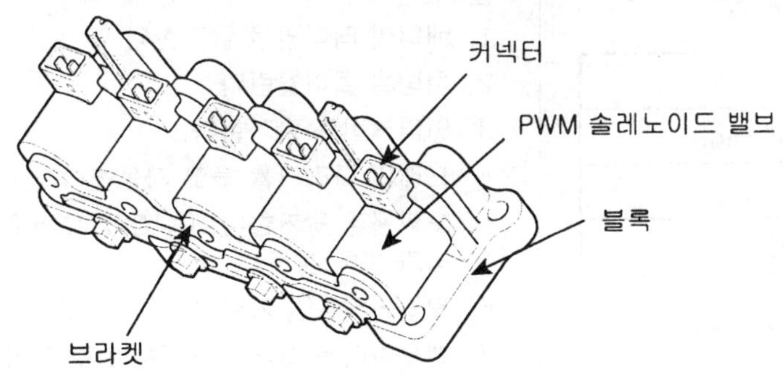

<PWM 블록 어셈블리 구성 및 각부의 명칭>

AKGF029C

PWM (Pulse Width Modulation) 솔레노이드 작동

변속단	PWM 솔레노이드 밸브				
	PCSV-A (SCSV-B)	PCSV-B (SCSV-C)	PCSV-C (SCSV-D)	PCSV-D (TCC SV)	ON, OFF (SCSV-A)
N, P	OFF	ON	ON	OFF	ON
1속	ON	ON	OFF	OFF	ON
2속	ON	OFF	OFF	ON	OFF
3속	OFF	ON	OFF	ON	OFF
4속	OFF	OFF	ON	ON	OFF
후진	OFF	OFF	ON	OFF	ON
LOW	OFF	ON	OFF	OFF	ON

PWM (Pulse Width Modulation) 솔레노이드 밸브 제어 특성

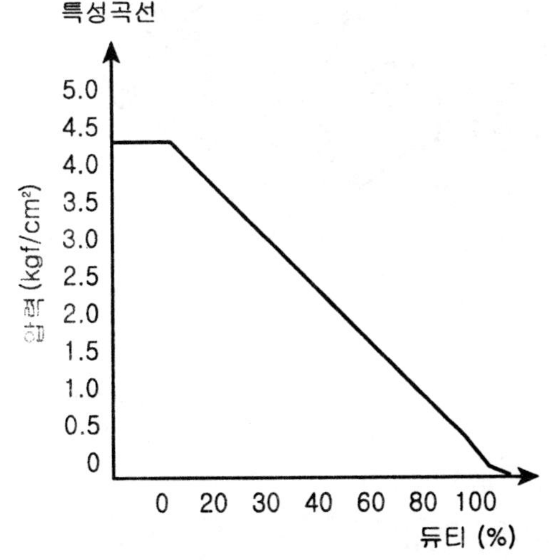

<PWM 솔레노이드 밸브 성능 곡선>

AKGF029D

제어 특성으로는 듀티비에 따라서 0 ~ 4.3 kgf/cm² 를 선형적으로 제어한다.

형식	내용
타입	3way & Normal High
공급 전압	12V
코일 저항	3.2±0.2Ω
주기	50Hz

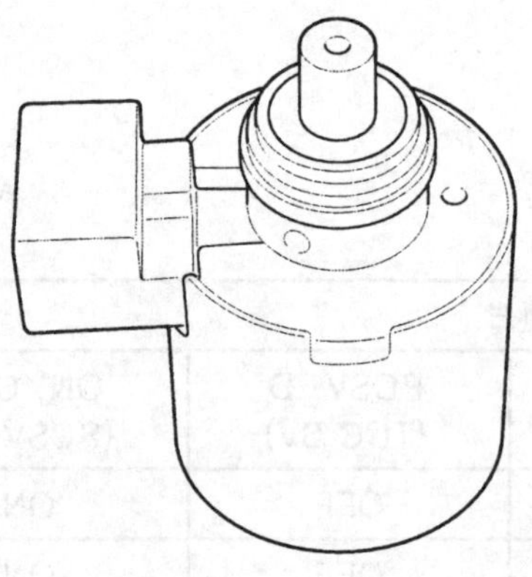

<PWM 솔레노이드 밸브 형상>

AKGF029H

탈거

1. 배터리 터미널을 탈거한다.
2. 차량을 들어올린다.
3. 언더커버를 탈거한다.
4. 드레인 플러그를 풀고 자동변속기 오일을 빼낸다.
5. 오일팬을 탈거한다. (A4CF2 오버홀 매뉴얼의 자동변속기 분해 참조)
6. 오일필터를 탈거한다.
7. 밸브바디를 탈거한다. (A4CF2 오버홀 매뉴얼의 밸브바디 분해 참조)
8. 메인 하니스(A)를 밸브바디로부터 분리한다.

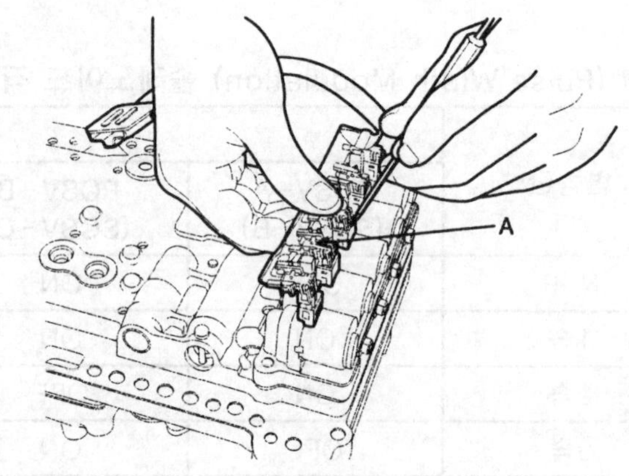

AKGF014B

9. 솔레노이드 밸브 어셈블리(A)를 탈거한다.

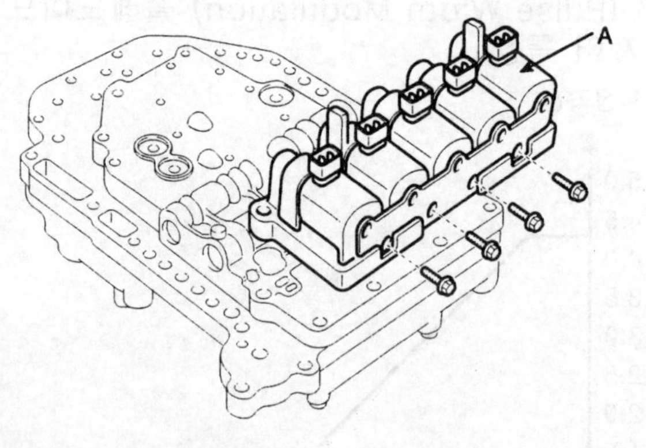

AKGF014C

장착

1. 솔레노이드 밸브를 장착한다.

   ⚠주의

   O-링에 ATF 또는 백색 바세린을 도포하고 손상도지 않도록 조립한다.

2. 솔레노이드 커넥터를 밸브바디에 장착한다.

   ⚠주의

   솔레노이드 밸브 커넥터 장착시, 커넥터의 전체적인 상태(헐거움,접촉 불량,부식,오염,다른 커넥터와의 간섭, 파손등)를 확인한 후 장착한다.

3. 밸브바디를 장착한다. (A4CF2 오버홀 매뉴얼의 밸브바디 조립 참조)

체결토크 : 1.0~1.2kgf.m

4. 오일필터를 장착한다.

체결토크 : 1.0~1.2kgf.m

5. 오일팬에 액상 가스켓을 2.5mm의 굵기로 그림과 같이 끊김없이 도포한다.

액상 가스켓 기준 실러트 쓰리본드: 1281B

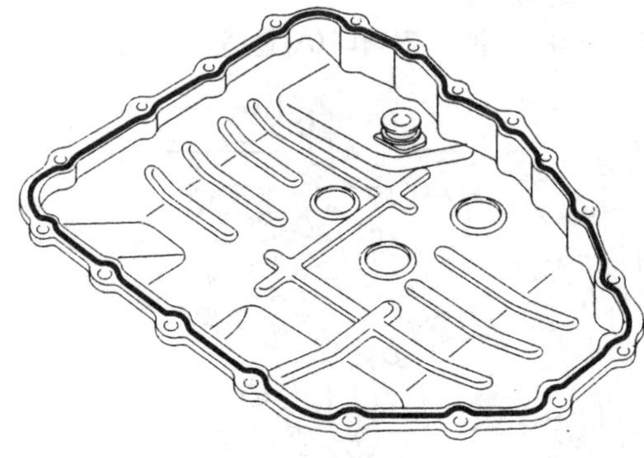

AKGF006T

6. 오일팬을 끼운 후 장착볼트를 체결토크로 체결한다.

체결토크 : 1.0~1.2kgf.m

7. 드레인 플러그를 장착한다.

체결토크 : 4.0~5.0kgf.m

8. 탈거의 역순으로 장착한다.

VFS(Variable Force Solenoid) 밸브

개요

레귤레이터 밸브를 제어하여 전 스로틀 및 전 변속단에서 라인압을 4.5~10.5bar 까지 가변시킨다. 케이스 상측에 홀더가 조립되어 있으며, 홀더 외곽 2개소에 이물질의 유입을 막기 위한 필터가 위치하고 있다.

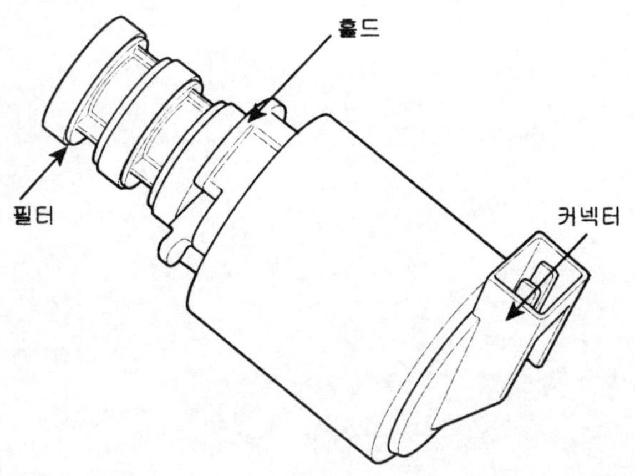

<VFS의 구성 및 각부의 명칭 >

AKGF029E

VFS (Variable Force Solenoid) 밸브 제어 특성

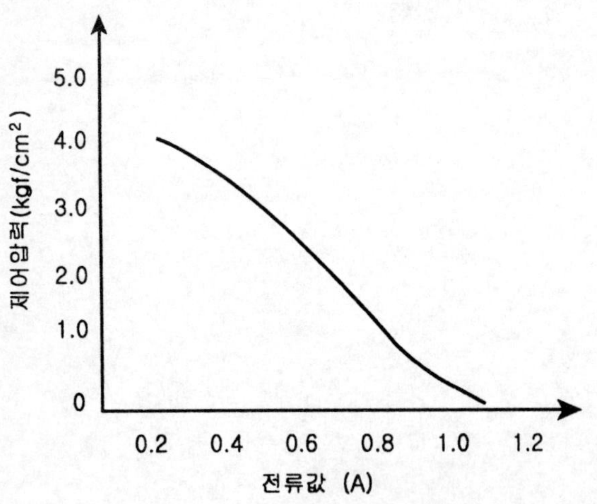

<VFS 솔레노이드 밸브 성능 곡선 >

AKGF029F

인가전류에 따라서 0 ~ 4.3 kgf/cm² 를 선형적으로 제어하는 것을 알 수 있음.

형식	내용
타입	3way & Normal High
공급 전압	12V
코일 저항	3.5 ± 0.2 Ω
작동 전류	0 ~ 1200 mA

탈거

1. 배터리 터미널을 탈거한다.
2. 차량을 들어올린다.
3. 언더커버를 탈거한다.
4. 드레인 플러그를 풀고 자동변속기 오일을 빼낸다.
5. 오일팬을 탈거한다. (A4CF2 오버홀 매뉴얼의 자동변속기 분해 참조)
6. 오일필터를 탈거한다.
7. 밸브바디를 탈거한다. (A4CF2 오버홀 매뉴얼의 밸브바디 분해 참조)
8. VFS 솔레노이드 밸브 커넥터(A)를 분리한다.

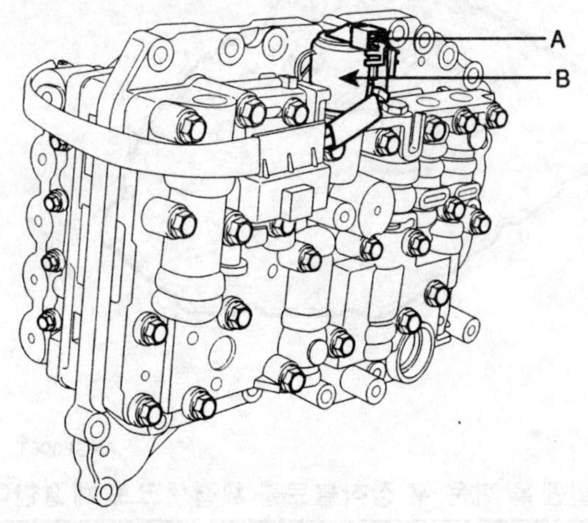

SHDAT6110D

9. 솔레노이드 밸브(B)를 탈거한다.

장착

1. 솔레노이드 밸브(B)를 장착한다.

⚠주의
O-링에 ATF 또는 백색 바세린을 도포하고 손상도지 않도록 조립한다.

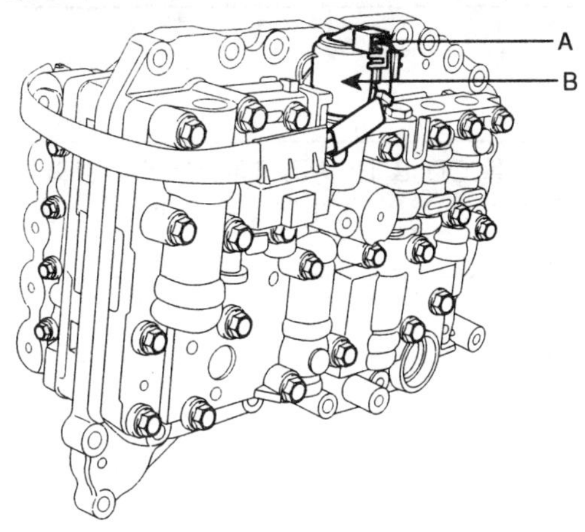

SHDAT6110D

2. VFS 솔레노이드 커넥터(A)를 연결한다.

⚠주의
솔레노이드 밸브 커넥터 장착시, 커넥터의 전체적인 상태(헐거움,접촉 불량,부식,오염,다른 커넥터와의 간섭, 파손등)를 확인한 후 장착한다.

3. 밸브바디를 장착한다. (A4CF2 오버홀 매뉴얼의 밸브바디 조립 참조)

체결토크 : 1.0~1.2kgf.m

4. 오일필터를 장착한다.

체결토크 : 0.5~0.7kgf.m

5. 오일팬에 액상 가스켓을 2.5mm의 굵기로 그림과 같이 끊김없이 도포한다.

액상 가스켓 기준 실러트 쓰리본드: 1281B

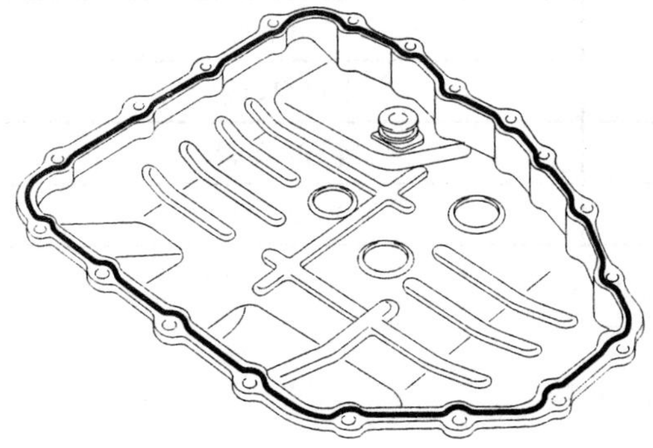

AKGF006T

6. 오일팬을 끼운 후 장착볼트를 체결토크로 체결한다.

체결토크 : 1.0~1.2kgf.m

7. 드레인 플러그를 장착한다.

체결토크 : 4.0~5.0kgf.m

8. 탈거의 역순으로 장착한다.

자동변속기 컨트롤 시스템

입력축 속도 센서

개요

항목	내용
센서 형식	1. 형식 : 홀 센서(HALL SENSOR) 2. 정격 전압 : DC 12V 3. 소비 전류 : 22mA (Max)
기능	1. 입력 속도센서 : 변속시 유압 제어를 위해 입력축 회전수를 OD & REV 리테이너부에서 검출 2. 피드백 제어, 클러치-클러치 제어, 댐퍼 클러치 제어, 변속단 제어 동기 어긋남 제어, 기타 센서 고장 판정 기준 신호로써 이용된다.
커넥터	1. 접지 2. 입력 3. 전원 ALJF004B

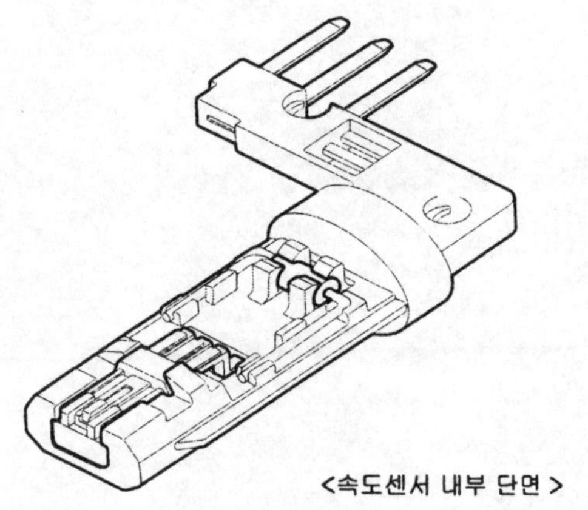

<속도센서 내부 단면 >

AKGF026A

입력 속도 센서 작동 원리

1. Hall 효과를 이용한 2개의 감지 소자 IC를 사용하고 이 2개의 IC뒤에 자석을 위치시켜 IC 주변에 자속을 형성 시킴.
2. IC 전면부에 강자성체인 기어가 회전하면 2개의 감지 소자에서 A, B모양의 신호가 출력되는데 이때 기어의 산이 지나면 파형도 HIGH로 골이 지나면 파형도 LOW된다.

   A,B 파형을 IC내부에서 단일 파형으로 변조한다.
3. 변조된 아날로그 파형을 IC내부에서 디지털 파형으로 다시 변조한다.

입력 속도 센서 점검 요령

항목	점검 항목	규정값
에어 갭	입력 속도센서	1.3mm
절연 저항	입력축 속도센서	1 MΩ이상
전압 측정	HIGH	4.8V 이상
	LOW	0.8V 이하

탈거

1. 배터리 터미널을 탈거한다.
2. 배터리와 배터리 트레이를 탈거한다.
3. 에어덕트를 탈거한다.
4. 에어클리너 어셈블리를 탈거한다. (자동변속기 탈거/장착 참조)
5. 입력 속도센서 커넥터(A)를 탈거한다.

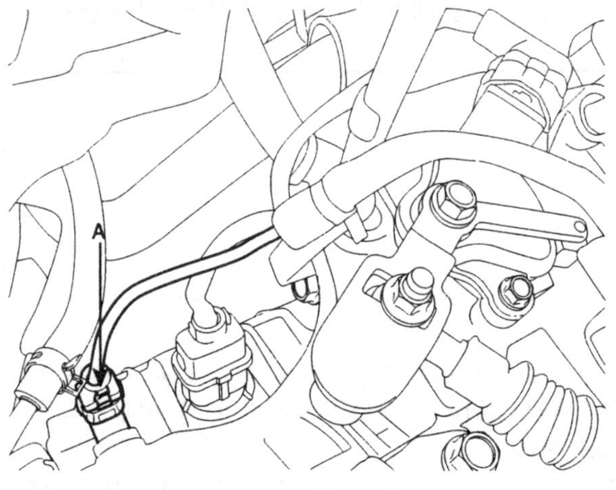

SHDAT6111D

6. 입력 속도센서(A)를 탈거한다.

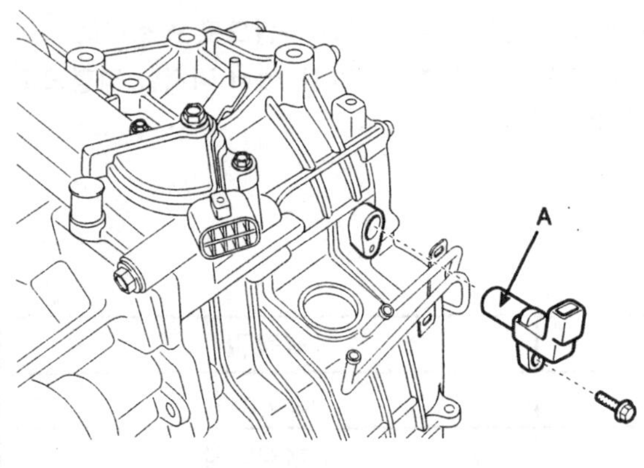

AKGF003L

장착

1. 입력 속도센서에 신O-링을 장착한다.
2. 입력 속도센서(A)를 장착한다.

체결토크: 1.0~1.2kgf.m

⚠주의
입력 속도센서 장착시 먼지나 불순물이 자동변속기 안으로 들어가지 않도록 한다.

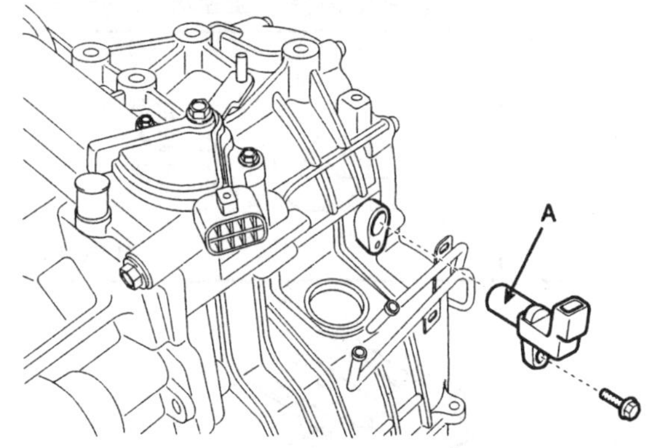

AKGF003L

3. 입력 속도 센서 커넥터(A)를 점검한 후 입력 속도 센서에 연결한다.

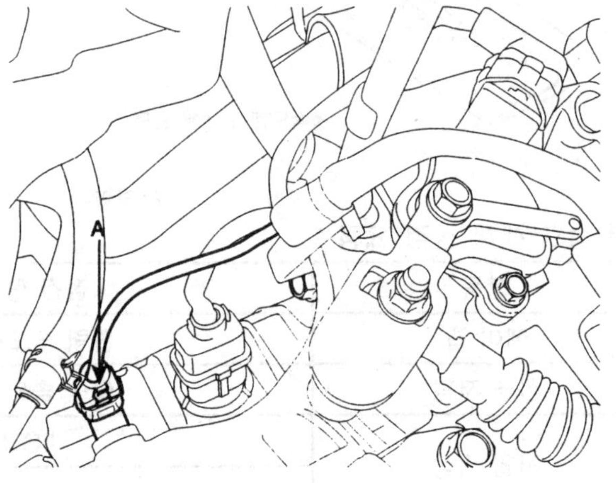

SHDAT6111D

4. 탈거의 역순으로 장착한다.

출력축 속도 센서

개요

센서 형식	1. 형식 : 홀 센서(HALL SENSOR) 2. 정격 전압 : DC 12V 3. 소비 전류 : 22mA (Max)
기능	1. 출력 속도센서 : 출력축 회전수 (T/F DRIVE GEAR RPM)을 T/F 드리븐 기어부에서 검출 2. 피드백 제어, 클러치-클러치 제어, 댐퍼 클러치 제어, 변속단 제어 동기 어긋남 제어, 기타 센서 고장 판정 기준 신호로써 이용된다.
커넥터	1 2 3 1. 접지 2. 입력 3. 전원 ALJF004C

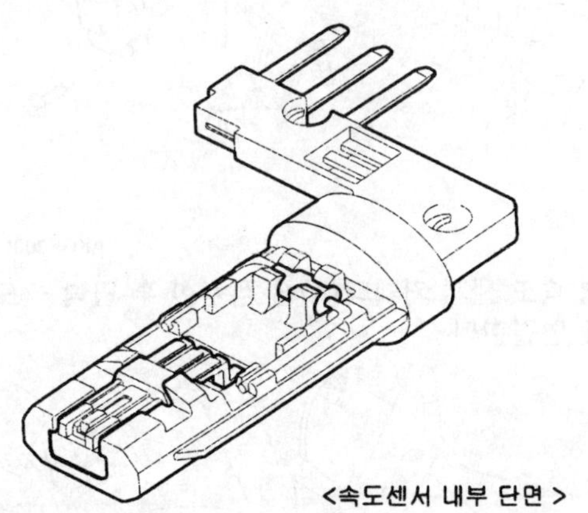

<속도센서 내부 단면 >

AKGF026A

출력 속도 센서 작동 원리

1. Hall 효과를 이용한 2개의 감지 소자 IC를 사용하고 이 2개의 IC뒤에 자석을 위치시켜 IC 주변에 자속을 형성 시킴.
2. IC 전면부에 강자성체인 기어가 회전하면 2개의 감지 소자에서 A, B모양의 신호가 출력되는데 이때 기어의 산이 지나면 파형도 HIGH로 골이 지나면 파형도 LOW된다.

   A,B 파형을 IC내부에서 단일 파형으로 변조한다.
3. 변조된 아날로그 파형을 IC내부에서 디지털 파형으로 다시 변조한다.

출력 속도 센서 점검 요령

항목	점검 항목	규정값
에어 갭	출력 속도센서	0.85 mm
절연 저항	출력 속도센서	1 MΩ이상
전압 측정	HIGH	4.8V 이상
	LOW	0.8V 이하

탈거

1. 배터리 터미널을 탈거한다.
2. 배터리와 배터리 트레이를 탈거한다.
3. 에어덕트를 탈거한다.
4. 에어클리너 어셈블리를 탈거한다. (자동변속기 탈거/장착 참조)
5. 출력 속도센서 커넥터(A)를 분리한다.

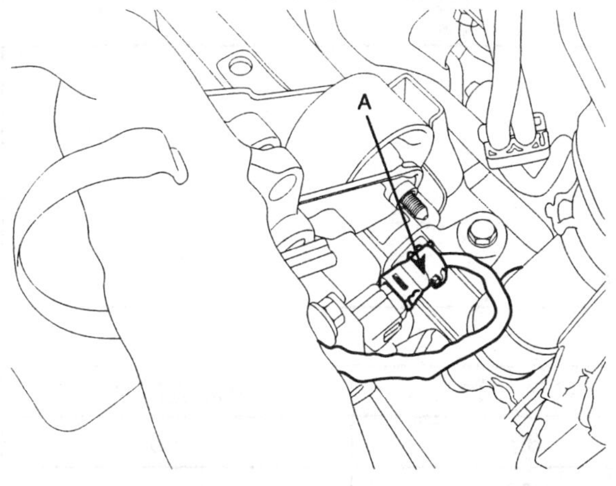

SHDAT6009D

6. 출력 속도센서(A)를 탈거한다.

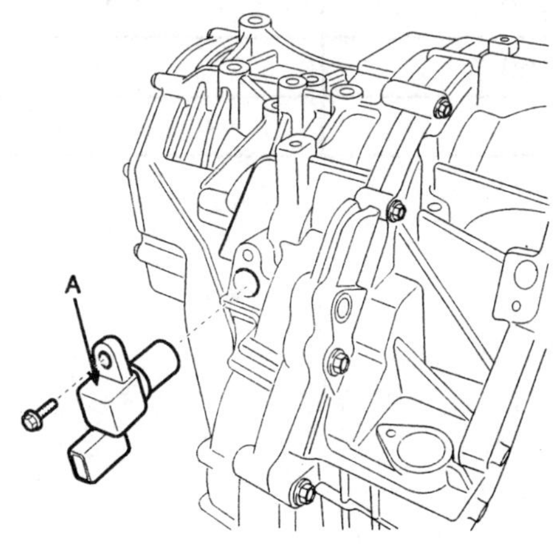

AKGF003K

장착

1. 출력 속도센서에 신O-링을 장착한다.
2. 출력 속도센서(A)를 장착한다.

체결토크: 1.0~1.2kgf.m

⚠주의
출력 속도센서 장착시 먼지나 불순물이 자동변속기 안으로 들어가지 않도록 한다.

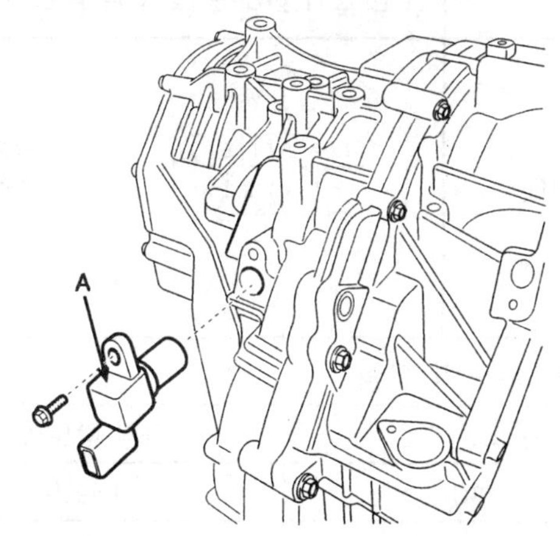

AKGF003K

3. 출력 속도 커넥터(A)를 점검한 후 출력축 속도 센서에 연결한다.

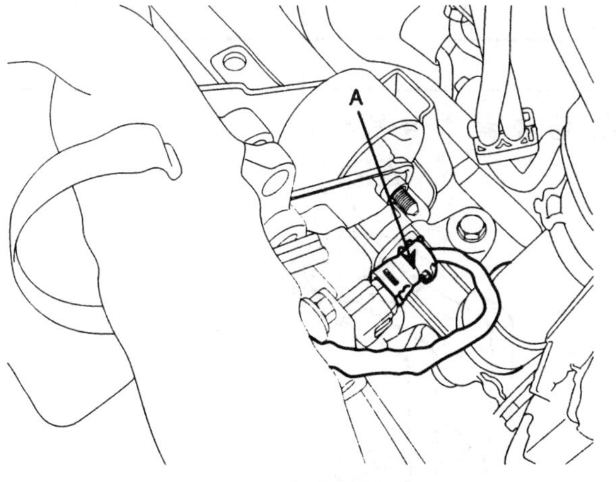

SHDAT6009D

4. 탈거의 역순으로 장착한다.

변속기 오일 온도 센서

개요

센서 형식	1. 형식 : 더미스터(Thermister) 2. 사용 온도 :-40 ~ 160°C
기능 및 특징	1. 와이어 하니스 내에 장착되어 더미스터가 외부에 노출되어 있다. 2. ATF 온도를 더미스터로 검출하여 댐퍼 클러치 작동 및 비작동 영역을 검출한다. 3. 변속시 유압 제어 정보 등으로 사용한다.
커넥터	1 2 3 4 5 6 7 8 9 10 5. 유온센서 입력 6. 접지 ALJF004D

유온 센서 온도별 저항

온도(°C)	저항 값(KΩ)	온도(°C)	저항 값(KΩ)
-40	139.5	80	1.08
-20	47.4	100	0.63
0	18.6	120	0.38
20	8.1	140	0.25
40	3.8	160	0.16
60	1.98		

단품 형상 및 장착 위치

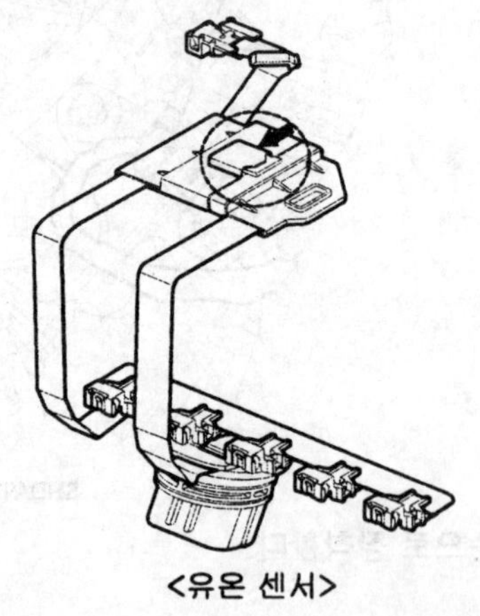

<유온 센서>

AKGF027B

탈거

1. 배터리 터미널을 탈거한다.
2. 차량을 들어올린다.
3. 언더커버를 탈거한다.
4. 드레인 플러그를 풀고 자동변속기 오일을 빼낸다.
5. 오일팬을 탈거한다. (A4CF2 오버홀 매뉴얼의 자동변속기 분해 참조)
6. 오일필터를 탈거한다.
7. 밸브바디를 탈거한다. (A4CF2 오버홀 매뉴얼의 밸브바디 분해 참조)
8. 메인 커넥터(A)를 밸브바디로부터 분리한다.

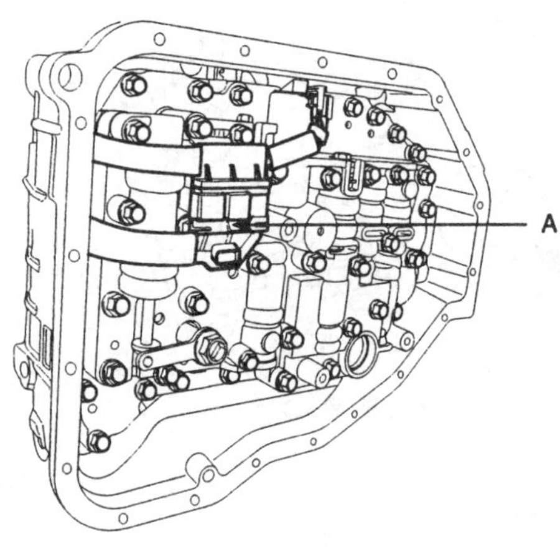

SHDAT6113D

장착

1. 메인 커넥터(A)를 밸브바디에 장착한다.

⚠주의
유온센서 커넥터 장착시, 커넥터의 전체적인 상태(헐거움,접촉 불량,부식,오염,다른 커넥터와의 간섭, 파손등)를 확인한 후 장착한다.

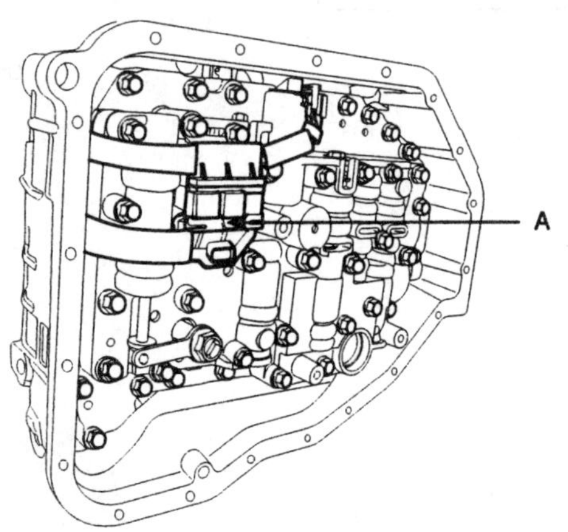

SHDAT6113D

2. 밸브바디를 장착한다. (A4CF2 오버홀 매뉴얼의 밸브바디 조립 참조)

체결토크 : 1.0~1.2kgf.m

3. 오일필터를 장착한다.

체결토크 : 0.5~0.7kgf.m

4. 오일팬에 액상 가스켓을 2.5mm의 굵기로 그림과 같이 끊김없이 도포한다.

액상 가스켓 기준 실러트 쓰리본드: 1281B

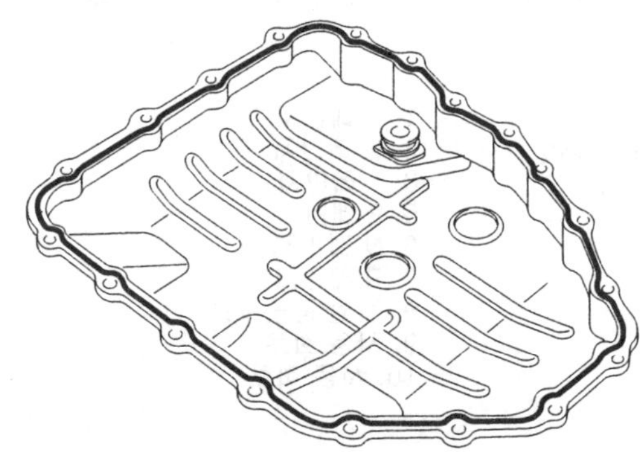

AKGF006T

5. 오일팬을 끼운 후 장착볼트를 체결토크로 체결한다.

체결토크 : 1.0~1.2kgf.m

6. 드레인 플러그를 장착한다.

체결토크 : 4.0~5.0kgf.m

7. 탈거의 역순으로 장착한다.

인히비터 스위치

개요

센서 형식	1. 타입 : 로타리 타입(ROTARY TYPE) 2. 형식 : 절환 접점식 스위치 3. 사용 온도 :-40 ~ 150°C 4. 볼트 체결 토크 : 1.0~1.2kgf.m
기능	운전자 요구에 따른 레버 작동(레버의 위치)을 트랜스미션에 전달하여 시동시 작동제어 (전원 공급 및 차단), 후진시 백업 램프 점등, 주행시 레버의 위치를 TCM에 전달하여 기어의 물림을 제어한다.

인히비터 스위치 커넥터 형상 및 단자간 접속

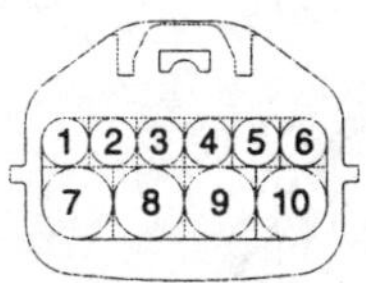

1. P 레인지
2. D 레인지
3. L 레인지
5. 2 레인지
6. N 레인지
7. R 레인지
8. 전원 공급 IG1
9. 시동 회로
10. 시동 회로

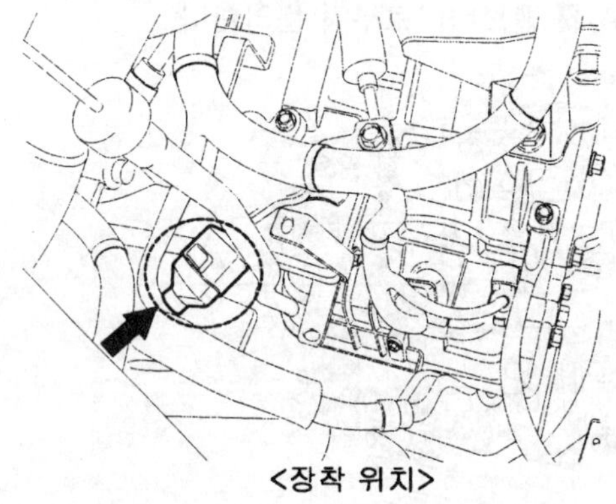

<장착 위치>

SHDAT6066D

핀번호 \ 레버위치	P	R	N	D	2	L
1	●					
2				●		
3						●
5					●	
6			●			
7		●				
8	●	●	●	●	●	●
9	●		●			
10	●		●			

SHDAT6067D

탈거

1. 배터리 터미널을 탈거한다.
2. 배터리와 배터리 트레이를 탈거한다.
3. 에어덕트를 탈거한다.
4. 에어클리너 어셈블리를 탈거한다. (자동변속기 탈거/장착 참조)
5. 인히비터 스위치 커넥터(A)를 탈거한다.

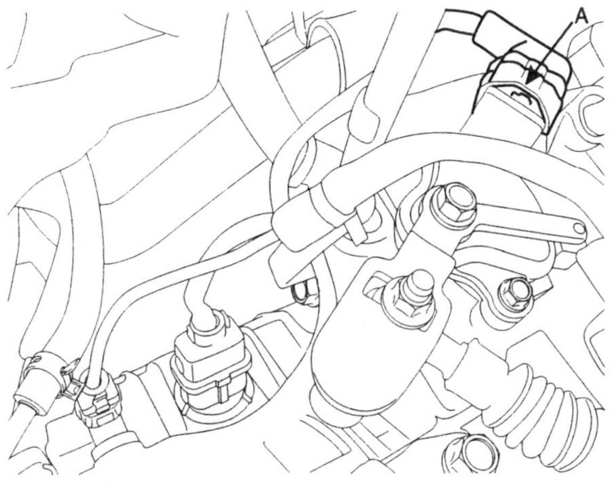

SHDAT6112D

6. 매뉴얼 컨트롤 레버에서 컨트롤 케이블을(A)를 탈거한다.

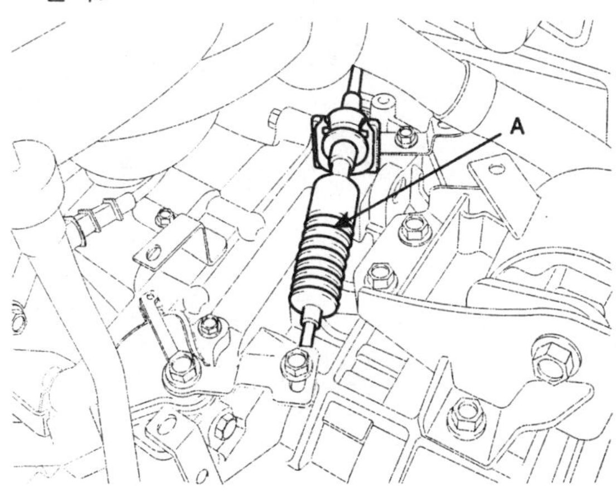

AKGF036D

7. 인히비터 스위치와 매뉴얼 컨트롤 레버를 탈거한다. (A4CF2 오버홀 매뉴얼의 자동변속기 분해 참조)

장착

1. 인히비터 스위치를 N 레인지에 맞춘다.
2. 인히비터 스위치 컨트롤 샤프트를 N 레인지에 맞춘다.
3. 인히비터 스위치와 매뉴얼 컨트롤 레버를 장착한다. (A4CF2 오버홀 매뉴얼의 자동변속기 조립 참조)

체결토크

샤프트 너트: 1.7~2.1kgf.m

볼트(2개): 1.0~1.2kgf.m

4. 컨트롤 케이블(A)을 매뉴얼 컨트롤 레버에 장착한다.

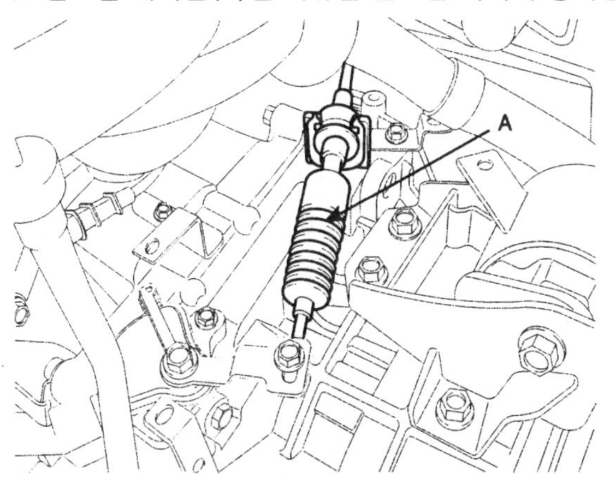

AKGF036D

5. 인히비터 스위치 커넥터(A)를 장착한다.

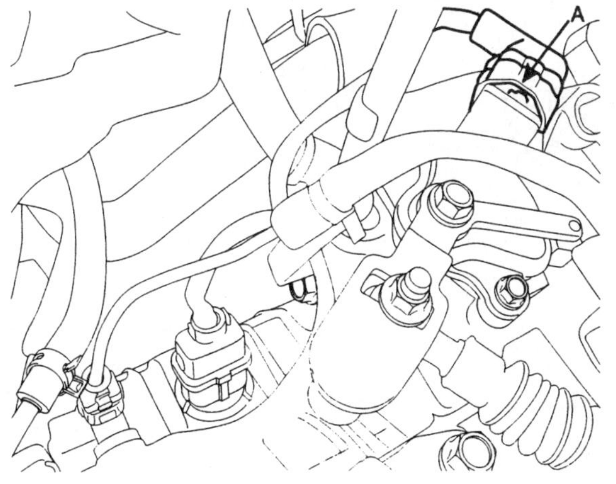

SHDAT6112D

6. 탈거의 역순으로 장착한다.
7. 장착 완료 후 이그니션 스위치를 ON 시킨다.

   변속레버를 P 레인지에서 L 레인지까지 움직이며 변속레버와 미터 세트상의 변속 레인지가 일치하는지 확인한다.

전장 회로도

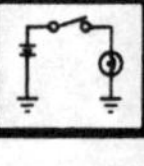

엔진 컨트롤 회로 (G4GC) (1)

SD313-1

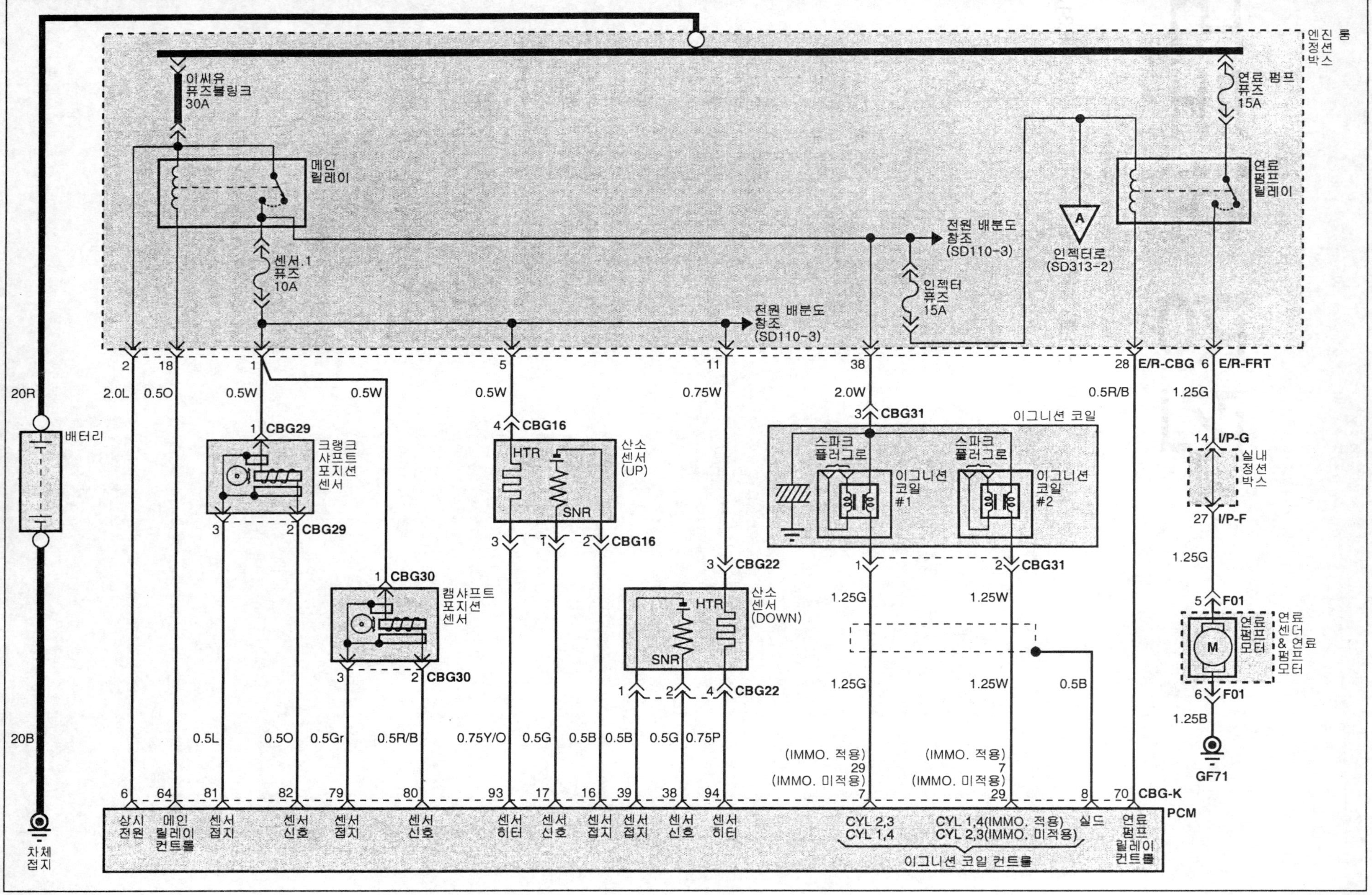

엔진 룸 정션 박스

이씨유 퓨즈블링크 30A

메인 릴레이

센서.1 퓨즈 10A

전원 배분도 참조 (SD110-3)

인젝터 퓨즈 15A

인젝터로 (SD313-2)

연료 펌프 퓨즈 15A

연료 펌프 릴레이

2 18 1 5 11 38 28 E/R-CBG 6 E/R-FRT

20R 2.0L 0.5O 0.5W 0.5W 0.5W 0.75W 2.0W 0.5R/B 1.25G

배터리

1 CBG29 크랭크 샤프트 포지션 센서 3 2 CBG29

1 CBG30 캠샤프트 포지션 센서 3 2 CBG30

4 CBG16 HTR SNR 산소 센서 (UP) 3 1 2 CBG16

3 CBG22 HTR SNR 산소 센서 (DOWN) 1 2 4 CBG22

3 CBG31 이그니션 코일 스파크 플러그로 이그니션 코일 #1 스파크 플러그로 이그니션 코일 #2 1 2 CBG31

1.25G 1.25W 1.25G 1.25W 0.5B

14 I/P-G 실내 정션 박스 27 I/P-F 1.25G

5 F01 연료 펌프 모터 연료 센더 & 연료 펌프 모터 6 F01 1.25B GF71

20B 0.5L 0.5O 0.5Gr 0.5R/B 0.75Y/O 0.5G 0.5B 0.5B 0.5G 0.75P

(IMMO. 적용) 29 (IMMO. 미적용) 7

(IMMO. 적용) 7 (IMMO. 미적용) 29

6 64 81 82 79 80 93 17 16 39 38 94 8 70 CBG-K

PCM

상시 전원 | 메인 릴레이 컨트롤 | 센서 접지 | 센서 신호 | 센서 접지 | 센서 신호 | 센서 히터 | 센서 신호 | 센서 접지 | 센서 접지 | 센서 신호 | 센서 히터 | CYL 2,3 CYL 1,4 | CYL 1,4(IMMO. 적용) CYL 2,3(IMMO. 미적용) | 실드 | 연료 펌프 릴레이 컨트롤

이그니션 코일 컨트롤

차체 접지

TSBKFD071108A

ON/START 전원

전원 배분도 참조

이씨유.2 퓨즈 10A

인젝터 퓨즈 15A에서 (SD313-2)

A

전원 배분도 참조

엔진 룸 정션 박스

29 4 16 32 17 21 25 31 E/R-CBG 24 E/R-EROM

2.0R 0.75W 0.75W 0.5W 0.5W 0.75W 0.75W 0.75Gr 0.75G 0.75W 0.75W

4 5 6 CBGINJ 8 EF12

0.85 0.85 0.85 0.85W

2 CBG26 1 CBG21 2 CBG24-2 2 CBG24-4 5 F02

아이들 스피드 컨트롤 액추에이터

퍼지 컨트롤 솔레노이드 밸브

인젝터 #2

인젝터 #4

CCV

연료 탱크 압력 센서

캐니스터 클로즈 밸브

1 3 CBG26

2 CBG05 오일 컨트롤 밸브

2 CBG21

1 CBG24-1 인젝터 #1

1 CBG24-2

2 CBG24-3 인젝터 #3

1 CBG24-4

6 3 2 1 F02

0.5L/B 0.5G/O 0.5P 0.5O

3 11 6 12 EF12

0.5L/B 0.5G/O 0.5R 0.5O/B

13 15 16 14 EC11

0.5P/B 0.5G/O 0.5L/O 0.5R

MAP 센서로 (SD313-3)

B

1 CBG05

2 CBG24-1

1 CBG24-3

0.85 0.85 0.85

1 2 3 CBGINJ

0.5G 0.5Gr 0.5L 0.5Y/O 0.5L 0.5R/B 0.5L/B 0.5O

2 4 73 89 90 66 67 25 28 26 27 91 33 34 48 CBG-K

PCM

ON/START 전원

메인 릴레이 ON 전원

열림 닫힘 액추에이터 컨트롤

CVVT 컨트롤

PCSV 컨트롤

#1 #2 #3 #4 인젝터 컨트롤

캐니스터 클로즈 밸브

센서 신호

센서 접지

센서 전원 (+5V)

센서 접지 센서 신호

센서 전원(+5V) 센서 신호 센서 접지

센서 신호 센서 접지

접지

센서 접지 센서 전원(+5V) 센서 신호

37 40 23 41 42 22 21 1 3 5 57 47 13 CBG-K

0.5W 0.5O 0.5L 0.5L/O 0.5B 0.5G 0.5W 2.0B 2.0B 2.0B 0.5B/O 0.5W 0.5L

11 9 10 EC11

0.5G 0.5W 0.75B 0.5B 0.5W 0.5L

1 2 CBG03 3 1 2 CBG12 1 2 CBG23 1 3 2 E38

오일 온도 센서

스로틀 포지션 센서

노크 센서

GBG11

에어컨 압력 변환기

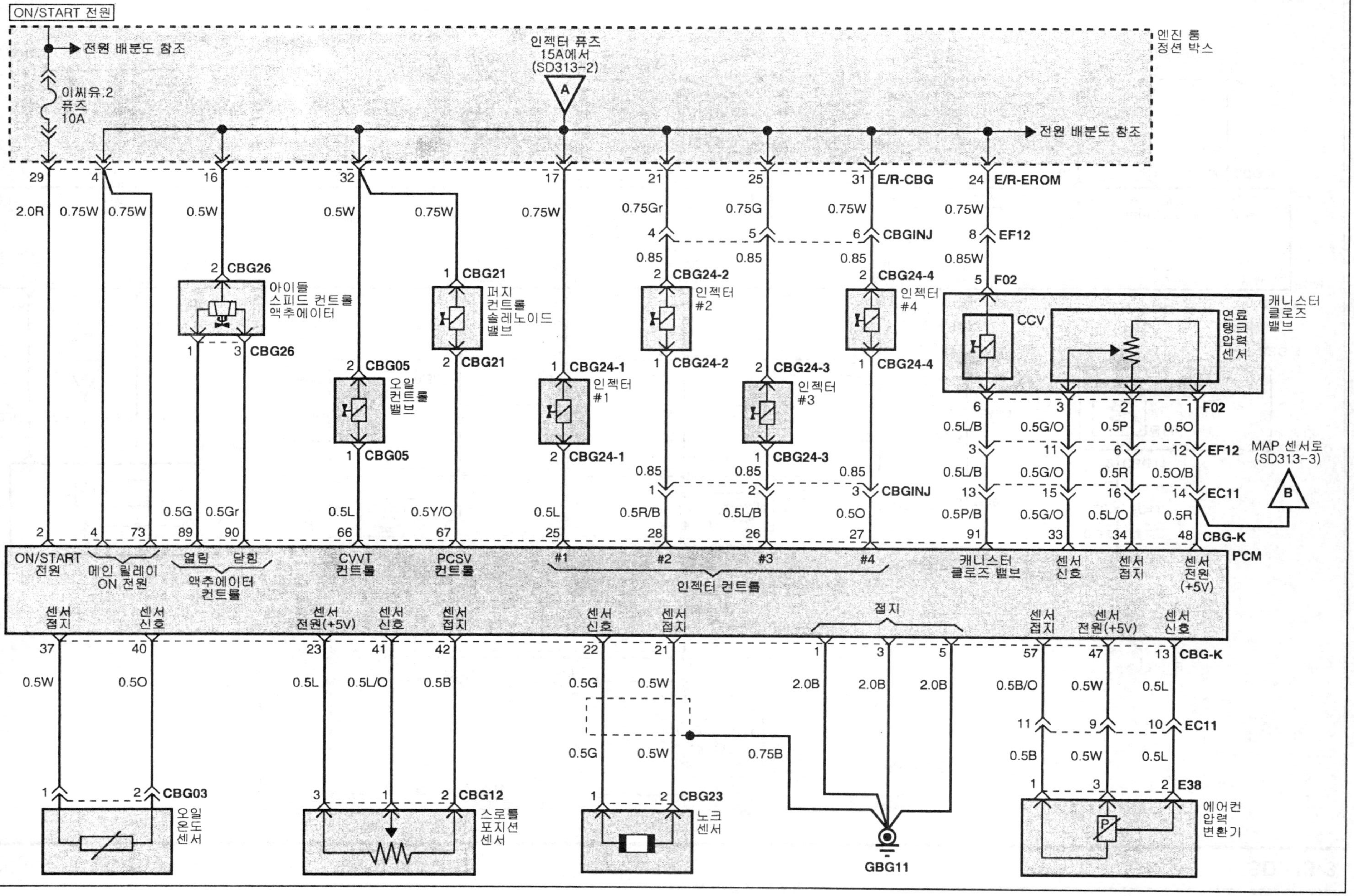

TSBKFD071108B

ON/START 전원
상시 전원
전원 배분도 참조 (SD110-8)
클러스터 퓨즈 10A
룸 램프 퓨즈 15A
파워 커넥터
실내 정션 박스
PHOTO 56
퓨즈 배분도 참조 (SD120-1)(SD120-3)
3 / 0.5R/O / 15
12 I/P-C / 0.5R / 13 M01-A
계기판
엔진 점검
CHECK
MICOM
인젝터 신호
타코 신호
IMMO.
11 / 22 / 20 / 9 M01-A
0.3Br/O / 0.3L/O / 0.5L / 0.3Y
18 / 2 / 5 / 16
0.5Br/O / 0.3L/O / 0.5R / 0.3Y
4 / 6 / 5 / 18
0.5Br/O / 0.3L/O / 0.5W/B / 0.5Y
92 / 63 / 86 / 69

MAP 센서
1 / 2 / 3 / 4 CBG25
0.5P / 0.5B / 0.5Y / 0.5G
B
PCM 센서 전원에서 (SD313-2)
10 / 18 / 9

이모빌라이저 컨트롤 모듈
3 / 5 M09
0.5B / 0.3L/B
3 / 15 EM11
0.5B / 0.3L/B
23 / 25 EC11
0.5B / 0.5L/B
12 / 75

계기판
21 M01-A / 0.3G / 4 EM11 / 0.3G / 20 EC11 / 0.5G / 2 CBG11
수온 센서 & 센더
센더
센서
1 / 3 CBG11
0.5G/B / 0.5B
15 / 14 CBG-K

PCM
MAP 센서 신호 | TIA 센서 신호 | MAP/TIA 센서 접지 | 엔진 점검 경고등 | 연비 신호 | 엔진 RPM 신호 | IMMO. 경고등 | IMMO. 접지 | IMMO. 신호 | 센서 신호 | 센서 접지
차속 센서 신호 | Wheel Speed Input (+) (-) | 팬 릴레이 컨트롤 High Low | 제너레이터 | CAN High Low | 에어컨 릴레이 컨트롤 | 에어컨 압력 스위치 입력 | 에어컨 스위치 신호 입력

53 / 55 / 56 / 88 / 65 / 74 / 77 / 78 / 87 / 62 / 60 CBG-K
0.5Gr/O / 0.5G / 0.5O / 0.5Gr / 0.5Y/O / 0.5W / 0.5B / 0.5W / 0.5P / 0.5G / 0.5Y/B
24 / 41 / 40 EC11
0.5G / 0.5O
2 / 1 E12
프런트 휠 센서 RH
ABS/VDC 미적용
P S

ABS / VDC
0.5Gr/O / 0.5O
14 E47 / 21 E46
ABS 컨트롤 모듈
VDC 컨트롤 모듈

냉각 회로 참조 (SD253-1)
충전 회로 참조 (SD373-2)
자기 진단 점검 단자 회로 참조 (SD200-2)
블로어 & 에어컨 회로 참조 (SD971-4)(SD971-8)

TSBKFD071108C

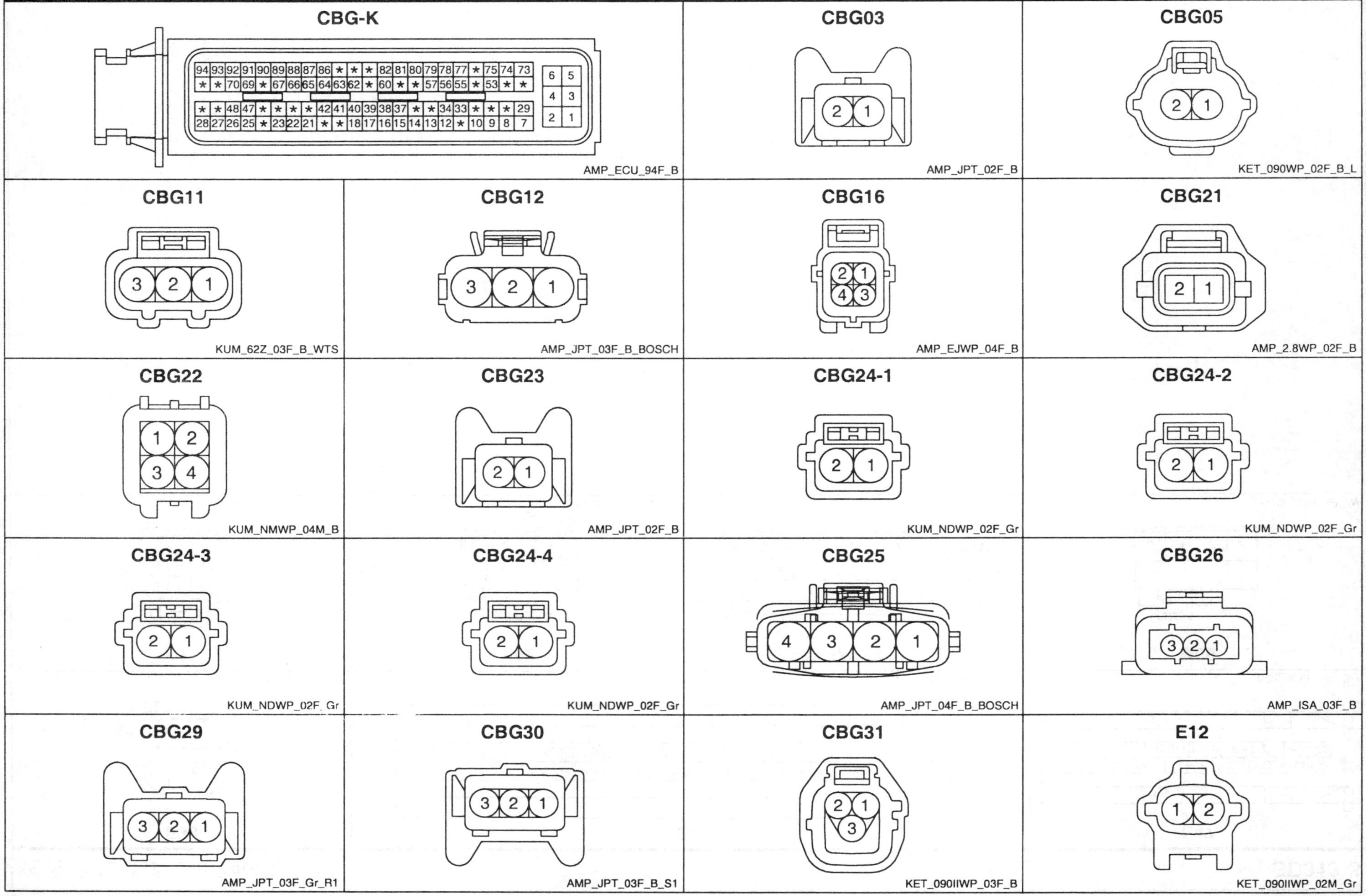

CBG-K
AMP_ECU_94F_B

CBG03
AMP_JPT_02F_B

CBG05
KET_090WP_02F_B_L

CBG11
KUM_62Z_03F_B_WTS

CBG12
AMP_JPT_03F_B_BOSCH

CBG16
AMP_EJWP_04F_B

CBG21
AMP_2.8WP_02F_B

CBG22
KUM_NMWP_04M_B

CBG23
AMP_JPT_02F_B

CBG24-1
KUM_NDWP_02F_Gr

CBG24-2
KUM_NDWP_02F_Gr

CBG24-3
KUM_NDWP_02F_Gr

CBG24-4
KUM_NDWP_02F_Gr

CBG25
AMP_JPT_04F_B_BOSCH

CBG26
AMP_ISA_03F_B

CBG29
AMP_JPT_03F_Gr_R1

CBG30
AMP_JPT_03F_B_S1

CBG31
KET_090IIWP_03F_B

E12
KET_090IIWP_02M_Gr

TSBKFD071108D

E38

3 2 1

YAZ_040WP_03F_B

E46

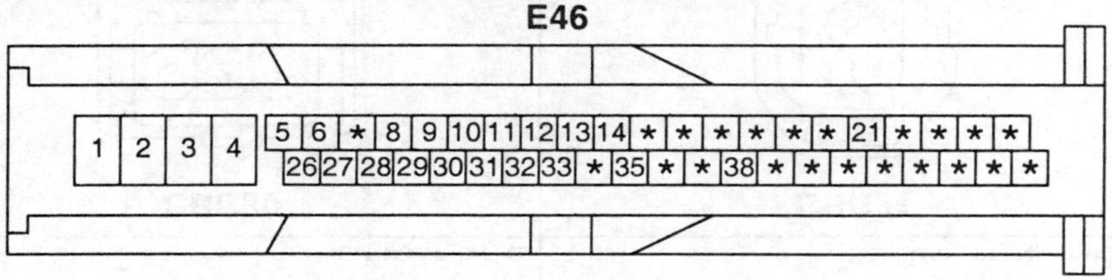

1 2 3 4 5 6 * 8 9 10 11 12 13 14 * * * * * * 21 * * * *
26 27 28 29 30 31 32 33 * 35 * * 38 * * * * * * * * *

BOS_ESP_46F_B_L

E47

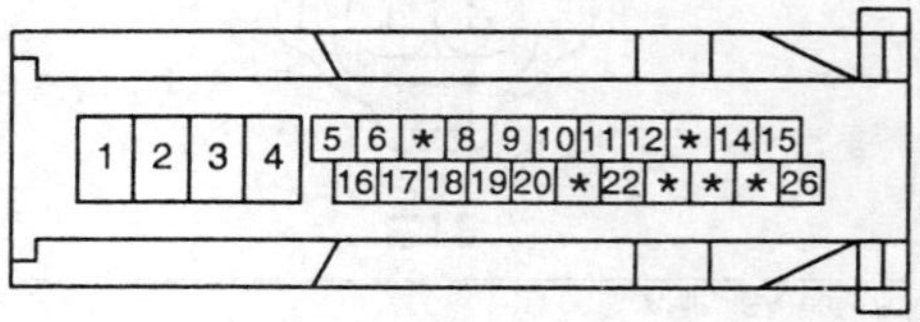

1 2 3 4 5 6 * 8 9 10 11 12 * 14 15
16 17 18 19 20 * 22 * * * 26

BOS_ABS_26F_B_L

F01

3 * 1
6 5 *

KET_090IIWP_06F_B

F02

3 2 1
6 5 *

KUM_NMWP_06F_B

M01-A

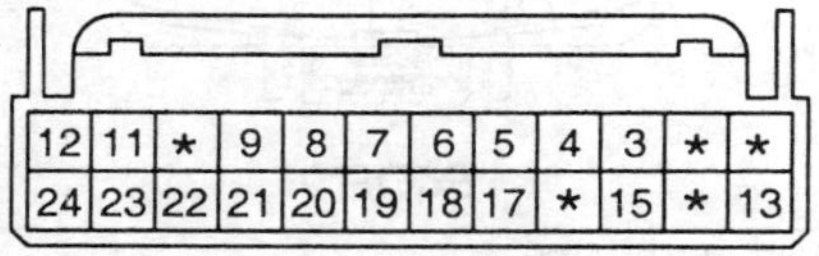

12 11 * 9 8 7 6 5 4 3 * *
24 23 22 21 20 19 18 17 * 15 * 13

AMP_025_24F_W

M09

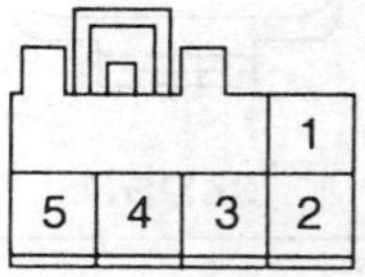

1
5 4 3 2

KUM_CDR_05F_W

TSBKFD071108F

현대자동차 지침서(I)

승 용

※ 약어 : 디젤엔진([디]) 커먼레일([커]), 터보인터쿨러([터]), 디젤엔진COVEC-F([C])

도 서 명		정 가	도 서 명		정 가	도 서 명		정 가
엘란트라	엔 진('93)	10,500	**아반떼XD**	정비지침서(2000)	25,000	**자동변속기**	승용·RV정비(2002)	5,000
	섀 시('93)	22,000		전기배선도(2000)	8,000	**수동변속기**	승용·RV정비(2002)	4,500
마르샤	엔 진('95)	13,000		정비지침서(2003)	26,000		승용·RV정비(2005)	9,000
	섀 시('95)	19,000		전장회로도(2003)	6,300	**i30**	엔 진(2008)	36,500
엑센트	엔진·섀시('95)	21,000		전장회로도(2005)	6,000		섀 시(2008)	37,000
	전기회로도('95)	7,500	**아반떼(디젤)**	정비지침서(2005)	24,500		전장회로도(2008)	9,500
베르나	엔진·섀시('99)	20,000	***NEW* 아반떼**	가솔린 엔진(2007)	34,500		정비보충판(2008)	22,000
	전기회로도('99)	7,500		섀 시(2007)	36,500	**제네시스**	엔 진(2008)	31,500
	엔진·섀시(2002)	21,000		전장회로도(2007)	9,000		섀 시(2008)	34,500
	전기회로도(2002)	5,500	**디 젤**	엔진(2007)	21,500		바 디(2008)	35,500
	전장회로도(2004)	5,100	**그랜저/다이너스티**	엔 진('96)	20,000		전장회로도(2008)	12,500
***NEW* 베르나**	엔 진(2006)	35,700		섀 시('96)	23,500			
	섀 시(2006)	29,900		전기회로도('96)	9,000			
	전장회로도(2006)	7,800		전장회로도(2003)	7,000			
쏘나타(II)	엔 진('93)	10,500		전장회로도(2004)	6,200			
	섀 시('93)	절판	**아토스**	정비지침서('97)	20,000			
	전기회로도('93)	9,500		전기회로집('97)	6,200			
쏘나타(III)	엔 진('96)	12,500		정비지침서(2001)	18,000			
	섀 시('96)	19,000		전기회로집(2001)	5,500			
EF쏘나타	엔 진('98)	10,500	**클 릭**	정비지침서(2002)	22,500			
	섀 시('98)	20,500		전장회로도(2002)	5,000			
	전기회로집('98)	9,500	***NEW* 클릭**	정비지침서(2006)	18,400			
	정비지침서(2001)	8,000		전장회로도(2006)	5,700			
	전기회로집(2001)	8,000		정비보충판(D4FA-디젤 1.5)	22,000			
	전장회로집(2003)	7,500	**라비타**	정비지침서(2002)	21,000			
EF·XG·다이너스티	LPG전장(2003)	2,200		전기회로집(2002)	7,000			
LPG엔진	(통합본)(2001)	7,000		전장회로도(2003)	4,900			
NF쏘나타	엔 진(2005)	17,000	**그랜저XG**	엔 진('98)	10,500			
	섀 시(2005)	28,000		섀 시('98)	21,500			
	전장회로도(2005)	5,100		전기회로도('98)	10,500			
	정비(LPI보충판)(2005)	11,500		정비지침서(2002)	27,000			
	전장(보충)(2005)	10,000		전장회로도(2002)	9,000			
	정비보충판(2005)	27,000		전장회로도(2005)	8,000			
	정비보충판(2007)	23,000	**그랜저(TG)**	엔 진(2005)	38,400			
	정비보충판(2008)	43,000		섀 시(2005)	32,800			
				전장회로도(2005)	10,700			
스쿠프	정비지침서('93)	13,000		보충정비(LPI)(2005)	20,500			
티뷰론	엔 진('96)	7,000		정비보충판(2007)	28,500			
	섀 시('96)	16,500	**에쿠스**	엔 진('99)	10,500			
투스카니	정비지침서(2001)	23,500		섀 시('99)	22,000			
	전기회로집(2001)	7,000		전기회로집('99)	11,500			
	정비지침서(2005)	15,700		전기회로집(2000)	14,000			
	전장회로도(2005)	4,800		정비지침서(2001)	7,500			
	정비지침서(2007)	28,000		정비지침서(2004)	11,000			
아반떼	엔 진('95)	11,500		전장회로도(2004)	8,200			
	섀 시('95)	16,000		정비보충판(2005)	28,000			
	전기회로도('95)	8,500		전장회로도(2005)	8,000			
				정비보충판(2007)	12,500			

현대자동차 지침서(Ⅱ)

RV

※ 약어 : 디젤엔진(디) 커먼레일(커), 터보인터쿨러(터), 디젤엔진COVEC-F(C)

도서명		정가	도서명		정가	도서명		정가
싼타모	엔 진('99)	12,000	**투 싼**	엔 진(2004)	13,500			
	섀 시('99)	19,000		섀 시(2004)	27,000			
	보디&전장('99)	14,000		전장회로도(2004)	4,600			
갤로퍼(Ⅱ)	엔 진('99)	11,500		정비보충판(2005)	14,000			
	섀 시('99)	15,000		전장회로도(2005)	8,000			
	보디&전장('99)	21,000		정비보충판(2007)	12,000			
디·C,(LPG V6엔진)	정비지침서(2002)	22,500	**싼타페**	정비지침서(2000)	34,000			
	전장회로도(2002)	4,500		전기배선도(2000)	13,500			
테라칸	정비지침서(2001)	27,000		전장회로도(2002)	6,500			
디·C,(LPG V6엔진)	전기회로집(2001)	7,500		전장회로도(2003)	6,000			
디·C	J3엔진(2.9TCI)(2001)	7,000	***NEW* 싼타페**	엔 진(2006)	21,100			
	전장회로도(2003)	6,000		섀 시(2006)	37,100			
	정비지침서(2004)	5,000		전장회로도(2006)	8,800			
	전장회로도(2004)	4,500		정비보충판(2007)	27,000			
베라크루즈	엔진·변속기(2007)	28,000						
	섀 시(2007)	37,000						
	전장회로도(2007)	10,500						
	정비보충판(2007)	28,500						
포 터	정비지침서('96)	20,000						
	전장회로도(2001)	4,500						
포 터(Ⅱ)	정비지침서(2004)	32,500						
	전장회로도(2004)	4,000						
	정비보충판(2008)	18,500						
그레이스	정비지침서('93)	23,000						
	전기회로집(2001)	5,000						
그레이스/포터	정비지침서(2002)	21,500						
리베로	정비지침서(2000)	25,000						
	전기배선도(2000)	10,000						
	정비지침서(2002)	19,500						
디,(VE, 루카스)	전장회로도(2002)	5,000						
트라제XG	정비지침서('99)	26,000						
	전기회로집('99)	12,000						
	전장회로도(2002)	7,000						
	정비지침서(2004)	8,000						
	전장회로도(2004)	6,000						
	전장회로도(2006)	8,500						
D4EA(트라제, 싼타페) 디·커·터	엔 진(2000)	6,500						
스타렉스	엔 진('97)	10,500						
	섀 시('97)	18,000						
,	전기회로도(2000)	8,000						
디·C·터	정비지침서(2001)	24,000						
(LPG V6엔진)	전기회로집(2001)	8,000						
디·커·터	D4CB엔진(2002)	5,000						
	정비지침서(2004)	11,500						
	전장회로도(2004)	5,500						
그랜드스타렉스	엔 진(2007)	23,500						
	섀 시(2007)	35,500						
	전장회로도(2007)	8,500						

현대자동차 지침서(Ⅲ)

상 용

※ 약어 : 디젤엔진-[디], 커먼레일-[커], 터보인터쿨러-[터], 디젤엔진COVEC-F-[C],

도 서 명		정 가	도 서 명		정 가	도 서 명		정 가
카운티	엔 진('98)	9,000	D6CB(엔진)	정비지침서(2004)	6,100			
	새 시('98)	18,500		정비지침서(2007)	7,000			
	전장회로도(2003)	8,000	e에어로타운	정비지침서(2004)	10,000			
마이티(3.5톤)	정비지침서('93)	20,500	D4DD	엔 진(2004)	8,000			
마이티(Ⅱ)	엔 진('98)	9,000	슈퍼에어로시티	정비지침서(2005)	5,800			
	새 시('98)	9,000		전장회로도(2005)	4,200			
코러스	정비지침서('93)	18,000	뉴파워트럭	전장회로도(2005)	4,500			
현대4.5/5톤트럭	정비지침서('93)	12,500	e에어로타운	정비지침서(2006)	17,700			
슈퍼5톤트럭	정비지침서('98)	18,000		전장회로로(2006)	5,500			
	전기회로집(2001)	8,000	매가트럭	전장회로로(2006)	6,200			
S-2000자동변속기	정비지침서(2002)	12,500	D6AB/D6AC	엔진고장진단(2005)	13,000			
슈퍼트럭	새 시(2001)	21,000	트라고	전장회로로(2007)	15,000			
	새 시(2003)	21,500						
슈퍼트럭파워텍	전장회로도(2002)	11,000						
대형트럭·특장차	새 시('93)	16,500						
25톤트럭	정비지침서('96)	14,000						
에어로버스	새시1편(2000)	29,000						
	새시2편(2000)	29,000						
	전기회로집(2000)	18,000						
에어로퀸, 익스프레스, 에어로스페이스	정비지침서(2003)	37,000						
슈퍼에어로시티	정비지침서(2000)	16,500						
	전기회로집(2000)	5,500						
	정비지침서(2003)	17,500						
	정비지침서(2004)	7,600						
에어로타운	정비지침서(2001)	15,500						
D6디젤(엔진)	정비지침서('93)	8,000						
D8디젤(엔진)	정비지침서('96)	8,500						
V8디젤(엔진)	정비지침서('93)	8,500						
D6CA(엔진)	정비지침서(2001) (16톤, 19톤, 19.5톤) [커]	8,000						
D6AB/C(엔진)	정비지침서(2001) (8톤카고, 8.5톤, 9.5톤, 11톤, 11.5톤, 14톤, 16톤)	14,000						
D6DA(엔진)	정비지침서(2002) (5톤, 8.5톤, 에어로타운)	8,000						
C6DA	정비지침서(2004)	8,000						
글로버900CNG	전장회로도(2003)	5,500						
덤프, 트랙터, 믹서	정비지침서(2004)	23,100						
현대 상용차	전기회로도('93)	11,000						
e마이티·마이티Qt	정비지침서(2004)	10,000						
	전장회로도(2004)	5,400						
e카운티	정비지침서(2004)	10,500						
	전장회로도(2004)	5,300						
뉴파워트럭(보충판)	정비지침서(2004)	19,500						
	전장회로도(2004)	7,500						
에어로퀸, 익스프레스, 에어로스페이스	정비지침서(2004)	10,400						
	전장회로도(2004)	7,000						
매가트럭	정비지침서(2004)	11,000						
	전장회로도(2004)	4,500						

기아자동차 지침서(Ⅰ)

구분	승용차RV·상용차	
차 종	도 서 명	정 가
비 스 토	정비지침서(전기배선도)('97)	30,000
	정비지침서(2001)	24,000
	전기배선도(2001)	6,800
스펙트라	정비지침서(전기배선도)(2001)	29,000
스펙트라/스펙트라윙	전장회로도(정비·전장 포함)(2001·2003)	7,700
옵 티 마	정비지침서(2000)	21,000
	전기배선도(2000)	8,500
옵티마리갈	정비지침서(보충판 포함)(2001)	36,200
	전장회로도(2001)	8,700
	전장회로도(보충판:LPG 포함)(2003)	9,500
리 오	정비지침서(전기배선도)(2001)	31,000
리오SF	정비지침서(전장수록)(2002)	23,700
	전장회로도(2004)	6,200
오피러스	엔진·전장회로도(2003)	22,300
	섀 시(2003)	23,600
	정비·전장 보충판(2003)	13,200
	정비지침서(보충판)(2005)	26,000
스포티지	전기배선도(2001)	7,000
레토나	엔 진('97)	15,000
	섀시·전기배선도(보충판 첨부)('97)	17,000
카렌스	정비지침서(2001)	29,500
	전기회로도(2001)	9,200
카렌스(Ⅱ)	정비지침서(XTREK 공용)(2002)	32,900
	전장회로도(2002)	10,500
	정비지침서 보충판(2002)	5,100
	정비지침서 / 전장회로도(2004)	18,900
카렌스(Ⅱ)/XTREK	전장회로도(2004)	7,100
카니발(Ⅱ)	정비지침서(2001)	28,000
	전기배선도(2001)	8,400
	LPG전기배선도(2001)	8,400
	정비지침서(보충판)(2002)	10,200
	전장회로도(2003)	9,300
	전장회로도(2004)	6,600
쏘렌토	정비지침서(2002)	26,000
	전장회로도(2002)	7,400
	정비지침서(보충판)(2002)	7,000
	전장회로도(가솔린)(2002)	5,500
	전장회로도(2004)	7,700
	정비지침서(보충판)(2004)	7,900
	정비/전장회로도(보충판)(2005)	25,000
	전장회로도(2006)	9,000
	정비지침서(보충판)(2007)	22,000

구분	승용차RV·상용차	
차 종	도 서 명	정 가
쎄라토	엔 진(2004)	19,600
	섀 시(2004)	32,500
	전장회로도(2004)	6,700
	정비지침서(1.5디젤 보충판)(2005)	24,100
	전장회로도(2007)	10,000
모 닝	정비지침서(2004)	33,800
	전장회로도(2004)	5,900
	정비지침서(보충판)(2007)	15,000
	정비지침서(보충판)(2008)	35,000
스포티지	엔 진(2004)	36,200
	섀 시(2004)	41,700
	전장회로도(2004)	11,500
	정비지침서(보충판)(2007)	12,500
프라이드	엔 진(2005)	18,700
	섀 시(2005)	25,300
	전장회로도(2005)	6,800
	정비지침서(1.5디젤 보충판)(2005)	28,300
	전장보충판(D4FA-디젤1.5, 5도어)(2005)	5,000
	정비지침서(보충판)(2007)	20,000
그랜드카니발	엔 진(2006)	18,300
	섀 시(2006)	34,100
	전장회로도(2006)	10,400
	정비지침서(보충판)(2006)	19,000
	정비지침서(보충판)(2007)	19,500
	정비지침서(보충판)(2008)	27,000
로 체	엔 진(2006)	27,800
	섀 시(2006)	37,500
	전장회로도(2006)	9,000
	정비지침서(보충판)(2008)	21,000
NEW 오피러스	엔 진(2006)	40,000
	섀 시(2006)	36,000
	전장회로도(2006)	13,500
NEW 카렌스(Ⅱ)	엔 진(2006)	34,500
	섀 시(2006)	31,500
	전장회로도(2006)	8,500
모하비	엔 진(2008)	32,500
	섀 시(2008)	42,000
	전장회로도(2008)	12,500

기아자동차 지침서(Ⅱ)

승용차

차종	도서명	정가
승용·RV·상용차		
프레지오	정비지침서(전기포함)('95)	27,000
	정비지침서(2001)	15,000
봉고프론티어	정비지침서('97)	18,000
	정비지침서(2000전장 첨부)(2001)	17,700
봉고(Ⅲ)1톤	정비지침서(2004)	33,900
	전장회로도(2004)	6,000
봉고(Ⅲ)코치	정비지침서(2004)	30,700
	전장회로도(2004)	5,900
봉고(Ⅲ)	정비지침서(1톤,1.4톤 전장포함)(2004)	12,400
	정비지침서(보충판)(2008)	16,500
프런티어	2.5톤 정비지침서('97)	15,500
	정비지침서(1.3톤, 2.5톤, 전장회로도 수록)('97)	14,000
타우너	정비지침서(전기배선도 첨부)(2001)	16,000
파맥스	2.5톤/3.5톤 정비지침서(2001)	22,000
라이노	정비지침서(2001)	13,000

전차종

차종	도서명	정가
승용·RV·상용차		
아벨라	정비지침서('97)	18,000
	바디수리서('97)	5,000
	전기배선도('97)	6,500
포텐샤	정비지침서('97)	16,000
	전기배선도('97)	10,000
크레도스	정비지침서('97)	20,000
세피아(Ⅱ)	정비지침서('97)	14,000
	전기배선도('97)	6,000
엔터프라이즈	정비지침서('97)	12,000
	전기배선도('97)	7,000
캐피탈	전기배선도('97)	10,000
콩코드	전기배선도('97)	6,000
카니발	정비지침서('97)	18,500
	전기장치(디젤)('97)	10,000
	LPG전기배선도('97)	9,000
	LPG추보판('97)	6,500
카렌스	정비지침서('97)	19,000
	전기배선도('97)	12,000
카스타	엔진·트랜스밋션('97)	18,000
	섀시·전기('97)	16,000
프레지오	정비지침서('97)	15,000
	전기배선도('97)	12,000
봉고프런티어	정비지침서('97)	12,000
	전기배선도('97)	6,000
프런티어	전기배선도('97)	6,000

제　　목	: 2008 i 30 정비지침서(보충판)
발행일자	: 2008년 3월 3일 발 행
저　　자	: 현대자동차(주) 디지털써비스컨텐츠팀
발 행 인	: 김 길 현
발 행 처	: 도서출판 골든벨
	서울시 용산구 문배동 40-21
등　　록	: 제 3-132호(1987. 12. 11)
대표전화	: 02) 713－4135 / FAX : 02) 718－5510
홈페이지	: http : //www.gbbook.co.kr
관련번호	: A2LS-KO7NB
I S B N	: 978-89-7971-772-3
정　　가	: 22,000원